エグゼクティブサマリー

ライフサイエンス・臨床医学分野は、あまねく生命現象の根本原理を見出し、そこに介入する技術の創出と社会実装を通じて、ヒトおよび地球規模の健康、そして持続可能な社会の構築に寄与する研究開発分野である。

生命現象の根本原理を見出すためには、新たな概念の創出に加えて計測・観測技術の進展が極めて重要であるが、そこでは、生物学だけでなく、化学、物理学、情報科学、工学などさまざまな分野との密接な連携が求められる。社会実装を目指す開発研究においては、技術の安定性や先進性のみならず、社会の要請や市場動向の把握、法規制への対応、経済性の確保、スタートアップの活躍、先端技術の社会受容など、様々な観点を踏まえた取り組みが重要となる。また、近年目覚ましい進展を見せているデータサイエンスはますます重要な位置を占めつつある。さらに重要なのは、基礎研究から見出された知見や技術シーズは、実用化と小規模な実践を経て社会実装に至る過程で、その意義や効果が科学的に計測され、社会実装後に新たな課題の抽出、仮説の設定を行い、基礎研究に還元されるという循環構造をとる点である。この循環において、ELSI（倫理的・法的・社会的課題）、科学と社会の協働が欠かせない。大学においては、学横断的研究の推進、人材流動化、時代に即応した教育体制のための改革などが求められる。

本報告書では、ライフサイエンス・臨床医学分野における、グローバルな社会的課題、経済的課題を整理し、主要国の科学技術政策動向や社会との関係、そして最先端の研究開発潮流を俯瞰した。その結果、あらゆる場面において、様々な社会的課題および経済的課題を解決しうる先端技術開発や研究開発～社会実装の仕組み構築への高いニーズとともに、それらが持続可能性の確保を同時に達成することも強く求められていることが明らかになった。ここでいう持続可能性の確保とは、地球環境保護の観点だけでなく、有限な人的資源や経済も包含する。地球環境だけでなく、ヒトの健康と医療をも含めた持続可能性の確保の重要性は、プラネタリーヘルスという概念として知られる。ここでは、限られた地球資源、経済資源等を検証し、人類と地球の共生への適切な在り方を見出して行くためには、今までにもましてデータ科学の推進・活用が重要となる。そこで、プラネタリーヘルスの観点を踏まえて俯瞰を行った（図S1）。

先端技術や研究開発～社会実装の仕組みを評価する際、その効果を数値評価（データ化）する必要がある。比較可能な高品質なデータが、広く入手可能な状態とし科学的評価に供されることが望ましい。特に、持続可能性の観点からの数値評価も重要であり、一方の目的を達成しようとすると他方の目的が損なわれる（例：バイオマスで化石資源を代替するために、バイオマスを増産すると、環境中への窒素やリンの流出や土地利用変化、遺伝的生物多様性の損失が増大する可能性が高い）といった、功罪相半ばする事象が密接に関係しているため、緻密な持続可能性基準を策定し、相反する方向性のバランスを調整しなければならない。従って有限な資源を最適に配分するためには、客観的で比較可能な高品質なデータが科学的評価に供される必要がある。

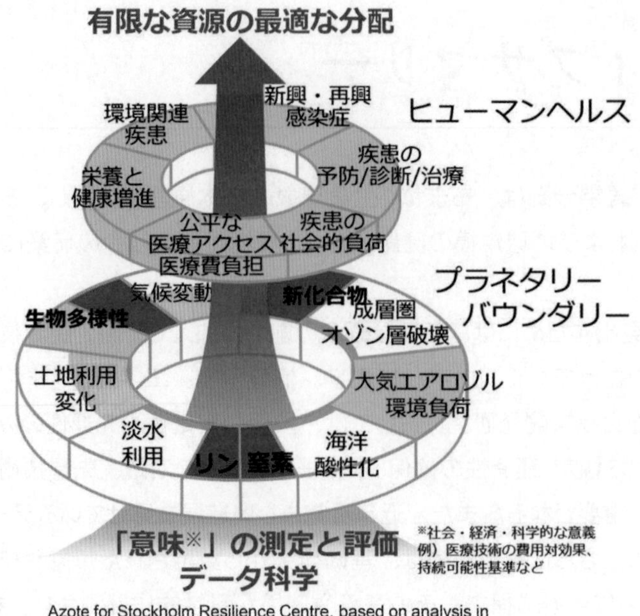

図S1　　プラネタリーヘルスとヒューマンヘルス；概要

本報告書では、ヒトの健康に関わる研究開発領域を「健康・医療区分」、持続可能な生物生産に関わる領域を「農業・生物生産区分」、この両者に共通し、新規のエマージング技術を含む領域を「基礎基盤区分」として取り扱う。CRDSライフサイエンス・臨床医学ユニットでは、社会・経済的インパクト、エマージング性、基幹性の観点から30の研究開発領域を抽出し、トレンド、トピックス、国際ベンチマークをまとめた。俯瞰報告書2021年版との違いは次の通りである。

・「健康・医療区分」、「農業・生物生産区分」では、出口に近い「治療・診断」および「ものづくり」と疾患基礎研究や植物基礎研究を含む「基礎・応用研究」に分けて研究開発領域を設定した。両区分を支え、エマージング技術を生み出すものとして「基礎基盤区分」を設定し、基礎研究・基盤研究から社会実装の流れを捉えやすくした。

・本分野のデジタル化の進展、ITやAIを活用した研究開発を意識して、「AI創薬」、「AI診断・予防」、「農業エンジニアリング」、「タンパク質設計」として充実させた。

全体を俯瞰して、この2～3年の大きな技術・研究のトレンド（変化、進展）を次の通り分析した。

➡低・中分子創薬：化合物を用いた標的タンパク質の分解などを含む、新たなコンセプトの創薬モダリティの登場。

➡ロングリードNGS：1リードが極めて長くなったため、多種多様な生物資源のゲノム解読が容易になり、実用植物のゲノムマイニングによる有用遺伝子ハンティングが活性化。

➡ゲノム工学：ゲノム編集を実装した遺伝子治療の臨床試験や、カルタヘナ法に抵触しないゲノム操作技術の開発が進展。

➡治療アプリ（デジタル医療）：生活習慣病や依存症などの患者の行動変容をサポートするアプリの開発と上市が進展。

➡一細胞オミクス解析：組織・細胞集団内の空間情報を保持したオミクス技術が進展し、一細胞レベルでの生命の理解や疾患の理解が加速。

➡マイクロバイオーム：動物の腸内細菌叢や土壌細菌叢における物質代謝やシグナル伝達の理解が進展。腸内細菌を活用した治療法が2022年にFDA初承認。

➡遺伝子改変免疫細胞治療（CAR–T等）：合成生物学的手法による細胞機能増強と機能安定性、治療毒性軽減、治療対象疾患拡大などを目指した研究開発が国内外で活性化。

➡*de novo* タンパク質設計：新機能を持つ構造的に安定で、新機能を持つタンパク質を論理的な構造予測を駆使して設計する技術の向上。

➡植物工場：植物学、農学、工学の融合による高効率な生産方法の開発、及び、非自然的な栽培条件における植物の生理代謝研究へのフィードバック。

国際ベンチマークでは、米国が全ての領域にわたって基礎から応用まで圧倒的に強く、欧州も英国（主に健康・医療）、ドイツ（基礎基盤技術）を中心に全体的に存在感を発揮している。また、中国がその存在感を急速に増し、欧米を凌ぐ勢いも見られる。

日本で研究が活発に行われている領域は、基礎研究では、「がん」、「脳・神経」、「免疫・炎症」、「生体時計・睡眠」、「臓器連関」、「農業エンジニアリング」、「植物生殖」、「植物栄養」、「細胞外微粒子・細胞外小胞」、「マイクロバイオーム」、「構造解析（生体高分子・代謝産物）」、「光学イメージング」、「オプトバイオロジー」、応用研究では、「低・中分子創薬」、「農業エンジニアリング」となる。

米国や欧州では基礎研究と応用研究がほぼ同時的に進行し、中国では応用研究が先行するケースも見受けられるが、日本で研究が活発な研究開発領域は、基礎研究では13領域あるが、応用研究では2領域に留まる。日本では基礎研究の強みが応用に結び付いていない点が問題である。

以上を踏まえ、わが国として重要となる研究開発の6つの方向性と、研究開発体制・システムの在り方を示す（図S2）。

研究開発テーマ	内容
1. 将来のパンデミックに備えた、感染症研究の在り方	■ 感染症情報・サンプル収集体制および法的基盤の整備 ■ 感染症の基礎研究の強化（多様なウイルス学研究など） ■ 感染症の予防・治療技術開発の強化、製造基盤の整備強化 ■ 免疫記憶等をはじめとした基礎・応用免疫学の強化
2. 予防・個別ヘルスケアに向けて	■ 予防・個別ヘルスケア実現の基盤となる基礎研究の推進 ■ データ駆動型アプローチの研究開発の推進 ■ 予防・個別ヘルスケア実現のための効果的な介入戦略の開発と評価
3. 新しい医薬モダリティの創出	■ モダリティ基盤技術開発（モダリティ要素技術プラットフォーム化） ■ 医薬シーズ創出（疾患メカニズム解明＆標的同定、モダリティ展開） ■ 持続可能な医療システムの構築（高コスト医薬品の価値評価）
4. 農業・生物生産の持続性向上	■ 持続的バイオマス生産とバイオテクノロジーによる物質創成 ■ 生物間相互作用の理解と利用による減農薬・減化学肥料農業 ■ データ活用・モデリングによる持続可能性の数値評価と基準設定
5. 多様な研究の連関と異分野連携の推進	■ 臓器連関（液性因子NW、神経NW、共生・宿主NW） ■ 計測モダリティとスケール連関：空間オミクス解析、メゾスコープ
6. 研究DX（AI・データ）の基盤整備と統合	■ データ取得の自動化 ■ オープンサイエンス型研究
7. 研究開発体制・システムの在り方	■ イノベーション・エコシステムの構築 ■ 機器開発と一体化した機器・研究開発テクノロジーサービス共用システム（コアファシリティ）の構築と普及 ■ 人材育成

図S2　　抽出された重要項目

これら重要な研究開発の方向性に共通して、データ駆動型アプローチを活用した研究が重要性を増している。偏在する多種多様なデータは、従来の研究では演繹的に導かれる方程式によるモデル化という使われ方をされることが多かったが、近年では、データから自動的に、つまりデータ駆動的に生成されるモデルによる求解という使われ方が多くなってきた。深層学習に代表されるような、データ駆動的なモデルの生成は、支配方程式による明示的な記述が難しい現象のモデル化に力を発揮するため、ライフサイエンス・臨床医学分野が関わる、あらゆる場面において重要な技術である。データ駆動型アプローチには情報科学のスキルが必須であるため、数理・情報系研究者をはじめとした異分野研究者が集結できる体制を構築することが重要である。

また、これら研究開発を推進する上で重要な研究開発体制・システムのあり方として、スタートアップ・ベンチャー企業の育成などイノベーションエコシステムを構築すること、人材育成の重要性が言われてきたが、これからもわが国の制度・仕組みを踏まえた戦略的な取り組みが重要である。

Executive summary

Breakthrough discoveries and cutting-edge technologies in life science and clinical research area are driving our lives healthier and more sustainable.

Cross-interactions between various disciplines, such as clinical medicine, biology, chemistry, physics, informatics, and engineering are the key to deliver rapid advances in analytical methods, tools, and technologies, which are vital for attempts to decipher the rules of life. In addition, it is noteworthy that data science is becoming more and more important in the field of life science and clinical research, as researchers in this field are dealing with big data in various aspects. Multi-disciplinarity is crucial also in the process, where the outcomes of fundamental research turn into game changing innovations as a series of social applications; not only the technological robustness, understanding of various social aspects, such as social demands, market trend, legal requirements, economic viability, start-up company ecosystem, social acceptance of advanced technologies have to be assessed. An iterative interaction can be observed during the process in which social implementation of advanced technologies; application of new technologies derived from fundamental research often present new subjects that have to be addressed by further fundamental research.

Here we report the latest trends and topics in life science and clinical research area, ranging from basic to applied research activities, moreover, the social issues, such as science/technology policies, social demands, market trend, legal requirements, economic viability, start-up company ecosystem, social acceptance of advanced technologies are also assessed. The report mainly covers the recent topics in Japan with comprehensive comparison to global trends. During our analyses on the social aspects, we have identified that truly effective technologies/ solutions are much sought after, and more importantly, such solutions also have to be concurrently sustainable in various aspects. The word "sustainability" doesn't only mean to ensure the earth's natural systems which can support humanity's safe operation, but also includes the adequate/just use of medical/human/economic resources, which are also finite. The concept that combines the sustainability of earth's natural systems and human health is known as "Planetary Health" which was originally proposed by Horton et al., in the Lancet journal in 2014.

In many cases, the best efficacy and sustainability are contradicting each other; for example, using biomass fuels could reduce CO_2 emission from fossil resources, but at the same time it could squeeze the farmland for food production, possibly resulting in the destruction of natural forest with high biodiversity. In the case of medical treatment, cutting edge medications derived from advanced bioscience could provide cures for incurable disease, but the costs are often so high that only world's richest can afford them, widening the health inequalities by wealth. In many cases, several factors are so closely interrelated that it is almost impossible to have an intuitive solution that resolves the conflicting interests of best efficacy and sustainability. Thus, what we have to pursue is not the ultimate efficacy, but the better-balanced solution over the conflicting various interests. In order to see better- balanced solution, an objective evaluation of the solution from various aspects, including social impacts, needs to be made numerically. Here we would like to propose that advanced data science with universal data availability and accessibility is essential to solve such multivariable challenges (Fig. S1).

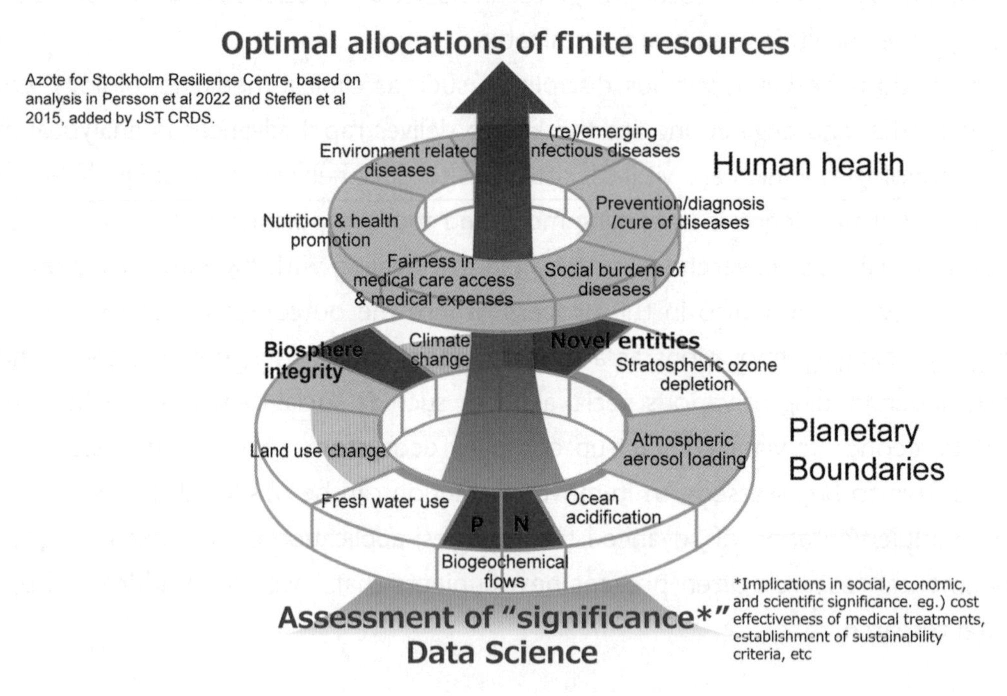

Fig. S1 The Planetary health

In this 2023 edition, recent development in science/technology in each topic are detailed in chapter two; in total 30 topics were categorised into 3 sections. The topics were carefully selected from the aspects of social impact, newly emerging, and fundamental. The "Health and Medical Care" section dedicated for research and development related to human health, sustainable bio-manufacturing related topics are described in the section of "Agriculture and Bioproduction", and emerging technologies serving for the advancement of both human health and bioproduction research area were outlined in the section of "Basic and Fundamental" section.

The revisions from the previous 2021 edition were as follows:

- In order to see the process of technological development from basic and fundamental research to its application in society, "Basic and Fundamental" section was created to emphasize the importance of basic and fundamental research, while the sections of "Health and Medical Care" and "Agriculture and Bioproduction" were expanded to provide applied and basic research topics separately.
- Reflecting the recent trends of utilizing data-driven approaches, intensive descriptions were provided in the sections of "AI-driven drug discovery", "AI-driven diagnosis and prevention", "Agriculture engineering", and "protein design".

The remarkable trends which observed in these couples of years were as follows:

- Low- and mid-molecular drug discovery: the emergence of new concepts in the modalities of drug discovery, including the degradation of target proteins using compounds.
- Long-read NGS: long reads (>20,000 bp) facilitate genome sequencing of a wide variety of biological resources and stimulate useful gene hunting through genome mining of practical plants.
- Genome engineering: clinical trials of gene therapies implementing genome editing and the development of genome manipulation technologies that is not infringing the Cartagena Act have progressed.
- Digital therapeutics (digital medicine): various apps serving as digital therapeutics has been developed to support behaviour modifications in patients with lifestyle-related diseases and addictions.
- Single-cell omics analysis: advances in omics technology that preserves spatial information within tissue and cell populations, accelerating understanding of life and disease at the single-cell level.
- Microbiome: advances in understanding of metabolism and signal transductions in the animal and human gut and soil microbiota. First FDA approval of a therapy utilising gut bacteria in 2022.
- Genetically engineered immune cell therapy (e.g. CAR-T): extensive development has been observed globally including Japan, in particular, enhancing cell function and functional stability, reducing therapeutic toxicity, and expanding the range of diseases to be treated via applying synthetic biology methods.
- *De novo* protein design: technologies related to rational design have been remarkably advanced, delivering the models to design structurally stable novel proteins with novel functions.
- Plant factories: highly efficient production methods have been developed by integrating plant science, agronomy and engineering. A new trend of plant physiology, examining the plant response to non-natural growth conditions, has been emerged. This is thanks to the precisely controlled plant growth conditions in plant factory environment.

With the comparison of global trend, the USA is by far the strongest across all research areas, from basic to applied, while Europe also has an overall presence, particularly in the UK (mainly in health and medicine) and Germany (basic fundamental technologies).

In basic research, Japan has strengths in 'cancer', 'immunology/inflammation', 'biological clock/sleep', 'organ systems', 'agricultural engineering', 'plant reproduction', 'plant nutrition', 'extracellular particles/extracellular vesicles', 'microbiome', 'structural analysis (biopolymers and metabolites)', 'optical imaging' and ' Strengths in 'optobiology'. In applied research, the company has strengths in 'small- and medium-molecule drug discovery' and 'agricultural engineering'.

In the US and Europe, basic and applied research progress almost simultaneously, and in China there are cases where applied research takes the lead, while Japan has 13 R&D areas where it has strengths in basic research, but only two areas where it has strengths in applied research. The problem is that Japan's strengths in basic research are not linked to applications.

Based on the above, the following six directions of R&D that are important for Japan have been identified (Figure S2).

Themes	Examples
1. Preparing for future pandemics	■ Enabling comprehensive data and sample collection including facilitating appropriate legal infrastructure. ■ Strengthening basic research on infectious diseases, including virology, immunology.
2. Delivering personalised healthcare and preventive care	■ Exploring novel disease factors and relevant interventions based over real world data, with taking advantages of data-driven approaches. ■ Identifying personally optimized medications and cures based on real world data.
3. Novel modalities in drug discoveries	■ New Therapeutic targets. ■ Development of the foundations of sustainable healthcare system.
4. Sustainable agriculture and bio-production	■ Sustainable biomass production and bio-production design with cutting-edge biotechnology. ■ Deciphering the chemical networks underlying organismal interaction. ■ Development and assessment of sustainability criteria.
5. Widening linkages of various research topics and disciplines	■ Interactions of organ systems (liquid factors, neural, and symbiosis net works), etc. ■ Cross-scale analysis, novel analytical modalities; spatial omics analysis, mesoscope, etc
6. Unleashing the potential of big data in biology	■ Innovative data acquisition, storing, and analysis over wide range of life science related data.
7. Improvement of research environment	■ Facilitating the development of life science related innovation eco-system. ■ Increasing the number of core facility. ■ Provide better career development/training program.

Fig. S2 Identified high priority topics

Common to all these directions is the increasing importance of research utilising data-driven approaches. Whereas in conventional research, a wide variety of data has been used to formulate equations deductively, in recent years the big data has increasingly been used in the form of making data-driven models in the way where the models are automatically generated from the data (data-driven). Data-driven model generation, as typified by deep learning, is an important technology in all situations involving life sciences and clinical research, as it is powerful for modelling phenomena that are difficult to describe explicitly using governing equations. As information science skills are essential for data-driven approaches, it is important to establish a system that can bring together researchers from different fields, including mathematical and informatics researchers.

In addition, it has been said that the construction of an innovation ecosystem, including the fostering of start-ups and venture companies, and the importance of human resource development are important in promoting these research and development systems, and it is important to continue to make strategic efforts based on Japan's systems and structures. The importance of strategic initiatives based on Japan's systems and structures will continue to be important.

はじめに

JST研究開発戦略センター（以降、CRDS）は、国内外の社会や科学技術イノベーションの動向及びそれらに関する政策動向を把握・俯瞰・分析することにより、科学技術イノベーション政策や研究開発戦略を提言し、その実現に向けた取り組みを行っている。

CRDSは2003年の設立以来、科学技術分野を広く俯瞰し、重要な研究開発戦略を立案する能力を高めるべく、その土台となる分野俯瞰の活動に取り組んできた。この背景には、科学の細分化により全体像が見えにくくなっていることがある。社会的な期待と科学との関係を検討し、科学的価値を社会的価値へつなげるための施策を設計する政策立案コミュニティーにあっても、科学の全体像を捉えることが困難になってきている。このような現状をふまえると、研究開発コミュニティーを含めた社会のさまざまなステークホルダーと対話し分野を広く俯瞰することは、研究開発の戦略を立てるうえでは必須の取り組みである。

「研究開発の俯瞰報告書」（以降、俯瞰報告書）は、CRDSが政策立案コミュニティーおよび研究開発コミュニティーとの継続的な対話を通じて把握している当該分野の研究開発状況に関して、研究開発戦略立案の基礎資料とすることを目的として、CRDS独自の視点でまとめたものである。

CRDSでは、研究開発が行われているコミュニティー全体を4つの分野（環境・エネルギー分野、システム・情報科学技術分野、ナノテクノロジー・材料分野、ライフサイエンス・臨床医学分野）に分け、その分野ごとに2年を目途に俯瞰報告書を作成・改訂している。

第1章「俯瞰対象分野の全体像」では、CRDSが俯瞰の対象とする分野およびその枠組をどう設定しているかの構造を示す。ここでは、CRDSの活動の土俵を定め、それに対する認識を明らかにする。また、対象分野の歴史、現状、および今後の方向性について、いくつかの観点から全体像を明らかにする。この章は、その後のコンテンツすべての総括としての位置づけをもつ。第2章「俯瞰区分と研究開発領域」では、俯瞰対象分野の捉え方を示す俯瞰区分とそこに存在する主要な研究開発領域の現状を概説する。専門家との意見交換やワークショップを通じて、研究開発現場で認識されている情報をできるだけ具体的に記載し、領域ごとに国際比較も行っている。

俯瞰報告書は、科学技術に関わるステークホルダーと情報を広く共有することを意図して作られた知的資産である。すでに多くの機関から公表されているデータも収録しているが、単なるデータレポートではなく、当該分野における研究開発状況の潮流を把握するために役立つものとして作成している。政策立案コミュニティーでの活用だけでなく、研究者が自分の研究の位置を知ることや、他領域・他分野の研究者が専門外の科学技術の状況を理解し連携の可能性を探ることにも活用されることを期待している。また、当該分野の動向を深く知りたいと考える政治家、行政官、企業人、教職員、学生などにも大いに活用していただきたい。CRDSとしても、得られた示唆を基に検討を重ね、わが国の発展に資する提案や発信を行っていく。

2023年3月
国立研究開発法人科学技術振興機構
研究開発戦略センター

目次

緒言

生命科学・臨床医学のこれから：データ科学の胎動

上席フェロー　永井 良三

わが国の科学研究力低下が著しい。少子高齢化、社会保障費の増加、経済の停滞などが重なり、政府一般会計における科学研究費が伸びていないことは、研究振興を困難としている。しかし大学等のアカデミアへの研究開発費は、米国、中国、ドイツに次ぐ世界４位、企業は米国、中国に次ぐ世界第３位である。したがって日本の低迷が研究開発費の伸び悩みだけによるとはいえない。

科学の重要な要素は、理解、予測、制御である。とくに革新的な科学（Disruptive Science）が生まれると、典型例として、生命と疾病の理解、予測、制御が大きく進歩する。20世紀後半では、分子生物学がその代表である。遺伝子工学、発生工学、蛋白質工学等は、ここから派生して発展した。しかし生命科学に限らないが、20世紀末以来、科学論文数は増加していても、革新的科学は生まれていないという。こうした革新的科学は突然生まれるわけではなく、地道な基礎研究の積み重ねから誕生することは歴史が物語っている。このことから基礎研究の重要性は明らかであり、常に科学者の好奇心に基づく研究を支援する必要がある。

一方で、科学の変革の中にいると、意外と変化に気づきにくい。これまで科学の開始点は、反証可能な仮説の設定といわれてきた。これは厳しい反証テストを経て、信頼性の高い仮説となる（反証主義）。科学研究の枠組みを大きく変更する仮説やモデルは、パラダイムシフトをもたらしてきた。その一方で、近年のデータ科学は、反証主義やパラダイムシフトの考えに当てはまらない。 AIやビッグデータを用いる研究の多くは、仮説を設定しない。またAIによって必ずしも新規なメカニズムが解明されるわけではない。すなわち、こうしたデータ科学が重視されるのは、従来の科学の進め方に大きな変革がもたらされているためであり、その背景を考える必要がある。

従来、科学が現象のメカニズム的理解や予測を可能とし、技術が現象の制御をすると考えられてきた。しかし生命体の恒常性や疾患のように多因子がフィードバックする複雑系では、要素還元的手法には限界がある。一方、そのときにAIによって仮説を形成して、先へ進むことは可能である。例えば、脳科学における意識の問題は、単なる刺激の受容と神経細胞の活性化だけではない。脳が意識や行動を決定するためには、脳内に高次のネットワークが構築されることが重要であり、脳がベイズ推計様の反応を示すという。ゲノム科学では、ビッグデータを解析したうえで、重要な遺伝子に絞り込んでから仮説先導型の研究を進めている。データを優先する手法は、朝永振一郎博士らが、計算上、電荷が無限大に発散してしまう問題に直面したときに、実測データを繰りこむことによって、場の量子論の構築を進めたことを思い起こさせる。

AIやデータ科学は、現実問題に対するソリューションを提示するうえでも大きな威力を発揮している。現実社会には、予測と制御を急がなければならない現象が溢れている。これを単なる技術の世界として科学者が傍観することは、今や許されない時代となった。例えば、臨床医学は個人差の大きい人間の病気に介入する。病気の発症や治療に対する反応性は、個人差が大きく、原因をゲノムの多様性に還元できる疾患は限られている。とくに高齢者の疾患や、生活習慣病は環境因子や生活習慣の影響が極めて大きい。膨大な数の因子を揃えて治療効果を比較するために、無作為化介入試験が行われるようになったが、時間、コスト、外的妥当性に問題がある。そこで次善の策として、リアルワールドデータが注目されている。予測や原因の推測を行おうとすれば、層別解析が必要なためデータ量は膨大となる。

医療行為で重要なのは、単なる検査値の改善ではなく、真のエンドポイント、すなわち生存率や重大な発作の回避などである。診療も、データによって医療行為の意味が問われる時代となった。これは創薬や再生医療、遺伝子治療も同様である。 First in Humanや薬事承認が開発のゴールではなく、有効性が認められて初めて意味を持つことを忘れてはならない。

研究や医療の意味が重視される一つの理由は、人間活動に必要な資源が有限であり、地球の環境を維持しながら、研究開発を進めなければならないことに、人間が気づき始めたことに起因する。臨床現場ではすでに1回1億円を超える治療法が登場した。この状況のなかで、限られた医療資源を有効に活用し、持続性のある地域社会を維持すること、さらに格差の少ない共生社会を作るためには、できるだけ意味のある医療を行うこと、そのためには効率も考えて医療を行わなければならない。すでに米国では、医療の有効性や医療の質に応じて、保険償還においてボーナスが与えられたり、あるいはペナルティが課せられたりするようになった。しかし日本ではいまだに出来高払い制度であり、行われた医療行為に応じて保険償還され、有効性は問われない。少子高齢化と低経済成長のなかで、財政と社会保障システムを維持することは、国家レベルの最重要課題の一つである。そのためにも「意味の測定」が必要であり、そのデータに基づいてシステムを制御しなければならない。

いうまでもなく、データ科学の重要性に加え、現象理解のために科学がなすべきことは限りがない。また基礎研究では、データ科学を活かしながらも、あくまでも好奇心駆動で進めながら新たなブレークスルーを希求しなければならない。このような観点からすれば、研究対象が生命科学・医学では高次元、複雑系を特徴とする以上、日本のアカデミアの特徴とも言われる閉鎖系な研究環境が改善されなければ、画期的な研究の進展は望めない。いうまでもなく、SDGs、プラネタリーヘルスといった観点からも動物学、植物学、農学等にデータ科学を含めて分野横断的な新たな学体系を構築していくことが重要である。また、共同研究やデータシェアリング、そのうえでオープンイノベーションをどのように進めるか、アカデミアと産業界は、イノベーションエコシステムなどの知恵を絞り、それを実行していかなければならない。

有効な資源活用は、エネルギー・食糧・気候温暖化問題でも同様である。地球環境とライフサイエンス・臨床医学は、スケールこそ大きく異なるが、複雑系や有限閉鎖系であり、常に倫理を考えなければならないという意味では共通する。単純な物心二元論ではなく、自然の階層や人間の営みまでを意識したライフ・臨床医学のあり方が、現在、強く求められている。

日本には、「一即多、多即一」、あるいは「重々帝網」という、生態系だけでなく、万物の相互依存関係を教える思想がある。このことを考えると、SDGsやプラネタリーヘルスが重視される時代において、日本が生命科学・臨床医学で強みを発揮できる可能性がある。そのためにも我々を取り巻く状況や我々自身の活動の全体像を把握するうえで、データ収集とシミュレーションを欠かせない。

ライフサイエンス・臨床医学の俯瞰は、21世紀の科学技術のあり方や社会との連携についても問いかけることになる。こうした変化が静かに起こっていることが、実は足元にあるDisruptive Scienceなのかもしれない。今回の俯瞰報告書ではまだ十分に議論が深まっているわけではないが、ライフサイエンス・臨床医学における分化と統合の胎動を感じていただければ幸いである。

1　俯瞰対象分野の全体像

1.1 俯瞰の範囲と構造

ライフサイエンス・臨床医学分野における研究対象は、分子・細胞・組織から個体・集団まで多くの階層における多様な生命現象にわたり、研究活動の広がりは極めて大きい。ライフサイエンス・臨床医学は、生物が営む生命現象の複雑かつ精緻なメカニズムを解明する科学であると同時に、その成果を健康・医療産業、農林水産業、工業、地球環境の保全等への社会実装を目指すものであり、生物学、医学、自然科学のみならず工学、情報科学、人文学、社会科学など多様かつ広汎な研究開発活動を内包するものである。

ここではCRDSが本分野の俯瞰を実施する上での視点を概説する。

1.1.1 社会の要請、ビジョン

健康・医療分野においては「多くの人が、質の高い医療サービスを安定的にリーズナブルな価格で享受する」ことができる「持続的な人の健康」を実現することが社会の要請といえる。その中でも、国民（個人）視点での期待・要請としては「健康寿命延伸の実現」が挙げられるだろう。経済的視点としては「健康・医療産業の活性化」、国としては「医療保障制度の持続性確保」が要請される。これらは密接にリンクしたトリレンマの関係にある。

高齢化の進展などにより医療費の高騰が世界共通の深刻な課題となっている。限りある医療資源（資金、人、インフラ）を適切に配分することで、医療保障制度を維持しつつ、適切な医療技術の社会実装による国民のQOL向上を同時に達成することが望ましい。そのためには、医療技術の研究開発だけでなく、医療技術を多面的に評価した上で、医療提供システムに実装することが重要である。

食料・農業分野、生物生産においては、「多くの人が、質の高い食料を安定して入手できる」ことが求められるが、食料価格やその供給は、市場原理による淘汰と気候・環境変動による影響を大きく受ける。また、COVID–19の蔓延やロシアのウクライナ侵攻などの影響により食料価格が高騰するなど食料安全保障の脆弱さが露呈された。社会的には、「農林水産業の活性化」、「食料安全保障の強化」、「プラネタリーヘルスへの貢献」が要請される。

プラネタリーヘルスは、地球の健康と人の健康と訳されることが多いが、地球の健康に依存している人類文明の健康と捉えるのが適当だとの指摘もある。近年、農業そのものが温室効果ガスを大量に排出すること、肥料の過剰使用に起因する窒素とリンの循環がプラネタリー・バウンダリー（地球の限界）を超えていることが明らかになり、「持続的な地球の健康」の実現に向けた研究開発とその社会実装が大いに期待されている。

また、生物機能を利用したものづくりは、バイオエコノミー（石油資源代替）やサーキュラーエコノミーの観点からの期待が大きく、持続可能で、環境負荷が低く、経済性の高い技術開発が求められている。このような中、食料と競合しない農業残渣を原料とした第二世代バイオエタノールの製造が開始されるなど、今後の展開に期待がもたれる。

さらに、IT・デジタル技術が社会に急速に普及し、社会経済のあらゆる場面で知識・情報のやり取りが活発に行われ、その流通・共有・活用・蓄積が新たな価値を生み出し、社会的課題の解決につながっていく「知識情報社会」への変革がグローバルに進展している。知識情報社会において情報を的確に扱うことができ、知力も兼ね備えた人材育成が不可欠である。健康・医療や食料・農業等に関する情報も例外ではなく、国民に望ましい形で還元される情報、データに関するインフラ等の整備が求められている。

ライフサイエンス・臨床医学分野における政策や研究開発においては、これらを社会・国民が最も満足する形で達成していく必要があり、国民、政策立案者、科学者・研究開発実施者が望ましい社会、持続可能性、イノベーション（科学技術の早期社会還元）等に関して相互作用的なプロセスを経ていくことが求められている。

1.1.2 科学技術の潮流・変遷

近代生物学では、観察型研究による生物の系統分類、あるいは微生物や動植物の生理現象の記述的理解や解剖学的理解によって学術の深化と研究手法の高度化が進んできた。20世紀に入り、1953年のDNA二重らせん構造の発見を皮切りに分子レベルで生命現象を理解する分子生物学が勃興した。そして、光学顕微鏡の技術的深化等により生命現象を可視化して計測・解析する技術が進展し、生命の理解が飛躍的に深まった。2010年代以降、ゲノム編集技術は細胞レベル・個体レベルの操作という観点から基礎・応用研究に大きな進展をもたらした（図1）。

直近30年間で、ビッグデータの取得・解析・応用に関する研究が大きく進展した。典型例としてヒトゲノム計画が挙げられる。1990年にゲノム解読作業を開始した計画は、2003年に解読終了が宣言されるまで13年間、30億ドルを要したが、現在では次世代シーケンサーの登場により、1,000ドルで個人のゲノムの解析が可能となった。ゲノム解析の高速化、低コスト化は目覚ましく、ヒトを含む動物、植物、微生物のゲノム解析が幅広く行われている。微生物集団の解析（メタゲノム解析）や免疫系細胞集団の解析（レパトア解析）なども大きく進展している。また、質量分析技術等の発展により、タンパク質や代謝産物等の生体物質を網羅的に解析する研究も発展している。イメージング技術の進展は目覚ましく、定量的に解析しようとする試みも加速している。これらオミクス技術やイメージング技術が高度化され普及したことで、爆発的な量のデータが世界中で日常的に産出される時代となっている。特に計算機処理の高速化・高性能化も相俟って、それらデータの解析手法の開発も進展している。今や、ライフサイエンス・臨床医学分野の研究領域において、ビッグデータの適切な活用が、生命現象の発見や応用において不可欠な研究アプローチとなっている。

〈健康・医療〉

健康・医療においては、紀元前から、医学の父と呼ばれるヒポクラテスは医学を原始的な迷信や呪術から切り離し、臨床と観察を重んじる経験科学へと発展させ、さらに医師の倫理性と客観性についても論じた。18世紀には科学的に分析して「有効成分を抽出する」という現在の創薬の基礎が確立された。19世紀には物理・化学に基づく生理学が発展し、抗生物質やワクチンが登場、解剖病理学により病因を解明して治療法や予防法を探索するといった近代医学が発展した。1895年にはレントゲンがX線を発見し、医療用レントゲン装置が開発され、それが胸部撮影に使用されるようになって医療技術が飛躍的に進歩したことはよく知られている。20世紀には遺伝子組換え等の新たなバイオテクノロジーが発展し、バイオ医薬品が登場するとともに、化学や工学等の発展により多くの合成医薬品が開発された。また、新規技術を搭載したMRI、内視鏡など数多くの医療機器が開発されている。

21世紀に入り、計測・分析機器の性能が急速に向上し、複雑な生命現象の解明が進み、治療標的の探索が大きく進展した結果、分子標的薬（抗体医薬等）が一般的な治療薬として確立された。ICT等のキーテクノロジーの急速な発展による遠隔医療機器やウェアラブル機器、手術支援ロボット等、高度な技術を組み合わせた機器も増えている。さらに、米国で100万人以上の参加を目指しているAll of Us研究プログラム（2018年～）が掲げているように、個人のデータを大規模に収集・統合・解析し、個人ごと、あるいは集団を層別化して、より有効な医療や栄養を提供しようという、新たなアプローチが始まっている。

このような研究開発の流れの中、過去の非人道的な医学実験、生物兵器の試験的使用等の反省を踏まえ、ヒトそのものを研究対象とした生命科学研究、医療技術開発の倫理性に関して、生命倫理（Bioethics）や医療倫理（Clinical Ethics）と呼ばれる学術領域が20世紀後半に成立した。ただ、多くの生命倫理問題は国や地域における歴史的、社会的、宗教的な背景に依存し、多様であり、国際的に統一された法規制、方針の下で厳密に管理することは難しいというが現状である。

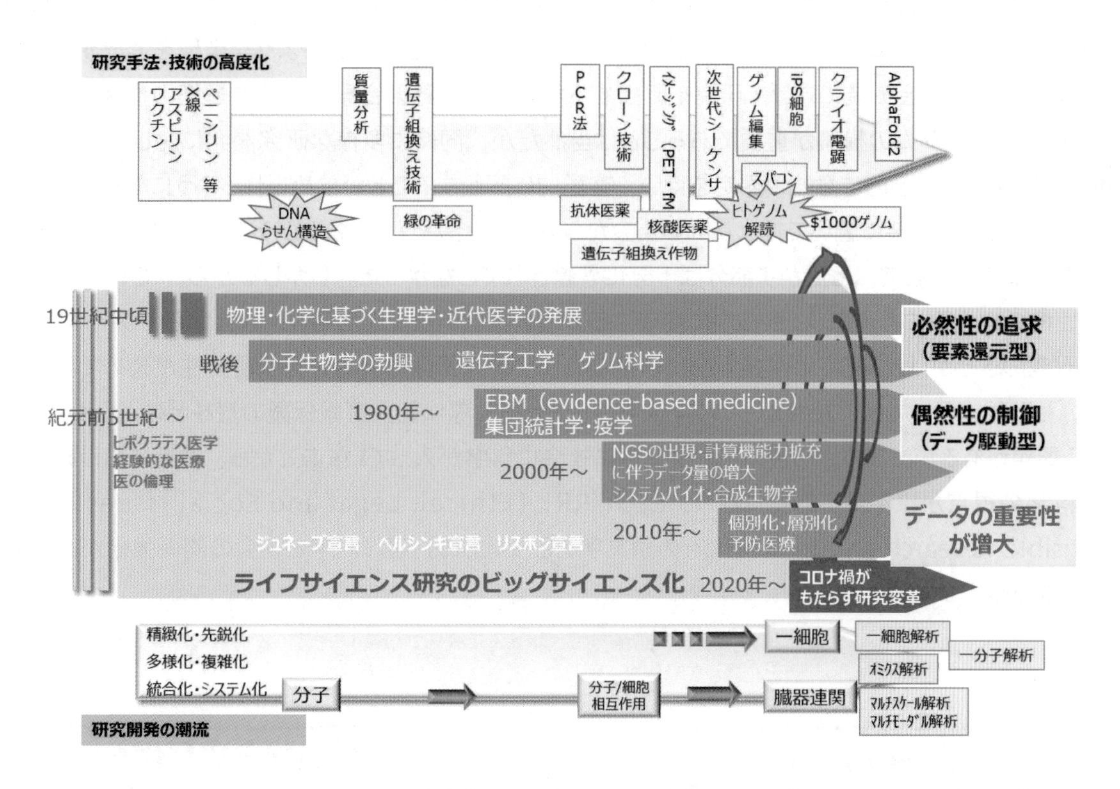

図1　　ライフサイエンス・臨床医学分野の研究開発の歴史（主に健康・医療分野）

〈食料・農業〉

食料・農業において1940～60年代に達成された「緑の革命」では、化学肥料の大量施肥と倒伏耐性の導入により、単位面積当たりの収量が激増した。当時の品種改良には従来の交配と戻し交雑による選抜育種が用いられた。1980年代、DNAマーカーの多型に基づき、優良形質の遺伝子座を特定する技術が開発され、作物の品種改良にも用いられるようになった。組織・細胞培養技術や遺伝子工学が発達し、植物でも遺伝子組換えが可能になった。初期に市場に出た第一世代遺伝子組換え（GM）作物は、除草剤耐性や生物農薬機能を搭載したものがほとんどで、生産者や種苗会社には恩恵があったが、消費者は恩恵が薄いこともあり消費者の受容は進まなかった。1991年に日本でイネゲノム解析が始まり、DNAマーカーが丹念に調べられた。また、DNAマーカーを品種改良の選抜に用いる「DNAマーカー選抜育種（ゲノミックセレクション）」により品種改良のスピードが劇的に上がった。2004年には日本を中心とする国際イネゲノム配列解読コンソーシアムによってイネゲノムの解読が完了し、より精密な優良形質の理解とその育種への活用の道が拓かれた。

2010年代に入り、ドローンやロボット技術、遠隔センシング技術、画像解析等のICT関連技術を農業に利用して、農業の省資源化、省力化を図るスマート農業というコンセプトが発達してきた。2012年に発表されたCRISPR/Cas9によるゲノム編集技術と様々な作物のゲノム解読が、消費者の恩恵を追求した新しい品種の開発を牽引している。この技術は作物だけでなく、養殖魚や畜産における品種改良にも応用され、外来DNA挿入を伴わないゲノム編集技術を用いて作られたトマトやマダイの開発が国内で実施され、世界に先駆けて一般向けに販売され、注目を集めている。しかし、適切な規制対応や情報公開を怠れば、第一世代GM作物と同様に消費者からの厳しい拒絶にさらされる可能性も考えられ、研究者、生産者、政府、消費者が一体となった情報共有と理解の深化が求められている。

1.1.3 俯瞰の考え方（俯瞰図）

ライフサイエンス・臨床医学分野の研究開発では、基礎研究から見出された知見や技術シーズが実用化と小規模な実践を経て社会へ実装されたのち、改めて社会の中でその意義や効果が評価・検証され、新たな課題の抽出、仮説の設定へとつながり、それらが再び基礎研究へと還元されるような循環を形成することが重要である（図2）。社会実装に向けて研究を駆動するため、異分野融合研究や産学連携の推進と適切なイノベーションエコシステムの構築が重要であることは当然だが、同時に多様な研究開発に対して臨床試験や各種試験などに際して科学的に意味の測定を行い、客観的に評価することが求められるようになっている。

これまで社会への実装に続いて行なわれる社会からのフィードバック、およびそこからの課題の抽出や仮説の設定を将来の基礎研究へと活かす部分は十分に考慮されてこなかった。しかしながら、ICT 技術の進展や計算機性能の向上等によって、社会の中に存在する多種多様なデータを活用し、社会からのフィードバックを将来の研究のきっかけとすることが技術的に可能となり、研究開発の循環を回す重要性が改めて認識されつつある。わが国においては、社会からのフィードバックを得る際に個人情報保護の壁をどのようにクリアするかという課題があるが、この点を含めて、直接的に社会に科学が入っていくことから、社会における、社会のための科学の視点がますます重要になり、ELSI/RRI（Ethical, Legal and Social Issuesの頭文字とResponsible Research and Innovationの頭文字をとったもの）等、科学と社会の関係強化が循環構造を回す上で欠かせない要素となる。

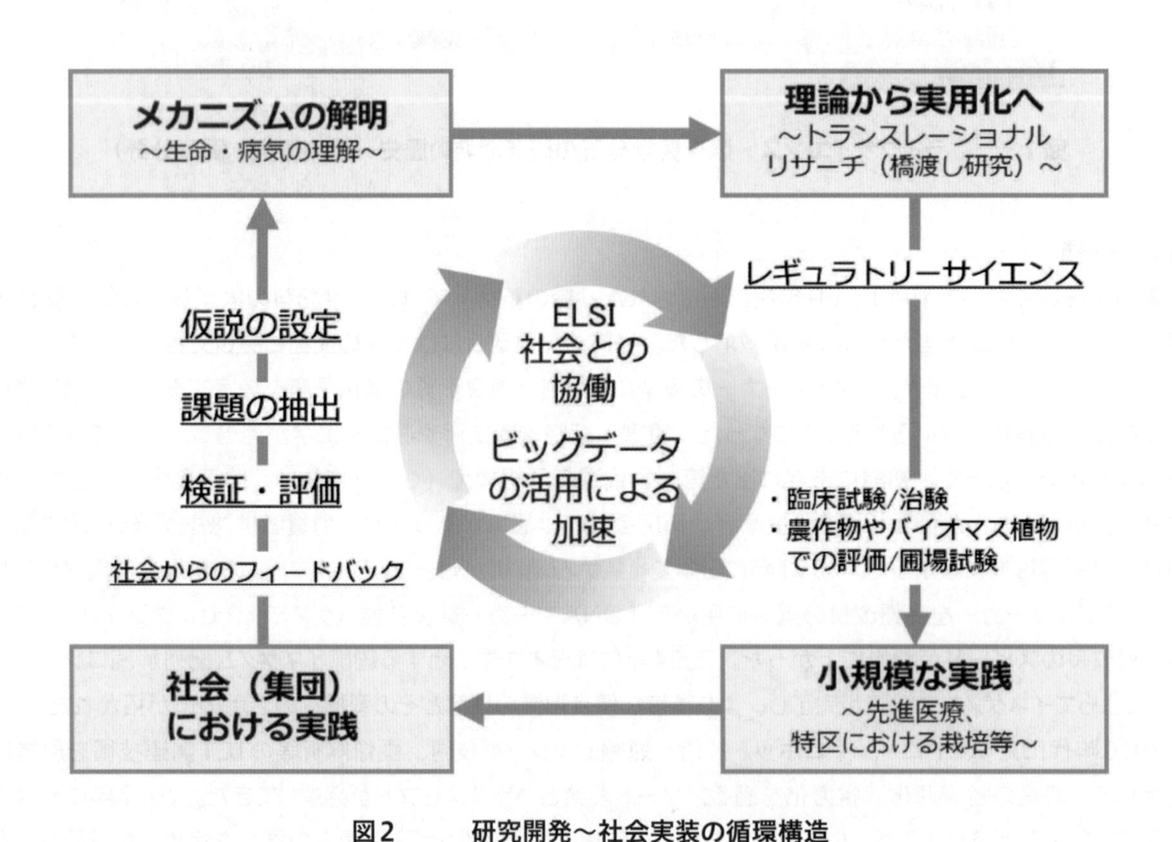

図2　研究開発～社会実装の循環構造

1.1.1 および 1.1.2 における社会の要請および科学技術の潮流・変遷を踏まえた上で、本分野の研究開発を俯瞰するにあたり、構造と軸を検討した。

ここでは、研究がどのような対象（ヒトを含む動物、植物、微生物等）に対してどのような目的で行われるかに基づき分類・整理することにより、各々の研究開発動向を把握することができると考え、基礎研究・基盤研究から社会実装に至る流れを意識して、研究活動を一定の単位で俯瞰した。その際、ライフサイエンス・臨床医学分野の研究開発が目指すところが大きく二つ存在することから、「健康・医療分野」と「農業・生物生産分野」の俯瞰図（研究開発構造のスナップショット）を作成した（図3、図4）。

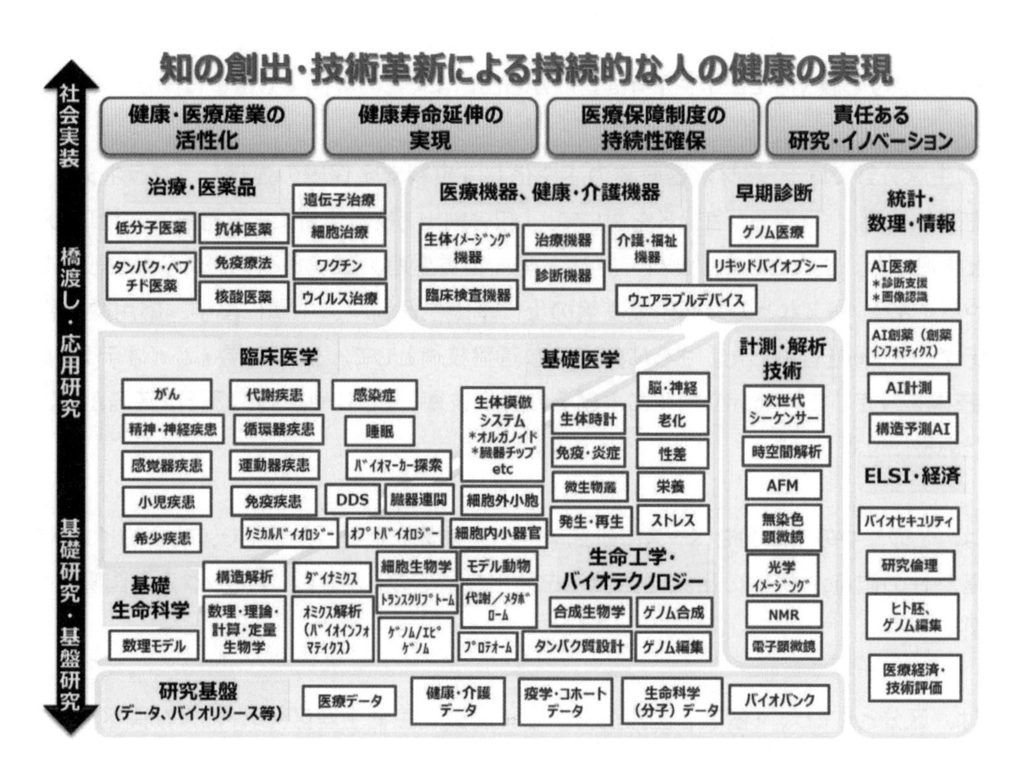

図3　　ライフサイエンス・臨床医学分野の俯瞰図（健康・医療分野）

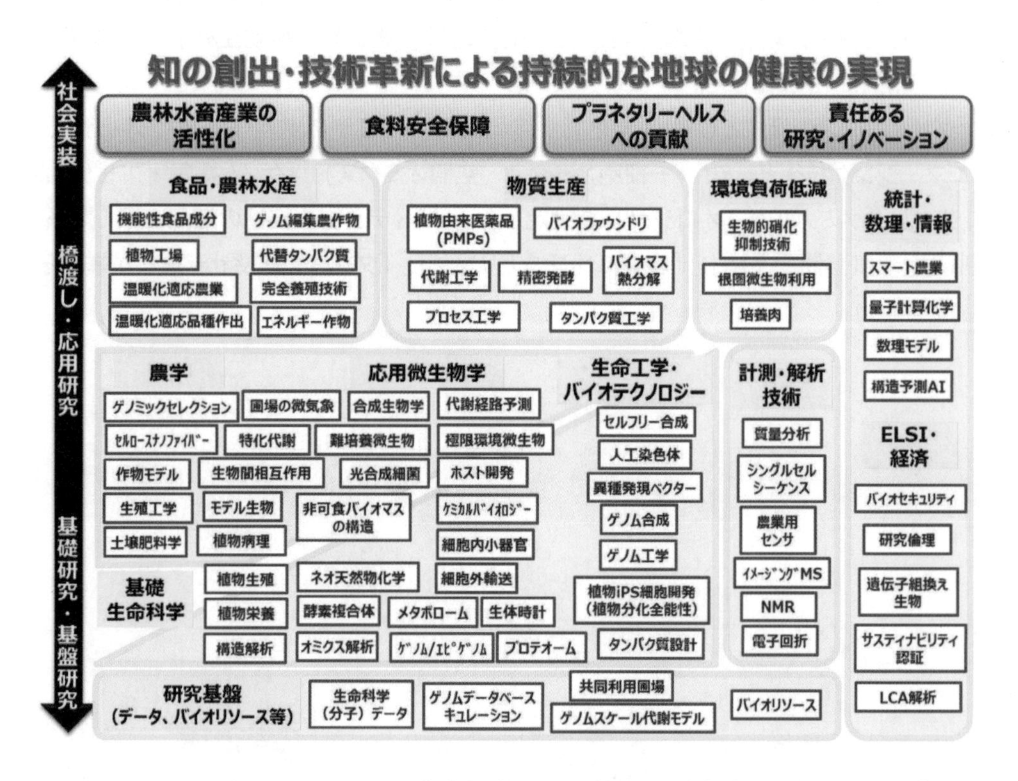

図4　　ライフサイエンス・臨床医学分野の俯瞰図（農業・生物生産分野）

健康・医療分野では、「健康・医療産業の活性化」、「健康寿命延伸の実現」、「医療保険制度の持続性確保」、「責任ある研究・イノベーション」を通じて、「知の創出・技術革新による持続的な人の健康の実現」を目指すことを掲げた。出口としては、治療・医薬品、医療機器・健康・介護機器、早期診断の3つを設定し、各種オミクスデータやバイオバンクなどの共通研究基盤の上に基礎生命科学、中間に基礎医学と臨床医学を配置した。基礎生命科学は分子・細胞を扱うものから、組織・恒常性を扱うものまで多岐にわたる。さらに共通的な基盤技術として、生命工学・バイオテクノロジーおよび計測・解析技術を設定した。データや情報そのもの、それを解析する技術、ELSIや経済は基礎から出口までどの場面でも密接に関連するため縦に位置づけた。

農業・生物生産分野では、「農林水畜産業の活性化」、「食料安全保障の強化」、「プラネタリーヘルスへの貢献」、「責任ある研究・イノベーション」を通じて、「知の創出・技術革新による持続的な地球の健康の実現」を目指すことを掲げた。出口として、食料・農林水産、物質生産、環境負荷低減の3つを設定し、各種オミクスデータやバイオリソースなどの共通研究基盤の上に基礎生命科学、中間に農学、応用微生物学、生命工学・バイオテクノロジーを配置した。さらに共通的な基盤技術として、生命工学・バイオテクノロジーおよび計測・解析技術を設定した。統計や情報およびその解析技術、ELSIや規制/認証は基礎から出口まで密接に関連するため縦に位置づけた。

CRDSでは、この二つの俯瞰図をベースに研究開発の全体像を把握したうえで、社会的インパクト、エマージング性、基幹性の観点から30の研究開発領域を抽出し、そのトレンド、トピックス、国際ベンチマークをまとめた（図5）。

具体的には、区分としては、「健康・医療区分」と「農業・生物生産区分」、および両区分を支えるとともに新規のイノベーションを引き起こすエマージング技術を含む「基礎基盤区分」を設定した。社会に直接インパクトをもたらすものとして、「低・中分子創薬」、「高分子創薬（抗体）」、「AI創薬」、「幹細胞治療（再生医療）」、「遺伝子治療」、「ゲノム医療」、「バイオマーカー・リキッドバイオプシー」、「AI診断・予防」、「微生物ものづくり」、「植物ものづくり」、「農業エンジニアリング」を選定した。中長期的に基幹的な領域としては、「感染症」、「がん」、「脳・神経」、「免疫・炎症」、「生体時計・睡眠」、「植物生殖」、「植物栄養」、「遺伝子発現機構」、「構造解析」を設定した。

エマージングサイエンスの領域として、「老化」、「臓器連関」、「細胞外微粒子・細胞外小胞」、「マイクロバイオーム」、エマージング技術として、「一細胞オミクス・空間オミクス」、「ゲノム編集・エピゲノム編集」、「オプトバイオロジー」、「ケミカルバイオロジー」を設定した。AI・デジタル技術の活用と深く関係するものとしては、「AI創薬」、「AI診断・予防」、「農業エンジニアリング」、「タンパク質設計」などが挙げられる。

健康・医療区分

■ 治療・診断

1. 低・中分子創薬
2. 高分子創薬（抗体）
3. AI創薬
4. 幹細胞治療（再生医療）
5. 遺伝子治療（*in vivo*遺伝子治療／*ex vivo*遺伝子治療）
6. ゲノム医療
7. バイオマーカー・リキッドバイオプシー
8. AI診断・予防

■ 基礎・応用

9. 感染症
10. がん
11. 脳・神経
12. 免疫・炎症
13. 生体時計・睡眠
14. 老化
15. 臓器連関

農業・生物生産区分

■ ものづくり

1. 微生物ものづくり
2. 植物ものづくり
3. 農業エンジニアリング

■ 基礎・応用

4. 植物生殖
5. 植物栄養

基礎基盤区分

■ 共通基盤

1. 遺伝子発現機構
2. 細胞外微粒子・細胞外小胞
3. マイクロバイオーム

■ 計測・解析

4. 構造解析（生体高分子・代謝産物）
5. 光学イメージング
6. 一細胞オミクス・空間オミクス

■ 操作・制御・創製

7. ゲノム編集・エピゲノム編集
8. オプトバイオロジー
9. ケミカルバイオロジー
10. タンパク質設計

図5　　CRDSが抽出した研究開発領域

前回の俯瞰報告書2021との違いは以下の通りである。

・「健康・医療区分」、「農業・生物生産区分」では、出口に近い「治療・診断」および「ものづくり」と疾患基礎研究や植物基礎研究を含む「基礎・応用研究」に分類した。両区分を支え、エマージング技術を生み出すものとして「基礎基盤区分」を設定し、基礎研究・基盤研究から社会実装の流れを捉えやすくした。

・本分野のデジタル化の進展、ITやAIを活用した研究開発領域として、「AI創薬」、「AI診断・予防」、「農業エンジニアリング」、「タンパク質設計」を新たに設定した。

各研究開発領域のハイライト を1.2.2.1に掲載し、詳細を第2章に掲載した。そちらを是非とも参照されたい。

1.2 世界の潮流と日本の位置づけ

1.2.1 社会・経済の動向

近年、世界的な環境の変化として、グローバル化による人々の大規模な移動の日常化、国家間あるいは国内における経済格差の拡大、先進国を中心とした高齢化の進展、地球規模の気候変動、ビッグデータ関連技術の進展による産業構造や生活の変化、世界的な経済低成長等が見られる。特に、2020年以降の世界規模でのCOVID–19パンデミック、2022年以降のロシアによるウクライナ侵攻が、社会・経済、さらにはわが国の安全保障に与えた影響は大きい。

国連の世界人口推計2022年版によると、世界人口は2019年推計よりも早まり、2022年11月に80 億人に到達し、2030年には85億人、2050年には97億人、2080年には約104億人となり、2100年までその水準が維持されると予測されている。また、2023年には、インドが中国を抜いて世界で最も人口の多い国になると予想されている。また、65歳以上の人口割合は、2022年の10%から2050年には16%にまで上昇すると見込まれる。

こうした状況において、SDGsでも掲げられている健康・医療や食料は世界共通の課題であり、プラネタリーヘルスの観点（人間・社会・自然生態のトータルな健康を地球規模で目指す考え方）から健康・医療・食料などを統合した取り組みへの気運も高まっている。わが国では、それらに加えて、安全保障の観点も含めた多面的、戦略的な取組みの重要性が大きく高まっている。2020年に発生したCOVID–19パンデミックは世界に大きな衝撃を与え、世界経済は未だにその影響から回復し切れていない。加えて、米中覇権争いの激化や2022 年2月のロシアによるウクライナ侵攻などにより、地政学、政治、軍事などの面において極めて流動的な状況を呈している。また、地球規模の気候変動や先進国を中心とした高齢化の進展は社会的・経済的に大きな影響を及ぼしている。科学技術が関するものとしては、ビッグデータ関連技術の進展は産業構造や人々の生活に変化をもたらしている。

1.2.1.1 健康・医療

（1）社会的課題

【世界の死因・疾病構造、医療関連財政、人口動態など】

健康・医療に関する定量的なデータを示しつつ、課題を整理していきたい。まず、患者数に関する2019年のWHOの統計データ（図6）によると、世界では循環器疾患が最も多く、ついで代謝疾患、感染症（COVID–19発生前）、呼吸器疾患と続く。一方、日本では循環器疾患が最も多く、代謝疾患が続くところまでは世界と同様であるが、次いで神経疾患（認知症ほか）、筋骨格疾患など、高齢者に多く見られる疾患の患者数が多い点が特徴である。

続いて、死因に関するWHOの統計データ（図7）によると、2019年の全世界での5,540万人の死亡者のうち、上位10疾患が55%を占める。中でも心血管疾患が最も多く、虚血性心疾患と脳卒中を合わせると、30%弱にも及ぶ。次いで慢性閉塞性肺疾患（COPD）、下気道感染症、新生児関連（出産、早産、新生児感染症ほか）、肺がん（気管および気管支がんを含む）、糖尿病と続く。ただし、同データは2019年のものであり、COVID–19パンデミック後の死因データが公開されれば、下気道感染症などによる死者数がより多くなると思われる。日本は新生児関連の死因は少ないものの、代わりにがんによる死亡が多い。

なお、患者数や死亡者数のランキングがそのまま研究開発を推進すべき疾患の優先順位に直結するものではないが、定量的な側面の1つとして一定の意味を持つ。

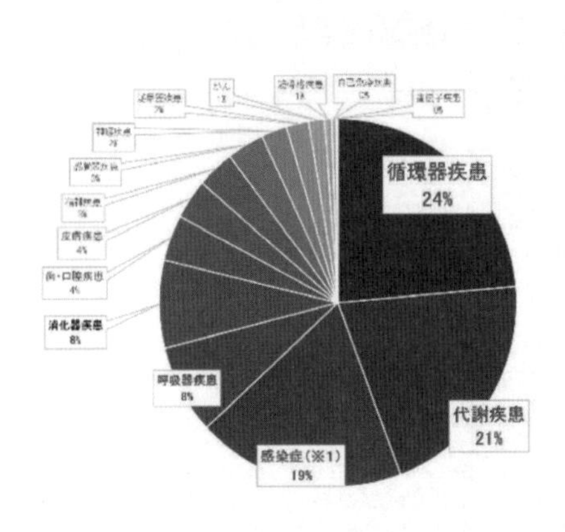

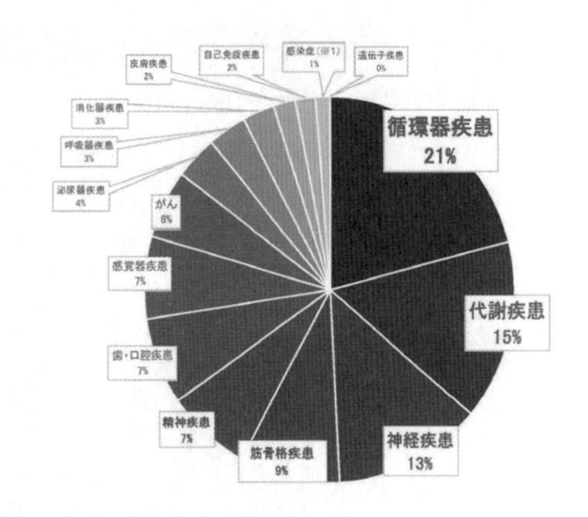

図6　　2019年 患者数内訳（左図：世界、右図：日本）

（出典：世界保健機関（WHO）データをもとにCRDS で図作成）

Leading causes of death globally

○ 2000　● 2019

1. Ischaemic heart disease
2. Stroke
3. Chronic obstructive pulmonary disease
4. Lower respiratory infections
5. Neonatal conditions
6. Trachea, bronchus, lung cancers
7. Alzheimer's disease and other dementias
8. Diarrhoeal diseases
9. Diabetes mellitus
10. Kidney diseases

0 2 4 6 8 10

Number of deaths (in millions)

● Noncommunicable ● Communicable ● Injuries

Source: WHO Global Health Estimates.

Top 10 causes of death

Ischaemic heart disease
Stroke
Lower respiratory infections
Trachea, bronchus, lung cancers
Chronic obstructive pulmonary disease
Colon and rectum cancers
Alzheimer disease and other dementias
Stomach cancer
Kidney diseases
Pancreas cancer

0 20 40 60 80 100 120 140

Deaths per 100 000 population

図7　　2019年 死因トップ10（左図：世界、右図：日本）（出典：世界保健機関（WHO））

日本は世界に先駆けて少子高齢化が進んだ結果、社会保障費の増加による国の財政の圧迫、労働人口の減少もいち早く問題として顕在化している。日本の高齢化率（総人口に占める65歳以上人口の割合）は2021年に28.9%、2025年には30%となる見込みである。また、2021年の75歳以上の人口の割合は14.9%である。2040年頃には、いわゆる団塊ジュニア世代が高齢者となり、高齢者人口がピークを迎える一方、現役世代が急激に減少する（図8）。

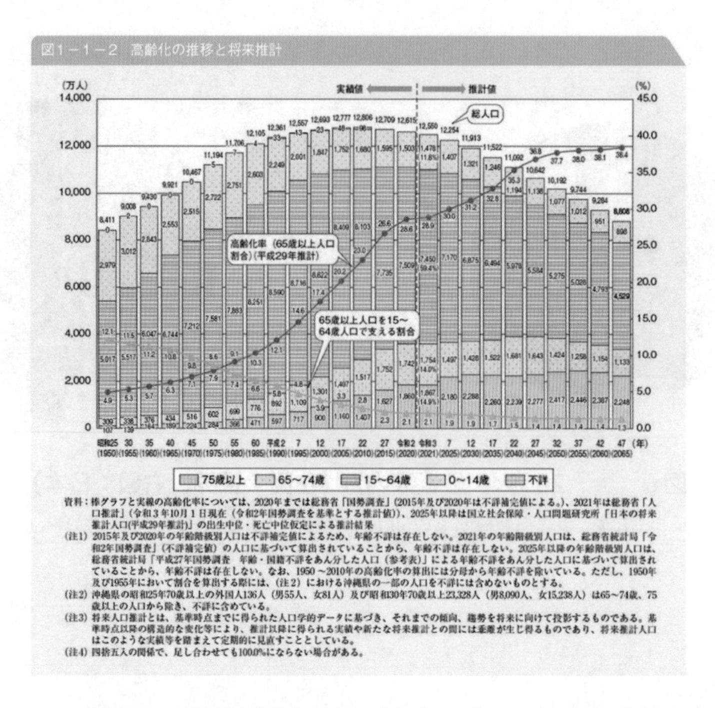

図8　　　高齢化の推移と将来推計（出典：令和４年版高齢社会白書）

日本の医療保障制度の持続性確保において、医療費・介護費の高騰は特に大きな課題である。厚生労働省「国民医療費の概況」によると、2020年度の医療費は43.0兆円、うち11.0兆円は国庫、5.5兆円は地方自治体の負担である。医療保障費を含む社会保障費が日本では約30年前と比べると3倍以上に増大する一方で税収などの収入は1–2割程度しか伸びておらず医療費・介護費の適正化は今後も益々重要な課題となる。

日本は、世界に冠たる国民皆保険制度を基礎とし、全国民が質の高い医療を受けることが可能となり、平均寿命の延伸は目覚ましい。日本は急速に高齢化が進み、社会保障の給付と負担が経済の伸びを上回って増大すると見込まれている。少子高齢化が更に加速していく中、社会保障制度を維持していくためには、高齢者をはじめとする意欲のある者が健康を保ちながら社会で役割を持って活躍できるよう、多様な就労・社会参加ができる環境整備を進めることが必要である。国民の健康寿命延伸の実現のため、予防・健康づくりを強化して、健康寿命の延伸を図ることが求められ、そのための研究開発、制度設計が喫緊の課題である。

【日本政府の新型コロナ対策の観点から】

日本政府の新型コロナ対策の状況の整理・評価、および中長期的観点からの課題抽出のため内閣官房に「新型コロナウイルス感染症対応に関する有識者会議（座長：永井良三）」が2022年4月に発足し、同年6月にかけて複数回の委員会を経て議論がなされ、報告書が公開された。

一方、新型コロナのパンデミックは今も継続しており、今後もさまざまな視点と立場から、多角的な検証を継続的に実施する必要がある。本項では、上述の政府報告書では必ずしも盛り込まれていない点についても整理し、今後の検証に向けた方向性を述べる（詳細は「武見基金COVID–19有識者会議“政府の新型コロナウイルスパンデミック対策に関する意見書（著者・永井良三、2022年6月22日公開）”」も参照のこと）。

まず、わが国の新型コロナウイルス感染者数と死亡者数は主要国よりも少なく、対策は成功したように思われる。しかし、これは現場の努力と国民の高い公衆衛生意識によるところが大きい。その一方で、医療提供体制の逼迫、感染予防の現場や医療現場への大きな負担、国民生活に対する制約などが続いた。またPCR検査数が少ない、市中感染の実態把握が不十分、要請を基本とする対策（日本型モデル）では迅速な意思決定が困難、などの指摘もある。国民の納得感を高めるためにも、これまでの対策を検証し、得られた教訓に基づいて次の大規模なパンデミックに備える必要がある。以降、A）法制度・運用、B）医療提供体制、C）PCR検査体制、D）情報収集・公開、E）専門家助言組織、F）感染症研究体制の課題、G）司令塔の在り方について課題を列挙する。

A）健康有事の法制度と運用の課題

新型コロナウイルス感染対策では、保健所の感染予防活動や必要病床の確保に関する多くの課題が明らかとなった。これらの行政権の行使は、「感染症の予防及び感染症の患者に対する医療に関する法律」（以下、感染症法）に基づくが、感染症法記載の保健所を中心とする公衆衛生体制の機能やキャパシティには限界があり、しばしば保健所や医療の現場に混乱が生じた。また「新型インフルエンザ等対策特別措置法」（以下、特措法）では、都道府県知事が医師ら医療関係者に指示できると定めているが、行政権限により病床を確保するためには、医師・看護師の派遣や入院患者の転院など多くの調整が必要となる。平時からそのための仕組みやルールなどを決めておかなければならない。

感染者数は、ウイルスゲノムの変異や流行時期により変動する。このため感染症法の分類にとらわれずに、状況に応じた迅速な対応が必要となる。そのための指標やガイドラインなども整備すべきである。なお新型コロナウイルス感染症の感染率、重症度、感染対策による日常生活への影響は世代によって大きく異なる。対策に当たっては多様な世代の意見を聴取することが重要である。

B）医療提供体制と保健所機能の課題

わが国の入院病床数は世界的に多い。しかし病院の８割は民間である。また病床や人員などの医療資源を広く薄く配置してきたために、１ベッド当たりの医師・看護師数は、欧米の1/2～1/5と少ない。この体制は、平時には医療へのフリーアクセスを保証し好都合であるが、流行拡大時には重症患者のケアが難しい。パンデミックに適切に対応するには医療資源の再配置をしなければならない。しかし感染症法による入院措置は、わが国が原則としてきた「医療機関と患者の同意に基づく医療」に、「行政権限による医療」が介入することを意味する。このため情報共有と現場のきめ細かい調整を欠かせない。

感染予防の最前線に立つ保健所の設置数は近年大きく減少した。一方で、日常業務の増加、IT化の遅れなどにより、余裕のない状態が続いていた。この状態で今回のパンデミックが襲来したため、現場に大きな負担を強いることになった。とくに保健所の設置形態によっては、県と市町村という行政の狭間に入ることがあり、自宅待機患者の食料確保など、本来の保健所業務でない仕事まで担当しなければならなかった。業務分担や連携が円滑に進むよう、有事の際の法整備が必要である。

C）検査体制の課題

検査は感染防御と診断の基本である。わが国はSARSやMERSの流行がなかったために、PCR検査体制の整備が遅れた。このため検査は陽性の可能性が高い集団を優先してきた。一方、感染者数は行政検査のみによって把握し、定点観測やアクティブサーベイランスは行ってこなかった。また各地で実施されている民間検査や無料PCR検査は行政検査の管轄外とされ、検査の陽性率はほとんど公表されていない。陽性者の追跡も行われていない。そのなかで第６波では幼児や学童を中心に感染が爆発的に拡大した。

感染症拡大予防にPCRを用いるためには、まず検査のキャパシティを確保しなければならない。その上で偽陽性率をよく考えて検査戦略を立てることが重要である。さらに流行や検査キャパシティの状況に応じて検査方針を見直す必要があり、専門家は適切な説明と助言を行うことが期待される。

D）情報収集と情報公開の課題

感染状況や病像の把握、ウイルスの変異、治療効果などを解析するために、専門家は多くの研究者と協力する必要がある。しかし流行時に現場から専門家助言組織へ提供される疫学情報、試料、ゲノム情報などは必ずしも十分でなかった。例えば、データや試料が国立感染症研究所に集められても、第三者に情報提供や検体を提供できないことがあった。これは提供者が個人情報保護を優先したためと考えられる。緊急事態では、現場が個人情報保護法を過度に恐れずにデータや試料を提供できる仕組みが必要である。

情報公開にも問題が多い。国、都道府県、研究機関でデータ開示の方法に統一性がなく、時系列でデータを分析することが困難だった。データ開示の方法を見直し、断面的なデータではなく、研究者が時系列で多角的に分析できるように一次データのファイルを提供すべきである。

パンデミック時にとりわけ重要なのは、機動的かつ柔軟な解析が可能なデータレイクの構築である。その作業は容易ではなく、データベースの専門家と医療従事者が連携すること、多彩な専門領域の研究者による利用を想定し、多様なデータを融合・解析可能なデータ構造とすること、そのためのデザインを平時に検討しておく必要がある。これはデータ共有やリスクコミュニケーションのためにも重要である。

新型コロナウイルス感染者等情報把握・管理支援システムHER-SYSや新型コロナウイルス接触確認アプリCOCOAなどの感染対策アプリもトラブルが続いた。医療機関と保健所との連絡もファックスに頼らざるを得ないなど、わが国の情報改革の遅れは深刻である。次のパンデミックに備えて医療情報システムの早急な改革が求められる。

情報発信にも多くの課題がある。国民に対してだけでなく、海外や国内の外国人にも「わかりやすい情報公開」が必要である。

E）専門家助言組織のあり方

新型コロナウイルスの流行においては、専門家といえどもこれまでの経験や知識が役に立つとは限らず、状況に応じた対応が求められる。例えば、PCR検査や積極的疫学調査などのあり方は、流行の初期と蔓延期とでは異なるはずであるが、方針の切り替えがタイムリーに行われたとは言い難い。流行予測もモデルが限定的という意見も聞かれた。このため専門家助言組織は、柔軟な発想ができ、研究経験の豊富な、かつ多様な背景をもつ人材を登用し、自由に議論できる雰囲気とすることが重要である。また国内の疫学研究や臨床研究を指導し、データセンターを通じて外部の科学者集団と連携する体制を作るべきである。

F）感染症研究体制の課題

新型コロナウイルス流行時に日本からの論文数は先進国の中でも下位であった。これは情報や試料を研究者が入手できなかっただけでなく、平素の疫学研究や臨床研究の体制が整備されていないことが大きな理由である。国内の調査と研究が進まなければ、科学的助言の質は低下する。また海外でワクチン開発や治療薬が迅速に開発された背景には、感染症の基礎研究と人材育成の厚い基盤があった。わが国の感染症基礎研究の予算は少なく、人材育成も不十分である。今後、国際共同研究を含めて、基礎研究の強化が必要である。

G）司令塔のあり方

コロナウイルスを含めて様々な人獣共通感染症が、今後もパンデミックを繰り返すと予想される。健康有事における法整備、体制作り、研究力の向上が急務である。パンデミック対策にあたっては、必要な情報を複数の方法で必要な場所から収集し、負荷を分散することが基本である。また対策も単一の方法ではなく、複数の方法を組み合わせなければならない。わが国ではこれらが適切に行われてこなかったことから、今後、司令塔機能の強化が求められる。しかし法律の整備やガバナンス・統治機構のあり方については論議を尽くす必要がある。議論のためにもパンデミック時の情報収集、データセンターのあり方、データの利活用、公開のあり方や方法を十分に検討することが望まれる。

今回のパンデミックは、誰にとっても全く新しい経験であり、判断の誤りは避けられない。誤りを徒に非難しあうのではなく、状況に応じて柔軟に対応し、その時点のベストを尽くすこと、状況と方針を国民にわかりやすく説明することが重要である。新型コロナウイルス対策をめぐる議論は、わが国の感染症対策や危機管理のあり方の問題にとどまらない。合理主義だけでは手に負えない複雑な現象をいかに制御し、これと折り合うかという問題でもある。この中に、情報インフラ、データ駆動型思考、分析と予測、情報共有、情報公開、説明責任、社会的格差、風評被害、互助と共助、さらに科学者助言や科学研究のあり方など、不確実な時代を生き延びるために解決すべき課題、知恵、技術が含まれている。今回のパンデミックの収束がいまなお見えぬ中、今後もさまざまな視点と立場から、継続して多角的な検証が必要である。

以上は、先にも述べた「武見基金COVID–19有識者会議“政府の新型コロナウイルスパンデミック対策に関する意見書（著者・永井良三、2022年6月22日公開）”」の概要であるが、これら以外にも、今回のパンデミック対策への反省を踏まえた課題群として、次のものが考えられる。

• **公衆衛生上の脅威に対応するための危機管理体制の強化**

パンデミックなどの公衆衛生上の脅威が発生した場合に備え、米国の疾病予防管理センター（Disease Control and Prevention: CDC）の災害対策本部（Emergency Operations Center: EOC）は平時から計画策定・トレーニング・演習・見直しを繰り返し、有事には専門家の配備やリソースの適切な投入や情報収集などを担ってきた。新型コロナパンデミックを受けて、2020年4月、わが国の国立感染症研究所に、CDC–EOCに近い機能を有する、感染症危機管理研究センターが設置された。同センターは2021年に機能と人員を大幅拡大し、現在に至る。同センターでは、主に「感染症その他の特定疾病の危機管理に関し、情報の収集及び分析、訓練並びに広報並びにこれらに必要な科学的調査及び研究並びにこれらに関する講習の実施」および「感染症の判別のための検査並びにこれらに必要な科学的調査及び研究（これらに関するレファレンス業務を含む。）並びにこれらに関する講習の実施」を担うこととなっている。感染研内の部門間連携のみならず、例えば地方衛生研究所、検疫所、保健所などとのネットワークを構築、WHOや米国CDCなどとの国際的な連携も行われている。同センターは非常に重要な役割を担っているが、これらに加えて、例えば日本医療研究開発機構（AMED）内にあるワクチン開発司令塔の先進的研究開発戦略センター（SCARDA）で設定された国内の複数のアカデミア拠点（東大医科研、長崎大熱医研ほか）や医療関連企業など、国内で感染症に関する研究、疫学、情報発信などを担うアカデミア/民間組織/企業などとのコンソーシアム構築も今後重要課題になるのではないかと考えられる。

政府は2025年度以降、国立感染症研究所と国立国際医療研究センターを統合し「国立健康危機管理研究機構」（日本版CDC）の設置に向け、2023 年の通常国会にて法案が提出された。同機構の詳細については公開されておらず、これから活発に議論がなされるものと考えられる。

• **感染症基礎研究の強化**

今後、どのような病原体がパンデミックを引き起こすかは予想が出来ない。どのような病原体が流行しても対応できるように、個々の病原体だけに特化するのではなく、同時に感染症全体を見渡して研究する視点が重要で、病原体横断的な研究の強化が必要である。また、感染個体からの病原体の分離・同定/病原体の性質の解明/病原性の発現機構の解明/病原体の増殖メカニズムの解明など、基本的なウイルス学研究をきちんと遂行でき、かつ他分野との連携にも積極的な研究者を増やすことが重要である。

病原性の高い病原体を扱う場合はBSL–3、BSL–4などの施設を使った研究が必要となる。 BSL–3については、全国各地に保有する大学はあるものの、これまであまり稼働しておらず、平時からプロトコルやマニュアルなどを完備し、速やかに稼働できることが重要である。特に病原性の高い病原体を扱う場合はBSL–4が必要となるが、研究開発の観点からは、長崎大の施設がしっかりと稼働していくことが重要である。

がんや脳科学、感染症など、いくつかの研究領域は、超大型の基礎研究プロジェクトが継続的に立てられ、長らく推進されてきた。感染症については、1997年～2001年に総額30億円規模（推定）で日本学術振興会未来開拓事業「感染と生体防御（高月清（統括））」、次いで2001年～2005年に総額50億円規模（推定）で特定領域研究「感染と宿主応答（永井美之（代表））」、2006年～2010年に総額33億円で特定領域研究「感染マトリックス（野本明男（代表））」が推進されてきた。これらはいずれも、感染症に関係する様々な研究分野（ウイルス学、細菌学、寄生虫学、免疫学）の研究者が結集した、非常に規模の大きな基礎研究プロジェクトであった。2008年に特定領域という仕組みが終了すると、以降の大型プロジェクトは研究費の規模が縮小され、新学術領域という新たな枠組みで感染症（特にウイルス）研究が進められてきた（現在は学術変革が該当）。以上、感染症の超大型の基礎研究プロジェクトについて整理したが、がんなど、他の分野においても同様に超大型の基礎研究プロジェクトが進められ、2008年の特定領域の終了と共に区切りとなった。それら超大型の基礎研究プロジェクトについては、メリットとデメリットの両方が言われており、概要は次の通りである。

【メリット】

>様々な階層の研究者が触れ合う機会があり、人材育成が進んだ（ベテラン研究者と若手・学生との交流）

>若手ワークショップが開催され、ボスを介さない若手同士の横のつながりが生まれ、若手同士の共同研究が活発に行われた

>様々な情報や技術の共有の場として機能した

>社会的な緊急事態が発生した際に、国内のどこにどういう専門家がいるのか見えており、有事の際に即時対応が可能であった

【デメリット】

>外部から見ると、非常に閉鎖的な研究体制である

>巨額の研究資金の投入に相応しい成果が出ているとは言えない

>巨額の研究資金が投入され続けると、ボス的な存在が生まれメンバーの固定化が進み、ダイナミズムのある研究ができなくなる

>全く新しい方向性の、独創的な研究を生み出すことは難しい

以上を踏まえると、様々な研究分野において、わが国の研究水準を世界トップレベルの位置にまで押し上げるためには、大型基礎研究プロジェクトは一定の役割を担ってきたとも言える。しかし、ライフサイエンス・臨床医学分野の研究開発潮流は、データ駆動型研究やAI研究が大きな存在感を示すなど、刻一刻とダイナミックに変化を続けており、硬直的になりがちな超大型の基礎研究プロジェクトでは、対応困難な可能性が高い。少人数の研究チームで機動的な基礎研究を推進しつつ、超大型の基礎研究プロジェクトのメリットでもある、ベテラン/若手/学生などの世代間連携や若手同士の連携などの活性化を促す取り組みが重要と考えられる。

感染症に限定したことではないが、研究テーマを何度も方向転換しながら、自身の取り組むべき研究テーマを探し求め、新たな領域を切り拓いていく。そのような研究が、大きなインパクトをもたらす研究となっていくことが多いが、そのように自由度のある研究活動を、今の日本は許容しない傾向がある点は問題で、今後見直していく必要がある。

（2）経済的課題

日本は、医薬品、医療機器ともに貿易収支は輸入超過である。しかし、日本は世界でも数少ない新薬創出国であり、大手新薬メーカーの中には海外売上高比率が50%を超えているところもあるなど、グローバルな企業活動が展開されている。医療機器については、治療機器は欧米企業の後塵を拝しているものの、診断機器については画像診断装置を中心に、日本企業が世界市場において一定のシェアを有している。

医薬品産業

医薬品開発は難易度を増している。日本製薬工業協会が発刊するDATA BOOK 2022によれば、日本で2000～2004年（5年累計）に1つの新薬（低分子化合物）の承認を得るために合成された化合物は12,888化合物であったのに対し、2016～2020年では21,963化合物であった[1]。約15年間で新薬開発の確率は約1/2に低下している。一方、日本の製薬企業の研究開発費上位10社の平均は、2005年に895億円だったものが2020年には1,715億円と2倍近くに増大している。海外製薬企業の研究開発費は、上位10社の平均を見ると3,152億円（2000年）から8,328億円（2020年）へと3倍近くに増大した。タフツ大学の調査では、1995～2007年に臨床試験が行われた106開発品の開発コストは1開発品あたり25億5,800万ドルであり、1983～1994年の調査に比して約2.5倍増大した[2]。最近の報告でも、2009～2018年に米FDAで承認された新薬355品目のうちデータにアクセス可能な63品目で調査した結果、1品目当たりの研究開発投資中央値は9億8,530万ドルであった[3]。国内の産業別にみた研究費の対売上高比率（2020年度）

は医薬品製造業が9.68％であり、製造業4.41％、全産業3.36％などに比べて圧倒的に高い。これらの数値は、新薬開発がハイリスクなチャレンジとなっていることを示している[1)]。

医薬品産業は今後10年以内に自動車産業を超えて、世界最大の産業になることが見込まれている。日本は世界でも数少ない新薬開発力を有する国であり、知識集約型・高付加価値産業である製薬産業は、経済成長への貢献が期待されている。しかしながら、高騰する医療費の最適化に向け、薬価の引き下げ圧力は強い。日本では実際に薬価改定が社会保障費の抑制に大きく寄与していると言われ、医薬品市場の今後5年の年平均成長率がマイナスの可能性があると伝えられている。マイナスの成長予測は、先進国と中国など主要新興国を加えた14カ国中で日本のみである。日本における創薬イノベーションを促進し、市場としての透明性・予見性を損なわない財源の配分も重要な課題となっている 。

創薬モダリティが多様化している。20世紀末ごろまでは殆どの医薬品は低分子化合物であったが、2000年代半ばから抗体医薬が続々と登場した。2021年の売上上位10品目には、抗体医薬4品目、タンパク質1品目、mRNAワクチン2品目が含まれ、低分子以外の医薬品が過半数を占めている。今後、遺伝子治療（*ex vivo*遺伝子治療、*in vivo*遺伝子治療）、核酸医薬、デジタル治療なども存在感を増すことが予想される。製薬企業が、創薬プロセスの全てで自前主義を貫くことは困難となりつつあり、オープンイノベーションの取り組みが進んでいる。1998～2007年に米国FDAで承認を受けた新薬252品目のうち米国由来の117.6品目では、大手製薬企業由来の製品は45.3品目であり、残りの多くはバイオテック企業由来となっている[4)]。2019年に日米欧いずれかで承認を得た58品目の由来は、バイオベンチャー40％、中小製薬企業31％、アカデミア11％（大阪大学ベンチャーキャピタル株式会社サイエンスレポート第22回「業界展望－創薬」）とされる。低分子化合物に強みを有していた日本の製薬企業は、バイオ医薬品の開発で欧米企業の後塵を拝することとなった。今後、中長期的に世界の主流となり得る創薬技術の潮流に注目し、広く基盤技術開発を進めることが望まれる。創薬ベンチャー育成のための投資環境や、アカデミア、ベンチャー企業のシーズの実用化を支援する橋渡し研究拠点などのさらなる整備も必要である。

創薬研究が複雑化、高度化、多様化して厳しさを増す製薬産業では、生産性向上に向けてデジタル技術の活用に期待が集まっている。ゲノム、各種オミクス、リアルワールドデータやウェアラブルデバイスから得られるバイタルサインなどの医療関連データ、医薬品や化合物の構造、生理活性情報など膨大なデータが入手可能となったことと、ビッグデータ技術やAIの発展が相俟って、データサイエンスを活用した創薬プロセスの変革が進んでいる。AIを活用して創製された化合物の臨床試験が開始され、AI創薬は着実に進展している。疾患治療用アプリなどデジタル治療（DTx）の開発も盛んになっている。日本でも、2020年8月にニコチン依存症治療アプリがDTxとして初の薬事承認を得て以来、高血圧症治療アプリも2022年4月に薬事承認を取得した。DXによって創薬イノベーションと創薬開発の生産性向上を両立させることに加え、デジタルツールによって新たなソリューション提供の手段を得ようとする取り組みが目立っている。

欧米の製薬企業を中心に、研究開発投資資源を確保し、投資回収を最大化するためにM&Aによる企業規模の拡大が進んでいる。企業規模に依存せず特定の疾患領域に事業を集中することで、競合優位性を確保する戦略を採る製薬企業もある。日本の製薬企業も国内を中心に再編が進んだが、研究開発費の比較から明らかなように海外大手に比して企業規模が小さく、選択と集中の戦略が採られている。デジタル技術の活用を進めるため、製薬企業とIT/AI企業などとの多業種間の連携が増えている。その一方で、製薬企業は創薬のコアコンピタンスのみに特化し、水平分業化を進める動きも顕著になっており、製薬産業の再編、ビジネスモデルの変化は当面続くものと思われる。

欧米企業が、自前主義からオープンイノベーションへと転換し、ベンチャー企業発の革新的な医薬品や医療機器を事業化する中、日本では、バイオ系ベンチャー企業が十分に育っていない。今後はイノベーションエコシステムの形成と推進などを通してこの課題を解決していく必要がある。

参考文献

1）日本製薬工業協会「DATA BOOK 2022」https://www.jpma.or.jp/news_room/issue/databook/ja/（2023年2月5日アクセス）
2）J Health Econ. 2016; 47：20-33. doi: 10.1016/j.jhealeco.2016.01.012
3）JAMA. 2020; 323（9）; 844-853. doi: 10.1001/jama.2020.1166
4）Nat Rev Drug Discov. 2010; 9：867-82

ヘルスケア産業

医療費の公的負担が増大する一方、平均寿命と健康寿命の約10年の差の縮小を目指す上で、ヘルスケア産業の活性化への期待が高まっている。COVID–19まん延以降、感染症対策が社会・経済活動の前提となったことから、ヘルスケア産業のすそ野は広がっており、ITの進展を契機としたヘルスケアDXはさらにそれを加速している。DXをけん引するのはビッグデータを処理・解析するためのAIをはじめとした情報科学技術の発展・普及であることは論を待たないが、ヘルスケアDXにおいては、センサーやデバイスによるリアルワールドデータ（RWD）収集技術の発展や実社会でのデータ収集・保管を支えるクラウド技術の普及が重要な役割を果たしている。そうした技術やプラットフォームを背景に、GAFAMを代表とする米国ビッグテックや、バイドゥやテンセント、平安保険のような中国ビッグテックがヘルスケアに参入し、大きな存在感を示している。

ヘルスケア産業を公的保険外サービスと定義した場合、経済産業省が推計した国内の市場規模は、2016年で約25兆円と見積もられるのに対し2025年には33兆円程度に拡大すると推計されている[1]。ITの進展を背景に、ヘルスケアの伸びをけん引すると考えられているのがデジタルヘルスであり、それは投資額にも表れている。2021年のデジタルヘルスへのグローバルでの投資額は572億ドル（1ドル110円換算で約6.3兆円）と見積もられている[2]。それまでも右肩上がりで伸びていたものの、2021年はCOVID–19を背景に前年比79％増と急増した。世界的な感染状況の落ち着きと金融引き締めにより、2022年はややスローダウンしているものの、デジタルヘルスを中心にヘルスケアへの投資は引き続き堅調に伸びていくと考えられる。

健康・医療に関連するサービスは、大きく「予防・早期発見」「検査・診断」「治療・疾病管理」「介護・リハビリ」の4つのカテゴリーに分けられる。「検査・診断」「治療・疾病管理」は医療機関が主な担い手であるが、技術の進展によりヘルスケア産業が担う部分が増えていくと考えられる。

「予防・早期発見」領域では、血液や尿などから疾病リスク判定を行うリキッドバイオプシーが世界的に注目と資金を集めている。次世代シーケンサーなどによる高感度でのビッグデータ検出、深層学習による多変数での層別化などの技術がけん引する。日本のCraif社の提供するMisignalのように、これまではがんの超早期でのスクリーニングが主なターゲットであったが、治療層別化や経過モニタリング等の用途での開発も数多く進む。また、認知症の前段階である軽度認知障害のリスクを血液から判定するサービスを島津製作所社が提供するなど、がん以外の疾病にも対象が広がりつつある。

「検査・診断」領域では、医用画像や電子カルテ情報を用いたAI診断補助が注目される。日本ではUbie社が医療機関向けに提供するAI問診などが展開されているが、海外、特に中国では開発が進んでいる。中国は日本や欧米と比較して医療インフラが未整備であったことから、COVID–19まん延以前より平安保険などがオンライン問診や遠隔医療のサービスを展開しており、これらサービスを通じて収集したデータ活用により開発・実装で先んじる。COVID–19対応でも、中国で開発された胸部CTのAIプログラムがいち早く日本国内の承認を得た。

「治療・疾病管理」領域では、デジタル治療やウェアラブルデバイスが注目を集めている。治療アプリ・デジタル治療はいわゆる健康増進アプリとは異なり、医薬品・医療機器として認可を受ける。慢性疾患や精神疾患など、治療が長期化し治療プロセスに患者自身の継続的管理が必要な疾患と相性が良く、治療アプリとして初めて米国食品医薬品局（FDA）に認可された米国ウェルドック社の糖尿病患者向けアプリや、日本のキュアアップ社の禁煙補助や高血圧症に対するアプリなどが出てきている。ウェアラブルデバイスで記録した健康データのヘルスケア応用は、アップル社、グーグル社（2021年にFibtit社を買収）が先導するが、その他にも睡眠やフィットネス等への応用が進んできた。アップルウォッチは2018年にFDAが心電図測定機能を認可、2020年に血中酸素ウェルネスの測定が可能になった。リストバンド型のデバイスだけでなく、ペットトラッカー、スマートジュエリー、拡張現実/仮想現実（AR / VR）ヘッドセットなどの新しいウェアラブルデバイス技術が続々と登場している。

「介護・リハビリ」領域は、少子高齢化により必要性が高まる中、厚生労働省が科学的介護（科学的根拠に基づく介護）を推進するなど今後の技術発展が期待される領域である。先駆的な例としてはサイバニクス技術を活用したサイバーダイン社のロボットスーツHAL、エコナビスタ社のIoTによる見守りなどがある。また、イスラエルDonisi Health社などが開発した非接触で心拍や呼吸を計測するデバイスは、感染症対策で注目を集めたが、遠隔での見守りなどでの活用も期待される。全体として見ると、こうした技術の介護・リハビリでの本格的活用はまだこれからといった段階であろう。

COVID–19の影響で、対面での診療の代替としてオンライン診療のニーズが高まり、日本でも2022年2月に初診からのオンライン診療が認められるなど普及が進んだ。英国のバビロンヘルス社のように、オンラインでのかかりつけ医へのアクセスだけでなく、AIによる健康状態のレポート（『診断』ではない）を提供するといったサービスも利用が広がった。また、ウェアラブルデバイス等による医療機関外でのモニタリングが注目を集め、自宅療養者が増えた際に重症度の指標となる酸素飽和度をアップルウォッチでモニタリングできないかと話題になった。フィンランドOula Health社の指輪型ウェアラブルデバイスは、米国NBAにて選手の健康管理ツールの1つとして2020年シーズンに採用され、COVID–19感染者を出すことなくシーズンを終えたことで注目された。米国などで遠隔診療から対面診療への揺り戻しも見られるものの、コロナ禍によりデジタルヘルスの利便性や効果を体感した人々も多く、ヘルスケアDXは一気にフェーズが進んだと言えるだろう。

CB Insights社の選ぶThe Digital Health 150のうち3/4が米国を占めるように[3)]、ヘルスケア産業の成長をけん引するのは米国である。民間医療保険中心で、治療コストが高く病気になることへの経済的なリスクが高いことから、予防に関わるフィットネス、健康への助言といった個人向けのサービスが数多く出てきている。また、民間保険側でも、自社のもつデータを基にこれらのサービスが医療費に与える影響を解析し、医療費削減の効果が認められたサービスを保険収載するといった取り組みも見られる。

一方、日本の場合は、国民皆保険により高品質の治療が低コストで受けられることから、予防や健康増進に対する個人の経済的なインセンティブが働きにくい傾向があり、マネタイズが難しい要因の1つとなっている。日本でも保険会社との業務提携といった動きも一部見られるものの、主なビジネスモデルとしては公的保険収載を狙う、もしくは自治体や雇用主である企業などの保険者をターゲットに収益を得ようとするものが多い。なお、英国は日本と同じく皆保険制度があるが医療機関へのアクセスが悪いため、前述のバビロンヘルス社のようなサービスも普及しており、国によるヘルスケア産業を取り巻く環境の違いは、保険制度以外にもさまざまな要因によって生じていると考えられる。

そういった要因の1つが個人情報である医療・健康データの活用状況の違いである。データ活用のためには、レセプト、電子カルテのような医療機関内、モバイル・ウェアラブル端末のような医療機関外で収集される各個人の医療・健康データの連携が不可欠であるが、個人情報の保護やセキュリティの懸念、データ接続に伴う技術的課題などにより、各種データの共有・連携が日本では進んでいない。

特に、COVID–19対応においてその弊害が露呈したこともあり、厚生労働省を中心に推進する「データヘルス改革」において、まずは医療機関の間で医療・薬剤情報に相互接続できる仕組みや、各個人が自身の保健医療情報を閲覧できる仕組みの確立が優先的に進められている。個人情報保護法については、EUのGDPRをベースに、利活用よりも保護を重視した規定・運用となっている。一方EUでは、医療や社会福祉のような公共の利益を理由とするデータ利用を認め、健康・医療データ利活用促進のためのEHDS（European Health Data Space）構想を検討するなど、データ利活用にかじを切りつつあることは注目に値する。また、法制度だけではなく、人々の意識も重要なファクターである。例えば中国では、個人情報を提供する際にメリットを重視する傾向が強く、利便性が高ければデジタルヘルス利用が広がりやすいが、日本では安心・安全性を重視する傾向が強いため、利用に対して慎重になりやすいと考えられる[4]。ビジネスが人々に受け入れられるためには、こうした法制度の動向や人々の意識を配慮した展開が求められるであろう。

前述の通り、ヘルスケアDXの前提となる健康・医療データ利活用において日本は課題を抱えているが、コロナ禍で医療逼迫により社会・経済活動が大きく制限されてしまった苦い経験を受けて、経済財政運営と改革の基本方針（骨太方針）2022において「全国医療情報プラットフォームの創設」、「電子カルテ情報の標準化等」「診療報酬改定DX」を明記するなど、医療・ヘルスケアDXについて政府はこれまで以上に踏み込んだ政策を打ち出そうとしている。また、健康・医療情報の共有・連携において鍵となる電子的な個人認証機能をもつマイナンバーカードについても、様々な手を講じて普及率を高めようとしている。こうした政府の動きが日本におけるヘルスケアDXの活性化に繋げられるのか注目である。

わが国は、レセプトや定期健診情報など、他国にはない良質な健康・医療データを有している。また、医療費増大や他国よりも高い高齢化率などさまざまな課題を抱えているが、見方を変えると課題先進国であるとも考えられる。日本でビジネスを確立できれば他国に展開できる可能性があり、成長産業としてのヘルスケアに期待したい。

参考文献

1) 事務局説明資料（今後の政策の方向性について）、第1回 新事業創出ワーキンググループ、経済産業省（2021）https://www.meti.go.jp/shingikai/mono_info_service/kenko_iryo/shin_jigyo/pdf/001_03_00.pdf
2) State Of Digital Health 2021 Report, CB Insights（2022）
3) The Digital Health 150: The most promising digital health companies of 2022, CB Insights（2022）
4) 令和2年版　情報通信白書　第1部　第3節 パーソナルデータ活用の今後

1.2.1.2 食料、農業、生物生産

（1）社会的課題

アジア・アフリカにおける急激な人口増加と経済成長は、世界的な環境問題の深刻化や食料確保の困難化という社会課題を引き起こしている。近年のCO_2をはじめとする温室効果ガス（GHG）濃度上昇の影響により、世界各地で気温が上昇し、異常気象が頻発するなど気候変動が進行している。また、COVID–19やウクライナ紛争を契機に食料安全保障を脅かす状況になっている。さらに、農林水産業に関連する窒素とリンの循環が地球の限界（プラネタリーバウンダリー）を超えてしまっていることが明らかになり、世界各国が協調して課題解決に向けて動くことが求められている。

これらの社会課題の克服にとって、持続可能性と循環型社会の構築が鍵となっている。以下では、気候変動、食料問題、持続可能性とバイオエコノミーの現状と課題を整理する。

気候変動

気候変動に関する政府間パネル（IPCC）は、2018年に「1.5℃の地球温暖化」と題する特別報告書を発表し、産業革命以前と比較した温暖化を1.5℃に抑えることができれば、温暖化による壊滅的被害をかなり防ぐことができるとした。ただ、このためには、2030年において、2010年に比べてCO_2排出量を45%削減し、2050年には事実上CO_2排出をゼロにするという高い目標が求められている。

地球温暖化対策は、世界中の国々にとって全力で取り組むべき重要な課題であり、2015年にパリで開かれた「国連気候変動枠組条約締約国会議（通称COP）」で、2020年以降の気候変動問題に関する国際的な枠組み「パリ協定」が2016年11月に発効された。

パリ協定のもと、各締約国ではエネルギー供給と使用に関して、GHG排出量を削減する「低炭素化」の政策が強力に進められている。わが国でも、2020年10月に菅首相は、GHG排出量を2050年までに実質ゼロとするという目標を表明した。米国も2021年2月にパリ協定に復帰し、地球温暖化の科学的事実と対策の必要性は世界的な共通認識になった。

GHG排出量に関しては、農業・林業・その他の土地利用（AFOLU）からの排出は12.0 GtCO_2–eq/年（2007～2016年）で、総排出量の23%に相当し、運輸セクター、産業セクターからの排出に匹敵する大きな排出源となっている。 AFOLUとは別に「食料システム」としての排出量についても試算がされている。食料生産に直接関連する排出（農業と農業に由来する土地利用）に加え、加工、流通を経て最終的に消費されるまでのプロセス全体を考慮した食料システムからの排出は10.8–19.1 GtCO_2–eq/年で、総GHG排出量の21–37%を占める。さらに、フードロスによるGHG排出量については、全食料の25–30%が廃棄されるとした場合は、全排出量の8–10%に相当するとされた。このことは、フードロスの削減や食生活の変更（肉の摂取を減らす等）は、GHG排出を減らすことはもとより、食料生産に必要な耕地面積を減らすことにもつながり、GHG削減に向けては、生産者側の取り組みに加えて、消費者側の取り組みが重要であることを指摘している。

食料問題

国連が発表した「世界の食料安全保障と栄養の現状」報告書（2022年版）によると、2021年には7.02～8.28億人が飢餓の影響下にあると推計され、その数はCOVID–19の影響により1.5億人増加した。また、飢餓ゼロを目指す2030年でも世界人口の8%に相当する6.7億人が飢餓に直面するとされた。

世界の食料需要は、2050年には2010年比1.7倍（58.17億トン）になると予想されている（「2050年における世界の食料需給見通し」、農林水産省）。人口増加や経済発展を背景に低所得国の食料需要は2.7倍、中所得国でも1.6倍に増加する。畜産物と穀物の増加が大きいが、畜産向けの飼料需要の増加が穀物や油糧種子の需要増加の要因と考えられる。畜産物の需要は2050年には2010年比1.8倍（13.98億トン）となる。高所得国では食生活の成熟化により畜産物需要の増加は比較的緩慢であるが、経済発展による中間層の台頭や食生活の変化から、中所得国では肉類、低所得国では乳製品が大きく増加して、低所得国の需要は3.5倍、中所得国でも1.6倍に増加する。そのため、現在の延長にある食肉供給では、体重の1,000分の1とされるタンパク質の要求量を賄えなくなり、タンパク質の需要と供給のバランスが崩れる「タンパク質クライシス」現象が起きる可能性が指摘されている。

一方で、欧米を中心に牛のゲップによるメタン排出など畜産自体が温暖化につながっているとして、肉類の消費削減が呼びかけられており、2021年11月に開催された国連気候変動枠組条約第26回締約国会議（COP26）では、世界のメタン排出量を2030年までに2020年と比較して30%以上削減するという「グローバル・メタン・プレッジ」が発足し、100を超える国と地域が参加を表明した。

このような状況の中、オランダや近隣諸国の窒素問題が注目されている。オランダは、多数の家畜を集約して生産効率を上げることで、米国に次ぐ世界第2位の農産品輸出額を誇っている。その分、家畜の糞尿に由来するアンモニアガスの大気への排出量が大きく、環境汚染を引き起こしていると指摘されている。そこで2022年6月にオランダ政府は、人間活動による反応性窒素（アンモニアなどの反応性の高い窒素化合物）の大気への排出量を2030年までに半減するという目標を打ち出した。これを達成するために、オランダの畜産農家に対して家畜の排泄物由来のアンモニアガス排出量を7割削減するよう求めており、農家や農業団体から大きな反発を受けている。

持続可能性とバイオエコノミー

生物の機能を利用するバイオテクノロジーは、健康・医療、農水畜産、工業といった幅広い分野に応用されてきている。バイオエコノミーは、生物資源（バイオマス）やバイオテクノロジーを活用して、気候変動や食料問題といった地球規模の課題を解決し、長期的に持続可能な成長を目指そうという概念である。本稿では、バイオエコノミーの考え方の系譜について、sustainability（サスティナビリティ：持続可能性）に着目して、年代を辿りつつ主要な政策文書から俯瞰する。

• **持続可能性に関する科学論文と提言**

2009年、持続可能性の指標評価に関する重要な科学研究論文が発表された。スウェーデンのストックホルム環境研究所のグループによる、Planetary Boundaries（プラネタリーバウンダリー）と呼ばれる、人類が生存できる安全な活動領域を9つの領域に分けて定量し、その限界点を定義する概念に関する論文である[1)]。人間活動が限界値を超えた場合、地球環境に不可逆的な変化が起きる可能性が示唆されている。2009年版では、農業のための空気中からの大量の窒素固定と環境流出による窒素循環の変容と生物多様性の減少が、人類が安全に生存できる限界点を超えているとされ、全地球的な気候、成層圏オゾン、生物多様性、海洋酸性化などの自然システムを継続的に計測・監視することの重要性が示された。また、計測や監視を通して、人類は貧困の緩和や経済成長の追求が安定的に可能になると論じ、後の国連でのSustainable Development Goals（SDGs）の策定につながった。

2014～2015年には、グローバルな「持続可能性」戦略において重要な動きが3つあった。

①プラネタリーヘルス（2014年）：

医学雑誌Lancetが、「From public to planetary health: a manifesto」と題する声明を掲載した[2)]。この声明は、公衆衛生（パブリックヘルス）の概念を拡張して地球全体の健康を追求しなければならないことを謳い、プラネタリーヘルスとは人類の健康の礎としての地球環境問題の解決のみならず、富、教育、性別、場所による健康状態の差を最小限にすることを目指す概念であることを明言している。拡張を続ける資本主義経済がもたらす経済的格差に対する警鐘も鳴らし、医学だけでなく、政治や社会全体としての意識改革を訴える内容であった。2015年、ロックフェラー財団とLancet誌は共同でPlanetary Health Alliance（PHA）を設立し、現在では64か国以上の国や地域の大学やNPO団体などが加入している。日本からは東京大学、東京医科歯科大学、長崎大学などが参加している。 PHAのミッションは、「地球の環境変化が人類の健康に与えるインパクトを理解し、この問題解決に資する」とされ、健康の不平等や拡張を続ける貧富格差などを大きな問題として取り上げた、2014年のLancetの声明とは、やや重点の置き方が異なっているようである。また、Lancetは2017年にLancet Planetary Healthを創刊し、SDGsに関わる諸問題について、社会科学、公衆衛生、エネルギー工学、地球システム、地球環境工学等、幅広い分野を扱う学術論文を掲載している。

②プラネタリーバウンダリー第二版（2015年）：

2015年にストックホルムレジリエンスセンター（ストックホルム環境研究所から改称）の研究グループは、プラネタリーバウンダリーの改訂版を発表した[3)]。この論文では、2009年版で述べられた窒素循環に加えて、リン循環も危機的であることが指摘された。大気中へのエアロゾルの放出、新化学物質の環境中への放出、機能的な生物多様性については、2015年版では定量化ができておらず、「不明」との記載にとどまった。

③持続可能な開発目標（SDGs）の策定（2015年）：

2000年9月に策定されたMillennium Development Goals（MDGs）が終了するため、SDGsとして新たな開発目標が設定され、2015年の国連総会で、「我々の世界を変革する：持続可能な開発のための2030アジェンダ」と題する文書[4)]として採択された。 MDGsでは8つのゴール、21のターゲット項目が設定されていたが、SDGsは17の目標の下に169の達成基準と232の指標が設定されている。 SDGsの目標の多くはMDGsから引き継がれたものであるが、17の目標の標語は抽象的な文言が多く、簡潔にまとめられた標語からは推測が難しい。例えば、目標2「飢餓をなくそう」では、飢餓や栄養失調の撲滅だけでなく、2020年までに農業や畜産で用いる品種の多様性を維持するため、野生種も含めたシードバンク等を国、地域、国際レベルで整備すること等の目標も含まれている。なお、この採択文書では、生物的多様性の維持やバイオセーフティについては何度も言及があるものの、バイオテクノロジーや、化石資源依存からの脱却等についての言及はない。

2022年には環境中への新規化学物質の蔓延について評価したプラネタリーバウンダリー第三版が発表され

た（図9）[5]。特に、マイクロプラスチック（一般に5mm以下の微細なプラスチック類）による海洋生態系への影響が懸念されている。毎年約800万トンのプラスチックごみが海洋に流出しているという試算や、2050年には海洋中のプラスチックごみの重量が魚の重量を超えるという試算もあり、海洋プラスチックごみによる海洋汚染は地球規模で広がっている。海洋プラスチックごみ等の新規化学物質の排出抑制と循環性の確保は世界全体の課題として認識されている。

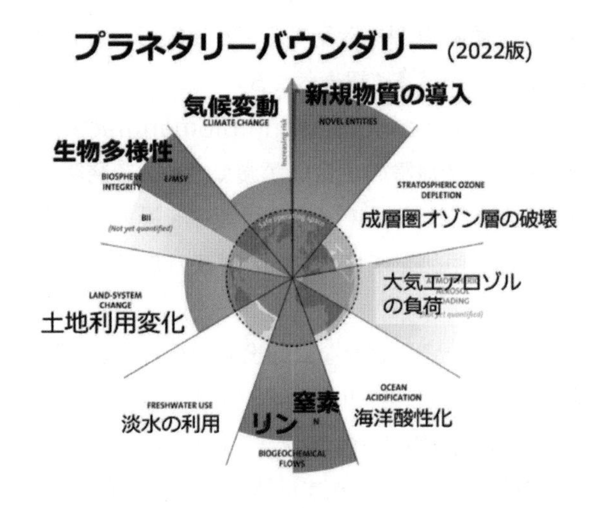

図9　　プラネタリーバウンダリーで示された地球環境の危機

出典：Azote for Stockholm Resilience Centre, based on analysis in Persson et al 2022 and Steffen et al 2015　にCRDSで加筆。

• 経済協力開発機構（OECD）によるバイオエコノミー政策文書

2023年現在、世界各国がバイオエコノミー戦略を発表している。OECDは世界に先駆けて、2009年に「2030年までのバイオエコノミー」と題する文書を発表した[6]。その中で、バイオエコノミーの定義は様々であるが、概ね、バイオマスとバイオテクノロジーを用い、世界の健康と資源に関わる諸問題の解決に資するとともに、バイオテクノロジーが経済に大きな影響をもたらすと記されている。この文書では、2030年までにバイオテクノロジーの利用が、医薬品・ヘルスケア関連産業と一次産業において革新的な成果をもたらすと予想されていた。バイオマーカーを駆使した診断技術や、非可食バイオマス作物（エネルギー作物）、栄養成分を強化した穀物の登場など、新産業の創出とその経済効果が念頭に置かれており、持続可能性（sustainability）という表現は特に強調されていない。

• 米国によるバイオエコノミー政策文書

2012年、米国は「National bioeconomy blueprint（本稿では米国バイオエコノミー戦略と表記する）」と題する政策文書を発表している。米国バイオエコノミー戦略では、米国が直面する様々な問題解決と生物学の研究・イノベーションを結びつけることを目的として掲げている。本文書は、科学的発見と技術革新を通じて、経済成長と雇用創出を促進し、米国民の健康を改善し、クリーンエネルギーの未来へ向けて前進するための指針を示すものとされた。背景として、近年の生物学研究による著しい経済貢献を挙げており、バイオによる経済貢献を「バイオエコノミー」と呼んでいる。

実際、2006年には米国カルフォルニア大学デイビス校の研究グループが、マラリア特効薬成分の前駆体、アルテミシニン酸を遺伝子組換え酵母で生産することに成功している[7]。酵母によるアルテミシニン酸の生合成は、生物学実験の自動化、DNA合成やDNAシーケンシング、DNA操作技術などを駆使することで、組換え酵母の遺伝子をデザインし、デザインした遺伝子を組み込んだ酵母株を作成、物質をテスト生産させ、その結果を解析して組込遺伝子のデザインを改良する、いわゆるDesign–Build–Test–Learn（DBTL）サイクルの反復を効果的に活用することをその特徴としていた。DBTLサイクルなどを活用して生物に人工的に新たな機能を付与する研究開発領域は、合成生物学と呼ばれ、多くの投資を集めることとなった。企業による合成生物学の研究開発の成果利用としては、例えば米国のDuPont社が2006年からポリエステルやポリウレタンの原料となるプロパンジオールを生物生産している[8)]。こうしたDBTLサイクルを活用した代謝工学の発展とその経済貢献が、米国バイオエコノミー戦略の背景となっていることは想像に難くない。

米国バイオエコノミー戦略には、生物資源を活用することで化石資源代替となる将来像が謳われており、EUのバイオエコノミー戦略と一致する点が多く認められる。

2022年9月、米国は「National Biotechnology and Biomanufacturing Initiative」と題する大統領令を発表した。この大統領令は経済安全保障の色合いが濃く、米国で発明した全てのものを米国で製造できるようにすることを大目標の一つに掲げている。バイオの可能性を最大限に活用することで、医薬品から燃料、プラスチックまで、ほとんどすべての日用品を作れる生物の潜在力を実現し、米国のイノベーションを経済的、社会的成功に導く、としている。

この大統領令により、6つの省庁にわたる、様々な公的投資が行われる（表1）。特に、持続可能なバイオマス生産とバイオマス利用に大きな資金配分（5億ドル：約682億円）があったが、これは2022年6月のエネルギーと気候に関する主要経済国フォーラムで表明したイニシアチブの一つ、「Global Fertilizer Challenge」でカバーされている内容である。このイニシアチブにより、まずは国内の既存の肥料製造工場の設備拡張の補助金が分配された。また、2022年12月には、「Bioproduct Pilot Program」と題する総額950万ドル（約13億円）の米国農務省が所管する研究開発助成プログラムが開始し、食品廃棄物から生分解性のPHA（ポリヒドロキシアルカン酸）ベースのバイオプラを製造するプロジェクト（バージニア工科大学）、豚糞やその他の有機材料からアスファルトの補強材を製造するプロジェクト（イリノイ大学アーバナ・シャンペーン校）、高オレイン酸大豆油を舗装用の熱可塑性ゴムに変換するプロジェクト（Soylei Innovations社）等が始動する予定である。

表1　国家バイオテクノロジー・バイオ製造イニシアチブによる主な支援（CRDS作成）

分野	所管	予算	内容
持続可能なバイオマス利用と生産	国防総省	5 年間 10 億ドル	米国のイノベーターがアクセスできるバイオベース産業向けの国内製造インフラを構築。商業および防衛サプライチェーンの両方にとって重要な製品の製造能力を拡大するインセンティブを提供。
		2億7000万ドル	燃料、耐火複合材料、ポリマーと樹脂、保護材料など、防衛サプライチェーン向けの製品と新しい高度なバイオベース材料の研究の価値化を加速するためのプログラムを開始
	エネルギー省、運輸省、農務省		持続可能な航空燃料グランド チャレンジを通じて、燃料、化学物質、材料の国内サプライチェーンのために、持続可能なバイオマスと廃棄物資源 (年間 100 万トン) をより有効に活用するために協力
	農務省	5 億ドル	農業従事者のための革新的で持続可能な肥料生産のための新しい助成金プログラム
		3,200 万ドル 9,300 万ドル	5月に発表した木材イノベーションのための助成金に加え、新たな木材製品の開発と米国の森林の有効利用のために、さらにパートナーファンドを創設
	保健省	4,000 万ドル	医薬品有効成分 (API)、抗生物質、必須医薬品の原材料のバイオファブリケーションを拡大する
バイオテック	エネルギー省	約 1 億 7,800 万ドル	バイオテクノロジー、バイオ製品、バイオマテリアルの革新的な研究を促進するための新しい助成金を準備
	経済開発局	2 億ドル以上	ニューハンプシャー、バージニア、ノースカロライナ、オレゴン、アラスカで製薬サプライチェーンの構築、持続可能な海洋養殖、手頃な価格の木造住宅のより迅速な生産、より健康な森林、再生組織と臓器のより良い生産と流通、恵まれない孤立したコミュニティでのバイオテクノロジーの才能の開発
エネルギー	エネルギー省	1 億ドル	バイオベースのプラスチックの生産とリサイクルを含む、バイオマスを燃料と化学物質に変換するための研究開発 (R&D)
		総額 6,000 万ドル	バイオテクノロジーとバイオファブリケーションのスケールアップへの現在の投資を倍増

• EUによるバイオマス、バイオエコノミー関連政策文書

2009年、EUは再生可能エネルギー指令（Renewable Energy Directive: RED）を採択した。REDでは、2020 年までに欧州における再生可能エネルギーの比率をエネルギーベースで20%にするという目標の達成が義務付けられていた。この際、バイオ燃料の導入にも拍車がかかったが、REDでは「持続可能な」バイオ燃料の導入を目標に掲げ、当時としてはかなり厳しい規制を導入した。具体的には、輸送用の液体バイオ燃料（高精製）、及び冷暖房用のバイオリキッド（低精製）について、2008年以降、原生林および原生種からなる森林、自然保護に指定された土地、生物多様性の価値が高い1ha以上の草地、炭素貯蓄量の多い土地（泥炭地等）を開墾して得られたバイオマスを利用してはならないという規制が設けらた。バイオマスエネルギーの原料となる資源作物の栽培に伴う森林から農地への土地利用変化は、その農地が森林伐採や泥炭地の開墾に直接寄与することから「直接土地利用変化」と呼ばれ、REDでは直接土地利用変化を伴って生産されたバイオマスを使用した液体バイオマスエネルギー（バイオ燃料&バイオリキッド）の使用を禁じるものである。つまり、化石資源の使用を削減するだけでなく、化石資源をバイオマス由来資源で代替するならば、持続可能性の基準をクリアしたバイオマスを使用するべき、という姿勢が明確に打ち出され、その持続可能性基準も明確に定められたのである。この持続可能性基準は、まずはInternational Sustainability and Carbon Certificate（ISCC）における認証基準として実装され、その後２度のREDの改定によって、より厳格なものへと改められていくことになる。

EUは2013年に「A bioeconomy strategy for Europe; Working with nature for a more sustainable way of living」と題するバイオエコノミー戦略を発表した[9)]。このEUバイオエコノミー戦略では、動植物、微生物、有機廃棄物を利用した産業をバイオエコノミーと定義づけているが、ヘルスケア産業とバイオ医薬品はバイオエコノミーからは明確に除外されている。EUバイオエコノミー戦略では、以下の５つの大目標、すなわち、「食料安全保障の確保」「持続可能な資源管理」「再生不能資源への依存低減」「気候変動の緩和と適応」「雇用創出とEUの競争力の維持」である。OECDの文書とは対照的に、「持続可能」の語が表題にも入り、化石資源依存から生物資源ベースへの移行が謳われた（注：2009年のOECDのバイオエコノミー戦略では化石資源依存からの脱却の手段としての生物資源利用は謳われていない）。EUバイオエコノミー戦略では、農学、生態学、食品加工、工学、バイオテクノロジー、化学、遺伝学、経済学、社会科学等のなどの学問領域が協調して再生可能な生物資源を革新的な方法で利用し、ポスト化石資源時代に対応し、経済効果をも生み出す、としており、OECDによるバイオ戦略とは異なり、バイオテクノロジーに対する特別の期待は読み取れない。

2018年、EUはREDを大幅に改訂し、2030年までにEUで消費されるエネルギーの32%が再生可能エネルギーになるよう、目標を定めた（EU RED II）。REDでは液体バイオ燃料の原料となるバイオマスの持続可能性基準が定められたが、RED IIでは、固体・液体・気体の全てのバイオ燃料を含む、初めての包括的な持続可能性基準の枠組みが決定された。REDでは直接的土地利用変化を伴って生産された液体バイオマスエネルギーの利用が禁止されたが、RED IIでは、これをもう１歩踏み込み、間接的土地利用変化リスクの高い作物を原料とするバイオマスエネルギーが EU 全体の最終エネルギー消費に占める割合を、2023 年から 2030 年にかけて段階的にゼロとする、といった目標が策定された。間接的土地利用変化とは、「バイオマスエネルギーの原料となる資源作物の栽培が拡大することによって、従来その農地で栽培されていた旧作物が収穫できなくなり、その結果、旧作物を栽培するための農地を新たに開拓するために森林や湿地、泥炭地等の開発が行われた場合の土地利用変化」を指す。2019年に策定されたRED IIの補足文書であるCOM（2019）2055 では、「間接的土地利用変化リスクの高い作物」の定義として、2008 年以降、対象となる資源作物の年平均農地拡大面積が 100,000 ha 以上、かつ年平均増加面積率が 1%以上、または、2008 年以降に拡大した農地面積の 10%以上が、高い炭素蓄積量を有する土地から転用されたもの、とされている。高い炭素蓄積量を有する土地から転用された農地面積率の計算式については、EU独自の計算式が示された。その計算式に従うと、トウモロコシ、サトウキビ、菜種、アブラヤシ、大豆、アブラヤシなどが「間接的土地利用変化リスクの高い作物」となる[10)]。また、このRED IIの指令やCOM（2019）2055の策定に伴い、合わせてISCCの認証基準も変更された。

一方、2018年にはEUバイオエコノミー戦略も改訂され、前出の5つの柱を踏襲しながら、新たに3つのアクションプランを提示した[11, 12]。

1. バイオベースのセクターの強化とスケールアップ、投資と市場の拡大
2. 欧州全体における地域バイオエコノミーの迅速な展開
3. バイオエコノミーの活動が生態に与える影響の理解

EUの改訂版バイオエコノミー戦略は、持続可能性、資源の循環利用（サーキュラーエコノミー）と強く結びついたものであり、その経済効果の大半は一次産業と食品加工業で占められている（図10：2015年のデータによる）。2013年版バイオエコノミー戦略ではバイオテクノロジーについての言及はなかったが、2018年版では、バイオテクノロジーの活用は、バイオ由来化成品の生産を主としたバイオテクノロジー産業をその主たる場として設定されており、持続可能性を高めるためのバイオテクノロジーの活用は特に強調されていなかった。

図10　EUのバイオエコノミーによって創造された付加価値（出典[11]）

2019年12月、EUは「EUグリーンディール」を策定し、産業競争力を強化しながら、2050年までに温室効果ガス（CO_2だけでなく、全ての温室効果ガスを含む）の排出を実質ゼロにすること（クライメイトニュートラル）を目指すことを表明した。このグリーンディールの一環として、2020年に「Farm to Fork」と題する、農業・食品部門の生産から消費までの消費システムをより持続可能なものに、公正に移行するための戦略が示された。この戦略では、農業の持続可能性を高めるために、以下のような野心的な目標が設定されている。

・2030年までに化学農薬の使用量とリスクを50%削減
・2030年までに有害性の高い農薬使用量を50%削減
・土壌の肥沃度を低下させずに、2030年までに養分損失を少なくとも50%削減
・2030年までに肥料の使用量を少なくとも20%削減
・2030年までに家畜と水産養殖業の抗菌性物質販売量を50%削減
・2030年までに全農地の少なくとも25%を有機農業とするための開発促進

この戦略では、バイオテクノロジーの活用によって植物の病害虫への対処方法に関するイノベーションや農薬使用量の削減を目指すことが示され、特に、ゲノム関連技術によって持続可能性を高めることができる可能性についても触れられている。

2022年、欧州議会は、前述のEUグリーンディールを達成するため、EU REDの改正（COM/2021/557 final）を採択し、2030年までにEU圏内で使用されるエネルギーのうち、再生可能エネルギーを45%に増

加させることが承認された。 EUにおいて、バイオエネルギーは全ての再生可能エネルギー供給量の6割、森林バイオマスも同2割を占める重要なエネルギー源になっている。環境NGOなどから「エネルギー利用が森林伐採量を増加させている」との批判が相次ぎ、森林バイオマスを再生可能エネルギーの対象から外すべきかどうかについて議論があったが、結果としてEU RED IIIでは、エネルギー利用のさらなる増加が森林伐採量の増加につながるリスクを念頭に、森林バイオマスの総エネルギーに占める割合の現状維持を求めることになった。また、ナタネやパームオイル、ダイズなどの食料・飼料作物から作られるバイオ燃料の使用を禁止しようとする動きもあったが、ウクライナ情勢を鑑みて、具体的な規制は見送られた。

• 日本のバイオ戦略（2019年～）

2019年、内閣府は、日本版バイオエコノミー戦略、「バイオ戦略」を策定した。バイオ戦略では、バイオエコノミーについて、「バイオテクノロジーや再生可能な生物資源等を利活用し、持続的で、再生可能性のある循環型の経済社会を拡大させる概念」としており、2018年版EUバイオエコノミー戦略に近い定義となっている。日本版バイオ戦略の目標は、2030 年に世界最先端のバイオエコノミー社会を実現することとされ、具体的には、バイオファースト発想、バイオコミュニティ形成、バイオデータ駆動 の3項目が実現していることを指す。 OECD、EU、米国のバイオ戦略がそれぞれ、経済効果、より持続可能な生活方法のための自然との協業、バイオによる経済貢献とより健康な生活、クリーンな環境の実現などを挙げているのに対し、日本のバイオ戦略はバイオファースト等の方法論を優先に打ち出しているところが特徴的である。目指すべき社会像としては、以下の4点を挙げている。①すべての産業が連動した循環型社会、②多様化するニーズを満たす持続的な一次生産が行われている社会、③持続的な製造法で素材や資材のバイオ化している社会、④医療とヘルスケアが連携した末永く社会参加できる社会 。 EUバイオエコノミー戦略ではバイオ薬品などの医薬品部門はバイオエコノミーに含まれないが、日本、米国のバイオ戦略には含まれていることになる。

この4つの社会像の実現に必要であって、わが国が強みを有する市場領域が9つ設定された。3つの目標のうちの一つ、バイオコミュニティ形成については、2022年、二つのグローバルバイオコミュニティが内閣府によって認定された。東京圏のGreater Tokyo Biocommunity（GTB）と バイオコミュニティ関西（BiocK）である。GTBはバイオインダストリー協会がハブとなってネットワークが形成され、8つの自治体、9つの大学、6つの研究所、20の政策団体等が参加している。 GTBの設立目的は、8つのバイオイノベーション推進拠点等で、既に多様な主体が集積している東京圏の実力の可視化と発信に取り組みつつ、国内のバイオコミュニティはもとより、諸外国との連携を含め、人材育成や拠点整備を促進し投資活動を活発化することで、幅広い市場領域における産業のポテンシャルの最大化を図り、世界最高峰のイノベーションセンターを目指す、となっている。 GTBでは、アカデミアで創出されたシーズをバイオベンチャーにより実用化し、製薬企業や化学企業によって事業化・生産し、産業、地域の発展という形で社会へ還元する、となっている[13)]。この文書ではバイオ産業の一層の活性化のための様々な手段・手法、戦略が説かれており、持続可能性を達成するための手段や重点領域には触れられず、OECDのバイオエコノミー戦略と近いものである。全体に、日本のバイオ戦略では、持続可能性の重要性などにも触れられているが、他国のバイオ戦略と比較すると、バイオ関連の研究開発力を強化し、アカデミア発のシーズを産業展開することに重点があるように見える。これは、バイオ由来品は化石資源を使用していないため、カーボンニュートラルであり、また、バイオマスは再生可能資源であるため、バイオ由来品は自動的に持続可能性の高い産業の形成につながる、との考え方に立脚しているのかもしれない。

参考文献

1) Rockström, J. et al., “A safe operating space for humanity.” *nature* 461 (2009) : 472-475.

2) Horton, R. et al., “From public to planetary health: a manifesto.” *The Lancet* 383 (2014) : 847.

3) Steffen, W. et al., “Planetary boundaries: guiding human development on a changing planet.” *Science* 347 (2015) : 1259855.
4) United Nations. “Transforming our world: the 2030 Agenda for sustainable development.” 2015.
5) Persson, L. et al., Outside the Safe Operating Space of the Planetary Boundary for Novel Entities. *Environ Sci Technol* 56 (2022) : 1510-1521.
6) OECD, The Bioeconomy to 2030: Designing a Policy Agenda. policy paper, Paris: OECD Publishing, 2009.
7) Ro, D-K. et al., “Production of the antimalarial drug precursor artemisinic acid in engineered yeast.” *nature* 440 (2006) : 940-943.
8) Gronvall, G. K. “US Competitiveness in Synthetic Biology.” *Health Secur* 13 (2015) : 378-389.
9) European Commission, Directorate-General for Research and Innovation. A bioeconomy strategy for Europe: working with nature for a more sustainable way of living. Publications Office, 2013.
10) 三菱UFJリサーチ&コンサルティング. “バイオマスエネルギーが持つ「間接的土地利用変化リスク」とは何か（政策研究レポート）.” 2021.
11) European Commission, Directorate-General for Research and Innovation, A sustainable bioeconomy for Europe: strengthening the connection between economy, society and the environment : updated bioeconomy strategy. Publications Office, 2018.
12) 波多野淳一、藤島義之. “欧州におけるバイオエコノミーの展開　—新バイオエコノミー戦略と欧州のモノづくり—.” *生物工学* 97 (2019) : 442-446.
13) バイオインダストリー協会. “Greater Tokyo Biocommunity.” 2022年4月. https://www8.cao.go.jp/cstp/bio/keikaku_gtb_1.pdf (アクセス日: 2023年2月).

（2）経済的課題

農業、水畜産業、バイオ製造業は、今後の世界が直面する食料、ヘルスケア、資源などの問題に対してバイオテクノロジーの利用を拡大することにより、大きな成長が見込まれている。2009年OECD発行の「The Bioeconomy to 2030」によると、2030年にその規模は最大でOECD加盟国のGDPの2.7%、1.06兆ドル（健康・医療産業2,590億ドル: 25%、農林水産業3,810億ドル: 36%、製造業4,220億ドル: 39%）に達するとされている。ここでは、農業、水畜産業、バイオ製造業を取り巻く現状と課題について説明する。

農業

持続可能な食料システムの構築を目指して、EUでは2020年に「農場から食卓まで（Farm to Fork）戦略」が策定され、食料システムをより公正に、健康に、そして環境に優しいものへ変革することを目指している。具体的には、「2030年までに化学農薬の使用を半減」や「2030年までに家畜や養殖業への抗生物質の販売額を半減」といった野心的な目標が掲げられている。前年に欧州委員会が発表した気候変動政策「欧州グリーンディール」の中核となる戦略として位置づけられている。

日本では、2021年5月に農林水産省が「みどりの食料システム戦略」を策定し、持続可能な食料システムの構築を進めている。2022年6月に改組発足した「食料安定供給・農林水産業基盤強化本部」では、気候変動やウクライナ情勢の緊迫化等による輸入食料や生産資材の価格高騰などを背景に食料安全保障強化政策大綱を策定した。大綱では、食料安全保障の強化には生産基盤が強固であることが前提とし、「スマート農林水産業の実装の加速化」、「円安も活かした農林水産物・食品の輸出促進の取組の加速化」、「みどりの食料システム戦略の実現」を掲げている。

このような動きを受けて、欧州や米国では、センサー・ドローンなどを駆使してデータを収集し、デジタル技術を活用して生産性を向上させることにより持続可能な農業を目指すアグリテックが急速に普及している。

農業先進国とされるオランダでは、ジャガイモ、タマネギ、トマト、ニンジンを中心とした少品種大量生産を園芸農業の集積地「グリーンポート」での温室栽培により行っている。オランダ国内に6カ所にあるグリーンポートでは、巨大な温室が建ち並び、温室内の環境をセンサーで監視し、コンピューター制御で生育環境を一定に保つことにより、均質な作物を大量に収穫できるようになっている。ここでは、収集・蓄積された多様なデータが、オンラインで生産者や協力企業、農業コンサルタントらと共有され、経営改善や作物栽培に役立てられており、オープンイノベーションによりさらなる技術革新が生まれる仕組みを構築している。

近年、都会の超高層ビルや、使われなくなった倉庫などで垂直的に農作物を生産する垂直農法というアグリテックが注目されている。垂直農法では、自然光と人工光を組み合わせて作物を栽培するため、天気の影響は受けないうえ、水の使用量も従来農業の10分の1程であるという。産地と消費地の距離を縮めることにより、輸送コスト削減、フード・マイレージの短縮、フードロスの低減が期待されるが、電気などのエネルギーコストが掛かるため、現時点では、ハーブやサラダ用グリーン野菜など高価な農作物の栽培に限定され、小麦やトウモロコシ、ジャガイモなどの主食作物には不向きであるという課題がある。

わが国においても、農業従事者の高齢化や労働力不足に対応しつつ、生産性を向上させて農業を成長産業にしていくために、デジタル技術の活用によるデータ駆動型の農業経営を通じて消費者ニーズに的確に対応した価値を創造・提供していく、新たな農業への変革(農業DX)を実現することが不可欠である。

また、世界の食で注目されるのが「オーガニック」である。オーガニック(有機)とは、合成農薬、化学肥料、遺伝子組換え、抗生物質、合成成長ホルモン、人工香料、着色料、防腐剤などを使用せずに生産されたものであり、米国では健康志向や食品安全への関心の高まりから、オーガニック市場は2021年には575億ドル(前年比2%増)になった。

水畜産業

水産分野では、天然水産資源の維持に向けた漁獲から養殖へのシフトが世界的な潮流となっている。完全養殖が達成されている一部の魚種に関しては、成長速度や飼料効率の改善を目的とした選抜育種が行われ、ノルウェーでのアトランティックサーモンやわが国におけるマダイなどの成功例が挙げられる。一方、完全養殖ができる魚種は限られており、対象種の拡大が求められている。近年、養殖で使われる餌となる魚粉などの価格が大幅に高騰し、養殖業者の経営を圧迫しており、魚粉飼料への昆虫タンパク質の添加などの研究開発が進んでいる。

ノルウェーなどでのアトランティックサーモンの大規模養殖事業を行っているスクレッティング社(Skretting Co. Ltd.)などは、イノベーションを通じて持続可能な形で世界に食料を供給することに挑戦している。環境に負担をかけず地域社会に配慮して操業している養殖業に対する水産養殖管理協議会(Aquaculture Stewardship Council, ASC)による国際認証の取得は欧米では当たり前となりつつある。

世界的な都市化や人口増加、中間層の台頭により、タンパク質の消費量は年約4%のペースで増えると予測され、需要増加により食糧不足に陥る恐れが懸念されている。このような背景から、動物由来の食材や成分を使わない「ミートレス」へ動きが急速に広がっており、大豆などの植物由来の代替肉(プラントベースドミート)が注目されている。米国においては、プラントベースドミートは食料品店での販売に加えて、レストランや大手ファストフード・チェーンにも提供され、消費者に幅広く受け入れられている。世界のプラントベースドミート市場は、2020年に294億ドルだったが、2030年には1,619億ドルにまで拡大すると予測されている。また、昆虫食の普及の動きやラボや工場で生産する培養肉の研究開発が大きく進展している。これらの代替肉は、増大するタンパク質需要を満たすばかりでなく、食肉生産に伴うGHG排出や抗生物質による環境汚染等を軽減できると期待されている。

バイオ製造業

合成生物学の強固な技術基盤を有する、Ginkgo Bioworks社やZymergen社をはじめとするユニコーンが出現し、世界中の企業と提携して新規素材創出を目指していたが、新規ポリマーの開発が頓挫したZymergen社は2022年10月、Ginkgo Bioworks社に買収された。このように開発期間が長期間に及ぶ新規素材開発の特徴を踏まえて、合成生物学の技術基盤をベースとして発展してきた企業は、バイオ医薬品・農業・食品分野など幅広い可能性を考慮した展開を進めている。

第一世代のバイオ燃料生産は可食性植物原料を使用していたため、食料との競合が問題となった。その後、非可食植物原料からのバイオ燃料生産の研究開発が継続され、原料調製の困難さや生産効率の低さなどの課題を克服して、まだ小規模ながら第二世代バイオエタノールの製造工場が稼働したことは大きなトピックスとなっている。今後のさらなる普及が期待されるとともに、バイオエタノール以外の化成品等の生産への展開が期待される。

地球温暖化への対応のため、今後大きく変貌することが予想される畜産業の将来像を見据えて、微生物を使って動物由来の油脂やタンパク質等を生産しようとする精密発酵という技術開発が注目される。精密発酵技術は、畜産に比べて温室効果ガス排出を大幅に削減できることから地球温暖化への貢献が期待されている。米国Perfect Day社が、乳タンパク質の遺伝子を導入した微生物を利用することで、乳牛を使うことなく乳タンパク質を生産するなど、欧米を中心に多くのスタートアップ企業が生まれている。

1.2.2 研究開発の動向

本項では30の研究開発領域のハイライト、それら研究開発を実施するシステム（土壌）について述べる。また、9つのエマージングな動向を抽出した。

1.2.2.1 2章研究開発領域のハイライト

【健康・医療】

（1）低・中分子創薬

多様なモダリティ（治療手段）により創薬難易度が高いと考えられていた標的や作用機序に対する低・中分子創薬が進んでいる。核酸医薬は世界的に2～3件/年の承認ペースが続いており、また経口投与に課題があった環状ペプチド（中分子）がついに臨床試験入りした。低分子医薬品は標的タンパク質分解やコバレントドラッグの開発が進んでいる。

中分子では2021年10月に、中外製薬は固形がんを標的にしたRAS阻害剤として経口投与の環状ペプチドの臨床試験が開始され、低分子では2022年10月現在、ブリストルマイヤーズスクイブ社が三種の分子糊（標的タンパク質分解）が第二相臨床試験が実施されている。

医薬品全体としてはモダリティ間の競争が生じており、それぞれの特長発揮を最大化できる創薬標的、適応症を見極めて差別化していくことが重要である。

（2）高分子創薬（抗体）

抗体医薬はがん、リウマチ等アンメット・メディカル・ニーズが高い疾患領域で優れた有効性を発揮し、引き続き積極的な開発が世界中で進められている。

有機化学や物理化学の知識を活用し、有効性、機能、物性などを向上させた次世代バイオ医薬品の研究開発が活発である。例えば、Antibody–Drug Conjugate（ADC）、2つ複数の抗原に対する結合特異性を持つBispecific抗体、動態改変抗体、低分子化抗体、副作用低減抗体、scaffoldを用いた高分子医薬の創製などである。近年承認されたADCとしては、びまん性大細胞型B細胞リンパ腫治療薬としてのPolatuzumab Vedotin（POLIVY®）や進行性尿路上皮癌に対してenfortumab cedotin–ejft（PADCEV®）がある。 Bispecific抗体はとしては加齢黄斑変性を対象としてたFaricimab（VabysmoTM）が承認された。また、臨床試験段階にある医薬品としては、わが国で創出されたスイッチ抗体®技術を活用したSTA551などがある。すでに上市されている医薬品としては、わが国発のHER2陽性乳がん、胃がんに対するブロックバスター候補Trastuzumab deruxtecan（Enhertu）、リサイクリング抗体®技術を活用した視神経脊髄炎スペクトラム障害治療薬Satralizumab（Enspryng™）、scFv（single–chain variable fragment）、VHH（variable domain of heavy chain antibody）をフォーマットとした滲出型加齢黄斑変性治療薬Brolucizumab（Beovu®）、後天性血栓性血小板減少性紫斑病治療薬Caplacizumab（Cablivi®）がある。

また、バイオ医薬品では、産業化における製造・品質管理に関する技術開発も重要である。近年、安定した生産性の高い細胞株を得られるターゲットインテグレーション技術や高密度化した灌流培養の実用化を可能にしたAlternating Tangential Flow技術などが実現し、生産期間の短縮やより効率的な生産が実現している。

今後、経済産業省/AMED「次世代治療・診断実現のための創薬基盤技術開発事業」における「国際競争力のある次世代抗体医薬品製造技術開発（2021～2025）」などにより基盤技術を構築し、アカデミアのシーズを医薬品として開発できる環境整備が重要である。

（3）AI創薬

創薬研究の各段階の効率化を目的としたAI技術の適用が急速に進められている。

薬剤候補分子の探索と最適化におけるAIの活用はかなり一般的になり、英国Exscientia社/大日本住友製薬社の協業による短期間での臨床化合物創出の事例や、Elix社/アステラス製薬社の共同研究開始などが公表されている。最近、データそのものは共有せず、モデルのみを共有する連合学習（Federated Learning）の試みが広がってきた。欧州のMachine Learning Ledger Orchestration for Drug Discovery（MELLODDY）コンソーシアムはその一つであり、多数の欧米のビッグファーマとテクノロジー企業が参画している。国内ではAMED次世代創薬AI開発事業において、製薬企業18社が参画し関連する試みが進められている。目標の特性を持つ化合物を大量の化合物のスクリーニングから見つけるのではなく、新しく予測する逆構造活性相関解析も最近研究が進められている。近年のトレンドとしては、自然言語処理分野で注目を浴びているトランスフォーマーを活用した構造生成方法が挙げられる。

ターゲット探索についてもAIの活用が進む。複数のAIスタートアップにより、炎症性腸疾患（IBD）や筋萎縮性側索硬化症（ALS）、慢性腎臓病（CKD）や特発性肺線維症（IPF）などの疾患に対して新たなターゲットが提案され、新薬開発に向けたプロジェクトが進行している。国内では、フロンテオ社（自然言語処理技術）と東工大（細胞分析技術）によるターゲット探索に向けた共同研究が発表された。

近年登場したAlphaFold2は、マルチプルアライメントやニューラルネットワークを組み合わせて、これまでにない精度でタンパク質の立体構造を予測することに成功した。AlphaFold Protein Structure Databaseには既に2億個以上のタンパク質の予測構造が収められている。AlphaFold2を利用したタンパク質の立体構造解析やドッキングシミュレーションの研究成果も報告され始めており、今後創薬応用の成果が期待される。

抗体、核酸、細胞などの新規モダリティは、機械学習を主体とする狭義のAIだけでは不十分で、分子シミュレーションや数理モデリングなどを含めた複合的なアプローチが有効と考えられる。また、探索研究段階のみでなく、有効な治験のデザインなど開発研究においても様々なAIの活用が進んでいる。

（4）幹細胞治療（再生医療）

疾患や外傷、加齢などによって、生体本来の修復機能では自然回復が困難なほどに組織・臓器が損傷・変性し生体機能が失われた時に、幹細胞や組織・臓器の移植などによって当該組織・臓器の再生を目指す医療を、本報告書では再生医療とする（←生体外で細胞に遺伝子改変を施し生体に投与し治療を目指す*ex vivo*遺伝子治療は次項を参照）。

間葉系幹細胞や組織幹細胞を用いた再生医療について、上市製品数は着実に増加しているが、世界の市場規模は2000年頃から現在に至るまで微増に留まり、数百億円規模で推移している。ブロックバスター化が確実な、例えば根治に至る有効性を示しつつある有望な臨床試験は今のところ見受けられず、当面は同じ傾向が続く可能性がある。わが国ではiPS細胞の臨床応用に向けた重点的な支援も相俟ってiPS細胞の臨床試験が海外と比して多く見られるが、iPS細胞をベースとした再生医療が、停滞する状況を打破できるかどうかは、今後の臨床試験の進捗次第であり、安全性評価、そして適切な有効性評価が必要と考えられる。

一方、幹細胞治療（再生医療）研究で培われた技術は、多方面への展開が可能である点を注目すべきである。例えば、創薬評価への幹細胞の活用（オルガノイド、organ-on-a-chip、疾患iPS細胞など）、生体ナノ粒子（エクソソーム）や化合物などを活用した再生誘導研究（ダイレクトリプログラミング含む）、さらには未来の食として期待される培養肉の研究開発などが挙げられる。海外では幹細胞について観点に有用性を期待した研究アプローチが早くから進められており、わが国においても重要である。

（5）遺伝子治療（*in vivo*遺伝子治療/*ex vivo*遺伝子治療）

治療用遺伝子（ベクター含む）の投与による治療（*in vivo*遺伝子治療）、遺伝子改変を施した治療用細胞の投与による治療（*ex vivo*遺伝子治療）の臨床開発が急送に活性化し、ブロックバスターを含むインパクトの大きな上市事例が複数登場し、数千億円の市場を形成、今後も市場が数兆円規模に拡大すると見込まれる。

代表的な製品事例として、*in vivo* 遺伝子治療では2019年にZolgensma®が承認され巨大市場を形成しつつある。また、2022年にはHemgenix®が登場し注目を集めている。*ex vivo* 遺伝子治療では、2017年のKymriah®, YEACARTA®の承認を契機に、2020年にはTECARTUS®、2021年にはBREYANZI®、2022年にはCarvykti®と、CAR-T製品が続々と承認され、市場規模を急拡大させている。ただし、いずれも高い有効性を示す一方で、安全性やGMP製造の観点からは問題が山積みであり、更なる技術改良、およびレギュラトリーサイエンスも含めた取り組みが重要である。また、これら遺伝子治療製品は総じて高額である。例えば、Zolgensma®やHemgenix®は高い有効性が期待される反面、それぞれ2億円、4億円である。中長期的な観点から医療技術の適切な評価と、支払制度の在り方など、様々な議論が必要である。

わが国では、遺伝子治療に対する研究開発は活発とは言えない状況が長らく続いてきた。しかしAMEDの第二期中期計画（2020年～2024年）では、「再生・細胞医療・遺伝子治療」が柱の1つに設定され、直近2年間程度の各府省の公開した文書からも、今後は再生医療、遺伝子治療の2つを重点的に取り組むことが見て取れる。今後、わが国においても遺伝子治療の研究開発が活性化することが期待される。

（6）ゲノム医療

各種オミクスなどビッグデータを収集、解析し、意味付けする技術が大きく進展している。希少疾患・難病における原因遺伝子の発見や多因子疾患における疾患感受性遺伝子の同定などに繋がり、治療薬の開発や患者層別化等が試みられている。英国では2021年末に100Kゲノム研究のパイロットスタディーの結果から535例の希少疾患の変異が同定された。米国では精密医療イニシアチブAll of Usプログラムにおいて、2023年までに100万人以上の参加登録を目指し、10年間のデータ収集を目指す。他にも国際共同の取組みとして2018年から欧州24カ国が参画する1+Million Genome Initiativeが開始されており、2022年までに100万人ゲノムを超えるデータへのアクセスを可能にするインフラ整備、2027年に向けて研究・パーソナライズドヘルスケア・健康政策決定に役立てることを目指す。

わが国では2022年9月に了承された「全ゲノム解析等実行計画2022」では、2022年度から5年間を対象期間として10万人ゲノム規模を目指す。日常診療での情報提供だけでなく研究・創薬促進による新規治療法等提供による患者還元及び利活用も目的とし、医療機関・企業・アカデミアの役割や体制、ELSIに配慮した体制、患者・市民参画のあり方が述べられている。

進展著しいシングルセル解析等のオミクス解析手法の導入や集約されたビッグデータ解析を可能とするバイオインフォマティクス技術の開発、クラウドコンピューティングを含めたインフラの整備等、ゲノム医療の成果を最大化するためには多岐に渡る課題が残されている。

（7）バイオマーカー・リキッドバイオプシー

個々人に最適で効率的な医療を実践する上で、バイオマーカーの開発は不可欠である。技術的進歩によって疾患由来の微量な物質（群）の変動を詳細に、あるいは網羅的に捉えることが可能となりつつある。がん治療薬の開発では、バイオマーカーの開発を同時並行に進めることが必要であるとされ、同時開発、同時承認がコンセプトとなってきた。

新たな診断技術として、血液、尿など低侵襲的に得られる液性検体中の微量生体分子をバイオマーカーとして利用するリキッドバイオプシーの研究開発が盛んである。がん領域を中心にTumor circulome中の血中循環腫瘍細胞（Circulating Tumor Cells: CTC）、血中循環腫瘍DNA（Circulating tumor DNA: ctDNA）、miRNAなどの計測、分析手法の開発が進んでいる。検出感度、コストなどについても、さらなる技術開発が必要である。

また、近年リキッドバイオプシーの対象が拡大し、がん以外の疾患領域あるいはctDNAやCTC以外の測定対象、例えばタンパク質も対象とされ、アルツハイマー病診断やCOVID-19予後予測への展開もされている。

（8）AI診断・予防

深層学習技術は画像解析に優れていることから、医用画像解析の分野で積極的にAI技術が導入されてきた。代表的には、皮膚画像データに基づく皮膚がんの高精度診断や光干渉断層撮影装置（OCT）データに基づく網膜疾患の網羅的検出が挙げられる。米国IDx Technologies社が開発した、眼底画像から糖尿病性網膜症を即座に検出する「IDx–DR」は、臨床医の解釈なしで検査結果を出すことができる世界初の自律型AI診断システムとしてFDAより承認を受けている。AIを適用した医療機器プログラムはFDAにより既に500以上承認されており、臨床応用が急速に進んでいる。日本においても、深層学習を活用した大腸がんおよび前がん病変発見のためのリアルタイム内視鏡診断サポートシステムが薬事承認されるとともに、欧州のCEマークにも適合し、日本および欧州で「WISE VISION」という名称でNEC社から販売されている。画像診断における主たる製品開発は、単なる異常検知から質的診断に移行してきており、今後は、医用画像データと他のデータを統合させたマルチモーダルな解析を行う際に、AI技術の力が発揮されることが期待される。

近年のウェアラブルデバイスなどの計測機器の進展により、日常的に低・非侵襲でバイタルデータの計測が可能となった。バイタルデータに対してAIを適用することで、Digital Biomarkersと呼ばれる人間も認識できないようなパターンを抽出することができ、疾患早期検知や日常のヘルスケアへの応用が進む。ウェアラブルデバイスを数十万人に配布する大規模コホートが米国、欧州、中国を中心に行われており、COVID–19の発症、重症化、後遺症を予測する研究なども米国を中心に多く行われている。ウェアラブルデバイス以外にも、非侵襲・低侵襲的に得られるサンプル（唾液、糞便、涙など）に基づく身体状態モニタリングの研究も進展している。

（9）感染症

ウイルス感染症、特に新興・再興感染症と定義されている疾患において、ワクチンや治療法が確立されていない感染症が多く存在する。コロナウイルスにおいては、2020年にSARS–CoV–2が全世界で流行拡大し、世界経済に大きな影響を与えた。モデルナ社やファイザー社を中心とした早急なワクチン開発によってmRNAワクチンが広く普及したことによって、重症化患者数が減少し、落ち着きを取り戻しつつある状況である。治療薬としては抗体医薬ロナプリーブが過去類を見ない早さで創製～緊急使用承認まで至り、重症化を予防した。その後、既往免疫を逃れるスパイク変異をもったオミクロン株が出現し、多くの市販、開発中の抗体医薬の効果が薄れた。現在国内では、抗体医薬も含め治療薬としては10種類の承認されている。また、多くのメカニズムの治療薬が現在も開発中である。

日本におけるワクチン開発・生産体制強化戦略関連事業の一環として、2022年3月にワクチン実用化に向け政府と一体となって戦略的な研究費配分を行う体制としてAMEDにSCARDAが新設された。今回の事例を教訓として、未知の新興感染症にも対応できる各国での体制作りが重要となる。

（10）がん

がんは、がん細胞が無限に増殖し、浸潤・転移し最終的に個体を死に至らしめる疾患である。ライフサイエンス分野の中で、がんの生物学的な特性や臨床上の理解、そして診断・治療法の臨床試験が最も活発に推進されている疾患であり、関連する研究は膨大である。本項では、それら関連する研究を広く浅く紹介しても意義は薄いと考え、がんの基礎生物学～臨床医学の観点から、今後特に重要になると考えられる「細胞競合」「がん悪液質」の2点に絞って整理した。「細胞競合」は、正常細胞が変異細胞の存在を認識し、積極的に組織から排除する現象であり、がんの超初期段階における新たな診断・治療コンセプトともなりうる研究テーマである。「がん悪液質」は、がん患者の恒常性破綻から死に至る病態生理であり、従来は複雑さ故に敬遠されてきたが近年急速に研究が進みつつあり、新たな治療コンセプトともなりうる研究テーマである。

なお、新規モダリティや新しい診断法は、がんを対象にまずは開発がなされることが多いため、がんの診断・治療については本俯瞰報告書の「低分子医薬」「高分子医薬」「遺伝子治療（*in vivo*/*ex vivo*）」「ゲノム医療」

などの項を参照頂きたい。

（11）脳・神経

脳科学は基礎生命科学であるとともに、精神・神経疾患を対象とする医学、人文社会科学、そして人工知能を扱う数理科学等、多彩な学問をカバーする巨大な学際領域であり、研究対象のスケールは分子レベルから個体や社会レベルに至る多階層性をもつ。ヒトの脳の基盤は1,000億個に及ぶ神経細胞を機能素子とし、1,000兆個に達するシナプスによって相互に接続することにより形成される神経回路網と、その接続強度を学習や環境によって変化させる機構にあり、神経回路ユニットがさまざまな脳領域で情報を処理する。脳科学の最大の特徴はこのように観測する構造や現象のレンジが多階層にわたることにある。分子レベルではアルツハイマー病、パーキンソン病など多くの神経変性疾患は異常タンパク質の凝集で起きる「タンパク質症」であることがわかってきた。腸内細菌による脳機能の制御が明らかになり精神神経疾患や神経変性疾患との関連が見えてきた。大規模ゲノム研究の進展に伴い、疾患関連遺伝子と病態との関連性を解明するために、マウスやマーモセットなど小動物への遺伝子導入技術と脳活動計測技術を組み合わせた神経回路研究が進展している。自由行動下の小動物の脳深部からのイメージングが可能な超小型の内視鏡システムや脳の透明化技術、神経活動を操作する光・化学遺伝学技術などが複合的に用いられている。理論脳科学はAIの隆盛を導いたが、理論・実験脳科学の成果に基づく次世代AIの研究開発が注目されている。また、脳科学技術や計算機科学やロボティクスなどの発展に伴い、脳の情報をリアルタイムに読み取りモデル化して心身機能の補綴や改善を志向するBrain Machine Interface（BMI）が現実のものとなりつつある。

（12）免疫・炎症

免疫は、当初は主に感染症との関係から理解が進んできたが、現在では恒常性維持機構の重要な要素との認識が拡がり、あらゆる疾患と免疫との関係が注目されている。近年、特に注目を集めるものとして、研究アプローチとしては、オミクス解析やレパトア解析など、DRY解析手法の活用が目覚ましく進展し、従前のWET研究との融合により多くの成果が挙げられている。疾患の発症・重症化・予後と三次リンパ組織の形成についての知見が徐々に増加しており、今後疾患との関係がより詳細に解明されることで、治療・診断の対象となることが期待される。また、医療応用の観点からは、自己免疫疾患を対象とした抗体医薬、がんを対象とした抗体医薬（免疫チェックポイント阻害薬など）や細胞医薬（KymriahなどのCAR-T）など、免疫現象の深い理解に立脚した画期的な医療技術の登場が挙げられる。欧米、さらには中国において、重厚な基礎研究と活発な医療応用が進められている。しかし、わが国では、従来型のマウスを対象とした基礎免疫研究については今も世界最先端の位置にあるが、ヒト免疫研究は遅れを取っており、ヒト免疫研究の戦略的な推進が重要な研究課題である。

（13）生体時計・睡眠

秩序だった生命活動に不可欠な「時間・タイミング」の制御機構の理解と、その理解に基づいた健康・医療分野への展開が進められている。

本領域における日本人の貢献は大きい。近藤らはシアノバクテリアにおいてKaiタンパク質とATPのみで24時間周期を創出できることを示し、大きなインパクトを与えた。一方、シアノバクテリア以外の生物では24時間周期の周波数特性を持った時間タンパク質は発見されていない。しかし最近、視交叉上核における細胞内Ca^{2+}濃度の自律振動やミトコンドリアのH^{+}輸送にみられる概日振動などが発見され、代謝時計とも言える新たな視点を提供した。さらに、2021年には、体内時計と分節時計の関係の解明に至った研究成果が報告され、「多様な生体時間の統合」という観点で注目される。通常は地球の自転と同期した生命活動を基本とするが、発生初期の一時期のみ、分節時計による異なる周波数の時間秩序に支配されることで正常な発生制御が可能となる。発生学に「時間制御」の概念を導入し「4次元発生学」とも言える新領域を開いた。

時間科学研究を通じて発見された分子を創薬へとつなげる研究開発も進められている。既にオレキシンに対する拮抗薬スボレキサントなどが睡眠剤として上市されているが、時計の分子機構を元にした新たなタイプの睡眠リズム調整薬の開発も期待される。体内時計の観点から疾患をとらえて治療に生かすことは時間治療と呼ばれ、薬物の吸収や代謝に日内変動があることや、疾患の発症に好発時刻があることを考慮して投薬時刻を工夫することは既に広く行われている。欧米では「Circadian Medicine」を掲げた基礎・臨床融合研究が積極的に推進されているように、基礎～応用に至る一連の研究の包括的な推進が重要になる。

（14）老化

老化・寿命のプロセスを制御し、老化関連疾患を予防していこうという「抗加齢医学」が世界の主流となりつつあり、細胞レベルから個体レベルまでの研究開発を推進されている。ここ最近の動向として特筆すべきなのは、老化を創薬標的として捉える動きが加速し、例えば免疫機能を標的とするラパマイシン、糖代謝を標的とするアカルボース、メトフォルミンなどがヒトに対する研究も進行中で、今後の動向が注目される。生体内から老化細胞を選択的に除去する薬剤（senolytics）の開発や、加齢性疾患の発症に関与する原因の一つであり老化細胞が分泌するSASP（炎症性サイトカイン、ケモカイン、増殖因子などの分泌物質）を標的とした薬剤（senostatics）の開発も進められている。一方、ヒト老化状態の評価技術など、まだまだ研究が遅れている部分も大きい。老化の制御は古来から人類の夢とも言えるトピックではあるが、老化制御に向けて超えるべき科学的なハードルは多く、人々の期待を煽り過ぎず、着実に研究開発を推進することが重要である。

（15）臓器連関

個体の恒常性維持において、全身の臓器間においてホルモンや自律神経などを介して様々な情報がやり取りされ、協調し連携する臓器連関機構が存在する。そのメカニズムを解明することで、ヒトを含む多臓器を有する生物の恒常性維持機構の本質に大きく迫り、またその破綻による疾患発症や重症化・再発などの理解と制御、医療技術シーズの創出を可能とする。国内外で患者数が急増している、糖尿病や肥満などの代謝疾患、心不全などの循環器疾患、慢性腎臓病、脂肪性肝疾患、アレルギー疾患などの克服が喫緊の課題となる中、それら多くの疾患の病態基盤に臓器連関機構の破綻が関与していることが明らかになりつつある。従来、恒常性維持や疾患メカニズムの解明においては、特定の臓器にのみ着目した研究が数多く推進されてきたが、恒常性維持機構の全容解明には、臓器連関の視点も不可欠である。2022年、各臓器に分布する迷走神経の神経回路の詳細が1細胞レベルで解明され、旧新生自律神経による機能制御研究が今後大きく進展すると思われる。近年、国家プロジェクトにおいても臓器連関を謳ったものが徐々に増加しており、今後の更なる研究活性化が期待される。

【農業・生物生産】

（1）微生物ものづくり

微生物が有する多様な遺伝子機能・代謝機能を活用した有用物質生産は、環境負荷の低いモノづくりとして、世界的に大きな潮流となっている再生可能で循環型の社会構築を目指す、バイオエコノミーの実現に深く寄与するものである。近年、食料との競合を避けるため、非可食バイオマスやバイオマス廃棄物を原料とした有用物質生産の研究開発が精力的に行われてきたが、EUでは麦わら等の農業残渣からの第2世代バイオエタノールの商業製造が開始された。

合成生物学を基盤とした技術開発では、DBTLサイクルの概念が定着し、操作の機械化・自動化が進み、競争が激化している。本研究領域で強固な技術基盤を保有する米国ベンチャー企業の活躍がめざましいが、バイオベースの原料から作られたフィルムを開発していたZymergen社のプロジェクトが頓挫し、Zymergen社はGinkgo Bioworks社に買収された。また、Ginkgo Bioworks社も世界中の企業と提携して微生物による新規素材の生産を進めているものの、軸足をコロナ関連製品や農業分野に移している。わが国では、カネカ社の生分解性ポリエステルPHBH（Green Planet™）の実用化が加速している。
　また、カーボンニュートラルに向けて、乳由来タンパク質を微生物で生産する精密発酵や微生物菌体自体をタンパク質源とするMycoproteinの研究開発を行うベンチャーが次々に設立されている。

（2）植物ものづくり

　本研究開発領域は、植物が本来生合成する物質を、より高品質・高効率に生産させる技術領域と、植物が本来生産しない物質を植物に生産させる異種生産の技術領域の二つに大別できる。前者では、非可食バイオマスの構成成分であるセルロースから生物生産の基幹原料となるブドウ糖への糖化効率を高めるために、セルロース以外の多糖類の量や性質を改変する技術の開発が急速に進んでいる。異種生産の分野では、植物により生産された動物タンパク質が市場に浸透し、特に再生医療研究に用いられる増殖因子等が多くの国で市販されるようになり、韓国では家畜用ワクチンも上市された。一方で、コロナ禍により、植物による新型コロナワクチンの生産に巨額の投資があったものの、再有望とされたMedicago社は上市を断念した。また、植物の色素体ゲノムの遺伝子組換えによって高効率にバイオポリエステルの一種であるPHBを高効率に生産できることが示された。まだ効率は低いが、生物のみが生産できるバイオポリマーであるPDCを植物で生産すると、同時に非可食バイオマスの糖化効率が上昇する技術が開発され、今後は植物によるバイオプラ生産がバイオプラ生産業界全体の中でも王道の生産方法として定着していく道筋がついた。

（3）農業エンジニアリング

　食料の安定生産、医薬用植物などの高機能植物の生産、都市農業の実現によるフードマイレージ・フードロスの大幅な縮小、低環境負荷農業・水の高効率利用農業、月面農業などによる人類の生活圏の拡張など、植物工場の持つ社会的意義は極めて大きい。わが国においては2010年頃、植物工場は一時的なブームとなったが、その高コスト体質のため、撤退する企業も散見された。しかし、2018年ごろから再び社会実装が加速し始め、グローバルにも大規模な市場となると予想されている。植物工場特有の高コスト体質を克服するための実装研究として、AI技術やロボット技術の導入が進められてきた。一方、遺伝子組換え植物の管理が可能な完全密閉型植物工場の開発も進められ、植物によるバイオ医薬品製造など、高単価な植物による物質生産に活用されている。また、基礎～応用研究分野では、植物工場のLED照明や精密環境制御技術を利用することで、非自然的な栽培条件における生理代謝の研究が可能になった。こうした非自然的な環境下における植物の生理代謝はこれまでほとんど研究されてこなかった分野であり、驚異的に速い成長や、有用二次代謝物の高蓄積など、まさに植物に眠る無限の可能性を引き出すことが技術的に可能になってきた。植物工場技術を駆使した環境制御技術と、オミクス、フェノタイピングなどの大規模な生物学的データを合わせて解析することで、農作物のみならず、植物を利用した、再現性の高い、高効率な物質生産の実現へとつなげることが期待されている。

（4）植物生殖

　人類は植物が生殖した結果の種子や果実を食料とし、より高品質な食料を高効率に得るための育種においても、植物を交配する、すなわち生殖させることによって新品種を得ている。このように、植物の生殖は人類の生存のために必須の現象である。植物の生殖様式は、哺乳類とはかなり異なり、一つの花に雌雄が同居している両性花、雌雄が別株の植物であるもの、一つの植物体に雄花と雌花がつくもの、自分の雄蕊と雌蕊では結実しないもの、減数分裂や交配を経ることなく、親植物のクローンが種子の形で得られるアポミクシス、など、多様な様式がある。また、人為的な介入も含めれば、植物体の一部を切り取って直接植えることができる挿し木や、異なる種の植物を継ぎ合わせる接ぎ木なども可能である。近年最も注目を集めたのは、米国や中国の研究グループが、遺伝子組換えやゲノム編集技術を駆使して、親植物のクローンを種子の形で得られるアポミクシスを人為的に誘導する技術を開発したことである。農業では、雑種強勢を利用した掛け合わせ第一世代（F1種子）を品種として利用することが良くあるが、別系統の雄親と雌親を掛け合わせてF1種子を作出するのには大きな労力が必要である。このアポミクシスという現象を人為的に誘導できれば、一度作出したF1品種の親から、交配を経なくてもクローンの種子を取れるため、種苗業者からの注目も高い技術である。また、多種多様な植物種のゲノムをより高速に解読できるようになったことと、大量の情報を自然言語処理などの深層学習を用いて横断的に比較検討することができるようになったことが、植物の雌雄決定因子の発見につながった。雌雄決定因子が明らかになったことで、雄株と雌株に分かれる果樹において、雌雄同花を人為的に誘導することができるようになり、育種の高速化につながった。

（5）植物栄養

1960年代に始まった緑の革命では、人類は化学肥料と化学肥料で良く育つ作物品種を手に入れることによって、作物の劇的な生産効率向上を達成した。今となっては、グローバルでは生産される農産物の半分以上が家畜飼料となっており、直接人類が口にする農産物は生産量の15%以下となっている。一方で、作物は与えられた窒素やリン肥料の半分以上を吸収することができず、その多くが河川から海へと流出して海洋汚染の原因となったり、CO_2の約300倍の温室効果を持つN_2Oとなって大気中に放出されたりする。このように、化学肥料の大量使用が深刻な環境汚染をもたらしていることを踏まえ、より低窒素、低リン濃度でも生育できる作物の開発が進められている。中でも、土壌細菌による硝酸化を抑制することで、肥料を、穀類が吸収しやすいアンモニア体窒素の状態に保つことができる、生物的硝化抑制（BNI）小麦の開発は、世界の注目を集め、2021年の米国科学アカデミー紀要論文賞を受賞した。一方、主として双子葉植物を用いた基礎研究では、双子葉植物が吸収しやすい窒素肥料分である、硝酸シグナルの受容体が発見され、硝酸そのものが栄養シグナルとして機能する一連のシグナル伝達経路の解明が進んだ。さらに、もう一つの必須栄養素であるリン不足時には窒素吸収が抑制されるメカニズムも解明されつつあり、より少ない化学肥料農業を実現するための分子基盤の解明が急速に展開している。

【基礎基盤】

（1）遺伝子発現機構

遺伝子の発現機構の全体像は解明されていないことも多く、また、エピゲノム状態やクロマチン構造の統合的理解が必要とされ“ヌクレオーム”という概念による高次構造と機能の相関研究が進んでいる。

単一細胞シーケンシング技術の急速な発展により、現在では単一細胞から2つ以上の 情報を同時に取得する単一細胞マルチオミクス技術の報告が相次いでおり、今後しばらくの技術開発のトレンドとなると予想される。例えば、CITE-seqではタンパク質情報の「核酸化」によりタンパク質とトランスクリプトームの同時定量が可能となった。

また、最先端の解析技術により、翻訳やtRNAに関する新たな知見が得られ、その重要性が再認識されている。同時にリボソームやスプライソソームといった巨大複合体による化学反応の各段階がクライオ電子顕微鏡を駆使した構造解析で明らかにされ、遺伝子発現の流れを原子レベルで理解する時代が到来した。

ゲノム構造の生細胞動態の解析も急速に進んでいる。ゲノム領域の生細胞動態解析と計算機シミュレーションによりクロマチンループが動的であることが示され、発生過程におけるエンハンサーとプロモーターの相互作用と遺伝子発現についての理解も進んでいる。

RNA結合タンパク質（RBP）による細胞内相分離体と疾患との関わりが注目されており、相分離体を標的とした創薬開発を中心に行うベンチャー企業が設立された。

（2）細胞外微粒子・細胞外小胞

生体内には、外因性および内因性の様々な細胞外微粒子が存在している。細胞外小胞やメンブレンベシクルといった内因性微粒子は、内包した生体分子を受け渡すことによって細胞間情報伝達を担っていることが判明し、その機能や応用に注目が集まっている。細胞外小胞のひとつであるエクソソームが、様々な疾患の悪性化や細胞特性の維持に機能していることが判明している。また、エクソソームに含まれるRNAやタンパク質などの量、種類が疾患で変動することから、バイオマーカーや治療標的としての研究開発が盛んに行われている。臨床応用に向けて最も研究開発が進んでいるのは、がん診断の領域である。米国Exosome Diagnostics社は、2016年に非小細胞肺がんに対するコンパニオン診断薬として血液由来エクソソーム中RNAを検出する診断方法を上市したのを皮切りに、尿由来エクソソームRNAを解析するものなど、自家調製検査法として利用される診断薬を開発した。

また、エクソソームが疾病のメディエーターとして機能することから、エクソソームの分泌を抑制することが新しい治療法になるとして注目されている。さらに、エクソソームは天然のDDSとしても期待されており、siRNA、miRNAあるいは低分子化合物などを目的の細胞へ送達する試みが盛んになっている。

エクソソームの臨床研究の進展に対応するため、Lonza社によるCodiak BioSciences社の製造設備買収やAGCバイオリオジクス社とルースターバイオ社の戦略的パートナーシップ提携など、エクソソーム医薬品製造のシステム構築競争が激化している。

（3）マイクロバイオーム

土壌、海洋、大気、動植物の体内や体表などのあらゆる環境中に存在する、細菌、アーキア、原生動物、真菌、ウイルスなどの微生物の集団である微生物叢（マイクロバイオータ）と、それが持つ遺伝子や機能（マイクロバイオーム）を研究の対象とする領域である。

特にヒトを宿主とした微生物叢の研究が盛んで、なかでも、腸内の微生物叢の研究が急速に進展してきた。最近、腸内の常在真菌も宿主免疫系を制御することが報告された。特に炎症性腸疾患では、腸内真菌叢の乱れの結果増加するカンジダ真菌が免疫システムに作用することによりその病態に関わることが示された。

応用研究としては、2022年11月に、健康な人の便に含まれる細菌群が医薬品として初めて米国FDAに承認された。ほかにも、米国Seres Therapeutics社の経口投与可能な微生物カクテル製剤SER-109やTreg細胞誘導性ヒト便由来クロストリジア属17菌株カクテルVE202など、複数の臨床試験が進行している。また、腸内フローラを介した薬効、食事の効果の個体差が個別化医療や個別化栄養の観点から注目される。例えば、免疫チェックポイント阻害薬非著効例で便移植により薬効が高まることが報告されており、便移植と免疫チェックポイント阻害薬を組み合わせた臨床試験が世界中で推進されている。さらに、大麦摂取による脂質異常症リスク低減効果が得られる人を腸内細菌から予測する機械学習モデルの構築に成功した研究例なども報告されている。欧州では食品の健康機能を謳うことは許可制であるが、2021年に低温殺菌されたアッカーマンシア菌が肥満をコントロールするための食品としてEFSAにより初めて承認された。

植物を宿主とする微生物叢の研究も活性化してきている。2021年、国際農研は、生物的硝化抑制（BNI）能を付与した世界初のBNI強化コムギの開発に成功し、米国科学アカデミー紀要（PNAS）より2021年の最優秀論文賞を受賞した。また、植物–微生物相互作用研究においてシングルセル解析を行うには、菌糸が侵入した植物細胞のプロトプラスト化が難しいという問題があった。最近、*in situ* hybridizationを用いて、プロトプラスト化を経ずに一細胞レベルで植物遺伝子の応答を可視化する技術が報告されたことから、今後、一細胞レベルでの解析が進むことが期待される。

（4）構造解析（生体高分子・代謝産物）

生体高分子（タンパク質・核酸など）の構造解析では、単粒子解析用のクライオ電子顕微鏡の導入がさらに進み、国内ではBSL–3環境にも設置された。2020年に水素原子も見える原子分解能1.22 Åを達成したのに加え、適用可能な分子量下限の緩和や試料調製平準化の技術開発も進む。クライオ電子顕微鏡においては、FIB–SEM改良により試料調製の難しさが解消されつつあり、細胞内での*in situ*構造解析の報告が増えている。構造の動態や生理条件下での平衡解析を得意とする溶液NMRの重要性が高まっており、天然変性タンパク質や液－液層分離の解析、in cell NMRによる真核細胞内のタンパク質の動態解析が注目される。クライオ電子顕微鏡実測とほぼ同等の精度を記録したAlphaFold2をはじめとした、AIベースの構造予測プログラムは、まだ課題はありつつも、実測の予測精度向上など実験的手法と相補的な手法として期待される。

代謝産物の構造解析では、有用な未知物質の候補を効率的に同定するためのノンターゲットメタボローム解析がネックとなっており、既知物質に関する集約的なデータ整備とその活用を目指すFoodMASSTやXMRsといったプロジェクトが注目される。構造解析手法としては、微小結晶から解析可能なMicroEDの専用機が市販された。

（5）光学イメージング

蛍光イメージングでは、超解像顕微鏡や光シート顕微鏡において、高性能化の研究開発と並行して、普及に向けた市販化やチューリッヒ大などによるオープンプラットフォームの取り組みが行われている。蛍光プローブでは、有機小分子とタンパク質の利点を兼ね備えたハイブリッド型プローブや組織深部観察のための赤外プローブ開発が盛んである。非蛍光のラマンイメージングでは、蛍光プローブと異なる特性をもつアルキンタグの改良と、より感度が高いコヒーレントラマンイメージングの技術開発が進む。コンピュテーショナルイメージングでは、3次元の蛍光画像を高速で取得できるライトフィールド顕微鏡の、新たな発想での改良が注目される。

生命科学の重要な課題の一つである、多階層性を有する生命システムの機能発現の仕組みを解明するために、細胞～組織・個体スケールでのシームレスな動態観察を目指したメゾスコピーと呼ばれる手法が、大阪大学や理研、米国ジャネリア研究所などで開発され、新たな知見の発見が期待される。

メゾスコピーなどの先端装置の活用に向けて、共用利用の促進に加えて装置に関する情報公開によるオープンアクセス化が注目される。さらには取得したイメージングデータの活用促進のため、欧州や日本でデータリポジトリが構築され、データ形式やメタデータの標準化の議論が活発になってきている。

（6）一細胞オミクス・空間オミクス

1細胞レベルの包括的かつ定量的な分子プロファイリング技術は生物学や医学研究において、もはや欠くことのできない存在になっている。中国の浙江大学のグループは2020年にはヒトの全細胞トランスクリプトームデータを報告、またCZ Biohub拠点としたTabulaプロジェクトは、2022年にヒトの全臓器1細胞トランスクリプトームデータを収集した。

一細胞エピゲノム解析、マルチオミクス解析の大規模化に加え、時空間解析が進む。一細胞トランスクリプトーム解析を利用して、組織切片上での網羅的遺伝子発現解析を可能とする空間的遺伝子発現解析技術はNature methods of the Year 2020に、同じく細胞系譜追跡、“Tracing cell relationships”は、2022年のNature Methods誌Methods to Watchの一つに選ばれている。

様々な疾患への応用も進んでいる。例えば、がん種や治療方法に応じた様々な遺伝子変異や遺伝子発現の変化が悪性化をドライブすることが明らかとなってきている。

この領域は基礎、応用とも米国が圧倒的にリードしている。日本も数少ない研究者が奮闘している。

（7）ゲノム編集・エピゲノム編集

CRISPR/Casによるゲノム編集技術は、簡便性と汎用性からライフサイエンス研究に欠かせない基盤的ツールとなっている。ゲノム編集ツールの正確性や効率性の向上を目指した研究が進展している他、標的遺伝子の発現を制御するエピゲノム編集の技術開発が行われている。

研究の軸足は大学から企業に移りつつあり、細胞の改変、農作物の品種改良、遺伝子治療などへの応用が進められている。国内では、世界に先駆けた社会実装が進み、サナテックシード社はGABA高蓄積トマトを上市し、リージョナルフィッシュ社は肉厚マダイと成長の早いトラフグを上市した。

医療分野では、2021年、トランスサイレチン型アミロイドーシスの治療をCRISPRシステムの静脈注射によって可能とする報告がなされ、世界中を驚かせた。また、βサラセミアと鎌状赤血球症に対して、*ex vivo*ゲノム編集治療が行われた。βヘモグロビン異常疾患において、ゲノム編集した造血幹細胞の移植によって、貧血の改善を認めた。

CAR-T細胞へのゲノム編集の応用が精力的に行われている。健常人ドナーからCAR-T細胞を利用するUniversal CAR-Tの概念が登場し、塩基編集により安全性を高めたCAR-Tも開発され、2022年には英国において白血病患者への投与が行われた。

ゲノム編集技術の応用にはELSIの観点からの考察が重要であり、農作物等の規制に関しては国によって違いが見られる。また、本技術が微量の核酸を検出できることに着目して、新型コロナウイルスなどの新たな診断技術の開発が進められている。

（8）オプトバイオロジー

生命現象の光操作技術に関する研究は2005年のチャネルロドプシンの神経科学・脳科学への応用が大きな転機になった。光刺激によって構造変化を起こし、速やかに二量体を形成し光照射を止めると解離する光スイッチタンパク質の基盤技術が開発され、生命現象に関わる様々なタンパク質の光操作が可能になった。

これまで青色光で制御できる光スイッチタンパク質が光操作に利用されてきたが、より生体組織透過性の高い長波長の光照射で利用できる光スイッチタンパク質の開発が進展し、赤色光スイッチタンパク質として、米国からiLight、中国からREDMAPが報告された。2022年には日本から、光制御能と一般性が高いMagRedが報告された。

これまで生命現象の解明のための研究が主流であったが、ここ数年、医療応用に通じる光操作技術が報告されるようになってきた。ゲノムや抗体などの分子レベルでの治療技術に加えて、免疫細胞やウイルスを用いた治療にも光操作技術が応用され始めている。

2020年にはRakuten Medical, Inc.（日本法人は楽天メディカルジャパン）が光操作技術に基づく頭頸部がんの治療薬「アキャルックス」および光照射機器「BioBladeレーザーシステム」の日本での製造販売承認を得た。また、網膜色素変性症で失明した患者に対する臨床試験（第Ⅰ/Ⅱ相）では、チャネルロドプシンの赤色変異体を網膜の神経細胞に導入するとともに、物体を検知し光パルスを網膜に投射する光刺激ゴーグルを用いることで、患者が物体を知覚できるようになったことが報告された。さらに、米国のグループは、CAR–T細胞療法に光操作技術を導入することにより、当該療法の特異性と安全性を高めることを示した。

（9）ケミカルバイオロジー

近年、従来とは異なる様式・原理に基づいて作用する薬剤やundruggableと考えられてきた標的分子を制御するための新しい創薬モダリティ開発が盛んになっている。細胞に内在するタンパク質を制御する化合物の探索・開発研究と、人工的に改変したタンパク質の機能を化合物によって制御する「ケモジェネティクス」の2つのアプローチである。前者では、標的タンパク質と共有結合を形成しその機能を不可逆的に阻害する「コバレント阻害剤」、有機化合物を用いて標的タンパク質の分解を誘導する「プロテインノックダウン技術」が注目されている。後者の特定の化合物に応答して機能が変化する人工タンパク質を用いるケモジェネティクスでは、CAR–T細胞療法への応用が挙げられる。カリフォルニア大学では、キメラ抗原受容体とケモジェネティクスを融合させ、特定の小分子化合物の存在下でのみ抗腫瘍活性を示すCAR–T細胞を作出した。通常のCAR–T細胞に比べて安全な細胞治療の実現が期待される。

細胞内相分離構造（メンブレンレスオルガネラ）を利用してタンパク質機能を制御しようという試みが注目されているが、その先駆的な例として、細胞内での相分離ドロップレットを人為的に構築し、小分子化合物を用いたタンパク質の放出および格納によるタンパク質の機能を制御することに成功している。

（10）タンパク質設計

生体で様々な生命機能を担うタンパク質の人為的デザインを試みる研究開発領域がタンパク質設計である。その方法論は、ランダムにタンパク質を構成するアミノ酸の配列を変え、生成された多数のタンパク質から目的に近いタンパク質を選抜することを繰り返す方法である「進化工学」的方法と、立体構造と機能に関わる理論、仮説、データに基づいて目的とするタンパク質を設計する「合理設計」の二つに大別できるが、厳密には両者を取り混ぜつつ、目的タンパク質分子の創出を行うことが多い。ワシントン大学のBaker研究室では、合理設計を駆使して、機能性タンパク質の主鎖構造を含めたゼロからの設計に成功している。一例として、2020年にSARS-CoV-2のスパイクタンパク質に結合するタンパク質の創出に成功、この人工設計タンパク質は、動物実験で症状の緩和をもたらすことが示された。一方、Google傘下のDeepMind社は、2021年7月に、タンパク質のアミノ酸配列情報のみから、安定な立体構造を非常に高精度で予測することのできるソフトウェア、Alphafold2を発表し、大きなインパクトをもたらした。Alphafold2は、アミノ酸の配列情報と、既にX線構造回折などによって構造解析がなされている既知のタンパク質の情報をもとに、深層学習によってタンパク質の構造予測を行うもので、物理的な力やエネルギー計算、化学法則に基づく構造の選出を全く用いていないことが特徴である。Alphafold2はその精度の高さと自由なライセンスから、わずか1年で後発の改造版が多く生まれた。ColabFoldはその改造版の1つであり、Googleの提供するウェブブラウザ上でのディープラーニング動作・開発環境である「Google Colaboratory」上で動作するようにし、誰でも無料で前準備なしでAlphaFold2の機能を利用できるようになっている。

1.2.2.2 エマージングな動向

第2章で取り上げた30の研究開発領域の全体を俯瞰して、CRDSが注目する9つのエマージングな動向を抽出した。

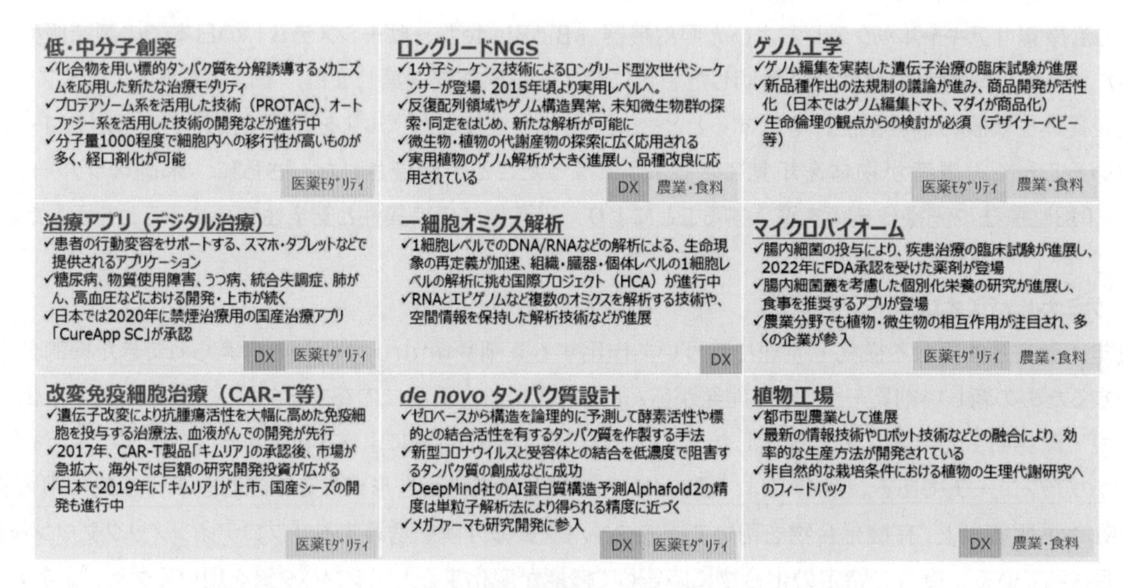

図11　　CRDSが注目する9つのエマージングな動向

1.2.2.3 研究開発システム

前節では、研究開発テーマの潮流を見たが、本節では、新しい科学技術の潮流をいかにイノベーションにつなげていくか、あるいはいかに新しい科学技術の潮流を生み出すかというシステム面からベンチマークする。

（1）イノベーションエコシステム

ここでは、創薬分野のイノベーションシステムの変化を見てみたい。

1973年に遺伝子組換え技術が登場し、1976年に世界初のバイオベンチャー、ジェネンテック社が誕生した。バイオ医薬品のブームがここから始まる。1980年代に第一世代のバイオ医薬ベンチャー群が登場して、それが2000年になってようやく売上げが目に見える形で現れ、2020年には抗体医薬品や組換え蛋白医薬が医薬シェアの3、4割を占めるようになってきている。科学技術の登場から社会実装までに長い時間がかかっているが、バイオベンチャーのモデルがこの間に確立してきた。1987年の自動DNAシーケンサーの登場と共に、90年代以降、ゲノムベンチャーの時代が来た。2010年代に入って、様々な技術の登場と軌を一にして多様なベンチャー企業が出てきている。米国を中心に革新的な科学技術の登場とベンチャー企業の立ち上げが同時進行的に進んできた。

ボストン（マサチューセッツ州ケンブリッジ）は、バイオテクノロジーの誕生と共に、MIT、ハーバード大学の周りに様々なバイオテック企業が集まってきた。1980年前後にMITやハーバード等の大学を中心とする研究者によってBiogen社とGenzyme社といった第一世代のバイオテクノロジー・スタートアップが創設された。1990年代には企業と大学との共同研究が進み、1990年代後半以降、大手グローバル製薬会社が次々とケンブリッジ周辺に研究施設を置くようになった。また、マサチューセッツ州主導によるライフサイエンス法の施行（2008年）、ボストン市の産業クラスター形成を目指したイニシアチブ（2009年）が貢献したとも言われている。

2000年以降、核酸医薬、遺伝子治療、遺伝子細胞治療など新しいモダリティが続々と登場し、多様化するにつれて、研究開発費が増額するとともに、医薬品当たりの開発費が非常に増えてきていて、研究によると、1開発費当たり1,000億円から3,000億円になっている。

イノベーションを考える際に、研究開発とセットで見ておかなければいけないのが、メガファーマ（およびそのコーポレートベンチャーキャピタル）の出資（買収含む）活動である。2017年のスナップショットでは、Google社やMicrosoft社などと並んでメガファーマが出資活動の上位を占める。上位のメガファーマ6社で2011年以降、200社に出資している。日本では武田薬品だけはこのグローバルな潮流についていっている。もう1つ興味深いのは、Google社の投資内訳は、2011年以降、486件あるが、3分の1がバイオ・ヘルスケアで3分の2がIT・ソフトウェアとなっている。ここで言いたいことは、研究開発だけではなくて出資という形でもオープンイノベーションが実践されてきたということである。

CRDSが先に発刊したバイオベンチャーとイノベーションエコシステムのレポートに記述したとおり、近年メガファーマがM＆Aを積極的に実施しているが、M&Aの被対象企業の約8割がスタートアップで、アカデミア発というのは4割ぐらいである。最近、買収金額が高騰化する傾向にあり、非常に高額のものが平均を吊り上げている部分もあるが、買収金額の平均は1件当たり約2,000億円になっている。国内外で日本のベンチャー企業が買収対象となった事例はほぼない（注：2023年1月にModerna社がオリシロジェノミクス社を買収）。このように、研究開発費が年間約2,000億円で、買収金額も1件約2,000億円、やはり資本がものを言う世界になっており、かつての半導体業界と同じような状況になってきていると見ることもできる。その中で日本の製薬企業はどうすべきか、というのも1つの論点ではある。

こうした結果、FDAに臨床試験Phase Iの申請をした製薬企業の割合、水色がベンチャー企業だが、2011年はPhase Iに申請したベンチャー企業は全体の3割ぐらいだったが、今や6割ということで、10年で倍増した。紺色のところはメガファーマ、大企業になるが、逆のパターンを示している。大企業がPhase Iに入る前のベンチャー企業を買収して、大企業が申請している事例もあるので、実質は6割以上のベンチャー企業発のシーズであるという時代になっている。

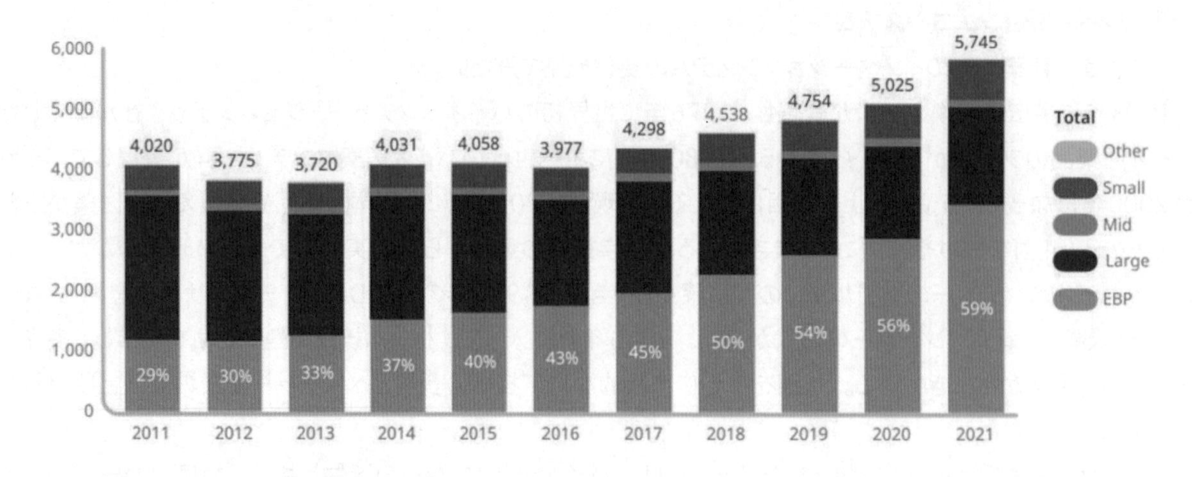

図12　　製薬のPhase I申請の新興企業（スタートアップ）の増加

このように創薬セクターにおいてはイノベーションモデルの変化が2010年代に入って決定的になった。日本は数少ない新薬創出国であるが、世界の売上げトップ30品目の数を見ていると減ってきており、存在感がなくなってきているという見方もできる。

2005年

順位	製品	適応	企業
7	タケプロン	抗潰瘍剤	武田薬品
16	メバロチン	高脂血症薬	三共
24	ブロプレス	降圧剤	武田薬品
25	クラビット	抗菌薬	第一製薬
26	アクトス	糖尿病薬	武田薬品
28	パリエット	抗潰瘍剤	エーザイ

2015年

順位	製品	適応	企業
12	クレストール	高脂血症役	塩野義
16	ジレニア	多発性硬化症	田辺三菱

2020年

順位	製品	適応	企業
7	オプジーボ	抗がん剤	小野薬品/BMS

出典：ユート・ブレーン世界の大型医薬品売上ランキング2005（現 研ファーマ・ブレーン）
出典：研ファーマ・ブレーン世界の大型医薬品売上ランキング2015
出所：Evaluate Pharmaのデータをもとに医薬産業政策研究所にて作成

図13　　世界医薬品売上トップ30品目における日本企業創製品

日本は研究力強化の問題も大きいが、イノベーションシステムの未成熟も大きな課題である。持続的なエコシステムのためには、アカデミア（大学、公的研究機関）、スタートアップ、企業、VCの間で、人材、知・情報、資金の集積と流動が必要であり、そうした制度設計が求められている。

（2）医療研究プラットフォーム

これからの医療分野の研究開発は、基礎研究から橋渡し研究（TR）、臨床現場から社会の中での検証、課題の抽出、そして新たな基礎研究へと流れる「循環型研究開発」が重要となる。そのためには、研究開発の循環を効果的・効率的に推進する体制（医療研究開発プラットフォーム）の整備が必要である。本項では、大学医学部、大学病院の体制整備について示唆が得られる具体例を取り上げる。

米国では、スタンフォード大学は大学の統制力が比較的強いといわれるが、医学部と大学病院群で構成される Stanford University Medical Centerは財政面で大学から一定の独立性を有している。複数の人事パスのうち“Clinician Educator”と呼ばれる1,200名の病院勤務医師の人事は、医学部（Vice Dean）と病院によって統制されている。また、外部研究費から教員の給与を支出することも一般的である。外部研究費の間接経費率は大きく、28.5～57%（資金全額から必要経費として認められる金額を差し引いたMTDC: Modified Total Direct Cost Baseに対する割合）が大学に納められる。獲得した外部研究費は大学全体でおよそ10億ドル（うち医学部6.6億ドル）、そのうち間接経費は約2.5億ドル（2015年）である。また、ハーバード大学では、間接経費の割合は26～69.5%にも及ぶ。さらに、医学部・大学病院に関わる研究者・医師数は、日本とは規模が異なる。スタンフォード大学では、大学教授会に所属する教員（講師以上）のAcademic Council Professoriateに500名弱、大学教授会には所属しないが、医学部教授会には所属するMedical Center Lineに500名、これ以外に教員外ポジションとしてClinician Educator Lineに1,200名の医師またはPhDが在職している。

オランダでは、1990年代から医学部と大学病院（教育病院）の統合（University Medical Centre =UMC、大学とは別法人）を進め、2008年までに国内全ての医学部がUMCになっている。診療報酬（保険）、保健・福祉・スポーツ省、教育・文化・科学省（大学経由）からの予算は全額まとめてUMCに供給され、用途はUMCに任されている。

ドイツでは、大学（州）により差があるが、大学病院（あるいは医学部と大学病院）の予算は大学とは独立している。ただ、人事は病院理事会と大学学長によって統制されており、財務面を除くと大学からの影響力が一定程度存在するケースもある。ドイツでは州による影響力が大きく、国家レベルでの戦略的研究開発を実施するためには必ずしも好ましい環境ではないと考えられていた。そのため、連邦政府の戦略を実行できる環境として、2013年にシャリテ（ベルリン医科大学：フンボルト大学とベルリン自由大学と提携関係）とマックス・デルブリュック分子医学センター（MDC: ヘルムホルツ協会傘下）が共同でベルリン医学研究所（BIH）を設立した。

一方、東京大学医学部とその附属病院では、医学部所属の教員（講師以上）が約180名、附属病院所属の教員（一部は前記と重複）が約730名、非常勤医師が約780名である。海外の医学研究科や病院の研究所では、PhDがMDと並び研究のメインプレーヤーとなっているのに対し、日本の大学病院などでは、そうはなっていない。

海外の状況から得られる示唆として、MDによる研究を推進するためには、診療負担の軽減、研究リソースの増加、能力やインセンティブの向上が有効である。MDの診療負担を軽減し、研究能力・動機を持つMDが研究に時間を割けるようにするため、海外の機関では様々な施策が採られている。例えば、米国やドイツでは診療教員（clinical faculty）ポストを導入している。臨床での診療能力に優れたMDを招聘して病院の診療機能を向上させ、他のMDが研究に割く時間を増やすと同時に病院の経営改善を図るものである。診療能力の高いMDにとっては、診療教員の称号が大学のポストを獲得するインセンティブとなり、ハーバード大学のように多くの提携機関を持つ大学では、特に重要な要素であると考えられる。また、診療教員ポストは、大学病院が組織的・財務的に区分されていることにより病院の経営・R&D戦略に応じて柔軟に運用することができる。

分院や提携機関を有することも、MDの研究推進に有効であると考えられる。ハーバード大学、エラスムスMC（オランダ）等は分院や提携機関を有し、医学部・本院・分院または提携機関で研究・教育・診療の機能を分担できる構造となっている。こうした分院・提携機関は、大学のブランド力を活用して、全体としての経営に貢献することもでき、医学部や本院のMD、PhDが研究に割くリソースを増やすことにもつながる。また、戦略的に活用しやすい人的資源、（ビッグ）データ等の規模が拡大することも、研究推進に貢献すると考えられる。

病院組織下あるいは他機関と共同の研究所、病院と学内他部局ないし外部機関等とのクロスアポイントメントは広く見られる施策として挙げられる。研究所には医師でないPhDが雇用され、また学内外のPhDが病院や医学部でクロスアポイントメントを得て、MDと連携しながら研究を推進する体制ができている。さらに、産官学連携を通じて病院外の人的・経済的資源を活用できる体制も整備し、MDによる研究を推進しようとしている。大学病院が財務的・組織的に区分されることは必要条件ではないが、病院における意思決定の応答性・スピードを向上し、産官学連携を進めやすくすることに貢献していると推測される。

また、大学病院の財務的・組織的区分は、診療報酬に基づく収入や病院における職員ポスト（特に診療教員ポスト）を戦略的に運用して、病院における研究開発を促進することを可能にする。オランダにおいては、「管理競争」というコンセプトに基づく健康保険制度が実装され、病院が提供する医療サービスについて保険者と価格交渉を行う。このシステムでは、病院は常にイノベーション創出競争にさらされることになるため、別法人化されたUMCの戦略的予算運用は、UMCのMDやPhDがニーズに即した研究開発を迅速に行う上で不可欠の条件となっている。MDの研究能力、あるいは研究に従事するインセンティブを高めることも、医療研究開発プラットフォーム構築の上で重要である。特にドイツ、オランダで積極的に進められたのは、研究能力を持つMDの育成施策である。ベルリン医科大学シャリテにおいて導入されたClinician-scientist制度は、若手医師の「研究時間を買う」契約である。これらの取り組みは、米英等のランキング上位大学との競争環境下で、病院における診療・研究の質を決定づける優秀な若手人材を確保することが極めて重要であるという認識に基づいている。研究能力の高いMDを育成して、論文数、被引用数、Highly Cited Paper（HCP）数を増加させ、大学（医学部）のランキングを向上させることができれば、優秀な若手人材が集まり、彼らがまた高レベルの研究業績を生み出すというサイクルである。産官学連携や他機関とのクロスアポイントメントもMDにとって研究に従事するインセンティブとなり得る。エラスムスMCは25以上の関連企業を持ち、エラスムスMCの教員らがクロスアポイントメントで参加して、臨床研究、研究成果の実用化等を行っている。これらの企業における収入や特許収入は、MDが橋渡し研究（TR）や臨床研究に従事するインセンティブとして作用する。

欧米各国では、外部研究費から研究者の給与を支出することも一般的である。外部研究費を得れば、自らの収入が増加するという直接的なインセンティブからポスト獲得を目指す動機が生まれる。さらに、一定額の外部研究費を獲得し続けられれば、事実上任期なくプロジェクトポストを維持し続けることもできる。こうしたシステムのもとで運用されるプロジェクトポストは、研究能力のあるMDにとっては有効なインセンティブとなり得る。

一方、PhDによる研究推進のためには、MDではないPhDが医療現場で研究を遂行できる制度・ポジションやPhDが有効に活用されうる研究テーマが増加することが有効である。大学病院の財務的・組織的区分は、産官学連携やクロスアポイントメントの推進、研究所の戦略的設置・活用、プロジェクトポストの柔軟な運用等に影響を及ぼす。MDでないPhDが医療現場で研究を遂行しようとすると、MDとPhDの連携あるいはPhDが自立して研究できるポストが必要である。前者は産官学連携、MDとPhDが集まる研究所等が有効であり、後者はクロスアポイントメントやプロジェクトポストによってPhDが病院のポストを得ることが有効であろう。また、PhDが活躍できる研究テーマを増やすためには、産官学連携や分院・提携機関の設立による、研究拠点の集約や多様化が有効であると示唆される。制度整備が進まず、PhD単独では臨床に近い研究テーマに手が出せないという制約があっても、MDとの連携が進めばPhDが活躍する余地は十分生まれる。

参考文献

JST CRDS調査報告書 医療研究開発プラットフォーム―大学病院における研究システムの海外事例比較―/CRDS-FY2017-RR-01

1.2.3 社会との関係における問題

1.2.3.1 倫理と社会受容

（1）健康・医療データの倫理的課題

ウェアラブルデバイスの普及やIoT化による収集データ量の急増とデータ解析技術の進展を背景として、COVID-19対応に象徴されるように世界中で健康・医療データの利活用が急速に進んでいる。また、がんや難病において推進されているゲノム医療、AIやポリジェニックリスクスコア（Polygenic risk score：PRS）を利用した疾患リスクの予測など、個別化医療・ヘルスケアの領域が進展しつつある。このような中で、個人情報の保護や解析結果の取扱いなど、倫理面の課題が顕在化しており国内外で検討が進められている。

健康・医療データの提供者は個人・市民であることから、個人・市民を中心として、医療機関や自治体などのデータ管理主体、Personal Health Record（PHR）事業者やコホート・バイオバンクなどのデータ連携ハブを含む多様なステークホルダーが連携し、社会との協働の基盤を整備する必要がある。

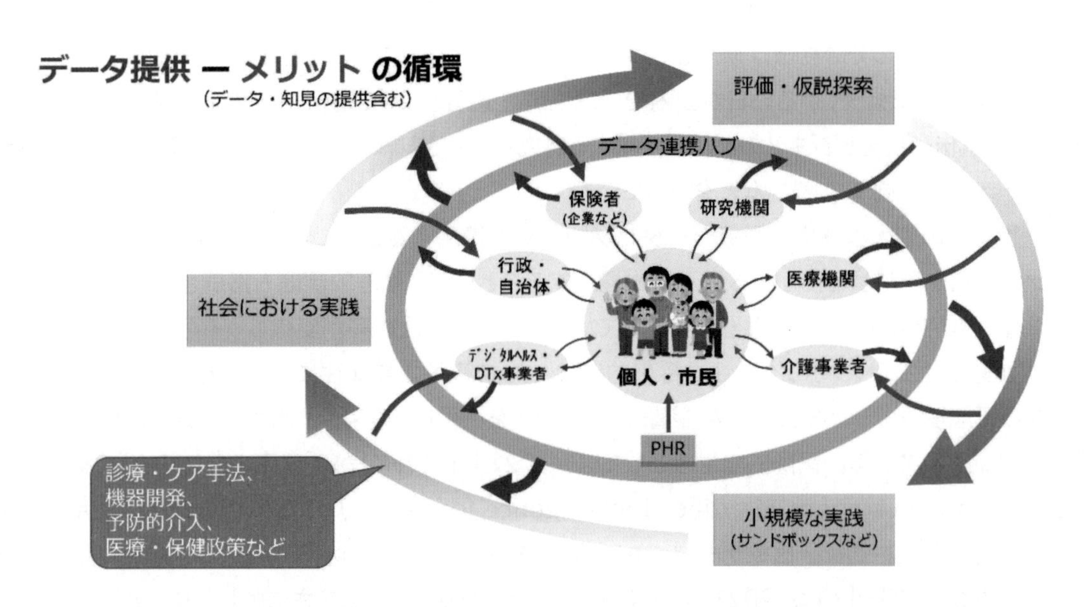

図14　　ステークホルダー連携によるELSI/RRI、社会との協働の基盤の整備

健康・医療データの収集・利活用に伴う倫理面の課題の一つとして、個人情報の保護が挙げられる。高度にIT化された状況で、情報提供者の個人情報を明確に保護する必要性が高まり、各国で個人情報保護に関する法律が制定されている。特に医療情報の多くは、要配慮個人情報として規制が強化されている一方で、過剰な保護により、例えば情報にアクセスしづらく創薬研究が滞るなど、情報提供者である個人・市民が享受し得るメリットを失う可能性もあり、適切な保護と活用の衡平を踏まえた制度設計が肝要となる。

ゲノム情報等の取得とその操作や解析が可能となり、ゲノムを対象とした医療行為やゲノム情報を用いた診断サービスが進展しつつあるが、ゲノム情報（遺伝情報）には他の健康・医療データと異なる特性があるため、適切に保護しつつ取り扱う必要がある。ゲノム情報の特性として、個人の識別性が高く生涯変化しないことや、将来疾患を発症する可能性を予測できる場合があることが挙げられ、雇用や医療・生命保険加入等の際の不利益の防止やデータの適切な管理が倫理的課題と考えられる。さらに、ゲノム情報の一部は血縁者とも共有されており、影響が個人に留まらないという特性もあることから、個人情報保護法による扱いのみならず、ゲノム情報の特性に即した扱いを検討すべきとの指摘もある。国際的には、国連教育科学文化機関（UNESCO）による「ヒトゲノムと人権に関する世界宣言（1997年）」、「ヒト遺伝情報に関する国際宣言（2003年）」、経済社会理事会（ECOSOC）による「遺伝プライバシーと差別禁止（2004年）」、世界保健機関（WHO）による「遺伝医学と遺伝サービスにおける倫理問題に関する国際ガイドライン案（1997年）」などにより規範が示されてきた。さらに、各国レベルでも遺伝情報差別に関する規制が整備されている。欧州ではEU基本権憲章（2000年）により遺伝的特徴に基づく差別が禁止されているほか、2004年の専門家グループによる勧告（「遺伝学的検査の倫理的・法的・社会的意義に関する25の勧告」）や、欧州評議会（COE）によるオヴィエド条約（1996年、2008年）でも遺伝的地位に基づく差別の禁止が言及されている。米国では2008年に、ゲノム情報に基づく保険と雇用の不当な差別を禁止する法律（Genetic Information Nondiscrimination Act：GINA）が施行されたほか、GINA以外にも様々な関連する連邦法や州法が存在する。さらに、GINA制定から10年以上経った現在、ポストGINAの議論が盛んになってきている。諸外国で法整備が進むなか、日本には遺伝情報に基づく差別の禁止を謳う法律はなく、個人情報保護法で間接的に保護している。

消費者向け（Direct-to-Consumer：DTC）遺伝子検査は、消費者自らが採取した検体について事業者が遺伝情報を解析したうえで消費者に直接検査結果を返すサービスであり、サービスの品質管理やデータの適切な管理が重要となる。米国では、FDAが未承認のDTC事業者に販売停止命令を下し、その後申請を受け一部認可するなど、事業者とFDAの間でルール形成がなされてきた。遺伝子検査に関する連邦法は存在しないものの、州法レベルでの立法は増加しつつあり規制が整備されてきたことから、米国においてDTC遺伝子検査は一定の産業になっている。日本国内では、経済産業省がDTC遺伝子検査を所管しており、「消費者向け（DTC）遺伝子検査ビジネスのあり方に関する研究会」において、「DTC遺伝子検査ビジネス事業者に対するガイダンス（仮称）」の検討などを行っている。

画像データなどの膨大な健康・医療データセットにAIを適用することにより、人間には見つけられなかったパターンの発見や予測が可能となるが、AIを適用することに伴う倫理的課題も指摘されている。 AIを搭載した医療機器（AIプログラム医療機器）においては、学習により性能等が変化しうる可塑性や、AIの出力の予測や解釈が難しいブラックボックス性、将来的には、AIの高度な自律性により患者と医師の関係性が従来とは変化する可能性等も挙げられる。 AI診断やPRSなどを利用したリスク予測サービスの品質管理や結果開示の問題も指摘されている。国際的な動きとしては、2021年にWHOが「健康のためのAIの倫理とガバナンス（Ethics and governance of artificial intelligence for health）」でAIの健康への利用に関する主要な倫理原則を示した。健康・医療データにAIを適用する際の具体的なガイドライン・規制は地域・国により取り組みが異なる。欧州では、2021年4月にAIシステムをリスクの大きさに応じてレベル分けし、踏み込んだ規制をかけようとする「AI規制法案」が欧州委員会から公表されたが、その中で医療については高リスクに分類され、AIシステム提供前の適合性評価手続きが義務化されるとともに、提供開始後もリスク・品質管理が求められる。 EU域外のシステム提供者にも適用されるため影響は大きいと考えられる。米国では、FDAにより既に300を超えるAIプログラム医療機器が承認されている（2022年9月時点）。一方で、日本では、PMDAによる承認は14件（2021年2月時点）であり、製品・治験数、制度・規制の整備状況ともに欧米が先行しているといえる。しかし、欧米においても規制の在り方の議論は継続している状況であり、FDAは最終的な規制の枠組み形成に向けてステークホルダーからの積極的なフィードバックを呼び掛けている。日本でも、PMDAの「AIを活用したプログラム医療機器専門部会」やAMED医薬品等規制調和・評価研究事業（2019-2021年度）「人工知能等の先端技術を利用した医療機器プログラムの薬事規制のあり方に関する研究」などで規制の在り方が検討されている。

（2）ゲノム編集農作物の社会受容

2020年12月、筑波大学発のベンチャー企業は、ゲノム編集技術で誕生したトマトの販売・流通を厚生労働省と農林水産省に届け出を提出し、2021年5月に「シシリアンルージュ ハイギャバ」という名のゲノム編集トマトの苗が、配布を希望した約5,000の日本の家庭に届いた[1)]。世界初、日本でのゲノム編集作物の社会実装の開始である。本稿では、ゲノム編集トマトの社会受容について、「不確実性」、「結界の構造」、「通過儀礼」をキーワードに、文化人類学的な分析を試みる。

• **高濃度にGABAを含むゲノム編集トマト**

ゲノム編集によって作出された「シシリアンルージュ　ハイギャバ」は、3センチ前後の赤い楕円形のミニトマトで一果20～30g、一見したところ「普通の」シシリアンルージュと変わりはない。このトマトは、ゲノム編集技術によって、γ－アミノ酢酸（GABA）の生産を抑制する遺伝子に変異が起こり、GABAを大量に生産するようになったミニトマトである。

トマトは元来GABAを比較的多く含む食品である。GABAは交感神経の働きを抑制し、血圧の上昇抑制やストレス軽減など様々な健康維持に効果があることで知られる。現在の日本ではポピュラーな機能性成分であり、GABAを添加したチョコレートやドリンクなど様々な食品やサプリメントが市場に出回っている。これまで、トマトの生食で血圧上昇抑制効果を得るには、大量のトマトを食べなければならなかったが、このGABA高蓄積トマトは1日に2個食べれば効果が期待できるという。

• **SDN-1ゲノム編集作物は法規制で取り締まることが困難**

日本では、ゲノム編集技術を遺伝子組換え技術から区別し、他の生物由来の遺伝子（外来遺伝子）などが残っていないことが確認されればSDN-1ゲノム編集として、遺伝子組換え生物の取り扱いを規定する（通称）カルタヘナ法の規制対象外としている。このことは、日本では、自然条件で交配する種以外の外来遺伝子が含まれているものを遺伝子組換えと法的に定義していることに由来する。米国、南米諸国、オーストラリアでもほぼ同様の解釈により、SDN-1ゲノム編集作物はカルタヘナ法の規制を受けないが、欧州司法裁判所では、現時点では原則としてゲノム編集技術を遺伝子組換え技術と取り扱う裁定をし、野外での商用栽培には遺伝子組換え作物と同じ制約を課した。欧州では、人為的に遺伝子操作を行ったものを遺伝子組換え生物と定義していることに起因する。

同一の技術に対して、国によって法規制が分かれているものの、共通するのは、遺伝子を破壊するだけのSDN-1ゲノム編集作物について、ゲノム編集技術を用いて人為的に遺伝子操作を行ったかどうかを、科学的な検査や法律で規制することの困難さである。

ゲノム編集作物の作出においては、ゲノム編集技術によって目的とする遺伝子に含まれる特定配列の操作を行った株と、遺伝子操作のない品種の戻し交配を重ねることで、目的とする遺伝子だけが破壊され、かつ、ゲノム編集ツール関連遺伝子を取り除き、また目的ではない遺伝子が切断される現象（オフターゲット）を除去してターゲット以外の遺伝子欠損が含まれにくくしている。このため、SDN-1ゲノム編集作物では、特定の遺伝子の機能がゲノム編集によって抑制された証拠を提示するのがほぼ不可能であり、SDN-1ゲノム編集は、成果物に痕跡が残らない技術といえる。従って、人為的でない作用によって生じる変異体とSDN-1ゲノム編集作物とは、その作出方法について成果物によって区別することは不可能であり、行政的対応が困難となるうえ、海外の種苗開発者からゲノム編集作物を輸入する際には、海外の生産者、輸入業者などが、ゲノム編集作物である旨を関係省庁に届け出る、という日本の制度に従う保証はなく、監視や違反の取り締まりが不可能になる、という問題が指摘されている。

• **ゲノム編集作物の開発者による対応**

上述のように、SDN-1ゲノム編集は、成果物であるゲノム編集農作物からSDN-1ゲノム編集を行ったという証拠を挙げることが不可能である。一方、開発者と販売会社は、食品に関する届出（所轄官庁：厚生労働省）、飼料に関する情報提供（所轄官庁：農林水産省）、生物多様性影響に関する情報提供（所轄官庁：環境省、農林水産省）を行い受理された、および、外来遺伝子が「残っていないことを確認した」という情報提供書をウェブサイトで公開している。さらに表示義務がないにも関わらず「本製品はゲノム編集技術で品種改良を行った」「厚生労働省、農林水産省へ届出済」と記されたラベルを販売するトマトピューレに添付している。

• **栽培希望者の家庭菜園でゲノム編集トマトは良く受け入れられた**

ゲノム編集トマトの苗の配布が始まった2021年は、新型コロナウイルス感染症が流行するただ中にあり、外出自粛や在宅勤務の増加が家庭菜園を始めるブームを後押ししていた。トマトは日本人に一番人気のある野菜であり[2)]、サイズが小さく種を蒔いてから結実まで3か月程度と栽培が容易で、日本の狭い住宅事情に適した植物である。

ゲノム編集トマトは、苗を受け取った人々の手によって世話され、収穫ののち食べられる。そして、しばしばインスタグラムやオンラインプラットフォームで、収穫したトマトの入ったお弁当や瓶詰した自家製ピューレの写真が共有され、施肥管理のアドバイスや血圧の動向に関する報告が交わされている 。このゲノム編集トマトは、新品種の栽培に関心のある人々にそれほど違和感なく受容された。

販売会社によれば、農家で収穫したものをスーパーに卸すという通常の流通経路を取らないのは、これまで遺伝子組換え作物が消費者から受け入れられにくく、定着してこなかったからである。販売会社は、農家や消費者団体、マスコミを説得する代わりに、「農家と消費者を兼ねている家庭菜園の人たちに苗を無償で配ろうと考えた。SNS（交流サイト）が新しいメディアとなっている時代に、彼らがそれを通じて情報発信してくれることに期待した」。ゲノム編集トマトの登場は、農家から卸売業や小売業を経て消費者へという、大量生産から大量消費への流通の流れとは別の、苗を受け取り、育て、世話をし、共有し、収穫し、食べるという、生産消費者「プロシューマー（prosumer）」を作り出すことにもつながった。

• **市民団体による反対運動**

一方で、農作物の品種作出におけるSDN–1ゲノム編集技術の使用については、情報公開と届出の義務も安全性審査も表示も義務ではないことが、新聞各社、市民団体や生活協同組合、有機農業団体などの懸念を巻き起こした。

消費者団体や市民団体などは、食品メーカーに質問状を宛てたり、抗議行動を行ったりしている。また、遺伝子組換え食品は不要とのキャンペーンを展開し、署名活動サイトなどでゲノム編集トマト苗の栽培反対への署名を集めた。販売会社がゲノム編集トマトの福祉施設や小学校への無償配布を打ち出したため、小学校でのゲノム編集トマトの苗受け取り拒否を求める活動へと推移し、販売会社は小学校への無償配布活動について告知を停止している（2023年2月現在）。

反対者側の懸念を整理すると、次のような点が浮かび上がる。反対する団体は、まず、ゲノム編集技術そのもの、および市民がゲノム編集作物を摂取することの両方を一つの問題として認識し反対している。第2に、所轄官庁との会議内容や実験操作のプロセスの詳細が公開されていないこと、安全性が不確かな作物が知識のない市民に行き渡る道義的問題を挙げている。そのことは2020年12月に60団体と共に出された共同声明に明瞭に示されている。この声明からは科学者と反対運動の声を上げる人々の間には、思考様式というよりも、接し、経験し、知ることになる要素の結び付けられ方が大きく異なっていることがわかる。また、研究室では慎重に実施されている研究プロセス（固い事実）[3)]が、実験室の外ではいくつか省略されて示されていることがわかる。

日本消費者連盟のウェブサイトでは、ゲノム編集技術および同食品の上市に対して3つの問題点を挙げている。まずは、突然変異した種が現れるよう操作しつつも多くの部分で自然の成り行きに従う変異でなく、ゲノムの特定の部位にターゲットを定めた変異への懸念である。言い換えるならば（人為と対置される）「自然」が時間をかけて行ってきたことを、一足飛びに作りかえてしまう懸念（「時間性の断絶」への懸念）と言えよう。次に、標的としない遺伝子を切断してしまうオフターゲットに対する懸念である。3点目は、科学技術によってターゲットを定めて瞬時に変異させた作物と、自然の作用を受けて時間をかけて作られた作物が区別できなくなることや、作業過程では遺伝子組換えを用いても、成果物がゲノム編集成果物になる、といった錬金術的な不可解さへの嫌悪感である。

• **ゲノム編集トマトの社会実装における「不確実性」**

SDN–1ゲノム編集トマトに付きまとう懸念は、編集したという徴がなく、痕跡が残らないためトラッキングできないことにある。この点は開発者も行政も同じ状況に置かれている。ここで遺伝子組換え作物由来のキャノーラ油と桜の一種ソメイヨシノの受容を引き合いに考えてみたい。これまで、遺伝子組換え作物から採れたキャノーラ油が「遺伝子組換え」表示もなく流通していても、人の手を借りてのみ生存する遺伝的同一体（クローン）であるソメイヨシノが川沿いに立ち並んでいても、その自明性に対する疑義が大きなうねりとなることはない。他方、フードセキュリティを念頭に置いたゲノム編集技術の情報が開示されると、知らないことへの関心が高まり、とたんにどのようにしてそれが作られたのか、そして「自然的に生じたもの」と「技術的に作られたもの」の対立項の非区分化が重大なこととして問われる事態となる。このことからは、遺伝的多様性を人為的に削ぐことそれ自体が問題なのではなく、技術の情報開示というプロセスが、疑義の投げかけや衝突を生じさせていることがわかる。

- **ゲノム編集トマト反対派の活動の分析に見いだされる「結界」の構造と「通過儀礼」**

GABA高蓄積トマトの開発から上市への過程と、それに対する反対運動について分析と考察を試みたい。不確実性を帯びた時間性と、それと向き合う手続きについて考えると、真っ向から衝突しているかにみえる開発者側とゲノム編集農作物に反対する市民団体の両者とも、畏怖すら伴うゲノム編集という超自然的なアプローチを真摯に受け止め、それに対して質の異なる『場所に関わる儀礼』とでもいいうる手続きを行っている。

GABA高蓄積トマトへの反対運動は、標的としない遺伝子を切断してしまう懸念や、実験操作上は遺伝子組換え技術にも関わらず成果物がゲノム編集技術を用いた作物になる不明瞭さ、痕跡の残らない技術ゆえの行政の規制の緩さ、人間が作り出す食への危機感が原動力として働いている。ゲノム編集トマト開発反対派の共同声明では「在来種のトマト栽培農家にとっての脅威」と言明するが、おそらくヒトだけでなく未来に生じる可能性のある生態系への汚染を憂慮していることは、声明に賛同する諸団体に含まれる「守」「有機」といった言葉からも明らかである。宇宙や鉱物、植物や大気から放される自然放射線や太陽からの紫外線、花粉を媒介する生物など万象による目の詰まった絡み合い（メッシュワーク）を無視して、効率よく標的とする遺伝子を操作してしまうということが、あたかも、未来そのものを操作可能にしてしまうかのように思われ、そうした未来につながりかねない行動を批判するのである。

ゲノム編集技術への反対運動は、人間の想像を超える力の作用、換言すれば、従来は長い年月をかけて改良を重ねてきた育種を、ゲノム編集で一足飛びに実現してしまう事に対する忌避感とも言える。その脈絡において、ゲノム編集トマト反対派の活動は、ある種の『結界』[4)] ともいいうる手続きで、こうした事態に向き合っている。民俗学者の垂水稔は、仏教用語として渡来した「結界」という時空間の分割についてその特徴を述べている。界を結ぶことは時空間を2つに分ける有標化の手続きである。括られた対象は仮構性とともに異質化され、物理的には立ち入ることができるが、越えてはならない範囲となり、維持する努力を継続しないと区切りは崩壊する。つまり、ゲノム編集トマトの開発に対して続けられてきた反対署名活動や声明の発表、メーカーや小売りへの質問状の投げかけ、会社の前で抗議活動は、標をつけて努めて区別する結界張りの儀礼とも言いうる。

- **ゲノム編集トマト開発側の活動に見いだされる「結界」の構造と「通過儀礼」**

他方、ゲノムデータを解析し、戻し交配を行うことで組換えた遺伝子を除去し、所轄官庁へのゲノム編集説明文書を作成し、GABA高蓄積トマトを普及させる試みはどのような時間を経験しているのだろうか。

まず、勘違いしてはならないのは、開発者らは、植物の遺伝子ネットワークに、その複雑な進化の過程でもたらされた様々な変化が、互いにダイナミックに影響を及ぼしあい、その全容はきわめて複雑で人知を超えることもあることを否定している訳ではないという点である。植物はその長い自然史のなかで毒性物質を作ることで外敵を退け生存してきた[5)]。トマトの原種とされるものにはアルカロイド系毒素が大量に含まれていたが、現在の有害物質の少ない品種に至るには、試行錯誤を経て人の手で長い時間をかけて改良を重ねてきたという経緯がある。人が作り出す作物に限らず、人が関与しない植物も安心ではないことを、多くの植物学者、農業技術の専門家は知っている。開発の過程で、目的とするタンパク質がDNA切断を確実に成功させ、遺伝子変異を確実に成功させる方法もまだ明らかになっていないため、首尾よくトマトの苗が実験室を出たとしても、その後誰かの手を借りて結実し、食べ手の口に入れられるまで、どのような関門や抵抗に合うのか予見できない。

民俗学者のアルノルト・ファン・ヘネップは、その著書『通過儀礼』のなかで、領地へ侵入する際に許可書など様々な手続きを要する点について、「その手続きというのは、政治的、法的、および経済的なものであったが、中には呪術＝宗教的」[6]であると述べる。開発者が義務ではない届出や表示を行い、配布する苗にゲノム編集技術や栽培方法のリーフレットと培養土を添えるのは、社会的受容を加速しリスク管理を定式化するためだけではない。実験室から出て（分離）、様々な行政的、社会的、経済的関門を首尾よく通りぬけ（過渡）、日本各地の敷居を越え食卓へ至る（再統合）ための儀礼とも言える。開発者はGABA高蓄積トマトが一般に受容されるため、通常の効率的で大量の流通ルートではなく、小規模の会社から4苗ずつ各家庭菜園へ送り（無料配布）、オンライン上で栽培情報を交換し、収穫物を会社に送ってGABA量を計るイベントを開催するなど、「結界」を準備した上で、実験室の培地からの「異人」が、対象を特定しえない時空を通りぬけ野菜として受容されるための手続きを一つ一つ踏む。実際、GABA高蓄積トマトの社会的な受容自体が、その後、アレルゲンの少ないナッツや気候変動に対応した穀物など、他のゲノム編集作物が受容されるための準備となっている点にも注目したい。

- **ゲノム編集トマトを受容した消費者が経験する「不確実性」**

もう一つ考えておきたいのは、生産消費者（prosumer）ともよばれる苗を育て収穫物を食べる家庭菜園をする人々の時間性である。生産消費者の中には、家庭菜園のある暮らしを自ら「ハイギャバ生活」とハッシュタグをつけてオンラインに投稿する人もいる。2021年には、GABA高蓄積トマトの苗と肥料、栽培方法が書かれたリーフレットを受け取った人々は、庭先やバルコニーで育てはじめ、トマトサビダニや長雨、アブラムシ、葉かび病、青枯れ病の対策方法、基本的に農薬散布ではなく、水やりや土壌のチッソ割合の調節が推奨される、がオンラインで共有され、5か月間栽培し収穫した後、廃棄する。彼らは家庭菜園を通して手をかけ世話をする経験を重ねていく。そして多くのその栽培・収穫・食味経験を春から秋までインスタグラムやLINEのオープンチャットなどに投稿し情報を共有する。

投稿を見る限りでは、ゲノム編集トマトの栽培を始めて気づき、工夫し、様子を見、駆除し、日常では経験しない身のまわりの虫やカビ、水分管理、外気温など、活発なやりとりがなされ、それまで経験したことのなかった菜園生活を満喫している様子が窺える。

参考文献

1) Emily Waltz “First CRISPR food hits market: Sicilian Rouge tomato with blood pressure-lowering GABA available in Japan” Nat Biotechnol 40, 9-11 (2022) doi.org/10.1038/d41587-021-00026-2.

2) タキイ種苗株式会社　2021年8月19日発表「2021年度野菜と家庭菜園に関する調査 https://kyodonewsprwire.jp/prwfile/release/M103953/202108178886/_prw_OR1fl_2P7bduXI.pdf 2023年2月日最終閲覧。

3) ブルーノ・ラトゥール；川崎勝（訳）；高田紀代志（訳）『科学が作られているとき―人類学的考察』産業図書（1999/04）

4) 垂水 稔「結界の構造――一つの歴史民俗学的領域論」名著出版（1990）

5) 斉藤和季『植物はなぜ薬を作るのか』文春新書（2017）

6) ファン・ヘネップ；綾部 恒雄（訳）、綾部 裕子（訳）「通過儀礼」岩波文庫（2012、原著1909）

1.2.3.2 法規制と認証規格

（1）個人情報保護法

高度にIT化された状況で、情報提供者の個人情報を明確に保護する必要性が高まり、1980年に採択されたOECDプライバシーガイドラインを元に、国ごとに個人情報保護法の整備が進められた。欧州では、個人情報保護の権利を基本的人権の一つとして位置づけ、2018年5月に施行されたGeneral Data Protection Regulation（GDPR）をはじめとする強力なデータ保護法制を形成している。米国では、カリフォルニア州消費者プライバシー法（California Consumer Privacy Act: CCPA）など、州法レベルのプライバシー保護法が成立している。2022年6月には、米国初の連邦レベルの個人情報保護法案としてAmerican Data Privacy and Protection Act（ADPPA）のDiscussion Draftが公表され、米国版GDPR成立の可能性が高まっている。

日本では、2003年に個人情報保護法が制定されたが、情報通信技術の進展が著しいこと等から3年ごとの見直し規定が設けられており、必要に応じて法改正がなされてきた。たとえば、EU構成国をはじめとした諸外国では第三者機関が設置され個人情報保護法を監督してきたが、日本では個人情報保護法制定時に第三者機関が設置されず主務大臣制が採用された。このように、個人情報・プライバシー保護の分野において日本は国際的に遅れを取っていたが、2015年の改正により個人情報保護委員会が発足し個人情報保護法上の権限が一元化されるなど、改正により海外の制度との整合性を持たせてきた。ほかにも、情報取得主体によってルールが異なる、いわゆる2,000個問題も、2021年改正で3本の法律（個人情報保護法、行政機関個人情報保護法、独立行政法人等個人情報保護法）が1本に統合されるとともに、地方公共団体間にも全国的な共通ルールを規定し全体の所管が個人情報保護委員会に一元化されるなど、是正されつつある。

個人情報のなかでも、ライフサイエンス・臨床医学分野の研究開発で必要とされる医療情報の多くは、要配慮個人情報として規制が強化されている。日本でも、2017年5月に施行された改正個人情報保護法において、差別や偏見の恐れがある個人情報について要配慮個人情報（法第2条3項）という類型が新設され、要配慮個人情報は原則として本人の同意を得て取得することが必要となった。

一方で、過剰な保護により、例えば情報にアクセスしづらく創薬研究が滞るなど、情報提供者である個人・市民が享受し得るメリットを失う可能性もあり、適切な保護と活用の衡平を踏まえた制度設計が求められる。保護への偏りを是正するために、2015年の法改正では匿名加工情報という概念が導入された。匿名加工情報は、特定の個人を識別することができないように個人情報を加工して得られる個人に関する情報であって、当該個人情報を復元することができないようにしたものであり、利用目的の特定や本人の同意なく自由に利活用できる。2020年/2021年の改正で新たに創設された仮名加工情報は、他の情報と照合しない限り特定の個人を識別することができないよう加工された情報で、利用目的の変更が可能である。仮名加工情報は、匿名加工情報よりもデータの有用性を保って詳細な分析を実施し得る情報とされているものの、創薬や医療機器開発を念頭に置いた場合、仮名加工情報は同意があっても第三者提供が禁止されているため内部分析でしか使えない、匿名加工情報は原情報との関連付けが不可能で、データのクリティカルな意味での真正性が確認できないため薬事申請などに利用できない、等の問題点が指摘されている。

個人情報保護法は一般法であり、医療情報は通常のデータとは異なる配慮が必要であることから、医療分野の研究開発のための医療情報の収集・利活用を目的として、医療分野の研究開発に資するための匿名加工医療情報に関する法律（次世代医療基盤法）が2018年5月に施行された。この法律で匿名加工医療情報が新設され、医療情報に適した配慮が可能になったほか、認定匿名加工医療情報作成事業者（「認定事業者」）などが定められた。要配慮情報である医療情報は、本人の同意（オプトイン）がなければ収集や第三者提供ができないところを、患者の個別同意なし（丁寧なオプトアウト）で認定事業者が医療情報等を収集・匿名化して研究等の用途で提供する仕組みである。次世代医療基盤法の現状での問題点としては、被保険者番号の履歴データベースを利用できないため確実な名寄せができないことや、他の公的なデータベースとの突合ができていないことが挙げられる。さらに、個票は匿名加工医療情報しか提供できないため、原情報のカルテ情報に戻ることができず確実な真正性の確認ができないという大きな問題がある。次世代医療基盤法は5年ごとに見直すことになっているため、これらの問題点の解消が望まれる。

（2）国際持続可能性カーボン認証（International Sustainability and Carbon Certificate: ISCC）

• 様々なサスティナブル認証

サスティナブル基準や認証は、生産者、製造者、取引業者、小売業者、サービス提供者が、環境、社会、倫理、食品安全等で優れた取り組みを行うことを示すために使用する自主的なガイドラインであり、世界には600を超える規格が存在すると言われている。サスティナブル認証の規格は、1980年代後半から1990年代にかけて、エコラベルや有機食品などの規格が導入されたことに端を発する。規格の多くは、環境の質、社会の公正、経済の繁栄といった目標を満たすよう、規格が設定されている。規格は通常、特定のセクターの幅広いステークホルダーと専門家によって開発され、作物をサスティナブルに栽培する方法や、資源を倫理的に収穫する方法に関する基準が細かく定められている。例えば、海洋の生物多様性を損なわない責任ある漁業の実践、人権の尊重、コーヒーや紅茶の農園での公正な賃金の支払いなどを挙げることができる。通常、サスティナブル規格には、企業が規格を遵守していることを評価するための認証と、認証された製品をサプライチェーンに沿って販売するためのトレーサビリティプロセスが伴い、最終製品には消費者向けのラベルが貼付されることが多い。こうした様々なサスティナブル認証を取得することで、企業は環境や社会的責任を果たしていることをアピールでき、サスティナビリティ意識の高い消費者や投資家からの支持を得やすくなると考えられ、サスティナブルに製造された製品の社会実装の一助となっている。

• サスティナブルなバイオマス生産から加工、流通、最終商品までを認証するISCC

International Sustainable Carbon Certificate（ISCC）はグローバルなサプライチェーンにおいて、環境的、社会的、経済的に持続可能な、あらゆる種類のバイオマスの生産と利用の実現に貢献することを目的として、2008年にドイツの食料・農業・消費者保護庁の支援を受けて発足した認証である。

ISCC認証には大別すると、ISCC EUとISCC PLUSとがあり、その他にもGMOでないことを証明するISCC Non GMOや、日本の固定買取価格（Feed in Tarif: FIT）制度に対応したバイオマス発電燃料であることを認証するISCC Japan FIT、オランダのサスティナブル法規制に準拠した固形バイオマス燃料であることを認証するISCC Solid Biomass NLがある。また、Sustainable Aviation Fuel（SAF: 持続可能な航空燃料）の規格に適合していることを認証するISCC CORSIAとISCC CORSIA PLUS認証スキームも存在する。本稿ではISCCの根幹をなすISCC EUとISCC PLUSについて概略を述べた後、その他のISCCスキームについても紹介する。

ISCC EUは、バイオマスの生産、運搬、加工プロセス、最終製品に対して一貫したサスティナブル認証を付与する。ISCC EUは2009年に発令されたEUのRenewable Energy Directive（EU RED: EU再生可能エネルギー指令）とFuel Quality Directive（FQD）に準拠したバイオマス生産、加工プロセス、最終製品を認証するスキームとして出発し、現在は2018年に大幅に改定されたRED IIに準拠している。認証される最終製品としては、食品、産業用素材、資料、バイオマスエネルギーなどを挙げることができる。環境のサスティナビリティとしては、高い生物多様性、または炭素蓄積量が多い土地の保護、森林破壊のないサプライチェーン、土壌、水、空気を保護するための環境に配慮した生産活動が求められている。特筆すべきは、2008年1月1日以降に、生物多様性が高い地域、または炭素蓄積量が高い地域で開発された農地で生産されたバイオマスは、生物多様性や炭素蓄積量の多い土地の保護に反しているとして、ISCCは付与されない。この点で、ISCCはそのほかのバイオマス認証とはかなり性格の異なるものになっている。例えば、日本のバイオマスプラ認証は、プラスチック製品の原材料として、一定量のバイオマスが用いられていることを認証し、化石資源の使用削減を通じて温室効果ガスの排出削減に貢献する、としているが、ISCCではそのバイオマスがサスティナブルに生産されたかどうか、までが問われるのである。ISCC PLUSは、ほぼISCC EUを踏襲しており、EU圏外の市場で国際的に用いられる認証スキームである。ISCC EUでは、サプライチェーンの全てのセクターでそれぞれの排出量を把握する必要があるが、ISCC PLUSではバイオマス原料や製品だけではなく、リサイクル原料、製品でも取得可能で、サプライチェーン全体でそれぞれの排出量を把握することはまだ要求されていない。ISCCの本部はドイツのケルンに立地し、ISCCは認証システムを提供するが、認証業務そのものは、ISCCが認めた認証機関が行う。

• バイオマスプラスチックのISCC認証

環境中に放出されたプラスチックごみや化石燃料の使用削減を目的として、バイオマスを原料としたバイオマスプラスチックの利用が急速に広がっている。欧州では、廃食油や間伐材などのバイオマス廃棄物から熱化学変換と触媒作用などによってバイオマスナフサを生成し、化石燃料由来のナフサと混合してプラスチック生産が行われている。このような混合生産工程において、バイオマス由来原料の投入量に応じて、製品の一部に対して、バイオマス由来の特性の割り当てを行う手法を、「マスバランス方式」と呼ぶ。例えば、バイオマス原料が25%、化石資源由来原料が75%のプラスチックを生産する場合、現実には、生産された全てのプラスチックは25%がバイオマス由来である（日本のバイオマスプラスチック認証だとBP25表示となる）が、マスバランス方式を採用すると、できたプラスチック製品の25%はバイオマス原料100%であると表示し、残りの75%のプラスチック製品は100%化石資源由来であると表示できる。このマスバランス方式についてISCC PLUS認証を取得することができ、サスティナブルに生産されたバイオマス原料を混合することにより、ISCC PLUS認証付きのバイオマスプラスチックの生産・流通が可能になる。バイオマスプラスチックは、前述した熱分解によるバイオマスナフサを経て生産される方式に加え、農産物であるコーンシロップやサトウキビの搾り滓（バガスと呼ばれる）を微生物の炭素源として与え、微生物による発酵（バイオ変換）を経て生産されるものもある。現在はこのバイオ変換法で生産されたバイオマスプラスチックの、サプライチェーン全体をカバーするサスティナビリティ認証は、（生分解性認証は存在するものの）ISCCも対応しておらず、今後の課題である。バイオ変換で生産されるバイオマスプラスチックへのサスティナビリティ認証付与には、上述したサスティナビリティ基準についてLife Cycle Assessment（LCA: ライフサイクルアセスメント）の実施を推進していかなければならない。

• 持続可能な航空燃料（SAF）に関するISCC認証

International Civil Aviation Organization（ICAO: 国際民間航空機関）が民間航空運送業界のCO_2排出削減のため、2016年に導入を決定して2021年に開始したCarbon Offsetting and Reduction Scheme for International Aviation（CORSIA: 国際航空カーボンオフセット・削減スキーム）において定められたSAFの規格に適合していることを認証するISCC CORSIAとISCC CORSIA PLUS認証が存在する。2023年2月現在、CORSIA Eligible Fuel（CEF: CORSIA適格燃料）の認証スキームはISCCとRoundtable on Sustainable Biomaterials（RSB: 持続可能なバイオ燃料のための円卓会議）の二つだけである。CEF製造を目指す企業は、ISCC CORSIA PLUSまたはRSBが提供するCEFの認証スキームに従ってCEFの認証を取得する必要がある。 CORSIAのパイロットフェーズ（2021年～2023年）におけるCEF持続可能性基準は、通常の航空燃料と比較して正味10%以上の温室効果ガス削減を実現すること（バイオ燃料100%が要求されている訳でないことに留意）と、かつて原生林、湿地、泥炭地といった炭素貯留量の高い土地から 2008年1月1日以降に転換された土地、及び/又は原生林、湿地、泥炭地における炭素ストックの減少を引き起こすような土地から得られたバイオマスから作られていないこと、である。2008年1月1日以降に土地利用変化があった場合には、IPCCの基準に従い、直接土地利用変化による排出量を算定する必要がある。2024年以降に用いられる基準としては、正味10%以上の温室効果ガス排出削減に加え、土地の炭素貯留量、水利用、土壌の健全性、大気汚染、生物多様性の保全、適正な化学物質の使用、人権、先住民の土地の利用権、水利用の権利、貧困地域の発展、食料安全保障の多項目にわたって基準を満たす必要がある。

1.2.3.3 社会経済

（1）医療経済評価

医療費の高騰が世界共通の深刻な課題となっている。一方で、医療イノベーションの創出は困難さを増しており、例えば新薬開発に対するインセンティブ付与のあり方も大きな課題となっている。限りある医療資源

（資金、人、インフラ）を適切に配分することで、医療保障制度を維持しつつ、適切な医療技術の社会実装による国民のQOL向上を同時に達成することが望ましい。そのためには、医療技術の研究開発だけでなく、医療技術を多面的に評価した上で、医療提供システムに実装することが重要である。近年、様々な医療技術に対して、科学的根拠に基づき検証・評価・比較し、その結果を医療保障制度へ実装しようとする取り組みが世界中で大きく活性化している。海外における医療技術の評価の仕組みの概観を次に述べる。

英国では、医療技術評価と医療政策への実装が世界で最も活発に実施されている。1999年にNICE（The National Institute for Health and Clinical Excellence）が設立され、約6,500万ポンド/年（94億円/年）で運営されている。NICEは、医療技術の多面的な評価を実施し、公的保険であるNHS（National Health Service）での使用を推奨するかどうかについてのガイダンスを公表し、事実上、保険収載の可否を決定づけている。最新の医療技術は、有効性、安全性の確保に加えて、極めて高額であるケースも多く、難しい判断が求められるが、NICEはそれらに対して次々とコストとベネフィットの観点から評価を実施しており、世界の製薬企業および規制当局はNICEによる評価結果を注目している。

米国では、1999年にAHRQ（Agency for Healthcare Research and Quality）が設立され、米国内の民間保険会社で活発に行われている医療技術評価を、国としても開始した。 AHRQはPCORI（Patient-Centered Outcome Research Institute）と連携し、医療技術評価研究に対するファンディングも実施している。トランプ大統領就任時、AHRQをNIHの傘下に加えるとの案も見られたが、結果的に組織再編の動きは見られず、現在も引き続き従前の体制で活動を続けている。

オーストラリアでは、1990年以降に公的医療保障の薬剤給付制度（PBS）へ新規医薬品を加える際に医療経済評価が実施されることとなり、現在もPBAC（Pharmaceutical Benefits Advisory Committee）が保険収載の是非を勧告し、価格設定に影響力を発揮している。

ドイツでは、2011年に医薬品市場再編法が施行され、新薬の承認後1年以内に有用性評価をIQWiG（Institut für Qualität und Wirtschaftlichkeit im Gesundheitswesen）が実施し、その結果によって保険償還額を減額する仕組みが実装されている。

韓国では、HIRA（Health Insurance Review Agency）が製薬会社から提出される経済評価研究のデータを評価し、評価結果は保険収載の可否や価格設定等に活用している。

以上で述べたとおり、世界各国では医療経済評価の実施と医療政策へ反映させる仕組みが実装されて久しい。そのような中、日本は、90年代に医療経済性評価のデータを製薬企業が新薬開発時に提出する仕組みがあったものの、医療政策への実装には至らなかった。しかし、次々と高額な医療技術が登場し、医療費の高騰が深刻さを増す中、2016年に厚生労働省中央社会保険医療協議会（中医協）の費用対効果評価専門部会において、医療技術評価が試行的に開始された。2019年度に医療技術評価が本格的に導入され、現在も議論が重ねられているところである。

日本は、長らく医療技術評価結果を政策へ反映させる仕組みがほぼ見られなかったこともあり、研究者コミュニティの規模は限定的であったが、近年、着実に拡大傾向にある。英国NICEをはじめとした、海外の先進的な医療技術評価の研究および政策実装の枠組みなどをウォッチしつつ、日本の社会の仕組みに合致した医療技術評価の確立が課題となっている。

医療技術評価に関連する直近のトピックとして、新たな支払い方法の枠組みが挙げられる。例えば、直近数年間で、治療コストが数億円の遺伝子治療製品や、数千万円の細胞医療製品などが続々と登場したことは記憶に新しい。それらについて、従来の固定価格の一括払い方式ではなく、例えば分割払い方式や、成果（=得られた治療効果、QOLなど）に連動した支払い方式など、新たな枠組みが欧米で活発に議論され、既にそれら新方式が実装された超高額な医療技術も欧米で登場している。日本においても、それら超高額な医療技術が徐々に保険収載され始めており、新たな支払い方法に関する議論がなされているところである。

薬剤耐性菌に対する治療法の開発は、様々な要因で市場が先細る一方で治療法へのニーズは将来も存在し続けるため、製薬企業による治療法開発が今後も継続されるようなインセンティブ付けが重要な課題である。

アンチセンス核酸医薬では、対象とする患者が1名～数名程度しか存在しない、稀な遺伝子変異に対する治療に成功したケースが増加している。N-of-1とも呼ばれ、米国を中心にレギュレーションの在り方が議論されている。また、通常の診断・治療技術と異なり、市場原理に任せた形での対応が難しい領域となるため、持続可能な仕組みの構築も課題である。このように、対象疾患やモダリティの特性によっては、新たな問題も見られる。

（2）医薬品サプライチェーン

中国の台頭と深まる米中の対立、ウクライナ紛争勃発など国際情勢の複雑化、社会経済構造の変化に伴い、国家・国民の安全を経済面から確保する経済安全保障の取組強化・推進が世界各国で実行されている。

日本では2022年5月に経済安全保障推進法が成立し、医療用医薬品分野では特定重要物資の指定など安定供給確保を図るための取組が進む。米国では国内での医薬品有効成分製造能力を高めて重要医薬品の国内生産を目指して、そのための技術基盤開発に約6,000万ドル支出予定である。EUでは平時と緊急時に分けそれぞれの対策についてロードマップ策定などを開始している。

以下各国の動向を説明する。

• 日本の動向

医薬品業界では2022年の経済安全保障推進法成立の約2年前から医療用医薬品の安定確保の議論が活発であった。それは、2020年に感染症治療や手術時に使われるセファゾリン注射剤（βラクタム系抗生物質）が約9か月間供給停止され医療現場に深刻な影響をもたらしたためである[1)]。停止の原因は、出発物質である原薬原材料供給が中国企業で滞り、さらにほぼ同時期にその原料から原薬を製造していたイタリア企業で原薬への異物混入が起こるという二重の問題が重なったことにある。ここで浮き上がった問題として、抗菌薬など比較的安価な医療用医薬品が中国などの数社に原料・原薬の製造が集中していること、さらに複数の国にサプライチェーンがまたがっていることであった。これを受けて2020年8月から2022年3月にかけて、感染症関連の4つの国内学会が「生産体制の把握と公表」「国内生産への支援」「薬価の見直し」の3つの提案に加え、安定供給が欠かせないキードラッグとして32の抗菌薬剤を挙げた[2)]。

その後、2022年12月に内閣府から抗菌性物質製剤が経済安全保障推進法で特定重要物質として指定された。そして2023年1月には厚生労働省から「安定供給確保を図るための取組方針」が公表されたことを受け、今後βラクタム系抗菌薬に関してのみではあるが、2030年までに国内の製造および備蓄体制を整備し、海外からの原薬供給が途絶えた場合への対応を進める[3)]。

また、βラクタム系以外にも原料や原薬の海外依存度がほぼ100%である抗菌性物質があることから、今後これらの特定重要物資としての指定も検討されていく可能性がある。

• EUの動向

EUでは、平時と緊急時を分けHMA（欧州医薬品規制首脳会議）とEMA（欧州医薬品庁）共同のタスクフォースにおいて、平時の対策について、2022 年から 2025 年までのロードマップを策定している。また、2020 年9月、欧州議会は、原薬の現地生産の奨励、戦略的に重要な医薬品の備蓄、医薬品の域内調達の拡大、加盟国間の医薬品の流れの改善などにより、EUの医薬品自給率を高める決議を採択し、原薬の中国やインドへの依存や新型コロナウイルス感染症の感染拡大を契機として発生した供給問題に対し、自給率向上の検討を進めている。

• 米国の動向

米国では、重要医薬品の国内生産のため、官民コンソーシアムを設置し、対象となる50から100 の重要医薬品の特定等を実施するとともに、国内の医薬品有効成分製造能力を高めるための新たな技術基盤を開発するために米国救済計画から約 6,000 万ドルの支出を予定している。また、HHS（保健福祉局）は、FDA（米国食品医薬品局）が定める必須医薬品リストを評価し、臨床上最も重要な 50～100 の医薬品を選定した上で、これらのサプライチェーン上の脆弱性を特定するための調査を実施し、これを基に必須医薬品の国内供給と生産を確保するための戦略を策定している。

参考文献

1) https://www.mhlw.go.jp/content/10807000/000644861.pdf
2) https://www.kansensho.or.jp/uploads/files/guidelines/teigen_220421.pdf
3) https://www.cao.go.jp/keizai_anzen_hosho/doc/mhlw_koukin.pdf
（2023年2月8日アクセス）

1.2.4 主要国の科学技術・研究開発政策の動向

まずは世界の政策動向全体を俯瞰して、この5～10年の大きな潮流について述べたい。

健康・医療分野では、下記が多くの国に共通の優先項目となっており、重点投資の対象となっている。食料・農業分野は、気候変動、持続可能性というキーワードで研究が実施されている。バイオ生産分野は合成生物学の技術開発に必要な装置群を集積したバイオファウンドリの構築が推進されている。

1. ゲノム医療、個別化・層別化医療

・米国：All of Us Research Program（旧Precision Medicine Initiative、2015年～）
・EU：1+Million Genome Initiative（2018年～）
・英国：Genomics England（2013年～）、Bio Bank
・中国：10万ゲノムプロジェクト（2017年～）

2. がん

・米国：Cancer Moonshot（2016年～）
・ドイツ：National Decade against Cancer（2020年～）

3. 脳神経

・米国：Brain Initiative（2013年～）
・EU：Human Brain Project（2013年～）
・中国：China Brain Project（2016年～）

4. 創薬：がん免疫、中枢神経系、感染症

・米国：Accelerating Medicines Partnership（AMP）
・EU：Innovative Health Initiative（2021年～）

いずれも官民パートナーシップによる産学協働型研究（特に感染症や精神神経疾患等）

5. 細胞・遺伝子治療

・EU：RESTOREプロジェクト（2020年～）
・英国：Cell & Gene Therapy Catapult（2012年～）

6. 全身細胞地図（一細胞制御）

・国際：Human Cell Atlas（2018年～）
・EU：LifeTimeプロジェクト（2020年～）

7. 食料・農業

・EU：Farm to Fork戦略（2020年～）
・日本：みどりの食料システム戦略（2021年～）

以上のように、研究投資対象となっている研究テーマは世界的に共通するところが多い。個別化・層別化医療やバイオエコノミーに代表されるように社会・国民を巻き込んだ研究開発が大きな潮流となってきている。

1.2.4.1 日本

（1）基本政策

科学技術基本計画の根拠となる法律「科学技術基本法」が2020年6月に改正され、2021年4月から「科学技術・イノベーション基本法」へと名称が変わり、人文・社会科学の振興とイノベーションの創出が法の振興対象に加えられた。これは、科学技術・イノベーション政策が、科学技術の振興のみならず、社会的価値を生み出す人文・社会科学の「知」と自然科学の「知」の融合による「総合知」により、人間や社会の総合的理解と課題解決に資する政策となったことを意味する。

「第６期科学技術・イノベーション基本計画（2021年度～2025年度）」では、Society 5.0の実現に向けた科学技術・イノベーション政策を推進する。

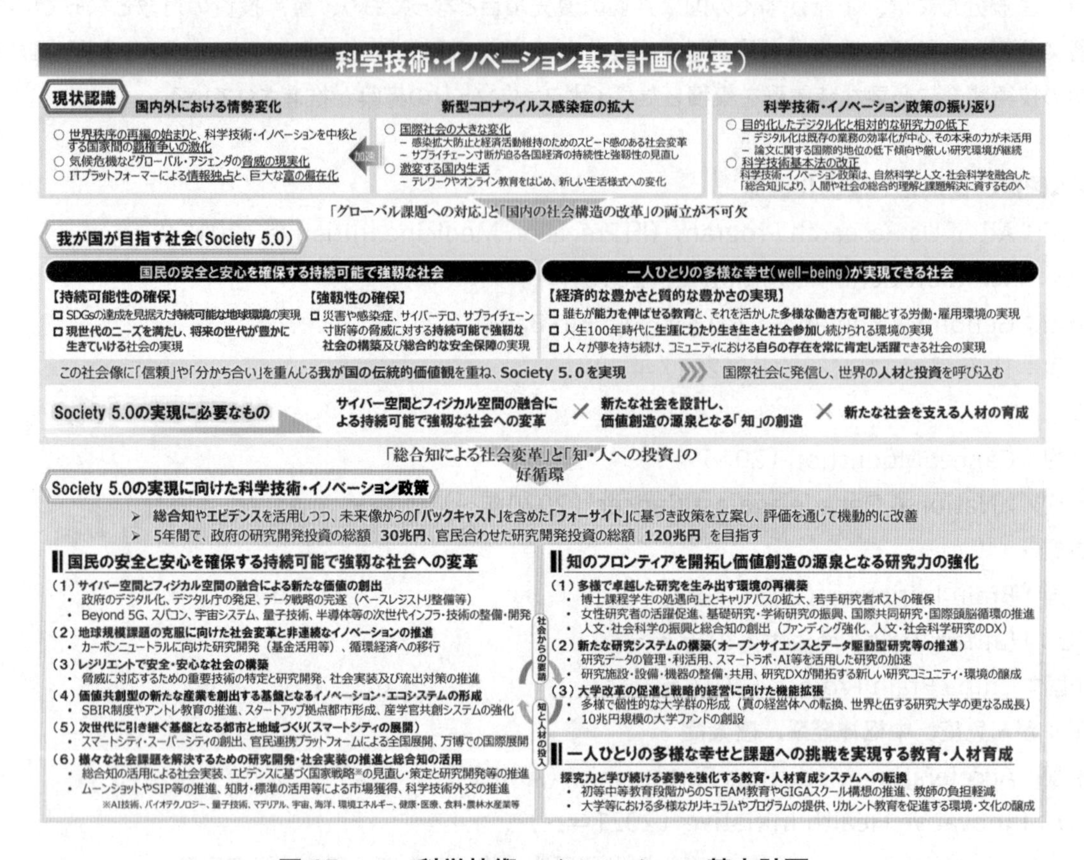

図15　　科学技術・イノベーション基本計画

出典：内閣府

第６期基本計画期間中は、第５期基本計画期間中に策定された分野別戦略に基づき、SIPやムーンショット型研究開発制度など関連事業と連携しつつ、社会実装や研究開発を着実に実施される。重要分野としては、基盤分野４分野のひとつとして「バイオテクノロジー」、応用分野６分野では「健康・医療」「食料・農林水産業」の戦略が策定されている。

「バイオテクノロジー」分野では、COVID-19収束に向けた対応、食料、医療品等の戦略的なサプライチェーンの構築、環境負荷の低減等に貢献するとともに、わが国経済の迅速な回復にも資するものとして、バイオエコノミーの推進の重要性が一層高まっている。第6期基本計画期間中は、「バイオ戦略2019」を具体化した「バイオ戦略2020（基盤的施策）」及び「バイオ戦略2020（市場領域施策確定版）」に基づき、高機能バイオ素材、持続的一次生産システム、バイオ医薬品・再生医療等関連産業、生活習慣改善ヘルスケア・機能性食品等の9つの市場領域について、2030年時点の市場規模目標を設定した市場領域ロードマップに盛り込まれた取組を着実に実施する。これを受けて、2021年6月に第一弾となる地域バイオコミュニティが認定された（北海道、鶴岡、長岡、福岡の４カ所を認定、東海は登録）。さらに東京圏と関西圏のグローバルバイオコミュニティが発足したことで、わが国として最適なバイオコミュニティの全体像を描き、バイオデータの連携や利活用を促進し、市場領域の拡大を加速させる体制の整備が進んだ。

「健康・医療」分野では、第６期基本計画中は、2020年度から2024年度を対象期間とする第２期の「健康・医療戦略」及び「医療分野研究開発推進計画」等に基づき、医療分野の基礎から実用化まで一貫した研究開発を一体的に推進する。特に喫緊の課題として、国産のCOVID-19のワクチン・治療薬等を早期に実用化できるよう、研究開発の支援を集中的に行う。国内のワクチン開発・生産体制の強化のため、「ワクチン開発・生産体制強化戦略」（2021年6月閣議決定）に基づいた研究開発が推進されている。2022年2月には「ワクチン開発・生産体制強化戦略に基づく研究開発等の当面の推進方針」が示され、2022年3月にはワクチンに関する戦略立案とファンディングを推進するため、AMEDに先進的研究開発戦略センター（SCARDA）が設立された。また、医療分野でのDX（デジタルトランスフォーメーション）を通じたサービスの効率化・質の向上を実現することにより、国民の保健医療の向上を図るとともに、最適な医療を実現するための基盤整備を推進するため、関連する施策の進捗状況等を共有・検証すること等を目的として、内閣府に医療DX推進本部が設置された（2022年10月閣議決定）。

「食料・農林水産業」分野では、第6期基本計画期間中は、「食料・農業・農村基本計画」に基づき、農林水産省において「農林水産研究イノベーション戦略」を策定し、スマート農林水産業政策、環境政策、バイオ政策等を推進する。さらに、「農林水産業・地域の活力創造プラン」に基づき、2021年5月に策定された「みどりの食料システム戦略」において、2050年に目指す姿を示し、食料・農林水産業の生産力向上と持続性の両立をイノベーションで実現する。

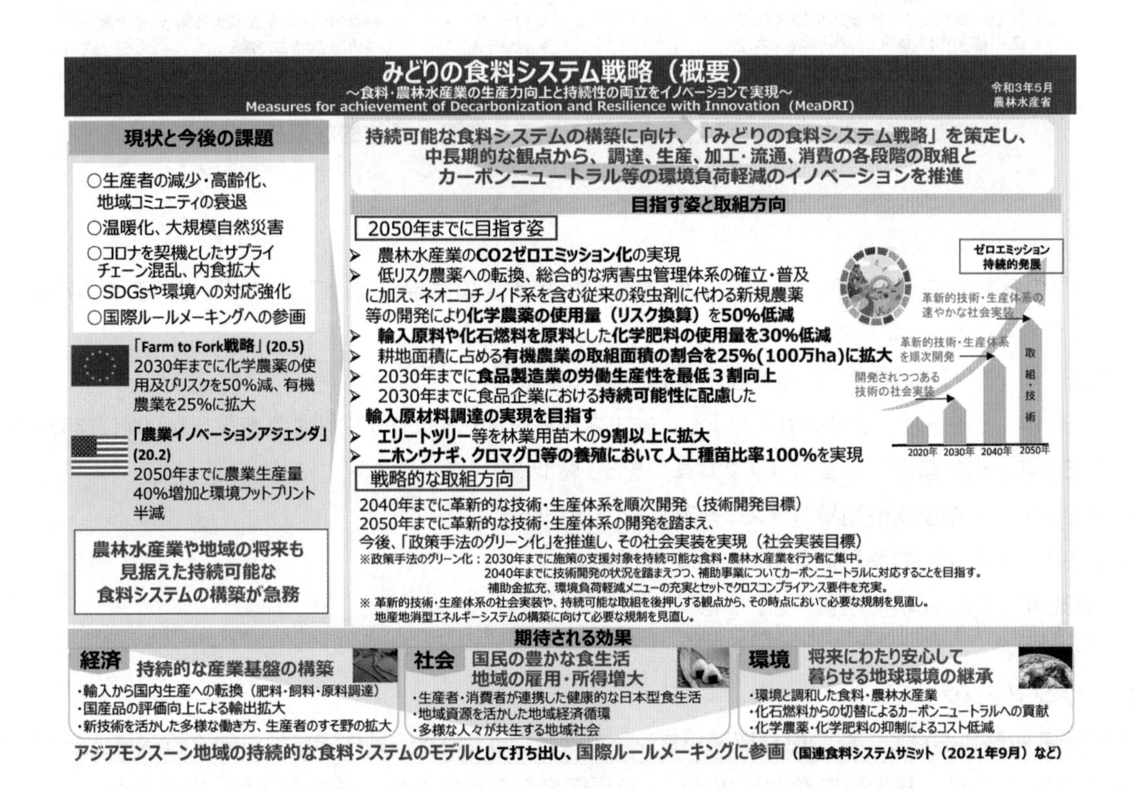

図16　みどりの食料システム戦略（概要）

出典：農林水産省

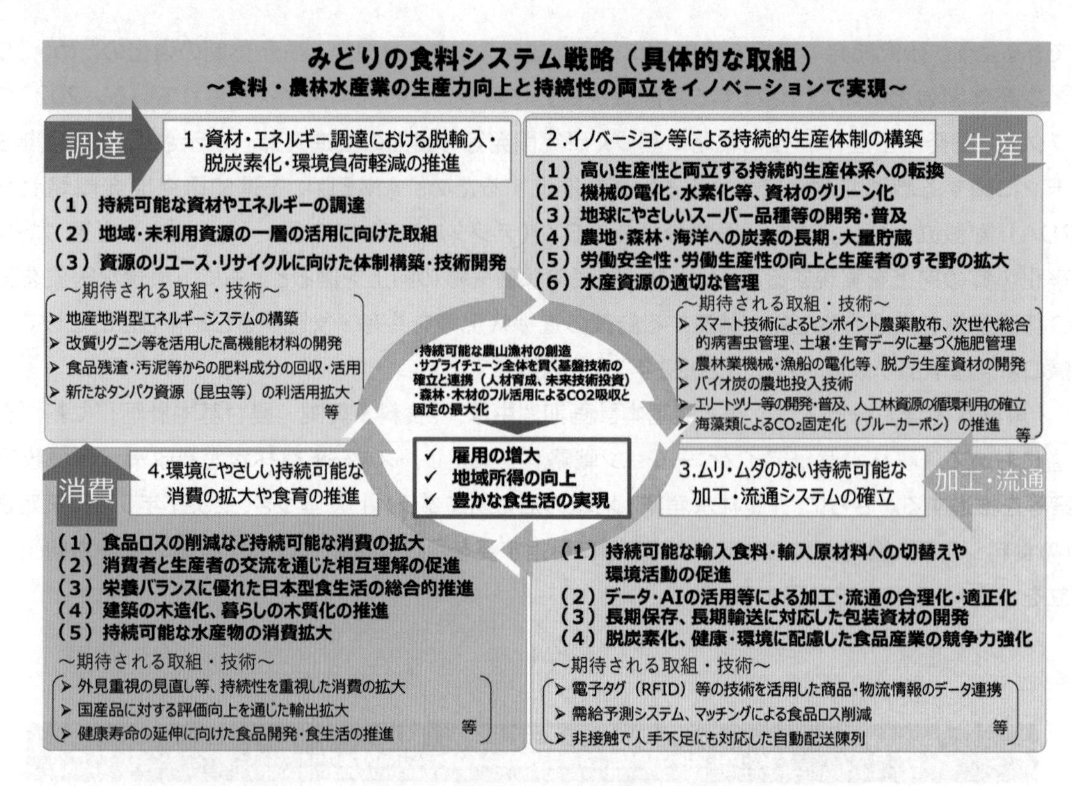

図 17　みどりの食料システム戦略（具体的な取組）
出典：農林水産省

「みどりの食料システム戦略」に掲げる2050年の目指す姿の実現に向けて、中間目標である2030年目標を2022年6月に策定している。

・2050年：化石燃料を使用しない園芸施設への完全移行
　2030年：ヒートポンプ等の導入により、省エネルギーなハイブリッド型園芸施設を50％にまで拡大
・2050年：化学農薬使用量（リスク換算）を50％低減
　2030年：化学農薬使用量（リスク換算）を10％低減
・2050年：化学肥料使用量を30％低減
　2030年：化学肥料使用量を20％低減

（2）ファンディング

国の研究戦略において、資金配分機関がプレーヤーとなっている。具体的には、独立行政法人日本学術振興会（JSPS）では、科学研究費助成事業により研究者の自由な発想に基づく研究を推進する。また、国立研究開発法人科学技術振興機構（JST）ではライフサイエンス分野等の基礎・基盤的な研究開発を推進し、国立研究開発法人新エネルギー・産業技術総合開発機構（NEDO）ではバイオ分野の産業技術の研究開発を推進している。AMEDでは、医療分野の基礎から実用化までの一貫した研究開発を一体的に推進している。

さらに、理研、産総研、国立高度専門医療研究センター（ナショナルセンター）、農研機構等の各インハウス研究機関においてもライフ・バイオ分野の研究開発が行われている。

（3）トピックス

国の大規模な研究開発プログラムとして、いずれも内閣府が主導しているムーンショット型研究開発制度、戦略的イノベーション創造プログラム（SIP）が挙げられる。

2020年からスタートしたムーンショット事業のライフ関連目標として、「2050年までに、人が身体、脳、空間、時間の制約から解放された社会を実現」、「2050年までに、超早期に疾患の予測・予防をすることが

できる社会を実現」、「2050年までに、未利用の生物機能等のフル活用により、地球規模でムリ・ムダのない持続的な食料供給産業を創出」、「2040年までに、100歳まで健康不安なく人生を楽しむためのサステイナブルな医療・介護システムを実現」等がある。

2023年からのSIP（第3期）の社会実装に向けた戦略及び研究開発計画案として、「豊かな食が提供される持続可能なフードチェーンの構築」、「統合型ヘルスケアシステムの構築」などが推進されている。

1.2.4.2 米国

（1）基本政策

ホワイトハウスは2023年3月に「2023年度予算」を公表した[1)]。基礎・応用研究予算が初めて1,000億ドルを超えるほど増大したこと伴い、ライフサイエンス分野に関わる省の予算も大きく増大している。

また、2022年7月には2024年度予算での優先事項も公表した。7つの優先事項の中でライフサイエンス分野に関係するものとしては、「パンデミック対応準備および予防」「がんによる死亡率半減」があり、具体的には以下2点が挙げられた[2)]。

表2　　2024年度米国研究開発予算優先事項（ライフサイエンス分野）

パンデミックへの備えと予防	アメリカのパンデミック対策を支援する基礎化学と技術革新の優先領域に取り組む。具体的に記載されている優先分野としては、ウイルスの基礎研究、ワクチン・治療薬の開発、バイオセーフティー等が記されている
がんによる死亡率の半減	Cancer Moonshotの指針として25年間でがんによる死亡率を50%削減する目標を掲げ、研究重点分野として以下を設定した。 〇スクリーニングのギャップの縮小　〇環境や有毒物質への曝露への理解と対応　〇予防可能ながんの影響の低減　〇患者やコミュニティへのパイプラインを通した先端的な研究の提供　〇患者と介護者への支援

オバマ政権からの継続となる21st Century Cures Act法案は、生物医学研究の推進だけではなく、オピオイド乱用に関する取り組みや医薬品開発推進を盛り込んだ法案である。法案は4つの区分からなり、その名を冠した区分Aの21st Century Cures Actは、①イノベーションプロジェクトとオピオイド乱用に対する州の対応、②発見、③開発、等の5つの項目から成る。①ではNIHを中心とした大型イニシアティブ（Brain Initiative、Precision Medicine）とオピオイド乱用危機への取り組みの支援、②ではPrecision Medicineの推進、③では新規治療法、治療機器の開発や、新しい臨床試験法の策定によるFDAの医薬品承認プロセスの緩和、迅速化などの内容が盛り込まれている。

ライフサイエンス・臨床医学関連分野の研究開発に関わるものとして、以下の4つの大型イニシアティブが実施されている。

- BRAIN Initiative（2013年～）
- All of Us Research Program（旧Precision Medicine Initiative、2015年～）
- Cancer Moonshot（2016年～）
- Regenerative Medicine Innovation Project（2017年～）＊資金援助はFY2020終了

各イニシアティブは政権交代により規模は縮小したものの、21st Century Cures Act法案によりFY2017–FY2026の10年間（Cancer MoonshotはFY2023まで）で合計48億ドルの資金が投入される予定となっている。なお、Regenerative Medicine Innovation Projectの資金援助はFY2020で終了した。各イニシアティブの概要は以下の通りである。

- BRAIN* Initiative（2013年～）

*Brain Research through Advancing Innovative Neurotechnologyの略

ミッション：人間の脳機能の理解のための技術開発と応用

個々の脳細胞と神経回路の相互作用を通じて脳が機能する様子を解明するための新技術の開発・応用、さらに大量の情報の記録・処理・利用・貯蔵・引出を可能にする脳と行動の複雑な関係解明を目指す。予算規模は約5.0億ドル（FY2020）※

※21st Century Cures Act法案によりFY2017–FY2026の10年間で合計約15億ドル拠出予定、FY2020予算は本法案による1.4億ドルを含む

- All of Us Research Program（Precision Medicine Initiative）（2015年～）

ミッション：ゲノム情報や生活習慣に基づくデータ駆動型科学により疾病の予見、各個人に最適な治療法を提供する精密医療を実現させる。予算規模は5.0億ドル（FY2020）※

※21st Century Cures Act法案によりFY2017–FY2026の10年間で合計約15億ドル拠出予定、FY2020予算は本法案による1.49億ドルを含む

- Cancer Moonshot（2022年～）

2016年に開始された「Cancer Moonshot」の再強化版であり、2022年に発表された。がん検診の促進、治療法の開発支援、官学民連携の推進などの取り組みを通じ、25年間でがんによる死亡率を50%低下させることを目指す。現状では、個別の省庁・機関の取り組みが発表されており、連邦政府全体での予算規模等は明示されていない。ただし、2024年度研究開発予算優先項目においても「がん研究」が新規に盛り込まれていることから、各省庁・機関が今後、関連する研究開発活動を拡充することが考えられる 。FY2023予算規模は 2.2億ドル。

- Opioids and Pain Research

オピオイド（麻薬）危機との闘いに関しては、2019年10月に大統領府科学技術政策局（OSTP）がオピオイド蔓延に対処するための国家ロードマップを公表し、これに連動する形で米国保健福祉省（HHS：日本の厚生労働省に相当）はNIHを通じて以下の研究開発を進めている。

米国ではオピオイドの過剰摂取により毎日約130人が死亡しており、2018年にはオピオイドの過剰摂取による死者が1990年以降初めて減少に転じたもの、今なお約200万人がオピオイド使用による障害を患っている。そのため、オピオイドと痛みを対象とした研究を優先事項としてNIHは14億ドルの予算枠を設定。このうち5.33億ドルがHEAL（Helping to End Addiction Long-term）イニシアティブ、9億ドル強が進行中の研究支援に振り向けられる。2018年に始まったHEALイニシアティブはオピオイドの不適切な使用と中毒を減らすことを目的とし、NIHの全部門が関わって研究を進めている。さらに投薬治療やエビデンスベースの心理社会的治療法の開発研究に0.5億ドルを投入。

（2）ファンディング

米国における研究開発では、医学分野の研究は国立衛生研究所（NIH）が、その他広く科学の振興・健康につながる基礎研究は国立科学財団（NSF）が中心となって推進しており、ライフサイエンス分野の公的ファンディングとしてはこの二者のものが大きな部分を占めている。これ以外にバイオエコノミー等を含めてエネルギー省（DOE）や国防総省傘下の研究所である国防高等研究計画局（DARPA）からのファンディングが存在する。また、食料・農業分野に関しては農務省（USDA）が研究開発を主導しており、退役軍人省（VA）の支援によるコホート研究などがある。

近年の特徴として、公的機関研究に加えて、ビル&メリンダ・ゲイツ財団に代表される私設財団やハワード・ヒューズ医学研究所（HHMI）等の私設研究所によるファンディング、研究の推進が大きな存在感を示している。

- NIH

NIHは傘下に27（2023年1月現在）の研究所、センターを擁する世界最大のライフサイエンス・臨床医

学研究の機関であり、FY2023予算総額は475億ドルである。

近年、研究所、センター間での予算額のランキングに変動はほとんどなく[3)]、がん、アレルギー・感染症、老化（認知症等）、心・肺・血液、一般医学といった分野研究に重点が置かれており、これらの5分野に関しての予算でNIH全体予算のおよそ半分（230億ドル）に達する。

NIHが進める主要なイニシアティブのうち、21st Century Cures Act法案のサポート外となる注目イニシアティブとして、Accelerating Medicines Partnership、Common Fundについて概要を以下に紹介する。

・Accelerating Medicines Partnership（AMP）

新たな治療、診断法を開発及び開発に要する時間とコストを削減することを目標とし2014年に発足した官民パートナーシップである。参加組織は政府系としてNIHとFDA、産業界からはAbbvie, Biogen, Boehringer Ingelheim, Bristol–Myers Squibb, Celgene, GlaxoSmithKline, Janssen, Eli Lilly, Merck, Pfizer, Sanofi, Verily, 武田薬品工業、大塚製薬の14社であり、その他に多数のNPOも含まれている。2014年から4.1億ドル（うちNIHから3.1億ドル）の研究費が拠出され、アルツハイマー病、2型糖尿病、関節リウマチや全身性エリテマトーデスといった自己免疫疾患、パーキンソン病などを対象とした研究が行われている。

・Common Fund

単独の研究所、センターでは達成困難である分野横断ハイリスク型研究をサポートするために2006年に発足された基金であり、NIH所長室の主導で実施する。 FY2023の予算は7.35億ドルである。2023年4月時点で25のプログラムが進行中である。

• 医療高等研究計画局（ARPA–H）

2022年5月、バイデン政権においてNIH内の独立した組織の研究資金配分機関として新設された。国防高等研究計画局（DARPA）をモデルとしたトップダウン型のプロジェクトマネジメントを導入し、がんや認知症などの疾患研究において革新的な成果を生むことを狙いとする。2022年度の予算は10億ドルで、2023年度予算教書では50億ドルが提案されている。

• DOE

FY2023のDOEの研究開発全体予算申請は482億ドルで 前年比63億ドル増となっている[4)]。 DOEは傘下に7つの研究部門を有し、ライフサイエンスに関わる部門であるBiological and Environmental Research（BER）の予算は9.0億ドル（前年比1.5億ドル増）である。研究領域は分子生物学のミクロスケールから生態、環境のマクロなスケールに至るまで多岐にわたり、①ゲノム、代謝、調節ネットワーク研究などを通じた持続可能なバイオ燃料生産のための微生物、植物デザイン技術、②大気、土壌、海洋に関する科学を通じた生物地球化学的システムの理解に関する研究を支援している。

FY2023予算申請においては、将来のバイオエコノミーにもつながるゲノム科学研究に3.4億ドル（前年比0.6億ドル増）、大型共同利用施設の運営費として共同ゲノム研究所（Joint Genome Institute）に6,000万ドル、環境分子科学研究所（Environmental Molecular Sciences Laboratory）に5,300万ドルが盛り込まれている[5)]。

• DARPA（国防高等研究計画局）

DARPAは米国国防総省傘下の研究所であり、そのミッションは米国の軍事的優位性の維持である。こういった背景から米国の国防にとって重要な研究に対し資源配分を行っている。 FY2023の予算要求は41億ドルで7つの部局からなる[6)]。そのうちライフサイエンスに関わるのは生物技術局（Biological Technologies Office：BTO）である。 BTOのFY2023予算は不明だが例年は全体のほぼ1/10前後である。現在BTOでは神経科学、ヒューマン・マシン・インターフェース、ヒューマン・パフォーマンス、感染症、ゲノム編集、合成生物学などに関わる40前後のプログラムを実施しており、前述のBrain Initiativeの参画研究所の一つである[7)]。

• VA（退役軍人省）

VAのFY2023医療・人工装具（Medical and Prosthetic Research）の研究開発予算は9.2億ドルである[8)]。研究対象領域は自殺防止、薬物中毒、PTSD、リハビリ、義手義足といった領域が主であり、省庁の特性上退役軍人やその家族、遺族に対するヘルスケアとしての側面が強い。前述のPrecision Medicine Initiative（All of Us Research Program）を支援するプログラムとして、Million Veteran Program（MVP）を実施している。MVPでは退役軍人の遺伝子や環境要因、健康状態といったデータを取得しており、2023年1月時点において90万人以上の退役軍人からデータを取得している[9)]。これらの大規模コホートから得られたデータを基に、国立がん研究所との間で遺伝的背景とがん罹患の関係に関する共同研究を実施、戦争経験と生物学的見地からPTSDや双極性障害といった精神疾患に関する研究を進めるなど、最終的に広くヘルスケアに貢献しうる研究を精力的に行っている。

• USDA（米国農務省）

FY2023のUSDAの研究開発全体予算要求はおよそ40.2億ドルであった。主な研究組織としては、Agricultural Research Service（ARS）とNational Institute of Food and Agriculture（NIFA）の2つがある。ARSの予算は19.4億ドル、NIFAの予算は20.8億ドルであった[10)]。USDAにおける研究開発に関わるイニシアティブとして、Agricultural and Food Research Initiative（AFRI）がNIFAによって実施されている。FY2023のAFRIの予算額は5.6億ドルであり、以下の3領域が優先領域に設定されている：①持続可能な農業システム、植物の健康と生産性及び植物の生産物、②基礎・応用科学、③教育・労働力開発。

• NSF（アメリカ国立科学財団）

FY2023のNSFの全体予算要求は104.9億ドルで、そのうちライフサイエンスに関わる研究領域であるBiological Sciences（BIO）の予算はほぼ10%の9.7億ドルであった[11)]。グラントの性質としては研究者の自由な発想を支援するための競争的資金であり、位置づけとしては日本の科研費に近い。審査はNSF職員と、複数の外部審査員によるピア・レビューによって行われている。

表3　BIO領域における優先研究領域（FY2023）

領域名	概要	予算要求（百万ドル）
Advanced Manufacturing	新たなバイオ製造を可能にする、合成生物学分野の新たなツール開発や新たなプラットフォームとなる生物の開発。	17.2
Artificial Intelligence	バイオインフォマティクスにおけるAIの活用	20.0
Biotechnology	合成生物学、ゲノミクス、バイオインフォマティクス、バイオテクノロジー研究を推進し、バイオエコノミーを支援。	130.0
Climate: Clean Enery Technology	重要な化学物質材料、植物バイオマス、飼料、バイオ燃料を生産するため、システム生物学や合成生物学、植物ゲノム学、生態系科学などの分野における基礎研究を通じて、クリーンエネルギーのバイオテクノロジーとその実践を推進する研究を支援。	59.3
Improving Undergraduate STEM Education（IUSE）	国内の教育の充実と改善のため科学者、教育者、その他の関係者が生物学教育を推進し、変革するためのネットワークづくりを支援。常に最新の課題、新しい技術、トレンドを取り入れていく。	5.0
Postdoctoral Research Fellowships in Biology	生物学の人材育成のためポスドクのキャリア支援	26.9
Quantum Information Science	生命システムの量子現象の理解と量子情報科学への応用を目指し生物物理学の基礎研究を支援	3.3
URoL（Understanding the Rules of Life）	数学、物理、コンピュータ科学や工学を活用した定量的アプローチにより、遺伝子型から表現型の予測、植物−動物相互作用、生命のルールに関する理論に関する研究を行い、バイオエコノミーを実現する	30.0

（3）トピックス

近年のライフサイエンスのビッグサイエンス化・デジタル化に伴い、私設の財団、研究所、プロジェクトが大きな存在感を発揮している。代表的な財団・研究所としてはビル&メリンダ・ゲイツ財団、HHMI（Howard Hughes Medical institute）/ジャネリア研究所、アレン脳科学研究所、ブロード研究所等がある。プロジェクトとしては、人体内のすべての細胞の地図を作成するというHuman Cell Atlasが代表的なものであり、Meta社 CEOであるマーク・ザッカーバーグによる資金提供を筆頭に官民の様々なプロジェクトで支援されている。

• BioHub

BioHubは2016年に設立されたUC バークレー、UCサンフランシスコ、スタンフォード大学の共同的研究機構である。マーク・ザッカーバーグ拠出の6億ドルを基にして運営されており、現在プロジェクトとしては以下の2つが進行中。

・Cell Atlas Initiative
　脳、心臓、肺など、主要な臓器、器官を構成、制御する様々な細胞のカタログを作成する
・Infectious Disease Initiative
　SARS、MERS、HIV/AIDS、デング熱といった感染症に関する研究

参考文献

1) https://www.whitehouse.gov/wp-content/uploads/2022/03/budget_fy2023.pdf
2) http://endostr.la.coocan.jp/sci-ron.2023budget.pdf
3) https://officeofbudget.od.nih.gov/pdfs/FY22/cy/NIH%20Operating%20Plan%20-%20FY22%20Web%20Version.pdf
4) https://www.energy.gov/budget-performance
5) https://www.energy.gov/sites/default/files/2022-05/FY2023-PresidentsRequest-BER-Final-3.pdf
6) https://www.darpa.mil/attachments/U_RDTE_MJB_DARPA_PB_2023_APR_2022_FINAL.pdf
7) https://www.darpa.mil/about-us/offices/bto#OfficeProgramsList
8) https://www.va.gov/budget/docs/summary/fy2023-va-budget-rollout-briefing.pdf
9) https://www.mvp.va.gov/pwa/
10) https://www.usda.gov/sites/default/files/documents/2023-usda-budget-summary.pdf
11) https://www.nsf.gov/about/budget/fy2023/pdf/69_fy2023.pdf
（2023年2月6日アクセス）

1.2.4.3 EU

（1）基本政策

【Horizon Europe】

EUの科学技術・イノベーションを支援するための研究開発の枠組みとして、1984年〜1987年に実施されたFramework Programmeを皮切りに、直近では第8期にあたるHorizon 2020（2014年〜2020年、総額770億ユーロ）、そして現在は第9期にあたるHorizon Europe（2021年〜2028年、総額955億ユーロ）が推進中である。これらの枠組みの中で、ライフサイエンス・臨床医学分野に限定せず様々な取組みが進められているが、本項ではライフサイエンス・臨床医学分野に関連する取組みを述べる。

Horizon Europeは、主に3つの柱で構成されており、ライフサイエンス・臨床医学に関連する取り組みも多く含まれる。

（A）柱1：卓越した科学・・・250億ユーロ
（B）柱2：グローバルチャレンジ・欧州の産業競争力・・・535億ユーロ
（C）柱3：イノベーティブ・ヨーロッパ・・・136億ユーロ
（参加拡大と欧州研究圏（ERA）強化・・・・34億円）

上記（A）～（C）の概要及びライフサイエンス・臨床医学に関する内容は次の通りである。

（A）柱1：卓越した科学（250億ユーロ）

欧州研究会議（160億ユーロ）による基礎研究支援、マリーキュリーアクション（66億ユーロ）による人材流動支援、研究インフラの整備（24億ユーロ）などが実施される。

柱1において、特に規模の大きなプロジェクトが、Horizon 2020の期間中から推進されてきた大型研究拠点支援事業「FET Flagship」である。ライフサイエンス関連では「Human Brain Project」が2013年より10年間、総額4億600万ユーロ（EUからの支援額）で推進されている。新たなFET Flagshipプロジェクトの立ち上げに向け、6つのプロジェクト候補のフィージビリティ研究が進められており、2021年に最大3件のプロジェクトが正式に開始される予定である。

（B）柱2：グローバルチャレンジ・欧州の産業競争力（535億ユーロ）

社会的課題の解決を重視した枠組みであり、6つの社会的課題を設定し、研究開発が推進されている。具体的な課題名と予算規模は、健康（82億ユーロ）、文化・創造性・包摂的な社会（23億ユーロ）、社会のための市民の安全（16億ユーロ）、デジタル・産業・宇宙（153億ユーロ）、気候・エネルギー・モビリティ（151億ユーロ）、食糧・生物経済・生物資源・農業・環境（90億ユーロ）である。これらのうち、ライフサイエンス・臨床医学分野と関係が深い、2つの社会的課題の概要を次に示す。

❶ 健康（82億ユーロ）

全ての年齢の人々の健康と福祉のため、ジェンダーの視点も統合しつつ、疾患の予防・診断・治療・管理に関する基盤的な知見の創出と革新的な技術開発を推進する。職場における健康上のリスクを軽減と健康・福祉の促進、費用対効果が高く公平かつ持続可能な公衆衛生システムの構築、貧困関連疾患や顧みられない疾患の予防、患者参画と自己管理の支援も実施する。具体的には「ライフコースヘルスケア」「環境・社会と健康」「非感染性疾患、希少疾患」「貧困関連疾患、顧みられない疾患」「個別化医療」「ヘルスケアシステム」など。

❷ 食糧・生物経済・生物資源・農業・環境（90億ユーロ）

食糧、農林水産業などに関する知的基盤の構築とイノベーションを通じ、全ての人々への食糧を確保し、低炭素で資源効率の高い、持続可能性の高いバイオエコノミーの実現を目指す。環境破壊を低減し、生物多様性の保持・改善、そして天然資源の適切な管理を目指す。具体的に取り組む分野としては「環境の観察」「生物多様性、天然資源」「農林水産業、農村地域」「海洋」「食料システム」「バイオエコノミー」など。

（C）柱3：イノベーティブ・ヨーロッパ（136億ユーロ）

イノベーションの加速と市場創出を重視した枠組みであり、主にベンチャー、スタートアップの支援などを実施する欧州イノベーション会議（88億ユーロ）、欧州イノベーションエコシステム（4億ユーロ）、欧州イノベーション技術機構（27億ユーロ）が計上されている。

Horizon Europeでは、6つのミッション領域が設定され、うち、ライフサイエンス臨床医学分野に関係する「がん」「土壌・食料」の2つがある。「がん」の目的として、がんの理解、予防と早期発見、診断と治療、患者と家族のQOL向上が掲げられている。「土壌・食料」の目的として、「砂漠化の低減」「土壌の有機炭素貯蔵保護」「都市土壌の再利用」「土壌汚染低減・改善」「浸食予防」「土壌生物多様性向上」「土壌におけるEUのフットプリント削減」「社会における土壌に関するリテラシー向上」が掲げられている。

【The European Green Deal】

欧州委員会は、2019年～2024年に取り組むべき6つの優先課題を公開し、その1つとして「欧州グリーンディール（The European Green Deal）」を掲げた。2020年、欧州委員会は今後10年に官民で少なくとも1兆ユーロ規模の投資する新たな計画「The European Green Deal Investment Plan」を策定・発表した。同計画の目指すところは、「経済や生産・消費活動を地球と調和させ、人々のために機能させることで、温室効果ガス排出量の削減（EUからの温室効果ガス排出の実質ゼロ化）に努める一方、雇用創出とイノベーション促進する」とされている。同計画に基づき様々な取組が進められているが、2022年6月には2050年までにEUにおける生態系の回復と、2030年までの化学農薬の使用半減に向けた取り組みに関する提案を採択した。同計画の実現に向けて、EUから多額の投資も予定されている。

（2）ファンディング

• Innovative Health Initiative（IHI）

2008年に開始された、EUと欧州の製薬企業との間の官民パートナシップであるInnovative Medicine Initiative（IMI）は順調に進展し、2014年のIMI2へと展開され、そして2021年よりInnovative Health Initiative（IHI）として開催されたところである。IMI/IMI2はEUと製薬企業の連携であったが、IHIでは製薬企業に限定せずデジタルヘルスやバイオ医薬品、バイオテクノロジー、医療技術全般にフォーカスし、分野横断的なプロジェクトのサポートが予定されている。

IHIが重点的に取り組む方向性として「新規分子/作用メカニズム/技術」「基礎研究の成果の臨床開発」「安全性評価」「標準化関連」「レギュラトリーサイエンス」「in silico試験」が挙げられている。

・1回目の公募（終了）：IHI側からは1.35億ユーロが拠出
　①神経変性疾患・併存症患者の治療システムを改善するための意思決定支援システム
　②がんの次世代イメージング技術開発、画像誘導診断・治療
　③がん個別化医療（マルチモーダル療法）
　④アンメットメディカルニーズの高い疾患領域の医療の改善に向けた医療データ利活用
・2回目の公募（2023年2月28日〆切）：IHI側からは2,200万ユーロが拠出、企業などからも同額が拠出予定
　①心血管疾患の予測、予防、診断、モニタリングの改善
　②革新的健康医療技術の開発における、臨床評価手法などの開発
・3回目の公募（2023年2月28日〆切）：IHI側からは1.38億ユーロが拠出、企業などからも同規模の拠出予定
　①アンメットメディカルニーズの高い疾患の予測・予防に資するバイオマーカー
　②治療効果を高め、意思決定をサポートし、イノベーションを加速するエビデンス構築
　③医療機関における治療介入手法を組合わせ、治療効果を高め、医療機関の効率性の向上
　④希少疾患の高度治療薬（ATMP）に関する欧州のTR研究およびエコシステムの強化
　⑤長期的な視点からの精神障害の個別管理と予防に向けたデジタルヘルス技術

（3）トピックス

EUでは、COVID-19のパンデミックを受け、米国のBRADA（生物医学先端研究開発局）に相当する役割を担う、HERA（欧州保健緊急事態準備対応局）が2021年9月に発足した。同局は、2022年～2027年の活動予算として60億ユーロを予定しており、EUの「復興・強靭化ファシリティ」や「REACT-EU」な

どのから240億ユーロの支援が予定されている。2023年のHERAの主な活動として次の5つが掲げられている。

①脅威を評価するための最新鋭のIT情報収集システムの構築、脅威に対応するための医療技術のマッピング、サプライチェーンのリスク管理および備蓄管理システム
②パンデミックに備えるための革新的なワクチン・治療薬・診断技術の開発、COVID–19/AMRなど
③新たな公衆衛生上の脅威に備えたワクチン製造能力の確保
④資金調達メカニズム（HERA）の設立
⑤化学兵器、生物兵器、放射線・核兵器関連の医療対策品などの備蓄戦略の策定

参考文献

1）https://research-and-innovation.ec.europa.eu/funding/funding-opportunities/funding-programmes-and-open-calls/horizon-europe_en
2）https://www.ihi.europa.eu/apply-funding/open-calls
3）https://health.ec.europa.eu/system/files/2022-11/hera_2003_wp_en.pdf
4）https://eumag.jp/behind/d0220/
（2023年1月20日アクセス）

1.2.4.4 英国

（1）基本政策

英国は2020年にEUからの脱退移行期間を終えた。英国は科学技術協力面ではEUを重視しており、離脱後もEUの研究開発枠組みプログラムであるHorizon 2020（2014年～2020年）に参加してきた。また、2020年12月、EUとの通商・協力協定合意に至り、最新の枠組みプログラムであるHorizon Europe（2021年～2027年）へのアソシエイト参加を優先課題として表明してきた。2023年2月現在、英国によるHorizon Europeへのアソシエイト参加は、公式には合意されていないものの、UK Research and Innovation（UKRI, 英国研究・イノベーション機構）は、公式な合意を待つことなく、英国研究者によるHorizon Europeの研究開発プログラムへの参加を呼び掛けている。さらに、UKRIは、Horizon Europeの研究開発費の獲得に成功した英国ベースの研究者は、英国とEUのHorizon Europeの参加交渉の成否にかかわらず、UKRIから同等額の研究開発費を受け取れると表明している。

本稿では、英国の科学技術政策について、その仕組みを簡単に述べた後、生命科学に関連する研究会議が発行したStrategic delivery plan（戦略的成果目標計画）2022～2025の内容について紹介する。

• 生命科学分野の研究開発における三省庁の役割

英国政府内で医科学・生命科学研究の政策決定、ファンディング機能を持つ省は三つあり、それぞれ、ビジネス・エネルギー産業戦略省（BEIS）、保健省（DHSC）、環境・食料・農村地域省（Department for Environment, Food and Rural Affair: DEFRA）である。

BEIS の傘下には2018年に開設されたUKRI（英国研究・イノベーション機構）が、分野別に設置された9つの研究会議を統括している。9つの研究会議はそれぞれの分野ごと、あるいは分野を連携した研究開発プログラムの立案、実施を行う。各研究会議の独自性を尊重した「ハルデイン原則」により、各研究会議の独立性は極めて高い。英国は医科学関連産業の重要性を強く意識しており、BEIS とDHSC傘下のライフサイエンス事務局（Office for Life Sciences）が設けられ、医療の向上と産業の発展を推進するため、国民保健サービス（National Health Service: NHS）、英国貿易省（Department for International Trade）、医薬品・医療製品規制庁（Medicines and Healthcare Products Regulatory Agency : MHRA）と省庁横断的に連携し、産業動向の分析、政策提言を行っている。 UKRIの事業の具体的な内容については後の項目

で述べる。生命科学研究、基礎医学の研究はBEISの管轄下にあるが、医療サービスはDHSC傘下の国民保健サービス（NHS）、臨床研究以降の応用医学研究はNHSの一部門である国立健康・医療研究開発機構（NIHR）が担っている。

DEFRAは環境、食料、農村に関わる研究開発戦略を策定し、自然科学、社会科学からマーケティングに至るまで幅広い研究開発投資を行い、英国内の大学や国立研究所での研究プロジェクトについて、常時1,000件程度を独自に助成している。また、傘下に動植物衛生庁（Animal and Plant Health Agency: APHA）を持ち、家畜や作物、養殖魚等の病害・衛生対策に関する研究やコントロールを行っている。

UKRIの管轄下にある研究会議のうち、医科学・生命科学に関連する研究会議についてその役割分担を概観し、最後に大学など高等研究機関に対する研究費の配分を行うリサーチイングランドについて解説する。

基礎的な生物学研究（基礎医学研究を除く）はバイオテクノロジー・生物科学研究会議（BBSRC）が、バイオテクノロジーのうち、合成生物学等の物質生産に関わる分野は、工学・物理化学研究評議会（EPSRC）が予算を担当している。生態系や環境、多様性保全等の環境分野は自然環境研究会議（NERC）が担当する。基礎医学に関する研究は医学研究会議（MRC）、医療への応用研究は保健省、NHS傘下の国立健康・医療研究開発機構（NIHR）が担っている。それぞれの研究会議はいくつかの国立研究所を擁し、それらの運営に関わる資金はそれぞれの研究会議に割り当てられた予算から支出している。例えば、MRCの傘下には、MRC分子生物学研究所（Laboratory of Molecular Biology: LMB）、MRCロンドン医科学研究所（London Institute of Medical Sciences: LMS）等が存在し、BBSRCの所管には、植物研究で世界的に著名なジョン・イネス・センター（John Innes Centre）やロザムステッド研究所（Rothamsted Research）等がある。それぞれの研究会議は傘下の研究所にブロックグラントを配分する以外にも、大学等の外部への研究プロジェクトにも競争的研究資金を助成している。

また、各研究会議は、頻繁に共同で一つのプロジェクトに出資しており、十分に連携していることが見て取れる。BEIS傘下の研究会議同士だけでなく、多省庁の研究会議と合同でプロジェクトを運営することもあり、例えば、NIHRとMRCは基礎医学から応用医学へのシームレスな連携のために、省庁の垣根を超えて、研究プログラムに共同出資することもある。また、2004年、政府内に産学連携推進を担う諮問会議が発足したが、省庁改変に伴い、2014年にイノベートUK（Innovate UK）と呼称を改変してBEIS傘下の研究開発助成機関となった。

NIHRは、NHSの一部門で、保健省（Department of Health and Social Care: DHSC）の管轄である。予算は保健省から配分され、2012年以降は一貫して、総額10.5億ポンド（約1,523億円）の予算を得ている。研究開発投資は橋渡し研究以降、特に臨床研究、臨床治験に力を入れている（基礎研究は行わない）。事業は以下の3つに分けられる。①研究助成金の交付、②研究者の育成、③研究インフラの整備。研究インフラの整備の中には、橋渡し研究促進のための産学連携を推進する事務局や、橋渡し共同研究プログラムも含まれる。

これらに加え、ウェルカム・トラストや英国キャンサー・リサーチ等の非営利のチャリティー団体による研究資金助成もある。ウェルカム・トラストは、生物医学研究の分野で英国最大の非政府助成団体である。年間8億ポンドを超える研究向け予算により、生物医学分野の研究開発を助成している。2017年度は6.3億ポンドの総収入があり、うち4.1億ポンドは研究助成に投資されている。 MRCやEPSRCと共同でファンディングプログラムを実施している。

英国における、大学など高等教育機関に対する研究グラントはUKRI傘下のリサーチイングランド（Research England）が担っている。 UKRIが配分する予算の30%強がリサーチイングランド向けとなっており、UKRI傘下の9組織のうち、最も大きな部分を占める。2019年度の合計金額は23億2400万ポンドであった。リサーチイングランドが提供する研究費の大部分は大学向けであるが、そのうち4%程度は、国によるイニシアティブの達成など、特定の目的に使われる。

英国の大学の研究への公的評価は 研究評価制度であるリサーチ・エクセレンス・フレームワーク（Research Excellence Framework; REF）によって実施され、リサーチイングランドからの研究交付金は大学の研究分野（学科または学部）ごとのREFの結果に基づき、配分額の大部分が決定される。 REFの評価項目は、研究成果、研究環境、研究のインパクトの3つから成っている。評価は7年に一度行われ、直近の評価は2014年に、次回の評価は2021年に行われる。 REFの結果によって研究費が大幅に減額になった大学では、評価の低い分野の学部が廃止されたりする等、厳格な対応がなされることもある。大学によっては研究のインパクトをめぐる記述に注力していることもあり、大学の研究成果の商業化には高い関心が寄せられている。

• UKRIのStrategic Delivery Plan 2022～2025の内容

以下に、2022年に発表された、Strategic Delivery Planにおける、UKRI傘下のそれぞれの研究機関の優先課題等を紹介する。

BBSRCでは、「研究人材の育成」、「研究環境の整備」「長期的視野に立った研究者主導の研究開発」「イノベーションの推進」「グローバルスケールの社会課題解決（Objective 5: World-class impacts）」「FAとしての組織改革」が挙げられている。2019年版のStrategic Delivery Planでは、具体的な研究開発目標が並べられていたが、2022年版では、研究開発に取り組むための人材育成や研究環境の整備などが大項目として据えられ、具体的な研究開発項目は、「グローバルスケールの社会課題解決」の項目に、「持続可能な農業・食糧のためのバイオサイエンス」、「再生可能資源・クリーン成長のためのバイオサイエンス」、「健康の統合的理解のためのバイオサイエンス」が挙げられている。

BBSRCでは、研究者主導の研究開発課題（日本の科学研究費補助金に相当）はResponsive Modeと呼ばれ、年に3回研究費助成金の募集がある。これまでは、このResponsive Modeの公募のうち、1回においてSpotlights（優先課題）と呼ばれる特定の優先テーマに関する研究開発の募集が行われていたが、2022年度からは、優先課題に沿った研究テーマの公募を通年行うこととなった。2023年度の優先課題（Spotlights）は、「生涯にわたる人の健康に対する栄養の役割についての確固たる生物学的理解」「多様な（微生物）細胞の挙動を理解するための全体的なアプローチとしての生体電位」「動物福祉向上のための基礎研究」の三つが挙げられている。2023年度では、BBSRCによる研究者主導のResponsive mode 研究に約1億5,000万ポンド（約242億円）が投じられる予定である。また、フラッグシップ研究助成である「先端生命科学（Frontier bioscience）」課題として、「生命の法則（rules of life）」を設定し、2022年度に400万ポンド（約6.4億円）が投入される予定である。

EPSRC、MRCのStrategic Delivery Planは、BBSRCと同じ体裁で、人材育成や研究環境整備などが謳われている。 EPSRCでは、「グローバルスケールの社会課題解決」においてBBSRCと共同で、「AIや量子科学を利用したエンジニアリングバイオロジーの推進」、「バイオものづくりに関する産学連携」「エンジニアリングバイオロジーを活用した先端材料の開発」を上げている。また、広範な電化、持続可能な代替燃料、循環型経済の開発を通じて、ゼロカーボンおよび廃棄物ソリューションを創成する、としている。具体的には、EPSRCとBBSRCは共同で、持続可能なプラスチックシステムに関する研究開発の公募を行う予定である。

MRCのStrategic Delivery Planでは、①膨大なデータを活用する、②生物学、デジタル、物理学の各領域を横断する技術の融合、③社会科学から人文科学までの知見の活用、といった研究開発の柱を提示しているところがBBSRCやEPSRCとは異なる特色である。 BBSRC同様、MRCでも研究者主導のDiscovery researchの推進を表明しており、年間2億ポンド（約323億円）の投入が予定されている。2022年からはMRC National Mouse Genetics Network（NMGN）に2,000万ポンド（約32億円）が開始され、マウスとヒトの遺伝学および幅広い生物医学における英国の国際的卓越性を活かし、がんから疾患へのマイクロバイオームの影響に至るまで、さまざまな課題に取り組む予定である。 NMGNは研究テーマごとの7つのクラスターからなり、30以上の研究機関が参画する一大プロジェクトである。「イノベーションの推進」の項目では、橋渡し研究の重要性について触れており、国研を中心とした研究機関と民間製薬会社とが連携する橋渡し研究プラットフォームに年額6,000万ポンド（約97億円）を投入予定である。

• **UK Research and Development Roadmap**

英国BEISは、2020年7月に「UK Research and Development Roadmap」と題する政策文書を発表した。このロードマップではCovid–19への対応とCovid–19終息後の回復に力点が置かれているが、EU離脱後の英国の科学技術政策の在り方を模索したものとなっている。このロードマップによると、2020年現在、GDPの1.7%を占める英国の公金による研究開発費を、2024/25年度までに2.4%まで増額することなどが盛り込まれている。また、以下の8項目を重点課題として挙げている。

I. 研究開発費の増額し、新発見を推進し、そうした研究成果を政府、産業、社会にとって重要な問題の解決につなげる。
II. 研究成果を経済・社会に役立てるという点でグローバルリーダーになる。
III. スタートアップや起業家の資金フローを拡充することでスケールアップを支援する。
IV. 上記のような研究開発を実現できる多様な優れた人材を集め、あるいは育成する。
V. 地域経済に根ざした研究開発を重視し、それに最適な研究開発支援システムを構築する。
VI. 研究インフラや研究施設に対し、長期的で柔軟な投資を行う
VII. 研究開発において世界の最先端を走る国々との共同研究を加速し、新興国や開発途上国との研究パートナーシップを強化する。
VIII. 科学研究やイノベーションが社会の要請に応えるためのあらゆる方法を模索する。

このロードマップには、CO_2の排出を2050年までにゼロにすることや、米国の先端研究開発局（Advanced Research Project Agency：ARPA）の英国版を設置することや、長期的な視野に立って野心的な研究開発を推進するムーンショット構想なども盛り込まれている。なお、英国版ARPAへの当初の予算配分は8億ポンドを見込んでおり、英国がグローバルに優位に立てるような研究分野への投資を行う予定である。

（2）ファンディング

英国政府が克服しようとしている課題の一つが、優れた科学研究の成果を実用化あるいは商業化して社会や経済に役立てるためのシステムが確立されていないという点である。そのために、2011年に「カタパルトプログラム」を立ち上げ、2017年には「産業戦略チャレンジ基金（ISCF）」を立ち上げる等、国として力を入れている。

カタパルトプログラムは、特定の技術分野において英国が世界をリードする技術・イノベーションの拠点構築を目指すプログラムである。これらの拠点を産学連携の場として、企業やエンジニア、科学者が協力して最終段階に向けた研究開発を行い、イノベーション創出および研究成果の実用化を実現し、経済成長を推進することが意図されている。2017年時点で11の技術分野で拠点としてのカタパルトセンターが設置され、ライフ・医療分野では2つの拠点が推進されている。

・細胞・遺伝子治療（2012年）
・創薬

カタパルトプログラムにおける産学官の橋渡しの仕組みは次の4点である。

I. 既存の研究インフラを活用した持続可能な拠点整備
II. 研究開発の早い段階から産学官連携が実現できるような産業界主導の研究開発推進
III. 英国の中小企業の取り込みとその科学技術力の強化
IV. 地方の研究開発力の強化

プログラム実施のための初期（2011～2014年）の公的投資は、約5億2,800万ポンドである。民間からの投資は8億7,200万ポンドにのぼるとされており、官民合わせた初期の投資総額は約14億ポンドになる。

投入される公的資金は、研究プロジェクト実施のためではなく、基本的にはカタパルトセンターの運営のために使用される。細胞・遺伝子治療カタパルトでは、5年間で最大5,000万ポンドの投資が見込まれており、新たな治療法の開発・商業化が目指されている。

リサーチイングランドが展開する研究グラントとしては、産学連携によって研究設備の向上を推進するための、英国研究パートナーシップ投資基金（UK Research Partnership Investment Fund; UKRPIF）がある。UKRPIFは、2012年から2021年までで合計9億ポンドを拠出するマッチングファンドで、研究プロジェクトの1/3を助成し、大学の研究機関は残りの2/3のファンドを民間企業やチャリティー、或いは寄付などで賄うことになっている。UKRPIFによるバイオ系の大きなグラントとしては、2017年、ロンドン大学のガン研究所（The Institute of Cancer Research）がUKRPIFから3,000万ポンドの助成を獲得し、2020年11月、総額7,500万ポンドをかけて新たに創薬センターが開設された。

1.2.4.5 中国

（1）基本政策

中国におけるライフサイエンス分野に係る行政には、科学技術政策を担う科学技術部、傘下に中国医学科学院を擁する国家衛生健康委員会、食品・医薬品等の品質安全管理や許認可を行う国家薬品監督管理局、農業農村部等の省庁が関与する。これに加え、中国最大の研究機関である中国科学院が日本の内閣府に相当する国務院直属機関として設置されている。

2016年5月に中国共産党中央と国務院は「国家イノベーション駆動発展戦略綱要（2016～2030年）」を公表した[1)]。本綱要は、2050年までを見据えた長期戦略における2030年までの15年間の中期戦略である。本綱要では、2030年までに、国際競争力の向上に重要な要素、社会発展のための差し迫った需要、安全保障に関する問題を認識し、それらに関わる科学技術の重点領域を強化することを目標としている。産業技術の重要領域として、①次世代情報ネットワーク技術、②スマート・グリーン製造技術、③現代的農業技術、④現代的エネルギー技術、⑤資源効率利用及び環境保護技術、⑥海洋及び宇宙技術、⑦スマートシティ・デジタル社会技術、⑧健康技術、⑨現代型サービス業技術、⑩産業変革技術を指定している。

2021年3月には、「中国国民経済・社会発展第14次五カ年計画および2035年までの長期目標綱要」（以下、「十四五」）が全国人民代表大会（全人代）にて審議・採択された[2)]。

「十四五」においては、バイオテクノロジー分野が重視されている。重要な先端科学技術分野として、脳科学・脳模倣型人工知能、遺伝子・バイオテクノロジー、臨床医学・健康が指定されている。戦略的新興産業においてもバイオテクノロジーを重視し、バイオテクノロジーと情報技術の融合イノベーションの推進、バイオメディカル、バイオテクノロジーによる品種改良、バイオマテリアル、バイオエネルギー等の産業の発展を加速させ、バイオエコノミーを拡大・強化するとしている。また軍民の統合的な発展を強化する分野として、バイオテクノロジーをあげている。製造強国戦略の核心的競争力向上に貢献する分野にハイエンドの医療機器と新創薬をあげ、伝染病のワクチン開発や悪性腫瘍や心血管・脳血管疾患等の特効薬開発を促進するとしている。

また、2022年5月には、国家発展改革委員会は「第14次五カ年計画バイオエコノミー発展計画」を発表した[3)]。同計画では、バイオエコノミーはライフサイエンスとバイオテクノロジーの発展・進歩を原動力とし、バイオ資源の保護、開発、利用に基づき、医薬、健康、農業、林業、エネルギー、環境保護、材料等の産業との広く深い融合を特徴とするとしている。計画の目標として、2025年までにバイオエコノミーが質の高い発展の強力な推進力となり、全体の規模は新たな水準に達する。科学技術の総合力が新たに強化され、産業の融合発展は新たな飛躍を実現し、バイオ安全保障の能力は新たなレベルに達し、政策的環境は新たな局面が切り開かれる。さらに2035年までに、中国のバイオエコノミーの総合的力は国際的にしっかりと先頭に立つ。トップレベルの技術力、強大な産業力、広範な融合・応用力、強力な資源保障、制御可能なセキュリティリスク、制度・システムの完備した、新たな発展の局面を形成するとしている。

同計画では、重点発展分野として以下の4つを指定している。

①「病を治すことを中心とする」から「健康を中心とする」への転換という新たな流れに順応し、人民の生活と健康のためのバイオ医薬を発展させる。

②「衣と食の解決」から「栄養の多元化」への転換という新たな流れに順応し、農業近代化に目を向けたバイオテクノロジーと融合した生物農業を発展させる。

③「生産能力、生産効率の追求」から「エコロジー優先の堅持」への転換という新たな流れに沿って、グリーンで低炭素なバイオマスによる代替・応用を発展させる。

④「受動的防御」から「能動的保障」への転換という新たな流れに対応し、中国のバイオセーフティーのリスク対策とガバナンス体制の構築を強化する。

さらに、5つの重点課題として、①バイオエコノミーにおけるイノベーション基盤の強化、②バイオエコノミーの柱となる産業を育成・強化、③バイオ資源の保護・利用を積極的に推進、④バイオ安全保障システムの構築を加速、⑤バイオ分野の政策環境の最適化をあげている。

さらに、ライフサイエンス分野に関わるものとしては、産業政策の「中国製造2025」、AI技術の開発計画である「次世代人工知能発展計画」がある。

• 中国製造2025

2015年5月に発表された「中国製造2025」は、中国の総合的な国力向上を目指し、国際競争力のある製造業を育てることを目指した産業技術政策である。2025年までに製造強国の仲間入りを目指し、2035年までに製造業全体を世界の製造強国の中で中位レベルへ到達させ、2049年までに製造業大国としての地位を一層固め、総合的な実力で世界の製造強国の中でもリーダー的地位を確立することを目標としている。本政策では、下記の10分野が重点領域として指定されている。

①次世代情報通信技術、②先端デジタル制御工作機械とロボット、③航空・宇宙設備、④海洋建設機械・ハイテク船舶、⑤先進軌道交通設備、⑥省エネ・新エネルギー自動車、⑦電力設備、⑧農業用機械設備、⑨新素材、⑩バイオ医薬・高性能医療機器

「中国製造2025」は、米国との技術覇権争いの発端になったとされ、公の場で同政策が言及されることはなくなったが、その後の産業政策やその重点領域をみると、当初掲げた製造強国のビジョンは保たれているようである。

• 次世代人工知能発展計画

2017年7月、国務院から「次世代人工知能発展計画」が発表された。人工知能の技術開発は、「科学技術イノベーション第13次五カ年計画」にて、「産業技術の国際競争力の向上」の項目の「破壊的イノベーション技術」に分類された。当時は重要分野の一つでしかなかったが、世界的規模で人工知能の技術開発が進み、経済及び社会への大きな影響が確認され、国家戦略として昇格した。同計画のロードマップとして、まず2020年までに人工知能技術で世界の先端に追いつき、人工知能を国民の生活改善の新たな手段とし、2030年には人工知能理論・技術・応用のすべてで世界トップ水準となり、世界の「人工知能革新センター」となることを目標としている。

本計画に基づき、国家次世代人工知能オープン・イノベーション・プラットフォームとして、「自動運転」、「都市ブレーン」、「医療画像認識」、「スマート音声」、「AI画像処理技術」の5分野が選ばれた。「医療画像認識」のプラットフォームでは、テンセント社が指名されて官民共同での研究開発が進められている。

（2）ファンディング

2022年8月に中国国家統計局が発表した「2021年全国科技経費投入統計公報」によると、2021年の中国全体の研究開発費は2兆7,956億元（約47兆5250億円）となり、前年比で14.6%の増加となった。性格別では、基礎研究費が1,817 億元（前年比23.9%増）、応用研究費が 3,145 億元（前年比14.1%増）、

開発研究費が2兆2996億元（前年比14.0%増）となった。

政府部門が支出した2021年の公的研究開発費（国家財政科学技術支出）は総額で1兆767億元（約18兆3,040億円、前年比6.7%増）で、地方政府が6,972億元、中央政府が3,794億元と地方政府による支出が全体の約65%を占めている。

中央政府によるファンディングに関しては、競争的研究資金の重複や過度な集中などの弊害を解消し、効率的な資金管理を目的として、既存のプログラムの再編が進められ、「国家自然科学基金」、「国家科学技術重大プロジェクト」、「国家重点研究開発計画」、「技術イノベーション引導計画（基金）」、「研究拠点と人材プログラム」の5つに集約された。

• 国家自然科学基金

科学技術部の傘下にある国家自然科学基金委員会によって管理されている研究資金である。ボトムアップ型の「一般プログラム（面上項目）」、トップダウンで重点投資すべき領域または新領域創成を定めた「重点プログラム（重点項目）」、「国際共同研究プログラム」や「人材育成プログラム」など、複数のプログラムを取り扱っている。2021年は、17プログラムの48,788件のプロジェクトに対し、間接費用60億元を含め計373億元（約6,344億円）を主に大学及び付属の研究機関向けに支援している。

• 国家科学技術重大プロジェクト

国務院が所管する国家の競争力強化を目的としたトップダウン式のプログラムで、国家の最優先研究課題について支援を行っている。2030年に向けた新たな科学技術重大プロジェクト「科技創新（科学技術イノベーション）2030」として、16のプロジェクトが発表されている。ライフサイエンス分野では以下の領域で研究開発が進められている。

・脳科学及び脳型研究

中国脳計画（China Brain Project）とも呼ばれる。脳の認知原理の研究を中心とし、脳型コンピュータや脳型AI開発と脳疾患の診断・治療法開発の2つを目的とする研究の展開を計画。2018年に北京と上海に設立された脳科学及び脳関連研究センターが中核を担うこととなっている。

・種子産業の自主的イノベーション

中国における食糧安全保障戦略のため、農業植物、動物、森林、微生物について、ヘテロシス利用や分子設計育種など、育種産業における重要技術の飛躍的進歩を目指す。

・国民の健康維持対策

精密医療等の技術開発強化、慢性非伝染性疾患、一般的で頻繁に発生する疾患の予防・制御、リプロダクティブ・ヘルスと先天性欠損症の予防・制御研究の展開。

• 国家重点研究開発計画

従来各省庁が配分していた「国家重点基礎研究発展計画（973計画）」や「国家ハイテク発展計画（863計画）」等の100余りの研究資金プログラムを集約し、主に国益や国民生活に関連する農業、エネルギー資源、環境、ヘルスケアなどの長期的に重要な分野の研究に集中して支援を実施している。資金規模は、2016年の104億元が2020年には290億元と大幅に拡大している。2021年は53テーマで公募が行われ、784課題、配分額194億元の採択であった。課題はチーム型で推進され、3–5年間の研究を実施する。また、各プロジェクトにおいて、チーム型の他に研究テーマに沿った若手研究者（35歳まで）による研究課題の公募が同時に実施される。ライフサイエンス分野の2021年の公募テーマは以下通りである。

・漢方薬の現代化
・農作物の重要度形成と環境適応に関する基礎研究
・家畜新品種の育成と牧場の科学技術
・工場化農業の技術とインテリジェント農業機器
・病原体学と防疫技術システムの研究
・生殖の健康と女性と子供の健康の保護

・バイオと情報の融合（BTとITの融合）
・生体高分子・微生物群
・グリーンバイオ製造
・農業バイオ種子資源の発掘と革新的な利用
・動物伝染病の総合的予防技術と応用
・食品製造と農産物物流の科学術的支援
・多発性疾病予防と治療の研究
・幹細胞研究と臓器修復
・農産物の高収量と高品質向上技術
・北部乾燥地での収量拡大技術
・病害虫駆除に関する総合的研究開発・モデル
・林業の種子資源の育成と品質向上
・農村の技術開発と統合アプリケーション
・バイオセーフティーに関する主要技術研究
・診断機器とバイオメディカル材料

（3）トピックス

• 研究拠点・基盤整備

十四五では、北京（懐柔）、上海（張江）、広東大湾区、安徽省合肥等の総合性国家科学センターに研究施設の建設を進めるとともに、「国家重大科学技術インフラ整備中長期計画（2012～2030年）」及び先の五カ年計画に基づいて建設、整備を進めてきた国家重大科技施設の活用を推進するとしている。総合性国家科学センターは国家的科学技術分野での重要なプラットフォーム（大規模科学技術クラスター）として、主に基礎研究に関わる施設の整備を進めている 。

また、中国科学院、教育部、工業情報化部、科学技術部などが個別の重要テーマの研究を大学、企業に委託している国家重点実験室は2021年末現在533ヵ所にまで整備が進んでいるが、十四五では国家重点実験室の再編成、効率化により国家の戦略的科学技術力の強化を進める計画である 。

以下、総合性国家科学センターなどで建設、整備が進められている主要な研究拠点、研究基盤を紹介する。

〈生命科学用マルチモーダル画像処理施設〉

2022年11月に北京市懐柔区の生物医学イメージングの大規模科学プロジェクトでもあるマルチモーダル画像処理施設が竣工した。同施設は第十三次五ヵ年計画の国家重大科学技術インフラ施設として北京大学が中国科学院生物物理研究所などと約17億元をかけ建設を進めてきたもので、「可視化、明瞭化、高速化」が求められる重要な生物医学の研究において重要な役割を担い、2024年12月の正式運用に向け準備を進めている 。

〈脳科学・知能技術卓越イノベーションセンター〉

2014年上海張江総合性国家科学センター内に創設。脳認知機能に関する基礎研究、脳疾患研究に加え、中国の最重要科学技術開発のテーマでもある人工知能に関する研究開発を主導している 。

〈放射光実験施設 上海光源 SSRF〉

2009年の運用開始以降、中国のシンクロトロン放射光実験の中核施設として活用されてきたことに加え、軟X線自由電子レーザー装置（SXFEL）が稼働した他、2025年の稼働に向けて硬X線自由電子レーザー装置（SHINE）の建設を進めている。隣接する国家タンパク質科学研究施設では、SSRFの活用によりタンパク質分子構造解析が2分30秒で完了できるようになったとしている。

• バイオものづくりへの投資

カーボンニュートラルへの取り組みの一つとして、世界中で合成生物学やバイオものづくりへの研究開発投資が増大している。中国においては、中央政府よりも地方政府による合成生物学分野への投資が盛んであり、バイオファウンドリ拠点整備が強力に推進されている。山西合成生物産業エコロジーパーク（山西省）では民間企業と特別目的会社を設立し、研究および製造の拠点が整備されている（山西省の出資比率は49.9%、40億元）。また、合成生物技術イノベーションセンター（天津市）では天津市と中国科学院から20億元の出資を受けて拠点整備が進んでいる。

参考文献

1）中华人民共和国中央人民政府,“中共中央国务院印发《国家创新驱动发展战略纲要》”,
http://www.gov.cn/zhengce/2016-05/19/content_5074812.htm（2023年1月16日アクセス）.
2）中华人民共和国中央人民政府,“中国共产党第十九届中央委员会第五次全体会议公报”,
http://www.gov.cn/xinwen/2020-10/29/content_5555877.htm（2023年1月16日アクセス）.
3）国家发展改革委关于印发《“十四五”生物经济发展规划》的通知,
https://www.ndrc.gov.cn/xxgk/zcfb/ghwb/202205/t20220510_1324436.html?code=&state=123（2023年1月16日アクセス）.

1.2.5 研究開発投資や論文、コミュニティー等の動向

1.2.5.1 研究開発投資

総務省科学技術研究調査によれば、2021年度のわが国の科学技術研究費（支出）は19.7兆円（対前年度比2.6%増）で、企業が14.2兆円（研究費全体に占める割合72.1%）、大学等が3.8兆円（同19.2%）となっている。このうちライフサイエンス分野の研究費は3.3兆円（同16.7%）で、研究主体別では、企業が1.8兆円、公的機関が0.3兆円、大学等が1.2兆円となっている。また、第6期科学技術・イノベーション基本計画で戦略的に取り組むべき基盤技術の一つであるバイオテクノロジー分野の研究費は2,482億円（同1.3%）であり、研究主体としては企業が約6割（1538億円）を占めている。

国の科学技術関連予算を見ると、2021年度の健康・医療分野は、国立研究開発法人日本医療研究開発機構（AMED）向け（競争的資金）に1,261億円（総5、文595、厚476、経185）、インハウスの研究費、つまり理研、ナショセン、産総研等の国研等の基盤経費（運営費交付金）として835億円（文269、厚487、経79）となっている。

その他、ライフサイエンス関連では、競争的資金研究として、JSTの戦略的創造研究推進事業（428億円の一部）やセンター・オブ・イノベーション（COI）プログラム等の拠点事業、世界トップレベル研究拠点プログラム（WPI）、内閣府主導のSIP、ムーンショット等で取り組まれている。科研費でも年間予算2,377億円のうち新規の配分額は614億円。大区分別（新規）では、医・歯学関連147億円、薬学関連27億円、生物学関連51億円、農学関連43億円の配分となっている。また、インハウスの研究費としては、理研、量研、産総研、農研機構等の運営費交付金が大半を占める。

1.2.5.2 論文

図は生命科学分野と臨床医学分野において、2007年から2009年と2017年から2019年の3年平均の論文数、被引用数を国別に比較したものである。

基礎生命科学

基礎生命科学 PY2007年 － 2009年（平均） 論文数

国・地域名	整数カウント			分数カウント		
	論文数	シェア	順位	論文数	シェア	順位
米国	94,506	32.6	1	79,105	27.3	1
英国	22,737	7.8	2	15,251	5.3	5
ドイツ	22,103	7.6	3	15,788	5.4	3
日本	21,692	7.5	4	18,620	6.4	2
中国	18,505	6.4	5	15,538	5.4	4
フランス	15,514	5.4	6	10,967	3.8	6
カナダ	14,693	5.1	7	10,806	3.7	7
イタリア	13,220	4.6	8	10,233	3.5	9
ブラジル	11,647	4.0	9	10,386	3.6	8
スペイン	11,363	3.9	10	8,760	3.0	11
オーストラリア	9,967	3.4	11	7,317	2.5	12
インド	9,868	3.4	12	9,057	3.1	10

基礎生命科学 PY2007年 － 2009年（平均） Top10%補正論文数

国・地域名	整数カウント			分数カウント		
	論文数	シェア	順位	論文数	シェア	順位
米国	13,833	47.7	1	11,326	39.1	1
英国	3,725	12.9	2	2,289	7.9	2
ドイツ	2,925	10.1	3	1,776	6.1	3
フランス	2,011	6.9	4	1,214	4.2	4
カナダ	1,850	6.4	5	1,157	4.0	7
日本	1,606	5.5	6	1,164	4.0	6
中国	1,586	5.5	7	1,190	4.1	5
イタリア	1,367	4.7	8	814	2.8	10
オーストラリア	1,335	4.6	9	845	2.9	8
スペイン	1,250	4.3	10	817	2.8	9
オランダ	1,223	4.2	11	697	2.4	11
スイス	965	3.3	12	500	1.7	12

基礎生命科学 PY2017年 － 2019年（平均） 論文数

国・地域名	整数カウント			分数カウント		
	論文数	シェア	順位	論文数	シェア	順位
米国	112,508	27.2	1	83,260	20.1	1
中国	83,780	20.2	2	73,021	17.6	2
英国	30,021	7.2	3	15,854	3.8	6
ドイツ	29,262	7.1	4	17,872	4.3	3
日本	21,768	5.3	5	17,355	4.2	4
ブラジル	20,542	5.0	6	16,859	4.1	5
イタリア	19,513	4.7	7	13,397	3.2	8
フランス	19,050	4.6	8	11,294	2.7	10
カナダ	18,757	4.5	9	11,704	2.8	9
インド	16,971	4.1	10	14,413	3.5	7
オーストラリア	16,855	4.1	11	10,287	2.5	13
スペイン	16,325	3.9	12	10,532	2.5	12

基礎生命科学 PY2017年 － 2019年（平均） Top10%補正論文数

国・地域名	整数カウント			分数カウント		
	論文数	シェア	順位	論文数	シェア	順位
米国	15,981	38.6	1	11,163	26.9	1
中国	9,203	22.2	2	7,274	17.6	2
英国	5,147	12.4	3	2,383	5.8	3
ドイツ	4,415	10.7	4	2,151	5.2	4
イタリア	2,810	6.8	5	1,557	3.8	5
フランス	2,747	6.6	6	1,253	3.0	7
オーストラリア	2,660	6.4	7	1,314	3.2	6
カナダ	2,535	6.1	8	1,207	2.9	8
スペイン	2,216	5.3	9	1,095	2.6	9
オランダ	2,013	4.9	10	818	2.0	12
スイス	1,689	4.1	11	636	1.5	16
日本	1,623	3.9	12	897	2.2	10

臨床医学

臨床医学 PY2007年 － 2009年（平均） 論文数

国・地域名	整数カウント			分数カウント		
	論文数	シェア	順位	論文数	シェア	順位
米国	73,522	33.5	1	64,071	29.2	1
英国	20,056	9.1	2	15,312	7.0	2
ドイツ	17,782	8.1	3	14,054	6.4	3
日本	14,857	6.8	4	13,489	6.2	4
イタリア	11,545	5.3	5	9,158	4.2	5
フランス	11,136	5.1	6	8,996	4.1	6
カナダ	10,650	4.9	7	7,809	3.6	7
中国	8,677	4.0	8	7,288	3.3	8
オーストラリア	8,016	3.7	9	6,227	2.8	9
オランダ	7,794	3.6	10	5,708	2.6	11
トルコ	6,457	2.9	11	6,106	2.8	10
スペイン	6,216	2.8	12	4,980	2.3	13

臨床医学 PY2007年 － 2009年（平均） Top10%補正論文数

国・地域名	整数カウント			分数カウント		
	論文数	シェア	順位	論文数	シェア	順位
米国	11,507	52.5	1	9,561	43.6	1
英国	3,014	13.7	2	1,856	8.5	2
ドイツ	2,110	9.6	3	1,215	5.5	3
カナダ	1,720	7.8	4	990	4.5	4
イタリア	1,586	7.2	5	900	4.1	5
オランダ	1,428	6.5	6	849	3.9	6
フランス	1,385	6.3	7	782	3.6	8
オーストラリア	1,103	5.0	8	684	3.1	9
日本	1,078	4.9	9	809	3.7	7
スイス	802	3.7	10	356	1.6	12
スペイン	710	3.2	11	358	1.6	11
スウェーデン	707	3.2	12	347	1.6	13

臨床医学 PY2017年 － 2019年（平均） 論文数

国・地域名	整数カウント			分数カウント		
	論文数	シェア	順位	論文数	シェア	順位
米国	104,356	31.9	1	83,865	25.6	1
中国	46,698	14.3	2	41,586	12.7	2
英国	29,061	8.9	3	17,153	5.2	4
ドイツ	23,034	7.0	4	15,446	4.7	5
日本	19,808	6.1	5	17,228	5.3	3
イタリア	18,030	5.5	6	12,124	3.7	6
カナダ	17,660	5.4	7	11,002	3.4	8
オーストラリア	16,326	5.0	8	10,768	3.3	9
フランス	14,466	4.4	9	9,631	2.9	10
オランダ	12,777	3.9	10	7,509	2.3	13
韓国	12,498	3.8	11	11,081	3.4	7
スペイン	11,475	3.5	12	7,599	2.3	11

臨床医学 PY2017年 － 2019年（平均） Top10%補正論文数

国・地域名	整数カウント			分数カウント		
	論文数	シェア	順位	論文数	シェア	順位
米国	15,763	48.2	1	11,292	34.5	1
英国	5,568	17.0	2	2,474	7.6	3
中国	4,636	14.2	3	3,514	10.7	2
ドイツ	3,734	11.4	4	1,606	4.9	4
イタリア	3,385	10.3	5	1,524	4.7	5
カナダ	3,153	9.6	6	1,310	4.0	6
フランス	2,640	8.1	7	1,072	3.3	8
オランダ	2,617	8.0	8	1,017	3.1	10
オーストラリア	2,600	7.9	9	1,179	3.6	7
スペイン	1,983	6.1	10	737	2.3	11
日本	1,769	5.4	11	1,069	3.3	9
スイス	1,660	5.1	12	467	1.4	13

図18　　論文の動向

出典：文部科学省科学技術・学術政策研究所「科学研究のベンチマーキング 2021」
西川開 黒木優太郎 伊神正貫 NISTEP RESEARCH MATERIAL No. 312
DOI: https //doi.org/10.15108/rm 312

基礎生命科学分野における日本の論文数は、この10年間ほぼ横ばいで中国に抜かれて世界5位となっており、シェアの低下が著しい。臨床医学分野も現在第5 位となっているが、シェア低下の度合いは小さい。これらの要因として国立大学の基盤的研究費の減少や研究者の研究時間の減少などが指摘されている。被引用数は論文数に比して大幅に順位を下げており、基礎生命科学分野では6位から12位、臨床科学分野では9位から11位となっている。これは国際共同研究が他の国々に比べて少ないことに由来するものと指摘されている。

今回のパンデミックでは、わが国からのCOVID–19に関する報告が少なく、2020年の論文数は世界16位だった。しかし2021年は14位、2022年は12位と論文数と順位は改善傾向にある（表4）。これはパンデミックの初期に研究者へのデータ提供が難しかったことによる可能性がある。それ以外に、基盤となる疫学情報収集の仕組みが整備されていない、広くアカデミアで議論する体制が弱い、中核病院における治療薬やワクチンの効果検証のための臨床研究の体制が整備されていない、国際共同研究の経験が乏しい、などの理由が考えられる。

表4　COVID–19に関連する論文数の国際比較（2020年～2022年）

	2020年		2021年		2022年	
1	アメリカ	21,794	アメリカ	40,853	アメリカ	13,935
2	中国	9,896	イギリス	16,676	イギリス	5,486
3	イギリス	8,870	中国	13,768	中国	4,925
4	イタリア	8,003	インド	12,356	インド	4,359
5	インド	6,225	イタリア	11,733	イタリア	3,909
6	スペイン	3,655	ドイツ	7,657	ドイツ	2,670
7	カナダ	3,585	スペイン	7,074	カナダ	2,536
8	ドイツ	3,485	カナダ	6,862	オーストラリア	2,406
9	フランス	3,347	オーストラリア	6,107	スペイン	2,397
10	オーストラリア	3,108	ブラジル	5,322	フランス	1,832
11	ブラジル	2,810	フランス	5,281	トルコ	1,811
12	イラン	2,190	トルコ	4,404	日本	1,600
13	スイス	1,721	イラン	3,963	ブラジル	1,589
14	オランダ	1,558	日本	3,551	イラン	1,421
15	トルコ	1,526	インドネシア	3,471	サウジアラビア	1,300
16	日本	1,379	サウジアラビア	3,297	韓国	1,177
17	ロシア	1,322	オランダ	3,086	オランダ	1,160
18	サウジアラビア	1,232	スイス	3,024	スイス	955
19	シンガポール	1,197	ロシア	2,982	ポーランド	910
20	韓国	1,126	韓国	2,683	パキスタン	860

出典：SCOPUS調べ、キーワード「sars-cov-2 OR covid-19」、検索日2022年5月12日

1.2.5.3 産業（市場）

ここでは、製薬産業、医療機器産業、計測機器産業、農水畜産業・バイオ製造業の4つについて市場動向をまとめた。

（1）製薬産業

日本製薬工業協会（製薬協）が発行するDATA BOOK 2022などによると、医療用医薬品の世界市場規模は成長を続けており、2019年1兆2,721億ドル、2020年1兆3054億ドルとなっている。国別売上高は、2020年に米国5,433億ドル、中国1,478億ドル、日本886億ドル（シェア6.8%）と日本市場は世界3位の規模である。高価格な新薬の上市が続くがんなどを適応症としたバイオ医薬品が市場の拡大を牽引している。一方、各国で増大する社会保障費の削減策として薬価抑制圧力は高まっており、市場への影響が見込まれて

いる。日本では抜本的な薬価制度改革や後発医薬品の使用促進が進み、市場の成長率は低く抑えられている。

医療用医薬品の売上高を指標とした製薬企業大手30社中に日本企業は5社ランクインしている（表5）。武田薬品工業はシャイアー社の買収によって2019年度には日本企業として初のトップ10入りを果たしたが、2021年には11位に順位を落とした。日本を本拠地とする製薬企業には、成長が停滞する国内市場から海外市場にシフトを進めているところもある。2021年売上高に占める海外売上比率が50%を超える企業は、武田薬品工業81.5%（2兆9,100億円）、アステラス製薬80.0%（1兆374億円億円）、大塚ホールディングス56.8%（8,511億円）、エーザイ67.8%（5,127億円）の4社であるが、他にも増大傾向にある製薬企業が複数存在する。世界全体の市場に占める日本の製薬企業のシェアは5.4%である。海外市場へのシフトは進んでいるが市場に対して売上成長率は相対的に低いため、シェアは漸減傾向にある。

医薬産業政策研究所のまとめによると、2021年における医薬品売上高上位100品目の基本特許調査から日本企業が創出した製品は9品目で米国、英国、スイスに次ぐ4位である。首位の米国47品目からは大きく引き離されている。また、売上上位品に占めるバイオ医薬品比率が増加しており、トップ100品目中バイオ医薬品47品目、低分子化合物医薬品53品目を占めるが、日本企業発の9品目中バイオ医薬品は2品目のみであった。

このような状況は日本の医薬品輸入超過にも反映されている。2021年の医薬品輸出額8,611億円に対して輸入4兆1,867億円であり（出典：財務省貿易統計）、3兆円以上の輸入超過となっている。2015年の輸入超過2兆4,618億円をピークに減少に転じていたが、2018年から再び増加している。

巨大な市場に加えて創薬開発においても中国が力を増しており、新薬開発の国際競争は激化している。製薬企業は競争力確保に向けてM&Aの推進、一般的な生活習慣病から専門性の高い高難度な疾患領域への特化、DX推進などによる新薬開発力の向上、総合的ヘルスケア産業への転換を進めている。日本では、国によるバイオ戦略、健康・医療戦略等の下、バイオ医薬品や多様化する他のモダリティも含めて様々な疾患治療の研究開発を推進する方針が示されている。

表5　　製薬産業の規模（2021年）

順位	企業名	本拠地	医薬品売上高（百万米ドル）
1	ファイザー	米	81,288
2	アッヴィ	米	53,121
3	ノバルティス	スイス	52,877
4	ロシュ	スイス	52,533
5	ジョンソン・エンド・ジョンション	米	52,080
6	ブリストルマイヤーズスクイブ	米	46,385
7	メルク	米	42,754
8	サノフィ	仏	40,993
9	アストラゼネカ	英	37,417
10	グラクソスミスクライン	英	34,296
11	武田薬品工業	日	32,503
12	イーライリリー	米	28,318
13	ギリアド・サイエンシズ	米	27,305
14	アムジェン	米	25,979
15	ビオンテック	独	22,450
16	ノボノルディスク	デンマーク	22,401
17	バイエル	独	21,176
18	ベーリンガーインゲルハイム	独	19,178
19	モデルナ	米	18,471
20	ビアトリス	米	17,814
21	リジェネロン製薬	米	16,072
22	テバ製薬工業	イスラエル	13,265
23	アステラス製薬	日	11,804
24	バイオジェン	米	10,982
25	CSL	オーストラリア	10,564
26	中外製薬	日	9,105
27	第一三共	日	8,927
28	大塚ホールディングス	日	8,860
29	メルクKGaAヘルスケア	独	8,386
30	バーテックス製薬	米	7,574

（2）医療機器

医療機器の2020年のグローバル市場規模は約4,270億ドル（出典: 医機連ジャーナル第118号; 出所: Fitch Solutions, Worldwide Medical Devices Market Forecasts, April 2021）、2021年の国内市場は4.2兆円（出所: 令和3年厚生労働省薬事工業生産動態統計年報）であり、グローバルが年率4–5%で伸びているのに対し国内は微増かほぼ横ばいである。医療機器は診断機器・治療機器・その他に分類され、治療機器の市場が大きく伸び率も高い。日系企業は内視鏡や超音波画像診断などの診断機器分野では一定程度の国際競争力を有しているが、治療機器分野でのプレゼンスは低い。売上高上位に位置する企業は欧米企業で、治療機器については特に米国企業の競争力が高い（表6）。このため、医薬品と同様に輸入額が多く、2021年は約1.8兆円の輸入超過（輸出額約1兆円、輸入額約2.8兆円）となっている（出所: 令和3年厚生労働省薬事工業生産動態統計年報）。

近年ではハードウェアだけでなく、デジタルセラピューティクス（DTx）を始めとした医療機器としてのアプリ・ソフトウェア（Software as Medical Device: SaMD）の開発が盛んである。この領域は、従来の医療機器メーカー以上に製薬企業からの注目を集めており、スタートアップとの提携や出資が行われている。また、診断機器を中心にAIの利活用が進みつつある。FDAが2017年に世界で初めて、MRI画像からAIを利用して診断補助を行う医療機器プログラムを承認したのを皮切りに、2018 年には眼底画像から糖尿病性網膜症を検出する自律型AI診断システムIDx–DRを承認するなど、FDA承認済のAI/機械学習を組み込んだ医療機器は500を超える（2022年10月時点）。日本でも、サポートベクターマシンを用いた大腸内視鏡診断支援ソフトウェアEndoBRAIN®が2019年に初めて承認を取得されて以降、承認を得る医療機器が増えてきている。日本では承認に時間がかかる点が課題となっているが、2022年12月に規制改革推進会議よりSaMDを早期承認する2段階承認制度が提言されるなど、競争力強化に向けた動きも出てきている。

創薬と比較して、医療機器開発は医療現場のニーズドリブンの性格が強く、医工連携が重要となる。日本では、健康・医療戦略の下、AMEDの「医療機器・ヘルスケアプロジェクト」を中心に研究開発支援が行われており、産学への資金提供だけでなく、人材育成や交流の促進、承認に向けた開発の支援などを通じて、実用化推進を図っている。

表6　医療機器産業の規模（2022年）

企業名	本拠地	売上高（百万米ドル）
Medtronic Plc	アイルランド	31,686
Johnson&Johnson MedTech	米国	27,100
Siemens Healthineers	ドイツ	20,517
Royal Philips	オランダ	20,296
Medline Industries	米国	20,200
GE HealthCare	米国	17,725
Stryker	米国	17,108
Cardinal Health	米国	15,900
Abbott	米国	14,367
Baxter	米国	12,784
Henry Schein	米国	12,401
Boston Scienticic	米国	11,888
Owner&Minor	米国	9,785
BD (Becton Dickinson)	米国	9,479
B. Braun	ドイツ	9,275
3M Co.	米国	9,050
Alcon	スイス	8,222
富士フイルム	日本	7,299
Zimmer Biomet	米国	6,822
オリンパス	日本	6,711
テルモ	日本	6,403
キヤノンメディカル	日本	4,373
ニプロ	日本	3,400

出所：Medical Design & Outsourcing ウェブサイト，
“The 2022 Medtech Big 100: The world’s largest medical device companies”
＊ 2022年8月時点での、各企業の直近の会計年における売上を集計

（3）研究機器

計測機器を始めとする研究用機器は、産業として経済へ直接的に寄与するだけでなく、先端のライフサイエンス研究を進める上で重要である。ライフサイエンス向け研究機器の標準的な定義はないが、各社レポートなどを参考とした見積もりでは、世界のライフサイエンス関連の研究機器の市場規模は、2020年は550–600億米ドル程度、年成長率は4–5%程度であると推測される。（市場規模は、SDi社レポートのLife Science Instrumentation〔シーケンサー、PCR、フローサイトメトリー、マイクロアレイなど〕, Sample Preparation Techniques, Chromatography, Mass/Atomic/Molecular Spectrometry, Surface Science, Lab Equipment［遠心機、インキュベーターなど］の売り上げを合計）。一方、わが国のライフサイエンス研究機器の2020年の市場規模は6,000億円強で、ここ数年は3%程度の伸びとあったと推計され、米欧中より低い成長率となっている。他国と比較して表面分析機器（光学・電子顕微鏡など）の売り上げが大きく、PCR、シーケンサーなどのライフサイエンス専用機器が少ない傾向がある。

研究機器市場における大手企業の状況を見ると、Thermo Fisher Scientific社の2020年売り上げが100億ドル以上と圧倒的に規模が大きく、Danaher社が約50億ドル、Agilent社が約40億ドルで続いている。NGS（次世代シーケンサー）に集中するIllumina社を除き、グローバル大手10社は特定の機器に集中することなくさまざまな機器を手広く揃えている。国内企業では、大手10社に島津製作所が入り、次いで日本電子（JEOL）、日立ハイテクノロジーズ、オリンパス、ニコンと続いている。国内需要にも反映されているように、表面分析機器で一定のシェアを有する企業が多い一方、存在感のあるライフサイエンス専用機器メーカーが少ない。全体として中規模の企業が多く、規模が大きく体力のある欧米大手企業と比較してソフトウェアの開

発力が弱いと言われる。また、これまでの研究機器メーカーは主に米国、欧州（ドイツ、スイスなど）、日本の企業が多く、研究予算規模の大きい中国は買い手であったが、存在感ある中国発の研究機器メーカーも出てきている。例えば、NGSを開発するMGI社、主に臨床用ではあるがMRIやCTのUnited Imaging社などが挙げられる。

研究機器の場合、新たな手法や鍵となる技術、特許はアカデミアやそこから派生したスタートアップから生まれるケースが多く、ポートフォリオの拡充や特定分野における競争力強化のため、大小さまざまなM&Aや事業分割・譲渡が盛んに行われている。直近での大規模な例としては、2020年のDanaher社によるGE healthcare社のライフサイエンス部門（研究機器やバイオ医薬品製造装置を販売、買収後のブランド名はCytiva）の買収が挙げられる（売上33億ドル、買収額214億ドル）。一方、シーケンサーやクライオ電子顕微鏡など、ライフサイエンス研究の鍵となる技術において寡占化が進んできており、過剰な独占の弊害としてライフサイエンス研究の進展が阻害される懸念も挙がっている。そのため、Illumina社によるPacific Biosciences社買収の例のように、行政側からM&Aを止められる例が出てきている。国内では、光学顕微鏡などを手掛けるオリンパスの科学事業が、米国ファンドへの譲渡に伴いエビデントとして独立する（2023年予定）ことが発表された。

NGSをはじめとした先端ライフサイエンス機器は特に米国企業の競争力が高く、日本は輸入依存度が高くなっている。輸入に係るコストが上乗せされるのに加え2022年から進む円安により、国内研究者の機器購入コストは米国研究者と比較して大幅に高くなっており、国内で最先端の研究開発を行う上での弊害の1つとなっていることから、国内の開発力強化が喫緊の課題である。関連するファンディングとしてJST未来社会創造事業の共通基盤領域などがあるが、異分野連携を促進する環境作りや機器共同利用拠点の整備を合わせて進めていく必要があるだろう。

（4）農水畜産業・バイオ製造業

世界が直面する食料、ヘルスケア、資源などの課題解決のため、バイオテクノロジーを活用した事業は大きな成長が期待されている。2009年OECD発行の「The Bioeconomy to 2030」によると、2030年にその規模はOECD加盟国のGDPの2.7%、1.06兆ドル（健康・医療産業 2,590億ドル: 25%、農林水産業 3,810億ドル: 36%、製造業 4,220億ドル: 39%）に達するとされている。

【農水畜産業】

欧州や米国を中心に持続可能な農業、生産性の向上を目指して急速にデジタル化・機械化が進展している。育種においても、大手種苗会社がIT系企業との連携・M&Aを図りながらデジタル化を加速している。消費者ニーズ等を踏まえて新たな品種が開発される中、種苗会社の再編が進み市場の寡占化が進行している。2021年の世界の種子市場規模は630億ドル。2026年まで年率6.6%の成長が見込まれる（Markets & Markets社調査）。Monsanto社を買収したBayer社が世界1位。2位はDow ChemicalとDuPontの種子会社が統合したCorteva Agriscience社、3位は中国のChemChinaが買収したSyngenta社、4位はBASF社。日本の種苗会社は野菜種子に強く、タキイ種苗は8位、サカタのタネは9位と独自の地位を占めている。

世界有数の農産物輸出大国であるオランダの農業を支える、Priva社やRidder社などの施設園芸用複合環境制御装置メーカーは、独自のセンサーを駆使した制御ツールにより、収集・蓄積した栽培データを活用したソリューションを提供している。また、米国Indigo Agriculture社は、AI・機械学習を活用し、植物と共生するマイクロバイオームの中から農産物の収量増加に貢献する微生物を選定し、その微生物をコーティングした種子の販売を開始した。この際、「農作物の収穫量に応じて課金する」という農家が受け入れやすいビジネスモデルを採用している。さらに2019年に設立したIndigo Carbon社は、環境保全型農業の導入により増加した炭素貯留量を第三者認証付きの排出権として買い取り、企業などへ販売する仕組みを構築し、農家のコスト負担を軽減し持続可能な農業へのシフトを目指している（住友商事は日本とアジアでの協業を実施中）。

人口増加や中間層の台頭を背景に肉の消費量が増え、将来の食料不足への懸念が高まっている中、動物由来の食材や成分を使わない「ミートレス」への取り組みが広がっている。植物由来の原材料で作る「プラントベースドミート（植物代替肉）」が市場に普及しており、米国では、「ビヨンド・バーガー」で有名なBeyond Meat社と「ヘム」を添加して血がしたたるバーガーを開発したImpossible Foods社が市場を牽引している。ただ、最近の物価高騰の中で、割高な物代替肉の売上が伸び悩みを見せており、さらなる改良が求められている。

水産業では、低魚粉による持続可能な養殖という旗印を掲げ、ノルウェーなどでのアトランティックサーモンの養殖事業を行っているSkretting社では、同社が飼料を供給する魚やエビの養殖状況に応じた高度な予測・分析を行い、養殖場のパフォーマンスを最適化し、アドバイスを提供することにより精密養殖を目指している。

【バイオ製造業】

合成生物学の強固な技術基盤を有するベンチャー企業を中心とした企業連携が強まっている。なかでも、Ginkgo Bioworks社は生産微生物を効率的に造成するプラットフォームを構築し、Cronos社（バイオ・カンナビノイド）、Roche社（新規抗生物質）、Synlogic社（生物医薬品）などと提携して新規素材の開発を進めている。また、新型コロナウイルスに対するmRNAワクチン製造効率を向上させる技術を提供している。2022年には、独自フィルムの開発が頓挫したZymergen社およびBayer社のWest Sacramento農業生物学研究所を買収し、新たな成長分野に積極的に展開している。

2022年6月には、まだ小規模ではあるが、Clariant社がルーマニアで第二世代バイオエタノールの生産を開始した。工場周辺の300以上の農家から小麦わら等の農業残渣を収集し、年間5万トンのエタノールを製造し、Shell社に販売する計画である。

地球温暖化への対応が求められている畜産業の将来像を見据えて、微生物を利用して動物由来の油脂やタンパク質等を生産する、精密発酵を手がけるスタートアップ企業が欧米を中心に数多く生まれている。例えば、米国Perfect Day社は、乳タンパク質の遺伝子を導入した微生物を培養し、乳タンパク質を生産している。

国内では、カネカ社が開発・生産する生分解性プラスチックGreen Planet®は日本・欧州・米国の食品接触物質リストに登録され、ストロー、レジ袋、カトラリー、食品容器包装材などの幅広い用途への利用が進んでいる。

1.3 今後の展望と方向性

1.3.1 今後重要となる研究の展望・方向性

本項では、世界の多くの国々で共通する、これから重要となる研究開発テーマや研究開発システムなどについて述べる。

ライフサイエンス・臨床医学分野は、健全な地球環境における人類文明の持続的な健康、すなわちプラネタリーヘルスを念頭に置いた、持続的な社会の実現を目指す方向にある。

健康・医療分野における、多くの国々に共通の潮流として、国民一人一人の健康寿命の延伸に向け、国民・社会参加型の「個別予防・予見医療・適正な医療資源配分」の実現を加速する研究開発が進められている。これからの医療分野の研究開発は、基礎研究から橋渡し研究、臨床現場から社会の中での検証、課題の抽出、そして新たな基礎研究へと流れる「循環型研究開発」が重要となる。そのためにはライフサイエンス研究や医療に関する膨大なデータの永続的・自動的な収集と構造化を軸とした統合データ基盤を構築し、データ主導の生命科学・工学・医学の“知の構造化・統合”を加速する研究開発が必要となっている。

農業・食料・生物生産分野では、プラネタリーバウンダリーを意識した、世界的な気候変動、持続可能で循環型の農業・食料生産が優先課題となっている。生物生産においては、持続可能な原材料からのものづくりが大きな方向性となるが、その対象は石油代替に限らずタンパク質や油脂など、将来の農林水産業の姿を見据え、取り組むべき対象は大きく広がっている。

今後10年を見越した社会・経済的インパクト、エマージング性（科学技術の新たな潮流）を踏まえた上で、多くの国々で共通する、今後重要となる研究の方向性として、次の6つが考えられる。

1. 新型コロナウイルス感染症とポストコロナに向けた感染症研究
2. 予防・個別ヘルスケア
3. 医薬モダリティの多様化
4. 持続可能な農業・食料生産
5. 複雑生命システム理解のための多様な研究の連関（階層・機能連関と計測連関）
6. 研究のデジタルトランスフォーメーション（AI・データ駆動型）

各項目の概要は次の通りである。

（1）新型コロナウイルス感染症とポストコロナに向けた感染症研究

Ⓐ グローバルな感染症研究ネットワークの構築・維持

深刻な健康被害をもたらし、世界的なパンデミックともなりうる新興・再興感染症が、いつ、どこで、発生するかは予測できない。ロシアによるウクライナ侵攻や米中対立の深まりなどで世界の分断が進みつつあるが、それらの政治的背景とは関係なく新興・再興感染症は発生する。発生後の迅速かつ適切な対応が被害を最小限に抑えることにつながるため、グローバルな感染症研究ネットワークの構築・維持は重要な課題である。

Ⓑ 将来予測されるパンデミックに対する迅速な予防・診断・治療技術の開発

mRNAワクチンは、mRNA配列を流行株に対応したものへ置き換えることで、将来のパンデミックにも迅速に対応できる可能性がある。COVID–19に対する現行のmRNAワクチンは、副作用の問題が大きい。将来のパンデミックに備え、DDS改良やアジュバント検討によるmRNAワクチンの最適化、或いはmRNAワクチン以外の新型ワクチンの創製などが求められる。また、主にドラッグリポジショニングによる迅速な治療技術の開発、流行株に対応した診断技術の迅速な開発も重要課題である。

Ⓒ 感染症の予防・診断・治療技術開発のインセンティブ付け

医薬品・医療機器市場が大きい先進国では、公衆衛生の向上などを背景に、感染症による健康被害は大幅に低減している。そのため、感染症領域では大きな市場形成を見込みにくく、予防・診断・治療技術の開発に積極的に取組む企業は限られる。現在、AMR（薬剤耐性菌）に対する治療技術開発において、政府によるpush型インセンティブ（＝研究資金提供など）やpull型インセンティブ（＝製品買取保証など）の議論が進んでいる。 AMRに限らず、感染症の予防・診断・治療技術開発への適切なインセンティブの設計は重要な課題である。

（2）予防・個別ヘルスケア

Ⓐ 予防・個別ヘルスケアに関するメカニズムレベルの理解の不足

疾患の発症・重症化や介入に対する反応性は個人差が大きいが、その原因をゲノムの多様性に還元できる疾患は限られており、個人差の背景にある分子メカニズムの多くは未だ解明されていない。現在、老化研究などが国内外で活発に推進されており、疾患の発症や個人差のメカニズムなどに関する研究成果が出始めている。

Ⓑ データ駆動型アプローチによるソリューション提示

生活習慣病をはじめとする慢性疾患の発症や重症化には膨大な数の因子が関連することから、要素還元的な研究アプローチには限界がある。近年、リアルワールドデータ（RWD）の活用が大きく注目されている。RWDを収集してAI技術を適用することにより、人間が認識できないような疾患に関する特徴を抽出し、疾患の診断や予測に活用する試みが世界的に推進されている。

Ⓒ 予防・個別ヘルスケア実現のための効果的な介入戦略の開発と評価

予防・個別ヘルスケアを実現するための効果的な介入法の開発が望まれる。一方で、疾患発症前の予防はアウトカムの設定が難しく、介入効果が適切に評価されづらいという特徴があるため、介入の効果を定量的に評価する方法の確立も非常に重要となる。

（3）医薬モダリティの多様化

Ⓐ モダリティ開発競争の激化と超高額薬価の出現

ライフサイエンス研究の急速な進展を原動力に、新たな創薬モダリティ（＝医薬品のタイプ）が次々と切り拓かれた。これまでに製品化した創薬モダリティを例示すると、低分子医薬、タンパク医薬、抗体医薬、核酸医薬、遺伝子治療、細胞医療、治療アプリ、ウイルス療法、予防ワクチンなどが挙げられる。これらは作用機序が根本的に異なるため、新規創薬モダリティは治療・制御困難な疾患の突破口となり、より多くの人々の疾患を治療、或いは予防することが可能となる。新たな創薬モダリティの確立は、従前の研究開発の延長線上ではない根本的に新たな発想が求められるため容易ではない。しかし、その先には巨大な新規市場が生まれ得るため、国内外の医薬品産業およびアカデミアは激しい開発競争を繰り広げている。また、これら新たなモダリティの超高額薬価が社会的課題にもなっており、各国が抜本的システム改良などの対応が求められている。

Ⓑ 新たなモダリティへの期待

新たなターゲットタンパク質医薬品のターゲットが枯渇していると言われて久しい。しかし、実際のところ、ヒト疾患に関連するタンパク質は約5,000個といわれる中、医薬品の標的になっているタンパク質は700個程度である[1)]。従って、医薬品として狙える余地は大きい。そこで近年多様化するモダリティに期待が寄せられている。

参考文献

1) Athur D. Little Japan「クスリを売らなくなる日を見据えて」2018, Masui Keita、 https://xtech.

nikkei.com/dm/atcl/feature/15/073000169/073000001/?P=2 (2023年2月14日アクセス)

（4）持続可能な農業・生物生産

Ⓐ 農業の環境負荷低減

人類の活動による地球環境の不安定化が進み、人類が生存できる安全な活動領域は失われつつある。プラネタリーバウンダリーでは、窒素とリンの生物地球化学的循環、遺伝的生物多様性の喪失（絶滅種の拡大）循環、新規化学物質の環境中への蔓延、が不安定な領域を超えて極めて危険な状況にあるとされており、続いて土地利用変化（森林などの農地への転換）、気候変動が不安定な領域として示されている。これらの危機は主に農業に関係するものであり、気候変動の原因である人為的温室効果ガス排出の23 %は農業に由来する 。つまり、人類が安全に生存し続けるためには、農業の根本的な改革が必要である。

EUのバイオエコノミー政策とFarm to Forkでは、バイオテクノロジー関連のイノベーションが、農業の環境負荷低減に大きな役割を果たすことを明確に期待している。さらに、バイオマスが化石資源の代替となることを期待しているが、この過程にバイオテクノロジー関連イノベーションの関与を殆ど期待していない。つまり、バイオマスの利用とバイオテクノロジーの利用とは、「持続可能性」の文脈において、必ずしも同時には存在しない。バイオエコノミーは、経済活動を推進するものであり、EU圏ではバイオエコノミーの主体を占めるのは農業と食品関連産業であって、化石資源代替としてのバイオ由来品の付加価値額は極めて小さい。

Ⓑ 食用タンパク質

最近では、産業用酵素やバイオ医薬品向けタンパク質のデザインや製造の技術を食用タンパク質のデザインや製造に利用しようとする動きがある。世界の農産物の半分以上が畜産飼料になっている現在、畜産に依存しない食用タンパク質の供給が急務となっており、バイオテクノロジーと「持続可能性」が邂逅する次のステージは「タンパク質」と考えられる。

（5）複雑生命システム理解のための研究連関（階層・機能連関と計測連関）

Ⓐ 臓器連関

個々の分子・細胞や臓器などの要素に限定せず、より複雑な要素で構成されるネットワーク全体を解き明かそうとする潮流の一つとして、臓器間の複雑なネットワークを調べる取り組みが見られる。臓器間ネットワーク（臓器連関）は、液性シグナルと神経シグナルで構成されるが、ホルモンに加えて多様な分子が液性シグナルとして臓器連関を担っていること、および、臓器と脳、脳と臓器をつなぐ、臓器連関における神経シグナルの重要な役割が明らかになってきている。これらは、個々の臓器に注目した研究を進めるだけでは辿り着けなかった成果であり、個別臓器研究が融合した先に存在する、未開拓なフロンティア領域であると言える。従来型の創薬標的の探索が行き詰まりを見せる中、臓器連関の制御に着目することで画期的な新薬へつながる可能性があり、大きな発展が見込める。

Ⓑ 計測モダリティ・スケール連関

細胞は多様な分子の相互作用により様々な機能を発揮している。また、個体や組織を構成する細胞は均一ではなく、多種多様な細胞が相互作用することで、生命システムの様々な機能を生み出している。一細胞オミクス解析など生体構成要素を判別する技術は成熟しつつあるが、生体内の相互作用を計測する技術は開発の余地が大きい。染色体の立体構造が遺伝子発現を制御するように、空間配置や構造、そのダイナミクスが相互作用の在り方に影響を及ぼすため、生体内での相互作用の計測には、構成要素の情報と合わせて時空間情報を同時に取得することが必要である。

生命体は観測する構造や現象のスケールが分子から個体まで多階層にわたり、階層ごとに時間・空間的なスケールが大きく異なる。各階層に対応する計測技術の発展により、生体分子から細胞、個体、集団に至る生命現象の理解は進んできたが、階層を越えた相互作用により生命機能が生み出されるメカニズムの理解は進んでいない。時間スケールは空間スケールと相関し、低次階層における時間発展を観察するには高い時間分解能が求められる。一方、高次階層では長時間の計測が必要となり、時間・空間の両軸で多階層をカバーする計測が求められる。しかし、複数の時空間の階層における生命現象を同時に計測・解析できる技術の開発は十分進んでいない。

多要素を網羅的に計測しつつ多階層間をカバーする技術の開発に加え、計測により得られる大量かつ多次元のデータを対象としてデータ駆動型科学を推進することが、生命科学研究における重要な課題である。

（6）研究のデジタルトランスフォーメーション（AI・データ駆動型）

Ⓐ ビッグデータとAI

ビッグデータとAI技術の発展・普及によって、データに基づく問題解決プロセスが広く活用されるようになった。このプロセスは、AI、クラウド、デバイス等からのリアルワールドデータ（RWD）といった3方向の技術的発展によって進化している。これによって世界的にあらゆる業界がデジタルトランスフォーメーション（DX）の潮流に直面している。 DXのコアとなるAI（ディープラーニング）には「画像モデル」、「生成モデル」、「言語・音声処理モデル」、「深層強化学習」などのタイプがあり、2010年代に入り、こうした技術が進展してきたことによって、画像や音声、文字列などパターンの認識能力が著しく向上したことが最も大きな駆動力となっている。

Ⓑ DX

DXは、「組織横断/全体の業務・製造プロセスのデジタル化」、「顧客起点の価値創出のための事業やビジネスモデルの変革」と言われているように、研究開発においても、プロセスのDXとビジネスモデル（商品・サービス自体）のDXの2つがある。創薬等の研究開発のプロセスを変革するプロセスDXと医療やヘルスケアのサービスやビジネスモデルを変革するDXといった具合である。前者の例として、AIを活用した創薬があり、後者の例として、AIによる医用画像解析を用いた診断支援、AIによる電子カルテ等を用いた診断支援、リキッドバイオプシー（血液など分子データ）による疾患の超早期発見、及びウェアラブル等デバイス等（バイタルデータ）による疾患の超早期発見などが挙げられる。これらはいずれもプレシジョンメディシン（精密医療）が主流になり、「個別化医療」が一般化していく過程にあると見ることもできる。精密農業や精密栄養も同様である。このようなDXがバイオ分野における発見やサービスを加速させていく方向は当面の間続いていくであろう。

1.3.2 日本の研究開発の現状と課題

（1）日本の研究開発の現状

今回取り上げた30の研究開発領域について、国・地域別に、基礎研究および応用研究における研究活動と研究成果の現状とトレンドを整理した（研究開発領域ごとに3名程度の専門家による主観評価を参考にしつつ、CRDS内で議論の上で取りまとめた）。根拠となる情報は第2章の国際比較表に記載している。

■フェーズ

基礎研究：大学・国研などでの基礎研究の範囲

応用研究・開発：技術開発（プロトタイプの開発含む）の範囲

■現状（日本の現状を基準にした評価ではなく、CRDSの調査・見解による評価）

◎：特に顕著な活動・成果が見えている

〇：顕著な活動・成果が見えている

△：顕著な活動・成果が見えていない

×：特筆すべき活動・成果が見えていない

■トレンド　※ここ1～2年の研究開発水準の変化

↗：上昇傾向、→：現状維持、↘：下降傾向

健康・医療区分

研究開発領域		低・中分子創薬		高分子創薬		AI 創薬		幹細胞治療（再生医療）		遺伝子治療	
国・地域	フェーズ	現状	トレンド	現状	トレンド	現状	トレンド	現状	トレンド	現状	トレンド
日本	基礎	○	↗	○	→	○	↗	○	→	○	↗
	応用	◎	↗	○	↗	○	↗	○	→	○	↗
米国	基礎	◎	→	◎	→	◎	→	◎	→	◎	↗
	応用	◎	↗	◎	↗	◎	↗	◎	↘	◎	↗
欧州	基礎	◎	→	◎	↗	◎	↗	○	→	◎	↗
	応用	◎	↗	◎	→	◎	↗	○	→	◎	↗
中国	基礎	○	↗	◎	↗	○	↗	△	→	○	↗
	応用	○	↗	○	→	○	↗	△	→	◎	↗
韓国	基礎	△	→	○	↗	△	→	△	→	×	→
	応用	△	→	○	↗	△	→	△	→	△	↗

健康・医療区分

研究開発領域		ゲノム医療		バイオマーカー・リキッドバイオプシー		AI 診断・予防		感染症		がん	
国・地域	フェーズ	現状	トレンド	現状	トレンド	現状	トレンド	現状	トレンド	現状	トレンド
日本	基礎	○	↗	○	→	○	→	○	→	◎	↗
	応用	○	↗	○	→	△	→	△	↗	△	↗
米国	基礎	◎	↗	◎	↗	◎	↗	◎	↗	◎	↗
	応用	◎	↗	◎	↗	◎	↗	◎	↗	△	↗
欧州	基礎	◎	↗	○	→	◎	→	○	↗	○	↗
	応用	◎	→	○	↗	○	↗	◎	↗	△	↗
中国	基礎	○	↗	◎	↗	○	↗	○	↗	△	→
	応用	△	↗	○	→	◎	↗	△	↗	×	→
韓国	基礎	×	→	△	→	△	↗	△	↗	△	→
	応用	△	→	△	→	△	↗	△	↗	×	→

健康・医療区分

研究開発領域		脳・神経		免疫・炎症		生体時計・睡眠		老化		臓器連関	
国・地域	フェーズ	現状	トレンド	現状	トレンド	現状	トレンド	現状	トレンド	現状	トレンド
日本	基礎	◎	→	◎	→	◎	↗	○	↗	◎	↗
	応用	○	→	○	→	○	↗	○	→	○	↗
米国	基礎	◎	↗	◎	↗	◎	↗	◎	↗	◎	↗
	応用	◎	→	◎	↗	◎	↗	◎	↗	○	↗
欧州	基礎	○	→	◎	→	◎	↗	◎	→	○	↗
	応用	○	→	◎	→	○	↗	◎	→	△	→
中国	基礎	○	↗	◎	↗	○	↗	△	↗	○	↗
	応用	△	↗	○	↗	×	↗	△	↗	△	↗
韓国	基礎	△	→	○	↗	△	↗	△	↗	△	↗
	応用	△	↗	△	→	△	→	△	→	△	→

農業・生物生産区分

研究開発領域		微生物ものづくり		植物ものづくり		農業エンジニアリング		植物生殖		植物栄養	
国・地域	フェーズ	現状	トレンド	現状	トレンド	現状	トレンド	現状	トレンド	現状	トレンド
日本	基礎	○	→	○	→	◎	→	◎	→	◎	→
	応用	○	↗	○	→	◎	↗	△	→	○	→
米国	基礎	◎	↗	◎	→	○	↗	○	↘	◎	↗
	応用	◎	→	◎	→	◎	↗	◎	→	○	↗
欧州	基礎	◎	→	○	→	○	↗	◎	↗	◎	↗
	応用	◎	↗	◎	↗	◎	↗	◎	→	○	↗
中国	基礎	○	↗	○	↗	○	↗	◎	↗	○	↗
	応用	○	↗	△	↗	○	↗	◎	↗	△	→
韓国	基礎	△	→	○	→	○	↗	○	→	△	→
	応用	△	→	◎	↘	○	↗	△	→	△	→

基礎基盤区分

研究開発領域		遺伝子発現機構		細胞外微粒子 細胞外小胞		マイクロバイオーム		構造解析 (生体高分子・代謝産物)		光学イメージング	
国・地域	フェーズ	現状	トレンド	現状	トレンド	現状	トレンド	現状	トレンド	現状	トレンド
日本	基礎	○	→	◎	↗	◎	↗	◎	→	◎	↘
	応用	○	↘	○	↗	○	↗	○	→	○	↘
米国	基礎	◎	→	◎	↗	◎	↗	◎	→	◎	↗
	応用	◎	→	◎	↗	◎	↗	◎	→	○	↗
欧州	基礎	◎	→	◎	→	◎	↗	◎	↗	◎	→
	応用	○	→	◎	↗	◎	↗	○	→	◎	↗
中国	基礎	◎	↗	○	↗	◎	↗	○	↗	○	↗
	応用	○	↗	○	↗	△	→	△	↗	△	↗
韓国	基礎	△	↘	○	→	○	↗	△	→	△	→
	応用	△	→	○	↗	△	→	×	→	△	↗

基礎基盤区分

研究開発領域		一細胞オミクス・ 空間オミクス		ゲノム編集・ エピゲノム編集		オプトバイオロジー		ケミカル バイオロジー		タンパク質設計	
国・地域	フェーズ	現状	トレンド	現状	トレンド	現状	トレンド	現状	トレンド	現状	トレンド
日本	基礎	○	→	○	↗	◎	↗	○	→	△	↗
	応用	○	→	○	→	○	↗	○	→	△	↗
米国	基礎	◎	↗	◎	↗	◎	↗	◎	→	◎	↗
	応用	◎	↗	◎	↗	◎	↗	◎	→	◎	→
欧州	基礎	◎	↗	○	→	◎	↗	○	→	○	↗
	応用	◎	→	○	→	◎	↗	○	→	○	↗
中国	基礎	◎	↗	○	→	◎	↗	○	↗	○	↗
	応用	○	↗	◎	↗	◎	↗	○	→	△	→
韓国	基礎	○	→	○	→	○	→	○	→	△	↗
	応用	△	→	△	→	○	→	△	→	△	→

これを見ると、米国が全ての研究開発領域に亘って、基礎から応用まで圧倒的に強いことがわかる。欧州も英国（主に健康・医療）、ドイツ（基礎基盤技術）を中心に全体的に存在感を発揮している。また、中国が急速に存在感を増し、欧米を凌ぐ勢いも見られる。日本の状況は次の通りである。

日本で研究が活発な領域

基礎研究

・がん、脳・神経、免疫・炎症、生体時計・睡眠、臓器連関
・農業エンジニアリング、植物生殖、植物栄養
・細胞外微粒子・細胞外小胞、マイクロバイオーム、構造解析（生体高分子・代謝産物）、光学イメージング、オプトバイオロジー

応用研究

・低・中分子創薬
・農業エンジニアリング

米国や欧州では基礎研究と応用研究がほぼ同時的に進行し、中国は応用研究が先行するケースも見受けられるが、日本は基礎研究で強みを発揮している研究開発領域が13領域あるが、応用研究で強みを発揮しているのは2領域に留まる。日本では基礎研究の強みが応用に結び付いていない点が問題である。 AIを活用した診断や予防などへの取り組みが不十分であり、ライフサイエンス・臨床医学分野全般について、AI活用した研究開発の推進が重要である。

さらに、各研究開発領域の中の個別技術を見ると、日本は分子・細胞の操作・制御・改変技術、計測技術に強みがある。ただ、これらの強みは特定の研究室や研究所に依存していることも多く、世界の卓越した研究者と産業界を引きつけて発展するためには、統合的なプラットフォームの構築が急務である。

（2）日本の構造的課題

Ⓐ 異分野（生命科学・工学・情報学・医学）連携

ライフサイエンス・臨床医学の分野においてイノベーションを生み出すためには、生命科学、工学、情報学、数理科学、医学の有機的な連携が必要である。生命科学だけをとってみても、オミクス（ゲノム等）技術やイメージング技術がそれぞれ成熟した結果、それら技術の融合が近年急速に進んでいる。さらに、生物学のみならず、有機化学、タンパク質科学、光学、オプトエレクトロニクス、コンピューターサイエンス等さまざまな分野をカバーする学際的アプローチの重要性が高まっている。日本においては、異分野連携の重要性は以前から指摘されているが、まだ十分に達成されているとは言えない。

Ⓑ コアファシリティ（機器・技術プラットフォーム）の整備

主要国では高度な実験機器やコンピュータ、研究データや処理ソフト、そして実験方法の標準化も含め、ハブ拠点を設けて共有化・共通化する仕組みの構築が早くから進んできた。技術の急速な進展により、数年に一度、ライフサイエンス関連機器に技術革新が起こり、その度に最新機器へと更新することが最先端研究を推進する上で必要条件となっている。欧米では、先端的な新興融合研究、オープンサイエンス、コラボレーション型の研究を進める土壌として、コアファシリティとファシリティスタッフ（テクニシャン）が核となっている。

世界の研究競争においては、高度で高価な実験機器、数多くの実験とそれに伴って生じる膨大なデータを処理する能力を保有することが研究を進展させ、決定的な差をもたらす。膨大なデータを蓄積・共有し、そこから知（データ）を構造化して新しい知識を創出することが重要となる。

Ⓒ イノベーションエコシステムの構築

世界では、ボストンもロンドン・ケンブリッジもオランダ・フードバレーも大学の優れたシーズ群に企業が集まってくる仕組みは共通である。その媒介役として、米国ではスタートアップ、ベンチャーやファンドが存在し、欧州では業界団体などが存在する。基盤として産学官で人材流動性を有することが大きい。日本は人材流動性が少ないことから優れたシーズの集積がほとんど見られず、また産学の両者を理解する人材が少ない。そのような研究土壌・環境における日本モデルを検討する必要がある。

1.3.3 わが国の重要な研究開発

本項では、1.3.1 世界的に共通の分野の展望・方向性、および1.3.2 日本の研究開発の現状と課題を踏まえ、日本の取り組むべき課題を述べる。

（1）重要な研究開発

Ⓐ 将来のパンデミックに備えた、感染症研究の在り方

・感染症情報・サンプル収集体制および法的基盤の整備

新たな感染症が発生した場合、まずは感染症に関する様々な情報や病原体サンプルなどを迅速に収集し、研究者が研究できるようにする仕組みが重要である。例えば、災害対策基本法では、災害から人々を保護すべき事態が発生した場合、本人の同意がなくとも市町村が避難行動要支援者名簿を外部提供できるよう、法的整備がなされた。パンデミックは緊急事態の1つであるとも言え、必要な情報やサンプルなどを、個人情報保護法への抵触を恐れずに安心して迅速に提供できるような法整備が必要である。

・感染症の基礎研究の強化

20世紀後半、わが国においては感染症に代わってがんや生活習慣病などが大きく注目されるようになり、感染症研究を担う研究者層はかつてより大幅に減少している。将来、どの病原体がパンデミックを引き起こすかは予測出来ない。どの病原体が流行しても対応できるように、個々の病原体に掘り下げた研究だけでなく、同時に感染症全体を見渡した、病原体横断的な視点、更には病原体—宿主相互作用の視点も含めた研究が重要である。感染個体からの病原体の分離・同定/病原体の性質の解明/病原性の発現機構の解明/病原体の増殖メカニズムの解明/宿主の相互作用の解明の研究推進が重要課題である。

・感染症の予防・治療技術開発の強化

mRNAワクチンは、将来のパンデミックに迅速に対応しうる予防モダリティと考えられ、わが国における研究者層の強化と、臨床開発/製造も含めて迅速に対応出来る体制整備が重要である。mRNAワクチン技術の改良は喫緊の課題であるが、一方でmRNAワクチンとは根本的に異なる新規ワクチン技術のアイデア創出に向けた萌芽的研究も重要である。COVID-19に対し多様な治療モダリティの研究・臨床開発が進められた。多様な治療モダリティの中から、より良いものがパンデミックの治療法として確立すると考えられ、多様な治療モダリティの研究者層の強化が重要課題である。

Ⓑ 予防・個別ヘルスケアに向けて

・予防・個別ヘルスケア実現の基盤となる基礎研究の推進

データ科学を生かしながらも、ヒトのサンプルやモデル動物などを用いて、疾患の発症・重症化や個体差が生まれるメカニズムを理解する基礎研究の推進が新たなブレークスルーにつながる可能性がある。

・データ駆動型アプローチの研究開発の推進

センサーやウェアラブルデバイスにより日常的に低・非侵襲でバイタルデータを連続的に計測・収集する技術や、リキッドバイオプシー、呼気検査などに基づく身体状態モニタリング技術の開発が重要となる。さらには、収集した大規模な時系列データを解析する、状態変化の予測や個人差の理解に適した数理・AI解析技術の開発が重要な課題といえる。

・予防・個別ヘルスケア実現のための効果的な介入戦略の開発と評価

個別化医療や個別化栄養などの介入法の開発と、介入効果を定量的に評価するためのマーカーの探索が望まれる。慢性疾患は発症・進行が長期に及ぶことから、アウトカム評価のためには、長期的な影響を追跡するための各種の健康・医療データの収集と連結の基盤構築が求められる。

Ⓒ 新しい医薬モダリティの創出

・新旧モダリティの基盤技術開発

新たなモダリティの開発や改良の推進に加え、評価系（前臨床・臨床）の開発も重要である。意図したメカニズムで意図した効果が発揮されるか、さらにそれがヒトで発揮されるかを検証するためには、ヒト疾患評価系や予測手法の充実も欠かせない。さらにドラッグデリバリー技術など新旧モダリティの可能性を拡張させる技術開発も重要性を増すだろう。

・治療標的の探索

モダリティの開発のためには、アカデミアを中心とした基礎生命科学研究の深耕によって新たな治療標的を探索することも重要である。1.3.1に記載したように、新たなモダリティで狙え得るターゲットタンパク質はまだ多く存在する。今後、これらタンパク質の機能、関連分子および標的分子周辺環境の基礎生命科学研究を推進することで新たな創薬につながると考えられる。

・超高額薬価に対する対応

続々と登場する新規モダリティだが、薬価の高さが問題視されている。2022年には血友病Bの遺伝子治療薬が米国で発売されたが、一回あたり約350万ドル（約4億860億円）の世界史上最高薬価がついた。2021年には米国で認知症の進行を遅らせせるアデュカヌマブが年間約600万円（当初）と高額な薬価設定で発売され話題になった。アデュカヌマブはEUや日本での承認はされておらず、承認された米国では一部公的保険が適応されていない。今後、出現しうる超高額薬価品に対して、わが国においても適切な対応が求められ、議論を活性化させる必要がある。

Ⓓ 農業・生物生産の持続性向上

・バイオマスの利用

気候変動を抑制する目的で化石資源をバイオマスで代替するためエネルギー作物を導入すると、バイオマス生産のためにさらなるリンや窒素、新規化合物の環境中への流出・蓄積を招き、土地利用変化が進み、種の多様性の損失が進むことは容易に想像ができる。 EU RED IIでは、食料生産とバイオマスによるエネルギー生産が競合しないようにするため、直接・間接土地利用変化を伴って生産されたバイオマスをエネルギー利用することを厳しく制限しているが、この厳しい規制を回避し利用できるバイオマス源は、2つあると考えられる。

その一つは廃棄物バイオマス（農業残渣を含む）である。バイオディーゼルやバイオジェット燃料の製造のために、廃棄食用油脂市場は拡大の一途をたどっており、近年は下水汚泥の利用にも注目が集まっている。もう一つは、耕作休止地（いわゆる耕作放棄地）や、耕作にあてられなかった荒廃草原の利用である。耕作休止地や荒廃草原で、遺伝子組換えを伴わないエネルギー作物を栽培し、残渣となる搾汁液などから高機能物質などが得られれば、雇用の創出や経済効果も期待される。

・バイオテクノロジーの利用

バイオエコノミーにおいては、バイオテクノロジーに依らないバイオマス利用も重要な役割を担っており、現状ではエタノール以外のバイオ燃料やバイオマスナフサのほとんどはバイオテクノロジーを利用しない、熱化学変換を経て製造されている。その中でバイオテクノロジーの活用が想定される医薬品開発以外の分野は2つある。農業での農薬・化学肥料削減のためのバイオベース資材（バイオスティミュラントを含む）の開発とバイオベース化成品の開発である。

農業での化学農薬・化学肥料を減らすためのバイオテクノロジーの活用は、作物—他生物相互作用の解明から、化学生態学、代謝工学、農業経済、地球物質循環など、極めて多岐にわたる学問領域を統合したアプローチが必要である。作物が地域ごとに異なるように、バイオベースの解決策もローカルな適合性が重要であり、バイオマスの持続可能性基準のようなグローバルな基準というよりは、ローカルな基準の整備が必要である。

バイオベース化成品の開発に関しては、農業残渣を含む廃棄物を基質としてバイオ変換が可能な微生物の開発例は極めて少ない。品質が一定しない農業残渣などの廃棄物を基質として利用して安定的に物質生産が可能であり、かつ複雑な代謝工学に耐えるホスト微生物（微細藻類を含む）を開発することが重要である。例えば、スイスの化学メーカー、Clariant社は、二種類の糸状菌の共培養システムと、独自の精製方法によって、農業残渣から低コストでバイオエタノールを生産するシステムの開発に成功している。また、耕作休止地および荒廃草原で栽培した遺伝子組換え植物からバイオベース化成品を供給することはもう一つの方法である。バイオプラスチックの原料の一つであるPHBを遺伝子組換え植物を用いて高効率に生産することが可能になっており、現実的な方向性と考えられる。

・「持続可能性」のキーワードはデータ

真に「持続可能性」を目指すならば、この用語は厳密に線引きのできる「項目」と「数値」で規定される必要がある。地球の持続可能性問題は様々な要素が複雑に連関しあっており、項目化、数値化、そしてその連関を数値評価することは極めて難しい。しかし、項目化、数値化、その連関の評価を経なければ、CO_2排出削減のための持続可能性は大きく損なわれることになってしまう。有限な資源の有効活用と持続可能性の回復には、各種介入手段の有効性と他の因子に与える影響の数値予測が必須なのである。

数値評価、複雑な連関系における数値予測に必要なのは、言うまでもなくデータである。地球環境にかかわるあらゆるデータ、すなわち温室効果ガス排出量や窒素の流出量、農産物の収量やその用途だけでなく、土地利用、人口動態、経済指標、医療費、医療資源、医療の有効性など、あらゆるデータが蓄積され、それが普く公平にアクセス可能であり、かつ比較可能な状態であることが、持続可能性に関連するサイエンスの進展に必須である。

Ⓔ 多様な研究の連関と異分野連携の推進

・臓器連関

臓器連関に関する研究は、技術的なブレークスルーが起これば新たな発見が期待される研究領域である。脳と各臓器との接続として液性因子と神経因子があり、液性因子については長らくホルモン研究が進められ、近年では腸内細菌叢（マイクロバイオーム）の研究がわが国でも盛んであり、重要である。神経因子については、その末梢臓器として感覚器があり、長らく感覚器別、情報の受容、伝達、処理という階層別での研究開発が続いてきたが、個別の感覚器を研究するだけではなく、全身の臓器や生理機能、脳神経と連関して恒常性を維持しながら機能するシステムとして捉える研究が、わが国でも始まりつつあり重要である。さらに、老化研究においては、老化・寿命の制御中枢である脳の視床下部と多くの組織・臓器との連関が重要であり、米国が先行しているが、わが国でも研究開発が活性化しており、今後の展開が期待される。現時点で、臓器連関メカニズムの深い理解に立脚した新規医薬品の創出には至っていない。しかし、わが国では基礎研究が活発に進められており、中長期的な創薬シーズ源としての期待は大きく、更なる研究開発の推進が望まれる。

・計測モダリティ・スケール連関

①空間オミクス解析

従来の網羅的遺伝子発現解析では、異なる細胞種間の空間的相互作用の解析はできなかったが、近年、空間情報を保持した上でのオミクス解析を可能とする空間オミクス技術が登場し、細胞～組織・個体レベルの研究におけるコア技術の一つとして注目を集める。手法としては、「空間網羅タイプ」、「局所深読みタイプ」の2つに大別され、前者は組織内の細胞や遺伝子発現の空間情報に関する網羅性、後者は検出できる遺伝子数（検出深度）に強みをもつが、トレードオフとなっていることから、今後は空間・オミクス双方の網羅性が高い技術の開発が求められる。また、トランスクリプトームに加えてエピゲノムやプロテオームといったマルチオミクスの情報、時間情報などを合わせて取得する技術の開発の推進が望まれる。空間オミクス解析技術を応用した疾患の理解も進み、更なる研究成果の蓄積が期待される。

②メゾスコープ

近年、細胞～組織・個体スケールでのシームレスなダイナミクス観察を目指したメゾスコピーと呼ばれる手法が開発されている。わが国でも、超高画素カメラを用いたワイドフィールド型メゾスコープが大阪大学、焦点走査型の二光子励起メゾスコープが理化学研究所を中心に開発された。メゾスコープにより、脳神経科学を始めとして生命システムの新たなメカニズム解明が期待される。計測装置としては、更なる高分解能化により分子～細胞のスケールまで網羅する技術が求められるほか、取得されるデータ量が膨大になることから、画像処理やデータ共有のための大容量コンピュータや大容量通信インフラ、数理科学・AIを活用した解析ツールの整備が不可欠である。

Ⓕ 研究DX（AI・データ）の基盤整備と統合

近年、質の高いデータの取得が重要性を増しており、大きく2つの方向が見られる。一つは目的に応じたデータ取得の自動化（ロボット活用と研究ワークフローのパイプライン化による実験のハイスループット化、オンデマンド化）環境の構築であり、もう一つは、一定のコミュニティ・目的毎に標準化されたデータを戦略的に収集、共有するオープンサイエンス型研究である。

・データ取得の自動化

AI創薬スタートアップにおいて、協業先の製薬企業のニーズに応じて、AIやロボット、計測機器のパイプライン化によりハイスループットな探索を目指している。AI創薬スタートアップでは、トレーニング用の社内データ生成能力を向上させるために、社内にロボット化されたラボ施設を構築するなどの取組みが始まっている。

・オープンサイエンス型研究

EU Innovative Medicines Initiative（IMI）が主導し欧州の主要な研究拠点や医療機関、製薬企業群が参画する「BIGPICTURE」プロジェクト（2021年～）、米国Broad Instituteが立ち上げた「細胞イメージングコンソーシアム」（2020年～）のような、ビッグデータを収集・利活用するプロジェクトが見られる。AIを用いたプログラムを賢くするために膨大なレファレンスデータ、教師データを協業で収集するという方向である。

このような状況では、政府と企業あるいはベンチャーとアカデミアも巻き込んだ相互互恵的な連携が必須ではないかと考えられる。ものによっては国際コンソーシアムで実施すべきことを検討すべきであろう。

（2）研究開発体制・システムのあり方

Ⓐ イノベーションエコシステム

持続的なエコシステムのためには、アカデミア（大学、公的研究機関）、スタートアップ、企業、VCの間で、人材、知・情報、資金の集積と流動が必要である。このうち人材と知・情報はアカデミアで生み出される。

米国ではスタートアップが、欧州ではフラウンホーファーに代表されるように官民による大学等と産業をつなぐ応用研究機関が触媒としての役割を果たしてきた。現在欧州はスタートアップの創出を重点政策としている。シリコンバレー、ボストンのいずれにも共通して、アカデミアに一定の分野に関する知識・技術等の集積があり、エコシステムの求心力になっていることが認められ、さらに産学官が物理的にも近く（同じキャンパス内）で研究開発を行っている。

日本では特定分野の知が全国に希薄分散的に存在しており、中核たり得るべき集積があまり見られない（求心力がない）ことが産業界や民間ファンドの投資が集まらない一つの理由であろう。世界と伍していくためには、大学等に特定分野について知が断続的に創出される、強力な人材が集まる国内外の中核となる拠点を構築し、当該分野で全国レベルの研究ネットワークの構築を図る等の戦略が必要である。

Ⓑ 人材育成

本報告書では、次のような記載が頻出する。「医薬品の研究開発においては、基礎医学、化学、生物学、薬学、工学、情報科学、臨床、規制科学など幅広い分野の研究者が協働することが必要」「脳機能をさまざまなヒトの行動レベルの研究と結び付けるためには、心理学・教育学・経済学・倫理学等の人文社会科学との学際的な領域が重要」「ヒト免疫学を推進するためには、基礎研究者と臨床医学者との連携が必須であるが、そのためのプラットフォームの整備が大幅に遅れている」「バイオものづくりはもはや、生物（化学）工学の一角を成すだけでなく、情報科学や機械工学、電子工学とも重複しながら新しい学術分野の創成に繋がっているため、まずは分野間融合を促進する研究開発プログラムの創出が重要」。

日本でも学際研究や異分野融合が謳われて久しいが、分野間・組織間の壁は高く、未だ有効に機能しているとは言いがたい。「学」での研究はその性質上、一点集中型（たこつぼ化、細分化）となる傾向がある。ひとつの分野を深掘りすることは非常に重要であるが、それだけでは解決できる科学的な課題の幅が狭くなってしまいがちであり、社会実装につながる可能性も限定されてしまう。日本の大学および大学院教育は医学部、理学部、工学部といった縦割りの枠組みになっており、さらに学部内でも分野が細分化されており、組織構造的に学際研究を進める上で障害が多い。例えば、上記の学部、大学院は通常カリキュラムが全く異なり、また別々のキャンパスに点在している場合が多く、互いに人材交流がしにくい環境にある。教育システムも画一的であり、学生の能力の多様性を認め、彼らの能力を更に引き出すような仕組みも充分ではない。若手研究者が学際研究を進め、その研究キャリアを続けた場合、最終的に受け皿となる学部および大学院が存在しないため、テニュアポジションを得にくいことも問題である。異分野融合において人材育成は重要なファクターであり、若い研究者が学際研究に挑戦できる研究環境づくりが不可欠である。

欧米では、人材こそが科学技術やイノベーションの根幹にあるという認識の下、教育や研究において、政府や大学のかなりの資源と労力が学生を含む人材育成・登用のために投入されている。欧米の研究費のほとんどは人材育成のために費やされていると言って過言でなく、装置や機材の整備費用は環境整備費として研究所あるいは学部単位、場合によっては複数の大学が共同で、研究課題のためではなく共同利用計画に基づいて申請する。

米国の大学等では、研究者同士、研究者と学生が、お互いの立場を超えて議論を深めるという雰囲気が醸成されており、研究や人材育成の原動力となっている。また、互いに異なる分野の研究を進めている人たちが、（学生・教員を問わず）日常的にお互いの立場を尊重した真剣な議論や情報交換を行っている。研究者の学際研究を進める基本的なモチベーションは、異分野連携が画期的な成果につながりやすいこと、更には社会実装を進める上で重要であるとの共通認識にあると言える。

米国では、高校において文系、理系の区別はなく、大学の入試時点で必ずしも学部を決める必要もない。学部の専攻も比較的自由に選びやすく、さまざまな学部（分野）から専攻、副専攻が学べるため、主専攻が生物で副専攻が化学のようないわゆる理系の分野の中からのみならず、医学と経営学、経済学とデータ科学といった選択が可能である。こうした教育システムによって、一人の中で広い視野と複数分野の知識の連携融合が進み、新しい発想をもった人材が生まれやすい環境がある。さらに教育（学部）と研究（大学院）は独立しており、学生が学部から同じ大学院に進むことは少なく、研究は世界中から優秀な人材を誘致している。こうした一連のシステムが米国の知識基盤社会を支えている。

また日米の違いはアントレプレナーシップ教育の有無の視点にもあると考えられる。アントレプレナーシップは日本では「起業家精神」とすることが多いが、実際は、起業をしようとする者に限定した概念ではなく、新しい事業を創造しリスクに挑戦する素養・姿勢である。他人と協力しながら新しい事業やプロジェクトを推進したり、社会課題をビジネスのアプローチで解決する、などを含む概念である。

米国、欧州と日本は研究・教育に関するインフラが異なるため、米国や欧州の取組みをそのまま導入し実践することは難しい。しかし、わが国のイノベーションエコシステムは停滞感・閉塞感に包まれており、本項で述べた研究・教育に関する海外の取組みも参考にしつつ、抜本的な取り組みを進めていく必要がある。

結言

ライフサイエンス・臨床医学を巡る諸課題とプラネタリーヘルス

「我々はどこから来たのか? 我々は何者か? 我々はどこへ行くのか?」；かの有名なポール・ゴーギャンの絵画のタイトルである。我々はどこに行くのだろう?この課題は現代に生きる我々に重くのしかかる課題といえよう。基本的には、偶然と必然が重なる将来を我々は予測できない、ともいえる。しかし、より良い将来を築く努力によってその方向性は大きく左右される。実際、「科学・技術の駆動」によってもたらされた現在が大きな代償を伴い、今や地球規模の諸問題を解決しなければならなくなった現状を重く受け止める必要があり、出来うる限り、将来のあるべき姿を提示することが重要であろう。ライフサイエンス・臨床医学分野ではメンバーの総力を挙げてこのような視点を踏まえて本俯瞰報告書が作成された。データ駆動型サイエンスの更なる推進を基盤とし、他の分野と更なる連携・融合を図りながら、ヒトと地球の「健康的な共存」に向けた新たな地平線を切り拓いて行くことが重要である。

そのような状況を踏まえ、この機会にライフサイエンス・臨床医学分野を中心に、科学・技術等の課題や今後に関する私見を述べたい。所詮、厳しい現実を知らぬ一科学者の観念論と聞こえることは覚悟の上で、読者からの忌憚ないご批判をいただければ幸いである。

（1）科学と技術の変遷とプラネタリーヘルス；概観

前世紀からの急速な自然科学の進展における特徴は、科学が振興すれば何らかの形で社会に貢献する、いわゆる科学が社会の進歩の原動力となる、という考え方から、社会的な諸課題の解決に科学が貢献することが求められるようになったことであろう。すなわち、20世紀初頭に科学技術が国力の源泉と捉えられたことが原動力となり、それが大きな慣性をもって走り続けてきた。このような流れの中で、科学と技術とが互いに進歩を早め合い、発展してきた。この人為のベクトルは、「科学・技術」という文明社会の礎としての意味合いを持ちながら、市場原理の下でのグローバルな経済主義の展開を通して、社会に今日の繁栄をもたらした。

しかしその一方で、地球規模での様々な「科学・技術が生み出した問題」が露呈しはじめている。例えば、エネルギー問題、食糧危機と自然環境破壊、地球温暖化など、多くの諸課題が現代の私たちに突きつけられている。地球の誕生以来、生命と表層環境は、地球内部の力や宇宙の外力を受けながら共に進化を続けてきた。それ故に、科学・技術のベクトル軸が物質中心主義の繁栄といった方向に強く傾くことによって、地球システムの人為的な歪曲が進めば、人類社会の持続的発展に深刻な脅威がもたらされる可能性が指摘されている（*Nature*, 461, 472–475, 2009; *Science*, 347, 736, 2015; *Environ. Sci. Technol.*, 56, 3, 1510–152, 2022）。このような視点からも、本報告書でも触れているように、「人類と地球を一体と考え、人類の健康は、地球の健康とは切り離せない」というプラネタリーヘルスの概念（*The Lancet.*, 383, 847, 2014）をしっかり捉え、その実現に向けた努力が重要となっている。

（2）科学・技術の検証及び今後の方向性

科学・技術の振興による経済危機の打開、という方向性は理解できるとしても、近代科学が生み出してきたパラダイムを基盤とする物質中心主義を追求するあまり、精神的豊かさを醸成する世界を置き去りにしてきた側面があることも否めない。これは前世紀において、諸国が物質中心主義を追求する中で、国家の強化のための道具としての科学・技術の推進が強調され、国家間の競争の中で科学・技術が大きく発達したことが要因であろう。従って、「自然の物質的な側面」すなわち人間が持続的に生存するための物質循環の安定性や人間の精神の存在の普遍性をバランスよく組み込むという発想が導入されてこなかったのではないかと考えられる。

科学は本来、人類全体が共有すべきものであり、人間にロマンを与え、心を豊かにするものである。しかしながら、科学・技術の進歩に伴い利便性や物質的豊かさは著しく向上する一方、科学・技術を駆使して構築された社会システムは人間性や環境を歪めた側面もある。人類が自らの希望に満ちた将来を提示し、それをさらに未来に持続しながら発展させていく、という視点をもって今後は科学・技術体系を発展させていくことが一層重要となるのではないだろうか。そうであれば、これからの新しい時代に向けた対策は、上記のような現代の物質文明の礎となっている価値観や価値体系を改めて検証し、人類の生き方とそれを育んできた地球自然との共生を基本とした新しい知軸を形成するものでなければならないであろう。

その一翼を担うのはやはり大学をはじめとするアカデミアであろう。そのためにアカデミアは、世界的視野、すなわち人類全体の福祉を希求するという立場から、新たな学術・科学技術を統合的に創成・推進し、同時に次世代を担う国際的人材を輩出していかねばならない。わが国では「学術」という言葉は、科学・技術にとどまらず、人文学、社会科学等を包含したより広い概念として捉えながら、いわば「統合的な知の科学」として大学等において支援され、育まれてきた。いうまでもなく、学術の総合的・統合的展開を図ることはこれからのアカデミアに課された大きな課題である。

（3）アカデミアと社会

アカデミアはプラネタリーヘルスの諸課題の解決に向けてどう活動すべきだろう。もとより、学術は社会から離れて存在し得るものではない。1999年の世界科学者会議ブダペスト宣言は、「社会の中における科学」と「社会のための科学」を提起し、現代社会における学術の在り方を示していると考えられるが、この学術を支え発展させることはアカデミアの最大の使命である。すなわち、学術を中心とする自主的な知的組織であり、新たな知を生み出し人材を育成しながら未来を創造する場となる、いわば生体内幹細胞のような存在ともいえる。この中で、科学・技術文明がもたらした数々の切実な諸課題を的確に捉え、これに対応し、あるいは、未来を予測することによって、社会が進むべき方向を示す羅針盤として社会的責任を果たすのも、アカデミアに課せられた本質的役割であろう。例えば、「生命とは何か」という問いは生命科学者や医学者と同時に他の自然科学分野はもちろん、人文学・社会科学等にとっても同様の重みを持った問いかけであり、社会との双方向の対話も含めて、課題解決への複眼的かつ統合的なアプローチが今後より重要となるであろう。2021年の科学技術基本法の改正によって成立した「科学技術・イノベーション基本法」においてそれまでの科学技術基本法では除外されてきた人文学が組み込まれた意義はここにある、と捉えたい。

いうまでもなく、学術は人間に将来の夢を与えるものでなければならず、そのためにも、活動の本質を再度把握するとともに、学術がもつ意義を社会にも広く発信していかねばならない。それ故に、人文学・社会科学と自然科学をも統合的に発展させるという文脈のもと、既存のディシプリンにとらわれることなく、データ科学の推進など、異分野の融合や新しい学術領域を産み出すなかで、たゆまぬ知を創出し、それを還元することこそが社会や国家、ひいては人類の発展を支える真の原動力となる。それによってこそ次世代を担う人材育成も充実していくであろう。従って、ここにまさにアカデミアの使命があることを広く社会に理解されるよう務めることが重要である。

（4）グローバル化を見据えた学術研究と社会への還元；イノベーションエコシステム

大学をはじめとするアカデミアが担う役割の重要な側面として、多様性・継続性を担保する基礎研究と共に、社会・経済的価値創造を目指す応用研究を推進し、両者の両立を担保することが挙げられる。わが国では、

「応用研究」というと実用のために基礎研究の成果を当てはめ、改良を繰り返す作業と誤解されがちであるが、OECDのフラスカティ・マニュアルの定義に従えば、応用研究とは「応用したい、だから知りたい」という願望に基づいた独創的な学術研究と捉えられる。

グローバルな世界的競争が激化してくると、基礎研究も応用研究も独創性に富む成果を生み出すことで勝負しなければならない。最近は、大学等や産業界における現実の競争行為そのものが、基礎研究と応用研究を密接にし、それぞれの研究の進展に新しい展開をもたらしている側面も伺われる。つまり、基礎研究から創出される知が先端技術の開発につながり、その技術によって更なる基礎的な知の創成が促されるという循環系が駆動しているのである。そこでは、基礎研究と「応用研究」の分業という旧来の図式は存在しない。これからは、科学と社会との対応関係がますます重要な問題となってくるが、科学史における社会の発展過程との関連性からみられように、そもそも研究者の発想は、現実の社会とつながっている。学術研究の進歩を啓発するための一つの有力な手法は、技術的限界に挑みながら新しい現象・原理を見いだすことである。そこでは、最先端技術の開発が避けて通れず、いわば、学術的なニーズとして捉えることができよう。また、このような最先端研究にとって、国際的な協調・連携は必須の要件である。このような観点から、「知の交流の場」ともいえるイノベーションエコシステムの構築は極めて重要であろう。

今、国内外の動向をみると、最初に基礎研究ありきではなく、科学と社会の接点ともいうべき現場、現実の地球規模の、あるいは切実な社会的要請課題からバックキャストして、基礎研究へ論議が遡及することによってイノベーションが生まれるという流れもみられる。これは、応用研究を遂行する研究者にとっても、従来のシーズからニーズへ向かう発想の方向とは逆の流れのような印象を与える。しかし、一方で人類のための新たなパラダイムシフト提示への予兆も感じられる。すなわち、基礎研究を中心とする「新たな知の創造」と応用研究を中心とする「知の活用による社会・経済的価値の創造」との間の不連続的かつ不確実な結合メカニズムと捉える必要が感じられる。イノベーション誘導のための諸施策を的確に進めていくためには、このことを十分に意識することが重要ではないかと考えられる。

学術研究が社会に開かれ、同時に未来社会への的確な洞察力を持つことが、社会を先導する新しいアイデアを着想する原動力となる。すなわち、縦型の学術体制のまま、細分・末梢化された基礎研究にこだわることは、学術の幅が狭くなり新しい芽が出にくい、という側面が否めない。それ故に、基礎研究においても、社会と連携しながら、統合的かつ横断的な新たな学術体系の創出・推進が重要なのではなかろうか。上記のような潮流からも分かるように、科学と社会の関わり方において基本的に重要なポイントは、大学等から社会に知が流れるのと同時に、社会から大学等にも知が還流されなければならないということであろう。つまり、根源的な課題を追求すべきである大学に、社会からの問いかけがなされなければ、大学の知の創出活動はいずれ閉鎖的なものになってしまうであろう。従って、学術研究における「知の創造」は同時に国内外の社会と繋がった「知の循環」を駆動させることが重要である。むろん、この創造活動の根幹には、知的に成熟した社会であることも重要であるが、このような循環系を更に促進する仕組みを構築し、推進していくことも大学に課された役割ではないだろうか。そうした知の基本的な循環を活力として、創造空間としての大学が新しい科学的な知識の創造や発見へのインセンティブを創出する力を高めていき、結果として知的な社会を創ることに貢献していくことが望まれる。

大学と産業界とのつながりの在り方も極めて重要な課題である。例えば、医薬品・医薬機器の輸入超過の拡大に歯止めがかからない状況が続いている。財務省貿易統計によると、医薬品の輸入額は2011年には1兆7千億（輸出額；3,600億）であったのが2021年には4兆2千億ほど（輸出額；8,600億）である。製薬企業からすると日本は魅力が乏しい市場へとなりつつあり、国際共同臨床試験において、日本が除外される事例が徐々に増加している点は憂慮すべき問題である。また、昨今の新規医薬品開発は、アカデミアのシーズをもとにスタートアップが設立され、多額の研究開発投資を獲得しつつハイリスクな開発を進め、大手製薬企業などが最後に上市を進める、という研究開発エコシステムが主流となっている。

一方、日本はスタートアップ等に対するハイリスクな投資への機運が高いとは言えず、アカデミア～スタートアップ～製薬企業間の人材流動性にも乏しいなど、これから日本発の新規医薬品を創出するにあたっての問題点は多い。このような現実の背景には、国際的な視点に立った連携研究や共同開発体制が不備である、学術研究の成果をうまく社会に還元できていない、製薬企業などとの大学の連携体制がスムーズに進められていない、強いリーダーシップのもとに大規模な「データ・証拠に基づいた医療法」を確立するといった体制が不十分、といった多くの要因が挙げられる。医薬品や医療機器等は、国民や人類の生命と健康を守る、という意味で最重要課題の一つであることから、ここにも、大学が産業界や医学界などとともに真摯に果たすべき重要な役割があると考えられる。むろん、これは一例であり、類似のケースは他の研究分野においても散見されるのではないかと考えられる。つまり、日本経済の再建・成長において、大学がそれぞれの研究分野で果たすべき課題は多く、大学が自らの立脚点を失わない、という前提のもと産業の発展に積極的に貢献していくことが重要である。

総合的には、基礎研究を始めとする科学的知識を新しい製品・サービスや新しい市場に転換し、経済社会的価値を増大させ、より良い社会を形成する、という「新たな知の交流」の仕組み、すなわちイノベーションエコシステムの（日本の状況に合わせた）推進が重要である。

2 ｜ 俯瞰区分と研究開発領域

2.1 健康・医療

2.1.1 低・中分子創薬

（1）研究開発領域の定義

医薬品のモダリティ（医薬品業界では製造方法や作用機序等に基づく種別をモダリティと呼ぶ）は、その製造技術に基づき、二つに大別される。有機化学を基盤とする化学合成で得られる合成医薬品と、生物学を基盤とするバイオテクノロジーで得られるバイオ医薬品である。また、明確な定義のコンセンサスはないが、主に医薬品の分子量を指標に低分子医薬品、中分子医薬品、高分子医薬品と分類されることもある。ここでは、バイオ医薬に分類されない低・中分子医薬品を扱う。低分子化合物のほか、中分子化合物として天然物、大環状化合物、ペプチド、核酸医薬などを含める。

（2）キーワード

中分子化合物、Macrocycles、天然物、タンパク質間相互作用（PPI）、PROTAC、ユビキチンプロテアソーム系、mRNA、アンチセンス、siRNA、miRNA、RNA編集、核医学治療薬、ドラッグデリバリーシステム（DDS）

（3）研究開発領域の概要

[本領域の意義]

有望な創薬標的の枯渇により低分子化合物を用いた創薬は壁にぶつかっていると言われるが、抗体などバイオ医薬品がもつ問題点、即ち、高コスト、免疫原性のリスク、細胞内標的への展開が困難、経口剤にならない、などに対するソリューションとして、低・中分子医薬品は進展を見せている。米国FDAが2015～2019年の5年間に承認した医薬品における新規有効成分（New molecular entity: NME）と生物学的製剤（Biologic License Application: BLA）の比は、162/58（2015: 33/12、2016: 15/7、2017: 34/12、2018: 42/17、2019: 38/10）であり、今でも薬物治療の根幹を成しているのは合成医薬品である。

【低分子医薬品】

●標的タンパク質分解

ヒトゲノムにコードされるタンパク質間に存在する、タンパク質－タンパク質間相互作用（Protein–Protein Interaction: PPI）は約65万種類存在とすると予測され、PPIは細胞内外で重要な情報伝達を担っていると考えられている[1)]。

これまでの低分子創薬およびPPIを標的とする創薬は、疾患に関与するタンパク質に結合し、その機能を制御する阻害薬・拮抗薬・作動薬などが目標であった。しかし、そのようなアプローチでは対応が難しい疾患関連タンパク質も存在し、druggabilityが低いと考えられている。例えば、アルツハイマー病の原因と考えられるアミロイドβは、タンパク質本来の機能がアルツハイマー病を引き起こすのではなく、アミロイドβの異常凝集により発症すると考えられている。また、がんや感染症においては、原因タンパク質における低分子薬の結合部位の変異や薬剤の無効化などによる薬剤耐性化が生じる例も多い。このことから、疾患原因タンパク質の機能制御以外のモダリティが求められている。「標的とするタンパク質」と「タンパク質分解機構に関与しているタンパク質」の両方に化合物が結合し、両タンパク質を物理的に近接させることにより、標的タンパク質を翻訳後に減少させる創薬モダリティである標的タンパク質分解が注目されている。標的タンパク質の機能制御とは異なり、タンパク質分解は標的タンパク質の存在量を減少させるため、以下の特長が期待される。①疾患関連タンパク質が再度発現するまで時間を要するため、機能阻害薬よりも作用時間が長い。②化合物が触媒的に作用するので、機能阻害薬より低濃度で効果を示す。③主作用を示さないリガンド（undruggableなタンパク質に対するリガンド）であっても、標的タンパク質分解に利用できる。④標的タンパク質リガンドとしてその阻害薬を利用する場合、阻害＋減少のデュアル作用が期待される。即ち、薬効が不十分な阻害薬のドラッグリポジショニングが期待される。⑤薬剤耐性化が問題となる標的タンパク質に対して、阻害＋減少のデュアル作用により薬剤耐性化を遅延・解決できる。⑥ユビキチンリガーゼリガンドの主作用も併用して、薬効を増強できる。例えば、後述するinhibitor of apoptosis protein（IAP）リガンドを連結させる事例では、がん関連タンパク質とIAPのダブルノックダウンにより抗がん作用増強が期待される。⑦低分子創薬のノウハウを利用してドラッグデリバリーの課題（例えば、経口吸収性、脳を含む組織移行性）を解決できる可能性がある。⑧抗体医薬では難しい細胞内のタンパク質を標的にできる。この技術は、欧米の大手製薬会社をはじめ日本の製薬会社においても取り組みが始まっており、低・中分子医薬領域の新たな技術として重要になってきている。

●コバレントドラッグ

コバレントドラッグ（共有結合性阻害剤）は標的タンパク質と不可逆的に結合することで、強力で持続的な薬効を発揮できる薬剤である。初期の例としては1899年から販売されている非ステロイド性抗炎症薬のアスピリンや1928年に発見されたβ－ラクタム系抗生物質ペニシリンなど天然由来の医薬品が挙げられる。アスピリンは発売から70年以上経った1971年にそのメカニズムが解明されて、偶然コバレントドラッグであることが判明した。一方、ここ数十年で既存の可逆的阻害剤にwarheadと呼ばれる反応性官能基を付与することで、標的に対して選択的に結合するような化合物を創製する動きが主流になってきており、既に複数の医薬品が上市されている。

【中分子医薬品】

細胞内外で情報伝達に関与するPPIは、有望な創薬標的であるものの、PPIを阻害する低分子化合物の創出は未だ困難な課題である[2)]。低分子創薬の主な標的となってきたのは、酵素の基質結合部位である。基質結合部位は表面積300～1,000Å^{2}の深く狭いポケットであり[3)]、分子量500以下の低分子化合物が結合しやすい。一方、PPIの相互作用面には浅い凹みはあるものの比較的平らで、表面積は1,500～3,000Å^{2}と広い。このような浅く広い形状の相互作用部位には低分子化合物は結合しにくく[4)]、新たな創薬モダリティが求められている。細胞外でPPIを標的とした医薬品として、高分子医薬品である抗体医薬品が成功を収めている。抗体－抗原相互作用面積は1,000～2,500Å^{2}であり、多くのファンデルワールス相互作用、水素結合、静電相互作用、疎水性相互作用によって形状と電荷による相補的作用面を形成し、強い結合活性と高い特異性を示す。しかし、抗体医薬品には以下のような問題点が指摘されている。①巨大タンパク質であるため、細胞内に導入したり、細胞内で機能させたりすることができず、細胞内の疾患関連タンパク質をターゲットとすることができない。②ヒトに対する抗原性を下げるため、ヒト化等が必要である。③経口投与など非侵襲的な投与が困難である。④生産に膨大なコストを必要とする。⑤開発や生産に関する特許の制限が複雑に絡み合っている。これらの問題点は全て、抗体の基本構造に起因するものである。

このような背景を受け、低分子医薬品と高分子医薬品の両方の利点を併せ持つ可能性が中分子医薬品に期待されている。低分子医薬品は、注射・経口・パッチなどさまざまな投与が可能であり、細胞膜透過性があるので細胞内疾患関連タンパク質を分子標的にすることができる。一方、抗体などの高分子医薬品は、特異性が高く副作用が少ない反面、上述の課題がある。中分子医薬品には、抗体など高分子医薬品と同様に高い特異性と低分子医薬品のような広い適応性が期待できる。また、細胞膜透過性を付与できる可能性も大きな魅力である。

• **核酸医薬品・核酸標的医薬品**

疾病の原因となる遺伝子の発現を制御し、その治療や予防を実現する核酸医薬品の研究開発はますます活発化している。核酸医薬品とは、鎖状に連なった十数から数十塩基の核酸分子あるいはその化学修飾体を用いた医薬品の総称であり、アンチセンス核酸、siRNA、miRNA、mRNA、デコイ核酸、核酸アプタマー、CpGオリゴ、RNA編集などが含まれる。その作用機序や有効成分となる核酸の構造の違い（RNA/DNA、一本鎖/二本鎖など）から様々なタイプに分類されているが、その多くは、標的とする遺伝子の発現を配列特異的に制御できるという特徴を持つ。miRNAに代表される各種ncRNAの発見など、最近の網羅的バイオロジー研究の発展に伴い、核酸医薬品のターゲットとなる分子はむしろ増加していると言える。特に、有効な治療法が見出されていない多くの難治性疾患に対しても、原因となる遺伝子（mRNAやmiRNAなど）が同定されると、核酸医薬品を利用した新たな治療法開発につながることが大いに期待される。核酸医薬品を望む臓器や細胞へ効率よく送達させるデリバリー技術、核酸医薬品の最適な配列探索手法の確立、核酸医薬品が潜在的にもつリスクの評価など、今後解決しなくてはいけない課題は残されているが、一度その原理が確立すれば、創薬ターゲットとなる遺伝子の特定から医薬候補品創出までの研究開発スピードは早い。実際、2004年に米国で承認された加齢黄斑変性症のアプタマー治療薬Pegaptanib（Macugen®）では開発から承認まで約18年を要していたのに対し、2020年に本邦で承認された日本新薬社のデュシェンヌ型筋ジストロフィー治療剤Viltolarsen（Viltepso®）では、アカデミアと製薬企業の共同研究から約10年で承認に至っており、基礎研究から承認までの期間が大幅に短縮されている。さらに2020年からのCOVID–19のパンデミックにおいては、驚異的なスピードでmRNAワクチンが承認され全世界で接種されている。また、このパンデミックにおいては、HBVウイルスに対するワクチンのアジュバントとして承認されていたCpGオリゴが、中国及びインドにおけるタンパク質ワクチンのアジュバントとして活用されるなど、核酸医薬品の応用性の高さを再認識することとなった。このようなスピード感は核酸医薬品開発の重要な特長の一つであり、特に緊急性を有する希少疾患に対する個別化医療（N–of–1＋創薬）に対して大きな意義を持つ。

核酸医薬品とは別に、標的とする核酸（DNA、RNA）あるいは核酸–タンパク質相互作用界面に結合し、核酸あるいは核酸–タンパク質複合体の機能調節を制御する低分子量化合物である核酸標的低分子医薬品にも注目が集まっている。古くから核酸に結合する低分子の存在は知られており、共有結合を伴わずに核酸と結合して蛍光強度変化を示す低分子化合物は、核酸の呈色剤として重要な役割をもつ。一方、これらの核酸に非共有あるいは共有結合を生成して結合する低分子化合物には、核酸の化学構造変化を誘起する性質が知られており、抗がん剤としての利用価値はあるものの、遺伝子障害、遺伝毒性などが懸念されていた。2003年にヒトゲノムの解読が終了し、その後のENCyclopedia Of DNA Elements（ENCODE）プロジェクトにより、ヒトゲノム30億塩基対のうち、タンパク質に翻訳される部分が3 %以下であること、20 %程度の機能不明な部分を除く残り75 %は、RNAに転写されるものの翻訳されないことが明らかとなった。また、この非翻訳RNAに多くの機能性RNAが見いだされることと相まって、機能性非翻訳RNAが創薬標的として顕在化した。同時に、難治性、希少性疾患に対する医薬品開発への志向が高まり、遺伝子異常に伴う遺伝子疾患や、mRNAの成熟過程、即ちスプライシング異常を原因とする疾患に対する核酸医薬品（例えば、脊髄性筋萎縮症治療剤Nusinersen（Spinraza™））の治療効果が明らかになるにつれ、これら遺伝子疾患やスプライシング異常など、核酸を標的とした治療介入が期待されることとなった。極めて高額な遺伝子治療や核酸医薬品に比べ、圧倒的に低コストかつ製剤技術の確立している低分子を用いた核酸標的医薬品開発は、次世代の医薬品として認知されるに至っている。懸念される核酸に対する特異性については、配列特異的、二次、三次構造特異的な低分子の開発が進んでおり、研究の進展に伴い解決されると考えられる。

また、核酸医薬品の中でもmRNAは、COVID–19の影響で広く知れ渡ったモダリティである。mRNA医薬品・ワクチンは、人工的に合成したmRNAを医薬品として体内に投与し、ワクチンや治療薬として働くタンパク質を体内の細胞に産生させるという、新しい創薬モダリティである。新型コロナウイルスワクチンとして

2020年末に初めて実用化された。核酸配列を変えるだけでどのようなタンパク質でも産生できる汎用性から、さらに多くの疾患に対するワクチン・治療薬としての開発が期待される。

mRNA創薬は2010年代に入り、欧米ベンチャー企業を中心に活発化し、2010年代末には30を超える臨床試験パイプラインが既に走っていた。その適応はがんワクチン、感染症ワクチンが主で、特に悪性黒色腫に対する個別化mRNAワクチンは、早期の実用化が期待されていた。そこへ2019年末にCOVID–19が発生し、各企業は開発リソースを全面的に新型コロナウイルスワクチン開発へ振り向け、1年にも満たない期間で実用化に至った。mRNA製剤としての基本的なフォーマットが固まっていれば、核酸配列を変えるだけでどのようなタンパク質の産生でも可能というmRNAの威力が最大限発揮された結果と言える。つまり、あらゆる生命現象はタンパク質を介したものである以上、ほとんどすべての疾患や病態に対して、mRNAが応用される潜在的可能性がある。mRNA創薬はまだそのスタート地点にあると言えるが、既に感染症、がん、遺伝性疾患などを中心に開発パイプラインは急増しており、ポストCOVID–19を迎えて、今後さらに活発化することが見込まれる。

- **核医学治療薬**

がんは、1981年から日本人の死因の1位であり、2020年には37万8,385人ががんで亡くなっている。がんの診断法や治療法の進歩により、生存率は徐々に改善されてきているが、2011～2013年にがんと診断された人の5年相対生存率は68.9 %であり（国立がん研究センター2021年11月）、早期診断法ならびに効果的治療法の開発が強く望まれている。中でも隣接臓器浸潤、遠隔転移などの進行がんでは、現在の治療では生存率は低い（5年相対生存率が15 %以下）。また抗がん剤耐性、放射線耐性などの悪性化により、がん治療は困難となる。そこで新治療法として、放射性同位元素をがん病巣に集中させて、体内からがんを照射するという核医学治療（Targeted radionuclide therapy）が注目されている。核医学治療では、短寿命放射性核種を結合させた治療薬を用い、これをがん細胞に特異的に取り込ませて、内部照射でがん細胞を殺傷する。核医学治療に用いられる核種は主にα線放出核種とβ線放出核種である。

［研究開発の動向］

【低分子医薬品】

●標的タンパク質分解

標的タンパク質分解の土台は、生体に備わっているタンパク質分解機構であり、ポリユビキチン鎖を認識して不要なタンパク質を分解する酵素複合体プロテアソームを発見した東京都医学総合研究所の田中ら、細胞内のタンパク質やオルガネラをリソソームにて分解する機構であるオートファジーを発見した東工大の大隅らなどの、国内研究者の成果が大きく貢献している。

標的タンパク質分解の中で現在もっとも有名なアプローチは、proteolysis targeting chimeric molecules（PROTACs）[5] である。PROTACsは、「ユビキチンリガーゼが認識する分子」と「標的タンパク質が認識する分子」とをリンカーを介して連結した分子であり、ユビキチンリガーゼと標的タンパク質を人工的に近接させることにより、標的タンパク質のユビキチン化と分解を誘導する。2001年にカリフォルニア工科大学のDeshaiesとイェール大学のCrewsのグループは、ユビキチンリガーゼが認識する基質タンパク質中のペプチド配列と標的タンパク質に対するリガンドを連結したペプチド性高分子が、標的タンパク質のユビキチン化・プロテアソーム分解を誘導することを報告し、標的タンパク質分解の源流を作った。Crewsらは2008年に、基質タンパク質を分解誘導する低分子をPROTACとして報告した[6]。東京大学の橋本、内藤（現国立医薬衛生研）らのグループは、がん関連タンパク質であるユビキチンリガーゼinhibitor of apoptosis protein（IAP）に対するリガンドと標的タンパク質リガンドを連結した低分子により、標的タンパク質分解の低分子化に2010年に成功し[7]、またIAPとがん関連標的タンパク質のダブルノックダウンが抗がん剤として有望であることを提案した[8]。IAPの利用と低分子化の成果を強調して、本手法をプロテインノックダウン、当該低分子をspecific and nongenetic IAP–dependent protein eraser（SNIPERs）と名付けた。2015年、

Harvard大学のBradner[9]（現Novartis社）とイェール大学のCrews[10]はそれぞれ独立して、ユビキチンリガーゼの一種セレブロンに対する低分子リガンドであるサリドマイドを標的タンパク質リガンドに連結した低分子が、標的タンパク質を分解誘導することを報告した。 Bradnerは、サリドマイドがImmunomodulatory imide drugs（IMiDs）と呼ばれていることを念頭に、当該連結低分子をDegronimidと命名した。2017年、内藤と武田薬品工業社のグループは、IAPリガンドを連結したPROTACsを報告し[11]、その後がんを標的とした研究を精力的に行っている。2015年以降に報告された低分子の特徴として、nMオーダーの低濃度で分解誘導活性を示すことと、動物モデルにおいても有効性を示すことが挙げられる。この後、特にがんを適応疾患としたPROTACs研究が一躍注目・加速された。2019年以降に様々なユビキチンリガーゼを利用したタンパク質分解低分子が報告され、これまで利用されたユビキチンリガーゼは合計10種類以上に拡張された。また、ユビキチンリガーゼ–PROTAC–標的タンパク質の複合体構造解析より、リンカーの構造が人工的なタンパク質間相互作用の形成に重要な働きをしている事例も報告されている[12]。

ミスフォールドタンパク質は、本来タンパク質内側に存在するはずの疎水性アミノ酸側鎖が外側に露出している構造的特徴を有する。タンパク質の品質管理機構によりこの疎水性アミノ酸側鎖が認識され、ミスフォールドタンパク質はユビキチン－プロテアソーム系にて分解される。疎水性の部分構造と標的タンパク質リガンドのハイブリッド低分子は、この品質管理機構を人工的に活用することにより、標的タンパク質を分解誘導すると考えられている。2002年に米国、2011年に日本でも発売されたFulvestrantは、エストロゲン受容体（ER）リガンドに疎水性のペンタフルオロアルキル基を導入した化合物で、アンタゴニスト作用に加えてER存在量を減少させる作用を併せ持つ。その後2011年にCrewsらは、リンカーを介して疎水性タグとしてアダマンチル基を標的タンパク質に連結した化合物を報告した[13]。

標的タンパク質分解における分子糊は、ユビキチンリガーゼと標的タンパク質を人工的に近接させる点でPROTACsと共通するが、リンカーで両リガンドを連結していない比較的低分子量の化合物が、両タンパク質の間に糊のように結合し、標的タンパク質を分解誘導する特徴を有する。2010年に東工大の半田（現東京医大）らは、サリドマイドが、ユビキチンリガーゼであるセレブロンに結合して催奇形性を示すこと、またセレブロンに加えてIkaros、Aiolosとも結合する分子糊として働き、これらのユビキチン化・分解を誘導することを明らかにした[14]。その後2014年に、サリドマイド誘導体である多発性骨髄腫治療薬レナリドミドが、セレブロンとIKZF1・IKZF3・casein kinase 1α（CK1α）の両方に結合する分子糊として機能し、これらを分解誘導することが報告された[15]。レナリドミドなどがIMiDsと呼ばれていたのに対し、別のサリドマイド誘導体が別の基質タンパク質（ネオ基質）を分解誘導することによりIMiDsとは異なる効果を示すことも明らかになり、近年では一連の化合物をcereblon E3 ligase modulators（CELMoDs）と呼ぶようになった。分子糊の類縁体構造の違いにより、ユビキチンリガーゼに対する新規の基質が続々と発見されていることは特筆すべきである。更に、サリドマイド以外の分子糊も発見された。エーザイ社の大和らのグループとUniversity of Texas Southwestern Medical Centerのグループはそれぞれ独立して、スルホンアミド系抗がん剤E7820やindisulamが、ユビキチンリガーゼDCAF15とスプライシング因子CAPERαの分子糊として働き、CAPERαを分解誘導していることを2017年に報告した[16, 17]。分子糊は、阻害薬が発見されていない標的タンパク質に対する創薬モダリティとしても注目される。2022年現在、ブリストルマイヤーズスクイブ社が三種の分子糊のPhaseⅡ臨床試験を実施している。

- **コバレントドラッグ**

コバレントドラッグ医薬品創製アプローチは主に二つに分類される。一つはリガンドファーストのアプローチ、もう一つは求電子ファーストアプローチである。

リガンドファーストアプローチは、反応性の弱い求電子官能基を既存の可逆リガンドに組込む。このプロセスで創製された主な薬剤は第2世代EGFR（チロシンキナーゼ受容体）阻害剤のNeratinib（NERLYNX®）やAfatinib（GIOTRIF®）などが挙げられる。他の阻害剤としては、臨床試験中ではあるが、JAK3選択的阻害剤チトレシチニブやFGFR阻害剤のfisogatinib、可逆的共有結合FGFR4阻害剤ロブリチニブ等が挙げられる。今後、warheadと呼ばれる反応性官能基を導入するアミノ酸残基をCys以外にも広げる技術などの開発がすすめば、より幅広い標的に対してコバレントドラッグが創製可能になると考えられる。

求電子ファーストアプローチは、既存の可逆的リガンドを使わず共有結合リガンドの発見プロセスからスタートする。このプロセスで創製された主な薬剤はKRAS（G12C）阻害剤のソトラシブや SARS–CoV–2 M pro阻害剤のニルマトレルビルが挙げられる。

【中分子医薬品】

中分子化合物を議論する場合、①分子量500～1,000の化合物で、細胞内への移行性を重視し標的に対して作用する経口剤の開発を前提とする例と、②分子量1,000～3,000の天然物、環状ペプチド、さらには大環状化合物群であるMacrocycleを中心とするアプローチに分けて議論することが可能である。①の場合、分子量を大きくする上で、標的（比較的大きなポケット）に親和性の高い化合物をどの様にデザインして行くかがポイントとなる。このアプローチの成功例としては、C型肝炎ウイルスのNS3/4Aプロテアーゼ阻害剤(例えば、Simeprevir(分子量750))や、慢性リンパ性白血病治療薬であるBcl–2阻害剤(Venetoclax（分子量868.5））が知られている。特にBcl–2阻害剤は、Fragment–based Drug Discovery（FBDD）の手法を用いた成功例として挙げられている[18]。FBDDは、PPI創薬の重要な手法の一つとして知られているが、PPI阻害の成功例の報告は限られており、新たな手法が模索されている。②では、天然物やMacrocycleと呼ばれる大環状化合物群によるアプローチが主流となっている。天然物は非常に複雑な分子構造のため多様な類縁体の合成が困難であるが、PPIの標的分子となる医薬品は天然物構造が多く、天然物が再度注目を集めている[19]。しかし、天然物によく見られるMacrocycleは細胞内移行性を示す構造が限られていることなどから、近年大きな進展がみられていない。Macrocycleの中に環状ペプチドを入れた場合、創薬探索のツールとしての環状ペプチドは広く使われているが、医薬品としての展開は、抗体の低分子化以外は進んでいない。中分子の代表例であり経口剤として使われている大環状化合物シクロスポリン（分子量1,203）をもとに膜透過性の研究がなされたが、リジッドな環構造は標的タンパク質に対する親和性を上げるが、そのリジッドな性質は膜透過性を下げ、両刃の剣として良い解決策が見つからないという課題がある。 Macrocycleでの成功例としては、分子量が1,000以下のC型肝炎ウイルス阻害剤Grazoprevir、Paritaprevir、Simeprevir、Vaniprevir、ALK/ROS1 tyrosine kinase阻害剤Lorlatinib、Dual JAK2 and FLT3阻害剤であるPacritinibなどから、大きな変化は無い。分子量1,000を越える化合物の開発は、環状ペプチドや抗体の低分子化にほぼ限られている。ほとんどの環状ペプチドは注射剤として開発されているが、2021年10月に中外製薬は固形がんを標的にしたRAS阻害剤として経口の環状ペプチドの臨床試験を開始した。

●核酸医薬品・核酸標的医薬品

• mRNA以外の核酸医薬品・核酸標的医薬品

最近の核酸医薬品の研究開発はますます活発化している。アンチセンス医薬品やsiRNAを中心に、世界的には2－3件/年の承認ペースが続いており、2022年10月現在、世界中で16品目が承認されている（除mRNA医薬品）[20]。さらに、核酸医薬品の臨床パイプラインには現時点で百数十の候補品が存在していることから、今後もこの承認ペースは継続すると考えられる。また、候補薬の対象疾患は多岐にわたっており、核酸医薬品の特性を生かした開発が今後も多様に進むことが見込まれる。核酸医薬品の研究開発はいよいよ実用化フェーズに入ったと言える。

近年承認された核酸医薬品は、臨床実績の豊富な化学修飾核酸の利用、核酸医薬品が届きやすい疾患臓器の選定や臓器集積性を高めるデリバリー技術・投与手法の活用などが進められており、核酸医薬品が得意とする疾患に対し実用化が拡大していることがわかる。成功例としては、2016年に米国で、2017年に欧州・日本で承認された脊髄性筋萎縮症（SMA）治療剤Nusinersen（Spinraza™）が挙げられる。髄腔内投与によりデリバリーの問題を回避したスプライススイッチ型のアンチセンス医薬である本剤は、毎年約2,000億円の売上を達成するいわゆる“ニッチバスター”として認知されている。 Nusinersenの成功を機に、髄腔内投与での核酸医薬品開発は積極的に進められている。たとえば、筋萎縮性側索硬化症に対するアンチセンス医薬品であるTofersen（Ionis社/Biogen社）は髄腔内投与であり、2022年7月にFDAから優先審査査定を受けた。

食事療法および最大耐用量のスタチン療法を受けてもLDL–Cのさらなる低下が必要な動脈硬化性心血管疾患または家族性高コレステロール血症の治療薬として承認されたInclisiranは、肝実質細胞に高発現するアシアロ糖タンパク質受容体のリガンドであるN–アセチルガラクトサミン（GalNAc）結合型siRNAであり、年2回投与で治療が可能な画期的持続性を有する。アンチセンス医薬品においても、siRNAと同じくGalNAcを付加するアプローチで開発が進んでおり、GalNAcは肝臓を標的としたリガンドの第一選択肢となっている。一方で、B型肝炎ウイルスに対する治療薬Bepirovirsen（GSK社）は、B型肝炎ウイルスのクリアランスを促進する作用を期待して、リガンドを搭載しないNakedアンチセンスとして臨床開発が進められている。このように肝臓を標的とした場合でも、対処疾患の病態に合わせてリガンドの有無を選択するケースも出てきたことは興味深い。核酸医薬品が集積しやすい肝臓や腎臓以外の臓器を標的とするためには、臓器特異的なリガンドの利用が有効である。臨床応用が進む髄腔内投与においては脳内分布を改善させる試みとして、siRNAに脂溶性リガンドを付加することにより、脳内分布の改善を図る試みがなされており[21)]、デリバリー技術のチューニングが核酸医薬品の開発を強力に推し進める原動力になっている。

本邦における最大のトピックとしては、日本新薬社のジストロフィン遺伝子のエキソン53のスキッピングに基づくデュシェンヌ型筋ジストロフィー（DMD）治療薬Viltolarsen（Viltepso®）の国内及び米国での承認を挙げることができる。先行するDMD治療薬としては、2016年、2019年にそれぞれ米国で承認されたEteplirsen（Exondys 51®）（Sarepta社）とGolodirsen（Vyondys 53®）（Sarepta社）があるが、いずれもジストロフィンタンパク質の十分な産生が見られず有効性に関する議論が起きている。これに対し、Viltolarsenは国内PhaseI/II試験、海外PhaseII試験において、エキソン53スキッピングにより、ジストロフィンタンパク質の発現が確認され、運動機能の改善又は維持につながることを示唆する結果が得られたこと、臨床試験を通じて、死亡及び中止・減量に至った有害事象は認められなかったことから、2020年3月に承認に至った。この開発においては、先駆け審査指定制度対象品目指定と希少疾病用医薬品指定の両方を受け承認を加速させた点も重要である。2020年8月には米国承認を得ており、日本発の核酸医薬品が日本で最初に承認され、海外に展開されるという画期的な事例であると言える。現在、Viltolarsenは市場開拓が進んでおり、2022年度の売上はグローバルで130億円と想定されている。

核酸標的低分子についてわが国では、世界をリードする研究が続けられてきた。もともと抗がん剤としての核酸標的低分子医薬品が存在したが、がん細胞と正常細胞を遺伝子レベルで見分けることができないことが課題として残されていた。カリフォルニア工科大学のDervanが開発を始めたピロールイミダゾールポリアミド（PIP）は、DNA二本鎖の副溝（マイナーグルーブ）に結合する分子で、ピロールとイミダゾールの組み合わせにより、副溝底面の核酸塩基対が形成する水素結合面を読み取れる分子である。現在、DNAの任意の塩基配列を読み取ることができる唯一の分子システムである。わが国では、京都大学の杉山が長年PIPに関する研究とその医薬品への応用研究を進めている。2018年にはReguGene社を立ち上げ、細胞内の2本鎖DNAを標的とする分子標的薬の開発、難病治療薬・希少疾病用医薬品を目指している。米国では、St. Jude Children's Research HospitalのAnsariが、フリードライヒ運動失調症の治療を目指した研究で見出したsequence–specific synthetic transcription elongation factor 1（Syn–TEF1）[22)]をもとに、Designed Therapeutics社を立ち上げている。PIPはDNAが完全に相補的な二本鎖を形成した構造を標的として結合する分子群であるが、大阪大学の中谷は、DNA2本鎖中に存在するミスマッチ塩基対をその構成塩基を識別して結合するミスマッチ結合分子（Mismatch binding ligand: MBL）の開発を続けている。MBLは、ミスマッチ塩基対の2つの核酸塩基に相補的な水素結合面をもつ二種類の複素環と、それらをつなぐリンカーから構成される分子群である。 MBLの特徴の一つは、ミスマッチ塩基対に結合するものの、相補的な塩基対から構成される二本鎖には結合しないことであり、従来の平面的な構造の核酸結合分子のようにインターカレーションにより二本鎖DNAに多数結合することはない。さらに、MBLのミスマッチ結合はRNAに対しても有効であることが近年の研究から示されている。RNAは通常一本鎖で存在するが、複雑に折りたたまれた構造、あるいはさらにタンパク質が結合した状態で存在する場合もある。RNAが折りたたまれた構造として、ヘアピン型構造や、複数のヘアピン構造から形成されるシュードノットなどの構造が知られている。これらの二次、三次構造は完全な相補的な塩基対のみから構成されているわけではなく、ヘアピンの二本鎖領域（ステム領域）に相補的に水素結合していない領域（ステムループ）や、ヘアピンループ領域、また、水素結合するべき塩基が対面にないバルジループなど、多数の水素結合形成が弱い、もしくは、ない領域が多数存在する。MBLは元来ミスマッチ塩基対のように、部分的な水素結合しかない塩基対を選んで結合することが可能であり、RNAの各種ループ領域にも配列依存的に結合することが明らかとなっている。PIPは抗がん剤として、また、MBLは神経変性疾患（例えばハンチントン病、筋強直性ジストロフィー1型、脊髄小脳変性症31型など）を対象として、モデル動物での有効性が検討されるステージにある。

核酸標的低分子医薬品は、次世代医薬品として認知される一方、製薬企業にとっては知識・技術の蓄積がなく、参入障壁が高い領域であった。近年、M&Aなどによりベンチャー企業の知識・技術・人を取り込んで大手製薬企業が核酸標的低分子医薬品開発に積極的に参入している。2020年Roche社の脊髄性筋萎縮症（SMA）治療低分子薬 Risdiplam がFDAで承認された。経口薬であり、Spinraza™と同程度の効果があるのではないかと推察されている。

わが国での核酸標的低分子創薬は、残念ながら遅々として進まない状況が長らく続いたが、上記の欧米の猛烈な研究推進を前にして、ようやく各社が取り組み始めている。

• mRNA医薬品

最初の*in vivo*遺伝子投与は1990年に行われ、DNAとmRNAが同列に検討された。遺伝子の転写・翻訳のメカニズムを考えるとごく自然な発想であったと言えるが、結果としては、DNA投与ではタンパク質産生があり、mRNA投与ではほとんどタンパク質産生はなかった[23]。その理由として、当時のmRNA作成・精製技術の低さもあるが、最大の理由はmRNAが極めて不安定な物質であることであった。

2000年代に入り、以下に挙げるような実用化に関連するいくつかの技術的ブレイクスルーがあった。

❶ 目的のmRNA収率の向上
❷ コドン最適化によるタンパク質発現効率の上昇
❸ 免疫原性制御
❹ ドラッグデリバリーシステム開発

それぞれについて説明をする。

❶ 目的のmRNA収率の向上

mRNAは1本鎖DNAテンプレートからの*in vitro*転写（IVT）により作成され、mRNAの5'末端に付加されるcap構造を転写開始点にすることが多い。従来はこの転写の方向を制御することができなかったが、転写の方向を制御可能なanti–reverse cap analogues（ARCA）法が開発され、目的のmRNA作成効率を原理的に2倍とし、結果として収率を飛躍的に高めた[24]。現在、ARCA法に基づいた転写制御は市販試薬を用いて容易に実施可能となっており、より高い収率を達成するシステムも開発されている[25]。

❷ コドン最適化によるタンパク質発現効率の上昇

タンパク質はDNAから転写されたmRNA上のコドン（3つの塩基配列）が翻訳されることで合成される。そのコドンのパターンが複数あることを利用し、天然の配列とは異なる塩基配列を用いることによって、翻訳効率を高める研究が1990年代後半から2000年代にかけて活発にされた[26]。現在では商業ベースでのサービスとして広く用いられる手法となっている。

❸ 免疫原性制御

生体内投与への応用に向けて、重要なポイントの一つには、mRNAの免疫原性の制御がある。mRNAは自然免疫機構を介した強い免疫原性を持ち、薬物として使用する際にはその制御が不可欠である。メチル化核酸、チオール化核酸など修飾核酸を含んだmRNAでは免疫誘導が抑えられることが知られ、2000年代に入ってmRNA修飾プロトコルが多く報告された。特に当時ペンシルベニア大のKarikoらの、シュードウリジンを含有するmRNAを用いることで、mRNA投与後の免疫反応抑制・タンパク質翻訳効率の向上を示した研究は有名である[27)]。現在世界的に接種されている新型コロナウイルスワクチンでも、このシュードウリジンの改変型であるN1−メチル化シュードウリジンが用いられている。ただ、修飾mRNAはその他にも多くの核酸修飾プロトコルが報告されており、また現在各企業で用いられる修飾条件の詳細は非開示のものが多く、修飾プロトコルの優劣を学術的に検討することは難しい。種々の修飾核酸を用いて、タンパク質翻訳効率向上、免疫反応抑制の効果を調べると、その核酸配列、標的細胞、そして投与法によっても、最も高い効果が得られる修飾条件は異なるという報告もあり[28)]、最適な核酸修飾法の確立は今後も課題として残る。

❹ ドラッグデリバリーシステム開発

mRNA創薬実現の鍵となったのは、ドラッグデリバリーシステム（DDS）の開発である。先述のように、mRNAは生体内で極めて不安定な物質であり、これを標的組織・細胞へ送達するためのDDSの果たす役割は重要である。現在mRNAワクチンに用いられるDDSは、ほぼ脂質ナノ粒子（LNP）一択である[29)]。これは細胞膜（脂質二重膜）成分である脂質を主材料とし、種々の機能化分子を配合したキャリアである。このLNPの最初の報告（Lipofection法）はプラスミドDNAの培養細胞へのtransfectionを行った1987年の論文[30)]、さらにmRNA transfectionへの応用も1989年に論文があり[31)]、奇しくも先述のmRNA生体内投与の第一報と同時期である。LNPはその後1990年から2000年代にかけて、主にpDNA transfection法として活発に研究開発が進められ、効率は大きく向上した。現在mRNAに用いられているLNPは、基本的にはこのpDNA用に開発が進められてきたシステムの延長であり、むしろその開発には既に長い歴史があるとも言える。

mRNAワクチンにLNPが用いられる理由として、脂質の持つ免疫誘導能を利用して、LNP自体がアジュバントとして機能することが重要なポイントである[32)]。ただ、コロナウイルスワクチン接種後の副反応が問題となっているように、現在のLNPは平均してその免疫誘導能がやや高すぎる傾向があるとも言える。これは、mRNAワクチンが当初がんワクチンを主な適応として開発が進められた経緯とも関係している。今後はがんワクチン、感染症ワクチンなど、それぞれの目的に最適化したDDS開発が進められるであろう。さらに、疾患治療を目的とするmRNA創薬の場合、むしろ投与局所に炎症を起こしてはならず、そのためのDDS開発が喫緊の課題と言える。また、mRNAの治療用医薬品への応用はまだこれからの分野であるが、mRNAを用いることによって、成長因子などの分泌タンパク質だけでなく、細胞内のシグナル因子などを投与することが可能で、標的細胞も選ばないことから、多くの疾患に対する研究が進められている。中でも新しい展開としては再生医療領域があり、軟骨再生医療への応用に向けたmRNA医薬品開発は現在前臨床試験が進行中である。また、mRNAを用いた生体内細胞のdirect reprogramingも高い将来性のあるテーマで、国内外で研究が進められている。

以上、mRNA、DDSに関わる技術進歩を背景に、mRNA医薬はがんワクチン、感染症ワクチンへの応用を中心に開発が進められてきた。ポストCOVID−19を迎えて、参入企業も急増している。

●核医学治療薬

β線核医学治療としては、甲状腺がんを対象にしたNa^{131}I、B細胞性非ホジキンリンパ腫治療薬ゼヴァリン（^{90}Y–anti CD20）、神経内分泌腫瘍を対象にしたLutathera®（^{177}Lu–oxodotreotide）が治療薬として実用化され、α線核医学治療（Targeted α–particle therapy: TAT）としては、骨転移を有する去勢抵抗性前立腺がん治療薬ゾーフィゴ（^{223}RaCl2）が上市されている。α線は高エネルギーであり、DNA二重鎖の切断効果が高く、活性酸素を発生させるため、がん細胞の殺傷能力が高い。また免疫応答を高め、抗腫瘍免疫を効果的に誘導することも期待される。一方で、飛程が短いため周辺臓器の侵襲が少なく、高効率ターゲティングによりがん細胞だけを攻撃することで、治療効果が高く副作用の少ない療法となり得る。また、α線治療薬を投与された患者からの放射能漏れがないことから、β線核医学治療に必要な専門病棟が必要とされない。投与後しばらくすると患者体内から放射能が消失するため、多くの病院で外来加療が可能となる。このように、TATは安全性や患者のQOLの向上など利便性にも優れた療法になり得る。

2016年には、^{225}Ac–PSMA–617（1）が、全身転移した前立腺がん患者に対して劇的な治療効果を示すことが報告され注目を集めた[33)]。現在Novartis社は、転移性の去勢抵抗性前立腺がんの治療薬として^{225}Ac–PSMA–617の臨床研究を進めている。^{225}Acは、核燃料由来の^{229}Thを原料として製造されるが、炉規法により^{229}Thの輸出入制限があり日本では入手困難である。米国やロシアは^{229}Thを保有しているが、世界的に見ても現行のジェネレータ製造では^{225}Acは供給不足であり、別法による^{225}Ac製造開発競争が激化している。日本では量子科学技術研究開発機構（QST）が加速器を用いた225Acの製造に成功し[34)]、日本メジフィジックス社が小型加速器による治験薬製造スケールでの製造に世界で初めて成功した。

一方、日本はアスタチン211（^{211}At: 半減期7.2 時間、α壊変1回）を用いたTATでは世界をリードしている。QSTと福島県立医科大学の共同研究グループは、悪性褐色細胞腫に対するα線核医学治療薬候補として^{211}At–MABGを開発し[35)]、2022年から医師主導治験を開始した。大阪大学は、同一キャンパスに国内最大級の加速器と臨床研究の中核となる病院を有する利点を活かして、2015年に「医理核連携によるアルファ線核医学治療薬の開発プロジェクト」が、理学研究科、医学系研究科、核物理研究センターの部局間共同研究としてスタートした。2018年には、放射線科学基盤機構を設置して、放射線の管理、教育、研究を行っている。2017年にはJST産学共創プラットフォーム共同研究推進プログラム（OPERA）に量子アプリ共創コンソーシアム（QiSS）が採択され（代表：大阪大学核物理研究センター中野貴志）、多数の大学・企業が連携して、宇宙線起因ソフトエラー評価技術の開発に加え、主に^{211}Atを用いたα線核医学治療薬の開発とレギュラトリーサイエンスについて研究が行われた。

^{211}Atでは半減期の制約を受けるため、病巣への速やかなデリバリーが必要となる。^{211}Atはハロゲン元素であるため、直接ベンゼン環など炭素原子に結合させることができるので、物性を大きく変化させることなく、低分子や中分子（ペプチド等）に導入可能である。一方、^{225}Acは、半減期 10.0 日、α壊変4回であるので、治療効果は極めて高く、デリバリーのための時間的制約は少ないが、娘核種（6種）が複雑であり、体内動態の制御（特に娘核種のクリアランスの制御）は簡単ではなく、副作用抑制のために腫瘍集積性の制御は極めて重要である。^{225}Ac の導入にはキレート部が必要であり、分子サイズが小さいとその物性にかなりの影響を与える。TAT開発には、薬剤の時空間的な制御が重要であり、用いる核種の半減期と、標的薬の集積時間、体内分布、クリアランス速度などの体内動態を考慮し、^{225}Acと^{211}Atに応じて標的ならびに標的薬を選択する必要がある。^{223}Ra（アルカリ土類金属、Caと同様に骨代謝亢進部位に集積）、^{211}At（ヨウ素と同様に甲状腺に集積）は、元素が本来持つ性質により腫瘍に集積する。その他のがんについては、腫瘍標的分子（分子標的薬）へα線放出核種を導入して、ターゲティングを行う。TATの標的となる分子は、がん抗原や酵素、がん特異的に発現するアミノ酸トランスポーターなどである。 PET診断やSPECT診断などにおいて、腫瘍選択性の高い放射線診断薬が開発されており、それらの研究成果を活用し、診断用核種を治療用のα線放出核種に切り替えることによっても治療薬の開発につながる可能性がある。新しい医療技術として、治療（Therapeutics）と診断（Diagnostics）を一体化した療法であるセラノスティクス（Theranostics）が注

目されているが、TATにおいてはセラノスティクスが標準であり、診断薬との同時開発が必要とされる。

国内では大阪大学が複数の開発パイプラインを有する。その中の一つ前立腺特異的膜抗原（Prostate Specific Membrane Antigen: PSMA）を標的とした^{211}At–PSMA–5はモデルマウスで腫瘍集積性と腫瘍増殖抑制効果を示した。腎臓に若干集積があるが、腎毒性の所見は認められていない。副作用の少ない前立腺がん治療薬を目指して、非臨床研究が続けられている。他にも、脳腫瘍治療を目指し^{211}At–PA（アスタチン標識フェニルアラニン）を[36]、膵臓がんや転移性の悪性黒色腫の治療薬候補として^{211}At–AAMT（アスタチン標識アルファメチルチロシン）を開発中であり[37]、モデルマウスにおいて腫瘍増殖抑制効果を報告している。また、^{225}Ac 標識線維芽細胞活性化タンパク質（FAP）阻害剤（FAPI）が、膵臓がんモデルマウスで顕著な抗腫瘍効果を示すことも報告されている[38]。FAPはがん周囲の間質に過剰発現する酵素である。さらに近年、特異性を高める取組みも行われている。標的特異性の高い抗体を利用する方法や金ナノ粒子がハロゲンの吸着性に優れることを利用して^{211}At標識金ナノ粒子を用いる検討も行われている[39]。

（4）注目動向

［新展開・技術トピックス］

• DNA コード化ライブラリー（DNA–encoded Library: DEL）

大環状化合物は構造の複雑さから誘導体合成の難易度は非常に高く、従来の低分子化合物ライブラリーの構築で用いたコンビナトリアル・ケミストリーでは、大規模な大環状化合物ライブラリーの構築が困難な状況であった。DELは、ひとつひとつの化合物を合成するのではなく、DNA上で3つのフラグメントを結合させることで大環状化合物群を億単位で作製し、標的との結合により選抜された化合物のDNAタグを解析することで活性体の構造を同定するシステムである[40]。従来の化合物ライブラリーからのハイスループットスクリーニングと比較して、DELによるスクリーニングからのヒット化合物探索は、コスト面も含め効率的であり、次世代の化合物ライブラリーの基盤技術として期待されている。Ensemble Therapeutics社、X–Chem社、DiCE Molecule 社などDELをプラットフォーム技術とする複数の創薬ベンチャーが登場してきており、国内外の製薬会社との提携も活発に行われている。また、PROTACの探索にも活用されている。

• 遺伝子改変技術による天然物の構造変換技術

天然化合物は、多様な生物活性と人類の叡智を超えた構造からなり、医薬品開発の優れたリソースとして用いられている。しかし、構造が複雑であることから、活性増強、薬物代謝改善あるいは副作用軽減を目的とした誘導体展開が、ほぼ不可能であった。この課題に対して、天然物生産菌の生合成遺伝子の一部を改変、もしくは新たに人工合成した遺伝子を導入して天然物の構造変換を行う技術が、産業技術総合研究所の新家を中心に次世代天然物化学技術研究組合で開発されている。中分子天然化合物の代表であるErythromycin、Avermectin、FK506およびRapamycinなどは、I型ポリケタイド生合成（PKS）により生合成されるマクロライド系化合物と呼ばれる一群の環状化合物であり、多くのマクロライド系化合物が医薬品として開発されている。I型PKS生合成遺伝子は、モジュールと呼ばれるユニットが連なった遺伝子クラスター構造からなり、各々のモジュール毎に炭素鎖が伸長し、また修飾酵素反応を行うドメインと呼ばれるユニットの構成の違いにより、ケトン、水酸基、二重結合などの酸化還元度の多様性を生み出す。したがって、これらのモジュールの組み合わせの違いにより多種多様な構造を構築することが可能であるが、I型PKS生合成遺伝子は100 kbを超える巨大かつ極めて相同性の高い繰り返し配列からなる遺伝子群で構成されているため、正確な遺伝子改変が不可能であった。次世代天然物化学技術研究組合が開発したモジュール編集技術は、これらの巨大な生合成遺伝子を、CRISPR–Cas9とGibson's assemblyを*in vitro*の反応系で行うことにより一塩基のエラーも無く、精密に望む通りに遺伝子の改変を可能にするものである。本技術を用いて、Rapamycinを対象に種々の誘導体の調製を試みた結果、成功率高く構造改変化合物の創製に成功した。環数の増減も達成しており、水酸基の立体反転など天然化合物の重要な特徴である立体化学の制御も可能であることを明らかにした[41]。本技術は、マクロライド系化合物のみならず、非リボゾームペプチド合成（NRPS）生合成遺伝子へも応用可能であり、アミノ酸ユニットの違いの多様性を生み出すことが可能である。リボソーム翻訳系翻訳後修飾ペプチド生合成（Ribosomally synthesized and post–translationally modified peptides: RiPPs）に関しては、前駆体ペプチドのアミノ酸配列を変えることで迅速な誘導体調製を可能にするシステムが確立している[42]。また、本技術の応用系として、ひとつのテンプレートに対して多様なモジュールをカセット交換することにより多様な化合物を創出する、combinatorial biosynthesisを可能にする技術の開発が進められている。これにより、今まで困難であった天然物の構造変換や同系統の化合物構造のライブラリー化が可能になり、天然物創薬の可能性が広がると考えられる。中分子化合物ライブラリー創出において天然化合物は重要な役割を担っており、多種多様な骨格を持つ天然化合物の創出法の開発は、医薬品開発に大きく貢献することが期待される。

• ゲノムマイニングによる未利用生合成遺伝子の応用

微生物の未利用二次代謝産物生合成遺伝子をゲノムマイニングにより見出し、異種発現生産による新規天然物探索が行われている。次世代天然物化学技術研究組合では、バクテリア人工染色体を用いる200 kbを超えるような巨大な遺伝子をクローニングする技術と、内在性生合成遺伝子をノックアウトした宿主を用いた系を応用することで、巨大な未利用生合成遺伝子を用いた化合物生産を達成している[43]。

• 立体構造規制ペプチドライブラリー

完全*de novo*設計（天然タンパク質にはないアミノ酸配列）によりヘリックス・ループ・ヘリックス（HLH）構造をもつ立体構造規制ペプチドが抗体様中分子として開発されている[44]。分子量が5,000以下に抑えられ、非免疫原性、細胞透過性を獲得し、さらに低コストでの化学合成が可能になるなど、中分子創薬の新しいモダリティとして期待されている。この分子標的HLHペプチドは、分子量約4,000の比較的小さな分子であるにもかかわらず抗体と同等の結合活性（Kd: 数nM以下）と安定性（血清中半減期: 14日以上）を持ち、抗原性を示さない。ファージライブラリーや酵母ライブラリーが構築されており、さまざまな標的タンパク質に特異的に作用する分子標的ペプチドが獲得されている。

• PROTAC創薬

Arvinas社は、アンドロゲン受容体を標的としたARV–110（前立腺がん）、エストロゲン受容体を標的としたARV–471（乳がん）のPhaseⅠ試験を2019年に開始している。どちらも経口剤である。中間解析では、安全性と標的分子の減少など有望な結果が得られていることが発表されている。また、神経変性疾患への展開が進んでいる。神経変性疾患は、細胞内外に存在する疾患原因タンパク質が異常凝集することで発症すると考えられている。東京大学の石川ら（現東北大）は、凝集タンパク質に特異的に結合する凝集タンパク質診断薬とユビキチンリガーゼリガンドを連結した低分子PROTACsが、ハンチントン病原因タンパク質とその凝集体量を減少させることを2017年に報告した[45]。続いて2022年に、ハンチントン病原因タンパク質を分解する凝集タンパク質診断薬と疎水性タグを連結した低分子PROTAC類縁体が、マウス脳内移行性を示すことを報告した[46]。Arvinas社は、タウタンパク質、α–シヌクレインを標的とした低分子PROTACを創製しており、マウス実験において中枢移行性を示し、*in vivo*でタウタンパク質を減少させたことを発表している。

• リソソーム分解を誘導するAUtophagy–TArgeting Chimera（AUTAC）など

不溶性凝集タンパク質は、ユビキチンプロテアソーム系よりもオートファジーで分解されていると考えられている。加えて、例えば神経変性疾患においてはプロテアソームの機能不全などが報告されており、このような疾患の治療に対してはPROTACsが利用しにくいことも危惧される。これに対してリソソーム分解を誘導する標的タンパク質分解は、PROTACを利用しにくい上記疾患原因タンパク質やオルガネラに対してモダリティの選択肢が増える可能性がある。

東北大学の有本らは、グアニン類縁体と標的タンパク質リガンドを連結したハイブリッド低分子autophagy–targeting chimera（AUTAC）が、オートファジーにより標的タンパク質を減少させることを2019年に報告した[47]。このAUTACは標的タンパク質だけでなくミトコンドリアも分解誘導できることが示された。また、東京理科大学の宮本はE3リガーゼを介さず、直接プロテアゾームと標的タンパク質を分解させる化合物を見出している（Chemical knockdown with Affinities aNd Degradation Dynamics: CANDDY）[48]。プロテアゾームに結合する化合物の構造情報は、プロテアゾーム阻害剤であるBortezomibなどで知られており、今後周辺誘導体の検討が進みバランスの取れた化合物が得られればPROTACに匹敵する成果が期待される。

2019年に復旦大学のLuらは、オートファゴソームタンパク質LC–3とハンチントン病原因タンパク質の両方に結合する分子糊autophagosome–tethering compound（ATTEC）が、マクロオートファジーによりハンチントン病原因タンパク質を減少させることを報告した[49]。脳内移行性を示す本分子糊は、化合物マイクロアレイのスクリーニングから発見されたことから、同手法が分子糊を見出す一般的方法になることが期待される。しかしこの続報は、ATTECをキメラ分子として使用している。

ノーベル賞受賞者であるスタンフォード大のBertozziらは、2020年に、細胞表面に局在するマンノース–6–リン酸受容体に結合するマンノース–6–リン酸類縁体を多数担持した高分子と抗体を連結した高分子lysosome targeting chimera（LYTAC）が、細胞外や膜に局在する抗原タンパク質をリソソームへ誘導して分解することを報告した。PROTACsが標的にできない分泌タンパク質を分解できる特徴をもつ[50]。

2022年にソウル大のKwonらは、ユビキチン結合タンパク質p62に対するリガンドを探索し、これと標的タンパク質リガンドを連結したautophagy–targeting chimera（AUTOTAC）が、標的タンパク質をオートファジーにより標的タンパク質を分解することを報告した。エストロゲン受容体やアンドロゲン受容体だけでなく、タウタンパク質やハンチントン病原因タンパク質などの神経変性タンパク質も減少させ、マウス動物モデルにおいても脳内のタウを減少させた[51]。

この他、膜局在のユビキチンリガーゼと膜局在の標的タンパク質に結合するbispecific抗体antibody–based PROTAC（AbTAC）が、リソソーム分解経路によって標的タンパク質を分解することが報告されている。

• 5価のリン原子を用いたオリゴ核酸合成

オリゴ核酸の合成には、Caruthersらによって1980年代に開発されたホスホロアミダイト法による固相合成が主に用いられてきた。3価のリン原子を含むホスホロアミダイトモノマーは十分な安定性と反応性を兼ね備えており、核酸合成装置を利用した自動合成のためのプロトコルもこの40年間の研究により最適化されている。一方、最近になってBaranらは5価のリン原子を用いたオリゴ核酸合成の新たな方法を開発した。これまでは5価のリン原子の反応性が乏しいため、実用的なオリゴ核酸合成には利用できないと考えられてきたが、彼らは十分な反応性を持つ5価のリン試薬を開発し、オリゴ核酸の合成に利用できることを示している。従来のホスホロアミダイト法では、モノマーの反応ごとに3価のリン原子を5価に酸化する必要があったが、今回の方法ではその必要がない[52]。また、通常のホスホジエステル結合に加えて、立体化学を制御したホスホロチオアート結合やホスホジチオアート結合などの合成にも対応している。今後の進展に注目すべき技術である。

• 核酸医薬品によるスプライス制御/mRNAの発現上昇

実用化が進む核酸医薬品としてスプライススイッチ型アンチセンス医薬が挙げられる[53]。これはpre–mRNAからmRNAへのスプライシング過程を制御し、特定のエキソンをmRNAから除くこと（エキソンスキッピング）や、望まないスプライシングによって除かれてしまうエキソンをmRNAに留めておくこと（エキソンインクルージョン）が可能となる。エキソンスキッピングとしては前述のDMD治療薬が臨床応用されている。DMDは原因遺伝子（ジストロフィン）が大きいため遺伝子治療が困難とされており、核酸医薬品はモダリティとして有利である。エキソンインクルージョンとしては、前述のSMA治療剤Nusinersenがある。これらは従来の創薬手法では非常に困難であった遺伝子の機能回復を実現するもので、難病の治療に新たな道筋を開くものである。特にNusinersenは商業的に成功した最初のアンチセンス薬となった。遺伝子変異などにより発現が低下してしまった遺伝子の発現を上昇させるアプローチとして、Stoke社のTargeted Augmentation of Nuclear Gene Output（TANGO）技術も注目に値する。これは、常染色体優性ハプロ不全として知られる重度の遺伝性疾患を治療する目的で開発された技術である。ハプロ不全の患者では、遺伝子の1つのコピーの変異に基づく正常なタンパク質発現の大幅低下が生じることが知られており、TANGO技術によりその遺伝子発現を正確にアップレギュレートすることが可能となる。現在、STK-001が遺伝子変異により発症する、てんかんの一種であるドラベ症候群の治療薬としてPhaseI/II試験が進んでいる。

• 各種コンジュゲート技術等

核酸医薬品のデリバリー技術はここ数年大きく進歩しつつあるが、その中でも肝臓へのデリバリー技術の進歩は目覚ましい。GalNAcは肝実質細胞に高発現するアシアロ糖タンパク質受容体のリガンドであり、適切なリンカーを介して核酸医薬品に共有結合させることで核酸医薬品の肝臓への移行量を数十倍程度向上させる[54]。ここ数年で、搭載するGalNAcの数や位置、リンカー構造の最適化が進み[55, 56]、siRNAやアンチセンスの肝臓へのデリバリー効率が飛躍的に高まったことから、GalNAc搭載型核酸医薬品の臨床試験は増加傾向にある。GalNAc以外の適切なリガンド分子やデリバリー技術の開発も活発化している。例えば、膵臓β細胞へのデリバリーを可能とするGLP-1ペプチドリガンド[57]と核酸医薬品とのコンジュゲート（IONIS社/AstraZeneca社）や抗体と核酸医薬品とのコンジュゲート（Avidity社/Eli Lilly社）を用いたアプローチなどがあげられる。 Avity社は本プラットフォームをAntibody Oligonucleotide Conjugate（AOC™）と命名し、筋強直性ジストロフィー 1 型 に対する治療薬であるAOC 1001（トランスフェリン受容体 1に結合するモノクローナル抗体を結合したsiRNA）のPhaseⅠ試験を2021年に開始している。

またmRNAワクチンに関してはアジュバンド技術が必要であり、その機能を担うLNPが有効に機能したが、治療薬としての用途には、むしろ起炎性の低い、あるいは炎症を起こさないDDSが必要である。そのためのLNPの改良、高分子など他の素材によるキャリア、あるいはキャリアフリーでのmRNA投与の研究開発が国内外で活発に行われており、治療用mRNA医薬品の実用化に向けた鍵を握る。これらの新しい技術開発に期待が寄せられている。

• 機能性mRNA

投与したmRNAからのタンパク質翻訳は通常の体内での翻訳メカニズムと同じで、そのシンプルさがmRNAの高い汎用性・安全性に繋がっているとも言える。一方、mRNAに機能性を持たせる代表的な技術が自己増幅型RNA（saRNA）で、ウイルス由来の増幅因子を挿入することによって、投与したRNAが一定期間細胞質内で増幅される[58]。 mRNAからのタンパク質翻訳を持続させ、少ない投与量で同等の効果を得ることが期待されるが、その安全性についてはまだ結論が出ていないのが実情である。

一方、mRNAに医薬品としての機能性を持たせる試みとして、細胞内のタンパク質、miRNAなどを検知するモチーフ配列を挿入することにより、投与mRNAからのタンパク質翻訳を制御する研究が進められており、投与したmRNAからの翻訳の細胞選択的制御、細胞選別システムへの応用などが検討されている[59]。

• RNA編集

近年創薬技術としての利用に注目が集まっているRNA編集は、内在性のA-to-I RNA編集酵素ADARの配列特異的な編集機構に着目したRNA配列の編集技術である[60, 61]。 CRISPR-Cas9によるDNA編集とは異なりRNAを対象としていることから、ゲノムへの予期せぬ変異の導入リスクは少ない。また、RNA編集ではヒトADARを用いることから、Cas9でみられる免疫応答の誘導も起こさないとされている。国内外での研究がここ数年活発化しているほか、核酸医薬品としての実用化に向けた研究もオランダProQR Therapeutics社などを中心に繰り広げられており、複数の候補品が臨床段階にある。また米国WAVE Lifesciences 社は同社が新たに実用化したリン酸基修飾体であるPN化を活用し、従来のRNA編集効率を大きく凌駕する結果を得ており[62)]、本技術を用いた臨床準備段階にある。本格的な実用化にはまだ解決すべき技術的課題も残されているが、今後の基盤研究の進展とともに大きな飛躍が期待される技術である。

• がんワクチン

感染症ワクチンに加えて、がんワクチン開発が盛んになっている。がんワクチンはがん細胞のネオ抗原を標的とするワクチンを投与し、ホストの細胞性免疫を活性化させてがん免疫療法を行うもので、mRNA創薬の最も期待される適応分野の1つである[63)]。特にがん患者一人一人の遺伝子変異を解析し、個別最適化したワクチン投与を行うがん個別化免疫療法は、mRNAでなければ出来ない新しい治療方法である。2022年に米Moderna社より、大規模臨床治験での良好な成績がリリースされ、近い将来の実用化が期待される。

• 一人の患者のための医薬品開発: Milasen

一般に新薬の開発には10～20年の歳月と膨大な研究開発費を要する。しかし、米国では難病を患う一人の女児のために、核酸医薬品の開発が行われた。さらに驚くべきことに、患者の受診から核酸医薬品の設計、安全性・有効性評価、そして投与までが1年という短期間で完遂された[36)]。今回の事例は、医師、研究者チーム、CRO、CMOがそれぞれのパフォーマンスを最大限に発揮するとともに規制当局の協力を得て実現したものであるが、核酸医薬品という創薬モダリティの可能性を大いに示すものとなった。このMilasenの開発以降、超希少疾患（患者数が1～10人程度）の患者に対する治療法開発（N–of–1 +創薬）の進め方が欧米を中心に活発に議論されており、2021年にはFDAより、アンチセンス医薬によるN–of–1 +創薬に関するガイダンスが示された[64)]。

• 規制科学の議論の活発化

欧米ではOligonucleotide Safety Working Group（OSWG）が中心となり、核酸医薬品の品質や安全性評価に関するホワイトペーパーを継続して発表している。日本でも規制科学の側面からの議論が活発化している。厚労省の革新的医薬品・医療機器・再生医療製品等実用化促進事業（大阪大学）での成果が報告書として取りまとめられている他、ICH–S6対応研究班（国立衛研）でも核酸医薬品の安全性評価に関して活発な議論と成果の論文化がなされてきた[65, 66)]。これらの成果を受けて、2018年9月に「核酸医薬品の品質の担保と評価において考慮すべき事項について」（薬生薬審発 0927 第3号）が、また2020年3月には「核酸医薬品の非臨床安全性評価に関するガイドラインについて」（薬生薬審発 0330 第1号）が[67, 68)]、さらに2022年4月には「「核酸医薬品の品質の担保と評価において考慮すべき事項について」に関する質疑応答集（Q&A）について」（事務連絡）が厚生労働省より発出された[69)]。こうした規制面での議論の活発化やガイドラインの整備は、核酸医薬品の研究開発を一層加速するものと期待される。

• α線核医学治療（Targeted α–particle therapy: TAT）

大阪大学では、α線核医学治療の社会実装を目指すベンチャー企業としてアルファフュージュン社を2021年4月に設立した。2022年に、内閣府原子力委員会アクションプランにおいて、^{211}Atと^{225}Acは、「重要ラジオアイソトープ」と位置付けられた。種々の難治性がんの制圧のために、多くの国内外の機関、企業と連携して様々なα線核医学治療薬の実現を目指している。

［注目すべき国内外のプロジェクト］

• 先端的バイオ創薬等基盤技術開発事業

わが国における中分子医薬品の開発を進める上で注目される政府主導プロジェクトとして、AMEDが実施する「先端的バイオ創薬等基盤技術開発事業」（2019～2023年）が挙げられる。中分子、核酸医薬品に関連するプロジェクトも複数採択されており、基盤技術開発や応用研究の推進に加えて、新たなベンチャー企業創出やアカデミアから企業への技術導出などにも期待が寄せられている。

「生命科学・創薬研究支援基盤事業」（BINDS、2017年～2021年）では、わが国の優れたライフサイエンス研究の成果を医薬品等の実用化につなげることを目的として、放射光施設（SPring–8、Photon Factory）、クライオ電子顕微鏡、化合物ライブラリー、NGSなどの大型施設・装置を整備・維持し、積極的に外部解放を行った。化合物ライブラリーの中には、天然物・大環状化合物・ペプチドなどの中分子ライブラリーが準備されていた。2022 年 4 月からその後継として「生命科学・創薬研究支援基盤事業（BINDS Phase Ⅱ）」が始まった。クライオ電子顕微鏡等の共用ファシリティの DX の推進など研究支援基盤の高度化、また新しいモダリティ（核酸医薬、中分子医薬、改変抗体など）に対応した技術支援基盤の構築などにより、医薬品のモダリティの多様化や各種技術の高度化に対応したライフサイエンス研究支援基盤のさらなる拡充を図り、創薬研究のみならず広くライフサイエンスの発展に資する基礎研究を推進する。

• 革新的中分子創薬技術の開発 / 中分子製造技術の開発、革新的中分子創薬技術の開発 / 中分子シミュレーション技術の開発

一般社団法人バイオ産業情報化コンソーシアム（JBIC）において、2018年4月から実施されている。これまで不可能であった中分子天然化合物の構造改変を可能にする革新的な技術開発、さらに中分子の膜透過性シミュレーションおよび細胞内PPI制御を目指したシミュレーション技術開発を目指している[70, 71]。

• 新学術領域研究「ケモテクノロジーが拓くユビキチンニューフロンティア」

有機化学によるケモテクノロジーを新たな武器としてユビキチンコードを「識る」「操る」「創る」研究を展開し、ユビキチンコードの動作原理を解き明かすと共に、ユビキチンを利用した新しい細胞機能制御技術の創成を目指す（2018～2022年）。これにより、国内での研究推進、共同研究が加速されている。標的タンパク質分解技術の開発など、ユビキチン創薬関連のテーマにも取り組んでいる。

核酸標的低分子に関しては、核酸標的低分子創薬研究会、mRNAターゲット創薬研究機構が密接に連携し、創薬研究を支援し、加速、ネットワーク形成を進めている。

• 次世代治療・診断実現のための創薬基盤技術開発事業（RNA標的創薬技術開発）

2021年度に、RNAの機能を制御する創薬基盤技術の開発を目的として創設されたAMEDの事業である。本事業では、RNA標的医薬品の代表である核酸医薬品の開発を加速するために、核酸医薬品の製造技術、精製技術、分析技術等の研究開発を始めとして、核酸医薬品関連プロジェクトが実施されている[72]。

• n–Lorem財団

n–Loremは2020年にIonis社の創設者であるCrookeが設立した財団であり、超希少疾患の患者を対象としたアンチセンス医薬の開発並びに治療推進を目指す非営利団体である。対象となる患者数が少ないN–of–1 +創薬は、一般的な商業モデルでの実施はほぼ不可能である[73]。 n–Lorem財団では、Ionis社との協業により個々の患者に対するアンチセンス医薬をオーダーメードで開発し、生涯無料で提供する。アンチセンス医薬品の開発並びにその後の治療に必要なコストは、創設者らの寄付金により賄われている。

（5）科学技術的課題

• 安全性向上に向けた基礎研究・技術開発

PROTACsでは、適応疾患によって利用すべきユビキチンリガーゼが存在すると考えられ、利用可能なユビキチンリガーゼの選択肢を増やすことが望ましい。同時に、安全性や特異性の高いユビキチンリガーゼリガンドの開発も望まれる。また、核酸医薬品はその標的特異性の高さから副作用が少ないと考えられていたが、安全性の懸念から開発中止になった開発候補品も存在する。核酸医薬品の副作用発現機構を明らかにするための取り組みは喫緊の課題として挙げられる。

• デリバリー技術

中分子医薬は、分子量が1,000を超えると細胞膜透過性が低下するため、細胞内へのデリバリーが大きな課題である。核酸医薬品は、肝臓など集積させやすい臓器以外に送達させる技術の開発が重要となっている。PROTACに見られるような化学と生物学の知識の融合が必須であると考えられる。また、脂質ナノ粒子やミセルなどの製剤技術、コンジュゲート技術を含めた多角的研究により、効率的なデリバリーや取り込まれた臓器内での分布拡大などを実現させなければならない。

• 核酸医薬品全般の製造技術

【核酸医薬品の製造】

核酸医薬品の研究開発段階に応じて、求められる製造技術は大きく二つに大別される。初期の研究段階においては、*in vitro*スクリーニングに用いるための少量多種の核酸合成が求められる。一方、研究開発の中盤から後半においては、少数の配列を大量に合成することが必要となる。後者については、国内で開発が進められている液相合成技術に期待したいが、それ以外にも連続合成（フロー合成）などを取り入れた新たな手法の開発が求められる。また、全世界的に核酸医薬品を受託製造する会社（核酸医薬品CMO）は依然として限定されており、プロジェクト平均で9–12カ月のリードタイムを要する場合があるなど開発進捗に大きな影響を及ぼしている。 Alnylam社などは自社生産サイトを立ち上げているが、わが国ではまず核酸医薬品CMOの健全な育成が喫緊の課題である。いずれにしても、安価で迅速かつ確実な核酸製造法の確立は、核酸医薬品の研究開発を加速する鍵となるであろう。

• mRNA製造技術

mRNA創薬の大きな課題として、その製造プロセスの煩雑さ、および大量生産の難しさがある。特に、現状は大腸菌で増殖させたDNAを処理してIVTの鋳型とするステップが不可避であるが、これを回避するため、大腸菌を用いないDNA増幅技術、さらにmRNA自体を完全化学合成する技術開発などが進められている。新型コロナウイルスワクチンなど比較的大量の備蓄が必要なもの、個別化がんワクチンなど、少量多品種の製造が求められるものなど、mRNA製造に対するニーズは多様であり、これらに対応する技術開発が望まれる。

• DNA、RNA結合性分子の学術的理解不足

RNAに低分子が結合することで構造が大きく変わる可能性は、タンパク質標的に比べて遥かに高い。誘導適合（Induced fit）や配座選択（Conformational selection）で複合体が形成するため、通常のドッキングシミュレーションや*in silico*スクリーニングは役に立たない可能性がある。また、どのような化合物がDNAやRNAに結合しやすい性質、選択性を示す可能性があるのか、構造変化を伴う結合の過程（結合経路）については、全く未開の研究領域である。

• α線核医学治療（Targeted α-particle therapy: TAT）

標的がん細胞にのみ送達する高度なドラッグデリバリー（DDS）技術の開発とα線の飛程が短いため、核種の効率的な細胞内への取り込みが活性向上に重要でありその技術開発が求められる。

（6）その他の課題

• 分野連携

「学」での研究はその性質上、一点集中型となる傾向がある。もちろん、ひとつの分野について深掘りしていくことは非常に重要であるが、医薬品の研究開発においては、基礎医学、化学、生物学、薬学、工学、情報科学、臨床、規制科学など幅広い分野の研究者が協働することが必要となる。こうした分野融合の場として、様々な学会や研究会がその機能を果たしているが、さらに一歩進んで分野連携型のプロジェクト研究を進めていくための環境整備や支援が必要であろう。

• 産学官連携

中分子医薬品や核酸医薬品といった新規創薬モダリティの研究開発は、医薬品創出という明確な出口を見据えたものであることから、産学連携の必要性・重要性については論を俟たない。しかしながら、「学」がカバーする研究領域と「産」のニーズとの間には大きな隔たりがあるように感じられる。これは、おそらくわが国におけるこれまでの医薬品研究開発の構造上の問題であると言える。その解決の一つの鍵となるのは、両者をつなぐ技術開発型のベンチャー企業であろう。「学」の技術を「産」のニーズを満たすレベルに仕上げ、医薬品創出を目指すベンチャー企業の役割は大きいが、ベンチャーキャピタル等の日本の投資額は米国の1/50、欧州の1/5程度に留まっている。日本型のベンチャー育成方法として、民間投資にレバレッジを効かせるなどの対策が必要である。新たな創薬モダリティの開発では、最先端の研究開発とともに規制面の議論も合わせて行っていくことが重要である。

• 萌芽的研究の実用化

欧米で萌芽的・挑戦的な技術であっても実用化に向けた研究開発が活発に進められている理由としては、アーリーフェーズのベンチャーに対する大型グラントが供給されること、萌芽的技術への評価が得やすく資金調達が比較的容易であり且つ規模が大きいこと、製薬会社、大学、ベンチャーを循環する流動性の高い人材環境があることが挙げられる。特に人材流動性に関しては、日本ではベンチャーや大学に製薬会社の現役の創薬研究者、開発担当者、事業開発担当者、経営プロフェッショナル人材が集まりにくく、医薬品開発の視点が不足する傾向にある。この点に関してわが国はアジア諸国と比較しても大きく後れを取っており、活性化を後押しする適切な施策が求められる。

（7）国際比較

国・地域	フェーズ	現状	トレンド	各国の状況、評価の際に参考にした根拠など
日本	基礎研究	○	↗	・AMED・JBICを中心に中分子創薬に焦点をあてたプロジェクトが進んでおり、今後の成果に期待できる。 ・天然物のリソースの蓄積は、日本が世界をリードできる状況にある。異種発現生産による中分子天然化合物創製技術に関しては世界トップと考えられる。 ・革新的バイオ医薬品創出基盤技術開発事業を基にアカデミアから創出されたベンチャー企業の開発や技術導出が進展している。産学官が一体となり運営する日本核酸医薬学会が基盤技術コア学会として機能と対外発信力を高めている。 ・核酸標的分子の創製、核酸高次構造解析など世界をリードする研究成果を発出している。

日本	応用研究・開発	◎	↗	・製薬企業が中分子化合物（天然物を含む）、PROTACsの研究開発に進出しており、今後の展開が期待される。 ・独自の技術プラットフォームを基にしたベンチャー企業が中分子創薬、PROTACsに取り組んでいる（インタープロテイン社、JITSUBO社、PRISM BioLab社、ペプチドリーム社、ファイメクス社など） ・国内創出の核酸医薬品が上市され、他にも国内ベンチャーを中心に臨床応用を目的に開発が進捗している。
米国	基礎研究	◎	→	・Macrocycleの基礎研究では大きく先行しており、バイオベンチャーの設立、製薬企業との提携も続いている。 ・ノーベル賞受賞者Bertozziをはじめ多くの創薬化学研究者がタンパク質分解分野に参入し、技術の発展・高活性化に貢献している。 ・環状ペプチドの研究では先端を走っているが、医薬品としての目立った成果は挙がっていない。 ・海洋生物共生難培養微生物由来化合物の異種発現生産を行い、新たな生理活性を見出すなどの成果が見られる。 ・Ionis社、Alnyam社が基礎段階から核酸医薬研究をリードしている。 ・Scripps研Disney、イリノイ大Zimmerman、カリフォルニア大サンディエゴ校Tor、デューク大Hargrove他、アカデミアでの核酸標的分子の研究競争力は高い。
	応用研究・開発	◎	↗	・中分子領域において比較的小さい分子量900以下の化合物の開発において規模を含めて先端を走っている。 ・PROTACs創薬を推進するArvinus社、C4 Therapeutics社、Kymera Therapeutics社などのベンチャーが巨額資金を調達、大手製薬企業との提携が進んでいる。Arvinas社は2品目の第2相臨床試験を実施中である。様々な企業が合計10剤の第一相臨床試験を実施中。 ・世界をリードする成果をもとにした臨床試験は、まず米国で実施され世界で最初に医薬品となることが多い。 ・核酸医薬品の上市が継続している。 ・RNA編集（WAVE社）技術を創薬応用する開発が加速。
欧州	基礎研究	◎	→	・Macrocycleの研究では、多くのアプローチが発表されている。2環性環状ペプチドなど新しいモダリティをベースとしたベンチャー企業が設立されている（Bicycle Therapeutics社）。 ・PROTACs研究で高活性化、構造生物学的解析など多くの成果が出ている。 ・グローバル製薬会社では、世界をリードする研究も進んでいる。 ・メタゲノム解析で明らかにした二次代謝産物生合成遺伝子をクローニングし、異種発現生産を達成している。 ・Secarna Pharmaceuticals社など核酸医薬プラットフォーマーが顕在化している。
	応用研究・開発	◎	↗	・グルーバルな大手製薬企業が中心となって、中分子医薬品、PROTACs開発を活発に行っている。 ・大手製薬企業に天然物・マクロライド化合物ライブラリーがあり、天然物やマクロライドを基にした創薬に積極的である。 ・オランダProQR Therapeutics社がRNA編集技術で臨床段階に進んだ。 ・Aptamer Group社などアプタマーのDDS応用が進む。
中国	基礎研究	○	↗	・中分子創薬に関して多くの研究者が総説を発表している。独自の展開とは言えないが、中分子創薬の研究が行われている。 ・スクリーニングによる分子糊（ATTEC）の発見、神経変性疾患への展開などが報告されている[41, 42]。
	応用研究・開発	○	↗	・PROTAC創薬を展開する米Cullgen社が上海に研究所を開設し、PROTACのIND- enabling preclinical studiesを米国で実施中。 ・WuXi STA社は2018年からmiRNA創薬に特化した米国Regulus社と協業し、存在感が増している。モノマー（原料）については既に生産の中心となっている企業がHongene社以外複数存在している。 ・Sirnaomics社が米国と中国で複数のsiRNA臨床開発を展開。

韓国	基礎研究	△	→	・新規ペプチド核酸技術を有するOliPass社がVanda社との技術アライアンスに成功。
	応用研究・開発	△	→	・RNAi創薬ベンチャーOliX Pharmaceuticals社は瘢痕再発予防RNAi治療薬OLX10010のP2試験を米国で実施中。 ・AUTOTACのベンチャー企業が設立。

（註1）フェーズ

基礎研究：大学・国研などでの基礎研究の範囲

応用研究・開発：技術開発（プロトタイプの開発含む）の範囲

（註2）現状　※日本の現状を基準にした評価ではなく、CRDSの調査・見解による評価

◎：特に顕著な活動・成果が見えている　　○：顕著な活動・成果が見えている

△：顕著な活動・成果が見えていない　　×：特筆すべき活動・成果が見えていない

（註3）トレンド　※ここ1～2年の研究開発水準の変化

↗：上昇傾向、→：現状維持、↘：下降傾向

関連する他の研究開発領域

・生体関連ナノ・分子システム（ナノテク・材料分野　2.2.2）

参考・引用文献

1) Stumpf M.P., et al., "Estimating the size of the human interactome" *Proc. Natl. Acad. Sci. USA*, 105（2008）: 6959-6964. DOI: org/10.1073/pnas.0708078105
2) Sheng C., et al., "State-of-the-art strategies for targeting protein-protein interactions by small-molecule inhibitors" *Chem. Soc. Rev*., 44（2015）: 8238-8259. DOI: 10.1039/c5cs00252d
3) Smith, R. D. et al., "Exploring protein-ligand recognition with Binding MOAD" *J. Mol. Graph. Model*., 24（2006）: 414-425. DOI: 10.1016/j.jmgm.2005.08.002,
Cheng, A. C. et al., "Structure-based maximal affinity model predicts small-molecule druggability" *Nat. Biotechnol.* 25（2007）: 71-75. DOI: 10.1038/nbt1273
4) Fischer, G. et al., "Alternative modulation of protein-protein interactions by small molecules" *Curr. Opin. Biotech.,* 35（2015）: 78-85, DOI: org/10.1016/j.copbio.2015.04.006,
Whitty, A. and Kumaravel, G. "Between a rock and a hard place?" *Nat. Chem. Biol.* 2（2006）112-118, https://www.nature.com/articles/nchembio0306-112.（2021年2月1日アクセス）.
5) Lai, A. C. and Crews, C. M., "Induced Protein Degradation: An Emerging Drug Discovery Paradigm", *Nat. Rev. Drug Discov*., no. 16（2017）: 101-114, https://www.nature.com/articles/nrd.2016.211（2021年2月1日アクセス）.
6) Schneekloth, A. R. et al., "Targeted Intracellular Protein Degradation Induced by a Small Molecule: En Route to Chemical Proteomics", *Bioorg. Med. Chem. Lett*., 18（2008）: 5904-5908. DOI: 10.1016/j.bmcl.2008.07.114.
7) Itoh, Y., et al., "Protein Knockdown Using Methyl Bestatin-Ligand Hybrid Molecules: Design and Synthesis of Inducers of Ubiquitination-Mediated Degradation of Cellular Retinoic Acid-Binding Proteins", *J. Am. Chem. Soc*., 132（2010）: 5820-5826. DOI: 10.1021/ja100691p.
8) Itoh, Y. et al., "Double Protein Knockdown of CIAP1 and CRABP-II Using a Hybrid Molecule Consisting of ATRA and IAPs Antagonist" *Bioorg. Med. Chem. Lett*., 22（2012）: 4453-4457. DOI: 10.1016/j.bmcl.2012.04.134.

9) Winter, G. E. et al., "Phthalimide Conjugation as a Strategy for in vivo Target Protein Degradation.", *Science* 348, no. 6241（2015）: 1376-1381. DOI: 10.1126/science.aab1433
10) Lu, J., et al., "Hijacking the E3 Ubiquitin Ligase Cereblon to Article Hijacking the E3 Ubiquitin Ligase Cereblon to Efficiently Target BRD4.", *Chem. Biol*. 22, no. 6（2015）: 755-763. DOI: org/10.1016/j.chembiol.2015.05.009
11) Ohoka, N. et al., "In vivo Knockdown of Pathogenic Proteins via Specific and Nongenetic Inhibitor of Apoptosis Protein（IAP）-Dependent Protein Erasers（SNIPERs）." *J. Biol. Chem*. 292（2017）: 4556-4570, https://www.jbc.org/article/S0021-9258（20）52181-9/pdf（2021年2月1日アクセス）.
12) Gadd, M. et al., "Structural Basis of PROTAC Cooperative Recognition for Selective Protein Degradation.", *Nat.Chem.Biol.* 13（2017）: 514-521. DOI: 10.1038/nchembio.2329.
13) Neklesa, T. K. et al., "Small-Molecule Hydrophobic Tagging-Induced Degradation of HaloTag Fusion Proteins.", *Nat. Chem. Biol*. 7（2011）: 538-543. DOI: org/10.1038/nchembio.597.
14) Ito, T. et al., "Identification of a Primary Target of Thalidomide Teratogenicity." *Science* 327, no. 5971（2010）: 1345-1350. DOI: 10.1126/science.1177319
15) Lu, G. et al., "G. The Myeloma Drug Lenalidomide Promotes the Cereblon-Dependent Destruction of Ikaros Proteins.", *Science* 343（2014）: 305-309. DOI: 10.1126/science.1244917.
16) Uehara, T. et al., "Selective Degradation of Splicing Factor CAPERα by Anticancer Sulfonamides.", *Nat. Chem. Biol*. 13（2017）: 675-680. DOI: 10.1038/nchembio.2363.
17) Han, T. et al., "Anticancer Sulfonamides Target Splicing by Inducing RBM39 Degradation via Recruitment to DCAF15.", *Science* 356（2017）. DOI: 10.1126/science.aal3755.
18) William Garland et al., *Medicinal Chemistry Review*, Chapter 5（2015）, https://www.acsmedchem.org/?nd=mcr5005（2021年2月1日アクセス）.
19) Harvey, A. L. et al., "The re-emergence of natural products for drug discovery in the genomics era" *Nat. Rev. Drug Discovery* 14（2015）: 111-129. https://www.nature.com/articles/nrd4510（2021年2月1日アクセス）.
20) 国立医薬品食品衛生研究所「日米欧で承認された核酸医薬品（2022年10月時点）」https://www.nihs.go.jp/mtgt/pdf/section2-1.pdf（2023年2月5日アクセス）
21) Brown, K.M., Nair, J.K., Janas, M.M. et al. "Expanding RNAi therapeutics to extrahepatic tissues with lipophilic conjugates" Nat. Biotechnol. 40（2022）: 1500-1508. doi: 10.1038/s41587-022-01334-x.
22) Graham S. Erwin et al., "Synthetic transcription elongation factors license transcription across repressive chromatin", Science 358, no. 6370（2017）: 1617-1622. DOI: 10.1126/science.aan6414
23) Wolff, J.A. et al., "Direct gene transfer into mouse muscle *in vivo*", Science 247, 1465-1468（1990）.
24) Stepinski, J. et al., "Synthesis and properties of mRNAs containing the novel "anti-reverse" cap analogs 7-methyl（3'-O-methyl）GpppG and 7-methyl（3'-deoxy）GpppG" RNA 7, 1486-1495（2001）.
25) Henderson, J.M. et al., "Cap 1 Messenger RNA Synthesis with Co-transcriptional CleanCap（(R)）Analog by In vitro Transcription", Curr Protoc 1, e39（2021）.
26) Gustafsson, C. et al., "Codon bias and heterologous protein expression", Trends Biotechnol 22, 346-353（2004）.

27) Kariko, K. et al., "Suppression of RNA recognition by Toll-like receptors: the impact of nucleoside modification and the evolutionary origin of RNA", Immunity 23, 165-175 (2005).
28) Uchida, S. et al., "Screening of mRNA Chemical Modification to Maximize Protein Expression with Reduced Immunogenicity", Pharmaceutics 7, 137-151（2015).
29) Han, X. et al., "An ionizable lipid toolbox for RNA delivery", Nat Commun 12, 7233（2021).
30) Felgner, P.L. et al., "Lipofection: a highly efficient, lipid-mediated DNA-transfection procedure", Proc Natl Acad Sci U S A 84, 7413-7417（1987).
31) Malone, R.W. et al., "Cationic liposome-mediated RNA transfection", Proc Natl Acad Sci U S A 86, 6077-6081（1989).
32) Alameh, M.G. et al., "Lipid nanoparticles enhance the efficacy of mRNA and protein subunit vaccines by inducing robust T follicular helper cell and humoral responses", Immunity 54, 2877-2892 e2877（2021).
33) C. Kratochwil. et al., "^{225}Ac-PSMA-617 for PSMA-Targeted α-Radiation Therapy of Metastatic Castration-Resistant Prostate Cancer", J. Nucl. Med., 57, 1941（2016).
34) T. Higashi et al., "Research and Development for Cyclotron Production of ^{225}Ac from ^{226}Ra—The Challenges in a Country Lacking Natural Resources for Medical Applications", Process, 10, 1215（2022).
35) Y. Ohshima et al., "Absorbed dose simulation of meta-^{211}At-astato-benzylguanidine using pharmacokinetics of ^{131}I-MIBG and a novel dose conversion method, RAP", Eur. J. Nucl. Med. Mol. Imaging, 45, 999（2018).
36) T. Watabe et al., "Targeted alpha therapy using astatine（^{211}At）-labeled phenylalanine: A preclinical study in glioma bearing mice", Oncotarget, 11, 1388（2020).
37) K. Kaneda-Nakashima et al., "α-Emitting cancer therapy using 211 At-AAMT targeting LAT1", Cancer Sci. 112, 1132（2021).
38) T. Watabe et al., "Theranostics Targeting Fibroblast Activation Protein in the Tumor Stroma: 64Cu- and ^{225}Ac-Labeled FAPI-04 in Pancreatic Cancer Xenograft Mouse Models", J. Nucl. Med., 61, 563（2020).
39) H. Kato et al., "Intratumoral administration of astatine-211-labeled gold nanoparticle for alpha therapy", J. Nanobiotechnol., 19, 223（2021).
40) Chan, A. I. *et al*., "Novel selection methods for DNA-encoded chemical libraries" *Curr. Opin. Chem. Biol*. 26（2015）: 55-61. DOI: 10.1016/j.cbpa.2015.02.010.
41) Kei Kudo et al., "In vitro cas9-assisted editing of modular polyketide synthase genes to produce desired natural product derivatives", *Nat. Commun*. 11, no. 1（2020）: 4022. DOI: 10.1038/s41467-020-17769-2.
42) Kei Kudo et al., "Comprehensive derivatization of thioviridamides by heterologous expression" *ACS Chem. Biol*. 14, no. 6（2019）: 1135-1140. DOI: 10.1021/acschembio.9b00330.
43) Takuya Hashimoto et al., "Novel macrolactam compound produced by the heterologous expression of a large cryptic biosynthetic gene cluster of Streptomyces rochei IFO12908", *J. Antibiot*., 73, no. 3（2020）: 171-174. DOI: 10.1038/s41429-019-0265-x.
44) 藤井郁雄、藤原大佑、道上雅孝「分子標的HLHペプチドを基盤とした新しい創薬モダリティー」『*Drug Delivery System*』35巻3号（2020）: 212-221. DOI: org/10.2745/dds.35.212
45) Tomoshige, S. et al., "Discovery of Small Molecules That Induce Degradation of Huntingtin", *Angew. Chemie Int. Ed*. 56（2017）: 11530-11533, http://www.iam.u-tokyo.ac.jp/chem/

IMCB-8ken-HP/Publications.html（2021年2月1日アクセス）.
46) Tomoshige, S et al., “Discovery of Small Molecules That Induce Degradation of Huntingtin”, Angew. Chemie Int. Ed. 2017, 56, 11530-11533.
47) Takahashi, D. et al., “Cargo-Specific Degraders Using Selective Autophagy”, *Mol. Cell* 76（2019）: 797-810. DOI: 10.1016/j.molcel.2019.09.009.
48) WO2016204197A1, https://patents.google.com/patent/WO2016204197A1/ja（2021年2月1日アクセス）.
49) Li, Z. et al. “Allele-Selective Lowering of Mutant HTT Protein by HTT-LC3 Linker Compounds”, *Nature* 575（2019）: 203-209. DOI: org/10.1038/s41586-019-1722-1.
50) Banik, S. M.; Pedram, K.; Wisnovsky, S.; Ahn, G.; Riley, N. M.; Bertozzi, C. R. Lysosome-Targeting Chimaeras for Degradation of Extracellular Proteins. Nature 2020, 584, 291-297.
51) Ji, C. H. et al. “The AUTOTAC Chemical Biology Platform for Targeted Protein Degradation via the Autophagy-Lysosome System”, Nat. Commun. 2022, 13, 1-14.
52) Huang, Y. et al., “A P（V）-Platform for Oligonucleotide Synthesis.” Science, 373（2021）: 1265-1270. doi: 10.1126/science.abi9727.
53) Havens, M. A. and Hastings, M. L., “Splice-switching Antisense Oligonucleotides as Therapeutic Drugs.” *Nucleic Acids Res*. 44, no. 14（2016）: 6549-6563. DOI: 10.1093/nar/gkw533.
54) Prakash, T.P. et al, “Targeted Delivery of Antisense Oligonucleotides to Hepatocytes Using Triantennary *N*-Acetyl Galactosamine Improves Potency 10-Fold in Mice.” *Nucleic Acids Res.* 42, no. 13（2014）: 8796-807. DOI: 10.1093/nar/gku531.
55) Matsuda, S. et al., “siRNA Conjugates Carrying Sequentially Assembled Trivalent *N*-Acetylgalactosamine Linked Through Nucleosides Elicit Robust Gene Silencing *in vivo* in Hepatocytes.” *ACS Chem. Biol*. 10, no. 5（2015）: 1181-1187. DOI: 10.1021/cb501028c.
56) Yamamoto, T. et al., “Serial Incorporation of A Monovalent GalNAc Phosphoramidite Unit into Hepatocyte-targeting Antisense Oligonucleotides.” *Bioorg. Med. Chem*. 24, no. 1(2016): 26-32. DOI: 10.1016/j.bmc.2015.11.036.
57) Ämmälä, C., et al., “Receptor-dependent Productive Uptake of GLP1-conjugated Antisense Oligonucleotides Occurs Selectively in Pancreatic β-cells.” *Sci. Adv*. 4, no. 10（2018）: eaat3386. DOI: 10.1126/sciadv.aat3386.
58) de Alwis, R. et al., “A single dose of self-transcribing and replicating RNA-based SARS-CoV-2 vaccine produces protective adaptive immunity in mice”, *Mol Ther* 29, 1970-1983（2021）.
59) Nakanishi, H., Saito, H. Itaka, K. “Versatile Design of Intracellular Protein-Responsive Translational Regulation System for Synthetic mRNA”, ACS Synth Biol 11, 1077-1085(2022).
60) Nishikura, K. “Functions and Regulation of RNA Editing by ADAR Deaminases.” Annu. Rev. Biochem. 79, no.1（2010）: 321-349. doi: 10.1146/annurev-biochem-060208-105251.
61) Reardon, S. “Step Aside CRISPR, RNA Editing Is Taking Off.” Nature 258,（2020）: 24-27. doi: 10.1038/d41586-020-00272-5.
62) Monian, P., Shivalila, C., Lu, G. et al. “Endogenous ADAR-mediated RNA editing in non-human primates using stereopure chemically modified oligonucleotides.” Nat. Biotechnol. 40,（2022）: 1093-1102. https://doi.org/10.1038/s41587-022-01225-1.
63) Sahin, U. et al., “An RNA vaccine drives immunity in checkpoint-inhibitor-treated melanoma”, Nature 585, 107-112（2020）.

64) U.S. FOOD & DRUG Administration “Nonclinical Testing of Individualized Antisense Oligonucleotide Drug Productsfor Severely Debilitating or Life-Threatening Diseases” https://www.fda.gov/media/147876/download（2023年2月5日アクセス）
65) ICH S6対応研究班「SERIES 核酸医薬の非臨床安全性を考える」『医薬品医療機器レギュラトリーサイエンス』46巻5号（2015）: 286-289、46巻6号（2015）: 374-379、46巻8号（2015）: 523-527、46巻10号（2015）: 681-686、46巻12号（2015）: 846-851、47巻2号（2016）: 101-104、47巻4号（2016）: 250-253、47 巻8号（2016）: 568-574、47巻10号（2016）: 724-729.
66) 木下潔他「核酸医薬品の安全性評価に関する考え方 ―仮想核酸医薬品をモデルとして―」『医薬品医療機器レギュラトリーサイエンス』49巻2号（2018）: 105-111、49巻3号（2018）: 157-163、49巻4号（2018）: 207-214.
67) PMDA「核酸医薬品の品質の担保と評価において考慮すべき事項について」薬生薬審発 0927 第3号、https://www.pmda.go.jp/files/000228569.pdf（2021年2月25日アクセス）.
68) PMDA「核酸医薬品の非臨床安全性評価に関するガイドラインについて」薬生薬審発 0330 第1号、https://www.pmda.go.jp/files/000234603.pdf（2021年2月25日アクセス）.
69) 厚生労働省「「核酸医薬品の品質の担保と評価において考慮すべき事項について」に関する質疑応答集（Q&A）について」https://www.mhlw.go.jp/hourei/doc/tsuchi/T220610I0010.pdf（2021年2月25日アクセス）.
70) JBiC「革新的中分子創薬技術の開発 / 中分子製造技術の開発」https://www.jbic.or.jp/enterprise_developer/023.html（2023年2月25日アクセス）.
71) JBiC「革新的中分子創薬技術の開発 / 中分子シミュレーション技術の開発」https://www.jbic.or.jp/enterprise_developer/024.html（2023年2月25日アクセス）.
72) AMED「令和3年度「次世代治療・診断実現のための創薬基盤技術開発事業（RNA標的創薬技術開発）」の採択課題について」https://www.amed.go.jp/koubo/11/01/1101C_00004.html（2023年2月25日アクセス）.
73) n-lorem Foundation HP, https://www.nlorem.org（2023年2月25日アクセス）.

2.1.2 高分子創薬（抗体）

（1）研究開発領域の定義

有機化学を基盤に化学合成で得られる合成医薬品に対して、遺伝子組換え技術などのバイオテクノロジーを利用し、微生物や動植物細胞を用いて生物的に生産・調製された原薬を医薬品化したものをバイオ医薬品という。その多くは、高分子量の生体分子（タンパク質、核酸、多糖やそれらの複合体など）であることから「高分子医薬品」と「バイオ医薬品」はしばしば同義で用いられる。高分子医薬品は一般的に分子量数千以上の分子群を指し、主にタンパク質、核酸、多糖やそれらの複合体、混合物からなる。従来の低分子医薬品では困難な標的への高い結合能や選択性を発揮するものが多く、創薬モダリティとして難治性疾患治療などへの応用が盛んである。研究開発領域としては分子の安定性や活性の向上、低分子化、人工分子開発、DDS、製造法開発などが含まれ、本項では特に抗体医薬を中心に取り上げる。

（2）キーワード

バイオ医薬品、ADC（Antibody–Drug Conjugation）、バイスペシフィック抗体、VHH（variable domain of heavy chain antibody）、選択的結合親和性、エピトープ、レパトア解析、タンパク質工学、X線結晶解析、データベース、分子シミュレーション、構造モデリング、結合自由エネルギー、新規scaffold

（3）研究開発領域の概要

［本領域の意義］

抗体は、特定の抗原分子のみを極めて特異的に選択して結合し免疫機能を発揮するタンパク質分子であり、生体高分子であることから生体適合性が高く血中半減期が長い、抗原に対する高い親和性と特異性を有する、創薬シナリオが描きやすい、既に多くの開発実績があり開発ノウハウが蓄積されているなどの特長から、医薬品としてその実用化が進んでいる。特に、がん、関節リウマチなど既存の治療法や薬剤で満たされなかった、いわゆるアンメット・メディカル・ニーズが高い疾患領域で高い有効性を発揮したこともあり、積極的な開発が世界中で進められている。

わが国発のNivolumab（Opdivo®）に代表される免疫チェックポイント分子に結合する抗体医薬品は、極めて有効な医薬品として活用され、がん免疫療法を医療として確立した。バイオ医薬品が治療にパラダイムシフトをもたらしたと言われる関節リウマチ治療などで用いられる抗TNFα抗体であるAdalimumab（Humira®）は、2021年に世界で最も売れた医薬品（除COVID–19ワクチン）であり、その売上げは207億ドルに達している。2021年の医薬品売上げトップ20のうち、12製品が抗体医薬品であり、2019年の9製品よりもその数を伸ばした。

また、その標的特異性からAntibody–Drug Conjugate（ADC）などDrug Delivery System（DDS）への活用、抗原結合部位が2価であることからそれぞれが異なるエピトープに結合するバイスペシフィック抗体の開発なども注目されている。一方、大きな分子量とヘテロ4量体という複雑な構造に起因する製造工程、コスト、安定性、溶解性、標的へのアクセスといった課題は残されている。そのため、様々な抗体フォーマットによる低分子化抗体や抗体以外の分子骨格（scaffold）を用いた高分子医薬品の設計と合成が国内外で進んでいる。低分子化抗体としては、single–chain variable fragment（scFv）、variable domain of heavy chain antibody（VHH）などが注目され、scaffoldとしては比較的分子量が小さいながらも、安定性および水への溶解性が高く大腸菌でも高発現なタンパク質あるいは人工タンパク質が用いられている。これら分子の取得方法については後述する。

また、抗体のような新たなモダリティを患者に届けるためには、製造技術開発も重要な領域である。近年その生産性やスピードが大幅に改善されている。また、抗体製造に用いられる技術は、抗体以外のバイオ医薬品（細胞・遺伝子治療薬など）の生産においても共通するものが多く、さらに求められる人材の資質と専門性にも共通する点が多い。したがって、抗体製造技術の領域で生まれた技術や人材は、抗体以外のバイオ医薬領域あるいはそれを超えたバイオ産業全体に広がり、その国のバイオ産業の発展にも資する。

［研究開発の動向］

バイオ医薬品はもともと生体内に微量しか存在しないサイトカイン、ホルモン、酵素などタンパク質関連分子を、遺伝子組換え技術により微生物や動物細胞で大量に生産・調製し、医薬品として開発されたものである。これらは、第一世代バイオ医薬品とも呼ばれる。わが国では、インスリンなどのホルモンに加え、エリスロポエチン製剤、Granulocyte Colony Stimulating Factor（G-CSF）製剤、血液凝固因子製剤が上市され、3,000 億円規模の市場を形成した。第一世代バイオ医薬品は1980年代に大きな盛り上がりを見せたが、その後 10 年程度、表面上は新たな展開に乏しかった。そのような中、第二世代バイオ医薬品として、1998年に2つの抗体医薬品が米国バイオベンチャーから上市された。抗体の医薬品応用自体は、1975年のモノクローナル抗体作製技術の完成を受け、1980年代には「ミサイル療法」として期待されていた。しかし、マウス抗体であったためHuman Anti-Mouse Antibody（HAMA）が生じて強い免疫反応を誘導するという課題があった。この解決のためにはマウス-ヒトキメラ抗体構築、あるいはマウス抗体のヒト型化技術が必要とされた。これらも1990年代初頭にはコンセプトが提案されていたものの、様々な試行錯誤を経て上市は1998年となった[1)]。

【抗体工学技術の発展】

ヒトゲノム解読をきっかけとしたゲノム、タンパク質に関する情報の蓄積や、タンパク質工学、進化工学などの生命科学の著しい発展を受けた研究開発が進展している。近年では第二世代型の抗体周辺に関する特許の有効期限切れを受けて、バイオ後続品（バイオシミラー）、抗体にリンカーを介して低分子薬剤結合させたAntibody-Drug Conjugate（ADC）、2つの抗原に対する結合特異性を持つバイスペシフィック抗体、体内動態を改変するためなどの修飾を行った改変抗体、あるいは低分子化抗体など（第三世代バイオ医薬品）の開発が進められている。

抗体分子がもつ高分子医薬品としての課題を解消し、その高い選択性と標的に対する強い親和性といった特長を保持した新たな高分子医薬品としてscFv やVHHが利用されている。 scFvとしては、ヒト化抗VEGFモノクローナル抗体一本鎖Fv断片Brolucizumab（Beovu®）が、2019年10月に滲出型加齢黄斑変性治療薬として米FDAで承認された。分子量が小さい（26.3 kDa）ことから、投与量が制限される眼の硝子体内注射において他のVEGF阻害薬に比して10～20倍高度濃度で投与可能であり、眼組織への移行性が高いとされている[2)]。VHHは1993年にその存在が報告され、医薬品としての可能性も示唆された[3)]。Ablynx社が独占的実施権を有していた基本特許が2013年に満了となり、抗体医薬のフォーマットとして研究が活性化した。 VHHは、従来の抗体に比べてエピトープの多様性が大きい。物理化学的には、分子量が約13～15 kDa、安定性が高く、変性後のリフォールディングが容易であるため、大腸菌などの宿主で大量調製が容易で製造のコストダウンが図れる。室温で保存、流通が可能であり、薬剤管理のコストダウンも期待できる。また、注射剤の他に、低侵襲な経肺、経鼻投与などが検討されており、最近では経口によって大腸粘膜まで到達して炎症を抑制するVHHも報告されている。医薬品としての第一号は二価VHH（27.9 kDa）としてフランスSanofi社（Ablynx社を2018年に約5,300億円で買収）の後天性血栓性血小板減少性紫斑病治療薬Caplacizumab（Cablivi®）が2018年に欧州で承認された。

また、全く新規のscaffoldを有する高分子医薬品創成の試みも行われており、最近、成熟しつつある。新規scaffoldを持つSynthetic binding proteinsあるいはEngineered binding proteinsと称される人工タンパク質がこれまでに多く開発されている。これらの人工タンパク質の特徴は、50～150アミノ酸残基からなる比較的分子量が小さいながらも安定性および水への溶解性が高く、また大腸菌でも高発現であり、その立体構造もX線結晶解析やNMR解析で観測されやすいことである。代表的なものを以下に示す。

・Monobodies: fibronectin type III domainを元にしたImmunoglobulin foldを持つ[4, 5)]
・Adnectins: Monobodiesと同様fibronectin type III domainを元にしたImmunoglobulin foldの治療薬を目指し企業が開発した人工タンパク質[6)]
・Affibodies: *Staphylococcus aereus*由来のプロテインAのZドメインで、3本のα–helixからなるthree helical bundleのトポロジーを持つ[7)]
・Affimers: オリジナルはAdhironとも呼ばれ、植物由来のphytocystatinsを基に設計したもので、cystatin–like fold（4本のβ–strandsからなる1枚のβ–sheet上に1本のα–helixが乗ったもの[8, 9)]
・Anticalins: lipocalinsを基に設計され、β–barrelに1本のα–helixが付随したフォールド[10)]
・αRep: ロイシン・リッチ・リピートのようにthermostable HEAT–like repeatによるもの[11)]
・DARPins: ankyrin repeat proteinを基にし、（β–turn）–（α–helix）–（α–helix）の繰り返し配列[12, 13)]

上述のような新規scaffoldsに標的分子に対する高い選択性と親和性を付与するために、下記の技術が活用されている。

• ファージ・ディスプレイ等の進化分子工学の応用によるペプチド断片の取得

新たなscaffoldsを持つ人工タンパク質に機能を持たせる手法としては、2018年のノーベル化学賞の対象となったArnold、Smith、Winterらがパイオニアとなって開発された進化分子工学が利用される。比較的低分子量のタンパク質においてその一部の領域をランダム化してファージ表面に提示させるファージ・ディスプレイ法（Monobodies、Affibodies、Affimers、Anticalins、αRep）、酵母表面に提示させるイースト・ディスプレイ法（Adnectins）、mRNAディスプレイ法（Adnectins）、リボソーム・ディスプレイ法（DARPins）が用いられている。

• X線結晶構造解析やコンピュータ・モデリングによる標的分子との複合体構造解析

低分子医薬品の開発において既に常道となっている標的分子と受容体複合体の立体構造解析は、その分子認識メカニズムを確認し、新規scaffoldsを持つ人工タンパク質の最適化には欠かせない手法である。Monobodiesをはじめとする人工タンパク質では、初期の分子設計時にコンピュータ・モデリングがホモロジー・モデリングの手法で行われ、実際の分子が創成された段階で、X線結晶構造解析により標的分子との複合体構造が解析されている。

• コンピュータ・シミュレーションによる結合自由エネルギー解析

低分子医薬品候補と受容体タンパク質のドッキング計算において、近年、溶媒分子を露わに取り入れた分子動力学（Molecular Dynamics: MD）計算の応用として、結合自由エネルギーを算出する手法が成熟している。具体的な手法を下記にまとめる。

・自由エネルギー摂動（Free energy perturbation: FEP）法: 1980年代から提案されてきた手法であり、リガンドの受容体への結合ポーズが正しいことを前提として、複数のリガンド間の結合自由エネルギーの差を計算機中のachiralなパスによって求める。近年になってSchrödinger社によりFEP+として多くのリガンドを一度に計算して精度を上げる改良がなされた[14, 15)]。
・Replica Exchange with Solute Tempering（REST）法: Sugita & Okamotoによるレプリカ交換法[16)]を基にし、対象とする溶質の温度をレプリカ交換で変化させる一方、溶媒については大きく変化をさせない手法として構造サンプリング効率を上げ、リガンド・受容体複合体における正しい結合ポーズを推定する手法[17)]。
・Umbrella Sampling法: これも1980年代から歴史がある手法であるが、レプリカ交換法と組み合わせたREUS法[18)]が提案され、リガンドと受容体間の距離に対応するパラメータを反応座標として広く複合体の構造探索が行われるようになり、精度が向上している。

・virtual–state coupled MD（VcMD）法：ある反応座標の領域のみ自由に動ける粒子系を多数作って独立のMD計算を短時間同時に実施し、その後にある確率で領域を跨いで異なる領域でのMD計算を実施することを繰り返し、最終的に広く構造探索を行う手法。温度を上げることなく高効率の探索が可能のため、タンパク質への応用に適する[19, 20]。

さらに派生的な手法の開発が広く国内外で進んでいる。フレキシブルなペプチド鎖あるいはタンパク質のループ領域とタンパク質受容体との複合体に関する自由エネルギー地形の計算が行われ[21, 22]、リガンド側がタンパク質の場合（すなわちタンパク質間相互作用（Protein–Protein Interaction: PPI））における結合自由エネルギーの算出も試みられている[23]。

抗体の改良に重要なデータベースとして、配列に関してはKabatデータベース、立体構造解析に基づく分子構造に関してはProtein Data Bank（PDB）がある。 PDBから派生したデータベースとして、英国オックスフォード大学のグループによるStructural Antibody Database（SAbDab）、英国University College LondonのグループによるAntibody Structure Database（AbDb）、さらに配列と構造を統合したものとして同じくUCLよりabYsisが公開されている。また、抗体および抗原との複合体の立体構造情報を基にした設計による新たな抗原結合能を持つCDRや、抗原結合能や選択性の増強検討もなされている。2011年と2013年には主に企業研究者によって行われたブラインドコンテストAntibody Modeling Assessment（AMA）が開催され、抗体のアミノ酸配列を入力するだけで自動的にその立体構造を予測して出力するwebサービスKotai Antibody Builderが開発され公開されている。一方、抗原との複合体構造のモデリングについては、より一般的なタンパク質間相互作用予測を行うブラインドコンテストであるCritical Assessment of Prediction of Interactions（CAPRI）が2001年から開始され、現在までに47ラウンド、160の複合体を対象に行われきた。このように分子立体構造データベースや計算科学などコンピュータを活用することで、抗体の弱点克服に向けた熱安定性の増強、可溶性向上、抗原結合能と選択性の増強、低分子化といった観点からの改良が行われてきている。

【抗体製造技術の発展】

現在では様々な生命科学分野において重要なツールである遺伝子組換え技術は、もともと基礎研究のために考案されたものであったが、1973年に技術が誕生するのとほぼ同時に、医薬品製造に応用できることに気づいた人々がいた。彼らは、化学合成では製造困難な医薬品を遺伝子組換え技術で製造できると考え、1978年に大腸菌で製造したインスリンを市場に送り出した[24]。その後、遺伝子組換え技術は、抗体医薬をはじめとするバイオ医薬品の製造のコア技術となった[25]。

抗体製造技術と一口に言ってもそのカバーする範囲は広い。ここでは「製造プロセス技術」「製造設備・施設に関する技術」「製造プロセスをマネージメントする技術」について取り上げる。

• 製造プロセス技術

製造プロセスとは、3つの過程からなる。❶優れた宿主（細胞、細菌、生物など）の作成 ❷宿主に最大の能力を発揮させる（培養、飼育）❸夾雑物を取り除いて単一な抗体を得る（精製）である。それぞれの過程を説明する。

❶ 優れた宿主の作成

目的の抗体を高産生する宿主を作成することを指し、抗体製造プロセス開発の最初の一歩である。市場にあるほとんどの抗体医薬はChinese hamster ovary cells（CHO細胞）を用いて製造されているが[26]、大腸菌由来の低分子抗体[27]、酵母菌由来のIgG1（Eptinezumab）[28] なども一部利用されている。研究・臨床試験レベルでは、大腸菌[29]、ヤギ[30]、鶏によるフルサイズ抗体生産例もある。ここではCHO細胞を用いた細胞株構築について説明する。

1990年代に抗体医薬が登場した当時は、まだCHO細胞の抗体生産量が低かったため（～1 g/L）、培養法の改良とともに、遺伝子導入ベクターの改良や遺伝子改変による細胞株の改良によって生産量を高めることに力が注がれた。その結果、2000年代には抗体生産量は10 g /Lに達し、細胞株改良のターゲットは、より遺伝安定性の高い細胞株の構築、抗体生産が難しい細胞への遺伝子導入法の改良[31]、細胞株スクリーニングの高速化に向かった[26, 32]。結果として、ターゲットインテグレーション[33, 34]を始めとする細胞株構築技術の進歩により、候補抗体の決定から臨床試験申請までの期間はこの7–8年で、約18ヶ月から10–12ヶ月と大幅に短縮された[35]。

❷ 培養工程の技術

通常CHO細胞の培養工程は、セルバンク/播種→拡大培養→生産培養→ハーベスト（細胞除去、清澄化）からなり、現在では世界的にほぼ共通なプラットフォームが用いられている[32, 36]。

抗体製造に用いられる代表的な培養方法は3種類あり、培養開始時の培地で終了時まで培養を行うバッチ（回分）培養、培養期間中に培地や特定成分を追加するフェドバッチ（流加）培養、一定の速度で培養系に培地を供給し、同時に同量の培養液を抜き取るパーフュージョン（灌流）培養がある。現在の抗体生産の主流はフェドバッチ培養である。フェドバッチ培養はシンプルでフレキシブルなプロセスなので、培養パラメータの最適化で産生量や品質の改善あるいはスケールアップが比較的容易である。さらに、汎用技術化しているので、CMOを含む異なる製造所への技術移管が容易である点が強みである。フェドバッチ培養自体は成熟化した技術であるが、過去30年間、製造する抗体に合わせてさまざまな改良が続けられ（高密度フェドバッチ培養、完全化学合成培地[37]、プロセスモニター技術、プロセス管理パラメータの最適化など）、現在もプロセスの強化（process intensification）が続いている[38]。

パーフュージョン培養の利用も近年見直されている。タンパク質の生産に最初に灌流培養が適用されたのは1980年代の後半に遡るが、培地コストが嵩むため、その適用は限定的であった[39]。2010年代半ばになり、バイオ医薬品の生産性を飛躍的に上げてコストダウンを図る必要が高まる中で連続生産技術が注目され[40]、連続生産技術としてのパーフュージョン培養が再び注目されるようになった[39]。

❸ 夾雑物を取り除いて単一な抗体を得る精製工程（DSP）

精製工程は、キャプチャー工程（プロテインA）→ポリッシング工程（陰イオン、陽イオン交換クロマトグラフィー）→ウィルス除去工程（フィルター）→濃縮工程（UF/DF膜）からなる。この工程もプラットフォーム化されており、現在では世界中でほぼ共通のプロセスが使われている[41]。すでに述べたように、培養工程ではフェドバッチ培養の改良により、抗体発現量は1–10 g /Lレベルに上がっており、さらに灌流培養が導入されることで、さらに生産性が向上している。一方精製工程のキャパシティーは、抗体産生量の増加に見合った進歩を遂げておらず、前段階のステップである❷の培養工程の産生量を上げても精製が追いつかないという“Downstream bottleneck”[42]の状態に陥っている。コストの観点からも、抗体発現量が低い時は全製造コストに占める培養工程の比率が大きくなるが、抗体発現量が高くなるとむしろ精製工程の比率が高くなり、その割合は最大で80 %になると言われている[43]。その意味からも、連続精製技術の導入によりダウンストリームのキャパシティーを上げることが重要になっている。

精製工程で除去される不純物の一種に、Host Cell Protein（HCP）がある[44]。HCPの中で、毒性や免疫源性を示すものや、抗体の安定性に影響を与えるものをハイリスクHCPと呼ぶ。ハイリスクHCPの中には、抗体と強く相互作用するため精製が極めて困難なものがあり、これを除去する精製法の確立と分析法の開発が重要な技術課題になっている。

- **製造設備・施設に関する技術**

浮遊撹拌培養を行うための培養槽の基本デザインは、1980年代にCHO細胞の培養技術が確立されてからほとんど変わっていない。その中で、この分野において、ここ10年で急速に普及した技術の一つにシングルユース技術がある。バイオ医薬品製造へのシングルユース技術の利用は、2000年代初頭にごく限られた小スケール設備で始まった。しかしながら現在では、2,000 L位までの抗体製造設備であれば全てをシングルユース設備で賄える様になっており、最大5,000 Lの培養槽も市販され始めている[45, 46]。全てをシングルユース設備としている企業や、シングルユースとステンレス設備を組み合わせて使用している企業を合わせると、ほぼ全てのバイオ医薬品製造企業がシングルユース設備を利用していると言っても過言ではない。

本技術が急速に普及した背景には、設備導入コスト削減や上市までの期間短縮への要請、遺伝子治療などの新たなモダリティの登場といった環境変化が影響する。一方でシングルユース設備は製品供給や品質の確保などサプライヤーへの依存度が高いため、パンデミック時などは安定生産上のリスクとなる場合がある。

- **製造プロセスをマネージメントする技術**

自動車・食料・一般消費財などの製造分野と比較すると、バイオ医薬品製造の分野ではこれまで自動化やデジタル化がなかなか進まなかった。しかしながら近年、生産性の高い製造システムの構築に向けた試みが世界中で始まっている。背景には、医薬品をいち早く上市すること（speed to market）がこれまで以上に求められるようになったこと、さらに、規制当局による“データインテグリティ”の重視や、パンデミック下において省人、無人製造の必要性が高まっていることが挙げられる。

自動化やデジタル化を進めるこれらの取り組みは、バイオ医薬品製造分野のIndustry4.0（第四次産業革命）という意味を込めてBiopocessing4.0あるいはPharma4.0®と呼ばれている。海外ではこれら実装に向けてバイオ医薬企業、サプライヤー、IT企業、エンジニアリング企業などの異業種間連携に加えて、規制上の課題へも業界団体（BioPhorumやInternational Society for Pharmaceutical Engineering）を中心に企業間協働で進められている（Biomanufacturing Technology RoadmapやISPE Pharma 4.0®等）。

（4）注目動向

[新展開・技術トピックス]

【抗体工学技術の発展】

- **次世代抗体**

バイスペシフィック 抗体については、Amgen社のBispecific T-cell engager（BiTE®）を活用し、T細胞表面抗原CD3とB細胞表面抗原CD19を標的に細胞架橋でがん細胞殺傷効果を狙う一本鎖抗体Blinatumomab（Blincuto®）と、FIXaとFXに結合し架橋することでFVIIIを代替するEmicizumab（Hemlibra®）が上市され売上げを伸ばしている。2022年には加齢黄斑変性を対象としたFaricimab（Vabysmo™）も承認された。細胞の近接あるいは架橋、または二つの標的分子の近接あるいは架橋を狙う分子の開発が主であり、種々の試みがなされている。 Jansen社の開発抗体Amivantamabでは、細胞表面の二つの標的（Metと上皮成長因子受容体EGFR）の架橋を狙っているが、細胞表面にある標的分子数の相違に着目した合理的分子設計が試みられている。最近では、同一抗原の異なるエピトープを狙い細胞表面分子を集積させる方式（バイパラトピック抗体）の開発も行われており、今後の発展を大きく期待させる。

抗体の体内動態制御などを目的にした改変抗体の開発も盛んである。中外製薬社は、抗原に繰り返し結合することが可能となるリサイクリング抗体®、可溶型抗原を血中から除去するスイーピング抗体®、病態微小環境に応答するスイッチ抗体™など様々な抗体エンジニアリング技術を開発しており、リサイクリング抗体®技術を活用したSatralizumab（Enspryng™）は2020年に製品化している。また、未上市ではあるが臨床試験段階の医薬品としては、わが国で創出されたスイッチ抗体®技術を活用したSTA551などがある。 ATP存在下（腫瘍を想定）でCD137に結合しT細胞を活性化するが、ATP非存在下（正常細胞を想定）では結合せず活性化しないことで、副作用の低減を見込んでいる。

抗体で細胞内の標的分子にアプローチする技術として、東邦大学の御子柴らはStable cytoplasmic

2.1 俯瞰区分と研究開発領域 健康・医療

antibody（STAND）法を開発した。ペプチドタグでpIを制御したscFvを発現させることで、細胞内での凝集を回避して抗原結合能が維持できることを示した[47]。

• ADC

2018～2020年に5品目がFDAから承認を受け、ADCの上市品は10品目に倍増した。開発品は80品目を超え、clinicaltrials.govには250以上の試験が登録されている。標的分子、リンカーを含めた分子設計、結合薬物は多様化しており[48, 49, 50]、2018年にFDAで承認されたMoxetumomab pasudotox（Lumoxiti®）はPseudomonas毒素融合Ig Fvフラグメントである。わが国では、抗体に光感受性物質である色素IR700を結合させたCetuximab Sarotalocan Sodium（Akalux®）が光免疫療法用薬として2020年に承認されている。同じく2020年にわが国で承認された第一三共社が開発したTrastuzumab deruxtecan（Enhertu®）は、高活性でバイスタンダー効果を期待でき、血中半減期が短い薬物を高いDrug–to–Antibody Ratio（DAR）で均一に結合させることなどにより、優れた有効性と安全性を示し、2022年度にはブロックバスター（年間売上高1,000億円以上）化が見込まれる。近年承認されたADCとしては、びまん性大細胞型B細胞リンパ腫治療薬のPolatuzumab Vedotin（POLIVY®）や進行性尿路上皮癌に対してenfortumab cedotin–ejft（PADCEV®）がある。いずれも医薬品としての創り込みが優れた結果につながっている。ADC開発研究を勇気づける内容である。

薬物を抗体に位置選択的に結合することでTherapeutic indexが拡大するなどのメリットがあることが示され、その方法論の検討が行われている[51]。味の素社の抗体Fc領域親和性ペプチドを利用したAJICAP™法は、抗体の遺伝子改変が不要でCDRから離れた部分に薬物を結合できるなど、期待の大きい技術のひとつである。

• 低分子化抗体、VHH

抗体（IgG）は重鎖と軽鎖2本ずつのヘテロ4量体からなる分子量約150 kDaの複合体であり、バイオ医薬品として扱い易くするための低分子化の試みが広く行われている。重鎖と軽鎖の2つの可変領域をフレキシブルなリンカーペプチドで繋いだ分子量25～30 kDaほどの人工タンパク質として、scFvが開発されているが[52]、全長抗体に比べて安定性と分子認識能に劣る事が多く指摘されている。

VHHは創薬モダリティとして多くの利点が指摘されており、研究開発が盛んに行われている。 VHHが形成する抗原結合部位（パラトープ）の構造は多様性に富むことが報告されており、従来の抗体では難しかった標的分子の窪みや隙間（割れ目）に結合することができる。重鎖CDR3がペプチドアプタマー様に結合できるためである。 Epsilon Molecular Engineering社は、VHHと様々なタンパク質複合体の結晶構造データベースを解析し、CDR3の結合が3タイプに分類できることを見出し、その知見を活用してヒト化人工ライブラリーとしてPharmaLogical VHH Library™を構築している。東京大学の津本らは、数多くのVHHの解析から、他動物由来抗体とは異なる分子認識特性を有していることを見出しており、今後の分子工学的アプローチが期待される。 VHHはエンジニアリングしやすいドメイン構造を有するため、ペプチドリンカーを介した多価化が可能である。血中滞留性を向上させるためHSAに対するVHHを付加することが一般的に行われており、抗TNFα–抗HSA一本鎖三価二重特異性抗体（VH–VH'–VH）Ozoralizumabが2022年末本邦で承認、上市されている。多剤よりも皮下吸収速度定数および炎症部への移行、血中滞留性の向上が臨床試験で示された。今後の抗体エンジニアリング加速を強く期待させる。

• LassoGraft technology[53]

東京大学の菅らが開発したRandom Peptide Integrated Discovery（RaPID）システムにより標的分子に対する高い選択性と結合性を有する環状ペプチドを高速に見出し、その配列情報をもとに大阪大学の高木は様々な現存する構造既知のタンパク質のループ部分に当該ペプチドをグラフトして、多様なタンパク質

scaffoldsに機能を付与する手法を開発した。この手法をメインとしたベンチャー企業ミラバイオロジクス社が2017年に起業されている。

既存の抗体に、強い結合親和性を持つ環状ペプチドの配列をグラフトしたAddbodyでは、既存の抗体医薬品などに新たな機能を付加できる。また、複数の異なるループ部位を有する抗体のFc部分に環状ペプチド配列をグラフトしたMirabodyでは、結合親和性の増強や異なる標的への多重結合が可能である。医薬品開発には物性・動態等種々の解析結果を待つ必要があるものの、新規分子フォーマットとして強く期待される。

【抗体製造技術の発展】

- **ターゲットインテグレーション技術**

抗体を産生する宿主（細胞株）構築のための技術である。従来法のランダムインテグレーションは遺伝子導入効率が低く、導入された染色体上の位置によっては発現が抑制される（位置効果）。

そこでRMCEなどの遺伝子交換技術や、CRISPAR/CAS9などのゲノム編集技術を利用した、遺伝子を高発現する染色体上の部位（ホットスポット）に導入するターゲットインテグレーション技術が登場した[33, 34]。この技術により、1遺伝子コピーあるいはかなり少ないコピーの導入で、安定で生産性の高い細胞株を短期間に得られるようになった[54]。

本技術は、ここ10年くらいの間に企業やアカデミアをはじめとする研究によって確立された技術であり、細胞生物学や分子生物学の成果が、産業に大きな影響を与える技術の開発につながった事例として注目すべきである。

- **Altanative Tangential Flow（ATF）技術**

灌流培養の実用化を可能にしたキーテクノロジーのひとつであり、培養槽中に高密度化された細胞を保持したまま、使用された培地の廃棄と新しい培地や栄養の補充ができる。このような技術を利用した性能の高い細胞保持装置（cell retention device）[55, 56, 57]が登場する事で、2,000 Lのシングルユース培養槽でも15,000 Lのステンレス製培養槽と同等の生産量を達成できるようになった。新たな細胞保持技術の登場により、培養段階の連続生産技術はほぼ実用段階に達したと言える。

- **次世代バイオ医薬品工場**

シングルユース技術の登場は、抗体医薬品生産に大きなインパクトを与えた。しかし現時点ではシングルユース設備は単なる「一回使い切りの設備」ではなく、むしろ、連続生産、PAT（センサー技術）、自動化（プロセスコントロールシステム、ロボット技術など）、製造ラインのモジュール化（例えばFlexFactory®）、施設/工場のモジュール化(例えばKUBIO®、G–CON PODs®)、などの別種技術と組み合わせることで、“lean and flexible”なバイオ生産設備を実現するためのキーテクノロジーになっている。

バイオベンチャーからメガファーマに至る多くの海外企業が、自社のビジネス目的（新規バイオ医薬品、バイオシミラー、CMO/CDMO）や生産能力に合わせて、これらの新しい技術を組み合わせた次世代抗体医薬品工場の建設を始めている[58, 59]。抗体医薬品工場の建設で培われた考え方や技術は、製造スケールの“scale–down”や、研究/製造/臨床の“co–locaion”などの細胞・遺伝子治療領域の特性に合わせた変更を行うことで細胞・遺伝子治療領域にも活用されている。

[注目すべき国内外のプロジェクト]

- **経済産業省「ワクチン生産体制強化のためのバイオ医薬品製造拠点等整備事業」(2022年～)**

今後脅威となりうる感染症への備えとして、以下の設備導入等を支援する事業。

・平時は企業のニーズに応じたバイオ医薬品を製造し、感染症パンデミック発生時にはワクチン製造へ切り替えられるデュアルユース設備を有する拠点の整備

・ワクチン製造に不可欠な製剤化・充填設医薬品製造に必要な部素材等の製造設備を有する拠点等の整備

平時はバイオ医薬品製造施設として活用される得るため、本事業はワクチンだけでなくわが国のバイオ医薬品生産能力全般の底上げに資する。

• 厚生労働省「医薬品産業強化総合戦略」

2017年12月における改訂では、「バイオ医薬品においても有効性・安全性に優れ、競争力がある低コストで効果的な創薬を実現できる環境を整備していく」、「バイオシミラーで医薬品への基盤を整備した上、それらの技術基盤を活用して開発することが期待されるわが国初の革新的バイオ医薬品を市場へ投入」と明記されている。さらに、「イノベーションの適正な評価」、「製薬企業等との連携の促進や上場後も含めた資金調達環境の改善などを通して、バイオベンチャーのエコシステムを確立すること」の必要性も議論されている[60]。

• 経済産業省/AMED「次世代治療・診断実現のための創薬基盤技術開発事業」（2015年〜）

次世代治療・診断を実現するための課題を解決し、先制医療、個別化医療といった次世代治療・診断の実現を推進し、患者のQOL向上と医療費増加の抑制を目指した事業。バイオ医薬品の高度製造技術の開発（2018〜2020年）が盛り込まれており、バイオシミラーの国内生産、CMC産業の基盤充実をさらに加速させ、低価格化、次世代化へ貢献している。さらに、国際競争力のある次世代抗体医薬品製造技術開発（2021〜2025年）が推進されており、次世代抗体医薬品の製造技術開発、抗体医薬品製造時に留意すべき品質、安全性等の基盤技術構築、生産性向上に向けたシミュレーション技術等の開発などが進められている。

• 文部科学省/AMED「創薬等ライフサイエンス研究支援基盤事業（BINDS）」[61]

AMED（国立研究開発法人日本医療研究開発機構）による創薬等ライフサイエンス研究支援基盤事業（Basis for supporting INnovative Drug discovery and life Science research: BINDS）は革新的な創薬およびライフサイエンス研究を支援するための事業として、2017年4月から5年間のプロジェクトとして開始された。本事業の目的は、わが国の優れたライフサイエンス研究の成果を医薬品等の実用化につなげることを目的とし、放射光施設（SPring–8およびPhoton Factory）、クライオ電子顕微鏡、化合物ライブラリー、次世代シーケンサーなどの主要な技術インフラの積極的な提供および共有を行うことであった。さらに、構造生物学、タンパク質生産、ケミカルシーズ・リード探索、構造展開、ゲノミクス解析、インシリコスクリーニングなどの最先端技術を有する研究者が、自らの研究内容の高度化と、外部研究者から依頼を受けたライフサイエンスや創薬研究に関する研究を支援した。

2022年4月からその後継として「生命科学・創薬研究支援基盤事業（BINDS Phase Ⅱ）」が始まった。クライオ電子顕微鏡等の共用ファシリティのDXの推進など研究支援基盤の高度化、また新しいモダリティ（核酸医薬、中分子医薬、改変抗体など）に対応した技術支援基盤の構築などにより、医薬品のモダリティの多様化や各種技術の高度化に対応したライフサイエンス研究支援基盤のさらなる拡充を図り、創薬研究のみならず広くライフサイエンスの発展に資する基礎研究を推進する。

• 文部科学省/AMED「先端的バイオ創薬等基盤技術開発事業」（2019〜2024年）

「革新的バイオ医薬品創出基盤技術開発事業」（2014〜2019年）の成果の発展及び、モダリティや要素技術の多様化に対応する技術領域を対象とした事業。対象分野としては A: 遺伝子導入技術等、B: ゲノム編集等、C: バイオ医薬品の高機能化低分子抗体、糖鎖修飾、標的タンパク質分解等の基盤技術に関する研究、D: 医薬周辺技術（DDS、効果・安全性評価、イメージング等）、E: 複合技術（A〜D）の基盤技術（要素技術）組合せ最適化、などが盛り込まれている。最先端よそ技術の開発はもとより、研究成果の企業導出、有力研究者によるスタートアップ起業等、本邦のバイオ創薬研究開発推進に大きく貢献している。

- **経済産業省「再生医療・遺伝子治療の産業化に向けた基盤技術開発事業」（2015～2027年）**

再生医療・遺伝子治療の産業化を促進するために　①有効性、安全性、再現性の高いヒト細胞加工製品の効率的な製造技術基盤の確立　②再生医療技術を応用した、医薬品の安全性等を評価するための創薬支援ツールの開発　③高品質な遺伝子治療薬を製造するために必要な国際競争力のある大量製造技術の確立などを進める事業。

本事業の製造技術基盤を支える技術や人材は、抗体医薬生産技術分野と共通する部分（製造プロセス開発、品質管理、薬事など）が多いので、分野を横断的した人材や技術の交流が重要である。

（5）科学技術的課題

- **データベースの高度化と*in silico*解析**

既に多くの抗体の立体構造がPDBに登録されているが、多くは抗原との高い親和性のある抗体あるいはその抗原との複合体構造である。抗体工学のためには、親和性や安定性が向上しなかった抗体も含め、その抗原との立体構造が親和性・安定性のデータとともにデータベース化されてビッグデータとして利用されることが望まれる。 PDBには同一の酵素タンパク質に対する多数の化合物が結合した結晶構造も登録されるようになっており、抗体でも同様のデータ登録を進めるべきである。低分子化合物およびペプチド等の中分子との抗体複合体の結晶解析手法は既に確立しており、リスクは少なくその成果が期待できるものである。さらに、このビッグデータに基づき、AI・分子シミュレーションの利用を含んだ*in silico*解析により、抗体工学における抗体医薬品および抗体類似の機能を発揮できる中分子医薬品を設計し、その合成と評価のサイクルによる抗体工学技術の成熟を目指す必要がある。これは、上記の抗原・抗体複合体の網羅的構造決定とカップルさせたプロジェクトとすることが効果的と考えられる。

- **マイクロチップを用いたsingle cell assay技術によるsingle cellでのHTP screening**

細胞の個性を活かした１細胞毎での医薬品（ここでは抗体医薬品）のアッセイを、マイクロチップを用いることでハイスループットに行う技術は、抗体医薬品を成熟させて個別医療にも対応できるようにするのに必要である。既に、流体拡散プロセスを利用して、物質濃度勾配を定量的かつ簡便に形成・制御できる技術が東大 野地らのグループが開発しており[62)]、その技術を利用することによって、マイクロチップ上の各区画に異なる濃度の薬剤を閉じ込めてバイオアッセイを行うことができる。

- **生産宿主の拡大**

抗体生産では主にCHO細胞が利用されており、迅速に進められるプラットフォームができあがっている。一方、CHO細胞以外の宿主（ここでは代替宿主と呼ぶ）にもメリットがあり、その利用を検討すること、また技術を高めることには大きな意義がある。

例えば、酵母由来では2020年にeptinezumab（VYEPTI®）ただ一製品が上市されている。酵母のメリットとしてはCHO細胞よりも培養期間が短いこと、タンパク質の生成量が多いこと、製造コストの引き下げ（CHOは20～30ドル/g）の可能性があることが挙げられる。他にも代替宿主として大腸菌が挙げられる。抗体医薬の製造実績はないものの、インスリンや酵素補充療法用医薬品など大腸菌を宿主にした医薬品が数多く上市されている。

しかし、これら代替宿主は、未知の翻訳後修飾や変異体、宿主由来タンパク質など臨床的に問題になる課題があること、また、CHO細胞で長年積み上げてきたプロセスの強化やプラットフォーム化がされていないなど、今後技術的にも検討が必要な部分が多い。ただ、代替宿主のようなハイリスク・ハイリターンな革新的技術は、成功すれば影響範囲も規模も大きく、開発が期待される。

• その他の技術開発項目

ゲノム・臨床ビッグデータや AI を用いた個別化・精密医療への期待がますます高まっている。抗体自体の改良という点でもデータ活用は重要であり、分子動力学などの理論と、AIや統計解析を組み合わせて設計、合成し、それを評価するサイクルを回すことで抗体工学の成熟を目指すことが必要である。臨床試料由来細胞等を用いた、抗体のレパトア解析から、抗体医薬品開発に直結する機能抗体のクローニングの進展も、今後の抗体医薬研究開発を加速すると考えられる。クライオ電子顕微鏡による標的分子の高次構造解析の顕著な進展は、重水交換質量分析（HDX–MS）によるエピトープ解析の先鋭化と合わさり、開発を加速することが期待される。関連して、望みの機能と高い生体適合性を併せ持つ材料を創製し、医療や健康におけるニーズに応えるような、いわゆる「バイオ材料工学」関連研究領域も、高分子医薬品の先鋭化にも必須かつ喫緊である[63]。また、バイオシミラー産業の急激な伸長や、これまでの開発経緯をみるに、先鋭化された製造・品質管理に関する技術開発が重要である。これは国内において医薬品製造開発受託産業（CMO、CDMO）とその周辺産業をさらに充実させるためにも必須である。

上記を踏まえ、抗体医薬品開発における科学技術的課題としては、①新規標的探索、②分子設計・解析、③高機能化、④DDS 化、⑤生産・製造、⑥機能・安全性評価などが挙げられる。医療経済も考慮し、各要素技術やプロセス研究開発を加速、高度化しつつ、それらをパッケージ化・融合化し、次世代バイオ医薬品開発力を高めていくことが必要である[64]。

期待される技術開発項目例を以下に挙げる。

①新規標的探索領域：創薬標的の解明と拡大、疾患に特異的な治療モダリティの選択
- ・疾患特異的遺伝子の同定技術、エピトープ解析技術
- ・AIと臨床ビッグデータを用いた新規パスウェイ解析技術
- ・適切な動物モデルの開発技術

②分子設計・解析領域：新規標的をターゲットとした創薬の開発
- ・AIや分子動力学を駆使した*in silico* 分子設計
- ・特異性・親和性解析（物理化学）
- ・抗体設計技術（ファージディスプレイ、低分子化）
- ・抗体以外の分子骨格を用いた中分子医薬品の設計
- ・抗体 - 抗原データベース（ネガティブデータ含む）の高度化
- ・クライオ電顕による単粒子解析技術の高度化（結晶化を経ないHTPな立体構造解析）

③高機能化領域：高機能化、高活性化創薬の開発
- ・抗体改変技術（改変、改良、多重特異性、安定性や可溶性の向上）
- ・糖鎖制御技術（*in vivo*と*in vitro*）
- ・化学修飾法（toxin–conjugation、部位特異的技術など）
- ・ウイルスベクター技術（遺伝子治療、CAR–T、抗がんウイルス）

④DDS化領域：組織、細胞内、核内送達技術の開発
- ・細胞内・部位特異的送達技術（ペプチド付与、高分子ミセル、生体分子付与）

⑤生産・製造領域：低コスト生産系の開発
- ・抗体製造技術（生産技術、製剤、精製リガンドの開発とプロセス設計など）
- ・少量多品種製造技術（single use device型細胞培養パッケージ、品質管理技術）

⑥機能・安全性評価領域
- ・安全性評価技術：安全性予測システム、新規機能評価・安全性評価技術の開発
- ・先端技術安全性評価技術（会合凝集体、免疫原性予測など）
- ・マイクロチップを活用したシングルセルHTPスクリーニング

（6）その他の課題

わが国がバイオ医薬品領域において劣勢であった要因として、基礎研究のポテンシャルを活用するための産学・分野間連携体制、制度整備、人材育成などに関する国家レベルの戦略立案に遅れをとったことが挙げられる。例えば、英国はMedical Research Council（MRC）における抗体研究のポテンシャルを最大限活用し、Celltech社、Cambridge Antibody Technology社、Domantis社といった1兆円規模の売り上げをもつ企業をMRC からスピンアウトさせるなど、特筆すべき成果を挙げてきた。わが国における課題として、以下を挙げる。

・抗体工学の推進は、医学、薬学だけでなく、タンパク質工学の知見とスキルが必要な基礎的分野としての構造生物学、情報科学、計算科学という多数の研究分野の連携が必須であり、そのような連携を必須とするプロジェクトの立ち上げが望まれる。
・アカデミアの技術を実用化していくには、前臨床に続くヒトへの投与など臨床試験、治験が必要とされるが、アカデミアだけで実施するのは難しく、製薬企業との連携が必須である。一方、アカデミアの技術と製薬企業のニーズにはギャップがあり、産学の協同体制が有効に組まれてこなかった。このギャップを埋めるには、創薬ベンチャーの力が必要と思われる。アカデミアとの共同研究を含めた創薬ベンチャーを対象とする支援プロジェクトにより、リスクが高い研究開発に対する助成が実施できると効果的である。
・人材育成は、異なる分野・業種からの参入が刺激となることから、マイクロチップの利用や、ロボティクス、AIの利用など、機械工学や情報工学分野から医薬品開発に関わるプロジェクトへの参画、もしくは先進的な欧米の活動に積極的に参画することによって、On–the–Job的に経験を積んでいく形が有効であろう。特に、2022年には「ワクチン生産体制強化のためのバイオ医薬品製造拠点等整備事業」が開始され、製造拠点の整備が始まり、わが国におけるバイオ医薬品製造の人材不足も危惧されており、喫緊の対策が必要である。

（7）国際比較

国・地域	フェーズ	現状	トレンド	各国の状況、評価の際に参考にした根拠など
日本	基礎研究	○	→	・基礎研究の質は高いものの、基礎研究の数や産業応用に与えるインパクトの点では欧米に遅れを取っている。 ・AMED BINDS等により、最先端機器の設置・稼働、最先端技術の高度化と創薬研究に関する研究支援体制の構築がされており、高次構造に基づくタンパク質工学によるバイオ医薬品開発も進められている。 ・スパコン「富岳」を中核とするHigh Performance Computing Infrastructure（HPCI）および理化学研究所によるポスト京重点課題プログラムにより、分子シミュレーションを活用したバイオ医薬品開発プログラムが進められている。
	応用研究・開発	○	↗	・バイオ戦略2020において狙うべき市場領域として、⑥バイオ医薬・再生医療・細胞治療・遺伝子治療関連産業、⑧バイオ関連分析・測定・実験システムなどが挙げられており、イノベーション・エコシステム構築が後押しされている。 ・「ワクチン生産体制強化のためのバイオ医薬品製造拠点等整備事業」が開始された。 ・次世代バイオ医薬品製造技術研究組合（MAB）において、企業・大学・公的研究機関の力を結集し、国際基準に適合したバイオ医薬品（抗体医薬など）製造技術の開発が行われている。 ・わが国発の新しいフォーマットの抗体（改変抗体、ADCなど）の生産が、CMOへの委託も含めて開発企業の手で行われている。 ・2017年にバイオロジクス研究・トレーニングセンター（BCRET）が設立され、座学教育と実習教育によるバイオ生産人材育成が行われている。 ・AGC、富士フイルム、JSRなど日本のバイオCMOが増加している。わが国発の画期的抗体医薬、ADCが上市されている。

米国	基礎研究	◎	→	・長期にわたる国家戦略に基づいた成果から、バイオテクノロジーの基礎研究の層が厚く、産業応用に強いインパクトを与える研究が生まれている。 ・2022年9月に、大統領令（Advancing Biotechnology and Biomanufacturing Innovation for a Sustainable, Safe, and Secure American Bioeconomy）が発令され、Fact Sheetが発表された。その中で、強化すべき分野としてバイオテクノロジーの基礎研究とバイオ製造技術が挙げられている。 ・Computer simulationを用いた創薬としては、国立科学財団（National Science Foundation: NSF）や内務省（United States Department of the Interior: DOI）が大きな資金を提供しており、例えばArgonne National Lab.ではスパコンの計算機時間を提供してINCITE プログラムによるComputational Biologyが進展している。
	応用研究・開発	◎	↗	・長期にわたる国家戦略に基づいた成果から世界のバイオ医薬品産業を引き続きリードしており、多数のバイオテクベンチャーが精力的に活動を展開している。さらに2022年10月にはNational Strategy for Advanced Manufacturingが発表され、その中で強化すべきバイオ医薬品製造の技術が具体的に記述されている。 ・バイオ医薬、ワクチン、核酸医薬、細胞・遺伝子医薬の分野の製造プロセス開発力を強みとするベンチャー企業として、National Resilience, Inc.（Resilince）が2021年に設立された。 ・Biomanufacturing Training and Education Center（BTEC）においてバイオ生産人材育成、FDAのGMP査察官教育などを行なっている。 ・デジタルインフラに関しては、米国が圧倒的に優位。基礎研究から医薬品開発への橋渡し研究を推進する国立先進トランスレーショナル科学センター（NCATS）が稼働している。基礎研究を製品に持ち込むまで、迅速な治験も含め、精力的な展開が図られている。
欧州	基礎研究	◎	↗	・英国はもともと分子生物学について世界トップの実力を有しており、クライオ電子顕微鏡の利用についても英国Diamond Light SourceのeBICで4台以上の最高性能のクライオ電子顕微鏡が稼働している。 ・欧州で括ると、生命科学関連の論文数は米国・中国を凌ぐ。
	応用研究・開発	◎	→	・英国ではUK Research & Innovation（UKRI）の下部機関としてのBiotechnology and Biological Science Research Council（BBSRC）が、基礎から応用研究までのグラントを提供している ・アイルランドのNational Institute for Bioprocessing Research and Training（NIBRT）は人材育成と企業との共同研究を行なっている。 ・2022年11月に公表されたEFPIAの報告書（Factors affecting the location of biopharmaceutical investments and implications for European policy priorities）によれば、医薬品分野の先進国である、ドイツ、ベルギー、アイルランドでもデジタル競争力の国際的レベルは高くない。
中国	基礎研究	◎	↗	・「中国国民経済・社会発展第14次五カ年計画および2035年までの長期目標綱要」の中で、バイオテクノロジー分野が特に重視されている。 ・多くのグローバルメガファーマが研究所を開設。研究レベルの底上げに貢献している。 ・生命科学関連の論文数は、米国に次いで世界二位。
	応用研究・開発	○	→	・国家自然科学基金委員会（NSFC）がグラントを提供している。 ・「中国製造 2025」における10課題の新製造産業振興策の一つとして、バイオ医薬が挙げられている[65]。 ・WuXi Biologics社が国内、欧州、北米に工場建設。 LONZA社、Boehringer Ingelheim社が上海に進出。 Cytiva社がトレーニングセンター、シングルユース製品生産施設を上海に建設。

韓国	基礎研究	○	↗	・2017年9月、科学技術情報通信部は2026年までの「第3次生命工学育成基本計画（バイオ経済革新戦略2025）」を議決、バイオ技術への社会的ニーズが高まり、新しいバイオ経済の時代が予想される中、国家レベルで戦略的に育成し、グローバル大国に飛躍するための計画としている。この中で3大戦略のひとつにバイオR&Dイノベーションを挙げている[66]。
	応用研究・開発	○	↗	・政府系のKorea Drug Development Fund（KDDF）、韓国研究財団（NRF）、国家科学技術研究会などがグラントを提供している。 ・アイルランドのNIBRTと協定を結び、2024年にSamsung Biologics社やCelltrion社のあるインチョンにK-NIBRTを設立し、バイオ生産人材を育成。 ・2017年9月、科学技術情報通信部は2026年までの「第3次生命工学育成基本計画（バイオ経済革新戦略2025）」を議決、バイオ技術への社会的ニーズが高まり、新しいバイオ経済の時代が予想される中、国家レベルで戦略的に育成し、グローバル大国に飛躍するための計画としており、バイオ産業の育成に向けた今後10年間の青写真を提示し、本領域にも密接に関連している[66]。 ・*in silico*創薬としては、Daegu Gyeongbuk Medical Innovation Foundation（DGMIF）のグループが実施している。

（註1）フェーズ

基礎研究：大学・国研などでの基礎研究の範囲

応用研究・開発：技術開発（プロトタイプの開発含む）の範囲

（註2）現状 ※日本の現状を基準にした評価ではなく、CRDSの調査・見解による評価

◎：特に顕著な活動・成果が見えている　○：顕著な活動・成果が見えている

△：顕著な活動・成果が見えていない　×：特筆すべき活動・成果が見えていない

（註3）トレンド ※ここ1～2年の研究開発水準の変化

↗：上昇傾向、→：現状維持、↘：下降傾向

参考・引用文献

1) 森下真莉子監修「第1編バイオ医薬品開発の現状と展望、第1章タンパク質性バイオ医薬品開発の現状とこれから」『次世代バイオ医薬品の製剤設計と開発戦略』（東京：シーエムシー出版, 2011）, https://pubs.research.kyoto-u.ac.jp/book/9784781312736.
2) Frank G Holz et al., "Single-Chain Antibody Fragment VEGF Inhibitor RTH258 for Neovascular Age-Related Macular Degeneration: A Randomized Controlled Study", *Ophthalmology* 123, no.6 (2016): 1080-9. DOI: 10.1016/j.ophtha.2015.12.030.
3) Hamers-Casterman, C., Atarhouch, T., Muyldermans, S. et al., "Naturally occurring antibodies devoid of light chains.", *Nature* 363 (1993): 446-448. DOI: .org/10.1038/363446a0
4) Koide A., Gilbreth R. N., Esaki K., Tereshko V., et al., "High-affinity single-domain binding proteins with a binary-code interface.", *Proc. Natl. Acad. Sci. USA* 104 (2007): 6632-7. DOI: 10.1073/pnas.0700149104
5) Koide A., Bailey C. W., Huang X., and Koide S., "The fibronectin type III domain as a scaffold for novel binding proteins.", *J. Mol. Biol.* 284 (1998): 1141-51. DOI: 10.1006/jmbi.1998.2238
6) Lipovsek L., "Adnectins: engineered target-binding protein therapeutics.", *Protein Eng. Des. Sel.* 24 (2011):3-9. DOI: 10.1093/protein/gzq097
7) Nord K., Gunneriusson E., Ringdahl J., et al., "Binding proteins selected from combinatorial libraries of an a-helical bacterial receptor domain.", *Nat. Biotechnol.* 15 (1997) :772-7. DOI: 10.1038/nbt0897-772
8) Tiede C., Tang A. A. S., Deacon S. E., et al., "Adhiron: a stable and versatile peptide display

scaffold for molecular recognition applications.", *Protein Eng. Des. Sel.* 27 (2014): 145-55. DOI:10.1093/protein/gzu007

9) Robinson J. I., Baxter E. W., Owen R. L., et al., "Affimer proteins inhibit immune complex binding to Fcγ RIIIa with high specificity through competitive and allosteric modes of action.", *Proc. Natl. Acad. Sci. USA* 115 (2018): E72-E81. DOI: 10.1073/pnas.1707856115

10) Richter A., Eggenstein E., and Skerra A. "Anticalins: exploiting a non-Ig scaffold with hypervariable loops for the engineering of binding proteins.", *FEBS Lett.* 588 (2014): 213-18. DOI: 10.1016/j.febslet.2013.11.006

11) Chevre A., Urvoas A., de la Sierra-Gallay I. L., et al., "Specific GFP-binding artificial proteins (α Rep): a new tool for in vitro to live cell applications.", *Biosci. Rep.* 35 (2015): arte00223. DOI: 10.1042/BSR20150080

12) Kohl A., Binz H. K., Forrer P., et al., "Designed to be stable: crystal structure of a consensus ankyrin repeat protein.", *Proc. Natl. Acad. Sci. USA* 100 (2003): 1700-05. DOI: 10.1073/pnas.0337680100

13) Pluckthun A., "Designed ankyrin repeat proteins (DARPins): binding proteins for research, diagnostics, and therapy.", *Annu. Rev. Pharmacol. Toxicol.* 55 (2015): 489-511. DOI: 10.1146/annurev-pharmtox-010611-134654

14) Wang L., Wu Y., Deng Y., Kim B., et al., "Accurate and Reliable Prediction of Relative Ligand Binding Potency in Prospective Drug Discovery by Way of a Modern Free-Energy Calculation Protocol and Force Field.", *J. Am. Chem. Soc.* 137 (2015): 2695 – 2703. DOI: 10.1021/ja512751q

15) Fratev F., and Sirimulla S., "An Improved Free Energy Perturbation FEP+ Sampling Protocol for Flexible Ligand-Binding Domains.", *Scientific Reports* 9 (2019): 16829. DOI: 10.1038/s41598-019-53133-1

16) Sugita Y., and Okamoto Y., "Replica-exchange multicanonical algorithm and multicanonical replica-exchange method for simulating systems with rough energy landscape.", *Chem. Phys. Lett.* 329 (2000): 261-70. DOI: 10.1016/S0009-2614(00)00999-4

17) Wang L., Friesner R. A., and Berne B. J., "Replica Exchange with Solute Scaling: A more efficient version of Replica Exchange with Solute Tempering (REST2)", *J. Phys. Chem. B.* 115 (2011): 9431-9438. DOI: 10.1021/jp204407d

18) Oshima H., Re S., and Sugita Y., "Replica-Exchange Umbrella Sampling Combined with Gaussian Accelerated Molecular Dynamics for Free-Energy Calculation of Biomolecules.", *J. Chem. Theory Comput.* 15 (2019): 10, 5199-5208. DOI: 10.1021/acs.jctc.9b00761

19) Hayami T., Higo J., Nakamura H., and Kasahara K., "Multidimensional Virtual-System Coupled Canonical Molecular Dynamics to Compute Free-Energy Landscapes of Peptide Multimer Assembly.", *J. Comput. Chem.* 40 (2019): 2453-63. DOI: 10.1002/jcc.26020

20) Higo J., Kasahara K., Wada M., et al., "Free-energy landscape of molecular interactions between endothelin 1 and human endothelin type B receptor: fly-casting mechanism.", *Protein Eng. Des. Sel.* 32 (2019): 297-308. DOI: 10.1093/protein/gzz029

21) Bekker G., Fukuda I., Higo J., et al., "Mutual population-shift driven antibody-peptide binding elucidated by molecular dynamics simulations.", *Scientific Reports* 10 (2020): 1406. DOI: 10.1038/s41598-020-58320-z

22) Oshima H., Re S., Sakakura M., et al., "Population Shift Mechanism for Partial Agonism of

AMPA Receptor.", *Biophysical J.* 116 (2019): 57-68. DOI: 10.1016/j.bpj.2018.11.3122
23) Suh H., Jo S., Jiang W., Chipot C., et al., "String Method for Protein – Protein Binding Free-Energy Calculations.", *J. Chem. Theory Comput.* 15 (2019): 5829 – 44, DOI: 10.1021/acs.jctc.9b00499
24) サリー・スミス・ヒューズ「ジェネンテック　遺伝子工学企業の先駆者」(株式会社 一灯舎， 2013)
25) 石井明子，川崎ナナ「バイオ医薬品の現状と展望」ファルマシア 51(2015):403, https://www.jstage.jst.go.jp/article/faruawpsj/51/5/51_403/_pdf/-char/ja.
26) Renate Kunert, David Reinhart, "Advances in recombinant antibody manufacturing.", *Appl Microbiol Biotechnol* 100 (2016) :3451-3461 DOI 10.1007/s00253-016-7388-9
27) Annamria Sandomencio, Jwala P. Sivaccumar, Menotti Ruvo,"Evolution of *Eschrichia coli* Expression System in Producing Antibody Recombinant Fragments" *Int J Mol Sci.* 21(2020):6324. DOI: 10.3390/ijms21176324.
28) Sohita Dhillon,"Eptinezumab: First Approval" *Drugs.* 80(2020):733-739. DOI: 10.1007/s40265-020-01300-4.
29) Md Harunur Rashid, "Full-length recombinant antibodies from *Escherichia coli*: production, characterization, effector function (Fc) engineering, and clinical evaluation", *MAbs.* 14(2022): 2111748. DOI: 10.1080/19420862.2022.211174.
30) Götz Laible, Sally Cole, Brigid Brophy, Paul Maclean, Li How Chen, Dan P. Pollock, Lisa Cavacini, Nathalie Fournier, Christophe De Romeuf, Nicholas C. Masiello, William G. Gavin, David N. Wells, Harry M. Meade, "Transgenic goats producing an improved version of cetuximab in milk", *FASEB Bioadv.* 2(2020):638-652. DOI: 10.1096/fba.2020-00059.
31) Tadauchi T, Lam C, Liu L, Zhou Y, Tang D, Louie S, Snedecor B, Misaghi S. "Utilizing a regulated targeted integration cell line development approach to systematically investigate what makes an antibody difficult to express". *Biotechnol Prog.* 35(2019):e2772. DOI: 10.1002/btpr.2772.
32) Brian Kelly, "Industrialization of mAb production technology: the bioprocessing industry at a crossroads", *MAbs*. 1(2009):443-52. DOI: 10.4161/mabs.1.5.9448.
33) Borbála Tihanyi, László Nyitray, "Recent advances in CHO cell line development for recombinant protein production",*Drug Discov Today Technol.* 38(2020):25-34.DOI: 10.1016/j.ddtec.2021.02.003.
34) Nathaniel K. Hamaker, and Kelvin H. Lee, "Site-specific Integration Ushers in a New Era of Precise CHO Cell Line Engineering", *Curr Opin Chem Eng.* 22(2018):152-160. DOI:10.1016/j.coche.2018.09.011.
35) Brian Kelley, "Developing therapeutic monoclonal antibodies at pandemic pace". *Nat Biotechnol.* 38(2020):540-545. DOI: 10.1038/s41587-020-0512-5.
36) 金子佳寛「抗体医薬品生産培養技術の課題と展開（<特集>実用化に資する医薬品生産培養技術の課題と展開～抗体医薬品から細胞医薬品まで～）」生物工学会誌 91 (2013), 511-513.
37) Huang YM, Hu W, Rustandi E, Chang K, Yusuf-Makagiansar H, Ryll T, "Maximizing productivity of CHO cell-based fed-batch culture using chemically defined media conditions and typical manufacturing equipment", *Biotechnol Prog.* 26(2010):1400-10. DOI: 10.1002/btpr.436.
38) Ningyan Zhang, Liming Liu, Calin Dan Dumitru, Nga Rewa Houston Cummings, Michael Cukan, Youwei Jiang, Yuan Li, Fang Li, Teresa Mitchell, Muralidhar R Mallem, Yangsi Ou,

Rohan N Patel, Kim Vo, Hui Wang, Irina Burnina, Byung-Kwon Choi, Hans E Huber, Terrance A Stadheim, Dongxing Zha,"Glycoengineered Pichia produced anti-HER2 is comparable to trastuzumab in preclinical study", *Mabs.* 3(2011):289-98. DOI: 10.4161/mabs.3.3.15532.
39) Bonham-Carter J, Shevitz J, "A brief history of perfusion biomanufacturing", *BioProcess Int.* 9(2011): 24-32.
40) Konstantinov KB, Cooney CL, "White paper on continuous bioprocessing", *J Pharm Sci.* 104(2015):813-20. DOI: 10.1002/jps.24268.
41) 吉本 則子, 山本 修一「特集：抗体医薬品生産培養技術の課題と展開～国際基準に適合した次世代抗体医薬等の製造技術プロジェクト（後編）～」生物工学会誌 97 (2019), 393-425.
42) Petra Gronemeyer, Reinhard Ditz, Jochen Strube,"Trends in Upstream and Downstream Process Development for Antibody Manufacturing", *Bioengineering* 1(2014), 188-212. DOI: 10.3390/bioengineering1040188.
43) Daniel G. Bracewell, Mili Pathak, Guijun Ma, Anurag S. Rathore,"Re-use of Protein A Resin: Fouling and Economics", BioPharm International, BioPharm International-03-01-2015, Volume 28, Issue 3.
44) Daniel G. Bracewell, Richard Francis, C. Mark Smales,"The Future of Host Cell Protein (HCP) Identification During Process Development and Manufacturing Linked to a Risk-Based Management for Their Control", *Biotechnol Bioeng.* 112(2015): 1727-1737. DOI: 10.1002/bit.25628
45) 山川 大介, 星野 直美, 倉嶋 秀樹, 粟津 洋寿,「シングルユース技術に関わる最近の話題」日本PDA学術誌 GMPとバリデーション 21(2019), 27-38. DOI: 10.1002/bit.27808.
46) Gregory T Frank, "Transformation of biomanufacturing by single-use systems and technology", *Current Opinion in Chemical Engineering* 22(2018), 62-70. DOI: 10.1016/j.coche.2018.09.006.
47) Hiroyuki Kabayama et al., "An ultra-stable cytoplasmic antibody engineered for in vivo applications", *Nat Commun.* 11, no.1 (2020): 336. DOI: 10.1038/s41467-019-13654-9.
48) 赤羽宏友「バイオ医薬産業の課題とさらなる発展に向けた提言」『医薬産業政策研究所リサーチペーパー・シリーズ』No.71（2018）, http://www.jpma.or.jp/opir/research/rs_071/paper_71.pdf
49) Beck A et al,"Strategies and challenges for the next generation of antibody-drug conjugates", *Nat Rev Drug Discov.* 16（2017）: 315-337, https://www.nature.com/articles/nrd.2016.268?WT.feed_name=subjects_biotechnology（2021年2月2日アクセス）.
50) Dr. umbreen hafeez et al., "Antibody-Drug Conjugates for Cancer Therapy", *Molecules* 25, no. 20 (2020): 4764. DOI: 10.3390/molecules25204764.
51) *Chem. Soc. Rev.,* 2021, Advance Article. DOI: 10.1039/D0CS00310G
52) Holliger P., and Hudson P.J.,"Engineered antibody fragments and the rise of single domains.", *Nat. Biotechnol.* 23（2005）: 1126-1136. DOI: 10.1038/nbt1142
53) 菅 裕明, 高木 淳一, "環状ペプチドをタンパク質構造に提示させる超汎用法" JP 特許第6598344号（P6598344）国際特許 W02019/026920.
54) Meng Zhang, Che Yang, Ipek Tasan, Huimin Zhao, "Expanding the Potential of Mammalian Genome Engineering via Targeted DNA", *ACS Synth. Biol.* 10(2021), 429-446. DOI: 10.1021/acssynbio.0c00576.
55) Steven M. Woodside1, Bruce D. Bowen, James M. Piret, "Mammalian cell retention devices for stirred perfusion bioreactors", *Cytotechnology* 28(1998), 163-175. DOI: 10.1023/

A:1008050202561.
56) Leda Castilho, Ricardo Medronho,"Cell Retention Devices for Suspended-Cell Perfusion Cultures", *Advances in Biochemical Engineering/biotechnology* 74(2002), 129-69. DOI:10.1007/3-540-45736-4_7.
57) Damien Voisard, F Meuwly, P.-A. Ruffieux, G Baer, A. Kadouri,"Potential of cell retention techniques for large-scale high-density perfusion culture of suspended mammalian cells", *Biotechnol Bioeng.* 82(2003), 751-65. DOI: 10.1002/bit.10629.
58) AydinKavara, DavidSokolowski, MikeCollins, MarkSchofield,"Chapter 4 - Recent advances in continuous downstream processing of antibodies and related products", *Approaches to the Purification, Analysis and Characterization of Antibody-Based Therapeutics* (2020): 81-103. DOI: 10.1016/B978-0-08-103019-6.00004-7.
59) Hang Zhou, Mingyue Fang, Xiang Zheng, Weichang Zhou,"Improving an intensified and integrated continuous bioprocess platform for biologics manufacturing", *Biotechnol Bioeng.* 118(2021): 3618-3623. DOI: 10.1002/bit.27768.
60) 厚生労働省「医薬品産業強化総合戦略 ～グローバル展開を見据えた創薬～」https://www.mhlw.go.jp/file/06-Seisakujouhou-10800000-Iseikyoku/0000194059.pdf(2023年2月17日アクセス)
61) 中村 春木, 近藤 裕郷, 善光 龍哉,"創薬等ライフサイエンス研究支援基盤事業（BINDS)「知って、使って、進む　あなたの研究」" MEDCHEM NEWS 30 (2020) 58-62.
62) Watanabe R., Komatsu T., Sakamoto S., et al., "High-throughput single-molecule bioassay using micro-reactor arrays with a concentration gradient of target molecules.", *Lab on a Chip* (2018). DOI:10.1039/c8lc00535d.
63) JST-CRDS 科学技術未来戦略ワークショップ報告書「生体との相互作用を自在制御するバイオ材料工学」CRDS-FY2018-WR-04（2018）
64) Ito, K.R., Obika, S."Recent Advances in Medicinal Chemistry of Antisense Oligonucleotides.", Comprehensive Medicinal Chemistry III 6（2017）: 216-232. DOI: 10.1016/B978-0-12-409547-2.12420-5.
65) JST-CRDS 研究開発の俯瞰報告書『主要国の研究開発戦略（2020年）』CRDS-FY2019-FR-02（2020）
66) JST-CRDS 研究開発の俯瞰報告書『主要国の研究開発戦略（2019年）』CRDS-FY2018-FR-05（2019）

2.1.3 AI創薬

（1）研究開発領域の定義

創薬研究の各段階（例えば、標的探索や医薬品候補分子の最適化など）の効率化を目的として、広義のAI（機械学習のみでなく、従来人間が行っていた高度な判断をコンピュータによって代替する広範な技術や研究分野）を適用する技術の確立、またそれら要素技術の統合を通して、創薬研究のあり方そのものを変革する試みまでを指す領域である。

（2）キーワード

人工知能、機械学習、深層学習、バイオインフォマティクス、ケモインフォマティクス、シミュレーション、数理モデリング、分子動力学計算（Molecular Dynamics: MD）、データベース

（3）研究開発領域の概要

［本領域の意義］

近年、製薬産業を取り巻く状況が大きく変化している。低分子を中心とした創薬ターゲットが枯渇傾向にあると認識されており、既存の研究手法の延長線上での新薬創出の成功確率が低下していることは大きな課題である。開発コストも年々上昇し、製薬産業の高コスト体質を悪化させている。

創薬研究には様々なボトルネックが存在し、上記の課題にも単純な解決策を見出すことは難しい。究極的には、これまでの創薬の概念を大きく覆す変革が必要と考えられる。そこでは、病態を制御する化学物質（伝統的には低分子化合物）を設計して投与するという形にとって変わって、病気の予防から予後のQuality of Lifeの向上までの「ペーシャントジャーニー」を広くサポートするという考え方が中心になってくると考えられる。その中心にいる「患者」を理解するためには、これまで以上に幅広いデータを統合的に活用する必要があり、AIによる解析・可視化は必須と言える。例えば、電子化された診療データや個人ゲノムの情報だけでなく、ウェアラブル機器などから得られる各種ヘルスデータの蓄積も飛躍的に進むものと想定され、コンピュータを用いた大規模データ解析の意義はますます高まる。

その上で、伝統的な創薬研究の各段階においても様々な技術革新が進行中であり、創薬DXとでも言うべき変革への流れが築かれつつある。合理的な医薬品設計のためには、何らかの形でターゲット（標的）分子を選定して特徴付ける必要がある。ターゲットの選定ミスが、後の臨床試験で薬効が出ずに開発中止に繋がるという深刻な問題は10年以上前から広く認識されているが、未だに決め手になる解決策は見出されておらず、AIへの期待は大きい。ターゲットに物理的に作用して薬効を及ぼす医薬品候補分子の探索と最適化（ここでは広く分子設計と呼ぶ）については、データの蓄積や予測結果の評価が比較的容易であり、AIを用いた手法は既に成果を上げている（例えば、AIを用いて短期間で臨床候補化合物の創出に成功など）。もちろん、薬物動態や毒性、活性の全てを考慮して分子を改変していく試みは、AIが熟練の創薬化学者を代替できるところまでには程遠いが、現在のAI創薬の重要な挑戦課題に位置付けられる段階には来ている。また、低分子以外の新規モダリティ（抗体、核酸、細胞など）については、機械学習を主体とする狭義のAIだけでは不十分で、分子シミュレーションや数理モデリングなどを含めた複合的なアプローチが有効と考えられる。さらに、上記の探索研究段階のみでなく、有効な治験のデザインなど開発研究においても様々なAIの活用が進んでいる。

［研究開発の動向］

計算科学技術を医薬品設計に応用する試みの歴史は古く、1979年にワシントン大学のスピンアウトとして設立されたTripos社のレガシーは、現在もCertara社に受け継がれている。 Dassault Systèmes社、Schrödinger社、CCG社などの販売する医薬品設計支援統合ツールは現在も幅広く使われているが、最近

はアカデミアからAI・機械学習を中心とする多数の新たな手法が提案されると共に、AI創薬を標榜するスタートアップも国内外に多数現れるようになってきた。

上記の通り、分子設計の分野におけるAIの活用はかなり一般的になり、2020年には英国Exscientia社と大日本住友製薬社との協業により、従来よりも飛躍的に短期間で臨床候補化合物の創出に成功した事例などが報告されている。国内のスタートップでもやはり2020年にElix社とアステラス製薬社との共同研究開始などが公表されている。

低分子化合物については、*in vitro*あるいは細胞レベルでの測定が可能な活性や薬物動態パラメータを大量に取得して学習データとし、化学構造のみから活性を予測する機械学習モデルを構築する手法が確立されてきている。もちろん、化学構造の記述法（伝統的な記述子か、或いはグラフ表現を用いるのかなど）や予測モデルの適用範囲をどのように評価するかなど、技術的な課題は存在する一方で、学習データの重要性についての認識は一層高まっている。データの質と量は共に重要であるが、例えば公共データベースなどから取得可能なデータは、単位や実験条件などが整っていないことが多い。手作業によるデータの取捨選択や編集作業（マニュアルキュレーション）が、予測モデルの精度向上に重要となる[1)]。製薬企業内部では、実験条件が統一されquality controlのしっかりしたデータが取得されているが、社内データのみでは量が不十分な場合が多い。しかし、他企業のデータを利用することはこれまで不可能であった。

AMEDの創薬支援インフォマティクスシステム構築プロジェクト（2015–2020年）において、国内の7つの製薬企業とアカデミア機関との企業連携を確立したことは、国際的にも社内データ共有事例の先駆けといえる。化学構造と薬物動態パラメータとの組み合わせに加えて、化学構造に戻ることのできない形で構造から計算された記述子のみを中立的なアカデミア機関に提供することで、秘匿性を保ったデータ共有を実現した[2)]。また複数企業のデータを共有することで、より大きな化合物空間を扱えるようになり、個社のデータのみを使うよりも、より有用なモデルの構築が可能であることが示された[3)]。

さらに、構造や記述子など、データそのものは共有せず、モデルのみを共有する連合学習（Federated Learning）の試みが広がってきた。欧州のMachine Learning Ledger Orchestration for Drug Discovery（MELLODDY）コンソーシアムはその一つであり、多数の欧米のビッグファーマとテクノロジー企業が参画している。連合学習では、携帯端末上にデータを分散させたままクラウド上で機械学習モデルを共有する仕組みが既に2017年にGoogle社により提案されており、様々な実装が試みられているが、創薬分野における具体的な成果については、上記MELLODDYからの情報公開が待たれる。国内では、AMEDの産学連携による次世代創薬AI開発プロジェクト（DAIIA; 2020年–）において、日本製薬工業協会の主導により、上述の「創薬支援インフォマティクスシステム構築」よりも拡大された製薬企業18社の参画のもとで、新規化合物創出が進められている。

一方、分子設計以外にターゲット探索についてもAIの活用が進展している。上述の創薬ターゲットの選定ミス（あるいは、確度の高いターゲットの枯渇）問題に対して、ブレークスルーとなることが期待されている。実際、複数のAIスタートアップにより、炎症性腸疾患（IBD）や筋萎縮性側索硬化症（ALS）[4)]、慢性腎臓病（CKD）や特発性肺線維症（IPF）などの疾患に対して新たなターゲットが提案されて、新薬開発に向けたプロジェクトが進行している。これらの試みは、従来の細胞や動物モデルの実験に基づいて仮説を組み立てていくのではなく、ヒト（患者）由来のビッグデータをデータ駆動的に解析することで、新たなターゲットを見出す点が大きな特色になっている。イメージングやシーケンシング技術の進歩は著しく、一人の患者から、ゲノムだけでなくトランクリプトームなどを含む多層的なデータを取得することが容易になってきており、これら分子レベルのデータと診療情報などの個人レベルのデータとを統合的に解析するために、AIの利用は必須と考えられる。国内においては、アカデミア主体で同様のコンセプトによる研究開発が進行中であり、官民研究開発投資拡大プログラム（PRISM）「新薬創出を加速する人工知能の開発」により、IPFと肺がんにおける新規創薬ターゲット探索が行われている。また、フロンテオ社（自然言語処理技術）と東工大（細胞分析技術）によるターゲット探索に向けた共同研究が発表されている。

広義のAI創薬に関わる技術として、何らかの基本原理に基づくモデリング手法の活用も進んでいる。モデリングに関連する事例は歴史が古く、物理学の原理に基づく分子動力学（molecular dynamics: MD）や、1970年代に行われたタンパク質のダイナミクス解析にシミュレーション手法を応用する試みにまで遡ることができる。その後、現在の富嶽に至るスーパーコンピューターやMD専用計算機による計算機能力の向上と力場パラメータの更新により、適用可能な分子サイズや時間スケールが着実に進化してきた。最近は、機械学習と計算化学との融合により、例えば、分子力場という簡易的な方法で、量子化学計算に基づく精密な相互作用エネルギーを計算できるパラメータをAIで決定する試みや、計算コストの高いMDによって得た結果を学習データとしてAIモデルを構築してより高速に解析結果を得るなど、幅広い試みがなされている[5)]。さらに、物理学の分野ではAIを用いて基礎方程式に基づくシミュレーションの解を得る試みが始まっているが、分子系などの複雑なシステムへの応用可能性については今後を待たねばいけないだろう。

細胞レベルのシグナル伝達、あるいはより高次の生命現象のモデル化のためには、より抽象化した構成要素（タンパク質など）の間のネットワークに基づく数理モデリングが広く用いられている[6)]。数理モデリングについては、非専門家が簡単に使えるツールにまで成熟しているとは言い難いが、多数の数理モデルを格納したデータベースBioModelsが既に存在し、Python言語によるBioMASSライブラリーなど、数理モデルの利用拡大を目指したリソースが現れてきている。

このように、AI・機械学習を中心とするデータ駆動的なモデリングと分子から個体レベルに至る広義の数理モデリングとを組み合わせて創薬に応用する試みはまだ緒についたばかりであり、今後の一層の展開が期待される。

（4）注目動向

[新展開・技術トピックス]

• 深層学習によるタンパク質の立体構造予測

ここ1、2年の科学技術一般で最も注目の大きかった話題の一つと言える。メタゲノムデータを含む多重配列アラインメントの利用など、長年のバイオインフォマティクス研究の成果に立脚する一方で、従来はなかったタンパク質のアミノ酸配列を入力として原子座標を直接出力するend–to–endの学習モデルの与えた衝撃は大きく、一般のメディアを含めて既に多数紹介されている。深層学習を利用した予測モデルとしては、BakerらのRoseTTAFold[7)] の他、より最近はMultiple Sequence Alignment（MSA）を用いない方法が提案されているが、DeepMind社のAlphaFold[8)] が、この技術のほぼ同義語として広く使われている。

AlphaFoldの改良版のAlphaFold2は、マルチプルアライメントやニューラルネットワークを組み合わせて、これまでにない精度で立体構造を予測することに成功し、Critical Assessment of Structure Prediction（CASP）14で優勝した。CASPにはテンプレートモデルとテンプレートフリーモデリングの2つの部門があるが、AlphaFold2は、テンプレートフリーモデリング部門で正解構造との差異を表すglobal distance test–total score（GDT–TS）で、92.4の中央値スコアを達成した。スコア90を超えることはX線結晶構造解析やクライオ電子顕微鏡法などの実験手法と同等であることを表している。これらの高精度で予測された立体構造を利用することで、これまで立体構造がわかっていなかったタンパク質に対しても化合物の結合親和性などを評価することが可能になる。

本技術はあくまでタンパク質立体構造の予測であり、創薬応用への成果が出てくるのははまだこれからだと考えられるが、AlphaFoldは創薬研究、あるいは生物学研究一般のスタイルに既に大きな影響を及ぼしている。その姿は、DeepMind社とEMBL–EBIとの連携によるAlphaFold Protein Structure Databaseに見ることができる。このデータベースには、既に2億個以上のタンパク質の予測構造が収められており、オープンにアクセスすることができる。従来は、標的候補タンパク質を評価する際、或いは副作用の予測をする際に、関係するタンパク質の立体構造は不明でアミノ酸配列などの限られた情報のみを用いた議論が行われていた。AlphaFold Protein Structure Databaseの登場により、現実的なプロジェクトにおいて、関連するタンパク質のほとんどについて何らかの立体構造情報を利用できるようになった。部分的、あるいは精度が限られた情報であったとしても、タンパク質の機能や相互作用部位の推定など、タンパク質立体構造が重要な示唆を与える事例は多い。 AlphaFold2を利用したタンパク質の立体構造解析やドッキングシミュレーションの研究成果も報告され始めている。

一方で、これらのモデルは従来の構造ベースの医薬品設計で用いられてきた立体構造データをそのまま置き換えられるものではない。 AlphaFoldが扱うことのできない問題は多数あるが、例えば、医薬品などの分子が結合した場合や外的環境の変化（pH、温度など)、一箇所だけアミノ酸残基が変化した或いはリン酸化などの修飾を受けた際の構造の変化は、いずれの場合も（基本的に）予測できない。これらは全て、現実の医薬品設計において重要な役割を果たす要素になる場合が多い。これらの要素を考慮して立体構造データを利用する場合には、従来のホモロジーモデリング法を用いるか、あるいは実験による構造決定が必要となる。これらの問題が扱えないのは、そもそも適切な学習データが存在しないからであり、機械学習の本質的な限界に由来している。しかし、いくつかの要素については、現状のAlphaFold2の実行パラメータの運用や、統合データベースを用いたデータセットの構築と再学習による対応が可能と考えられる。

• 医薬品の標的となる疾患原因分子（主にタンパク質）の探索技術

疾患サンプルと正常サンプルの分子レベルや分子ネットワークレベルの違いを計算によって解析し、疾患発症・進行の分子メカニズムの解明と原因分子を同定することを目的とするものである。これまで実施されてきた研究は、疾患の分子メカニズムの解明などの医学研究に付随する形で創薬ターゲット分子の探索研究が含まれることが多い。

ゲノムワイド関連解析（GWAS）やオミクス解析によって患者と健常者の分子プロファイルの比較を行い、疾患感受性遺伝子や疾患特異的発現分子などを同定する研究が行われてきたが、見出された分子が必ずしも治療標的になるとは限らず候補が非常に多いという問題がある。近年、疾患とタンパク質の治療標的の関係性を予測する機械学習手法も提案されている。タンパク質をコードする遺伝子に摂動を導入（ノックダウン・過剰発現など）した際のトランスクリプトーム情報を利用して、疾患に対する治療標的の可能性を予測する機械学習手法が提案されている[9)]。また、様々なデータベースにおけるタンパク質の間の機能的な関係を利用して、そのタンパク質が治療標的となりうる疾患を予測する手法なども提案されている[10)]。

• テンソル分解アルゴリズムを用いた予測

疾患や医薬品に関するオミクスデータの構造が複雑化し、行列形式のデータだけでなく、テンソル構造のデータが創生されている。シングルセルレベルでのオミクスデータも得られるようになり、データ構造が複雑化している。これまでの統計手法や機械学習手法は行列データが主に対象であったが、テンソル構造のデータを扱うための機械学習手法が提案されている。例えば、テンソル分解を用いた特徴抽出、次元削減や欠損値・未観測値の補間などが提案されている[11–13)]。補完した薬物応答遺伝子発現データの解析によって、治療薬探索の予測精度を向上できることが報告されている[14)]。

• 医薬品候補化合物の構造生成

目標の特性（薬効など）を持つ化合物を、大量の化合物のスクリーニングから見つけるのではなく、目標の特性を持つ化学構造を新しく予測する逆構造活性相関解析（通常の構造活性相関解析とは逆方向のアプローチ）も最近研究が進められている。化合物の構造をSimplified Molecular Input Line Entry System（SMILES）という文字列で表記し、確率的言語モデルを用いて文字列のパターンを学習する研究が、創薬やマテリアルインフォマティクスの分野で出現している。深層学習を応用したニューラルネットワークモデルによる医薬品候補化合物の設計手法が、近年特に注目されている[15)]。 SMILESに基づく構造生成の先行研究事例として、N–gramという言語モデルや変分自己符号器や再帰的ニューラルネットワークなどディープラーニングによる言語認識・生成を用いた分子設計手法、モンテカルロ木探索と再帰的ニューラルネットワークを組み合わせた構造発生手法ChemTSなども提案されている。深層学習を応用した構造生成の先行研究として、変分オートエンコーダ（Variational Autoencoder：VAE）[16]や敵対的生成ネットワーク（Generative Adversarial Network：GAN）などを応用したChemical VAEやGrammer VAE、DruGANなどの手法が報告されている[17-20]。再帰的ニューラルネットワーク、強化学習、GANを組み合わせたObjective-Reinforced Generative Adversarial Networks（ORGAN）が提案されている[21]。ドイツ製薬企業Bayer社の研究グループから、化学構造や物性情報だけでなく、遺伝子発現プロファイルなどのオミクス情報を使う化合物生成モデルなどもGANを基盤として提案されている[22]。VAEの潜在空間上で遺伝子摂動応答遺伝子発現プロファイルと化合物応答遺伝子発現プロファイルの相関解析を行いヒット化合物候補の構造生成方法も提案されている[23]。合成可能性を考慮し、複数の化合物から一つの化合物を生成するための手法（Molecular Chef）なども提案されている[24]。しかしながら、化学的にはあり得ない構造を出力する手法も多く、提案される化学構造が実際に合成可能なものかどうかは保証が無いのが現状である。近年のトレンドとして、自然言語処理分野で注目を浴びているトランスフォーマー[25]を活用した構造生成の方法も提案されてきている。トランスフォーマーと変分オートエンコーダを組み合わせたTransVAE、トランスフォーマーと強化学習、敵対的生成ネットワークを組み合わせたTransORGAN[26]などが挙げられる。化合物の構造の文字列での表記法として、SMILESがよく利用されているが、他の文字列表現も提案されており、SELFIESやDeepSMILESなどが挙げられる。通常のSMILESだと出力された文字列が化学的に妥当な構造でない場合があるが、SELFIESだと出力された文字列が常に何らかの化学構造に対応するので、全く化学構造が出ない事態を回避できることが特長である[27]。DeepSMILESは、ニューラルネットワークでの学習に特化したSMILES表記の拡張版として提案されている[28]。

構造生成の性能は化合物の構造の表現方法に依存するので、化合物の構造を文字列ではなく、グラフとして捉えて構造生成を行う手法の研究開発も進んでいる。JT-VAE[29]やGraph-AF[30]などが挙げられる。合成可能性を考慮した化合物の構造生成手法として、所望の物性を持つ化合物の構造を予測するだけでなく、その化合物を合成するための化学反応経路も提示する手法（casVAE）が提案されている[31]。

- **医薬品候補化合物の構造最適化**

化合物の構造最適化は創薬における重要課題の一つであり、合成可能性、体内動態、毒性など複数の項目も同時に考慮して最適化された構造を出力できるように、多目的最適化に特化したアルゴリズムが必要である。リード最適化の過程では、現時点で最良の化合物の一部を構造変換した化合物群を合成して活性の変化を調べるが、それを効率化する情報技術としてMatched Molecular Pairs（MMP）解析がある。MMP解析では、指定した構造変換に対応する化合物ペアを検索し、構造変換による特性値の変化を確認することによって、構造の一部が異なる化合物ペアにおける置換基効果を調べることができる。最近、活性化合物の最適化に繋がるSAR Matrixと呼ばれる情報技術がドイツのボン大学のBajorathらにより提案されている[32]。化合物間の大規模な組み合わせに対して、化学構造の部分構造変換パターンと生物活性情報の対応を地図として視覚化するようなソフトウエアも日本の民間企業である理論創薬研究所によって開発されている[33]。また、トランスフォーマーとMMPを融合したアプローチも提案されている[34]。さらに、医薬品候補化合物の構造全体を生成するのではなく、構造の一部であるスキャフォールド（基本骨格）は固定した状態で構造生成を行う研究も行われている。AstraZaneca社を中心にSMILES文字列の一部だけを変換する構造生成器[35]、Sanofi社を中心にSMILES文字列の一部だけを変換するように制約を加えた構造生成器[36]、VAEによる深層学習モデルとビルディングブロック型モデルを組み合わせた構造生成器などが提案されている[37]。

[注目すべき国内外のプロジェクト]

• Machine Learning for Pharmaceutical Discovery and Synthesis（MLPDS）Consortium

マサチューセッツ工科大学が中心となり、2018年に立ち上がった医薬品発見と合成のための機械学習コンソーシアムである。Pfizer社、Novartis社、Eli Lilly社など大手製薬会社も参画している。同コンソーシアムは、低分子の発見と合成に役立つソフトウエアのデザイン促進を目的としている。

• Machine Learning Ledger Orchestration for Drug Discovery（MELLODDY）project

欧州を中心とした製薬企業10社とアカデミア、IT企業が参画して2019年から開始された。 機械学習による有望な化合物予測プラットフォームの構築を目指している。各企業は連合学習を用いることで、データの秘匿性を保持しながら1,000万を超える低分子化合物のデータを共同利用できる枠組みを構築し、世界最大のコレクションを活用した、より正確な予測モデルの確立、創薬の効率化が期待されている。

• Life Intelligence Consortium（LINC）

2016年11月に日本で設立された産学官連携コンソーシアムLINCでは、ライフサイエンス分野の産業競争力強化を目的として、アカデミア、製薬・ライフサイエンス企業、IT企業など100以上の機関が参画し、10組のワーキンググループがシームレスなAI創薬プラットフォームの構築を目指した技術開発を進めてきた。この成果を受け、2021年4月からは、一般社団法人ライフインテリジェンスコンソーシアムとして活動を行っている。第1期の個別AIモデルの研究開発に加えて、広くライフサイエンス分野のデジタルトランスフォーメーションを目指す活動（AI/データ基盤の構築、シンクタンク機能の確立や人材育成など）を進めている。また、活動領域は製薬だけでなく、ヘルスケア、化学、食品、農業などに拡大している。

• 官民研究開発投資拡大プログラム（PRISM）「新薬創出を加速する人工知能の開発」

「創薬標的の枯渇」問題を克服するための取り組みとして、医薬基盤・健康・栄養研究所、理化学研究所、科学技術振興機構など17の産学官研究機関が参画して2018年より開始されている。特発性肺線維症（IPF）と肺がんを対象疾患とし、それぞれの疾患の臨床情報、オミクス情報、医療データや既存知識を収集した、世界初あるいは世界最大規模の疾患統合データベースが構築されている。そこから新規創薬ターゲットを同定するため、新規解析プログラム、医療テキストや学術論文から医学・生物学分野の専門用語を自動抽出する自然言語処理プログラム、分子データを解析するための機械学習アルゴリズムなどのAIの開発が行われている。最終年度である2022年度には、オープンプラットフォーム「峰」という形での事業成果の提供が計画されている。

• AMED創薬支援推進事業「産学連携による次世代創薬AI開発（DAIIA）」

2020年度から開始されたプロジェジェクトであり、化合物—生体分子親和性予測AI、化合物構造発生AI及びオミクス情報に基づく標的予測AIの開発を目的としている。 AIの性能は学習データの化合物のケミカルスペースに大きく依存する。日本製薬工業協会の協力を得て、日本国内の製薬企業18社が参画し、公共データベースの化合物データだけでなく、企業が保有する大規模で多面的な化合物情報の提供を受けて、緊密な産学連携のもとにケミカルスペースの拡大を図っている。連合学習を利用し、企業間で化合物そのものを共有するのではなく、モデルのみ共有して学習することによって予測精度を高める試みが計画されている。真に実用的な統合創薬AIプラットフォームを構築し、開発されたシステムは事業化などを通して当該プロジェクト終了後も継続して活用することを目指している。

• AI-based Substances Hazardous Integrated Prediction System（AI-SHIPS）

毒性関連ビッグデータを用いた人工知能による次世代型安全性予測を目指した経済産業省のプロジェクト

である。基本的には一般化合物の毒性が予測対象となっており、動態的アプローチ、代謝的アプローチ、AI的アプローチ、トキシコゲノミクス的アプローチを組み合わせ、統合的予測システムの構築が進められた。従来の毒性予測の情報技術は、化学構造から機械学習によって毒性を予測する手法がほとんどであり、予測過程はブラックボックスであるため、なぜ毒性が予測できたのか解釈するのは困難である。本システムは、毒性の予測結果だけでなく毒性の発現メカニズムの情報も示唆できる点が特長である。同じ手法は医薬品開発における毒性研究にも利用可能なので、創薬応用の視点からも研究成果の応用が期待されている。

• **全ゲノム解析等実行計画**

政府方針として「臨床情報と全ゲノム解析の結果等の情報を連携させ搭載する情報基盤を構築し、その利活用に係る環境を早急に整備する」（経済財政運営と改革の基本方針；2022年6月閣議決定）などが示され、がん・難病についての全ゲノム解析等のプロジェクトが計画されている。詳細はまだ明らかでないが、データ基盤の構築、解析手法の開発、医薬品開発への応用などの面で、AI創薬にも大きな関係をもつプロジェクトと考えられる。

（5）科学技術的課題

• **医薬品の標的となる疾患原因分子（主にタンパク質）の探索技術**

上で述べた通り、ヒトデータのAIによる解析が進展しているが、診療情報だけではターゲット分子に到達するのは難しいので、ヒト検体と紐づいた分子情報（最も一般的にはオミクス解析データ）も同時に扱う必要がある。技術的には、診療情報を如何にAI解析可能な形に整形するかという大きな課題があり、データ生成時から構造化を保証する試み（電子カルテの規格の統一、オントロジーの整備など）と、非構造化データからの情報の自動抽出の試み（自然言語処理の活用など）の両方を推進するのが現実的なアプローチと考えられる。

分子情報については、オミクスデータ、特に最近一般的になっている一細胞オミクス解析に関わる実験コストの問題が大きいが、解析手法についても一層の進展が望まれる。ゲノム、トランスクリプトーム、プロテオーム、エピゲノム、メタボロームなど、多階層のオミクスデータの取得が可能になってきているが、現状は各階層のオミクスデータを個別に解析してパスウェイなどを抽出した結果を後から組み合わせるといったアプローチが主流で、文字通りの意味でマルチオミクスデータの統合解析を実行するアルゴリズムはほとんど存在しないか、少なくとも一般的に浸透していない。

また、診療情報と分子情報を組み合わせるAIモデルは、ほとんどの場合病態に関与する遺伝子あるいはパスウェイの候補をリストとして提案するのにとどまる。通常はその出力結果を現在知られている様々な知見と照らし合わせ、確からしいメカニズムと共に特定のターゲット候補を絞り込むという専門家による作業を必要としている。この作業までを自動化することが、本来の意味でのターゲット探索AIの究極の目的であり、今後の重要な技術的課題と言える。その実現のためにはまず、「現在知られている様々な知見」をデータベース化する必要がある。そのようなデータベースは知識ベースと呼ばれ、タンパク質、遺伝子、疾患など、各分野での整備が進みつつある。しかし、創薬ターゲットとしての妥当性を判断するために、個別分野の知識を超えた統合的な判断や推論が必要となる。一般に、用語や概念は分野毎に整理されることが多く、分野間でそれらを統合するのは困難であることが多い。その解決策として、既存知識を知識グラフという形でグラフ表現にすることで、比較的簡単にデータを繋げて拡大していうことができるのではないかと期待されている。

• **医薬品候補分子の活性や各種パラメータを予測する技術**

低分子化合物については、化学構造と活性あるいは薬物動態パラメータなどを結びつける機械学習モデルを構築する技術は既に幅広く利用されている。しかし新しい創薬モダリティである中分子、ペプチド、核酸などについては類似のデータが十分に蓄積されていないため、同様のアプローチを適用することが難しい。そこで、これらの物質についても各種パラメータを網羅的に取得する実験を行ってデータの蓄積を図ることが重要であると考えられる。同様に、mRNAを用いた創薬が注目されているが、mRNAの物性やキャリアとの相互作用、それらと薬理活性との関係などについては、一般に利用できるデータがほとんど存在していない。これらについても、系統的に実験データを取得することで、機械学習を適用できる可能性が広がると考えられる。

より本質的な問題として、中分子、ペプチド、核酸など分子量の大きな分子については、分子構造の揺らぎが無視できない。これについては、低分子化合物の機械学習モデルの単純な延長で取り扱うことは難しいので、MDなどを取り入れた何らかの別のアプローチが必要となる。物理化学原理に基づくアプローチはデータの量に依存せず適用範囲が広いという利点があるが、一般に大きな計算機資源を必要とし、ハイスループットの解析には適さない。そこで、シミュレーションと機械学習を組み合わせるアプローチなどが新規モダリティ創薬には重要になると考えられる。

（6）その他の課題

- 本分野で人材育成が課題であることは広く認識されているが、各現場で要求されるスキルなどをより明確化する必要がある。例えば、データサイエンティストという言葉は、人材募集などでもよく登場するが、実際には、ビジネスとデータ分析/解析チームをつなぐビジネストランスレータ、課題に応じたデータ収集や解析方法の選定を行うデータアナリスト、機械学習モデルを実装するAIエンジニア、といった異なる役割が存在する。AIエンジニアには、プログラミング技術を含む相応の情報科学のバックグラウンドが必須である一方、創薬研究においてはむしろデータアナリストなどの果たす役割が大きい。そのタスクについては、例えば医薬系学部やウェット生物学の出身者が十分に対応可能であり、そのような領域からのリクルートを進めることが可能だと考えられる。その実現に向けて、求められる職種を広くアピールすると共に、大学などで必要なトレーニングの機会を提供する必要がある。

- 上記で強調した患者由来情報の利用について、現在の日本の個人情報保護行政は、必ずしも情報の有効な利活用の促進に繋がっていない点が懸念される。例えば、個人情報保護法では匿名加工による第三者への情報提供が示されているが、実際の運用上は様々な障壁があり、必ずしも幅広いデータ利活用が進んでいないように見受けられる。これは、法律だけの問題だけでなく、データを提供する個人や、データ取得に関わる医療機関などのこれまでの慣習や意識にも関わる課題であり、データを公開することにより得られる利益を各コミュニティーに浸透させ、意識改革を促すという側面も重要である。

- 個人情報以外のデータについても、これまで共有が難しかった製薬企業社内の化合物情報などの共有と利活用の動きについて上で取り上げた。こちらの課題は、法規制よりむしろ慣習や意識に関わる部分が大きい。個人情報や知的財産権に必ずしも直結しないデータであっても、データ産生者がデータを「囲い込む」事例は多い。AlphaFoldの成功は、Worldwide Protein Data Bankというタンパク質立体構造のオープンデータがなければ生まれ得なかった。AI技術を活用した新たなブレークスルーの実現に向けては、如何にオープンデータあるいはオープンサイエンスの文化を醸成していくかが課題だと思われる。

（7）国際比較：

国・地域	フェーズ	現状	トレンド	各国の状況、評価の際に参考にした根拠など
日本	基礎研究	○	↗	・複数の国家プロジェクトが進行し、政府の骨太の方針などでも、AI等の技術の創薬への有効活用が明記されている。
	応用研究・開発	○	↗	・複数のAI創薬スタートアップが現れ、アカデミアや製薬企業との共同研究が進展している。

国・地域	フェーズ	現状	トレンド	各国の状況、評価の際に参考にした根拠など
米国	基礎研究	◎	→	・NIH–NCATS, Havard–MIT や西海岸の創薬研究の多くが、AlphaFoldなどを含むAIの利用を前提としている。
	応用研究・開発	◎	↗	・Illumina社とAstraZeneca社は、ヒトオミクス解析を通した創薬標発見の加速を目指した提携を発表している。 ・アカデミアの成果などを基に、Atomwise社、InveniAI社、Aria Pharmaceuticals社、Genesis Therapeutics社などAI創薬ベンチャーが数多く立ち上がっている。 ・MELLODYコンソーシアムには、米国のビッグファーマやIT企業も参画し、プラットフォーム構築を進めている。
欧州	基礎研究	◎	↗	・Google社傘下のDeepMind社によるAlphaFold及びAlphaFold Protein Structure Databaseの利用が進み、各分野に大きな影響を与えている。 ・Genomics EnglandやFinnGen programなどの大規模バイオバンクがAI創薬の基盤としての地位を確立しつつある。
	応用研究・開発	◎	↗	・BenevolentAI社、Relation Therapeutics社、Exscientia社などのスタートアップが投資を集め、新規ターゲットの導出などに成功している。
中国	基礎研究	○	↗	・北京大学・中国科学院上海薬物研究所など複数の拠点で、創薬応用に向けた研究が数多く行われている。
	応用研究・開発	○	↗	・国内の製薬・バイオ医薬品企業による新薬の開発や香港に拠点を置くInsilico Medicine社などによるAI創薬が進展している。
韓国	基礎研究	△	→	・KAIST, KIAS, Ewha Womans UniversityなどのアカデミアR機関で、AIや計算技術を活用した創薬研究が行われている。
	応用研究・開発	△	→	・Standigm社などのAIスタートアップが大手製薬企業との協業を開始している。
台湾	基礎研究	−	−	−
	応用研究・開発	−	−	・台湾工業技術研究院（日本の産総研に相当）では、バイオ分野を含むAI技術の先端技術研究を推進し、特定の対象疾患についての新薬探索を進めている。

（註1）フェーズ
基礎研究：大学・国研などでの基礎研究の範囲
応用研究・開発：技術開発（プロトタイプの開発含む）の範囲

（註2）現状 ※日本の現状を基準にした評価ではなく、CRDS の調査・見解による評価
◎：特に顕著な活動・成果が見えている　○：顕著な活動・成果が見えている
△：顕著な活動・成果が見えていない　×：特筆すべき活動・成果が見えていない

（註3）トレンド ※ここ1～2年の研究開発水準の変化
↗：上昇傾向、→：現状維持、↘：下降傾向

関連する他の研究開発領域

・AIソフトウェア工学（システム・情報分野　2.1.4）
・AI・データ駆動型問題解決（システム・情報分野　2.1.6）

参考文献

1) Tsuyoshi Esaki, et al., “Data Curation can Improve the Prediction Accuracy of Metabolic Intrinsic Clearance,” *Molecular Information* 38, no. 1-2 (2019) : 1800086., https://doi.org/10.1002/minf.201800086.
2) Hiroshi Komura, et al., “A public-private partnership to enrich the development of in silico

predictive models for pharmacokinetic and cardiotoxic properties," *Drug Discovery Today* 26, no. 5 (2021) : 1275-1283., https://doi.org/10.1016/j.drudis.2021.01.024.

3) Masataka Kuroda, et al., "Utilizing public and private sector data to build better machine learning models for the prediction of pharmacokinetic parameters," *Drug Discovery Today* 27, no. 11 (2022) : 103339., https://doi.org/10.1016/j.drudis.2022.103339.

4) Michael Eisenstein, "Machine learning powers biobank-driven drug discovery," *Nature Biotechnology* 40, no. 9 (2022) : 1303-1305., https://doi.org/10.1038/s41587-022-01457-1.

5) 大田雅照, 池口満徳「タンパク質立体構造に基づく創薬における人工知能技術の応用」『MEDCHEM NEWS』28 巻 4 号 (2018) : 175-180., https://doi.org/10.14894/medchem.28.4_175.

6) Hiroaki Imoto, Sawa Yamashiro and Mariko Okada, "A text-based computational framework for patient-specific modeling for classification of cancers," *iScience* 25, no. 3 (2022) : 103944., http://doi.org/10.1016/j.isci.2022.103944.

7) Minkyung Baek, et al., "Accurate prediction of protein structures and interactions using a three-track neural network," *Science* 373, no. 6557 (2021) : 871-876., https://doi.org/10.1126/science.abj8754.

8) John Jumper, et al., "Highly accurate protein structure prediction with AlphaFold," *Nature* 596, no. 7873 (2021) : 583-589., https://doi.org/10.1038/s41586-021-03819-2.

9) Satoko Namba, Michio Iwata and Yoshihiro Yamanishi, "From drug repositioning to target repositioning: prediction of therapeutic targets using genetically perturbed transcriptomic signature," *Bioinformatics* 38, Suppl 1 (2022) : i68-i76., https://doi.org/10.1093/bioinformatics/btac240.

10) Yingnan Han, et al., "Empowering the discovery of novel target-disease associations via machine learning approaches in the open targets platform," *BMC Bioinformatics* 23 (2022) : 232., https://doi.org/10.1186/s12859-022-04753-4.

11) Victoria Hore, et al., "Tensor decomposition for multiple-tissue gene expression experiments," *Nature Genetics* 48, no. 9 (2016) : 1094-1100., https://doi.org/10.1038/ng.3624.

12) Jianwen Fang, "Tightly integrated genomic and epigenomic data mining using tensor decomposition," *Bioinformatics* 35, no. 1 (2019) : 112-118., https://doi.org/10.1093/bioinformatics/bty513.

13) Yoshihiro Taguchi and Turki Turki, "Tensor-Decomposition-Based Unsupervised Feature Extraction in Single-Cell Multiomics Data Analysis," *Genes* 12, no. 9 (2021) : 1442., https://doi.org/10.3390/genes12091442.

14) Michio Iwata, et al., "Predicting drug-induced transcriptome responses of a wide range of human cell lines by a novel tensor-train decomposition algorithm," *Bioinformatics* 35, no. 14 (2019) : i191-i199., https://doi.org/10.1093/bioinformatics/btz313.

15) Petra Schneider, et al., "Rethinking drug design in the artificial intelligence era," *Nature Reviews Drug Discovery* 19, no. 5 (2020) : 353-364., https://doi.org/10.1038/s41573-019-0050-3.

16) G. E. Hinton and R. R. Salakhutdinov, "Reducing the Dimensionality of Data with Neural Networks," *Science* 313, no. 5786 (2006) : 504-507., https://doi.org/10.1126/science.1127647.

17) Rafael Gómez-Bombarelli, et al., "Automatic Chemical Design Using a Data-Driven

Continuous Representation of Molecules," *ACS Central Science* 4, no. 2（2018）: 268-276., https://doi.org/10.1021/acscentsci.7b00572.
18) Matt J. Kusner, Brooks Paige and José Miguel Hernández-Lobato, "Grammar Variational Autoencoder," arXiv, https://doi.org/10.48550/arXiv.1703.0192,（2023年2月2日アクセス）.
19) Xiufeng Yang, et al., "ChemTS: an efficient python library for de novo molecular generation," *Science and Technology of Advanced Materials* 18, no. 1（2017）: 972-976., https://doi.org/10.1080/14686996.2017.1401424.
20) Artur Kadurin, et al., "druGAN: An Advanced Generative Adversarial Autoencoder Model for de Novo Generation of New Molecules with Desired Molecular Properties in Silico," *Molecular Pharmaceutics* 14, no. 9（2017）: 3098-3104., https://doi.org/10.1021/acs.molpharmaceut.7b00346.
21) Gabriel Lima Guimaraes, et al., "Objective-Reinforced Generative Adversarial Networks（ORGAN）for Sequence Generation Models," arXiv, https://doi.org/10.48550/arXiv.1705.10843,（2023年2月2日アクセス）.
22) Oscar Méndaz-Lucio, et al., "De novo generation of hit-like molecules from gene expression signatures using artificial intelligence," *Nature Communications* 11（2020）: 10., https://doi.org/10.1038/s41467-019-13807-w.
23) Kazuma Kaitoh and Yoshihiro Yamanishi, "TRIOMPHE: Transcriptome-Based Inference and Generation of Molecules with Desired Phenotypes by Machine Learning," *Journal of Chemical Information and Modeling* 61, no. 9（2021）: 4303-4320., https://doi.org/10.1021/acs.jcim.1c00967.
24) John Bradshaw, et al., "Barking up the right tree: an approach to search over molecule synthesis DAGs," in *Advances in Neural Information Processing Systems 33*, eds. H. Larochelle, et al. (NeurIPS, 2020).
25) Ashish Vaswani, et al., "Attention is All you Need," in *Advances in Neural Information Processing Systems 30*, eds. Isabelle Guyon, et al. (NeurIPS, 2017), 6000-6010.
26) Chen Li, et al., "Transformer-based Objective-reinforced Generative Adversarial Network to Generate Desired Molecules," in *Proceedings of the 31st International Joint Conference on Artificial Intelligence (IJCAI2022)*, ed. Luc De Raedt（IJCAI, 2022), 3884-3890., https://doi.org/10.24963/ijcai.2022/539.
27) Mario Krenn, et al., "Self-referencing embedded strings（SELFIES）: A 100% robust molecular string representation," *Machine Learning: Science and Technology* 1, no. 4 (2020): 045024., https://doi.org/10.1088/2632-2153/aba947.
28) Noel O'Boyle and Andrew Dalke, "DeepSMILES: An Adaptation of SMILES for Use in Machine-Learning of Chemical Structures," ChemRxiv, https://doi.org/10.26434/chemrxiv.7097960.v1,（2023年2月2日アクセス）.
29) Wengong Jin, Regina Barzilay and Tommi Jaakkola, "Junction Tree Variational Autoencoder for Molecular Graph Generation," *Proceedings Machine Learning Research* 80（2018）: 2323-2332.
30) Chence Shi, et al., "GraphAF: a Flow-based Autoregressive Model for Molecular Graph Generation," 8th International Conference on Learning Representations（ICLR 2020), https://iclr.cc/virtual_2020/poster_S1esMkHYPr.html,（2023年2月7日アクセス）.
31) Dai Hai Nguyen and Koji Tsuda, "Generating reaction trees with cascaded variational

autoencoders," *The Journal of Chemical Physics* 156, no. 4 (2022) : 044117., https://doi.org/10.1063/5.0076749.

32) Disha Gupta-Ostermann and Jürgen Bajorath, "The 'SAR Matrix' method and its extensions for applications in medicinal chemistry and chemogenomics [version 2; peer review: 2 approved]," *F1000Research* 3 (2014) : 113., https://doi.org/10.12688/f1000research.4185.2.

33) Atsushi Yoshimori, Toru Tanoue and Jürgen Bajorath, "Integrating the Structure-Activity Relationship Matrix Method with Molecular Grid Maps and Activity Landscape Models for Medicinal Chemistry Applications," *ACS Omega* 4, no. 4 (2019) : 7061-7069., https://doi.org/10.1021/acsomega.9b00595.

34) Jiazhen He, et al., "Transformer-based molecular optimization beyond matched molecular pairs," *Journal of Cheminformatics* 14 (2022) : 18., https://doi.org/10.1186/s13321-022-00599-3.

35) Josep Arús-Pous, et al., "SMILES-based deep generative scaffold decorator for de-novo drug design," *Journal of Cheminformatics* 12 (2020) : 38., https://doi.org/10.1186/s13321-020-00441-8.

36) Maxime Langevin, et al., "Scaffold-Constrained Molecular Generation," *Journal of Chemical Information and Modeling* 60, no. 12 (2020) : 5637-5646., https://doi.org/10.1021/acs.jcim.0c01015.

37) Kazuma Kaitoh and Yoshihiro Yamanishi, "Scaffold-Retained Structure Generator to Exhaustively Create Molecules in an Arbitrary Chemical Space," *Journal of Chemical Information and Modeling* 62, no. 9 (2022) : 2212-2225., https://doi.org/10.1021/acs.jcim.1c01130.

2.1.4 幹細胞治療（再生医療）

（1）研究開発領域の定義

疾患や外傷、加齢などによって、生体本来の修復機能では自然回復が困難なほどに組織・臓器が損傷・変性し生体機能が失われた時に、幹細胞や組織・臓器の移植などによって当該組織・臓器の再生を目指す医療を、本報告書では「幹細胞治療（再生医療）」とする。なお、生体外で細胞に遺伝子改変を施し生体内に投与する*ex vivo*遺伝子治療（CAR-Tほか）については、次章「遺伝子治療（*ex vivo*/*in vivo*）」にて述べる。

本研究開発領域では、移植対象物である細胞や組織・臓器、足場材料などの研究開発、およびそれらの基盤となる基礎研究を含む。また、近年では移植治療ではなく、生体ナノ粒子や化合物などを活用した再生誘導研究、創薬評価への幹細胞の活用（オルガノイド、organ-on-a-chip、疾患iPS細胞など）、さらには未来の食として期待される培養肉の研究開発など、これまでの幹細胞治療（再生医療）研究で得られた様々な知見や技術を新たな方向へ展開しようとする研究に大きな注目が集まっており、本研究開発領域ではそれらも全て包含する。

（2）キーワード

組織修復、臓器修復、移植、組織幹細胞、間葉系幹細胞（MSC）、ES細胞、iPS細胞、創薬、組織工学、オルガノイド、organ-on-a-chip、ダイレクトリプログラミング、エクソソーム/EV、培養肉

（3）研究開発領域の概要

【本領域の意義】

外傷・損傷などにより失われた人体の細胞や組織・臓器の機能を補填または回復するため、20世紀後半より、臓器移植医療や人工臓器の開発が行われてきた。臓器移植は臓器不全症に対する有効な治療法であるが、深刻なドナー臓器の不足や免疫拒絶をはじめ、多くの医学的・社会的・倫理的問題を抱える。人工臓器は、技術的に開発途上段階にあり、多様な疾患への対応は難しい。21世紀に入りヒト細胞の大量培養技術が確立されると、体外で作製した正常な細胞、或いは細胞の集合体である組織・臓器を、外傷・損傷部位に移植することによる組織・臓器機能の再生が期待された。中でも、皮膚（2次元シート状）と軟骨（細胞）については早い段階から臨床開発が進展し、一定の治療効果を示す製品が2000年代に続々と上市され、現在も医療現場で活用されている。

2007年、山中によるヒトiPS細胞作製技術の登場を契機に、自家iPS細胞を用いた、全身の様々な疾患に対する自家移植・幹細胞治療の実現に向けた期待が高まった。自家移植により、免疫拒絶という深刻な問題の解決が可能となるため、幹細胞治療（再生医療）の実現に向けた技術的ブレイクスルーであった。わが国では、日本発の技術ということも相俟って、iPS細胞をベースとした幹細胞治療（再生医療）に対し、長年に亘って特に重点的に研究開発資金が投入され続けてきた。その結果、間葉系幹細胞や組織幹細胞などの臨床試験では欧米が世界をリードしているが、iPS細胞をベースとした臨床試験ではわが国は存在感を示している。

現在、間葉系幹細胞や組織幹細胞の移植治療（再生医療）について、上市製品数は着実に増加しているが、世界の市場規模は2000年頃から現在に至るまで微増で、数百億円規模で推移している。一方で、2010年代後半に入り、核酸医薬や遺伝子治療など他の新興モダリティが続々と登場し、数千億円規模の巨大市場を形成し急拡大している。それらと比べると、再生医療の市場は長らく伸び悩んでいる。その背景としては、重度熱傷に対する培養皮膚シート移植のように非常に優れた治療効果を示すが対象疾患が限定的であること、様々な臓器の疾患に対して幹細胞治療の臨床試験が数多く進み製品も一部登場しているものの、突出した治療効果を示すに至っていないこと、などが考えられる。このように、先行する間葉系幹細胞や組織幹細胞ベースの製品が苦戦を続ける中、わが国を中心に、iPS細胞をベースとした臨床試験が複数進行中である。iPS細胞ベースの臨床試験が根治に至る目覚ましい有効性（および安全性）を示し、国内外の規制当局で承認され

るに至れば、多様化する治療モダリティの一角として大きな存在感を発揮する可能性があるため、臨床試験における有効性の適切な評価が重要と考えられる。

幹細胞治療（再生医療）研究から派生する形で、エクソソーム/EV（extracellular Vesicle: 細胞外小胞）に着目した治療法の開発が期待され、多くの臨床試験が進められたが、現時点では、当初期待されたようなインパクトの大きな結果は得られていない。しかし、エクソソーム/EVが生体内の情報伝達において重要な役割をもつことに疑いは無い。エクソソームの計測・評価・操作・制御などにおける品質評価が重要である。まずは基礎的なメカニズム研究や計測・解析・評価技術開発などを着実に進めつつ、優れた治療効果が期待されるシーズを厳選し、少しずつ臨床応用を進めていくことで、治療モダリティの１つとして存在感を発揮する可能性がある。2022年、日本再生医療学会がエクソソームの取扱いに関するPosition Paperを発表しており[1)]、研究開発の推進と並行して、国内外のレギュラトリーサイエンスの動向も踏まえた活動が重要である。

このほか、組織・臓器の修復を促す分子などを投与することで治療を目指すアプローチ、生体適合材料や無細胞化組織等のバイオマテリアル（細胞との組合せ含む）で治療を目指すアプローチもみられる。また、幹細胞を特定の細胞（免疫細胞など）に分化させ、*ex vivo*遺伝子治療（CAR–Tなど）により治療を目指すアプローチ（次章を参照）は大きな注目を集め、世界中で研究開発競争が激化している。治療のみならず、患者由来iPS細胞を用いた医学研究および創薬研究、様々な幹細胞から作出したオルガノイドを用いた創薬評価、ヒト発生学研究など、多方面に大きなインパクトを与えている。さらに、医療以外の分野では、再生医療研究で培われた組織工学技術を動物細胞に応用し、牛/鳥/魚の肉を作製する培養肉の研究開発が世界中で活性化しており、将来的なタンパク質不足を解決する手段として期待されている。

これまで、わが国では幹細胞ベースの移植治療（再生医療）ばかりが注目されてきた。しかし、それら研究を通じて生まれた技術や科学的知見を元に、ライフサイエンス全般の基礎研究、創薬モダリティおよび基盤技術開発、さらには未来の食に至るまで、多方面に大きなインパクトを与えつつあることは、大いに注目すべきと考えられる。

【幹細胞移植（再生医療）に関する研究開発の歴史】

1957年に確立した、骨髄移植による血液疾患の治療法確立が、幹細胞治療（再生医療）のはじまりとも言える。当時、発生学では、カエルの卵における体細胞核移植による胚発生や、マウスの精巣テラトーマにおける多能性の発見など、数多くの重要な萌芽的発見があった。

現在の幹細胞治療（再生医療）につながる技術革新は、1975年、ハーバード大学のGreenによる、世界初のヒト表皮角化細胞の大量培養成功である。1980年、Greenらはこの技術をもとに自家培養表皮を用いた重度熱傷治療を試みた。1980年代中盤に組織工学（tissue engineering）と呼ばれる新しい学問領域が誕生し、1990年代には組織工学と幹細胞生物学を両輪とする幹細胞治療（再生医療）というコンセプトが広く認識され始めた。1998年、ウィスコンシン大学のThomsonがヒトES細胞株の樹立に世界で初めて成功した。2007年、理化学研究所の笹井がES細胞の大量培養法の開発に成功したことで、ES細胞による再生医療の実現への期待が大きく高まった。2007年、京都大学の山中らによるヒトiPS細胞樹立が報告され、ヒトiPS細胞作出技術が、革新的な研究ツールとして世界中へ広がり、幹細胞治療（再生医療）の実現に向けた期待も高まった。2013年、2014年に相次いでヒトクローン胚からのES細胞樹立が報告された[2, 3)]。近年では、ナイーブ型のヒトiPS細胞やES細胞を用い、ヒトの初期発生の本質的な理解を目指そうとするチャレンジングな研究も見られる。

【研究開発の動向】

- **間葉系幹細胞（MSC）の細胞移植治療**

MSCの移植による治療を目指した臨床試験が数多く推進されている。 MSCは骨髄、骨格筋、皮膚、さらには脂肪組織、歯髄、臍帯、胎盤など医療廃棄物からも採取できる。主に骨、軟骨、脂肪、骨格筋への分化能を持つが、外胚葉や内胚葉由来の組織細胞へも分化しうることが報告されている。また、サイトカイン、ケモカイン、増殖因子、エクソソームなどの様々な因子を産生し、抗炎症、免疫制御、血管新生など多様な効果が報告されている。低抗原性で他家細胞でも免疫抑制剤なしに投与できること、簡便な培養法が確立されていることがメリットである。

MSCを用いた治療戦略は、種々の液性因子、エクソソームによるパラクライン効果を期待した方法に期待した臨床開発が多い。また、免疫原性が低いことを利用した同種他家移植が中心である。例えば、骨髄移植を受けた患者における移植片対宿主病（GVHD）の治療にMSCが用いられ、特に重度のステロイド抵抗性の患者で有効性が示されている[4-6]。わが国においても、JCRファーマ社の他家由来MSCによる急性GVHD治療用製品として「テムセル®HS注」が製造販売承認されている。最近では、新潟大学の寺井らによりMSCとマクロファージを混合投与することで、相乗効果によりマウス肝臓の線維化が改善することが報告され[7]、そのメカニズムとして、IFNχでMSCから誘導されたエクソソームが当該マクロファージの抗炎症に関与することが見出される[8]など、新たな可能性を探る研究成果も見られる。MSCの局所投与法の開発や臨床試験も活発であり、2021年にはクローン病に伴う複雑痔瘻に対する患部局所治療として他家脂肪組織由来間葉系幹細胞「アロフィセル®」（武田薬品工業社）が上市された。

MSCについて、一定の治療効果は見られる。近年、MSCから分泌されるエクソソームを中心とした作用機序の理解が進んでいる。作用機序に関する基礎研究を重点的に推進することで、MSCによる治療戦略を精緻化でき、結果的に優れたMSCの臨床シーズの創出にもつながると考えられる。

• ES細胞ベースの細胞移植治療

多能性幹細胞を用いた幹細胞治療（再生医療）は、技術的なハードルが高いものの期待は大きい。わが国では、京都大学再生医科学研究所が2017年3月に医療用ヒトES細胞の樹立計画を国に申請し 2018年7月から配布を開始した。2017年9月には国立成育医療研究センターの医療用ES細胞樹立計画が承認され、樹立が開始された。これによって、国内で臨床用ES細胞の樹立機関が2か所整備された。 ES細胞はヒト胚を用いる点で倫理的ハードルが指摘されており、各国でガイドラインや法によって樹立や使用についての規制が行われている。

一方で、既に海外では臨床応用も少しずつ進められている。2010年、米国Geron社が脊髄損傷に対するヒトES細胞由来オリゴデンドロサイト移植が実施し、米国のACT社は黄斑ジストロフィーや萎縮型加齢黄斑変性症に対する移植を実施している。2014年、米国ViaCyte社がヒトES細胞由来膵β細胞を免疫保護カプセルに包埋して移植する臨床試験が開始した。わが国では2018年3月に先天性代謝異常症である尿素サイクル異常症児に対する移植が国に申請され、医師主導治験が開始された。ただし、ES細胞をベースとした臨床試験数は、先述のMSCの臨床試験数と比較すると非常に少ない状況が今も続いている。

iPS細胞の登場によりES細胞の有用性は下がると見る向きが当初あったが、現在でもES細胞はヒトの発生初期や分化誘導の基礎研究において利用価値は高い。臨床応用の観点からは、多能性幹細胞（iPS細胞、ES細胞など）がこれからどの程度の存在感を発揮できるかが未知数であるが、ES細胞とiPS細胞は性質が異なるため、得意とする分野を棲み分けて共存する可能性がある。

• iPS細胞ベースの細胞移植治療

移植細胞の定着という点で、自家細胞の移植に勝るものはない。 iPS細胞は自家移植の可能性を開いたという点で画期的である。ただし、幹細胞治療（再生医療）の臨床試験が海外では一定数行われているものの、その大半はMSCや組織幹細胞（体細胞含む）、造血幹細胞などをベースとしており、iPS細胞をベースとした臨床試験数は少ない。

iPS細胞の実用化には大きな期待が寄せられているが、一方で、iPS細胞特有のゲノム不安定性が、安全性確保の上での懸念点として指摘する見方もある。この点に対応するため、全ゲノムシーケンシングでゲノム不安定性の起源についての解析が進み、発がん性遺伝子のコピー数が細胞継代中に増加することや、iPS細胞の元となる体細胞のゲノム変異に由来する変異があることなどが明らかにされてきた。 iPS細胞の作製に適した細胞種の探索、安全なリプログラミング方法、分化方法等に関する検討が続けられている。ゲノム変異とリスクの関係を明らかにするため、iPS細胞バンクのゲノムデータベースと臨床とを紐づけた検討も重要であろう[9, 10]。山中らが最初に報告したiPS細胞樹立法ではレトロウイルスベクターが用いられたが、その後はゲノムへの組込みが少ない方法としてエピゾーマルベクターが本格的に採用され、現在に至る。同ベクターは知財面の問題があるため、代替手法として、センダイウイルス（RNAウイルスでありゲノムへの組込みは殆ど無いとされる）によるiPS樹立の検討も進められている。高品質化のためにはよりナイーブ（未分化）な状態のiPS細胞作出を実現するための基礎研究が重要である。

iPS細胞の最大の利点は自家細胞移植が可能であり、自家移植では免疫抑制剤の投与が原理的に不要である。しかし、近年はiPS細胞の同種他家移植が積極的に検討されている[11]。国内では京都大学iPS細胞研究所（CiRA）が2013年から、他家移植の臨床応用を想定したiPS細胞ストックプロジェクトを実施している（現在は公益財団法人　京都大学iPS細胞研究財団）。他家iPS細胞移植を目指した、HLA拘束性に依存しないユニバーサルiPS細胞を樹立する試みも数多くなされている。しかし、既に多数のHLA改変特許（WO091/001140、WO92/009668、WO2012/145384等）が海外で成立しており、厳しい状況にあるとも言える。同種他家移植に向けた動きが活発になった背景には、患者由来iPS細胞の作製に膨大な時間とコストがかかってしまう点が大きい。ただし、次章で述べる*ex vivo*遺伝子治療（CAR–Tなど）については、自家細胞由来の遺伝子組換え細胞製品が巨大な市場を形成しつつあり、治療ニーズの大きさ、きわめて高い有効性の実証などの条件が揃えば、自家移植であっても医療として成立すると言える。

iPS細胞のリプログラミング、分化、成熟を効率的かつ高い安全性で行う手法についても引き続き基礎的な研究開発が続けられている。将来「my iPS」細胞による再生医療が本当の意味で実現するためには、幅広く重厚な基礎研究を中長期的に継続する必要がある。

- **ダイレクトリプログラミング**

特定の遺伝子や化合物等を細胞へ導入することで、体細胞から多能性幹細胞を経由せずに特定の分化細胞へ直接誘導させるダイレクトリプログラミング研究が近年徐々に活性化している[12–15]。

生体内でダイレクトリプログラミングを行う際、投与物は細胞ではなく遺伝子ベクターや化合物などであるため、厳密には幹細胞等の移植による治療（再生医療）ではない。しかし、外部から細胞を投与するのではなく、体内で目的の（幹）細胞を作り出すことで治療を目指す、という点では幹細胞治療（再生医療）の新たなアプローチであるとも言える。高コストな細胞ではなく、安価な化合物などを投与することで目的の（幹）細胞を生体内で誘導できれば、幹細胞治療（再生医療）と比べて大幅なコストダウンが期待される。特に、低分子化合物やタンパク質など分子によるダイレクトリプログラミングが実現すると、遺伝子導入に伴うリスクを回避できる点も大きい。現時点でダイレクトリプログラミングによる治療を明確に謳った上市製品は見られないが、期待感が大きい治療コンセプトと言える。ダイレクトリプログラミングの創薬を実現するためには、高い有効性に加えて、例えば企図した通りの細胞へと生体内で分化誘導がなされたか、など、計測・評価の観点も含めた多面的な視点からの基礎研究も必要になると思われる。

- **自己修復機構の活性化による組織・臓器修復**

上述の研究動向と同様に、細胞移植ではなく、分子を投与する治療アプローチとして、生体に本来備わっている自己修復機構を利用して組織再生を促す方法がみられる。例えば、壊死細胞から放出される核内クロマチン結合タンパクhigh mobility group box1（HMGB1）は、骨髄内PDGFR陽性細胞（多能性間葉系細胞）を壊死組織周囲に誘導し、組織幹細胞の補充を促進することで修復に寄与していることが見い出された[16]。当該発見をベースとして、わが国で臨床試験が次々と進められている（例：2020年12月、新潟大学で肝線維症を対象としたPhase Ⅱの医師主導治験が開始。2022年7月、栄養障害型表皮水泡症患者を対象としたPhase Ⅱ臨床試験が開始。）。これらは細胞ではなく分子を投与するため、もし実現すれば、治療コストを大幅に抑えることも可能となる。

生体内の組織・臓器では、日常的に損傷・修復が繰り返され、恒常性が維持されていると考えられる。それらの基礎的なメカニズムを解き明かすことで、自己修復機構の活性化に着目した創薬標的が次々と発見される可能性がある。

• **オルガノイド**

2007年、オランダのHub研究所のClevers、佐藤（現・慶応大）らのグループは 腸幹細胞をWntシグナル、EGFシグナル等のアゴニストを用いて培養することにより、腸オルガノイドを作成することに成功した。腸オルガノイド内には上皮細胞、ゴブレット細胞、パネート細胞、分泌細胞など腸上皮に存在する様々な細胞が存在し、機能的な組織の原器を形成していることが示された。2008年に理化学研究所の笹井らは、マウスES細胞から無血清浮遊培地内で4層の大脳皮質構造を分化誘導することに成功した。笹井らはさらに網膜の原器に類似した構造を作り出した。この技術は、立体培養、自己組織化と呼ばれ、その後、肝、腸、胃、腎臓など様々な臓器においても同様の培養方法が開発され医療応用も検討されている。近年、最も分化誘導が難しいとされていた腎臓（糸球体、尿細管）の自己組織化も可能となり、急速に技術開発が進んでいる。オルガノイドは血管網を有していないため、300 μmを超すサイズになると内部がネクローシスを起こすことが長年の問題であった。最近、血管内皮細胞との共培養や中胚葉系の前駆細胞との共分化誘導により血管網の導入が報告され[17, 18]、さらに血管オルガノイドの作製も報告された[19]。

オルガノイド技術は、生体に移植可能な組織・臓器を構築する技術としての洗練が期待されるものの、一方で多方面に大きなインパクトをもたらしている。例えば、ヒトの組織・臓器を模したオルガノイドを対象として、創薬スクリーニング、毒性評価、さらには患者iPS細胞をベースとすることで薬剤感受性の個体差の検出などへの応用が期待されている。発生学の基礎研究（ヒト含む）に重要な研究ツールとしても期待が大きい。医学的用途ではなく、3次元培養技術を活用した、未来の食としての培養肉研究への展開も注目を集めている。

• **わが国における臨床開発および上市動向（*ex vivo*/*in vivo*遺伝子治療除く）**

皮膚や軟骨については、2000年代、複数の製品が登場し医療現場で活用されている。近年、複雑痔瘻を対象としたアロフィセル（武田薬品工業社、2021年）、角膜上皮幹細胞疲弊症を対象としたオキュラル（J-TEC社、2021年）、サクラシー（ひろさきLI社、2022年）などの製品も通常の臨床試験を経て承認された。条件および期限付き承認がなされた製品としては、心疾患を対象としたハートシート（テルモ社、2015年）、脊髄損傷を対象としたステミラック（ニプロ社、2019年）がみられ、前者は5年間（その後3年間追加）、後者は7年間の条件および期限付き承認がなされ、臨床データの収集が進んでおり、結果が待たれるところである。

• **培養肉**

近年、臓器様の構造物を構築する組織工学の技術を動物細胞に応用した培養肉の開発が注目されている。人口増加によるタンパク質供給不足（タンパク質クライシス）が2050年頃に顕在化すると言われているが、家畜が産出するメタンガスなどの環境汚染物質の問題により畜産を増加することは難しい。そこで注目されているのが代替フードである。培養肉は、植物由来の代替肉とは異なり動物細胞で構成されるため、食肉に近い味と食感が期待されている。分野黎明期では筋芽細胞を大量に集めて成形したミンチ様の肉が作られていたが、近年では3Dバイオプリントの組織工学技術を応用し、和牛の霜降り構造を再現した高精細培養肉の作製も報告されている[20]。急速に発展している分野である。

（4）注目動向

【新展開・技術トピックス】

• **ダイレクトリプログラミング**

幹細胞治療（再生医療）においては、患者自身の細胞を用いて腫瘍化リスクの低い細胞を短期間に作製することが理想的である。1987年にマウス皮膚の線維芽細胞に筋分化特異的遺伝子のひとつであるMyoDを発現させ、筋芽細胞に誘導したことが報告[21]されて以降、多くのグループがマウスだけでなくヒトにおいても体細胞から多能性幹細胞を経ずに直接特定の分化細胞へ誘導する方法について報告し、これらはダイレクトリプログラミングと呼ばれるようになった。未分化状態を経ないため、比較的短期間で目的細胞へ誘導可能かつ腫瘍形成リスクが低いと考えられ、幹細胞治療（再生医療）のみならず、ヒト疾患細胞モデルを利用した病態解明や薬剤スクリーニングなどへの応用が期待されている。

2019年、国立精神・神経医療センターの青木らは、デュシェンヌ型筋ジストロフィー患者の尿から非侵襲的に得られる細胞に筋制御因子であるMYOD1を導入するとともに、ヒストンメチル化酵素阻害剤共存下に培養することで、短期間に目的の器官に誘導することに成功し[22]、治療法開発加速への貢献が期待される。2020年、九州大の鈴木らは、終末分化した細胞は増殖能が低く応用が限られることから、ヒトの臍帯静脈や末梢血管由来血管内皮細胞に3つの転写因子（FOXA3、HNF1A、HNF）を導入することで、増殖可能な誘導肝前駆細胞（iHepPC）を作成した。iHepPCは三次元培養によって機能的な肝細胞と胆管上皮細胞へ分化することも確認されている[23]。筑波大の家田らは、心臓線維芽細胞から心筋細胞へのリプログラミングにおいて、生体心臓と同等の柔らかさの細胞外基質上で心筋誘導効率が向上することを報告し、メカノバイオロジー研究の必要性を示唆した[24]。

より安全で安価な方法として、化合物を使うケミカル・ダイレクトリプログラミングの研究も盛んである。2020年、京都府立医大の戴らは、骨形成因子7（Bone Morphogenetic Protein–7: BMP–7）と2種類の化合物を添加した無血清培地でヒト皮膚線維芽細胞から褐色脂肪細胞への誘導に成功した[25]。米ノーステキサス大のChavalaらは、5種の化合物で皮膚線維芽細胞を桿体視細胞様細胞に誘導し、これを移植した網膜変性マウスで視力が回復したことを報告している[26]。

広義にエピジェネティクスの人為的制御と捉えれば、グリコーゲン合成酵素キナーゼ3（Glycogen synthase kinase 3: GSK3）阻害剤とヒストン脱アセチル化酵素（Histone Deacetylase: HDAC）阻害剤の合剤であるFrequency Therapeutics社のFX–322は、細胞移植によらずに組織・臓器の再生を促す新たな治療コンセプトとして注目すべき開発品である。静止状態にある内耳の前駆細胞を有毛細胞へ分化誘導することで難聴治療を目指すものであり、Phase Ⅰ/Ⅱにおいて鼓室への単回投与で21ヶ月まで聴力の回復が持続した例が報告されている。

これらのアプローチは、新たな治療コンセプトのひとつ、*in situ* organ/tissue regenerationとして期待され、体外における細胞分化・成熟手法の低コスト化・高効率化という点でも注目されている。

- **エクソソーム/EV**

当初、再生医療は、移植した細胞や組織が患者の体内に長期に亘って定着し、失われた機能を代償する治療が想定された。しかし、患者の体内で十分に機能する複雑な3 次元構造を持った臓器の作製は技術的に極めて高いハードルが数多く存在し、実現はかなり遠い未来となる可能性が高い。比較的シンプルな細胞や組織の移植においても、狙った箇所に長期に亘って定着させ、機能を発揮させ続けることは容易ではない（皮膚・軟骨にのみ、高い有効性を示す製品が上市されている）。

移植した組織・臓器そのものによる機能代償ではなく、それらが産生する栄養因子・増殖因子等の間接的効果（パラクライン効果）による機能再生を期待した研究開発が近年増加している。中でも、病態部位に移植した間葉系幹細胞（MSC）が放出する細胞外小胞が重要な役割をもつことが示唆され、注目を集めている。MSCが放出する100 nm前後細胞外小胞の一種でであるエクソソームは、膜部分にコレステロール、スフィンゴミエリン、セラミド、脂質ラフト構成成分を含み、内部には様々なタンパク質、mRNA、miRNAなどを含むことが知られている。間葉系幹細胞に限らず、あらゆる細胞からエクソソームが産生され、細胞間の情報伝達物質の運び手（Cargo）として多様な生命現象と関係していることがわかってきており、エクソソームに着目した治療コンセプトへの期待感が高まっている[29–32]。エクソソームによる治療を期待した臨床試験が複数開始されているが、当初期待されたほどの成果が見られない。基礎研究の強化を通じて、エクソソームの基盤的理解を改めて推進すべき時期にきているとも言える。また、臨床応用に向けた基盤整備として、例えば、わが国では日本再生医療学会において、エクソソームの利用に関するWGが立ち上げ、その利用法について議論が進められている。2022年にはPosition Paperも公開され、当該分野のこれからのレギュラトリーサイエンスについて、日本再生医療学会と、International Society for cell and gene therapy（ISCT）などとも連携した、世界の動向を踏まえた活動が開始された。

- **高度に初期化されたヒト多能性幹細胞の樹立**

ヒトES細胞やiPS細胞は、奇形腫を作り試験管内で無限に増やせるといった点ではマウスの多能性幹細胞と同じであるが、発生学的にはマウスの多能性幹細胞よりも一段分化段階が進んだEpiblast stageの幹細胞である。そのため、胚盤胞に注入してもキメラを形成できないと考えられる。より未分化なヒトES細胞やiPS細胞の樹立培養技術の確立は、将来的にヒト多能性幹細胞の標準化や品質の向上に不可欠である。そこで多くの幹細胞研究者がマウスと同等なヒトES細胞やiPS細胞の樹立法の研究を行なっている。初期化因子として、卵細胞の細胞質に大量に含まれるリンカーヒストンH1fooを用いて従来の方法より高品質なiPS細胞を高効率に樹立する方法を慶応大の福田らが報告した[33]。順天堂大と慶応大のグループからマウス iPS細胞の分化成熟能力を高める技術が報告されより分化成熟能力が高い細胞はより未成熟な状態である2細胞期のマーカーを多く発現していることが示されている[34]。

- **異種キメラを利用した臓器再生法**

臓器そのものの移植としては、ヒト以外の動物、特に臓器の大きさからブタの臓器をドナー臓器として使用するというアイデアがあり、長年研究されてきた。分子生物学の発達により抗原性を持つα–1–3–galactose産生酵素などをノックアウトしたブタが作られ、免疫抑制剤と組み合わせることで、ブタ腎臓を移植されたヒヒが8ヶ月以上生存するという結果が報告された[35]。ミュンヘン大学のグループからは、急性の免疫拒絶を克服すべく糖鎖抗原関連遺伝子をノックアウトしたブタの心臓を、慎重に検討されたプロトコルでサルに移植したところ、少なくとも195日間、良好な健康状態を保てたとの報告もあった[36]。

一方で、動物の臓器を移植するのではなく、遺伝子改変により特定の臓器を欠損する動物胚に、同種または異種の多能性幹細胞をキメラ個体中に移植し多能性幹細胞由来の臓器を作製しようとする研究アプローチが見られる。既に、マウスとラットのように進化的に近い種間では機能的な臓器が作られ、免疫抑制無しに移植により根治的治療が可能であることを東京大学の中内らが報告している[37, 38]。この方法は、臓器発生の機構を理解するための新たな方法論を提供するとともに、将来的に、異種個体内でヒト多能性幹細胞由来の臓器を作製するという、新たなコンセプトの移植治療の実現に貢献するものと期待される。現状、ヒトと動物のキメラ胚（動物性集合胚）を作ることは日本では倫理的ハードルが高いため、中内らは米国においてヒトと羊のキメラ作製等を実施している。ただし、中国でも研究が進められており、規制による縛りが少ないことも相俟って、サルのクローン作製など高い水準の技術を有しており、かつ豊富な研究資金と人材、設備が存在し、積極的に研究を進められていると推定される。

- **3Dバイオプリンティング**

臓器様の構造物を構築する技術として3Dプリンタを用いて細胞と足場材料を機能的に組み上げる3Dバイオプリンティング技術も実用化に向けて研究開発が進んでいる。3Dバイオプリントでは、細胞と足場材料の溶液を任意の形状に吐出して造形する必要があり、サポートバスと呼ばれる剪断減粘性を有する溶液の中にプリントする。最近では、コラーゲンを用いた心臓様の構造の作製と心筋細胞の培養[39] やセメント様のインクを用いた*in situ*プリント[40] などが報告されており、今後の発展が期待される。

- **ヒト細胞加工品の製造におけるQuality by Design（QbD）**

治療用細胞の純化には複数回の継代が必要とされ、数ヶ月間の長期にわたって培養・継代を行い、細胞の品質管理を実施することが多い。培養が長期間に渡る場合、細胞の機能が劣化し、化学合成による医薬品と比較してロットごとの機能が安定しないなどの問題点が指摘されている。これは製造のプロセスにおいて重要な課題である。製造ラインの自動化、多様な疾患・細胞腫に対応するモジュール化、安定供給のための輸送方法、凍結・解凍のプロトコルの標準化などの、ヒト細胞加工製品の製造に向けたQbDに基づく管理戦略プロジェクトが2020年度より国内で開始された。

- **患者由来iPS細胞の創薬利用**

患者から取得した体細胞をiPS細胞化し、病態解明、創薬シーズの探索・検証・評価などの用途へ活用しようとする、iPS創薬への期待が大きい。特に、希少難病や脳神経疾患など、患者由来のサンプルを取得しにくい疾患において、iPS創薬のアプローチは特に有用である。すでに慶応大の岡野らが、筋萎縮性側索硬化症（ALS）患者の細胞から樹立したiPS細胞から病態を示す神経細胞を再現し、既存薬をスクリーニングし有効な薬剤を突き止める[41)]など、臨床試験につながる成果も見られる。日米欧の各国で、大規模な疾患iPS細胞のバンキングプロジェクトも推進されている。

- **培養肉**

培養肉は、牛などの動物から採取した細胞を培養し、成形することで作製された肉を指す。2013年、オランダMaastricht大学のPostらにより、サテライト細胞の培養により作製された培養肉ハンバーガーの世界で最初の試食会がロンドンで行われた。当初は研究開発費込みで約3,000万円と非常に高額であったが、現在では食肉のハンバーガーとほぼ同等の1個1,300円程度での作製が可能になったと言われている。 Postらは、牛サテライト細胞を大量に培養し、分化誘導によりリング状の筋線維を作製し、切断することで筋線維として回収した。この筋線維を大量に作製し、食紅などで着色することでミンチ状の培養肉としてハンバーグを作製した。以後、ミンチ肉が培養肉の主流となった。近年、カット肉（ステーキ）の再構築が研究されており、東京大学の竹内らや東京女子医大の清水らはシート状のウシ筋組織を重ねた培養肉を報告しており[42)]、大阪大学の松崎らは3Dプリントを用いて作製した筋線維、脂肪線維、血管線維を束ねたサシ入り和牛の培養肉を報告している[43)]。

【注目すべき国内外のプロジェクト】

- **日本医療研究開発機構（AMED）再生医療実現化ハイウェイ構想**

2013年より10年間、総額1,100億円規模で、再生医療実現化ハイウェイ構想が推進されている。AMED再生医療実現拠点ネットワーク事業では、京都大学iPS細胞研究所（CiRA）が中核拠点として選定され、日本人に頻度の高いHLA型のiPS細胞ストックプロジェクトが実施された。2020年より公益財団法人　京都大学iPS細胞研究財団が推進している。

- **Cell and Gene Therapy Catapult（CGT Catapult）**

英国は2012年に再生医療戦略（A Strategy for UK Regenerative Medicine；UKRM）を発表し、幹細胞治療（再生医療）への大型研究投資を開始した。 UKRMのもと設立された細胞治療カタパルト（Cell Therapy Catapult）は、ロンドン中心部のガイ病院内に拠点を構え、英国全体の細胞治療商業化推進のハブとして重要な存在となっている。2018年には7,200㎡のGMP製造センターをオープンし、政府は90億円規模の予算を投入している。2016年からは、新たに遺伝子治療も柱に据えた活動を開始し、名称もCell and Gene Therapy Catapultに変更された。2017年に開始された先端治療への患者アクセスを向上させるためのネットワーク事業Advanced Therapy Treatment Centers（ATTC）でも、CGTカタパルトがその中心を担っており、英国における幹細胞治療（再生医療）および遺伝子治療への商業化に向けて、CGTカタパルトは重要な位置づけにある。

- **JST未来社会創造事業「持続可能な社会の実現」**

未来社会創造事業は、社会・産業ニーズを踏まえて、経済・社会的にインパクトのあるターゲット（出口）を明確に見据えた技術的にチャレンジングな目標を設置し、実用化が可能かどうか見極められる段階を目指した研究開発を行っている。最大10年の長期にわたり、総額で数億円～数十億円規模の研究開発投資にて実施される、未来社会からバックキャスト型の研究開発事業である。2018年度から「持続可能な社会の実現」領域に「将来の環境変化に対応する革新的な食料生産技術の創出」テーマが設定され、探索加速型研究が開始した。その後、ステージゲート評価を経て本格研究に移行している。

（5）科学技術的課題

個体は1個の受精卵から遺伝情報に基づいて発生し形成される。従って、個体や臓器の発生を再現できる情報はゲノム解析により入手できているはずである。しかし、遺伝子発現制御をはじめとして、我々が現在把握している情報は極めて断片的で不完全であり、生体内に存在する様々な体細胞を、ES細胞を分化させることで完全に再現することすらできていない。幹細胞生物学、細胞生物学、発生生物学、免疫学等の基礎研究の統合的な進展が重要である。

幹細胞治療（再生医療）は、次章の遺伝子治療（*ex vivo*/*in vivo*）と同様に、既に上市された製品も含めて、治療メカニズムには未だに不明な部分が多い。臨床応用も重要ではあるが、幹細胞治療（再生医療）の本格的な実現にはまだまだ長い時間がかかると思われる。幹細胞生物学、細胞生物学、発生生物学、免疫学等の基礎研究の統合的な推進を通じてメカニズムの理解を深めることが、結果的に将来のインパクトの大きな臨床応用につながると考えられる。特に難易度の高い新規モダリティであるが故に、臨床応用を焦ることなく、急がば廻れで基礎的なメカニズム研究を改めて重点的に推進すべき時期にあると考えられる。

（6）その他の課題

臨床試験の国際的スタンダードはランダム化二重盲検試験であるが、希少疾患や症状が重篤な疾患を対象とする場合は、時間的な制約からも、倫理的にも、この方法をとることが難しい場合がある。2018年、札幌医大から条件付き早期承認申請がなされた再生医療等製品は、脊髄損傷患者の骨髄から自己MSCを抽出し静脈へ注射し治療効果を期待するものであり、世界に先駆けて臨床試験が進められた。しかし、この臨床試験に対して、Nature誌から疑義を呈する記事が出された[44)]。条件付き早期承認制度は、わが国の独自の制度であるが、一方で、同制度に対する批判に応えることのできる、確かな実績を示していくことが重要と考えられる。これに対する対応として、日本再生医療学会と日本医学会が連携し再生医療等臨床登録システム（NRMD）が立ち上がり、データ集積が進められている。臨床例からの次の課題を探索するReverse Translational Researchの考え方が重要である。

近年、世界中で続々と承認されている遺伝子治療（CAR-Tほか）のように、少数患者を対象とした臨床試験でありながらも圧倒的な有効性を示すような幹細胞治療（再生医療）製品が登場すると、巨大な世界市場を形成しうると期待できる。一方で、幹細胞治療（再生医療）は、次章の遺伝子治療（*ex vivo*/*in vivo*）と同様に、従来のモダリティと比較して高額となる傾向が強い。わが国の保険制度とその現状を考えれば、医療経済的観点からの議論は必須である。価格に見合った有効性が得られるか、より低コストの方法で同様の効果が期待できるものはないか等の検討を、研究開発と並行して行っていくことが重要である。

（7）国際比較

国・地域	フェーズ	現状	トレンド	各国の状況、評価の際に参考にした根拠など
日本	基礎研究	○	→	・ヒトiPS細胞の樹立、ES細胞の大量培養技術の確立、様々な臓器のオルガノイド構築等、世界をリードする重要な研究成果がこれまでに多数報告されている ・2013年より10年間にわたって、幹細胞治療（再生医療）の研究開発に1,100億円を投資する計画となっており、AMEDでiPS細胞を中心に巨額の研究資金が重点投入されている。当初の10カ年計画がまもなく終了するため、次期計画策定に向けた議論が進められている。 ・iPS細胞研究への集中投資によって、周辺分野の研究者層が薄くなっているとの指摘がある
	応用研究・開発	○	→	・AMED再生医療事業の中で多くの臨床研究が推進されている ・世界に先駆けて、条件付き早期承認制度がわが国で開始され、幹細胞治療（再生医療）の複数の臨床シーズが同制度のもとで臨床試験が進められている ・製造に関して2020年度よりQbD事業が開始され、細胞加工製品の品質および製造に関する基準作りがなされている

国・地域	フェーズ	現状	トレンド	各国の状況、評価の際に参考にした根拠など
米国	基礎研究	◎	→	・予算、人材、企業活動等、すべての面で世界を大きくリード ・政府予算のみならず、州政府からの支援も大きい ・件数は少ないものの、ES細胞のみならず、iPS細胞を利用した幹細胞治療（再生医療）の研究も徐々に活性化
	応用研究・開発	◎	↘	・多くのスタートアップとそれをバックアップする資金、人材、システムがあり、イノベーションを構造的に支えている。 ・カリフォルニア州のCIRMは、当初は幹細胞治療（再生医療）を中心とした支援を進めていたが、現在では遺伝子治療（*ex vivo*/*in vivo* 遺伝子治療）も重要な投資対象として、投資先のシフトが進んでいる ・カリフォルニア州やニューヨーク州を中心に、いくつかのiPS細胞バンクが存在する
欧州	基礎研究	○	→	・英国はClick研究所をロンドン中心部に設置し、資金と人材を集中させている ・ドイツ、スイスも豊富な資金をもとに人材を集めている。 ・英国は国家プロジェクトで2012年頃から幹細胞治療（再生医療）を重点的に支援してきたが、近年では、幹細胞治療（再生医療）を一定程度支援しつつも遺伝子治療に新たに重点的な支援を実施している
	応用研究・開発	○	→	・欧州全体で一元管理される大規模ヒト多能性幹細胞バンク（EBiSC）とレジストリ（hPSCreg）、疾患iPSバンク（Stem BANCC）を有する ・EUと欧州制約団体連合会（EFPIA）が半分ずつ資金を出し合う官民パートナーシップによる医薬品開発イニシアチブ（IMI）が存在し、幹細胞治療（再生医療）に関するプロジェクトも推進されている ・英国CGT Catapult は英国再生医療の商業化のハブとして重要な役割を担っている ・EUでは“Hospital Exemption”として条件を満たした先端医療医薬品（ATMP）は中央審査の対象外となっている
中国	基礎研究	△	→	・量はもちろんのこと、質も著しく向上している。一流誌に発表される論文数も増加し、学会等でのプレゼンスも格段に上がっている。 ・米国の大学に留学している学生、研究者の数も圧倒的で、中国本土の科学技術の向上に貢献している。
	応用研究・開発	△	→	・中国の論文数、質の向上は臨床研究においても認められる。多能性幹細胞を用いた臨床試験も開始されている ・欧米や日本に比して人権や動物愛護に対する規制が厳しくなく、応用研究を推進しやすい環境であるとも言える
韓国	基礎研究	△	→	・目立った成果は見られない ・中国ほどではないが論文の質量ともに近年向上 ・米国等への留学生も増加傾向で、基礎研究力の向上が予想される
	応用研究・開発	△	→	・美容関連製品を中心に再生医療製品を多数製造販売している ・多能性幹細胞の臨床試験も開始されている ・FDA に多くの人材を留学させて制度を学んでいる

（註1）フェーズ

基礎研究：大学・国研などでの基礎研究の範囲

応用研究・開発：技術開発（プロトタイプの開発含む）の範囲

（註2）現状　※日本の現状を基準にした評価ではなく、CRDS の調査・見解による評価

◎：特に顕著な活動・成果が見えている　○：顕著な活動・成果が見えている

△：顕著な活動・成果が見えていない　×：特筆すべき活動・成果が見えていない

（註3）トレンド　※ここ1～2年の研究開発水準の変化

↗：上昇傾向、→：現状維持、↘：下降傾向

関連する他の研究開発領域

・遺伝子治療（*in vivo* 遺伝子治療/*ex vivo* 遺伝子治療）（ライフ・臨床医学分野　2.1.5）

参考・引用文献

1) Tsuchiya A et al., "Working Group of Attitudes for Preparation and Treatment of Exosomes of Japanese Society of Regenerative Medicine. Basic points to consider regarding the preparation of extracellular vesicles and their clinical applications in Japan", Regen Ther., (2022) : 19 ; 21 : 19-24. doi: 10.1016/j.reth.2022.05.003

2) M. Tachibana et al., "Human embryonic stem cells derived by somatic cell nuclear transfer", *Cell* 153, no. 6 (2013) : 1228-1238. doi: 10.1016/j.cell.2013.05.006

3) M. Yamada et al., "Human oocytes reprogram adult somatic nuclei of a type 1 diabetic to diploid pluripotent stem cells", *Nature* 510, no. 7506 (2014) : 533-536. doi: 10.1038/nature13287

4) P. Kebriaei et al., "Adult human mesenchymal stem cells added to corticosteroid therapy for the treatment of acute graft-versus-host disease", *Biol. Blood Marrow Transplant* 15, no. 7 (2009) : 804-811. doi: 10.1016/j.bbmt.2008.03.012

5) K. -H. Wu et al., "Effective treatment of severe steroid-resistant acute graft-versus-host disease with umbilical cord-derived mesenchymal stem cells", *Transplantation* 91, no. 12 (2011) : 1412-1416. doi: 10.1097/tp.0b013e31821aba18

6) K. Le Blanc et al., "Mesenchymal stem cells for treatment of steroid-resistant, severe, acute graftversus-host disease: a phase II study", *Lancet* 371, no. 9624 (2008) : 1579-1586. doi: 10.1016/S0140-6736 (08) 60690-X

7) Y. Watanabe et al., "Mesenchymal Stem Cells and Induced Bone Marrow-Derived Macrophages Synergistically Improve Liver Fibrosis in Mice", *Stem Cells Transl. Med.* 8, no. 3 (2018) : 271. doi: 10.1002/sctm.18-0105

8) Takeuchi S et al., "Small extracellular vesicles derived from interferon-γ pre-conditioned mesenchymal stromal cells effectively treat liver fibrosis.", NPJ Regen Med., (2021), 30;6(1): 19. doi: 10.1038/s41536-021-00132-4

9) C. de Rham and J. Villard, "Potential and limitation of HLA-based banking of human pluripotent stem cells for cell thrapies", *J. Immunol. Res.* 2014 (2014) : 518135. doi: 10.1155/2014/518135

10) S. Solomon, F. Pitossi and M. S. Rao, "Banking on iPSC- is it doable and is it worthwhile", *Stem Cell Reviews* 11, no. 1 (2015) : 1-10. doi: 10.1007/s12015-014-9574-4

11) N. F. Blair and R. A. Barker, "Making it personal: the prospects for autologous pluripotent stem cell-derived therapies", *Regen. Med.* 11, no. 5 (2016) : 423-425. doi: 10.2217/rme-2016-0057

12) S. Miura and A. Suzuki, "Generation of Mouse and Human Organoid-Forming Intestinal Progenitor Cells by Direct Lineage Reprogramming", *Cell Stem Cell* 21, no. 4 (2017) : 456-471. doi: 10.1016/j.stem.2017.08.020

13) T. Sadahiro et al., "Tbx6 Induces Nascent Mesoderm from Pluripotent Stem Cells and Temporally Controls Cardiac versus Somite Lineage Diversification", *Cell Stem Cell* 23, no. 3 (2018) : 382-395. doi: 10.1016/j.stem.2018.07.001

14) Y. Takeda et al., "Direct conversion of human fibroblasts to brown adipocytes by small chemical compounds", *Sci. Rep.* 7, no. 1 (2017) : 4304. doi: 10.1038/s41598-017-04665-x

15) T. Katsuda et al., "Conversion of terminally committed hepatocytes to culturable bipotent progenitor cells with regenerative capacity", *Cell Stem Cell* 20, no. 1 (2017) : 20-55. doi:

10.1016/j.stem.2016.10.007

16) K. Tamai et al., “PDGFR α -positive cells in bone marrow are mobilized by high mobility group box 1 (HMGB1) to regenerate injured epithelia”, *Proc. Natl. Acad. Sci.* 108, no. 16 (2011) : 6609-6614. doi: 10.1073/pnas.1016753108

17) Kimberly A Homan et al., “Flow-enhanced vascularization and maturation of kidney organoids in vitro.”, *Nature Methods, 2019, 255-262. doi: 10.1038/s41592-019-0325-y.*

18) Bilal Cakir et al., “Engineering of human brain organoids with a functional vascular-like system.”, *Nature Methods,* 2019, 1169-1175. doi: 10.1038/s41592-019-0586-5.

19) Reiner A Wimmer et al., “Human blood vessel organoids as a model of diabetic vasculopathy.”, Nature, 2019, 505-510. doi: 10.1038/s41586-018-0858-8.

20) Dong-Hee Kang et al., “Engineered whole cut meat-like tissue by the assembly of cell fibers using tendon-gel integrated bioprinting.”, *Nature Communications*, 2021, 5059. doi: 10.1038/s41467-021-25236-9.

21) R. L. Davis et al., “Expression of a single transfected cDNA converts fibroblasts to myoblasts”, *Cell* 51, no. 6 (1987) : 987-1000. doi: 10.1016/0092-8674 (87) 90585-x

22) H. Takizawa et al., “Modelling Duchenne muscular dystrophy in MYOD1-converted urine-derived cells treated with 3-deazaneplanocin A hydrochloride”, *Sci. Rep.* 9, no. 1 (2019) : 3807. doi: 10.1038/s41598-019-40421-z

23) H. Inada et al., “Direct reprogramming of human umbilical vein- and peripheral blood-derived endothelial cells into hepatic progenitor cells”, *Nat. Commun.* 11, no. 1 (2020) : 5292. doi: 10.1038/s41467-020-19041-z

24) S. Kurotsu et al., “Soft Matrix Promotes Cardiac Reprogramming via Inhibition of YAP/TAZ and Suppression of Fibroblast Signatures”, *Stem Cell Rep*. 15, no. 3 (2020) : 612-628. doi: 10.1016/j.stemcr.2020.07.022

25) Y. Takeda et al., “A developed serum-free medium and an optimized chemical cocktail for direct conversion of human dermal fibroblasts into brown adipocytes”, *Sci. Rep.* 10, no. 1 (2020) : 3775. doi: 10.1038/s41598-020-60769-x

26) B. Mahato et al., “Pharmacologic fibroblast reprogramming into photoreceptors restores vision”, *Nature* 581, no. 7806 (2020) : 83-88. doi: 10.1038/s41586-020-2201-4

27) H. Zhou et al., “Glia-to-Neuron Conversion by CRISPR-CasRx Alleviates Symptoms of Neurological Disease in Mice”, *Cell* 181, no. 3 (2020) : 590-603.e16. doi: 10.1016/j.cell.2020.03.024

28) H. Qian et al., “Reversing a model of Parkinson's disease with in situ converted nigral neurons”, *Nature* 582, no. 7813 (2020) : 550-556. doi: 10.1038/s41586-020-2388-4

29) R. Kalluri and V. S. LeBleu, “The biology, function, and biomedical applications of exosomes”, *Science* 367, no. 6478 (2020) : eaau6977. doi: 10.1126/science.aau6977

30) D. Allan et al., “Mesenchymal stromal cell-derived extracellular vesicles for regenerative therapy and immune modulation: Progress and challenges toward clinical application”, *Stem Cells Transl. Med.* 9, no. 1 (2020) : 39-46. doi: 10.1002/sctm.19-0114

31) A. E. Russell et al., “Biological membranes in EV biogenesis, stability, uptake, and cargo transfer: an ISEV position paper arising from the ISEV membranes and EVs workshop”, *J. Extracell Vesicles* 8, no. 1 (2019) : 1684862. doi: 10.1080/20013078.2019.1684862

32) K. W. Witwer et al., “Defining mesenchymal stromal cell (MSC) -derived small extracellular

vesicles for therapeutic applications", *J. Extracell Vesicles* 8, no. 1（2019）: 1609206. doi: 10.1080/20013078.2019.1609206
33) A. Kunitomi et al., "H1foo Has a Pivotal Role in Qualifying Induced Pluripotent Stem Cells", *Stem Cell Rep.* 6, no. 6（2016）: 825-833. doi: 10.1016/j.stemcr.2016.04.015
34) K. Nishihara et al., "Induced Pluripotent Stem Cells Reprogrammed with Three Inhibitors Show Accelerated Differentiation Potentials with High Levels of 2-Cell Stage Marker Expression", *Stem Cell Rep.* 12, no. 2（2019）: 305-318. doi: 10.1016/j.stemcr.2018.12.018
35) H. Iwase et al., "Immunological and physiological observations in baboons with life-supporting genetically engineered pig kidney grafts", *Xenotransplantation* 24, no. 2（2017）: e12293. doi: 10.1111/xen.12293
36) M. Längin et al., "Consistent success in life-supporting porcine cardiac xenotransplantation", *Nature* 564, no. 7736（2018）: 430-433. doi: 10.1038/s41586-018-0765-z
37) T. Yamaguchi et al., "Interspecies organogenesis generates autologous functional islets", *Nature* 542, no. 7640（2017）: 191-196. doi: 10.1038/nature21070
38) T. Goto et al., "Generation of pluripotent stem cell-derived mouse kidneys in Sall1-targeted anephric rats", *Nature Communications* 10, no. 1（2019）: 451. doi: 10.1038/s41467-019-08394-9
39) A Lee et al., "3D bioprinting of collagen to rebuild components of the human heart", *Science*, 2019, 482-487. doi: 10.1126/science.aav9051.
40) Mingjun Xie et al., "In situ 3D bioprinting with bioconcrete bioink", *Nature Communications*, 2022, 13（1）: 3597. doi: 10.1038/s41467-022-30997-y.
41) Y. Tabata et al., "T-type calcium channels determine the vulnerability of dopaminergic neurons to mitochondrial stress in familial Parkinson's disease", *Stem Cell Rep.* 11, no. 5（2018）: 1171-1184. doi: 10.1016/j.stemcr.2018.09.006
42) Mai Furuhashi et al., "Formation of contractile 3D bovine muscle tissue for construction of millimetre-thick cultured steak", *NPJ Sci. Food* 5, 2021, 5（1）: 6. doi: 10.1038/s41538-021-00090-7.
43) Dong-Hee Kang et al., "Engineered whole cut meat-like tissue by the assembly of cell fibers using tendon-gel integrated bioprinting", *Natture Communications*, 2021, 12（1）: 5059. doi: 10.1038/s41467-021-25236-9.
44) Nature editorial, "Japan should put the brakes on stem-cell sales", *Nature,* January 30, 2019, 535-536. doi: 10.1038/d41586-019-00332-5

2.1.5 遺伝子治療（*in vivo* 遺伝子治療/*ex vivo* 遺伝子治療）

（1）研究開発領域の定義

遺伝子導入ベクターなどを用いて治療用遺伝子を導入し、遺伝性疾患などの根治を目指す医療技術（*in vivo* 遺伝子治療）、および、遺伝子改変などにより治療機能を搭載した細胞を用いて疾患の制御・根治を目指す医療技術（*ex vivo* 遺伝子治療）を本項では指す。

（2）キーワード

遺伝子治療、CAR–T、TCR–T、ベクター、幹細胞、免疫細胞、ゲノム編集、ゲノム修復、免疫レパトア解析

（3）研究開発領域の概要

【本領域の意義】

遺伝子治療（*in vivo*/*ex vivo*）は、低分子医薬や抗体医薬とは根本的に異なるコンセプトの治療法である。従って、低分子医薬や抗体医薬ではアプローチが困難であった疾患に対して、画期的な治療法となり得るポテンシャルを有する。さらに、対症療法にとどまらず、根治療法も実現する可能性があり、これからの医療技術として大きな注目を集めている。特に、2010年代後半、圧倒的な治療効果を実証し製品化した事例が続々と登場したことから、産官による研究開発投資が世界中で急拡大し、研究開発競争が激化している。

しかし、治療コストが極めて高額（数千万円～数億円）であり、世界各国で医療費の高騰が問題となっている。医学的側面からの安全性や有効性に加えて、社会的観点からの経済性をクリアすることも大きな課題である。

【研究開発の動向】

遺伝子治療は、体外に取り出した患者細胞に目的遺伝子を導入・発現させ再度体内に戻す手法（*ex vivo* 遺伝子治療）と、遺伝子導入ベクターの全身投与によって標的臓器において目的遺伝子を直接発現させる手法（*in vivo* 遺伝子治療）に分けられる。

遺伝子治療の最初の成功例は、2000年に報告されたX–linked severe combined immunodeficiency（X–SCID）における、造血幹細胞を対象とした遺伝子治療である。自己造血幹細胞を採取し、レトロウイルスベクターを用いて欠損遺伝子を導入し、自己造血幹細胞移植をしたところ、劇的な効果を示したが、治療を受けた児が2～3年後に急性Tリンパ球性白血病を次々と発症し、大きな問題となった（5例中、1例死亡）。いずれの場合も、レトロウイルスベクターのゲノムがLIM domain only–2（LMO2）遺伝子に挿入され、ウイルスベクターのlong terminal repeat（LTR）のプロモーター活性が当該遺伝子を人為的に活性化したことが白血病のトリガーとなった。この深刻な副作用を契機に、遺伝子治療の開発は停滞期に入った。その後、この問題を解決するために、LTRの自己不活性化や、転写開始点に挿入され難いレンチウイルスベクターが用いられるようになった。結果として、ウイルスベクターの安全性は改善し、現在では様々な遺伝性疾患に対する臨床試験が行われている。造血幹細胞を標的とした遺伝子治療の対象疾患としては、X–SCID以外に、ADA欠損症[1)]、Wiscott–Aldrich症候群[2)]、βサラセミアなどで治療効果が認められている。その他、X連鎖副腎白質ジストロフィー（ALD）[3)] や異染性白質ジストロフィー（MLD）[4)] などの中枢神経症状を呈する疾患でも、造血幹細胞遺伝子治療によって症状の進行が抑えられることが報告されている。造血幹細胞遺伝子治療製剤で上市されたものとして、2016年にStrimvelis®（ADA欠損症、2016年EMA承認）、Zynteglo®（βサラセミア、2019年FDA承認）、Libmeldy®（異染性白質ジストロフィー、2020年EMA承認）、Skysona®（早期大脳型副腎白質ジストロフィー、2022年FDA承認）などが挙げられる。

ここ数年、遺伝子治療が世界的に注目を集めている背景には、遺伝子改変造血幹細胞の *ex vivo* 遺伝子治

療に加えて、アデノ随伴ウイルス（AAV）ベクターを用いた*in vivo*遺伝子治療、および遺伝子改変免疫細胞（CAR–Tなど）を用いた*ex vivo*遺伝子治療の臨床試験の成功事例が相次いでいることが挙げられる。AAVベクターは、神経細胞、肝細胞、筋細胞などの終末分化細胞への遺伝子導入に適しており、それら細胞では遺伝子発現が年単位にわたり長期間持続する。AAVは非病原性ウイルス由来であり、アデノウイルスベクターよりも免疫原性が少ないため、安全性も比較的高い。AAVベクターには臓器指向性が異なる複数の血清型があり、標的細胞に応じて最適な型を使い分けることが可能である。臨床効果が得られている対象疾患として、レーバー先天性黒内障[5]、コロイデレミア（網脈絡膜変性疾患）[6]、パーキンソン病、AADC欠損症[7]、血友病B[8, 9]、血友病A[10]、Spinal Muscular Atrophy（SMA）[11]、LPL欠損症[12]などが挙げられる。2017年にRPE65変異を認めるレーバー先天性黒内障に対するAAVベクターがLUXTURNA®としてFDAで承認された。2019年には脊髄性筋萎縮症（SMA）に対するZolgensma®がFDAで承認され、高い有効性のみならず、2億円を超える治療コストも大きな話題となった。そして、2022年にFDAで承認された血友病Bに対するHemgenix®は、4億円を超える治療コストとなっている。

遺伝子改変免疫細胞を用いた*ex vivo*遺伝子治療も大きく注目されている。特に、がんに対し、細胞傷害性Tリンパ球の活性を人工的に強化し投与することで治療効果を発揮しようとする方向性である。T細胞をがん治療に使うという考え方は古くからある。1980年代から米国NIHのRosenbergらによって、腫瘍に浸潤しているT細胞（TIL）を体外で活性化・増幅して投与する方法（養子免疫療法）などが進められてきた。TILを用いた養子免疫療法は様々な改良が加えられ、最近では転移性メラノーマの患者の4割が長期生存できた、などの成果報告も見られるが標準治療には至っていない[13]。一方、患者のT細胞の遺伝子を改変することで、飛躍的に高い治療効果が得られるようになった。現時点では大きく2つの方向性がある。①特定の細胞表面抗原（CD19抗原など）を認識するキメラ抗原受容体（CAR）をTリンパ球に発現させるCAR–T、②MHCクラスI分子の提示するペプチドを認識するT細胞受容体（TCR）をTリンパ球に発現させるTCR–T、である。CD19 CAR–T細胞医療は、再発・難治性急性リンパ性白血病の70～90%で完全寛解が得られるという驚異的な治療成績が報告された[14, 15]。2017年以降、急性リンパ性白血病・悪性リンパ腫に対するCD19 CAR–Tの4製品がFDAに承認され（Kymriah®、Yescarta®、*Breyanzi*®、Tecartus®）、日本においても2019年以降、3製品が承認されている。さらに2021年以降、多発性骨髄腫に対するBCMA CAR–T細胞療法の2製品（Abecma®、Carvikty）が相次いで承認されている。TCR–Tは、製品化事例はまだ見られないが、臨床研究が次々と進められており、特定のがん種に対し一定の効果が報告されている[16–18]。

遺伝子治療（*in vivo*/*ex vivo*）の高い有効性が実証された結果、世界の産業界（製薬企業・ベンチャー）および官とアカデミアが、これらの分野に大きな関心を示している。造血幹細胞の遺伝子治療については、欧州を中心にコンソーシアムが設立され臨床開発が進められている。AAVベクターを用いた遺伝子治療やCAR–T治療については、ベンチャー企業が次々と設立され、開発競争が激化している。日本においても2014年の薬機法改正により再生医療等製品の規定が新設され、近年ではAMEDにおいて遺伝子治療（*in vivo*/*ex vivo*）に対する重点的な支援が開始されつつあり、研究開発が徐々に活性化している。

（4）注目動向

【新展開・技術トピックス】

最も注目すべき技術的展開として、ゲノム編集技術の医療応用が挙げられる。2012年のCRISPR/Cas9登場以降、技術改良・高度化に向けた様々な取り組みがなされてきた結果、医療応用も可能な技術へと洗練され、臨床試験が開始された事例も見受けられる。例えば、CRISPR/Cas9を搭載したAAVベクターの直接投与によるゲノム編集治療の報告が増加している。マウス疾患モデルでは、Duchenne型筋ジストロフィー[19]、血友病B[20]などにおいて報告がみられ、米Sangamo社はムコ多糖症2型に対し、ZFN（Zinc Finger Nucleases）を搭載したAAVベクター投与によるゲノム編集治療の臨床開発を推進中である。

*ex vivo*遺伝子治療の事例として、例えばHIV患者のリンパ球を取り出してCCR5遺伝子をゲノム編集で破

壊し患者体内に戻すことで、HIVウイルス量の減少とリンパ球の増加が認められた事例が見られる[21)]。CAR–Tの開発に於いて、日本は欧米に遅れをとっているが、独創性の高い先進的なアプローチも見られる。例えば山口大の玉田らによってCAR–T細胞にIL–7とCCL19を発現させて強化するアプローチの臨床開発が進められている[22)]。CAR–T細胞療法は現時点では主に「キラーT細胞にCARを導入してがん細胞を殺傷する」というコンセプトで進められている。一方、制御性T細胞（Treg）にCARを導入し、免疫を抑制しようとする研究も始まっている。例えば、マウスにヒトの皮膚を移植するモデルで、HLA抗体を用いたCARを発現させたTregが拒絶を抑制することが示されている[23)]。慶応大の吉村らは、ヒトの末梢血単核球からのCD19 CAR Tregの樹立に成功している[24)]。今後、臓器移植、GVHD、自己免疫疾患などへの応用が期待されており、大きな領域に発展すると考えられる。また、信州大の中沢・柳生らによる、腫瘍細胞に高発現しているサイトカイン受容体・増殖因子受容体を標的とする新型CAR–T（piggyBac利用）として、GM–CSF受容体（CD116/CD131複合体）を標的とするリガンド型CAR（GMR CAR、EPHB4 CAR）などの開発が進められている[25, 26)]。抗原結合領域として、一本鎖抗体（scFV）ではなく、標的受容体に相互的なリガンドを用いるリガンド型CARとすることで、設計が容易、抗原親和性が適度、完全ヒト化が可能などの利点がある。リガンド変異体を作製することにより、安全域を広げるための最適化も可能となる[27)]。GMR CAR–T細胞療法については、2021年から医師主導治験を実施しており、EPHB4 CAR–T細胞療法については、2023年に医師主導治験の開始が予定されている。

現在、研究開発が進められている*ex vivo*遺伝子治療は、患者由来のT細胞を用いるものが多く、コストと質の面から問題が大きい。そこで、他家移植が可能な、ユニバーサルなT細胞製剤の開発が進められている。例えば、CAR–Tへの応用で、Tリンパ球のTCRをゲノム編集で破壊し移植片宿主反応を防ぎ、同種Tリンパ球を用いることを可能にした方法（ユニバーサルCAR–T）の臨床試験が始まっている[28)]。この臨床試験では、投与細胞の拒絶を防ぐためにCD52抗体の投与で患者の免疫系細胞を殺傷し、投与細胞は殺傷されないようにCD52遺伝子を破壊しておくという方法がとられている。日本においては、2021年から京都大の金子らが、卵巣明細胞がんを対象にglypican3を標的とするiPS細胞由来ILC/NK細胞（iCAR–ILC–N101）の医師主導治験を行っている。他家移植のソースとなるiPS細胞には日本人に多いHLA型のホモiPS細胞が用いられている[29)]。また、ペンシルバニア大学のJuneらのグループは、腫瘍抗原特異的TCR遺伝子をT細胞に導入する際に、内在性TCR及びPD–1に対するCRISPR/Cas9ゲノム編集を付加した他人のT細胞を多発性骨髄腫や脂肪肉腫の患者へ輸注するPhase Iの結果を最近報告している[30)]。ゲノム編集における懸念事項であるオフターゲット編集や染色体転座は一部の細胞に認められているが、そのことによる腫瘍化などの明らかな毒性は報告されていない。日本では、長崎大の池田が、T細胞のTCRをタカラバイオ社が開発したsiRNA技術で抑制し、導入したTCRだけを発現させる技術[31)]を用い、さらにHLAをゲノム編集で欠失させるという方法を組み合わせる事により、他家T細胞を用いたT細胞療法の臨床試験に向けた準備を進めている。NY–ESO1抗原特異的TCRを用い、成人T細胞性白血病を対象疾患としている。

なお、腫瘍溶解性ウイルス療法の臨床開発も注目すべき動向である。がん細胞特異的に増殖し、正常細胞では増殖しない性質を持つ制限増殖型ウイルスを用いるのが基本コンセプトであるが、それだけでは当該遺伝子改変ウイルスを注入した局所病変に効果が限定されてしまう。最近の考え方では、局所のがん病変を破壊することによってがんに対する全身性の免疫反応を誘導し、転移巣に対しても効果を発揮することが強調されている。

【注目すべき国内外のプロジェクト】

欧米のメガファーマ、およびベンチャーが次々に巨額の資金を投入・獲得し、遺伝子治療（*in vivo*/*ex vivo*）の開発に参入している。日本では、遺伝子治療の基盤整備を目的とし、2018年度よりAMED「遺伝子・細胞治療研究開発基盤事業」が開始され、2019年度よりバイオ創薬全般（遺伝子治療（*in vivo*/*ex vivo*）含む）の技術開発に主眼を置いた「先端的バイオ創薬等基盤技術開発事業」が開始され、現在に至る。他にも、難病、がん関連プロジェクトにおいて、遺伝子治療（*in vivo*/*ex vivo*）のテーマが一定数採択されている。AMEDが2020年度より第2期に入り、第1期で「再生医療」として予算の枠組みが整理されていたが、第2期では「再生・細胞医療・遺伝子治療」と整理され、研究開発が進められている。

関連する科学技術政策提言として、JST–CRDSライフサイエンス臨床医学ユニットより、戦略プロポーザル「デザイナー細胞　～再生・細胞医療・遺伝子治療の挑戦～」が2020年9月末に刊行され、これから日本が取り組むべき、再生・細胞医療・遺伝子治療のあるべき研究開発戦略が示されている[32)]。

（5）科学技術的課題

造血幹細胞への遺伝子導入効率が十分でないため、遺伝子導入細胞の体内における増殖優位性や生存優位性が見られる疾患でないと効果が出にくく、対象疾患はまだ限定されている。例えば、正常遺伝子を入れた造血幹細胞～好中球系細胞の優位性が認められない慢性肉芽腫症では、十分な治療効果が得られていない。静止期にある真の造血幹細胞への高効率な遺伝子導入技術の確立が期待される（例えば、非分裂細胞にも遺伝子導入可能なレンチウイルスベクターを用いたチャレンジなど）。遺伝性疾患を対象とした造血幹細胞のゲノム編集は、基礎研究が行われているが、臨床応用を行うには、ヒト造血幹細胞の体外培養法、或いは体内増幅技術の開発が期待される。

AAVベクターの遺伝子治療では、標的細胞に最適な血清型のAAVベクターの利用が望ましいが、最適な血清型がマウスなどの実験動物とヒトで必ずしも一致しないことが問題となっている[33)]。血清型の人工改変研究も進められている。AAVベクターの血中投与では、中和抗体の存在が問題となるため、それを克服する方法の開発が必要である[34)]。AAVベクターの全身投与では、AAVベクター感染細胞が、CD8陽性T細胞により排除されることが知られている[35)]。そのため、AAVベクター投与後の免疫反応が生じた場合に、一時的な副腎皮質ステロイド薬の投与によりコントロールする必要がある。AAVベクターはエピゾームに主に存在し、染色体DNAに組み込まれないため安全性が高いと考えられている。細胞増殖に伴いAAVベクターが希釈されるため、活発に増殖する細胞においては治療効果が減弱し、肝臓に遺伝子導入を行う場合は小児が適用にならない。ゲノム編集とAAVベクターの融合は、この問題を克服する上で重要な鍵になると考えられる。

非ウイルスベクターの研究開発も進められており、国産ツールの事例として、例えば信州大の中沢らによるpiggyBacトランスポゾンを活用した遺伝子導入技術が挙げられる。piggyBacは、1996年にFraserらによって報告されたイラクサギンウワバ*Trichoplusia ni*由来のトランスポゾンで、他のトランスポゾンと比較して、遺伝子転位能が高く、遺伝子搭載容量が大きく、トランスポザーゼの過剰産生による遺伝子転位能の抑制が少ないことが特徴とである[36, 37)]。中沢らは、piggyBacトランスポゾンを遺伝子導入ツールとして実用可能なレベルに洗練させ、純国産技術として確立させた。piggyBacトランスポゾンを活用したCAR–Tの臨床開発も進められている。他にも、国産の遺伝子導入ツールの観点からは、センダイウイルスを大幅に改良した、ステルスRNA技術の開発・応用も進められている。

CAR–T治療では、オンターゲット毒性も大きな問題となるため、回避する技術開発が必要である。固形がんなど、腫瘍塊を形成している場合は、腫瘍への浸潤性が必要であると共に腫瘍微小環境による免疫抑制効果を受け易いのでこのような免疫遺伝子治療の効果が出にくく、さらなる工夫が必要である。また、治療に必要な量のT細胞確保も大きな課題となっている。T細胞が疲弊形質を獲得すると輸注後に抗腫瘍効果が減じることが知られ、疲弊形質を避ける大量培養技術、細胞改変技術、併用療法の開発も必要である。標的としては現在のところCD19とBCMA以外では目覚ましい効果が確認されておらず新規標的抗原の探索も課題である。CAR–Tは原則として細胞表面抗原のみを標的とする制限があるが、三重大の宮原らはMHCと細胞内抗原ペプチド複合体を認識するTCR擬似抗体を用いたCAR–Tの開発を進めている。

日本は自家T細胞を用いたCAR–T療法に関しては遅れをとったが、他家T細胞を用いたCAR–Tや、CAR–Tとは異なるタイプの開発競争はこれからであり、日本にも勝機がある。産業的な観点も含めると、ユニバーサル化による他家移植可能な細胞リソース基盤を確立することができれば、*ex vivo*遺伝子治療市場で大きな存在感を発揮することができる。ES細胞やiPS細胞などの幹細胞をベースとしてT細胞などの免疫細胞を作製する方向性が加速している。例えばCAR–TをiPS細胞から作製するという戦略はMemorial Sloan Kettering HospitalのSadelainらとFate Therapeutics社が進めている[38]。キラーT細胞、CAR遺伝子導入NK・T細胞、或いはTCR遺伝子導入キラーT細胞の再生については、例えばわが国の河本（京都大学）、金子（京都大学）、安藤（順天堂大学）らによる研究成果が見られる[39, 40, 41, 42, 43]。

ES細胞やiPS細胞を*ex vivo*遺伝子治療のリソースとして用いる際、ユニバーサル化についてはES細胞、iPS細胞の段階でHLA遺伝子を欠失させるアプローチが複数のグループによって進められている。その1つであるUniversal Cells社は、2018年2月にアステラス社に100億円で買収された。移植細胞のHLAを欠失させると、レシピエントのNK細胞に攻撃されてしまうが、同社はHLA–Eを強制発現させることでNK細胞による攻撃を回避するという戦略をとっている[44]。ただし、NK細胞による攻撃を回避するにはHLA–Cが必要との報告もあり[45]、またHLAを欠失させると細胞が感染した時に免疫系による排除が起こらなくなるなどの懸念もある。ユニバーサル細胞は将来的には重要な位置づけになると考えられるが、解決すべき課題は多い。免疫学的拒絶を防ぐ方法と、投与した細胞に感染が起こった時の対処法の開発が重要となる。

ゲノム編集については、技術的課題（オフターゲット、改変配列の制限ほか）や産業展開上の課題（基本特許および多くの関連特許を米国が取得）などが大きいため、それらに対応した研究開発などが進められている。

（6）その他の課題

近年、圧倒的な有効性を背景に次々と上市される遺伝子治療（*in vivo*/*ex vivo*）は、数千万円～数億円という極めて高額な治療コストを要する。中長期的に、それらの治療技術が幅広い疾患の治療・根治法として普及するためには、技術改良によるコストの低減、および成功報酬型の支払制度をはじめとした医療制度面での仕組みの検討が必要と考えられる。

2010年前後より、日本の研究費がiPS細胞などを利用した再生医療に大きくシフトし、遺伝子治療に対する研究費が激減したため、次世代の研究者が十分に育っていないことが問題となっている。近年、遺伝子治療に関する研究費が増加傾向であるが、その多くは臨床応用に近い研究の加速を目指すものであり、次世代のブレイクスルーとなるような基盤的な技術開発を志向したものではない。例えば、野生型AAVベクターの特許切れが間近であることから、日本独自のベクター技術開発も重要なテーマである。

遺伝子治療の対象となる疾患は、患者数が非常に少ないケースが多いこともあり、日本ではビジネスモデルが確立しておらず、企業の取り組みが進んでいない。今後、技術革新が進むことでコストが大きく下がることが期待されるが、当面は採算が取れない時期が続くと考えられる。単一の製品ではなく、診断薬なども含めた複数の製品群としての採算を考えるような工夫が必要であるが、例えばフランスのGENETHON社や、イタリアのTIGET社などのように、慈善基金によるファンディングで、採算がとりづらい段階の遺伝子治療を積極的に加速していくような仕組みは日本においても参考となりうる。

（7）国際比較

国・地域	フェーズ	現状	トレンド	各国の状況、評価の際に参考にした根拠など
日本	基礎研究	○	↗	・次世代を担う基礎研究者が、欧米と比較し少ないが近年増加傾向。 ・遺伝子治療（*in vivo*/*ex vivo*）について、国を挙げて取り組もうとする機運が着実に高まっている。 ・医療応用を前提としたゲノム編集技術について、日本に優れた技術シーズが複数存在。
	応用研究・開発	○	↗	・遺伝子治療（*in vivo*/*ex vivo*）の臨床試験が進められているが、米中の後塵を拝している。

国・地域	フェーズ	現状	トレンド	各国の状況、評価の際に参考にした根拠など
米国	基礎研究	◎	↗	・近年、遺伝子治療（*in vivo*/*ex vivo*）に対して再び注目が集まり、米国遺伝子細胞治療学会学術集会への参加者は増加。 ・遺伝子治療（*in vivo*/*ex vivo*）に関する様々な切り口からの基礎研究が活性化。
	応用研究・開発	◎	↗	・画期的ながん治療薬として、CAR–T臨床開発が激化。 ・AAVベクターを用いた遺伝子治療の臨床開発が飛躍的に加速。
欧州	基礎研究	◎	↗	・英・仏・伊などを中心に基礎研究が着実に推進。
	応用研究・開発	◎	↗	・造血幹細胞の遺伝子治療で優れた成果を挙げている。 ・希少疾患が対象となるため、コンソーシアム体制を組むことで協力体制を強化。
中国	基礎研究	○	↗	・驚くべきスピードで研究開発が加速しており、優れた成果を着実に上げている。
	応用研究・開発	◎	↗	・CAR–Tについて、米国との開発競争が激化。 ・難易度の高い固形がんに対するCAR–T治療開発も活発に推進。
韓国	基礎研究	×	→	・基礎研究はあまり活発でないが、ToolGen社がゲノム編集に関する優れた成果を発表している。
	応用研究・開発	△	↗	・五松（オソン）地域に、バイオ産業の拠点として先端医療複合団地を形成し、規制当局をはじめとした国の機関が集まり、遺伝子治療などの開発研究の中核となっている。

（註1）フェーズ

基礎研究：大学・国研などでの基礎研究の範囲

応用研究・開発：技術開発（プロトタイプの開発含む）の範囲

（註2）現状　※日本の現状を基準にした評価ではなく、CRDSの調査・見解による評価

◎：特に顕著な活動・成果が見えている　　○：顕著な活動・成果が見えている

△：顕著な活動・成果が見えていない　　×：特筆すべき活動・成果が見えていない

（註3）トレンド　※ここ1～2年の研究開発水準の変化

↗：上昇傾向、→：現状維持、↘：下降傾向

関連する他の研究開発領域

・幹細胞治療（再生医療）（ライフ・臨床医学分野　2.1.4）

参考・引用文献

1) M. P. Cicalese et al., “Update on the safety and efficacy of retroviral gene therapy for immunodeficiency due to adenosine deaminase deficiency”, *Blood* 128, no. 1 (2016) : 45-54. doi: 10.1182/blood-2016-01-688226

2) A. Aiuti et al., “Lentiviral hematopoietic stem cell gene therapy in patients with Wiskott-Aldrich syndrome”, *Science* 341, no. 6148 (2013) : 1233151. doi: 10.1126/science.1233151

3) N. Cartier et al., “Hematopoietic stem cell gene therapy with a lentiviral vector in X-linked adrenoleukodystrophy”, *Science* 326, no. 5954 (200) : 818-823. doi : 10.1126/science.1171242

4) A. Biffi et al., “Lentiviral hematopoietic stem cell gene therapy benefits metachromatic leukodystrophy”, *Science* 341, no. 6148 (2013) : 1233158. doi : 10.1126/science.1233158

5) J. W. B. Bainbridge et al., “Long-term effect of gene therapy on Leber's congenital amaurosis”, *N. Eng. J. Med.* 372 (2015) : 1887-1897. doi : 10.1056/NEJMoa1414221

6) R. E. MacLaren et al., “Retinal gene therapy in patients with choroideremia: initial findings from a phase 1/2 clinical trial”, *Lancet* 383, no. 9923（2014）: 1129-1137. doi: 10.1016/S0140-6736（13）62117-0
7) W. L. Hwu et al., “Gene therapy for aromatic L-amino acid decarboxylase deficiency”, *Sci. Transl. Med.* 4, no. 134（2012）: 134ra61. doi: 10.1126/scitranslmed.3003640
8) A. C. Nathwani et al., “Long-term safety and efficacy of factor IX gene therapy in hemophilia B”, *N. Eng. J. Med.* 371（2014）: 1994-2004. doi: 10.1056/NEJMoa1407309
9) A. G. Lindsey et al., “Hemophilia B Gene Therapy with a High-Specific-Activity Factor IX Variant”, *N. Engl. J. Med.* 377（2017）: 2215-2227. doi: 10.1056/NEJMoa1708538
10) S. Rangarajan et al., “AAV5-Factor VIII Gene Transfer in Severe Hemophilia A”, *N. Engl. J. Med.* 377（2017）: 2519-2530. doi: 10.1056/NEJMoa1708483
11) J.R. Mendell et al., “Single-Dose Gene-Replacement Therapy for Spinal Muscular Atrophy”, *N. Engl. J. Med.* 377（2017）: 1713-1722. doi : 10.1056/NEJMoa1706198
12) D. Gaudet et al., “Long-Term Retrospective Analysis of Gene Therapy with Alipogene Tiparvovec and Its Effect on Lipoprotein Lipase Deficiency-Induced Pancreatitis”, *Hum. Gene. Ther.* 27, no. 19（2016）: 916-925. doi: 10.1089/hum.2015.158
13) S. A. Rosenberg, “Cell transfer immunotherapy for metastatic solid cancer--what clinicians need to know”, *Nat. Rev. Clin. Oncol.* 8, no. 10（2011）: 577-585. doi : 10.1038/nrclinonc.2011.116
14) M. L. Davila et al., “Efficacy and toxicity management of 19-28z CAR T cell therapy in B cell acute lymphoblastic leukemia”, *Sci. Transl. Med.* 6, no. 224（2014）: 224ra25. doi: 10.1126/scitranslmed.3008226
15) S. L. Maude et al., “Chimeric antigen receptor T cells for sustained remissions in leukemia”, *N. Engl. J. Med.* 371（2014）: 1507-1517. doi: 10.1056/NEJMoa1407222
16) R. A. Morgan et al., “Cancer regression in patients after transfer of genetically engineered lymphocytes”, *Science* 314, no. 5796（2006）: 126-129. doi : 10.1126/science.1129003
17) P. F. Robbins et al., “Tumor regression in patients with metastatic synovial cell sarcoma and melanoma using genetically engineered lymphocytes reactive with NY-ESO-1”, *J. Clin. Oncol.* 29, no. 7（2011）: 917-924. doi : 10.1200/JCO.2010.32.2537
18) A. P. Rapoport et al., “NY-ESO-1-specific TCR-engineered T cells mediate sustained antigen-specific antitumor effects in myeloma”, *Nat. Med.* 21, no. 8（2015）: 914-921. doi: 10.1038/nm.3910
19) P. Tebas et al., “Gene editing of CCR5 in autologous CD4 T cells of persons infected with HIV”, *N. Engl. J. Med.* 370（2014）: 901-910. doi: 10.1056/NEJMoa1300662
20) C. E. Nelson et al., “In vivo genome editing improves muscle function in a mouse model of Duchenne muscular dystrophy”, *Science* 351, no. 6271（2016）: 403-407. doi: 10.1126/science.aad5143
21) T. Ohmori et al., “CRISPR/Cas9-mediated genome editing via postnatal administration of AAV vector cures haemophilia B mice”, *Sci. Rep.* 7, no, 1（2017）: 4159. doi: 10.1038/s41598-017-04625-5
22) K. Adachi et al., “IL-7 and CCL19 expression in CAR-T cells improves immune cell infiltration and CAR-T cell survival in the tumor”, *Nat. Biotechnol.* 36, no. 4（2018）: 346-351. doi: 10.1038/nbt.4086

23）D. A. Boardman et al., "Expression of a Chimeric Antigen Receptor Specific for Donor HLA Class I Enhances the Potency of Human Regulatory T Cells in Preventing Human Skin Transplant Rejection", *Am. J. Transplant.* 17, no. 4（2017）：931-943. doi: 10.1111/ajt.14185
24）Imura Y, et al., "CD19-targeted CAR regulatory T cells suppress B cell pathology without GvHD.", JCI Insight, 2020, 23；5（14）：e136185.
25）Y. Nakazawa et al., "Anti-proliferative effects of T cells expressing a ligand-based chimeric antigen receptor against CD116 on CD34（+）cells of juvenile myelomonocytic leukemia", *J. Hematol. Oncol.* 9, no. 27（2016）：1-11. doi: 10.1186/s13045-016-0256-3
26）Kubo H, et al., "Development of non-viral, ligand-dependent, EPHB4-specific chimeric antigen receptor T cells for treatment of rhabdomyosarcoma.", Mol Ther Oncolytics, 2021, 5; 20：646-658.
27）Hasegawa A, et al., "Mutated GM‐CSF‐based CAR‐T cells targeting CD116/CD131 complexes exhibit enhanced anti‐tumor effects against acute myeloid leukaemia.", Clin Transl Immunology, 2021, 6；10（5）：e1282.
28）Couzin-Frankel J., "CANCER IMMUNOTHERAPY. Baby's leukemia recedes after novel cell therapy", *Science* 350, no. 6262（2015）：731. doi：10.1126/science.350.6262.731
29）Ueda T, et al., "Non-clinical efficacy, safety and stable clinical cell processing of induced pluripotent stem cell-derived anti-glypican-3 chimeric antigen receptor-expressing natural killer/innate lymphoid cells.", Cancer Sci, 2020, 111（5）：1478-1490.
30）E. A. Stadtmauer et al., "CRISPR-engineered T Cells in Patients With Refractory Cancer", *Science* 367, no. 6481（2020）：eaba7365. doi: 10.1126/science.aba7365
31）S. Okamoto et al., "Improved expression and reactivity of transduced tumor-specific TCRs in human lymphocytes by specific silencing of endogenous TCR", *Cancer Res* 69, no. 23 (2009): 9003-9011. doi：10.1158/0008-5472
32）国立研究開発法人科学技術振興機構研究開発戦略センター「戦略プロポーザル『デザイナー細胞』～再生・細胞医療・遺伝子治療の挑戦～」（CRDS-FY2020-SP-01）（2020年9月）https://www.jst.go.jp/crds/report/report01/CRDS-FY2020-SP-01.html（2020年12月16日アクセス）
33）L. Lisowski et al., "Selection and evaluation of clinically relevant AAV variants in a xenograft liver model", *Nature*, 506, no. 7488（2014）：382-386. doi: 10.1038/nature12875
34）J. Mimuro et al., "Minimizing the inhibitory effect of neutralizing antibody for efficient gene expression in the liver with adeno-associated virus 8 vectors", *Mol. Ther.* 21, no. 2（2013）：318-323. doi：10.1038/mt.2012.258
35）C. S. Manno et al., "Successful transduction of liver in hemophilia by AAV-Factor IX and limitations imposed by the host immune response", *Nat. Med.* 12, no.3（2016）：342-347. doi: 10.1038/nm1358
36）M. J. Fraser et al., "Precise excision of TTAA-specific lepidopteran transposons piggyBac (IFP2) and tagalong (TFP3) from the baculovirus genome in cell lines from two species of Lepidoptera", *Insect Mol. Biol.* 5, no. 2（1996）：141-151. doi: 10.1111/j.1365-2583.1996.tb00048.x
37）M. H. Wilson, C. J. Coates and A. L. George Jr., "PiggyBac transposon-mediated gene transfer in human cells", *Mol. Ther.* 15, no. 1（2007）：139-145. doi: 10.1038/sj.mt.6300028
38）M. Themeli et al., "Generation of tumor-targeted human T lymphocytes from induced pluripotent stem cells for cancer therapy", *Nat. Biotechnol.* 31, no. 10（2013）：928-933. doi:

10.1038/nbt.2678

39) R. Vizcardo et al., “Regeneration of human tumor antigen-specific T cells from iPSCs derived from mature CD8（+）T cells”, *Cell Stem Cell* 12, no. 1（2013）: 31-36. doi: 10.1016/j.stem.2012.12.006

40) T. Maeda et al., “Regeneration of CD8 αβ T Cells from T-cell-Derived iPSC Imparts Potent Tumor Antigen-Specific Cytotoxicity”, *Cancer Res.* 76（2016）: 6839-6850. doi：10.1158/0008-5472

41) Ueda T, et al., “Non-clinical efficacy, safety and stable clinical cell processing of induced pluripotent stem cell-derived anti-glypican-3 chimeric antigen receptor-expressing natural killer/innate lymphoid cells.”, Cancer Sci, 2020, 111（5）：1478-1490.

42) Ueda T, et al., “Optimization of the proliferation and persistency of CAR T cells derived from human induced pluripotent stem cells.”, Nat Biomed Eng, 2022, doi: 10.1038/s41551-022-00969-0

43) Harda S, et al., “Dual-antigen targeted iPSC-derived chimeric antigen receptor-T cell therapy for refractory lymphoma.”, Mol Ther, 2022, 2；30（2）：534-549.

44) G. G. Gornalusse et al., “HLA-E-expressing pluripotent stem cells escape allogeneic responses and lysis by NK cells”, *Nat. Biotech.* 35, no. 8（2017）: 765-772. doi: 10.1038/nbt.3860

45) H. Ichise et al., “NK Cell Alloreactivity against KIR-Ligand-Mismatched HLA-Haploidentical Tissue Derived from HLA Haplotype-Homozygous iPSCs”, *Stem Cell Rep.* 9, no. 3（2017）: 853-867. doi: 10.1016/j.stemcr.2017.07.020

2.1.6 ゲノム医療

（1）研究開発領域の定義

「ゲノム医療」とは、個人のゲノム情報をはじめとした各種オミクス検査情報をもとにして、患者の体質や病状に適した医療を行うことを指す。具体的には、質と信頼性が担保されたゲノム検査結果をはじめとした種々の医療情報を用いて診断を行い、最も有効と期待される予防、治療および発症予測を行うことを言う[1,2]。

“がん”に特化したものを「がんゲノム医療」と呼び、主に後天的に発生した遺伝子異常（体細胞系列変異）を調べる。難病を対象とする「難病ゲノム医療」など非がん領域におけるゲノム医療では、主に受精卵形成時に既に生じている先天的な遺伝子異常（生殖細胞系列変異）を調べる。それらの方法論や解釈、また医療現場における患者対応には、大きな差異が存在する。

（2）キーワード

Precision medicine、個別化医療、がんゲノム医療、ヒトゲノム、次世代シーケンサー、ショートリードシーケンス、ロングリードシーケンス、バイオインフォマティクス、バイオバンク、ビッグデータ、クラウドコンピューティング、人工知能

（3）研究開発領域の概要

［本領域の意義］

疾患罹患性や治療への反応性等は遺伝要因と環境要因とが程度の違いはあれ、複雑に絡み合って生じるものであり、生活習慣病を含むさまざまな病態において遺伝要因を無視することはできない。しかし、ゲノム情報は一部の遺伝性希少疾患を除いて、これまで診療情報としてはほとんど捉えられていなかった。

近年、次世代シーケンス技術の発達により、がん、希少疾患・難病の原因遺伝子の探索・検証やファーマコゲノミクス等の疾患ゲノム研究などが推進されてきた。このような基礎的研究のみならず、ゲノム解析は、未診断疾患の診断や遺伝子異常に即した治療法の選択等といった臨床応用も進展している。そして、深層学習・機械学習等の情報解析技術を用いて、ゲノム情報を含めた医学生物学ビッグデータを効率的に利活用することにより、ゲノム異常に基づいた様々な疾患の治療戦略の改善に手が届くところまで来ている[3]。

“がんゲノム医療”においては、分子標的薬がゲノム異常を標的として開発され、2019年6月より保険診療でがんゲノム検査（がんゲノムプロファイリング検査）の受検が可能となったことで、研究的位置づけから一気に臨床的位置づけへとシフトした。希少疾患では、症例も少なく孤発例が多いことなどから、未知の遺伝子の変異が原因の場合はアプローチの方法が極めて限定的であったが、次世代シーケンサーが登場し、圧倒的なシーケンス解読能力によって網羅的遺伝子解析が可能となり、ヒト全遺伝子の希少な遺伝子変異を全てリストアップし、その中から原因となる遺伝子変異を選択できるようになった。

このような流れの中で、世界に先駆けた新たな診断法や治療法を開発していくためには、個々の患者のゲノム情報や、診断・治療法・予後などの臨床情報を、より多くの患者を対象とし、より信頼性ある情報として集約し、研究・診療に利活用できる制度や環境の整備が必要である。また、臨床医が容易にアクセス可能な知識データベースの整備やゲノム医療の出口となるべき未承認薬・適応外薬の優先的な開発など、臨床的な課題がある。さらに、がん免疫療法へのゲノム医学への応用やロングリード解析などの新規シーケンス技術の導入、集約されたビッグデータ解析を可能とする最先端のバイオインフォマティクス技術の開発やクラウドコンピューティングを含めたインフラの整備など、ゲノム医療の実現およびその成果を最大化するためには多岐に渡る重要な課題が山積みである。これらを包括的かつ段階的に解決を図ることに本領域の意義があり、本領域の進展により、新たな検査・治療法開発による個別化医療の推進、それによる医療経済学的な貢献、ゲノム情報を中心とした医療ビッグデータの整備による社会構造の変革に資することが期待される。

［研究開発の動向］

2000年代半ばに次世代シーケンサーが登場して以降、短時間かつ低コストでDNA、RNAを解読することが可能となった。タンパク質や代謝物の計測技術も高度化し、網羅的なデータが大量に生み出されてきており、それらビッグデータを解析し、意味付けする技術も大きく進展している。そのような技術革新が様々な疾患のゲノム研究に応用されることにより、希少疾患・難病における原因遺伝子の発見や多因子疾患における疾患感受性の同定などに繋がってきたのみならず、疾患における分子病態の解明や、治療効果予測バイオマーカーの同定、ゲノム創薬など医療の発展に資することが示されてきた。

疾患ゲノム研究において最大の成果を挙げてきたのは、The Cancer Genome Atlas（TCGA）やInternational Cancer Genome Consortium（ICGC）など、様々な大規模プロジェクトが進行した「がん」である。特に顕著な成果を挙げたTCGAは、米国National Cancer Institute（NCI）とNational Human Genome Research Institute（NHGRI）の共同で開始されたがんゲノムプロジェクトであるが、合計33種類のがん腫、11,000例を超える患者検体の統合的遺伝子解析が実施され、各がん腫において包括的に遺伝子異常の全体像が解明されただけでなく、それらの分子分類が提唱された[4]。さらに、2018年には、その成果をまとめて、細胞起源、共通のがん化プロセス、がん腫ごとの異常パスウェイの違いなどのテーマごとにPan–Cancer Atlasとして発表されている[5]。NCIはこの経験を元に、Cancer Target Discovery and Development Network（CTD2）やTherapeutically Applicable Research to Generate Effective Treatments（TARGET）などの様々ながんゲノムプロジェクトを進めている[6]。また、ICGCでは、2020年にPan–Cancer Analysis of Whole Genomes（PCAWG）プロジェクトとして、38種類のがん、2,658症例の全ゲノム解読データの統合解析が行われ、非コード領域のドライバー異常、変異や構造異常にみられる特徴的なパターンの解明など、ヒトがんゲノムの多様な全体像が明らかにされた[4]。

このようなゲノム解析プロジェクトでは、多数の生体試料を用いた横断的、縦断的解析を通して、遺伝子－疾患の因果関係の解明が試みられている。そのため、がん領域における上記プロジェクトを始めとして、世界中で複数の巨大バイオバンクが構築されている。例えば、米国では、複数の拠点で一般的な疾患から稀な疾患に至るまで多角的にゲノムコホート研究が推進されており、その最大のものであるAll of Us Research Programでは、全米に存在する既存のゲノムコホートを有機的に連携し、100万人以上の研究コホートの構築を目標としている。英国においては、保健省により設立されたGenomics Englandにより、多くの機能をSanger Instituteに集中させて進められていた希少疾患およびがん患者の10万全ゲノム解析を行う100,000 Genomesプロジェクトが既に目標を達成し、目標を500万にした新たなプログラムが開始されている。これら以外にも多数の大規模ゲノムプロジェクトが各国で進行しており、プロジェクト間のやり取りを可能とするために500以上の組織が協力してGlobal Alliance for Genomics and Health（GA4GH）が設立された。特に中心となる22のDriver Projectが選定され、さらに大きなフレームワークが形成されている。日本からも、データシェアリングを進めながらゲノム医療の実現を目指すAMEDの各事業に関わる大学、研究所、病院等と日本全国規模で協力体制を築き、臨床情報と個人ゲノム情報のデータシェアリングと研究利用を促進し、ゲノム医療の実現を目指す「GEM Japan」が選定されている。

このようなプロジェクトにおいては、疾患単位でゲノム解析を行うだけでなく、各種オミクス情報の臨床的な解釈に資するエビデンスの蓄積と利用を可能にすることを目指して、インフラの整備、ゲノム情報等のデータシェアリングの取組みおよび研究基盤の構築が推進されている。例えば、TCGAのデータはGenomics Data Commons（GDC）を通して公開されており、一か所でのデータ保存、共通パイプラインによるデータの統合、NIHポリシーの遵守を通したデータシェアリングの促進が試みられている[7]。また、AACR GENIEでは、世界の19の主要ながんセンターの主に遺伝子パネル検査と臨床情報のリアルワールドデータを共有するための国際がんレジストリが構築されている[8]。このようなデータシェアリングを通して、がんゲノム異常やその臨床的意義に関する多数の顕著な成果が得られている[9]。また、前述のGA4GHでは、2022年までに上記の臨床グレードのゲノムデータの責任あるシェアリングを可能にするための基準およびフレームワークの策定に取り組んでいる。

わが国では、2015年に健康・医療戦略推進本部に「ゲノム医療実現推進協議会」が設置され、ゲノム医療の実現に向けた取組が進められてきた。現在では、「ゲノム・データ基盤プロジェクト」の下、「東北メディカル・メガバンク計画」、「ゲノム研究バイオバンク事業」、「ゲノム医療実現推進プラットフォーム事業」などにおいて、健常人および患者バイオバンクの構築が進んでいる[1]。これらのプロジェクトにおいても、「ゲノム医療実現のためのデータシェアリングポリシー」に基づき、原則としてデータシェアリングが義務付けられている。さらに、がん領域では「ジャパン・キャンサーリサーチ・プロジェクト」の下、「次世代がん医療創生研究事業（P–CREATE）」、「革新的がん医療実用化研究事業」でもがんゲノム解析が広く行われ、特に日本に多いがん腫において成果を挙げている[10-13]。

希少疾患・難病の場合、網羅的遺伝子・ゲノム解析によって判明する原因となる遺伝子異常は通常１遺伝子に集約するため、がんにおける多数の体細胞変異を特定していく過程とは異なる。希少疾患で網羅的遺伝子解析を行うと約30～40%の症例で原因となる遺伝子変異の特定が可能である。言い換えると60～70 %の症例で原因は特定できない。この原因のひとつは、標準的に用いられている網羅的遺伝子解析手法が、全ゲノム領域の約1.5 %程度を占めるタンパク質をコードする遺伝子のエクソン領域に特化しており、それ以外の機能的なゲノム領域は解析されていないことにあると考えられる。これを解決するために期待されているのが全ゲノム解析であるが、タンパク質をコードする遺伝子のエクソン領域以外のゲノムの変化・異常は、その解釈が難しいことが知られている。タンパク質をコードする領域の塩基の変化は、アミノ酸の変化等を尺度に一定の解釈が可能である。それ以外の領域では、ゲノムの変化の病的・機能的意義の解釈に一定の尺度・手法が存在しないことも多く、全ゲノム解析が劇的に疾患原因の特定率を向上させるかについては議論がある[14]。

希少疾患ゲノム医療では、2009年頃よりショートリード型次世代シーケンサーを用いて、まず１塩基多型（single nucleotid variation : SNV）の同定が可能となり、原因遺伝子の点変異の発見が先行した。その後コピー数多型（copy number variation: CNV）を含めた解析が可能となり遺伝子の欠失や重複、断裂等の同定へと拡大し、現在においても解析の第一選択肢である。一方、ロングリード型次世代シーケンサーも登場し、2015年頃よりシーケンス産出能力が向上、2018年よりヒト全ゲノムの解析も可能なシーケンサーの登場によって、ショートリードで解析が困難な領域の異常による希少疾患の原因究明が期待され成果が出始めている。

ゲノム研究の医療への応用について、2015年1月、当時アメリカ大統領だったオバマ氏が一般教書演説のなかで発表した“Precision Medicine Initiative”は、瞬く間に一世を風靡し、次世代の医療のあるべき姿として考えられるようになった。プレシジョン・メディシン（精密医療）とは、これまで平均的な患者向けにデザインされていた治療を、遺伝子、環境、ライフスタイルに関する個々人の違いを考慮して、最適な疾病の予防や治療法を確立することを意味する。オバマ政権が2016 年1月に発表し、バイデン副大統領（当時）を全権責任者として推進した“Cancer Moonshot 2020”（2017年からは“Cancer Breakthroughs 2020”）では、多額の予算を主として次の二つの戦略へ集中投入することで、これまでの研究開発に欠けていた新しい切り口からがん治療のブレイクスルーを狙っている。一つは免疫チェックポイント療法の可能性を広範な固形がんの治療に臨床応用することであり、もう一つは、全米の主要ながん専門病院のDB をネットワーク化して情報を共有することで、有用性を大幅に強化することである。

米国では、固形がんに関連する網羅的遺伝子プロファイリングを行い、多様な分子標的抗腫瘍薬の効果予測する検査として、Oncomine™ Dx Target Test、MSK–IMPACT™およびFoundatioOne®CDxという3種類の遺伝子解析パネルがFDAから承認されている。2020年8月には、Guardant360CDx、FoundatioOne®Liquid CDxのリキッドバイオプシーも加わった。さらに、NCI–MATCH試験に代表されるような、様々ながん腫の患者を登録して遺伝子解析パネル検査を用いて遺伝子異常ごとに選別し、それぞれに有効と考えられる分子標的薬を投与するバスケット試験なども進められている[5]。また、英国（Genomics

England）、フランス（Genomic Medicine France）など欧州、中国（China Precision Medicine Initiative）や豪州（Australian Genomics）でも国家規模でゲノム医療の推進が試みられている。わが国においては、2013年から国立がん研究センターを中心として、TOP–GEARプロジェクト（初の国産パネルとなるNCCオンコパネルを開発）[16] やSCRUM–Japanプロジェクトなど臨床研究として遺伝子パネル検査が始まり、一部の大学病院では自由診療として取り入れられた[17]。さらに、がんゲノム医療推進コンソーシアムの下、2018年にがんゲノム医療中核拠点病院が指定され、2019年に「OncoGuide™ NCCオンコパネルシステム」および「FoundationOne®CDx がんゲノムプロファイル」が保険適用となり、遂に本邦においてもゲノム医療が開始された[18]。その後、がんゲノム医療提供体制の見直しが図られ、現在は、がんゲノム医療を牽引し臨床試験や治験を担うがんゲノム医療中核拠点病院12カ所、中核拠点病院と連携し治療にあたるがんゲノム医療連携病院188カ所、中核拠点病院と連携病院の間に位置づけられ単独で治療方針の決定が可能ながんゲノム医療拠点病院33カ所による体制となっている（2022年9月現在）。さらに、わが国のがんゲノム医療の情報を集約・保管するとともに、その情報を保険診療の質の向上と新たな医療の創出に利活用するために、国立がん研究センターに「がんゲノム情報管理センター」が設置され、がんゲノム医療・研究のマスターデータベースである「がんゲノム情報レポジトリー」および知識データベース（Cancer Knowledge Data Base : CKDB）の構築が進んでいる。

創薬においては、希少疾患のゲノム解析から希少疾患を対象にした治療薬（オーファンドラッグ）の開発が重要な戦略の一つとなりつつある。希少疾患の責任遺伝子から分子病態を理解して薬剤を開発し、市場規模が大きい一般的な疾患へ適応を拡大していく“rare to common”のアプローチによって、PCSK9阻害剤（家族性高コレステロール血症から一般的な高コレステロール血症に適応拡大）、SGLT2阻害剤（家族性腎性糖尿病の知見から2型糖尿病治療薬として開発）、RANKL阻害剤（大理石骨病の研究から骨粗鬆症治療薬として開発）などの成功例も生まれている。また、脊髄性筋萎縮症の原因遺伝子であるSMN1の重複遺伝子SMN2に対するアンチセンス核酸医薬や史上最高価格のSMN1遺伝子補充薬が登場している。

前述のような多数の大規模プロジェクトの進展を反映して、本分野では多くの新規技術が開発、導入されている。具体的には、Illumina社やBGI社の新規の次世代シーケンス機器や10x Genomics社やFluidigm社のシングルセル解析機器、Oxford Nanopore Technologies社やPacific Biosciences社のロングリードシーケンス機器などの実験機器から、人工知能を応用したバイオインフォマティクス技術やクラウドコンピューティングを用いたビッグデータ解析方法の開発に至るまで、幅広い技術の開拓が図られている。ゲノム医療の進展を支える次世代シーケンサーの2021年時点のシェアは、Illumina社（米国）が80 %と言われており、GenReader®のブランド名にて新規参画したQiagen社（ドイツ）は2019年に本事業からの撤退を発表するなど、中国BGI社を除いて新規参入が困難な状況である。日本の国内企業においても次世代シーケンサーの開発は進んでいない。

（4）注目動向

[新展開・技術トピックス]

- **クラウドコンピューティング**

これまでのゲノム解析では、個々の研究者がデータを作成あるいはダウンロードし、各自のコンピュータで解析してきた。しかし、次世代シーケンスにより大量の生物医学データが生み出されている現状では、持続不可能なモデルである。そのため、データレポジトリーを形成し、安全なデータアクセスを提供するApplication Programming Interface（API）を通した解析を可能とするクラウドコンピューティングを用いた方法の開発が進められている。 Google Cloud、Amazon Web Services、Microsoft Azureなどの大手テック企業が提供するクラウドコンピューティングプラットフォームでは、ゲノム解析用のプラットフォームも提供されている。 NCI Cancer Genomics Cloud Pilotsでは、Broad Institute、Seven Bridges Genomicsなどでのクラウド技術開発を支援しており、Genomic Data Commonにおいてもクラウドを用いた解析インフラが準備されている[7]。

• **ロングリードシーケンス解析**

現在、最も多く使用されているIllumina社のNext Generation Sequencer（NGS）におけるリード長は100～150塩基であるが、平均リード長が10,000塩基を超えるロングリードシーケンサーがOxford Nanopore Technologies社（MinION、PromethIONなど）やPacific Biosciences社（PacBio Sequel システム）により開発されている[19]。このようなシーケンサーを用いることで、ショートリードでは困難であった、ゲノム構造異常の解析、ハプロタイプの決定、リピート配列の解析、転写産物アイソフォームの決定などが可能となる。課題としては、ショートリードシーケンス技術に比べてシーケンス精度が低い（1リードのエラー率5～20 %）こととショートリードと比較して高価であることが挙げられていた[20]。

Oxford Nanopore Technologies社は、バイオナノポアを用い、一本鎖DNA/RNR分子がこのナノポア孔を通過する際の異なる塩基毎のイオン電流の差で塩基を解読する技術を基盤としている。解読には回帰型ニューラルネットワークなどのAI技術を用い、最大で2 Mb程度のDNA鎖のシーケンスが可能である[20]。Pacific Biosciences社が開発したSingle–Molecule Real–Time（SMRT）シーケンス技術は、Zero–Mode Waveguide（ZMW）と呼ばれる小孔で単一ヌクレオチドの蛍光シグナルを検出しながら合成シーケンスを行い、最大で200 Kb程度のシーケンスが可能とされる[20]。蛍光を利用するため蛍光検出系を備えた高価なシーケンサーが必要となる。一方、Oxford Nanopore Technologies社のシーケンス技術は蛍光検出系を必要としないため、シーケンサーが比較的安価であるという特徴がある。 Oxford Nanopore Technologies社はPromethIONを用いて1フローセルあたり30～120 Gbのシーケンス産出が可能、Pacific Biosciences社はSequel IIを用いて1フローセルあたり150 Gbのシーケンス産出がそれぞれ可能である。

Pacific Biosciences社から2020年にHiFiシーケンスが発表された。この手法は15 Kb程度のインサートライブラリーを作成し、DNA1分子あたりのSMRTシーケンスを長時間行い、最大で10リード程度のフォワード及びリバースリードからCircular Consensus Sequence（CCS）を作成する。このCCSは10リードから作成されるとQ30（99.9 %）の精度を達成する。このCCSで構成されたHiFiリードを2フローセル分行い、全ゲノムの15～20xカバレージ程度のCCSリードデータを獲得すれば、ショートリードシーケンサーの全ゲノムシーケンスデータと同等の正確性を有するロングリードデータと得ることが可能で[21]、ロングリードとショートリードの両者の利点を備えた解析が可能となると期待される。

Oxford Nanopore Technologies社のロングリードシーケンスの正確性もかなり向上している（2022年7月時点）。最新の試薬キットFlow cell 10.4.1と解析プログラムGuppyで99 %の正確性を得ることが可能とされ、ロングリード技術の正確性は格段に向上しつつある。

Illumina社もショートリードシーケンスに加えて10 Kb程度のロングリードシーケンス技術であるInfinityの登場が予告されている。 Pacific Biosciences社やOxford Nanopore Technologies社と比較してシーケンスに必要なDNA量は1/10程度かつスループットは10倍とのことで、詳細が待たれる。

• **ゲノムシーケンス市場の変化**

全遺伝子・全ゲノム解析を支えてきたのはIllumina社のシーケンス技術であり、特に1,000ドルゲノムシーケンスを実現したHiseqX™ 10やNovaSeq™ 6000等の技術開発力で長らく市場を牽引してきた。一方、この一社独占状態においてゲノムあたりのシーケンスコストは1,000ドル程度に高止まりしていた。近年、中国MGI社から独自のroling circle replication（RCR）技術を搭載した新たな次世代シーケンサーが登場した。この新型シーケンサーは、Illumina社より安価で同等のシーケンス精度・産出能力を有するとされ、高出力型のショートリードシーケンス市場の一社独占状態が崩れる可能性も予想される。健全な競争によってより安価なゲノムシーケンス市場が形成されると考えられる。

• リキッドバイオプシー

身体への負担が小さい低侵襲性に採取できる血漿や尿などの液性検体を用いて解析する技術である。従来のバイオプシーでは、内視鏡や針による生検により検体を採取するため、苦痛や合併症のリスクを伴う。さらに、繰り返しの採取が難しい、腫瘍組織の一部しか採取できないため断片的な情報しか検出できないという問題があった。血液中などには、細胞から遊離したcell–free DNA（cfDNA）が存在しており、がん患者では腫瘍由来のcirculating tumor DNA（ctDNA）が含まれていることが明らかとなっている。そのため、血液中などに含まれるctDNAを次世代シーケンサーなどで解析することにより、がんの早期発見や治療に用いる薬剤の選択、再発のモニタリングなどを実施することが可能となる[22)]。この目的の検査として、本邦では、「FoundationOne Liquid CDx」の承認申請が行われている。

• Pharmacogenomics

ヒトゲノム配列の個人差（遺伝子多型）とヒト形質（疾患・臨床検査値・ファーマコゲノミクス）との関わりについて世界中の研究者が注目し、国内外で活発な研究が進められている。SNPマイクロアレイを用いたゲノムワイド関連解析（GWAS）など、ゲノム配列解読技術の急激な進展と商用化によって大規模疾患ゲノム解析の実施が可能となったことで、多数の疾患感受性遺伝子の同定へとつながっている。一方、GWASで同定された疾患感受性SNP を組み合わせても、疾患発症における遺伝的リスクの一部分しか説明できない事実も判明し、“missing heritability”として知られてきた。 Missing heritability を説明するためには、より多くのサンプルを用いた大規模GWASをNGSによるレアバリアント解析と効率的に組み合わせて進めることが必要、というコンセンサスが得られつつあり、疾患ゲノム解析のより一層の大規模化、多国籍化、集約化が加速している。

Genotype imputationの適用範囲が、SNPなどの一般的な遺伝子多型に加えて、ゲノム配列構造が複雑で従来は適用範囲外だった遺伝子多型に対しても広がっている。ファーマコゲノミクスや免疫疾患の個別化医療に重要なHLA遺伝子についてもHLA imputation法として実装され、多数のバイオマーカーHLA 遺伝子型が報告されている。

• "N–of–1" study

希少疾患治療に関して、初診から１年以内でその１例のためだけにデザインされたカスタムアンチセンス核酸医薬の治験がスタートした。このような究極のテーラーメード治療も報告され、希少であること自体の創薬への障害は徐々に小さくなりつつある[23)]。

• ヒト染色体完全シーケンスの発表

2022年４月には、ヒトゲノム参照配列としてY染色体を除く全染色体におけるtelomere からtelomereまでのギャップのない完全シーケンスが発表された[24)]。シーケンスされたゲノムDNAは精子由来ハプロイドゲノムが受精後に倍化した完全胞状奇胎由来の46,XX染色体を有する細胞株CHM13である。このため通常のヒト細胞で認められるディプロイドゲノムでは無いため、連続したシーケンスがそのままハプロタイプとなる利点がある。この完全シーケンスには従来の参照シーケンスGRCh38と比較して238 Mbの新たなシーケンスが導入され、そこに1,956個の遺伝子（タンパク質をコードする99の遺伝子を含む）が見出されている。今後新しい完全シーケンス（T2T–CHM13）を参照にして疾患ゲノム解析研究が進行することが期待される。

[注目すべき国内外のプロジェクト]

• 全ゲノム解析等実行計画

わが国では、がんや難病患者に対するより良い医療の推進のため、一人ひとりの治療精度を格段に向上させ、治療法のない患者に新たな治療を提供するという全ゲノム解析等実行計画の第１版が2019年に策定された。本計画を進めるにあたり、まず先行解析で日本人のゲノム変異の特性を明らかにし、本格解析の方針決定と体制整備を進めるとした。具体的には、最大3年程度を目途に、がんにおいては主要なバイオバンクの検体を中心に、5年生存率が低い難治性のがんや稀な遺伝子変化が原因となることが多い希少がん、遺伝性のがん（小児がんを含む）について最大約6.4万症例（約13万ゲノム）を解析予定であった（2021年度までの実績は約1.4万症例）。また、難病についても、単一遺伝子性疾患（筋ジストロフィー等）、多因子疾患（パーキンソン病等）、診断困難な疾患について、成果が期待できる疾患を中心に、最大約2.8万症例（約3.6万ゲノム）を解析予定である（2021年度までの実績は約6,000症例）。これらの先行解析から新たな変異が同定されたが、結果の検証や解析体制の構築には課題も見つかった。第2版として2022年9月に了承された全ゲノム解析等実行計画2022では、2022年度から5年間を対象期間として10万人ゲノム規模を目指す。日常診療での情報提供だけでなく研究・創薬促進による新規治療法等提供による患者還元及び利活用も目的とし、医療機関・企業・アカデミアの役割や体制、ELSIに配慮した体制、患者・市民参画のあり方が述べられている[25]。

• 諸外国のプロジェクト

2013年以降、国際的に少なくとも14カ国以上でそれぞれの国の政府が主導する形で、全体で40億ドル以上のゲノム医療への研究費の投資が始まっている[26]。

英国ではNational Health Service（NHS）が唯一の国民健康管理システムである。Genomics Englandが2013年に設立され、415万米ドルを政府が出資し10万ゲノムの解読を進めたが、これには100を超える希少疾患と7つの一般的ながんとその家族構成員が含まれ、希少疾患の多くは両親とその子供を含むトリオベースで解析された[27]。Genomics Englandは、診断的全ゲノムシーケンスサービスを中央に据え、Wellcome TrustとIllumina社とのパートナーシップを結んだ13のNHSゲノムシーケンスセンター、標準化されたバイオインフォマティクスと解析パイプライン、バイオレポジトリー、データセンターから成る。ゲノムデータはカルテ情報とリンクし、研究者と企業はNHSデジタルを通じGenomics England Clinical Interpretation Partnershipを締結すれば解析が可能である。英国政府は2019年から次の5年間に500万ゲノムを解読すると発表している[265]。2021年末に100Kゲノム研究として希少疾患の2,183 家系での全ゲノムシーケンス解析のパイロットスタディーの結果が公表され、535例（25 %）で病的バリアントが同定された[2]。さらにDeciphering Developmental Disorders（DDD）研究も重要である。2011年より開始されたDDD研究は英国とアイルランドの24の地域のgenetic servicesが、慈善ファンド（Health Innovation Challenge Fund）とUK Department of Health、Sanger Institute、NHS National Institute for Health Researchの出資を受け、これまでに英国の13,500家系の発達障害を解析し、4,500例の子供に対して診断した[29]。

フランスは政府が出資する国民健康保険を有す。2015年に首相から委託されAviesan（National Alliance for Life Science and Health）により2016年に開始されたGenomic Medicine France 2025は、ゲノム医療をヘルスケアに統合し、イノベーションと経済を推進する国立のゲノム医療企業を確立することを目的とし、前半5年間で政府は8.22億USドルを出資し、企業から2.82億USドルを調達することを見込んでいる。シーケンスは12箇所の超ハイスループットサービスによって行われ、国立データ解析ファシリティーでデータを解釈し格納、他の国家及び国際データベースと協働する。CRefIX（a reference center for innovation, assessment, and transfer）が主導し、希少疾患・ガン・ありふれた病気（糖尿病）と集団コホート研究を進め、1万人を初期パイロットプロジェクトにリクルートし、2020年までに年間23.5万ゲノムシーケンスする予定で、希少疾患2万症例（その家族を含めると6万例）、転移性または治療抵抗性ガン5万症例（あるいは175,000ゲノム）を目標に進めた[25, 30]。

デンマークでは、2012年よりGenome Denmarkが始まり、ガンと病原体、さらにデンマーク人参照ゲノムを作成する目的で、1,350万USドルを政府が出資している[25]。

エストニアは、2000年より52,000人のゲノムワイド関連解析、全ゲノム・エクソームシーケンスを行い臨床情報と連動させている。2017年には590万USドルが政府より出資され、さらに10万人のコホートが追加されている[25]。

フィンランドは2015～2020年にかけて政府が5,900万USドルを出資しフィンランドの国立参照データベースとITインフラを作成しゲノムデータ、メタデータと電子カルテを統合する。

オランダは、2016–2025年にRadicon–NLで希少疾患において高速全ゲノムシーケンス等の新技術の有用性を小さなコホートで研究する。さらに2015年からHealth–Resaerch Infrastructureにおいてゲノムと他の健康情報を統合する単一のインフラ整備を進める[25]。

スイスは2017–2020年にデータに関してSwiss personalized health networkにおいてスイス全土で統合するインフラ整備に6,900万USドル出資する[25]。

トルコは2017–2023年にトルコゲノムプロジェクトで、10万人のシーケンスを予定している[25]。

オーストラリアは、2014年にAustralian Genomicsを開始したが、78の組織から構成され、診断ラボラトリー、臨床遺伝学サービス、研究教育機関を含む[25, 31]。2015年には1,900万USドルを国立健康医学研究評議会から支出されゲノミクスをヘルスケアに実装する価値と現実的な戦略を示し、7,680万USドルが州基盤の財政から当てられる。Australian Genomicsは以下4つの研究プログラムから構成される。1. 全国的な診断・研究ネットワーク、2. 全国的なデータ連合と解析、3. 評価、方策と倫理、4. 従事者と教育、である。40以上の希少疾患とガンのフラッグシッププロジェクトが30の臨床サイトで走っている。オーストラリア連邦政府は2019年より10年以上にわたり3億7,200万USドルを拠出することを発表した。さらに生殖キャリアスクリーニングによる人口計画と心血管疾患のフラッグシッププログラムに追加で1,840万USドルを出資する。

米国は、私的かつ公的な混合ヘルスケアシステムを有し、NHGRI（国立ヒトゲノム研究所）は2011年よりゲノム医学に出資し、数多くのランドマークプロジェクトが行われてきた。例えば、健常だが急変する新生児群、複雑な未診断疾患、プライマリーケアや心臓疾患クリニック等である。Precision Medicine Initiative All of Us Research Program（精密医療イニシアチブAll of Us研究プログラム）は、議会決定政府歳出予算として2016～2017年にかけて5億USドルの拠出が成され、2019年にはさらに14.55億USドルの追加予算が決定した。All of Usでは100万人の様々な種類のボランティアが関わり[25, 32]、2023年までに100万人以上の参加登録を達成して少なくとも10年間データを収集するとされる。All of Usは2020年12月に参加者に対してゲノム情報の返却を開始した[33]。更に米国においてはプライベートセクターのゲノム医療が進んでいる。保険会社であるGeisinger社のMyCodeプロジェクトは製薬企業のRegeneron Pharmaceuticals社とのパートナーシップを謳って開始され、保険加入者10万に対して全エクソーム解析を行い、新薬の発見と臨床のケアに役立てることとしていたが、現在は対象を全保険加入者に拡大している[34]。Foundation Medicine社は精密がん医療のドメインにおいて様々なゲノミクスベースのテストを提供するとともに国立がん研究所（National Cancer Institute）のがん公的データベース等にも貢献する。23andMe社やAncestry社などのdirect–to–consumer（DTC）テストを行う企業も健康に関する重要な情報を対象としているが、国民と臨床医の反応は様々である[25]。

中東では、カタールでカタールゲノムと称して、2015年より6,000例の詳しい臨床情報と全ゲノムシーケンスデータを産出し研究者に提供することを開始している[25]。

サウジアラビアでは2013年よりサウジヒトゲノムプログラムとして10万人のシーケンスと7つのシーケンスラボによる国家ネットワークを創出し、サウジアラビアにおけるコントロールバリエーションと劣性と頻度の高い疾患のバリアントのカタログを作成する。政府出資は8,000万USドルである[25]。

ブラジルでは2015～2025年に精密医療ブラジルイニシアチブが走っており、5つの研究開発センターがシーケンスとバイオインフォインフォーマティクスの国家基盤を開発中である[25]。

中国では2017–2020年に10万ゲノムプロジェクトが始まった。このプロジェクトには1,320万USドルが出資され、I期に1万ゲノム、II期に5万ゲノム、III期に10万ゲノムまで拡大、この間ステップワイズにゲノムデータと臨床データを統合することが予定されている[35]。

国際共同研究の枠組みとして、1+Million Genome Initiative 、Global Genomic Medicine Collaborative（G2MC）、Southeast Asian Pharmacogenomics Research Network、Human Heredity and Health in Africa等がある。1+Million Genome Initiative は欧州24カ国（オーストリア、ベルギー、ブルガリア、クロアチア、キプロス、チェコ、デンマーク、エストニア、フィンランド、ドイツ、ギリシャ、ハンガリー、イタリア、ラトビア、リトアニア、ルクセンブルグ、マルタ、オランダ、ノルウェイ、ポルトガル、スロベニア、スペイン、スウェーデン、英国）共同で2018年に開始された。2022年までに100万人ゲノムを超えるデータにアクセスできるようにするため様々なインフラ整備を行い、2027年に向けてスケールアップとその維持を進め、研究・パーソナライズドヘルスケア・健康政策決定に役立てることを目指す[36]。G2MCは、2016年に非営利組織として米国に設立され、1. 政府等の組織がゲノム医療を施行する際に必要とする専門的知識を提供する窓口を提供すること、2. 世界のどこの参加者に対しても十分に経験値を有するプラットフォームを提供すること、3. リソースの乏しい国にもゲノム医療の展開が可能なように（先進国との）ギャップを埋めることを目的としている[37]。また国際間データシェアリングを進めるための仕組みとして、2013年よりGA4GHが活動を開始し、2018年にGA4GH connectが開始され国際間データシェアリングが加速している[25, 38]。

希少疾患の解決を目指した国際コンソーシアムとして、International Rare Diseases Research Consortium（IRDiRC）がある。2011年に米国に創設され、当初は2020年までに200の治療とほとんどの希少疾患に診断を届けることを目的としたが、既に2017年に200の治療については達成された。これを受けて新たに2017～2027年にかけて次の3つのゴールが設定された。1. 全ての症例で1年以内に診断できること、2. 1,000の新規治療が承認されること、3. 希少疾患の症例にインパクトのある診断と治療の新たな方法論の開発、である[39]。日本からはAMEDが参加している。

- **Genome Aggregation Database（gnomAD）**

様々な民族背景を有するヒト集団における125,000例超のエクソームデータや15,000超の全ゲノムデータを統合したGenome Aggregation Database（gnomAD）が2020年5月に正式に発表された。このデータベースは、全エクソーム解析や全ゲノム解析で同定された変異情報の評価に極めて有用な情報を提供する[40]。これはビッグデータ解析の恩恵を明示する良いモデルである。

- **International Cancer Genome Consortium（ICGC）**

米欧亜の主要国が参加して2008年に発足したゲノム学および情報学の専門家からなる世界最大のがんゲノム研究共同体である[41]。最初の25Kプロジェクトでは、様々ながん腫からなる25,000検体の未治療がん検体の解析を行った。2013年から始まったPan–Cancer Analysis of Whole Genomes（PCAWG）プロジェクトでは、38種類のがん、2,658症例の全ゲノム解読データの統合解析が行われ、非コード領域のドライバー異常、変異や構造異常にみられる特徴的なパターンの解明など、ヒトがんゲノムの多様な全体像が明らかとなった。さらに、がんゲノム学の臨床的重要性を鑑みて、2015年にICGCmed白書を発表し、現在は、臨床における新規治療の発見を加速させるためのマルチオミクスデータ基盤の構築を目指したAccelerating Research in Genomic Oncology（ARGO）プロジェクトが進んでいる。

- **希少難治性疾患に関する全ゲノム医療の推進等に資する研究分野**

2020～2022年度にAMEDの委託事業としてG–1. 全エクソームシーケンス解析でも未解決の疾患に対する新技術による診断法の開発、G–2. 有効な治療法がない希少難治性疾患を対象とした新世代解析技術による病態解明と治療シーズ探索につながる研究、G–3. 難病克服のための成人発症型難病のDeep–Phenotypingの統合解析を通じた開発研究という課題の下、ロングリードシーケンス等を含む新技術やオミクス解析、Deep–Phenotypingを用いた多面的アプローチの研究が行われた[42]。本研究事業は、もともと2011年に厚労科研費難治性疾患克服研究事業として次世代遺伝子解析装置を難病の原因究明、治療法開発研究を目的に始まった。次世代シーケンス解析拠点研究第一期（2011～2013年度）、第二期（2014～2016年度、2015年からは所轄がAMEDに移行）、第三期（2017～2019年度）、第四期（2020～2022年度）へと繋がり、本邦の希少難病解明を牽引する重要な研究事業となった。

- **未診断疾患イニシアチブ（Initiative on Rare and Undiagnosed Diseases: IRUD）**

臨床的な所見を有しながら通常の医療の中で診断に至ることが困難な患者（未診断疾患患者）は、多数の医療機関で診断がつかず、原因もわからず、治療方法も見つからないまま、様々な症状に悩んでいる。IRUDは未診断症例を対象にしたAMEDの基幹プロジェクトとして2015年より開始され、第I期（2015～2017年度）、第II期（2018～2020年度）を経て現在第III期（2021～2023）が進行中である[43]。本研究は、主としてIRUD拠点病院とIRUD解析センターで構成され、未診断疾患症例に対して主として全エクソーム解析を行って遺伝的原因を解明している。この過程で、原因だと想定されるもこれまで変異の報告のない遺伝子の異常が1例のみで認められる状態（いわゆるN–of–1問題）を解決するため、IRUD beyond研究の一つと位置づけられたJapanese Rare Disease Models & Mechanisms Network（J–RDMM）も2017年度より開始された。J–RDMMでは基礎的モデル生物を用いて、同定された遺伝子あるいは遺伝子異常についてモデル生物を作出し遺伝子異常の影響を解析し、その生物学的意義を明らかにすることを目的としている。第一期（2017～2019年度）を経て、現在第二期（2020～2022年度）が進行中である[44]。

（5）科学技術的課題

- **固形がん以外のがん腫に対するゲノム医療（小児がん、原発不明がん、血液がん）**

ゲノム医療の進展が最も顕著であるのはがん領域であるが、現在のがんゲノム医療の対象は固形がんにとどまっている。それ以外の領域（小児がん、原発不明がん、血液がん等）においても疾患ゲノム研究では同等の成果が得られており、海外ではゲノム医療への展開も図られている。そのため、今後、ゲノム医療の進展が最も期待される領域であると考えられる。2016年に成立した改正がん対策基本法においても、希少がんや小児がんに関する研究と対策の推進が盛り込まれていることを考慮しても、今後の制度的対応や環境整備においても積極的な配慮が必要な領域であると考えられる。2020年の先駆け審査指定制度に血液がんを対象とした遺伝子解析パネルが選定されており、今後の開発が期待される。

- **Cancer immunogenomics**

がんは、自己の細胞に様々な種類の遺伝子異常が生じることによって発生したものであるが、宿主の免疫機構により認識されて、排除されていると考えられている（がんの免疫監視機構説）[45]。この仕組みは、遺伝子変異によりアミノ酸配列が変化した結果として生じるネオアンチゲンが「非自己」としてT細胞から認識されるためである[46]。このネオアンチゲンに関する研究も、新規のシーケンス技術や高度なバイオインフォマティクス解析、HLA結合予測法などの開発により大きく発展してきた。これらの結果得られる情報は、腫瘍のネオアンチゲンのみならず、浸潤免疫細胞やB/T細胞レパトアの解析に有用であるのみならず、ネオアンチゲンを標的とした新規免疫療法のデザインなどに繋がると考えられる[47]。

- **体細胞モザイク変異による希少疾患**

希少疾患においても、受精卵形成時に異常がなくその後の体細胞分裂で生じた変異（体細胞モザイク変異）による疾患が存在する。がんと異なり、通常、原因は1遺伝子の異常に集約する。体細胞変異で生じる希少疾患は、変異の生じたタイミングや部位によって症状は多彩である。受精卵形成後、体細胞分裂の開始から早いタイミングで変異が生じるほど変異アリルは多臓器にわたりかつ高頻度となり、逆に遅いタイミングほど局所に限定、かつ変異アリル頻度は低い傾向にあると考えられる。疾患によっては変異アリル頻度が数%程度のこともあり、通常の希少疾患の全エクソーム解析や全ゲノム解析の読み取り深度（全エクソーム30～100x、全ゲノム30x）では見逃しやすい。体細胞変異が疑われる場合は、全エクソーム・ゲノム解析においては読み取り深度を向上させる、あるいは特定の遺伝子の体細胞変異が疑われる場合は分子バーコード技術等を用いて、シーケンスエラーと真の体細胞変異との区別をつけることが重要で、いずれにせよ生殖細胞系列変異の検出に比べて手間とコストがかかる。

• **深層学習・機械学習（人工知能）**

畳み込みニューラルネットワークなどの深層学習手法の出現により、人工知能が音声・画像・自然言語を対象とする問題に対し、他の手法を圧倒するような高い性能を示すようになり、時代の最先端の技術として社会に浸透しつつある。ゲノム医療においても、深層学習・機械学習がゲノム検査の結果に基づいて患者の症状や特性に合わせた治療法に関わる論文を探索し、診断や治療法選択に関わる医師の判断を支援できる可能性が示唆されている。また、疾患ゲノム研究においても深層学習・機械学習を応用したバイオインフォマティクス手法の開発・利用が進んでおり[48, 49]、大きな可能性を秘めた技術であると考えられる。

• **Genotype–Matched Treatmentを的確に判断するCKDBの整備**

解析されたゲノムプロファイルから的確に有効性が期待される薬剤を選定するためには、リアルワールドデータによるがんゲノムデータベースが必要である。わが国ではC–CATの整備が始まったが、明確なドライバー遺伝子と治療薬剤の有効性が証明され保険収載されている一部の薬剤を除いて、がん細胞の分子標的薬・化学療法薬への感受性データとゲノム情報を関連付けるデータベース（Cancer Knowledge Data Base : CKBD）は存在しない。これらのデータが日本全体、さらに国際的に蓄積されれば、多くのタイプの腫瘍の実態解明に役立つ貴重なデータベース となり得る。

• **個々の患者の薬効を的確に判断するPhase 0 Drug screening system開発**

優れたCKDBおよびAIシステムによって効果が期待できる薬剤情報が得られれば、その薬剤が本当に有効かどうか、投薬前に有効性を判定するDrug screening systemの開発が求められる。その一つの方法として期待されているのが、オルガノイドを用いたPhase 0 systemである。がん患者の摘出検体から得られた癌細胞を処理して3次元培養することで、がん細胞の固有の性格を維持したまま培養・増殖させるオルガノイド培養法が徐々に確立しつつある。複数薬剤の効果を判定するのに十分な細胞量を確保できれば、事前に取得した遺伝子プロファイルから有効性が期待できる候補薬剤を選定し、約2週間でオルガノイド培養、その後の2週間で薬効判定を行うことで、術後薬物療法から有効性が証明された薬剤を投与することが可能となる。Phase 0として*ex vivo*システムによって証明された薬剤使用の可否を問うことになるため、薬剤承認・投薬プロセスのパラダイムシフトとなる。遺伝子プロファイルに基づき、*ex vivo* システムを用いて治療法の有効性を検証するPhase 0 systemは、がん以外の疾患においても開発が進められており、次世代の医療システムにおいては必須のものとなるであろう。

• **マルチオミクス解析**

今後、発現情報解析、メタボローム解析等の多階層に亘る複合的解析による、より精度の高いバイオマーカー群の同定から予測アルゴリズムの開発へとフェーズが移行すると考えられる。そこでは同一患者からのデータ、例えば、同一患者からゲノムDNA、血清、病理試料の3 種類を取得し、臨床情報と合わせて統合的な解析を行うことが必要となる。各種オミクス解析の要素技術は確立しており、それらを臨床検査として実施するためには、検体採取・処理・保管を適切に行うことが肝要である。保管された検体で必要に応じてのオミクス解析が実施できるように、先進医療実施医療機関においては診療施設併設型バイオバンク（クリニカルバイオバンク）の整備が必要となる。

（6）その他の課題

• 希少疾患の遺伝子診断

本邦の指定難病診断に必要な保険適用の遺伝子検査は、191疾患（2022年8月12日時点）にまで拡充された[50)]（2020年度の72疾患）。希少疾患の数は分子異常が明らかなものに限定しても7,200以上存在するため[51)]、数多くの希少疾患の検査は保険適用外となる。2019年にがんゲノム医療で保険適用のがん遺伝子パネル検査がスタートしたが、希少疾患はそれぞれ個別の疾患としては希少であり、検査のコストもがん遺伝子パネル検査に比較すると低価格（1/10以下）に設定されているため、商業ベースでの成立が難しい。現在、公益財団法人かずさDNA研究所が、保険適用・非適用の受託遺伝子検査を行い遺伝子検査のインフラに寄与している。加えて、保健科学研究所、BML社、FALCO社、LSIメディエンス社、SRL社、成育医療研究センター衛生検査センター先天性疾患遺伝学的検査部門等で、検査が可能となっている。しかし、持続性の観点で、価格面も含め商業ベースでの受託遺伝子検査が十分に可能となる環境整備が強く望まれる。希少疾患の遺伝学的検査として、アレイCGH法による染色体ゲノムDNAのコピー数変化及びヘテロ接合性の喪失を検出することが2022年4月より保険収載されたことは重要である[50)]。

• データシェアリングとバイオバンク

得られた大規模ゲノムデータを効果的に活用するためには、多くのゲノム研究者、特に遺伝統計学やバイオインフォマスクス分野の研究者が、これらのデータにアクセスできる環境の確保が重要である。ゲノムデータの効率的なシェア・再分配システムの構築が必要であるが、わが国においては十分でないと考えられる。

2019年よりAMEDが主導する形で国内の3大バイオバンク（バイオバンク・ジャパン、東北メディカル・メガバンク計画、ナショナルセンター・バイオバンクネットワーク）および診療期間併設型バイオバンク（京都大学・東京医科歯科大学・筑波大学・岡山大学）で保有する試料・情報を一括して検索可能なバイオバンク横断検索システムの運用が始まっている。総計30万人分に相当する約65万検体の試料や約20万件のゲノム情報等の解析情報の有無を公開し検索可能にしている[52)]。

• Ethical, Legal, and Social Implications（ELSI）

ゲノム情報は機微性の高い情報であるため、個人情報保護の観点から、その取扱いには慎重さが求められる。また、遺伝情報という性質上、心理的な影響も大きい。そのため、一般診療の枠を超えた倫理的、法的、社会的側面を考慮する必要がある。また、遺伝カウンセリングの整備や人材育成も重要である。

• ドラッグラグ

ゲノム医療により患者が受ける最大の恩恵は、遺伝子検査により治療標的が同定され、それに即した分子標的薬等の治療が受けられることである。ゲノム医療の効果を最大化するためには、ドラッグラグの解消および早期臨床試験の促進は必須の課題である。数年に渡り、医薬品医療機器総合機構（PMDA）が開発ラグおよび審査ラグを合わせたドラッグラグの短縮、および、未承認薬・適応外薬解消に向けて取り組んでおり、更なる改善が期待される。

• バイオインフォマティクス

疾患ゲノム研究およびその応用であるゲノム医療においてバイオインフォマティクスが重要な役割を果たすことは明らかであり、データ駆動型研究へのシフトが必要であることは十分に認識されている。しかし、データが大量かつ多様であるため、それらのデータの整備や解析は十分に行われておらず、活用されていない。この問題の最大の原因は、研究データの整備や解析に携わる、情報科学と医学生物学の両者に精通したバイオインフォマティクス分野の人材不足にある。科学技術イノベーション総合戦略や健康・医療戦略においてもバイオインフォマティクス人材の育成は重点的課題として挙げられているが、未だ不十分である。本邦におけるゲノム医療の広がりを見ても、バイオインフォマティクス人材の育成は喫緊の課題であり、更なる対策が期待される。

• 検査の品質・精度管理

「医療法等の一部を改正する法律の一部の施行に伴う厚生労働省関係省令の整備に関する省令（平成30年厚生労働省令第93号）が平成30年（2018年）12月1日から施行された。具体的には、検体検査の新たな2次分類として「遺伝子関連検査・染色体検査」が設けられ、医療機関にも適応されることとなった。「遺伝子関連業務の経験を持つ医師・臨床検査技師等を遺伝子関連検査等の責任者（検体検査の精度確保責任者との兼任可。ただし、専門性・経験を勘案して他の職種の者が責任者になることを妨げない）として配置する」や、内部精度管理の実施、適切な研修の実施義務として、「外部精度管理調査の受検に係る努力義務、その他、検査施設の第三者認定を取得（ISO 15189）の勧奨」などが挙げられた。こうした施設基準をクリアすることで、いわゆるLaboratory Developted Test（LDT）の実施が可能になると解釈できるが、その点については明確な言及はない。特に、NGSをはじめとする高精度な技術を用いたゲノム検査の実施においては、その検査工程の複雑さに基づく精度の確保、検査室調整試薬での検査または検査室で独自開発の検査（LDT）の精度の確保など、従来にない課題がある。

（7）国際比較

国・地域	フェーズ	現状	トレンド	各国の状況、評価の際に参考にした根拠など
日本	基礎研究	○	↗	・欧米のように大規模ゲノムプロジェクトからの十分な成果が得られていない。最近GEM Japanなどのプロジェクトが開始された。 ・がんゲノム解析研究においては、特に日本に多い腫瘍（胃がん、肝臓がん、成人T細胞白血病リンパ腫など）において、顕著な成果が認められる。 ・難病のオミクス解析・全ゲノム解析拠点研究が進行中で、リピート病で世界をリードする成果を上げている。 ・全ゲノム解析等実行計画などの大規模なプロジェクトが着手された。 ・バイオインフォマティクス人材が乏しく、データシェアリングも十分でない。 ・NGSや関連分野における基幹技術の開発は、米国に遅れている。
日本	応用研究・開発	○	↗	・「NCCオンコパネル」などの国産の遺伝子解析パネルの開発が進んでいる。さらに、2019年に遺伝子解析パネルが保険承認され、ゲノム医療が開始されている。しかし、ゲノム検査を行っても、使用できる分子標的薬が米国よりもはるかに少ない。 ・標準療法がないもしくは終了した患者のみがん遺伝子パネル検査が保険適用となる
米国	基礎研究	◎	↗	・NIHを中心にTCGA、All of Us Research Programなど多数の大規模プロジェクトが進行し、世界をリードする成果が報告されている。 ・全ゲノム解析、全エクソーム解析、マルチオミクス解析、シングルセル解析などの技術や、クラウドコンピューティング・人工知能などを含めた情報解析技術などほとんどの新規技術について、最先端の開発が行われている。
米国	応用研究・開発	◎	↗	・米国で開発されたNGSを用いた遺伝子解析パネル検査が3種類FDA承認されているほか、多数の遺伝子検査がLDTとして実施され、医療として成立している。 ・NCI-MATCH試験等のバスケット試験、N-of-1試験が行われるなど、新規薬剤の積極的な早期導入が図られている。

欧州	基礎研究	◎	↗	・英国の100,000 GenomesプロジェクトやTRACERxプロジェクトなど有望な大規模ゲノムプロジェクトを進行・達成させており、ICGCなどの国際コンソーシアムでも主要な役割を果たしている。 ・英国のDeciphering Developmental Disorders（DDD）研究は発達障害におけるリーディングプロジェクトである。 ・フランス、デンマーク、エストニア、フィンランド、スイス等もそれぞれ独自に国家レベルのシーケンスを進め、小国においても積極的取り組みが認められる。 ・Sanger Instituteを中心に、最先端のバイオインフォマティクス技術を有している。
	応用研究・開発	◎	→	・Genomics Englandは企業との連携による応用開発研究も盛んである。 ・米国と比較して十分ではないが、英国やフランスでは、国家主導でゲノム医療が推進されている。エストニアでは比較的早い時期からゲノム医療に取り組むなど、国ごとの対応にはばらつきがある。 ・欧州24カ国が参加する1+Million Genome Initiativeが2017–2027で進んでいる。
中国	基礎研究	○	↗	・疾患ゲノム研究では、ゲノムデータの質や解析手法への懸念が存在していたが、豊富な研究資金を背景とした多数サンプルの解析が実施されるようになり、懸念が払拭されつつある。 China Precision Medicine Initiativeでは、数十億ドル以上の研究費が投じられる予定であり、米国を超える世界最大のプロジェクトが進行している。 ・BGI社やiCarbonX社など世界有数のゲノム解析施設・企業が設立されており、独自にDNBSEQなどの次々世代シーケンサーの開発にも取り組んでいる。
	応用研究・開発	△	↗	・BGI社の設立、MGIシーケンサーの開発と販売が順調に進む ・医療での実施は進んでいない。国内での分子標的治療薬の入手が困難であり、治療に応用ができない状況も原因の一つと考えられる
韓国	基礎研究	×	→	・Korean Genome Project（1K genome）の成果が2020年に発表された。その他の基礎的研究では目立った研究が少ない。
	応用研究・開発	△	→	・Cancer Diagnosis & Treatment Enterprise（K–Master）やPrecision–Hospital Information System Enterprise（P–HIS）などのプロジェクトにより、国家主導でゲノム医療が推進されており、一部では日本より先行しているが、十分とは言えない。 ・Macrogen Korea社が様々なゲノム研究・応用開発に関与している。

（註1）フェーズ

基礎研究：大学・国研などでの基礎研究の範囲

応用研究・開発：技術開発（プロトタイプの開発含む）の範囲

（註2）現状　※日本の現状を基準にした評価ではなく、CRDSの調査・見解による評価

◎：特に顕著な活動・成果が見えている　　○：顕著な活動・成果が見えている

△：顕著な活動・成果が見えていない　　×：特筆すべき活動・成果が見えていない

（註3）トレンド　※ここ1～2年の研究開発水準の変化

↗：上昇傾向、→：現状維持、↘：下降傾向

参考・引用文献

1) 国立研究開発法人日本医療研究開発機構　ゲノム医療研究推進ワーキンググループ　ゲノム医療研究推進ワーキンググループ報告書（平成28年2月）（https://www.amed.go.jp/content/000004856.pdf）（2021年2月1日アクセス）

2) 厚生労働省　がん対策推進基本計画（第3期）（平成30年3月）（https://www.mhlw.go.jp/file/06-Seisakujouhou-10900000-Kenkoukyoku/0000196975.pdf）（2021年2月1日アクセス）

3) Collins, F.S. and H. Varmus, “A new initiative on precision medicine”, *N Engl J Med* 372, no. 9 (2015): 793-5. DOI: 10.1056/NEJMp1500523.

4) Cancer Genome Atlas Research, N., et al., “The Cancer Genome Atlas Pan-Cancer analysis project”, Nat Genet. 45, no. 10（2013）: 1113-20, https://www.nature.com/articles/ng.2764（2021年2月5日アクセス）.
5) Hutter, C. and J.C. Zenklusen, “The Cancer Genome Atlas: Creating Lasting Value beyond Its Data”, *Cell* 173,no. 2（2018）: 283-285. DOI: 10.1016/j.cell.2018.03.042.
6) Ma, X., et al., “Pan-cancer genome and transcriptome analyses of 1,699 paediatric leukaemias and solid tumours”, *Nature*, 555, no. 7696（2018）: 371-376. DOI: 10.1038/nature25795.
7) Grossman, R.L., et al., “Toward a Shared Vision for Cancer Genomic Data”, *N Engl J Med* 375, no. 12（2016）: 1109-12. DOI: 10.1056/NEJMp1607591.
8) Consortium, A.P.G., “AACR Project GENIE: Powering Precision Medicine through an International Consortium”, *Cancer Discov.* 7, no. 8（2017）: 818-831. DOI: 10.1158/2159-8290.CD-17-0151.
9) Saito, Y., et al., “Landscape and function of multiple mutations within individual oncogenes”, Nature, 582 no. 7810（2020）: 95-99. DOI: 10.1038/s41586-020-2175-2.
10) Kataoka, K., et al., “Integrated molecular analysis of adult T cell leukemia/lymphoma”, *Nat Genet.* 47, no. 11（2015）: 1304-15. DOI: 10.1038/ng.3415.
11) Nakamura, H., et al., “Genomic spectra of biliary tract cancer”, *Nat Genet* 47, no. 9（2015）: 1003-10. DOI: 10.1038/ng.3375.
12) Fujimoto, A., et al., “Whole-genome mutational landscape and characterization of noncoding and structural mutations in liver cancer”, *Nat Genet* 48, no. 5（2016）: 500-9. DOI: 10.1038/ng0616-700a.
13) Kataoka, K., et al., “Aberrant PD-L1 expression through 3'-UTR disruption in multiple cancers”, *Nature* 534 no. 7607（2016）: 402-6. DOI: 10.1038/nature18294.
14) Clark MM, et al., “Meta-analysis of the diagnostic and clinical utility of genome and exome sequencing and chromosomal microarray in children with suspected genetic diseases”, *NPJ Genom Med.* 3（2018）: 16. DOI: 10.1038/s41525-018-0053-8.
15) Redig, A.J. and P.A. Janne, “Basket trials and the evolution of clinical trial design in an era of genomic medicine”, *J Clin Oncol* 33, no. 9（2015）: 975-7. DOI: 10.1200/JCO.2014.59.8433.
16) Tanabe, Y., et al., “Comprehensive screening of target molecules by next-generation sequencing in patients with malignant solid tumors: guiding entry into phase I clinical trials”, *Mol Cancer,* 15, no. 1（2016）: 73. DOI: 10.1186/s12943-016-0553-z.
17) Kou, T., et al., “Clinical sequencing using a next-generation sequencing-based multiplex gene assay in patients with advanced solid tumors”, *Cancer Sci,* 108, no. 7（2017）: 1440-1446. DOI: 10.1111/cas.13265.
18) がんゲノム医療推進コンソーシアム懇談会, *がんゲノム医療推進コンソーシアム懇談会*. 2017.
19) van Dijk, E.L., et al., “The Third Revolution in Sequencing Technology”, *Trends Genet,* 34, no. 9（2018）: 666-681, https://www.unboundmedicine.com/medline/citation/29941292/The_Third_Revolution_in_Sequencing_Technology_（2021年2月5日アクセス）.
20) Midha MK, Wu M, and Chiu KP, “Long-read sequencing in deciphering human genetics to a greater depth”, *Hum Genet.* 138, no. 11-12（2019）: 1201-1215. DOI: 10.1007/s00439-019-02064-y.
21) Wenger AM, et al., “Hunkapiller MW. Accurate circular consensus long-read sequencing

improves variant detection and assembly of a human genome", *Nat Biotechnol.* 37, no. 10（2019）：1155-1162. DOI: 10.1038/s41587-019-0217-9.
22）Crowley, E., et al., "Liquid biopsy: monitoring cancer-genetics in the blood", *Nat Rev Clin Oncol* 10, no. 8（2013）: 472-84. DOI: 10.1038/nrclinonc.
23）Kim J, et al., "Patient-Customized Oligonucleotide Therapy for a Rare Genetic Disease", *N Engl J Med.* 381, no. 17（2019）：1644-1652. DOI: 10.1056/NEJMoa1813279.
24）Nurk, S., Koren, S., Rhie, A., Rautiainen, M., Bzikadze, A.V., Mikheenko, A., Vollger, M.R., Altemose, N., Uralsky, L., Gershman, A., et al.（2022）. The complete sequence of a human genome. Science 376, 44-53.
25）厚生労働省「「全ゲノム解析等実行計画2022」（概要）」第十二回全ゲノム解析等の推進に関する専門委員会（2022）https://www.mhlw.go.jp/content/10901000/001012425.pdf（2023年2月5日アクセス）.
26）Stark Z, et al., "Integrating Genomics into Healthcare: A Global Responsibility", *Am J Hum Genet.* 104, no. 1（2019）: 13-20. DOI: 10.1016/j.ajhg.2018.11.014.PMID: 30609404.
27）Genomics England Website（https://www.genomicsengland.co.uk）（2021年2月5日アクセス）.
28）G.P.P., Smedley et al.（2021）. "100,000 Genomes Pilot on Rare-Disease Diagnosis in Health Care - Preliminary Report" N Engl J Med. 2021 Nov 11；385（20）：1868-1880. doi: 10.1056/NEJMoa2035790. PMID: 34758253
29）"DDD study"（https://www.ddduk.org）（2021年2月5日アクセス）.
30）Genomic Medicine France 2025（https://solidarites-sante.gouv.fr/IMG/pdf/genomic_medicine_france_2025.pdf）（2021年2月5日アクセス）.
31）Stark Z, et al., "Australian Genomics: A Federated Model for Integrating Genomics into Healthcare. Am J Hum Genet.", 105, no. 1（2019）: 7-14. DOI: 10.1016/j.ajhg.2019.06.003. PMID: 31271757（2021年2月5日アクセス）.
32）All of Us Research Program Overview（https://allofus.nih.gov/about/all-us-research-program-overview）（2021年2月5日アクセス）.
33）"NIH's All of Us Research Program returns first genetic results to participants" https://www.nih.gov/news-events/news-releases/nihs-all-us-research-program-returns-first-genetic-results-participants（2021年2月5日アクセス）.
34）MyCode Community Health Initiative（https://www.geisinger.org/precision-health/mycode）（2021年2月5日アクセス）.
35）"10 countries in 100k genome club" https://www.clinicalomics.com/topics/translational-research/biomarkers-topic/biobanking/10-countries-in-100k-genome-club/（2023年2月5日アクセス）.
36）"European '1+ Million Genomes' Initiative" https://digital-strategy.ec.europa.eu/en/policies/1-million-genomes（2023年2月5日アクセス）.
37）Ginsburg GS, " A Global Collaborative to Advance Genomic Medicine", *Am J Hum Genet.* 104, no. 3（2019）: 407-409. DOI: 10.1016/j.ajhg.2019.02.010.
38）Enabling responsible genomic data sharing for the benefit of human health（https://www.ga4gh.org）
39）IRDiRC about（https://irdirc.org/about-us/）（2021年2月5日アクセス）.
40）Editorial, "A milestone in human genetics highlights diversity gaps", Nature 581, no. 7809（2020）: 356. DOI: 10.1038/d41586-020-01551-x.

41）International Cancer Genome, C. et al., "International network of cancer genome projects", *Nature* 464, no. 7291（2010）: 993-8. DOI: 10.1038/nature08987.
42）令和2年度「難治性疾患実用化研究事業」（1次公募）の採択課題について（https://www.amed.go.jp/koubo/01/05/0105C_00029.html）（2021年2月5日アクセス）.
43）未診断疾患イニシアチブ（IRUD）（https://www.amed.go.jp/program/IRUD/）（2021年2月5日アクセス）.
44）About J-RDMM（https://j-rdmm.org）（2021年2月5日アクセス）.
45）Schreiber, R.D., L.J. Old, and M.J. Smyth, "Cancer immunoediting: integrating immunity's roles in cancer suppression and promotion", *Science* 331, no. 6024（2011）: 1565-70. DOI: 10.1126/science.1203486.
46）Schumacher, T.N. and R.D. Schreiber, "Neoantigens in cancer immunotherapy", *Science*, 348, no. 6230（2015）: 69-74. DOI: 10.1126/science.aaa4971.
47）Liu, X.S. and E.R. Mardis, "Applications of Immunogenomics to Cancer", *Cell*, 168, no. 4（2017）: 600-612. DOI: 10.1016/j.cell.2017.01.014.
48）Sundaram, L. et al., "Predicting the clinical impact of human mutation with deep neural networks", *Nat Genet* 50, no. 8（2018）. DOI: 10.1038/s41588-018-0167-z.
49）Zhou, J. et al., "Deep learning sequence-based ab initio prediction of variant effects on expression and disease risk", *Nature Genetics* 50（2018）: 1171-1179, https://www.nature.com/articles/s41588-018-0160-6（2021年2月5日アクセス）.
50）"保険収載されている遺伝学的検査" http://www.kentaikensa.jp/1391/15921.html（2023年2月5日アクセス）.
51）"OMIM Gene Map Statistics", OMIM Morbid Map Scorecard（updated July 30th, 2020）https://www.omim.org/statistics/geneMap（2023年2月5日アクセス）.
52）AMEDプレスリリース：バイオバンク横断検索システムの運用開始―国内のバイオバンク7機関で保有する65万検体の試料・20万件の情報が一括で検索可能に―（https://www.amed.go.jp/news/release_20191028-01.html）（2021年2月5日アクセス）.

2.1.7 バイオマーカー・リキッドバイオプシー

（1）研究開発領域の定義

バイオマーカーとは、集団の中から病気の可能性のある人を発見する、疾患を特定する、病気の進行度・ステージを把握する、治療中や治療後の経過を観察する、予後を予測する、最適な治療を決定する、などの目的に応じた様々な診断を下すために客観的に測定・評価される指標である。がん領域では、診断、治療選択のために腫瘍組織検体を用いた体細胞変異等の遺伝子検査が臨床で用いられている。

より侵襲性の低い検査方法として、血液、尿、胸腹水などの液性検体に含まれる腫瘍由来核酸等を測定対象とするリキッドバイオプシーが注目されている。当初、リキッドバイオプシーは腫瘍のがん細胞（Circulating Tumor Cells：CTC）や腫瘍細胞のDNAの断片（circulating tumor DNA：ctDNA）を探すことを意味していたが、近年は拡大解釈され、RNA、タンパク質、代謝物、エクソソームなどの様々な物質がリキッドバイオプシーにおけるバイオマーカーになる可能性が検討されている。また、がん以外の領域、特に神経変性疾患や精神疾患など、脳に病変があると思われる疾患で、診断検査にも利用することが試みられている。

これらの研究開発を進展させることにより、疾患メカニズムの解析および、診断計測機器・治療技術を高度化し、精密医療（個別化医療）の進展に資する。

（2）キーワード

精密医療、個別化医療、患者層別化、疾患オミクス、汎用性、CTC（Circulating Tumor Cells）、cell free DNA（cfDNA）、ctDNA（circulating tumor DNA）、microRNA（miRNA）、エクソソーム、次世代シーケンサー

（3）研究開発領域の概要

［本領域の意義］

個々人に最適で効率的な医療を実践する上で、バイオマーカーの開発は不可欠である。近年の技術進歩によって、疾患由来の微量な物質（群）の変動を詳細に、あるいは網羅的に捉えることが可能となり、一部のがんゲノム医療ではリキッドバイオプシー診断薬（LBx）の臨床応用が始まっている。

バイオマーカーは、薬力学的バイオマーカー、効果予測（有効性－奏功）バイオマーカー、予後予測バイオマーカーに大別されるが、サロゲートバイオマーカー、モニタリングバイオマーカー、層別化バイオマーカー、安全性・毒性バイオマーカーなども存在する。

効果予測（有効性－奏功）バイオマーカーは、医薬品の臨床試験における代替エンドポイントになり得るものである。代替エンドポイントは、さらに後の時点での患者の特定の臨床アウトカムを予測するものであり、製造販売承認の意思決定の基本となるデータとして利用可能である。代替エンドポイントは、最も重要（primary）な臨床的ベネフィットを測定するのではなく、代わりに疫学的、治療学的、病理学的またはその他の科学的根拠に基づいた臨床ベネフィットを予測する。疾患等に関連する効果予測バイオマーカーを利用して医薬品の投与患者を特定する場合、当該医薬品使用の前提として、体外診断用医薬品を使用することになる。このような治療の選択などに用いられることにより個別化医療に資する体外診断薬が「コンパニオン診断薬」として臨床応用されている。

がん領域では、組織生検が1世紀以上にわたり診断のゴールドスタンダードとして不動の位置を確立している。しかし、侵襲性が高い組織生検を繰り返し実施することは困難であり、病変部位が明確でない超早期段階で検出したり、疾患の状態や経過を経時的にモニターしたりするためには、繰り返し採取が可能な低侵襲性検体が必要である。

多くの腫瘍は後天的に獲得される体細胞変異が集積して起こる多段階発がんにより生じるが、一つの強いがん遺伝子であるドライバー遺伝子により発症する場合もある。後者はキナーゼ阻害薬等の分子標的薬の良

い標的となり、ドライバー遺伝子に対する分子標的薬の開発が進められ、固形がんでは非小細胞肺がんを中心に複数のコンパニオン診断薬と分子標的薬が同時に承認されている。さらに、日本においても2019年6月に複数の遺伝子変化を同時に検査できる遺伝子パネル検査（網羅的ゲノムプロファイリング検査）が保険収載され、遺伝子パネル検査を用いた精密化医療の実装が進められている。がん治療薬の開発には、バイオマーカーの開発を同時並行に進めることが必要であるとされ、同時開発、同時承認がコンセプトとなってきた。

しかし、遺伝子パネル検査で標的遺伝子の変化が見つかり治療薬が提示されたものの、実際の投与に到らない割合は高く、国内外の報告では80–90 %にのぼる。その原因としては、当該治療薬の承認適用外のがん種である場合や、未承認であってもそれを使用することができる治験、臨床試験が実施されていない場合、さらには対応する分子標的薬が承認されていない場合等が挙げられる。現在のゲノム医療に関する診療ガイダンス[1)]において、日本では「標準治療のない若しくはその見込みの患者」で、「薬物療法の対象となる患者」にのみ遺伝子パネル検査を用いることができ、標準治療が存在する多くのがん患者では、真の個別化医療を実現するために必要な、治療開始前に治療法を見出すための遺伝子パネル検査の受検は叶わない。標準的治療が無くなった時点で、更なる治療を検討する目的で遺伝子パネル検査の受検を希望しても、厳しい基準をクリアした腫瘍組織検体を準備するために、侵襲性の高い再生検の必要が生じ、断念する例が多いことが報告されている[2)]。したがって、低侵襲であり、繰り返しの採血が可能な血漿検体を用いたリキッドバイオプシーを用いた検査に期待が寄せられている。

米国NCIはリキッドバイオプシーを「血液試料に対して行われる検査で、血中のがん細胞またはがん細胞由来 DNA 断片を調べるもの」と定義しているが、世界で初めてリキッドバイオプシーを診断用途で実用化したのは母体血を用いた出生前遺伝学的検査（Non–invasive prenatal testing: NIPT）である。がん以外の領域においても、高精度で低侵襲な検査へのニーズは高い。

がん診断やNIPTには、疾患に関わるゲノム情報が利用されている。ゲノミクスをはじめとする近年のオミクス技術の発展は、分子情報の網羅的取得と統計的解析によって、患者を特定の疾患に罹患しやすい、もしくはリスクの高い集団に層別化することにより、精密医療や予防・先制的医療の可能性を開いた。遺伝だけでなく、生活環境やライフスタイルにおける個人の違いを考慮した医療を提供するためには、ゲノム情報の他に、プロテオーム、メタボローム等のフェノーム情報も網羅的に解析し統合することが重要であり、今後の更なる研究開発が望まれる。また、疾患オミクスの発展によって、新たな疾患メカニズムの解明も期待されている。

[研究開発の動向]

バイオマーカーとは、FDAの定義では、「正常の生物学的過程、発病過程、治療介入による薬理学的反応における客観的に測定・評価可能な指標として測定される特性」、NIHの定義では、「客観的に測定され、評価される特性値であり、正常な生物学的プロセス、病理学的プロセス、または治療処置に対する薬理学的反応の指標として用いられるものである」とされる。

Next Generation Sequence（NGS）が2000年半ばに米国で登場し、ゲノミクスの分野が飛躍的に発展した。質量分析器やバイオインフォマティクスの高度化はオミクスをさらに発展させ、ゲノムのみならずプロテオーム、メタボローム等様々な階層で疾患に関連するオミクスデータが蓄積されてきた。これらの情報を統合して検討することにより、遺伝的影響のみならず環境的影響についても評価することが可能となってきた。環境因子への応答を記憶する遺伝子素因としてエピジェネティクスが注目され、栄養素や代謝産物によるエピゲノムの修飾は生活習慣病の新たな分子基盤として今後の展開が期待されている。近年では、多くの新規バイオマーカー探索にオミクス技術が用いられている。また、個人のオミクス情報を取得することにより、治療介入後の反応や予後予測が可能となり、精密医療・個別化医療が実践可能な段階となった。さらに、網羅的データの統計的解析から得られたいくつかの特徴的バイオマーカーを組み合わせることによって、疾患リスクの高い人を効果的に選別し、早期診断よりもさらに早い段階で介入する予防・先制医療が実現に向かっている。

このように莫大なデータを網羅的・体系的に扱い解析するためには、システムバイオロジーやバイオインフォマティクスとともに、得られた情報を整理・蓄積・公開するためのデータベースの開発が重要となる。複数の専門家が協力する体制を構築することも必要で、欧米を中心に体制作りが急速に進んでいる。米国では官民パートナーシップとしてThe Biomarkers Consortiumが2006年に組織され、成果を上げている。また、ゲノム医療計画としてGenomic Medicine Programが2007年から開始され、複数拠点においてゲノムコホート研究を進めているうえに、既存のゲノムコホートを有機的に連携させ、ネットワークを形成している。英国ではPrecision Medicineが国策として推進されており、ゲノム医療を実践・導入するためにNational Health SystemがGenomics Englandを設立し、2013年からがんや希少疾患を対象に10万人規模のゲノム情報の解析が行われた。次の目標を500万人に拡大し、まずは2023～2024年までにNHSで50万ゲノム（疾患ゲノム）とUK Biobankで50万ゲノム（健常人）を対象として継続している。Genomics Englandでは、全ゲノム情報の解析から統合ゲノム情報の集積までをひとつのセンターで実施しており、拠点として整備されている。日本では、2012年より国立循環器病研究センターが循環器の領域に特化したバイオバンクを国内で初めて発足させ、様々な医療情報や生体試料を利用して多面的な研究が行われている。代表的な成果としては、日本人の脳梗塞の遺伝子変異の解明（2019年）、肺高血圧症の重症化メカニズムの解明（2021年）などが挙げられる。また、東日本大震災の被災地の地域医療再建と健康支援に取り組みながら、医療情報とゲノム情報を統合させたバイオバンクを構築するために東北メディカル・メガバンク計画が実践され、2012年に東北メディカル・メガバンク機構（ToMMo）が設置された。当初全体計画では10年間を予定していたが、バイオバンクの品質確保のための国際標準化への取組みや個別化医療への先導的な取組み、人材育成などが評価され、さらに10年間程度の継続が予定されている。さらに、2013年には、国立がん研究センター東病院をはじめ全国の約200以上の病院と約15社の製薬会社による“SCRUM–Japan”という日本初の産学連携プロジェクトが発足した。進行がんを中心に、希少頻度の遺伝子異常を持つ患者を発見し、がん細胞の遺伝子変異の分析結果をバイオマーカーとして最適な効果が期待できる薬物を投与することを目的とし、患者14,500人を目標に登録が進められた。主な成果に、肺がんや進行消化器がんの患者で希少な遺伝子変異を同定し、適合する新薬の治験につなげて個別化医療を実現したこと、さらに得られた臨床・ゲノム情報再利用で6種類の体外診断薬の薬事承認につなげたことがある。中国においてはゲノム解析の分野が急速に発展している。特に世界最大規模のゲノム研究所を擁する中国企業 BGI社の成長が著しく、米国のシーケンサー大手 Illumina社を凌ぐ勢いであり、さらに次々世代シーケンサーの開発を進めることが公表されている。また、国家重点研究計画Precision Medicine重点プロジェクトが2018年1月に公表され、10万人の中国人のゲノムとマルチ・オミクス参照データベース・分析システムを構築することが目的とされている。

以上のように、遺伝子、分子、細胞レベルのビッグデータ分析と疾病要因遺伝子情報をはじめとしたリファレンスデータベースに基づいた診断を実施し、特定の集団ごとに特殊化された治療法や予防法を行う医療は、今後さらに普及していくと予想される。

世界規模でがんゲノム情報が蓄積されていることと極微量なサンプルから正確な解析を行う技術が発展してきたことを背景として、新規の診断法として近年注目され、世界中で熾烈な開発競争が行われているのがリキッドバイオプシーである。がん領域ではTumor circulomeのうちリキッドバイオプシーが対象とする主なバイオマーカーは、Circulating tumor cells（CTC）、Circulating tumor DNA（ctDNA）、micro–RNA（miRNA）、エクソソーム（細胞外小胞）、Cell free DNA（cfDNA）、tumor–educated platelets（TEP）、タンパク質である。 CTC、ctDNAベースの検査が既に臨床現場で使用され始めているが、高感度のアッセイ法が必要であり、さらに、検査の成否はサンプルの質・量に大きく依存するため、前処理の標準化、血液等検体の品質保証も重要となる。以下に代表的なバイオマーカーの動向を概観する。

• CTC

CTCは、腫瘍組織から遊離し血中へ浸潤したがん細胞であり、がん転移の形成過程に深く関与すると考えられている。Ashworthが1869年にCTCの存在を証明したが[3)]、その価値は1990年代まで見過ごされていた[4)]。CTCは血液から採取することができ、その物理化学的特性の違いによって正常な血中細胞と分離することができる[5)]ものの、患者血液の 1×10^6 個の血球成分中に1個程度しか存在しないため、同定し単離することは難しい。解析するためには、血液中からCTCを効率的に回収する技術が必要であり、CTCを選択的に捕捉するための新しいアプローチが次々に試みられている。米国Veridex社（現、Menarini–Silicon Biosystems社）が開発したCellSearch®システムは、現在、転移性の乳がん、前立腺がん、大腸がん領域でFDAの承認を受けた唯一の検出系である。また、EUから製造販売承認されているドイツGILUPI社のCellCollector®は血管内に医療用ワイヤーを静置することで、CellSearch®と同様の原理ながら高感度化に成功している（ただし、侵襲性が高まっている）。しかし、これらは抗epithelial cell adhesion molecule（EpCAM）抗体を使った免疫磁気的方法であり、EpCAMを発現していないCTCは捉えることができない。CTCには上皮間葉転換によって上皮系マーカーの発現が低い幹細胞様の性質も示すものが存在し、それらががんの浸潤、転移と関連すると考えられている。そのため、EpCAMに依らない検出法の検討も行われている。マイクロ流体およびチップ技術に基づくCTCチップ、マイクロホール検出器、およびCTC–iChip（慣性集束強化マイクロ流体CTC捕捉プラットフォーム）を含むマイクロ流体デバイスが開発されている。CTCはまた、ろ過、マイクロフルイディクス、超遠心、デンシトメトリー（MagDense）、誘電泳動（DEPArray™: 誘電泳動技術を使ったセルソーター）を介して、そのサイズ、密度、および誘電特性に基づいて正常な血液細胞から分離できることが報告されているが、物理学的特性だけでCTCを採取することは難しく、生物学的手法と組み合わせた検討が進んでいる[6, 7)]。臨床的に信頼性の高い検出法の開発を目指して、今後も競争が続くものと思われる。

2013年、FDAは、進行性転移性乳がん、大腸がん、前立腺がんの患者をモニターするための最初のリキッドバイオプシー検査、Menarini Silicon Biosystems社のCellSearch®を承認した。臨床的意義については他にも多くの報告がなされている。例えば、肺がんにおける予後予測因子や進展度のマーカー[8, 9)]、乳がんの再発リスクの層別化マーカー[10)]としての可能性などが挙げられる。一方、乳がんにおける化学療法後の治療効果判定の意義を検証した試験においての結果は、CT画像より好成績であったという報告[11)]に対して、後にCTCカウントに基づいて治療を変更しても無増悪生存期間および全生存期間の改善は認められなかったとするネガティブな結果も報告されており（SWOG S0500試験）[12)]、臨床的価値についても引き続き慎重な検討が必要である。

CTC診断のメリットは、直接がん細胞を見ることでタンパク質や遺伝子発現などの単細胞プロファイリングもできる点である。CTCカウント数をベースとした報告が多いが、今後は他のバイオマーカーと組み合わせた利用が広がることが考えられる。例えば、HER2陰性乳がんにおいて、CTC陽性かつCTCにおけるHER2陽性患者に対する標準療法と標準療法＋抗HER2療法の有効性を比較するランダム化試験（DETECT III試験）が行われ、抗HER2療法によって生存期間が延長することが2020年のThe San Antonio Breast Cancer Symposiumにて報告された[14)]。今後、一細胞解析技術を用いたCTCプロファイリングをベースに、さらに高精度の診断法が開発されることも期待される。

• cfDNA, ctDNA

血中には細胞死などによって細胞から遊離したDNAが存在する（cell–free DNA: cfDNA）。cfDNAの中で腫瘍細胞由来のものはctDNAと定義される。血漿ctDNAは60年以上前に認識されている[13)]。1977年、Leonらは、ラジオイムノアッセイを用いてリンパ腫、肺、卵巣、子宮および子宮頸部の腫瘍を有する患者の血液中でcfDNAの濃度が増加することを報告した[14)]。がん関連遺伝子の変異が検出できることが示唆され、2010年頃のNGSの登場により一気に研究が進んだ。2018年には米国のThe Cancer Genome Atlas

（TCGA）から Pan Cancer Atlasが公開されるなど、各国の大型がんゲノムプロジェクトから次々に成果が公開されており、この分野の追い風となっている。

ctDNA が腫瘍組織から血中に放出されるメカニズムは分泌、壊死、アポトーシスによると考えられており、血中に低濃度にしか存在しない。したがって、高感度な検出方法が必要であるが、近年のデジタルPCR（dPCR）の実用化に伴ってアッセイの最小検出感度は飛躍的に向上し、臨床応用への展開が加速された。dPCR は定量性に優れているが、ターゲットした特定の変異にしか適用できず、遺伝子内に多様な変異が観察される場合に使えないという弱点もある。近年、より広いターゲットの遺伝子パネルを探索対象として、NGSを用いて検出する高感度技術も開発されている。

ctDNAは、がん診断における重要なバイオマーカーと考えられ、がんの各段階でctDNA の定性的および定量的変化を検出することにより、早期発見、治療法選択、病態進行や術後残存病変のモニタリング、薬剤効果判定、再発のための診断ツールとなりうる。いくつかの臨床応用例を紹介する。

治療法選択支援等を目的として、2020年にはがん関連遺伝子の変異等を包括的に一括検出可能なNGSベースのリキッドバイオプシーとして、Guardant360®CDx（Guardant Health社）とFoundationOneLiquid CDx（Foundation Medicine社）がFDAから承認を得た。 FoundationOne® Liquid CDxは300以上の遺伝子とがん関連遺伝子の変異等を分析する診断法で、固形がんの患者の治療選択と臨床試験の選択肢を導くために使用することが可能となった[15]。外科的治療後の残存病変検出や再発の予測指標としての利用にも大きな期待がある。 ctDNA検査は、予後判定値に関して、臨床病理学的危険因子の現在の標準的評価を凌駕している。治癒を目的とした手術後にctDNAが検出されたII期大腸がん患者は、ctDNAが検出されなかった患者に比べ、18倍の確率で再発することが示されている。したがって、大腸がんをはじめとする術後補助化学療法を個別化する方法としてctDNA検査は有用と考えられる[6]。他にも、汎用性を高めるための手法開発として、自宅でも実施できる、ろ紙血を使ったがんの長期的モニタリング等を検証した試みも報告されている[4]。

• **miRNA、エクソソーム**

エクソソームは細胞外小胞（extracellular vesicles: EVs）の亜分類で、ほぼ全ての細胞が分泌する直径50～150 nm程度の脂質二重膜で囲まれた細胞外微粒子である。2007年スウェーデンGöteborg大学のLötvallらによって、エクソソーム内に分泌細胞由来のmRNAや miRNAが存在し、それらが他の細胞に受け渡されることで細胞間の情報交換が行われている可能性が示された[16]。この報告をきっかけに、エクソソームは新たな細胞間情報伝達機構として注目され、新規機能解析やエクソソームを標的とした、または応用した研究開発が世界中で活発に行われている。疾患部位に由来するエクソソームや血中miRNAを検出してがんの診断に応用する研究が進んでいる。 Exosome Diagnostics社の尿由来エクソソームRNAを解析するExoDx™ ProstateがFDAから画期的医療機器/デバイス指定を受け開発中である。しかし、疾患特異性についての評価はいまだ不十分である。血中 miRNA 診断の技術的課題としては、回収方法が標準化されておらず測定方法によって定量性が一定でないという点が挙げられる。現在、エクソソームを簡単・迅速に定量分析できる方法として、ExoScreen、ExoTEST™、micro nuclear magnetic resonance（mNMR）、nano–plasmonic exosome（nPLEX）、FACSなどが開発されている。例えば、ExoScreen法では、ビーズ付抗体試薬を用いており、エクソソームの精製・濃縮が不要で、超遠心機を用いず1.5時間程度で解析が可能である[10]。96ウェルプレートを使用するためスループットが良いことも特徴である。さらに、エクソソームの技術プラットフォームとしては、光ディスクとナノビーズの技術を融合させて、体液中の抗原特異的なエクソソームをひとつずつ検出しデジタルカウントできるJVC ケンウッド社 ExoCounterや、尿中の細胞外小胞捕捉デバイスである酸化亜鉛ナノワイヤ、エクソソーム特異的タンパク質分析システムである米Exosome Diagnostics社の Shahky™ などが挙げられる。日本では、2014年度から国立がん研究センターが NEDOの支援の下、東レ社、東芝社など9機関と共同で体液中miRNA 測定技術基盤開発事業を実施し、血液中エクソソームのmiRNA を解析してすい臓がん、乳がんなど13種類のがん患者と健常者を2時間以内に高精度で網羅的に識別できることを確認している。現在、社会実装に向けた実証試験が各参画企業で進められている。

（4）注目動向

[新展開・技術トピックス]

• がん領域

日本国内でも既に臨床応用が始まっている。国立がんセンター東病院の吉野らはGuardant Health社のGuardant360を用いたctDNA解析によりHER2増幅が確認された転移性大腸がん（mCRC）に対するpertuzumab + trastuzumabの効果を評価するPhaseⅡ試験を実施した（UMIN000027887）。ctDNA検査は組織遺伝子検査と同様の精度で患者を層別化できることを証明した[17)]。また、シスメックス社は血液を対象とする大腸がん RAS 遺伝子変異検査について 2020 年 8 月に保険適用を受けた[18)]。大腸がん患者血液を検体として、血液中ctDNAを対象に、BEAMing 技術を用いて RAS 遺伝子変異を高感度に検出する検査である。抗 EGFR 抗体薬であるCetuximab又はPanitumumabの大腸がん患者への適応を判定するための補助情報を提供することにより、抗 EGFR 抗体薬投与の最適化が期待できる。

• リキッドバイオプシーのがん以外への展開

近年、リキッドバイオプシーという言葉が拡大解釈されるようになり、疾患領域ががん以外、あるいは測定対象がctDNAやCTC以外、例えばタンパク質であっても、リキッドバイオプシーとして呼ばれるようになりつつある。ここではアルツハイマー病（AD）とCOVID–19への展開について紹介する。

ADは問診に加えて、MRIやPETを併用することで信頼性の高い診断を行える。そのため、診断可能な医療機関は限られ、また、低所得国・中所得国での普及は困難という問題がある。近年、ADで上昇する脳由来のタウタンパク質の生化学的な理解と超高感度技術の進歩により、ADに特異的なリン酸化タウ（p–tau）の血中バイオマーカーの測定が可能となった。血中p–tau濃度は、数年後の明確な神経病理診断を予測し、臨床診断より優れていると思われる。日本でも血液中のリン酸化タウを測定するスタートアップ企業TTB社が立ち上がった[19)]。

COVID–19では予後予測として、血清中のCRP、IL–6、Dダイマー、von Willebrand因子が高値であり、COVID–19の重症度とよく一致している。このエビデンスは後ろ向きコホート研究が主な根拠となっているため、多くのバイオマーカーでは、リスク上昇を定義する最適なカットオフレベルがまだ設定できていない[20)]。前向きコホート検証を行うなどの検証により、今後の進展が期待される。国内でも、血清や血漿成分を測定することによってCOVID–19重症化予測を行う試みが行われている。千葉大学では重症化とMyl9（ミルナイン）の濃度相関を[21)]、横浜市立大学では血清ヘムオキシゲナーゼ–1（Heme oxygenase–1: HO–1）の濃度相関を発見した[22)]。検査キットとして保険適用を受けたのは2製品あり、COVID–19重症化の症状が認められる数日前に急激に上昇する血中インターフェロン–ラムダ 3（IFN–λ3」）測定キット（シスメックス社）[23)] と、重症化する場合に発症初期から低値を示す血清中のケモカインの一種（CCL17）TARC測定キット（シスメックス社と塩野義製薬社）[24, 25)] である。

• プロテオーム解析

個人が健康管理をする上でゲノム配列は静的で変化に乏しいため、定期的なモニタリングには動的に変動するタンパク質などの動きを指標にしたほうがよい。質量分析技術は飛躍に進歩しているが、定量性や感度、多検体分析の限界から、血液プロテオミクスは実用向きでなかった。しかし、技術革新によって抗体を使った測定法も感度が大幅に向上し、一度に多数のタンパク質を測定できるようになってきた。今まで積み上げてきたゲノムデータにプロテオミクスデータを組み合わせたプロテオゲノミクス戦略への関心が高まっている。

Quanterix社は超高感度デジタルELISAと称するSimoa®を開発し、従来法の1,000倍の高感度化を実現した。血液中に極わずかにしか存在しないADの血液バイオマーカーであるリン酸化タウなどの測定も可能になった。 Luminex® assayは、感度はSimoaに劣るものの、同時に最大500種類程度のタンパク質と1日1,000検体の測定を可能にしている。 Olink Proteomics社は、標的タンパク質にオリゴヌクレオチド修飾した2種類の抗体で認識させ、2種類の抗体が同一タンパク質に結合した場合に2本のオリゴヌクレオチドがハイブリダイズする系で、ハイブリダイズした部分をPCRで増幅、検出することで高感度化を実現した（Proximity Extension Assay: PEA）。原理的には1 mLの血漿や血清があれば100種類以上のアッセイができ、使用する抗体量は極微量であるため、1回抗体を入手すれば同じロットの抗体を長期間使用することでロット間バラツキも抑えられる。NGSと組み合わせることで検体処理能力の向上とコスト削減を実現し、現在、血中の1,536タンパク質の解析能力から、4,500タンパク質の解析能力への拡張が計画されている。血中タンパク質を1,000種類以上定量するという点では、SomaLogic社のSomaScanがある。アプタマー技術とアレイ技術を組み合わせて、現在、約5,000種類のタンパク質に対して1日680検体の測定能力があるとされている。アプタマーは化学合成品であるため抗体より品質管理が容易であると思われる。

• メタボローム解析

生物は代謝により多様な化合物、代謝物を生産しているが、生体内に存在する糖、アミノ酸、有機酸、脂肪酸、ビタミンなどの全代謝物を網羅的に解析するメタボローム解析の分野が、質量分析器等の機器の発達により急速に発展している。トランスクリプトームやプロテオームの情報と合わせることで、目的とする代謝物を産生するために必要な遺伝子の発現制御や酵素活性制御などの重要な情報を得ることができ、それを元に介入治療に繋げることが可能となる。特に腸内マイクロバイオームが生み出す代謝産物が全身に影響を及ぼすことから、世界的にトピックとなっている。 NGSによるメタゲノム解析と質量分析器によるメタボローム解析を組み合わせたオミクス解析による代謝物の網羅的解析が用いられ、腸内マイクロバイオームが生み出す生理活性を持つ代謝産物が数多く報告されている。また、疾患と関連するメタボローム解析から、疾患と連動して増減する代謝物は疾患バイオマーカーとなるため、その同定と応用に関する研究が今後精力的に進められ、さらに患者個々のフェノーム情報とアウトカムデータを組み込む事が必須となるため、研究が大規模化していくことが予測される。

• 医用画像を使ったバイオマーカー探索

質の高い医用画像が大量に取得可能となったことや、ビッグデータ、AI技術の進展により、医用画像から人間の眼には認識できない特徴に基づくバイオマーカーの探索が試みられている。コンピューター断層撮影（Computed Tomography: CT）や磁気共鳴画像診断装置（Magnetic Resonance Imaging: MRI）、病理などの画像所見をAIで解析し、病変の検出や良悪性鑑別を行うAI診断支援機器が開発されている。さらに、画像には遺伝情報にもとづくフェノタイプが描出されていると考えられることから、多数の画像特徴量を抽出、解析して、遺伝子変異やタンパク質発現などとの相関を調べるRadiomics（Radiogenomics、Radioproteomicsなど）研究が行われている。低侵襲に得られる医用画像を活用して、疾患の早期発見や遺伝的性質にもとづく最適な治療法を提案するものである。大阪大の福間らは、神経膠腫のMRI画像から悪性度に関連する isocitrate dehydrogenase（IDH）遺伝子変異およびテロメラーゼ逆転写酵素プロモーター（telomerase reverse transcriptase promoter: TERT）遺伝子変異を予測する畳み込みニューラルネットワークモデルを構築した[26]。同様に非侵襲的に遺伝子変異を解析可能なリキッドバイオプシーとは異なり、医用画像に含まれる病変の解剖学的な位置や空間的広がりに関する情報をもつことが、予測精度の向上など付加価値を生む可能性が考えられる。

医用画像から遺伝子変異を予測する取り組みは、ホールスライドイメージ（whole slide image: WSI）技術を活用したデジタルパソロジーの分野でも行われている。人間の目では認識できない形態学的特徴をAIで認識させ、分子病理学的特徴と関連付ける試みである。2017年にCoudrayらは、肺がん組織のHE染色画像から組織型と10種類の遺伝子変異の同定を試み、そのうち6種類の遺伝子（STK11、EGFR、FAT1、SETBP1、KRAS、TP53）の変異が予測可能であることを示した[27)]。大腸がん組織のHE染色ホールスライドイメージからMSIを解析する深層学習モデルも報告されている[28)]。2021年にはEU Innovative Medicines Initiative（IMI）が、新しいコンソーシアムによりAI開発を目的とした大規模病理画像リポジトリの構築を目指したプロジェクト「BIGPICTURE」を開始、6年間で7,000万ユーロが投資される。

遺伝子解析は、実施可能な施設が限られ、時間とコストを要することが課題とされる。医用画像の特徴量抽出により遺伝的性質に関するバイオマーカー探索により、簡便で安価に診断、治療選択などが可能なシステム開発が望まれる。

[注目すべき国内外のプロジェクト]

- **ゲノム医療実現バイオバンク利活用プログラム（次世代医療基盤を支えるゲノム・オミクス解析）**

バイオバンクでは近年オミクス情報を加えようとする動きがある。ゲノムは塩基配列情報であり定性情報が主であるが、メタボロームやプロテオームは動的に変動するため定量情報が主になる。そのため再現性確保が大きな壁である。フィンランドのNightingale Health社は安定性・定量性に非常に優れたNMRを駆使したメタボローム解析を大規模に実用化しUKバイオバンク[29)]やフィンランドのバイオバンク[30)]の検体解析を行っており、バイオバンクジャパンの検体測定も開始している[31)]。プロテオーム解析については質量分析を使っている限り再現性の向上に限界があるが、2種類の抗体を使って特異性を高め、抗体に結合させたオリゴヌクレオチドをPCRによって増幅することで感度を向上させ、標的タンパク質ひとつずつ分析バリデーションを実施して信頼性確保に努めたOlink社[32)]のProximity Extenstion Assay（PEA）によってUKバイオバンク[33)]やフィンランドバイオバンク[34)]の検体測定を開始している。

- **All of Us 計画（米国）**

米国では、より効果的ながん治療法開発のため、NIHが100万人規模のボランティアからなるAll of Us programが進められている。研究コホートを創設し、参加者の遺伝子や生活習慣など各種情報をデータベース化するなど、Precision Medicineを基準とした取り組みが行われ、国策として推進している。この研究コホートの構築やがん遺伝学研究に必要なインフラ整備のために、既存の研究コホート、患者団体、および民間部門との強力なパートナーシップを築いている。運営には医療研究機関、研究者、財団、プライバシーの専門家、医療倫理学者、および企業人材を招集しており、ビッグデータを扱う上で人工知能やディープラーニングのスケールアップの必要性を提言している。この動きは、製薬会社や医療機関以外の周辺産業（IT 関連企業・医療機器メーカー・民間保険会社など）も含め、新たな経済効果をもたらすものと予想される。

- **Cancer Moonshot**

バイデン・ハリス政権は、今後25年間でがんによる死亡率を少なくとも50%削減し、がんとの共存・克服の体験を改善するという目標を設定した。バイデン大統領は2016年、当時副大統領として、がん治療の進歩を加速させることを目的とする「がん・ムーンショット（Cancer Moonshot）」イニシアティブを立ち上げたが、2022年にこの取組みに対する大統領府のリーダーシップを新たに発揮し、同イニシアティブを再活性化させた。このイニシアディブのプログラムの一つに「複数のがん検出検査を評価する大規模試験」がある。この中にNCI Multi–Cancer Detection（MCD）Test Vanguard Studyがある。この試験では4年間のパイロット研究で45 歳から70 歳までの 24,000 人を登録し、約 225,000人を含む大規模なランダム化比較試験のデザインに反映させ、MCDによるがん検診の有益性が有害性を上回るのか、また、がんを早期に発見して死亡を減少させることができるかを評価する。

• **Coronary ARtery DIsease Genome wide Replication and Meta-analysis plus The Coronary Artery Disease Genetics（CARDIoGRAMplusC4D）consortium**

冠動脈疾患のリスク遺伝標的を探すために設立された多施設大規模の冠動脈疾患国際コンソーシアムである。英国、米国、ドイツ、アイルランド、スウェーデン、フィンランド、フランス、イタリア、ギリシャ、レバノン、パキスタン、カナダ、韓国の13カ国で6万人の冠動脈疾患患者と13万人の正常人を対象にゲノムワイド関連解析メタ分析研究が行われ、欧米人とアジア人で冠動脈疾患に影響を及ぼす15個の遺伝子座が初めて報告され、同時に104のバリアントが複合的に冠動脈に与える影響力も指摘されている。冠動脈疾患に関する世界最大のゲノム研究である。

• **CIRCULATE-Japan**

2019年に厚生労働省から「全ゲノム解析等実行計画」（第1版）が発出され、日本でも、次期ゲノム医療のための研究プロジェクトが始動する。その中で、早期の臨床応用を目指し、リキッドバイオプシーが進められる。外科治療が行われる大腸がん患者に対し、リキッドバイオプシーによるがん個別化医療の実現を目指すプロジェクト「CIRCULATE-Japan」が立ち上がった。国内外約150施設の協力を得て、術後微小残存病変を対象にした医師主導国際共同臨床試験である。参画企業はEPSホールディングス社、エスアールエル社、TeDaMa社、ファルコバイオシステムズ社、Natera社である。 Natera社は開発中の血液を用いた微小残存腫瘍検出専用の遺伝子ミニパネル検査Signatera™アッセイを提供する。

• **Immunophenotyping Assessment in a COVID-19 Cohort（IMPACC）**

米国NIHは、COVID-19の確定症例または推定症例で入院した最大2,000人の成人の免疫プロファイルを作成することを目的とした臨床試験（IMPACC）を開始した。 IMPACC研究では、米国内の10の医療センターでCOVID-19患者が登録され、研究者は入院中から感染後の1年間に渡って、臨床、分子、プロテオミクス、その他の様々なデータを収集している。入院後28日間に採取された血液と気管内吸引液中の免疫細胞集団とその活性化状態を調べるため、Fluidigm社のCyTOFプラットフォームが使用される。また、12ヶ月間に採取された血液サンプル中の免疫細胞集団とその活性化状態も調べる。本研究では、Olink Potemomics社のPEAアプローチを用いて、12ヶ月間の追跡調査期間中、免疫機能の循環タンパク質マーカーを測定する。

• **Tumor-educated blood platelets（TEP）**

新たなバイオマーカーとしてTEPを用いた遺伝子発現解析が報告されている。血小板のRNAは分化・成熟・循環の過程で周囲の環境と相互作用し、このRNAを解析することでがん患者と健常者を識別できることが報告されている[35)]。検体は血小板リッチ血漿であるが、その分離には手間がかかる。テルモ社が米国において血小板リッチ血漿分離装置を医療機器として販売しているが、日本では承認されていない。

（5）科学技術的課題

リキッドバイオプシーによる早期診断のアプローチは、国内外の企業が承認・申請を目指して進められている。 CTCの存在割合は非常にまれであり、早期がんや転移の初期では検出されないことが多く、早期診断やサーベイランスの有用性はまだ限定的である。cfDNAは腫瘍由来と正常組織由来のものが混在するが、腫瘍含有割合（S/N比）の算出は、リキッドバイオプシーの分析性能評価に必須である。海外ではサイズセレクションやメチル化解析を用いたS/N比算出が試みられている。

NGSを用いたリキッドバイオプシーでは、希少なサブクローンの解析は技術的に難しい。遺伝子変異量（tumor mutation burden: TMB）はコーディング領域における100万塩基あたりのSNVおよびIndelの総数を意味し、全ゲノムまたは全エクソンシーケンスのデータより算出される。血中の腫瘍遺伝子変異量

（blood tumor mutation burden: bTMB）の検出については、カバー領域が不足すると過小評価、複数の腫瘍領域を有する症例ではより大きな突然変異数を示すことが知られている。その補正を可能にするTMB解析プラットフォームに期待が寄せられる。また、免疫チェックポイント阻害薬治療中のpseudoprogressioの判断等にリキッドバイオプシーが有用である可能性が示唆されており、その実用化にも期待が寄せられる。高感度化のためのSafe–sequencing system（Safe–SeqS）、Duplex Sequencing、Cancer personalized profiling by deep sequencing（CAPP–Seq）、non–overlapping integrated read sequencing system（NOIR–SS）、Digital Sequencin等においては、低頻度アレルの判定にエラー抑制アルゴリズムが用いられるが、その方法については、企業による独自のアルゴリズムが用いられており、ブラックボックスである。NGSを用いたリキッドバイオプシーに関する技術開発は、海外に比べて日本では非常に遅れている。一般的に、NGSによるリキッドバイオプシーでは、copy number variantの検出感度が悪く、その改善が必要である。サンプリングノイズによるアレル頻度が低い変異の検出には技術的な限界があり、数千コピーしか含まない血漿数mLの分析では、分析感度が約1/1,000を超えても高感度のメリットは得られない。したがって、大量のcfDNAを得る血漿分離交換法、cfDNAを結合するインプラントデバイスの開発が海外では進められている。

プロテオミクスにおいて、質量分析は未知のものを見つける点では魅力的だが、血漿プロテオミクスにおける感度や定量の再現性、スループットなどの課題は未解決のままである。高感度化やスループットを向上させながら抗体もしくはアプタマーを使った技術が主流になると思われる。

（6）その他の課題

新しいバイオマーカー、特にリキッドバイオプシーを用いたバイオマーカーの臨床応用に関しては、薬剤の適用に関わるコンパニオン診断薬の場合には、異なる診断薬が複数存在する際の標準化が重要な検討課題である。技術的検証をより重視するため、欧州Cancer–ID、欧州液体生検アカデミー（European Liquid Biopsies Academy: ELBA）、欧州液体生検協会（European Liquid Biopsy Society: ELBS）のネットワークなどのプロジェクトが開始されている。 TMBについては、免疫チェックポイント阻害薬のコンパニオン診断薬としての役割が期待されていることから、TMBの標準化は、リキッドバイオプシーのみならず、組織サンプルを用いる際にも必要であり、米国でもFriends of Cancer Research TMB Harmonization Projectにおいて、PhaseⅠ試験として、診断プラットフォーム間でのTMB定量化のばらつきの*in silico*評価を行いTMBをハーモナイズさせるためのガイドラインを提唱した[36)]が、bTMBは含まれていない。これまで日本では、標準化に向けたアプローチは進められてきていない。

また、アルツハイマー病など病態進行が10年単位と長期にわたる慢性疾患に対しては、長期間にわたる検体収集と解析が必要であり、中長期的にプロジェクトを評価するシステムも必要となる。

（7）国際比較

国・地域	フェーズ	現状	トレンド	各国の状況、評価の際に参考にした根拠など
日本	基礎研究	○	→	・全ゲノム解析が進められる中で、早期の臨床応用としてリキッドバイオプシーが取り上げられた。 ・疾患オミクスの基盤となるナショナルバイオバンクプロジェクトが進行中である。大学においても臨床研究推進のため、独自のバイオバンク事業を立ち上げる動きがある。 ・COVID–19パンデミックによりデジタル化が遅れていることが明白になり、緊急時に柔軟に対応できるリソースがないことも判明した。個人の努力奮闘で研究成果が上がっている。

日本	応用研究・開発	○	→	・多数の国内企業によるリキッドバイオプシーを用いた診断薬の承認に向けた開発研究が進められている。 ・がん個別化医療の実現を目指すプロジェクトCIRCULATE–Japanによって特定の疾患に対するリキッドバイオプシーの有用性などが示される結果が出始めた。 ・バイオバンクにて収集した臨床情報およびゲノム情報を活用して、創薬ターゲットを探索するためにアカデミアと企業の産学連携による共同研究を行う動きが出てきている。 ・検査薬として保険収載の成功例が出つつあるが、投資が少なく、欧米より遅れて開発研究が行われている。
米国	基礎研究	◎	↗	・医師の指示の元に実地される院内検査（LDT）が認められており、アカデミア発の診断薬開発が活発である。 ・LBxの全ゲノム解析がすすんでいる。 ・NIH、NPO法人、健康保険組合が連携し、78,000人分の遺伝情報と医療情報が全世界の研究者に公開された。 ・世界をリードしている大学が多い。
	応用研究・開発	◎	↗	・臨床応用に向けてのガイドラインの整備、標準化ためのコンソーシアム等の体制整備が進んだ。 ・産官学連携モデルとしてAccelerating Medicines Partnership（AMP）が2014年から開始され、多因子疾患のゲノム研究により、有望な治療標的を同定して創薬へと繋げる活動が進んでいる。 ・FDAは柔軟な規制対応を続けており、企業側も挑戦を推進している。大手診断薬会社は発展を続けている。
欧州	基礎研究	○	→	・CANCER–ID プロジェクト等大きな研究プロジェクトが開始されている。網羅的メチル化解析が進んでいる。 ・長期的な視点で基礎研究を行うためバイオバンク活動も盛んで、UK BiobankやFinnish Biobankなどがある。
	応用研究・開発	○	↗	・リキッドバイオプシーに関するコンソーシアムなどが結成され、臨床応用を見据えたアプローチが戦略的に進んでいる。 ・北欧などでは伝統的にタンパク質系の応用開発に強みがある。 ・Precision Medicineの実現を将来のHealth researchにおいて最も革新的な領域のひとつと位置づけている。 ・UK政府は3億ポンドを投じて、総計10万人に及ぶがん患者あるいは希少疾患患者の全ゲノム配列情報を取得し、国民保険サービス（National Health Service）において将来的にゲノム情報を使用する予定である。 ・北欧のベンチャー企業Olink社やNightingale Health社はいずれも信頼性が高いデータを創出し、確実に成果を上げている。
中国	基礎研究	◎	↗	・COVID–19に関する研究発表において世界をリードしてきた。 ・法律でゲノム試料の国外持ち出しを禁止し、疾患ゲノム解析研究を進めている。
	応用研究・開発	○	→	・国内のバイオベンチャーにより、内製化を進めている。 TMB測定用のミニパネルの開発がすすめられている。 ・医薬品分野では、世界基準の規制対応に遅れ・懸念があるため中国内向けの製品開発以外は欧米より遅れている。 ・中国を代表するバイオ企業BGI社がゲノム以外のオミクスにも進出。
韓国	基礎研究	△	→	・バイオバンクプロジェクトを全国的に展開しており、約60万人分の試料を収集している。
	応用研究・開発	△	→	・Nuribio社のctDNA遺伝子解析キットPROMER™などリキッドバイオプシーの診断薬開発が盛ん。 ・2014年から開始された8年間にわたる省庁横断的なプログラムの一分野として、Precision Medicineのための診断法、治療法の開発が挙げられている。 ・感染症のPCR検査会社としてSeegene社などが注目されていたが、COVID–19では欧米企業の後塵を拝している。

（註1）フェーズ

基礎研究：大学・国研などでの基礎研究の範囲

応用研究・開発：技術開発（プロトタイプの開発含む）の範囲

（註2）現状　※日本の現状を基準にした評価ではなく、CRDSの調査・見解による評価

◎：特に顕著な活動・成果が見えている　○：顕著な活動・成果が見えている

△：顕著な活動・成果が見えていない　×：特筆すべき活動・成果が見えていない

（註3）トレンド　※ここ1～2年の研究開発水準の変化

↗：上昇傾向、→：現状維持、↘：下降傾向

関連する他の研究開発領域

・細胞外微粒子・細胞外小胞（ライフ・臨床医学分野　2.3.2）

参考・引用文献

1) Sunami, K. et al., “Clinical practice guidance for next-generation sequencing in cancer diagnosis and treatment (Edition 1.0）”, *Cancer Sci* 109（2018）: 2980-2985. DOI: 10.1111/cas.13730.

2) Kawamura, T. et al., “Rebiopsy for patients with non-small-cell lung cancer after epidermal growth factor receptor-tyrosine kinase inhibitor failure”, *Cancer Sci* 107（2016）: 1001-1005. DOI: 10.1111/cas.12963.

3) Ashworth, TR. et al., “A case of cancer in which cells similar to those in the tumors were seen in the blood after death” *Aust Med J.* 14: (1869）: 146-7.

4) Heitzer E. et al., “Circulating tumor cells and DNA as liquid biopsies”, *Genome Medicine* 5（2013）: 73-83. DOI: 10.1186/gm477.

5) Alix-Panabières, Catherine., and Pantel, Klaus., “Challenges in circulating tumour cell research”, *Nat Rev Cancer* 14（2013）: 623-31. DOI: 10.1038/nrc3820.

6) Wu J. et al., “Tumor circulome in the liquid biopsies for cancer diagnosis and prognosis”, *Theranostics*. 10, no. 10 (2020）: 4544-4556. DOI: 10.7150/thno.40532.

7) 野村雅俊他「大腸がん」『perspective』4巻3号（2019）: 63, https://www.m-review.co.jp/magazine/detail/J0089_0403 (2021年2月4日アクセス).

8) Tanaka, Fumihiro et al.　“Circulating Tumor Cell as a Diagnostic Marker in Primary Lung Cancer”, *Clin Cancer Res.* 15, no. 22（2009）: 6980-6. DOI: 10.1158/1078-0432.CCR-09-1095.

9) Naito, Tateaki. et al., “Prognostic Impact of Circulating Tumor Cells in Patients with Small Cell Lung Cancer.” *J. Thorac Oncol.* 7, no. 3: 512-9（2012）. DOI: 10.1097/JTO.0b013e31823f125d.

10) Joseph Sparano, et al., "Association of Circulating Tumor Cells With Late Recurrence of Estrogen Receptor-Positive Breast Cancer", *JAMA Oncol.* 4, no.12（2018）: 1700-1706. DOI: 10.1001/jamaoncol.2018.2574.

11) GT Budd, et al., "Circulating Tumor Cells versus Imaging—Predicting Overall Survival in Metastatic Breast Cancer." *Clinical Cancer Research* 12, no. 21（2006）: 6403-6409. DOI: 10.1158/1078-0432.CCR-05-1769.

12) Smerage, Jeffrey, B. et al., “Circulating tumor cells and response to chemotherapy in

metastatic breast cancer: SWOG S0500", *J. Clin Oncol.* 32, no. 31 (2014) : 3483-9. DOI 10.1200/JCO.2014.56.2561.

13) Mandel, Paul. and Metais, P. "Les acides nucleiques du plasma sanguine chez l'homme", *CR Acad Sci Paris* 142, no. 3-4 (1948) : 241-3, https://link.springer.com/book/10.1007%2F978-94-017-9168-7 (2021年2月4日アクセス).

14) Leon SA et al., "Free DNA in the serum of cancer patients and the effect of therapy." *Cancer Res.* 37 (1977) : 646-50, https://cancerres.aacrjournals.org/content/canres/37/3/646.full.pdf (2021年2月4日アクセス).

15) U.S. FOOD & DRUG ADMINISTRATION "FoundationOne Liquid CDx - P190032 https://www.fda.gov/medical-devices/recently-approved-devices/foundationone-liquid-cdx-p190032（2023年2月5日アクセス）

16) Valadi, Hadi. et al., "Exosome-mediated transfer of mRNAs and microRNAs is a novel mechanism of genetic exchange between cells", *Nat Cell Biol.* 9, no. 6 (2007) : 654-9. DOI: 10.1038/ncb1596.

17) Circulating tumor DNA-guided treatment with pertuzumab plus trastuzumab for HER2-amplified metastatic colorectal cancer: a phase 2 trial, Yoshiaki Nakamura, Wataru Okamoto, …Takayuki Yoshino, Nature Medicine volume 27, pages1899-1903 (2021).

18) Sysmex「高感度デジタル PCR 法を用いたリキッドバイオプシーによる大腸がんRAS 遺伝子変異検査が保険適用」2020年8月3日 News release: https://www.sysmex.co.jp/news/2020/pdf/200803.pdf（2023年2月5日アクセス）

19) TTB HPトップページ: http://www.ttb.co.jp/（2023年2月5日アクセス）

20) Current and novel biomarkers of thrombotic risk in COVID-19: a Consensus Statement from the International COVID-19 Thrombosis Biomarkers Colloquium, Diana A. Gorog, Robert F. Storey, Paul A. Gurbel, Udaya S. Tantry, Jeffrey S. Berger, Mark Y. Chan, Daniel Duerschmied, Susan S. Smyth, William A. E. Parker, Ramzi A. Ajjan, Gemma Vilahur, Lina Badimon, Jurrien M. ten Berg, Hugo ten Cate, Flora Peyvandi, Taia T. Wang & Richard C. Becker, Nature Reviews Cardiology volume 19, pages475-495 (2022).

21) C Iwamura, K Hirahara et al., Elevated Myl9 reflects the Myl9-containing microthrombi in SARS-CoV-2-induced lung exudative vasculitis and predicts COVID-19 severity. Proc Natl Acad Sci U.S.A., 2022; 119 (33) e2203437119. doi: 10.1073/pnas.2203437119.

22) Y Hara, J Tsukiji et al. Heme Oxygenase-1 as an Important Predictor of the Severity of COVID-19. PLOS ONE 2022. doi.org/10.1371/journal.pone.0273500

23) Sysmex「新型コロナウイルス感染症患者の重症化リスク判定を補助する検査キット「HISCLTM IFN-λ3 試薬」が保険適用」2021年2月4日 News release. https://www.sysmex.co.jp/news/2021/pdf/210204.pdf（2023年2月5日アクセス）

24) Sysmex, SHIONOGI「Th2 ケモカイン・TARC キット「HISCLTM TARC 試薬」の新型コロナウイルス感染症（COVID-19）における重症化リスク判定補助としての適応追加承認取得について」2021年6月7日Press release. https://www.sysmex.co.jp/news/2021/pdf/210607.pdf（2023年2月5日アクセス）

25) S Sugiyama「新型コロナウイルス感染症の重症化予測に関するバイオマーカーの開発と応用」第9回JMACシンポジウム2022年2月25日発表資料. https://www.jmac.or.jp/jwp/sympo/9th/report/9th_01_sug.pdf（2023年2月5日アクセス）

26) Fukuma, R., Yanagisawa, T., Kinoshita, M. et al. Prediction of IDH and TERT promoter

mutations in low-grade glioma from magnetic resonance images using a convolutional neural network. Sci Rep 9, 20311 (2019). DOI: org/10.1038/s41598-019-56767-3.
27) Coudray, N., Ocampo, P.S., Sakellaropoulos, T. et al. Classification and mutation prediction from non-small cell lung cancer histopathology images using deep learning. Nat Med 24, 1559-1567 (2018). DOI: org/10.1038/s41591-018-0177-5.
28) Yamashita R. et al., "Deep learning model for the prediction of microsatellite instability in colorectal cancer: a diagnostic study", *Lancet Oncol.* 22, no. 1 (2021) : 132-141. DOI: 10.1016/S1470-2045 (20) 30535-0. PMID: 33387492.
29) Rory Collins "Nightingale Health and UK Biobank announces major initiative to analyse half a million blood samples to facilitate global medical research (2018) https://www.ukbiobank.ac.uk/learn-more-about-uk-biobank/news/nightingale-health-and-uk-biobank-announces-major-initiative-to-analyse-half-a-million-blood-samples-to-facilitate-global-medical-research（2023年2月5日アクセス）
30) Nightingale Health, THL Biobank "Nightingale Health and THL Biobank to accelerate personalized medicine by analyzing 40,000 blood samples News (2018) https://nightingalehealth.com/news/nightingale-health-and-thl-biobank-to-accelerate-personalized-medicine-by-analyzing-40-000-blood-samples/ （2023年2月5日アクセス）
31) Nightingale Health, バイオバンク・ジャパン「バイオバンク・ジャパンとナイチンゲールヘルスジャパン　大規模血清メタボローム解析の共同実施で日本の個別化医療・疾患予防研究推進へ」Press release）https://www.ims.u-tokyo.ac.jp/imsut/jp/about/press/page_00130.html（2023年2月5日アクセス）
32) Olink HPトップページ https://www.olink.com/（2023年2月5日アクセス）
33) Olink UK Biobank's Plasma Protein Study Places Proteomics at the Forefront of Multiomic Disease Research (2021) https://www.genomeweb.com/sponsored/uk-biobank-s-plasma-protein-study-places-proteomics-forefront-multiomic-disease-research（2023年2月5日アクセス）
34) FinnGen "FinnGen selects Olink to accelerate leading Population Health Study (2022) https://olink.com/news/finngen-olink-population-health-study/（2023年2月5日アクセス）
Best, M.G. et al., "RNA-Seq of Tumor-Educated Platelets Enables Blood-Based Pan-Cancer, Multiclass, and Molecular Pathway Cancer Diagnostics", *Cancer Cell* 28 (2015) : 666-676. DOI: 10.1016/j.ccell.2015.09.018.
35) Best, M.G. et al., "RNA-Seq of Tumor-Educated Platelets Enables Blood-Based Pan-Cancer, Multiclass, and Molecular Pathway Cancer Diagnostics", Cancer Cell 28 (2015): 666-676. DOI: 10.1016/j.ccell.2015.09.018.
36) Merino, D.M. et al., "Establishing guidelines to harmonize tumor mutational burden (TMB) : in silico assessment of variation in TMB quantification across diagnostic platforms: phase I of the Friends of Cancer Research TMB Harmonization Project, "J. Immunother Cancer 8, (2020), https://www.urotoday.com/recent-abstracts/urologic-oncology/bladder-cancer/120590-establishing-guidelines-to-harmonize-tumor-mutational-burden-tmb-in-silico-assessment-of-variation-in-tmb-quantification-across-diagnostic-platforms-phase-i-of-the-friends-of-cancer-research-tmb-harmonization-project.html (2021年2月4日アクセス).

2.1.8 AI診断・予防

（1）研究開発領域の定義

現在様々な分野において機械学習や深層学習などの人工知能（artificial intelligence: AI）技術が導入されているが、医療・ヘルスケア分野においても、医用画像解析へのAI適用をはじめとして、主に診断機器において社会実装が進む。近年では、ウェアラブルデバイスなどの計測機器の進展により、日常的に低・非侵襲でバイタルデータの計測が可能となったため、ある時点のデータに基づく疾患の検知・診断にとどまらず、疾患の予防や治療の選択、予後の予測などにおいてもAIの適用が進みつつある。

（2）キーワード

機械学習、深層学習、医療ビッグデータ、医療機器プログラム、医用画像解析、マルチオミクス解析、AI自動診断技術、過学習（overfitting）、ブラックボックス、ドメインシフト、改正個人情報保護法、次世代医療基盤法、匿名加工医療情報、仮名加工情報、個別化医療、予防、早期予測、ウェアラブルデバイス、非侵襲計測、慢性疾患

（3）研究開発領域の概要

［本領域の意義］

2022年時点で、わが国の高齢化率（65歳以上の割合）は30 %に迫っており、2040年には35 %を超えると推定されている。このような超高齢社会において、疾患発症後に高額な先端治療を行う方針では医療費が高騰し続けるため、先制的な治療介入や予防のニーズが高まっている。先制的な治療介入や予防のためには、精度の高い診断や疾患の早期検知、身体状態モニタリングなどの技術開発が望まれるが、そのためにはこれまで以上に幅広いデータを統合的に活用する必要があり、AIによる解析・可視化は必須といえる。例えば、電子化された診療データやゲノム情報だけでなく、ウェアラブルデバイスなどから得られる各種ヘルスデータの蓄積も飛躍的に進みつつあり、これらの大規模データ解析にAI技術を適用する意義はますます高まっている。

例えば、診断技術にAIを導入することにより、診断の高精度化やより適切な治療選択、ヒューマンエラーの防止、さらには専門医不足問題への貢献が期待されている。OECD諸国の中で、日本はCT及びMRIの人口100万人あたりの保有台数が最も多く、CT がOECD平均値の4.3倍、MRIが3.7倍であるほか、PETの人口100万人あたりの保有台数はOECD諸国で第3位であり、日本は世界トップクラスの放射線画像診断大国であると言える[1)]。しかし、画像を「読み」「分析」し、そして的確な「診断」を行うことができる放射線診断専門医は圧倒的に不足しており、問題視されている。また、近年、大学病院や検診センターなどで相次いでCT画像などの「がん見落とし」のニュースが報道され問題となっている。画像診断の見落としは個人の生命予後に大きく関わるものであり、医療訴訟の対象にもなる。このような状況下で、CTやMRIなどの放射線画像診断に対するAI診断支援の開発に期待が高まっている。

病理診断は病変の最終診断になるため、その後の治療方針決定や治療効果判定にとって重要な役割をもつ。病理診断は専門性が高く、病理専門医による診断が行われるが、一般社団法人日本病理学会の資料によると、現在わが国には病理専門医が2,200名程度しかおらず、病理医不足が問題視されている。日本の医療の質を保つためにも、病理医不足を補う一つの方向性として、AI技術を用いた病理診断に関する研究開発は重要と考えられる。

さらに、近年のウェアラブルデバイスなどの計測機器の進展により、日常的に低・非侵襲でバイタルデータを連続的に測定できるようになった。ウェアラブルデバイスから得られる時系列データは複雑で扱いが困難であったため従来は活用が難しかったが、AI技術の適用により、人間も認識できないような疾患に関連する特徴を抽出し、疾患の診断や予測に活用することができる。 AIを用いて時系列データを解析することにより、

生活習慣病をはじめとする慢性疾患の疾患発症や病態進行の長期的な時間経過を理解・予測し、未然に重篤な変化を予防できる可能性があり、社会的にも期待が高い領域である。

[研究開発の動向]

2010年以降に訪れた第三次AIブームにおいて、医療・ヘルスケア分野にも急速にAIの導入が進んできた。医療AIの世界市場は、2020年には82億3,000万米ドル（約1兆1,700億円相当）に達しており[2)]、2021年から2030年までで年平均成長率（CAGR）38.1%で成長し、2030年には1,944億米ドル（約27兆6,500億円相当）に達すると予想されている。日本においても、政府が策定した「骨太の方針2022」にAIは基盤的技術であることが明文化されており、AIの重要性はますます増していくと考えられる。日本の医療・ヘルスケア分野においても、AIを利用した医療機器プログラムの薬事承認が進んでいるほか、2022年度診療報酬改定でAIが加算対象として考慮されたことから、今後保険診療の中でAIが適切に組み込まれていくことが予想される。

技術的には、深層学習などの進歩により、大量のデータからAIが直接パターンやルールを学習できるようになったことや、使いやすいプログラミング言語や計算プラットフォームが整備されたこともあり、AIは様々な領域において専門家と同等もしくはそれ以上の精度を達成している。医療・ヘルスケア分野においては、深層学習技術は画像解析に優れていることもあり、医用画像解析の分野で積極的にAI技術が導入されてきた。代表的には、皮膚画像データに基づく皮膚がんの高精度診断[3)]や光干渉断層撮影装置（OCT）データに基づく網膜疾患の網羅的検出[4)]が挙げられる。これらの診断技術の一部は、AI診断装置として米国の食品医薬品局（FDA）の認証を得て臨床現場での実装が進んでいる。米国IDx Technologies社が開発した、眼底画像から糖尿病性網膜症を即座に検出する「IDx–DR」は、臨床医の解釈なしで検査結果を出すことができる世界初の自律型AI診断システムとしてFDAより承認を受けている。 FDAは米国におけるAI医療機器開発を積極的にサポートしている様子が窺え、2022年9月時点で、既に500を超えるAIを適用した医療機器プログラムがFDAにより承認されている。

日本においても、国立がん研究センターが、深層学習を活用した大腸がんおよび前がん病変発見のためのリアルタイム内視鏡診断サポートシステムを開発し2017年に発表した。これはAIを活用した内視鏡診断支援システムとして世界に先駆ける成果であり、2020年に薬事承認されるとともに（承認番号：30200BZX00382000）、欧州のCEマークにも適合し、日本および欧州で「WISE VISION」という名称でNEC社から販売されるなど、臨床応用が進んでいる。

現在、AIを用いた画像診断の分野では、放射線画像から多数の定量的特徴を抽出し網羅的に解析するradiomicsや、放射線画像とゲノム情報を統合解析するradiogenomicsなどの研究が活発化しており、主たる製品開発は単なる異常検知から質的診断に移行してきている。放射線画像以外の医用画像にも同様の動きが広がりつつあり、今後は、医用画像データと他のモダリティのデータを統合させマルチモーダルな解析を行う際に、AI技術の力が発揮されることが期待される。

ここまで述べたようなAI診断システムは、予測すべき分類や数値が明確で、数千～数万の蓄積された膨大なデータを高精度に解析するものである。一方、生活習慣病をはじめとする慢性疾患は、発症、進行が年単位の長期に及び、一度発症すると健常な状態への回復が困難であるという不可逆性を特徴とするため、ある時点で高精度に診断することよりも、疾患発症や病態進行の長期的な時間経過を理解・予測し、未然に重篤な変化を予防するという考え方が重要となる。従来の医療では、健康診断で1年に1回程度のスクリーニングを行うか、症状が出てから病院で検査を行うが、これでは計測の頻度が低く、疾患発症前のデータを得ることは困難である。また、高齢化に加えて、2020年以降のCOVID–19の影響で来院が困難になるケースも増加し、日常的な身体状態モニタリングと先制的な治療介入の必要性が高まっている。日常的で自律的な身体状態の把握に向けて、近年活用が期待されているのがウェアラブルデバイスデータである。ウェアラブルデバイスは心拍数や活動量、血糖値といったバイタルデータや血糖値などの生化学的データを連続的に測定することができ、病院では見ることのできない患者の日常における変化を観測できる。ウェアラブルデバイスから得られるバイタルデータに対してAIによる解析を適用することで、Digital Biomarkersと呼ばれる人間も認識できないようなパターンを抽出することができ、疾患早期検知や日常のヘルスケアへの応用が進んでいる5)。ウェアラブルデバイス以外にも、非侵襲・低侵襲的に得られるサンプル（唾液、糞便、涙など）に基づく身体状態モニタリングの研究も進展している。

（4）注目動向

[新展開・技術トピックス]

• 内視鏡画像解析

日本の内視鏡技術は世界でもトップレベルで、高度な内視鏡治療の技術も優れているため、日本の内視鏡医が世界各国で講演や実技指導を行っている。2021年に経済産業省医療・福祉機器産業室が発表した資料によると、日系の医療機器メーカーによる内視鏡分野の世界シェアは98.0 %であり、日系企業が世界の市場をほぼ独占している。さらに、2020年末までに、内視鏡診断支援を目的としたAI搭載医療機器プログラムが日本で6種類薬事承認を受けているが、すべて日本のメーカーの製品である6)。海外のメーカーが初めてFDA承認を受けたのが2021年4月であることからも、内視鏡診断支援AIの研究開発においては日本が世界をリードしていると言える。内視鏡診断支援AIの臨床応用においては、主たる製品開発は単なる異常検知から質的診断に移行してきており、質的診断においても日本が世界をリードし続けることが期待される。

• 放射線画像解析

病院内の放射線画像を、コンピュータによる解析、学習、推論の対象となるようなビッグデータへと掘り起こし、AI技術を用いたがん臨床支援システムの構築を目指した研究が始まっている。例えば、転移性脳腫瘍に対する定位放射線治療後の局所制御率と画像特徴量の関係を検証したradiomicsの研究成果が日本から発表されている7)。理化学研究所革新知能統合研究センターにおいては、AIを用いた胎児心臓超音波スクリーニングシステムの開発が進められており8-11)、2022年には、深層学習を用いた新しい説明可能な表現「グラフチャート図」を開発した12)。この技術により、超音波検査において異常所見の有無を判定する際に、判定の根拠となる診断部位の検出結果を従来手法よりも明確に提示することが可能になった。また、検査者がグラフチャート図を参考にすることで、胎児心臓超音波スクリーニング精度が向上することも確認されている。

• 病理画像解析

病理標本の作製法および染色法が施設ごとに異なるため、病理画像の標準化など解決すべき課題が散見され、未だ臨床現場に積極的に導入されている状態ではないが、病理画像解析は最もAIの導入が期待されている分野の一つであり、米国などで研究が進んできた13)。

日本においても、日本医療研究開発機構（AMED）のJapan Pathology AI Diagnostics Project（JP-AID）では、日本病理学会が主導し、病理組織デジタル画像（Pathology Whole Slide Imaging: P-WSI）を全国の医療機関から収集し、中央データベースに蓄積した（達成目標P-WSI件数：110,000件）。蓄積されたP-WSIは、国立情報学研究所を中心としたグループによって深層学習を用いたAI病理診断支援プログラムの開発に活用された。しかしながら、開発元の医療機関では十分な感度・特異度が得られていたにも関わらず、施設が変わると、感度はある程度保たれるものの期待していた特異度が出ず、医療機器としての薬事承認までたどり着けない状況である（ドメインシフトの問題）14 。このような状況下で、米国Paige.AI社による「Paige Prostate」が2021年9月にFDAより医療機器承認を受け、販売されることになった。Paige Prostateは、デジタル化した前立腺生検の病理画像データをAIで解析し、病理医の判断を支援する前立腺がんAI診断支援システムであるが、前立腺生検の病理画像データに限定しており、臓器横断的な病理画像解析がAIを活用してできるわけではない。病理画像のみならず、AIを用いた医用画像解析全般においてドメインシフトの問題があるため、汎化性能と特異度の双方を向上させることは難しい。医療AI研究開発を行う上では、具体的な目標を設定し、まずは限定された領域に絞った運用を検討するアプローチが考えられるだろう。

• **皮膚画像解析**

皮膚画像のAI解析も社会実装が期待され、活発に研究がなされている。皮膚画像のAI解析の特徴として、特別な医療機器を使用しなくても皮膚画像の撮影が可能であるため、スマートフォンのアプリケーションの活用が進んでいる。例えば、米国Google社は、2021年5月に開催された年次カンファレンスGoogle I/O 2021において、皮膚画像解析AIシステムを発表した。本システムは、約6万5,000の診断された症例の画像データ、厳選された数百万の皮膚症状の画像データ、数千の健康な皮膚のデータを学習した、ブラウザ上で提供されるアプリケーションである。利用者がスマートフォンのカメラで撮影した患部の写真3枚と、問題が発生してからの期間などのいくつかの質問への回答を送信すると、条件に当てはまる疾患をAIが絞りこんでリストアップする仕組みである。このアプリケーションは、EUでクラスI（自己宣言）の医療機器としてCEマークを取得しているが、FDAからは医療機器承認を受けておらず、承認までにより時間がかかることをGoogle社の広報担当者が認めている。その他にも、SkinVision®とTeleSkin skinScanが同じくクラスIの医療機器としてCEマークを取得している[15)]。CEクラスIの医療機器は、皮膚病変を直接分類することは承認されていない点に注意が必要である。

• **ウェアラブルデバイス**

ウェアラブルデバイスで計測される心拍や体温および加速度などのバイタルデータは、疾患の兆候の発見や全身状態のモニタリングに用いられてきた。2017年以降、ウェアラブルデバイスを数十万人に配布する大規模コホートが米国、欧州、中国を中心に行われている。ウェアラブルデバイスの形状としては腕時計型やリストバンド型が一般的であるが、近年ではメガネ型、衣服型、指輪型、コンタクトレンズ型など、日常生活において意識せずに装着できる形状のものが登場している。計測モダリティも、活動量、歩数、睡眠といった生活情報に加えて、体温、血圧、心拍数、血中酸素飽和度、心電図、血糖値といった様々な生理学的情報が計測できるようになっている。従来、来院しないと定量的な計測が困難であった症状や病態に関連する項目が日常的に計測できるようになったことで、ウェアラブルデバイスを用いた臨床試験が2019年以降増加している。また、ウェアラブルデバイスを用いた大規模コホートを活用することで、COVID–19の発症、重症化、後遺症を予測する研究なども米国を中心に多く行われている。平時から健康状態モニタリングのコホートを展開しておくことで、パンデミックなどの突発的な事態にも対応できることが示されたとも言える。

• **微生物叢、細胞外RNA計測**

非侵襲・低侵襲的に得られる唾液、糞便、涙などの生体サンプルの疾患検知、予防における活用も2020年以降急速に進んでいる。次世代シーケンシング技術の進歩により、生体サンプルに含まれる微生物叢が網羅的に定量計測可能となり、口腔・腸内微生物叢が糖尿病やアレルギー疾患、リウマチ疾患、精神神経疾患、がんなどの幅広い疾患との関連が報告されている[16, 17)]。微生物叢は疾患のバイオマーカーになるとともに、菌移植などの介入によって疾患の予防にも繋がることが示されている。微生物叢の大規模コホートとしては、3万サンプル以上のデータを集積している米国のHuman Microbiome Project（HMP）が有名であるが、各国において疾患領域ごとに小～中規模のコホートが多数作られている。また、唾液中にはmiRNA、piRNA、circRNAなどのヒト由来細胞外RNA（exRNA）が含まれており、様々な疾患のバイオマーカーになることが知られている[18)]。米国ではNIHのサポートの下、Extracellular RNA Communication Consortium（ERCC）が2013年に発足し、exRNAの生物学的機能解明と疾患との関連解析研究を大規模に行っている。

• **疾患の早期検知・予防のための数理・AI解析技術**

慢性疾患の発症、重症化はデータ取得から数ヶ月～数年経過してから起こるため、長期的な影響を考慮できる解析技術の導入が必要となる。このようなイベント発生までの時間を考慮した予測手法として、データが得られてから死亡などのイベントが起こるまでの時間を分析・説明するための統計学的手法である生存時間解析が挙げられる。近年、AIを生存時間解析と融合することで、多数の予測因子に基づいて個人ごとの発症、再発予測を行う手法が使われるようになっている[19, 20]。また、物理学や複雑系科学における変化点検出の方法論を適用することで、発症や重症化などの不可逆変化の予兆を検出する数理的フレームワークも発展している。代表例としては、動的ネットワークバイオマーカー（DNB）が、急性肺損傷やB型肝炎による肝発がん、B細胞リンパ腫、1型糖尿病など様々な疾患に適用されている[21, 22]。

• **データ収集・解析プラットフォーム**

これまで日本では施設ごとのデータ形式の違いから、医療データの統合がなかなか進まなかった。また、ウェアラブルデバイスを開発している大手国内IT企業が少なく、ヘルスケアデータについても大規模な集積・共有は進んでいない。2020年以降、医療情報共有の次世代標準フレームワークとしてHL7 FHIR（Fast Healthcare Interoperability Resources）が注目されている。HL7 FHIRは簡潔でわかりやすい仕様をもち、医療の診療記録以外にもウェアラブルデバイスなどの健康情報適用が広がっており、国内外での医療・ヘルスケアデータの共有、統合解析の加速が期待される。米国、欧州ではHL7 FHIRの普及促進のためにインセンティブやペナルティを与える施策を実施している。

また、個人情報保護規則の厳格化を背景として、データを取得元の医療機関の中に置いたまま機関をまたいだ学習を行う分散型学習と呼ばれるAIの学習スキームが登場した。分散型学習ではデータの代わりにAIのパラメータを共有することで、データ漏洩のリスクを抑え、データ転送コストも低減することができる。近年では、パラメータの共有にブロックチェーン技術を用いるSwarm Learningと呼ばれる仕組みも登場しており、医療データや製薬データの解析に活用されつつある[23]。

[注目すべき国内外のプロジェクト]

• **All of Us（米国）**

米国はGDPに占める医療費の割合が日本の約3倍と極めて高く、予防・個別化医療および医療のデジタル化を進める強い動機となっている。 All of Usはオバマ大統領が提唱したPrecision Medicine Initiativeに基づいて2016年からスタートした全米リサーチコホートで、2018年には2億9,000万ドルが充てられており、2022年時点で57万人超の参加者を達成している。 All of Usには100以上の関連団体が参加し、300以上の施設がサンプル収集等で協力している。生体試料、EHRデータ、ウェアラブルデバイス計測データなど、ヒトの健康状態を把握するための情報を網羅して収集しており、クラウドを用いた米国内のデータ共有、解析プラットフォームが整備されている。

• **ICPerMed、IHI（欧州）**

欧州では高齢化、慢性疾患の増加、医療費の増加といった課題に対処するために、個別化医療に移行するための政策を、EUを中心に継続して策定している。2016年には、個別化医療の欧州横断的な共同研究とイノベーション政策策定のために、European CommissionによってInternational Consortium for Personalized Medicine（ICPerMed）が設立され、Horizon 2020やHorizon EuropeといったEUの研究開発プログラムからの投資を継続的に受けている。また、2021年にスタートしたEUと欧州製薬連合会（EFPIA）の官民連携プログラムInnovative Health Initiative（IHI）は、From disease care to health careをビジョンとして掲げており、疾患予防に焦点をおいたプログラムとなっている。

• 健康中国2030計画（中国）

中国では急速な工業化や都市化、高齢化によって慢性疾患および生活習慣病が増加しており、死亡者と医療コストの増加が大きな課題となっている。中国政府は2016年にはPrecision Medicine Initiativeを打ち立て、92億ドルの資金に基づく15年間のプログラムを開始するなど、予防・個別化医療に対して世界最大規模の投資を行っている。中国科学技術省（MOST）は、2016年から2018年にかけて100以上の精密医療プロジェクトに13億元（約2億ドル）を投資している。

• ムーンショット型研究開発事業（日本）

超高齢化社会や地球温暖化問題といった重要な社会課題に対して挑戦的な研究開発を行うプロジェクトで、2022年までに9つの目標が設定されている。目標2「2050年までに、超早期に疾患の予測・予防をすることができる社会を実現」において、疾患の予測・予防がテーマとして挙げられており、がん、糖尿病、認知症、感染症を対象とした研究が展開されている。

• PRISM「新薬創出を加速化する人工知能の開発プロジェクト」（日本）

「創薬ターゲットの枯渇問題」を克服すべく、動物からではなくヒトの情報（様々なオミクスデータ及び診療情報）から創薬ターゲット分子を探索するAIの開発実装を目的とするプロジェクトが2018年から開始されており、機械学習・深層学習技術を用いたマルチオミクス解析に関する成果が発表されている[24, 25)]。

（5）科学技術的課題

• 過学習（Overfitting）

訓練データにだけ適応した学習ばかりが過剰に進んでしまい、テストデータに対しては適合しておらず、その結果AIの汎化性能が低くなる状態を意味する。医療分野の性質上、準備できるデータ数に限りがあるため、過学習には常に注意する必要がある。技術的な過学習への対策としては、データ数を増やす手法としてData Augmentation（データ拡張：画像の角度を少しずつ変えるなど）、半教師あり学習（少量のラベルありデータと大量のラベルなしデータを使用して効率的に学習する）が使用されている。また、正則化によりモデルの自由度を抑える手法としては、L1（ラッソ回帰）/L2（リッジ回帰）正則化、ドロップアウト（ニューラルネットワークの学習時に、一定割合のノードを不活性化させながら学習を行うことで過学習を防ぎ、精度をあげる）、バッチ正規化（各ユニットの出力をminibatchごとにnormalizeした新たな値で置き直すことで、内部の変数の分布が大きく変わるのを防ぎ、学習が早くなる、過学習が抑えられるなどの効果が得られる）が使用されている。さらに、過学習する前に学習を止める手法として、Early stopping（バリデーションの損失が変化しなくなるか、あるいは増加し始めたときに学習を早期に止める正則化方法）が使用されている。

• ブラックボックス問題

機械学習・深層学習技術の解析過程は非常に複雑であり、得られた結果の解析過程を人間が理解できないため生じる問題である。医療従事者との信頼関係を築く上でも、AIによる判断がどのような過程でなされたかを人間が理解できるようにするのは重要である。欧州では、2018年5月に施行された一般データ保護規則（GDPR）にAIの透明性を求める条文（第22条）が盛り込まれたため、GDPR規則遵守という面でもブラックボックス問題への対策が必要である。そのため、Explainable AI（XAI）/Interpretable AIの開発が重要視されており、主に3つの技術が用いられている。一つ目はDeep explanationで、深層学習の状態解析によるアテンションヒートマップや自然言語説明生成などの手法を用いて、結果に解釈性を持たせる手法である。二つ目はInterpretable modelsであり、もともと解釈性の高いモデルを用いた機械学習の精度を向上させる手法で、ホワイトボックス型AIとも呼ばれている。三つ目はModel inductionで、ブラックボックス型の機械学習の振る舞いを近似する、解釈性の高いモデルを外付けで作る手法である。現在、臨床現場では患者中心の医療を実践するために“チーム医療”が重要視されているが、医療AIが“チーム医療”に貢献するためにも、医療従事者と信頼関係を構築することは必須であり、AIの判断に説明性・解釈性を持たせることを意識した研究開発の推進が望まれる。

• **ドメインシフトの問題**

一般的な学習理論においては、訓練データとテストデータが同じ真の分布からサンプルされたデータであることを前提としている（ドメインシフト無し）。一方、医学分野における多施設共同研究では、使用した医療機器メーカー、型番/年式、プロトコールの違いなどを要因として、同じモダリティの画像（例えばMR画像）にもかかわらず、異なる真の分布からサンプルされたデータを解析した状態となり、各施設の特徴が大きく影響した結果、テストデータに対して精度が悪化する現象が報告されている（ドメインシフトの問題）。医学分野においては、単施設で集められる症例数には限界があるため、一般的に多施設共同研究が行われているが、医療AI研究開発においては、ドメインシフトの問題に常に留意する必要がある。対策として、医療機器メーカー・型番/年式・プロトコールなどを統一するという方向性も考えられるが、各施設で確立されているシステムを急に変更して統一するというのは現実的には多くの困難を伴うことが予想される。そこで、転移学習の一種であるドメイン適応（Domain adaptation）がドメインシフトの技術的な対策として用いられている。ドメイン適応とは、十分な教師ラベルを持つドメインから得られた知識を、十分な情報が無い目標のドメインに適用することで、目標ドメインにおいて高い精度ではたらく識別機などを学習する手法である。また、ドメインシフトの問題に対応する技術として、ファインチューニング（Fine-tuning）と呼ばれる学習済モデルの重みを初期値として再度学習することによって微調整する手法も用いられている。一例として、国立がん研究センターでは、グリオーマ患者の術前MR画像を用いた多施設共同研究におけるドメインシフト問題を、ファインチューニングの手法を用いて克服したことを報告している[26]。

• **予防を目指したAI技術の研究開発**

慢性疾患が発症・進行する過程はメカニズムがよく分かっていないことが多く、環境にも依存するため、微分方程式のような決定論的なモデル化が困難であることが多い。これまで、多くの医療AIは発症した疾患を検知、分類することを目的として開発されており、疾患発症や重症化の予測・予防にAIが用いられたケースは限られている。これは発症前のデータが蓄積されていないことも一因であるが、予測・予防に適した数理・AI解析技術が十分に整備されていないことも要因である。従来、時系列データに基づく予測はLong short-term memory（LSTM）などのAI手法および状態空間モデルに基づくデータ同化手法が使われてきた。これらの手法は、取得されたデータの延長線上にある数時間～数日といった短期的な予測に焦点を当てており、長期的な状態変化を予測することは困難である。慢性疾患の早期検知・予防のためには、数理・AI解析技術の開発と整備が重要な課題といえる。

• **AIによる予測の再現性・一般性の確保**

ウェアラブルデバイスによって計測される生活情報および生理学的情報は、疾患発症・重症化のメカニズムと紐付けられておらず、発症や重症化が予測できたとしても、具体的な介入方法に結びつかないのが課題である。微生物叢、細胞外RNA計測に関しても、疾患との関連が示されている菌種やRNAは多くあるものの、作用機序が解明されているものは少ない。 AIによる予測は原理に基づいたものではないため一般性が保証されず、データからバイアスを受けやすいことが課題となる。ウェアラブルデバイス、微生物叢、細胞外RNAなどのフェノタイプデータに基づく予測によって得られる知見を元に仮説形成を行い、背後にある分子機序（エンドタイプ）を解明していくことが、予測の再現性・一般性を確保するために重要である。

• データ駆動型アプローチとモデル（メカニズム）駆動型アプローチの融合

機械学習をはじめとするデータ駆動型アプローチは、特定の仮説を前提とせず、データから探索的に予測が行える利点がある反面、学習データが膨大に必要で、予測プロセスがブラックボックス化することが課題となる。一方、モデル駆動型アプローチは、解析結果をメカニズムに基づいて説明することが可能だが、前提となるモデル（メカニズム）を必要とするため、メカニズムが不明な疾患や生命現象の解析に用いることが難しい。想定されるメカニズムを一定の「ものさし」としながらデータ駆動型アプローチに組み込むことで、メカニズムを考慮した機械学習が可能となる。AIと生存時間解析の融合もその一例と言える。逆に、データ駆動型アプローチから得られた知見をモデル駆動型アプローチに組み込むことも考えられる。

（6）その他の課題

• データ管理と利活用

AI診断・予防のための研究を推進するために重要となるのが、様々な計測データや臨床情報を効率的に収集する仕組みと、収集したデータをセキュリティの担保をしながら解析・共有する技術とプラットフォームである。近年、欧州のGeneral Data Protection Regulation（GDPR）をはじめとして個人情報の扱いが厳格化している。日本においても個人情報保護法が制定されており、特に医療情報の多くは、要配慮個人情報として規制が強化されている。さらに多施設研究では、施設ごとに異なるデータ形式への対応、倫理審査ごとの適切なアクセス権限設定といった要素も考慮する必要がある。これまで、医学研究のデータ管理は属人化する傾向が強く、あるプロジェクトで取得されたデータはプロジェクトが終わると破棄されるか死蔵されることが多かった。データに基づく医療・ヘルスケア研究を進める上で、データの安全な管理と効率的な利活用の両立を模索していく必要がある。

• 日本における個人情報の保護と活用

2017年5月に施行された改正個人情報保護法において、差別や偏見の恐れがある個人情報について、要配慮個人情報（法第2条3項）という類型が新設され、要配慮個人情報は原則として本人の同意を得て取得することが必要になった。一方、学術研究機関等が学術研究目的で個人情報を取り扱う場合は全て適用除外（学術研究の適用除外）であることも定められ、医療AI研究開発で用いる医療情報の多くが要配慮個人情報となり規制が強化されたものの、学術研究の適用除外を活用することで医療AIを対象とした学術研究に大きな影響を及ぼすことは無かった。また、匿名加工情報（法第2条9項）という類型が新たに設けられ、特定の個人を識別することができる記述や個人識別符号等を削除するなどして、誰に関する情報であるかをわからないように加工した匿名加工情報は、利用目的の特定や本人の同意なく自由に利活用することができることになった。改正個人情報保護法における匿名加工情報とは、「特定の個人を識別することができないように個人情報を加工して得られる個人に関する情報であって、当該個人情報を復元することができないようにしたものをいう」という厳しい条件があるが、医療情報は通常のデータとは異なる配慮が必要であることもあり、2018年5月には医療分野の研究開発に資するための匿名加工医療情報に関する法律（次世代医療基盤法）が施行され、匿名加工医療情報および認定匿名加工医療情報作成事業者（認定事業者）などが法律で定められた。この法律は健康・医療に関する先端的研究開発（医療AI研究開発を含む）および新産業創出を促進することで、健康長寿社会の形成に資することを目的としている。

このように医療AI研究開発を促進する環境が整備されつつあったが、一方で、研究成果を社会実装（製品化）するうえでの問題も明らかになってきた。一つは、アカデミアの成果を社会実装する際の学術研究の適用除外に関する問題である。アカデミア単独で社会実装（製品化）することは困難であるため、成果を企業に導出するステップを経たのち、製品化を志向した研究に移行していくが、この段階で個人情報保護法における学術研究の適用除外が無くなり、要配慮個人情報である医療情報は原則として本人の同意（オプトイン）を得て取得することが必須となる（オプトアウトは認められていない）。実際に、製品化の段階で企業が使用したデータ全ての個別同意を取得し直したというケースもあり、企業にとって大きな負担となっている。産学連携の重要性が指摘され久しいものの、このようなリスクが存在した状況ではなかなか産学連携が進まないのも事実である。二つ目は、いわゆる2,000個問題である。2017年に施行された改正個人情報保護法は民間事業者を対象としており、国立大学付属の大学病院や国立高度専門医療研究センターなどは個人情報保護法が適用されず、独立行政法人等個人情報保護法を遵守する必要があった。さらに、全国の自治体が運営している県立病院や市立病院は各自治体が定める個人情報保護条例を遵守する必要があり、同じ医療情報を取り扱うにも関わらず医療機関の設置主体ごとに適用される法令が異なる状況で、医療AI研究開発を行う上で重要な医療データの共有が困難であった。三つ目は次世代医療基盤法の問題である。次世代医療基盤法への期待は大きいものの認定事業者の負担が大きいことや、画像データや特異性が高く個人を特定しうる記載内容（希少疾患、超高齢者の情報等も含む）の匿名化に関する問題、さらにゲノムデータの情報提供（一般にゲノム情報は個人識別符号に該当するため匿名加工そのものができない）の問題等も指摘されており、研究成果の普及を妨げる要因となっている。

他方で、これらの問題に関する対策も同時に進められている。一つ目および二つ目の問題に関しては、2020年、2021年に個人情報保護法が改正され（2022年4月より一部施行）、新たに仮名加工という概念が設定された。仮名加工情報とは、他の情報と照合しない限り特定の個人を識別することができないよう加工された情報を意味する。仮名加工情報に関する重要な点として、利用目的の変更が可能であり、さまざまな医療データをAI研究開発に使用することが法律上可能となる。ただし、第三者提供は原則禁止されているため、例外規定として定められている「共同利用による提供は可能である」というスキームを用いて研究を進めていく必要性がある。また、2022年3月に一部改正された「人を対象とする生命科学・医学系研究に関する倫理指針」には、既に作成されている仮名加工情報に関しては利用目的の変更が可能であるという生命・医学系指針独自の上乗せ規定のように見える内容が明文化されているため、注意が必要である。仮名加工情報を用いた医療AI研究開発のスキームは、厚生労働省の研究班「AIを活用した医療機器の開発・研究におけるデータ利用の実態把握と課題抽出に資する研究」から公表されている[27)]。上述の2,000個問題に関しては、2021年改正個人情報保護法において、個人情報保護法、行政機関個人情報保護法、独立行政法人等個人情報保護法の3本の法律を1本の法律に統合するとともに、地方公共団体の個人情報保護制度についても統合後の法律において全国的な共通ルールを規定し、全体の所管が個人情報保護委員会に一元化された。しかし、2017年改正個人情報保護法では学術研究は全て適用除外であったところ、2021年改正個人情報保護法では学術研究に係る適用除外規定の見直し（精緻化）が行われ、安全管理措置等・保有個人データの開示等は学術研究においても適用されるため注意が必要である。さらに、次世代医療基盤法に関しては2021年12月より検討ワーキンググループで議論が重ねられており、2022年6月には次世代医療基盤法検討ワーキンググループ中間とりまとめが公表された[28)]。

• 医療保険制度

日本では国民皆保険制度の下、比較的安価で質の高い医療を受けられることから、これまで予防・個別化医療に向かう動機が弱かった。しかし、超高齢社会において、疾患発症後に高額な先端治療を行うという方針では医療費が高騰しつづけることが危惧される。現状の医療保険制度は、ほとんどが発症した疾患に対する治療を対象としており、予防の取り組みは給付対象外となっている。発症後の治療については、「症状が軽減した」「予後が改善した」などのアウトカムが明確で評価しやすいが、発症前の予防はアウトカムの設定が難しく、介入効果が適切に評価されづらい。予防の普及のためには、予防の取り組みを適切に評価し、健康に先行投資するという社会的な仕組みづくりが必要になるだろう。

（7）国際比較

国・地域	フェーズ	現状	トレンド	各国の状況、評価の際に参考にした根拠など
日本	基礎研究	○	→	・長い間、質の高い医学・生物学研究が行われ、質の高い医療データが大量に保存されている。個人情報保護に関する規制もあり、研究の進展が遅かった面もあるが、新しい法律（次世代医療基盤法）の制定などで、今後発展することが期待される。 ・予防・個別化医療の基盤となる長期コホートは全国各地で古くから行われているが、統合されていない。人種の多様性が少ないことも汎用的な予測モデル構築を行う上では弱みとなる。情報科学や複雑系科学に基づく予測の基礎理論は伊藤、甘利など世界的な先駆者がおり、強みである。
	応用研究・開発	△	→	・ヘルスケアデータ、ウェアラブルデバイスを扱う大手IT企業の不在、電子カルテベンダーの独自仕様による医療データの統合困難により、臨床応用および社会実装は遅れている。 ・ムーンショット型研究開発事業を始めとする幾つかのプロジェクトで予防・個別化医療を目指した研究・開発が進められているものの、予算規模は米国や欧州、中国の1/10以下である。
米国	基礎研究	◎	↗	・Google社を筆頭に巨大IT企業の大半をかかえており、AI・データサイエンスの基礎研究においても企業主導で圧倒的な存在感を示している。 ・2015年のPrecision Medicine Initiative以降、予測・予防に必要なコホート、データベースの構築に継続的に数億ドル規模の予算が計上されている。
	応用研究・開発	◎	↗	・超巨大企業が全米の一流大学と共同でAI技術を活用したライフサイエンス・臨床医学分野分野を推進しており、今後も世界をリードする研究成果が発表されていくと考えられる。 ・Google社やApple社が近年ヘルスケアに力を入れていることもあり、ウェアラブルデバイスを用いた大規模ヘルスケア研究も多数行われている。 COVID–19パンデミックの際にも、いち早くウェアラブルデバイスコホートをCOVID–19の診断・予後予測に転用するといった機動性も見せた。
欧州	基礎研究	◎	→	・英国のUKバイオバンクや欧州のバイオバンクの連携組織BBMRI–ERICなど、大規模で組織化されたバイオバンクが長年にわたって安定的に運用されているのが強み。企業主導のAI・データサイエンスは米国にやや遅れを取っているものの、機械学習の基礎研究は英国やドイツのアカデミアを中心に盛んである。
	応用研究・開発	○	↗	・日本と同様に大手IT企業は少なく、GDPRの影響もあって、医療・ヘルスケアのデジタル化の進展は緩やかだった。 ・高齢化や医療費の増大を背景として、EU全体として予測・個別化医療に取り組む方針が示されており、官民連携の大型プロジェクトが継続的に走っている。
中国	基礎研究	○	↗	・2010年以降に急速な経済発展を遂げ、AI・データサイエンスの分野にも国策として巨額の投資を行っている。 ・2021年にはAI研究の論文数および論文引用において米国を上回った。日本の10倍程度の人口を背景に、国主導の大規模コホートも多数行われている。
	応用研究・開発	◎	↗	・政府の強力なバックアップを得ながら大企業（Alibaba社, Baidu社, iflytek社, Tencent社など）と一流大学が強固に連携しながら世界トップクラスの研究を推進している。 ・あらゆる先端技術を取り入れ、大規模な社会実装をいち早く行っている。COVID–19パンデミックにおいても、AIを用いた診断や予後予測システムを次々に開発した。

韓国	基礎研究	△	↗	・大手IT企業の不在とコホートの統合不足という日本と同様の課題を抱えている。 ・AI関連の特許は2021年時点で世界4位となっているが（日本は3位）、大学からの特許出願が少ないのが特徴。
	応用研究・開発	△	↗	・サムスン電子を中心にAIの応用研究が展開されているが、層が薄く遅れを取っていた。 ・急激な高齢化が進んでいることを背景に、2015～2020年にかけてPrecision Medicineをテーマとする5,000以上の研究開発プロジェクトに14億ドル以上の投資を行っている。

（註1）フェーズ

基礎研究：大学・国研などでの基礎研究の範囲

応用研究・開発：技術開発（プロトタイプの開発含む）の範囲

（註2）現状　※日本の現状を基準にした評価ではなく、CRDS の調査・見解による評価

◎：特に顕著な活動・成果が見えている　　○：顕著な活動・成果が見えている

△：顕著な活動・成果が見えていない　　×：特筆すべき活動・成果が見えていない

（註3）トレンド　※ここ1～2年の研究開発水準の変化

↗：上昇傾向、→：現状維持、↘：下降傾向

関連する他の研究開発領域

・AIソフトウェア工学（システム・情報分野　2.1.4）

・AI・データ駆動型問題解決（システム・情報分野　2.1.6）

参考文献

1) Organisation for Economic Co-operation and Development (OECD), “OECD Health Statistics 2019: Definitions, Sources and Methods,” https://www.oecd.org/health/health-systems/Table-of-Content-Metadata-OECD-Health-Statistics-2019.pdf, (2023年2月3日アクセス).

2) Allied Market Research, “AI in Healthcare Market by Offering, Algorithm, Application, and End User : Global Opportunity Analysis and Industry Forecast, 2021--2030,” https://www.alliedmarketresearch.com/artificial-intelligence-in-healthcare-market, (2023年2月3日アクセス).

3) Andre Esteva, et al., “Dermatologist-level classification of skin cancer with deep neural networks,” *Nature* 542, no. 7639 (2017): 115-118., https://doi.org/10.1038/nature21056.

4) Jeffrey De Fauw, et al., “Clinically applicable deep learning for diagnosis and referral in retinal disease,” *Nature Medicine* 24, no. 9 (2018): 1342-1350., https://doi.org/10.1038/s41591-018-0107-6.

5) Andrea Coravos, Sean Khozin and Kenneth D. Mandl, “Developing and adopting safe and effective digital biomarkers to improve patient outcomes,” *npj Digital Medicine* 2 (2019): 14., https://doi.org/10.1038/s41746-019-0090-4.

6) 独立行政法人医薬品医療機器総合機構（PMDA）科学委員会事務局「AI医療機器の開発状況等について」PMDA, https://www.pmda.go.jp/files/000244149.pdf, (2023年2月3日アクセス).

7) 小林和馬, 浜本隆二「人工知能技術によって変革される放射線医学」『ファルマシア』54巻9号 (2018): 875-878., https://doi.org/10.14894/faruawpsj.54.9_875.

8) Masaaki Komatsu, et al., “Detection of Cardiac Structural Abnormalities in Fetal Ultrasound Videos Using Deep Learning,” *Applied Sciences* 11, no. 1 (2021): 371., https://doi.

org/10.3390/app11010371.
9) Suguru Yasutomi, et al., "Shadow Estimation for Ultrasound Images Using Auto-Encoding Structures and Synthetic Shadows," *Applied Sciences* 11, no. 3 (2021): 1127., https://doi.org/10.3390/app11031127.
10) Ai Dozen, et al., "Image Segmentation of the Ventricular Septum in Fetal Cardiac Ultrasound Videos Based on Deep Learning Using Time-Series Information," *Biomolecules* 10, no. 11 (2020): 1526., https://doi.org/10.3390/biom10111526.
11) Kanto Shozu, et al., "Model-Agnostic Method for Thoracic Wall Segmentation in Fetal Ultrasound Videos," *Biomolecules* 10, no. 12 (2020): 1691., https://doi.org/10.3390/biom10121691.
12) Akira Sakai, et al., "Medical Professional Enhancement Using Explainable Artificial Intelligence in Fetal Cardiac Ultrasound Screening," *Biomedicines* 10, no. 3 (2022): 551., https://doi.org/10.3390/biomedicines10030551.
13) Nicolas Coudray, et al., "Classification and mutation prediction from non-small cell lung cancer histopathology images using deep learning," *Nature Medicine* 24, no. 10 (2018): 1559-1567., https://doi.org/10.1038/s41591-018-0177-5.
14) 佐々木毅「医学検査のあゆみ-39：病理診断領域におけるAIプログラムの課題と展望」『モダンメディア』68巻3号 (2022) 74-80.
15) Anna Sophie Jahn, et al., "Over-Detection of Melanoma-Suspect Lesions by a CE-Certified Smartphone App: Performance in Comparison to Dermatologists, 2D and 3D Convolutional Neural Networks in a Prospective Data Set of 1204 Pigmented Skin Lesions Involving Patients' Perception," *Cancers* 14, no. 15 (2022): 3829., https://doi.org/10.3390/cancers14153829.
16) Juliana Durack and Susan V. Lynch, "The gut microbiome: Relationships with disease and opportunities for therapy," *Journal Experimental Medicine* 216, no. 1 (2019): 20-40., https://doi.org/10.1084/jem.20180448.
17) Jesse R. Willis and Toni Gabaldón, "The Human Oral Microbiome in Health and Disease: From Sequences to Ecosystems," *Microorganisms* 8, no. 2 (2020): 308., https://doi.org/10.3390/microorganisms8020308.
18) Jae Hoon Bahn, et al., "The Landscape of MicroRNA, Piwi-Interacting RNA, and Circular RNA in Human Saliva," *Clinical Chemistry* 61, no. 1 (2015): 221-230., https://doi.org/10.1373/clinchem.2014.230433.
19) Hemant Ishwaran, et al., "Random survival forests," *Annals of Applied Statistics* 2, no. 3 (2008): 841-860., https://doi.org/10.1214/08-AOAS169.
20) Jae Yong Ryu, et al., "DeepHIT: a deep learning framework for prediction of hERG-induced cardiotoxicity," *Bioinformatics* 36, no. 10 (2020): 3049-3055., https://doi.org/10.1093/bioinformatics/btaa075.
21) Luonan Chen, et al., "Detecting early-warning signals for sudden deterioration of complex diseases by dynamical network biomarkers," *Science Reports* 2 (2012): 342., https://doi.org/10.1038/srep00342.
22) Xiaoping Liu, et al., "Detecting early-warning signals of type 1 diabetes and its leading biomolecular networks by dynamical network biomarkers," *BMC Medical Genomics* 6, Suppl 2 (2013): S8., https://doi.org/10.1186/1755-8794-6-S2-S8.

23) Stefanie Warnat-Herresthal, et al., "Swarm Learning for decentralized and confidential clinical machine learning," *Nature* 594, no. 7862 (2021): 265-270., https://doi.org/10.1038/s41586-021-03583-3.

24) Ken Asada, et al., "Uncovering Prognosis-Related Genes and Pathways by Multi-Omics Analysis in Lung Cancer," *Biomolecules* 10, no. 4 (2020): 524., https://doi.org/10.3390/biom10040524.

25) 浜本隆二「AIを利用したがん診断の現状と展望」『実験医学増刊』40巻10号 (2022): 1663-1669.

26) Satoshi Takahashi, et al., "Fine-Tuning Approach for Segmentation of Gliomas in Brain Magnetic Resonance Images with a Machine Learning Method to Normalize Image Differences among Facilities," *Cancers* 13, no. 6 (2021): 1415., https://doi.org/10.3390/cancers13061415.

27) 中野壮陛「厚生労働科学研究費補助金 政策科学総合研究事業（臨床研究等ICT基盤構築・人工知能実装事業）：AIを活用した医療機器の開発・研究におけるデータ利用の実態把握と課題抽出に資する研究：研究班による検討結果（2022年6月2日）」厚生労働省, https://www.mhlw.go.jp/content/10601000/000946060.pdf, (2023年2月3日アクセス).

28) 内閣官房 健康・医療戦略推進本部「次世代医療基盤法検討ワーキンググループ中間とりまとめ（令和4年6月3日）」https://www.kantei.go.jp/jp/singi/kenkouiryou/data_rikatsuyou/pdf/matome1.pdf, (2023年2月3日アクセス).

2.1.9 感染症

（1）研究開発領域の定義

人類の健康を脅かす様々な感染症（ウイルス、細菌、真菌、薬剤耐性、人獣共通感染ほか）を克服するために必要な、感染・発症・拡大のメカニズム研究、新規診断・治療技術（抗ウイルス薬、抗菌薬、ファージ治療など）、次世代ワクチン・アジュバントの開発、生産・製造技術確立など、基礎研究から臨床応用研究を包含する領域である。

（2）キーワード

ウイルス、細菌、真菌、新興・再興感染症、薬剤耐性、抗ウイルス薬、抗菌薬、バクテリオファージ、ファージセラピー、mRNAワクチン、ウイルスベクターワクチン、アジュバント

（3）研究開発領域の概要

［本領域の意義］

有史以来、最も多くの人類を死に至らしめた疾患は感染症である。公衆衛生・栄養状態の大幅な改善、様々な治療・予防技術の確立により、感染症による健康被害はある程度コントロール可能となった。しかし、海外でエボラ出血熱、ジカ熱などの新興感染症が猛威を振るったのは記憶に新しい。コロナウイルスにおいては、重症急性呼吸器症候群（Severe Acute Respiratory Syndrome: SARS）、中東呼吸器症候群（Middle East Respiratory Syndrome: MERS）の流行が局所で見られていたが、2019年末から中国で発生したと思われる新型コロナウイルス（SARS–CoV–2）が日本国内を含む全世界で流行拡大し、世界経済に大きな影響を与えた。また、世界ではデング熱の症例報告国が年々拡大するなど、再興感染症も大きな問題である。新たなタイプの感染症として、多剤耐性菌が世界中で問題となっている。感染症は決して過去の疾患ではなく、今も甚大な健康被害をもたらし続ける深刻な疾患である。現在問題となっている感染症、および将来的に登場するであろう未知の感染症の両方への対策は喫緊の課題である。本研究開発領域は、わが国を含む地球上の人類全ての福祉に直結する、重要性の高いものである。

［研究開発の動向］

【治療技術開発（抗菌薬、抗ウイルス薬など）】

- **抗菌薬の開発**

1970年代初頭には、様々な感染症に対するワクチンや抗菌薬の登場により、感染症は過去のものになると思われた時期があった。しかしながら現実には、先進諸国では過去の感染症として忘れられかけたものが再興感染症として新たな脅威となり、また多くの新興感染症が出現している。グローバル化の加速により、顧みられない熱帯病（Neglected Tropical Diseases: NTDs）への対応も国際社会に求められている。加えて、古くから環境や生体内に存在しながら、宿主生体防御機構が正常に働く限り重篤な感染は起こさない弱毒菌や平素無害菌とよばれる病原体が、医療の進歩に伴う生体防御能の低下した易感染性宿主（compromised host）の増加や高齢化に伴うハイリスク者の増加、介護施設への集中化によって、いわゆる日和見感染や院内感染を引き起こしている。有効な治療薬剤さえ存在すれば何れのタイプの感染症も治療は可能であり、それによって伝染拡大を防ぐことは可能である。しかし、1950～1980年にかけて多種多様な抗菌剤が上市され、やや過剰に使用されたこともあって、本来は有効なはずの抗菌剤で治療できない薬剤耐性菌（antimicrobial resistance: AMR）が急速に増加し、2019年時点で耐性菌による年間死者数は127万人となり、マラリアやエイズによる死者数を既に超えた。過去には、薬剤耐性を克服する新たな作用を示す新規抗生物質や合成抗菌剤が次々と開発され、耐性菌感染を凌ぐことが可能であったが、微生物側の変異能や遺伝子獲得能の高さによって、対応困難な新規耐性菌や多剤耐性菌の増加に歯止めがかからない状況に至って

おり、このままでは2050年には年間1,000万人の死者が出るという警告もある。このような現状で、新たな治療薬剤の開発は急務であり、それなしには感染症の脅威を抑制することはできないと危惧される。一方で、AMRの根本的解決を促すための新たな試み、たとえばヒトのみならず、家畜、家禽、養殖魚などへの抗生物質の総量を規制し、環境への放出を減らすといった対策から、腸内細菌などの常在菌叢の制御による感染予防、感染防御能力の向上や耐性菌に対するワクチン開発なども考えられている。

戦後急速に新規登録が減少し、抑圧に成功したかに見えた結核でも、世界的に多剤耐性結核（Multiple Drug–Resistant Tuberculosis: MDR–TB）が増加し、さらにMDR–TBのうち実に30 %が超多剤耐性結核（Extensively Drug–Resistant Tuberculosis: XDR–TB）となっている[1)]。わが国では、嫌気性菌や原虫に対する抗菌薬であるMetronidazole類似の新規抗結核薬Delamanid（Deltyba®）が開発され、2015年にWHOの必須医薬品リストに掲載されるなど画期的な抗菌薬となっている。Delamanidは既存の抗結核薬と作用機序が異なるため（Metronidazoleはプロドラッグで低酸素下でしか活性化しないが、Delamanidは結核菌内で活性化され殺菌効果を示す）、潜在結核にも効く可能性がある抗結核薬である。

このような画期的な抗菌薬の開発は今後も重要であるが、抗菌薬の開発スピードは大きく低下しているのが現状である。今後深刻さを増すであろうAMRへ対応するには、コンセプトの異なる新たな治療法の確立が期待される。その切り札として近年ますます注目されているものがバクテリオファージ（ファージ）である。

• **新たな治療法の可能性：ファージ療法**

ファージは細菌に感染するウイルスで、細菌の表面構造や鞭毛などを認識して自身のDNAを宿主細胞に注入すると細菌の代謝の仕組みを利用して増殖する。最終的に溶菌酵素によって細菌を溶解させて娘ファージを放出する。この溶菌システムを利用して、細菌感染症の抗菌治療を行うのがファージ療法（ファージセラピー）である。ファージ療法の歴史は抗菌薬よりも古く、ヒトに対するファージ療法は長年、旧ソ連、ジョージア、ポーランドなど東欧諸国で継続して行われていた。米国でも2016年に、多剤耐性菌アシネトバクターの感染で昏睡状態にあった症例にファージ療法が施され、最終的に回復に至った。これは永らく抗菌薬に頼ってきた米国において、多剤耐性菌感染症を初めてファージの全身投与で抗菌治療に成功した例として大きな反響を呼んだ[2)]。その後も、急性呼吸器感染症や関節炎に対するファージ療法の臨床治験が相次いでスタートしている。2022年には、ピッツバーグ大学から、20人もの非結核性抗酸菌感染症に対するファージ療法の結果が報告された。20人の患者のうち11人は、何らかの症状の改善もしくは細菌数の減少が確認された[3)]。わが国では、ファージの基礎研究は以前から行われているものの臨床応用までに至らなかったが、ここ数年でファージ療法に関わる研究成果も報告されるようになり、今後の成果が期待される。ファージセラピーを目指して、第一線で活躍している国内有識者らによる「日本ファージセラピー研究会（JSPT）」も2020年に立ち上がった。

ファージは地球上に10^{31}個以上も存在すると言われ、人類にとって豊富な有用資源である。これまで謎も多かったが、昨今の高速シーケンサー技術や遺伝子編集技術の開発により、その全貌が明らかになりつつあり、遺伝子改変も容易になってきた。今や試験管内で自由にファージを合成できる時代になりつつある。ファージまたはファージ製品は、既存の抗菌薬と比較してさまざまな利点がある。まず、ファージは細菌に特異的に感染し、ヒトや動物細胞には感染しないため副作用が少ない。実際これまで、抗菌治療や臨床治験でファージ粒子による副作用は報告されていない。また、ファージの菌種特異性が高いことから、対象以外の細菌に影響を及ぼさず、常在細菌叢が保護される。他にも、殺菌機序が既存の抗菌薬と異なるため薬剤耐性菌にも効果を示すこと、化学物質と異なり遺伝子改変が可能であることが挙げられる。実際に、遺伝子改変によるファージの殺菌活性や安定性の向上、感染宿主域を拡大させた事例がある。また、ファージに対する耐性菌が出現してもその都度ファージの構造を再構築させることで、耐性菌に対する対応がより容易に実現できる。2014年には、CRISPR–Cas9とファージを組み合わせて、遺伝子配列特異的に殺菌する新たな抗菌製剤を開発した報告が相次いだ[4)]。 Cas9ファージはELIGO Bioscience社で治療薬の開発が行われ、同じく

DNA標的型のCas3ファージの開発はLocus Biosciences社によって治験段階まで進められている。国内では、自治医科大学のグループがRNA標的型のCRISPR–Cas13とファージを組み合わせて、狙った細菌を選択的に殺菌する新しい殺菌技術を報告した[5)]。DNA標的型のCas9とCas3に比べ、Cas13は標的遺伝子を配列特異的に認識してからRNAを無差別に切断して殺菌するため、遺伝子の局在が染色体かプラスミドかに関係なく標的とすることができる。このような耐性遺伝子や毒素遺伝子を保有する菌を選択的に殺菌する新しい殺菌技術は、既存の化合物型抗菌薬では不可能なことであり、ポスト抗菌薬時代の抗菌治療を担う有望な技術として発展して行くことが期待される。

CRISPR–Casを搭載したファージによる遺伝子標的型殺菌は画期的な技術であり、既存の抗菌薬では不可能であった耐性菌の除去や、細菌の遺伝子検出と遺伝的型別等に使用できることもわかった。しかし、ファージエンジニアリングを用いた治療薬は、搭載遺伝子や宿主域の最適化、製剤の安定化、精製法や投与法の検討などを行って初めて完成する。また、抗菌治療を行う際にはファージの安定化や宿主域の調節が推奨されるため、これらを容易に行えるプラットフォームの開発が待たれる。ファージ製剤の医薬品化までを考えると開発には時間と労力がかかることに間違いはないが、より効果的なものを創出するためには辛抱強く開発を進める必要がある。国内のファージの医療・産業利用に関する研究開発は遅れているものの、産学連携で開発研究を進める動きが見え始めている。2020年には岐阜大学とアステラス製薬社が新たな細菌感染症治療法の創出を目指し「ファージバイオロジクス研究講座」を開設して治療用ファージの開発を進めている。また、栄研化学社や複数の製薬企業が自治医科大学と共同でファージを利用した抗菌カプシドの開発を進めている。今後このような動きが国内で広がると予想される。

• **最近の抗ウイルス薬の開発状況**

Herpes virus、HIVだけでなく、HCV、HBVで相次いで治療効果の高い薬剤が上市されているように、幅広いウイルスに効果が期待される核酸アナログが主流となっている。ウイルス増殖を抑える薬剤（抗体医薬含む）に関して、以下にウイルス別に開発状況を記載した。

• **HIV治療薬**

HIV治療薬は、米欧で多くの化合物が開発されているが、Long–acting（長時間作用型）や抗体医薬レジメンによるlong–acting、そしてHIV 根治（cure）に集中している。Long Actingでは、現在、Cabotegravir（ViiV）[6, 7, 8)] が承認されており、治療と予防で使われている。新規のメカニズム薬剤として、Lenacapavir（GS–6207、Gilead Sciences社）[9)] が注目されており、米国で申請中である。Lenacapavirは、HIVキャプシドタンパク質（CA）機能を阻害する低分子であり、その薬効（pMレベル）が高く、*in vivo*での全身クリアランスが低く、皮下注射部位での放出速度が遅いため、長時間作用型の治療薬として開発が進められている。 HIVワクチンがPhase I–III段階に複数ある。

• **HCV（C型肝炎ウイルス）治療薬**

HCV治療薬はGilead Sciences社の独壇場である。2015年に承認されたハーボニー配合錠（Ledipasvir and sofosbuvir）[10)] が、国内の殆どのC型慢性肝炎の患者の治療に用いられている。2017年にマヴィレット配合錠（glecaprevir and pibrentasvir）、さらに、今年になって、エプクルーサ配合錠（sofosbuvir and velpatasvir）が承認された。用法用量はきわめてシンプルで、1日1回1錠（12–24週間）であり、飲み易く、治療効果も高い。相次いで有効な経口薬が登場し、適切に使い分けることでほぼ全例でウイルス排除が可能となったことで、C型肝炎ウイルスは完治可能なウイルス疾患となった。

優れた治療薬があることから、新規低分子治療薬の開発は専ら中国でのみ進められており、日米欧ではほとんどパイプラインが無い。ワクチン開発は、Phase I–IIに数個ある。

• **HBV（B型肝炎ウイルス）治療薬**

治療薬は、全て核酸アナログであり、既に、ラミブジン製剤、エンテカビル製剤、アデホビル ピボキシル製剤、テノホビル ジソプロキシルフマル酸塩（TDF）製剤、テノホビル アラフェナミドフマル酸塩（TAF）製剤が承認されており、これらの併用療法で、治療効果は格段に良好なものとなった。これらの核酸は、細胞内のリン酸化酵素で、3リン酸化体となり、ウイルスの逆転写酵素によるウイルスRNAからDNA複製時に取り込まれ、DNAの合成反応を止める。核酸アナログ治療薬は、既に飽和状態であり、現在、RNAiやantisense医薬、新規低分子（capsid阻害）などが開発中であり、それらと核酸アナログと組み合わせたレジメンの開発が進められているが、Phase Ⅲ段階のものはなく、まだ承認までしばらくかかるものと思われる。

• **COVID–19治療薬**

COVID–19治療においては、重症化を防ぐため治療薬が必須であった。コロナウイルスの治療は、コロナウイルス感染による「生体反応（炎症による重症肺炎等）を治療する薬剤」と「ウイルスの増殖を抑える薬剤」に分けられる。重症化抑制の抗炎症薬として、ステロイド、IL–6抗体が承認されている。増殖抑制の薬剤は多くの企業で開発が行われている。抗体医薬のロナプリーブは過去類を見ない速さで創製～緊急使用承認まで至り、重症化を予防した。その後、既往免疫を逃れるスパイク変異をもったオミクロン株が出現し、多くの市販、開発中の抗体医薬が効かなくなった。Sotrovimab（承認済）、AZD7742（Phase Ⅲ）、ADG20（Phase Ⅲ）だけが、オミクロン株に効果がある抗体である。他のメカニズムの治療薬は、remdesivir、molnupiravir（以上、核酸アナログ、ポリメラーゼ阻害）、nirmatrelvir（プロテアーゼ阻害）が、既に承認済である。現在も、プロテアーゼ阻害剤、ポリメラーゼ阻害剤が複数開発中であり、国内では、塩野義製薬のEnsitrelvir（Xocova）が、日本で緊急承認された。他に、プロテアーゼ阻害剤として、PBI–0451（Pardes Bioscience社）がPhase Ⅱ、EDP–235（Enanta社）がPhase Ⅰ、polymerase阻害剤として、ASC–10（Ascletis社）mGS–5245（Gilead Sciences社）がPhase Ⅰである。新規メカニズムとして、ensovibep（Novartis社）が、申請中（米国）、Phase Ⅲ（欧米）であり、この中分子化合物は、スパイクに結合して、ウイルス感染を阻害するペプチドである。

緊急事態であることから、2020年以降、臨床試験に進んでいる薬剤は、他の疾患の治療薬として承認されている薬剤を用いるDrug repositioning薬が殆どであった。この中で、Remdesivir（エボラウイルス阻害剤）、molnupiravir（インフルエンザ阻害剤）、SARS–CoV–1流行時の研究技術の応用である、プロテアーゼ阻害剤Nirmatrelvirが承認されている。

多くのリポジショニング化合物（Favipiravir、Kaletra、Nelfinavir、Chloroquine、Nafamostat等）は、既に臨床で薬効が見られず脱落している。この事は、事前にPhamacokinetics（PK）/ Phamacodynamics（PD）理論から抗ウイルス効果が足りないと予想されていただけに、残念な結果となった。

• **RSウイルス治療薬**

コロナウイルス流行下で、インフルエンザウイルスの流行は減少しているが、RSウイルスの流行報告は増えてきている。症状としては、軽い風邪様の症状から重い肺炎まで様々である。初めて感染発症した場合は重くなりやすいといわれており、乳児期、特に乳児期早期（生後数週間～数カ月間）に初感染した場合は、重篤な症状を引き起こす。初感染乳幼児の約7割は、鼻汁などの上気道炎症状のみで軽快するが、約3割では咳が悪化し、喘鳴、呼吸困難症状を示す。抗体医薬であるPalivizumab[11, 12]が承認されており、筋肉注射することにより、重篤な下気道炎症状の発症の抑制が期待できるが、投与できる対象の患者は限定されている。

RSウイルス再感染では感冒様症状又は気管支炎症状のみである場合が多く、ウイルス感染症であるとは気付かない年長児や成人が存在していることが、2021年、2022年の流行の原因の1つと考えられている。診断の進歩により、RSウイルス感染症と診断される患者が増えてきた。また、近年の流行に伴い、重症患者も増えており、場合によっては、細気管支炎や肺炎へと進展する。以上のことから、RSウイルスに対する創薬研究が世界中で進められているが、近年の開発パイプラインから複数（JNJ–53718678、ALX–0171）がドロップしており、新規低分子創薬は苦戦が続いている。 RSウイルスのターゲットとして、Fusion（F）タンパク、Nucleo（N）タンパク、Large Polymerase（L）タンパクがあり、市販されているPalivizumabのターゲットであるFタンパクがメインのターゲットとなっている。

最も開発が進んでいるのは、中国で開発が先行しているZiresovir（RO–0529, AK0529）である。ZiresovirはRSウイルスのFタンパク阻害剤であり、中国でPhase Ⅲ、米国でPhase Ⅰ段階である。同じFタンパクをターゲットとするSisunatovir（RV–521）はPhase Ⅱ、Nタンパクをターゲットとする EDP–938もPhase Ⅱ開発中である。 Fタンパクをターゲットとする抗体医薬は開発が進んでおり、nirsevimab（AstraZeneca社）は欧州で申請中（日米でPhase Ⅲ）であり、clesrovimab（Merck社）はPhase Ⅲ開発中である。

• **インフルエンザウイルス治療薬**

インフルエンザウイルスの抗ウイルス薬は、既に多くの薬剤が承認されており、低分子の開発化合物はほぼ無く、Phase Ⅲ試験を実施しているものはない。インフルエンザ大流行の懸念から、現状のウイルス薬とは作用機序が異なる治療薬として、抗体医薬が注目されている。 Phase Ⅱ段階の抗体医薬として、CD–388（Cidara Therapeutic社）、NP–025（Emergent BioSolutions社）、VIR–2582（Vir Biotechnology社）が開発されている。ウイルス性感染症に対する抗体医薬は既にCOVID–19で実績がある。

• **DENV（デングウイルス）治療薬含む、フラビウイルス**

フラビウイルスに属するウイルス（デング、日本脳炎、ジカ、黄熱）において、日本脳炎ワクチンは一定の成果を示している。DENVに関しては、CYD–TDV（Sanofi社）、DENVax（武田薬品工業社）、TetraVax–DV（Merck & Co社、Instituto Butantan社）の弱毒キメラワクチンの開発が先行している。CYD–TDVは、2015年にメキシコで承認され、世界で使用されている。しかし、長期追跡調査によって、DENVに対する抗体陰性者においては本剤を接種した群のほうが非接種者群における入院のリスクに比べて高いという結果が報告され、WHOは抗DENV抗体陽性者に対してのみCYD–TDVを接種することを推奨している。2022年、武田薬品工業社のQDENGA（4価弱毒生デング熱ワクチン）がインドネシアにおいて承認された。

低分子化合物については、核酸アナログAT–752（Atea Pharmaceutical社）がインド等でPhase Ⅱ、JJ–1802（Johnson & Johnson社）が米国・東南アジア等でPhase Ⅱ、α–glucosidase阻害のcelgosivir（60 degrees Pharmaceuticals社）がシンガポールでPhase Ⅰ/Ⅱである。 DENV抗体医薬は、Dengushield（Serum Inst India社）がインドでPhase Ⅱ、ジカウイルス抗体医薬はTyzivumab（Tychan社）がシンガポールでPhase Ⅰ実施中である。

【予防技術開発（ワクチンなど）】

SARS–CoV–2感染による重症化を防ぐために、ワクチンの開発が急務となっている。ワクチンは現存する医療技術の中でもその起源が最も古く、かつ、有効なもののひとつである。ジェンナーやパスツールに始まるワクチンは、天然痘の撲滅や世界の大部分の地域におけるポリオ根絶宣言に見られるように、公衆衛生としての感染症対策に大きな役割を果たしてきた。現在ではおよそ 20 種類の病原体に対するワクチンが世界で広く用いられており、疾病の流行防止や疾病の発症抑制および軽症化を目的として接種されている。しかし、3大感染症として対策が求められているエイズ、結核、マラリアをはじめ、数多くの感染症がいまだに世界の多くの人々を苦しめており、先進国中心の従来の枠組みを超えたグローバルなワクチン開発が求められている[13)]。また、頻度は少ないながらも、ワクチン接種によって引き起こされる様々な程度の副反応や健康被害も大きな医学的・社会的問題となる可能性を秘めている。これらの課題を解決し、またそれぞれの病態に適した免疫応答を誘導できる有効性と安全性を兼ね備えた次世代のワクチン開発には、現代免疫学の知見に基づいた科学的なアプローチが不可欠である。ワクチン開発に直結する成果の多い自然免疫の研究、樹状細胞の研究の先駆者にノーベル生理学・医学賞（2011年）が与えられたことからも窺えるように、過去十数年の間にワクチン、アジュバントの分子レベルの作用機序解明が急速に進展してきた。抗原探索技術も進み、近年、高速シーケンサーによる未知のウイルスの同定が可能になり、構造生物学のアプローチを用いた多くの病原体株に中和活性をもつ抗体エピトープの解析技術、遺伝子組換え技術を用いたDNAやRNA、ウイルスを用いた次世代ワクチン、またそれらの迅速な作成技術、ウイルスやタンパク質などの大量生産技術など革新が続いている。すなわち、新規ワクチン開発を可能とする技術的基盤は大きく進展した状況にあると言える。

国外では十数年前より、国内でも数年前より、各国政府や国際機関が感染症対策の一環としてワクチン開発やその周辺技術革新に多額の研究費を投入してきた。特に米国、欧州、シンガポール、韓国などでは、バイオインフォマティクスを駆使した防御抗原検索や有効性指標の探索、自然免疫制御能力に応じた各種アジュバント開発研究、ワクチンの効果的なデリバリーに重要なDrug Delivery System（DDS）やベクターの開発研究とその生体イメージング技術の応用などがその投資対象である。逆にわが国では、免疫学や微生物学、細胞生物学、生体工学といった基礎研究は高いレベルにあったものの、ワクチン開発に特化した技術開発、応用研究には目立った国の予算が付かず、過去20年以上、新規のワクチン開発が停滞してきた。これに対して、疫学を中心とした海外感染症研究拠点形成や、緊急ワクチン輸入やワクチン製造施設建設などに国家予算が費やされた。その理由として、前臨床試験から臨床現場までに利用される動物の数、ボランテイアの数、関与が求められる研究者の数、費用、年月のすべてが膨大になっていること、さらには、世論などによるワクチンの安全性に対する厳しい監視の目が考えられる。

しかしながら、ここ数年、ワクチン開発には消極的だった日本の産業界でも、インフルエンザをはじめとする多くの感染症をターゲットとしたワクチン開発研究に大手製薬企業やベンチャー企業が参入するなど、ワクチンとその周辺技術をとりまく研究開発は活発になっている[14)]。COVID–19に対しては、日本発のワクチンとしてアンジェス社のDNAワクチン、塩野義製薬社の組換えタンパク質ワクチンが臨床試験を開始しており、ほかにもKMバイオロジクス社が不活化ワクチン、第一三共社がmRNAワクチン、IDファーマ社がセンダイウイルスベクターワクチンを開発している。日本の「高品質」すなわち「安全、安心」が強い武器になり得ることも考慮し、韓国、中国、インドなどのアジア諸国と連携しつつ日本がリードする形で規格を作っていくような戦略も有効と考えられる。また、アジュバントはワクチンが効果的に効くためには必須のものだが、実験的には自己免疫疾患や自己炎症性疾患を誘導するリスクをも負っている。そのため、アジュバント開発は、有効性だけでなく安全性も向上させる研究、すなわち、その分子レベルでの作用機序解明といった地道な努力が必要になると考えられる。特に注目を集めたHPVワクチン接種後に見られる長期体調不良例の報告や、主に北欧諸国で報告が相次いだアジュバントとしてAS03が添加されたH1N1新型インフルエンザワクチン（日本は特例承認）接種後のナルコレプシー発症の増加など、新しいアジュバントの使用に対して冷静にかつ科学的に検討すべき課題も指摘されている。安全性の向上を目指し、これらの副作用の科学的検証を疫学的、生物学的見地から行う必要が高まっている。

一方で、がん予防はがん治療（特に進行がん治療）に比べて圧倒的に費用対効果が優れていることから、日本を除くほとんどの諸外国で、がん予防に資するワクチン研究も推進されており、免疫チェックポイント薬などと併用する複合療法の臨床試験も活発になってきている。世界のがん免疫療法の潮流と競争における日本のワクチン開発研究能力、ワクチン審査行政の今後の動きが注目される。

国内のCOVID–19の状況は、発売されたModerna社製、Pfizer社製等のRNAワクチンの成功により、重症化患者数が減少し、落ち着きを取り戻した。日本国内のワクチンについては、武田薬品工業社がノババックス社からの技術供与により作成した組換えワクチンが、2022年4月に国内承認された。他のワクチンについては、アカデミアと企業が共同で基礎研究から開始していたが、国内発の研究開発品はいまだ承認に至っていない。

（4）注目動向

[新展開・技術トピックス]

• 遺伝子組換えファージによるファージセラピー

2014年、Cas9をファージに搭載することによって、細菌の染色体上の遺伝子を標的とする遺伝子標的型抗菌剤が報告された。翌年にはCRISPR–Cas搭載ファージが薬剤耐性遺伝子の伝搬の阻止に有効であること、2018年にはマウス感染モデルにおけるCas9搭載ファージの治療効果が報告された[15]。2019年には、米Johnson & Johnson社がLocus Biosciences社に巨額な資金を投じ、Cas3を搭載したファージによる医薬品開発に乗り出した。 Cas3を含むタンパク質–核酸複合体は、標的DNAを切断した後に周囲の一本鎖DNAを分解することが知られ、Cas9よりもDNA修復が生じにくい。このCas3搭載ファージcrPhageを用いた大腸菌とクレブジエラをターゲットにした臨床治験（Phase Ⅰb）が2019年12月から始まっている。これらDNA標的型のCasは、標的遺伝子がプラスミドに載っている場合に殺菌できない問題があるが、2020年に自治医大の氣賀らはCas13を用いることによりこの問題を解決した[16]。この新手法は、標的細菌の殺菌のみならず、細菌の遺伝子検出に使用できることも明らかにされた。

• ファージによる腸内細菌叢の改変

ファージを用いた腸内細菌叢の改変を行い、腸疾患を治療する動きも盛んである。米Intralytix社は、2019年から腸管接着性侵入性大腸菌を対象としたファージによるクローン病治療のPhase Ⅰ/Ⅱを行っている。イスラエルのBiomX社が武田薬品工業社やJohnson & Johnson社などの大手製薬企業から出資を受け、炎症性腸疾患治療用ファージの開発を進めている。さらに、Locus Biosciences社がCRISPR/Cas3搭載ファージを、Eligo bioscience社がCRISPR/Cas9搭載ファージを炎症性腸疾患に応用する研究を行っており、近年中に臨床治験に移行する予定である。現在、国内でもファージ技術による腸内細菌叢制御に関するいくつかのAMED事業が進んでいる。

• Viromeの研究

細菌叢の研究は2010年頃から盛んに行われてきたが、ここ数年ではウイルス叢も注目されている。100兆以上もの細菌がいる腸内でも、ほぼ同数のウイルスが存在することが報告されている。これらのウイルスのほぼ全てがファージである。細菌叢と同様にウイルス叢の違いが疾患に影響することも明らかになってきた。また、ファージは特定の細菌を標的にできるため、細菌叢の改変に非常に有用である。抗菌薬は細菌叢を乱し、菌交代症の原因となっていることも知られる。細菌叢の乱れが原因の疾患に、ファージやその産生品を用いる研究が進められている。

• ファージに対する防御機構

CRISPR–Casは、ファージや外来の核酸の侵入に備えた細菌の防御機構である。この機構が革新的なゲノム編集ツールを生み出した。ファージに対する防御機構は、CRISPR–Cas以外にもrestriction modification、Argonaute、BREX、DISARM、Abortive infection、Toxin–antitoxinなどが報告されている。近年、CRISPR–Casの周囲に、これらとは異なる新たな防御機構群が確認された。これらの機構はCRISPR–Casのようなツールを生み出す可能性を秘めている。最近では、ファージに対する防御機構が、ヒトヘルペスウイルスも認識することがわかり、ヒトウイルス感染症治療への応用への期待も高まっている。

• ファージバンク

菌株ごとのファージに対する感受性が異なり、ファージ耐性化も起きる可能性があるため、複数のファージをカクテル化して治療に用いる必要がある。このファージカクテル剤を調製するには、多様な宿主細菌に対して感染性を持つファージを集めたファージライブラリーを構築する必要がある。ベルギーでは、ファージライブラリーを国レベルで整備し、そのライブラリーから患者の感染細菌にあったファージを選定し、カクテル化して応用するパーソナライズドファージセラピーを行なっている。米国Adaptive phage therapeutics社のファージバンクプログラムでは、米国国防総省から総額3,120万ドルの資金提供がなされている。以下、世界各国のファージセラピーを目的としたファージバンクとそれぞれのストック数を記載する。

Eliava Institute of Bacteriophages（ジョージア）：1,000以上
Hirszfeld Institute of Immunology and Experimental Therapy（ポーランド）：850以上
Felix d'Herelle Reference Center for Bacterial Viruses（カナダ）：400以上
American Type Culture Collection（ATCC）（米国）：350以上
SEA PHAGES（米国）：20,000以上
German Collection of Microorganisms and Cell Cultures（DSMZ）（ドイツ）：450以上
National Collection of Type Cultures（NCTC）（英国）：100以上
Australian Phage Network（オーストラリア）：2,000以上
Bacteriophage Bank of Korea（韓国）：1,000以上
Bioresource Collection and Research Center（BCRC）（中国）：100以上
The Israeli Phage Bank（IPB）（イスラエル）：300以上
Viral Host Range database（パスツール研究所，フランス）：700以上

[注目すべき国内外のプロジェクト]

• 薬剤耐性菌（AMR）アクションファンド

2020年7月に、国際製薬団体連合会（International Federation of Pharmaceutical Manufacturers & Associations: IFPMA）の有志製薬企業による新たな抗菌薬候補への投資、並びに開発支援を行うグローバルイニシアティブが設立された。2030年までに新規抗菌薬2～4剤を製品化することを目指した取り組みである。製薬企業23社が参画し、日本からはエーザイ社、塩野義製薬社、第一三共社、武田薬品工業社、中外製薬社が参画する。資金総額は10億ドルである。以下の活動内容が示されている。

・公衆衛生上の最優先のニーズに対応し、臨床現場での治療を大きく変え、命を救う革新的な抗菌薬の開発に傾注する小規模なバイオテクノロジー企業に投資する。
・投資先企業に技術的な支援を行い、それら企業に大手バイオ製薬企業が持つ深い専門知識と資源へのアクセスを提供することで、研究開発を強化するとともに、抗菌薬へのアクセスと適切使用を支援する。
・業界と、慈善団体・開発銀行・国際機関を含む業界外の関係団体との広範な連合体を主導し、抗菌薬パイプラインへの持続可能な投資を実現するための市場環境を創出するよう各国政府に促す。

• AMED「新興・再興感染症研究基盤創生事業」

AMED「感染症研究国際展開戦略プログラム（J–GRID）」、「感染症研究革新イニシアティブ（J–PRIDE）」を再編し、2020年より「新興・再興感染症研究基盤創生事業」が開始された。以下の2つの取り組みが進められることとなっている。

・わが国における感染症研究基盤の強化・充実
  ・海外の感染症流行地の研究拠点における研究の推進
  ・長崎大学 BSL–4 施設を中核とした研究基盤整備
・新興・再興感染症制御のための基礎的研究
  ・海外研究拠点で得られる検体・情報等を活用する研究
  ・多様な視点からの斬新な着想に基づく革新的な研究の推進

• **ワクチン開発・生産体制強化戦略関連事業（SCARDA）**

ワクチン実用化に向け政府と一体となって戦略的な研究費配分を行う体制として、2022年3月、AMEDにSCARDAが新設された。さらに、新型コロナウイルスなどの感染症の国産ワクチンや治療薬の開発を進める国内の研究拠点（ワクチン拠点）として、中心となる東京大学のほか北海道、千葉、大阪、長崎の各大学を加えた5大学を選定した。政府が昨年6月にまとめたワクチン国産化国家戦略に基づく措置で、新型コロナウイルスの新たな流行などに備えて、遅れているワクチン国産化を促進するのが狙いである。1拠点あたり今後5年で最大77億円を支援する。

また、これら5拠点を支援する「サポート機関」に、実験動物分野では実験動物中央研究所、医薬基盤・健康・栄養研究所、滋賀大学を、免疫解析分野では京都大学と理化学研究所を、ゲノム解析分野では東京大学を、それぞれ選定した。

（5）科学技術的課題

既存のファージ療法において、治療効果を上げることは最も重要な課題である。ファージはその形態、大きさ、性質などが異なる様々な種類があるが、どのようなファージの治療効果が高いのか、まだはっきりとした答えは出ていない。*in vivo*でどのような種類のファージの治療効果が高いのかを系統的に調べる研究が必要である。

また、ファージ療法の実施において、ファージの感染宿主域の狭さは問題である。その感染宿主域を広げるために、細菌を認識するファージの尾部をライブラリー化する手法も考案されているが、尾部以外の構造が宿主域を規定していることも多いため、その手法で宿主域問題の解決は困難である。ファージのカクテル化も提案されているが、創薬の観点からも混合物はできれば避けたい。このような状況から、新しいコンセプトを含む、「広範な感染宿主域をもつファージ」、もしくは「宿主域を合わせられるファージ」の開発が求められている。ファージの感染宿主域と共に重要なのが、ファージの体内安定性である。ファージの体内安定性についてはこれまであまり研究が進んでいなかったが、今後ファージセラピーの臨床応用が進むにつれ、非常に重要なテーマになるのは間違いない。

ファージの開発研究を国内で展開するためには、質の高いファージバンクの構築が必要である。国内の現状は、ファージ研究者それぞれが研究室内にファージを多かれ少なかれ保有しているものの、それらを管理・提供しているファージバンクは無い。また、過去数十年間に渡りファージ研究者が少なかったことから、質の担保されたライブラリーも無い。少なくとも基礎研究を起動するために、モデルファージを提供できる、全ゲノム配列とセットのバンクが求められるであろう。自然界に10^{31}個以上とも言われる巨大なファージプールが存在するので、ファージバンクに入れるファージを選別する必要もある。さらに、菌種毎にファージの増殖法が異なるので、それぞれの研究者がファージバンク業務を分担して行うことが必要であろう。

ヒトの交流が盛んになりウイルス蔓延が容易に起こる状態にあるが、日本国内にはBSL–4の研究施設が乏しく、場合によってはこの分野のウイルス研究をするために海外施設を借りる必要が生じていた。わが国における新興感染症研究に関して、BSL–4の研究施設が国内に乏しいことは問題であったが、国内で国立感染症研究所村山庁舎（東京都武蔵村山市）に次ぐ2か所目のBSL–4研究施設が長崎大に完成し、2022年10月に、長崎大学感染症研究出島特区・高度感染症研究センター出航式を開催した。現在、BSL–4施設は世界で24の国と地域で59以上が稼働している（2017年12月長崎大学調べ）。わが国を除くアジアでは、インド、台湾、シンガポール、中国、韓国にある。2023年2月現在で長崎の感染症研究センターはまだ稼働していないが、十分な研究が行えるよう予算や人材も充実させていく必要がある。

（6）その他の課題

ファージの臨床応用について、法的整備や規制緩和が求められる。米国ではFDAがファージを

emergency Investigational New Drug（eIND）として使用することを認可したため、ファージ療法が成立した。eINDとは、緊急時の場合は未承認の薬剤であっても実験室のデータを基に使用可能とするシステムである。欧州では既にファージ療法の臨床治験が始まっている。また、野生型ファージの場合、第3者が類似のファージを自然環境から簡単に分離できるため、知財権の保護戦略も重要である。わが国ではさまざまなバックグラウンドを持つ研究者がファージ研究に参入し始めており、今後の発展が期待される。

現代のように交通網が発達した世界では、インフルエンザ（A/H1N1/pdm09）やCOVID–19のように、国内でのウイルス感染を防ぐことは難しい。今後も新たな感染症出現に注意し、準備することが必要である。しかし、ウイルス研究には、BSL–4施設以外にもBSL–3施設が必要であり研究場所が限られる。そのためウイルス研究者が少なく、国内で取り組んでいる企業もアカデミアも限られている。新型コロナウイルスの研究報告でもわかるように、COVID–19に関係する日本発の学術論文数は2019年からの2年間で10倍に増えたが、世界と比較するとまだ少ないことが証明している。

（7）国際比較

国・地域	フェーズ	現状	トレンド	各国の状況、評価の際に参考にした根拠など
日本	基礎研究	○	→	・免疫学、微生物学、細胞生物学、生体工学といった関連分野は他国と比較して強みを有するが、ワクチンや治療薬に関しては停滞してきた。 ・ファージの基礎研究では、結晶構造解析などの専門的な領域で研究が進み、最近では、合成生物学者や腸内フローラの研究者も参入し活性化している。 ・COVID–19関連の論文数は年を追うごとに増加しているものの、欧米と比較するとその絶対数及び伸びの割合は劣る
	応用研究・開発	△	↗	・大塚製薬社の多剤耐性肺結核治療薬Delamanid（Deltyba®）、富士フィルム富山化学社の抗インフルエンザウイルス薬Favipiravir（Avigan®）など、新薬開発力を有している。 ・国内製薬企業、ベンチャー企業がワクチン事業へ進出、製薬企業の薬剤耐性菌（AMR）アクションファンドへの参画など、感染症領域への投入リソースが増大する機運がみられる。 ・ファージ療法の臨床治験はまだ行われていないが、マウス、馬、牛などの動物を用いた非臨床試験はいくつかの施設で行われている。近年、国内製薬企業の動きも見え始めている。
米国	基礎研究	◎	↗	・多くの分野で着実に優れた成果を上げている。ワクチン、創薬開発関連分野に加え、ゲノム、疫学、レギュラトリーサイエンスも強い。 ・微生物の病原性発現機構や感染の免疫応答に関して、息の長い基礎研究が高いレベルで継続されている。 ・ファージ研究の合成生物学や遺伝子工学分野において世界をリードしている。多くの微生物学者やCRISPR–Casの研究者が参入しており、非常にホットな研究領域になっている。
	応用研究・開発	◎	↗	・ワクチン市場の50 %近くを米Merck社とPfizer社で占めている。COVID–19に対してもOperation Warp Speedによって迅速なワクチン開発をリードした。 ・メガファーマやGilead Sciences社などにより精力的に感染症治療薬の開発が進められている。日本などで開発された薬剤も欧米のメガファーマに導出されるケースが多く、臨床治験も米国を中心に進められている。 ・2006年に初めてファージ療法に成功した。 UCSDやピッツバーグ大学などを中心にファージ療法の臨床治験やファージセラピー研究が行われている。 ・医療、食品、農業、遺伝子改変ファージを含んださまざまなファージ関連企業が存在する。
欧州	基礎研究	○	↗	・EU では特にドイツ、フランスを中心として、米国に匹敵するレベルの研究が行われているが、感染を対象とする基礎研究が拡大している状況にはない。 ・米国の勢いには劣るが古典的な微生物学を基にしたハイレベルなファージの基礎研究が行われている。

欧州	応用研究・開発	◎	↗	・英GlaxoSmithKline社、仏Sanofi社と米の2社でワクチンの市場をほぼ独占している。独BioNTech社はmRNAベースのインフルエンザワクチン、HIVワクチンなど感染症を対象としたプログラムを複数有している。 ・フランスを中心にファージ療法の臨床治験であるPhagoBurn（大腸菌と緑膿菌による熱傷。2013–2017）、PneumoPhage（急性呼吸器感染症。2015–）、PHOSA（細菌性関節炎。2015–）が実施されている。 ・医療、食品、農業、遺伝子改変ファージを含んださまざまなファージ関連企業が存在する
中国	基礎研究	○	↗	・ウイルス学分野の基礎研究には優れたものがみられる。海外で育った優れた中国人研究者の任用と予算の集中化により学術論文は著増し、内容も世界的レベルに到達しつつある。 ・結晶構造解析などを中心にファージ研究は急速に進んでいる。
	応用研究・開発	△	↗	・Boehringer Ingelheim社、Roche社は中国に研究拠点を設立し、アカデミアとの共同研究も含めて感染症治療に関する研究開発を実施している。 ・中国製薬企業は感染症ワクチン、治療薬開発に力を入れている。CanSino Biologics社のエボラウイルスワクチンAd5–EBOVが中国で承認を得ている。Frontier Biotechnologies社はHIV治療薬Albuvirtide（Aikening®）の承認を得ており、抗HIV抗体との併用で多剤耐性HIVに対する臨床試験を米国でも実施している。 ・ファージ療法について、まだ臨床までは進んでいないが、基礎研究開発のスピードから推測するに、応用研究も近いうちに急速に進むと考えられる。
韓国	基礎研究	△	↗	・感染症研究にそれほど重点が置かれていないが、発表される微生物学関連論文の質は、格段に上昇してきている。 ・国際ワクチン研究所の疫学研究は注目すべきレベルを示している。 ・遺伝子組換えファージを含め、基礎研究開発も積極的に行われている。
	応用研究・開発	△	↗	・韓国生命工学研究院を設立し、バイオサイエンスの推進、バイオベンチャーの育成を行っているが、薬剤開発に向けた感染症研究の比重は高くない。 ・ワクチン開発については国を挙げて治験などのサポート体制を向上させている。 ・臨床試験はまだだが、ファージバンクも10年前から整備されており、準備は整いつつある。

（註1）フェーズ

基礎研究：大学・国研などでの基礎研究の範囲

応用研究・開発：技術開発（プロトタイプの開発含む）の範囲

（註2）現状　※日本の現状を基準にした評価ではなく、CRDSの調査・見解による評価

◎：特に顕著な活動・成果が見えている　　○：顕著な活動・成果が見えている

△：顕著な活動・成果が見えていない　　×：特筆すべき活動・成果が見えていない

（註3）トレンド　※ここ1～2年の研究開発水準の変化

↗：上昇傾向、→：現状維持、↘：下降傾向

参考・引用文献

1）露口一成，大野秀明「第84回総会ミニシンポジウム：V. 日本における多剤耐性結核」『結核』85巻2号（2010）：125-137. https://www.kekkaku.gr.jp/pub/Vol.85（2010）/Vol85_No2/Vol85No2P125-137.pdf

2）R. T. Schooley et al.,“Development and Use of Personalized Bacteriophage-Based Therapeutic Cocktails to Treat a Patient with a Disseminated Resistant Acinetobacter baumannii Infection”,

3）Rebekah M. Dedrick et al., Phage Therapy of Mycobacterium Infections: Compassionate-use of Phages in Twenty Patients with Drug-Resistant Mycobacterial Disease. Clinical Infectious Diseases.（2022）doi.org/10.1093/cid/ciac453

4) A. C. Greene, “CRISPR-based antibacterials: transforming bacterial defense into offense”, Trends Biotechnol. 36, no. 2（2018）: 127-130. doi: 10.1016/j.tibtech.2017.10.021

5) K. Kiga et al., “Development of CRISPR-Cas13a-based antimicrobials capable of sequence-specific killing of target bacteria”, Nat. Commun. 11（2020）: 2934. doi: 10.1038/s41467-020-16731-6

6) Garris C P. et al., “Perspectives of people living with HIV-1 on implementation of long-acting cabotegravir plus rilpivirine in US healthcare settings: results from the CUSTOMIZE hybrid III implementation-effectiveness study” J Int AIDS Soc. 2022 Sep ; 25（9）: e26006. doi: 10.1002/jia2.26006.

7) Swindells S, et al.,”Long-Acting Cabotegravir and Rilpivirine for Maintenance of HIV-1 Suppression” N Engl J Med. 2020 Mar 19 ; 382（12）: 1112-1123. doi: 10.1056/NEJMoa1904398. Epub 2020 Mar 4. PMID: 32130809

8) Kirby T. “Cabotegravir, a new option for PrEP” Lancet Infect Dis. 2020 Jul ; 20（7）: 781. doi: 10.1016/S1473-3099（20）30497-7. PMID: 32592669

9) Cespedes M. et al.,”Proactive strategies to optimize engagement of Black, Hispanic/Latinx, transgender, and nonbinary individuals in a trial of a novel agent for HIV pre-exposure prophylaxis（PrEP）” PLoS One. 2022 Jun 3 ; 17（6）: e0267780. doi: 10.1371/journal.pone.0267780. eCollection 2022.

10) Kowdley K V., et al., “Ledipasvir and sofosbuvir for 8 or 12 weeks for chronic HCV without cirrhosis” N Engl J Med. 2014 May 15 ; 370（20）: 1879-88. doi: 10.1056/NEJMoa1402355. Epub 2014 Apr 10.

11) Alansari K, et al., “Monoclonal Antibody Treatment of RSV Bronchiolitis in Young Infants: A Randomized Trial. Pediatrics” 2019 Mar ; 143（3）. pii: e20182308. doi: 10.1542/peds.2018-2308. Epub 2019 Feb 13.

12) Mochizuki H, et al., “Palivizumab Prophylaxis in Preterm Infants and Subsequent Recurrent Wheezing. Six-Year Follow-up Study” Am J Respir Crit Care Med. 2017 Jul 1 ; 196（1）: 29-38. doi: 10.1164/rccm.201609-1812OC. Erratum in: Am J Respir Crit Care Med. 2018 Mar 1 ; 197（5）: 685.

13) R. Rappuoli et al.,“Vaccines for the twenty-first century society”, *Nat. Rev. Immunol.* 11, no. 12（2011）: 865-872. doi: 10.1038/nri3085

14) 財団法人ヒューマンサイエンス振興財団『ワクチン（感染症、がん、アルツハイマー 病など）の開発の現状と規制動向、予防医療と疾病治療の新たな展開に向けて：規制動向調査報告書』HS レポート66（東京：ヒューマンサイエンス振興財団, 2009), http://id.ndl.go.jp/bib/000010116419.

15) A. C. Greene, “CRISPR-based antibacterials: transforming bacterial defense into offense”, *Trends Biotechnol.* 36, no. 2（2018）: 127-130. doi: 10.1016/j.tibtech.2017.10.021

16) G. Ram et al., “Conversion of staphylococcal pathogenicity islands to crispr-carrying antibacterial agents that cure infections in mice”, *Nat. Biotechnol.* 36（2018）: 971-976. doi: 10.1038/nbt.4203

2.1.10 がん

（1）研究開発領域の定義

がんは、がん細胞が無限に増殖し、浸潤・転移し最終的に個体を死に至らしめる疾患である。日本、欧米、中国ほか多くの国々で、最も活発に研究開発が推進されている疾患でもあり、がんの生物学的な特性や臨床上の理解、そして診断・治療法の臨床試験に至るまで、関連する研究は幅広い。がんの診断・治療の観点からは、新規モダリティや新しい診断法は、まずはがんを対象に開発がなされることが多いため、本俯瞰報告書の「低・中分子医薬」「高分子医薬」「遺伝子治療（*in vivo*/*ex vivo*）」「ゲノム医療」などの項を参照頂きたい。ここでは、がんの基礎生物学～臨床医学の観点から、これまであまり注目されたことがないものの、今後新たな治療コンセプトともなりうるため注目されるトピックとして、「細胞競合」「がん悪液質」の2点について述べることとする。

「細胞競合」は、正常細胞が変異細胞の存在を認識し、積極的に組織から排除する現象であり、がんの超初期段階における新たな診断・治療コンセプトともなりうる研究テーマである。「がん悪液質」は、がん患者の恒常性破綻から死に至る病態生理であり、従来は複雑さ故に敬遠されてきたが近年急速に研究が進みつつあり、新たな治療コンセプトともなりうる研究テーマである。

（2）キーワード

がん細胞、悪液質、細胞競合、がん代謝、免疫チェックポイント、がん免疫治療、抗体医薬、CAR–T

（3）研究開発領域の概要

［本領域の意義］

【細胞競合】

• がん発症予測の現状

がんに対する現在の臨床診断や病理診断の主な対象は、がん原性の変異が蓄積し、形態変化を伴う進行がんである。しかし、難治性がん、特に膵臓がんは治療成績が悪く、がん進展過程の比較的早期から他臓器へ転移をきたすため、10年生存率は5 %を下回っている。糖尿病や膠原病など他の慢性疾患と同じように、がんについてもより早期に発見し予防的に治療することで治療成績の大幅な向上が期待される。数年前にBRCA1遺伝子に変異があると診断された女優のAngelina Jolieが両乳房と卵巣・卵管を摘出して大きな話題になった。遺伝子診断技術のさらなる進歩とともに、個人の（特定臓器における）がんの発症率が高度に予測できる将来には、がんの超早期診断と予防的治療の必要性がより大きくクローズアップされると考えられる。

最近の次世代シーケンサーを用いた1細胞遺伝子解析によって、成人の多くの上皮組織において、1～2つの変異のみを有する超初期がん細胞が島のように病変を形成し、正常細胞層に囲まれて存在していることが明らかになってきた。Martincorenaらは、成人の皮膚において、一見正常に見える部位に、1～2つのがん原性変異を有する細胞群が数多く存在することを示した[1]。続いて、同様の超初期がん病変が食道や気管支にも存在していることが報告された[2, 3]。わが国でも、小川、佐藤らが同様の病変を食道や大腸で見出している[4, 5]。このように、これまでブラックボックスであったがん化の超初期段階に起こる現象が、少しずつ明らかになってきた。しかし、これらの超初期がん病変が上皮層でどのように生じ、生育していくのか、どの程度の確率で悪性腫瘍に転化するのか、などその本態の理解は今後の大きな課題である。また、これらの病変を非侵襲的に検出する方法はなく、病理診断および臨床治療の対象外となっている。

• がん超初期段階における現象：細胞競合

がんの超初期段階において、新たに生じた超初期がん細胞が周囲の細胞との競合の結果、しばしば上皮細胞層から排除されることが分かってきた。この現象は1975年に最初にショウジョウバエで発見され、「細胞競合」と命名された。しかし、同様の現象が哺乳類でも生じるかについては、長らく明らかになっていなかった。藤田は、がんの超初期段階を模倣した細胞培養系とマウスモデルシステムを用いて、正常上皮細胞とがん原性変異細胞の間で細胞競合が起こり、変異細胞は上皮細胞層から排除されることを、哺乳類において世界で初めて明らかにした。まず、テトラサイクリン依存性にがんタンパク質の発現あるいはがん抑制タンパク質のshRNA（small hairpin RNA）の発現を誘導し、蛍光ラベルできる上皮培養細胞系を確立した。このシステムにおいて、がんタンパク質Ras変異細胞やSrc変異細胞を正常上皮細胞と共培養すると、両者の細胞内で様々なシグナル伝達が活性化され、変異細胞（敗者）が正常上皮細胞（勝者）層からはじき出されるように管腔側（体内への浸潤とは逆方向）へ排出されるという、がん化を抑制する現象を見いだした[6)]。また、がん抑制タンパク質Scribble変異細胞やp53変異細胞が正常上皮細胞と共存すると、変異細胞（敗者）が細胞死を起こし正常上皮細胞（勝者）層から失われていくことも明らかにした[7, 8)]。さらに、タモキシフェン依存的に、様々な上皮組織でがん原性変異をモザイク状に発現する細胞競合マウスモデルを世界に先駆けて確立した。このシステムを用い、腸管上皮、肺上皮、膵管上皮など様々な上皮組織において、変異細胞が管腔側へ排除されることを明らかにした[9)]。高脂肪食によって肥満したマウスでは、変異細胞の排除効率が低下し、膵臓などにおいて残存した変異細胞が腫瘍塊を形成することが分かり、細胞競合が環境要因によって影響を受けることが示された[10)]。それに加えて、同様の変異細胞の組織からの排除現象が、発がん物質により発生したがん原性変異細胞に対しても生じることがマウスモデルで示され、大きな注目を集めている[11)]。細胞競合を制御する分子メカニズムも徐々に明らかになっている。これまでに得られた研究成果は、正常上皮細胞が隣接する変異細胞の存在を認識し、変異細胞を上皮細胞層から積極的に排除することを明示しており、正常上皮組織は免疫系を介さない抗腫瘍能（Epithelial Defense Against Cancer: EDAC）を有しているという新たな概念を提起している[12)]。

• 細胞競合の理解と超早期診断・治療へ

現在、細胞競合の制御因子の同定を目指す試みが世界的に加速している。今後、超早期がんの細胞膜上あるいは正常上皮細胞と超早期がん細胞の細胞間接着部位で集積する分子の同定が進むことが予想される。これらの分子は、超早期がん細胞のバイオマーカー分子として診断・治療法の研究開発への展開が期待できる。細胞競合現象をターゲットとしたdrug screeningも始まっており、細胞競合を利用して正常細胞層から変異細胞の排除を促進する低分子化合物の同定が進められている[13)]。細胞競合に着目した超早期がん病変の診断、治療への応用は世界的に注目を集めつつあるが、臨床開発はまだ始まったばかりである。

がん予防研究を発展させるために最も必要なことは、がん超早期病変に対する診断法と予防的治療法の2つを連動させながら研究開発を進めることである。非侵襲的な診断法を確立できれば、数年にわたる進展がんの発生の有無を疫学的調査によって解析するのではなく、マーキングした前がん病変部位のサイズを経時的にチェックすることで予防的治療シーズの効果検証が可能になる。これによって、超初期がん病変の本態解明が進み、どの組織にできたどのような病変がどの患者において治療されるべきであるか、を判断するためのデータを蓄積することができる。予防的治療法の開発の必要性がより明らかになり、その実現を目指す激しい競争が世界的に繰り広げられる近未来が予想される。

【がん悪液質】

• がん悪液質研究の歴史的経緯

がんに起因する宿主の病態生理に関する研究の歴史は古い[14)]。がん悪液質はその典型的な臨床像であり、Cachexia（カヘキシア）という。 Cachexiaはギリシャ語源であり、悪い（kakos）状態（hexis）を意味する。最期の病と表現されることもある。ヒポクラテスもcachexiaを認識していた。がんの分子実体が全くの不明であった遥か昔から、がんによる全身の不調が人々の興味を惹いていたことがわかる。

その後、分子生物学の勃興に伴ってがんの実体解明に関する研究が大幅に進展し、がん悪液質研究の進捗は一時的にではあるが、緩やかになった[14)]。この研究の流れについてはWagnerらの総説における考察が興味深い。Wagnerらは、本研究分野の進捗が緩やかになった理由として、分子生物学の勃興とほぼ同時期に抗TNFα抗体をがん悪液質の抑制に用いるという臨床試験が失敗に終わったことを挙げている。これにより、研究者の多くががんの実体解明にかかる研究へと移行、がん悪液質研究に携わる研究者人口が減少したと指摘している。

• **がん悪液質研究の再興**

近年になって、がん悪液質のメカニズムをがんと宿主臓器の異常な連関として捉えるという研究が再び盛んになりつつある[15-19]。特に、がん悪液質を引き起こすがん由来の因子を同定しようとする研究が多い。一方、がんをもつ個体の宿主側、つまり、宿主の病態生理に着目する研究も増加している[20-28]。ショウジョウバエ、ゼブラフィッシュ、マウスなどを用いた、がん個体の病態生理に関する新たな知見が積み重なりつつある。がん悪液質は個体レベルかつ複数の細胞種・臓器を巻き込んだ現象であるため、個体レベルで現象を理解しようとするシステムバイオロジーの流れと相性が良い。これらの基礎研究の積み重ねは、がん悪液質のメカニズムを理解し、制御することに有用な標的分子を見つけるために極めて重要であると考えられる。

がん悪液質にかかる臨床研究は世界的に見ても不足している。臨床上の定義もまだ不完全である[29]。これには複数の理由が考えられる。がん悪液質という言葉は、多くの臨床家に終末期を連想させる。もはや手遅れであるというイメージは、研究者が当該現象を積極的に研究しようとする意欲を失わせるには十分である。手遅れというイメージを避けるため、「がんに起因する病態生理」といった表現を使うべきとも考えられる。必ずしも終末期ではない状態であれば症状を改善できると考えられる[29]。別の理由として、がん悪液質の症状には個体差が大きい。同じ種類のがんをもつ患者でも、宿主の病態生理は大きく異なっている場合がある。宿主側にも症状の程度を決める要因があることを想像させるという点で基礎医学的には興味深いが、一方で臨床試験をデザインする上で大きな障壁となりうる。加えて、がんに起因する病態生理を制御しうるターゲット分子がほとんど同定されていないこと（基礎研究の相対的な遅れ）も一因であろう。

なお、悪液質はがん特異的な現象ではない。がんに起因するものが多いが、心疾患をはじめとするいくつかの疾患でも観察される。フレイルやサルコペニアなどの概念ともオーバーラップがある。極論すれば、生体の恒常性が不可逆的に崩れ、個体が死に向かっていく際に起こる主要な現象の1つであると言える。つまり、がん悪液質に関する研究は、「個体はどのように死に向かうのか」という一般的な問いへの答えを内包しているとも言え、この点に基礎生命科学的な重要性がある。

• **がん悪液質に着目した治療へ**

2021年、わが国では、38万人以上ががんによって亡くなった。全死亡者数の25 %を超える割合であり、がんは今なお主要な死因の一つである。がん医療の発展をもってしても救えないがん患者に対して、その症状を緩和し、QOLを高め、それまで通りの社会生活を営めるようにすることは、患者の生きる希望を増すという点でも極めて重要である。がん患者の状態が良い方ががん治療（例えば免疫療法）の効果が高まる可能性も指摘されている[30]。がん悪液質の制御は決して「悪あがき」ではなく、現行のがん治療を相補することにつながる。治療という側面からも、がん患者の病態生理の適切なコントロールは重要であると考えられる。がん悪液質は、がんそのものに関する研究・治療とともに両翼として考えられるべき研究領域であると考えられる。

人間はますます長生きになり、がんのような慢性疾患と付き合う時間も長くなった。このような状況にあって、病気の原因を根治するという考え方に加えて、根治が叶わなくとも個体を護る、QOLを高く保つ、そのような考えに立ったがん悪液質研究のニーズは、今後ますます高まっていくと考えられる。

（4）注目動向

【細胞競合】

• **国内の大型プロジェクト**

細胞競合はショウジョウバエで1975年に見出され、それ以降も主にショウジョウバエを用いた研究が進んできた。一方、哺乳類においては藤田の2009年の論文で細胞競合現象が起こることが報告されたのが始まりであった。その後、少しずつ世界的にも細胞競合に興味を持つ研究者が増えてきたが、2015年以降に超初期がん病変の存在がヒトの様々な組織で報告されるとともに、超初期がんの生成制御に関わる細胞競合現象が大きな注目を集めるようになった。近年研究人口は世界的にも飛躍的に増加し、現在ではがん研究において、最もホットな研究分野に成長しつつある。わが国では細胞競合が新学術領域（2014–1018年）と学術変革領域（2021–2025年）で採択され、それらをきっかけにして、細胞競合への知名度が大いに向上した。研究者の数の割合も海外に比してかなり多く、わが国で細胞競合研究が盛んに行われていることは、海外でも広く認知されている。その強みを生かすことができれば、がん分野においてわが国が細胞競合研究でリードするチャンスは大いにあると考えられる。

【がん悪液質】

- **がん悪液質治療（アナモレリン®、GDF15）**

Helsinn Healthcare社（スイス）と小野薬品社により開発されたがん悪液質治療薬である。食欲増進ホルモンであるグレリンのアゴニストで、「食欲不振」という重要な症状を緩和する効果が期待されている。「エドミルズ」として日本国内で販売される見通しである。アナモレリン®が成功すれば、今後この研究領域への注目・期待が高まると考えられる。また、2021年のCancer Cachexia ConferenceではGDF15[28]が次のターゲットとして着目されていた（Pfizer社発表）。がんで亡くなる人数を考えると、がん悪液質領域の薬剤開発の成功が与えるインパクトは非常に大きいと考えられる。

- **Cancer Grand Challenge（CANCAN）**

Cancer Grand Challengeとは、がん研究に残された大きな挑戦に取り組む国際共同研究をサポートする、主に米国の大型グラントである。本プログラムの中にはCachexiaが含まれている。米国と英国の14の機関からなる共同研究チームが、“Cachexia: Understand and reverse cachexia and declining performance status in cancer patients”（通称「CANCAN」）と題された研究を展開している。がんについては巨大なプロジェクトが国内外に数多く存在するが、がん悪液質にフォーカスした大型プロジェクトは少ない。本研究分野はある種のニッチになっているとも考えられ、特に民族差の観点からも、わが国がユニークな立場を示しやすい領域である。

- **がん悪液質を引き起こすがん由来分子に関する研究**

海外では、マウスやショウジョウバエなどを用いた実験系によって、がんに由来するどの分子が宿主の病態生理を引き起こすのか、という研究が盛んに行われている。例えば、副甲状腺ホルモン関連タンパクC末端（PTHrP）[19]、インスリンアンタゴニストIMPL2[17, 18]、増殖分化因子15（GDF15）[28]、インターロイキン6（IL–6）[26]などに関する研究である。実際にはがん悪液質は複数の因子によって複雑に制御されていると考えられ、単一の因子に対するアプローチで全てを解決することは難しいが、がん由来の責任因子のリストが充実していくことは重要である。

- **がん悪液質に関わる宿主側の因子に関する研究**

最近の研究から、がん悪液質に関与する宿主側の遺伝子に関する理解も進んでいる。脂肪トリグリセリドリパーゼ（ATGL）[27]、副甲状腺ホルモン受容体（PTHr）[20]、コレステロール代謝タンパク質CYP7A1[21]、ニコチンアミドメチル基転移酵素（NNMT）[22]、Toll–like receptor 4（TLR4）[31]などの研究を挙げることができる。がん由来の因子に関する研究との協奏的な展開が期待される。がん悪液質の病態は極めて複雑で、複数の臓器で様々な異常が起こる。これらの異常について、がん由来・宿主由来の因子を丁寧に調べ上げる研究が続くと思われる。それら研究が、臨床研究へとどのように展開していくか、今後の注目である。

（5）科学技術的課題

【細胞競合】

- **細胞競合の理解に基づくがん超初期バイオマーカーの同定**

当該分野（がん×細胞競合）が盛り上がるためにはいくつかの課題があるが、最も喫緊の課題は、超初期がんの診断バイオマーカーの同定である。このために、細胞競合の制御因子の同定を進めていく必要がある。実際に、藤田らは細胞競合研究を発展させ、膵臓がん前がん病変であるAcinar–ductal metaplasia（ADM）の新規バイオマーカーの同定に成功した[32]。同定したバイオマーカーを超初期がん病変の臨床診断マーカーとして利用するためには、数百μMの小さな病変を診断する新たな手法の開発が必要になる。例えば、スクリーニングで同定した膜表面分子に対する抗体を放射性同位元素（^{89}Zr：半減期3.25日など）で標識し、positron emission tomography（PET）を用いて前がん病変を特異的に診断するスキームの開発、あるいは強い蛍光を発するタンパク質の開発などが必要になるであろう。

【がん悪液質】

- **QOLの客観的評価、非侵襲的な計測・診断技術の開発**

がん悪液質にかかる臨床研究では、QOLを客観的に測ることができるかが鍵となる。現在はアンケート調査が多いが、QOL改善のための介入が生理にどのように影響するかを客観的に調べ、更なる介入法の開発につなげていくには、生命科学的アプローチによるQOLの客観的な評価方法の開発が急務である。QOLの評価には経時的な計測が必須だが、その際に患者の負担を最小限にするためには、非侵襲的な解析・診断技術の開発が重要である。唾液や汗などを対象にするほか、呼気に含まれる代謝物を計測する呼気オミクスなどの発展が期待される。

- **生命科学・医学的なアプローチに依らない介入法の開発**

本分野における研究の現状は、生命科学・医学的なアプローチに頼りすぎているきらいがある。これらのアプローチは主流であると考えられるが、一方で実際の医療現場は単純ではない。慢性疾患を抱え、治療に取り組む患者は、経済的なストレスや治療の副作用によるストレスなど様々なストレスにさらされる。がんによる全身の不調よりも先に副作用を経験するケースが大半であろう。ストレスは患者のメンタリティに大きな影響を与え、うつ病を併発する患者も多い。このような状況にあるため、例えばコミュニケーションによるメンタルケアも重要であろう。医療人材の枯渇と激務は深刻な問題であるため、今後はロボットやアプリなどによる介入も勃興していくものと思われる。メンタル面の評価では、客観的評価が重要となる。がんそのものの治療、がん・治療による全身の不調の低減、そしてメンタルケア、これらの複合的な発展が何よりも重要と考えられる。

（6）その他の課題

【がん悪液質】

悪液質に対する終末的な病態のイメージから、研究者が当該領域への参入を尻込みしてしまう現状を改善することが課題である。海外ではがん悪液質は必ずしも終末を意味せず、早期介入が重要であるとされる[29]。啓発活動は間違いなく当該領域の課題の1つである。本分野の重要性は、がんによる死を身近なものとして感じている、一般市民に受け入れられやすいと思われる。例えば、わかりやすく、かつ正確に病態を表現でき、終末期をイメージさせない用語を作ることが重要だろう。がん悪液質研究＝悪あがき、役に立たないというイメージを払拭し、その重要性を広めていくことが喫緊の課題である。

（7）国際比較

国・地域	フェーズ	現状	トレンド	各国の状況、評価の際に参考にした根拠など
日本	基礎研究	◎	↗	・がん細胞競合の研究者数は、国内外を見渡してもわが国の研究者が目立って多く、存在感が大きい。ただし、ショウジョウバエを用いた研究や、がんではなく発生をターゲットとしたものが多く、哺乳類でがん研究を行っている研究者数は多くない。 ・がん悪液質の基礎研究者数は少ない（がんそのものに関する基礎研究者数が非常に多いのとは対象的な状況）。ただし、国内で当該研究領域を扱う研究室の数は増加傾向。
	応用研究・開発	△	↗	・がん細胞競合はまだ基礎研究段階（国内・海外とも同じ状況） ・がん悪液質治療薬であるアナモレリン®の登場が大きく、国内のがん関連学会でがん悪液質が扱われることが増えている。ただし、本分野への熱量はがん種によって異なる。
米国	基礎研究	◎	↗	・細胞競合に関する論文数が近年飛躍的に増加、近年細胞競合研究を始めた研究者も少なくない ・がん悪液質については、大型プロジェクト（CANCAN）の実施が大きく、Cancer Cachexia Societyの小規模ながらも継続的かつ活発な活動にも要注目
	応用研究・開発	△	↗	・がん細胞競合はまだ基礎研究段階（国内・海外とも同じ状況） ・がん悪液質の臨床試験として、206件が進行中（Clinical trial.gov調べ）
欧州	基礎研究	○	↗	・細胞競合に関する論文数が近年飛躍的に増加、近年細胞競合研究を始めた研究者も少なくない ・がん悪液質について、特定のグループによる基礎研究はあるが、日本に近い印象で限定的。大型研究費も見られない
	応用研究・開発	△	↗	・がん細胞競合はまだ基礎研究段階（国内・海外とも同じ状況） ・がん悪液質について、QOLを重視するという研究の流れは欧州で受け入れられている印象はあるが、やはり、がんそのものの研究開発が中心である
中国	基礎研究	△	→	・がん悪液質について、散発的なオミクス研究の実施事例はあるものの、がんそのものに対する研究を推進する勢いが今なお圧倒的に強い
	応用研究・開発	×	→	・がん細胞競合はまだ基礎研究段階にある（国内・海外とも同じ状況） ・がん悪液質について、そもそも、宿主やQOLへの関心があまりない印象
韓国	基礎研究	△	→	・細胞競合に関する論文はあまり見かけない ・ショウジョウバエを用いたがん悪液質研究の先駆けであったUCLAのBilder研出身のKwonが研究室を開いた
	応用研究・開発	×	→	・がん細胞競合はまだ基礎研究段階にある（国内・海外とも同じ状況） ・がん悪液質について、そもそも、宿主やQOLへの関心があまりない印象

（註1）フェーズ

基礎研究：大学・国研などでの基礎研究の範囲

応用研究・開発：技術開発（プロトタイプの開発含む）の範囲

（註2）現状 ※日本の現状を基準にした評価ではなく、CRDSの調査・見解による評価

◎：特に顕著な活動・成果が見えている　○：顕著な活動・成果が見えている

△：顕著な活動・成果が見えていない　×：特筆すべき活動・成果が見えていない

（註3）トレンド ※ここ1～2年の研究開発水準の変化

↗：上昇傾向、→：現状維持、↘：下降傾向

関連する他の研究開発領域

・高分子創薬（抗体）（ライフ・臨床医学分野　2.1.2）
・遺伝子治療（*in vivo* 遺伝子治療 / *ex vivo* 遺伝子治療）（ライフ・臨床医学分野　2.1.5）

参考・引用文献

1) Marticorena et al., "Tumor evolution. High burden and pervasive positive selection of somatic mutations in normal human skin.", 2015, Science, 348（6237）: 880-6. doi: 10.1126/science.aaa6806
2) Marticorena et al., "Somatic mutant clones colonize the human esophagus with age.", 2018 Science, 362（6417）: 911-917. doi: 10.1126/science.aau3879
3) Yoshida et al., "Tobacco smoking and somatic mutations in human bronchial epithelium.", 2020 Nature, 578（7794）: 266-272. doi: 10.1038/s41586-020-1961-1
4) Nanki et al., "Somatic inflammatory gene mutations in human ulcerative colitis epithelium.", 2020 Nature, 577（7789）: 254-259. doi: 10.1038/s41586-019-1844-5
5) Yokoyama et al., "Age-related remodelling of oesophageal epithelia by mutated cancer drivers.", 2019 Nature, 565（7739）: 312-317. doi: 10.1038/s41586-018-0811-x
6) Hogan et al., "Characterization of the interface between normal and transformed epithelial cells.", 2009 Nat Cell Biol, 11（4）: 460-7. doi: 10.1038/ncb1853
7) Tamori et al., "Involvement of Lgl and Mahjong/VprBP in cell competition.", 2010 PLoS Biol, 8（7）: e1000422. doi: 10.1371/journal.pbio.1000422.
8) Watanabe et al., "Mutant p53-Expressing Cells Undergo Necroptosis via Cell Competition with the Neighboring Normal Epithelial Cells.", 2018, Cell Rep, 23（13）: 3721-3729. doi: 10.1016/j.celrep.2018.05.081
9) Kon et al., "Cell competition with normal epithelial cells promotes apical extrusion of transformed cells through metabolic changes.", 2017, Nat Cell Biol, 19（5）: 530-541. doi: 10.1038/ncb3509
10) Sasaki et al., "Obesity Suppresses Cell-Competition-Mediated Apical Elimination of RasV12-Transformed Cells from Epithelial Tissues.", 2018, Cell Rep, 23（4）: 974-982. doi: 10.1016/j.celrep.2018.03.104.
11) Colom et al., "Mutant clones in normal epithelium outcompete and eliminate emerging tumours.", 2021, Nature, 598（7881）: 510-514. doi: 10.1038/s41586-021-03965-7
12) Kajita et al., "Filamin acts as a key regulator in epithelial defence against transformed cells.", 2014, Nature Communications, 5 : 4428. doi: 10.1038/ncomms5428.
13) Yamauchi et al., "The cell competition-based high-throughput screening identifies small compounds that promote the elimination of RasV12-transformed cells from epithelia.", 2015, Sci Rep, 5 : 15336, doi: 10.1038/srep15336.
14) Petruzzelli, M. & Wagner, E. F. Mechanisms of metabolic dysfunction in cancer-associated cachexia. Genes Dev 30, 489-501（2016）, doi: 10.1101/gad.276733.115
15) Ding, G. et al. Coordination of tumor growth and host wasting by tumor-derived Upd3. Cell Rep 36, 109553（2021）, doi: 10.1016/j.celrep.2021.109553
16) Lee, J., Ng, K. G., Dombek, K. M., Eom, D. S. & Kwon, Y. V. Tumors overcome the action of the wasting factor ImpL2 by locally elevating Wnt/Wingless. Proc Natl Acad Sci U S A 118(2021),

doi: 10.1073/pnas.2020120118
17) Kwon, Y. et al. Systemic organ wasting induced by localized expression of the secreted insulin/IGF antagonist ImpL2. Dev Cell 33, 36-46（2015), doi:10.1016/j.devcel.2015.02.012
18) Figueroa-Clarevega, A. & Bilder, D. Malignant Drosophila tumors interrupt insulin signaling to induce cachexia-like wasting. Dev Cell 33, 47-55（2015））, doi：10.1016/j.devcel.2015.03.001
19) Kir, S. et al. Tumour-derived PTH-related protein triggers adipose tissue browning and cancer cachexia. Nature 513, 100-104（2014), doi：10.1038/nature13528
20) Kir, S. et al. PTH/PTHrP Receptor Mediates Cachexia in Models of Kidney Failure and Cancer. Cell Metab 23, 315-323（2016), doi：10.1016/j.cmet.2015.11.003
21) Enya, S., Kawakami, K., Suzuki, Y. & Kawaoka, S. A novel zebrafish intestinal tumor model reveals a role for cyp7a1-dependent tumor-liver crosstalk in causing adverse effects on the host. Dis Model Mech 11（2018), doi：10.1242/dmm.032383
22) Mizuno, R. et al. Remote solid cancers rewire hepatic nitrogen metabolism via host nicotinamide-N-methyltransferase. Nat Commun 13, 3346（2022））, doi：10.1038/s41467-022-30926-z
23) Hojo, H. et al. Remote reprogramming of hepatic circadian transcriptome by breast cancer. Oncotarget 8, 34128-34140（2017), doi：g：10.18632/oncotarget.16699
24) Verlande, A. et al. Glucagon regulates the stability of REV-ERBalpha to modulate hepatic glucose production in a model of lung cancer-associated cachexia. Sci Adv 7（2021), doi：10.1126/sciadv.abf3885
25) Masri, S. et al. Lung Adenocarcinoma Distally Rewires Hepatic Circadian Homeostasis. Cell 165, 896-909（2016), doi：10.1016/j.cell.2016.04.039
26) Flint, T. R. et al. Tumor-Induced IL-6 Reprograms Host Metabolism to Suppress Anti-tumor Immunity. Cell Metab 24, 672-684（2016), doi：10.1016/j.cmet.2016.10.010
27) Das, S. K. et al. Adipose triglyceride lipase contributes to cancer-associated cachexia. Science 333, 233-238（2011), doi：10.1126/science.1198973
28) Suriben, R. et al. Antibody-mediated inhibition of GDF15-GFRAL activity reverses cancer cachexia in mice. Nat Med 26, 1264-1270（2020), doi：10.1038/s41591-020-0945-x
29) Fearon, K. et al. Definition and classification of cancer cachexia: an international consensus. Lancet Oncol 12, 489-495（2011), doi：10.1016/S1470-2045（10）70218-7
30) Fujii, H. et al. Cancer cachexia as a determinant of efficacy of first-line pembrolizumab in patients with advanced non-small cell lung cancer. Mol Clin Oncol 16, 91（2022), doi：10.3892/mco.2022.2524
31) Henriques, F. et al. Toll-Like Receptor-4 Disruption Suppresses Adipose Tissue Remodeling and Increases Survival in Cancer Cachexia Syndrome. Sci Rep 8, 18024（2018). https://doi.org：10.1038/s41598-018-36626-3
32) Sekai et al., manuscript in preparation

2.1.11 脳・神経

（1）研究開発領域の定義

脳科学は基礎生命科学の一分野であるとともに、精神・神経疾患を対象とする医学、そして人工知能を扱う数理科学等、多彩な学問をカバーする巨大な学際領域である。研究対象のスケールも分子レベルから個体や社会レベルに至る多階層性をもつ。本稿では基礎生命科学としての脳科学・神経科学と脳の疾患を対象にする医学領域、および脳の情報を読み出し機能を補綴しようとするBrain Machine Interface（BMI）を扱う。脳科学の及ぼす影響の拡がりは従来の医療倫理・生命倫理を超えるものであり「脳神経倫理学」が重要になっている。これら異なる方向性をもつ学問領域は技術・知識基盤を共有しつつ発展しており、その全体の俯瞰のために本稿にまとめた。

（2）キーワード

チャネル、受容体、シナプス、光遺伝学（オプトジェネティクス）、化学遺伝学（ケモジェネティクス）、脳腸相関、ウイルスベクター、人工知能、ブレイン・マシン・インターフェース（BMI）、ニューロリハビリテーション、精神疾患、神経変性疾患、脳画像解析、ブレインバンク、疾患モデル動物、アルツハイマー病、パーキンソン病、iPS細胞、再生医療、遺伝子治療、オルガノイド

（3）研究開発領域の概要

【本領域の意義】

• **脳科学・神経科学**

脳の働きを解明することは、ヒトがヒトたる所以に挑むという意味において、人類にとって最も根源的な生命科学の一分野である。ヒトの脳の基盤は1,000億個に及ぶ神経細胞が1,000兆個に達するシナプスによって相互に接続することにより形成される神経回路網にある。機能素子としての神経細胞の基盤は、電気信号を作り出すためのさまざまなイオンチャネルとその活性調節機構である。一方、神経回路の基盤となるのはシナプスによる神経細胞間の正確な配線とともに、学習や環境によってシナプス接続強度を可塑的に変化させる機構にある。最終的な個体レベルとしての脳機能は、神経回路ユニットがさまざまな脳領域において情報を処理することによって発揮されると考えられる。ヒトや非ヒト霊長類では、個体レベルでは脳波（10万個）や機能的核磁気共鳴画像法（fMRI; 8万個）の神経活動の平均値しか記録できない。神経回路レベルで記録できる個々の神経細胞の数は近年の技術開発により飛躍的に増加しており、両者の間のギャップが急速に縮まりつつある。また1,000億個に及ぶ神経細胞間を適切に配置させ、特異的にシナプスを形成・維持させる分子群の知見も膨大となってきた。このため、個々の階層での研究の深化に加えて、各階層で得られた技術革新や知見を、お互いに利用できるようにする方法論が重要になってきている。

• **神経変性疾患**

運動ニューロン疾患、アルツハイマー病、パーキンソン病をはじめとする神経変性疾患は、超高齢化社会において急激に増加しており、その治療法開発は急務である。現在の研究の流れの中心は、神経変性の病態解明とそれに基づく超早期診断と病態修飾治療（disease–modifying therapy: DMT）開発である。神経変性疾患は、家族性神経変性疾患の原因遺伝子が同定され、分子病態を標的としたDMTが開発され、その一部は保険診療で使用可能となっている。特に、筋萎縮性側索硬化症（ALS）や球脊髄性筋萎縮症（SBMA）に対するDMTが、わが国で行なわれた治験成績に基づいて世界に先駆けて薬事承認されたことは画期的であるが、多くの神経疾患にはDMTが存在しない。また、アルツハイマー病における神経変性の病態は発症前よりも10～20年前から始まっていることが明らかになってきており、発症前の先制治療に向けた研究が盛んになってきている。パーキンソン病ではドーパミン補充療法を中心に新規治療薬が登場し、脳深部刺激療法

等のデバイス治療が充実しつつある。しかしまだ実質的な成功が見られておらず、今後の治療研究のパラダイムシフトが必要であると考えられている。

- **精神疾患**

うつ病、統合失調症、神経発達症をはじめとする精神疾患は、わが国だけで患者数が300万人余りにも上る（認知症を除く）。しかし、いまだに難治であり、現行の薬物及び心理社会的治療では十分な効果が得られず社会復帰が果たせない例も多く、患者、家族および社会に甚大な損失をもたらしている。革新的な診断・治療・予防法の開発のため病因・病態の解明が急務となっている。しかし脳内の病理所見で規定される神経変性疾患と異なり、精神疾患の脳病態は未同定であり、生理・生化学的診断検査法も確立していない。

- Brain Machine Interface（BMI), BrainTech

脳は多次元、非線形、時変なダイナミカル・システムである。こうした一連の過程をモデル化して、その表現の一部を計算機に肩代わりさせる仕組みをBrain–Machine Interface（BMI、あるいはBrain–Computer Interface; BCIはほぼ同義で使用される）と呼ぶ。複雑な脳内情報処理過程をモデル化する部分においては、データサイエンス（人工知能分野）の活用が大きな成功を納めている。脳の運動情報処理に媒介してロボットアームやロボットレッグを円滑に操作するサイボーグ技術、マイクロフォンやカメラなどの機械センサを脳の聴覚系や視覚系にインプットする感覚補綴、脳内の情報処理過程に仲介してその演算を効率化させるニューロモデュレーション技術（の一部）、失われた神経ネットワークを再建する人工神経接続技術など、生物器官の機能不全や欠損に対する工学的なソリューションとして、一部は既に革新的な医療機器としての実用化が進んでいる。医療だけでなく、福祉、ヘルスケア、スポーツ領域への応用が期待されており、スタートアップ業界でBrainTechは大きな流行を見せている。

【研究開発の動向】

- **分子細胞神経科学**

ⅰ シーケンシング技術と情報科学の融合・網羅的脳マッピング

シーケンス技術は、単一細胞におけるRNA解析技術（scRNA–seq）やエピゲノム解析（ヒストンの修飾・クロマチン構造・DNA修飾による遺伝子発現制御）、さらに長鎖ノンコーディングRNAによる遺伝子制御機構の解析の進展にも大きく寄与している。これらの技術は、神経細胞の発生・分化時や、病態時における遺伝子発現の変化の理解を一変しつつある。米国アレン脳科学研究所は、マウスを中心とするニューロンの形態、遺伝子発現、脳活動データを大規模に取得し公開している[1)]。脳活動について光学・電気生理学的手法によるデータを視覚刺激とともに公開しているほか、ヒト脳外科患者試料を用いた単一ニューロンデータの公開も進めている。実験神経科学者のチームが特定の仮説を持たずに大規模データを取得・公開し、利用者がそのデータを用いて仮説の検証やモデリングを行うという分業体制による研究スタイルが広がりを見せている。

ⅱ グリア細胞・末梢組織との機能相関

グリア細胞が、シナプス機能や軸索維持など神経細胞の機能に大きな役割を果たすことが明らかになってきている。グリア細胞はアルツハイマー病[2)]やうつ病[3)]などの精神・神経疾患の病態においても重要な役割を果たすことが明らかになりつつある。神経系・血管系・末梢神経系・免疫系・代謝系を連動させるシグナリング機構も大きく注目を集め、脳と他臓器の相互作用の研究は多くの研究者の注目を集め、新たな学際分野として発展しつつある。

ⅲ iPS細胞から脳オルガノイドへ

病態関連遺伝子の機能を調べる方法として、iPS細胞からオルガノイドを作る技術開発が進展し注目されている[4)]。 scRNA–seq解析技術はオルガノイドにおける神経細胞種やその発生・分化段階を判定するためにも重要な武器となっている。神経細胞の老化機構の研究にもiPS細胞の応用は期待されている。

• **神経回路研究**

疾患関連遺伝子と病態との関連性を解明するために、マウス、ラット、マーモセットなどの小動物への遺伝子導入技術と脳活動計測技術を組み合わせた神経回路研究が主流となった。特に、脳機能（感覚、運動、記憶学習、意思決定など）に関与する大域的な情報伝達を解明する研究手法が広く用いられるようになった。

遺伝子導入技術として、アデノ随伴ウイルス（AAV）が広く用いられるようになり、また、狂犬病ウイルスなど逆行性ウイルス・トレーサーを利用した特定の投射経路やプレシナプス細胞への遺伝子導入技術が普及した[5]。加えて、CRISPR–Cas9やその改良法、さらに一塩基変異を導入する技術によるゲノム編集でのモデル動物の作製が普及し、個体の遺伝子改変技術は安価かつ短期間ですむものとなった。特に後者の技術は遺伝子治療への応用も期待されている[6]。

より広い領域における電子顕微鏡の自動撮像技術は、米国ではATUMtomeとMulti SEMによるコネクトーム研究が進み[7]、ドイツではSBEMとMulti SEMによるマウス全脳の再構築が試みられている[8]。

光を用い神経活動を操作する光遺伝学技術については、さまざまな波長、興奮抑制、機序、応答性を示す分子が次々に開発され[9]、広く普及し、広域神経回路についての機能的マッピングの知見が急速に蓄積しつつある。また、より広い領域やより長時間にわたって神経活動を操作するためには、薬剤による化学遺伝学的な制御法（DREADD法）も広く用いられるようになった。

多点電極による多細胞記録、ホールセル記録、傍細胞記録などの電気生理学的技術は、スパイクを検出する時間分解能では依然優位にある（・Brain machine interface（BMI）i）脳活動のセンシング技術の項参照）。

• **システム神経科学**

システム神経科学は、各脳部位の情報表現様式を明らかにしようとする主にマカクザルを用いた電気生理学的研究と、その情報表現と動物の行動との因果関係を解明しようとする神経活動の介入・操作研究によって発展してきた。これに加え近年上述のように、光・化学遺伝学の手法によるげっ歯類を対象とする研究が広く行われている。

ⅰ げっ歯類

遺伝子改変技術を駆使して作成したモデルマウスとウイルスベクターによる遺伝子発現技術を組み合わせて自由自在に遺伝子発現を制御した研究を行うことが世界標準になった。光遺伝学技術の開発によって特定の細胞種、回路の機能をミリ秒オーダーで操作することが可能になり、これらの細胞・回路の機能を因果論的に立証できることが研究パラダイムの飛躍的進展をもたらした。げっ歯類を用いた脳機能研究は、空間記憶やヒゲの触覚などの生得的な行動が主だったが、従来サルを対象として用いられてきたような行動課題を訓練し、上肢の随意的運動、視覚認知、意思決定に関連する研究が行われるようになってきており、計算モデルに基づいた内部状態の推定や、従来マウスでは困難であった高次脳機能やその障害としての精神神経疾患研究が進展しつつあるが、一方で行き過ぎを懸念する声もある。マウスだけで高次脳機能を理解しようとすると結局ヒトに外挿する際に間違いを犯す可能性があり、霊長類の研究とうまく組み合わせることが重要である。

ⅱ 霊長類

非ヒト科霊長類は、直接侵襲的手法を用いた高次脳機能の研究対象として長年用いられてきた。現在マウスを対象として行われている遺伝子改変技術の応用による疾患モデル動物作製と光遺伝学をはじめとする回路操作技術の導入がサルに適用することが困難であるという問題点があり、マーモセットにおいてこれら技術適用に大きな進展がみられ[10]、マカクザルにおいても技術開発の努力が継続している。

北米や欧州では非ヒト科霊長類を対象とする実験は動物愛護の観点からの制約が大きい。それでも米国では多くの基幹的な大学・研究所で研究が着実に進められており、研究課題も高次認知機能から感覚運動機能、また疾患モデルや脳・脊髄損傷モデルまで多様である。手法も電気生理学から脳機能イメージング、光遺伝学、行動実験まで多岐にわたる。欧州では少数の基幹的研究機関において集中的な研究が行われている。本邦では歴史的に多くの大学や研究所などで主にニホンザルを対象とする脳機能研究が行われてきた。動物実験への反対が比較的弱いこと、またナショナルバイオリソースプロジェクトによってサルが比較的低価格で入手可能であることから、基盤的な研究も多く行われている。中国は国策としてサルの研究を推進している。欧米から多くの研究者がリクルートされ急激に研究者層が厚みを増している。遺伝子改変マカクザルの研究を展開し、この分野での国際的優位性を確立しつつある。遺伝子改変動物の作成が可能なコモンマーモセットを対象とする研究は欧米で増加しており、また日本でも革新脳プロジェクトにより増加している。

- **ヒト脳活動の読み出し技術**

神経細胞の電気的活動を直接捉える脳波（頭皮電極, EEG）、硬膜電極（頭蓋内電極, ECoG）、針電極（脳内電極）の他、NIRS（近赤外分光法）、脳磁図、PET、MRIなどの計測技術が用いられている。

ⅰ MRI（磁気共鳴画像）

MRIは、従来の機能局在から、機能統合という観点からの脳の理解、即ち領域間や空間的に離れた領域の関係性から脳を理解するため、また神経回路などのシステムとしての病態を検討するための重要なツールとなった。神経回路の破綻は症候の発現と密接に関連しており、認知症をはじめとする神経変性疾患の超早期診断方法のひとつになると期待されている。 MRS（磁気共鳴スペクトロスコピー）やDTI（拡散テンソル画像法）などにより脳の機能や構造に関する様々な情報を読み出すことが可能になっている。安静時の脳機能状態を脳部位間の相互関係と合わせて評価することが可能となり（安静時脳機能領域間結合解析、デフォルトモードネットワーク）、精神機能の理解を大きく発展させることが期待されている。

神経変性疾患の脳画像は、高磁場～超高磁場MRIを用いて、軽微な脳萎縮、脳内神経回路、脳代謝（MRスペクトロスコピー）の可視化が進んでいる。組織学的な脳の構造や線維連絡の解析には、通常使われている3テスラMRI機を遥かにしのぐ解像度を発揮する7テスラMRI機の応用が期待されている。現在、世界では50台以上の7テスラ機が稼働しているが、日本で稼働している7テスラ機は数台である。

ⅱ PET（陽電子放出断層撮影）

PETは、多くの神経変性疾患の診断・治療上の標的分子である脳内異常蓄積タンパク質を生前に可視化しうる唯一の方法であり、発症前を含めた生前における確定診断の実現可能性を示している。アルツハイマー病の原因タンパク質の一つと目されるアミロイドβのPETによる評価をもとにした診断は、同疾患を対象とした疾患修飾薬開発研究において必須の項目となりつつある。また、タウタンパク質病変の画像化がヒトでも可能となりつつあり、本邦はこの分野をリードしている。向精神薬と脳内標的分子の結合を患者から得られるようになり、新薬開発の段階で、新薬の脳内標的分子への結合や脳内動態をPETで確認するようになってきている。近年、AMPA型グルタミン酸受容体そのものを可視化できるプローブが日本で開発された[11]。うつ病、統合失調症や自閉症などで特徴的な同受容体の変化が見つかっており、今後も精神・神経疾患に使用できる新しいPETプローブの開発は必要である。

- **ヒト脳の刺激技術**

脳の刺激方法として、侵襲的方法として皮質に刺入した針電極や硬膜下に留置した電極などで、皮質を電気刺激する方法や視床や基底核などの脳の深部に電極を入れて刺激する脳深部刺激（DBS）があり、非侵襲的方法としては頭皮上に置いたコイルで磁場を発生させ、脳内に電流を誘起させニューロンを刺激する経頭蓋磁気刺激・反復経頭蓋磁気刺激（TMS・rTMS）と、頭皮上に電極パッドを配置し、微弱な電流を流すことでその間にある脳部位にモジュレーションを加える経頭蓋電気刺激（tES）がある。

ⓘ ニューロモデュレーション

電気けいれん療法（ECT）やTMS・rTMSは脳神経の機能を直接修飾する治療法として用いられ、ニューロモデュレーションと呼ばれている。近年、rTMSが様々な神経疾患とともに精神疾患（うつ病、不安障害、強迫性障害、統合失調症、嗜癖、てんかん性障害など）を対象とした臨床試験も多く行われ、左背外側前頭前皮質に対する高頻度刺激を用いたrTMSのうつ病に対する高い有効性が示され[12, 13]、日本では2019年に薬物療法に反応しないうつ病の治療装置として薬事承認、保険収載された。

• Brain machine interface（BMI）

BMIは、脳細胞の活動を読み取り、脳と機械の情報伝達を仲介する機器やプログラムを指し、人工内耳や人工網膜などの感覚機能の補綴を行う感覚型BMIや、脳活動から脳内の意図を解読し、周辺機器へ出力することによって運動・コミュニケーション能力を補綴する運動制御型BMIがあり、脳内埋込型電極を用いた動物実験では複数の自由度を持つロボットアームの操作なども可能となっている。fMRIや表面電極留置などによるデコーディング技術とBMIの技術進歩は著しく、神経難病への応用研究も進んでいる。また、生体電位信号から人間の意思を読み取り思い通りに動く随意的制御システムと、人間のような動作を実現することができるロボット的な自律的制御システムから構成される日本発のパワードスーツであるHybrid Assistive Limb（HAL）の臨床応用も進んでいる。

ⓘ 脳活動のセンシング技術

BMIでは上述の脳波および脳画像を用いた脳活動読み出し技術を用いる。測定方法の改良が脳波とMRIで精力的に進められており、脳波に関してはfMRI（機能的磁気共鳴画像法）との同時計測、脳磁気刺激との併用、スポーツなどの粗大運動中の安定計測などが実現した。また、身体に電極を埋め込むタイプのセンサについては、CMOSプロセスをベースにした1シャンクに960の記録チャンネルを備え脳の広範囲をカバーできる軽量・高密度の神経プローブ「Neuropixels」が自由行動中のげっ歯類の脳活動を広範囲から記録する方法として利用が進んでいる[14]ほか、無線給電とワイヤレス通信機能を搭載し適正なエネルギー消費を実現したデバイス（Neural Dust[15]）やヒトを含む霊長類を対象とした埋植術式の標準化とユーザビリティ開発を進めた電極（Neuralink[16]）など、新しい技術が誕生している。

ⓘⓘ デコーディング

ブレイン・デコーディングとは、脳活動を測定し、脳内にある心的機能に関する信号化された情報を解読（decoding）する技術を指し、脳イメージングの解析に機械学習の手法が幅広く用いられるようになり飛躍的に進歩した。日本が世界に先駆けて切り拓いた分野であり、夢の内容の解読や深層ニューラルネットワークと組み合わせたリアルな視覚像の可視化も実現している[17, 18]。fMRIを用いたブレイン・デコーディングにより精神疾患に特徴的なパターンを見出し[19]、機能的結合の低下している脳領域を強化する治療の試みが行われている。また、ALSや筋ジストロフィーの患者脳の表面への電極シートの設置により、考えるだけでロボットアームや意思伝達を行うことに成功した研究もわが国から報告されている。

ⓘⓘⓘ 刺激技術

脳情報を解読した結果をフィードバックする手法としては、視覚や聴覚、触覚など人間が本来持つ感覚入力を介する方法と脳や神経を直接刺激する方法があり、後者は出力と入力（脳刺激）を繋いだクローズドループのBMIを構築することを可能とし、皮質への電気刺激とECoG記録のクローズドループによるECoG–BCIs[20]、DBSに筋電図信号によるオンオフ機能を付加したもの、TMSに脳波読み出しをフィードバックさせるなどの試みが行われている。また、脳の状態に応じて脳を刺激するBrain–State Dependent Stimulationも、刺激による効果を促進する方法として注目を集めつつある。

ⓘⓥ BMIのアプリケーション

・BMIを用いたリハビリ研究が進んでおり、手指の運動をアシストするロボティクスをBMIによって駆動する研究については、ランダム化比較試験（RCT）が世界で実施され、麻痺上肢の機能改善に対する有効性が示された。

・脊髄損傷後の歩行再建として、脳からのシグナルを脊髄への電気刺激に変換して送達する研究も進展しており[21, 22, 23]、薬剤や細胞移植による組織復元との併用が視野に入っている。また、中枢からの記録なしで腰髄への電極埋め込みによる閉鎖回路による多数の自立歩行回復例が報告された[24]。

・精神疾患治療：精神疾患や発達障害の治療には、1960年ごろから脳波によるニューロフィードバックが試みられており米国ではADHDの治療として承認されているが、効果に個人差がある、導入に時間と手間がかかるといった理由から、日本では一般的な治療法とはなっていなかった。しかし近年、より空間解像度の高いfMRIとデコーディング技術を応用したdecoded neurofeedback（DecNef）が日本で開発され、ASDやPTSD、強迫神経症などの精神疾患に効果があることが示されている。脳がたまたま望ましい状態になった時に報酬を与えることでその脳の状態を取るように仕向けるという脳の強化学習のメカニズムを活用したものある。これら非侵襲的な方法に加え、前頭前野から感情状態を読み取って、辺縁系に埋め込んだ深部電極の刺激を制御することで、精神疾患でうまくいかなくなった前頭前野の感情制御を補助しようという試み（affective BCI / emotional prosthesis[25]）など、デコーディングと脳深部刺激を利用する侵襲的な方法も検討されている。これらの高度な技術や装置と並行して、簡便で低価格な脳波計やそれによるニューロフィドバックアプリが、マインドフルネス瞑想のブームにも影響され市場に出回りつつある。しかし、プラセボ効果でないことが厳密に検証されているとは言い難いものが多い。

・マーケティング：人が商品を選ぶ時、言葉で説明できるような気持ちより無意識な印象で決めていることが多い。このような無意識な過程を知るには脳から直接情報を取り出すしか方法がないため、BMI/BCIの技術が盛んに用いられるようになっている。脳情報通信融合研究センター（CiNet）とNTTは共同でfMRIとデコーディング技術を利用してTV視聴時に感じている印象を読み取ることに成功している。

・こうしたアプローチは一部で、生物が本来持っているスペック以上の能力を引き出すエンハンスメントに応用されたり、生物が本来備えていない器官の機能を機械的に付与する人間拡張技術として研究されたりしており、倫理的、法的、社会的な議論を呼んでいる。このような研究開発にともなって、人間の脳が持っている「適応能力」の高さや、その適応能力を操作する方法が明らかになりつつある。このようにBMI技術は、「脳とは何か」「人間とは何か」を知るための、新しい科学的方法としても注目を集めている。

• 回路モデル、理論神経科学

脳科学は実験的研究と理論的研究の両者が車の両輪として発展してきた。 Barlowは、感覚系の情報処理の目標を外界からの入力の冗長性を減らし独立な活動として表現することとみなし、「効率的符号化仮説」を提唱した。これを発展させたスパース符号化モデルにより、視覚一次野の受容野形状を計算機上で再現できることが明らかになった。一方Helmholtz以来、感覚系の重要な機能として、感覚入力から外界の状態を推論する仕組みが研究されてきた。近年、将来の感覚入力のより良い予測を実現させるように脳が構造化されるとする「予測符号化」の枠組みに発展し、階層ベイズ推定と組み合わせたモデルが提唱されている。Fristonは、感覚系の静的なモデルを拡張し、能動的なアクションにより予測誤差を減らす推論機構をもつモデルを提案した。また、これらの統合的な枠組みとして、自由エネルギー最小化を原理とする認識と学習の統一理論が提唱されて注目されている[26]。

ニューラルネットワークモデルは、日本で甘利、福島らによって開始された学習理論が重要な基礎となっているが、近年、これを階層化した巨大なモデル（深層ニューラルネットワーク）をビッグデータで学習させるアプローチに発展した。現在、Google社等の巨大企業が猛烈なスピードで実用に結びつく研究開発を進めている。 DeepMind社の創始者でありAlpha Goなどの開発で知られるHassabisは、神経科学のさまざまな知見や概念が、近年の人工知能の発展にインスピレーションを与えたこと、また、今後も神経科学とのコラボレーションが重要であることを指摘している[27]。また最近、大規模自然画像データで学習した深層ニューラルネットワークの情報表現がヒトやサルの視覚野の情報表現と類似することや[28]、人工知能分野の分散強化学習と同様の情報表現がマウスの脳で確認されるなど[29]、「インスピレーション」を超えた神経科学と人工知能の融合が進展している。一方、深層ニューラルネットワークの学習はブラックボックス化されており、学習がなぜうまくいくのかについての理論的解明はあまり進展していない。また、脳のように、わずかな経験からフレキシブルに学習する人工知能も実現していない。次代の人工知能の開発のためにも理論神経科学の成果は期待されている[30, 31]。

• **神経変性疾患**

ⅰ ゲノム医学・エピゲノム

全ゲノムを対象として頻度の高い一塩基多型（SNPs）を用いた研究（Genome–Wide Association Study; GWAS）が広く行われた結果、疾患感受性遺伝子の影響度は小さく、影響度の大きい遺伝子変化は、実は低頻度のものであると考えられるようになった。次世代シーケンサーによって全ゲノム配列の解析が可能になり、多因子疾患である孤発性神経変性疾患において発症ならびに疾患の進展に関わる分子病態機序は、従来考えられていたより多様であることがわかってきた。特に疾患の進行や病型や予後などに影響を与えるいわゆる修飾遺伝子が見つかってきている。またヒストンアセチル化、DNAメチル化などのエピゲノム修飾の異常や体細胞変異を含めた遺伝子発現変化の解析が次世代シーケンサーによりおこなわれ、エピゲノムの異常に介入する治療薬の開発研究が進められている。

ⅱ タンパク質の凝集と伝播機構

アルツハイマー病、パーキンソン病、ハンチントン病、脊髄小脳変性症など多くの神経変性疾患もプリオン病のように、さまざまな異常タンパク質が凝集し伝播する「タンパク質病」であることが判明してきた[32, 33]。例えば、パーキンソン病などでは移植した神経細胞にも異常タンパクの凝集が認められる。凝集タンパク質はエクソソームやリソソーム分泌、あるいは細胞間ナノチューブを介して伝播されることが示唆されている。神経細胞における異常タンパク質の分解・分泌経路の細胞生物学的な解明が必須である。正常細胞内においてタンパク質は液－液相分離によって離散した液滴として存在しており、例えば核内での液滴のダイナミクスによって遺伝子発現が制御されることが分かってきた。ALSや前頭側頭型認知症、封入体ミオパチーなどにおいて疾患横断的に見られるRNA結合タンパク質の異常凝集も核やRNA顆粒における液－液相分離の破綻から引き起こされると考えられており、物理化学現象としての細胞質や細胞内小器官における液－液相分離現象の解明が進んでいる。一方、構造生物学によって、アルツハイマー病や大脳皮質基底核変性症において蓄積するタウタンパク質の構造の違い[34, 35]やパーキンソン病と多系統萎縮症におけるαシヌクレインの構造の違い[36, 37]が明らかになった。凝集タンパク質やオリゴマーなどをモデル動物の脳内の局所に注入しその伝播過程を調べる試みが数多く行われ病態解明の大きな手がかりとなっている。治療法として凝集タンパク質に対する抗体治療が特にアルツハイマー病を中心に進められており、2021年にはFDAにアデュカヌマブが迅速承認され、次いでエーザイ社が米国Biogen社と共同開発したレカネマブが2022年1月にFDAに迅速承認された。今後も蓄積タンパク質の構造解析によって、病態の理解が進み新しい診断・治療法開発に繋がることが期待されている。

ⅲ 核酸医薬、遺伝子治療

原因遺伝子産物の直接的な標的治療として、アンチセンス核酸（ASO）を筆頭とした抗体、siRNAなどのツールを用いて、RNAレベルでタンパク質の発現を制御する病態抑止療法の開発が進んでいる[38]。脊髄性筋萎縮症（SMA）に対するASOは日米欧で承認・使用されており、1年以内に死亡ないし人工呼吸器装着の必要な重症患者の運動機能と生命予後とを著明に改善し、脳神経研究の歴史を塗り替える画期的開発となっている。トランスサイレチン型家族性アミロイドポリニューロパチーのsiRNA/ASO治療は日米欧で承認され使用されている（2019年日本で承認）。さらに、Duchenne型筋ジストロフィーに対するモルフォリノ人工核酸を用いたエクソン51スキップ治療薬は米国で、わが国の研究・治験が行われたエクソン53スキップ薬は2020年に日米で承認された。筋強直性ジストロフィー、ALS、ハンチントン病などでも、核酸医薬を用いた臨床治験が開始されている。

また、遺伝子DNAを供給・発現させることで不足する遺伝子産物を補充する、狭義の遺伝子治療はAAVウイルスを中心に実用化の段階に入っている。AveXis社/Novartis社による1型SMAのAAVベクターを用いた臨床試験は良好な結果が得られていて[39]、米国では画期的治療薬、欧州では PRIME、日本では先駆け審査指定制度の対象に指定され、米国と日欧で、それぞれ2019年と2020年に承認され使用されている。また、わが国ではパーキンソン病のAromatic l–amino acid decarboxylase（AADC）遺伝子を用いた臨床試験が開始され、ALSや遺伝性脊髄小脳変性症に対する遺伝子治療の臨床応用が計画されている。将来に向けて、子宮内での遺伝子治療や、CRISPR/Cas9 システムを用いたゲノム編集による原因遺伝子変異の修復治療などの実用化研究も盛んに行われている。

ⅳ iPS細胞研究と細胞治療

2007年に誕生したヒトiPS細胞技術の医療への応用は細胞を用いた病態解明・創薬研究と細胞移植治療・再生医療の2つの方向性がある。前者については2008 年のハーバード大学での遺伝性 ALS 患者 からのiPS 細胞の作製を皮切りに、神経変性疾患を中心として進められてきた。患者iPS細胞から 病態を再現するモデルを構築、そのモデルを用いた治療薬候補の評価やスクリーニングが実施されるようになり、特に、iPS 細胞モデルを用いて既存薬を別の疾患の薬に転用するdrug repositioningを行うための研究開発が進められている。この方法で同定された治療薬候補の臨床試験が本邦でもALS、家族性アルツハイマー病、ペンドレッド症候群等で実施中である[4]。さらに、iPS 細胞モデルは、これまでの低分子化合物に加えて、核酸、遺伝子治療ベクターなどの新たな治療モダリティの探索や評価に利用されると考えられる。神経変性疾患以外では、ジカウイルス感染症の病態解明に、ヒトiPS細胞から作製した3D脳オルガノイドが利用され、小頭症の生じるメカニズムが明らかにされた。今後、iPS細胞から作製した 3Dオルガノイドの病態解明・創薬研究における利用が注目されている。

iPS細胞による細胞移植治療・再生医療は、2014 年、世界に先駆けてわが国において滲出性加齢黄斑変性症患者に対して、iPS 細胞から分化誘導した網膜色素上皮の移植手術から始まった。5 年経過時点での腫瘍化などは認められていない。2018 年に、パーキンソン病患者に対して、iPS 細胞から分化誘導したドーパミン神経前駆細胞の移植手術が実施された。2019 年には、亜急性期脊髄損傷患者に iPS 細胞由来神経前駆細胞を移植する計画が承認されている[40]。

ⅴ 孤発性神経変性疾患の発症前・前駆期指標（バイオマーカー）の開発

様々な神経変性疾患において発症前のバイオマーカーの開発が盛んである。孤発性神経変性疾患の病態抑止治療開発には早期神経変性過程を見出すことが重要である。レム睡眠行動障害は高効率にパーキンソン病やレビー小体型認知症を発症することが明らかとなり、臨床的な前駆状態として欧米および日本においてコホート研究が行われている。中心的背景病理であるリン酸化αシヌクレインを皮膚や腸管の生検で見いだせることが明らかとなっており、早期診断へ向けた重要なツールとして精力的な研究が進められている。また、タウ沈着のPET画像化は重要視されている。さらに、血液中や髄液中のエクソソームが、それぞれの疾患の病態関連タンパク質と関連して変化することを示す報告が急速に蓄積されつつある[41]。タンパク質自体に比して、細胞外小胞は測定が容易というメリットがある。これが発症前のマーカーになりうるかどうかは更に検討が必要である。アルツハイマー病においては、疾患修飾薬のターゲットが疾患治療から発症前予防へとシフトしてきており、さまざまなバイオマーカーを活用しながら、前臨床段階や軽度認知障害（Mild Cognitive Impairment; MCI）からの進展を予防していく戦略の実現可能性が高まってきている[42]。

ⅵ 神経変性疾患レジストリ

疾患レジストリを治療法開発に利用する取り組みは、がんや循環器疾患などの領域で先行しているが、神経疾患領域でも多くの疾患について国際的な大規模コンソーシアムが構築されつつある。病態関連分子、特に神経変性疾患の治療標的分子の開発について、モデル動物探索により得られた機能分子のヒトにおける病態的意義を、大規模患者レジストリのゲノムデータなどから同定する試みが盛んに行われるようになってきている。

ⅶ ブレインバンク

米国ではスタンレーブレインバンクをはじめ100 以上のブレインバンクが活動しており、欧州やオーストラリアにも、大規模なブレインバンクがある。わが国でも、2017年、日本ブレインバンクネットが開始され、詳細な臨床情報も具備した神経変性疾患・精神疾患の脳組織を蓄積・解析するシステムが構築されつつある。今後10–20年をかけて変性疾患のビッグデータ解析から新たな治療法が見いだされる可能性が期待される。

• **精神疾患**

わが国において統合失調症による経済損失は毎年2兆8,000億円[43]、うつ病は毎年2兆円[44]、また欧州では精神・神経疾患による社会的コストは約80兆円と推計された[45]。従って、革新的な診断・治療・予防法の開発のための病因・病態の解明が急務となっている。しかし脳内の病理所見で規定される神経変性疾患と異なり、精神疾患の脳病態は未同定であり、生理・生化学的診断検査法も確立していない。現在までに、いくつかの精神疾患に関しては、その治療薬や症状を誘発させる薬剤の作用機序が明らかになった結果、シナプス伝達レベルでの障害の分子薬理学的解析が進展し、創薬に応用されている。また頻度は稀だが発症に強く影響するゲノム変異も同定されつつある。しかし発症に関与するゲノム・環境要因の全貌、さらにゲノム変異から発症に至る分子及び神経回路病態に関しては、未だその詳細が不明であり、臨床的或いは社会的な課題解決のゴールは見えておらず、新たな戦略を創出する必要性が強調される。

ⅰ 心理社会的治療法研究

医療において、科学的根拠に基づく治療（evidence–based medicine; EBM）とともに「物語りと対話」あるいは「価値」に基づく医療の重要性が再認識され、それにともない医師や研究者が決めたアウトカムでなく、患者が報告するアウトカムを重視する動きがある。精神疾患においては、単なる症状の改善ではなくて、主観的ウェルビーイング（主観的に、精神的、身体的、社会的に良好な状態）や人生の主導権を自分に取戻すという人としての回復が重要なアウトカムと認識されつつある。心理社会的療法の開発においても、ウェルビーイング、回復といったアウトカムが取り入れられていくものと思われる。海外におけるエビデンスが明確となっており、メタ解析や治療ガイドラインによって実施が推奨されている心理社会的治療として、統合失調症の「家族心理教育」、就労を支援する「援助付き雇用」、生活支援を生活の場で行う「包括的地域生活支援（ACT）」、認知機能の改善を図る「認知機能リハビリテーション」、社会的スキルの獲得により自立した地域生活を支援する「社会生活技能訓練（SST）」、精神疾患の知識を高め治療アドヒアランスを向上させるための「心理教育（服薬教室など）」などがあげられ、わが国での検証が課題とされている。

• **神経科学とニューロテクノロジーのELSI**

脳は意思決定など個人の根幹に関わる認知機能を司る臓器であり、神経科学の研究とその応用には固有の倫理的・法的・社会的課題（ELSI）が伴う。従来の医療倫理・生命倫理を超える検討が必要との問題意識のもと、2000年代に脳神経倫理学（neuroethics）が立ち上がり、国際的な研究・実践活動が続いている。同時期には米国を中心に神経科学と法学の交差領域を扱う神経法学も登場している[46]。各国の脳科学プロジェクトの関係者が脳神経倫理学で扱うべき優先項目を議論したGlobal Neuroethics Summit 2017では神経科学者への脳神経倫理学の課題として、1）精神疾患に関する神経科学的説明の個人、地域、社会に対する影響、2）生物試料やデータの収集における倫理基準、3）脳オルガノイドなどの道徳的扱い、4）脳への介入の自律性への影響、5）神経科学由来の技術やイノベーションの使用されうる文脈、を挙げており[47]、多様な文化的背景、価値観を踏まえた合意形成が必要である。米国BRAIN InitiativeとEUのHuman Brain Projectにおいて神経科学のELSIの検討やRRI（責任ある研究・イノベーション）で括られる種々の実践が集中的に進められてきた。日本でも過去10数年脳神経倫理学の研究や諸活動が続いていてきた。上述の5つの問いに対応させる形で、中澤らは、2020年代の日本の脳神経倫理学が扱うべき問題として、1）精神医学研究に患者・市民参画やインフォームド・コンセントを組み込むこと、2）グローバルな研究環境におけるデータや試料利用の枠組み作り、3）ブレインバンクの構築における倫理的支援とヒト以外の霊長類の研究利用の倫理、4）感情に介入するニューロモデュレーション技術の倫理、5）社会の中での神経科学とニューロテクノロジーに関する考察を挙げている[48]。近年、BMIを中心とするBrain Techの産業応用の進展を受け、その社会需要に向けた議論が国際的に進展している。人権に配慮した責任あるニューロテクノロジーのイノベーションに向けて、OECDや欧州評議会などの国際機関や各種国際学会で議論が行われており、一部の国では法制度化の検討も始まっている。こうした議論には産業界も深く関わっており、米国のBrain Mindイニシアチブ（2018年発足）は、神経科学者、法学者、倫理学者、起業家、投資家などが神経科学に基づく技術の社会実装に向けた活動を展開している[49]。日本でも、応用脳科学コンソーシアム（2010年発足、2020年に一般社団法人化）[50] やブレインテック・コンソーシアム（2021年発足）など、Brain Techの産業化を目指す企業や研究者からなるネットワーク形成が進むほか、ムーンショット型研究開発制度の目標1金井プロジェクトの中に法学者を中心とする「"Internet of Brains"–Society」やエビデンス整備・構築を行う「Trusted BMI の社会基盤整備」事業[51] など、研究開発と併走する検討・実践が本格化している[52]。

（4）注目動向

【新展開・技術トピックス】

- 網羅的な単細胞RNA配列解析（scRNA–seq）が脳の各領域で広く行われ、神経細胞やグリア細胞の詳細な細胞タイプ分類が進行している。
- 個体深部イメージング、超解像顕微鏡技術の開発、計測範囲の広域化・多領域化、頭部固定できる小型化画像記録装置など、脳の構造と機能のイメージングに関連した技術開発が活発に行われ、注目を集めている。
- Ca^{2+}・膜電位プローブ、光遺伝学、ゲノム編集、ウイルスベクターなどの分子生物学的ツールの開発は、今後も発展する見込みである。国際競争は極めて熾烈であり、裾野への普及も早い。
- 光遺伝学技術によるマウスの海馬や周辺領域の神経回路活動操作により、記憶の神経メカニズムについての理解が大きく進展し、記憶を担う神経細胞集団（エングラム）の存在が明らかになり、さらに人為的な記憶を植え付ける実験が行われている[53–56]。
- 埋込み型電極を利用したBMIのヒトへの応用は、2006年に米国で実現し[57]、その後も感覚信号のフィードバックや発声内容の再構成など進展はあったが、各国の公的ファンドによるサポートは十分ではなく、実用化に向けた開発が着実に進んでいるとは言い難い状態であった。ところが2019年、米国の起業家イーロン・マスクが率いるベンチャー企業Neuralink社が、手術ロボットを用いて細い糸のような柔らかい電極を脳に埋め込み、外部のコンピュータとワイヤレスに接続する統合BMIシステムを公表し[58] ヒトでのテストが行われ[16] 注目を浴びた。
- 疾患発症の強いリスクであることが立証されているゲノム変異を持つ精神・神経変性疾患症例を対象として、iPS細胞の作製が進められている。リスクゲノム変異を有する患者の遺伝的性質を反映する解析ツールと考えられ、神経細胞、グリア細胞に分化誘導させて分子病態が解析され、シナプス病態、マイクロRNAの変化など、ゲノム変異を模したモデル動物や患者死後脳所見と一致するような成果も得られつつある。iPS/ES細胞由来の三次元脳組織（脳オルガノイド）は神経発生を体外で再現できることから、神経疾患の病態研究や再生医療への応用が注目されている。
- AIによる動画自動解析によりマウスの行動の表現型の変化を指標にした大規模な薬物スクリーニングが

可能となり、ドーパミン受容体に作用しない新世代の統合失調症治療薬が開発され[59]、臨床試験が開始された。従来不可能だった、大規模データのAIによる情報抽出の大きな可能性が期待されている。また、抗うつ薬抵抗性うつや自殺企図を伴う躁うつ病のうつ症状に対して、即効性治療薬としてケタミン（鼻腔スプレー）がFDA承認を受け（2019年）上市されたことやアルツハイマー病の抗体治療薬の登場もあわせ、ここ数年、精神・神経疾患がメガファーマの標的として再度浮上してきている。
・腸内細菌による脳機能の制御[60]は脳腸相関という新たな研究分野となり、認知機能低下やパーキンソン病の臨床病型などに関与するなど精神神経疾患や発達障害を含む脳機能に大きな影響を及ぼしていることが明らかになりつつある[61]。

【注目すべき国内外のプロジェクト】

• BRAIN Initiative（米国）

2013年に開始され、脳を理解するための革新的な技術開発とシナプスから全脳レベルに至るネットワークの包括的な解明を目的としている。プロジェクト運営のための政府側の資金提供はNational Institutes of Health（NIH）、National Science Foundation（NSF）、Defense Advanced Research Projects Agency（DARPA）等により実施され、各機関が独自の目的を保持しつつ、全体目標にプログラムを集束させる体制をとっている。政府予算規模は、初年度は約1.1億ドルであったが、その後Department of Energy（DOE）やIntelligence Advanced Research Projects Activity（IARPA）からも予算的支援が開始され2019年度にはNIH単独での予算額も約4.2億ドルとなり、脳科学研究に関する加速的な投資拡大がされている。BRAIN Initiativeには米国の民間の研究機関（アレン脳科学研究所、ハワード・ヒューズ医学研究所・ジャネリアファーム、カブリ財団、ソーク研究所など）からの投資や研究支援があり、産官学の連携による運営が行われている。大規模な成果も出始めており、2021年には細胞の組織中の位置を特定しつつscRNA-seq情報を網羅的に探索し細胞を精密に分類するプロジェクト（BRAIN Initiative Cell Census Network）による哺乳類の一次運動皮質の包括的な細胞分類と機能および細胞系譜の網羅的情報の研究成果が17報の論文としてNature誌一冊を埋めた（Nature 2021.10.7号）。

• Human Brain Project（HBP、EU）

2013年に、EUもEU Future and Emerging Technologie（FETs）フラッグシップ・プログラムとして生物学的な研究と情報科学を融合しヒト脳の神経回路のシミュレーションを実現することを最終ゴールとしてHuman Brain Project（HBP）を開始した。10か年計画で10億ユーロが拠出され24か国112機関が参加した。その前身がげっ歯類大脳皮質の局所神経回路の動作をシミュレーションしようとするBlue Brain Projectであったため、HBP開始当初は情報科学の比重を強めた研究計画となっていたが、その後大幅に研究プログラムが見直され、より神経科学的なアプローチを重視しEU内の多様な脳科学リソースを活用しヒトの脳の理解を目指すという方向性になった。2023年に終了が見込まれている。

• Brain/MINDS（「革新脳」、日本）

BRAIN InitiativeとHBPという脳科学分野における国家プロジェクトの流れを受け、日本でも2014年に霊長類の脳を対象とした研究を中心とし認知症やうつ病などの脳疾患と神経ネットワークとの関係を明らかにすることを目指した基礎と臨床をまたぐ「革新的技術による脳機能ネットワークの全容解明プロジェクト」（革新脳）が開始された。2018年度には国際連携のための姉妹プロジェクトとして戦略的国際脳科学研究推進プログラム（国際脳）が開始されている。

• ムーンショット型研究開発制度

2020年に開始されたムーンショット型研究開発制度の目標1（身体、脳、空間、時間の制約からの解放）

金井プロジェクトは、BMI技術も視野にいれた技術開発プロジェクトである。

（5）科学技術的課題

- 小動物の行動実験系の開発が世界的に遅れている。小動物の行動課題は厳密性に欠ける例が少なくない。タスクフリーで、自然な環境で行う行動課題の開発が一つの方向性となっている。神経科学と動物心理学、さらに深層学習を用いた画像解析技術などの学際的協働が必要である。
- 神経疾患の研究において解決されていない重要課題の一つは、神経変性疾患などにおける病態過程そのものを抑止しようとする治療法の開発である。従来の神経変性疾患の治療薬のほとんどは神経伝達物質などの補充を目的としたものであり、こうした治療法は神経症状の緩和には役立つものの、疾患の本質そのものには介入できないという欠点がある。近年様々な神経疾患の分子病態が明らかとなり、それをターゲットとした治療薬の開発が急速に進められており、根本的治療として大きな期待を寄せられている。しかし、動物モデルを用いた治療研究から臨床応用へと展開するトランスレーショナル・リサーチは多くが成功しておらず、開発の方法論の見直しが迫られている。例えば、アルツハイマー病については、異常集積するアミロイドβタンパク質を標的とした抗体療法やワクチンなどが動物モデルにおいて認知機能を改善することが示されたが、ヒトでの臨床的効果を明確に示すことがまだできていない。この原因としては、症状の定量的評価、薬効評価方法が確立されていないこと、患者数が少ないことや経過が極緩徐・長期にわたることなどがあり、このことが基礎研究と臨床試験の結果の乖離の原因となっている。このギャップを乗り越えるには、霊長類などよりヒトに近いモデル動物の開発や、患者由来iPS細胞を用いた病態解明と創薬、有効性評価の指標となるバイオマーカーの開発など革新的な手法・概念を導入した研究が必要である。
- 精神疾患は、双生児研究などの成果から、発症に遺伝的要因と環境要因が関与することが明らかになっており、近年は特に、発症に強く関わる稀なゲノム変異が同定されている。しかし、これらゲノム変異から精神疾患発症に至る、分子メカニズムや回路病態が未だ同定されるに到っていない。その背景には、神経疾患（神経変性疾患）とは異なり、脳内の神経病理学的所見（アミロイドによる老人斑など）が同定されていない点があげられる。また精神疾患の症状が、対人関係性など、げっ歯類モデルでは脳の構造レベルからも再現が困難である。この点を克服するには、より多数例での解析が必要であり、また、霊長類モデル動物や、ゲノム変異を有する患者由来iPS細胞から分化させた神経系細胞・組織を活用する必要がある。
- うつや統合失調症などの精神疾患モデル動物がげっ歯類を中心に作成されているが、ヒトに近縁な霊長類動物モデルの作成は大きく遅れている。精神疾患の霊長類動物モデルを作成し、基礎研究から臨床研究への橋渡しを行う拠点の整備が望まれる。精神疾患は、ゲノムと環境因子の相互作用により発症する。精神疾患に関連した頻度の高い多型、あるいは頻度は低いが発症に強く関わる変異などのゲノム要因が次々と明らかにされてきたことに加え、ゲノム編集技術やウイルスベクター等の進展も加わり、げっ歯類や霊長類を用いたモデル動物の作製が可能になりつつある。特に、霊長類を用いると社会行動の障害をより詳細に捉え、その神経回路病態や分子病態を検討することも可能[62]となる。またPETおよび超高磁場MRIなどによるヒトとの直接的な比較により、種を超えたトランスレータブル脳・行動指標を用いた神経回路病態解析が可能となりつつある。22q11.2欠失やMeCP2変異等、ゲノム研究から得られた発症に強く関わるゲノム変異情報と疫学研究から得られた遺伝環境相互作用をモデルに組み込んだモデル動物研究が望まれる。
- 埋め込み型デバイスの真の技術的課題は電池と通信である。電極素材自体は医療現場で数年オーダーの長期安定的な生体親和性電極が既に存在している（心臓ペースメーカー、てんかんや疼痛治療電極）。その一方で、感染症リスクを低減するために装置全部の体内埋植が求められるものの、バッテリの持続時間や安全性、通信帯域の確保などが課題になっている。

（6）その他の課題：

- 近年、人工知能研究が急速に進展し、自動車の自動運転技術など、我々の生活を大きく変える新たな技術の開発が進んでいる。その中で、ヒトが持つ"知能"を生み出す脳を対象にした神経科学研究は、たとえば視覚皮質階層構造からの発想など、人工知能研究に大きな刺激を与えてきた。人工知能研究と神経科学研究の融合を更に進め、大きなイノベーションを生み出すためにも、新たなファンディング制度や産官学連携の枠組みの確立が待たれる[30, 31]。
- 脳機能の全容解明を実現するには、大規模データの保管、処理、公開を行うためのインフラが必要とされる。わが国では多くの大規模プロジェクトが5年程度の時限付きのものであり、恒久的なデータの蓄積、処理、公開を行うための仕組みが存在しない点は大きな問題となっている[63]。
- 脳機能をさまざまなヒトの行動レベルの研究と結び付けるためには、心理学・教育学・経済学・倫理学等の人文社会科学との学際的な領域が重要である。現代社会の喫緊の課題である高齢社会での認知症、社会的ストレスとうつ、ギャンブルやネット依存症の増加など、脳科学を基盤とした精神神経疾患の克服に向けて脳科学の成果を活用するためにも、学際性・多階層性を促進するための研究・教育システムがますます必要となっている。
- BMI研究は、医療工学分野における今後の成長分野のひとつとして注目されており、世界的にも開発競争が激化している。今後わが国においてBMI研究を推進させ、できるだけ早く臨床応用へとつなげていくために、実際に患者に接している神経内科医と、基礎研究に携わる神経科学研究者、さらには医療工学分野の技術者を含めた横断的な協力体制を構築し、オールジャパン体制で研究を推進する必要がある。
- 遺伝子治療開発体制の整備：神経疾患克服のために重要である遺伝子治療開発のため、欧米では革新的な技術を元にベンチャー企業を立ち上げて、臨床試験までの研究資金を投資家から調達する開発の流れが主流となっている。一方、日本は遺伝子治療開発において独自の最先端技術を持っているにもかかわらず、研究開発の主体は未だにアカデミアであり、資金調達の難しさや申請・審査が煩雑で時間を要するため臨床応用は欧米に大きな遅れを取っている。本邦では、競争的資金の種類も金額も限られ、遺伝子治療法開発の大きな足かせになっている。
- 神経変性疾患レジストリ：オミクス解析技術をヒトの疾患の研究に最大限に生かすためには、詳細な臨床情報に紐付けられた、生体試料、リソースが何よりも重要となる。臨床情報、血液、細胞（iPS細胞を含む）、ゲノム、髄液などのバイオリソースの収集が必要である。また、疾患の進行を推し量るためには、経時的な追跡が重要である。患者数や観察期間などが限られる治験・臨床試験のみで得られるエビデンスは限定的となる可能性がある。また、ロボットリハビリや呼吸、栄養への介入など、ランダム化比較試験が困難な介入の検証も求められる。実臨床下（リアルワールド）での情報収集を、長期追跡が可能な大規模患者レジストリにより行う体制整備が強く求められる。わが国では筋ジストロフィーのレジストリ（Remudy）やALSのレジストリ（JaCALS）などレジストリ研究が進んでおり、今後もclinical innovation network（CIN）とも連動して推進していくことが重要である。
- ブレインバンクのデータ形式（計測機器やデータ収集項目）の国際標準規格の策定に各国が動いている。国際的標準規格との互換性を確保しないと、本邦のブレインバンクのデータ収集は価値が低減する恐れがある。

（7）国際比較

国・地域	フェーズ	現状	トレンド	各国の状況、評価の際に参考にした根拠など
日本	基礎研究	◎	→	・大学と研究機関に人材と研究リソースがバランスよく配置され、他国では維持しにくい脳科学研究に必須の生理学的解析技術などが高い水準にある。これに比例して、脳機能生理学的研究は世界をリードしている。 ・わが国は、非ヒト霊長類の脳科学研究では世界をリードし、世界各国の大型脳科学研究プロジェクトの連携のなかでマーモセット回路マップ研究において存在感を発揮している。 ・種々の脳内分子に対するPETリガンドの開発が進んでいる。 ・齧歯類に加え霊長類の遺伝子改変技術を確立し、疾患モデル作製技術で優位性を有する。 ・革新脳では、ヒトと非ヒト霊長類で共通の系で計測できるトランスレータブル脳指標の開発が進んでいる。 ・他研究分野と同様長期的な研究活動の停滞が論文数等の指標などにより顕在化している。
	応用研究・開発	○	→	・国内の製薬企業は脳関連の創薬に対して欧米の企業よりも積極的であり、産官学の連携を強化することで今後の展開が期待できる。 ・DecNefをはじめとした非侵襲デコーディング技術の医療応用（精神・神経疾患）が進展している。 ・ロボットスーツやロボットアームと組み合わせたリハビリテーションへの応用が進められている。 ・VRやAR、身体拡張などのIT技術と連携した応用が進められている。 ・iPS細胞を用いた病態解明と、パーキンソン病をはじめとする神経難病への治療応用が進んでいる。 ・神経変性疾患に治療におけるニューロ・リハビリテーションの開発が積極的に行われている。 ・運動ニューロンを障害する神経変性疾患であるALSと球脊髄性筋萎縮症に対する疾患修飾療法（DMT）が、わが国の基礎研究と治験成績に基づいて、世界に先駆けて薬事承認された。 ・モルフォリノ人工核酸を用いた、筋ジストロフィーに対する核酸治療が実用化された。 ・運動系、知覚系におけるdecoding技術とBMIへの応用では米国に迫る進歩が見られる。 ・大規模な多施設共同研究により、MRI構造画像や安静時機能的MRI画像から精神疾患の有力なバイオマーカーが見出され、国際的に高い先駆性をもつ。 ・諸外国に比して、基礎や応用研究の成果を社会応用するための方策に乏しい。開発した薬剤が海外製薬会社などに流れている。
米国	基礎研究	◎	↗	・分子細胞レベルからシステムレベルの研究まで層の厚い研究が実施されており、新技術の開発とそれを活用した研究の展開をきわめて効率よく実現する体制が整備されている。 ・国家からの研究資金に加えてハワード・ヒューズ研究所、アレン研究所、Google社などの民間の資金も巨額であり、全体として非常に大きな額の研究資金が様々な立場・意思に基づいて投入されている。 ・動物用超高磁場MRI装置や、最新鋭のPET装置などを用いて精力的な可視化研究を推進している。 ・BRAIN Initiativeは、10年間で45億ドルの予算で、脳のネットワークの全体像解明を目指す研究を進めている。 ・公的な研究資金に加えて、財団等からの多額の出資によって作られた脳研究に特化した研究所（アレン脳科学研究所など）が、技術開発やデータベース作成のハブ機関として機能している。 ・侵襲BMIについては、Neuralink社、Facebook社などの企業が積極的に投資し、電極開発をはじめとした基礎研究も実施している。 ・世界の脳科学研究全般をリードしている状況が続いている。 ・大規模サンプルにおける精神疾患の分子遺伝学的解析をリード。 ・MRIによる脳の構造や機能の解析方法の開発をリード。 ・薬物依存の研究では突出した水準を保っている。 ・全ゲノム解析データを基に統合失調症や自閉スペクトラム症の発症に強く関与する稀なゲノム変異を見出している。

米国	応用研究・開発	◎	→	・製薬会社自体が持つ研究所が大規模かつ能力が高く、基礎研究からその応用までの過程が円滑に進むシステムが整備されている。 ・研究環境が整備されている一方で、脳関連の創薬は成功する確率が低く、中枢神経系の創薬を企業の研究開発項目に入れることが投資家からの評価を下げる傾向にある。市場からの圧力を受けやすい点は脳関連の創薬を推進する上で負の効果を与えている。 ・Locked in 患者を対象とした侵襲型BMIの臨床研究は、ピッツバーグ大学やブラウン大学で進められており、世界をリードしている。 ・多くのベンチャー企業がコンピューターインターフェースへの応用を目指して研究開発を進めている。 ・認知機能障害が診断横断的に患者の社会機能に大きな影響を及ぼすことから、世界に先駆けて国家的な産官学連携プロジェクトを立ち上げ、統合失調症の認知機能障害治療薬や心理社会的治療法の開発に取り組んでいる。 ・PETプローブが商業ベースに乗るなど、各分野において応用研究から産業化への道がスムーズに動いている。
欧州	基礎研究	○	→	・神経系研究の伝統ある研究室が多く、高い研究レベルが維持されている。 ・IMAGENプロジェクトは、欧州各国がコンソーシアム型の領域融合型で研究を推進し、脳の機能的ネットワーク上で発現する遺伝子の同定などに成功している[64]。 ・社会的な要因から霊長類を用いた脳研究を行うことが困難になりつつある。 ・g.tec社などの企業が中心となって脳波を利用したBCI技術をリードしている。 ・EUでは、Human Brain Projectをベースに、BNCI Horizon 2020として、筋電図などの末梢神経信号を利用したインターフェースも含んだプロジェクトを展開している。 ・全ゲノム解析データを基に統合失調症や自閉スペクトラム症の発症に強く関与する稀なゲノム変異を見出している。
	応用研究・開発	○	→	・世界的な製薬企業が存在し、脳関連の創薬についても実績を持つ。一方で米国と同様に脳関連の創薬については市場からのネガティブな評価が存在する。 ・オランダでは、locked in を対象とした侵襲型BMIの臨床研究が進められている。 ・スイスEPFLを中心に、ロボットとの組み合わせも含めたリハビリや機能補綴を目指した応用研究が精力的に進められている。 ・統合失調症、うつ病、自閉症などへの早期介入研究が行われ成果をあげている。 ・うつ病に対する薬物療法と認知行動療法の臨床比較研究をリードしている。 ・大規模ヒトイメージングコホートが構築されており、その結果も幅広く利用可能となっている。 ・企業と大学との連携がスムーズに進んでいる。
中国	基礎研究	○	↗	・基礎脳研究については大型の投資が行われ、北京・上海などに脳研究のハブとなる研究所を設置、米国などから優れた研究者の引き入れを積極的に行っている。その結果、インパクトの大きな研究成果が発信される例が急増している。 ・霊長類の遺伝子組換え技術によりヒトの精神・神経疾患のモデルを作成する試みが積極的に行われており、成果も出つつある。 ・China Brain Projectが2016年から15年の予定で実施されており、BMIもその一環として研究が推進されている。 ・疾患研究を含む脳科学の大型プロジェクト Brainnetomeが立ち上がった[65]。 ・米国で経験のある脳科学者がレベルの高い研究を行っており、霊長類も活用し易い研究環境であることから、今後の発展が注目される。
	応用研究・開発	△	↗	・人口の多さを活用して、精神・神経疾患のゲノム研究においては圧倒的な強みを発揮している。臨床研究や治験において臨床データを効率良く短期間で集める試みが開始されており、今後の急速な発展が予想される。 ・診断・治療法に関する独自の研究成果や創薬は未だ見られないが、基礎研究の発展に伴い成果が予想される。

韓国	基礎研究	△	→	・脳の基礎研究は特定の分野で世界的な成果を挙げているが限定的であり、研究者の層は比較的薄い。 ・脳科学領域では世界的影響をもつ独創的な成果は得られていない。 ・米国で経験のある脳科学者がレベルの高い研究を行っており、疾患研究を含む脳科学の核となる研究所や大型プロジェクトCFCが立ち上がり、今後の発展が注目される。
	応用研究・開発	△	↗	・精神・神経疾患の診断治療法への展開を目指した研究開発は積極的に行われ、国からの支援も得られている。研究者の層が薄いために、全体としての生産性は高いとは言えない。 ・応用研究は医療面、インターフェース面でそれほど進んでいるわけではないが、Samsung社が脳波でテレビをコントロールする技術を開発するなど民間企業の参画が進んでいる。 ・独自の治療薬開発は未だ行われていない。 ・治療薬の臨床試験体制は充実してきている。

（註1）フェーズ

基礎研究：大学・国研などでの基礎研究の範囲

応用研究・開発：技術開発（プロトタイプの開発含む）の範囲

（註2）現状　※日本の現状を基準にした評価ではなく、CRDSの調査・見解による評価

◎：特に顕著な活動・成果が見えている　　○：顕著な活動・成果が見えている

△：顕著な活動・成果が見えていない　　×：特筆すべき活動・成果が見えていない

（註3）トレンド　※ここ1～2年の研究開発水準の変化

↗：上昇傾向、→：現状維持、↘：下降傾向

本領域と関係の深い他の領域

・計算脳科学（システム・情報分野　2.1.7）
・Human Robot Interaction（システム・情報分野　2.2.5）

参考文献

1) Brain Map - brain-map.org: https://portal.brain-map.org/
2) Hong S, et al. Complement and microglia mediate early synapse loss in Alzheimer mouse models. *Science* (2016) 352:712-716.
3) Cui Y, et al. Astroglial Kir4.1 in the lateral habenula drives neuronal bursts in depression. *Nature* (2018) 554:323-327.
4) Okano H and Morimoto S. iPSC-based disease modeling and drug discovery in cardinal neurodegenerative disorders. *Cell Stem Cell* (2022) 29:189-208.
5) E. Callaway lab, Salk Institute: https://www.salk.edu/scientist/edward-callaway/
6) Anzalone AV, Koblan LW and Liu DR. Genome editing with CRISPR-Cas nucleases, base editors, transposases and prime editors. *Nat Biotechnol* (2020) 38:824-844.
7) J. Lichtman lab, Harvard University: http://lichtmanlab.fas.harvard.edu
8) W. Denk lab, Max Planck Institute: http://www.neuro.mpg.de/denk
9) Emiliani V, et al. All-Optical Interrogation of Neural Circuits. *J Soc Neurosci* (2015) 35:13917-13926.
10) Okano H. Current Status of and Perspectives on the Application of Marmosets in Neurobiology. *Annu Rev Neurosci* (2021) 44:27-48.
11) Miyazaki T, et al. Visualization of AMPA receptors in living human brain with positron emission tomography. *Nat Med* (2020) 26:281-288.

12) Lefaucheur J-P, et al. Evidence-based guidelines on the therapeutic use of repetitive transcranial magnetic stimulation (rTMS). *Clin Neurophysiol* (2014) 125:2150-2206.
13) Brunoni AR, et al. Repetitive Transcranial Magnetic Stimulation for the Acute Treatment of Major Depressive Episodes: A Systematic Review With Network Meta-analysis. *JAMA Psychiatry* (2017) 74:143-152.
14) Chung JE, et al. High-density single-unit human cortical recordings using the Neuropixels probe. *Neuron* (2022) 110:2409-2421.e3.
15) Neely RM, et al. Recent advances in neural dust: towards a neural interface platform. *Curr Opin Neurobiol* (2018) 50:64-71.
16) Musk E and Neuralink. An Integrated Brain-Machine Interface Platform With Thousands of Channels. *J Med Internet Res* (2019) 21:e16194.
17) Horikawa T, et al. Neural decoding of visual imagery during sleep. *Science* (2013) 340:639-642.
18) Shen G, et al. Deep image reconstruction from human brain activity. *PLoS Comput Biol* (2019) 15:e1006633.
19) Yahata N, et al. A small number of abnormal brain connections predicts adult autism spectrum disorder. *Nat Commun* (2016) 7:11254.
20) Caldwell DJ, Ojemann JG and Rao RPN. Direct Electrical Stimulation in Electrocorticographic Brain-Computer Interfaces: Enabling Technologies for Input to Cortex. *Front Neurosci* (2019) 13:804.
21) Yadav AP, Li D and Nicolelis MAL. A Brain to Spine Interface for Transferring Artificial Sensory Information. *Sci Rep* (2020) 10:900.
22) Bonizzato M, et al. Brain-controlled modulation of spinal circuits improves recovery from spinal cord injury. *Nat Commun* (2018) 9:3015.
23) Kato K, Sawada M and Nishimura Y. Bypassing stroke-damaged neural pathways via a neural interface induces targeted cortical adaptation. *Nat Commun* (2019) 10:4699.
24) Wagner FB, et al. Targeted neurotechnology restores walking in humans with spinal cord injury. *Nature* (2018) 563:65-71.
25) Widge AS, Dougherty DD and Moritz CT. Affective Brain-Computer Interfaces As Enabling Technology for Responsive Psychiatric Stimulation. *Brain Comput Interfaces Abingdon Engl* (2014) 1:126-136.
26) Friston K The free-energy principle: a unified brain theory? *Nat Rev Neurosci* (2010) 11:127-138.
27) Hassabis D, et al. Neuroscience-Inspired Artificial Intelligence. *Neuron* (2017) 95:245-258.
28) Yamins DLK and DiCarlo JJ. Using goal-driven deep learning models to understand sensory cortex. *Nat Neurosci* (2016) 19:356-365.
29) Dabney W, et al. A distributional code for value in dopamine-based reinforcement learning. Nature (2020) 577:671-675.
30) JST研究開発戦略センター（CRDS）戦略提案：脳型AIアクセラレータ ～柔軟な高度情報処理と超低消費電力化の両立～　https://www.jst.go.jp/crds/report/CRDS-FY2020-SP-04.html
31) JST研究開発戦略センター（CRDS）報告書：ドライ・ウェット脳科学https://www.jst.go.jp/crds/report/CRDS-FY2019-RR-06.html
32) Goedert M, Masuda-Suzukake M and Falcon B. Like prions: the propagation of aggregated

tau and α -synuclein in neurodegeneration. *Brain J Neurol* (2017) 140:266-278.
33) Guo JL, Lee VMY. Cell-to-cell transmission of pathogenic proteins in neurodegenerative diseases. *Nat Med* (2014) 20:130-138.
34) Fitzpatrick AWP, et al. Cryo-EM structures of tau filaments from Alzheimer's disease. *Nature* (2017) 547:185-190.
35) Zhang W, et al. Novel tau filament fold in corticobasal degeneration. *Nature* (2020) 580:283-287.
36) Schweighauser M, et al. Structures of α -synuclein filaments from multiple system atrophy. *Nature* (2020) 585:464-469.
37) Shahnawaz M, et al. Discriminating α -synuclein strains in Parkinson's disease and multiple system atrophy. *Nature* (2020) 578:273-277.
38) Megan S, et al. Gene suppression strategies for dominantly inherited neurodegenerative diseases: lessons from Huntington's disease and spinocerebellar ataxia. *Hum Mol Genet* (2016) 25(R1): R53-R64. doi: 10.1093/hmg/ddv442.
39) Jerry R Mendel et al. Five-year extention results of the phase 1 START Trial of onasemnogene abeparvovec in spinal muscular JAMA Neurol. (2021) 78:834-841. doi: 10.1001/jamaneurol.2021.1272.
40) Okano H and Sipp D. New trends in cellular therapy. *Dev Camb Engl* (2020) 147:dev192567.
41) Thompson AG, et al. Extracellular vesicles in neurodegenerative disease - pathogenesis to biomarkers. *Nat Rev Neurol* (2016) 12:346-357.
42) Beheshti I, et al. Classification of Alzheimer's Disease and Prediction of Mild Cognitive Impairment Conversion Using Histogram-Based Analysis of Patient-Specific Anatomical Brain Connectivity Networks. *J Alzheimers Dis* (2017) 60:295-304.
43) Sado M, et al. The cost of schizophrenia in Japan. *Neuropsychiatr Dis Treat* (2013) 9:787-798.
44) Sado M, et al. Cost of depression among adults in Japan in 2005. *Psychiatry Clin Neurosci* (2011) 65:442-450.
45) Smith K. Trillion-dollar brain drain. *Nature* (2011) 478:15-15.
46) 小久保智淳「認知過程の自由」研究序説：神経科学と憲法学. 法学政治学論究 法律・政治・社会 (2020):375-410.
47) Rommelfanger KS, et al. Neuroethics Questions to Guide Ethical Research in the International Brain Initiatives. *Neuron* (2018) 100:19-36.
48) Nakazawa E, et al. The way forward for neuroethics in Japan: A review of five topics surrounding present challenges. *Neurosci Res* (2022) 183:7-16.
49) BrainMind: https://brainmind.org
50) 応用脳科学コンソーシアムとは - 応用脳科学コンソーシアム CAN: https://www.can-neuro.org/about-2/
51) ブレイン・テック ガイドブック：https://brains.link/braintech_guidebook
52) JST研究開発戦略センター（CRDS）報告書：ニューロテクノロジーの健全な社会実装に向けたELSI/RRI実践 https://www.jst.go.jp/crds/report/CRDS-FY2022-WR-06.html
53) Ryan TJ, et al. Memory. Engram cells retain memory under retrograde amnesia. *Science* (2015) 348:1007-1013.
54) Rajasethupathy et al. Projections from neocortex mediate top-down control of memory retrieval. *Nature* (2015) 526:653-659.

55) Ramirez S, et al. Activating positive memory engrams suppresses depression-like behaviour. *Nature* (2015) 522:335-339.
56) Roy DS, et al. Memory retrieval by activating engram cells in mouse models of early Alzheimer's disease. *Nature* (2016) 531:508-512.
57) Hochberg LR, et al. Neuronal ensemble control of prosthetic devices by a human with tetraplegia. *Nature* (2006) 442:164-171
58) Musk E and Neuralink. An integrated brain-machine interface platform with thousands of channels. (2019) bioRxiv:703801.
59) Dedic N, et al. SEP-363856, a Novel Psychotropic Agent with a Unique, Non-D2 Receptor Mechanism of Action. *J Pharmacol Exp Ther* (2019) 371:1-14.
60) Schroeder BO and Bäckhed F. Signals from the gut microbiota to distant organs in physiology and disease. *Nat Med* (2016) 22:1079-1089.
61) Cryan JF, et al. The gut microbiome in neurological disorders. *Lancet Neurol* (2020) 19:179-194.
62) Yoshida et al. Single-neuron and genetic correlates of autistic behavior in macaque. *Sci Adv* (2016) 2:e1600558.
63) 日本学術会議: 生命科学における研究資金のあり方 (2018).
64) Image project: https://imagen-project.org
65) Brainnetome: http://www.brainnetome.org

2.1.12 免疫・炎症

（1）研究開発領域の定義

免疫は「ヒトが疫病（感染症）から免れる仕組み」としての理解に端を発し、長年に亘ってその詳細なメカニズムの研究、および医療応用が進められてきた領域である。現在では感染症や自己免疫疾患、炎症性疾患、アレルギー性疾患に加え、がん、神経疾患、代謝性疾患など、多様な疾患群の根底に免疫が深く関わっていることが見いだされており、生体の恒常性維持に不可欠の基盤的な生命システムであると言える。それら疾病のメカニズムの理解にとどまらず、免疫機構に着目した医療技術として、抗体/サイトカイン医薬、人工免疫細胞医薬（CAR–T、TCR–Tほか）など、産業インパクトの大きなものが次々と登場している。

（2）キーワード

ヒト免疫学、慢性炎症、マクロファージ、自然免疫リンパ球、抗腫瘍免疫、免疫チェックポイント、免疫ゲノム、神経免疫、免疫代謝、3次リンパ組織、常在細菌、抗体医薬、サイトカイン

（3）研究開発領域の概要

【本領域の意義】

感染症を免れるため病原微生物を非自己として認識し排除する免疫システムは、がん細胞や移植片も非自己として認識するため、感染症のみならず、がん免疫、移植免疫の観点でも免疫系を理解することが必要である。さらには、免疫システムの制御の破綻により、自己免疫疾患、自己炎症疾患、アレルギー性疾患など多くの人々のQOL低下と関係する様々な疾患が発症する。免疫系の理解と応用展開は、抗体医薬、遺伝子改変免疫細胞医薬（CAR–T、TCR–Tほか）など、巨大な市場を形成、あるいは形成しつつあるイノベーティブな医療技術として結実している。本領域は、生命の理解の深化、および健康・医療技術の創出、の両面において大きな存在感を示している。

【研究開発の動向】

免疫疾患および感染症、炎症性疾患、がん、移植などにおける免疫システムの理解が飛躍的な進展も相俟って、特に21世紀以降、がんおよび炎症性疾患を中心に目覚ましい治療効果を発揮する抗体医薬が開発され、昨今の医薬品市場を席巻し続けている。これは、長年に亘って取り組まれてきた免疫科学の基礎研究の成果の賜である。抗体医薬については、更なる高性能化、および低コスト化の両方向に向けた開発が今後加速するものと考えられる。また、腸内細菌や食物と様々な免疫系との関係も注目を集めており、常在菌と免疫系、あるいは常在菌と疾患群の関係が次々と解き明かされているところであり、細菌叢の制御により疾患を治療しようとする挑戦的な研究も進められている。

基礎研究段階ではあるが、多発性硬化症のような自己免疫疾患のみならず、アルツハイマー病、脳梗塞、自閉症などの精神・神経疾患と免疫系との関係が明らかにされつつある[1)]。また心筋梗塞や動脈硬化、肥満や糖尿病などの心血管系疾患、代謝性疾患においても免疫系の関与が指摘されている。このような慢性炎症においては、マクロファージのサブセットやサイトカインを産生する自然リンパ球の関与に加え、制御性T細胞（Treg）などの獲得免疫系の役割についても関心が集まっている。

わが国で発見されたTregの研究は今も活発であり、その発生・分化、安定性と可塑性、多彩な機能を制御する分子メカニズムの研究、そして組織修復・組織幹細胞維持・代謝恒常性維持などの非免疫学的機能（生体恒常性維持機能）に関する研究は特に盛んである[2, 3)]。自己免疫疾患や炎症性腸疾患、アレルギー疾患といった病的な免疫応答に起因する様々な疾患の治療にTregが根本的な解決法をもたらすと期待されている。例えば、体外で増幅したTregを養子移入することで、自己免疫疾患、移植片対宿主病、臓器移植の拒絶反応の抑制を目指す臨床研究も行なわれている[4, 5)]。一方、抗腫瘍免疫を増強するために、Tregを除去し免疫

抑制機能を抑える技術開発も進められている[6]。

近年、様々な疾患、臓器において、「三次リンパ組織」と呼ばれる炎症性微小環境の形成が報告されている[7]。三次リンパ組織は異所性のリンパ組織で、主にT細胞、B細胞の集簇から成り、その他、抗原提示細胞である樹状細胞、骨格となる線維芽細胞、濾胞樹状細胞、リンパ管、高内皮細静脈などの多様な構成成分が存在する[8]。また、ただ単なる血球の集簇ではなく、その内部でB細胞の成熟、クローン拡大、抗体産生細胞への分化が生じるという二次リンパ器官と類似した機能的側面を持つ[9]。一方、二次リンパ器官と異なり被膜をもたないため、周囲の抗原に暴露されやすく、周囲の細胞群と密接な相互作用を形成する。これまで、三次リンパ組織は自己免疫疾患、慢性感染症、様々な悪性腫瘍、移植片など慢性炎症が惹起されうる幅広い病態で報告され、加齢に伴う臓器機能低下の一因としての報告も見られる[7-9]。

医療応用の観点から最も注目を集めているのが腫瘍免疫である。長年に亘って進められてきた、腫瘍細胞が抗原性を獲得するメカニズムの研究に加え、免疫チェックポイント阻害の研究から大きな成果が得られている。その結果として免疫チェックポイント阻害に作用する抗体が臨床現場で大きな注目を集めているが、それ以外にも、様々な抗腫瘍免疫賦活化薬の開発が進められている。一方、免疫チェックポイント阻害薬の効果が見られない患者群の存在も明らかになり、免疫チェックポイント阻害薬に対する抵抗性のメカニズムの解明、臨床予測性の高いバイオマーカー探索、新たな免疫チェックポイント分子の研究などが進められている。また、CAR-Tなど人工的に免疫細胞を改変して治療に応用する試みも実用化に向けて進んでいる。わが国においても腫瘍免疫研究は活性化しているが、世界的なレベルからはやや遠く、医療応用でもオプジーボ（抗PD-1抗体）およびモガムリズマブ（抗CCR4抗体）以外の開発は極めて遅れている。

免疫応答の基盤としてのゲノムの解析も急速に進展しつつある。次世代シーケンスの進歩により、遺伝子多型、トランスクリプトーム、さらにはリンパ球サブセットの関連が網羅的に明らかとなりつつある[10]。また、遺伝子多型情報とエピゲノム情報を統合して、免疫疾患の遺伝的リスクがどの免疫担当細胞サブセットに濃縮されているか評価するアプローチにより、ヒト免疫疾患の病態の理解が深まりつつある[11]。特に関節リウマチの関節滑膜、全身性エリテマトーデスの腎臓、炎症性腸疾患の腸管粘膜など、ヒト免疫疾患の局所のマスサイトメトリーやシングルセルRNAシーケンス解析は、炎症局所の免疫担当細胞の構成と治療抵抗性と関連する、特定の免疫担当細胞を明らかにしつつある[12-14]。このような炎症局所の知見は、創薬標的の同定や疾患の層別化に大きく寄与することが期待される。日本における同様のデータの集積は必要だが、先行する海外データも活用することで必要サンプル数は抑制できる可能性があり、日本人の知見を得るための戦略が求められる。

予防医学への免疫学の貢献は、長い歴史に渡り、ワクチンへの応用という形で非常に大きい。直近の特筆すべき事例はCOVID-19に対するワクチンであり、欧米の研究者や製薬企業が10-20年近く前から取り組んできたmRNAワクチン（LNP）である。わが国でも様々な形でワクチン開発が展開されているが、今後はパンデミック対策も視野に入れ、従来の延長線上ではないワクチン実用化に向けた戦略転換が必要と考えられる。

世界的にも免疫研究は大きく活性化しているが、医療技術創出の観点の強まりも相俟って、旧来よりマウス免疫学において蓄積されてきた知見を一気に止揚させ、マウス免疫学にとどまらずいよいよ本格的にヒト免疫学を推進しようとする潮流が年々強まっている。

（4）注目動向

【新展開・技術トピックス】

腫瘍免疫分野において、T細胞による免疫応答を負に制御するCTLA-4やPD-1の作用を抑制することで免疫応答のブレーキを解除するという概念（免疫チェックポイント阻害）により、抗CTLA-4抗体や抗PD-1抗体が臨床試験で著効を示している。現在では抗CTLA4抗体と抗PD-1抗体との併用療法やTregの除去抗体、抗CCR4抗体との併用をはじめとした様々な抗体との併用、あるいは他の抗がん薬との併用療法の効果が検討されている。「免疫応答の負の制御を解除」という観点では、Tregの除去も有効である事が動物実験で示され、種々の腫瘍への応用開発が進められている。また、様々な抗がん薬や生理活性物質への干渉（例えばCOX阻害薬）との組み合せが調べられている[15]。一方でチェックポイント阻害に抵抗性の腫瘍や抵抗性を示す患者群の存在も明らかになり、抵抗性の分子機構の解明と解除方法の研究が盛んに進められている。さらに、免疫チェックポイント抗体を使用の際、致死的な副作用が発生するケースがあることが重大な問題となっており、その機序の解析に基づく阻害・防止方法の開発は喫緊の課題である。しかし、マウスモデルでは限界があり、免疫ヒト化マウスなどを活用したヒト腫瘍とヒト免疫系を効率よく研究する手法の開発が求められている。さらにフォスファターゼやSOCSなどの細胞内シグナル伝達阻害分子やTregのマスター遺伝子であるFoxp3なども広義のチェックポイント分子といえる。今後は細胞表面分子に加え、細胞内分子や転写因子もチェックポイント阻害の対象として研究が拡大すると思われる。

肥満、糖尿病、癌、アルツハイマー病など、多様な疾患に「慢性炎症」が関与することが明らかにされてきている。しかし、慢性炎症を実験的に研究するシステムが不足しており、この分野は必ずしも必要とされている程に進んでいない。マクロファージに様々なサブセットが存在することや新しいサイトカイン産生性自然リンパ球（innate–lymphoid cell: ILC）の発見は、線維化や組織修復に関する理解に新たな方向性を与えており、今後の展開に期待がもたれる研究が進みつつある[16]。

神経系と免疫系の密接な相互関係の解明が進展している。多発性硬化症のような自己免疫疾患はもとより、ミクログリアを介した様々な自然免疫反応が疼痛、神経伝達やアルツハイマー病と関連することが報告されている。例えばアルツハイマー病のモデルマウスではIL–23を欠損させるとAβの沈着が減少することが報告されている[17]。また、脳内のインターフェロンγが社会行動を促進させることや、インフラマゾームの活性化が加齢による学習能力の低下と関連することなども報告されている[18]。これらの詳細なメカニズムの解明はこれからであるが、免疫系と神経系の相互作用に関する研究はますます発展すると考えられる。

Tregの発生・分化と機能のメカニズムについての基礎研究が進展するとともに、Tregを“living drug”として用い、自己免疫疾患、移植片対宿主病（GvHD）、臓器移植の拒絶反応の緩和に応用しようという試みも活発である[5]。 Tregが抗腫瘍免疫を弱めていることも明らかになり、Tregの除去や機能抑制を介したがん治療の可能性に注目が集まっている[6]。Tregの発生・分化に関しては、マスター転写因子Foxp3の発現を制御する様々な細胞外からのシグナルと遺伝子発現制御機構が同定されるとともに、Tregの発生・分化と維持におけるFoxp3による制御とエピジェネティクス制御の重要性が示された[2]。 Foxp3発現やエピジェネティクスを制御することで、様々な疾患の治療に用いることのできる機能的に安定なTregを誘導する試みが始まっている[19]。 Tregと腸内細菌との関係性についての研究も大きく進んでいる。多くのTregは胸腺内において自己抗原を強く認識することで分化する一方、Tregは末梢組織、特に腸管粘膜などのバリア組織において腸内細菌抗原や食物などの無害な外来性抗原により効率的に誘導され、腸管のみならず全身の免疫系の恒常性維持に重要であることが明らかにされた。そして、腸管においてTregを選択的に誘導する腸内細菌種とその代謝産物が同定され始めている[20]。アレルギー疾患や炎症性腸疾患、自己免疫疾患など様々な免疫疾患の環境要因として腸内細菌叢の乱れ(dysbiosis)が注目されているが、腸内細菌によるTreg誘導は、腸内細菌と様々な疾患を結びつける一つのメカニズムとしても脚光を集めている。 Tregの機能とその制御メカニズムについても、ここ数年で新しい知見が得られている。 Tregは不均一な細胞集団であり、リンパ組織のみならず、様々な非リンパ組織にも局在し、組織環境、炎症環境からの様々なシグナルに応じて遺伝子発現を多様に変化させ、異なるサブセットに機能分化することが明らかにされた。そして、これら組織に局在するTreg（組織Treg）は、組織局所において免疫抑制機能と抗炎症性機能を示すのみならず、組織や全身の恒常性の維持に重要な役割を担うことが明らかにされてきている[3, 21]。例えば、内臓脂肪組織に集積するTregは、代謝性炎症を抑制することで全身の代謝恒常性に影響を及ぼす。加えて、Tregは組織を構成する非免疫細胞とも相互作用し、傷害された組織の修復を促進し、組織幹細胞の自己複製・分化を制御することが報告されている。また、神経変性疾患や代謝性疾患など、慢性炎症が関わる様々な病態の制御への関与も示唆されている。従って、これらの組織Tregの機能や恒常性を操作することで、単に病的な免疫応答を抑制するのみならず、これらの病的な免疫応答や慢性炎症、様々な病原体により傷害された組織を修復し、正常な組織の構造と機能を再生することができるものと期待できる。そして、様々な組織においてTregの機能と集積を制御する分子機構、特に組織特異的なシグナルと遺伝子発現制御機構について研究が進んでいる[3, 20, 22)]。Tregを用いた細胞療法については臨床研究が世界的に進行している[5)]。Treg全体を抗原非特異的にポリクローナルに増殖させて疾患治療に用いることに加え、chimeric antigen receptor（CAR）や改変T-cell receptor（TCR）を発現させることでTregに抗原特異性を賦与する試みや、CRISPR/Cas9などのゲノム編集法によりTregの機能を強化するなど、「次世代型Treg細胞療法」の開発研究が進められている[5)]。

三次リンパ組織は加齢においても形成されやすくなり、老化による臓器機能低下の一因としても注目されており、特に、腎臓病領域においては解析が進んでいる[23–26)]。高齢者は急性腎障害後に慢性腎臓病・末期腎不全に移行しやすいことが知られているが、その一因が三次リンパ組織の形成と炎症の遷延による修復不全である可能性が報告されている[24–26)]。さらに、高齢腎での三次リンパ組織の形と成熟、それによる腎機能障害には老化関連T細胞（Senescence-associated T cell：SAT cell）、老化関連B細胞（Age-associated B cell：ABC）のCD153–CD30シグナルを介した相互作用が必須であることが明らかとなり、今後の治療法の開発が期待される[24)]。加齢に伴う腎障害に加え、様々な腎臓病においても三次リンパ組織の形成と予後との密接な関連が報告されている。とりわけ、移植腎においては成熟した三次リンパ組織を形成した群は予後不良である[27)]。加えて、ループス腎炎の疾患活動性と相関すること、IgA腎症の腎予後不良因子となることが報告されており、疾患横断的な腎予後決定因子として注目されつつある[28, 29)]。三次リンパ組織は肺癌、大腸癌、膵癌、乳癌など多様な悪性腫瘍でも形成される[7)]。多くの悪性腫瘍において三次リンパ組織の存在は良好な予後と関連すると報告されており、これには三次リンパ組織による抗腫瘍免疫が関与すると考えられている 。加えて、複数の癌モデルにおいてチェックポイント阻害薬投与後の三次リンパ組織の誘導とそれによる抗腫瘍効果も報告されている[7, 30)]。一方で、一部の悪性腫瘍の進展に関与するという報告もあり、癌における三次リンパ組織のheterogeneityが示唆される[7)]。このほか、三次リンパ組織は関節リウマチ、シェーグレン症候群、橋本病など、幅広い自己免疫疾患においても形成される[9, 31)]。三次リンパ組織内では二次リンパ組織同様に胚中心が形成され、それが自己抗体血中濃度や疾患活動性、臓器障害度と相関するとの報告もあり、自己免疫疾患の病態形成への関与が示唆される[7, 9)]。三次リンパ組織はさまざまな臓器で形成され、本邦でも盛んに研究されている。肺に形成される三次リンパ組織はinducible bronchus-associated lymphoid tissue（iBALT）とも呼ばれ、呼吸器感染症においては臓器保護的に作用する一方、喘息や慢性閉塞性肺疾患などの慢性炎症疾患では増悪の一因となる[32, 33)]。多発性硬化症（Multiple sclerosis：MS）の動物モデルであるexperimental autoimmune encephalomyelitis（EAE）では、三次リンパ組織の形成を抑制することで軽症化するが[34)]、ヒトでも病勢の強い二次性進行型MSで脳脊髄膜に三次リンパ組織が認められる[35, 36)]。さらに、マウスの接触性皮膚炎モデルやヒトの二次性梅毒、lupus erythematosus profundusなどの炎症性皮膚疾患においてskin-associated lymphoid tissue（SALT）と呼ばれる三次リンパ組織の形成が報告されており、様々な皮膚病との関連性が示唆される[37, 38)]。また、三次リンパ組織はB型肝炎やC型肝炎、自己免疫性肝炎や原発性硬化性胆管炎などの肝臓病でも認められる。特にC型肝炎においては47–78 %と高頻度に形成され、肝線維化と相関するという報告もあるが、病態における意義は未解明である[39–41)]。その他、1型糖尿病患者やそのモデルマウスの膵臓の膵島周囲に三次リンパ組織が形成され、それによる膵島破壊が示唆されている[42, 43)]。心移植後の心内膜下にQuilty lesionと呼ばれる三次リンパ組織が形成されることが知られているが、この病変が拒絶やその前兆なのか議論されている[44)]。三次リンパ組織は動脈硬化をきたした血管の外膜にも形成される[45)]。腸間膜、大網、縦隔、性腺周囲、そして心臓周囲等の脂肪組織に存在する三次リンパ組織はfat-associated lymphoid clusters（FALC）と呼ばれ、漿膜における免疫反応に重要な役割を持つと考えられている[46, 47)]。

これまでのGWAS研究で、多くの疾患と関連する遺伝子多型の同定、さらに疾患関連遺伝子の同定が進んでいる[48)]。既に多くの国際的な共同研究の成果が発表されており、疾患関連多型はほぼ同定され尽くしてきたと思われる。その中で、統計学的有意差を有する疾患関連多型のみでは多因子疾患の遺伝率のごく一部しか説明し得ないという結果が報告され[49]、いわゆるmissing heritabilityを説明する概念として、有意水準を満たさない無数の多型の集合が遺伝率を制御するというpolygenic model[50]や、大きなエフェクトサイズを有するレアバリアントが遺伝率に関与するというモデル[51]が提唱されている。さらに多因子疾患の予後予測についても、一定以上の頻度でみられるcommon SNP情報だけでは困難であると認識されつつある[53]。2018年には、全ゲノムの600万SNPの情報を用いてエフェクトサイズの小さな多型も考慮するpolygenic risk score（PRS）により、冠動脈疾患のリスクが数倍高い集団を同定できることが報告された[53]。免疫疾患でもPRSを用いたリスク評価が報告されてきており、いよいよゲノムからの疾患リスク予測が現実のものとなってきた。疾患（関節リウマチ）コホートにおけるPRS解析による骨破壊予測も報告され始めており[54]、PRSからのリスク経路同定も進むと予想される。その一方で、PRSは人種特異性が高いため、日本人ゲノムデータの蓄積が急務となっている。また全ゲノム解析や希少な変異や多型の解析も重要な方向性である。世界的には、希少な変異を手掛かりにした創薬は多くの実績があり、日本では単一変異疾患を対象にAMEDの未診断疾患イニシアチブ（IRUD）が進行しているが、この領域はさらに充実させていく必要がある。一方で、多因子疾患の理解にはゲノムの変異以外のマルチオミクス情報の統合が必須となる。ゲノム解析と並行して、ヒト自己免疫疾患などで患者由来の末梢血などからリンパ球や骨髄系細胞のサブセットを分画してRNA–seqを行なうことで細胞種ごとの遺伝子発現パターンを研究する方法、全ゲノムレベルでのChIPシーケンスによって細胞ごとのエピジェネティクスを比較する方法、あるいは1細胞などに分画して発現解析を行なう手法も確立されつつある。遺伝子多型と遺伝子発現の関連を解析するexpression quantitative trait locus（eQTL）解析も、PRSなどの臨床につながるゲノム情報に新たなレイヤーを加える解析として期待される[55]。2021年には免疫系の機能ゲノムデータベースとして世界最大規模のものが日本から発表され[56]、SLE（systemic lupus erythematosu）の免疫経路の統合解析につながるなど[57]、世界を先導している面もある。COVID–19においても、機能ゲノム解析とシングルセル解析を組み合わせた報告が公開予定である[58]。今後PRSにeQTLを加味したtranscriptional risk score（TRS）の開発は一つの方向性と考えられる。一方で海外では多型の機能解析として、CRISPRを用いて多くの多型の機能をシングルセルレベルで解析するPerturb seqが開発されているが、この手法では日本は遅れている[59, 60]。海外からは疾患における多数例のシングルセル解析の報告も出てきている[61, 62]。今後日本人におけるシングルセル解析のデータは必要と考えられるが、遺伝子発現はゲノムほど人種差がない可能性があり、どのように蓄積していくのかは十分検討する必要がある。

T細胞、B細胞レパトアは、MHC（Major Histocompatibility Complex）領域の関与と多彩な自己抗体の出現を特徴とする自己免疫疾患において以前から重要視され解析されてきたが、レパトアの多様性から全体像を把握する事が困難であった。近年、次世代シーケンサーを用いた網羅的解析によりその解像度が飛躍的に改善し、網羅的なレパトアの取得が可能になった。さらに、これらの大規模データを処理して有意義な情報を引き出すためのバイオインフォマティクスの手法が次々に開発されている。既に大規模データセットを取得した米中の企業から感染症や自己免疫疾患特異的レパトア同定の報告がある。米国ではリンパ系造血器腫瘍の微小残存病変の追跡においてレパトアを用いた診断法がFDAから認可を受けており、今後、がん・自己免疫疾患・神経疾患・感染症など幅広い疾患領域においても進展が期待できる。一方で、特にわが国では独自の大規模データセットやバイオインフォマティクスの専門家の不足が問題となっている。また、免疫系は様々な分子や細胞サブセットのネットワークにより構築されているが、レパトアも抗原特異性や細胞表現系といった様々な階層が複雑に関係しており、その複雑性・多様性のため未だ理解は十分ではない。レパトアをシーズとした創薬としてがん領域や感染症領域における抗体医薬品や細胞医薬品が期待されるが、さらにワクチンを含む新しい免疫制御法に基づく医薬品やバイオマーカーの開発のため、大規模なデータセット取得と並行し、より高次な情報を組み合わせた免疫プロファイリング技術を用いた解析が今後の鍵になると期待される。1細胞解析技術による表現型や抗原特異性とレパトア情報の同時取得や、質量分析を用いた抗体レパトア解析技術など、リッチな情報を取得できる様々なレパトア解析技術が開発されており、わが国からの新規技術開発はまだ希少であるが、先見性を持ったいくつかのグループによりマウスのレパトア解析によるシステム免疫学や、ウイルス抗原に対するTCRの機能的階層性などの研究が開始されている[63-66]。わが国ではマウスを中心とする免疫学の蓄積が豊富であり、臨床研究者と質量分析や1細胞解析技術などバイオテクノロジーとバイオインフォマティクスの専門家が連携することで、ユニークなデータセットを構築し極めて広範囲の医学研究において多くの知見の創出が期待される。

マクロファージは1世紀以上も前に発見された細胞であるが、免疫系の細胞の中では死細胞などの生体内のゴミを貪食する役割程度しかないと考えられており、他の免疫細胞とは異なり殆ど注目されてこなかった。しかし最近の研究から、これまでのマクロファージは1種類しかないという概念が覆され、複数のサブタイプが存在していることが徐々に明らかとなり、現在では多くの研究者がマクロファージ研究を行っている。特に日本からは線維化や骨破壊に関連する新たなマクロファージサブセットが複数報告されており[67, 68]、日本のマクロファージ研究のレベルは世界でもトップクラスと考えられ、今後更に注力すべき分野の1つである。また、この研究分野は産業界からも注目されている。それぞれのサブタイプが疾患ごとに存在しており、病態に特異的に関わることが示唆されてきていることから、国内だけでなく海外のメガファーマまでがマクロファージサブタイプ自身を標的とした創薬化、またその分化・活性化に関わるdruggableな分子の阻害剤の取得を開始しており、各マクロファージの疾患への特異性の高さから、著しく副作用の少ない薬の開発へと繋がると考えられる。

自然免疫系においては、パターン認識受容体の実体が数多く同定され、その細胞内シグナル伝達経路や制御機構に関する研究データが蓄積された。また、これらの基礎研究の成果を基盤として、ワクチン開発におけるアジュバントの理解や応用（特にCOVID–19でのmRNA–LNPワクチンプラットフォームの有効性へつながる）が進み、さらには腫瘍微小環境での自然免疫応答を標的としたがん治療アプローチへの応用が試らみられている[69-72]。

免疫学的記憶は適応免疫だけの特徴であると考えられていたが、自然免疫応答の記憶についての研究が進み、2回目の感染時により迅速で強力な応答を促す仕組みが自然免疫系にもあることが報告されている。これは自然免疫記憶（innate immune memory）あるいは“trained immunity”と呼ばれている。この仕組みは適応免疫の記憶の仕組みとは根本的に異なり、応答性に特異性は無く、またメカニズムもBCGなどの特定のPAMPsによるパターン認識受容体下流での細胞内代謝系のリプログラミングやエピジェネティックな転写のリプログラミングによることが報告されている。最近は、これらをワクチンや免疫療法の応用する試みもなされている[73-75]。

自然免疫リンパ球（ILCs）については、NK（natural killer）以外にも新たなサブセットが発見され、体系化されてから10年超え、組織の恒常性、形態形成、代謝、修復、再生など、とくに組織局所における多彩な役割が明らかにされてきた。加えて、アレルギーや喘息、尋常性乾癬、腸管の炎症性疾患などの多くの疾患病態におけるILCsの関与も次々に報告され、最近では神経と免疫との関連性の中で特に末梢神経によるILCs機能調節に関する研究が注目されている[76-79]。

【注目すべき国内外のプロジェクト】

欧米では、マウス免疫学およびヒト免疫学がバランス良く推進され、多様な病態の共通基盤原理としての免疫系の理解と制御、そして医療技術開発が比較的スムーズに展開している。一方で、わが国ではマウス免疫学の基礎研究を中心とした研究開発投資がなされてきた。例えば文科省の拠点整備事業の一環で2007年に設立された免疫研究拠点IFReCが挙げられる（現在は、中外製薬の巨額の資金拠出の元で運営（2017～2027年、総額100億円））。また、2022年よりAMED–CREST/PRIME「免疫記憶の理解とその制御に資する医療シーズの創出」領域が発足し研究が開始されている。

（5）科学技術的課題

基礎研究面での課題としては、免疫記憶の解明、老化と免疫、炎症の収束と修復（再生）、全身の様々な臓器に於けるローカルな免疫機構（臓器との相互作用）、などの今後重要性が高まるであろう免疫機構を明らかにする研究手法の開発が挙げられる。また、そのような免疫機構の基盤である染色体制御を含めた細胞のバイオロジーの研究手法も重要である。多くの重要な細胞の機能にはスーパーエンハンサーが関与しており、スーパーエンハンサーの構造の理解が免疫機構の理解につながる。スーパーエンハンサーの構築には相分離（Phase separation）が重要であるが[80]、細胞機能の理解に重要な相分離の研究は日本では進んでおらず、これらの免疫周辺領域の研究との連携も必須である。

多様な臓器で三次リンパ組織の形成が確認され、動物モデルでの研究が進められると共に、その臨床的意義も部分的に明らかとなりつつあるが、形成機序や病態形成メカニズムは不明点が多く、三次リンパ組織に着目した治療法開発のためには今後の基礎研究の進展が望まれる。これまでに報告された研究では、それぞれ三次リンパ組織の定義やマーカーなどの評価法が異なっており、それが一因で臨床的意義の評価を困難にしている側面があり、今後、評価法の標準化により、その臨床的意義が明らかになることが望ましい。

応用開発面の課題としては、自己免疫の抑制による抗腫瘍効果の引き出し方法、抗原性の低いがんへの対処方法、免疫チェックポイント阻害薬の低分子化、細胞内チェックポイント分子に対する阻害薬の開発、抗がん薬との組み合わせ、iPS技術の応用やステムセルメモリーT細胞（Tscm）の利用、CAR–Tとの組み合わせ、ゲノム・トランスクリプトーム情報からの診療と治療へのフィードバックなどが挙げられる。

マウス免疫学にとどまらずヒト免疫学の推進がわが国における喫緊の課題であり、そのための方策の1つとして、ヒト免疫系を高精度に再現したモデル動物系が挙げられる。例えば、免疫関連遺伝子をヒト型に置換した免疫ヒト化マウスの作製および、その利用を多くの研究者へと解放する基盤整備が必要である。また、免疫学の応用開発という観点からは、これまでも言われてきたような薬理学や工学などとの学横断的な研究に基づき、企業と連携させる場作りをより積極的に行う必要がある。

（6）その他の課題

免疫を含む広範囲の分野で基礎研究を志向する若者が著しく減っている。特に、多くの医学系大学で基礎系の分野が壊滅的な状況である。免疫学は臨床にも近い重要な基礎研究領域であるにもかかわらず、基礎免疫学を志向する医学部出身者は著減している。

ヒト免疫学を推進するためには、基礎研究者と臨床医学者との連携が必須であるが、そのためのプラットフォームの整備が大幅に遅れている。ヒト免疫学の推進のため、例えば健常人の白血球を献血検体からルーチンで確保するシステムの構築や患者由来の様々なサンプルを全国から集め保存し、研究者が利用できるリソースセンターの整備も重要と思われる。また、動物モデルを中心とする免疫学者とヒト臨床研究を行なう研究者を束ねる組織や枠組み（研究班など）の構築が必要である。公的研究費のみでは予算規模が限られるため、産学連携を促進する枠組みも重要である。

ヒト免疫学を推進する中で、個人情報に該当する遺伝情報を扱うことが増えている。2013年に米国臨床遺伝・ゲノム学会が、遺伝子解析の被験者に開示すべき59遺伝子のリストを示した。日本のヒト研究現場では二次所見の返却などの遺伝情報の扱いにコンセンサスが構築されておらず、この面の遅れはゲノムデータ収集の支障となりうることから、整備は急務である。

（7）国際比較

国・地域	フェーズ	現状	トレンド	各国の状況、評価の際に参考にした根拠など
日本	基礎研究	◎	→	・基礎免疫学をめざす若手（特にMD）が減少 ・免疫の生化学的・分子生物学的メカニズム研究は強いが、免疫インフォマティクス（レパトア等）、免疫工学（CAR–T、TCR–Tほか）といった次世代の免疫基礎研究は遅れているが、徐々に国内でも研究者層が拡大
	応用研究・開発	○	→	・生物製剤市場の拡大により、炎症分野の創薬に新たな製薬企業が取り組みを開始したが、独自のシーズを有する企業は少なく、例えばRORγt阻害薬など世界的に激しい競争分野では大半が撤退 ・アクテムラ、ニボルマブに続く国産のシーズ由来の生物製剤がない
米国	基礎研究	◎	↗	・長年にわたって世界の基礎免疫学研究をリードしており、ヒト免疫学の研究の重要性をいち早く提唱し研究を推進 ・免疫インフォマティクス（レパトア等）、免疫工学（CAR–T、TCR–Tほか）といった次世代の免疫研究を次々と切り拓いており、今後も免疫分野において大きな存在感を発揮し続けるものと考えられる。
	応用研究・開発	◎	↗	・ベンチャー/スタートアップによる創薬が活発 ・世界的に強い影響力をもつ大企業が、生物製剤の開発を積極的に推進 ・最先端の医療技術シーズの臨床開発・実装において中国に先を越される事例が徐々に出始めているが、それでも積極的な姿勢（および資金、開発環境など）は昔も今も変わらない ・ゲノム研究と免疫応用研究の融合が加速
欧州	基礎研究	◎	→	・伝統ある免疫学の基礎研究を着実に展開しており、研究成果の独創性、インパクトは高い ・NGSを用いた免疫ゲノム解析技術で世界を先導しており、免疫インフォマティクスの領域においても米国と比肩し得る基礎技術が開発されている ・トレンドを追わずトレンドを創り出そうとする姿勢が顕著
	応用研究・開発	◎	↗	・疾患への応用研究に対し、欧州各国のみならず様々な企業が研究費を実施、研究開発が盛ん ・世界的に強い影響力をもつ大企業が、新規生物製剤の開発を積極的に推進 ・臨床応用研究に必須のヒト検体を用いた免疫レパトア解析はドイツを中心に展開されており、日本にも技術輸出が行われている
中国	基礎研究	◎	↗	・研究者人口が多く、論文の量だけでなく、質についても急速に向上 ・ヒトのサンプルを用いた研究が多い ・優れたヒト化動物モデルの開発など、応用研究への橋渡しとなる領域も急速に活性化
	応用研究・開発	○	↗	・近年、最先端のチャレンジングな医療技術（リスクも大きい）の開発、導入を次々と進めており、従来はそのような医療技術は米国が先導し続けてきていたが米国を上回るスピードでの開発事例もいくつか登場
韓国	基礎研究	○	↗	・従来、臨床研究が中心であり基礎研究者層は日欧米に比べると薄いが、近年論文の質が大きく上昇
	応用研究・開発	△	→	・欧米と比べると現時点の応用研究は弱いが、主要大学に大型予算が投じられ、世界的に著明な研究者が招聘し研究力を強化しており、今後加速すると思われる ・大学内にベンチャー企業の研究室を設置する大学があるなど、応用展開に向けた活動が積極的になされている

（註1）フェーズ

基礎研究：大学・国研などでの基礎研究の範囲

応用研究・開発：技術開発（プロトタイプの開発含む）の範囲

（註2）現状　※日本の現状を基準にした評価ではなく、CRDS の調査・見解による評価

◎：特に顕著な活動・成果が見えている　　〇：顕著な活動・成果が見えている

△：顕著な活動・成果が見えていない　　×：特筆すべき活動・成果が見えていない

（註3）トレンド　※ここ1～2年の研究開発水準の変化

↗：上昇傾向、→：現状維持、↘：下降傾向

関連する研究開発領域

・遺伝子治療（*in vivo* 遺伝子治療/*ex vivo* 遺伝子治療）（ライフ・臨床医学分野　2.1.5）
・マイクロバイオーム（ライフ・臨床医学分野　2.3.3）

参考・引用文献

1) Filiano AJ, et al., “Unexpected role of interferon- γ in regulating neuronal connectivity and social behaviour.” Nature 535, no. 7612（2016）: 425-9. DOI: 10.1038/nature18626
2) Hori S. “Lineage stability and phenotypic plasticity of Foxp3+ regulatory T cells.” Immunol. Rev. 259, no. 1（2014）: 1592-72. DOI: 10.1111/imr.12175
3) Panduro M, et al., “Tissue Tregs.” Annu Rev Immunol. 34（2016）: 609-633. DOI: org/10.1146/annurev-immunol-032712-095948
4) Raffin C, et al., “Treg cell-based therapies: challenges and perspectives.” Nat Rev Immunol. 20, no. 3（2019）: 158-72. DOI: 10.1038/s41577-019-0232-6
5) Bluestone JA, et al., “Treg cells - the next frontier of cell therapy.” Science 362, no. 6411（2018）: 154-155. DOI: 10.1126/science.aau2688
6) Togashi Y, et al., “Regulatory T cells in cancer immunosuppression - implications for anticancer therapy.” Nat Rev Clin Oncol, 16, no.6（2019）: 356-371. DOI: 10.1038/s41571-019-0175-7
7) Schumacher TN and Thommen DS. “Tertiary lymphoid structures in cancer.” *Science* 375, no. 6576（2022）: eabf9419. doi：10.1126/science.abf9419
8) Sato Y, et al., “Tertiary lymphoid tissues: a regional hub for kidney inflammation.” *Nephrol Dialysis Transplant*（2021）: gfab212. doi：10.1093/ndt/gfab212
9) Bombardieri M, et al., “Ectopic lymphoid neogenesis in rheumatic autoimmune diseases.” *Nat Rev Rheumatol* 13, no. 3（2017）: 141-154. doi：10.1038/nrrheum.2016.217
10) Roederer M, et al., “The genetic architecture of the human immune system: a bioresource for autoimmunity and disease pathogenesis.” Cell 161, no. 2（2015）, 387-403. DOI: 10.1016/j.cell.2015.02.046
11) Finucane HK, et al., “Heritability enrichment of specifically expressed genes identifies disease- relevant tissues and cell types.” Nat Genet 50, no. 4（2018）: 621-629. DOI: 10.1038/s41588-018-0081-4
12) Zhang F, et al., “Defining inflammatory cell states in rheumatoid arthritis joint synovial tissues by integrating single-cell transcriptomics and mass cytometry.” Nat Immunol. 20, no. 7（2019）: 928-42. DOI: 10.1038/s41590-019-0378-1

13) Arazi A, et al., “The immune cell landscape in kidneys of patients with lupus nephritis.” Nat Immuonl 20, no. 7（2019）：902-914. DOI: 10.1038/s41590-019-0398-x
14) Martic C, et al., ”Single-cell analysis of Crohn’s disease lesions identifies a pathogenic cellular module associated with resistance to anti-TNF therapy.” Cell 178, no. 6（2019）：1493-1508. DOI: 10.1016/j.cell.2019.08.008
15) Zelenay S, et al., “Cyclooxygenase-Dependent Tumor Growth through Evasion of Immunity.” Cell, 162, no. 6（2015）：1257-70. DOI: 10.1016/j.cell.2015.08.015
16) Ginhoux F, and Guilliams M., “Tissue-Resident Macrophage Ontogeny and Homeostasis.” Immunity. 44, no. 3（2016）：439-49. DOI: 10.1016/j.immuni.2016.02.024
17) Vom Berg J., “Inhibition of IL-12/IL-23 signaling reduces Alzheimer's disease-like pathology and cognitive decline.” Nat Med. 18, no. 12（2012）：1812-9. DOI: 10.1038/nm.2965
18) Singhal G et al., “Inflammasomes in neuroinflammation and changes in brain function: a focused review.” Front Neurosci. 8, no. 315（2014）：1-13. DOI: 10.3389/fnins.2014.00315
19) Akamatsu et al. “Conversion of antigen-specific effector/memory T cells into Foxp3-expressing Treg cells by inhibition of CDK8/19.” Sci Immunol. 4, no. 40（2019）：eaaw 2707. DOI: 10.1126/sciimmunol.aaw2707
20) Tanoue T, Atarashi K, Honra K. “Development and maintenance of intestinal regulatory T cells.” Nat Rev Immunol. 16, no.5（2016）：295-309. DOI: 10.1038/nri.2016.36
21) Ito M, et al. “Brain regulatory T cells suppress astrogliossis and potentiate neurological recovery.” Nature 565（2019）：246-250.
22) Hayatsu, et al. “Analyses of a mutant Foxp3 allele reveal BATF as a critical transcription factor in the differentiation and accumulation of tissue regulatory T cells.” Immunity. 47, no.2（2017）：268-283.e9. DOI: 10.1016/j.immuni.2017.07.008
23) Sato Y and Yanagita M. “Immunology of the ageing kidney.” *Nat Rev Nephrol* 15, no. 10（2019）：625-640. doi：10.1038/s41581-019-0185-9
24) Sato Y, et al., “CD153/CD30 signaling promotes age-dependent tertiary lymphoid tissue expansion and kidney injury.” *J Clin Invest* 132, no. 2（2022）：e146071. doi：10.1172/JCI1460716.
25) Sato Y, et al., “Heterogeneous fibroblasts underlie age-dependent tertiary lymphoid tissues in the kidney.” *JCI Insight* 1, no. 11（2016）：e87680. doi：10.1172/jci.insight.87680
26) Sato Y, et al., “Developmental stages of tertiary lymphoid tissue reflect local injury and inflammation in mouse and human kidneys.” *Kidney Int* 98, no. 2（2020）：448-463. doi：10.1016/j.kint.2020.02.023
27) Lee YH, et al., “Advanced Tertiary Lymphoid Tissues in Protocol Biopsies are Associated with Progressive Graft Dysfunction in Kidney Transplant Recipients.” *J Am Soc Nephrol* 33, no. 1（2022）：186-200. doi：10.1681/ASN.2021050715
28) Shen Y, et al., “Association of intrarenal B-cell infiltrates with clinical outcome in lupus nephritis: a study of 192 cases.” *Clin Dev Immunol* 2012,（2012）：967584. doi：10.1155/2012/967584
29) Pei G, et al., “Renal interstitial infiltration and tertiary lymphoid organ neogenesis in IgA nephropathy.” *Clin J Am Soc Nephrol* 9, no. 2（2014）：255-264. doi：10.2215/CJN.01150113
30) Allen E, et al., “Combined antiangiogenic and anti-PD-L1 therapy stimulates tumor

immunity through HEV formation." *Sci Transl Med* 9, no. 385（2017）: eaak9679. doi : 10.1126/scitranslmed.aak9679
31) Zhang QY, et al., "Lymphocyte infiltration and thyrocyte destruction are driven by stromal and immune cell components in Hashimoto's thyroiditis." *Nat Commun* 13, no. 1（2022）: 775. doi : 10.1038/s41467-022-28120-2
32) Shinoda K, et al., "Thy1+IL-7+ lymphatic endothelial cells in iBALT provide a survival niche for memory T-helper cells in allergic airway inflammation." *Proc Natl Acad Sci U S A* 113, no. 20（2016）: E2842-E2851. doi : 10.1073/pnas.1512600113
33) Marin ND, et al., "Friend or Foe: The Protective and Pathological Roles of Inducible Bronchus-Associated Lymphoid Tissue in Pulmonary Diseases." *J Immunol* 202, no. 9（2019）: 2519-2526. doi : 10.4049/jimmunol.1801135
34) Shinoda K, et al., "CD30 ligand is a new therapeutic target for central nervous system autoimmunity." *J Autoimmun* 57（2015）: 14-23. doi : 10.1016/j.jaut.2014.11.005
35) Mitsdoerffer M and Peters A. "Tertiary Lymphoid Organs in Central Nervous System Autoimmunity." *Front Immunol* 7（2016）: 451. doi : 10.3389/fimmu.2016.00451
36) Magliozzi R, et al., "Meningeal B-cell follicles in secondary progressive multiple sclerosis associate with early onset of disease and severe cortical pathology." *Brain* 130, Pt 4（2007）: 1089-1104. doi : 10.1093/brain/awm038
37) Natsuaki Y, et al., "Perivascular leukocyte clusters are essential for efficient activation of effector T cells in the skin." *Nat Immunol* 15, no. 11（2014）: 1064-1069. doi : 10.1038/ni.2992
38) Kogame T, et al., "Putative Immunological Functions of Inducible Skin-Associated Lymphoid Tissue in the Context of Mucosa-Associated Lymphoid Tissue." *Front Immunol* 12（2021）: 733484. doi : 10.3389/fimmu.2021.733484
39) Wong VS, et al., "Fibrosis and other histological features in chronic hepatitis C virus infection: a statistical model." *J Clin Pathol* 49, no. 6（1996）: 465-469. doi : 10.1136/jcp.49.6.465
40) Delladetsima JK, et al., "Histopathology of chronic hepatitis C in relation to epidemiological factors." *J Hepatol* 24, no. 1（1996）: 27-32. doi : 10.1016/s0168-8278（96）80182-6
41) Luo JC, et al., "Clinical significance of portal lymphoid aggregates/follicles in Chinese patients with chronic hepatitis C." *Am J Gastroenterol* 94, no. 4（1999）: 1006-1011. doi : 10.1111/j.1572-0241.1999.01004.x
42) Korpos É, et al., "Identification and characterisation of tertiary lymphoid organs in human type 1 diabetes." *Diabetologia* 64, no. 7（2021）: 1626-1641. doi : 10.1007/s00125-021-05453-z
43) Liu SW, et al., "Lymphotoxins Serve as a Novel Orchestrator in T1D Pathogenesis." *Front Immunol* 13（2022）: 917577. doi : 10.3389/fimmu.2022.917577
44) Duong Van Huyen JP, et al., "The XVth Banff Conference on Allograft Pathology the Banff Workshop Heart Report: Improving the diagnostic yield from endomyocardial biopsies and Quilty effect revisited." *Am J Transplant* 20, no. 12（2020）: 3308-3318. doi : 10.1111/ajt.16083
45) Le Borgne M, Caligiuri G, and Nicoletti A. "Once Upon a Time: The Adaptive Immune Response in Atherosclerosis--a Fairy Tale No More." *Mol Med* 21, Suppl 1, S13-S18. doi :

10.2119/molmed.2015.00027

46) Moro K, et al., “Innate production of T（H）2 cytokines by adipose tissue-associated c-Kit（+）Sca-1（+）lymphoid cells.” *Nature* 463, no. 7280（2010）：540-544. doi：10.1038/nature08636

47) Cruz-Migoni S and Caamaño J. “Fat-Associated Lymphoid Clusters in Inflammation and Immunity.” *Front Immunol* 7: 612, doi：10.3389/fimmu.2016.00612

48) Okada Y, et al., “Genetics of rheumatoid arthritis contributes to biology and drug discovery.” Nature 506（2014）, no. 7488: 376-81. DOI: 10.1038/nature12873

49) Teri A. Manolio, et al., “Finding the missing heritability of complex diseases.”, Nature, 461,（2009）：747-753.

50) Yang J, et al., “Common SNPs explain a large proportion of the heritability for human height.” Nat Genet. 42, no. 7（2010）：565-569. DOI: 10.1038/ng.608

51) David Holmes, “Unlocking the secrets of adult human height ”Nature 542（2017）：186-190.

52) Solveig K. Sieberts, et al., “Crowdsourced assessment of common genetic contribution to predicting anti-TNF treatment response in rheumatoid arthritis” Nat Commun. 7, no. 12460（2016）.

53) Khera AV, et al., “Genome-wide polygenic scores for common diseases identify individuals with risk equivalent to monogenic mutations.” Nat Genet. 50, no. 9（2018）：1219-1224. DOI: 10.1038/s41588-018-0183-z

54) Suguru Honda, et al., “Association of Polygenic Risk Scores With Radiographic Progression in Patients With Rheumatoid Arthritis.”, *Arthritis Rheumatol. 2022；74（5）：791-800.*

55) Ishigaki K, et al., “Polygenic burdens on cell-specific pathways underlie the risk of rheumatoid arthritis.” Nat Genet. 49, no.7（2017）：1120-1125. DOI: 10.1038/ng.3885

56) Mineto Ota, et al., “Dynamic landscape of immune cell-specific gene regulation in immune-mediated diseases.”, *Cell. 2021；184（11）：3006-3021*

57) Masahiro Nakano, et al., “Distinct transcriptome architectures underlying lupus establishment and exacerbation.”, *Cell, 185（18）：3375-3389.e21. doi: 10.1016/j.cell.2022.07.021.*

58) “Japan COVID-19 Task Force: a nation-wide consortium to elucidate host genetics of COVID-19 pandemic in Japan.” *(https://www.medrxiv.org/content/10.1101/2021.05.17.21256513v1、2022年12月確認)*

59) Jacob W Freimer, et al., “Systematic discovery and perturbation of regulatory genes in human T cells reveals the architecture of immune networks.”, *Nat Genet. 2022 Aug;54（8）：1133-1144*

60) Joseph M Replogle, et al., “Mapping information-rich genotype-phenotype landscapes with genome-scale Perturb-seq.”, *Cell. 2022 Jul 7；185（14）：2559-2575.e28*

61) Richard K Perez, et al., “Single-cell RNA-seq reveals cell type-specific molecular and genetic associations to lupus.”, *Science. 2022 Apr 8；376（6589）：eabf1970*

62) Seyhan Yazar, et al., “Single-cell eQTL mapping identifies cell type-specific genetic control of autoimmune disease.”, *Science. 2022 Apr 8；376（6589）：eabf3041*

64) Ichinohe T, et al., “Next-generation immune repertoire sequencing as a clue to elucidate the landscape of immune modulation by host-gut microbiome interactions.”, Front Immunol. 9

（2018）：668. DOI: 10.3389/fimmu.2018.00668
65) Nitta T, et al., "Human thymoproteasome variations influence CD8 T cell selection." Sci Immunol. 2, no. 12（2017）：eaan5165. DOI: 10.1126/sciimmunol.aan5165
66) Hosoi A, et al., "Increased diversity with reduced "diversity evenness" of tumor infiltrating T cells for successful cancer immunotherapy." Sci Rep. 8, no. 1058（2018）. DOI: 10.1038/s41598-018-19548-y
66) Miyama T, et al., "Highly functional T-cell receptor repertoires are abundant in stem memory T cells and highly shared among individuals." Sci Rep. 7, no. 1（2017）：3663. DOI: org/10.1038/s41598-017-03855-x
67) Satoh T, et al., "Identification of an atypical monocyte and committed progenitor involves in fibrosis." Nature 541, no. 7635（2017）：96-101. DOI: 10.1038/nature20611
68) Hirao A, et al., "Identification of a novel arthritis-associated osteoclast precursor macrophage regulated by FoxM1." Nat Immunol, 20, no. 12（2019）：1631-1643. DOI: 10.1038/s41590-019-0526-7
69) Mulligan M J, et al., Nature, 586, no. 7830, 589-593（2020）. DOI: 10.1038/s41586-020-2639-4
70) Karikó K K et al., Mol. Ther., 16, 1833-1840（2008）. DOI：10.1038/mt.2008.200
71) Kaiaje S H, et al., Journal of Nanobiotechnology 20, 276（2022）. DOI: 10.1186/s12951-022-01478-7
72) Tameshbabu S, et al., "Targeting Innate Immunity in Cancer Therapy." Vaccines 9, no. 2, 138（2021）. DOI: 10.3390/vaccines9020138
73) Taks EJM et al., Annu Rev Virol. 9, no. 1, 469-489（2021）. DOI: 10.1146/annurev-virology-091919-072546
74) Geckin B et al., Curr Opin Immunol. 77, 102190（2022）. DOI: 10.1016/j.coi.2022.102190
75) Mantovani A and Netea, M G. Engl J Med 383, nol. 11, 1078-1080（2020）. DOI: 10.1056/NEJMcibr20 11679
76) Vivier E et al.,Cell 174, 1054-1066（2018）. DOI: 10.1016/j.cell.2018.07.017
77) Klose CSN et al., Current Opinion in Immunology 56, 94-99（2018）. DOI: 10.1016/j.coi.2018.11.002
78) Klein Wolterink RGJ et al., Ann. Rev. Neurosci. 45：339-360（2022）. DOI: 10.1146/annurev-neuro-111020-105359
79) Yano H and Artis D. Curr Opin Immunol 76, June 2022, 102205. DOI: 10.1016/j.coi.2022.102205.
80) B. R. Sabari, et al., "Coactivator condensation at super-enhancers links phase separation and gene control." Science 361, no. 6400（2018）：eaar3958. DOI: 10.1126/science.aar3958

2.1.13 生体時計・睡眠

（1）研究開発領域の定義

生体時計は、「時間生物学」とも呼ばれ、秩序だった生命活動に不可欠な「時間・タイミング」の制御機構の理解を目指す領域である。最も基本的な時間制御は1日周期の概日リズム（サーカディアン・リズム）であり、体内時計（概日時計）によって制御される。全身の細胞に備わる普遍的細胞機能の一つである体内時計は、分子から行動まで多階層にわたる生命活動の時間的統合を司り、地球の自転に伴う環境サイクルに生体を適応させるとともに、睡眠、自律神経、内分泌、代謝、免疫など多岐にわたる生理機能の動的恒常性を担う。安定した24時間周期を生み出す物質的基盤（24時間の原理）の理解、および、シフトワーカーの疫学研究で示唆されている恒常性破綻の病態生理（生活習慣病、老化、ストレス、慢性炎症などとの関連）に加え、異なる周期や時間軸を包含した広い意味での「生命と時間の統合的理解」へと展開する新たな研究開発領域として概念的広がりを見せている。生体を構成する数多くの機能を「時間」で統合し、個体としての恒常性を保つ生体時計は、生命科学の中でも特徴ある学際的領域といえる。

（2）キーワード

時間生物学、生体リズム、体内時計（概日時計）、時計遺伝子、時間タンパク質、時間医学、時間栄養学、生活習慣病、老化、ソーシャル・ジェットラグ

（3）研究開発領域の概要

[本領域の意義]

生体時計、あるいは時間生物学、と呼ばれる本領域は、個々の機能に焦点を当てた他の生命科学領域とは趣が異なり、生命活動における「時間」の意義に焦点を当てている点で特徴的である。時間は目に見えず実体がない（＝物質ではない）にも関わらず、生物はそれを定量的な情報としてあらゆる生命活動に利用している。物質を対象としていないため、学問領域としての確立はそれほど古いわけではなく、1950年代にAschoffとPittendrighによって体系化された。しかし、その後、本領域の学際性を象徴するように次々と他領域に広く影響を与える研究を生み出してきた。

その嚆矢となったのが、1971年にBenzerによって成された「時計遺伝子」の発見である。Benzerらはショウジョウバエの羽化リズムという概日リズムに着目することで「行動遺伝学」の確立に成功した。また、1983年に川村らが視交叉上核組織移植による行動リズム回復という、現在の細胞移植による脳機能回復に繋がる成果をあげ、視交叉上核が概日リズムの中枢であることを証明した。さらに、1994年にTakahashiらがマウスを用いた行動遺伝学を確立し哺乳類時計遺伝子Clockを発見した。2005年には、近藤らがシアノバクテリアにおいてKaiタンパク質とATPのみで24時間周期を創出できることを示し、生物界のみならず物質科学の分野にも大きなインパクトを与えた。このように、「時間」という独特の視点から生物の理解を大きく進展させ、ノーベル賞級と評価される貢献を積み重ねてきた分野である。

現代社会の現実に目を向けると、わが国の夜勤を含むシフトワークに従事する労働者は、2012年の統計で全労働者のうち21.8 %、約1,200万人に達し、近年の都市機能の24時間化に伴い、その数はさらに増え続けている。交替制勤務は様々な疾患リスクの上昇と相関することが疫学研究から明らかになっているが、有効な対策の実現には至っていない。さらに、急速に進む24時間社会やIT化社会は、その多大な恩恵の陰で、子どもや妊婦も含む様々な世代における概日リズム障害の影響が懸念されている。21世紀の医療は個別予防が中心になると考えられるなか、概日リズム・体内時計の不全による健康問題は喫緊の社会的課題である。

時計遺伝子群による転写–翻訳フィードバックループ（転写時計）の発見は、時間の情報化システムの理解に大きく貢献した。一方で、医学的にも社会的にもインパクトが大きい「健康・疾病」との関連については、「自分の体内時計に従わない生活を続けることの影響」の理解が進んでおらず、上述の通り喫緊の課題となっ

ている。この背景には、シアノバクテリアのみで発見されている24時間の原理ともいうべき「周期制御」のメカニズムが哺乳類では未解明であることも一因である。

今一度、「時間」による恒常性制御という原点に軸足を置き、24時間周期以外の時間制御も含めたさらなる高次概念へと体系化する機運も高まっている。人々の日常生活とも密接に関係する本領域は、「生命活動の時間による統合システム」の全容解明に向け、生命の根源的原理から健康医学まで「時間」で貫かれた新たな学際領域としてさらに重要性が高まっている。

[研究開発の動向]

【24時間リズムの創出原理】

・哺乳類の体内時計は概日リズム中枢である視交叉上核のみならず、全身の細胞に広く備わる普遍的な細胞機能の一つである[1-4]。体内時計は、時計遺伝子群が構成する転写・翻訳のフィードバックループを基本骨格とし、細胞の生理機能に基本的な時間秩序を与える。具体的には、鍵となる転写因子CLOCK/BMAL1がネガティブ因子と呼ばれる時計遺伝子*Per1*、*Per2*、*Per3*及び*Cry1*、*Cry2*の転写を活性化し、発現したPER及びCRYタンパク質がCLOCK/BMAL1に作用し自分自身の転写を抑制する、というネガティブ・フィードバックループが基本となり、これを転写・翻訳フィードバックループ（転写時計）と呼ぶ。このフィードバックループが生み出す遺伝子発現の増減が、時計の発振機構として、メトロノームのリズムのように生体のあらゆる機能の進行の基本単位として機能しているのが概日リズムである。時計遺伝子の転写・翻訳フィードバックループは、実体のない「時間」を生物が利用可能な物質情報（遺伝子産物の増減・修飾の変化など）に変換する極めて巧妙なメカニズムであり、この転写時計がなければ生物は時間を情報として活用することができず、生命機能に秩序だったリズムを成立させることができない。2017年のノーベル医学・生理学賞は、概日リズムを制御する体内時計の分子機構の発見に対して贈られたが[5, 6]、その受賞理由がこの転写・翻訳フィードバックループの発見である。

・2000年代前半までに多くのモデル生物で時計遺伝子が発見され、いずれもが転写・翻訳フィードバックループによって多くの遺伝子に発現リズムを生み出していることが確認され、この転写時計が体内時計の普遍的メカニズムとして定説となった。しかし、概日リズム障害と総称されるさまざまな疾患や健康問題に対し、未だ解決に道筋がついていない現状は、体内時計あるいは生体リズムの理解、特に動的恒常性の制御システムとしてのメカニズム理解が不十分であることを示している。未解明の問題の中で最も重要な課題の一つが「24時間周期の原理」つまり「周期・周波数の創出機構」である。

・転写・翻訳フィードバックループは、リズムを生み出す仕組みは説明できるものの、極めて安定な24時間周期、体内時計の特性である温度補償性（温度が変化しても周期長は24時間で一定である性質）、など体内時計を特徴づける性質については説明できない。生体の内部環境を地球の自転周期に同期させることで動的恒常性が維持されることから、内部環境のリズムを生み出す体内時計において、24時間周期という周期特性は最も本質的な原理と言える。この点が欠落していたのである。

・「24時間周期の原理」の解明は不可能であるとも思われたが、2005年、近藤らによりシアノバクテリアの時計タンパク質KaiCは、転写時計に依存せずにタンパク質だけで約24時間周期の自己リン酸化リズムを刻みうることが明らかになった[7]。このメカニズムとして、KaiCのATPase活性が緩徐に進む様子が原子レベルで提示された[8]。

・現在のところ、シアノバクテリア以外の生物では24時間周期の周波数特性を持った時間タンパク質は発見されていない。しかし、哺乳類においても、転写時計だけでは生理的に有効なリズム発現には不十分で、やはり安定した24時間周期を創出する未知のメカニズムの存在が示唆されてきている。例えば、トランスクリプトーム解析の結果、明瞭なRNA発現リズムがある遺伝子も全てが転写レベルに依存した発現リズムではなく、非転写レベルでのリズム創出機構が存在することが示唆された[9, 10]。また、RNAのアデニンのN部位にメチル化が付加されるm6Aメチル化によるリズム周期の変動現象は、従来DNAの遺伝情報の運び屋に過ぎないと考えられてきたmRNAが、化学的修飾により生物学的に役割を担うことを示す初の事例となった[11)]。最近、RNAメチル化が、時計タンパク質PER2をリン酸化するキナーゼであるカゼインキナーゼ1Dのalternative splicingを制御し、拮抗的に作用する2種のキナーゼを生み出し、生体リズムの周期を調整するメカニズムが分子レベルで明らかとなった[12)]。この発見は、家族性睡眠相前進症候群（FASPS）の病態を初めて解明したもので、睡眠リズムの研究に突破口を開いたものと期待される。その他にも、RNA編集酵素ADR2が時計の制御を受け、多くの遺伝子発現を制御することが明らかとなった[13)]。

さらに、近年、転写時計には必須の時計遺伝子を欠損した細胞やマウス組織において、不安定ながらも概日リズムが生じ得るという報告が相次いでいる[14, 15)]。また、周期制御の観点から、CK1ε/δおよびCaMKIIなどのキナーゼの重要性も示唆されており[16, 17)]、タンパク質のリン酸化状態の制御が周期制御あるいは24時間周期の原理にもつながっていく可能性が検討されている。さらに、視交叉上核における細胞内Ca^{2+}濃度の自律振動やミトコンドリアのH^{+}輸送にみられる概日振動など、転写時計に依らない安定した24時間周期の創出機構につながる発見は代謝時計とも言える新たな視点を提供している[18, 19)]。生理機能リズム表現型の基盤となる周期制御機構の研究は、今後の展開が期待されている重要テーマの一つである。

【生体時間と健康・疾病】

- 乱れた環境シグナルのインプットによって、生体リズムが破綻し、疾患へとつながる機構も分子レベルで次々と明らかにされている。生体リズムにより生み出される時間は、明暗、温度、食餌等の環境シグナルの周期的変動にも同調する[20)]。転写クロックとメタボリッククロックによって生み出される時間は、糖/脂質/核酸などの基本代謝を動的に管理し[21, 22)]、時間とともに動く動的細胞内ネットワークを形成し、細胞の増殖、分化、老化、ストレス応答などの基本的な生体機構に時間秩序を与えている。例えば、細胞は侵襲を受けたとき解糖系を主体とする代謝に切り替わるが、メタボリッククロックは同時に脂質やタンパク質の代謝も調節し、細胞の肥大や形質変化への切り替えを担う。また、ステロイド代謝の障害は食塩感受性高血圧の原因ともなる[23)]。
- ヒトの日常生活における時間の意義を解明しようとする研究も進展している。食事、睡眠などの日常行動は、健康な生活の基盤である。しかし、シフトワーク勤務の広がりや生活様式の変化に伴う夜型化によって、ソーシャル・ジェットラグ[24)]とも言われる生体リズムの破綻が起こりやすい状況となり、最近ではヒトの生体リズムを根本的に調査する動きが見られる。ヒトの活動リズムには個人差があり、活動ピークが朝にある「朝型」と、夜にある「夜型」というクロノタイプに分かれる。ごく最近、クロノタイプに関する10万人規模のGWAS研究が相次いで発表され[25, 26)]、いずれも、Gタンパク質制御物質として知られる*RGS16*の遺伝子多型が朝型と非常に強い相関があると報告されている。RGS16は、マウスの時計中枢である視床下部の視交叉上核（SCN）におけるcAMPのリズムを司る主要制御物質として既に単離されている[27)]。このことから、cAMPというメタボリック制御機構が、ヒトでも時計発振機構を担っていることが明らかとなった。また、共通の分子が明らかになったことで、今後の、ヒト・マウスの双方向研究の加速が期待されている。
- ノーベル委員会の委員であるHöögは、2017年のノーベル賞発表と同時に社会的課題の解決に至っていない現状について、ロイター通信記者に「継続的に体内時計に従わない生活を続ければ一体何が起こるだろうか?医学研究はいまもその答えを探し続けている。」と述べている。さらに、2017年11月2日号のNature誌に掲載されたコラムにも、「30年間にわたる体内時計の分子メカニズム研究に進展にもかかわらず、我々は未だに人々の健康のためにどのようにすれば良いかを知らない」[28)]と、これまでの分子メカニズム研究が社会的課題の解決につながっていないことが指摘されている。これは、時計遺伝子を中心とする分子機構の研究と、社会的課題となっている「概日リズム障害」の病態理解の研究が、必ずしも一貫性を持ったゴールを共有できていなかったことを示唆している。この両者をつなぐことは簡単ではないが、近年、この概日リズム障害の病態成立につながる恒常性破綻機序解明に向けた挑戦が始まっている。例えば、「マウスコホート研究」と名付けられた、交替制勤務者のように慢性的に体内時計が乱れる状況を再現した動物モデル実験系を用い、約20ヶ月に亘って体内時計の適応限界を超えた明暗シフト条件下でマウスを飼育した場合、寿命が有意に短縮することが示された[29)]。その背景に免疫老化の亢進や慢性炎症といった免疫恒常性の破綻が存在することが明らかになった[29)]。この研究は、体内時計の乱れが少ない「適応可能なシフト条件」ではマウスの寿命の短縮が見られなかったことも同時に報告している[29)]。社会実装可能なソリューションを考える上では、このような科学的エビデンスは重要である。他にも、約2年間の適応不能な明暗シフト環境で飼育されたマウスにおいて、肝細胞がんの発生が有意に増加することが報告されている[30)]。このような、長期にわたる観察を伴う研究はこれまでほとんどなかったものだが、「ヒトの病態再現系」としての価値は高まる一方である。例えば、WHOの国際がん研究機関（IARC）が公表する発がんリスク因子リストの2019年の改訂に際し、「Night Shift work」が引き続きGroup2Aに掲載されることとなった。その判断基準となるエビデンスとして「よくデザインされた動物実験による病態再現」を重要視し、上記の肝細胞がん発症を確認した研究などを引用していることは象徴的である[31)]。長期にわたる体内時計の不全状態が様々な生命機能の恒常性破綻につながる仕組みを具体的に検討する挑戦が始まっている。

・睡眠は、ストレスや加齢とともに変化し、精神・神経の状態を表す重要な指標である。時計遺伝子は、神経細胞や神経膠細胞に広く発現しているが、生体リズムの中枢である視交叉上核以外の脳部位での機能は長らく不明のままであった。最近、顕在記憶の中枢である海馬でのPer1発現が、老化とともに減少し、これが海馬記憶の低下に結びつくことが明らかとなった[32)]。さらに、今までほとんど解明されていなかったニューロンを支える星状膠細胞（アストログリア）にも独自の生物時計があって、脳機能に影響することが明らかとなった[33)]。これら時間科学研究の成果を人々の健康・疾患と結びつけようとする動きも始まっている。

・運動や睡眠などの行動パターンや、血圧や心拍数などの生理機能には概日リズムが存在し体内に内在する体内時計により調節されている。生理機能に概日リズムがあることに起因して、様々な疾患には好発時間帯があることが知られている。体内時計は本来環境により良く適応するために獲得されたものである。しかし、現代社会は概日リズムを撹乱する環境に満ちているために体内時計は乱れ、それに伴う睡眠障害が生活習慣病の発症、進展の要因となることが懸念されている。実際、疫学研究において、夜間シフトワーカーで虚血性心疾患や一部のがんのリスクが増加することが多数報告されている。また心不全や高血圧などの動物モデルで、24時間周期の明暗の環境を撹乱すると疾患が増悪することも明らかにされている。このような明暗が撹乱された環境では、8－12ヶ月齢のマウスにおいて性周期が乱れ不妊になることも示されている[34)]。さらに、時計遺伝子を変異させたマウスの解析により、時計遺伝子が糖代謝、脂質代謝、血圧や血管機能、腸管吸収、免疫機能など多彩な生体機能に関与していることが明らかになっている。このようにして生活習慣病の発症、進展における体内時計の意義が臨床面からも注目されている。例えば、副腎皮質ホルモンにより生じるATP放出の概日リズムと神経障害性疼痛の関係を明らかにした事例[35)]、アルデヒド脱水素酵素（ALDH）活性の概日リズムを指標とする難治性乳がんの新規治療法を示唆する事例[36)]、実験的な慢性腎疾患モデルにおいて肝－腎連関と時計遺伝子が関与していることを明らかにした事例[37)]など、様々な萌芽的研究が進められている。時計遺伝子の多型と疾患との関連では、GWAS解析で*Cry2*の一塩基多型（SNP）が空腹時高血糖と2型糖尿病と関連する遺伝子の1つとして抽出された[38)]。また別のGWAS解析では、メラトニンの受容体2をコードする*MTNR1B*遺伝子のSNPがインスリン分泌不全、妊娠糖尿病、2型糖尿病と関連していた[39)]。

・最も強い体内時計の同調刺激は光であるが、食事のタイミングも体内時計の同調にとって重要である。最近、食事の量だけでなくタイミングが重要であるとする時間栄養学が発展している。動物実験では、摂食する時間を活動期のみに制限すると1日を通じて摂食できる場合と比較し、代謝性疾患のリスクが下がり、このことに体内時計の発現パターンが関与していることが示されている[40-43]。また、絶食は筋萎縮を誘発するが、マウスの実験において活動期の絶食は休息期の絶食に比較して、同化を促進する機能を持つインスリン様成長因子IGF–1濃度の低下がより著明であり筋萎縮を誘発することが示された[44]。高齢者のフレイルの原因として重要である筋肉量低下（サルコペニア）の対策となる可能性がある。さらにヒトの疫学研究でも、朝食事を摂らないことと、夜遅く食事をとる摂食パターンが心血管イベントの発症に関連することが示されている[45]。疫学研究の結果のみでなく、健康な人で前向きに摂食時間のパターンを変化させた研究でも、数日間程度の摂食リズムの乱れで心血管系のリスクが上昇することが示されている[46]。また、代謝状態と深く関係する冬眠に近い日内休眠という状態が知られており、視床下部の人為的な神経回路操作によってマウスを冬眠様状態に誘導できることが示された[47]。

・時間科学研究を通じて発見された分子を創薬へとつなげる研究開発も進められている。2015年、脳内覚醒物質として同定されたオレキシンに対する拮抗薬スボレキサントが、新規睡眠剤として上市された。さらに、新たなタイプの睡眠リズム調整薬として、時計の分子機構を元にした創薬も進展している。ヒト培養細胞が示す概日リズムを、ルシフェラーゼレポーターを用いてハイスループットで測定する系から、時計遺伝子であるカゼインキナーゼIタンパク質やCRYタンパク質に結合する低分子化合物が同定された[46]。体内時計を修飾する既存薬のスクリーニングも行われている。その結果、1,000個の既存薬のうち46個が体内時計の周期を長くし、13個が周期を短くし、約5%が体内時計に影響することが明らかになった。その中でdihidroepiandrosteroneは周期を短くし、マウスの実験では6時間前倒しの時差を早く戻すことができた[49]。今後これらの既存薬の中から副作用が少なく、体内時計の修飾ができる薬が発見されることにもつながると期待される。また、生体リズムの中枢であるSCNでの特異的神経伝達に着目した創薬が期待され、バソプレッシン阻害薬についてリズム調節作用が報告されている[50]。今後、SCNに存在する未だリガンドの同定されていないオーファン受容体についても[51]、睡眠リズムの重要な創薬ターゲットになると期待される。

・体内時計の観点から疾患をとらえて治療に生かすことは時間治療と呼ばれる。薬物の吸収や代謝に日内変動があることや、疾患の発症に好発時刻があることを考慮して投薬時刻を工夫することは既に広く行われている。さらにがん細胞の増殖と、抗がん剤の代謝に概日リズムが認められることを利用して、最大限の効果と最小限の副作用をめざした時間治療も行われている。最近、大動脈弁置換術を午前中に施行した群は、午後に施行した群より予後が悪いということが示された[52]。この事実自体はまだ一施設での報告なのでさらなる検証が必要であるが、その機序として手術時の心臓の虚血再灌流への感受性の日内変動が、時計遺伝子によって調節されている転写因子REV–ERBαによって制御されているためであることが示された。さらにREV–ERBαを修飾する薬剤で手術時間による差が認められなくなることが動物実験で示され、体内時計を修飾する薬剤の治療への応用の今後の方向性を示している。その他DBP/E4BP4は体内時計の標的遺伝子群の発現を調節する転写因子であるが、DBP/E4BP4の活性を修飾する化合物が体内時計を修飾することにより、代謝に対して影響することも示されている[53]。

【多様な生体時間の統合】

生体を制御する「時間」の創出ということでは、「体内時計の発生・成立」という観点は、発生プロセスという「流れる時間」とリズムという「周期的時間」が高度に秩序だった特筆すべき生命現象と言える。

体内時計は全身の細胞に備わる普遍的な細胞機能であるが[1-4]、受精卵や初期胚には時計遺伝子のリズムは見られず、発生初期には体内時計は未形成である[54-56]。哺乳類において、体内時計の発生や概日リズム発現は胎児期の後半になって初めて見られることが示されている[57, 58]。ただ、生物の発生過程における体内時計成立の機序については長らく重要性を認識されていなかった。それは、母体の体内時計に依存したリズムが胎児に伝わるため胎児の体内時計は必要ないのだろうと考えられていたからである。

しかし、ES/iPS細胞の*in vitro* 分化誘導系を応用した研究により、体内時計の発生が細胞分化と共役した機構によって厳密に制御されたものであることが明らかになった[55, 56]。発生過程を通し細胞・組織・個体レベルと階層を超えて自律的に成立していく概日リズム制御系の成立機構についても、胎児医学及び新生児医学の観点から注目が高まりつつある。地球の自転周期に伴う環境変化への適応機構として進化してきた体内時計は、外部環境とのインターフェースとして生体恒常性維持を担うが、胎児期を含め体内時計への外部環境の影響の解明は重要な課題である。

最近、「多様な生体時間の統合」という観点で初めての成果が発表された。それは、発生初期の制御された体内時計抑制機序に着目し、もう一つの生物時計として知られる分節時計（体節時計）との関係の解明に至った研究である[59]。分節時計は体節形成に必須の生物時計であり、マウスで約2時間周期、ヒトで約4.5時間周期のリズム制御によって、規則正しく正確に体節形成が進んでいく[60–62]。発生プロセスが進み器官形成期が終わると、分節時計のリズムは消失し、代わって体内時計の24時間リズムが次第に形成されていく[59]。この異なる周期の二つの時計が相互排他の関係にあることの意義を明らかにするために、マウスES細胞を用いた体節形成の*in vitro*再現系であるガストロイド（gastruloids）モデル系[63]を活用し、抑制されている体内時計の鍵因子CLOCK/BMAL1を体節形成期に強制的に機能させることで、分節時計リズムが消失し体節形成が阻害されることが明らかとなった[59]。これまで、長らく「必要ないから体内時計の発生が遅い」と考えられていた通説を覆し、「厳密に制御された体内時計の抑制」が正常な体節形成や発生プロセスの進行に必須であることが示され、発生学に「時間制御」の概念を導入し「4次元発生学」とも言える新領域を開いた[59]。

通常は地球の自転と同期した生命活動を基本とするが、発生初期の一時期のみ、分節時計による異なる周波数の時間秩序に支配されることで正常な発生制御が可能となる。発生過程を通した時間制御の重要性の発見は、「多様な生体時間の統合」による生命原理の理解に向けた嚆矢となった。

「多様な生体時間」という観点では、季節性変化という、さらに長い周期で変化する生体機能の制御も恒常性維持に寄与する重要なテーマである。季節性変化は概年リズムとも呼ばれ、これまではもっぱら季節性繁殖や植物分野など農学分野を中心に発展してきた[64]。しかし、ヒトの疾患には季節性があるものも多い。季節性うつ病はもちろん、喘息やアトピー性皮膚炎などのアレルギー性疾患、さらには心血管疾患など様々な疾患発症や増悪に季節性があることが知られている。季節性変化は日照時間の変化への適応が深く関与することから、概日リズムを制御する体内時計と密接な関連がある。多様な生体時間の統合という観点では、生体の恒常性制御における季節性変化の機序についても研究が活発化しつつある。

（4）注目動向

[新展開・技術トピックス]

ヒトの健康改善および疾患予防などを、日常生活のリズムを最適化することで実現しようとする動きとして、大規模な時間データベースの構築が進んでいる。時計遺伝子の発見と時計の分子機構の解明により生体の時間は客観的に把握可能になったものの、時計遺伝子を活用した実装可能な技術開発には至っていない。一方で、ウェアラブル生体センサーの開発が急速に進み、ヒトの日常生活における生体データの定量的な計測とデータベースへの自動収集が可能となった。また、収集したデータから新たな知を産み出すデータ処理・解析技術も急速に高度化している。このような時系列データの収集・解析は、睡眠・覚醒のような周期的な変動を繰り返す現象を解き明かすには極めて強力な方法論となる。ヒトの生体データとフィールドの環境情報（位置・光・光波長・温度）の大規模な収集・ビッグデータ解析は、将来のヒトを対象とした環境・健康・医療技術の開発を大きく加速すると考えられる。

さらに、ヒトの生体情報を疾患発症リスク評価および行動変容につなげ個人レベルの健康管理に活用するため、パーソナル・ヘルスデータの重要性が高まっている。近年、様々なウェアラブル端末によって取得された個人の生理機能データが自分のスマホに蓄積され、そのデータをもとに健康管理を行うという「セルフマネジメント」という考え方が急速に広がっている。しかし、現在のところ、これらのパーソナル・ヘルスデータを正しく有効に解釈する「基準」や「予後予測」が未確立である。人工知能などの解析ツールを駆使した時系列ビッグデータ解析技術と社会実装に向けたアプリケーションの開発が急務であり、わが国でも具体的な取り組みが始まっているところである。

時間科学のテーマとしては、24時間の体内時計のみならず、異なる周期の生物時計についても目を向ける必要がある。季節性変動を制御する概年リズムは概日リズムとの関連も深く、ヒトにおける季節性気分障害などの疾患や代謝の変化、様々な動物に見られる冬眠や季節性繁殖、多くの植物に見られる花芽の形成制御など、波及効果も大きい分野である[65]。さらに、脊椎動物の発生制御に必須の生物時計である分節時計（体節時計）は、2時間周期（マウス）～4時間周期（ヒト）のウルトラディアン・リズムを生み出す。分節時計を制御するHes7遺伝子などがフィードバックループを形成し、それぞれの種に特有の周期でリズムを刻んでいる[60–62]。最近、マウスES細胞を用いた胚オルガノイドによる体節形成の*in vitro*再現系（ガストロイド）が開発され[63]、このガストロイドを用いて、24時間の体内時計に必須の転写因子CLOCK/BMAL1の作用によって分節時計のリズムが消失し体節形成が阻害されるという、干渉作用が明らかになった[59]。分節時計の研究は、影山らが世界をリードしてきた分野でもある。「多様な生体時間の統合」という新たな高次概念による研究開発領域の構築の機運が高まっており、わが国が世界に先駆けて切り開いている分野である。

[注目すべき国内外のプロジェクト]

米国では、NIHの複数の大型研究グループなどで概日リズム研究が強力に推進され、基礎研究から臨床応用に至るまで、幅広い研究が進められている。わが国では、世界トップレベル研究拠点プログラム（WPI）の採択拠点の1つとして、筑波大学国際統合睡眠医科学研究機構（IIIS）が2012年度より支援対象となり、睡眠に力点を置いた研究が強力に推進されている。また、戦略的創造研究推進事業ERATO「上田生体時間プロジェクト」が2020年より開始され、時間科学研究に対するファンディングが拡大しているところである。

一方で、わが国の大型プロジェクトは、いずれも睡眠に軸足をおいたプロジェクトであり、裾野が広いとは言えない。「多様な生体時間の統合」という新領域など、睡眠を中心とした時間科学では踏み込めない研究開発課題をカバーするファンディングが期待される。

（5）科学技術的課題

体内時計の分子機構の発見により、生体の時間データを客観的に記載可能となった。これに、最先端の安価なウェアラブルセンサーにより時間データを経時的に収集し、得られたビッグデータを解析することで多くの知見の創出が期待され、戦略的な推進が課題である。特に、非侵襲生理機能測定データのようなマクロな指標と、体内時計を中心とする生体内・細胞内の分子ネットワークによる恒常性維持機構を紐付けた、科学的エビデンスに基づくバイオマーカーの同定が、疾患発症リスクの評価と予防的介入を進める上で鍵となる。

さらに、24時間周期以外の「多様な生体時間の統合」は、これまでになかった生命科学領域となる可能性があり、研究推進が望まれる。

（6）その他の課題

時間科学研究は、分子レベルの研究と、社会実装に直結する健康維持が近い関係にあり、また創薬研究とも関係が深まりつつある。基礎～応用に至る一連の研究全体を包括的に推進する仕組みが特に重要な分野であると言える。ヒト社会行動の根源を表す霊長類研究を合わせて実施する環境整備も重要である。また、実社会でのヒトの生体リズム計測や生体時間のビッグデータ解析など、日常生活（＝ヒトのフィールド研究）における生体時計による動的恒常性制御の解明に向けた研究の進展が期待されるが、その基盤として、様々な計測データや臨床情報を効率的に収集する仕組みと、収集したデータをセキュリティの担保をしながら解析・

共有する技術・プラットフォームの構築が望まれる。

（7）国際比較

国・地域	フェーズ	現状	トレンド	各国の状況、評価の際に参考にした根拠など
日本	基礎研究	◎	↗	・哺乳類のリズムセンターであるSCNの発見と分子機構、哺乳類時計遺伝子Perの発見、時計タンパク質レベルでの24時間生成機構など、基礎研究では世界の最先端を走ってきた。 ・時計蛋白kaiのタンパク質レベルの発振機構で原子レベルでの周期性研究は世界のトップである。 ・睡眠研究において、睡眠・覚醒物質の探索・同定は世界トップレベルである。オレキシンの発見と神経機構の解明では、世界をリードする成果をあげている。 ・霊長類を用いた昼行性動物の概日リズム観察施設が整いつつあり、世界をリードする可能性がある。 ・体内時計と分節時計の相互作用や発生過程における生物学的意義の発見など、世界初の成果も出始めている。
	応用研究・開発	○	↗	・光制御機器（照明）、生体情報センシング技術（脳波、血流など）は世界トップレベルで先行している。 ・健康診断の仕組みが整備され、都道府県や企業の健康保険組合などは膨大なDBを有し、世界屈指である。さらに、ゲノムDBも既に多く存在している。 ・睡眠の臨床研究の歴史は長く、国際的にもレベルは高い。 ・睡眠導入薬として脳内時計中枢に作用するメラトニン受容体作動薬が武田薬品社により上市された。 ・「Circadian Medicine」という基礎臨床融合研究の重要性がまだ十分に浸透しておらず、科学的な応用研究や開発が立ち遅れてしまう危険がある。社会実装に向けた研究開発において、基礎臨床融合研究は極めて重要であり、積極的に推進する必要がある。
米国	基礎研究	◎	↗	・時計遺伝子の発見、哺乳類だけでなくショウジョウバエ、植物の生体リズムの分子機構レベルでの解明で世界をリードしている。代謝リズムの研究で一歩リードする。 ・光だけで無く、温度による時計のリセット機構の解明が始まっている。睡眠に関しても、分子レベルでの解明が、世界を先導している。人材も豊富で有り、あらゆる領域で最先端を牽引する。
	応用研究・開発	◎	↗	・ヒトを対象にした睡眠研究は、世界で並ぶものは無く、極めてアクティブである。 ・不眠症治療薬としてオレキシン受容体拮抗薬がメルク社により上市するなど、大手製薬企業が新規製剤の開発を積極的に進めている。 ・疾患との関連分野において、臨床医学の研究者と基礎研究者の連携が活発であり、臨床医学研究者の新規参入も多くなっている。「Circadian Medicine」と呼ばれる基礎臨床融合研究が極めて活発であり、その重要性が浸透している。
欧州	基礎研究	◎	↗	・時計遺伝子の初期研究は米国・日本に遅れを取ったが、その展開において、独創的かつレベルの高い成果を上げている。伝統ある睡眠研究も強く、独創的な研究が行なわれている。 ・伝統あるメラトニン研究を元にしたリズム生理学を基盤として、EUのリズム研究を推進する組織が統合され米国に次ぐ規模となり、世界のリズム研究を先導する一角となった。 ・昼行性の齧歯類に特化した動物繁殖施設がある点はユニークだか、遺伝子操作は困難である。 ・ヒトの行動リズムのフィールド研究の重要性をいち早く提唱し研究を進めている。

欧州	応用研究・開発	○	↗	・疾患への応用研究に対し、欧州各国のみならず様々な大手製薬企業が研究費をサポートし、開発研究が進められている。世界的に強い影響力をもつ大手製薬企業が、睡眠リズムの治療法開発を積極的に進めている。 ・抗がん剤投与における時間治療など、大規模臨床研究が組織的に行われており、体系的な治験の蓄積がある。 ・「Circadian Medicine」を掲げた研究センターの設置がベルリン大学など、欧州の主要大学で相次いでいる。基礎臨床融合研究が積極的に推進され、今後の成果が期待できる状況が整いつつある。
中国	基礎研究	○	↗	・主要大学内に睡眠やリズムに関するKey Laboratoryを設置し、国家規模で積極的に基礎研究への投資が行われている。 ・睡眠やリズムに関する中国の研究を統合する学会が発足・展開されるようになっている。また、欧米で研鑽を積んだ優秀な研究者を、国家的な強力サポートのもと中国内に招へいし、彼らが帰国して、精力的に基礎研究が行われており、急速に研究レベルは上がっている。欧米の国際的組織のアジアのハブ組織を、国家戦略によって、積極的に獲得している。
	応用研究・開発	×	↗	・欧米と比して応用研究は進んでいないが、国家戦略で応用研究に対しても大型支援が行われており、今後加速していくものと考えられる。
韓国	基礎研究	△	→	・時間科学に関する基礎研究者の層はまだ日欧米に比べると薄いものの、欧米からの帰国研究者の中には、一流の研究成果を発表している研究者も見られる。
	応用研究・開発	△	↗	・欧米と比して応用研究は進んでいないが、主要大学に大型予算が投じられており、今後加速するものと考えられる。

（註1）フェーズ

基礎研究：大学・国研などでの基礎研究の範囲

応用研究・開発：技術開発（プロトタイプの開発含む）の範囲

（註2）現状　※日本の現状を基準にした評価ではなく、CRDSの調査・見解による評価

◎：特に顕著な活動・成果が見えている　　○：顕著な活動・成果が見えている

△：顕著な活動・成果が見えていない　　×：特筆すべき活動・成果が見えていない

（註3）トレンド　※ここ1～2年の研究開発水準の変化

↗：上昇傾向、→：現状維持、↘：下降傾向

参考文献

1) Shun Yamaguchi, et al., "Synchronization of Cellular Clocks in the Suprachiasmatic Nucleus," *Science* 302, no. 5649 (2003) : 1408-1412., https://doi.org/10.1086/10.1126/science.1089287.

2) Aurélio Balsalobre, Francesca Damiola and Ueli Schibler, "A Serum Shock Induces Circadian Gene Expression in Mammalian Tissue Culture Cells," *Cell* 93, no. 6 (1998) : 929-937., https://doi.org/10.1016/S0092-8674 (00) 81199-X.

3) Shin Yamazaki, et al., "Resetting Central and Peripheral Circadian Oscillators in Transgenic Rats," *Science* 288, no. 5466 (2000) : 682-685., https://doi.org/10.1126/science.288.5466.682.

4) Kazuhiro Yagita, et al., "Molecular Mechanisms of the Biological Clock in Cultured Fibroblasts," *Science* 292, no. 5515 (2001) : 278-281., https://doi.org/10.1126/science.1059542.

5) 岡村均「体内時計の分子メカニズム：2017年ノーベル生理学・医学賞によせて」『医学のあゆみ』263巻11号 (2017) : 968-971.

6) Niklas Pollard and Ben Hirschler, "How we tick: U.S. 'body clock' scientists win Nobel

medicine prize," *REUTERS*, October 2, 2017, https://www.reuters.com/article/us-nobel-prize-medicine-idUSKCN1C70Y7.

7) Masato Nakajima, et al., "Reconstitution of Circadian Oscillation of Cyanobacterial KaiC Phosphorylation in Vitro," *Science* 308, no. 5720 (2005) : 414-415., https://doi.org/10.1126/science.1108451.

8) Jun Abe, et al., "Atomic-scale origins of slowness in the cyanobacterial circadian clock," *Science* 349, no. 6245 (2015) : 312-316., https://doi.org/10.1126/science.1261040.

9) Nobuya Koike, et al., "Transcriptional Architecture and Chromatin Landscape of the Core Circadian Clock in Mammals," *Science* 338, no. 6105 (2012) : 349-354., https://doi.org/10.1126/science.1226339.

10) Kristin L. Eckel-Mahan, et al., "Coordination of the transcriptome and metabolome by the circadian clock," *PNAS* 109, no. 14 (2012) : 5541-5546., https://doi.org/10.1073/pnas.1118726109.

11) Jean-Michel Fustin, et al., "RNA-Methylation-Dependent RNA Processing Controls the Speed of the Circadian Clock," *Cell* 155, no. 4 (2013) : 793-806., https://doi.org/10.1016/j.cell.2013.10.026.

12) Jean-Michel Fustin, et al., "Two Ck1 δ transcripts regulated by m6A methylation code for two antagonistic kinases in the control of the circadian clock," *PNAS* 115, no. 23 (2018) : 5980-5985., https://doi.org/10.1073/pnas.1721371115.

13) Hideki Terajima, et al., "ADARB1 catalyzes circadian A-to-I editing and regulates RNA rhythm," *Nature Genetics* 49, no. 1 (2017) : 146-151., https://doi.org/10.1038/ng.3731.

14) Daisuke Ono, Sato Honma and Ken-ichi Honma, "Cryptochromes are critical for the development of coherent circadian rhythms in the mouse suprachiasmatic nucleus," *Nature Communications* 4 (2013) : 1666., https://doi.org/10.1038/ncomms2670.

15) Caroline H. Ko, et al., "Emergence of Noise-Induced Oscillations in the Central Circadian Pacemaker," *PLOS Biology* 8, no. 10 (2010) : e1000513., https://doi.org/10.1371/journal.pbio.1000513.

16) Yuta Shinohara, et al., "Temperature-Sensitive Substrate and Product Binding Underlie Temperature-Compensated Phosphorylation in the Clock," *Molecular Cell* 67, no. 5 (2017) : 783-798.e20., https://doi.org/10.1016/j.molcel.2017.08.009.

17) Naohiro Kon, et al., "CaMKII is essential for the cellular clock and coupling between morning and evening behavioral rhythms," *Genes & Development* 28, no. 10 (2014) : 1101-1110., https://doi.org/10.1101/gad.237511.114.

18) Naohiro Kon, et al., "Na^+/Ca^{2+} exchanger mediates cold $Ca2^+$ signaling conserved for temperature-compensated circadian rhythms," *Science Advances* 7, no. 18 (2021) : eabe8132., https://doi.org/10.1126/sciadv.abe8132.

19) Eri Morioka, et al., "Mitochondrial LETM1 drives ionic and molecular clock rhythms in circadian pacemaker neurons," *Cell Reports* 39, no. 6 (2022) : 110787., https://doi.org/10.1016/j.celrep.2022.110787.

20) Ozgur Tataroglu, et al., "RETRACTED: Calcium and SOL Protease Mediate Temperature Resetting of Circadian Clocks," *Cell* 163, no. 5 (2015) : 1214-1224., https://doi.org/10.1016/j.cell.2015.10.031.

21) Miriam Toledo, et al., "Autophagy Regulates the Liver Clock and Glucose Metabolism by

Degrading CRY1," *Cell Metabolism* 28, no. 2 (2018) : 268-281.e4., https://doi.org/10.1016/j.cmet.2018.05.023.

22) Dongyin Guan, et al., "Diet-Induced Circadian Enhancer Remodeling Synchronizes Opposing Hepatic Lipid Metabolic Processes," *Cell* 174, no. 4 (2018) : 831-842.e12., https://doi.org/10.1016/j.cell.2018.06.031.

23) Masao Doi, et al., "Salt-sensitive hypertension in circadian clock-deficient Cry-null mice involves dysregulated adrenal Hsd3b6," *Nature Medicine* 16, no. 1 (2010) : 67-74., https://doi.org/10.1038/nm.2061.

24) Till Roenneberg, "Chronobiology: the human sleep project," *Nature* 498, no. 7455 (2013) : 427-428., https://doi.org/10.1038/498427a.

25) Youna Hu, et al., "GWAS of 89,283 individuals identifies genetic variants associated with self-reporting of being a morning person," *Nature Communications* 7 (2016) : 10448., https://doi.org/10.1038/ncomms10448.

26) Jacqueline M. Lane, et al., "Genome-wide association analysis identifies novel loci for chronotype in 100,420 individuals from the UK Biobank," *Nature Communications* 7 (2016): 10889., https://doi.org/10.1038/ncomms10889.

27) Masao Doi, et al., "Circadian regulation of intracellular G-protein signaling mediates intercellular synchrony and rhythmicity in the suprachiasmatic nucleus," *Nature Communications* 2 (2011) : 327., https://doi.org/10.1038/ncomms1316.

28) Charleen Adams, Erika Blacker and Wylie Burke, "Night Shifts: Circadian biology for public health," *Nature* 551, no. 7678 (2017) : 33., https://doi.org/10.1038/551033b.

29) Hitoshi Inokawa, et al., "Chronic circadian misalignment accelerates immune senescence and abbreviates lifespan in mice," *Scientific Reports* 10 (2020) : 2569., https://doi.org/10.1038/s41598-020-59541-y.

30) Nicole M. Kettner, et al., "Circadian Homeostasis of Liver Metabolism Suppresses Hepatocarcinogenesis," *Cancer Cell* 30, no. 6 (2016) : 909-924., https://doi.org/10.1016/j.ccell.2016.10.007.

31) IARC Monographs Vol 124 Group, "Carcinogenesis of night shift work," *Lancet Oncology* 20, no. 8 (2019) : 1058-1059., https://doi.org/10.1016/S1470-2045 (19) 30455-3.

32) Janine L. Kwapis, et al., "Epigenetic regulation of the circadian gene Per1 contributes to age-related changes in hippocampal memory," *Nature Communications* 9 (2018) : 3323., https://doi.org/10.1038/s41467-018-05868-0.

33) Marco Brancaccio, et al., "Astrocytes Control Circadian Timekeeping in the Suprachiasmatic Nucleus via Glutamatergic Signaling," *Neuron* 93, no. 6 (2017) : 1420-1435.e5., https://doi.org/10.1016/j.neuron.2017.02.030.

34) Nana N. Takasu, et al., "Recovery from Age-Related Infertility under Environmental Light-Dark Cycles Adjusted to the Intrinsic Circadian Period," *Cell Reports* 12, no. 9 (2015) : 1407-1413., https://doi.org/10.1016/j.celrep.2015.07.049.

35) Satoru Koyanagi, et al., "Glucocorticoid regulation of ATP release from spinal astrocytes underlies diurnal exacerbation of neuropathic mechanical allodynia," *Nature Communications* 7 (2016) : 13102., https://doi.org/10.1038/ncomms13102.

36) Naoya Matsunaga, et al., "Optimized Dosing Schedule Based on Circadian Dynamics of Mouse Breast Cancer Stem Cells Improves the Antitumor Effects of Aldehyde

Dehydrogenase Inhibitor," *Cancer Research* 78, no. 13（2018）: 3698-3708., https://doi.org/10.1158/0008-5472.CAN-17-4034.
37) Naoya Matsunaga, et al., "Inhibition of G0/G1 Switch 2 Ameliorates Renal Inflammation in Chronic Kidney Disease," *eBioMedicine* 13（2016）: 262-273., https://doi.org/10.1016/j.ebiom.2016.10.008.
38) Josée Dupuis, et al., "New genetic loci implicated in fasting glucose homeostasis and their impact on type 2 diabetes risk," *Nature Genetics* 42, no. 2（2010）: 105-116., https://doi.org/10.1038/ng.520.
39) Nabila Bouatia-Naji, et al., "A variant near MTNR1B is associated with increased fasting plasma glucose levels and type 2 diabetes risk," *Nature Genetics* 41, no. 1（2009）: 89-94., https://doi.org/10.1038/ng.277.
40) Girish C. Melkani and Satchidananda Panda, "Time-restricted feeding for prevention and treatment of cardiometabolic disorders," *Journal of Physiology* 595, no. 12（2017）: 3691-3700., https://doi.org/10.1113/JP273094.
41) Shubhroz Gill, et al., "Time-restricted feeding attenuates age-related cardiac decline in Drosophila," *Science* 347, no. 6227（2015）: 1265-1269., https://doi.org/10.1126/science.1256682.
42) Megumi Hatori, et al., "Time-Restricted Feeding without Reducing Caloric Intake Prevents Metabolic Diseases in Mice Fed a High-Fat Diet," *Cell Metabolism* 15, no. 6（2012）: 848-860., https://doi.org/10.1016/j.cmet.2012.04.019.
43) Leah E. Cahill, et al., "Prospective Study of Breakfast Eating and Incident Coronary Heart Disease in a Cohort of Male US Health Professionals," *Circulation* 128, no. 4（2013）: 337-343., https://doi.org/10.1161/CIRCULATIONAHA.113.001474.
44) Tomoki Abe, et al., "Food deprivation during active phase induces skeletal muscle atrophy via IGF-1 reduction in mice," *Archives of Biochemistry and Biophysics* 677（2019）: 108160., https://doi.org/10.1016/j.abb.2019.108160.
45) Christopher J. Morris, et al., "Circadian misalignment increases cardiovascular disease risk factors in humans," *PNAS* 113, no. 10（2016）: E1402-E1411., https://doi.org/10.1073/pnas.1516953113.
46) Shubhroz Gill and Satchidananda Panda, "A Smartphone App Reveals Erratic Diurnal Eating Patterns in Humans that Can Be Modulated for Health Benefits," *Cell Metabolism* 22, no. 5（2015）: 789-798., https://doi.org/10.1016/j.cmet.2015.09.005.
47) Tohru M. Takahashi, et al., "A discrete neuronal circuit induces a hibernation-like state in rodents," *Nature* 583, no. 7814（2020）: 109-114., https://doi.org/10.1038/s41586-020-2163-6.
48) Tsuyoshi Hirota, et al., "Identification of Small Molecule Activators of Cryptochrome," *Science* 337, no. 6098（2012）: 1094-1097., https://doi.org/10.1126/science.1223710.
49) T. Katherine Tamai, et al., "Identification of circadian clock modulators from existing drugs," *EMBO Molecular Medicine* 10, no. 5（2018）: e8724., https://doi.org/10.15252/emmm.201708724.
50) Yoshiaki Yamaguchi, et al., "Mice Genetically Deficient in Vasopressin V1a and V1b Receptors Are Resistant to Jet Lag," *Science* 342, no. 6154（2013）: 85-90., https://doi.org/10.1126/science.1238599.

51) Masao Doi, et al., "Gpr176 is a Gz-linked orphan G-protein-coupled receptor that sets the pace of circadian behaviour," *Nature Communications* 7 (2016) : 10583., https://doi.org/10.1038/ncomms10583.
52) David Montaigne, et al., "Daytime variation of perioperative myocardial injury in cardiac surgery and its prevention by Rev-Erbα antagonism: a single-centre propensity-matched cohort study and a randomised study," *Lancet* 391, no. 10115 (2018) : 59-69., https://doi.org/10.1016/S0140-6736 (17) 32132-3.
53) Baokun He, et al., "The Small Molecule Nobiletin Targets the Molecular Oscillator to Enhance Circadian Rhythms and Protect against Metabolic Syndrome," *Cell Metabolism* 23, no. 4 (2016) : 610-621., https://doi.org/10.1016/j.cmet.2016.03.007.
54) Tomoko Amano, et al., "Expression and Functional Analyses of Circadian Genes in Mouse Oocytes and Preimplantation Embryos: Cry1 Is Involved in the Meiotic Process Independently of Circadian Clock Regulation," *Biology of Reproduction* 80, no. 3 (2009) : 473-483., https://doi.org/10.1095/biolreprod.108.069542.
55) Kazuhiro Yagita, et al., "Development of the circadian oscillator during differentiation of mouse embryonic stem cells in vitro," *PNAS* 107, no. 8 (2019) : 3846-3851., https://doi.org/10.1073/pnas.0913256107.
56) Yasuhiro Umemura, et al., "Involvement of posttranscriptional regulation of Clock in the emergence of circadian clock oscillation during mouse development," *PNAS* 114, no. 36 (2017) : E7479-E7488., https://doi.org/10.1073/pnas.1703170114.
57) Steven M. Reppert and William J. Schwartz, "Maternal suprachiasmatic nuclei are necessary for maternal coordination of the developing circadian system," *Journal of Neuroscience* 6, no. 9 (1986) : 2724-2729., https://doi.org/10.1523/JNEUROSCI.06-09-02724.1986.
58) Fred C. Davis and Roger A. Gorski, "Development of hamster circadian rhythms: Role of the maternal suprachiasmatic nucleus," *Journal of Comparative Physiology A* 162, no. 5 (1988) : 601-610., https://doi.org/10.1007/BF01342635.
59) Yasuhiro Umemura, et al., "Circadian key component CLOCK/BMAL1 interferes with segmentation clock in mouse embryonic organoids," *PNAS* 119, no. 1 (2021) : e2114083119., https://doi.org/10.1073/pnas.2114083119.
60) Kumiko Yoshioka-Kobayashi, et al., "Coupling delay controls synchronized oscillation in the segmentation clock," *Nature* 580, no. 7801 (2020) : 119-123., https://doi.org/10.1038/s41586-019-1882-z.
61) Yasumasa Bessho, et al., "Periodic repression by the bHLH factor Hes7 is an essential mechanism for the somite segmentation clock," *Genes & Development* 17 (2003) : 1451-1456., https://doi.org/10.1101/gad.1092303.
62) Mitsuhiro Matsuda, et al., "Species-specific segmentation clock periods are due to differential biochemical reaction speeds," *Science* 369, no. 5610 (2020) : 1450-1455., https://doi.org/10.1126/science.aba7668.
63) Susanne C. van den Brink, et al., "Single-cell and spatial transcriptomics reveal somitogenesis in gastruloids," *Nature* 582, no. 7812 (2020) : 405-409., https://doi.org/10.1038/s41586-020-2024-3.
64) Junfeng Chen, Kousuke Okimura and Takashi Yoshimura, "Light and Hormones in Seasonal Regulation of Reproduction and Mood," *Endocrinology* 161, no. 9 (2020) : bqaa130.,

https://doi.org/10.1210/endocr/bqaa130.
65) Nobuhiro Nakao, et al., “Thyrotrophin in the pars tuberalis triggers photoperiodic response,” *Nature* 452, no. 7185（2008）: 317-322., https://doi.org/10.1038/nature06738.

2.1.14 老化

（1）研究開発領域の定義

動物は成熟期以降、時間の経過とともに様々な生理機能が低下し、外界への適応力も低下していく。これらの細胞、臓器、個体レベルでの機能低下、およびその過程が「老化」である。厳密には、機能低下を伴わない経時変化は「加齢現象」として区別する場合もあるが、ここでは特に断らない限り「老化」を包括的な用語として用いる。本研究開発領域は老化・寿命の基本メカニズムおよび老化関連疾患の解明と制御を目指して、細胞レベルから個体レベルまでの研究開発を推進するものである。

（2）キーワード

老化、抗加齢医学、健康寿命、老化関連疾患、臓器連関、機能低下、細胞老化、ミトコンドリア機能障害、オートファジー、nicotinamide adenine dinucleotide（NAD）、senolytics

（3）研究開発領域の概要

［本領域の意義］

老化は高齢者の機能障害や疾病発症の最大のリスクファクターである。過去約20年にわたる老化・寿命研究の進展により、老化・寿命の制御に関わる重要なシグナル伝達系、制御因子が明らかにされ、これらのメカニズムが生活習慣（栄養等）や環境因子とどのように相互作用しているのかが理解されるようになった。こうした理解に基づいて、老化・寿命のプロセスを制御し、老化関連疾患を予防していこうという「抗加齢医学」が国内外で盛り上がりをみせている。少子高齢化はすでに、欧州の主要国、日本・韓国・中国・シンガポールなどのアジア圏において確実に進行している。また、平均寿命の延伸が著しいが、一方で健康寿命との差の拡大が大きな問題となっている。最新の老化・寿命研究に基づく厳密な科学的基盤に立脚し、国民、とりわけ高齢者が精神的にも肉体的にも健康を保持し、積極的に社会に参加し、社会と関わりを持ち続けることを可能とするProductive Agingを実現していくことが、世界中で喫緊の課題となっている。

近年、モデル動物において老化・寿命制御に関わるシグナル伝達系、因子が次々に解明され、抗老化が期待できる方法論をヒトで検証しようとする研究も精力的に進められている。超高齢社会に突入している現代社会において、老齢人口の増大に伴う医療費の急増、要介護の原因となる老化関連疾患の罹患率の上昇は、社会に大きな経済的負担をもたらす原因となっており、老化・寿命のメカニズムの理解と制御の解明は重要な研究開発テーマである。

［研究開発の動向］

【老化、寿命制御の基本メカニズムの研究】

- **老化制御の中枢、統合的な老化を担う機構の解析**

老化は個体の統合的な現象であり、その統合的制御を担う機構の解明が世界的に重要な課題となってきている。2013年、Cai、今井のグループが、哺乳類における老化・寿命の制御中枢が脳の視床下部に存在すると報告し、老化・寿命制御研究に新たな突破口を開いた[1, 2]。その後、Caiらは視床下部に存在する神経幹細胞が、そこから分泌されるエクソソームに含まれるマイクロ RNAを使い全身の老化形態を制御すること[3]、今井らは脂肪組織から分泌されるextracellular nicotinamide phosphoribosyltransferase（eNAMPT）が視床下部の NAD（ミトコンドリアにおける呼吸作用で重要な役割を持つ電子伝達体分子）合成および機能を支え健康寿命を延伸することを報告している[4]。各臓器・組織間のコミュニケーション、すなわち臓器連関による複雑なフィードバック制御系の解析が、老化・寿命制御の理解における重要テーマとなっている。視床下部自体の老化・寿命制御における機能解析として、一細胞レベルでの遺伝子発現の網羅的解析などの報告もある。一方、遺伝子解析だけではさらなる大発見にはつながりにくくなっており、睡眠などの視床下部の生理学的機能調節に着目した新たなアプローチから、中枢性の老化・寿命制御機構が明らかにされようとしている。

• **老化の共通素因としてのミトコンドリア機能障害および全身性のNAD減少**

様々なモデル動物での研究から、ミトコンドリアの機能障害が老化全般の共通素因として浮かび上がっており、細胞老化、慢性炎症、幹細胞活性の低下[5]などとの関連がこれまでに報告されている。ミトコンドリアにおける酸化的リン酸化に必要なタンパク質群の間で、核内DNAとミトコンドリアDNAがコードするタンパク質の間の量的なバランスが変化（mitonuclear protein imbalance）すると、mitochondrial unfolded protein response（mtUPR）と呼ばれるミトコンドリアにおけるタンパク質分解の活性化反応が惹起され、これが老化・寿命の制御に重要であることが、スイスのAuwerxらにより報告されている[6]。一方、今井らは、全身の様々な臓器・組織でNADの減少を見出していた[7]が、近年、このNADの減少が、慢性炎症によって生じると考えられるNAD合成系の減退、およびゲノム障害によるpoly-ADP-ribose polymerases（PARPs）と呼ばれる酵素の活性化とCD38の発現上昇によるNAD消費の増大の2つの要因で起こり、老化に伴う様々な機能減退に寄与していることが明らかになってきた[8-10]。少なくとも線虫においては、NADを上昇させることでmitonuclear protein imbalanceが誘導され、mtUPRが活性化し寿命の延伸が起こることが示されている[11]。最近、神経特異的に機能するH3K9Me3と呼ばれるクロマチン修飾がエピジェネティックにミトコンドリアタンパク質の量を抑制することでミトコンドリアの機能を抑制し、その結果として行動変容が起こることが報告された[12]。こうした知見から、エピジェネティックな制御が、脳内のmitonuclear protein imbalanceを制御する可能性も注目される。

• **老化関連病態における細胞老化の重要性**

細胞は一定回数の細胞分裂を繰り返して増殖した後、不可逆的に増殖を停止し、多彩な機能変化を示す。細胞老化（cellular senescence）とも呼ばれるこの現象は、1950年代から研究が続けられ、現在も最も重要な研究課題の1つである。ヒトの細胞老化の原因としては、テロメア長の短縮、がん遺伝子の活性化、酸化ストレスなど多くの生理的・病理学的要因によって誘導されることが明らかにされ、個体老化の過程で老化細胞は様々な臓器で生じ体内に蓄積することが明らかにされてきた。さらに老化細胞は、炎症性サイトカイン、ケモカイン、増殖因子などを積極的に分泌する性質（Senescence-Associated Secretory Phenotype: SASP）を示す。老化の過程で様々な臓器に発生する老化細胞は、SASP因子を介して周囲に炎症反応を惹起することで、いくつもの老化関連疾患の病理に重要な役割を果たしていることが、数々の報告によって示されている[13, 14]。近年、細胞老化に伴うエピゲノム（DNAメチル化やクロマチンの修飾変化による遺伝子発現調節）変化や老化細胞で細胞質に蓄積する核外DNAによって細胞質核酸センサー（cGAS/STING）が活性化され、SASPの増悪化が引き起こされることが報告されている[15, 16]。加えて、老化細胞に特徴的な代謝の解明も進み[17]、老化細胞を体内から除去することで様々な老化関連疾患の病態を改善し、寿命を延伸できることが報告されている[18, 19]。一方で、血管内皮細胞の場合は、細胞老化の特徴を示す細胞が、老化の過程で肝臓や血管周囲組織の機能を保つ上で重要な役割を果たしていることも報告されており[20]、老化細胞の除去に関しては今後のさらなる注意深い研究が必要と考えられる。

• **エネルギー消費と老化**

神経細胞は、細胞内エネルギー分子であるATPを他の細胞よりはるかに多く消費している。このエネルギーの大半は、新しい記憶の形成を可能にするシナプスで消費され、そのメカニズムと意義の解明は、神経細胞の老化や、アルツハイマー病に伴う記憶喪失を理解する上で極めて重要である。老化過程における神経細胞のエネルギー代謝の変化としては、加齢に伴いミトコンドリアの機能が低下しエネルギーの生成効率が低下し、老化したミトコンドリアは活性酸素を発生させ、神経細胞とそのDNAにダメージを与える。したがって、老化したミトコンドリアは損傷したDNAを修復するために多くのエネルギーを必要とし、ストレスを受けたミトコンドリアはそのエネルギーの必要性を補えないという悪循環に陥ってしまう[21]。

• **体循環因子と老化関連疾患の関わり**

若齢と高齢マウスのヘテロ接合により体循環を共有することで、高齢マウスの臓器が若齢マウスのように変化すること、また高齢マウスの血液によって若齢マウスの臓器に老化の表現型を誘導することから、体循環システムに含まれる因子によって老化の表現型が制御されている可能性が示されている[22, 23]。加齢とともに体内に蓄積した老化細胞ではエクソソームなどの細胞外小胞の分泌が亢進することや[24]、細胞外小胞に含まれるタンパク質・脂質・核酸などが老化の表現型を制御する可能性が新たに見出され[25]、体循環因子が臓器連関に関わることから注目を集めている。

• **腸内細菌叢（Microbiome）と老化の関係に関する新たな展開**

近年、腸内細菌叢が老化・寿命制御に与える重要な影響が着目されている。2017年にWangらは、線虫において、腸内細菌が産生する 多糖類の一種である colanic acidが、ホストである線虫・ショウジョウバエの mtUPRを活性化することによって寿命を延伸することを見出した[26]。また、大谷・原らは、肥満が腸内細菌叢を変化させ、deoxycholic acidの産生を上昇させることにより、肝臓を構成する微小組織の一つ、stellate cellsの細胞老化を誘導し、肝癌の発生を上昇させることを示した[27]。 Valenzanoらは、脊椎動物で最も寿命が短いAfrican Turquoise killifishを新しい老化研究モデルとして用い、若年個体の腸内細菌叢が、生理学的機能を保ち、寿命を保つために重要であることを示した[28]。腸内細菌叢の老化・寿命制御における重要性については、まだ不明な点も多いが、最近、早老症マウスに生じる腸内細菌叢の異常（dysbiosis）を改善させると、寿命が有意に延伸することが報告された[29]。また、腸内細菌叢が神経変性疾患の発症・進展へも影響しうる知見も報告され[30, 31]、脳–腸内細菌叢連関の老化制御への関与は、今後さらに研究が行われていくものと考えられる。

• **オートファジー活性経路の老化制御における役割**

オートファジー活性（細胞が自己成分を分解する機能）は、マウスの様々な臓器・組織において加齢に伴い低下する。 Levinのグループは、*Becn1*変異マウスではBcl2タンパク質との結合が阻害されることでオートファジーが活性化すること[32]、吉森らは、Beclin1タンパク質と結合するオートファジー活性抑制因子Rubiconの活性が抑制されたマウス[33] ではオートファジーが活性化され寿命が有意に延伸することを報告した。これらの報告から、オートファジーの活性化機序を直接調節することで寿命延伸につながることが証明された。オートファジー活性化が寿命を延伸することは、線虫やショウジョウバエにおいても報告さている[33]。一方、オートファジー活性の作用には性差や臓器特異的な作用がある可能性があることも示唆されており、今後、臓器・組織特異的な作用検討が進むことが予想される。

• **老化のエピジェネティクスとリプログラミングによる老化形質への介入**

サーチュイン遺伝子は生物種を超えて保存され、老化や寿命の制御に関与することが示されている。サーチュインはクロマチン修飾に関わるヒストン脱アセチル化酵素として機能することから、老化および寿命とエピゲノム制御との関連が注目されてきた。実際に、酵母では加齢とともにサーチュインSir2タンパクが減少し、ヒストンH4K16アセチル化が亢進するとともにサブテロメア領域のヒストン減少を伴う転写抑制の異常が観察され、反対にH4K16アセチル化の抑制により酵母の分裂寿命が延長することが示されている[34]。線虫におけるRNAiスクリーニングから、H3K4メチル化の抑制が寿命を延長することが発見され[35]、転写に関わるH3K36メチル化の減少は"cryptic"な転写を誘発し酵母の老化、寿命短縮を引き起こすことが報告されている[36]。さらには、加齢によりヒストンタンパク自体が減少する一方で、ヒストンの強制発現により酵母の分裂寿命が大きく延伸する[37, 38]。このように加齢とともに変化するヒストン制御が、転写制御異常を介して老化、寿命に影響を及ぼすことが明らかとなっている。

加齢に伴うエピゲノムの変化は、ヒストン制御のみならずDNAメチル化にも観察される。Horvathは8,000検体のヒトDNAメチル化アレイのデータセットを用いて加齢とともに付加されるDNAメチル化を解析した。ゲノム上の特定のCとGが集中して配列する領域（CpG部位）のDNAメチル化レベルを評価することで生物学的年齢を予測できることを示し、エピジェネティッククロック理論を提唱した[39]。加齢に関わるDNAメチル化の機能的な意義は未だ不明であるものの、DNAメチル化レベルにより生物学的年齢を正確に予測することが可能となりつつある。

エピゲノム制御の変化を背景とした転写異常が加齢に関連した細胞や臓器の機能低下の原因となっていることが示唆されている。人工多能性幹細胞（iPS細胞）の樹立に代表されるように、リプログラミングにより細胞のエピゲノム制御状態、さらには細胞運命に介入できる点は着目に値する。興味深いことにSalk InstituteのBelmonteやHarvard大学のSinclairらは、短期間の山中因子の発現を繰り返すことで様々な老化形質の解除が可能であることを示した[40, 41]。リプログラミング技術により老化過程で獲得したエピゲノムの異常を解消できることが示唆された。山中因子の発現初期に遺伝子発現を増強するエンハンサー活性がゲノム全領域において抑制されることが示されており[42]、老化形質を特徴づけるエンハンサー活性の存在が示唆される。今後の研究により、老化および寿命に関するエピゲノム制御の理解を深化させることで、老化に関連した形質や寿命への介入方法の開発が加速することが予想される。実際に、リプログラミング技術を応用した老化形質への介入の試みが世界中で注目を集めている。BezosやMilnerらが出資するALTOS財団による世界規模での「若返り」を目指した大型研究開発には、山中、BelmonteやSerranoなどリプログラミングを研究する研究者たちが参加している。エピゲノム制御による老化関連形質制御に関する研究の進展が期待される。

【老化を遅らせ、寿命を延ばす創薬研究】

- **Senolyticsとsenostaticsの開発**

近年の細胞老化研究の成果を踏まえ、生体内から老化細胞を選択的に除去する薬剤の開発が活発である。Kirklandらが 2015 年に、抗がん剤の一種で分子標的薬であるdasatinibと植物の特化代謝物であるquercetinに老化細胞を選択的に細胞死へと誘導して除去する作用があることを報告し、これらの薬物をsenolytics と名付けた[43]。その後も、老化細胞のアポトーシス抵抗性に着目しBCL–2ファミリー、PI3K/AKT、p53/FOXO2、HSP90、HIF1などを標的とした新たな senolyticsが同定されるとともに[44]、senolyticsによって老化細胞を除去することにより老化に伴う骨の喪失を防ぐことや[45]、老齢マウスの機能不全を改善し寿命が延伸したことが示されている[46]。CAR–T細胞で老化細胞を除去する試み[47]や、老化細胞が加齢性疾患の発症に関与する原因の1つであるSASPを標的とした老化抑制剤、senostaticsの開発も進められている。日本では、オートファジーを標的として老化細胞を除去する薬剤[48]や老化細胞を除去するワクチンの開発[49]が進められている。

- **NAD合成中間体の研究と応用**

数多くの老化関連疾患の共通病態として、全身性の NAD低下が老化に伴う組織・臓器の機能低下をもたらすことがコンセンサスとなっており、全身性のNADレベルを上げることで、老化および老化関連疾患を予防・治療しようとする方法論が着目されるようになった。 NAD合成を促進させる方法[8, 9]と、異常な NAD消費を抑制する方法が検討されているが、NAD合成中間体を用いて NAD合成を促進させる方法については、少なくとも齧歯類のモデルにおいて、顕著な抗老化作用、多くの老化関連疾患の改善・治療作用が得られることが報告され注目されている[10]。NAD合成で着目されている中間体は、nicotinamide mononucleotide（NMN）とnicotinamide riboside（NR）である。 NRについては、既に10報近い臨床研究結果が発表されており、ヒトにおける安全性が確認されているものの、現時点までにNR単体でのヒトにおける有効性は確認されていない。 NMNに関しては、慶應義塾大学医学部において単回投与の安全性が検証され[50]、ワシントン大学医学部で行われた臨床治験が終了した段階である。 NRは米国の ChromaDex社が生産、販売しているが、NMNの製品化はオリエンタル酵母工業社、新興和製薬社の2社が世界に先駆けて実現した。

- **Rapamycin、rapalog**

マウスなどの動物実験において様々な老化抑制作用を示し、寿命を延伸させることが証明されたrapamycinについて、またその誘導体である rapalog について、開発・研究が促進されている。特にrapamycinについては、ワシントン大学が主導する Dog Aging Projectにおいて、ペットとして飼われているイヌにrapamycinを長期投与し、老化と寿命への効果を検討するという大きなプロジェクトが進行中である。その結果の一部は既に発表されており、心機能の改善が認められている[51]。rapalogの開発に関してはノバルティス社が先行しており、2014年にはノバルティス社のMannickのグループがmTOR阻害剤であるRAD001が免疫系の老化を改善することを示した[52]。2018年には、BEZ235とRAD001の低用量の組み合わせが、選択的にmTOR complex 1を阻害し、老齢の被験者においてウイルス感染の罹患率を低減させることを報告した[53]。2018年より、ノバルティス社のrapalogの開発は、スピンオフカンパニーであるresTORbio社にライセンスされ、開発が続行している。mTOR阻害剤による老化改善の効果のメカニズムは不明な点が多いが、オートファジーやプロテオソーム系を介してタンパク質分解を引き起こすことで、タンパク質クオリティーのターンオーバーに寄与している可能性がある[54]。

【生理学的老化のバイオマーカーおよびbiometricの開発】

ヒトの健康寿命を延伸するためには、生理学的年齢を的確に把握することが重要であり、そのための指標となるbiometricやバイオマーカーの確立が大きなテーマとなっている。これまでに、握力、歩容、免疫能、テロメア長、終末糖化産物、細胞老化、DNAメチル化[55]などがヒトの生理学的年齢の計測方法として提案されている。中でも、DNAメチル化が最も有望な生理学的年齢のバイオマーカーと考えられている。しかし、DNAメチル化測定には血液や組織検体の採取が必須で、かつ費用が高く、計測時間が長いことが難点である。最近、米国のElysium社によって唾液をサンプルとしたDNAメチル化測定による老化度評価の方法が開発された。非侵襲的な生理学的年齢の計測方法の開発研究も進んでおり、将来的な応用に期待が寄せられる。例えば、Hanのグループは、ヒトの顔の3D画像を定量化し得られた顔の特徴から生理学的年齢が認証しうる可能性を報告した[56]。また、近年、高齢者の脆弱性（フレイル）の指標となるFrailty Index（FI）が、臨床において簡便で非侵襲的な生理学的年齢の計測法で、かつ死亡予測としてはDNAメチル化よりも精度が高く[57]、注目されている。最近、大規模な長期マウス実験でも、マウス版FIが健康寿命と個体寿命を有意に反映していることが報告されている[58]。

【その他の概況】

進化的に保存されている老化・寿命制御に関わる重要なシグナル伝達系、制御因子として、インスリン/インスリン様成長因子シグナル伝達系、mTORシグナル伝達系、そしてNAD依存性脱アセチル化/アシル化酵素ファミリーであるサーチュインの重要性が広く認識され、現在はそれぞれについて詳細な研究が進んでいる。カロリー制限に関する研究は古く、現在も盛んである。最近の知見では、米国NIHのCaboのグループが、摂餌量やカロリーは制限せずに摂餌時間のみ活動期に限定する一食給餌が、健康寿命および個体寿命を有意に延伸することを報告した[59]。TCA回路の代謝産物であるαケトグルタール酸カルシウム塩を含む食餌を中年齢マウスに与えると、FIから算出される生物学的年齢が低く、SASPが抑制され、健康寿命が有意に延伸した[60]。ヒトにおいても、隔日絶食が安全性の高い老化への介入となりうる知見が報告され[61, 62]。臨床応用が大いに期待されるが、未だ根本的なメカニズム解明が課題である。わが国では2017年より始まったAMEDの「老化メカニズムの解明・制御プロジェクト」の意義は大きい（当該プロジェクトは2021年に終了し、2022年度よりAMED-CREST/PRIME、JSTさきがけ事業として老化研究が推進）。わが国のこれまでの老化研究は、老化現象、老化疾患に関する研究であり、特に酸化ストレス学説に偏る傾向があった。しかし、2017年に開始された大型プロジェクトにより、わが国も世界の潮流に伍する形で老化研究が開始された。一方で、世界の抗老化医学の興隆を見ると、日本の状況は改善の余地があると考えられ、特に厳密な科学的基盤に立脚した抗老化方法論の早期の応用と社会実装が望まれる。

（4）注目動向

【新展開・技術トピックス】

近年、老化を創薬標的として捉え、抗老化医学の成果を創薬に結びつける動きが加速してきた。かつては、老化を創薬標的として捉えることは意味をなさないという風潮が支配的であったが、老化を治療することで加齢に伴ういくつもの慢性病の大きな原因を絶つことができる可能性が注目され始め[63]、風向きが大きく変わってきた。老化“予防”でなく、老化“治療”研究が各国で推進されている点が重要である。米国では健康寿命延伸を目指した臨床研究について専門家会議での議論が始まり、FDAでも関連予算を増加させる方向で話が進んでいる[64]。NIHも老化介入プログラムにおいて様々な薬剤のマウス寿命への効果を系統的に調べ始め、26種類の薬剤候補を挙げた[65]。実際にヒトでの投与が進んでいる薬剤としては、免疫機能を標的とするrapamycin[66]、糖代謝を標的とするアカルボース、メトフォルミン[67]などがあり、今後の動向が注目される[46]。老化細胞除去を狙ったsenolytics分野では、非特異的キナーゼ阻害剤 Dasanitibである程度の成果が出ており[43, 45]、期待されている。Senolyticsの開発・応用を目的としたバイオテックベンチャーは既に数社設立されており、UNITY Biotechnology社、Oisin Biotechnologies社、Antoxerene社、Cleara Biotech社などが挙げられる。このような風潮を反映して、老化・寿命研究の国際シンポジウムなどにおいて、投資家の参加が増加しており、この傾向は、特に欧米のシンポジウムで顕著である。バイオテクノロジーの領域に投資家が再び戻ってくる傾向が強まっているが、その際の重要な投資先として、老化・寿命研究の応用が見込まれている。個人の投資家の中にも老化・寿命研究を支援しようという動きが散見され、こうした支援の元に大規模な老化・寿命研究を行おうという試みも世界各地で始まりつつある。

2019年、米国でGordon Research Conference “Biology of Aging” が開催、2020年にCold Spring Harbor Laboratoryで“Mechanisms of Aging” が開催された。これらの国際学会で、老化そのものを創薬のターゲットとして研究開発を行っていくことの重要性が強調された。これは、以前では見られなかった新たな傾向である。わが国においても、老化・寿命研究に関するシンポジウムが多数開催され、また2019年3月に、老化・寿命研究の第一線の研究者が中心となり、一般社団法人「プロダクティブ・エイジング研究機構」（Institute for Research on Productive Aging; IRPA）が設立された。2021年1月にNature Publishing Groupが新たにNature Agingを創刊するなど、老化研究は大きな盛り上がりを見せている。

【注目すべき国内外のプロジェクト】

米国では、Targeting Aging with Metformin（TAME）trialと呼ばれる臨床試験が進行中である[33]。これは、糖尿病治療薬として 60年以上使われてきているメトフォルミンを用いて、がん、心血管疾患、アルツハイマー病や神経変性疾患などの老化関連疾患の発症を遅らせることができるかどうか、健康寿命を延伸させることができるかどうか、を調べるための研究である。TAME trialはFDAに「老化制御」を新薬承認の指標の1つとして考慮することを促し、老化を標的とした創薬研究を拡大する狙いもあり、社会的に大きな期待を集めている。

わが国では、2022年より戦略目標/研究開発目標「老化に伴う生体ロバストネスの変容と加齢性疾患の制御に係る機序等の解明」に基づくAMED–CREST/PRIME、JST–さきがけ研究が開始された。

（5）科学技術的課題

- **基礎老化研究**

わが国では、従来、酵母、線虫、ショウジョウバエなどの下等モデル生物を用いた老化研究は人間の老化を反映するものではないとして軽視されてきた。しかし、米国における老化研究の成功はこれらのモデル生物を用いた研究に端を発しており、その成果に立って、現在、マウス、サル、ヒトなどを用いた研究に重点がシフトしつつある。わが国においては、これらの研究を総合的に進め、早急に研究基盤を確立し、世界の老化・寿命研究に太刀打ちできる体制を確立すべきである。わが国が迎える超高齢化・少子化社会の問題を考えれば、老化・寿命研究を推進し、健康長寿社会を世界に先駆けて実現することは喫緊の課題であり、最先端の老化・寿命研究に立脚した抗老化方法論を開発しなければならない。また、高齢者を対象とする精神科学的・社会科学的アプローチも欠かせない。よって、特に、（a）老化・寿命の基礎的研究の推進、（b）加齢疾患の発症を抑え、あるいは遅延する先制医療研究、（c）基礎研究の成果を新しい治療法開発に結び付ける橋渡し研究、併せて（d）老化生命科学研究と連携した高齢者の行動・社会心理科学的研究の推進を重点課題として考えられる。

- **抗加齢医学の成果を社会実装する臨床研究の加速**

わが国はイタリア・シンガポールとともに、社会の超高齢化が最も深刻な国である。また同時に少子化も進んでいることから、社会の健全な構造を保つための労働力が不足する事態に直面しつつある。老人医療費の高騰も財政を逼迫させる要因となりつつある今、抗加齢医学の成果を一刻も早く社会実装し、“productive aging”を実現していく努力が焦眉の急となってきている。しかしながら、特定臨床研究法の施行にも現れているように、基礎研究の成果をヒトにおいて検証していく手続きは、より厳格化・煩雑化する傾向にある。抗加齢医学の成果を早急に社会実装していくための臨床研究環境や法の整備が強く望まれる。

（6）その他の課題

- **次世代の老化・寿命研究者、リーダーの育成**

わが国においては、老化・寿命研究の最先端において世界的なリーダーシップを取れる次世代研究者の育成が、何をおいても重要であり、直ちに取りかからねばならない。現在の日本では、「アンチエイジング」という心を惹きつけるキャッチフレーズを謳った効果の検証が十分でない商品や書籍が数多く流通している。こうした状況を改善するためにも、世界的なリーダーシップを発揮でき、かつ科学者としての正しい倫理観をもった老化・寿命の研究者が、緻密な科学研究に基づいた真に効果のある医薬品を開発し、情報発信していくことが重要である。

- **老化研究の特徴を考慮したファンディングシステム、多施設共同研究体制の確立**

世界は競って老化研究所を設立し、重点化を加速している。老化・寿命研究、老化疾患の研究は長期的解析、個体レベルの解析を必要とする。また、施設毎の実験環境の影響を受け易い。よって、これらを考慮した研究支援体制、すなわち、線虫、ショウジョウバエなどの短寿命モデルを用いた研究からマウス、サル、ヒトの研究までを一貫して長期的、統合的に支援・推進する体制を確立しなければならない。サル、ヒトなどの長期的解析、個体レベルの解析を必要とする老化研究には国家戦略による長期的、継続的サポートは不可欠である。また、NIH–NIAのサル、ヒトのカロリー制限研究のように複数の機関による同時解析が必須である。そして、抗老化創薬には、シーズ開発を推進する多様な老化研究プロジェクトが必要であり、マウスなどの個体老化/加齢関連症状の長期的解析を可能とする研究支援が不可欠と考えられる。

民間の力を活用した「プロダクティブ・エイジング研究機構」のような組織が日本にも誕生したということは、産官学の多面的な協力体制を構築していく上でも、重要な試みであると考えられる。わが国が、真の「長寿大国」として世界の老化問題に解決策を提示できるモデル国家としての地位を築くことができるよう、老化・寿命研究の総合的な努力を継続していく計画を策定することが何よりも重要と考えられる。

（7）国際比較

国・地域	フェーズ	現状	トレンド	各国の状況、評価の際に参考にした根拠など
日本	基礎研究	○	↗	・老化研究を標榜する機関としては国立長寿医療研究センター、東京都健康長寿医療センター研究所、東北大学加齢医学研究所があるが、疾患研究が中心であり、規模は十分でない。 ・老化の基礎研究において世界的成果を上げている研究者がいる。 ・2020 年 11 月に一般社団法人プロダクティブ・エイジング研究機構（IRPA）が設立された。
	応用研究・開発	○	→	・認知症関連の研究開発は高い社会・政策ニーズから、複数の企業が国研、大学などと連携して研究を進めている。 ・「アンチエイジング」というキャッチフレーズのもとに、一個人の体験を敷衍しただけのような、科学的基盤に全く立脚していない方法論など、一般の人々を惑わす言質、出版が横行している。 ・抗加齢医療に対する企業の動きは欧米と比較して圧倒的に少ない。
米国	基礎研究	◎	↗	・NIAの研究予算は900億円程度。人件費も含まれるため単純比較はできないが、日本や欧州各国に比較して格段に大きい。基礎研究の重視、黎明期の研究を支える体制は注目に値する。 ・Glenn Foundation For Medical Researchは代表的な大学・研究機関にPaul F. Glenn Laboratoriesを設置し老化・寿命研究へ集中的な資金援助を行っている。
	応用研究・開発	◎	↗	・NIAが2004年より研究者から提案された各種薬剤、化合物のマウスの寿命の延伸効果を解析する Interventions Testing Programを主導している。 ・サル、ヒトにおけるカロリー制限研究が長期にわたり推進中。 ・基礎研究から臨床応用研究への橋渡し研究が政策的に支援されている。関連する法律や規制の対応も、社会の理解、周知レベルの迅速化をもたらし、着実な成果を上げている。国として老化を医療の対象として捉え、そのための研究開発をFDAやNIHをはじめとする各方面から支援している。企業からの投資も増加している。 ・抗老化創薬を目指したベンチャー企業が相次いで設立している。
欧州	基礎研究	◎	→	・英仏独には先進的な老化研究者が多い。 ・有力専門誌である「Aging Cell」誌は、英国解剖学会の学会誌である。古典的、伝統的な学会が老化研究を推進している。 ・ドイツMax Planck Institute for Biology of Ageingが基礎研究を牽引。 ・英国、ドイツ、イタリアにおけるミトコンドリア（エネルギー代謝）、認知症や免疫老化、細胞老化とがん抑制分野の研究は他の欧米諸国に比べても顕著であり、成果も出ている。とりわけ基礎老化研究の根幹を支える細胞から個体レベルの研究水準が極めて高い。
	応用研究・開発	◎	→	・製薬企業、栄養関係の臨床応用開発は上昇傾向にある。 Nestle社、Abbott社関連の開発研究は規模も研究支援も巨大である。 ・腸管免疫系（感染予防）、創傷治癒、サルコペニア予防などに対する栄養介入研究に特に秀でた活動がある。 ・国研、大学において基礎老化研究を中心に成果をあげた研究者の企業側の受け入れ態勢が充実。
中国	基礎研究	△	↗	・全体のレベルは高くないが、Zhouの早老症研究、Hanのシステムバイオロジーなどの高いレベルの研究者がいる。 ・基礎老化研究において、日本、韓国、さらには台湾も含めたコンソーシアムの中で自国の研究水準を高めようとしている。
	応用研究・開発	△	↗	・成果面から判断するのは困難だが、大学、研究所関連での積極的な海外人材登用の積極性からも上昇傾向であると思われる。 ・中国企業から日本の研究者に対して、漢方薬成分の分析と臨床応用などの提案（研究費）があるが、実体は不明。 ・産業化に向けた企業の動きは、外資系企業の積極的誘致を含めた計画が進み始めたが、まだ成果に結びついていない。

韓国	基礎研究	△	↗	・研究水準は活動・成果とも顕著とは言えないが、米国で成功した若手研究者が帰国し独立しており、全体の底上げ感が強い。 ・老年学会では社会科学系、基礎生物学系を組織し、国家重点研究 領域に設定。
	応用研究・開発	△	→	・研究開発面では美容面（皮膚、酸化ストレスなど）に偏重。 ・サムスン老化研究所はIT-agingを掲げ、生物学的な老化研究に留まらず、IT 関連技術の活用を目指している。 ・老化の基礎研究をシーズとした産業が国家レベルで進んでいる印象は乏しい。
シンガポール	基礎研究	○	↗	・National University SingaporeはKey AreaとしてAgeing研究を掲げ研究所・研究センターを統合し老化研究に力を入れている。
	応用研究・開発	○	↗	・2018年世界最長寿国となりながら出生率は世界最低レベルのシンガポールでは、2050年には65歳以上の高齢者の人口に占める割合が50％以上と試算され、高齢化が深刻な社会問題となり老化研究への関心は高い。

（註1）フェーズ

基礎研究：大学・国研などでの基礎研究の範囲

応用研究・開発：技術開発（プロトタイプの開発含む）の範囲

（註2）現状　※日本の現状を基準にした評価ではなく、CRDS の調査・見解による評価

◎：特に顕著な活動・成果が見えている　　○：顕著な活動・成果が見えている

△：顕著な活動・成果が見えていない　　×：特筆すべき活動・成果が見えていない

（註3）トレンド　※ここ1～2年の研究開発水準の変化

↗：上昇傾向、→：現状維持、↘：下降傾向

2.1 俯瞰区分と研究開発領域 健康・医療

参考・引用文献

1) G. Zhang et al., "Hypothalamic programming of systemic ageing involving IKK-β, NF-κB and GnRH", Nature 497, no. 7448 (2013) : 211-216. doi: 10.1038/nature12143

2) A. Satoh et al., "Sirt1 extends life span and delays aging in mice through the regulation of Nk2 homeobox 1 in the DMH and LH", Cell Metab. 18, no. 3 (2013) : 416-430. doi: 10.1016/j.cmet.2013.07.013

3) Y. Zhang et al., "Hypothalamic stem cells control ageing speed partly through exosomal miRNAs", Nature 548, no. 7665 (2017) : 52-57. doi: 10.1038/nature23282

4) M. Yoshida et al, "Extracellular Vesicle-Contained eNAMPT Delays Aging and Extends Lifespan in Mice", Cell Metab. 30, no. 2 (2019) : 329-342. doi: 10.1016/j.cmet.2019.05.015

5) P. Katajisto et al., "Asymmetric apportioning of aged mitochondria between daughter cells is required for stemness", Science 348, no. 6232 (2015) : 340-343. doi: 10.1126/science.1260384

6) R. H. Houtkooper et al., "Mitonuclear protein imbalance as a conserved longevity mechanism", Nature 497, no. 7450 (2013) : 451-457. doi: 10.1038/nature12188

7) J. Yoshino et al., "Nicotinamide mononucleotide, a key NAD (+) intermediate, treats the pathophysiology of diet- and age-induced diabetes in mice", Cell Metab. 14, no. 4 (2011) : 528-536. doi: 10.1016/j.cmet.2011.08.014

8) E. Verdin, "NAD^{+} in aging, metabolism, and neurodegeneration", Science 350, no. 6265 (2015) : 1208-1213. doi: 10.1126/science.aac4854

9) L. Rajman, K. Chwalek and D. A. Sinclair, "Therapeutic Potential of NAD-Boosting Molecules: The In Vivo Evidence", Cell Metab. 27, no. 3 (2018) : 529-547. doi: 10.1016/

j.cmet.2018.02.011
10) J. Yoshino et al., "NAD+ Intermediates: The Biology and Therapeutic Potential of NMN and NR", Cell Metab. 27, no. 3（2018）：513-528. doi: 10.1016/j.cmet.2017.11.002
11) L. Mouchiroud et al., "The NAD（+）/Sirtuin Pathway Modulates Longevity through Activation of Mitochondrial UPR and FOXO Signaling", Cell 154, no. 2（2013）：430-441. doi: 10.1016/j.cell.2013.06.016
12) J. Yuan et al., "Two conserved epigenetic regulators prevent healthy ageing", Nature 579, no. 7797（2020）：118-122 . doi: 10.1038/s41586-020-2037
13) S. He and N. E. Sharpless, "Senescence in Health and Disease", Cell 169, no. 6（2017）：1000-1011. doi: 10.1016/j.cell.2017.05.015
14) V. Gorgoulis et al., "Cellular Senescence: Defining a Path Forward", Cell 179, no. 4（2019）：813-827. doi: 10.1016/j.cell.2019.10.005
15) Z. Dou et al., "Cytoplasmic chromatin triggers inflammation in senescence and cancer", Nature 550, no. 7676（2017）：402-406. doi: 10.1038/nature24050
16) M. De Cecco et al., "L1 drives IFN in senescent cells and promotes age-associated inflammation", Nature 566, no. 7742（2019）：73-78. doi: 10.1038/s41586-018-0784-9
17) C. D. Wiley and J. Campisi, "From Ancient Pathways to Aging Cells-Connecting Metabolism and Cellular Senescence", Cell Metab. 23, no. 6（2016）：1013-1021. doi: 10.1016/j.cmet.2016.05.010
18) B. G. Childs et al., "Cellular senescence in aging and age-related disease: from mechanisms to therapy", Nat. Med. 21, no. 12（2015）：1424-1435. doi: 10.1038/nm.4000
19) J. L. Kirkland and T. Tchkonia, "Cellular Senescence: A Translational Perspective", EBioMedicine 21（2017）：21-28. doi: 10.1016/j.ebiom.2017.04.013
20) L. Grosse et al., "Defined p16High Senescent Cell Types Are Indispensable for Mouse Healthspan", Cell Metab. 32, no. 1（2020）：87-99. doi: 10.1016/j.cmet.2020.05.002
21) A. Federico et al. “Mitochondria, oxidative stress and neurodegeneration” J. Neruol. Sci. 322, 254-262, doi: 10.1016/j.jns.2012.05.030
22) J. M. Castellano et al., "Human umbilical cord plasma proteins revitalize hippocampal function in aged mice", Nature 544（2017）：488-492. doi: 10.1038/nature22067
23) H. Yousef et al., "Aged blood impairs hippocampal neural precursor activity and activates microglia via brain endothelial cell VCAM1", Nat. Med. 25, no. 1（2019）：988-1000. doi: 10.1038/s41591-019-0440-4
24) A. Takahashi et al., "Exosomes maintain cellular homeostasis by excreting harmful DNA from cells", Nat. Commun. 8（2017）：15287. doi: 10.1038/ncomms15287
25) J. A. Fafián-Labora, J. A. Rodriguez-Navarro and A. O’Loghlen, "Small Extracellular Vesicles Have GST Activity and Ameliorate Senescence-Related Tissue Damage", Cell Metab. 32, no. 1（2020）：71-86. doi: 10.1016/j.cmet.2020.06.004
26) B. Han et al., "Microbial Genetic Composition Tunes Host Longevity", Cell 169, no. 7（2017）：1249-1262. doi: 10.1016/j.cell.2017.05.036
27) S. Yoshimoto et al., "Obesity-induced gut microbial metabolite promotes liver cancer through senescence secretome", Nature 499, no. 7456（2013）：97-101. doi: 10.1038/nature12347
28) P. Smith et al., "Regulation of life span by the gut microbiota in the short-lived African

turquoise killifish", eLife Sciences 6（2017）：e27014. doi: 10.7554/eLife.27014
29）C. Bárcena et al., "Healthspan and lifespan extension by fecal microbiota transplantation into progeroid mice", Nat. Med. 25, no. 8（2019）：1234-1242. doi: 10.1038/s41591-019-0504-5
30）E. Blacher et al., "Potential roles of gut microbiome and metabolites in modulating ALS in mice", Nature 572, no. 7770（2019）：474-480. doi: 10.1038/s41586-019-1443-5
31）A. Burberry et al., "C9orf72 suppresses systemic and neural inflammation induced by gut bacteria", Nature 582, no. 7810（2020）：89-94. doi: 10.1038/s41586-020-2288-7
32）A. F. Fernández et al., "Disruption of the beclin 1-BCL2 autophagy regulatory complex promotes longevity in mice", Nature 558, no. 7708（2018）：136-140. doi: 10.1038/s41586-018-0162-7
33）S. Nakamura et al., "Suppression of autophagic activity by Rubicon is a signature of aging", Nat. Commun. 10, no. 1（2019）：847. doi: 10.1038/s41467-019-08729-6
34）　Dang et al., Histone H4 lysine 16 acetylation regulates cellular lifespan. Nature, volume 459, pages 802-807（2009）
35）Greer et al., Members of the H3K4 trimethylation complex regulate lifespan in a germline-dependent manner in C. elegans. Nature, volume 466, pages 383-387（2010）
36）Sen et al., H3K36 methylation promotes longevity by enhancing transcriptional fidelity. Genes & Dev. 29: 1362-1376（2015）
37）Feser et al., Elevated Histone Expression Promotes Life Span Extension. Molecular Cell, Volume 39, Issue 5, 724-735（2010）
38）O'Sullivan et al. Reduced histone biosynthesis and chromatin changes arising from a damage signal at telomeres. Nature Structural & Molecular Biology volume 17, pages 1218-1225（2010）
39）Horvath, S. DNA methylation age of human tissues and cell types. Genome Biol. 14, R115（2013）.
40）Ocampo et al., In Vivo Amelioration of Age-Associated Hallmarks by Partial Reprogramming. Cell. 167（7）：1719-1733.e12.（2016）
41）Lu et al., Reprogramming to recover youthful epigenetic information and restore vision. Nature volume 588, pages 124-129（2020）
42）Shibata et al., In vivo reprogramming drives Kras-induced cancer development. Nature Commun. 9（1）：2081（2018）
43）Y. Zhu et al., "The Achilles' heel of senescent cells: from transcriptome to senolytic drugs" Aging Cell 14, no. 4（2015）：644-658. doi: 10.1111/acel.12344
44）J. N. Farr et al., "Targeting cellular senescence prevents age-related bone loss in mice", Nat. Med. 23, no. 9（2017）：1072-1079. doi: 10.1038/nm.4385
45）M. Borghesan et al., "A senescence-centric view of aging: implications for longevity and disease", Trends Cell Biol. 30, no. 10（2020）：777-791. doi: 10.1016/j.tcb.2020.07.002
46）M. Xu et al., "Senolytics improve physical function and increase lifespan in old age", Nat. Med. 24, no. 8（2018）：1246-1256. doi: 10.1038/s41591-018-0092-9
47）C. Amor et al., "Senolytic CAR T cells reverse senescence-associated pathologies", Nature 583, no. 7814（2020）：127-132. doi: 10.1038/s41586-020-2403-9
48）M. Wakita et al., "A BET family protein degrader provokes senolysis by targeting NHEJ and

autophagy in senescent cells", Nat. Commun. 11, no. 1 (2020) : 1935. doi: 10.1038/s41467-020-15719-6
49) J. Irie et al., "Effect of oral administration of nicotinamide mononucleotide on clinical parameters and nicotinamide metabolite levels in healthy Japanese men", Endocr J. 67, no. 2 (2020) : 153-160. doi: 10.1507/endocrj.EJ19-0313
50) S. Yoshida et al., "The CD153 vaccine is a senotherapeutic option for preventing the accumulation of senescent T cells in mice", Nat. Commun. 11, no. 1 (2020) : 2482. doi: 10.1038/s41467-020-16347-w
51) S. R. Urfer et al., "A randomized controlled trial to establish effects of short-term rapamycin treatment in 24 middle-aged companion dogs", GeroScience 39, no. 2 (2017) : 117-127. doi: 10.1007/s11357-017-9972-z
52) J. B. Mannick et al., "mTOR inhibition improves immune function in the elderly", Sci. Transl. Med. 6, no. 268 (2014) : 268ra179. doi: 10.1126/scitranslmed.3009892
53) J. B. Mannick et al., "TORC1 inhibition enhances immune function and reduces infections in the elderly", Sci. Transl. Med. 10, no. 449 (2018) : eaaq1564. doi: 10.1126/scitranslmed.aaq1564
54) J. Zhoa et al. “mTOR inhibition activates overall protein degradation by the ubiquitin proteasome system as well as by autophagy” PNAS (2015) 112, 15790-15797, doi: 10.1073/pnas.1521919112.
55) S. Horvath and K. Raj, "DNA methylation-based biomarkers and the epigenetic clock theory of ageing", Nat. Rev. Genet. 19, no. 6 (2018) : 371-384. doi: 10.1038/s41576-018-0004-3
56) W. Chen et al., "Three-dimensional human facial morphologies as robust aging markers", Cell Res. 25 (2015) : 574-587. doi: 10.1038/cr.2015.36
57) S. Kim et al., "The frailty index outperforms DNA methylation age and its derivatives as an indicator of biological age", GeroScience 39, no. 1 (2017) : 83-92. doi: 10.1007/s11357-017-9960-3
58) M. Scjultz et al., "Age and life expectancy clocks based on machine learning analysis of mouse frailty", Nat. Commun. 11, no. 1 (2020) : 4618. doi: 10.1038/s41467-020-18446-0
59) S. J. Mitchell et al., "Daily Fasting Improves Health and Survival in Male Mice Independent of Diet Composition and Calories", Cell Metab. 29, no. 1 (2019) : 221-228. doi: 10.1016/j.cmet.2018.08.011
60) S. A. Asadi et al., "Alpha-Ketoglutarate, an Endogenous Metabolite, Extends Lifespan and Compresses Morbidity in Aging Mice", Cell Metab. 32, no. 3 (2020) : 447-456. doi: 10.1016/j.cmet.2020.08.004
61) S. Stekovic et al., "Alternate Day Fasting Improves Physiological and Molecular Markers of Aging in Healthy, Non-obese Humans", Cell Metab. 30, no. 3 (2019) : 462-476. doi: 10.1016/j.cmet.2019.07.016
62) R. de Cabo and M. P. Mattson, "Effects of Intermittent Fasting on Health, Aging, and Disease", N. Engl. J. Med. 381 (2019) : 2541-2551. doi: 10.1056/NEJMra1905136
63) T. Tchkonia and J. L. Kirkland, "Aging, Cell Senescence, and Chronic Disease : Emerging Therapeutic Strategies", JAMA 320, no. 13 (2018) : 1319-1320. doi: 10.1001/jama.2018.12440
64) S. J. Olshansky, "From Lifespan to Healthspan", JAMA 320, no. 13 (2018) : 1323-1324. doi :

10.1001/jama.2018.12621
65) N. Barzilai et al., "Aging as a Biological Target for Prevention and Therapy", JAMA 320 (2018): 1321-1322. doi: 10.1001/jama.2018.12621
66) D. W. Lamming et al., "Rapalogs and mTOR inhibitors as anti-aging therapeutics", J. Clin. Invest. 123, no. 3 (2013) : 980-989. doi: 10.1172/jci64099
67) N. Barzilai et al.,"Metformin as a Tool to Target Aging", *Cell Metab.* 23, no. 6 (2016) : 1060-1065. doi: 10.1016/j.cmet.2016.05.011

2.1.15 臓器連関

（1）研究開発領域の定義

ヒトをはじめとする多臓器を有する動物では、各臓器が協調し機能することで、個体としての恒常性が維持される。各臓器間の協調においては、ホルモンなどの液性シグナル、および神経回路を介した神経シグナルが重要な役割を果たすことが明らかになってきているが、それらメカニズムの全貌解明には至っていない。協調メカニズムを解明することで、個体の恒常性維持機構という生物の根本原理に迫り、さらに、その破綻による疾患の病態を解明することで、疾患の予防・治療技術の開発を目指す研究開発領域である。

（2）キーワード

多臓器生物、個体恒常性、液性シグナル、細胞外小胞、栄養素、腸内細菌、神経シグナル、自律神経、求心性神経、免疫細胞、脳内経路

（3）研究開発領域の概要

［本領域の意義］

ヒトを含む多臓器を有する動物における個体の恒常性維持においては、全身の臓器間で様々な情報がやり取りされ、協調し連携するシステム（以降、「臓器連関機構」）が存在する。そのメカニズムを解明することで、多臓器動物がどのように恒常性を維持しているのか、という生物学の根本原理の理解につながる。臓器連関機構に異常をきたすと、恒常性の破綻、ひいては、疾患の発症や加齢による機能低下などにつながることから、それらのメカニズムの理解は、様々な疾患の病態や、個体老化の機序解明に向けた知識基盤となる。国内外で患者数が急増している、糖尿病や肥満などの代謝疾患、心不全などの循環器疾患、慢性腎臓病、脂肪性肝疾患、アレルギー疾患などの克服が喫緊の課題となる中、多くの疾患の病態基盤に臓器連関機構の破綻が関与していることが明らかになりつつある。臓器連関機構のメカニズムを明らかにすることで、疾患の予防、治療につながる医療技術開発が可能となる。特に、従来はあまり注目されてこなかった、臓器連関機構に直接介入するような、新たな治療概念の確立にもつながると考えられる。当該研究開発領域は、基礎生物学の観点から医療技術開発に至るまで、インパクトの大きな新発見とシーズ創出が期待できる。

【研究開発の動向】

臓器連関機構における情報のやり取りにおいて、ホルモンなどの液性シグナルネットワークと、各臓器に分布する自律神経と脳を介した神経シグナルネットワークが重要な役割を果たしていることが明らかになってきた。さらに神経シグナルと液性シグナルの協調メカニズムに関する報告も見られる。臓器連関機構に関する論文報告は直近10年で大幅な増加傾向にあり、注目を集めている[1)]。以下、液性シグナルおよび神経シグナルおよび炎症反射・ゲートウェイ反射について、それぞれ研究開発動向をまとめる。

- **液性シグナル**

下垂体、甲状腺、副腎などの古典的な内分泌臓器から分泌されるホルモンは、古くから知られている臓器連関機構を司る液性シグナルである。これらのホルモンに加え、以前は内分泌臓器と考えられていなかった脂肪組織、肝臓、筋肉、骨、腸管といった臓器からも、他臓器の機能を調節する液性シグナルが分泌されることが次々と明らかになった。例えば脂肪組織からはアディポカイン、肝臓からはヘパトカイン、筋肉からはミオカイン、骨からはオステオカイン、腸管からは消化管ホルモンが分泌され、それぞれ多くのタンパクが同定されている。

脂肪組織からはタンパクだけでなく、脂肪酸などの栄養素が分泌される。脂肪酸は、糖新生の基質として利用され、肝臓における糖新生を亢進することが知られている。近年、メタボローム解析やリピドーム解析が高度化し、より網羅的な分子の探索や詳細な分子機能解析が可能となってきた。それらを活用した研究が進

展し、筋肉におけるインスリン抵抗性への影響や、膵β細胞からのインスリン分泌の亢進など、多彩な生理作用を有することが明らかになってきた[2]。さらに脂肪酸は肝臓に作用して脂肪性肝疾患やアルコール性肝炎などの病態進展にも関与する。アミノ酸なども含めた栄養素の臓器連関機構における機能解明が注目を集めている。

腸管では、以前より知られているグレリンやCCK、GLP–1などの消化管ホルモンによる食欲や糖代謝などの調節機能に加え、腸内細菌を介した臓器連関機構が注目を集めている。腸管上皮の透過性亢進による、血中の腸内細菌由来の液性シグナルの増加、腸管粘膜での炎症の助長、あるいは腸内細菌の組成の変化そのものがCOPDなどの呼吸器疾患、気管支喘息などのアレルギー疾患、NAFLDなどの肝臓疾患、CKDやAKIなどの腎臓疾患、心不全など多岐にわたる疾患の発症に関与することが報告されている[3,4]。メタゲノム解析やマイクロバイオーム解析などを駆使した、臓器連関機構における腸内細菌の機能解明が注目される。

臓器連関機構を担う液性シグナルとしてこの数年で急激に報告が増加しているものとして、エクソソーム、ミグラソームなどの細胞外小胞が挙げられる。細胞外小胞はほとんど全ての細胞から分泌され、内部には酵素などのタンパクに加え、脂質、炭水化物、マイクロRNAなどの核酸を含み、他臓器の細胞に取り込まれることで臓器連関機構を担う[5]。現在、世界中で細胞外小胞による未知の臓器連関機構の探索競争が繰り広げられている。

- **神経シグナル**

近年、自律神経系による臓器連関機構が大きな注目を集めている。脳からは遠心性線維と呼ばれる各臓器に自律神経が分布する。遠心性線維による各臓器の機能制御が生理学的に重要であることは、従来からよく知られた事実であり、これらの解明には日本人研究者の貢献が大きかった。一方、自律神経には、末梢臓器から脳に向かう求心性線維が多く含まれており、副交感神経では70～80%程度、交感神経では40～50%程度が求心性線維である。長らく、求心性線維の機能は不明な点が多かったが、各臓器からの情報を脳に伝える役割をしていることが明らかになってきた。例えば、CCKやグレリン、GLP–1などの消化管ホルモンは直接的に血流を介して脳に作用する以外に、迷走神経求心路を介して脳にシグナルを伝達して食欲を制御する[6]。消化管に分布する求心性迷走神経は、ホルモンのほか、消化管拡張などの機械的刺激や栄養素も認識する。消化管から求心性迷走神経細胞にシグナルが伝達されるメカニズムは不明であったが、最近腸管上皮細胞と求心性迷走神経がシナプス様の構造を形成して脳に情報を伝達していることが明らかになった[7]。今後、このシステムの機能制御に関する研究が進展する可能性がある。

近年、末梢臓器からの情報を求心性自律神経が脳に送り、その情報を元に脳が遠心性線維を介して情報を送ることで末梢臓器の機能を制御する臓器連関機構が明らかになった。種々の臓器にまたがる求心性神経シグナル→中枢神経系→遠心性自律神経シグナルのメカニズムによってエネルギー代謝[8,9]・糖代謝[10-13]、脂質代謝[14]、心機能[15]、急性炎症[16]などの生理的応答が制御されていることが次々と解明され、これらの臓器連関機構の破綻が肥満症、糖尿病、心不全、感染症などの発症につながると考えられる。膵β細胞の増殖をもたらしインスリン分泌を制御する神経シグナルによる臓器連関機構[17]は大きな注目を集めている。

さらに、求心性神経は薬物の薬理作用を担っていることも明らかになってきた。古くから世界で最も使用されている2型糖尿病治療薬であるメトホルミンの作用メカニズムはいまだに不明な点が多いが、このメカニズムの1つとして、メトホルミンが十二指腸上皮細胞に作用することによって求心性迷走神経を活性化し、肝臓に分布する遠心性迷走神経を介して肝臓の糖新生を抑制することが最近明らかになった[18]。また、強い抗酸化作用を有するレスベラトロールも、同様のメカニズムで全身のインスリン感受性を改善することが報告されている[19]。

これらの研究成果を背景に、求心性自律神経に対する関心が世界的に高まっている。これまで求心性自律神経が、液性シグナルや機械的刺激の中から選択的なシグナルを認識して脳に伝達するメカニズムについては全く明らかになっていなかった。近年、オプトジェネティクスや*in vivo*神経イメージング、逆行性神経トレーシングの技術などを用いて、迷走線維の中にこれらを別々に認識する神経群が存在することが明らかになった[20]。さらに、2022年には迷走神経の各臓器に分布する神経回路の詳細がシングルセル解析にて解明され[21]、その他にも臓器機能に関連する多くの機能的な神経回路が明らかにされている（体温、行動制限など）[22, 23]。この結果をもとに求心性自律神経の機能制御の研究が加速することが予想される。

神経シグナルを介した臓器連関機構では、求心性神経のシグナルが脳においてどのように処理され、遠心性神経シグナルとして出力されるのかが未解明である。また、液性シグナルによる臓器連関機構についても、それぞれバラバラに分泌調節されていては個体恒常性が維持されるはずはなく、全身を俯瞰してそれぞれを調節する管制システムが必要と考えられる。その意味において、脳がその役割を担っている可能性があり、これからの臓器連関研究においては、脳内経路や脳機能の解明も含めた、全身統合的な研究が重要である。

自律神経を介した臓器連関機構や末梢臓器制御において、わが国の研究者の貢献は大きく、世界をリードする研究も多い。近年、欧米も当該分野に続々と参入しつつあるが、わが国には、これまでに蓄積された知見や実験技術のノウハウなどの強みが存在するため、戦略的に研究開発に取り組むことで、わが国が存在感を発揮し続けることが可能である。

- **炎症反射・ゲートウェイ反射**

免疫反応の抑制機構として、前述した迷走神経の遠心路を介する炎症反射がある[24]。炎症反射は、米国のTraceyらによって発見、解析されてきたものであり、2018年には関節リウマチと炎症性腸疾患に対する迷走神経刺激装置がFDAに承認され、臨床応用も進んでいる。実際に、難治性関節リウマチ患者にて末梢血中のサイトカイン濃度の有意な減少と病態の改善が達成された。わが国でも迷走神経刺激が難治性てんかんの治療に承認されているが、当該療法の治療効果に免疫抑制効果も含まれるのか、今後の研究が期待される。さらに、非侵襲の迷走神経刺激装置の開発も期待される。炎症反射の分子機構として、神経伝達物質によるマクロファージの活性化など免疫細胞に直接作用するものが知られてきたが、2020年にはわが国のグループが、迷走神経による腸管での制御性Ｔ細胞の増加を介する機構を見出した[25]。迷走神経回路がシングルセルレベルで解明された[26]ことも相俟って、これら免疫反応を抑制する迷走神経の特異的なマーカーの同定と、選択的刺激法の開発が求められる。

また、環境刺激などに応答し、特異的な神経シグナルによる特異的な部位の血管透過性を介した、自己反応性Ｔ細胞の侵入口（ゲートウェイ）の形成と、炎症性疾患の誘導機構であるゲートウェイ反射が、わが国の研究者によって見出された。2012年に発見された重力ゲートウェイ反射では、重力を介するヒラメ筋刺激を起点とする感覚神経－交感神経のクロストークで、第５腰髄の特異的血管部においてノルアドレナリンの分泌を介してゲートウェイを形成、血中のミエリン特異的自己反応性Ｔ細胞が当該部位に侵入、炎症性病態を誘導する[27]。その後、別の筋肉への微弱な電気刺激、さらに痛み、ストレスでは別の中枢神経系組織の血管部位にゲートウェイが形成されることが報告された[28]。特に、ストレスゲートウェイ反射は、脳の２箇所の特定血管にゲートウェイを形成し、血中のミエリン特異的自己反応性Ｔ細胞が当該部位に侵入し、血管周囲に微小炎症を引き起こす。この微小炎症からの炎症性サイトカインの刺激で血管内皮細胞から産生されるATPが、通常は活性化していない脳内の神経線維を活性化し、最終的に上部消化管に分布する迷走神経の、遠心性の線維の過剰な活性化を引き起こす。その結果、アセチルコリン依存性の消化管炎症と心不全を誘導される[29]。この時、消化管炎症をプロトンポンプ阻害薬にて抑制すると心不全とならないことから、上部消化管の炎症から活性化される迷走神経の求心線維が心不全誘導に関連する可能性が示された。さらに、脳の微小炎症は認知症患者の海馬などにも認められ、神経線維の異常な活性化が生じていることが予想され、老化によって生じる臓器不全を誘因する可能性もある。2019年には、血管でのゲートウェイ閉鎖機構が、光ゲートウェイ反射として報告された[30]。光受容体タンパクを認識する自己反応性Ｔ細胞は、網膜血管から侵入してぶどう膜炎様の炎症性病態を誘導する。この病態を呈する疾患モデルマウスを通常よりも明るい環境で飼育すると、網膜の神経細胞が過剰に活性化し、そこから過剰産生されるノルアドレナリンが、網膜血管内皮細胞内でその光受容体の発現を減少させ、血中にその光受容体を抗原として認識する自己反応性Ｔ細胞が存在しても、Ｔ細胞の血管透過性の上昇が抑制され、局所炎症が生じないことが見出された。言い換えると、ゲートウェイ反射から局所炎症が生じると、血管内皮細胞のノルアドレナリン経路がネガティブフィードバックにて抑制され、炎症が消退する。さらに、2022年には関節リウマチの特徴でもある、左右対称性の炎症誘導の分子機構が、マウスモデルを用いた実験から解明されたした。具体的には、左右対称性の関節の遠隔炎症が、ゲートウェイ反射様のNav1.8陽性感覚神経とプロエンケファリン陽性脊髄介在神経のクロストークで生じることが証明された。当該クロストークの起点には、炎症で生じるATPが神経伝達物質として機能し、遠隔炎症の誘導にも逆向性感覚神経回路が産生するATPが機能することが示された[31)]。また、全身性エリテマトーデスは、その症状によってループス腎炎と神経精神ループスに分類される。神経精神ループスでは気分障害など脳の神経回路の変容が問題となる。この神経回路変容が、情動に関連する前頭内側核での活性化したミクログリアから分泌されるIL–12/23が神経回路変容に機能していることが証明された[32)]。ゲートウェイ反射様の分子機構が関連する可能性もあり、今後の解析が待たれる。

現時点でゲートウェイを形成する特異的な血管部位に分布する神経線維として7つの回路が同定されているが、それらの特異的なマーカーの同定と選択的刺激法の探索が進むことで、医療技術シーズの創出が期待される。進化学的にも未完成な免疫系のために、生理的に自己反応性T細胞は加齢、感染、ストレスなどで活性化することがわかっている。生体に存在する自己反応性T細胞の抗原特異性、活性化状態をモニターする方法、病気につながるT細胞分画の同定、さらにゲートウェイを制御する神経線維、血管部位を検出できる高感度イメージング法などの基盤技術開発もこれからの大きなテーマである。

（4）注目動向

近年、1細胞レベルでのゲノムや遺伝子発現情報などの網羅的かつ正確な解析が活発に進められている。これにより、神経細胞を含めて、同一集団と考えられていた細胞群がさらに分類できることが多くの細胞種で明らかになっている。この技術を用いることで臓器連関機構に関与する液性シグナルを分泌する、臓器内の新たな細胞分画の同定や特異的なシグナルを伝達する神経細胞の同定につながることが期待される。また、マクロファージなどの免疫細胞がその機能を仲介する臓器連関機構が、近年相次いで報告されている[33, 34)]。免疫細胞は、1細胞解析によってこれまで知られていた以上に多くの種類に分類されることが次々と明らかになり、改めて注目を集めている[35)]。1細胞解析技術を用いることで臓器連関機構のメカニズムの解明が進むと考えられる。腸管に分布する求心性迷走神経に関して、腸管上皮細胞と神経末端が接続する解剖学的構造や、液性シグナルや機械的刺激などの選択的なシグナルを認識して脳に伝達するメカニズムが明らかになった[36, 37)]。また、臓器からのトレーサーを用いた実験で、迷走神経回路の一部が1細胞レベルで解明された[38)]。これらの知見をもとに、今後、求心性自律神経の機能制御の研究が加速すると考えられる。

神経走行のトレーシングにおいて、従来は蛍光色素などを付加した神経毒素や、蛍光タンパク質を発現するウィルスベクターなどが用いられてきた。近年、遺伝子改変ウィルスベクターなどの開発が飛躍的に進み、求心路、遠心路ともに、特異的な神経細胞を標的として複数のシナプスにまたがる神経回路を同定することが可能となってきた[39)]。また、臓器透明化技術では、多くの臓器においてより高度の透明化が可能となり、さらに透明化臓器をそのまま抗体染色する技術が開発されるなど[40)]、進歩が著しい。臓器の透明化と神経トレーシングを組み合わせることで、臓器連関機構に関わる末梢臓器と脳の間の神経回路、脳内経路などの解明が加速すると考えられる。

オプトジェネティクス技術を用いた神経機能解析研究の進展が著しい。従来は、光ファイバーの留置の容易さなどから、脳内の神経研究が主流であった。近年、麻酔下の動物において末梢臓器に分布する神経をオプトジェネティクスで制御し、機能解明を目指した研究成果が続々と報告されている[41, 42)]。この技術を活用することで、神経シグナルによる臓器連関機構のメカニズム解明が大きく進展すると期待される。今後は、非麻酔下や自由行動下の動物において、求心性、遠心性自律神経を、臓器選択的かつ安定的・持続的に制御可能とする技術開発が課題である。

【注目すべき国内外のプロジェクト】

国内では、2012年度に戦略目標「生体恒常性維持・変容・破綻機構のネットワーク的理解に基づく最適医療実現のための技術創出」（2012年度～2019年度、JST-CREST/さきがけ）が発足し、臓器連関機構に着目した研究開発が重点的に推進された。当時、臓器連関機構に着目した大型プロジェクトは国内外で類を見ないもので、現在に至る臓器連関機構研究の潮流の発端になったとも言える。2020年度に戦略目標・研究開発目標「ヒトのマルチセンシングネットワークの統合的理解と制御機構の解明」（2020年度～2027年度、AMED-CREST/PRIME、JST-CREST/さきがけ）が発足し、こちらでも臓器連関機構を強く意識した研究開発が推進されている。また、2020年度に公募・採択がなされた「ムーンショット型研究開発制度」の「目標2：超早期に疾患の予測・予防をすることができる社会を実現」において、臓器連関機構の解明が大きな目標として掲げられ、研究開発が推進中である。これら大型プロジェクトに限らず、臓器連関機構を意識した研究が国内外で増加しており、これからの創薬シーズの源泉としても期待される。

（5）科学技術的課題

今後は、液性シグナル情報と神経シグナル情報の中枢神経内における統合部位や機序の解明、各種病態や老化における臓器連関機構の解明、疾患の発症メカニズムの解明、診断・治療技術開発が重要な課題と考えられる。これらの研究を推進するに当たり、次のような科学的課題が挙げられる。

- **求心性神経に働きかけるシグナル分子の同定、神経活動性の計測技術の開発**

末梢神経研究は遠心路の解明が進んでいるが、求心性自律神経については未解明の点が多い。その理由として、求心性神経に働きかけるシグナル分子が十分に解明されていないこと、求心性神経の活動性の評価法が乏しくサロゲートマーカーも不明であること、などが挙げられる。

- **慢性刺激に対する神経反応の制御手法および計測技術の開発**

これまでの神経研究は、主に急性の刺激や反復刺激における神経反応の研究が中心であった。しかし、糖尿病や肥満・高血圧においては週単位～年単位での慢性応答を考慮する必要があり、持続的、安定的に神経系を活性化あるいは抑制する手法に加え、その機序を解明する手法や測定系の開発が課題である。

- **ヒトでの経時的非侵襲的アプローチ、特に神経活動の体外からの計測法**

自律神経系は、種によって多様である。マウスなどの実験動物の結果がヒトに外挿できるのか、臨床応用は可能なのか、などを検証する必要がある。例えば、よりヒトに近い霊長類などの大型動物を用いた実験系の確立、あるいはヒトにおいて非侵襲的に神経活動を経時的に測定する手法の開発などが課題である。

（6）その他の課題

脳における末梢臓器情報の受容機構や各種シグナルの統合機構、さらには、適切な指令を送り出すシステムの解明には、オプトジェネティクスなどの脳科学で良く用いられる手法の応用が欠かせない。それらを進める基盤として、臓器透明化などから得られる解剖学的知見も大きな意味を持つ。臓器連関機構は2つの臓器間で起こるものだけでない。例えば、既に報告のある末梢臓器A→脳→末梢臓器Bのような連関に加え、末梢臓器A→末梢臓器B→末梢臓器Cのように複数臓器に亘る臓器連関機構も数多く報告されている[43)]。その組み合わせは多岐にわたると考えられ、これらを明らかにしていくためには、AIを用いた解析手法なども必要となる。臓器連関機構に関する科学的な重要課題を解明し新技術を創生するためには、脳神経学、解剖学、システム数理学、薬学を含む多分野の領域の研究者の連携が課題である。

（7）国際比較

国・地域	フェーズ	現状	トレンド	各国の状況、評価の際に参考にした根拠など
日本	基礎研究	◎	↗	・液性シグナル[44]、神経シグナル[45, 46, 47, 48, 49, 50]が関与する多くの臓器連関機構に関する成果が発表されている。今後も更なる発展が見込まれる。
	応用研究・開発	○	↗	・CREST事業やムーンショット事業などで、臓器連関機構に関する研究が活性化しており、今後様々な臓器連関機構を基盤としたヒトへの応用研究・技術開発が進むことが期待される。
米国	基礎研究	◎	↗	・液性シグナル[51, 52]、神経シグナル[53]が関与する多くの臓器連関機構に関する成果が発表されており今後も更なる発展が見込まれる。 ・神経シグナルを介した臓器連関機構による、メトホルミンやレスベラトロールの薬理作用の解明などが報告されている[54, 55]。 ・神経シグナルを介した臓器連関機構に関して腸管上皮細胞と神経末端が接続する解剖学的構造[56]や液性シグナルや機械的刺激などの選択的なシグナルを求心性神経が認識して脳に伝達するメカニズム[57]など、今後の研究進展の基盤となる研究成果が発表されている。
	応用研究・開発	○	↗	・基礎研究から臨床応用研究への橋渡し研究が政策的に支援されている。 ・現時点で明らかな動きは見えない。しかし、豊富な研究資金を背景として他領域の応用研究において常に着実な成果を上げていることから、本領域についても発展が予想される。関連する法律や規制の対応が臨機応変であり、社会の理解、周知が迅速に進むことも研究進展を促進する要因であると考えられる。さらに多くの巨大製薬企業を抱えており、応用研究・開発環境が整っている。
欧州	基礎研究	○	↗	・フランスから腸脳相関の研究成果が報告されている[58]。 ・EUを中心に腸内細菌と疾患の関係についての研究が推進されMetaHITなどで5億ユーロ以上が投資され腸肝連関の成果などが報告された[59]。
	応用研究・開発	△	→	・多くの巨大製薬企業を抱えており、応用研究・開発が進展する素地は十分にあると考えられる。
中国	基礎研究	○	↗	・液性シグナルを介した筋－腎連関[60]、神経シグナルを介した腸－肝臓連関による代謝制御[61]が報告されるなど最近論文が増加傾向にある。
	応用研究・開発	×	↗	・現時点で明らかな活動は見えない。しかし国家的プロジェクトによって生物学研究に巨額な研究費が投資されており、再生治療など他領域の応用研究で目覚ましい進展を遂げていることから、当領域についても上昇傾向と見るべきである。
韓国	基礎研究	△	↗	・液性シグナルを介した脂肪－肝連関が報告されている[62]。
	応用研究・開発	×	→	・現時点で目立った動きは見えない。

（註1）フェーズ

基礎研究：大学・国研などでの基礎研究の範囲

応用研究・開発：技術開発（プロトタイプの開発含む）の範囲

（註2）現状　※日本の現状を基準にした評価ではなく、CRDS の調査・見解による評価

◎：特に顕著な活動・成果が見えている　　○：顕著な活動・成果が見えている

△：顕著な活動・成果が見えていない　　×：特筆すべき活動・成果が見えていない

（註3）トレンド　※ここ1～2年の研究開発水準の変化

↗：上昇傾向、→：現状維持、↘：下降傾向

参考・引用文献

1) F. Armutcu, “Organ crosstalk: the potent roles of inflammation and fibrotic changes in the course of organ interactions”, *Inflamm Res.* 68, no. 10 (2019) : 825-839. doi: 10.1007/s00011-019-01271-7

2) C. Priest and P. Tontonoz, “Inter-organ cross-talk in metabolic syndrome”, *Nat. Metab.* 1, no. 12 (2019) : 1-12. doi : 10.1038/s42255-019-0145-5
3) R. Enaud et al., “The Gut-Lung Axis in Health and Respiratory Diseases: A Place for Inter-Organ and Inter-Kingdom Crosstalks”, *Front. Cell. Infect. Microbiol.* 10 (2020) : 9. doi: 10.3389/fcimb.2020.00009
4) Y. R. Shim and W. I. Jeong, “Recent advances of sterile inflammation and inter-organ cross-talk in alcoholic liver disease”, *Exp. Mol. Med.* 52, no. 5 (2020) : 772-780. doi : 10.1038/s12276-020-0438-5
5) M. Nawaz et al., “Extracellular Vesicles and Matrix Remodeling Enzymes: The Emerging Roles in Extracellular Matrix Remodeling, Progression of Diseases and Tissue Repair”, *Cells* 7, no. 10 (2018) : 167. doi : 10.3390/cells7100167
6) T. M. Z. Waise, H. J. Dranse and T. K. T. Lam, “The metabolic role of vagal afferent innervation”, *Nat. Rev. Gastroenterol Hepatol.* 15, no. 10 (2018) : 625-636. doi : 10.1038/s41575-018-0062-1
7) M. M. Kaelberer et al., “A gut-brain neural circuit for nutrient sensory transduction”, *Science* 361, no. 6408 (2018) : eaat5236. doi: 10.1126/science.aat5236
8) T. Yamada et al., “Signals from intra-abdominal fat modulate insulin and leptin sensitivity through different mechanisms: neuronal involvement in food-intake regulation”, *Cell Metab.* 3, no. 3 (2006) : 223-229. doi: 10.1016/j.cmet.2006.02.001
9) K. Uno et al., “Neuronal pathway from the liver modulates energy expenditure and systemic insulin sensitivity”, *Science* 312, no. 5780 (2006) : 1656-1659. doi: 10.1126/science.1126010
10) J. Imai et al., “Regulation of pancreatic beta cell mass by neuronal signals from the liver”, *Science* 322, no. 5905 (2008) : 1250-1254. doi: 10.1126/science.1163971
11) J. Yamamoto et al., “Neuronal signals regulate obesity induced beta-cell proliferation by FoxM1 dependent mechanism”, *Nat. Commun.* 8, no. 1 (2017) : 1930. doi: 10.1038/s41467-017-01869-7
12) P. Y. Wang et al., “Upper intestinal lipids trigger a gut-brain-liver axis to regulate glucose production”, *Nature* 452, no. 7190 (2008) : 1012-1016. doi: 10.1038/nature06852
13) G. W. Cheung et al., “Intestinal cholecystokinin controls glucose production through a neuronal network”, *Cell Metab.* 10, no. 2 (2009) : 99-109. doi: 10.1016/j.cmet.2009.07.005
14) K. Uno et al., “A hepatic amino acid/mTOR/S6K-dependent signalling pathway modulates systemic lipid metabolism via neuronal signals”, *Nat. Commun.* 6: 7940. doi: 10.1038/ncomms8940
15) K. Fujiu et al., “A heart-brain-kidney network controls adaptation to cardiac stress through tissue macrophage activation”, *Nat. Med.* 23, no. 5 (2017) : 611-622. doi: 10.1038/nm.4326
16) S. S. Chavan and K. J. Tracey, “Essential Neuroscience in Immunology”, *J. Immunol.* 198, no. 9 (2017) : 3389-3397. doi: 10.4049/jimmunol.1601613
17) F. A. Duca et al., “Metformin activates a duodenal Ampk-dependent pathway to lower hepatic glucose production in rats”, *Nat. Med.* 21, no. 5 (2015) : 506-511. doi: 10.1038/nm.3787
18) J. Imai et al., “Regulation of pancreatic beta cell mass by neuronal signals from the liver”, *Science* 322, no. 5905 (2008) : 1250-1254. doi: 10.1126/science.1163971

19) C. D. Cote et al., “Resveratrol activates duodenal Sirt1 to reverse insulin resistance in rats through a neuronal network”, *Nat. Med.* 21, no. 5 (2015) : 498-505. doi: 10.1038/nm.3821
20) E. K. Williams et al., “Sensory Neurons that Detect Stretch and Nutrients in the Digestive System”, *Cell* 166, no. 1 (2016) : 209-221. doi: 10.1016/j.cell.2016.05.011
21) Qiancheng Zhao et al., “A multidimensional coding architecture of the vagal interoceptive system”, *Nature*, 2022, 603 (7903) : 878-884.
22) Anoj Ilanges et al., “Brainstem ADCYAP1+ neurons control multiple aspects of sickness behaviour” Nature, 2022, 609 (7928) : 761-771.
23) Jessica A Osterhout et al., “A preoptic neuronal population controls fever and appetite during sickness”, Nature, 2022, 606 (7916) : 937-944.
24) S. S. Chavan and K. J. Tracey, “Essential Neuroscience in Immunology”, *J. Immunol.* 198, no. 9 (2017) : 3389-3397. doi: 10.4049/jimmunol.1601613
25) T. Teratani et al., “The liver-brain-gut neural arc maintains the T reg cell niche in the gut”, *Nature* 585, no. 7826 (2020) : 591-596. doi: 10.1038/s41586-020-2425-3
26) Qiancheng Zhao et al., “A multidimensional coding architecture of the vagal interoceptive system”, *Nature*, 2022, 603 (7903) : 878-884.
27) Y. Arima et al., “Regional neural activation defines a gateway for autoreactive T cells to cross the blood-brain barrier”, *Cell* 148, no. 3 (2012) : 447-457. doi: 10.1016/j.cell.2012.01.022
28) A. Stofkova and M. Murakami, “Neural activity regulates autoimmune diseases through the gateway reflex”, *Bioelectron Med.* 20, no. 5: 14. doi: 10.1186/s42234-019-0030-2
29) Y. Arima et al., “Brain micro-inflammation at specific vessels dysregulates organ-homeostasis via the activation of a new neural circuit”, *Elife* 6 (2017) : e25517. doi: 10.7554/eLife.25517
30) A. Stofkova et al., “Photopic light-mediated down-regulation of local α1A-adrenergic signaling protects blood-retina barrier in experimental autoimmune uveoretinitis”, *Sci. Rep.* 9 (2019) : 2353. doi : 10.1038/s41598-019-38895-y
31) Rie Hasebe et al., “ATP spreads inflammation to other limbs through crosstalk between sensory neurons and interneurons”, J Exp Med. 2022, 6 ; 219 (6) : e20212019.
32) Nobuya Abe et al., “Pathogenic neuropsychiatric effect of stress-induced microglial interleukin 12/23 axis in systemic lupus erythematosus”, Ann Rheum Dis, 2022, 81 (11) : 1564-1575.
33) K. Fujiu et al., “A heart-brain-kidney network controls adaptation to cardiac stress through tissue macrophage activation”, *Nat. Med.* 23, no. 5 (2017) : 611-622. doi: 10.1038/nm.4326
34) T. Izumi et al., “Vagus-macrophage-hepatocyte link promotes post-injury liver regeneration and whole-body survival through hepatic FoxM1 activation”, *Nat. Commun.* 9, no. 1 (2018) : 5300. doi: 10.1038/s41467-018-07747-0
35) T. Satoh et al., “Identification of an atypical monocyte and committed progenitor involved in fibrosis”, *Nature* 541, no. 7635 (2017) : 96-101. doi: 10.1038/nature20611
36) M. M. Kaelberer et al., “A gut-brain neural circuit for nutrient sensory transduction”, *Science* 361, no. 6408 (2018) : eaat5236. doi: 10.1126/science.aat5236
37) E. K. Williams et al., “Sensory Neurons that Detect Stretch and Nutrients in the Digestive System”, *Cell* 166, no. 1 (2016) : 209-221. doi: 10.1016/j.cell.2016.05.011
38) Qiancheng Zhao et al., “A multidimensional coding architecture of the vagal interoceptive system”, *Nature*, 2022, 603 (7903) : 878-884.

39) X. Xu et al., “Viral Vectors for Neural Circuit Mapping and Recent Advances in Trans-synaptic Anterograde Tracers”, *Neuron* 107, no. 6 (2020) : 1029-1047. doi: 10.1016/j.neuron.2020.07.010
40) E. A. Susaki et al., “Versatile whole-organ/body staining and imaging based on electrolyte-gel properties of biological tissues”, *Nat. Commun.* 11, no. 1 (2020) : 1982. doi: 10.1038/s41467-020-15906-5
41) W. Zeng et al., “Sympathetic neuro-adipose connections mediate leptin-driven lipolysis”, *Cell* 163, no. 1 (2015) : 84-94. doi: 10.1016/j.cell.2015.08.055
42) T. Bruegmann et al., “Optogenetic defibrillation terminates ventricular arrhythmia in mouse hearts and human simulations”, *J. Clin. Invest.* 126, no. 10 (2016) : 3894-3904. doi: 10.1172/JCI88950
43) F. Armutcu, “Organ crosstalk: the potent roles of inflammation and fibrotic changes in the course of organ interactions”, *Inflamm Res.* 68, no. 10 (2019) : 825-839. doi: 10.1007/s00011-019-01271-7
44) H. Misu et al., “Deficiency of the hepatokine selenoprotein P increases responsiveness to exercise in mice through upregulation of reactive oxygen species and AMP-activated protein kinase in muscle”, *Nat. Med.* 23, no. 4 (2017) : 508-516. doi: 10.1038/nm.4295
45) T. Yamada et al., “Signals from intra-abdominal fat modulate insulin and leptin sensitivity through different mechanisms: neuronal involvement in food-intake regulation”, *Cell Metab.* 3, no. 3 (2006) : 223-229. doi: 10.1016/j.cmet.2006.02.001
46) K. Uno et al., “Neuronal pathway from the liver modulates energy expenditure and systemic insulin sensitivity”, *Science* 312, no. 5780 (2006) : 1656-1659. doi: 10.1126/science.1126010
47) J. Imai et al., “Regulation of pancreatic beta cell mass by neuronal signals from the liver”, *Science* 322, no. 5905 (2008) : 1250-1254. doi: 10.1126/science.1163971
48) J. Yamamoto et al., “Neuronal signals regulate obesity induced beta-cell proliferation by FoxM1 dependent mechanism”, *Nat. Commun.* 8, no. 1 (2017) : 1930. doi: 10.1038/s41467-017-01869-7
49) K. Fujiu et al., “A heart-brain-kidney network controls adaptation to cardiac stress through tissue macrophage activation”, *Nat. Med.* 23, no. 5 (2017) : 611-622. doi: 10.1038/nm.4326
50) S. Tsukita et al., “Hepatic glucokinase modulates obesity predisposition by regulating BAT thermogenesis via neural signals”, *Cell Metab.* 16, no. 6 (2012) : 825-832. doi: 10.1016/j.cmet.2012.11.006
51) A. L. Bookout et al., “FGF21 regulates metabolism and circadian behavior by acting on the nervous system”, *Nat. Med.* 19, no. 9 (2013) : 1147-1152. doi: 10.1038/nm.3249
52) P. Bostrom et al., “A PGC1-alpha-dependent myokine that drives brown-fat-like development of white fat and thermogenesis”, *Nature* 481, no. 7382 (2012) : 463-468. doi: 10.1038/nature10777
53) H. E. Tan et al., “The gut-brain axis mediates sugar preference”, *Nature* 580, no. 7804 (2020): 1-6. doi: 10.1038/s41586-020-2199-7
54) F. A. Duca et al., “Metformin activates a duodenal Ampk-dependent pathway to lower hepatic glucose production in rats”, *Nat. Med.* 21, no. 5 (2015) : 506-511. doi: 10.1038/nm.3787

55) C. D. Cote et al., “Resveratrol activates duodenal Sirt1 to reverse insulin resistance in rats through a neuronal network”, *Nat. Med.* 21, no. 5 (2015) : 498-505. doi: 10.1038/nm.3821
56) M. M. Kaelberer et al., “A gut-brain neural circuit for nutrient sensory transduction”, *Science* 361, no. 6408 (2018) : eaat5236. doi: 10.1126/science.aat5236
57) E. K. Williams et al., “Sensory Neurons that Detect Stretch and Nutrients in the Digestive System”, *Cell* 166, no. 1 (2016) : 209-221. doi: 10.1016/j.cell.2016.05.011
58) F. De Vadder et al., “Microbiota-generated metabolites promote metabolic benefits via gut-brain neural circuits”, *Cell* 156, no. 1-2 (2014) : 84-96. doi: 10.1016/j.cell.2013.12.016
59) D. Hadrich, “Microbiome Research Is Becoming the Key to Better Understanding Health and Nutrition”, *Front Genet.* 9 (2018) : 212. doi: 10.3389/fgene.2018.00212
60) H. Peng et al., “Myokine mediated muscle-kidney crosstalk suppresses metabolic reprogramming and fibrosis in damaged kidneys”, *Nat. Commun.* 8, no. 1 (2017) : 1493. doi: 10.1038/s41467-017-01646-6
61) M. Yang et al., “Duodenal GLP-1 signaling regulates hepatic glucose production through a PKC-delta-dependent neurocircuitry”, *Cell Death Dis.* 8, no. 2 (2017) : e2609. doi: 10.1038/cddis.2017.28
62) Y. R. Shim and W. I. Jeong, “Recent advances of sterile inflammation and inter-organ cross-talk in alcoholic liver disease”, *Exp. Mol. Med.* 52, no. 5 (2020) : 772-780. doi : 10.1038/s12276-020-0438-5

2.2 農業・生物生産

2.2.1 微生物ものづくり

（1）研究開発領域の定義

微生物が有する代謝機能を利用して特定の物質を生産することに関連する研究開発領域。代謝を構成する素反応の理解、多種多様な素反応の間に存在する相互作用の理解を基礎とし、微生物や生体触媒（酵素）にて低分子から高分子まで様々な有用物質を生産するための各種技術の確立が含まれる。原料としては糖やグリセロールが多く用いられるが、植物由来の多糖類やCO_2を炭素源とするための研究開発も進められている。本領域は再生可能で循環型の社会構築に向けた基盤の一つになると期待されている。

（2）キーワード

生化学、代謝工学、酵素工学、遺伝子工学、分析化学、合成生物学、バイオインフォマティクス、生物化学工学、育種、バイオファウンドリ、発酵、バイオコンバージョン、バイオリアクター、スケールアップ、バイオ燃料、バイオプラスチック

（3）研究開発領域の概要

[本領域の意義]

国連による持続可能な開発目標（SDGs）の採択や実効的な温室効果ガス排出削減に向けたパリ協定の合意を受け、国際社会は気候変動や食料安定供給等の社会的課題の解決と持続的な経済成長の両立に資する「バイオエコノミー」の形成を推進している。バイオエコノミーは生物資源とバイオテクノロジー、デジタルプラットフォームの融合的な活用に基づいており、その実現に向けて様々な研究開発や産業政策、経済活動が展開されている。バイオエコノミーの推進は主要国において中心的な国家戦略の一つとして位置づけられ、機関投資家によるESG投資の急拡大にもつながっている。

経済協力開発機構（OECD）は、The Bioeconomy to 2030の中で2030年における加盟国のバイオ産業の市場規模が1.6兆ドル（GDPの2.7%）に成長すると予測している[1)]。このうち「ものづくり」に生物資源を活かすインダストリアル・バイオ分野が39%を占めており、農業分野が36%、健康分野が25%となっている。

この背景にはバイオテクノロジーの目覚ましい革新がある。次世代シーケンサーの登場に伴うゲノム配列解読の高速化、先端計測技術の開発、バイオインフォマティクスへの機械学習の導入等が進んだ。これにより、バイオデータ（ゲノム情報、遺伝子発現情報、タンパク質情報、代謝物情報等）が集積し、代謝を構成する素反応の理解が進むとともに、それらの相互作用で形成される代謝ネットワークの制御メカニズムの理解が進んだ。さらに、得られた知見を基に生物内で機能する新たな代謝システムの設計が可能になってきた。他方、ゲノム編集技術をはじめとするゲノム工学技術が開発されることで、より正確なゲノム操作が可能になりつつある。こうして、微生物の物質生産能力を今まで以上に引き出し、高濃度、高収率、高生産速度で特定の分子を生産できるようになってきた。

微生物による生産（ものづくり）は、常温・常圧プロセスであるためエネルギー投入量が少なく、金属触媒や有機溶媒等、有害な成分の使用を控えられるため、環境への負荷を抑えることができる。また、原料として糖類や油脂等の再生可能資源を利用することができ、化学プロセスと比べて持続性の高いものづくりが可能である。リグノセルロース等の非可食バイオマスやCO_2を原料とすることができれば、持続可能性はさらに高まる。すなわち、微生物ものづくりの拡大は地球環境保全への貢献につながる。微生物は、これまで発酵食品の製造や抗生物質をはじめとする機能性素材の生産に用いられてきた。近年は、石油化学製品をバイオテクノロジーにより生産する研究開発が世界的な競争となっている。微生物ものづくりに関する研究の進展は

様々な分子の生産の概念を大きく変貌させ、新たな経済的・社会的価値の創出につながることが期待される。

［研究開発の動向］

微生物は様々な物質を生産することから、古くからものづくりに利用されてきた。アミノ酸、核酸、脂質、糖質、タンパク質、ビタミン、抗生物質等は微生物によって生産されてきた物質の代表例であり、生産株の育種や製造プロセスの開発が行われてきた。微生物としては、放線菌や乳酸菌、ビフィズス菌、枯草菌、大腸菌等の原核生物から、酵母や糸状菌等の真核生物が使われてきた。生産株の育種においては、紫外線照射や薬剤等を利用した変異導入とスクリーニングを組合せた変異育種技術が今でもよく用いられるが、遺伝子工学を駆使することにより目的物質の蓄積濃度、収率、生産速度の向上が実現している。近年は、合成生物学の登場に伴い、元来、宿主微生物が生成しない物質や、そもそも生物が生成しない非天然物質を生産することが可能になってきている。例えば、アルカンやアルコール、ゴム原料、非天然有機酸、高等植物のみが生成する二次代謝物質を生成する微生物株が開発されている。これまで人類が扱ってきた微生物はごく限られたものであり、地球上に存在する99%以上の微生物は単離培養されていない。今後、難培養微生物の探索などを通じて未開拓の微生物機能を活用することができれば、大きな飛躍が期待される。

近年の遺伝子工学の進展は目覚ましく、ゲノム改変等に資する様々な分子ツールが開発され続けている。具体的には、プロモーターやリボソーム結合配列、ターミネーター、薬剤マーカー、遺伝子導入部位配列、転写因子のカタログ化に加え、様々な誘導発現系の開発、トグルスイッチやトーホールドスイッチ等の動的な発現制御技術の開発、特定の光波長により遺伝子発現やタンパク質機能を応答させる光スイッチ技術の開発、DNA/RNA/PNAアプタマーやリボザイム、人工転写因子等の分子認識ツールの開発、RNA干渉やsRNA等を利用した転写産物量調節技術等の開発が活発である[2, 3]。ゲノム編集技術の登場が大きなインパクトをもたらしたことは言うまでもなく、CRISPRシステムはDNA/RNA配列を書き換えるゲノム編集用途だけでなく、CRISPRiやCRISPRa等の遺伝子発現制御にも応用されている[3]。また、核酸を連結・集積させて人工DNAライブラリーやDNAバーコードを作成することのできるDNAアセンブリ技術の開発も精力的に進められ、遺伝子工学分野の進展に寄与している[2, 4]。また、遺伝子工学を適用可能な宿主株の拡張も進んでいる。

このようなゲノム改変ツールの充実は、宿主株が元来具備しない（あるいは天然に存在しない）生物メカニズムを宿主株に実装する合成生物学的アプローチの展開に寄与している。例えば、植物由来代謝経路の微生物への実装は広く取り組まれている。一方、マサチューセッツ工科大のC. Voigtらは人工的な遺伝子発現制御回路を構築している[5]。これは局所的には遺伝子発現のオン・オフ制御や代謝経路の切り替え制御に利用されているが、俯瞰的に見ると経路間の相互作用が設計され、いわば論理回路の構造を成立させている。即ち、デジタル信号を処理して論理演算を行う論理回路のように、複数の遺伝子群の発現バランスが緻密に制御されている。このような遺伝子工学の進展は物質生産用宿主株の開発方法の選択肢を増やし、バイオものづくりに貢献し始めている。本技術の発展には、長鎖DNAの人工合成技術や自動化技術が不可欠である。

遺伝子工学の進展の一方、近年の生物情報の爆発的な増大に伴い、バイオインフォマティクスが進展している。DNA配列データ、遺伝子発現データ、タンパク質データ、代謝物データ等、生物機能に関わるデータが集積、整理されるとともにそれらを利用した解析手法の開発が進められている。代謝工学分野では、ゲノム情報を利用した代謝ネットワーク解析や代謝フラックス解析が体系化されることで解析手法の土台が固まり、各種オミクス（トランスクリプトミクス、プロテオミクス、メタボロミクス）のデータを活用する方法論やキネティクスモデルの導入が進んでいる[6, 7]。また、ターゲット化合物を高生産するための代謝経路の設計技術、未知の生合成経路を提示する手法のなど、ものづくりを能動的に促進するバイオインフォマティクス技術も開発されてきている[8, 9]。

このように多様な遺伝子工学ツールの開発に加えて、バイオインフォマティクスが進展することで、DBTLサイクルという概念が提唱され、その概念を適用した研究開発が大きく進展している。これはDesign（設計）⇒ Build（構築）⇒ Test（評価）⇒ Learn（学習）の頭文字をとった生産株育種のワークフローである。一例としては、①計算科学により目的物質を高生産する代謝経路を設計し、②経路実現を目的として各種遺伝子を発現する微生物株を構築し、③構築した株の目的物質生産とそれに付随するデータセットを取得し、④目的物質の高生産に関与する特徴量を抽出する、となる。この特徴量を持って再度、菌株の設計・構築を行えば効率的に育種が進む。この概念はアカデミアで実証[9, 10]されているだけでなく、Amyris社やGinkgo Bioworks社等の海外バイオ企業に実装され、世界的な市場開拓につながっている。わが国においても、DryとWetの融合を推進する研究開発プロジェクトとしてNEDOスマートセルプロジェクトが実施される等により、プラットフォーム技術の開発と社会実装、スタートアップ企業の創設が推進されてきた。2020年にはアジア初の統合型バイオファウンドリ事業を実現するスタートアップとしてバッカスバイオイノベーション社が設立されている。

DBTLサイクルはデータセット（菌株の性能情報、培養条件等のメタデータ、生産に関連する分子の情報等）を集積し、これを活用していくデータ駆動型研究が競争力の源泉になっていくが、実験データの再現性が課題となっている。情報処理による特徴量の抽出に際してはデータの多様性も求められる。こうした観点からラボオートメーションの開発が進み、正確な操作で多検体の評価実験を行う自動化システムの開発が世界的に進められている。バイオ実験へのロボティクスの導入はバイオとデジタルの有機的な連携を促進しつつある。

ここまで菌株の育種について触れてきたが、培養プロセスの開発においてもデータ駆動型研究が求められている。安定して菌株の性能を引き出す培養制御技術の確立は、実用化における肝である半面、長大な開発期間が必要とされてきた。この検討をデータ駆動型にすることにより開発のスピードアップが期待されている。また、数100 L超の大型培養槽へのスケールアップは限られた技術者の匠の技に依存しており、その伝承が将来的な課題になっている。国内では、NEDO「カーボンリサイクル実現を加速するバイオ由来製品生産技術の開発」による支援による取り組みが始まっている[11]。

ここ数十年にわたり、石油化学由来の基幹化合物をバイオ由来に転換するバイオリファイナリーに関する研究開発が推進されてきた。近年、食料と競合する原料から、非可食バイオマス（リグノセルロース等）やバイオマス廃棄物を原料とする有用物質生産へと転換し、第二世代バイオエタノール（セルロース系エタノール）の生産に関しては、Clariant社がルーマニアでの商業生産を開始するなど社会実装が進んでいる[12]。

【海外】

米国では、National Bioeconomy Blueprint[13]、マテリアルゲノム（MGI）戦略[14]と「全米製造イノベーションネットワーク（NNMI）」[15]構想に基づいて継続的にモノづくり技術開発が進められている。2022年9月には、米国バイデン大統領が、National Biotechnology and Biomanufacturing Initiativeに署名した。（1）国内バイオ製造能力の拡大、（2）バイオ製品の市場拡大、（3）研究開発の推進、（4）専門人材育成、（5）バイオ産業製品に対する規制改革、を掲げ、医薬品などの原料や製品の中国依存を減らし国内に囲い込む狙いがある[16]。

DOE Bioenergy Technology Office（BETO）主導で幅広い支援が行われており、2022年9月には、再生可能なバイオエネルギーとバイオマテリアル生産、バイオイメージングとセンシング、エネルギー作物の遺伝子機能解析、環境中のマイクロバイオームの機能解析に関する37プロジェクトに1億7,800万ドルを助成することを発表[17]。さらに、2023年1月には米国内のバイオ燃料生産を加速するため、17プロジェクトに1億1,800万ドルを助成すると発表している[18]。

微生物ものづくりに関しては、Agile BioFoundryの活動が注目される。これはBETOとNSFが連携して先進技術を開発しようとするもので、Synthetic Biologyのプラットフォームを強化しつつ、企業との共同開発が進められている。2022年には、菌株育種のための機械学習、酵素エンジニアリング、微生物の生育と生産フェーズの分離、メタン資化性菌など6つのプロジェクトが選択された[19]。

欧州では、研究とイノベーションのファンディングプログラムであるHorizon Europe（～2027年）の中の「クラスター領域6：食料、バイオエコノミー、天然資源、農業、環境」で実施される募集課題には、微生物ものづくりに関係するものが含まれている[20]。

欧州の取組みの特徴は、理想とする社会の実現に向けて、使い捨てプラスチックごみ問題から脱プラスチック、生分解性プラスチックへの転換を社会導入するなど、政策に誘引されながら研究開発が進められている点にある。そのため、製造技術の研究開発と並行して、製品の社会許容に関する調査、製品の規格・認証システム・表示など、社会実装に必要な課題にも取り組んでいる。アカデミアと企業による事業化のギャップをつなぐ支援も豊富である。産学官連携のための組織Bio–based industries consortium（BIC）が発足しており、2050年までにサスティナブルで競争力のあるBio–based industryを立ち上げ、経済成長と環境の調和をサポートし、循環型社会の構築を目指している。研究開発だけでなく、各種政策支援情報やBio–based industryに関する調査報告書、position paper等の情報発信も積極的に行っている。2020年まで予算配布の実務を行っていたBio–based Industries Joint Undertaking（BBI JU）の業務は、2021年からはCircular Bio–based Europe Joint Undertaking（CBE JU）に引き継がれ、20億ユーロの予算規模で活動を行っている[21]。

中国では、2022年5月に「第14次五カ年計画バイオエコノミー発展計画」が発表された。同計画では、バイオエコノミーはライフサイエンスとバイオテクノロジーの発展・進歩を原動力とし、バイオ資源の保護、開発、利用に基づき、医薬、健康、農業、林業、エネルギー、環境保護、材料等の産業との広く深い融合を特徴とするとしている。2025年までにバイオエコノミーが質の高い発展の強力な推進力となること、さらに2035年までに中国のバイオエコノミーが世界をリードすることが目標となっている。

【国内】

わが国は、2019年6月にバイオ戦略2019を公表し、さらに2020年6月にバイオ戦略2020を公表した。この中では、2030年に世界最先端のバイオエコノミー社会を実現することを目標とし、バイオファーストという考え方に基づき、国内外から共感されるバイオコミュニティを形成し、バイオデータ駆動型の研究開発を行うとしている。本研究領域は、9つの市場領域のうち①高機能バイオ素材、②バイオプラスチック、④有機廃棄物・有機排水処理、⑤機能性食品、⑥バイオ医薬品等、⑦バイオ生産システム、の6領域に関与しており、環境負荷を低減するバイオ製品の開発と市場獲得には微生物ものづくり技術の貢献が期待される。また、2022年4月には東京圏と関西圏にグローバルバイオコミュニティが認定された。

わが国の本領域の研究資金は、米国やEUに比べて規模が小さいものであったが、令和4年度補正予算において「バイオものづくり」に対して、かつてないレベルでの予算措置がなされた[22, 23]。

（4）注目動向

[新展開・技術トピックス]

• タンパク質の構造解析

近年、クライオ電子顕微鏡法が目覚ましい発展を遂げ、X線結晶解析法やNMR法に加え、立体構造解析手法の基盤技術の一つとなっている。原子レベルの分解能でタンパク質を観察でき、少ないサンプル量で、結晶化も不要という利点を生かし、タンパク質構造データバンク（PDB）の登録数を急速に増大させ、タンパク質の機能解析とタンパク質工学に大きく貢献している。また、タンパク質構造予測AIとしてAlphaFold2が登場し、その予測精度の高さが評価され、多くの研究者が利用するソフトウェアとなっている。タンパク質は、バイオものづくりにおける対象産物であり、代謝を改変する上での標的でもある。タンパク質構造解析技術の進展はバイオものづくり分野に大きな貢献をもたらすであろう。

• 代謝産物の構造解析

リガク社と日本電子社は、リガク社の単結晶構造解析用装置の要素技術と日本電子社の透過型電子顕微鏡技術を組み合わせた、Synergy–EDを開発した。従来技術では大変手間のかかる数10～数100ナノメートルの極微小結晶を用いた単結晶構造解析を可能とし、代謝産物の構造解析になどに威力を発揮すると期待される[24]。

• **ラボラトリーオートメーション**

バイオ実験を自動で行うシステムの開発が急速に進められている。実験室で用いられる様々な技術や操作を自動化するハードウェアとソフトウェアの開発が求められるが、バイオ研究者による自動化を想定した実験プロトコルの開発も必要となるため、学際的な取り組みが求められる。当初はAmyris社やGinkgo Bioworks社等の米国バイオ関連企業が実験装置メーカーと共同開発して導入されてきたが、現在では全世界的な潮流となっている。具体的には、分注、培養、反応、分析等の実験作業をロボット動作に落とし込むことにより、実験の生産性とデータ品質の向上、作業時間の短縮、今までできなかった実験の実現等に貢献している。DBTL型の研究で多様な多階層のデータが集積される中、サンプル管理やデータ管理の上でも大きな利点を有する。

• **AIによる代謝経路予測**

合成生物学の進展により、元来微生物が生成しない植物由来の有用物質を生産することが可能になってきているが、植物由来の二次代謝物は生合成経路が未知であることが多く、課題となっていた。これに対し、酵素反応を予測する機械学習アルゴリズムが開発されることで未知酵素を発見することが可能となり、さらに代謝工学と結びつけることにより、植物由来有用物質の微生物生産が実現している[9]。

• **精密発酵**

精密発酵とは、微生物を使って動物由来の油脂やタンパク質等を生産する技術であり、畜産に比べて温室ガス排出を大幅に削減できることから地球温暖化への貢献が期待されている。例えば、米国Perfect Day社は、乳タンパク質の遺伝子を導入した微生物を培養することで、乳牛を使うことなく乳タンパク質を生産している。

• **第二世代バイオエタノール**

第二世代バイオエタノール（セルロース系エタノール）の生産の社会実装が進んでいる。スイスのClariant社は2021年10月にルーマニアでの商業生産を開始した。近隣300軒ほどの農家から集めた麦わらを原料に年間15万トンのエタノールを製造し、製品はShell社に販売する契約を締結した[12]。

• **機械学習による酵素改変**

ポリエチレンテレフタラート（PET）を炭素源として生育する新規微生物からPETをエチレングリコールとテレフタル酸へ加水分解する酵素（PETaseとMHEase）が見いだされたが、その至適pH・温度など実用には課題があった。そこで酵素の立体構造をベースとした機械学習により酵素を改変し、ロバストな酵素の創出に成功した[25]。

[注目すべき国内外のプロジェクト]

【海外】

• **米国DOE「New Projects to Accelerate Innovation and Growth in the Biomanufacturing Sector」（2020年7月～）**

米国のバイオマニュファクチャリング部門を加速するために必要な研究開発を実施するために、アジャイルバイオファウンドリ（ABF）コンソーシアムの一環で総額500万ドルを超える8つのプロジェクトを選択。

• **EU「Broadening the spectrum of robust enzymes and microbial hosts in industrial biotechnology」（2023年～）**

Horizon Europeにおけるサーキュラーエコノミーとバイオエコノミーのセクションで公募が開始された。

• **EU「GasFermTEC: Gas Fermentation Technologies ERA Chair」（2018～2023年）**

都市廃棄物やバイオマスのガス化によって生成された廃棄物ガスやシンガスを含む、世界的に入手可能な原料からの燃料と高価値の化学物質のバイオベースの生産を通じて炭素捕集。

【国内】

- **NEDO「カーボンリサイクル実現を加速するバイオ由来製品生産技術の開発」（2020～2026年度）[11)]**

新たなバイオ資源の拡充や工業化に向けたバイオ生産プロセス、生産プロセス条件と育種の関連づけを可能とする統合解析システム開発を行う。また、実生産への効果的な橋渡しを行うバイオファウンドリ基盤を整備し、バイオ由来製品の社会実装の加速とバイオエコノミーの活性化を果たす。「データ駆動型統合バイオ生産マネジメントシステムの研究開発」、「データベース空間からの新規酵素リソースの創出」、「遺伝子組換え植物を利用した大規模有用物質生産システムの実証開発」、「スマートセル時代のバイオ生産プロセス実用化を促進させるためのバイオファウンドリ拠点の確立」、「産業用物質生産システム実証」といったテーマが実施されている。

- **NEDO「グリーンイノベーション基金事業/バイオものづくり技術によるCO_2を直接原料としたカーボンリサイクルの推進」**

CO_2を原料とした新しいバイオものづくり製品の社会実装とCO_2の資源化による産業構造の変革を目指し、以下のテーマに取り組む。

〔1〕有用微生物の開発を加速する微生物等改変プラットフォーム技術の高度化
〔2〕CO_2を原料に物質生産できる微生物等の開発・改良
〔3〕CO_2を原料に物質生産できる微生物等による製造技術等の開発・実証等

- **SIP 第 2 期「スマートバイオ産業・農業基盤技術」（2018 ～2023年度）**

バイオとデジタルの融合によるイノベーションの基盤構築により「バイオ戦略2019」が提示する ①「多様化×持続的」な一次生産 ②環境負荷の少ない持続的な製造法による素材や資材のバイオ化 ③「医療×ヘルスケア」の融合による末永く社会参加できる社会 ④データ基盤整備（活用が進まないバイオ関連既存DB の有効活用化）の実現に貢献する。

- **内閣府・NEDO「ムーンショット型研究開発事業」**

目標4：2050年までに、地球環境再生に向けた持続可能な資源循環を実現

大気中の二酸化炭素（CO_2）や海洋プラスチックごみなど、環境に広く拡散された物質や低濃度な状態で環境に排出される物質を回収し有益な資源に変換する技術や、分解・無害化する技術に関する挑戦的な研究開発プロジェクト。

- **内閣府・NARO「ムーンショット型農林水産研究開発事業」**

目標5：2050年までに、未利用の生物機能等のフル活用により、地球規模でムリ・ムダのない持続的な食料供給産業を創出

「生物機能をフル活用した完全資源循環型の食料生産システム」のプロトタイプを開発・実証、「健康・環境に配慮した合理的な食料消費を促す解決法」のプロトタイプを開発・実証。

- **科研費学術変革領域（A）「生体反応の集積・予知・創出を基盤としたシステム生物合成科学」（領域略称名：予知生合成科学）（2022–2026年度）**

天然有機化合物は「探す」もの、という既成概念から脱却し、天然有機化合物は「創り出す」もの、とする根本的な変革を掲げる。生物活性天然有機化合物の設計図である生合成遺伝子の配列情報から多種多様な生合成酵素の機能を的確に予測して、未知の天然有機化合物の構造を予知するとともに、生合成プロセスを自在に改変・拡張し、人工的な物質生産の実現を目指す。

（5）科学技術的課題

近年のバイオものづくり研究の潮流を形成してきた背景に代謝工学の発展がある。代謝工学の根幹技術として、1）代謝ネットワークモデルの解析を通して生物システムの代謝能力を予測するflux balance analysis（FBA）、2）制約を与えるモデリングアプローチで代謝フラックスを定量化するmetabolic flux analysis（MFA）、3）同位体トレーサーによる実験データを利用する^{13}C–metabolic flux analysis（^{13}C–MFA）

等が開発され、代謝経路全体を俯瞰的に取り扱うことのできるアプローチが進化を続けている[26, 27]。増大する実験データを有効に活用して計算上の制約を設けることで、より現実的な代謝モデルが構築されつつ、改変後の代謝フラックスを予測する計算アルゴリズムが開発され、速度論モデルの導入も進められている。また、COBRA Toolboxのような汎用計算ツールも開発されている。

一方で、1,000種類以上ある代謝物の生成および分解を制御する代謝機構の理解は決して充足していない。DNA、RNA、タンパク質、代謝化合物のプールサイズの網羅測定に迫るオミクスの登場は革命的であったが、時間的・空間的な情報の取得が困難であることは代謝機構理解の障壁となっている。生物を対象とする上で避けられないことであるが、未知の現象が多く、既知の現象に対しても分子レベルの機構の理解が不足している点は基礎研究で補っていく必要がある。酵母や大腸菌のようなモデル生物でもこのような現況であるので、多種多様な生物資源の利用にあたっては基本的な知見から集積していく必要がある。代謝工学は俯瞰的アプローチであるため、未知の代謝機能があってもそれをブラックボックスとして解析を進めることができる。裏を返せば生物情報が充実し、その解析技術が開発されれば現実的な代謝モデルが多数構築され、バイオものづくり研究は飛躍的に前進することが期待される。

その際、重要になるのがデータの収集と解析に関する技術開発である。上の観点から多くのデータを短期間で収集する技術の開発が求められ、ラボオートメーションの重要性は今後益々増していくものと思われる。データセットの拡大によりバイオインフォマティクス研究の重要性も高まる。DBTLサイクルは微生物の代謝を理解し、その理解を基に生産株開発に展開する上で有効な概念であり、育種だけでなく酵素の探索や開発、遺伝子発現回路の開発、生産プロセスの構築にも適用の可能性がある。しかしながら、具体的な適用範囲は未知数であり、運用すると研究材料や目的によりさまざまな困難が想定され、そのための課題抽出が必要である。例えば、枯草菌や放線菌、糸状菌等の産業上有用性の高い微生物、水素酸化細菌や光合成微生物等のCO_2利用性微生物に対しては、それらに適したDBTLプラットフォームの開発が必要であろうし、難培養微生物や複合微生物生態系に対する技術の開発も求められていくであろう。今後、様々な研究開発を展開することにより、この概念をさらに高度化していく必要がある。

目的物質が化石燃料由来の化学品の代替などの場合、研究開発の成果が社会実装されるかどうかは、その経済性に依存しており、開発初期から再生可能な原料の活用や生成物の反応液からの分離回収などの工学的な視点を持つことが重要である。また、生成物の分離回収などのダウンストリームプロセスへの負荷低減を考慮した生産系の構築も必要となり、トータルコストを考慮した技術開発が重要である。

（6）その他の課題

合成生物学やシステムバイオロジーの興隆は生物情報の解析を促進するだけなく、デジタル表現との親和性を提示している。データ駆動型の研究プラットフォームの開発が進むことで育種は新たな展開への転換点に差し掛かっている。バイオものづくりは、もはや生物（化学）工学の一角を成すだけでなく、情報科学や機械工学、電子工学とも重複しながら新しい学術分野の創成に繋がっている。したがって、まずは分野間融合を促進する研究開発プログラムの創出が重要である。融合を促進する研究拠点の形成も求められるであろう。その際、研究者数は増加しているが新興分野であるため、国際的な拠点が望ましい。世界の研究者が連携することにより、スケールの大きい研究が行われることが期待される。ここで特に重要な点は人材の育成である。各分野の基礎研究は重要であるが、融合領域で活躍できる人材の創出が必要である。例えば、バイオ×デジタル、バイオ×ロボティクス等の異分野融合研究に取り組める次世代の若手人材の育成は急務である。

また、バイオテクノロジーの出口は広く、工業、農林水産業、医療・ヘルスケア産業等、様々な分野への貢献が成されてきたが、要素技術自体も異分野との共創の中で相乗的に高度化していくことが期待される。タンパク質構造予測AIやラボオートメーションはその一例である。異業種の連携によるイノベーション創出が求められる。また、基礎から応用までを一気通貫で取り組む研究も重要性が増してきている。 NEDOプロジェクトの中で応用的な研究テーマが数多く開始されているが、産学連携によるさらなる進展に期待したい。スタートアップ企業の創出やそれらを巻き込んだ産学官の研究開発エコシステムの構築も当該分野の発展に重要と思われる。

研究成果が社会に還元される際、微生物による生産物が、我々の生活に深く関わるものであるほど、その背景にある科学技術が社会問題化する。遺伝子組換え技術を応用したケースが典型的な事例となるが、わが国では、ゲノム編集技術を利用したトマトやマダイが世界に先駆けて上市されており、微生物ものづくりの関連する革新的な技術とその利用に関しても、リスクとベネフィットの評価等を通じた社会とのコミュニケーションや理念の共有が重要になるだろう。

（7）国際比較

国・地域	フェーズ	現状	トレンド	各国の状況、評価の際に参考にした根拠など
日本	基礎研究	○	→	・内閣府：ムーンショット目標4「2050年までに地球環境再生に向けた持続可能な資源循環を実現」5年間の研究費総額204億円 ・バイオ技術と情報解析技術の融合が進み、データ駆動型の代謝工学研究が広く進められている。 ・NEDOスマートセルプロジェクトの成果として、神戸大学にスマートセル開発の為の研究拠点が整備された。 ・様々な自動化装置の開発が進められ、自律的に実験を行うシステムの開発が始まっている。 ・モデル藻類「シゾン」の近縁種ガルデリアの産業利用を目指した研究が進展[28]。
	応用研究・開発	○	↗	・バイオ戦略に関連して東京圏と関西圏にグローバルバイオコミュニティが認定された。 ・NEDO「カーボンリサイクル実現を加速するバイオ由来製品生産技術の開発事業」にて産学連携テーマが多数開始された。 ・アジア初の統合バイオファウンドリ型スタートアップとしてバッカスバイオイノベーション社が創業した。 ・海洋生分解性を有するプラスチックとして、カネカ社Green Planet™の実用化が加速している。
米国	基礎研究	◎	↗	・DOE、DARPAを中心に中長期的視点で豊富な研究支援を行い、Bio-based productsに関する研究開発をリードしている。 ・大学主導の基礎研究への取り組みは依然強力であり、NSFを中心として有識者がサポートする体制がうまく機能している。 ・Synbiobeta[29]、Build-A-Cell[30]、EBRC[31]などのアカデミア連携の組織が積極的に活動を行っている。 ・AIを用いてPETaseの酵素機能改変に成功[25] ・大量培養の実績があるスピルリナを利用した抗体生産に成功[32] ・無細胞系でカンナビノイドを生産することに成功[33] ・複数のオルガネラの代謝を改変することでトロパンアルカロイドのバイオ生産に成功[34]
	応用研究・開発	◎	→	・DOEがAgile Biofoundryを中心とした企業連携によるプロジェクトをサポートし、事業化を加速。 ・Biotechnology.Innovation.Organization（BIO）が、継続的に産官学連携の場の設定や、政策提言などを効果的に実施 ・Ginkgo Bioworks社はZymergen社を買収し、合成生物学に関連する研究開発をベースとして、医療・農業・食品分野への展開を進めている。 ・Lanzatec社がガス発酵プロセスで有用物質を製造する技術を確立[35]

欧州	基礎研究	◎	→	・英国、ドイツを中心にフランス・フィンランド・スイスなど合成生物学、酵素工学の研究クラスターが集積しており、EUによるサポートや連携も積極的に取り組まれている。 ・Horizon Europe（2021–2027年）の「クラスター領域6：食料、バイオエコノミー、天然資源、農業、環境」に微生物ものづくりに関連する研究課題が含まれている[20]。 ・英国Imperial College Londonが中心となって合成生物学の実用化を推進するコンソーシアムSynbicite[36]は積極的な活動を展開している。 ・ピキア酵母が独立栄養条件下で増殖するよう改変することに成功[37]
欧州	応用研究・開発	◎	↗	・BASF社は広く微生物ものづくり関連事業を展開。DSM社はNutrition, Health and Sustainable Living分野に集中。バイオテクノロジーの幅広い応用を展開[38]。Bayer社はGinkgo Bioworks社と農業分野での微生物の活用を目指して設立したJoyn Bio社をGinkgo社に売却[39]。 ・Bio–based industry政策推進のためBICとCBE JUにより多数のプロジェクトが実施されている[21]。 ・IEA Bioenergy Task 42：オランダ、ドイツ、オーストラリア、デンマークが中心となりバイオリファイナリーへの取り組みを推進している[40]。 ・英国（エジンバラ大学、マンチェスター大学、ジーンミル大学）、デンマーク（Novo Nordisk財団、デンマーク工科大）など6か所にバイオファウンドリがある[41]。
中国	基礎研究	○	↗	・合成生物学、Bio–based productsに関する特許と論文数は米国を凌駕している。 ・2017年に中国科学院深セン先進技術研究院に合成生物学研究所を設立し、国際ゲノム編集プロジェクトを中心に高いレベルの研究を行っている。
	応用研究・開発	○	↗	・天津大学合成生物学フロンティアサイエンスセンター、中国科学院深セン合成生物学研究所・深セン先端技術研究所にバイオファウンドリが設立されている。 ・バイオファウンドリ拠点整備が強力に推進されている。山西合成生物産業エコロジーパーク（山西省）では民間企業と特別目的会社を設立し、研究および製造の拠点が整備されている（山西省の出資比率は49.9%、40億元）。また、合成生物技術イノベーションセンター（天津市）では天津市と中国科学院から20億元の出資を受けて拠点整備が進んでいる。
韓国	基礎研究	△	→	・2007年にBioCADを提案したのはKAISTであったが、その後、目立った成果はない。
	応用研究・開発	△	→	・Synthetic Biology and Bioengineering Research Centerにバイオファウンドリを設置[41]。
その他の国・地域	基礎研究	○	→	・シンガポールは、Singapore Consortium for Synthetic Biologyなどの枠組みで合成生物学関連の8つのプロジェクトに3,400万シンガポールドルを投資[42]。 ・イスラエル（特にワイズマン研究所）の合成生物学・システム生物学のレベルは高い。
	応用研究・開発	△	→	・シンガポール国立大学を中心に合成生物学に力を入れており、同大学にバイオファウンドリを設立している[41]。 ・オーストラリアは合成生物学に力を入れており、3カ所にバイオファウンドリを設置[41]。

（註1）フェーズ

基礎研究：大学・国研などでの基礎研究の範囲

応用研究・開発：技術開発（プロトタイプの開発含む）の範囲

（註2）現状　※日本の現状を基準にした評価ではなく、CRDSの調査・見解による評価

◎：特に顕著な活動・成果が見えている　○：顕著な活動・成果が見えている

△：顕著な活動・成果が見えていない　×：特筆すべき活動・成果が見えていない

（註3）トレンド　※ここ1～2年の研究開発水準の変化

↗：上昇傾向、→：現状維持、↘：下降傾向

関連する他の研究開発領域

・バイオマス発電・利用（環境・エネ分野　2.1.5）

参考・引用文献

1) The Bioeconomy to 2030: Designing a Policy Agenda, OECD (2009).
2) Rosanna Young *et al*. Combinatorial metabolic pathway assembly approaches and toolkits for modular assembly. Metab. Eng., 63, 81-101 (2021).
3) Seung-Woon Jung *et al*. Recent advances in tuning the expression and regulation of genes for constructing microbial cell factories. Biotechnol. Adv., 50, 107767 (2021).
4) Andrew Currin *et al*. The evolving art of creating genetic diversity: From directed evolution to synthetic biology. Biotechnol. Adv., 50, 107762 (2021).
5) Jennifer AN Brophy and Christpher A Voigt. Principles of genetic circuit design. Nat. Methods, 11, 508 (2014).
6) Ibrahim E Elsemman et al. Whole-cell modeling in yeast predicts compartment-specific proteome constraints that drive metabolic strategies. Nat. Commun., 13, 801 (2022).
7) Hongzhong Lu *et al*. Multiscale models quantifying yeast physiology: towards a whole-cell model. Trends. Biotechnol., 40, 291-305 (2021).
8) Tomokazu Shirai and Akihiko Kondo. In silico design strategies for the production of target chemical compounds using iterative single-level linear programming problems. Biomolecules, 12, 620 (2022).
9) Christopher J Vavricka *et al*. Machine learning discovery of missing links that mediate alternative branches to plant alkaloids. Nat. Commun., 13, 1405 (2022).
10) Christopher J Vavricka et al. Dynamic metabolomics for engineering biology: Accelerating learning cycles for bioproduction. Trends Biotechnol., 38, 68-82 (2020).
11) NEDO homepage: https://www.nedo.go.jp/activities/ZZJP_100170.html
12) Clariant Homepage: https://www.clariant.com/ja-JP/Innovation/Innovation-Spotlight-Videos/sunliquid
13) Whitehouse homepage: NATIONAL BIOECONOMY BLUEPRINT: https://obamawhitehouse.archives.gov/sites/default/files/microsites/ostp/national_bioeconomy_blueprint_april_2012.pdf
14) Materials Genome Initiative homepage: WWW.MGI.GOV
15) Advanced Manufacturing National Program Office (AMNPO) homepage: National Network for Manufacturing Innovation: https://www.manufacturing.gov/glossary/national-network-manufacturing-innovation
16) Whitehouse Homepage: https://www.whitehouse.gov/briefing-room/statements-releases/2022/09/12/fact-sheet-president-biden-to-launch-a-national-biotechnology-and-biomanufacturing-initiative/
17) DOE Homepage: https://www.energy.gov/articles/doe-announces-178-million-advance-bioenergy-technology
18) DOE Homepage: https://www.energy.gov/articles/us-department-energy-awards-118-million-accelerate-domestic-biofuel-production
19) NSF Homepage: https://mcbblog.nsfbio.com/2022/10/13/agile-biofoundry-selects-new-

collaborations/
20) Horizon Europe Homepage: https://research-and-innovation.ec.europa.eu/funding/funding-opportunities/funding-programmes-and-open-calls/horizon-europe/cluster-6-food-bioeconomy-natural-resources-agriculture-and-environment_en
21) BIC Homepage: https://biconsortium.eu/
22) 経済産業省ホームページ: https://www.meti.go.jp/main/yosan/yosan_fy2022/hosei/pdf/hosei2_yosan_point.pdf
23) 文部科学省ホームページ: https://www.mext.go.jp/content/20221202-mxt_kouhou02-000017672_1.pdf
24) 日本電子社ホームページ: https://www.jeol.co.jp/solutions/applications/details/ed2022-01.html
25) Hongyuan Lu *et al.* Machine learning-aided engineering of hydrolases for PET depolymerization. Machine learning-aided engineering of hydrolases for PET depolymerization. Nature, 604 (7907), 662-667 (2022).
26) Maciek R Antoniewicz. A guide to metabolic flux analysis in metabolic engineering: methods, tools and applications. Metab. Eng., 63, 2-12 (2021).
27) Hiroshi Shimizu and Yoshihiro Toya. Recent advances in metabolic engineering-integration of in silico design and experimental analysis of metabolic pathways. J. Biosci. Bioeng., 132, 429-436 (2021).
28) 宮城島進也「好酸性微細藻類イデユコゴメ類の産業利用ポテンシャル」生物工学会誌第99巻第8号 429-431 (2021).
29) Synbiobeta homepage: https://synbiobeta.com/
30) Build-a- cell homepage: https://www.buildacell.org/
31) Engineering Biology Research Consortium homepage: https://ebrc.org/
32) Benjamin W Jester *et al.* Development of spirulina for the manufacture and oral delivery of protein therapeutics. Nat. Biotechnol, 40, 956-964 (2022).
33) Meagham A Valliere *et al.* A bio-inspired cell-free system for cannabinoid production from inexpensive inputs.: Nat. Chem. Biol., 16, 1427-1433 (2020).
34) Prashanth Srinivasan and Christina D Smolke. Biosynthesis of medicinal tropane alkaloids in yeast. Nature, 585, 614-619 (2020).
35) Fungmin E Liew *et al.* Carbon-negative production of acetone and isopropanol by gas fermentation at industrial pilot scale. Nat. Biotechnol., 40, 335-344 (2022).
36) Synbicite Homepage：http://www.synbicite.com/
37) Thomas Gassler *et al.* The industrial yeast Pichia pastoris is converted from a heterotroph into an autotroph capable of growth on CO_2. Nat. Biotechnol., 38, 210-216 (2020).
38) Royal DSM Homepage: https://www.dsm.com/content/dam/dsm/corporate/en_US/documents/royal-dsm-a-world-leader-in-biotechnology.pdf
39) Bayer Homerpage: https://www.bayer.com/media/en-us/bayer-to-create-ag-biologicals-powerhouse-partnership-with-ginkgo-bioworks-advancing-joyn-bio-technology-platforms_20220707111205922/
40) IEA Bioenergy Task 42: Biorefinering in a Circular Economy. http://task42.ieabioenergy.com/
41) Global Biofoundry alliance Homepage: https://www.biofoundries.org/

42) https://www.nrf.gov.sg/programmes/technology-consortia/singapore-consortium-for-synthetic-biology

2.2.2 植物ものづくり

（1）研究開発領域の定義

人類は古くから様々な植物由来物質を利用してきたが、植物バイオテクノロジーの発展に伴い、植物が生産しない物質を植物で生産するという異種生産のホストとしての利用も拡大してきた。「植物ものづくり」という用語は、一般には植物による物質生産だけでなく、微生物による植物代謝物の生産までを含むこともあるが、本稿では植物、特に陸生植物とその培養物等での物質生産について、本来、植物が生産する物質の高効率利用と、植物が本来は生産しない物質を植物で生産させる異種生産の二項に分け、高効率物質生産を実現するためのバイオテクノロジーについても触れながら、解説する。

（2）キーワード

物質生産、木質バイオマス（リグノセルロース）、植物バイオテクノロジー、植物によるバイオ医薬品生産（Plant Made Pharmaceuticals: PMPs）、脂質、バイオポリエステル、リグニン、セルロース、一過性発現系、植物組織・細胞培養

（3）研究開発領域の概要

[本領域の意義]

地球温暖化に伴う気候変動は人類の持続可能な成長にとって喫緊の問題となっており、様々な物質生産を化石燃料由来からカーボンニュートラルな植物由来に変えていくことは急務である。また、化石燃料資源は有限であるうえ生産国が偏在しており、国際情勢などの影響を受けやすい。すなわち、様々な物質を植物で生産するための技術開発、バイオプロセスもしくは化学プロセスによる物質合成の出発基幹物質を植物で生産するための技術開発、本来、植物が生産する物質の生産効率や抽出効率を向上させる技術開発は重要な意義をもつ。

[研究開発の動向]

【植物が本来生産する物質の生産】

人類は古くから植物が生産する物質を利用してきた。この項目では、人類が利用する植物由来物質について、細胞壁由来成分、植物特化代謝物、脂質の3種類について解説する。

• 細胞壁由来成分（木質バイオマス：セルロース、ヘミセルロース、リグニン）

植物から水分を除くと、その重量の半分以上は細胞壁成分、すなわち木質バイオマスである。この細胞壁成分は、科学的にはリグノセルロースと呼ばれる炭水化物の塊であり、一般的には非可食バイオマスと呼ばれることもある。本稿ではこの木質/非可食バイオマスを以降、リグノセルロースと記載することにする。リグノセルロースは、セルロース、ヘミセルロース、リグニンからなる。セルロースは、グルコースが直鎖上に重合してできた地上に最も多く存在する炭水化物で、化学的に合成することは極めて困難な物質の一つである。グルコースはバイオ燃料や各種高付加価値物質を生産する、微生物生物生産の出発基幹物質であるが、現在は主として食用農産物であるデンプンやショ糖を原料に製造されている。地球上の耕地面積が限られている中で、物質生産のために食料を利用することは食料不足を誘発することから避けなければならず、リグノセルロースを分解して高効率にグルコースを得る技術の開発は半世紀以上も試み続けられているが、未だ道半ばである。セルロースからのグルコース回収率向上を目指し、セルロース成分を量的・質的に遺伝子操作で改変するアプローチが行われてきた。特に二次細胞壁（木質）中のセルロースは双子葉類、針葉樹においてはセルロースの大部分を占めていると考えられており、植物の遺伝子操作のターゲットになってきたが、セルロース合成に直接働きかけるような手法は難航している。菌類由来のセルラーゼを植物に発現させて分解性を向上させ

る取り組みはよく知られているが、遺伝子組換え植物になることが避けられない[1)]。セルロースからのグルコース回収効率を上げる目的で他の多糖類を操作する取組みも多く行われており、むしろそちらの方が成功例が多い。たとえば、陸上植物に含まれるヘミセルロースのほとんどは、キシランが占めており、キシラン含有量の低下がセルロース分解性を向上させることが知られている[2)]。しかし、これは道管にも悪影響を及ぼし成長を阻害するので、遺伝子組換え植物にはなってしまうが、道管でのみキシランを回復させる取り組みなどが行われている[3)]。キシラン側鎖は、セルロースとの相互作用に影響を与える。アラビノース側鎖をキシラン主鎖から外すイネ酵素をイネで過剰発現させた場合は、セルロース量が増大することが見出されている[4)]。また、シロイヌナズナのグルクロン酸転移酵素遺伝子の二重変異体では、木部形態も含めた成長への影響は認められないにも関わらず、酵素糖化性の向上が報告され、キシラン側鎖の糖化効率に与える影響が大きいことが示唆された[5)]。現在、針葉樹の相同遺伝子が単離され、育種用マーカーおよび組換え育種に向けた開発が進んでいる[6)]。これらのことから、キシラン側鎖の低減はキシラン主鎖の低減よりも、実用面の展開が比較的容易である可能性が高い。キシランはさらに主鎖、側鎖が様々に修飾されることが知られており、特にアセチル基修飾はキシランだけでなく、キシログルカンやグルコマンナンにも見られるヘミセルロースの一般的な修飾構造で、植物細胞壁の乾燥重量あたり2～4%を占めている。バイオマスリファイナリーにおいては、アセチル基修飾のもたらす疎水性と立体障害が糖化酵素の反応を阻害するだけでなく[7)]、希アルカリ前処理によって酢酸を生じ、糖化後のエタノール発酵を阻害する[8)]。よってアセチル基の低減はバイオマス原料作物の育種開発において1つの目標と考えられる。ヘミセルロースへのアセチル基転移に関わる遺伝子をRNAiによりポプラで抑制し、アセチル基量を25%程度低下させるにとどめた場合、生育への影響なしに糖化効率を20%向上させると報告されている[9)]。また、細胞壁中でアセチル化キシランのエステラーゼを発現させ、キシラン合成後の主鎖キシロースとアセチル基間のエステル結合を分解する手法も開発されている。糸状菌由来炭水化物エステラーゼ遺伝子を発現させたポプラについては、5年間にわたる野外圃場試験が実施され、木部特異的なプロモーターで発現させれば生長抑制なく、糖化率が13～27%向上した系統が得られたと報告されているが害虫による食害が頻繁に見られたとも報告されている[10, 11)]。アセチル基以外では、イネ科アラビノキシランを修飾するフェルラ酸量の低減を目指して、類似のアプローチが取り組まれている。糸状菌由来のフェルラ酸エステラーゼ遺伝子をイネ科バイオマス原料植物で発現させ、アラビノキシランとリグニンを架橋するフェルロイル基を低減し、糖化率を向上させている[12, 13)]。フェルロイル基を付加する遺伝子も同定されており、その発現抑制系統では細胞壁フェルロイル酸量が30～50%減少し、糖化率が24%向上する[14)]。また、アラビノキシランにクマロイル基を付加する酵素遺伝子を過剰発現するイネ系統ではパラクマロイル酸量が3倍に増え、逆にフェルラ酸量が60%減少する。この変異系統では、植物体の成長に顕著な影響を与えず、糖化率を20～40%増大させる[15)]。メカニズムはよくわかっていないが、主に一次細胞壁に含まれる多糖類であるペクチンの生合成を抑制することでセルロースの分解性が向上した事例も報告されており近年注目を集めている[16)]。ペクチンの生合成抑制によるセルロース分解性の向上は特にイネやスイッチグラスなどのイネ科草本植物で顕著であり、これらの植物での一次細胞壁エンジニアリングの重要性を示唆している。セルロースからのグルコース回収効率を上げる目的で、リグニン形成を制御する取組みが非常に多く行われている。2000年代まではモノマー生合成経路の酵素遺伝子をノックダウンし、リグニンが量的に低減した植物を用いた糖化率の解析が主として行われた[17)]。しかし、この手法ではシナミルアルコール脱水素酵素のノックダウン[18)]やフェルラ酸–5–ヒドロキシラーゼの木部特異的過剰発現[19)]の例を除いて、植物体に深刻な生長抑制を引き起こすことが明らかとなった[20)]。2010年代以降では、微生物や植物由来のリグニン代謝に関わらない酵素遺伝子を用いて、リグニンモノマーにメチル基を導入して重合を抑制する手法[21)]や、葉緑体中のシキミ酸経路に着目し、植物性ポリフェノールでもあるプロテカテク酸を蓄積させる[22)]、または細胞質にシキミ酸–3リン酸を蓄積させる[23)]のいずれかでモノマー供給量を操作する手法、脱重合化が容易な新奇な非従来型モノマーをリグニンに取り込ませる手法が開発され[24)]、いずれも顕著な生長抑制が少なく糖化率を向上させることが、多くの植物で確認されている。しかし、これらの新しい手法は遺伝子組換えが前提となっており、社会受容が容易ではない可能性がある。

- **植物特化代謝物**

植物は厳しい環境下を生き抜き、病害虫に抵抗するため、植物は多種多様な二次代謝物（近年では特化代謝物と呼ばれることが多い）を生産することが知られている。人類は古くから、そうした植物特化代謝物を、漢方薬やハーブ、香辛料、染料、香料、甘味料、などとして利用してきた。本稿では、植物特化代謝物のうち、ポリフェノール類とイソプレノイド類を取り上げる。ポリフェノールは、芳香族カルボン酸に由来し、アントシアニンやレスベラトールなど、人間の健康に有用であるとされているものが多く知られている。生合成系がほとんど解明されていることから、微生物での生産も一般的ではあるが、様々な植物の培養細胞や毛状根培養系、組織培養などによる生産が数多く提案されている。フラボノイド類である健康促進特性と、天然食品着色料として知られるアントシアニンは、ポリフェノール類の中のフラボノイド類であり、よく研究されている。アントシアニンは様々な植物の組織培養で生産され得る。広く研究されているサツマイモでは、貯蔵根から誘導された組織培養で塊茎の数倍もの生産が可能である[25)]。スチルベンは、よく知られているレスベラトロール、フィトアレキシン、に代表される二環式ポリフェノールであり、液体培地でのピーナッツ毛状根培養系やブドウの培養細胞などで高生産化されている事例がある[26, 27)]。毛状根培養系はよく用いられる物質生産系であり、毛根病菌*Agrobacterium rhizogenes*の感染によって誘発される毛状根を切り出し、植物組織培養用培地上で培養すると旺盛な増殖を示し、特に二次代謝産物の生産として利用されることが多い。多くのシソ科やボラギナ科の種子に見られる、2つのカフェイン酸分子から構成されるロスマリン酸は抗酸化物質として注目されており、ヒソップの毛状根培養系やラベンダーの培養細胞での高生産事例が報告されている[28, 29)]。クルクミンは、ウコンの根に由来する黄色の強力なポリフェノール抗酸化物質であり、胆汁分泌促進効果が知られている。水に難溶であることからその健康促進効果は限定的であったが配糖化酵素を発現させたニチニチソウ培養細胞系を用いて水溶性の非天然配糖体に改変できた事例がある[30)]。こうした二次代謝産物生産系においてはストレス関連因子を処理することによる合成系遺伝子の活性化を図り高収量化する試みがなされてきている。こうした因子としてはジャスモン酸や天然の生物エリシター（キチン、キトサンなど）などが挙げられる。しかし、そのような技術を駆使しても実用化された工業生産例は少ない。工業生産に成功した代表例として挙げられるのはムラサキ培養細胞を使用したシコニンの生産である[31)]。ラベンダー培養細胞でのロスマリン酸生産[35)]や、ビート毛状根でのベタレイン生産[32)]、ウド培養細胞でのアントシアニン生産[33)]については、バイオリアクターなどを用いた大量パイロット生産系の構築が報告されている。バイオリアクターは、細胞の増殖と生理活性物質の採取に必要な環境条件を正確に設定できるように設計された大容量の培養装置の総称であり、培養の種類と目的に応じてさまざまなタイプがある。たとえば、毛状根の培養による代謝産物の生産にはエアリフトバイオリアクターと呼ばれる類の装置が使用される。

β–カロテンは重要な栄養素であり、サプリメントの成分や、化粧品の添加物、動物飼料の着色料、食品の抗酸化剤、日焼け止め成分などとして使用される。*β*–カロテンを含むすべてのカルテノイドは、構成単位としてイソテルペンが8個結合しているため、イソプレノイドに含まれる。*β*–カロテンは、ニンジンなどの*in vitro*培養系や柑橘類のカルスで高生産可能なことが知られている。

イソプレノイドには、人類が大量に利用している天然ゴムも含まれ、2,500種以上の植物種で生産されることが知られている。商業用ゴムの生産は現在、ブラジル原産のパラゴムノキに依存しており、生産も東南アジアに偏っている。天然ゴムは、熱分散能、復元力、弾力性、穿刺後の再シール性、耐摩耗性、耐衝撃性、などに優れ、近年の合成ゴムの発展にもかかわらずタイヤ原料としての重要性を依然として保っている。ロシアタンポポとグアユールが高分子量のゴムを生産することからパラゴムノキを代替する可能性を秘めており、注目を集めている。

• **脂質**

植物油は、アブラヤシ、ダイズ、ナタネ（キャノーラ）、ヒマワリ、綿実、ピーナッツ、トウモロコシ、オリーブ、ベニバナ、ゴマ、ココナッツ、亜麻などで生産されており、大部分は食品用途であるが、2割程度は産業用（非食用）で使用されている。植物油の主要な産業利用の1つは、中アブラヤシ核油およびココナッツ油から抽出するラウリン酸（炭素数12の飽和脂肪酸）であり、石鹸、洗剤、などの界面活性剤用途に使用されている。亜麻やダイズなどから取れる不飽和脂肪酸は表面コーティングやインクの合成乾燥剤、接着剤で使用するエポキシ化油に利用されている。また、トウゴマの胚乳に蓄積するひまし油から高純度に取れるリシノール酸は潤滑剤としての利用の他、ナイロン製造の原料となるウンデシレン酸を生成できる。ウンデシレン酸は抗真菌剤としても利用されている。高エルカ酸ナタネから抽出できるエルカ酸は、押出ポリエチレンやプロピレンフィルムの製造に使用されるエルクアミドの原料になる。しかし、エルカ酸は食用にすると心疾患等を引き起こす懸念があるとされており、エルカ酸フリーの食用ナタネ（キャノーラと呼ばれる）からは隔離して栽培する必要がある点が生産の障害になりえる。油糧種子作物は、栄養価を優先して選択されており、主要な5種類の脂肪酸、すなわち、パルミチン酸、ステアリン酸、オレイン酸、リノール酸、リノレン酸をバランスよく含んでいる傾向がある。これらの油中の個々の脂肪酸の最大レベルは、食品用途には適しているが、産業用原料に好ましい純度レベルには達していない。一価不飽和脂肪酸は、耐酸化性が高く、潤滑剤やバイオディーゼルなどの目的で油を使用するための安定性が向上するほか、化学処理によって二重結合部位が容易に切断され、さまざまなナイロンモノマーになることから、産業的価値が高い。オレイン酸は代表的な一過不飽和脂肪酸であるが、8割程度の純度（遺伝子組換えや突然変異育種、ゲノム編集でダイズやベニバナなどにおいて実現できている）では食用としては良いが産業用途では純度が低い。ベニバナにおいて種子で発現する脂肪酸デサチュラーゼおよび脂肪酸チオエステラーゼ遺伝子を標的としたRNAiによる遺伝子ノックダウンにより、93%のオレイン酸を含む組換えベニバナが開発されたとの報告がある[34]。エルカ酸は、高エルカ酸ナタネであっても50%程度にしか到達しないため、産業用途への問題が大きい。これはエルカ酸がナタネトリアシルグリセロールの外側の位置にのみ見られるためであるが、アブラナ目リムナンテス科のリゾホスファチジン酸アシルトランスフェラーゼ遺伝子を、脂肪酸伸長酵素遺伝子と共に高オレイン酸ナタネ系統に導入することで、エルカ酸レベルを最大72%にまで増加させることに成功したとの報告がある[35]。脂肪酸・トリアシルグリセロール以外の脂質では多くの植物由来ワックスが産業用途に使用されている。ワックスは、脂肪族アルコールにエステル化された脂肪酸で構成され、一般に全長が C40からC60の範囲を取る。ほとんどの植物は、表面の脂質層の成分としてワックスエステル を生成する。産業的に使用される主要な植物ワックスは、カルナバヤシから得るもので、表面保護剤、つや出し剤等として使用されている。葉面ワックスとは対照的に、砂漠の低木ホホバはワックスを種子に貯蔵しており（ホホバオイル）、室温で液体であることから化粧品などで用いられている。かつては鯨から採取されたワックスエステルが潤滑油に広く使用されていたが、ホホバは収穫量が少なく、その生産は労働集約的であるため、非常に高価であり、現状では鉱油に対抗できるものではない。しかし、一般的な油糧作物の種子でワックスエステルを生産するには基本的には2種類の酵素活性（脂肪アルコールを生成するための Fatty acyl–coenzyme A reductase［FAR］と脂肪アルコールを脂肪酸にエステル化するためのwax synthase［WS］）のみを導入すればよくシロイヌナズナでの成功例[36]があることから、油糧作物で大量生産できる可能性があると考えられる。

【植物が本来生産しない物質の生産（異種発現）】

• **植物によるバイオプラスチック生産**

ポリヒドロキシアルカノエート（PHA）は炭素およびエネルギー貯蔵化合物として多種多様な細菌によって生成される生物学的ポリエステルであり、バイオプラスチック、化学薬品、および飼料市場で潜在的なアプリケーションを持つ。最も単純な PHA であるポリ–3–ヒドロキシ酪酸（PHB）は2つの細菌遺伝子を植物に導入することでアセチルCoAから生産できる[36]。 PHBの生産は、バイオマス作物の葉や油糧種子作物の種子で実証されており、特に色素体ゲノムを形質転換することによる色素体での生産は乾燥重量の20%近くにまで達する[37]。また、C4植物であるサトウキビにおいてはアセチルCoA合成酵素を導入することでPHB生産量を倍加させることに成功している[38]。PHAとは全く異なるバイオポリエステルモノマーとして2–ピロン–4,6–ジカルボン酸（PDC）が提唱されているが、これまで化学合成プロセスの報告はなく、微生物を用いたバイオプロセスによる生産のみが報告されていた。最近、シロイヌナズナにおいてではあるが、5遺伝子を導入することで、PDCを乾燥重量の3%程度まで生産させた事例が報告された[※30]。植物においてPDCはシキミ酸経路から分岐する形で生成されるため、PDCへ向かう経路を活性化するとシキミ酸を必要とするリグニン生合成が抑制され、結果的にセルロースの酵素糖化性が高まる[22, 39]。PDCを得られる上、セルロースからグルコースを得やすくもなるため一石二鳥と言えよう。PHBやPDCからのバイオプラスチック生産はグルコースから乳酸を経てのポリ乳酸、エタノールを経てのポリエチレン、ポリプロピレン、ソルビトールやイソブタノールを経てのPET生産などと並んでバイオプラスチック生産の中心となる可能性が高い。

• 植物によるバイオ医薬品生産（PMPs）

PMPsは、1990年代に、遺伝子組換え植物体内で哺乳類の生理活性タンパク質や病原体の一部の遺伝子発現によるワクチン効果が認められる報告が複数なされて以来、新たに確立された研究領域である。以降、植物での高効率な遺伝子導入法、目的遺伝子の高発現のためのベクターやエンハンサーの開発、翻訳後産物の細胞内局在に関する研究、糖鎖などの翻訳後修飾に関する研究、植物生産ワクチン等の動物試験など、個々の要素技術に関して非常に多くの研究開発が欧米の研究機関において行われてきた。しかし、2009年に欧州食品安全機関（EFSA）から当該組換え体の食品・飼料へのコンタミネーションリスクから非食用作物種利用の提言が出されたことに加え、圃場栽培での医薬品製造基準への適合が困難でもあることから、圃場でのPMPs生産はほぼ断念される形となった。一方、日本では、2005年頃からPMPs研究分野と植物工場研究分野を融合させる試みが開始され、最終的にはこの融合研究において上記コンタミネーションリスクの回避と医薬品製造にかかる種々の基準をクリアすることで、2013年、世界で2例目となる遺伝子組換え体を用いた医薬品、インターベリー®（動物薬）の開発・承認・上市に至り、当該領域での最先端成果を挙げることに成功した[40]。

2012年に承認1例目となったイスラエルProtalix社のゴーシェ病治療薬Elelyso®はニンジンの培養細胞を用いたものであった[41]が、インターベリーは遺伝子組換えイチゴを栽培する完全密閉型植物工場により医薬品製造の基準を満たすことで、完全密閉型植物工場が、医薬品製造工場としても機能することを実証した。このコンセプトを受けて諸外国でも同様の研究開発が進められ、特に米国ではDARPAやビルゲイツ財団等巨額の研究開発費を投入しており、上述の世界初の承認を得られた日本の植物・医薬品工場に比して、栽培/製造面積が約10倍から100倍規模の遺伝子組換え植物/医薬品等製造工場研究開発拠点が複数箇所整備され、実用化・事業化へ向けた具体的な研究開発が現在も急加速で進められている。

また、日本をはじめ、世界各国で遺伝子組換えオオムギやイネ、タバコを用いてヒト成長因子を主成分とした化粧品[42]や、再生医療用の培地成分として必須なアルブミン、トランスフェリン、アクチビンA等の成分について、植物を用いたアニマルフリーな製品の開発が活発化している。こうした植物による医療用等タンパク質生産には、現在では一過性発現系と呼ばれる遺伝子発現システムが主流となってきている。一過性遺伝子発現システムは、大別すると植物ウイルスベクター、アグロインフィルトレーション、および、両者を融合したMagnICON®に代表されるアグロインフェクション法が主として用いられている。これらは、いずれも植物病原体の感染・増殖機能を利用する方法である。遺伝子組換え植物体を作出するには数ヶ月から半年程度必要であるのに対して、一過性発現系では、感染後約1～2週間以内で発現、目的物質にも因るが、葉生重量1gあたり最大数mgの目的物質を得られる[43]。

上述の海外における一過性発現系の植物工場では、主にヒトの感染症に対するワクチンや医療用抗体等の生産開発が進められており[44]、メディカゴ社がCOVID–19に対するワクチン開発において臨床試験を経て[45]、

2022年ヒト用植物ワクチンとして世界で初めてカナダで承認された（Covifenz®）。同ワクチンは、メディカゴ社の筆頭株主は、田辺三菱製薬社であり、2021年10月より同ワクチンの日本における臨床試験も開始されたが、2023年2月に田辺三菱製薬社は、メディカゴ社の全ての事業を停止すると発表した。一方、タイでもBAIYA社が政府の開発資金を得て開発を行い、現在PhaseIの試験に入っている。

米国のKentucky BioProcessing社は、これまで日本をはじめとする企業の一過性発現系の受託生産を行い、栽培から精製に至るまでの実生産規模の工程における生産効率、エネルギー消費に関する研究開発も行ってきたが[46]、2020年にBritish American Tobacco社に買収され、K-Bio社として独自にワクチン開発に乗り出している。

上述のように、PMPsが実用化研究、事業化への展開が現実的になると共に、PMPsのコスト性、省エネルギー性を評価する研究も行われてきている[47]。

国内においては、デンカ社が2015年に、前述の一過性発現ベクターとして有名なMagnICon®を開発したドイツのIcon Genetics社を買収、100%子会社とし、当該技術を用いた実用化研究を行っている。

（4）注目動向：

［新展開・技術トピックス］

【植物の合成生物学】

近年「システムバイオロジー」、「合成生物学」といった工学的発想での研究開発が注目されている。特に「合成生物学」は異種の物質生合成系などを移植するような試みを指すことが多く、「植物ものづくり」分野にフィットする。しかしながら、それに特化した手法があるわけではなく、単なる概念である。合成生物学/植物ものづくりは遺伝子組換え技術を前提としてきたが、近年のゲノム編集技術全盛時代を迎え、典型的物質生産プラットフォームであるベンサミアナタバコをゲノム編集技術により改良して、より物質生産に適した性質を持つよう改良したり、目的物質を生産している植物の酵素遺伝子や転写因子遺伝子をゲノム編集技術により改良（塩基置換により活性を向上させたり、拮抗する物質生産系をノックアウトしたりする）して生産性を高めたりする研究は今後のトレンドとして報告が多くなるだろう。ベンサミアナタバコの事例では遺伝子サイレンシング機構をノックアウトしてタンパク質生産性を高めた事例がよく知られている[48]。ゲノム編集技術の実用化に際しては、ゲノムDNAへのゲノム編集ツールの挿入が問題視され、後代でゲノム編集ツールをゲノム内に含まない個体（ヌルセグレガント）を取得するのが一般的であるが、多くの実用植物は純系ではないので、優良形質の分離が問題となる。そこで、極力核酸やアグロバクテリウムを用いずに、タンパク・RNA複合体（RNP）を物理的手法により植物の分裂組織に送達する手法が注目されているが、それとは別に近年植物ウイルスを用いる手法も注目されている。RNAウイルスによってゲノム編集ツールを植物に送達する場合、一般に植物ゲノムへの外来DNA挿入は起こらないので都合がよい[49]。また、「植物ものづくり」研究において長年植物ウイルスの利用が検討、改良されてきたこともあり、「植物ものづくり」分野に相性が良い。

【ゲノム情報の利用と遺伝子発現制御】

ハイスループットシーケンス技術（次世代シーケンス技術）の隆盛も今後「植物ものづくり」分野に少なからず影響を与えるだろう。近年では、多くの植物の標準系統のゲノム配列が解読されているだけでなく、同種の様々な系統についてもゲノム配列が解読されつつあり、比較ゲノム研究が発展してきている。このような状況では標準系統はもはや標準ではなく、単に最初にゲノム配列が解読された系統に過ぎないと捉えられ、標準系統を標準としたSNP解析、GWAS解析は過去のものになりつつある。最近ではゲノム配列をグラフ表記する手法が注目を集めており、これを利用してSNPsだけでなく構造多型をも含んだGWAS解析を行うことが徐々に試みられてきている[50, 51]。こうした手法を用いて、目的物質の生産性がより高い系統の原因を同定して他の優良形質と組み合わせたり、ゲノム編集技術によって同様の変異を導入したりする戦略は、社会受容に課題のある遺伝子組換え技術よりも近い将来での社会実装可能性が高く、今後の一つのトレンドとなることが予想される。

植物にアグロバクテリウムを浸潤させてタンパク質を一過的に発現させる手法は「植物ものづくり」において一般的である。このとき、発現させる遺伝子をウイルスに組み込み、植物体内でのコピー数の増大や発現細胞の拡大を図る手法がよく用いられている。近年筑波大学の三浦らによって開発された「つくばシステム」はジェミニウイルス由来の複製システムとダブルターミネーターを使用しており[52]、大腸菌などにも匹敵する世界最高のタンパク質生産が実現できると謳っている。しかもベンサミアナタバコ以外のナス科、ウリ科、キク科、コチョウランなどでも使用できたと説明されており、汎用性という面でも注目される。一過的発現システムは、そのタンパク質発現量だけでなく、アグロバクテリウムを混ぜることによって、ときには10種類以上もの遺伝子を同時発現させられることも大きな強みになっている[53]。

植物ものづくりにおいては、代謝系関連遺伝子の発現調節が重要であり、自然界では環境変動に応じて関連DNA配列のメチル化・脱メチル化によって制御されていることが相次いで報告されてきた。これを受けて、カリフォルニア大のグループではCRISPR/dCASの系を用いて、国内では植物ウイルスベクターの系を利用して、それぞれ目的DNA配列のみにメチル化・脱メチル化を誘導する技術の開発に成功した。これらは、組換えと異なり元のDNA配列を一切変えること無く遺伝子の発現を制御可能な方法であり、今後、物質生産の広範囲にわたって利用可能な有望な新規技術である[54]。

【高まる植物由来タンパクの需要】

欧米を中心に、畜産による環境への負荷への懸念や、動物食への倫理的抵抗感により、植物由来タンパク質への需要が飛躍的に高まっている。動物由来原料の代わりに植物由来原料を使って加工食品を開発するスタートアップが大きな注目を集めており、2023年には業界をリードするEAT JUST社（卵を使わないマヨネーズの開発、販売）、Planted社（繊維質の食感のある植物ベースの代替肉の開発）、Juicy Marbles社（ステーキと同じ食感の植物ベースの代替肉の開発）などが一堂に会するイベントが予定されている。植物由来タンパクの需要は、欧州だけでも2029年には2兆円の市場になるとの予測もある。

【技術トピックス】

名古屋大学のグループによって2020年に発表された異科接木システム[55]も興味深い。根の形質が良い植物種と茎や葉、花、果実などの形質が良い植物種を接ぎ木するだけでなく、根粒菌が付くマメ科を台木として接ぎ木することにより化学肥料の投入を低減したり、ウイルスベクターを使用しやすい植物種を台木として使用し、穂木での物質生産を制御する戦略などが考えられる。

また、植物の乾燥重量の過半はリグノセルロース（木質/二次細胞壁）が占めており、この代わりに望む物質生産を行うことができれば画期的である。双子葉類において、道管以外のリグノセルロースを失う、転写因子遺伝子の変異体は生育自体にはほとんど問題がないことが知られており[56]、これをベースにした細胞壁と無関係な「植物ものづくり」の可能性は興味深い。また、植物の受精時に花粉管内容物だけが胚珠内で放出されるとPOEMと呼ばれる胚珠の増大が起きることが知られているが[57]、これがイネで起きると、正常な受精後に起きるデンプンの蓄積の代わりにスクロースが大量蓄積することが示された[58]。糖を出発点とした物質合成は様々なものが想定されるため「植物ものづくり」の観点からも興味深く、今後の展開が期待される。

[注目すべき国内外のプロジェクト]

【国内】

日本国内では2020年度よりNEDO材料・ナノテクノロジー部による「カーボンリサイクル実現を加速するバイオ由来製品生産技術の開発」プロジェクトが行われており、その中で「遺伝子組換え植物を利用した大規模有用物質生産システムの実証開発」という課題が遂行されている。低炭素社会構築を指標に、植物の一過性発現系を軸にし、播種から目的物質精製までの一貫した大規模生産システムの基盤技術開発も行われている。また、2022年度よりNEDOムーンショット部による「遺伝子最適化・超遠縁ハイブリッド・微生物共生の統合で生み出す次世代CO_2資源化植物の開発」プロジェクトが開始されている。

【海外】

米国ではエネルギー省が2022年度より「BioPoplar: A tunable chassis for diversified bioproduct production」と題したポプラによる物質生産プロジェクト、「B5: Bigger better brassicaceae biofuels and bioproducts」と題したアブラナ科植物によるバイオ燃料・物質生産プロジェクトに予算を配賦している。

EUではいずれもHORIZON2020もしくはその後継プロジェクトにおいて、バイオリファイナリー用産業用途植物を開発するもの（プロジェクト略称：GRACE）や、ゲノム編集技術等を用いて物質生産用の新たなタバコ属植物を開発するもの（プロジェクト略称：Newcotiana）、チコリーを用いて食物繊維やテルペン化合物を生産するもの（プロジェクト略称：CHIC）、バイオマス植物としてのポプラの代謝系を研究するもの（プロジェクト略称：POPMET）、化粧品原料を植物で生産する研究（プロジェクト略称：InnCoCells）、アルキオンバイオテク社による植物での物質生産用バイオリアクター開発と利用に関する研究（略称：AlkaBurst2.0）などが行われている。

（5）科学技術的課題

- **多種多様な実用植物への外来遺伝子導入を可能にする技術の開発**

「植物ものづくり」では、遺伝子工学的手法によって外来DNAを植物体内に送り込むことは重要な技術である。外来DNAの導入には、古くからアグロバクテリウムを使用する方法が用いられており、ホスト植物の改良を企図する場合は安定性が重要であるため、遺伝子組換え植物とするのが一般的である。一方、ベンサミアナタバコなどの植物を単にものづくりのホストとして用いる場合は、植物体内での外来DNAのコピー数が多い方が大量に物質生産を行うことができるため、植物をある程度まで育ててから、外来DNAを、ゲノムに取り込まれない形で注入し、一過的に遺伝子発現させるケースが多い。アグロバクテリウムによるDNA導入はいずれの場合にも用いることができ、適用可能な植物種範囲はかなり広いものの、あらゆる植物にDNAを送達可能なわけではなく、これによって遺伝子工学的手法を適用可能な植物種が限定されている。アグロバクテリウム自体の改良も一つの課題ではあるが、植物種に依存しない、輸送ペプチドによる手法や、パーティクルガンを活用した手法など、物理的な手段によるDNA送達技術の開発も期待されており、普及しているとまでは言えないものの報告は相次いでいる[59, 60]。細胞内での外来DNAのコピー数を増大させるため、自律的増殖能を持つ植物ウイルスを活用したベクターシステム（ウイルスベクター）によって植物に外来DNAを一過的に送り込み、物質生産を行わせる手法もよく用いられている。この際、植物ウイルスとして植物に感染させるか、アグロバクテリウムを用いて植物に導入するか、の選択肢があるが、前者はウイルスの宿主範囲により、後者はアグロバクテリウムの適用対象により制限を受ける。アグロバクテリウムの適用対象は一般に広いが、その後に導入したウイルス構成因子が期待した通りに増幅するか、植物体全体に広がっていくかは、結局ウイルスの宿主範囲によって制限を受ける。宿主範囲の広いウイルスベクターも開発されているが、どんな植物にも適用可能というわけではなく、宿主範囲の拡大を目指した研究開発が期待される。また、植物細胞内でのコピー数やどこで目的物質の生産が行われているかという観点で、葉緑体ゲノムにパーティクルガンによって外来DNAを導入する手法もよく行われているが、これが可能な植物種は非常に少なく、また技術的難易度も高いため適用範囲の拡大に向けて今後の研究開発が期待される。

ゲノム編集技術は、近年急速に発達している分野であり、植物でのものづくりにおいてもその利用可能性が期待されているが、ゲノム編集技術は植物核ゲノムもしくは葉緑体、ミトコンドリアのゲノムを改変するものであるから、適用対象としては植物自体の改良に限定される。現在のゲノム編集技術は、単純にDNAを切断してそれが修復される際のエラーによって遺伝子もしくはシスエレメントがノックアウトもしくはノックダウンされるように用いるのが一般的であるが、それで実現できることは限られている。植物ものづくりにおいては、たとえば、物質生産に関係する酵素の活性を上昇させるような塩基置換を施すといった使い方が想定されるが、現在の技術では置換可能なパターンがかなり限られており、今後の研究開発が期待される。しかし、一方で、相同組換えやそれに類する手法で、ゲノムDNAの特定領域を任意のDNA断片に置換する、プライム・エディティングと呼ばれる手法も開発されており[61, 62]、そちらの方が今後主流になっていく可能性が高い。

• 植物版iPS細胞化を可能にする技術開発

現状では、一部の作物を除き、ほとんどの有用植物において遺伝子組換え技術が確立していない。有用遺伝子の同定や機能解析といった研究開発段階においても、有用物質生産といった実用段階においても、汎用な遺伝子導入技術の確立は極めて重要である。多くの場合、遺伝子導入を行うには、組織培養を経てカルス化と再分化が必要であるが、こうした培養方法は植物ごとに条件が異なることが多く、培養系の確立に極めて長時間を要することが多い。脱分化を促すためのケミカルバイオロジーを用いたアプローチ[63]や、脱分化・再分化に関わる新たな因子の探索が進められている[64]が、未だ、植物版iPS細胞とでも呼べる技術は確立されておらず、喫緊の課題と言えよう。多くの植物二次代謝物は特定の組織や細胞でのみ生合成されるため、脱分化と再分化に自在に介入できるようになれば、特定の物質を生合成する組織を培養したり、特定の組織を多く含む植物体を設計したりすることで、植物による物質生産の効率を飛躍的に高めることが可能になる。

（6）その他の課題

植物のものづくりは常にコストや安定性、社会受容の観点でその実現可能性が問題視されてきた歴史がある。植物しか生産していないような物質であっても、ひとたびその生合成系が解明されると、微生物での大量生産が企画され、多くのケースで実現されている。生合成系の解明までは明らかに植物の研究であるが、それ以降は植物研究ではなくなってしまう。植物での生産は、仮に屋外の畑のような広大な開放系で露地生産できればコストも低く、CO_2排出も少ないというメリットがある。しかし、遺伝子組換え植物の開放系での利用には、カルタヘナ法締約国においては関連法による規制があり、これを膨大な労力をかけてクリアしたとしても、社会的に受容されるかはきわめて未知数であり、一般市民を顧客とする営利企業が手掛けるにはリスクが大きすぎる。また、農業と同様に天候による影響を大きく受け生産が不安定になりがちな点もリスク要因となる。こうしたリスクを払ってでも事業化を促すには、微生物で容易に大量生産できる物質は避け、植物ならではの特徴を生かしたターゲット物質を選定することに加え、植物で生産することの環境保護メリットや、地方経済に貢献するメリットを勘案した政策的インセンティブが必要であるかもしれない。遺伝子組換え植物に対する市民の理解を促進することもまた重要な課題である。一方で、ゲノム編集技術を利用して自然界でも起きうるような変異を導入し、外来DNAが植物ゲノム内に残されていない場合は、わが国においては遺伝子組換え体とみなされず、カルタヘナ関連法の規制を受けない（ただし、届出は必要）ことになった。しかし、技術の急速な発展により、相同組換えもしくはそれに類する手法によって、元のゲノムDNA配列から1～数塩基異なる外来DNAを導入して置き換える手法が発達してきており、そのような手法で実現した植物がカルタヘナ法規制対象になるかどうか、といった問題がある。外来DNAを用いているため、手法としては遺伝子組換えに近いが、できた成果物は自然界でも起きうる変異体といえるかもしれない。このように、急速な技術の発展に法律の仕組みが追いついていない部分もあり、技術の社会実装を進めていく上での課題となる可能性がある。

（7）国際比較

国・地域	フェーズ	現状	トレンド	各国の状況、評価の際に参考にした根拠など
日本	基礎研究	○	→	取り組んでいる研究グループの数は少ないが、レベルは高い。植物ホルモンや植物の生合成研究ついては歴史的に強みがあるが、中国や米国に比べると当該分野の研究者人口や研究費が少ない。植物細胞壁を出発点としたものづくりの基礎となる細胞壁研究は比較的層が厚く、高いレベルにある。
	応用研究・開発	○	→	シコニン生産の実用化に代表されるように伝統的に強い分野であったが、近年の実用化例はほとんど聞かない。一方で気候変動問題への対応として、バイオマス利活用の研究開発が活発になっており、植物細胞壁を出発点としたものづくりの成果創出が期待される。当該研究開発分野での実用化・事業化を目標とする国内企業は複数在るが、国内での研究ネットワーク・拠点が少ない、企業における当該分野の人材が不足していることから、海外での研究開発が進められている。現在、当該分野を含め産学連携体制での大きなプロジェクトが無いことも、国内での実用化開発の失速の一因である。
米国	基礎研究	◎	→	質・量ともに圧倒的な強さを誇っており、今後もこの傾向は続くと思われる。ブレークスルーとなる発見の多くは米国発の研究であることが多い。また、有用物質生産植物種の大型ゲノム解析プロジェクト、高発現ベクターの開発などが進められてきたが、現在は実用化・事業化目的応用研究へ比重がかなりシフトしている。
	応用研究・開発	◎	→	応用研究においても多くの重要な発見が米国において為されており、今後もその傾向は変わらないと思われる。優れた成果の3～4割は米国発であると言ってよい。大型生産設備の拡充や植物からの目的物質抽出・精製工程の研究、それに伴う施設整備・ランニングコスト・エネルギー消費・製品製造にかかる原価コストの試算等の具体的な研究開発が進められている。
欧州	基礎研究	○	→	重要な研究成果を輩出している。世界有数の森林国であるスウェーデンは伝統的に細胞壁研究に強く、細胞壁を出発点とするものづくりに資する細胞壁研究が盛んである。また、モデル植物研究が一段落し、実用植物の基礎研究が充実している。
	応用研究・開発	◎	↗	植物でのヒト型糖タンパク質生産技術、ICON genetics社の開発したmagnICON®等の一過性高発現ベクター開発成果が顕著であり、知財化、およびライセンス化され世界中で利用されるなど、基礎・基盤技術が開発されてきている。米国のような大型施設は無いが、小・中規模ながら既に製造・上市に至る企業施設を有し、アカデミアと企業を結ぶ国際会議も毎年開催され、研究者間ネットワークが以前から構築されており、応用技術の実用化意欲が高い。特に油糧作物、油脂関係の研究開発に秀でている。研究資金の提供も十分にあり、今後のさらなる飛躍が期待できる。米国と欧州で優れた成果の7～8割を輩出していると言ってよい。
中国	基礎研究	○	↗	ゲノム編集、エピゲノム編集など基礎的論文数は非常に多く報告されており、増加の傾向が続いている。伝統的にイネ科植物での研究開発が盛んであり、多くの成果が生み出されている。日本から移籍した日本人研究者による成果にも注目される。日本に追いつき追い越す勢い。
	応用研究・開発	△	↗	応用研究に関する情報はあまり見えてこないが、既に組換え植物での試薬等生産を事業化している企業等は認められる。ものづくりというほどではないが、応用を目指した研究は増えている。また、総説の発表が多く、今後の発展が見込まれる。一方、この分野における規制・基準がどのようになっているのかは見えて来ていない。

韓国	基礎研究	○	→	植物生産タンパク質の翻訳後修飾などの基礎研究が行われている。高発現化への基礎研究はむしろあまり認められない。日本と同様、研究者数の規模は大きくない。
	応用研究・開発	◎	↘	Bioapp社の開発した家畜用ワクチンの承認が得られたことにより、規制・基準がある程度明確化されたことが実用化への道を拓いている。一方、米国と同様COVID-19の流行のためか、新規の植物研究における大型プロジェクトは無く、減速傾向にある。 PMPs以外では目立った実用化研究はない。
イスラエル	基礎研究	△	→	基礎研究において、特に目立った動きは無い
	応用研究・開発	◎	→	培養細胞ながら遺伝子組換え植物で世界初のヒト用医療用タンパク質の承認をFDAより取得し、ファイザー社と販売契約を結んでいる。その他、ファブリー病治療薬や経口投与型医薬品の開発などを手がけている。
カナダ	基礎研究	△	↗	基礎研究において、特に目立った動きは無い
	応用研究・開発	◎	→	メディカゴ社が人用の医薬品としてCOVID-19ワクチンの認可を世界で初めて取得。現在、この分野の実用化で一歩リードしている。当該ワクチンの日本国内での臨床試験も開始している。
オーストラリア	基礎研究	△	↗	細胞壁からのものづくりという観点で、基礎となる細胞壁研究は盛んである。若手の台頭もあり今後に期待される。
	応用研究・開発	○	→	日本ほどではないが有用物質生産や脂質代謝工学において一定の実績がある。

（註1）フェーズ

基礎研究：大学・国研などでの基礎研究の範囲

応用研究・開発：技術開発（プロトタイプの開発含む）の範囲

（註2）現状　※日本の現状を基準にした評価ではなく、CRDS の調査・見解による評価

◎：特に顕著な活動・成果が見えている　○：顕著な活動・成果が見えている

△：顕著な活動・成果が見えていない　×：特筆すべき活動・成果が見えていない

（註3）トレンド　※ここ1～2年の研究開発水準の変化

↗：上昇傾向、→：現状維持、↘：下降傾向

参考・引用文献

1) Y. Li et al., “Overproduction of fungal endo-β-1,4-glucanase leads to characteristic lignocellulose modification for considerably enhanced biomass enzymatic saccharification and bioethanol production in transgenic rice straw.” *Cellulose* 26 (2019) : 8249-8261. doi: 10.1007/s10570-019-02500-2

2) J. D. Crowe et al., “Xylan is critical for proper bundling and alignment of cellulose microfibrils in plant secondary cell walls.” *Front. Plant Sci.* 12 (2021) : 737690. doi: 10.3389/fpls.2021.737690

3) P. D. Petersen et al., “Engineering of plants with improved properties as biofuels feedstocks by vessel-specific complementation of xylan biosynthesis mutants.” *Biotechnol. Biofuels* 5 (2012) : 84. doi: 10.1186/1754-6834-5-84

4) M. Sumiyoshi et al., “Increase in cellulose accumulation and improvement of saccharification by overexpression of arabinofuranosidase in rice.” *PLoS One* 8 (2013) : e78269. doi: 10.1371/journal.pone.0078269

5) J. J. Lyczakowski et al., “Removal of glucuronic acid from xylan is a strategy to improve the conversion of plant biomass to sugars for bioenergy.” *Biotechnol. Biofuels* 10 (2017) : 224. doi: 10.1186/s13068-017-0902-1

6) J. J. Lyczakowski et al., "Two conifer GUX clades are responsible for distinct glucuronic acid patterns on xylan." *New Phytol.* 231 (2021) : 1720-1733. doi: 10.1111/nph.17531
7) X. Pan, N. Gilkes, and J. N. Saddler "Effect of acetyl groups on enzymatic hydrolysis of cellulosic substrates" *Holzforschung*, 60, no. 4 (2006) : 398-401. doi: 10.1515/HF.2006.062
8) L. J. Jönsson, and C. Martín "Pretreatment of lignocellulose: Formation of inhibitory by-products and strategies for minimizing their effects." *Bioresource Technology* 199 (2016) : 103-112. doi: 10.1016/j.biortech.2015.10.009
9) P. M. Pawar et al., "Downregulation of RWA genes in hybrid aspen affects xylan acetylation and wood saccharification." *New Phytol.* 214 (2017) : 1491-1505. doi: 10.1111/nph.14489
10) M. Derba-Maceluch et al., "Cell wall acetylation in hybrid aspen affects field performance, foliar phenolic composition and resistance to biological stress factors in a construct-dependent fashion." *Front. Plant Sci.* 11 (2020) : 651. doi: 10.3389/fpls.2020.00651
11) S. Pramod et al., "Saccharification potential of transgenic greenhouse- and field-grown aspen engineered for reduced xylan acetylation." *Front. Plant Sci.* 12 (2021) : 704960. doi: 10.3389/fpls.2021.704960
12) M. M. Buanafina et al., "Expression of a fungal ferulic acid esterase increases cell wall digestibility of tall fescue (*Festuca arundinacea*)." *Plant Biotechnol. J.* 6 (2008) : 264-280. doi: 10.1111/j.1467-7652.2007.00317.x
13) M. M. de O Buanafina et al., "Probing the role of cell wall feruloylation during maize development by differential expression of an apoplast targeted fungal ferulic acid esterase." *PLoS One* 15 (2020) : e0240369. doi: 10.1371/journal.pone.0240369
14) S. R. Möller et al., "CRISPR/Cas9 suppression of OsAT10, a rice BAHD acyltransferase, reduces *p*-coumaric acid incorporation into arabinoxylan without increasing saccharification." *Front. Plant Sci.* 13 (2022) : 926300. doi: 10.3389/fpls.2022.926300
15) W. R. de Souza et al., "Silencing of a BAHD acyltransferase in sugarcane increases biomass digestibility." *Biotechnol. Biofuels* 12 (2019) : 111. doi: 10.1186/s13068-019-1450-7
16) A. K. Biswal et al., "Sugar release and growth of biofuel crops are improved by downregulation of pectin biosynthesis." *Nat. Biotechnol.* 36 (2018) : 249-257. doi: 10.1038/nbt.4067
17) K. Yoshida, S. Sakamoto, and N. Mitsuda "In planta cell wall engineering: From mutants to artificial cell walls." *Plant Cell Physiol*. 62 (2021) : 1813-1827. doi: 10.1093/pcp/pcab157
18) R. Sibout et al., "CINNAMYL ALCOHOL DEHYDROGENASE-C and -D are the primary genes involved in lignin biosynthesis in the floral stem of Arabidopsis." *Plant Cell* 17 (2005) : 2059-2076. doi: 10.1105/tpc.105.030767
19) K. Meyer et al., "Lignin monomer composition is determined by the expression of a cytochrome P450-dependent monooxygenase in Arabidopsis." *Proc. Natl. Acad. Sci. U. S. A.* 95 (1998) : 6619-23 doi: 10.1073/pnas.95.12.6619
20) F. Muro-Villanueva, X. Mao, and C. Chapple "Linking phenylpropanoid metabolism, lignin deposition, and plant growth inhibition." *Curr. Opin. Biotech.* 56 (2019) : 202-208. doi: 10.1016/j.copbio.2018.12.008
21) Y. Cai et al., "Enhancing digestibility and ethanol yield of Populus wood via expression of an engineered monolignol 4-*O*-methyltransferase." *Nat. Commun.* 7 (2016) : 11989. doi: 10.1038/ncomms11989

22) A. Eudes et al. "Expression of a bacterial 3-dehydroshikimate dehydratase reduces lignin content and improves biomass saccharification efficiency." *Plant Biotechnol. J.* 13（2015）: 1241-1250. doi: 10.1111/pbi.12310
23) S. Hu et al., "Rerouting of the lignin biosynthetic pathway by inhibition of cytosolic shikimate recycling in transgenic hybrid aspen." Plant J. 110（2022）: 358-376. doi: 10.1111/tpj.15674
24) P. Oyarce et al., "Introducing curcumin biosynthesis in Arabidopsis enhances lignocellulosic biomass processing." *Nat. Plants* 5（2019）: 225-237. doi: 10.1038/s41477-018-0350-3
25) Konczak et al., "Regulating the composition of anthocyanins and phenolic acids in a sweet potato cell culture towards production of polyphenolic complex with enhanced physiological activity." *Trends Food Sci. Tech.* 16 no. 9（2005）377-388. doi: 10.1016/j.tifs.2005.02.007
26) F. Medina-Bolivar et al., "Production and secretion of resveratrol in hairy root cultures of peanut." *Phytochemistry* 68 no. 14（2007）: 1992-2003. doi: 10.1016/j.phytochem.2007.04.039
27) A. Tassoni et al., "Jasmonates and Na-orthovanadate promote resveratrol production in *Vitis vinifera* cv. Barbera cell cultures." *New Phytol.* 166（2005）: 895-905. doi: 10.1111/j.1469-8137.2005.01383.x
28) Y. Murakami et al., "Rosmarinic acid and related phenolics in transformed root cultures of *Hyssopus officinalis*." *Plant Cell Tissue Organ Culture* 53（1998）: 75-78. doi: 10.1023/A: 1006007707722
29) Pavlov A. et al., "Optimization of rosmarinic acid production by *Lavandula vera* MM plant cell suspension in a laboratory bioreactor." *Biotechnol. Prog.* 21（2005）: 394-396. doi: 10.1021/bp049678z
30) Y. Kaminaga et al., "Production of unnatural glucosides of curcumin with drastically enhanced water solubility by cell suspension cultures of *Catharanthus roseus.*" *FEBS Lett.* 555 no. 2（2003）: 311-316. doi: 10.1016/S0014-5793（03）01265-1
31) 田畑美穂子、藤田優子「植物細胞培養によるシコニンの生産」In: M. Zaitlin, P. Day, A. Hollaender (eds) Biotech. Plant Sci. オーランド（1985）: 207-218.
32) Pavlov A., M. Georgiev, and T. Bley "Batch and fed-batch production of betalains by red beet (*Beta vulgaris*) hairy roots in a bubble column reactor" *Zeitschrift für Naturforschung C* 62 no. 5-6（2007）: 439-446. doi: 10.1515/znc-2007-5-619
33) Y. Kobayashi et al., "Large-scale production of anthocyanin by *Aralia cordata* cell suspension cultures." *Appl. Microbiol. Biotechnol.* 40（1993）: 215-218. doi: 10.1007/BF00170369
34) C. C. Wood et al., "Seed-specific RNAi in safflower generates a superhigh oleic oil with extended oxidative stability." *Plant Biotechnol. J.* 16（2018）: 1788-1796 doi: 10.1111/pbi.12915
35) U. K. Nath et al., "Increasing erucic acid content through combination of endogenous low polyunsaturated fatty acids alleles with Ld-LPAAT + Bn-fae1 transgenes in rapeseed (*Brassica napus* L.)." *Theor. Appl. Genet.* 118（2009）: 765-773 doi: 10.1007/s00122-008-0936-7
36) Y. Poirier et al., "Polyhydroxybutyrate, a biodegradable thermoplastic, produced in transgenic plants." *Science* 256（1992）: 520-523. doi: 10.1126/science.256.5056.520
37) Bohmert-Tatarev et al., "High levels of bioplastic are produced in fertile transplastomic

tobacco plants engineered with a synthetic operon for the production of polyhydroxybutyrate." *Plant Physiol.* 155（2011）：1690-1708. doi: 10.1104/pp.110.169581
38) R. B. McQualter et al., "The use of an acetoacetyl-CoA synthase in place of a β-ketothiolase enhances poly-3-hydroxybutyrate production in sugarcane mesophyll cells." *Plant Biotechnol. J.* 13（2015）：700-707. doi: 10.1111/pbi.12298
39) Chien-Yuan L. et al., "In-planta production of the biodegradable polyester precursor 2-pyrone-4,6-dicarboxylic acid（PDC）：Stacking reduced biomass recalcitrance with value-added co-product." *Metabolic Eng.* 66（2021）：148-156. doi: 10.1016/j.ymben.2021.04.011
40) 産業技術総合研究所、世界初！遺伝子組み換え植物からできたイヌ用の薬が販売開始に。ここにもあった、産総研vol. 2（2014）：14.
41) Aviezer, D. et al., "A plant-derived recombinant human glucocerebrosidase enzyme—a preclinical and phase I investigation", PLoS ONE 4, no. 3（2009）：e4792. DOI: org/10.1371/journal.pone.0004792.
42) Magnusdottir, A. et al., "Barley grains for the production of endotoxin-free growth factors", Trends Biotechnol 31, no. 2（2013）：572-580. DOI: 10.1016/j.tibtech.2013.06.002.
43) Gleba, Y. et al., "Plant viral vectors for delivery by Agrobacterium", Curr Microbiol Immunol 375（2014）：155-192. DOI: 10.1007/82_2013_352.
44) Hefferon, K.H, "The role of plant expression platforms in biopharmaceutical development: possibilities for the future", Expert Rev Vaccines 18（2019）：1301-1308. DOI: 10.1080/14760584.2019.
45) Brian J. W. et al., "Phase 1 randomized trial of a plant-derived virus-like particle vaccine for COVID-19" Nataure med. 27,(2021）：1071-1078. doi: 10.1038/s41591-021-01370-1.
46) Alam A. et al., "Technoeconomic Modeling of Plant-Based Griffithsin Manufacturing." Frontiers in Bioengineering and Biotechnology 6（2018）：102. doi: 10.3389/fbioe.2018.00102.
47) Matthew J. et al., "Technoeconomic Modeling and Simulation for Plant-Based Manufacturing of Recombinant Proteins" Recombinant Proteins in Plants pp159-189 (2022) DOI: 10.1007/978-1-0716-2241-4_11
48) Matsuo, and G. Atsumi "CRISPR/Cas9-mediated knockout of the RDR6 gene in Nicotiana benthamiana for efficient transient expression of recombinant proteins." Planta 250 (2019)：463-473. doi: 10.1007/s00425-019-03180-9
49) H. Ariga, S. Toki, and K. Ishibashi "Potato virus X vector-mediated DNA-free genome editing in plants." Plant Cell Physiol. 61（2020）：1946-1953. doi: 10.1093/pcp/pcaa123
50) P. E. Bayer et al., "Plant pan-genomes are the new reference." Nat. Plants 6 (2020) 914-920. doi: 10.1038/s41477-020-0733-0
51) R. Della Coletta et al., "How the pan-genome is changing crop genomics and improvement." Genome Biol. 22（2021）：3. doi: 10.1186/s13059-020-02224-8
52) T. Yamamoto et al. "Improvement of the transient expression system for production of recombinant proteins in plants." Sci. Rep. 8（2018）：4755. doi: 10.1038/s41598-018-23024-y
53) R. S. Nett, W. Lau, and E. S. Sattely "Discovery and engineering of colchicine alkaloid biosynthesis." Nature 584 (2020) 148-153. doi: 10.1038/s41586-020-2546-8
54) Gallego-Bartolomé, J. et al., "Targeted DNA demethylation of the Arabidopsis genome

using the human TET1 catalytic domain", PNAS 115, no. 9 (2018) : E2125-E1234. DOI: org/10.1073/pnas.1716945115.

55) Notaguchi et al., "Cell-cell adhesion in plant grafting is facilitated by β-1,4-glucanases." Science 369 (2020) : 698-702. doi: 10.1126/science.abc3710

56) Mitsuda et al., "NAC transcription factors, NST1 and NST3, are key regulators of the formation of secondary walls in woody tissues of Arabidopsis." Plant Cell 19 no. 1 (2007) 270-280. doi: 10.1105/tpc.106.047043

57) R. D. Kasahara et al. "Pollen tube contents initiate ovule enlargement and enhance seed coat development without fertilization." Sci. Adv. 2 (2016) : e1600554. doi: 10.1126/sciadv.1600554

58) Y. Honma et al., "High-quality sugar production by osgcs1 rice." Commun. Biol. 3 (2020) : 617. doi: 10.1038/s42003-020-01329-x

59) Law. S. S. Y. et al., "Polymer-coated carbon nanotube hybrids with functional peptides for gene delivery into plant mitochondria." *Nat. Commun.* 13 (2022) : 2417. doi: 10.1038/s41467-022-30185-y

60) R. Imai et al., "In planta particle bombardment (iPB) : A new method for plant transformation and genome editing." *Plant Biotechnol.* 37 no. 2 (2020) : 171-176. doi: 10.5511/plantbiotechnology.20.0206a

61) Anzalone A. V. et al., "Search-and-replace genome editing without double-strand breaks or donor DNA." Nature 576 (2019) : 149-157. doi: 10.1038/s41586-019-1711-4

62) J. Peter et al., "Enhanced prime editing systems by manipulating cellular determinants of editing outcomes". Cell 184 no. 22 (2021) : 5635-5652. doi: 10.1016/j.cell.2021.09.018

63) 中野雄司他「新規植物カルルス誘導化合物FPX」『化学と生物』57巻 (2019) : 267-269,

64) Bo-Hwa, C. and Do-Young, "K. A national project to build a business support facility for plant-derived vaccine", Clin Exp Vaccine Res 8, no. 1 (2019) : 1. DOI: 10.7774/cevr.2019.8.1.1.

2.2.3 農業エンジニアリング

（1）研究開発領域の定義

一時はランニングコストの高さから衰退したかに思われた植物工場関連技術は、近年の気候変動による異常気象の多発、植物によるバイオ医薬品製造などの高付加価値物質生産への注目、都市部マーケットでの製品の浸透、LED光源の普及によるランニングコストの低下など、様々な要因が重なり合うことで、再び高い注目を集めている。本項目では、究極の農業エンジニアリングを活用する、ICT活用型高付加価値志向農業ともいえる植物工場関連技術と、植物工場ならではの多彩な栽培環境を利用した植物の環境応答の研究開発について取り扱う。

（2）キーワード

植物工場、施設園芸、苗工場、都市農業、月面農業、環境調節、LED照明、水耕栽培、農業ロボティクス、AI、作物生育シミュレーションモデル、フェノミクス、アグリバイオインフォマティクス、生体リズム、生体計測、画像情報処理・画像認識、環境ストレス応答

（3）研究開発領域の概要

[本分野の意義]

植物工場は、光・温湿度・二酸化炭素濃度・培養液組成などの栽培に必要な環境条件を全て施設内でコンピュータ制御することで、季節や場所に捉われずに野菜等の植物を安定的に生産する栽培施設である[1, 2]。閉鎖環境で太陽光を使わずに環境を制御して周年・計画生産を行う「人工光型植物工場」と、温室等の半閉鎖環境で太陽光の利用を基本として、雨天・曇天時の補光や夏季の高温抑制技術等により周年・計画生産を行う「太陽光利用型植物工場」に大別される。特に前者の人工光型植物工場（以下、植物工場）は、砂漠地帯や寒冷地など海外の耕作不適地での植物生産が可能となるため、植物工場は輸出産業としても期待されてきた。最近では、農業人口の減少や異常気象の多発により、国内における社会実装も急速に進んでいる。GLOBALG.A.P.やHACCP、JASなどによる規格・基準の整備が進み、衛生面・安全面が一層強化され消費者にとって身近な存在になってきている[3, 4]。また、薬用植物や遺伝子組換え技術を利用した植物によるバイオ医薬品生産（Plant Made Pharmaceuticals: PMPs）の研究開発や、その生産にも用いられている。さらには、月面農業や都市農業を実現する手段として植物工場は注目されている[5, 6]。都市農業は、人口が集中する都市部で「地産地消」を実現し、フードマイレージの大幅な縮小に貢献できる[7-9]。また、栽培養液タンク内で魚の養殖を行うアクアポニックスも近年注目を集めている[10]。

植物工場は、都市農業として社会実装されているが、同時に生物学と工学の融合領域である植物工場は、幅広い基礎～応用研究の場でもある。生育の最適化・安定化といったシステム制御の研究開発だけでなく、植物が備える様々な防御機構（代謝コストのかかるストレス応答や、生育のリミッターなど）を環境刺激で解除し機能を最大化するといった先進技術の創出が、今まさに進められようとしている。植物工場は、実用作物を対象に、植物の成長の表現型を数値評価（農業のフェノミクス）し、数式に乗せて解析していく、次世代植物生理学の中核となり得る領域である。商業利用（利益確保）の観点から、数値化の精度は数%オーダーを目指す必要があり、従来の植物生理学と比べ1桁高い精度が要求される。したがって、数値化においては生体内の内部ノイズやパラメータの分布も解析対象となる。また、モデル植物（シロイヌナズナ）とは異なる時空間スケール（数十cm～数m、栽培期間が数週間～数ヶ月）を対象とするため、葉面温度分布や気流の境界層といった物理的制約に紐付けられた植物生理学を構築する必要がある。

植物工場は、植物の生育環境を“シーケンス制御”により最適に調整するシステムである。植物に与えられる様々な環境入力は、その順番とタイミングが大事であり、膨大な組み合わせの中から最適な環境入力パターンを見出す必要がある。したがって、生育や体内時計などの自律的な変動と環境入力応答の複合モデルを基

礎とした生育モデルが基礎となる。また、個体差ならびに生理代謝における内部ノイズの影響を縮小するために、生育診断に基づくフィードバック制御やフィードフォワード制御も必要となる。

農業生産プロセスを植物の成長代謝への逐次的な介入（シーケンス制御）であると考えると、様々な生理応答に対する分子的な作用機序の解明や、膨大なオミクスデータ・フェノタイプデータの取得・データベース技術のみでは、農業生産における様々な課題の解決は難しい。「市場（利益）→生産（収量）→成長→代謝」の階層的な“目的関数”を連立的に解くモデル研究が必要である。つまり、「各階層における制約条件の具体化」が重要である[11]。

さらには、情報技術（ICT、IoT、AI）による生育診断、作業機械/ロボットによる栽培・生産プロセスの自動化など、最新の工学技術との親和性が極めて高い領域である。ゲノム編集作物などの栽培試験や生産など、作物育種との関わりも深い領域でもある。

植物工場の技術開発は、LED照明などの基礎生産技術の開発から、フェノタイピングと組み合わせたAI最適化技術の開発、そして葉物野菜だけではなくPMPs生産やアクアポニックスなどの新たなコンテンツの開拓も活発であり、植物科学における総合領域として拡大を続けている。

［研究開発の動向］

【基本生産技術の確立】

2005年頃までにはレタス類やハーブ類などの生育期間が短い作物において栽培方法は確立していた。2009年に農水省・経産省による全国的な拠点整備事業が行われ、いわゆる植物工場の第3次ブームが始まった。ここでは、植物工場を3倍に拡大し、生産コストを3割削減する目標が設定され、販路拡大と栽培システムの見直しによる最適化・省エネ化が行われた。また、栽培光源を蛍光灯からLED照明に変える取り組みが進められ、2016年には、植物工場は191カ所にまで増加した（2009年時点では50カ所）。また、販路拡大と省エネ化が進むことで、日産5,000株を超える量産型植物工場も実現可能となった。しかしながら、「高コスト構造」という生産における根本課題により、植物工場の半数以上は赤字の状況にあった[3]。

一方で、甘草やシソなどの薬用植物、低カリウムレタス、アイスプラント、バジル、ブルーベリーなどの機能性野菜、芋類、イネなどの穀物の栽培技術の開発も進められた。

【大規模生産のためのロボット技術とAI技術】

2014年頃から、植物工場の大規模化が進められている。大規模化の実現には、作業の能率化と環境の均一化を課題とし、前者は機械（ロボット）技術、後者は照明・空調技術が基本技術となる。ロボット化は、まずは比較的単純な作業である播種、苗の移植が対象とされ、続いて複雑な判断と動作が必要な収穫ロボットが最近の対象となっている[12]。植物の状態（形状や生育度合い）を判断しながら作業を行うためには、画像認識を備えたロボットのAI化が必要である。また、照明・空調技術も大きな栽培空間における生育のムラを排除するために、栽培状況を逐次モニターし、AIにより照明・空調をフィードバック制御（またはフィードフォワード制御）する必要がある。最近は、植物体の3Dデータを用いて植物体周辺の気流や温度、光強度の分布を可視化し設計する研究開発も行われている[13]。

これらの作業ならびに栽培のAI化は、日々の生産量の緻密な調節を可能とするため、市場ニーズの変動に合わせた生産量調整（市場ニーズ同期）も可能すると期待される。さらには、レタスやハーブなど、異種の植物を同時に栽培する多品目栽培を実現する基礎となる。

【植物による医薬品生産、遺伝子組換え・ゲノム編集植物等の生産】

2006～2011年度の経済産業省プロジェクト「植物機能を活用した高度モノ作り基盤技術開発/植物利用高付加価値物質製造基盤技術開発」ではヒトや動物の医薬品原体となる物質の遺伝子を導入した遺伝子組換え植物（GM植物）に有用物質を生産させ、これを経口投与、または、抽出精製して利用する技術開発が行われた。例えば、GM ジャガイモを用いた家畜用経口ワクチン原料の生産や、GM トマトを用いた糖尿病等の予防に貢献するとされるミラクリンの生産、GM レタスを用いた酸化ストレスに起因する炎症に有効なチオレドキシンの生産などがあり、他にもイネやイチゴ、ダイズ、レンギョウ、ミヤコグサ、タバコなどを用いた研究開発が進められた[14, 15]。また、自然環境と隔離された植物工場におけるゲノム編集作物の栽培は、野外での圃場栽培に比べ、消費者によるゲノム編集作物への抵抗感を著しく低下させ、ゲノム編集作物の社会実装の実現に貢献すると考えられている。

【フィールド用苗生産とスマートフードシステム】

野菜及び花卉の苗を生産するための施設として植物工場技術は利用されている。種から育てた苗だけでなく培養苗や接ぎ木苗なども対象とし、蛍光灯やLED光を用いることで適度にストレスを与えることにより、高品質な苗の安定供給に貢献している。気候変動にともないストレスに強い苗の需要は益々高まっている[2]。

農産物の生産から流通、加工、販売、消費に至る広範な領域を対象としたサステナブルな社会を実現するためのスマートフードシステム/スマートフードチェーンが議論されている。生産と流通が双方向に連携することにより、余剰農作物を少なくするためのデマンドチェーン及びサプライチェーンの開発が期待されている[9]。

（4）注目動向

［新展開・技術トピックス］

【工学的展開・大規模生産のためのロボット技術とAI技術】

商業ベースの経済的制約（設備投資・運転コストの制約）の下で、大量生産による単価当たりのコスト縮減、ロボット自動化による能率向上、生体画像認識や環境データのAI解析技術の駆使、などが試みられている[12]。また、利益シミュレーションの基礎となる生育・収量予測モデルの精緻化、販売時点情報管理（POS）データによるデマンド予測など、数理モデル研究が注目されている。さらに、高度なフェノタイピング技術と機械学習により生育予測を可能とし、生育ムラの低減、生育の安定化・最適化を実現するための研究開発がなされている。最近では、植物工場の大規模な苗診断データを利用して大集団の中から特異的な生育を示す苗を選別し、育種に活かすための研究開発もなされている[16, 17]。

【生物学的展開・環境調節・生育空間調節による高度な生理代謝制御】

オミクス、フェノタイピングなどの大規模な生物学的データが、生産現場においても安価に取得できるようになったため、データに基づく生物状態の評価が可能となっている[14-16]。また、これまでほとんど研究されてこなかった非自然的な栽培条件における生理代謝の研究が可能となっている。例えば、低気圧（高所環境）、乾燥、微少重力、LED等の特殊光波長域、光や温度の時間的変調（kHzからμHz）などの高ストレス環境制御下における環境応答の利用が可能となっている。これらの生理学的基礎研究による新発見は、植物工場の新技術として直ちに社会実装できる大きなメリットがある。また、宇宙農業を想定した養液栽培技術（ジャガイモ、玉川大学・パナソニック・JAXA）も注目されている[5, 6]。海外では、噴霧耕（エアロポニックス）が、根圏における細菌叢やVOCsなどの基礎研究をベースに技術開発が注目されている[17]。さらには、月面農業で必要な植物残渣などの有機性廃棄物のリサイクルを組み込んだ物質循環型システムの研究開発も注目されている[18]。

【生物学的展開・多品目栽培、栽培品目の拡大、最適栽培の拡大】

レタス類だけでなく、ホウレンソウやバジル等の葉物野菜、イチゴやトマトなどの果菜類、ジャガイモなどの芋類、イネやダイズなどの穀物、薬用植物、ゲノム編集作物など、植物工場はあらゆる植物を生産できるだけでなく、これらの最適な栽培条件・方法をデータ化し、システムとして社会に普及することを可能とする。農業の不確定な要素（天候による環境変動、作業者の経験と勘、生育ムラなど）を極力排除することで、農業のシステム化の壁となる諸課題を明らかにし、さらには現代植物科学の到達点と未開領域を明らかにすることが期待される。特に、モデル植物（シロイヌナズナ）と異なる時空間スケール（数十cm～数m、栽培期間が数週間～数ヶ月）を対象とするため、物理的制約に紐付けられた植物生理学を構築する必要がある。また、海外マーケットで人気の高いイチゴ生産などの生産においては、花成制御や授粉・収穫ロボットなどの技術開発が求められる。

［注目すべき国内外のプロジェクト］

【国内】

- **大規模生産のためのロボット技術とAI技術（2014年～）**

2014年大学発ベンチャー（みらい社他）による日産１万株植物工場におけるLED照明が全面採用された。2014年経済産業省イノベーション拠点立地推進事業（大阪府立大学他）によるレタス日産5,000株植物工場における概日リズムに着目した苗選別と自動移植ロボット・栽培室の自動搬送装置・各栽培棚へのダイレクト送風システム・多色LED光源などの当時の最先端技術が導入された。2017年バイテック社他、2018年セブンイレブン、2018年三菱ケミカル、2019年東京電力グループが日産数万株の大規模植物工場の建設を発表している。また、2018年以降、民間企業による技術開発が急速に進んでおり、スプレッド社が日産3万株を超える大規模化を達成し、ファームシップ社が市場価格予測サービスを開発し、プランテックス社が栽培棚ごとに独立したモジュール型の植物工場を開発している。

- **植物の生育・環境応答予測モデルを基盤とする環境適応型植物設計システム（2015年～）**

文部科学省H27年度戦略目標「気候変動時代の食料安定確保を実現する環境適応型植物設計システムの構築」に基づく、CREST「植物頑健性」領域（2015–2022年度）、さきがけ「フィールド植物制御」（2015–2020年度）、「情報協働栽培」領域（2015–2020年度）では、植物工場またはその栽培技術が直接的な研究対象あるいは研究試験施設として利用された。人工光植物工場（レタス）、太陽光植物工場（トマト）などの実際の栽培フローにおける生育・環境応答予測モデルの研究や、イネやダイズなどに対するオミクス解析やフェノタイピングの高速化装置としての研究がある。また、JST–AIP加速研究として、ビッグデータ駆動型AI農業創出のためのサイバー・フィジカルシステムの基盤構築を目指したVR/AR/MRを用いた作物のバーチャル空間モデルの研究がある（2021–2023年度）[19]。

上述の戦略目標とは異なる観点として、「生命システムの動作原理とその数理モデル」に着目した“数理的手法”による研究開発も本来関連している。「生命システムの動作原理の解明と活用のための基盤技術の創出」（2006年設定）、「社会的ニーズの高い課題の解決へ向けた数学/数理科学研究によるブレークスルーの探索」（2007年設定）、「社会における支配原理・法則が明確でない諸現象を数学的に記述・解明するモデルの構築」（2014年設定）、などが該当する。しかしながら、これらの領域における“農業（植物生産）”を直接的に扱ったプロジェクトは少ない。

- **実用技術開発**

農水省委託事業としては、農林水産省の委託プロジェクト研究「人工知能未来農業創造プロジェクト」（2017–2021年）において植物生体情報とAIによる太陽光植物工場における農産物生産の最適化の研究開発が実施されている（AIを活用した栽培・労務管理の最適化技術の開発（愛媛大学を中核機関とした7法人コンソーシアム））。

2017年NEDO「次世代人工知能技術の社会実装を目指した先導研究」の一つとして「人工知能技術を用いた植物フェノミクスとその応用に関する先導研究（特定非営利活動法人植物工場研究会、産総研、鹿島建設社、千葉大学）」が採択され、レタスなどの園芸作物やその他植物の特性や成長量を総合的定量的に把握し、生育に必要な環境因子の動的作用を解析する植物フェノタイピング技術を人工知能技術によって開発し、さらに植物フェノタイピング利活用基盤として整備し利用可能とすることで植物工場での生産活動や将来的には育種などにも適用し得る応用技術の実現した[16, 17]。

2018年NEDO「人工知能技術適用によるスマート社会の実現」の一つとして「AIによる植物工場等バリューチェーン効率化システムの研究開発（ファームシップ社、東京大学、パイマテリアルデザイン社、豊橋技術科学大学）」が採択され、野菜の市場価格を予測するAIを開発し、植物工場で生産される野菜の需要を予測して、精密な生産計画を立てる需給マッチング技術を開発している[20]。

• 植物による医薬品生産（PMPs）、ゲノム編集植物の生産

NEDO「植物等の生物を用いた高機能品生産技術開発」（2016～2020年）ならびにJST OPERA「食の未来を拓く革新的先端技術の創出」（2019年度～）においてはゲノム編集作物などの高付加価値作物の実験施設、さらには生産施設として植物工場が用いられている。

【海外】

植物工場は世界各国で急速に普及傾向にある[21]。植物工場に精力的な研究拠点や国際会議・カンファレンスは、昨今にも世界中で急増している。欧米では1億ドル以上の資金調達を行う企業が生まれている（ドイツInfarm社、米国Plenty社、米国Bowery Farming社など）。

主な研究拠点、プロジェクト等としては、以下が挙げられる

・オランダ・ワーゲニンゲン大学の植物工場プロジェクト[22]

・米国農務省USDA（Ohio State大学、Mishigan State大学など）における葉物野菜を対象とした植物工場プロジェクト[23]

・中国：複数大学のグループ（例：Chinese Academy of Agricultural Sciences、その他多数）

・韓国：KISTの天然物研究所におけるジンゼンベリーなど高付加価値植物を対象としたプロジェクト[24]

この他、シンガポールでは政府による政策強化の動きが見られる。

（5）科学技術的課題

植物工場における基本的課題の一つに、生産プロセスの定常状態の維持が難しいことが挙げられる。植物の生育・生理代謝や装置の経年変化（劣化）などが相互作用するため、植物の受光量や養液組成、装置内のガス組成を一定に保つことは難しい。また、個体差（製品ムラ）が大きい点が、工業製品とは大きく異なる。このような生体に起因する動的で確率論的な性質を理解し制御するにあたって、生態系における数理生物学（数学的な動態解析手法）が参考になる。これまで、成長プロセスはロジスティック方程式[25]、花成プロセスはFT–FLCモデル[26]、光合成産物管理はショ糖合成－デンプン分解モデル[27]、個体間相互作用は格子モデル、概日時計の昼夜サイクルへの同期は位相方程式[28]、個体レベルの概日リズム形成はKuramotoモデルをベースにした振幅モデルなど[29]が考案されている。

植物生産においては、生育や機能性物質に関わる二次代謝にとって最適な状態を維持し、極力個体差を排除する技術が必要である。また、播種・苗の移植・定植・収穫といった作業や、品質検査と等級選別を自動処理するための非破壊型の生体計測とロボット技術が必要である。さらに、収穫後の鮮度維持技術も重要である。

さらには、育種利用やゲノム編集作物生産、月面農業など、多方面での利用に向けたアプリケーションの開発が重要である。植物科学の研究者や工場システムの開発者、生産者など、多様なバックグランドを持つユーザに対して高度に発展する植物工場システムをVR技術等で可視化し、ニーズを発掘するようなデジタル・プラットフォームの開発が国際市場への展開を図る上で重要である。以上から、植物工場の基礎となる科学技術は、

①生理代謝解析（オミクス解析：トランスクリプトーム解析、メタボローム解析）

②表現型計測（フェノタイピング、画像解析、機械学習）

③生育・代謝モデリング（数理モデル）

④品質検査（非破壊法による成分分析）

⑤作業ロボット技術
⑥鮮度保持技術（収穫・トリミング技術、予冷技術、コールドチェーン技術）
⑦デジタル技術（仮想現実・拡張現実技術、生物シミュレーション技術）
である。

上述の関連科学技術において、今後、特に研究が必要な課題を以下に挙げる。

• **植物の複合環境応答の時系列オミクス解析**

植物工場は、植物の生育環境を“シーケンス制御”により最適に調整するシステムである。植物に与えられる様々な環境入力は、その順番とタイミングが大事であり、膨大な組み合わせの中から最適な動的な環境パターンを見出す必要がある。赤色や青色などの多色LED照明、温度変化、気流、移植作業などによる物理刺激に対する複合的な応答を、ストレス応答、光合成変化、成長速度変化、形態変化などの異なるタイムスケールで要素分解し、時空間的・統合的に理解し、最適状態を定量的に表現できるようにする必要がある。従って、生物学的知見だけではなく、ダイナミクスを扱う統計モデルや力学モデルも必要となる。

統計モデルとしては永野らのイネ圃場における複合環境における植物の生理応答（トランスクリプトーム応答）の研究[30]が世界的に有名であり、CREST「植物頑健性領域」（2015–2022年度）やさきがけ「フィールド植物制御領域」（2015–2020年度）における展開が見られる。一方、力学モデルは成長や概日時計、花成、光合成産物管理、形態形成などを対象とした研究がある[31]。

• **フェノタイピング**

植物の形状、色、温度、匂い、成分、葉の運動などの表現型を計測し、特徴量の抽出（特徴量エンジニアリング）と、最適化の目的となる評価関数の設計が必要である。マルチモーダル・AI栽培ロボットの目や耳、鼻といった五感を司る技術となる[11]。匂いセンサーを用いたハーブ類の香り品質向上のための研究も進んでいる[32]。

• **生育/代謝モデリング**

時系列オミクスデータと時系列フェノタイピングデータに基づき、植物生産において最適な生育・代謝を実現するための逐次環境制御を可能とする数理モデリングが必要である。環境応答の非線形特性、タイムスケール、体内時計（生体リズム）、内部ノイズなどを扱う力学モデルと、オミクスデータ・フェノタイピングデータなどの大規模複雑データの取り扱いに優れた統計モデル（機械学習）が必要である。

• **機械と生物の情報融合技術**

植物工場内には、植物の集団だけでなく、照明・空調・養液等環境調節機械群、作業ロボット群、作業者集団といったそれぞれが自律動作する動的な集団から構成されている。これらは究極的には情報的に統合・融合し、AIにより最適化される。環境調節や作業ロボットの動作には、固有の時間遅れや位相差がある（自律性の存在）ため、トータルとしての情報融合技術は生産工程全体の最適化において必要となる[11]。また、ロボットによる全自動化や月面農業など、人が出入りしないシステムへと発展しているため、仮想現実/拡張現実/複合現実（VR/AR/MR）を用いたバーチャル空間において生育状況や生産プロセスを可視化できるシミュレーション技術（デジタルツイン、メタバース）への期待も高まっている[10, 33, 34, 35]。

（6）その他の課題

植物工場は生物と環境の「システム制御」を基礎としているのに対し、植物科学は現象の解明を目的とする。これらのスタンスは歴史的には大きく異なり、植物科学の延長線上に植物工場の科学技術は置かれてこなかった。植物工場への社会的期待が高まっている現在、植物工場（人工環境下における植物生産システム）を活用した植物科学の新たな可能性（システム制御）の探究が期待される。

2009年の農林水産省の植物工場ワーキンググループ報告書では、植物工場は農商工連携のシンボルであり、その工業技術・栽培ノウハウは輸出産業として有望とされた。2016年の植物工場ワーキンググループ調査報告書では、経営的に厳しい状況ではあるが（規制・税制の面で露地栽培と比較して優遇措置が少ない、生物固有の不安定性の存在、など要因とされた）、植物工場の生産システムを他国に先駆けていち早く確立し、食料生産に不適な海外地域等に対してパッケージとして輸出することで、外貨獲得を通じて日本経済へ貢献することも有望視された。

しかしながら、2017年頃から米国や中国、欧州などで、大規模な研究開発や建設が相次ぎ、国際市場が急速に伸びているにもかかわらず（2025年には約1兆円と予想）、わが国の植物工場は厳しい国際競争に晒されている。ただし、わが国の植物科学や栽培技術は最先端を走っており、海外市場に先進技術を輸出できる好機でもある。一方、民間投資による国内の植物工場は盛況であるが、研究開発に関する情報はほとんど公開されておらず、大学等研究機関との連携が疎かになりつつある。今後の国際競争を鑑みると、産学連携による応用研究と基礎研究の強化が望まれる。

（7）国際比較

国・地域	フェーズ	現状	トレンド	各国の状況、評価の際に参考にした根拠など
日本	基礎研究	◎	→	水耕栽培、LED照明、空調管理など、工学的な要素技術の研究基盤が強い。トランスクリプトーム・メタボローム解析の研究基盤を持つ。ゲノム編集作物など高付加価値品種を有する。 一方で、生物学と工学の境界領域であるため、固有の基礎研究が認知されておらず、JSTやNEDO、NAROなどによる直接的な研究資金の投入がなく、世界をリードする専門的な基礎研究が不足。中国・韓国等の海外勢に対する研究競争力が弱まっている。
	応用研究・開発	◎	↗	全国に研究拠点を整備しており、産学連携を擁する基盤を持つ。民間による投資が積極的に行われており、社会実装が進んでいる。また、JAS規格などの品質管理・衛生管理の整備が進められている。大規模化と自動化、数理モデルを用いた生産管理について、民間レベルの研究開発が進んでいる。世界市場に向けた標準パッケージの展開が期待できる。 情報技術・シミュレーション技術に優れた複数のスタートアップが起業。
米国	基礎研究	○	↗	総じて優れているが、自動化技術の進捗は不明。
	応用研究・開発	◎	↗	多くのスタートアップとそれをバックアップする資金、人材、システムがあり、innovationを構造的に支えている。 植物工場ベンチャー企業が多数。巨額の資金を調達する企業が存在。
欧州	基礎研究	○	↗	総じて優れているが、自動化技術の進捗は不明。
	応用研究・開発	◎	↗	植物工場ベンチャー企業が多数。巨額の資金を調達する企業が存在。
中国	基礎研究	○	↗	国家主導による研究拠点が立ち上がり、急速に成果を出してきている。
	応用研究・開発	○	↗	世界市場に技術提供を開始している。
韓国	基礎研究	○	↗	国家主導による研究拠点が立ち上がり、急速に成果を出してきている。
	応用研究・開発	○	↗	2010年頃より商用化。ソウル地下鉄駅構内に全自動植物工場がオープン（2019年）するなど実用化が進むが、社会実装の勢いは不明。 薬草など自国の強みを活かした応用研究が急速に成長している。

（註1）フェーズ

基礎研究：大学・国研などでの基礎研究の範囲

応用研究・開発：技術開発（プロトタイプの開発含む）の範囲

（註2）現状　※日本の現状を基準にした評価ではなく、CRDSの調査・見解による評価

◎：特に顕著な活動・成果が見えている　○：顕著な活動・成果が見えている

△：顕著な活動・成果が見えていない　×：特筆すべき活動・成果が見えていない

（註3）トレンド　※ここ1～2年の研究開発水準の変化

↗：上昇傾向、→：現状維持、↘：下降傾向

参考・引用文献

1）経済産業省、農林水産省．　農商工連携研究会、植物工場ワーキンググループ報告書2009．　https://www.meti.go.jp/policy/local_economy/nipponsaikoh/090424-01.pdf（2023年2月アクセス）．
2）T. Kozai, *Smart Plant Factory: The Next Generation Indoor Vertical Farms*（New York: Springer, 2018）, https://www.springer.com/gp/book/9789811310645.
3）経済産業省.平成 28 年度 地域経済産業活性化対策調査、植物工場産業の新たな事業展開と社会的・経済的意義に関する調査事業　報告書（2016）. https://www.meti.go.jp/meti_lib/report/H28FY/000810.pdf（2021年2月4日アクセス）.
4）農林水産省.日本農林規格JAS 0012人工光型植物工場における葉菜類の栽培環境管理. https://www.maff.go.jp/j/jas/jas_kikaku/attach/pdf/kikaku_itiran2-332.pdf（2021年2月4日アクセス）.
5）月面農場ワーキンググループ検討報告書（2019）. http://www.ihub-tansa.jaxa.jp/Lunarfarming.html（2021年2月4日アクセス）.
6）一般社団法人SPACE FOODSPHERE. https://spacefoodsphere.jp/（2021年2月4日アクセス）.
7）日本学術会議・農学委員会・農業生産環境工学分科会.（報告）持続可能な都市農業の実現に向けて.2017年7月.http://www.scj.go.jp/ja/info/kohyo/pdf/kohyo-23-h170719.pdf（2021年2月4日アクセス）.
8）日本学術会議・農学委員会・食料科学委員会合同農業情報システム学分科会.（提言）人口減少社会に対応した農業情報システム科学の課題と展望.2020年9月.
9）（一般社団法人）システムイノベーションセンター・スマートフードシステム分科会.スマートフードシステムに関わる政策提言.2020年8月
10）T. Kozai, G Niu, J. Masabni, "Plant Factory -Basics, Applications, and Advances", Academic Press; 1st edition（December 2, 2021）
11）福田弘和「植物環境工学の研究展望:（第七会）概日時計利用技術」『植物環境工学』31巻4号（2019）: 189-197. doi: 10.2525/shita.31.189
12）キヤノン電子・植物工場事業.https://www.canon-elec.co.jp/vegetable-factory/（2021年2月4日アクセス）.
13）K. Saito, et al., "Evaluation of the Light Environment of a Plant Factory with Artificial Light by Using an Optical Simulation", Agronomy 10（2020）: 1663. doi：10.3390/agronomy10111663
14）福田弘和「安心安全レタスから医薬用レタスまで：遺伝子発現制御植物工場の開発」『SHITA REPORT』24巻（2007）: 82-92. http://sc.chat-shuffle.net/paper/uid：10021228431
15）後藤英司「遺伝子組換え植物工場を用いた高付加価値物質の生産」『SHITA REPORT』25巻（2008）: 1-10.
16）E. Hayashi, et al., "Phenotypic Analysis of Germination Time of Individual Seeds Affected by Microenvironment and Management Factors for Cohort Research in Plant Factory", *Agronomy*, 10（2020）: 1680. doi：10.3390/agronomy10111680
17）E. Hayashi, et al., "Variations in the growth of cotyledons and initial true leaves as affected by photosynthetic photon flux density at individual seedlings and nutrients", *Agronomy*, 12（2022）: 194. https://doi.org/10.3390/agronomy12010194
18）中井勇介, 他, "月面農場ワーキンググループ検討報告書　第1版 6. 持続的な物質循環システム",（2019）. 遠藤良輔, "月面農場実現のための物質循環システムの提案－月面農場ワーキンググループ検討報告書より－", Eco-Engineering, 31（2019）: 75.
19）M. Hirafuji, "Challenging Next Stage of IoT and Big Data in Agriculture", Keynote speech, The XX CIGR World Congress 2022, Kyoto.

20）NEDOプレスリリース2019年11月「AIを活用した野菜の市場価格の予測アルゴリズムを開発」 https://www.nedo.go.jp/news/press/AA5_101235.html（2023年2月アクセス）
21）植物工場・農業ビジネスオンライン　http://innoplex.org/（2023年2月アクセス）.
22）https://www.wur.nl/en/newsarticle/Sky-High-Plant-flats-with-LEDs.htm（2023年2月アクセス）.
23）https://www.usda.gov/media/blog/2018/08/14/vertical-farming-future（2023年2月アクセス）.
24）J.E. Park, et al., "A comparative study of ginseng berry production in a vertical farm and an open field", Industrial Crops & Products 140（2019）：111612. https://doi.org/10.1016/j.indcrop.2019.111612
25）巌佐 庸『数理生物学入門―生物社会のダイナミックスを探る』（東京：共立出版，1998）
26）A. Satake et al., "Forecasting flowering phenology under climate warming by modelling the regulatory dynamics of flowering-time genes", *Nat. Commun.* 4, no. 1（2013）：2303. doi: 10.1038/ncomms3303
27）M. Seki et al., "Adjustment of the Arabidopsis circadian oscillator by sugar signalling dictates the regulation of starch metabolism", *Scientific Reports* 7, no. 1（2017）：8305. doi: 10.1038/s41598-017-08325-y
28）H. Fukuda, H. Murase and I. Tokuda, "Controlling circadian rhythms by dark-pulse perturbations in Arabidopsis thaliana", *Scientific Reports* 3（2013）：1533. doi: 10.1038/srep01533
29）徳田功「概日リズムデータの数理解析：振幅モデルによるアプローチ」時間生物学（2020）26：100-108.
30）」Kuramoto, Y. Chemical oscillations, waves, and turbulence. Springer（1984）
31）A. J. Nagano et al., "Deciphering and prediction of transcriptome dynamics under fluctuating field conditions", *Cell* 151, no. 6（2012）：1358-1369. doi: 10.1016/j.cell.2012.10.048
32）福田弘和「植物工場における概日時計の科学技術」『植物環境工学』30巻1号（2018）：20-27. doi: 10.2525/shita.30.20
33）JST-OPERAマルチモーダルセンシング共創コンソーシアム. https://opera.tut.ac.jp/problem/（2023年2月アクセス）.
34）T.-H. Wang, et al., "The management control system for plant factory that uses the IoT technology in combination with Augmented Reality technology", 2020 International Symposium on Computer, Consumer and Control（IS3C）（2020）. doi: 10.1109/IS3C50286.2020.00007
35）J. Monteiro, et al., "A scalable digital twin for vertical farming", Journal of Ambient Intelligence and Humanized Computing（2022）. https://doi.org/10.1007/s12652-022-04106-2

2.2.4 植物生殖

（1）研究開発領域の定義

藻類やシダ植物、裸子植物や被子植物と、長い進化の歴史を反映した広範な分類体系にわたる植物の生殖様式はきわめて多様であるが、本稿では生殖器官として、いわゆる「花」を用いる被子植物の生殖を中心に扱う。人類が食料として用いる植物の多くは被子植物に分類される。被子植物の生殖進化をモデルケースとした、動物とは対照的な生殖様式の成立要因の探索と、その進化の特異性、及び植物では広範にみられる交配を必要とせず、クローン種子を生産する現象である「アポミクシス」についても扱う。花という特別なユニットを基礎として、都合の良い繁殖システムを自由に往来することのできる「植物の自由度」を駆動してきた進化の様相を紐解き、その進化の理解に基づいた次世代の作物の新しいデザインを行う研究開発領域である。

（2）キーワード

性決定、性染色体、花成、配偶体、花粉管ガイダンス（誘導）、自家不和合性、重複受精、種子、胚乳、ゲノム障壁、異質倍数体、エピジェネティクス、生殖的隔離、アポミクシス、インプリンティング、種子形成、胚発生、胚乳発生、育種、雑種・新品種開発、細胞間コミュニケーション収斂進化・共進化、人工知能（AI）、横断ゲノム解読、進化リデザイン

（3）研究開発領域の概要

[本領域の意義]

• きわめて多様な植物の生殖様式

被子植物の生殖では、一つの花の中に雄蕊と雌蕊が同時に存在する両性花、どちらか一つしか持たない雄花や雌花、株によって雌雄が分かれる、いわゆる雄株と雌株が存在する種もある。また、一つの花の中に雄蕊と雌蕊が備わっている両性花であっても、自分の株の花粉で受精できる自家受粉と、別株の花粉でなければ受精しない他花受粉（自家不和合性）とが存在する。さらに、交配を必要とせず、種子の形で自己クローンを生産する「アポミクシス」という現象もさまざまな種で見られる。また、近縁種が交配するときに、両親の染色体が2セットずつ取り込まれる異質倍数体が刑されることも植物特有の現象である。このように植物の生殖様式は乱立していると言って過言でない状況であるが、運よく同様の生殖様式をとる、ある程度近縁な種は種間交雑ができることが知られているものの、同属であっても種間交雑ができないことも多い。

• 交雑できないゲノム障壁を打ち破る研究開発

現存植物に存在する様々な交雑障壁を突破することで、想定範囲外の自由な交雑に基づく作物育種を可能にする。つまりは「新しい作物のデザイン」が可能になる。例えば、種認証の分子的理解により主要なゲノム障壁を打破し、種の壁を越えた受精により、自在な異質倍数体新種の作出が可能となる。従来育種がF1のようなファインチューニングなのに対し、異質倍数体新種の作出は空飛ぶ車のような新機能を持つ植物の開発に繋がる。三大穀物の一つであるパンコムギ、木綿が得られるワタ、油が得られるセイヨウナタネなどが代表的な例である。科を超えた交雑はカルタヘナ議定書の規制にかかるが、科のなかでも交雑できない組み合わせはほとんどであり、科のなかで自在に交雑できるようになるだけでもインパクトは極めて大きい。

• 交配不要な種子形成、アポミクシスの利用

育種選抜で得られた有用作物も、両親の遺伝子型が異なればF2世代でそれが分離するため、F1世代で得られた遺伝子の組み合わせは、その後の遺伝子の固定作業が必要である。これを迅速化するために、半数体誘導技術、倍加技術を組み合わせたDouble Haploid誘導技術や、母親と同じ遺伝子型をもつ子孫が誕生するアポミクシス植物の理解から、人為的アポミクシス誘導技術が試みられている。

• **植物の新規形質獲得メカニズムの解明への寄与**

進化の過程において、挑戦とせめぎ合いを続けてきた生殖機構の連続的変遷（藻類からコケ・シダ、そして裸子・被子植物）において、乱立してきた新規遺伝子の解明によって、植物の本質とも言える新規機能の獲得のパターンを進化全体像の中から定義することが可能となる。これは特に近年におけるポストゲノム時代とも呼ばれる大量情報の時代と、それに基づいた半自動的な人工知能モデリングによって現実味を帯びてくるものである。人類は育種という活動を通じて新規機能の獲得を目指してきたが、これは長年の経験によって偶発的な変異が選抜されてきた結果を利用しているだけであって、未だ、新規機能を獲得するための戦略的な交配のための方法論を知らない。植物生殖が紡いできた進化の道筋を概観することによって、新規機能獲得のパターンを見出すことは、全く新しい育種の方法論の展開へと寄与するものである。

［研究開発の動向］

【交配を阻害する仕組みの解明】

植物生殖の初期過程では、花粉が雌蕊の先端に着き、発芽、伸長する。交配が阻害される場合には、まずこの段階での花粉排除システムが働くことが明らかになっている。被子植物では、自己と非自己とを識別し、非自己の相手とのみ交配する現象が知られており、これを自家不和合性と言う。自家不和合性を持つ植物は、地球上の40%以上の種、あるいは、100以上の科に存在すると言われる[1)]。そのメカニズムについては、1990年代から最近にいたるまで、自己と非自己を識別する分子メカニズムについて多くの報告がなされている。その結果、植物は進化の過程において自己と非自己とを識別する分子機構の獲得と損失をくり返してきたことが明らかになった。自家不和合性は花粉側の因子と雌しべ側の因子の2つの多型性の遺伝子により決定され、その分子機構は、おおむね分類学上の科のレベルごとに異なる。ナタネ、キャベツ、ダイコン、モデル植物のシロイヌナズナを含むアブラナ科では、花粉側の*SP11*遺伝子と、雌しべ側の*SRK*遺伝子により自家不和合性が決定される。 SP11は雄蕊の葯のタペート細胞で産生される分泌型のタンパク質で、SRKは雌しべの先端にある乳頭細胞の細胞膜に局在する受容体型キナーゼで、それぞれ連鎖して多様なSハプロタイプ（S1, S2, ..., Sn）を形成する。 Sハプロタイプには序列があり、優勢な方が自他認識に用いられる。 SP11側の優勢なSハプロタイプとSRK側の優勢なハプロタイプが同一である場合、SP11とSRKが結合して自家不和合性が発動する。 SP11側の優勢なSハプロタイプとSRK側の優勢なハプロタイプが同一でない場合、SP11とSRKが結合せず、自家不和合性が発動しない。この場合、雌しべの先端の水分によって、雌蕊に着いた花粉が発芽し、受精に至る次のステップへと進む[2)]。このSハプロタイプによる序列の決定には、Smi、Smi2といったsRNAの作用により、劣性側の転写制御領域はDNAメチル化されることで転写が抑制される[3)]。

【受精のメカニズム解明】

被子植物で受精が行われるためには、雌蕊に受粉した花粉から発芽・伸長した花粉管が、雌蕊の中を通過し、卵細胞を包んでいる胚珠へと精細胞を運ぶことが必要である。 雌蕊を通過し、受精に至るまでの間に、花粉管は、植物ホルモン、糖タンパク質など様々な物質を受け取る。東京大学の東山らは、卵装置が胚珠から突出する特徴を持つ*Torenia fournieri*（トレニア）という植物を用いて、花粉管が胚珠へと向かう過程を詳細に観察できる実験手法を開発[4)]し、花粉管が胚珠へと誘導される仕組みを精力的に解明してきた。この過程で、花粉管が卵細胞の隣に位置する2つの助細胞から分泌される誘引物質、LUREを受け取り、受精が行われるために、花粉管が誘引物質に応答する能力を獲得する現象が報告された[5)]。この過程では、植物に特有のアラビノガラクタンと呼ばれる糖鎖を持つAMOR呼ばれる物質が、胚珠から花粉管に誘引物質への応答能を与える因子であることが見出された[6)]。

【植物の性決定とそのメカニズムから学ぶ新規機能獲得パターン】

植物の生殖研究、特に性決定は100年以上の歴史を持ち、当初は「動物の性を模範とした」研究がなされてきた。1923年に3種の植物での代表的な性染色体の発見が機となり、同様に動物の性決定に基づく遺伝学的・細胞生物学的な解析が展開されると同時に、「植物らしさ」「植物の特異性」を考慮した理論進化的な枠組みが次々と提案され、1978年には「植物の性決定二因子説」が発表された[7]。これは、植物に特異な性のユニットであり、個体の中に独立した生殖器官として成立する「花」単位の性変化も考慮したものであり、植物の性というものが如何に多様な進化を遂げたものであるか？という可能性についても示唆する重要な位置づけの論文である。一方、植物の性決定を遺伝的に決める仕組みについての研究は一向に進まず、その発見は2014年になって初めて行われた。古典的な「遺伝学」を基本としたアプローチには限界があったというのが端的な理由であると思われる。これを可能にしたのは「ゲノム解析技術（特に次世代配列解読技術）」と「情報学」の融合であった。 Illuminaリード解析（いわゆる次世代シーケンサー）が2000年代半ばに登場し、当初はモデル植物群での活用が目立ったが、これが真価を発揮するのは「非モデル植物」においてである。植物性決定の分野では、初めてとなる性決定因子が2014年にカキ属で同定されたが[8]、これはそれまでの遺伝学的手法・ゲノム活用法を一切無視した「情報学的手法による一本釣り」とでもいうべき解析であり、ゲノム情報の欠片も存在しなかった種において性染色体領域と性決定遺伝子を抽出した稀有な例である。これを皮切りとして、植物の性決定機構はゲノム解析技術を中心として次々と明らかにされていった。2017年にはアスパラガスにおいて、PacificBioロングリード技術と大規模変異体集団解析の組み合わせにより、性決定を行う二因子が同定され、2018–2019年には、10X Chromium（Gem–barcoding）技術やトランスクリプトーム情報を駆使してキウイフルーツにおいても性決定因子が同定された[3]。さらに、遺伝子編集技術を活用して、ポプラ（ヤナギ科）やキウイフルーツなどにおいて性決定因子の機能証明や、性の改変による新しい育種・栽培法のデザインが提案されている[9]。

さて、これらの結果から見えてきたのは、いずれの性決定因子の間にも分子的な相同性は存在せず、かつ、性決定因子は祖先種の段階では性決定機能を有しておらず、新しく性決定機能を獲得している、という事実である。言い換えると、「植物の性決定では次々と頻繁に新しい機能因子が生み出されて、それが性決定因子として使われている」ということである。これについて、幾つかの要因が提案されているが、その一つは、植物の進化の歴史において、極めて頻繁に起こった古倍化による新機能獲得の推進である[10]。古くは1970年の大野乾による「遺伝子重複説」に端を発するが、重複因子間における機能分化や新機能獲得によって、新しい機能進化が見られるという説である。これは、カキ属・アスパラガス・キウイフルーツの性決定進化いずれにも当てはまる説であった。また、この進化仮説は、他の植物種における「その種を代表する形質」の多くを説明しており、例えば、ドリアンの匂いやアマモ（*Zostra marina*）の潜水性、オリーブの油分、など多くの形質がその系統に特異な古ゲノム倍化によって説明可能である。しかし、こうした古ゲノム倍加に由来する新規獲得形質の解読・活用は遅れている。次世代の作出・多様性の維持という生存の根本に関わる植物生殖システムは、極めて多彩な挑戦を続けており、ゲノム倍化や大規模遺伝子重複といった機会を惜しみなく使って、その幅を拡大したものと思われ、その「新規機能の獲得」の原動力やそのパターンを横断的視点から俯瞰するのに極めて即した題材であると言える。

【人為的アポミクシスの誘導】

育種選抜で得られた有用作物も、両親の遺伝子型が異なればF2世代でそれが分離するため、F1世代で得られた遺伝子の組み合わせは、その後の遺伝子の固定作業が必要である。これを迅速化するために、半数体誘導技術、倍加技術を組み合わせたDouble Haploid誘導技術や、母親と同じ遺伝子型をもつ子孫が誕生するアポミクシス植物の理解から、人為的アポミクシス誘導技術が試みられている。アポミクシスは、バラ科のサンザシ、ナナカマド、柑橘類、キク科のタンポポ、イネ科牧草のギニアグラスなど、様々な科の植物で見られる無配偶性種子の形成であり、通常は母体の体細胞クローン種子が形成される。柑橘類では、種子内に交雑胚に加え、複数の体細胞胚が形成されることから多胚性と呼ばれ、交配による育種を進めようとしても、生じた種子が交配の結果生じたのか、アポミクシスによって生じたのかの判別に時間がかかるため、育種の阻害因子として知られてきた。

（4）注目動向

植物生殖に限ったことではないが、モデル植物と呼ばれたシロイヌナズナがリファレンス植物と再定義され、他の非モデル植物に研究展開される動向が顕著である。一つは、コケ、シダ植物にモデルを移すことで植物生殖進化やシロイヌナズナでは紐解けなかった根本原理を理解しようとする流れである。もう一つは、シロイヌナズナで既に理解できたことをリファレンスとして、活用出来る根本原理は活用しつつ、あらたに作物で明らかにされる根本原理と合わせて、包括的な理解に繋げようとする動きである。

［新展開］

【異種の花粉を排除するメカニズムの発見】

近年、異種の花粉による交配が阻害される仕組みが解明されつつある。東京大学の高山らは、モデル植物のシロイヌナズナを用いた解析により、異種の花粉を積極的に排除する雌しべ因子をコードする遺伝子*SPRI1*が発見された。*SPRI1*欠損変異株では、通常排除されるはずの異種の花粉が侵入する。SPRI1 タンパク質は雌蕊の先端の細胞膜に局在して異種と自種の花粉を識別し、異種のみを排除するメカニズムに関わることが示された[11]。*SPRI1*欠損株では異種の花粉の侵入により正常な受精が阻害されることから、SPRI1 タンパク質は異種の花粉が混在する野外環境下での種間のせめぎあいにおいて重要な役割を果たすと考えられる。種の壁を司る SPRI1 タンパク質を人為的に制御することで種間交雑が容易になり、より広範な地球環境に適応する作物の開発が可能になることが期待される。

【植物の性決定とそのメカニズムから学ぶ新規機能獲得パターン】

これまでは不可能であると考えられてきた性染色体の解読と解釈について、大きな進展がある。これは上述したようにゲノム解読技術の向上に比例したものであるが、それと同時に、シミュレーションや人工知能の活用といったモデル化・演算技術の学際利用が一つの鍵であるようにも感じられる。例えば、これまで数十年以上も性染色体の進化の原動力と考えられてきた性的二型性（オスらしさ・メスらしさ）とそれに関わる性選抜が、実は性染色体進化と独立したものである可能性も提唱されており[12]、これを可能にしたのはシミュレーション技術の進化である。生殖という次代形成の最重要システムと、それによって生まれるゲノム全体の連動性をどこまでモデル化できるか？という問いが理論進化学の分野では提唱されているが、これは、理論・数理の世界だけでは無く、作物を扱う実用植物学の世界でも考慮・反映すべき知見であり、同様の情報学技術の発展が大きな転機となるような動きが見られる。2020年、米国Cold Spring Harbor研究所のZachary Lippmanから出された論文はトマトの進化において、その栽培化の原動力はゲノムの大規模な動き（構造変化など）に伴う「遺伝子発現の変化」であり、そのモデル化・遺伝子編集技術が必須である[13]と述べられている。これは米国におけるNational Science Foundationの政策の一つとしても幾つか提案されており、Liらは、作物育種におけるcis-editingの重要性を打ち出している[14]。実はこれは、理論進化分野において発表された「倍化遺伝子の運命」の原動力はcis進化（発現変化）である[15]という内容にも触れたものであり、そのモデル化の重要性を強く打ち出したものである。興味深いことに、これに呼応して、AI技術で有名なDeepMind社はプロモーター配列からの高度遺伝子発現予測AI技術をNature Methods誌に発表し[16]、これと同様の概念によるAI技術によるcis進化予測はトレンドとなりつつある。植物でも、cis進化予測による系統特異的な形質獲得の可能性を示した論文が見られるようになり、こういった新技術をゲノム倍化や性染色体形成といったマクロな分子進化と融合させることで、性を含む生殖進化の新しい概念が見えてくるものと期待している。

【人為的アポミクシス誘導の成功】

米国カリフォルニア大学デービス校のグループが減数分裂を回避する*rec8*, *pair1*, *osd1* の3重変異体を用い、かつ胚発生を誘導する*BBM1*遺伝子を導入することで、イネにおいて人為的アポミクシスを達成している[17]。一方、中国のグループは、前述の三重変異体と *MTL* 遺伝子の変異体を組み合わせ、減数分裂を回避した2倍体の卵細胞と*mtl*遺伝子変異を持つ精細胞を受精させ、*mtl*変異により誘導されるオス由来染色体脱落によりアポミクシスを達成している[18]。前者は中央細胞の受精と胚を養育する胚乳の発生が必須であり、後者はゲノム脱落の際に染色体の再編成が懸念される。またアポミクシス誘導効率はそれ程高くないため完全なアポミクシスの社会実装にはまだ時間がかかる。

アポミクシス研究は2000年に入る前後に盛り上がりを見せ、国内でもいくつかの農学系研究グループが、プロジェクト研究費などで研究を進めた。しかし一旦下火になり、国内の研究はほとんど見かけない状況となった。最近になって立て続けに海外から大きな成果が上がり、世界的にアカデミアも海外種苗業界大手も、再び盛んに研究を進めている。2022年に4年ぶりにプラハで行われた国際生殖研究連盟（IASPRR）の国際会議でも、前日にKeyGene社がスポンサーとなり、アポミクシスに関する会議が開催された。この20年間、大きな目標（強勢を示すF1種子の個体からアポミクシスによって同じ遺伝子型の種子を得る目標）に向かってアポミクシスに関わる基礎研究を地道に進めてきた海外研究機関や種苗業界大手とは、日本は大きな差をつけられている状況が否めない。アポミクシスの実用化には、特に胚乳発生の仕組みの理解と制御が残された壁の一つであり、日本も胚乳発生については基礎研究で大きな貢献をしていることから、途切れることのない長い支援により、今後の巻き返しが期待される。

[技術トピックス]

ゲノムもしくはタンパク質科学とAI技術の融合による「予測」と「その鍵となる繋がり」の可視化が出来るようになった。具体的にはDeepMind社の、機械学習を活用した、タンパク質の立体構造予測ツールAlphaFold2[19] もしくは、高精度発現予測を可能にしたEnformer[16] が筆頭に挙げられる。これらは既存の分子生物学を変革しうる概念の発端になりうるものであり、その正しい理解と技術の活用が求められる。

上述同様に、自然言語処理におけるAI技術の活用が目覚ましい。文献検索における語句レベルでのアソシエーション解析が可能であり、これらはAlphaFold2やEnformerと同様に「Transformer」という深層学習技術の開発に基づいている。

遺伝子編集技術の向上、特に「挿入型」の編集技術が進み、「狙い通りの多型にする」技術の登場も相まって、前述した「cis-editing」による発現情報のファインチューニングを可能とする流れが見て取れる。これはAI技術による発現予測などと相性が良く、新しいトレンドとして動く流れを米国研究機関の一部からは感じている。

ゲノム解読技術の向上は未だに続いているが、PacBio HiFiリードやOxford Nanopore、さらに、BioNano Saphyrによるオプティカルマッピング技術などを統合すると、200Mb以上の染色体、しかも性染色体のような高度リピート配列に覆われたようなものまで構築可能な時代となっている。生殖進化において、性や自家不和合性など、そのゲノム構造自体に大きな変化をもたらすものについて、その変遷を追いかけることが可能となっており、現在進行形の進化を捉える技術として注目されている。

[注目すべき国内外のプロジェクト]

【国内】

- 学術変革領域A「挑戦的両性花原理」2022～2026
- 学術変革領域B「植物生殖改変」2020～2022
- 研究成果展開事業（A-STEP)「RNPを導入した花粉による新育種技術の開発」2019～2024
- 国際先導研究「植物生殖の鍵分子ネットワーク」2022～2028

・NEDO「クリーンエネルギー分野における革新的技術の国際共同研究開発事業・革新的バイオプロセス技術開発・革新的アポミクシス誘導技術の国際共同研究開発」2020～2023
・名古屋大学Institute of Transformative Bio-Molecules（ITbM）

【海外】
・HORIZON-MSCA-2021-SE-01（MSCA Staff Exchanges 2021）“CRISPit; Bridging fundamental knowledge and novel technology to increase rice heat tolerance” 2023～2026
・NSF, RESEARCH-PGR: Genomic analysis of heat stress tolerance during tomato pollination. 2020～2025
・Cluster of Excellence on Plant Sciences（CEPLAS）https://www.ceplas.eu/en/home/（ドイツ版WPIとも言われる）
・Earth BioGenome Progect（EBP） 非モデル植物種の優位性（遺伝的多様性の高さ・多様度受容性の高さ、さらに作物としての実用性など）を活かし、かつポストゲノム時代を見据えたpangenomicな解析や集団進化遺伝学も取り入れたプロジェクト。国内からは国立遺伝学研究所とかずさDNA研究所が参画している。こうしたプロジェクトでは、「大規模インフォマティクス」が必須の基礎技術である。プロジェクトから得られる知見は、ゲノムを「いかに精度高く解読するか？」という国内の観点からはかなり進んだ概念にあり、「いかにしてゲノム情報を解釈して一般性の高い理論に結びつけるか？」といったことを中心的に捉えていることが特徴である。

（5）科学技術的課題

・植物の生殖過程においても、時間空間的な解像度を上げるためにシングルセルマルチオミクス解析が必須となっている。特に植物の生殖過程では、オス・メスそれぞれの組織内に生殖細胞が生じ時系列的に発生分化する。この過程における遺伝子発現、エピゲノム情報変化を紐解くには生殖細胞等の単離が欠かせない。しかしながら、植物細胞は硬い細胞壁に包まれていること、その組成や形状も発生段階に応じて異なることから、一部は達成されているものの細胞単離技術の確立が課題である。
・新学術領域などで取り組まれた、種認証に関する大規模な研究開発は世界に対して先導的であり、海外から植物生殖の種認証に関する研究論文が増えていることからも、国際的に大きな影響を与えたと考えられる。ただし、プロジェクト研究であったために、現在は日本にこのような目標を掲げた大型研究はなく、個別研究として維持、あるいは研究テーマ終了の状態となっている。異質倍数体新種の誕生に関するテーマは、達成された場合のインパクトが大きく、海外に追い越されていく危惧も強いことから、今後さらに日本で発展的に取り組むべきテーマの一つと考えられる。
・日本に独自のシーズが多くある研究として、植物の生殖細胞（配偶子）の理解と制御も、取り組むべき課題として挙げられる。ここでいう制御とは、①配偶子のゲノム編集（組織培養が必要なくなり基礎ならびに応用において大きなインパクトがあるが、裸の卵で受精を行う動物と異なり技術的に大きなハードルがある）、②遺伝性のエピゲノム制御（植物では環境の情報が生殖細胞のエピゲノム状態を変化させ遺伝すると言われている；ウイルスベクター、日本発の接木や異科接木の技術による制御も検討されている）、③遺伝学的な様々な操作により配偶子を改変させたり作り出したりする制御、④イネなどの配偶子の単離による直接的制御（操作；長鎖DNAの導入なども含む）、などである。これらを一括りにした大型研究も世界的に存在しないと考えられ、日本に既にある研究シーズや人材を活用し、日本が世界を先導できる可能性がある。この推進のためには、マイクロロボット分野など、これまで異分野融合できていない分野との共同研究も重要であると考えられる。
・技術に頼らない分野横断から生まれる新しい概念や解釈が必要である。一例として進化学を挙げる。農業で栽培される作物はきわめて多様な科にわたっており、それぞれが全く異なる分子基盤を独自に進化させてきた結果を人類が利用している。こうした多様な植物種群に対して、基本的な生物機能は同一である筈、と仮定して、画一的モデルから様々な展開を狙う研究手法は、理にかなっているとは言い難い。例えば、各植物種を代表するような形質（アマモの潜水能、ドリアンの匂い、オリーブの油成分など）はいずれも系統特異的に重複遺伝子の再編によって生まれたものであり、これら系統特異性を発掘できるような概念を生み出していく必要がある。

（6）その他の課題

- 大規模ゲノム情報から、上記のような系統特異性を発掘出来るような概念を創出するには、既存の遺伝学・分子生物学は、あくまで画一的なモデルを基盤としているものであり、そもそもこの概念の外にある技術・コンセプトを創出していく必要がある。例えば、進化圧・集団遺伝・シミュレーションという概念を組み合わせれば、非モデル植物であっても全ゲノム配列のみから引き出せる情報は大量であるし、今はシロイヌナズナと比較して例外とされる現象自体が一般性を持っていることも考慮すると、そのような多様性に立ち向かう、実際的な技術を伴う学際融合が必要である。現状、情報学と生物学の正しい融合は行われておらず、これを判断できる人材は国内では極めて少ない状況である。総じていえばgeneralistを育てるような環境を創出すべきである。
- 近年、海外で目覚ましい成果が上がったアポミクシス研究が好例であるが、ハードルの高い重要な課題に対して、少額であっても長期的に途切れないfundingが重要と思われる。また、このアポミクシスの研究開発例でも顕著であったが、海外では、目覚ましい研究成果が上がるとすぐに種苗会社が共同研究に興味を持つが、日本では、そのような場が十分に形成されていない。先端研究者と種苗会社などが綿密に情報交換し、連携を促すようなプロジェクトも必要である。

（7）国際比較

国・地域	フェーズ	現状	トレンド	各国の状況、評価の際に参考にした根拠など
日本	基礎研究	◎	→	かずさDNA研究所や遺伝研を中心とした先端ゲノム支援によって、非モデル植物でもゲノムベースでの解析が可能になっており、その種の特異性に目を向けた分子研究が可能なラインに来ている。また、独創性が重要視され、ユニークな研究が生まれやすい研究環境であったが、裾野は狭まりつつあり、国際的に活躍する次世代の人材が不足している。
	応用研究・開発	△	→	短期で小目標を達成しようとする応用研究がほとんどで、実用での成功例は少ない。破壊的なイノベーション創出したり、応用したりしようとする応用研究プロジェクトがほぼない。植物生殖の研究開発は、世代時間の促進や生殖表現の改変による育種の根本的なスピードアップも可能であるにもかかわらず、そこへの投資が遅れており、一次利用できる改変にばかり注目が集まっている印象。
米国	基礎研究	○	↘	米国USDAを基礎とした近年のPlant Animal Genome Congressを俯瞰した印象では、特に有用非モデル作物群においてゲノム解読の精度を競っている節があり、前述した通り、その解釈に手が付いていない印象である。植物生殖の基礎研究については、まだ辛うじてリーダー的な研究レベルを維持している。基礎研究予算の削減、優秀な若手のアカデミア離れから、特に植物生殖分野で見ると、現在の50歳代が引退すると状況は一気に悪化する懸念がある。
	応用研究・開発	◎	→	基礎科学的な側面とは対照的に、ゲノム情報への解釈が極めて進んでおりAIによる高度phenotypingなどビッグデータとの結び付けが強い。

欧州	基礎研究	◎	↗	特にフランスCNRSなどを中心とした欧州でのコンソーシアム展開が強い印象であり、人材を多角的に集めて学際的な研究を行っている印象が強い。性決定のモデル植物とも言われるSilene latifoliaの全ゲノム解読とその性染色体進化解析についても20研究室以上が関与する一大プロジェクトに昇華しており、一次的な農学的・産業的な利用が難しい非モデル植物であっても、その二次的・三次的な知見活用を視野に盛り込んだ展開が見て取れる。
	応用研究・開発	◎	→	種苗会社や国の機関が出資する形での遺伝子編集技術の開拓や、実作物への応用スピードが極めて速い（特にフランス）。米国ほどではないものの応用研究への要望は強く、特にアカデミアと企業の距離が近いことで、順調に進展していると感じる。
中国	基礎研究	◎	↗	植物科学における情報技術、特にAI関連の新技術には必ずと言ってよいほど中国が関与している。大量の人材による情報アノテーション・phenotypingなどを行っており、アウトプットとして解析対象がゲノム・遺伝子であれば遺伝子編集に直結させる行動力もある。ハイインパクトなジャーナルに掲載される研究例が飛躍的に増えている。
	応用研究・開発	◎	↗	上述の基礎研究と同様。米国と同様、国の規模の関係からAIを駆使した効率化が極めて社会実装に近く、相性が良い。遺伝子編集も多様性・特殊性を基盤とする作物では、「大量の人員」を必要とする研究開発との相性は極めて高い。また、同様に、応用的な材料を使うことを求められる状況にあり、またアポミクシスの研究も進んでいる通り、流行りの技術開発においても大きな力を発揮している。
韓国	基礎研究	○	→	高精度ゲノム解読に特化した結果が多いのは日本などと同じである。一方、少なくとも植物科学においてはその解釈に目覚ましく特化した研究はいまだ見えていない。
	応用研究・開発	△	→	短期で小規模の研究開発が多く、成果は社会実装において必ずしも成功とはいえないものが多い。植物生殖分野ではイネの研究が進められている。

（註1）フェーズ

基礎研究：大学・国研などでの基礎研究の範囲

応用研究・開発：技術開発（プロトタイプの開発含む）の範囲

（註2）現状　※日本の現状を基準にした評価ではなく、CRDSの調査・見解による評価

◎：特に顕著な活動・成果が見えている　　○：顕著な活動・成果が見えている

△：顕著な活動・成果が見えていない　　×：特筆すべき活動・成果が見えていない

（註3）トレンド　※ここ1～2年の研究開発水準の変化

↗：上昇傾向、→：現状維持、↘：下降傾向

参考文献

1) Igic, B., Lande, R. & Kohn, J. R. Loss of self-incompatibility and its evolutionary consequences. Int. J. Plant Sci., (2008) 169: 93-104.
2) Takayama, S. et al.: Direct ligand-receptor complex interaction controls *Brassica* self-incompatibility. *Nature*, 413, 534-538 (2001)
3) Tarutani, Y. et al.: Trans-acting small RNA determines dominance relationships in *Brassica* self-incompatibility. *Nature*, 466, 983-986 (2010)
4) Higashiyama et al., Pollen tube attraction by the synergid cell. *Science*, (2001) 293: 1480-1483.
5) Okuda et al., Defensin-like polypeptide LUREs are pollen tube attractants secreted from synergid cells. *Nature* (2009) 458: 357-361.
6) Mizukami et al., The AMOR arabinogalactan sugar chain induces pollen-tube competency

to respond to ovular guidance. *Curr Biol* (2016) 26: 1091-1097.

7) Charlesworth, B. and Charlesworth, D. A Model for the evolution of dioecy and gynodioecy. *Am Nat* (1978) 112: 975-997.

8) Akagi, T. et al., A y-chromosome-encoded small RNA acts as a sex determinant in persimmons. *Science* (2014) 346: 646-650.)

9) Akagi et al., Two Y-chromosome-encoded genes determine sex in kiwifruit. *Nature Plants* (2019) 5: 801-809.

10) Van de Peer, Y., Mizrachi, E. & Marchal, K. The evolutionary significance of polyploidy. *Nat Rev Genet* (2017) 18: 411-424.

11) Fujii S et al., A stigmatic gene confers interspecies incompatibility in the *Brassicaceae*. *Nature Plants* (2020) 5: 731-741. DOI. 10.1038/s41477-019-0444-6

12) Lenormand, T., and Roze, D. Y recombination arrest and degeneration in the absence of sexual dimorphism. *Science* (2022) 375：663-666.

13) Alonge M., et al, Major impacts of widespread structural variation on gene expression and crop improvement in Tomato. *Cell* (2020) 182: 145-161. DOI: 10.1016/j.cell.2020.05.021

14) Li Q., Sapkota, M. & van der Knaap, E. Perspectives of CRISPR/Cas-mediated cis-engineering in horticulture: unlocking the neglected potential for crop improvement. *Hortic Res* 7, 36 (2020). https://doi.org/10.1038/s41438-020-0258-8

15) Lynch, M. and Conery, J. S. The evolutionary fate and consequences of duplicate genes. *Science* (2000) 290：1151-1515. doi: 10.1126/science.290.5494.1151.

16) Avsec, Z. et al. Effective gene expression prediction from sequence by integrating long-range interactions. *Nat Methods* (2021) 18: 1196-1203.

17) Khanday, I. et al., A male-expressed rice embryogenic trigger redirected for asexual propagation through seeds. *Nature* (2019) 565: 91-95.

18) Wang, C. et al, Clonal seeds from hybrid rice by simultaneous genome engineering of meiosis and fertilization genes. *Nat Biotechnol* (2019) 37: 283-286. doi: 10.1038/s41587-018-0003-0

19) Jumper, J. et al., Highly accurate protein structure prediction with AlphaFold. *Nature* (2021) 596: 583-589. https://doi.org/10.1038/s41586-021-03819-2

2.2.5 植物栄養

（1）研究開発領域の定義

光合成による二酸化炭素の吸収・同化（炭素の獲得）は、植物生産の中心である。また、様々な生体内分子に含まれる元素で、多量必須元素となっている窒素やリンは、植物の光合成機能を直接支えている栄養元素である。

本稿では、近年顕著な進展が見られる、生物的硝化抑制作用（Biological Nitrification Inhibition: BNI）を搭載した作物の開発、および植物体内における窒素獲得/リン獲得/光合成活性/成長速度等を調節するシグナル伝達ネットワークについて述べる。これら研究開発は、限られた資源を有効に活用し、持続可能な環境負荷の低い農業を目指す上で、極めて重要であるとされている[1)]。

（2）キーワード

光合成、窒素利用効率、リン獲得効率、栄養シグナル伝達、硝酸シグナル、リン飢餓シグナル、栄養情報ネットワーク、個体闘魚、成長最適化、硝化細菌、生物的硝化作用（BNI）

（3）研究開発領域の概要

［本領域の意義］

【生物的硝化抑制（Biological Nitrification Inhibition: BNI）】

国際肥料協会によると、世界で使用される窒素施肥量は年間約1億トンであり、そのうち18%はコムギに使われている。国連食料農業機関によれば、作物全体として、1961年から2011年までの50年間に窒素肥料の投入量は10倍まで増加しているのに対し、作物が吸収利用した窒素の量は3倍にしか増加していない。近代農業は、1840年にLiebigにより刊行された「化学の農業及び生理学への応用」により農業における無機栄養の重要性が指摘されたことに始まり、1906年にハーバー・ボッシュ法による工業的窒素固定の開発、CIMMYT（国際トウモロコシ・コムギ改良センター）のボーローグ博士により、コムギで始まった半矮性遺伝子の活用による高収量品種群を肥料投入と組み合わせる「緑の革命」を基礎としており、人類の生存に必要な食料を飛躍的に増産することに成功した。一方で、容易に入手可能な化石燃料により大気中から固定された窒素肥料を農地へ大量かつ連続して施用することで、生態系における窒素循環は大きく攪乱され、特にアンモニア態窒素（$NH4^{+}$）を酸化し硝酸を生成することでエネルギーを得る硝化菌は農地土壌において極めて高い活性を示すに至った。このため、近代農業では窒素利用効率が低く、作物によって使われずに農地から環境へと放出される窒素は、投入量の5～7割にも達する[2)]。農地に投入される窒素肥料は、工業的窒素固定由来のアンモニア態窒素、つまり硫酸アンモニウムや、尿素の形態が多いが、農地に投入された後、農地土壌中で、ほぼ数日で、硝化細菌の働きにより、速やかに硝酸態窒素（NO_3-）へ変換される。土壌粒子は負の電荷を持ち、正に帯電するアンモニア態窒素を吸着するが、負に帯電する硝酸態窒素は吸着されず、農地土壌の水の動きに伴い、作物に吸収されることなく地下水系へと流亡し、農業生態系の外の水圏を汚染する。生態系の窒素循環では、土壌硝化菌により生成した硝酸態窒素は脱窒菌により、大気の窒素へと戻るが、この際、二酸化炭素の298倍もの温室効果を持つ亜酸化窒素（N_2O）を生成し、大気中に放出される。このため、人類の活動に由来する亜酸化窒素発生の2/3が農業由来となっており、このうちの6割は農業生産のために肥料として投入された窒素の余剰分とされている。最近の報告では、世界の農地からの亜酸化窒素発生量は、二酸化炭素換算で約7億トンにものぼり、これは世界第6位の温室効果ガス排出となっているドイツの総排出量に匹敵する[3)]。2009年のRockstromらによるプラネタリーバウンダリー（人類が持続的に生存できる地球の限界）報告[4)]、及び2015年の報告[5)]では、人類の活動により生み出される環境中に過剰に放出される硝酸態窒素、亜酸化窒素などのいわゆる反応性窒素により、地球の窒素循環は既に地球生態系の処理し得る限界を通り越し、「高リスク」とされている。

そこで、農業によって圃場から流出する窒素肥料分を削減する手段として、注目されているのが硫酸アンモニウム等を硝酸へ変換する硝化細菌の働きを抑制することである。窒素肥料と一緒に硝化抑制剤であるチオ尿素、アリルチオ尿素、ニトラピリンといった化学物質を散布することもあるが、特に欧州では農地への化学物質の投入制限がますます厳しくなることが予想されており、今後はこうした化学的硝化抑制剤の市場は縮小すると考えられている。一方で、イネ科植物の中には硝化細菌の活動を抑制する物質を根から分泌するものがあることが知られており、こうした機能をBNIと呼ぶ。BNIは農地への化学物質の投入をせずとも硝化抑制を達成できるネイチャーベースの技術として、近年、研究開発が盛んである。

【植物の栄養シグナルネットワーク】

土壌中には植物が窒素栄養やリン栄養として利用できる化学形態の窒素とリンに乏しく、農業では高い作物生産を得るために窒素、リンを主成分とした肥料を施肥している。特に、窒素の施肥量と光合成量や作物生産には強い相関があることが知られており、自然環境では多くの場合、窒素栄養の獲得量が成長制限因子となっているため、農地には大量の窒素、リンが施肥される。この大量の施肥は、前述の通り、環境汚染を引き起こしているため、施肥量を削減しても収量が確保できるような品種の育成は急務である。そこで、光合成、窒素の獲得・利用、リンの獲得・利用を包括的に制御している栄養応答ネットワークの仕組みと栄養関連情報の統合に基づく成長速度・量の最適化の仕組みが明らかになれば、少ない施肥でも生産性を維持する作物の分子育種を設計図に基づいて行うことが可能になると考えられる。

植物体内では個々の栄養シグナル伝達が個々の栄養素の獲得と利用を調節する一方で、植物体内では個々の栄養シグナル伝達のクロストークによって形成される栄養情報ネットワークによって個々の栄養素の獲得・利用バランスの最適化が行われている。例えば、糖は光合成活性を調節し、硝酸イオンやある種のリン酸化合物は窒素栄養とリン栄養の吸収をそれぞれ調節している。一方で、窒素栄養の供給量の増大は光合成を促進し、光合成量が増えると窒素の獲得を促進させることや、窒素欠乏環境ではリン獲得の抑制が起こり、リン欠乏環境では窒素獲得の抑制が起こる。個々の栄養シグナル伝達の分子メカニズムと直接の制御範囲を明らかにするとともに、どのようにして栄養応答ネットワークが多様な栄養環境で植物の成長を維持しているかを包括的に理解することが重要である。また、光合成は地上部で行われ、窒素栄養とリン栄養は地下部で獲得されることから、器官間の栄養情報のコミュニケーションも、植物個体レベルの栄養応答ネットワークの一部として明らかにされる必要がある。栄養シグナルの伝達から始まる栄養応答ネットワークが包括的に理解されれば、遺伝情報の改変により的確にかつ適切に植物の栄養応答を変化させ、様々な栄養環境（近未来の栄養環境を含む）で作物生産を向上させることが可能になる。さらには、トレードオフの関係によって生じる遺伝的改変の負の影響の事前予測も可能として、個々の栄養環境での生産性の最大化する栄養応答の遺伝的改変の設計を可能にすることが期待される。

［研究開発の動向］

【生物的硝化抑制（BNI）】

肥料由来の窒素汚染低減のためにとられるアプローチは以下の三つに大別できる。一つは施肥量を削減することで、具体的な方法としては、農地土壌の状態を把握し最適な窒素施肥になるよう施肥量を削減できるように農家を教育することや、地力窒素を考慮し窒素作物の成長期に合わせて施肥する農家の支援ツール[6)]、さらには穀物の窒素固定を補助するような微生物の施用[7)]などが挙げられる。もう一つは、1年生で運用される作物残渣由来の窒素が硝酸態窒素へと無機化されることで、前年に作物中に固定されていた窒素が放出され、硝酸態窒素として溶脱される[8)]抑制する方法である。多くの場合は冬期に、収穫後に窒素を吸収する植物がないまま放置されるため、これを被覆作物の導入で植物体内に窒素を蓄えて利用しようという試み[9)]もある。上記二つとは全く異なる三つ目の方法は、土壌粒子に留まることが出来るアンモニア態窒素を可能な限り活用することである。つまり、アンモニア態窒素が硝化されるのを抑制することで、アンモニア態窒素を活用する方法で、アンモニア態窒素の要求性が高いイネ科の作物に特に有効である。硝化を抑制することでアンモニア態窒素を有効活用するには、化学的硝化抑制剤を使用する方法と、BNIの二通りがあるが、化学的硝化抑制剤の散布は費用がかかること、農地への化学物質の投入量が増えること、効果が持続する期間が比較的短いことから、本稿ではネイチャーベースの解決策であるBNIについて述べる。

BNIとは、主としてイネ科植物の根から分泌される抗菌性の物質によって、硝化細菌の活動を抑制することでアンモニア態窒素の硝化を抑制する技術の活用である。この現象は、1960年代ごろから、無施肥の草原や森林において、イネ科植物の根から分泌される何らかの物質が土壌の硝化を抑制することが報告されたことが端緒[10]となり、国際農林水産業研究センター（国際農研）のSubbaraoらによって、熱帯イネ科牧草*Brachiaria humidicola*（ブラキアリア）の根から、化合物 ブラキアラクトンが滲出し、土壌の硝化菌、主に硝化古細菌に作用し、硝化を抑制することが発見[11]され、その存在が決定的となった。その後、CGIAR傘下の各センター等により、ソルガム[12]、コムギ[13]、トウモロコシ[14]、陸稲[15]、トウジンビエ[16]、オオムギ、シコクビエなどの多くのイネ科穀物でのBNI現象が確認され、根から進出する抗菌物質の同定も精力的に進められている。国際農研を中心としたBNI国際コンソーシアムでは、様々なイネ科作物におけるBNIの活用について、活発な国際共同研究開発が展開されている。

BNIは作物が窒素を吸収する現場である根圏で作用するため、化学的硝化抑制剤と比較すると、化学物質の投入を伴わず、作物が農地で生育する間は機能し続け、そして農家にとっては播種する品種を変更するだけ、という低コストの代替手段となる。

作物によって窒素の形態の選好性はあり、アンモニア態窒素が多すぎれば、ほとんどの作物に有害であるものの、現在までの多くの研究の結果、アンモニア態窒素と硝酸態窒素を組合せ、良いバランスで供給出来れば、土壌の硝化により、一般的に実現可能となる硝酸態窒素のみでの栽培に比べ、収量が増加することが分かってきている。特に、主要作物である小麦やトウモロコシなどのイネ科作物では、供給する窒素の20～25%をアンモニア態窒素にすると、50～80%以上の成長増加がみられることが報告されている[17, 18]。また、小麦では、人工的に大気中のCO_2濃度を上昇させると硝酸態窒素同化が阻害されることが報告[19]されており、将来的に大気中のCO_2濃度が上昇した環境では、アンモニア態窒素を増加させることが作物成長に有利になる可能性が高い。

【植物の栄養シグナルネットワーク】

窒素源として、硝酸態窒素とアンモニウム態窒素の両方が存在する時に植物の成長が最もよいことは昔から知られており、また、窒素飢餓状態の植物に硝酸イオン（硝酸態窒素）を与えると硝酸還元関連遺伝子の発現上昇などの遺伝子発現パターンの変化が起こることも1980年代までに明らかにされていた。1990年代初頭には、シロイヌナズナの硝酸還元酵素の変異体が単離され、この変異体においても硝酸イオン投与によって遺伝子発現の変化が起こることから硝酸イオン自体がシグナル伝達物質であると考えられるようになった。その後、硝酸イオン投与に応じて、窒素同化関連遺伝子のみならず、植物ホルモンの合成関連遺伝子などの様々な遺伝子発現が誘導されることが示され、硝酸イオンをシグナル伝達物質とした応答（硝酸シグナル応答）が様々な生理現象の制御に関わっていることが明らかになった。しかしながら、硝酸シグナル伝達の実体は長らく不明であった。

硝酸シグナル伝達の解明は、クラミドモナスという藻類から、NIT2というDNA結合タンパク質をコードする遺伝子の欠損が、硝酸還元酵素遺伝子の発現パターンの変化の原因であることが突き止められたことに始まる[20]。その後、*NIT2*と相同性を持つシロニヌナズナ遺伝子*NLP7*の機能が解析され、*NLP7*は硝酸シグナル応答に関わることが示された[21]。一方で、硝酸シグナル応答に必須な転写因子が結合するDNA配列（シス配列）は、2010年にシロイヌナズナの亜硝酸還元酵素遺伝子プロモーターの解析から、硝酸シグナル応答配列（NRE）が同定された[22]。このNREに結合し、硝酸シグナルに応答した発現を引き起こす転写因子としてNLP転写因子群が同定され、さらには、NLP転写因子は翻訳後制御により硝酸シグナルに応答して活性化型となることが示された[23]。また、NLP7の核外排出を硝酸シグナルが抑制することで硝酸シグナルに応答した遺伝子発現が起こることが提唱されている[24]。上記の一連の解析により、硝酸シグナル伝達を担う因子がNLP転写因子であることが明らかとなり、硝酸シグナル伝達機構の解析が本格化した。NLP転写因子の活性化機構については、硝酸イオンの細胞内流入と同時に起こるカルシウムイオンによって活性化されるカルシウム依存型タンパク質リン酸酵素（CPK10/30/32）がNLP転写因子の硝酸シグナル受容ドメイン中のセリン残基をリン酸化し、このリン酸化がNLP転写因子による硝酸シグナル応答型の遺伝子発現促進に必須であることが示されている[25]。こうした硝酸シグナル伝達経路の解明は、その後、硝酸シグナル伝達による植物の成長制御の仕組み解明へとつながっていった。

（4）注目動向

［新展開・技術トピックス］

【生物的硝化抑制（BNI）】

コムギでは、高収量品種及び遺伝資源に強いBNI能を持つコムギが見出されなかったが、野生コムギ近縁種の、*Leymus racemosus*（Lam.）Tzvelev（和名：オオハマニンニク）に強いBNI活性が見出された[13]。オオハマニンニクは、ユーラシア大陸の砂地に分布する多年生植物であるが、コムギとの属間交配が可能である[26]。そこで、交配可能な野生コムギ近縁種のオオハマニンニクが持つBNI能を交配可能なコムギ品種（属間交配を抑制する遺伝子を持たない中国在来のコムギ品種、Chinese Spring）に導入し、戻し交配によって得られた異種染色体添加系統についてBNI能力が調べられた。その結果、オオハマニンニクのN染色体短腕（Lr#N-SA）がコムギ3B染色体短腕と置換した系統のBNI能が高く、この組み合わせがBNI能強化に最適と考えられた。コムギは属間交配によって進化した6倍体であるため、異種染色体添加系統の作出が可能であること、属間交配は遺伝子組換えではないため、直ぐに圃場試験が可能なのが利点である。また、一度固定された異種染色体添加系統を使い、コムギ高収量品種へ染色体断片を導入することも可能であるため、南アジア向け高収量品種であるMunalにBNI能を持つLr#N-SAが戻し交配によって導入された。BNI強化MunalのBNI能力は、親系統のMunalに比べ、約2倍程度まで強化された[27]。

日本の圃場で行われた試験では、BNI強化Munalは、親系統に比べ、根圏土壌の硝化菌数のうち、硝化古細菌の抑制が見られ、土壌硝化速度は約30%減少し、根圏土壌からのN_2O排出量は約25%減少した。このことから、Lr#N-SAの導入によるBNI強化により、農地からの環境負荷が低減することが明らかになった。また、コムギ植物体においては、窒素代謝の変化が見られ、硝酸態窒素の取込みと硝酸態窒素を同化するための酵素（硝酸還元酵素）活性が低下することが観察されると共に、アンモニア態窒素を直接同化するために必要なグルタミン合成酵素活性の上昇も見られた[27]。この結果は、通常、ほとんどの施肥窒素が硝酸態窒素として供給され、アンモニア態窒素を有効に活用することが難しいコムギで、積極的にアンモニア態窒素を活用する代謝が活発になったと解釈できる。また、低窒素施肥条件では、地力窒素（土壌中の有機態窒素が主）からの窒素取り込み能が向上することも観察された。さらに、BNI強化Munalでは親系統に比べ、バイオマス生産量、子実収量、窒素吸収量が施肥量に関わらず優位に高くなった[27]。つまり、収量を低減せずに施肥量を低減することが出来、窒素施肥による農業からの環境負荷を低減することが期待できる。一方で、収穫されたコムギは、コムギ品質の指標であるタンパク質含量と製パン特性について、有意な差がなかった[27]。今後は、BNIを活用した地球にやさしいスーパー品種等の開発・普及に貢献することが期待されている。

【植物の栄養シグナルネットワーク】

このような硝酸シグナル伝達機構の研究の進展にもかかわらず、硝酸イオンと結合し、硝酸シグナルの受容体として働くタンパク質は長らく未同定であったが、2022年にようやく同定された。NLP転写因子は硝酸イオンに対して生理的に十分な結合能を有すること、また、この結合が硝酸シグナル応答型の遺伝子発現に必須であることが示された[28]。硝酸シグナル受容体が同定されたことにより、硝酸シグナル伝達機構の大枠が確定した。

一方で、NLP転写因子の直接の標的遺伝子の解析により、硝酸シグナル伝達が直接、制御している生理反応が明らかになってきている。これにより、植物成長制御における硝酸シグナル伝達の重要性が明確になってきた。NLP転写因子は、硝酸輸送体遺伝子（*NRT2.1*）、硝酸還元酵素遺伝子（*NIA1*）、亜硝酸輸送体遺伝子（*NITR2；1*）、亜硝酸還元酵素遺伝子（*NIR1*）の発現を一括制御していることが明らかにされており、また、NLP7はNAD（H）合成に関わるアスパラギン酸オキシダーゼ遺伝子の発現制御によって代謝において重要なTCA回路の維持に関わっていることが示された[29]。一方で、種子で発現するNLP8は種子の休眠打破に必須な植物ホルモンのABA分解酵素の発現を促進する役割を持ち、この機能によって、硝酸態窒素存在化で発芽が起こることが示されている[30]。また、NLP7は硝酸イオンに応答した成長制御に関わる植物ホルモンのサイトカイニン合成を直接、制御していることがわかっている[31]。さらに、NLP7は転写因子遺伝子HB52とHB54の発現を制御することで、葉緑体で光障害を受けたタンパク質の除去を担うタンパク質分解酵素FtsHの活性を調整し、光合成機能の維持に関わっていることも示された[32]。このように、硝酸シグナル伝達機構の解明により、窒素源として硝酸イオンが同化されることに伴って引き起こされるべき様々な生理反応が、硝酸イオンのシグナル伝達物質としての働きによって調節されていることが明らかになってきている。

シロイヌナズナを用いて硝酸シグナル伝達の分子機構の解析は進められてきたが、この分子機構の中心因子NLPの作物のホモログについても解析され始めており、中国のグループはイネでNLP（OsNLP4）を過剰発現させると窒素利用効率を向上させるという報告を行なっている[33]。

硝酸シグナル伝達機構や応答のネットワークについては、ビッグデータを用いたコンピューター解析やゲノムワイドな解析によっても進められている。例えば、トランスクリプトームデータを用いたコンピューター解析としては、硝酸応答の遺伝子発現パターンの経時変化と植物転写因子の結合部位に関する包括的データ[34]を組み合わせた硝酸シグナル伝達の経路を推定する試み[35]や窒素飢餓遺伝子の共発現解析[36]があり、ゲノムワイドな解析な解析としては、多数の窒素代謝関連遺伝子プロモーターを用いた関連転写因子のハイスループットな酵母ワンハイブリッドスクリーニング[37]等が上げられる。しかしながら、現時点では、まだ、これらの研究結果に基づいて新規重要因子は同定されてはいない。

植物の主要な栄養素である、硝酸シグナル（窒素）伝達機構とリン飢餓シグナル伝達機構のクロストークのメカニズムの理解は、それぞれのシグナル伝達に関わる主要な因子が同定されたことで、やっと、ここ数年の間に進んできた。シロイヌナズナにおいてリン飢餓シグナル伝達機構に関わる因子、*PHR1*が同定され[38]、その後、PHR1（およびそのホモログ）に結合してPHR1活性を阻害するSPXタンパク質が同定された[39]。構造解析によって、PHR1とSPXタンパク質は、リン酸化合物（特に、イノシトールリン酸）存在下で結合することが示され[40, 41]、リン飢餓になるとPHR1活性が誘導されるメカニズムが明らかになった。硝酸イオンの存在により活性化されたNLP転写因子は*NIGT1*転写抑制因子遺伝子の発現を促進し、NLPとNIGT1がそれぞれ硝酸輸送体遺伝子の発現促進因子と抑制因子として機能することで、窒素栄養環境の変化に合わせて硝酸輸送体遺伝子の発現が巧妙に調節されているが、PHR1は*NIGT1*遺伝子の活性化因子として働くことがわかり、リン飢餓が硝酸シグナル伝達や硝酸態窒素の獲得を抑制する仕組みが示された[31]。一方で、NIGT1がリン飢餓シグナル伝達を阻害するSPX遺伝子の発現を抑止しており、これによって窒素栄養状態がリン飢餓応答に及ぼす仕組みが明らかとなった[42, 43]。しかしながら、栄養シグナル伝達のクロストーク機構は、複雑であることが予測され、今後、新たな分子メカニズムが発見される可能性は高い。

[注目すべき国内外のプロジェクト]

【国内】

・JST・CREST：「植物頑健性」環境変動に対する植物の頑健性の解明と応用に向けた基盤技術の創出（2015～2022）

・JST・SATREPS：生物的硝化抑制（BNI）技術を用いたヒンドゥスタン平原における窒素利用効率に優れた小麦栽培体系の確立（2021～2025）
・学術振興会の科学研究費補助金の基盤Sで、「リービッヒの最小律の基礎となる植物栄養情報統合システムの解明」の研究開発課題が実施されている。

【国外】

・Novo Nordisk Foundation、Bill & Melinga Gates Foundationなどの民間財団が、農業の環境負荷低減に関わる課題としてBNIに着目している他、CIMMYT、ICRISAT、CIAT、ILRIなど、BNI国際コンソーシアムメンバーである国際農業研究機関などもBNI技術の進展に注目している。
・スウェーデンのThe Royal Swedish Academy of Agriculture and Forestry（王立農林アカデミー）が、2022年、植物栄養に関する研究開発を支援するプログラムを開始した。
・米国農務省（USDA）傘下のNational Institute of Food and Agriculture（NIFA）は、2018年の農場法で続行することが決定された、Agriculture and Food Research Initiative（AFRI）において、2022年からPhysiology of Agricultural Plants（農業用植物の生理学）というプログラムを開始し、800万ドル以上（約10億円以上）を投資することを発表した。このプログラムで助成される研究課題の中には肥料の使用効率を高めるための、分子生物学から個体レベルまでの基礎から応用研究が含まれる。
・米国の民間財団、ZEGAR FAMILY FOUNDATIONが助成する研究開発領域「環境とサスティナビリティ（Environment and Sustainability）」の中で、植物栄養のシグナルネットワークの解明に関する研究が助成されている。

（5）科学技術的課題

【植物の栄養シグナルネットワーク】

硝酸シグナル受容体が同定され、硝酸シグナル伝達機構とリン飢餓シグナル伝達機構のクロストークのメカニズム解明が進み、これらのシグナルネットワークと植物の斉唱制御との関係の解明も少しずつ進んでいる。しかし、複雑な野外環境においては、栄養シグナル伝達のクロストーク機構が成長制御に与える影響もさまざまであることが予想され、今後も新たな分子メカニズムが発見される可能性は高い。また、得られた知見を環境負荷低減農業に活用するための育種や圃場試験が必要である。

【生物的硝化抑制（BNI）】

イネ科植物の根からの滲出物による生物的硝化抑制効果については、熱帯牧草ブラキラリア、ソルガム、トウモロコシでは、原因物質がいくつか同定されているが、その生合成経路や生合成及び滲出制御メカニズムは未解明である。ソルガムやトウモロコシでは原因物質は同定されているものの、圃場試験に供するようなBNI強化品種のプロトタイプがまだ作出されていないため、祖先種や遺伝資源、分子マーカーなどを活用したなどからBNI能を基礎とした遺伝集団の作成などが必要である。一方、コムギでは圃場試験や社会実装に向けたプロトタイプの作出が進んでいるものの、BNI能の原因物質がまだ同定されていないため、原因物質の同定、分子マーカーの作出、生合成経路や生合成制御メカニズムの解明が急務である。また、世界各地での社会実装を進めるための栽培試験や栽培方法最適化、さらなる実用品種の作出が必要である。

（6）その他の課題

植物の栄養応答を支える分子ネットワークを解明することは、より少ない施肥量でも収量を確保できるような品種の開発に貢献すると考えられるが、そのためには、多種多様な候補遺伝子群の中から、実際に圃場での窒素やリンの利用効率の向上に貢献する遺伝子群の同定が必須である。比較的均質で1～数個体ずつ、病害虫のない環境で栽培される実験室環境と、変動が激しく、大量の植物体が密植され、病害虫が多い野外環境では、栄養応答や成長制御に関わるシグナルネットワークのうち、優位に機能する部分が異なることが容易に想像される。このため、実験室環境で見いだされた遺伝子の機能を、野外環境でテストすることは社会実装に向けて必須の過程と言える。この過程では、様々な遺伝子の機能をテストするため、まずは遺伝子組換え植物体を用いた実験を行うのが一般的である。ここで野外圃場実験に供する遺伝子組換え体植物は、そのまま実用に供するのではなく、あくまで、どの遺伝子が野外で必要な効果を発揮できるかを試験するためのものであって、効果が確認されれば、その遺伝子をターゲットに、保存されている遺伝資源や近縁の野生種との交配や、SDN–1ゲノム編集、放射線育種等の様々な方法によって、目的の新品種を作出することが可能になる。特に近年では、カルタヘナ法で規制される「遺伝子組換え」を回避するための技術が様々に検討されつつあり、分子メカニズムの解明から得られた新知見を社会実装するには、遺伝子組換え作物の作出にしかつながらない、というような思い込みは過去のものとなりつつある。

換言すれば、最先端の植物科学の成果を社会実装するには、遺伝子組換え植物の野外圃場試験は必須であるが、社会実装する際には、必ずしも遺伝子組換え体の作出は必須ではないということである。わが国においても遺伝子組換え植物やゲノム編集植物の野外試験は、法規制の上では合法に実施可能であるが、そのための圃場の数は極めて少なく、また手続きが周知されているとは言い難い状況であり、社会実装可能なシーズが世に出ることなく眠り続ける恐れが極めて高い状況である。このためにも、遺伝子組換え植物の野外圃場実験が迅速に実施できるような研究開発体制の充実は喫緊の課題である。

農業の環境負荷を低減するための植物栄養の理解に関する研究開発は、グローバルにも極めて重要な研究開発課題である。大量の食料・飼料を海外からの輸入に頼る日本は、世界の食糧輸出国の農業による環境負荷にも責任がある。日本の研究開発成果をグローバルに社会実装することで、日本が消費する食料・飼料への環境負荷が低減され、日本の食料安全保障が確保されるということを肝に銘じたい。

（7）国際比較

国・地域	フェーズ	現状	トレンド	各国の状況、評価の際に参考にした根拠など
日本	基礎研究	◎	→	BNI研究を主導（BNI国際コンソーシアム会議）。東京大学農学部を中心に、植物栄養のシグナルネットワークの解明に多大な貢献あり。
	応用研究・開発	○	→	遺伝子組換え植物の圃場試験が非常に難しく、応用研究、実装研究が極めて弱い。また、BNI現象の解明を進める国際農研には育種部門が無くBNI強化作物のプロトタイプの作出は直接出来ない。
米国	基礎研究	◎	↗	長年、植物栄養のシグナルネットワークの解明に注力してきた。また、BNI作物の基礎研究にも投資している。
	応用研究・開発	○	↗	植物栄養のシグナルネットワークの解明から得られた知見は、社会実装にはまだ遠い。コムギ、トウモロコシ、ソルガムの大産地であり、BNIの育種による導入を検討中。
欧州	基礎研究	◎	↗	植物栄養のシグナルネットワーク研究者の層が厚く、基礎研究が充実している。圃場生態系における物質循環などマクロスケールの研究も充実している。民間財団、Novo Norden Fundationによる新たなプロジェクトによりBNI基礎研究が加速している。
	応用研究・開発	○	↗	民間企業（BASF社、モンデリーズ社）の関与による応用研究が進む。
中国	基礎研究	○	↗	植物栄養シグナルネットワークに関する研究を進める研究者層が厚い。また、BNI強化イネの研究例はあるが、還元状態の水田では効果が発揮しにくい。
	応用研究・開発	△	→	コムギ、トウモロコシ、ソルガムの大産地であるが、応用研究の例はあまりない。

韓国	基礎研究	△	→	植物栄養の研究分野はあまり注目されていない。
	応用研究・開発	△	→	植物栄養の研究分野はあまり注目されていない。
カナダ	基礎研究	△	→	コムギ、オオムギに関しての基礎研究の実施が検討されている。
	応用研究・開発	○	↗	1CW（日本向け春小麦品種群）へのBNI能（Lr#N–SA）導入がプロジェクト化されており、施肥の30%削減を目標としている。
ニュージーランド	基礎研究	○	↗	合成硝化抑制剤DCDの使用が禁止されたため、牧草地におけるN_2O排出削減の切り札としてのBNI研究への期待が高い。
	応用研究・開発	○	↗	CIATと組んだ温帯牧草のBNI能スクリーニングなどを実施している。

（註1）フェーズ

基礎研究：大学・国研などでの基礎研究の範囲

応用研究・開発：技術開発（プロトタイプの開発含む）の範囲

（註2）現状　※日本の現状を基準にした評価ではなく、CRDSの調査・見解による評価

◎：特に顕著な活動・成果が見えている　　○：顕著な活動・成果が見えている

△：顕著な活動・成果が見えていない　　×：特筆すべき活動・成果が見えていない

（註3）トレンド　※ここ1～2年の研究開発水準の変化

↗：上昇傾向、→：現状維持、↘：下降傾向

参考文献

1) Oldroyd, G. E. D & Leyser, O., A plant's diet, surviving in a variable nutrient environment. *Science* 368（2020）: eaba0196

2) Ladha, J. K. et al., Global nitrogen budgets in cereals: A 50-year assessment for maize, rice, and wheat production systems. *Sci. Rep* 6（2016）: 19355. doi: 10.1038/srep19355.

3) Tian, H. et al., A comprehensive quantification of global nitrous oxide sources and sinks. *Nature* 586（2020）: 248-256. doi: 10.1038/s41586-020-2780-0

4) Rockstrom, J. et al., A safe operating space for humanity. *Nature* 461（2009）: 472-475. doi: 10.1038/461472a

5) Steffen, W. et al., Planetary boundaries: Guiding human development on a changing planet. *Science* 347（2015）: 736.

6) Sela, S. et al., Dynamic model-based N management reduces surplus nitrogen and improves the environmental performance of corn production. *Environ Res Lett* 13（2018）: 054010 . doi: 10.1088/1748-9326/aab908

7) Dent, D. & Cocking, E., Establishing symbiotic nitrogen fixation in cereals and other non-legume crops: The Greener Nitrogen Revolution. *Agric & Food Secur* 6（2017）: 7. doi: 10.1186/s40066-016-0084-2

8) Radersma. S. & Smit, A. L., Assessing denitrification and N leaching in a field with organic amendments. NJAS Wagening. *J. Life Sci*. 58（2011）: 21-29. doi: 10.1016/j.njas.2010.06.001

9) De Notaris, C., et al., Nitrogen leaching: A crop rotation perspective on the effect of N surplus, field management and use of catch crops. *Agric Ecosyst Environ* 255（2018）: 1-11. doi: 10.1016/j.agree.2017.12.009

10) Rice, E. & Pancholy, S. K., Inhibition of nitrification by climax ecosystems. *Am J Bot* 59（1972）: 1033-1040.

11) Subbarao, G. V., et al., Evidence for biological nitrification inhibition in *Brachiaria* pastures. *PNAS* 106（2009）, 17302-17307. doi: 10.1073/pnas.0903694106

12）Zakir, H. A. K. M., et al., Detection, isolation and characterization of a root-exuded compound, methyl 3-（4-hydroxyphenyl) propionate, responsible for biological nitrification inhibition by sorghum (*Sorghum bicolor*). *New Phytologist* 180（2008）: 442-451. doi: 10.1111/j.1469-8137.2008.02576.x

13）Subbarao, G. V., et al., Can biological nitrification inhibition（BNI）genes from perennial *Leymus racemosus* (Triticeae) combat nitrification in wheat farming? *Plant Soil* 299 (2007): 55-64. doi: 10.100/s11104-007-9360-z

14）J Otaka, J., et al., Biological nitrification inhibition in maize — solation and identification of hydrophobic inhibitors from root exudates. *Biol. Fertil. Soils* 58（2022）: 251-264. doi: 10.1007/s00374-021-01577

15）Sun, L., et al., Biological nitrification inhibition by rice root exudates and its relationship with nitrogen-use efficiency. *New Phytol*. 212（2016）: 646-656. doi: 10.1111/nph.14057

16）Ghatak, A. et al., Root exudation of contrasting drought-stressed pearl millet genotypes conveys varying biological nitrification inhibition（BNI）activity. *Biol Fertil Soils* 58（2022）: 291-306. https://doi.org/10.1007/s00374-021-01578-w

17）Cox, W. J. & Reisenauer, H. M., Growth and ion uptake by wheat supplied nitrogen as nitrate or ammonium or both. *Plant Soil* 38（1973）: 363-380. doi: 10.1007/BF00779019

18）Wang, P. et al., Increased biomass accumulation in maize grown in mixed nitrogen supply is mediated by auxin synthesis. *J Exp Bot* 70（2019）: 1859-1873. doi.org/10.1093/jxb/erz047.

19）Bloom, A. J. et al., Nitrogen assimilation and growth of wheat under elevated carbon dioxide. *PNAS* 99（2002）: 1730-1735. doi: 10.1073/pnas.022627299.

20）Camargo, A. et al., Nitrate Signaling by the Regulatory Gene NIT2 in *Chlamydomonas*. *Plant Cell* 19（2007）: 3491-3503.

21）Castaings, L. et al., The nodule inception-like protein 7 modulates nitrate sensing and metabolism in *Arabidopsis*. *Plant J* 57 (2009): 426-35. doi: 10.1111/j.1365-313X.2008.03695.x.

22）Konishi, M. & Yanagisawa, S., Identification of a nitrate-responsive cis-element in the *Arabidopsis NIR1* promoter defines the presence of multiple cis-regulatory elements for nitrogen response. Plant J 63（2010）: 269-82. doi: 10.1111/j.1365-313X.2010.04239.x.

23）Konishi, M. & Yanagisawa, S., Arabidopsis NIN-like transcription factors have a central role in nitrate signalling. *Nat Commun* 4（2013）: 1617. https://doi.org/10.1038/ncomms2621

24）Marchive, C. et al., Nuclear retention of the transcription factor NLP7 orchestrates the early response to nitrate in plants. *Nat Commun* 4（2013）: 1713. https://doi.org/10.1038/ncomms2650.

25）Liu, Kh., et al., Discovery of nitrate-CPK-NLP signalling in central nutrient-growth networks. *Nature* 545（2017）: 311-316（2017）. https://doi.org/10.1038/nature22077

26）Kishii, M. et al., Production of wheat-*Leymus racemosus* chromosome addition lines. *Theor Appl Genet* 109（2004）: 255-60. DOI: 10.1007/s00122-004-1631-y

27）Subbarao, G. V. et al., Enlisting wild grass genes to combat nitrification in wheat farming: A nature-based solution. *PNAS* 118（2021）: e2106595118. doi: 10.1073/pnas.2106595118

28）Liu, Kh., et al., NIN-like protein 7 transcription factor is a plant nitrate sensor. *Science* 377（2022）: 1419-1425. doi: 10.1126/science.add1104.

29）Saito, M., et al., *Arabidopsis* nitrate-induced aspartate oxidase gene expression is necessary to maintain metabolic balance under nitrogen nutrient fluctuation. *Commun Biol* 5（2022）: 432. https://doi.org/10.1038/s42003-022-03399-5

30) Yan, D. et al., NIN-like protein 8 is a master regulator of nitrate-promoted seed germination in *Arabidopsis*. *Nat Commun* 7（2016）: 13179. https://doi.org/10.1038/ncomms13179

31) Maeda, Y., et al., A NIGT1-centred transcriptional cascade regulates nitrate signalling and incorporates phosphorus starvation signals in *Arabidopsis*. *Nat Commun* 9（2018）: 1376. https://doi.org/10.1038/s41467-018-03832-6

32) Ariga, T. et al., The *Arabidopsis NLP7-HB52/54-VAR2* pathway modulates energy utilization in diverse light and nitrogen conditions. *Curr Biol* 32（2022）: 5344-5353. https://doi.org/10.1016/j.cub.2022.10.024.

33) Wu, J. et al., Rice NIN-LIKE PROTEIN 4 plays a pivotal role in nitrogen use efficiency. *Plant Biotech J* 19（2021）: 448-461. doi: 10.1111/pbi.13475.

34) O'Malley R. C. et al., Cistrome and epicistrome features shape the regulatory DNA landscape. *Cell* 165（2016）: 1280-1292. doi: 10.1016/j.cell.2016.04.038.

35) Varala, K., et al., Temporal transcriptional logic of dynamic regulatory networks underlying nitrogen signaling and use in plants. PNAS 115（2018）: 6494-6499. https://doi.org/10.1073/pnas.1721487115.

36) Ueda, Y., et al., Gene regulatory network and its constituent transcription factors that control nitrogen-deficiency responses in rice. *New Phytol* 227（2020）: 1434-1452. https://doi.org/10.1111/nph.16627.

37) Gaudinier, A. et al., Transcriptional regulation of nitrogen-associated metabolism and growth. *Nature* 563（2018）: 259-264. https://doi.org/10.1038/s41586-018-0656-3

38) Rubio, V. et al., A conserved MYB transcription factor involved in phosphate starvation signaling both in vascular plants and in unicellular algae. *Genes Dev* 15（2001）: 2122-2133. doi : 10.1101/gad.204401

39) Puga, M. I., et al., SPX1 is a phosphate-dependent inhibitor of PHOSPHATE STARVATION RESPONSE 1 in *Arabidopsis*. PNAS 111（2014）: 14947-14952. https://doi.org/10.1073/pnas.1404654111

40) Wild, R. et al., Control of eukaryotic phosphate homeostasis by inositol polyphosphate sensor domains. *Science* 352（2016）: 986-990. DOI: 10.1126/science.aad9858

41) Zhou, J., et al. Mechanism of phosphate sensing and signaling revealed by rice SPX1-PHR2 complex structure. *Nat Commun* 12（2021）: 7040. https://doi.org/10.1038/s41467-021-27391-5

42) Takatoshi, K., et al., Repression of nitrogen starvation responses by members of the *Arabidopsis* GARP-Type Transcription Factor NIGT1/HRS1 Subfamily. *Plant Cell* 30（2018）: 925-945. https://doi.org/10.1105/tpc.17.00810

43) Ueda Y., et al., Nitrate-inducible NIGT1 proteins modulate phosphate uptake and starvation signalling via transcriptional regulation of *SPX* genes. Plant J 102（2020）: 448-466. https://doi.org/10.1111/tpj.14637

2.3 基礎基盤

2.3.1 遺伝子発現機構

（1）研究開発領域の定義

遺伝情報の発現機構、つまり遺伝子の情報が細胞における構造および機能に変換される過程の作用機序と生理機能の解明は、次世代シーケンサー（NGS）等の技術進展を受け近年大きく解析が進んでいる。ここでは、ゲノム、RNA、エピゲノム、クロマチン高次構造の視点から、多種の医学・生物学現象の遺伝子的あるいはゲノム的基盤を明らかにすると同時に、プロセシング、修飾、翻訳といった分子レベルで構造と機能の相関や生理機能ネットワークを解明する領域を取り上げる。

（2）キーワード

エピゲノム・エピジェネティクス、DNAメチル化、ヒストン修飾、クロマチン、ゲノム高次構造、ヌクレオソーム、ノンコーディングRNA、RNAプロセシング、RNA修飾、翻訳制御、RNA–タンパク質複合体、液体相分離、核酸医薬、一細胞オミクス、次世代シーケンサー、RNAイメージング、バイサルファイト法、ChIP–seq、Hi–C法

（3）研究開発領域の概要

［本領域の意義］

ひとつの個体は様々な種類・分化段階の体細胞と生殖細胞により構成されている。ヒトは200種類以上、37兆個の細胞で構成されていると言われる。個体を構成する細胞はひとつの受精卵に由来するため、一部の免疫細胞等を除いて体細胞はすべて同じゲノムをもつ。それにも関わらず、個々の分化した細胞は多様な形態と機能をもっている。言い換えれば、受精卵が増殖・分化して細胞、組織、器官、個体を形成する過程においてゲノムDNA情報は維持されるが、ゲノム上で使われる（RNAやタンパク質が生産される）遺伝子が異なるため、細胞独自の機能を持つようになる。一般的に分化した細胞において遺伝子発現パターンは安定に維持されるため、細胞が増殖してもその形質は維持される。このような遺伝子発現の調節は生命の維持や機能発現に極めて重要であり、セントラル・ドグマ（DNA（転写）→ RNA（翻訳）→タンパク質）と呼ばれる一連のプロセスは、細菌からヒトなどの高等真核生物まで全ての生物種で保存されている。この過程では多様な因子が関与して、どの細胞で、どのタイミングでどの遺伝子が発現するかを調整している。この調節は完全にプログロムされているばかりでなく、確率論的に決定されることがあることもわかってきている。

エピゲノムは遺伝子発現制御に関わるゲノム修飾の態様といえ、DNA塩基配列の変化を伴わずに、細胞世代を超えて安定的に表現形質を維持・継承させるシステムといえる。このゲノム上の遺伝子を選択的に活性化あるいは不活性化する仕組みとして、DNA自体の修飾とDNAに強く結合しヌクレオソーム構造を形成するヒストンタンパク質の翻訳後修飾が知られている。 DNAの修飾は酵母やショウジョウバエではみられないものの、高等真核生物の発生や分化の制御に重要である。ヒトの細胞ではCpG配列のシトシンの大部分がメチル化されており、転写開始点付近のメチル化は遺伝子発現抑制に働く。生殖細胞や受精卵では、DNAメチル化がダイナミックに変動するが、体細胞では一旦受けたメチル化はDNA複製過程で維持され、娘細胞にも継承される。ヒストンは様々なアミノ酸が多様な翻訳後修飾を受ける。特にリジン残基のアセチル化、メチル化、ユビキチン化等が遺伝子発現制御に働いている。一般的にアセチル化は転写の活性化、メチル化は転写の抑制に働く（特定のアミノ酸残基のメチル化は転写活性化に働く）。これらの修飾を介したエピジェネティクス制御は発生から老化・各種疾患に至るまでの生命活動全般に幅広く関係する。

また、広い意味でのエピゲノム制御の一つとして、遺伝子の核内配置やゲノム高次構造も重要であることがわかっている。遺伝子の発現制御には、DNAに直接結合する転写因子が必須であるが、その転写因子の

DNAへの結合は、ゲノムの凝縮状態や核内構造による局在化によっても制御される。すなわち、遺伝子発現の差異は、ゲノムDNA とその機能を司る核内タンパク質が相互作用する場であるクロマチン構造で生み出される。クロマチン構造や核内高次構造はヒストン修飾等と密接に関係している。さらに、ゲノム上でタンパク質をコードしないジャンク領域と見なされてきたゲノム領域から膨大な量のRNAが転写されていることが明らかとなった。また、これらのRNA群が、RNAを始めとする多様な生体分子と相互作用し、様々な生命現象を特異的に制御していること、その機能の破綻ががん、神経疾患や感染症など、様々な疾患に深く関与していることが明らかにされつつある。

このように遺伝子発現機構の全体像はまだ解明されていないことも多く、エピゲノム状態やクロマチン構造の統合的理解が必要とされることから、“ヌクレオーム（Nucleome）”という概念も提唱されている。細胞核内で起こる遺伝子発現の制御機構を理解することで、生命科学の深化のみならず、疾患の原因解明や治療法の確立などへの貢献が期待される。本領域は、これまで医学・生物学の特定の分野を指すものであったが、近年の次世代シーケンサーをはじめとする技術の急速な進歩により、方法論を中心とした医学・生物学全体の基盤となる領域に変貌している。

［研究開発の動向］

2000年代前半に国際HapMap計画によりヒトゲノム遺伝多型のカタログが作られた。また、2004年頃よりNIHが1,000ドルゲノム（＝個人のヒトゲノム全配列の解読コストを1,000ドルにする試み）に向けた技術開発として投資してきたシーケンサー技術が実用化されている。2011年に Pacific Biosciences 社（米国）が市場化した第三世代シーケンサー PacBio RS IIの性能が著しく高く、状況は大きく変化した。2013年に同社が微生物のゲノム配列をギャップなく配列決定し、99.999%の塩基配列の精度を出すソフトウエアを発表した。例えば 2 倍体のヒトゲノムの場合、米国 illumina社のシーケンサーのデータと比較しながら、ソフトウエアによるデータ処理により精度を99.9%（残り0.1%は多型変異）にまで上げることができる。2014年初頭にillumina 社が大型 NGS 機器であるHiSeq X Tenシリーズを発表し、1,000ドルゲノムを達成したと報告された。

次世代シーケンサーを用いた解析技術（単一細胞シーケンシング）の発展により、個々の細胞におけるトランスクリプトーム、エピゲノムを解析することが可能になりつつある。中でも、単一細胞RNA–seq技術は2009年に登場して以来[1]、多くの手法が開発されており、現在最も汎用されている単一細胞シーケンシング法となっている[2]。細胞の単離操作には、FACS による細胞ソーティング、あるいは細胞の単離に特化したFluidigm社のC1システムが利用されている。一方、「細胞の単離」のステップを伴わない、ナノリットルスケールのドロップレットを利用する方法も開発されている（Drop–seq[3]、inDrop[4] 等）。オリゴDNAビーズと細胞懸濁液をマイクロ流路へ流し込み、形成したドロップレット内で単一細胞由来mRNAのビーズへのキャプチャーあるいは逆転写を行う。この方法では、単一細胞ごとにハンドリングする必要がなく、一度に数千～数万細胞を処理することが可能である。また、転写産物の定量法としては分子バーコード（Unique Molecular Identifier: UMI）により各遺伝子の3’末端のみをカウントする方法が現在の主流であるが、単一細胞レベルにおいて全長の転写産物を解析できる方法 RamDA–seqも国内のグループにより報告された[5]。これらに加え、翻訳中のRNAを測定する Ribo–seq、キャップ構造を持つRNAのみを測定する TSS–seq、転写中のRNAを測定する NET–seqなどがある。つまり、転写のみならず、スプライシング、翻訳までを含めたより定量的なRNAの測定技術が次々と報告されてきている。

単一細胞トランスクリプトーム解析は、比較的低コストでスループットも高い優れた手法であるが、細胞が持っていた空間情報を失うという問題があった。そのため、計算やマーカーとなる遺伝子の発現情報等の利用により、個々の細胞の空間的な分布を推定する方法なども開発されてきた。一方、実際に空間分布を維持したままの単一細胞トランスクリプトーム解析技術が開発されるなど、空間トランスクリプトームの需要は高まっている[6]。空間トランスクリプトーム技術は、「空間網羅タイプ」と「局所深読みタイプ」に大別される[7]。

「空間網羅タイプ」は、組織切片上で連続*in situ* hybridizationや*in situ* sequencingを行い蛍光顕微鏡によりRNAを検出する方法、あるいは、バーコード配列をもつDNAによりRNAをキャプチャーし次世代シーケンサーで解析する方法、などが開発されている。「局所深読みタイプ」としては、物理的に目的領域の細胞を切り出す方法や光操作により目的部位のRNAのみを検出する方法がある。空間トランスクリプトーム解析技術は一般的に難易度が高いが、目的によっては市販の装置も利用可能となっている。

【エピゲノム】

1980 年代にがんにおけるメチル化異常の報告がなされ、1990 年代前半にがんの抑制遺伝子のメチル化異常による不活化が発見されたことを契機として、がん分野でのエピゲノム研究が大きく進展した。2000年代に入り転写因子やヒストン修飾部位を解析できるクロマチン免疫沈降（ChIP）法が普及したことに伴い、世界各国においてエピゲノム研究が積極的に推進された。エピゲノム情報は多様である。まずDNAメチル化は微生物と脊椎動物では様式が大きく異なるが、ここでは脊椎動物に普遍的なCpG のシトシンメチル化の検出について述べる。ゲノム中のCpG サイトは非常に多く、ヒトゲノムの場合、全ゲノム配列の1%程度を占める（約 3,000万箇所）。シーケンサーの低コスト化により、すべての CpG サイトのシトシンメチル化状態を検出するバイサルファイト法（非メチル化シトシンをウラシルに変換することでメチル化シトシンとの違いを明確化する方法）を低コストで実施することが可能になった。この結果、例えば、世代ごとに CpG サイトのシトシンメチル化が変化する率は、塩基が変異する率よりも3桁近くも高く、生物が環境に適応する能力を高めていること、重要な発生関連遺伝子をコードするゲノム領域の多くは、低メチル化かつヒストンH3の27番目のリジンがメチル化されることで初期胚における発現が抑えられており、細胞運命決定が進む過程で高メチル化へと変化し発生関連遺伝子が転写されるようになるという現象が発見されている。バイサルファイト処理を用いる場合、シトシンメチル化判定には パーソナルゲノム解読と同程度のリード量（ゲノムを30倍程度被覆）が必要になり、バイサルファイト処理したDNA断片を解読したリードはゲノム上に高速にアラインメントする必要がある。世界各国でエピゲノムに関する国家（間）プロジェクトが開始されており、米国（NIH によるロードマップ計画）、EU（BLUEPRINT3）などが公表されている。国際的なプロジェクトの一つとして、国際ヒトエピゲノムコンソーシアム（International Human Epigenome Consortium：IHEC）が2010年から活動しており[8)]、様々なヒト正常組織のエピゲノムデータが6000以上集積している。わが国もJST-CREST（2015年以降はAMED-CREST）「エピゲノム」を主体として2011年から2018年までIHECメンバーとなり、500以上のデータセットを取得している。IHECは2020年度から第2ステージとなり、データセットの統合解析や病気のエピゲノムなどを進めており、わが国からもAMED-CREST「早期ライフステージ」のメンバーが参画している。

エピゲノムや転写因子の局在を 1 次元のゲノム情報の上にマッピングすると、遺伝子の抑制と活性化に働く修飾が異なる場所に存在していることがわる。この棲み分けがうまくできていることにより、発現する遺伝子と発現しない遺伝子の分別と継承が行われる。しかしながら、これらの標識は必ずしも安定に保持されるわけではなく、むしろダイナミックに変化しつつ定常状態として維持されることがわかってきた。また、ヒトゲノムの非コード領域が個人の多様性を決定する上で極めて重要であることも明らかになってきた（SNPsの大部分は非コード領域に存在する）。このように、非コード領域の役割を理解するためにはエピゲノム解析は重要であり、ヒトの疾患、老化の本質的な理解とともに、治療戦略、創薬の上でも鍵となると認識されている。

実際の細胞核中では、1次元的にはゲノム上の距離が離れているにもかかわらず、ループ構造を作ることで2 つの領域が空間的に近接して存在したり、近傍しているにもかかわらず空間的に離れて存在したりする場合がある。このような空間局在性は、転写因子間の結合や転写そのものに影響される場合もあるが、2 本のDNAをつなぎ留めるタンパク質も寄与すると考えられている。したがって、遺伝子発現の制御機構を理解するためには、転写因子やDNAメチル化、ヒストン修飾等の1次配列上のエピゲノム情報のみならず、細胞核内の高次構造を知ることやその制御機構を解明することも重要である。

細胞核内の遺伝子制御機構を解明するためには、ゲノム配列、転写因子、エピゲノム状態、空間配置と凝縮状態、さらには核内構造体の役割、分子動態等を統合的に理解する必要があるとの考えが広がり、細胞核の包括的な理解という意味でヌクレオームという概念が形成された[9)]。ヌクレオーム研究は、次世代シーケンサーによるゲノム・エピゲノム解析と顕微鏡解析、計算機科学・数理モデル研究等の異分野が発展、融合して萌芽し、展開されつつある。なかでも遺伝子発現制御機構の解明に関わる近年のイメージング技術の発展は眼を見張るものがある。光学顕微鏡の分解能は理論的に200 nmを超えることができないとされていたが、様々な超解像顕微鏡技術が開発され、100 nm以下の分解能での検出が可能になった。特殊な方法を用いれば10 nm以下の分解能も達成できることが示されている。さらに、蛍光タンパク質を用いた生細胞解析により遺伝子発現制御の時空間動態も明らかにされ始めた。様々な転写因子やRNAポリメラーゼ、ヒストンの生細胞動態がフォトブリーチ法や1分子イメージング法により解析され、転写開始複合体がダイナミックに構成されることが示された。また、ゲノム編集に用いるタンパク質からDNA切断活性を除くことで、特定のゲノム領域を可視化することができる。転写産物に関しても、特定のRNAに結合するタンパク質や蛍光アンチセンス鎖を用いた検出が可能となっている。さらに、DNAメチル化やヒストン修飾を検出するプローブも開発され、エピゲノム状態と遺伝子発現のダイナミクスを生細胞で捉えることが可能になってきた[10)]。

超解像顕微鏡技術は米国やドイツが先行したが、わが国も1分子蛍光イメージング分野の開拓に貢献してきたことに加え、生細胞イメージングに適した超解像技術[11)]、クライオ蛍光顕微鏡による超解像技術[12)]など独自技術の開発も行われている。また、独自のエピゲノム可視化プローブの開発も行われている。

エピゲノム制御に着目した創薬開発も進められており、抗がん剤として既に2種類のDNAメチル化酵素阻害剤と3種類のヒストン脱メチル化酵素阻害剤が米国で承認されている。azacytidine（DNAメチル化阻害薬：米国 Celgene社）は骨髄異形成症候群の治療薬として米国で2004年に上市され[13)]、日本では日本新薬[14)]がライセンスし2011 年に承認された。他にも皮膚T細胞リンパ腫の治療薬 Vorinostat（ヒストン脱アセチル化酵素阻害薬：米国 Merck 社、2006年にFDA承認；日本では大鵬薬品が 2011 年に承認を取得）等が上市されている。

低分子化合物によるエピゲノム制御は特定の遺伝子に作用するものではないため、特定の遺伝子のエピゲノム状態を人工的に制御し、遺伝子発現を自在に操作できるような「エピジェネティック編集」技術の開発が進められている。これは、上述のゲノム可視化技術と転写の活性化や不活性化に働くタンパク質ドメインを用いることにより、特定のゲノム上のヒストン修飾状態等を変化させることで、遺伝子発現を制御するものである[15)]。その制御を低分子化合物や光により自在に融合できる系も開発されるなど、この人工的な制御技術は急速に進展している。

エピゲノム情報を単一細胞レベルで解析する技術の開発も進んでいる[16)]。クロマチンのアクセシビリティを検出するATAC–seq[17, 18)]、クロマチン高次構造を検出するHi–C[19, 20)]、ヌクレオソームの位置を検出するMNase–seq[21)]も単一細胞解析への最適化が行われている。一方、ゲノムワイドなヒストン修飾状態や転写因子の結合の解析にはChIP–seqが広く用いられてきた。 ChIP–seqの単一細胞解析への応用としてドロップレットを用いた手法が報告されている[22)]。さらには免疫沈降を伴わない手法の開発が行われ、カルシウム依存性エンドヌクレアーゼ Micrococcal nuclease（MNase）を結合させた抗体により特定のゲノム領域を切断、回収する CUT&RUN[23)]、抗体とTn5トランスポザーゼを結合させたCUT&Tag[24)]、抗体に結合させたオリゴ DNAをTn5トランスポザーゼにより近傍のゲノムへと挿入するChIL–seq[25)]が報告された。特にChIL–seqは抗体による単一細胞エピゲノム解析を達成した唯一の国産の解析法であり、顕微鏡レベルでの局在情報との同時取得や2つ以上の標的を同時に解析できるユニークなものである[26)]。

ヒストン修飾や転写因子の結合部位の解析には、それらの特異的抗体が必要であるが、抗体の特異性や再現性の問題が科学的・産業的観点から改めて取り上げられている[27, 28)]。すなわち、ポリクローナル抗体を用いた場合の再現性や特異性の検証が不十分な抗体を用いた場合の問題が無視できないほど大きく、モノクローナル抗体や特異性を上げた組換え抗体の利用が推奨されている。ヒストン修飾抗体に関する特異性に関する包括的データベースの作成[29]や、NIHプログラムの一環として転写因子に対する免疫沈降グレードのモノクローナル抗体の大規模な樹立、バリデーションが行われる[30]等、信頼性の高い抗体の作製と選択を促す試みが進められており、多種多様なエピゲノム解析が発展する土壌形成が行われている。これらの技術開発は米国が圧倒的に主導している。わが国でも網羅的な抗体作製が試みられたこともあるが広がりは限定的である。

【RNA】

RNA研究は、古典的なRNA（mRNA、rRNA、tRNA、snRNA、snoRNA）に加え、近年ではタンパク質をコードしない非コード（non-coding RNA：ncRNA）に関する研究が精力的に進められている。ncRNAは極めて多様性に富む生体分子群であるが、大別すると、① 20 ～ 30 塩基程度の鎖長のsmall RNA、② 200 塩基を超える鎖長のlong ncRNAの2つのグループに分けられる[31, 32]（後述のように、非コードとされていたRNAからもペプチド鎖が合成されている場合も多く見つかり、この定義自体を見直す必要もでてきている）。

❶ small RNA

真核生物のsmall RNA 研究は1998年の RNA干渉の発見に端を発する。 small RNAのうち、二本鎖構造の small interfering RNA（siRNA）は mRNA の分解（RNA干渉）を、一本鎖構造のmicroRNA（miRNA）は mRNA の翻訳阻害を引き起こすことが明らかとなり、RNA サイレンシングと総称される。これら small RNA による遺伝子発現抑制機構の分子メカニズムの理解は急速に進みつつある。これらは「アルゴノート」と呼ばれる共通タンパク質と共に RISCという作動装置を形成し、翻訳制御、mRNAの安定性制御、クロマチン制御を抑制する制御因子群であることが明らかにされた。現在では、RISC構築機構全貌の理解、small RNAが関わる様々な生理現象や疾患メカニズムの理解に向けた研究が拡張を続けている。この他には生殖細胞のゲノムをトランスポゾンによる卵・精子形成異常から守る PIWI-interactingRNA（piRNA）に関してもわが国の研究者による研究が積極的に積み重ねられている。

Small RNAの医療応用研究も世界中で進められており、GalNAc などの糖鎖修飾技術をはじめとした基盤技術が整えられつつある。しかし、効率的なドラッグデリバリーシステム（DDS）や生体内での安定化等のための化学修飾デザインなど複数の技術的ボトルネックが顕在化している。また、リキッドバイオプシーの一つとして、体液に含まれるエクソソーム中のmicroRNAのプロファイリングをバイオマーカーに用いる試みも大規模に進められている。特に、がんの診断目的での期待が高い。また、「原核生物におけるRNA干渉」とも言える、CRISPR/Cas9システムもRNA生物学としては非常に大きなトピックである。Small RNA研究では、米国、欧州、韓国とともにわが国の研究者が先導的な成果を上げ、その発展に大きく貢献してきた[33]。

❷ long ncRNA（lncRNA）

数百塩基を超えるlncRNAについては、ヒトのゲノムから少なくとも20,000種類を超える膨大な種類が転写されていると言われている。タンパク質をコードする遺伝子の種差に比較して、ncRNAは種差が大きく、進化における生物の複雑性や種特異的機能の獲得に重要な役割を果たしていると考えられている。また、近年の疾患シーケンスの結果から、様々な疾患においてlncRNAに特異的な変異が入っており、それに伴うエピゲノムの変化が異常な遺伝子発現制御の原因になっていることが示唆されている。がんをはじめとしたlncRNAの疾患への関与例が多数報告され、さらにはゲノム編集技術を用いてlncRNAの機能性が網羅的にスクリーニングされ、多くのlncRNAに細胞種特異的な機能が確認された。 ncRNAはすでに知られているエピゲノム制御や細胞内構造体形成のみならず、多彩な生命現象と関係しているものと予想される。近年、細胞内の凝集体（液滴）形成が様々な機能制御に働くことが示されているが、RNA複合体の凝集体についても機能解析が進んでいる[34]。

古典的 RNA 生物学と最新知見の融合研究が進められている。 ncRNAに関する知見が蓄積していく中で、わが国が伝統的な強みを持つ翻訳やスプライシングといった古典的なRNA生物学が再び脚光を集めている。例えば、ncRNAの1つであるmicroRNAは、標的mRNAからの翻訳開始を阻害すると同時に、標的mRNAのpoly-A 鎖を分解しその安定性を下げるという2重の作用様式によって、標的mRNAからのタンパク質合成を抑制することが知られている。このようにncRNAの働きを解明するためには、翻訳をはじめとした古典的なRNAが関与する様々な過程を、最新の知見をふまえて正しく理解することが不可欠であると言える。また、コドンの新たな意味づけ（mRNA安定化に関係）、リボソーム品質管理、RNA修飾など、古典的なRNAが関与する様々な過程において新たな発見がなされている。リボソームプロファイリング技術によって、細胞分化、ストレス応答、脳機能、がんなどの疾患、疾患治療薬の標的としてダイナミックな翻訳制御が用いられていることも明らかになってきた[35]。さらには、リボソームの衝突や一時停止などに応答したリボソーム品質管理の機構が解明され、それらが老化などの生理現象に与える影響が明らかになっている[36]。最近の翻訳研究において、真核生物においても非AUGからの翻訳開始、繰返し配列からの翻訳開始等、これまでの配列予測からは想定されないタンパク質が合成されることも示されており、ncRNAとmRNAの境界は極めて曖昧である。例えば、lncRNAとして同定されていたものが、実は非常に短いペプチドをコードしており、そのペプチドが生理活性を有している例がいくつも報告されている[37, 38]。一方、タンパク質をコードするmRNA遺伝子のイントロン部分には、多数のmicroRNAが含まれていることもよく知られている。また、mRNAのスプライシング異常によって「ncRNA化」した異常なmRNAは、リボソームの品質管理機構によって速やかに排除されるが、lncRNAには品質管理機構による分解を免れているものも多い。さらに特殊なスプライシングを受けて環状化し安定化したlncRNAが、microRNAを効率よくトラップする「スポンジ」として働いている例も知られている[39]。したがって、mRNAかncRNAか、あるいは small RNAか lncRNAか、という画一的な区分けにとらわれず、それらの複雑で巧妙な関係を正しく理解することが重要である。動物個体を用いたlncRNA変異体の表現型解析が本格化しており、生理機能も徐々に明らかになっている[40]。現時点では、大多数のlncRNAは手つかずの状態であり、今後、「lncRNAならでは」の作用機序や生理機能の理解が進み、ゲノムの広範な領域から生み出されるlncRNAによる新しい遺伝ルールの解明につながることが期待される。

転写後修飾に関しては、mRNAやlncRNAに多数のN6-メチルアデノシン（m6A）修飾が付加され、スプライシング、mRNA安定性、mRNA輸送、翻訳制御に大きな役割を果していることが示された[34]。またlncRNAの機能にもこの修飾が必要であることが報告された。 m6A修飾を介した制御が、がんなどの疾患、性決定、生物時計などの重要な生理現象に関わっていることも報告されている。また、m6A 修飾とヒストン修飾の間のクロストークについても研究が進んでいる[41]。中国では潤沢な資金援助を受けて、RNA修飾の医学や農学への応用を含めて研究が拡大している。

近年、最先端の解析技術により、翻訳やtRNAに関する新たな知見が得られ、その重要性が再認識されている。同時にリボソームやスプライソソームといった巨大複合体による化学反応の各段階がクライオ電子顕微鏡を駆使した構造解析で明らかにされ、遺伝子発現の流れを原子レベルで理解する時代が到来した[42]。こうした中でSARS-CoV-2 RNAに見られる新たなキャップ付加や翻訳制御の機構も解明され、さらに、SARS-CoV-2由来の複数のタンパク質がホスト細胞の様々な遺伝子発現段階をブロックする機構などウイルスRNAに関する新たな制御機構に注目が集まっている[43]。

RNA制御には、共通して多数の RNA 結合タンパク質（RBP）が関与し、ヒトでは1,500種類ほどが存在している。米国のENCODE関連プロジェクトでは、eCLIP、ゲノム編集、次世代シーケンスなどの先端技術を駆使して、各RBPの結合RNA配列、細胞内局在、トランスクリプトームへの影響を網羅的に解析するプロジェクトが進行しており、RNA研究の有用なリソースとなると考えられる[44]。一方で、各RBPの結合特異性は明瞭でない場合が多く、細胞内での特異性獲得の詳細な機構は未だ完全には理解されていない。多くのRBPが有する天然変性領域による液-液相分離の研究もlncRNAと関連させて大きく展開しており、相分離を介して形成される細胞内非膜性構造体の機能や動態制御、さらには神経変性疾患などの疾患との関連について研究が進んでいる[45)]。

RNA生物学の応用研究も大きく発展を遂げている。特筆すべきは、新型コロナウイルスワクチンとして実用化されたことによって、mRNAワクチンが最新の創薬モダリティとして世界中で開発競争が激化していることである。わが国でも政府主導のワクチン開発拠点が国内大学に設置された。mRNAワクチン技術は、これまでのRNAの基礎研究の知見が集約されたものであることから、改めて基礎研究の重要性が認識されるべきである。また、スプライシングを人為的に改変することによって難病の神経筋疾患治療を可能にしたアンチセンス核酸、脊髄性筋萎縮症治療薬「ヌシネルセン」が米国FDAで認可され、RNAを標的とした核酸医学の扉を開いた。依然デリバリーと副作用の問題は残るが、これに続く治療法の開発が急速に進むと考えられる。スプライシング関連タンパク質を低分子化合物で機能制御し、スプライシング異常に起因した神経疾患を治療しようとする応用研究もわが国を含めて成果が上がりつつある。今後のトレンドとなりそうな動きとしては、RBPによる細胞内相分離を標的とした創薬開発が欧米を中心に盛んになりつつある。

米国、中国、韓国、欧州ではRNAの公的な研究拠点が設立され、特に重要な研究領域として強力に推進されている。

（4）注目動向

[新展開・技術トピックス]

• 単一細胞マルチオミクス技術

単一細胞シーケンシング技術の急速な発展により、現在では単一細胞から2つ以上の情報を同時に取得する単一細胞マルチオミクス技術の報告が相次いでおり、今後の技術開発のトレンドとなることが予想される[16, 17)]。例えば、CITE-seq[46)]ではタンパク質情報の「核酸化」によりタンパク質とトランスクリプトームの同時定量が可能となった。この手法では、poly-Aを含むオリゴDNAを結合させた抗体を細胞に反応させ、単一細胞RNA-seqのプラットフォームにおいてmRNAとともに抗体結合オリゴを定量する。scCOOL-seq[47)]は、細胞内でのDNA CpGのメチル化状態とGpCメチル化酵素によるオープンクロマチン領域のマーキングをbisulfite sequencingにより同時解析する。sci-CAR[48)]では、逆転写プライマーやTn5トランスポザーゼによるindexingとsplit-and-pool PCRによるindexingを組み合わせることにより、数千の同一細胞からのATAC- seqとcDNAライブラリーの同時構築を可能とした。2つの修飾や転写因子の結合部位を同時に解析できるmtChIL-seq法も開発された[26)]。これらのindexingの組み合わせによるmultiplexing法は他のマルチオミクス技術にも原理上応用可能であるため、今後の単一細胞解析のハイスループット化において重要な概念となると考えられる。

• 米国 10x Genomics 社

米国10x Genomics社のChromiumシステムというドロップレットベースの単一細胞解析プラットフォームの開発が進んでいる。マイクロ流路装置から試薬類、解析ソフトまでをパッケージ化しており、国内でもいくつかの研究機関が導入している。さらに、Chromiumシステムをベースにした単一細胞ATAC-seqキットの販売が開始されている。また、米国BioLegend社と共同で「TotalSeq」というオリゴ結合抗体等のCITE-seq用キットが販売された。空間的遺伝子発現解析システム（Visium）も販売されている。

• CRISPR/Cas9

CRISPR/Cas9はその操作性、簡便性、フレキシビリティーから、現在では遺伝子改変マウス作成等におけるゲノム編集ツールの第一選択になっている。さらには、DNA切断活性を持たないdCas9とDNA・ヒストン修飾酵素との結合によるエピゲノム編集[49)]、遺伝子の核内局在やクロマチン高次構造の編集[50, 51)]、特定のゲノム領域の可視化への応用[52)]、cell barcodingによるlineage tracing[53)]など幅広いアプリケーションに応用されており、現在のゲノム、エピゲノム研究において欠くことのできないツールとなっている。

- **クロマチン高次構造解析**

クロマチン高次構造解析のスタンダードである、3C系アッセイに代わる技術の報告が増えつつある。例として、核の凍結超薄切片を用いたGAM[54]、multiplexing法に用いられるsplit–and–pool の概念を応用したSPRITE[55]、Tn5トランスポザーゼを利用したTRAC–looping[56]等がある。これらの新技術は、いずれも「*in situ* でのゲノムの制限酵素切断とライゲーション」という3C系アッセイの原則とは別の動作原理に基づいている。また、次世代シーケンサーをベースにした解析法とは別のアプローチとして、連続的smFISHと超高解像度顕微鏡の組み合わせによりクロマチン高次構造を可視化する試みも報告されている[57]。また、ゲノム構造の生細胞動態の解析も急速に進んでいる。ゲノム領域の生細胞動態解析と計算機シミュレーションによりクロマチンループが動的であることが示され[58, 59]、また、発生過程におけるエンハンサーとプロモーターの相互作用と遺伝子発現についての理解も進んでいる[60, 61]。

- **翻訳制御研究の新展開**

リボソームは最も古典的なRNA複合体装置であるが、リボソームの異常を感知する品質管理機構の研究が盛り上がりを見せている。最近ではリボソーム衝突、一時停止、ダイリボソーム形成、MARylationなどの修飾がリボソームや結合mRNAの挙動に大きく影響することが発見された[36]。一方で、翻訳因子の新たな機能やRBPとその相分離を介した翻訳制御の報告、さらには、記憶の統合などの脳機能、精神疾患への薬理効果、老化などの高次生命現象に、翻訳制御が深く関わっている事例が数多く報告されており、リボソームプロファイリング法による網羅的な翻訳活性の測定技術を組み合わせることによって、様々な生命現象や疾患における翻訳制御の重要性の理解が進むことが期待される。一方で、リボソームをはじめとした巨大RNA構造体の高精度な構造解析が主にクライオ電子顕微鏡を用いて、次々と明らかにされており、翻訳やスプライシングなどの多段階反応の各ステップとその流れが原子レベルで理解される時代が到来した[42]。

- **液–液相分離（liquid–liquid phase separation: LLPS）**

lncRNAを骨格にした相分離非膜性構造体の研究が特に注目を集めており、NEAT1、NORAD、XISTといった代表的なlncRNAがRBPと足場となる複合体を作り、そこに液–液相分離（LLPS）を介して多数のRBPやエピジェネティック制御因子を集約することが定量的に示された[62]。これによって、ごく少量のlncRNAを起点してLLPSが誘発された結果、巨大なタンパク質ネットワークとしての非膜性構造体が形成され、細胞内のハブとして機能する概要が理解された。

RBPに共通して含まれる天然変性領域同士が、複雑な相互作用ネットワークを形成して相分離した液滴を形成する現象（LLPS）が、細胞内の非膜系構造体形成の原動力になっていることが明らかになった[45]。この機構は、膜を介さずに特定の因子を空間的に隔離、濃縮し、特異的生化学反応の場、クロマチン構造ハブとして働くことが提唱されている。実際に温度ストレスに応答した遺伝子発現制御に関わる制御因子のリン酸化の場として働くこと[63]、エピジェネティック制御因子の隔離、ES細胞分化に応じたクロマチン構造変化などの場として働くことなどが報告された。この機構でRNAはタンパク質を集約するだけでなく、RNA–RNA相互作用によっても相分離を促進しており、細胞内での相分離の誘導に様々な様式で関与していることが明らかになってきた。特に少数のlncRNAがRBPと形成した複合体を足場とした相分離によって数百倍ものRBPを非膜構造体に係留できることが、複数のlncRNAで報告され、この相分離誘発がlncRNAの代表的な機能様式と考えることができる[64]。

- **RNA–タンパク質複合体**

一本鎖のRNAは柔軟に高次構造を形成し、その構造が相互作用因子によって認識され、作動装置としてのRNA–タンパク質複合体が形成される。このRNA高次構造をRNAの化学修飾、架橋、ライゲーションと次世代シーケンスを組み合わせてゲノムワイドにマッピングする手法（例：SHAPE, PARIS, RIC）が複数考案され、RNA構造情報が収集されている。一方、ディープラーニングによってRNA構造を予測する手法の有効性も示された[64]。 RNAと相互作用するタンパク質の結合部位のマッピング法（eCLIP）が簡便化され、米国のENCODEプロジェクトの一環として体系的に実施され、その成果が公共データベースにて公開されている[65]。さらに網羅的なRBPの結合キネティクス解析のような一歩踏み込んだ相互作用解析系も開発されている。高精度または高感度なRNAのイメージング解析でも新たな進展がある。細胞内mRNAの1分子追跡によって、これまで翻訳阻害されたmRNAの貯蔵場と思われていたストレス顆粒で通常の翻訳が行われていることが示された[66]。また、転写途上RNAの1分子解析によってスプライシング動態の詳細が明らかにされた。

• **RNA 関連創薬**

FDAによって認可された脊髄性筋萎縮症治療薬ヌシネルセンは、スプライシングを改変するアンチセンス核酸[67]であり、RNAを標的とした核酸医薬品としての画期的な成果である。その後、10種類を越す疾患を標的としたアンチセンス核酸薬の報告が続いている。一方で、遺伝性ATTRアミロイドーシスのRNA干渉治療薬パティシランが2018年にFDA認可され、RNA干渉創薬開発にも弾みがつくことが期待される。またRNAと低分子化合物の直接相互作用の研究が盛んになり、RNA–タンパク質、RNA–RNA相互作用を低分子化合物で阻害する試みが試行されている。わが国でも神経疾患関連のリピート配列由来RNAに結合する化合物が得られている。一方で、新型コロナウィルスワクチンとして実用化されたmRNAワクチンの有効性から、今後のRNA創薬モダリティの中心になる可能性がある。一方で、RBPによる細胞内相分離体と疾患との関わりが注目されており、相分離体を標的とした創薬開発を中心に行うベンチャー企業が設立された。また相分離体には特定の抗がん剤化合物が濃縮され、相分離が化合物の活性に大きく影響することも報告されており、人為的に相分離体を形成・操作する技術にも注目が集まっている。

[注目すべき国内外のプロジェクト]

• **米国4D nucleome project**

2015年に米国NIHの「Common Fund」として開始され、2022年予算が2800万ドルという大型研究費である。「4D nucleome」とは、3次元空間+時間で「4D」、核を意味する「Nucleus」に全てを意味する「–ome」を付加し「Nucleome」となっており、核内におけるゲノムの時空間的制御機構を包括的に理解しようという試みである[9]。3C系アッセイによるクロマチン高次構造解析、イメージング解析、ポリマーシミュレーション等の数理モデリングを含む多角的なアプローチによる解析、技術開発をサポートし、数多くの成果を挙げている。また、解析に用いるセルライン、データフォーマット、専門用語等の共通化、標準化を進める他、ポータルサイトでは承認された実験プロトコルを公開し、プログラムの支援を受けた論文は学術誌への投稿前にbioRxivなどのプレプリントサーバーにアップロードする方針をとる等、透明性、オープン性を重視している。技術開発に特化した第1期の成功を受けて、2020年から第2期がスタートした。欧州でも同様のプロジェクトとして4D Nucleome Initiative in Europeが存在している。

• **米国ENCODE プロジェクト**

RBPに関する情報整備が精力的に行われている。すでに500種類ものRBPの特異的抗体が作成され、これを用いた各RBPの結合部位のゲノムワイドマッピング、細胞内局在の解析、トランスクリプトームへの影響解析が、若手の気鋭研究者によって精力的に行われている。この基盤的リソース情報は、特異的なRBPによって制御されているスプライシング、RNA安定性、翻訳などの制御機構、ncRNA機能の理解に大きく貢献すると考えられる[65]。2022年にENCORE（Encyclopedia of RNA Elements）と名前を変えたプロジェクトが1500種類のRBPの解析を目指して継続されることが発表された。

• **欧州EXPERTプロジェクト**

mRNAをベースにしたがん、心疾患の遺伝子治療技術の改善を目的として2020年に開始された5年間のナノメディシンに関する欧州10か国が参加する産学連携の研究プロジェクトである。 mRNAのデリバリーを行う上で障壁となる様々な事象について集中的に研究する。 mRNAワクチンの実用化を受けて、その重要性に注目が集まっている分野である。

- **中国科学院（CAS）Key Laboratory of RNA**

CASの生物物理分野の1つの重点領域としてncRNAが掲げられ、3名のディレクターの下、15名の気鋭PIが重要な機能性ncRNAのネットワーク解析、ncRNAと相互作用因子解析、ncRNAの生物学的機能の3点について多面的かつ集中的に研究する体制が組織され、高品質なものを含めて論文が量産されている。CASには若手PIが数多く登用されているが、多くは中国で学位を取得し、そのままCAS研究者になっている。中国国内で独自の人的流動を起こし、オリジナルなサイエンスを生み出そうとする姿勢がうかがえる。

- **日本FANTOM6プロジェクト（phase 2）**

理化学研究所が長年実施してきたFANTOMプロジェクトの6期目として、lncRNAに特化したプロジェクトが実施されている。これまでlncRNAをアンチセンス核酸によって個別に機能阻害した結果影響を受ける遺伝子発現を、理研オリジナルなCAGE-seqによって解析する機能解析研究を基軸にした優れた成果が得られていたが[68]、2022年度からそのphase2としてlncRNAとクロマチンやタンパク質因子との分子間相互作用を網羅的に解析することを主軸にしたプロジェクトが開始された。 FANTOMプロジェクトは発足時から、遺伝情報リソースとして国際的にも評価が高い成果を生み出してきた。 FANTOM6からもすでに生理活性をもつ新規lncRNAを発見するなどの重要な成果が得られており、今後の相互作用解析によって、細胞毎のRNAを介したエピゲノム制御の網羅的な基盤リソース知見が得られることが期待される。

- **新学術領域研究・学術変革領域研究**

ncRNAの機能と作動原理の理解を目指した新学術領域「非コードRNA作用マシナリー」「ncRNAネオタクソノミ」という領域が継続して実施され共に事後評価でA+の高い評価を得た。一方mRNA制御についても「RNA制御学」「新生鎖生物学」が2期に渡って継続している。いずれの領域おいてもわが国オリジナルな国際的に注目される先駆的成果が数多く生み出されており、こうした選りすぐりの基礎的課題に対する継続的なサポートは、わが国のRNA研究の国際的な優位性の確保、国際交流、若手人材の育成の推進に大きく貢献してきた。2021年度からncRNAや天然変性タンパク質に関する学術変革研究A「非ドメイン生物学」領域、2020年度から翻訳制御に関する学術変革研究B「パラメトリク翻訳」領域が発足し、関連領域の継続的な発展が期待される。

（5）科学技術的課題

現在のゲノム科学は、脆弱なゲノム概要配列の上になんとか立脚している。個人間のゲノムの差異、RNA-seq技術を遺伝子発現量の定量化、エピゲノムデータの収集は、どれもゲノム配列にDNA断片をアラインメントすることで成立している。しかし最も完成度の高いヒトゲノム配列でさえ解読されているのは90%程度である。欠けている情報としては、Alu, LINE, LTRなどの繰り返し配列の分布、セントロメア、長いゲノム重複領域などある。繰り返し配列が存在するゲノム上の位置を、従来の短いシーケンシング技術では確定しにくいのが理由である。ヒトゲノムには10万塩基を超えるような繰り返し配列領域が存在し、解明は当面困難であろう。典型的な例はセントロメアであり、2,000 ～ 5,000 塩基を単位とした配列が数千個繰り返していると考えられ、全長は数百万塩基に達する。他にも脳疾患関連の遺伝子をコードした数百万塩基の長さの領域がコピーされている場所も知られている。

単一細胞シーケンシングにおいて、1 遺伝子あたり数十～数千コピー存在するmRNAを解析するRNA-seqとは異なり、2コピーしかないゲノムを対象とするエピゲノム解析では検出感度の向上が課題と言える。最新の単一細胞ATAC-seq解析においては、1 細胞あたり得られるリード数は数千～数万であり、ゲノムサイズを考慮するとそのカバー率は圧倒的に低い。

今後取組むべき研究テーマとして下記のようなものが挙げられる。

現状、単一細胞解析において位置情報取得への試みは行われているが、時間情報に対するアプローチはほとんど行われていない。一般に単一細胞シーケンシング解析では、細胞を溶解してDNA、RNAを抽出するため、時系列データを同一細胞から得ることはできない。ただし、トランスクリプトーム解析ではヌクレオチドアナログのパルスラベル等によるアプローチは可能である[69]。よって、時間解像度に優れる（ライブセル）イメージングとの連携など異なるアプローチが求められる。この観点から、最近生細胞から経時的に細胞質を採取するLive-seq技術が開発された[70]。一方、情報科学的アプローチとしては、Monocle[71]に代表されるデータの並べ替えにより擬似的に時間情報を作り出すpseudo-time reconstructionの手法、RNA velocity[72]のようなスナップショットのトランスクリプトームデータから時間情報を抽出するような解析手法が提案されている。

ヌクレオーム研究の機軸となるのは、（1）顕微鏡解析、（2）ゲノム解析、（3）情報・数理解析であるが、その中でも情報科学・数理科学分野が要である。これまでも情報科学はハードとソフトの両面から顕微鏡画像解析やゲノム解析の発展を支えてきた。これからのヌクレオーム研究の鍵となるのもまさしく情報・数理科学であり、生物学との融合研究が期待されている。また、理論研究や機械学習が重要となる一方で、機械学習の教師となるようなさらに質や網羅性の高いデータを得る必要性も増してきている。

膨大な種類のncRNAによる生体制御機構の全体像を理解し、医療応用への道筋をつけるためには、個々のncRNA分子の機能を分子・細胞・個体レベルで丁寧に解析し、その特性に応じて分類・整理した上で、体系的に研究を推進するための戦略が必要である。

1. ncRNA作用機構の全貌解明

lncRNA中で機能解析が行われたものは限られており、予想もしない新機能を持つlncRNAが潜んでいる可能性がある。その一例として、最近、糖鎖と結合して細胞表面に提示される一群のglyco RNAが発見された[73]。また、すでに機能的知見が得られているsmall RNAも含めてncRNAの作動装置の構造と作用機構のさらなる理解が重要である。また、細胞・個体でのncRNAの機能探索を継続的に進めていくことによって、膨大なncRNA機能が複雑な生命現象にどのように関与しているかの理解につながる。ncRNAの機能や作用ルールの解明は、これまで隠れていたゲノム機能とそれを支える新規な遺伝ルールという生物学上の本質的な理解につながる。

2. RNAによる細胞内制御環境形成の理解

ヒトのタンパク質全体の約5%を占めるRNA結合タンパク質は、特異性を持ってRNAに結合してその挙動を制御する役割を果たし、また、その天然変性領域を介した多価的なタンパク質間相互作用によって、液体相転移によって空間的に隔離した局所的な制御環境を構築することがわかってきた。そうした環境形成によって細胞内がどのように区画され、それによって複雑な生化学反応やシグナル伝達経路がどのように隔離・統合されるのか、さらには細胞核内のクロマチン3D構造を規定する機構などの理解は、今後の重要な課題である。さらに液–液相分離の異常に起因する疾患発症機構の解明が、新しい創薬コンセプトの確立につながる。

3. タンパク質合成過程におけるRNA制御の複雑性と精密性の理解

解析技術の進展に伴って明らかになってきたRNAプロセシング、輸送、翻訳の各段階の複雑性とそれを支える品質管理の機構、それらの高次生命現象への関与を詳細かつ定量的に理解することが、複雑かつ堅牢な生命現象を支えるRNA制御の重要性の理解につながる。

（6）その他の課題

• 基礎研究から応用技術開発への橋渡し体制の整備

FDAによって認可されたアンチセンス核酸によるスプライシング改変を介した脊髄性筋萎縮症治療薬は、スプライシング研究のパイオニアであった基礎研究者が、長年のノウハウを駆使して成し遂げた偉業である。同じくRNA干渉治療薬開発も、RNA干渉現象の発見から20年かけて成し遂げられたものである。さらに新型コロナウィルスmRNAワクチンには、わが国の研究者を含めたRNA基礎研究者によるmRNAプロセシング機構やRNA修飾の基盤的知見が凝集している。このように、基礎研究者が自ら発見・構築したオリジナルな知見や技術を重視し、それを実用化に向けて、長い時間をかけてシームレスにサポートする体制が必要である。最近注目されているRNAと直接相互作用する低分子化合物は、核酸医薬品と共にRNAを標的とした創薬ツールとして有望であろう。応用研究者と基礎研究者の認識のギャップは常に存在するものなので、双方の重要性を理解しマッチングするような「目利き」の人材育成がわが国独自の医薬品開発を推進するために重要である。

- **オリジナル解析系とリソースとサポート体制の整備**

次世代シーケンス、高感度質量分析、クライオ電子顕微鏡、光学イメージング、ゲノム編集などは、生物学全体で共通の先端技術であるが、それらを改変して開発されたRNA解析に特化した基盤技術（CLIP, ChIRPなど）が存在する。現在の単一細胞解析、そして今後の組織・個体レベルでの生命活動の包括的理解に向けて、トランスクリプトームやエピゲノム情報に加え、メタボローム、プロテオーム情報等を統合した「トランスオミクス」の理解が求められる[74]。そのためには、各種オミクスデータ量の爆発的増加への対応（インフラ含め）、研究グループ間の緊密な連携体制、分野横断的解析手法の確立が急務となる。

研究分野全体の推進のために、上記解析技術やバイオインフォマティクスのサポート、抗体や遺伝子改変細胞株などのリソースを総合的にサポートする体制の構築が望まれる。欧米、中国、韓国では、有力研究機関単位で最新鋭のサポート体制を効率化し、センター内外の研究推進に大きく貢献している。わが国でもハブ研究機関の設立や既存機関の整備が望まれる。

ゲノムに限っては、東北メディカルメガバンク、理化学研究所バイオリソース研究センター、東京大学ヒトゲノム解析センター、国立遺伝学研究所など中規模の拠点の形成は行われている。しかし、今後見込まれるシーケンス量に対応できる規模はない。科学研究費「ゲノム支援」やAMED–BINDSなどによる支援はあるものの、必要量を満たしているとはいいがたく、次世代研究者の育成にも課題がある。さらに、この分野の技術革新は早く、情報インフラなどは規模的にも質的にも不足することが予想される。大型研究機器（次世代シーケンサー、質量分析機など）は世代交代が早く、高価である上に、メンテナンスや運用、データ解析において高度な専門知識を要する。これらは単独のラボで対応可能なレベルを大きく越えており、機器およびデータ解析環境の双方における集約化と研究者育成が必要となり、国策としての拠点形成が重要である。

Monocleなど1細胞解析データを理解するための様々な手法が考案、実装されているが、それを主導しているのはバイオインフォマティクス分野ではなく、統計・数理を専門とする“分野外”の研究者である。現時点では生物系オミクス情報データは1解析当たりのデータ量は膨大であるが、解析コストの制約から解析件数は多くなく、deep learning等人工知能が活躍する場は限られている。今後、海外と連携して、データベースの活用が進んだ際に人工知能研究者等が参入しやすい状況を整備しておくことが肝要と考える。臨床応用に当たってはゲノム解析・画像解析とも、特に情報分野の圧倒的な人材不足が深刻である。

（7）国際比較

国・地域	フェーズ	現状	トレンド	各国の状況、評価の際に参考にした根拠など
日本	基礎研究	○	→	論文数や被引用数の多い論文数の低下傾向は、この分野においても例外ではない。突出した研究成果は一部出ているが、層が薄いことは否めない。特に、基本原理の発見や新規概念の創出、基盤技術開発などの基礎分野での遅れが顕著。また、次世代シーケンサー導入や情報解析の遅れを取り戻すどころか、ますます差が開いている。そのなかで、ゲノムやクロマチン、RNAに関連する文科省学術変革領域の活動が、本分野の継続的推進や若手育成を支えている。エピゲノムや1細胞解析、ゲノム合成に関連したJSTやAMEDのCREST、さきがけ、PRIME等によるサポートは多様な研究の推進に貢献しているが、国産の新規技術の開発には必ずしも結びついていない。さらに、ゲノムコホートやFANTOMのような大型プロジェクトで構築されたリソースが国内研究者に十分に有効利用されているとはいない。

日本	応用研究・開発	○	↘	機能性アプタマー、核酸や化合物によるスプライシング病治療では、独創的な応用研究が成果に結びつきつつある。さらに、1細胞解析の技術移転やエピゲノム関連ベンチャーの導出なども行われており、一定の実用化が見られる。しかし、これらは稀な例であり、日本独自の優れた基礎研究成果を応用に向けて有機的につなげて行く試みは多くはない。基礎と応用の守備範囲のギャップを埋めることに成功していない。リスクの許容、優れたシーズを見極めるセンス、最終的な実用化までを想定した息の長い研究体制を整備するなど多くの課題が存在する。製薬企業では化合物と相互作用するRNAを模索するなど、基礎研究に根ざした新しいRNA創薬への展開を目指している動きもある。
米国	基礎研究	◎	→	世界中から一流の研究者が集まり、依然として ゲノム、エピゲノム、RNA 研究の先端をリードしている。研究者の層が厚く、先駆的知見の獲得にとどまらず、その知見を補完し拡張していく二次的な動きが迅速であり、新しい研究分野の構築に至らせる力強さと精密さを兼ね備えている。4D Nucleome Initiativeの第一期が成功し、第二期も多くの成果が出ている。このInitiativeでサポートされた研究成果の迅速なリリースやデータを統合するプラットフォームなどが整備され、研究成果が次の研究に広がる仕組みが構築されている。エピゲノムやRNA に特化した研究所が多くの研究機関に設立されており、エピゲノムやRNA、関連する情報解析、イメージングなどの研究を多面的かつ集中的に行うことによって様々な先駆的な成果が生まれ、応用研究に向けた産学連携の拠点としても機能している。
	応用研究・開発	◎	→	基礎研究によって生み出された基盤的成果の中から様々な形での応用を想定したシーズを選定し、速やかにベンチャー企業等に委譲し、効率よく実用化を目指す枠組みがうまく機能している。基礎研究者はベンチャー企業のアドバイザーの役割を果たすことで互いに有益な関係性を確保し、大多数の若手研究者の受け皿としても機能している。
欧州	基礎研究	◎	→	伝統的な強みを生かした新しい独創的な研究が進められている。 GAMや1細胞Hi-C、1細胞DamIDなどの新規技術は欧州発である。各国独自のグラントに加えて、ECRグラントにより最先端研究や若手研究がサポートされる仕組みができている。また、複数国にまたがる共同研究の推進を行うためのグラントも整備されている。エピゲノム関連では多くの成果を挙げたBlueprintが2016年に終了したが、FLAGSHIPが2018年から始まっている。また、日本の新学術領域程度の中規模のグループグラントで、RNA 生物学のホットトピックスを選りすぐりの研究グループで集中的に研究する体制が組まれ、高い成果を上げている。ドイツでは、独自のエピゲノム解析プロジェクトDEEPの終了後、1細胞解析やゲノムアーキテクトに関するグループグラントが発足しており、伝統を維持しつつも最先端研究を推進している。また、ドイツMax Plank研究所やオーストリアIMBA など、若手の優秀な研究者を世界中から集め、充実したリソースのもとで高い成果を生み出すことに成功している。
	応用研究・開発	○	→	米国ほどではないが、GSK社やNovaritis社、Roche社など大手製薬企業による基礎から応用研究までをカバーする研究所や研究費のサポートなど、シームレスな実用化への取り組みが行われている。欧米のトップ研究者による細胞内相分離体を標的とした創薬開発のベンチャー企業が設立された。
中国	基礎研究	◎	↗	次世代シーケンサーやクライオ電子顕微鏡等などの最先端機器を多数整備し、豊富なマンパワーを投入するスタイルの大規模研究でも発展が目覚ましい。発生初期や幹細胞のエピゲノム解析などで目覚ましい成果を挙げている。中国科学院（生物物理分野）の重点課題にノンコーディング RNAを挙げて、Key Laboratoryを設置し、気鋭の研究者を結集させて研究費や研究環境を手厚くサポートし RNA生物学を強力に推進している。さらに、米国在籍の指導的な中国人研究者のリーダーシップによるRNA修飾分野に、多大な研究資金を投入し、世界をリードしている。近年では、欧米の借り物ではない中国国内で生み出された独自の成果が、一流雑誌を占める数が米国をも凌駕しつつあり、こうした研究体制が高い成果に結びついていると言える。未だ玉石混交であり、高いレベルにあるのは一部の卓越した機関に限られている。

中国	応用研究・開発	○	↗	エピゲノムやRNA分野に限ったことではないが、国家の研究費全体に占める応用研究費の割合は他の国に比べて極めて高い。その分、国内外で得られた多様な研究シーズを利用した応用研究に豊富な資金が投入されている。未だ玉石混交の感は否めないが、近いうちに中国発の画期的応用技術に結びつき、その動きはさらに加速していくものと思われる。次世代シーケンスのベンチャーも多数創出されており、価格面での競争力がある。
韓国	基礎研究	△	↘	国家プロジェクトとして基礎研究に特化したInstitute for Basic Scienceという組織の一部門にCenter for RNA Researchが設立されれ、国際的に著名なリーダー研究者に牽引されて優れたRNAの基礎研究成果が生み出されている。何人かのレベルの高い研究者によって独自の成果が生み出されている一方で、他国に比べると層が薄く分野にも偏りがある感が否めない。IHECにも参加したが目立った成果は出されていない。
	応用研究・開発	△	→	目立った活動・成果は見えていない。RNA構造、機能の基盤的知見をナノテクノロジーと融合させた新規デバイスを開発する試みが盛んであり、今後独自の技術を用いた応用研究が進む可能性はある。
その他の国・地域	基礎研究	○	→	カナダ、シンガポール、台湾、オーストラリアには優れたRNA研究グループが複数存在し、質の高い基礎研究を展開している。
	応用研究・開発	◎	↗	米国のRNA研究を牽引するシンガポール出身の研究者がシンガポールでのトランスレーショナル研究に関与している。オーストラリアではRNA創薬研究を重要分野と認定し関連研究施設が指導した。

（註1）フェーズ
基礎研究：大学・国研などでの基礎研究の範囲
応用研究・開発：技術開発（プロトタイプの開発含む）の範囲

（註2）現状　※日本の現状を基準にした評価ではなく、CRDSの調査・見解による評価
◎：特に顕著な活動・成果が見えている　　○：顕著な活動・成果が見えている
△：顕著な活動・成果が見えていない　　×：特筆すべき活動・成果が見えていない

（註3）トレンド　※ここ1～2年の研究開発水準の変化
↗：上昇傾向、→：現状維持、↘：下降傾向

参考・引用文献

1) Fuchou Tang, et al., “mRNA-Seq whole-transcriptome analysis of a single cell,” Nature Methods 6, no. 5 (2009) : 377-382., https://doi.org/10.1038/nmeth.1315.
2) Valentine Svensson, Roser Vento-Tormo and Sarah A. Teichmann, “Exponential scaling of single-cell RNA-seq in the past decade,” Nature Protocols 13, no. 4 (2018) : 599-604., https://doi.org/10.1038/nprot.2017.149.
3) Evan Z. Macosko, et al., “Highly Parallel Genome-wide Expression Profiling of Individual Cells Using Nanoliter Droplets,” Cell 161, no. 5 (2015) : 1202-1214., https://doi.org/10.1016/j.cell.2015.05.002.
4) Allon M. Klein, et al., “Droplet Barcoding for Single-Cell Transcriptomics Applied to Embryonic Stem Cells,” Cell 161, no. 5 (2015) : 1187-1201., https://doi.org/10.1016/j.cell.2015.04.044.
5) Tetsutaro Hayashi, et al., “Single-cell full-length total RNA sequencing uncovers dynamics of recursive splicing and enhancer RNAs,” Nature Communications 9 (2018) : 619., https://doi.org/10.1038/s41467-018-02866-0.
6) Darren J. Burgess, “Spatial transcriptomics coming of age,” Nature Reviews Genetics 20, no. 6 (2019) : 317., https://doi.org/10.1038/s41576-019-0129-z.
7) 沖真弥, 大川恭行 企画「特集：空間トランスクリプトーム」『実験医学』39巻14号 (2021).

8) Hendrik G. Stunnenberg, The International Human Epigenome Consortium and Martin Hirst, “The International Human Epigenome Consortium: A Blueprint for Scientific Collaboration and Discovery,” Cell 167, no. 5（2016）：1145-1149., https://doi.org/10.1016/j.cell.2016.11.007.
9) 木村宏, 佐藤優子「ゲノム、エピゲノムからヌクレオームへ：遺伝情報発現制御機構の包括的理解に向けて」『情報管理』60 巻 8 号（2017）：555-563., https://doi.org/10.1241/johokanri.60.555.
10) Yuko Sato, Masaru Nakao and Hiroshi Kimura, “Live-cell imaging probes to track chromatin modification dynamics,” Microscopy 70, no. 5（2021）：415-422., https://doi.org/10.1093/jmicro/dfab030.
11) Shinichi Hayashi and Yasushi Okada, “Ultrafast superresolution fluorescence imaging with spinning disk confocal microscope optics,” Molecular Biology of the Cell 26, no. 9（2015）：1743-1751., https://doi.org/10.1091/mbc.E14-08-1287.
12) Taku Furubayashi, et al., “Cryogenic Far-Field Fluorescence Nanoscopy: Evaluation with DNA Origami,” The Journal of Physical Chemistry B 124, no. 35（2020）：7525-7536., https://doi.org/10.1021/acs.jpcb.0c04721.
13) 渡邉愛「新たな創薬アプローチとして期待される「エピゲノム創薬」」株式会社大和総研, http://www.dir.co.jp/consulting/insight/management/101013.html,（2023年2月14日アクセス）.
14) 日本新薬株式会社「骨髄異形成症候群治療剤「ビダーザ®注射用100mg」製造販売承認取得のお知らせ」https://www.nippon-shinyaku.co.jp/news/news.php?id=156,（2023年2月14日アクセス）.
15) Natecia L. Baskin and Karmella A. Haynes, “Chromatin engineering offers an opportunity to advance epigenetic cancer therapy,” Nature Structural & Molecular Biology 26, no. 10（2019）：842-845., https://doi.org/10.1038/s41594-019-0299-6.
16) Akihito Harada, Hiroshi Kimura and Yasuyuki Ohkawa, “Recent advances in single-cell epigenomics,” Current Opinion in Structural Biology 71（2021）：116-122., https://doi.org/10.1016/j.sbi.2021.06.010.
17) Darren A. Cusanovich, et al., “Multiplex single cell profiling of chromatin accessibility by combinatorial cellular indexing,” Science 348, no. 6237（2015）：910-914., https://doi.org/10.1126/science.aab1601.
18) Jason D. Buenrostro, et al., “Single-cell chromatin accessibility reveals principles of regulatory variation,” Nature 523, no. 7561（2015）：486-490., https://doi.org/10.1038/nature14590.
19) Takashi Nagano, et al., “Single-cell Hi-C reveals cell-to-cell variability in chromosome structure,” Nature 502, no. 7469（2013）：59-64., https://doi.org/10.1038/nature12593.
20) Takashi Nagano, et al., “Cell-cycle dynamics of chromosomal organization at single-cell resolution,” Nature 547, no. 7661（2017）：61-67., https://doi.org/10.1038/nature23001.
21) Binbin Lai, et al., “Principles of nucleosome organization revealed by single-cell micrococcal nuclease sequencing,” Nature 562, no. 7726（2018）：281-285., https://doi.org/10.1038/s41586-018-0567-3.
22) Assaf Rotem, et al., “Single-cell ChIP-seq reveals cell subpopulations defined by chromatin state,” Nature Biotechnology 33, no. 11（2015）：1165-1172., https://doi.org/10.1038/nbt.3383.
23) Peter J. Skene and Steven Henikoff, “An efficient targeted nuclease strategy for high-resolution mapping of DNA binding sites,” eLife 6（2017）：e21856., https://doi.

org/10.7554/eLife.21856.
24) Hatice S. Kaya-Okur, et al., "CUT&Tag for efficient epigenomic profiling of small samples and single cells," Nature Communications 10 (2019) : 1930., https://doi.org/10.1038/s41467-019-09982-5.
25) Akihito Harada, et al., "A chromatin integration labelling method enables epigenomic profiling with lower input," Nature Cell Biology 21, no. 2 (2019) : 287-296., https://doi.org/10.1038/s41556-018-0248-3.
26) Tetsuya Handa, et al., "Chromatin integration labeling for mapping DNA-binding proteins and modifications with low input," Nature Protocols 15, no. 10 (2020) : 3334-3360., https://doi.org/10.1038/s41596-020-0375-8.
27) Andrew Bradbury and Andreas Plückthun, "Reproducibility: Standardize antibodies used in research," Nature 518, no. 7537 (2015) : 27-29., https://doi.org/10.1038/518027a.
28) Fredrik Edfors, et al., "Enhanced validation of antibodies for research applications," Nature Communications 9 (2018) : 4130., https://doi.org/10.1038/s41467-018-06642-y.
29) Scott B. Rothbart, et al., "An Interactive Database for the Assessment of Histone Antibody Specificity," Molecular Cell 59, no. 3 (2015) : 502-511., https://doi.org/10.1016/j.molcel.2015.06.022.
30) Anand Venkataraman, et al., "A toolbox of immunoprecipitation-grade monoclonal antibodies to human transcription factors," Nature Methods 15, no. 5 (2018) : 330-338., https://doi.org/10.1038/nmeth.4632.
31) 廣瀬哲郎, 泊幸秀 編『ノンコーディングRNA：RNA分子の全体像を俯瞰する』（京都: 化学同人, 2016).
32) Tetsuro Hirose, Yuichiro Mishima and Yukihide Tomari, "Elements and machinery of non-coding RNAs: toward their taxonomy," EMBO Reports 15, no. 5 (2014) : 489-507., https://doi.org/10.1002/embr.201338390.
33) Shintaro Iwasaki, et al., "Defining fundamental steps in the assembly of the Drosophila RNAi enzyme complex," Nature 521, no. 7553 (2015) : 533-536., https://doi.org/10.1038/nature14254.
34) Tetsuro Hirose, et al., "A guide to membraneless organelles and their various roles in gene regulation," Nature Reviews Molecular Cell Biology (2022)., https://doi.org/10.1038/s41580-022-00558-8.
35) Cédric Gobet and Felix Naef, "Ribosome profiling and dynamic regulation of translation in mammals," Current Opinion in Genetics & Development 43 (2017) : 120-127., https://doi.org/10.1016/j.gde.2017.03.005.
36) Kevin C. Stein, et al., "Ageing exacerbates ribosome pausing to disrupt cotranslational proteostasis," Nature 601, no. 7894 (2022) : 637-642., https://doi.org/10.1038/s41586-021-04295-4.
37) T. Kondo, et al., "Small Peptides Switch the Transcriptional Activity of Shavenbaby During Drosophila Embryogenesis," Science 329, no. 5989 (2010) : 336-339., https://doi.org/10.1126/science.1188158.
38) Kazuko Hanyu-Nakamura, et al., "Drosophila Pgc protein inhibits P-TEFb recruitment to chromatin in primordial germ cells," Nature 451, no. 7179 (2008) : 730-733., https://doi.org/10.1038/nature06498.

39) Erika Lasda and Roy Parker, "Circular RNAs: diversity of form and function," RNA 20, no. 12 (2014) : 1829-1842., https://doi.org/10.1261/rna.047126.114.
40) Shinichi Nakagawa, "Lessons from reverse-genetic studies of lncRNAs," Biochimica et Biophysica Acta - Gene Regulatory Mechanisms 1859, no. 1 (2016) : 177-183., https://doi.org/10.1016/j.bbagrm.2015.06.011.
41) Ryan L. Kan, Jianjun Chen and Tamer Sallam, "Crosstalk between epitranscriptomic and epigenetic mechanisms in gene regulation," Trends in Genetics 38, no. 2 (2022) : 182-193., https://doi.org/10.1016/j.tig.2021.06.014.
42) Andrei A. Korostelev, "The Structural Dynamics of Translation," Annual Review of Biochemistry 91 (2022) : 245-267., https://doi.org/10.1146/annurev-biochem-071921-122857.
43) Abhik K. Banerjee, et al., "SARS-CoV-2 Disrupts Splicing, Translation, and Protein Trafficking to Suppress Host Defenses," Cell 183, no. 5 (2020) : 1325-1339.e21., https://doi.org/10.1016/j.cell.2020.10.004.
44) Daniel Dominguez, et al., "Sequence, Structure, and Context Preferences of Human RNA Binding Proteins," Molecular Cell 70, no. 5 (2018) : 854-867., https://doi.org/10.1016/j.molcel.2018.05.001.
45) Simon Alberti and Anthony A. Hyman, "Biomolecular condensates at the nexus of cellular stress, protein aggregation disease and ageing," Nature Reviews Molecular Cell Biology 22, no. 3 (2021) : 196-213., https://doi.org/10.1038/s41580-020-00326-6.
46) Marlon Stoeckius, et al., "Simultaneous epitope and transcriptome measurement in single cells," Nature Methods 14, no. 9 (2017) : 865-868., https://doi.org/10.1038/nmeth.4380.
47) Lin Li, et al., "Single-cell multi-omics sequencing of human early embryos," Nature Cell Biology 20, no. 7 (2018) : 847-858., https://doi.org/10.1038/s41556-018-0123-2.
48) Junyue Cao, et al., "Joint profiling of chromatin accessibility and gene expression in thousands of single cells," Science 361, no. 6409 (2018) : 1380-1385., https://doi.org/10.1126/science.aau0730.
49) Sumiyo Morita, et al., "Targeted DNA demethylation in vivo using dCas9-peptide repeat and scFv-TET1 catalytic domain fusions," Nature Biotechnology 34, no. 10 (2016) : 1060-1065., https://doi.org/10.1038/nbt.3658.
50) Haifeng Wang, et al., "CRISPR-Mediated Programmable 3D Genome Positioning and Nuclear Organization," Cell 175, no. 5 (2018) : 1405-1417.e14., https://doi.org/10.1016/j.cell.2018.09.013.
51) Stefanie L. Morgan, et al., "Manipulation of nuclear architecture through CRISPR-mediated chromosomal looping," Nature Communications 8 (2017) : 15993., https://doi.org/10.1038/ncomms15993.
52) Hanhui Ma, et al., "CRISPR-Sirius: RNA scaffolds for signal amplification in genome imaging," Nature Methods 15, no. 11 (2018) : 928-931., https://doi.org/10.1038/s41592-018-0174-0.
53) Justus M. Kebschull and Anthony M. Zador, "Cellular barcoding: lineage tracing, screening and beyond," Nature Methods 15, no. 11 (2018) : 871-879., https://doi.org/10.1038/s41592-018-0185-x.
54) Robert A. Beagrie, et al., "Complex multi- enhancer contacts captured by genome

architecture mapping," Nature 543, no. 7646（2017）：519-524., https://doi.org/10.1038/nature21411.
55) Sofia A. Quinodoz, et al., "Higher-Order Inter-chromosomal Hubs Shape 3D Genome Organization in the Nucleus," Cell 174, no. 3（2018）：744-757.e24., https://doi.org/10.1016/j.cell.2018.05.024.
56) Binbin Lai, et al., "Trac-looping measures genome structure and chromatin accessibility," Nature Methods 15, no. 9（2018）：741-747., https://doi.org/10.1038/s41592-018-0107-y.
57) Bogdan Bintu, et al., "Super-resolution chromatin tracing reveals domains and cooperative interactions in single cells," Science 362, no. 6413（2018）：eaau1783., https://doi.org/10.1126/science.aau1783.
58) Michele Gabriele, et al., "Dynamics of CTCF- and cohesin-mediated chromatin looping revealed by live-cell imaging," Science 376, no. 6592（2022）：496-501., https://doi.org/10.1126/science.abn6583.
59) Pia Mach, et al., "Cohesin and CTCF control the dynamics of chromosome folding," Nature Genetics 54, no. 12（2022）：1907-1918., https://doi.org/10.1038/s41588-022-01232-7.
60) Philippe J. Batut, et al., "Genome organization controls transcriptional dynamics during development," Science 375, no. 6580（2022）：566-570., https://doi.org/10.1126/science.abi7178.
61) Michal Levo, et al., "Transcriptional coupling of distant regulatory genes in living embryos," Nature 605, no. 7911（2022）：754-760., https://doi.org/10.1038/s41586-022-04680-7.
62) Yolanda Markaki, et al., "Xist nucleates local protein gradients to propagate silencing across the X chromosome," Cell 184, no. 25（2021）：6212., https://doi.org/10.1016/j.cell.2021.11.028.
63) Kensuke Ninomiya, et al., "LncRNA-dependent nuclear stress bodies promote intron retention through SR protein phosphorylation," The EMBO Journal 39, no. 3（2020）：e102729., https://doi.org/10.15252/embj.2019102729.
64) Juan Pablo Unfried and Igor Ulitsky, "Substoichiometric action of long noncoding RNAs," Nature Cell Biology 24, no. 5（2022）：608-615., https://doi.org/10.1038/s41556-022-00911-1.
65) Eric L. Van Nostrand, et al., "A large-scale binding and functional map of human RNA-binding proteins," Nature 583, no. 7818（2020）：711-719., https://doi.org/10.1038/s41586-020-2077-3.
66) Daniel Mateju, et al., "Single-Molecule Imaging Reveals Translation of mRNAs Localized to Stress Granules," Cell 183, no. 7（2020）：1801-1812.e13., https://doi.org/10.1016/j.cell.2020.11.010.
67) Yimin Hua, et al., "Peripheral SMN restoration is essential for long-term rescue of a severe spinal muscular atrophy mouse model," Nature 478, no. 7367（2011）：123-126., https://doi.org/10.1038/nature10485.
68) Jordan A. Ramilowski, et al., "Functional annotation of human long noncoding RNAs via molecular phenotyping," Genome Research 30, no. 7（2020）：1060-1072., https://doi.org/10.1101/gr.254219.119.
69) Jeremy A. Schofield, et al., "TimeLapse-seq: adding a temporal dimension to RNA sequencing through nucleoside recoding," Nature Methods 15, no. 3（2018）：221-225.,

https://doi.org/10.1038/nmeth.4582.

70) Wanze Chen, et al., “Live-seq enables temporal transcriptomic recording of single cells,” Nature 608, no. 7924（2022）: 733-740., https://doi.org/10.1038/s41586-022-05046-9.

71) Cole Trapnell, et al., “The dynamics and regulators of cell fate decisions are revealed by pseudotemporal ordering of single cells,” Nature Biotechnology 32, no. 4（2014）: 381-386., https://doi.org/10.1038/nbt.2859.

72) Gioele La Manno, et al., “RNA velocity of single cells,” Nature 560, no. 7719（2018）: 494-498., https://doi.org/10.1038/s41586-018-0414-6.

73) Ryan A. Flynn, et al., “Small RNAs are modified with N-glycans and displayed on the surface of living cells,” Cell 184, no. 12（2021）: 3109-3124.e22., https://doi.org/10.1016/j.cell.2021.04.023.

74) Katsuyuki Yugi, et al., “Trans-Omics: How To Reconstruct Biochemical Networks Across Multiple 'Omic' Layers,” Trends in Biotechnology 34, no. 4（2016）: 276-290., https://doi.org/10.1016/j.tibtech.2015.12.013.

2.3.2 細胞外微粒子・細胞外小胞

（1）研究開発領域の定義

生体内には、外部から侵入した（外因性）または体内で生じた（内因性）さまざまな「細胞外微粒子」が存在している。外因性微粒子としては環境中の浮遊粒子状物質（Suspended Particulate Matter, SPM、PM2.5など）、内因性微粒子としては細胞外小胞（extracellular vesicles：EVs）などが挙げられる。どちらも小胞に含有されるDNA、RNA、タンパク質、脂質などが他の細胞に受け渡されることで、1細胞レベルを越えた様々な細胞間情報伝達を担うことが判明している。細胞の状態や疾患の進展、細胞間コミュニケーションに関連していると考えられており、医療、創薬、診断などへの応用を目指して、その機能解析やバイオマーカーとしての探索が進められている。

（2）キーワード

細胞外小胞、エクソソーム、メンブレンベシクル、細胞間情報伝達、バイオマーカー、リキッドバイオプシー、細胞外DNA/RNA、ドラッグデリバリーシステム

（3）研究開発領域の概要

［本領域の意義］

細胞外小胞は脂質二重膜で形成され、主に生成機構の違いに基づきエクソソーム、マイクロベシクル、アポトーシス小体に分類される。エクソソームは、ほぼ全ての細胞から分泌される直径 50～150 nm程度の小胞であり、血液や尿、髄液、涙、唾液などの体液や細胞培養液中に数多く存在している。また、細菌も同様に脂質二重膜からなる細胞外微粒子であるメンブレンベシクル（Membrane vesicles: MVs）（直径 20～400 nm程度）を産生していることが知られている。

【外因性微粒子】

近年、環境中の様々な微粒子（外因性微粒子）の生体への影響が注目されている。例えば、PM2.5やカーボンナノチューブなどと疾患との関連性の研究が進められている。しかし、外因性微粒子は、観察技術、定量的分析手法の制約から生体内への取り込み過程、分布や局在の挙動など多くが未解明であり、有害微粒子への対策は進んでいない。動態解析のための新技術開発により、微粒子が惹起する生命現象の本質を理解し、環境や生体に影響を及ぼす微粒子の機能解明を目的とした研究開発を推進することは環境や健康に関する各種課題解決に貢献するものである。

【内因性微粒子：EVs、エクソソーム】

細胞外小胞の発見は1946年に遡り[1]、1981年に網状赤血球の研究で発見された粒径100 nm程度の分泌小胞が1987年にエクソソームと命名された[2]。その後、長いあいだ細胞内の不要物排出機構と考えられていたが、2007年スウェーデン Göteborg 大学Lötvallらによって、エクソソーム内に分泌細胞由来のmRNA や miRNA が存在し、それらが他の細胞に受け渡されることで細胞間の情報交換が行われている可能性が示された[3]。この報告をきっかけに、エクソソームは新たな細胞間情報伝達機構として注目され、新規機能解析やエクソソームを標的とした研究開発および応用した研究開発が世界中で活発に行われている。

エクソソームに内包、あるいは膜に存在するRNAやタンパク質などの機能性分子の量や種類は疾病で変動することから、エクソソームは疾病の検出や予後予測、また治療標的として利用することが期待されている。また、エクソソームが生体内に存在する天然のドラッグデリバリーシステム（DDS）と捉えられることから、DDSなど創薬技術として利用することも広く試みられている。さらに、エクソソームは種を超えて多くの生物種に存在していることから、異種間での情報伝達を行っている可能性も示唆され、様々な生命現象のメカニズム解明や健康・医療分野での広い応用に向けた研究開発が行われている。本研究領域の興隆に伴い、基礎生物学者のみならず、臨床研究、公衆衛生、ナノテクノロジー、バイオインフォマティクスなど様々な分野の

研究者が参入しており、分野横断的な融合研究が行われつつある。しかし、研究基盤となるエクソソームの解析技術や試料調製法などは未熟であり、突破口となり得る新たな技術開発が求められている。

【内因性微粒子：MVs】

細菌は地球上で最も多様で広範囲な環境に生息する細胞性生物のひとつであり、環境・健康・食料など我々の生活に直接関わっている。ほとんどの細菌は細胞外に脂質二重膜で構成される20～400 nm程度の細胞外微粒子を放出する[4, 5]。細菌が形成する細胞外微粒子はメンブレンベシクル（MVs）と呼ばれ、その種類と機能が多岐に渡っていることが分かってきた。例えば、MVsは細菌間での情報伝達や細胞間での遺伝子のやり取り（遺伝子水平伝播）などの「細胞間相互作用」、感染した動・植物細胞への毒素の運搬や抗生物質耐性などの「細菌の病原性」、ウイルスや宿主の免疫系から逃れるなどの「防御機構」、さらには、細菌の栄養獲得や地球の「物質循環」にも寄与している[6, 7]。細菌由来のMVsは広く環境中にも存在していることから、我々は日常的に暴露されていると考えられるが、その影響については不明なままである[8]。MVsの機能や作用機序はまだ全容が解明されていないが、細菌の多様性を考慮し、古細菌や真菌も同様な膜小胞を放出することを考えると、MVs研究は微生物間、微生物－動植物間相互作用を包括する生命ネットワークの理解のための一つの大きな柱となると言える。さらに、MVs表層に酵素を並べたナノ触媒としての利用や、宿主の免疫を誘導することからワクチン開発の基盤として注目されており、すでに認可されているものもある。近年では、がん細胞など特定の細胞をターゲットにしたDDSの開発も行われている[9]。

［研究開発の動向］

【外因性微粒子】

世界の疾病負担研究2015では、PM2.5による死者が全世界で420万人に上り、総死亡数原因の7.6%を占めると報告されるなど、外因性微粒子の健康への影響が注目されている[10]。PM2.5が呼吸器系疾患や循環器系疾患などのリスクを上昇させると考えられることから、そのメカニズムを細胞、動物実験レベルで解明する試みが進んでいる[11]。一方、疫学的にPM2.5への曝露と死亡、腎機能の関連などを調査し、その関連性を明らかにする研究も多数報告されている[12, 13]。外因性微粒子には多種多様な物質が含まれており、どの微粒子・成分がどの細胞にどのような反応を起こさせているのか正確に捉えるための技術開発が進行中である。

【内因性微粒子：EVs、エクソソーム】

内因性の微粒子として、ほとんど全ての細胞が細胞外に放出する膜小胞である細胞外小胞（EVs）に注目が集まっている。EVsは主にその生成機構に基づいて、エクソソーム、マイクロベシクル、アポトーシス小胞に分類される。しかし、細胞外に分泌されたEVsの由来を同定することは難しく、EVsをサイズで分画、分析することで脂質二重膜を持たないexomere、小さいエクソソーム（Exo-S）、大きいエクソソーム（Exo-L）に分類できることも報告されている[14]。EVsの分類に関する定義にはまだ曖昧な部分があるが、国際細胞外小胞学会（International Society for Extracellular Vesicles: ISEV）が主導して整理が進んでいる[15]。

EVsの中でも、エクソソームに関する研究が加速度的に進展している。2010年に280報であった論文数は、2015年に1,100報、2021年には5,000報を越え、様々な生理機能や病態発症との関連が示唆されるとともに、その知見を診断や治療に利用する研究開発が進んでいる。

エクソソームの機能、応用に向けた研究が最も進んでいるのはがんの領域である。膵臓がん由来のエクソソームは正常細胞を悪性形質転換させることが示され、膵臓がん細胞が分泌するエクソソームに内包され形質転換に関与するタンパク質が同定されている[16]。がん細胞から放出されるエクソソームに内包されるmiRNAが腫瘍内から血管新生を誘導して増殖、転移に関与すること[17]、転移性がん細胞から分泌されるエクソソームには特定のタンパク質が多く含まれ、それらが前転移ニッチの形成を促進していること[18, 19]などが示されている。また、乳がん細胞が分泌するエクソソームに内包されるmiRNAのmiR-155が脂肪細胞のベージュ化、褐色化を促進、PPERγ発現抑制による代謝リモデリングを誘導してがんの悪液質に関与することが示唆されている[20]。このように、エクソソームが発がん、悪性化に関与することが次々に見出されている。

また、神経変性疾患では、原因タンパク質と考えられる異常な凝集タンパク質がエクソソームによって細胞外へ放出され、周囲の細胞に伝播することが明らかとなっている[21]。ウイルスが生体内で細胞間を伝播する過程でも、エクソソームがウイルスのゲノムやタンパク質などを感染細胞の周囲の細胞に送達し、ウイルスの生存に有利に働いていると考えられている[22]。免疫系においては、免疫細胞間での抗原情報の交換や、免疫細胞の活性化・不活性化など、様々な免疫機能制御に関与する可能性が示されている[23]。

このように、様々な疾病にエクソソームが関与し、疾病によってエクソソームに内包される、あるいは膜に存在する機能性分子の種類や量が変動することから、疾病の検出や予後予測、また治療標的としてなど、その応用が広く期待されている。エクソソームに内包あるいは膜に発現するRNAやタンパク質などの機能性分子は安定に保持され、疾病によりその量や種類が変動することから、疾病の検出や予後予測のバイオマーカーとして有望視されている。例えば、診断が難しい筋痛性脳脊髄炎、慢性疲労症候群患者において、血漿中EVs量が増大しており、特徴的に内包されるtalinやfilamin-Aなどアクチンネットワークタンパク質がバイオマーカーとなる可能性が報告されている[24]。臨床応用に向けて最も研究開発が盛んなのはがん診断の領域である。米国Exosome Diagnostics社は、非小細胞肺がんに対するALK阻害薬のコンパニオン診断として血液由来エクソソーム中RNA検出をベースとしたExoDx Lung（ALK）を2016年に上市、さらにExoDx Lung（T790M）、ExoDx Lung（EGFR）、尿由来エクソソームRNAを解析するExoDx Prostateも開発した。いずれも自家調製検査法（Laboratory Developed Test：LDT）として利用されている。ExoDx Prostateは、2019年にFDAから画期的医療機器/デバイス指定を受け開発中である。わが国では、2014年度から国立がん研究センターがNEDOの支援の下、東レ社、東芝社、アークレイ社など9機関と共同で体液中miRNA測定技術基盤開発事業を開始した。血液中エクソソームのmiRNAを独自の電気化学的検出技術を活用して解析し、膵臓がん、乳がんなど13種類のがん患者と健常者を2時間以内に高精度で網羅的に識別できることが確認され、現在、社会実装に向けた実証試験が各参画企業で進められている。さらに、AMEDの研究支援を受けて、大腸がんやすい臓がんの早期発見を可能にするエクソソームの表面タンパク質の解析も進み[25, 26]、これらの成果は、国内のアカデミア発ベンチャーであるテオリアサイエンス社からLDTとして上市され、国内でのエクソソームに診断による消化器がんの早期発見の検証が進みつつある。

また、神経細胞由来エクソソームには、タウやα-シヌクレイン、TDP-43など、神経細胞内で凝集することによりアルツハイマー病やパーキンソン病、筋萎縮性側索硬化症の発症原因となるタンパク質が含まれており、各疾患の発症との関連性が注目されている。現在、脳由来のエクソソームを用いた研究や診断には、腰椎穿刺によって採取した脳脊髄液を用いられるが、脳由来エクソソームの一部が末梢血にも検出される可能性が示され、それらのマーカーとしてNCAM1やL1CAMなどが報告されている[27]。さらに、尿中のエクソソームは腎臓や前立腺、膀胱疾患の新たな診断マーカーとして、髄液中のエクソソームは脳内の腫瘍や神経変性疾患マーカーとして、羊水中のエクソソームは胎児の状態を反映するマーカーとして期待されるなど、様々な体液を用いたバイオマーカーの開発が活発に行われている。

エクソソームが疾病のメディエーターとして機能することから、エクソソームの分泌を抑制することが新しい治療法になるとして注目されている。例えば、既存薬のドラッグリポジショニングでエクソソームの生成、分泌を制御することを目的に、前立腺がん細胞で4580化合物のハイスループットスクリーニングを行い、エクソソーム生成阻害剤候補5化合物、生成活性化剤候補6化合物が見いだされている[28]。さらに、がん特異的制御を目指した検討として、前立腺がん細胞では、miR-26aとその制御遺伝子であるSHC4、PFDN4、CHORDC1がエクソソームの分泌を制御していることが同定され[29]、治療標的となる可能性が示されている。

また、様々な細胞への分化能を有していることから再生医療において応用が進んでいる間葉系幹細胞治療の効果は、移植した細胞由来のエクソソームに内包されるmRNA、miRNA、タンパク質、脂質を含む液性因子に因ることが示唆されており[30]、エクソソームを治療薬として利用する検討も進んでいる。間葉系幹細胞由来のエクソソームは肝臓疾患や腎臓疾患における組織の線維化を抑制するほか、心疾患やアルツハイマー病などにも治療効果があると報告されている[31, 32]。オーストリアCelericon Therapeutics社は臍帯由来間葉系間質細胞が分泌するエクソソームによる人工内耳手術後の神経保護、線維化抑制効果を検証する臨床試験を2019年に開始している。オーストラリアExopharm社は血小板由来エクソソームで創傷治癒効果を評価する臨床試験を2020年に開始したことを発表している。エクソソームの再生医療への応用研究は、臨床研究として世界中で開始されており、特にCOVID-19のパンデミックにより、中国などではサイトカインストームの抑制や感染症の治療効果を目指した間葉系幹細胞のエクソソーム治療の臨床試験が走っている（17件）。その他、心疾患（4件）、神経疾患（3件）、免疫疾患（4件）、創傷治癒（2件）など、NIHの臨床研究のサイトでは、合計54件のエクソソーム治療に関する臨床研究のエントリーが確認できる[33]。国内では、何件かがPMDAとの事前相談や対面助言に進んでおり（慈恵会医科大学の呼吸器内科による気道上皮細胞由来のエクソソームによるIPF治療など）、非臨床試験から臨床試験（医師主導型）までの工程が着々と進められている。

エクソソームはリポソームなどとは異なる、天然のDDSとしても期待されており、siRNA、miRNAあるいは低分子化合物などを目的の細胞へ送達する試みが盛んになっている。エクソソームの膜表面には様々な細胞接着分子や糖鎖が発現しており、その発現様式によって、エクソソームがどの細胞と親和性があるかが明らかになりつつある。さらに、エクソソームの特性を改変・応用することによる新規DDS の開発が行われている[24, 34, 35]。米国Codiak BioSciences社は、エクソソーム膜に治療用あるいはターゲティング用タンパク質を発現させる技術を有しており、Prostaglandin F2 receptor negative regulator（PTGFRN）を高発現させたエクソソームにSTINGアゴニストを内包し、がんで抗原提示細胞特異的にSTING経路を活性化するexoSTING、および表面にIL-12を発現させたエクソソームでIL-12ががん局所で作用するexoIL-12を開発し、2020年9月に臨床試験が開始されている。また、米国PureTech Health社は、ウシ乳汁由来のエクソソームを、従来経口投与が困難であった核酸、ペプチド、低分子などの経口投与化するキャリアとして開発している。2018年、スイスHoffmann-La Roche社は核酸医薬の経口投与製剤化にこの乳汁由来エクソソームの利用を検討することを発表し話題となった。また、韓国のアカデミア発ベンチャーのILIAS社では、効率よく目的とするタンパク質などをエクソソームにパッケージングする独自の技術を開発し[36]、炎症、がん、神経疾患で複数のドラッグパイプラインの開発が進んでいる。

上述のように、EVs、エクソソームに関する様々な研究開発が行われているが、EVsの製造・分離・解析のための効率的かつ標準的な技術が十分でないことがボトルネックとなっている[37-39]。体液を扱う場合、EVsは多くのタンパク質や類似した物理的・化学的な特性を持つ細胞と共存しており、EVsの分離は本質的に複雑なものとなる。現在用いられている主な分離方法は、EVsの密度や大きさ、特定の表面マーカーの違いを用いる分離方法であり[40]、超遠心法、沈殿法、ろ過法、サイズ排除クロマトグラフィー法、イムノアフィニティ（抗原抗体反応）法がある。

超遠心法は、細胞、EVs、タンパク質の密度と大きさの違いを利用する分離法である。 EVsの回収には、通常、超遠心機を用いる分離法が用いられる[40, 41]が、回収時間やスループットに大きな難がある。細胞やアポトーシス体、EVsの大きな小胞画分は、標準的な遠心分離法（<20,000 g）で分離可能であるが、タンパク質などからエクソソームを精製するには、超遠心分離（>100,000 g）を行う必要がある。本手法は大きな回転速度と長い操作時間（約5時間）が必要なのが欠点である。また、超遠心分離法では、エクソソームの回収率が低く、タンパク質凝集体が共沈するという欠点がある。超遠心分離法の追加技法として、ショ糖密度勾配遠心分離法がエクソソームの分離純度効率を向上させるために使用される[42-44]。

回収時間やスループットに難がある超遠心分離法以外の方法として、沈殿法が開発され、EVs・エクソソーム単離キットが販売されている（例えば、Exo-spin™、ExoQuick™ Exosome precipitation、Total Exo-some Isolation Reagent from Invitrogen™、PureExo® Exo-some Isolation kit、miRCURY™ Exosome Isolation kit）。これらは、EVs・エクソソームの沈殿を誘導するために特別な試薬（例えば、高分子添加剤）を使用しており、標準的な遠心機（約10,000 g）で30分以内に単離を行うことが可能である。沈殿法と超遠心分離法の分離効率を比較し、市販キットが高い分離効率を示すことが報告されている[45-47]。

しかし、沈殿誘導試薬が残留することで、EVs・エクソソームの生物学的活性および特性に影響を与える可能性が指摘されており、重大な欠点となっている[48, 49]。

ろ過法としては、メンブレンフィルター（例えば、polyvinylidene difluoride（PVDF）またはポリカーボネート、細孔径：約50～450 nm）が、生物学的サンプル中の細胞およびEVsの大きな小胞成分の分離に使用されている。ろ過法は、膜を用いて細胞やEVsの大きな小胞分画をふるいにかけ、その後、超遠心分離によりタンパク質からEVsの小さな小胞分画・エクソソームを分離する超遠心分離と組み合わせて使用されることが多い[47, 50, 51]。超遠心分離を行わないため、タンパク質凝集体からEVsの小さな小胞分画・エクソソームを分離する手段として、限外ろ過（例えば、Amiconフィルター、100 kD MWCO）が使用されることもある[47, 52]。ろ過法は一般的に超遠心分離法よりも迅速に処理可能であるが、操作手順の最適化が行われていない場合、目詰まりの影響により収率が低下する恐れがある[40, 47]。

サイズ排除クロマトグラフィー（SEC）法は、EVs・エクソソームをタンパク質凝集体から分離するために使用されている。一般的に、細胞やEVsの大きな小胞分画を除去するため、最初に遠心分離やろ過を行い、その後、サイズ排除カラムを使用してEVsの小さな小胞分画・エクソソームの分離が行われる[47, 52-55]。タンパク質のような小さな物質は固定相に長く保持されるが、より大きな物質（EVsの小さな小胞分画・エクソソーム）は早く溶出するため、EVsの小さな小胞分画・エクソソームの分離は、特定の時間に溶出する画分を回収することで達成可能である。 SEC法を用いて分離するエクソソソームは不純物が少ないという報告もあるが、最適な効率を得るためには適切な固定相のマトリックスの選択が不可欠である[54]。

イムノアフィニティ分離法は、EVsの特定の表面マーカーの違いを用いて分離する方法である。EVsは、起源細胞に特異的なマーカーを含んでおり、抗原抗体反応が利用可能な場合がある。一般的なイムノアフィニティに基づく分離法は、体液中の特定のマーカーを含むEVsを捕捉するために抗体コーティングされた磁気ビーズを利用して行われる。本手法は、EVsの特定のサブ分画を分離することを可能にするが、大量の生物学的サンプルからEVsを分離する場合には適していない[40]。

これらの従来の分離方法は、専用の実験装置あるいは実験試薬や多段階の作業工程を必要とし、臨床現場でのルーチン診断ツールとしてEVsを解析することは多くの困難を伴っている。マイクロ流体システムは、これらの欠点を克服する可能性があり、臨床検体のEVs・エクソソームの迅速な分離・分析や診断や治療のためのアプリケーションが期待されている。また、マイクロ流体システムは、分離・分析のための多目的プラットフォーム提供だけでなく、複数のプロセスの統合と簡素化や、クロスコンタミネーションのリスク低減も期待される。現在、様々なマイクロ流体プラットフォームが世界中で開発されている。特に、急激にエクソソーム医薬品開発のための臨床研究が走り出したため、世界各国の大企業はCDMOビジネス、つまりエクソソーム医薬品のためのGMPグレードの細胞の大量培養を含むupstream から、TFFなどと陰イオン交換樹脂カラムを組み合わせたエクソソーム精製のdowstreamまでをカバーするシステム構築を加速させており、Lonza社がCodiak BioSciences社のエクソソーム製造設備を買収し、長期戦略的協力体制を確立したのに続いて、AGCバイオリオジクス社とルースターバイオ社がエクソソーム製造加速に向けた戦略的パートナーシップを提携するなど、世界の競争が激化している。

【内因性微粒子：MVs】

1960年頃より細菌外に細胞膜成分が放出されていることが報告され、MVsの存在が示唆されていた。その後、電子顕微鏡によって微細構造が確認され、様々な細菌でその生産が確認された。 MVsの免疫原性や宿主への毒性が明らかになるにつれ、細菌の病原性との関わりが研究されるようになった。その結果、病原性細菌においては、MVsには特定の毒素が濃縮され、宿主細胞に運搬されることが明らかとなった[56]。2010年頃からは、急速に発展してきたタンパク質の網羅的解析が様々な細菌で行われるようになり、その解析結果からMVsの機能や形成機構を推定する研究が盛んに行われた。その結果、MVsと細胞膜は異なるタンパク質の組成を持つことが示唆され、MVsの膜組成の生化学的な解析と合わせて、MVsに特異的に物質が取り込まれることが議論されている。また、タンパク質の網羅的解析により、同じ細菌の間でも増殖する環境によってMVsの中身が変わることが明らかとなり、環境に応じたMVsの形成機構や役割があること考えられるようになった。2014 年には海洋などの環境中にもMVsが豊富に存在することが明らかとなり、生態システムでの物質循環への寄与が注目されるようになった[7)]。

MVsの中身として、DNA、RNA（mRNAs, rRNAs, tRNAs, small RNAs（sRNA））、タンパク質、情報伝達物質、抗生物質などが報告されており、それらのほとんどは MVs を受容した細胞で機能することが確認されている。例えば、DNAについては、細菌はお互いに遺伝子のやりとりを種の壁を超えて行うことが可能であり、これは遺伝子の水平伝播と呼ばれている。遺伝子の水平伝播は生物の進化を考える上で、非常に重要なテーマである。一方で、薬剤耐性遺伝子の伝播にも関わっていることから、医療分野においては問題視されている。遺伝子の水平伝播がおこるメカニズムはいくつか存在するが、MVsもそれを媒介する新たな機構として報告された[57)]。さらに、MVs 自体も抗生物質を吸着、分解し、細菌が抗生物質から逃れるのに役立っていることが明らかとなっている。

RNAについては、早くからMVsにRNAが含まれることが明らかになっていたが、RNAシーケンシング技術の急速な発展によって、その解析が進んでいる。さらにMVsに含まれるいくつかのsRNAは宿主のmRNAに対して相補配列を持っており、タンパク質の発現を阻害することが報告されている[58)]。従って、細菌のMVsは界を超えてタンパク質の発現制御に直接的に影響を与える可能性がある。

情報伝達物質については、2005年には細菌間コミュニケーションで用いられるシグナル化合物がMVsによって運搬されていることが明らかになり、MVsを介した細菌間情報伝達機構が発表された[6)]。その後、情報伝達物質が高濃度にMVsに濃縮されていることも明らかとなり、細菌に様々な情報伝達の形式があることが分かってきた[59)]。

上記のようなMVsの普遍性と多様な機能が明らかになってくるにつれ、MVs形成機構の解明に力が注がれることとなった。細菌の構造は、グラム陰性菌とグラム陽性菌で大きく二分される。グラム陰性菌は内膜と外膜の二重膜を有し、外膜が外側に露出している。グラム陽性菌は細胞質膜のみを有し、細胞質膜は厚い細胞壁で覆われているため、MVsを形成しないと長らく思われ、MVs形成機構はグラム陰性菌を中心に研究されてきた。グラム陰性菌において MVs形成に影響を与える因子はいくつか同定されており、電子顕微鏡解析と生化学的解析により、細胞膜がたわんで出芽するようにしてMVsが形成されると考えられた[4)]。その後、超解像顕微鏡の開発によってMVsの形成過程を細胞が生きたまま観察できるようになり、MVs形成過程が詳細に解析されるようになってきた。その結果、細胞外膜がたわむ機構に加えて、溶菌を介した MVs形成機構が存在することが明らかになった[60)]。この溶菌機構には、細胞壁の分解酵素であるエンドリシンが関わっている。エンドリシンは、MVs形成因子としては最も広く細菌に保存されており、細菌に感染するファージが宿主細胞を壊して外に出て行く際に用いられる。2017年には、グラム陽性菌のMVs形成にもエンドリシンが関わることが明らかとなり、グラム陽性菌のMVs形成機構がはじめて明らかとなった[61)]。さらに、グラム陽性菌のうち外膜を有するミコール酸含有細菌においても、エンドリシンがMVs形成を誘導することが明らかとなった。エンドリシンを介したグラム陰性菌とグラム陽性菌におけるMVs形成機構はいずれも集団の一部の細菌の細胞死を伴い、細菌における細胞死の新たな役割を示した。単細胞生物である細菌においてもMVs形成機構はいくつか存在しており、環境に応じてそれらを使い分けていることが分かってきている。 MVsはこれまで一括りに扱われてきたが、形成機構によってMVsの中身が異なることから、2019年にはMVsの分類が提唱された[62)]。2021年にはMVで初めての国際会議（EMBO workshop）が日本で開かれ、MVの種類が機能とどのように結びついてくるかについて、一つの大きな議論となった。

（4）注目動向

［新展開・技術トピックス］

【内因性微粒子：EVs、エクソソーム】

• 研究ガイドライン整備

エクソソームは細胞のエンドサイトーシスの過程で多胞性エンドソームから産生、細胞外に分泌されるEVsのひとつである。しかし、マイクロベシクルなど他の EVs と厳密に分離することは困難であり、EVsが沈降する遠心力の違いによって、small EVs（超遠心100,000 ×gペレット画分：エクソソームに相当するサイズの粒子が沈降）、medium EVs（中間速度遠心20,000 ×gペレット）およびlarge EVs（低速度遠心2,000 ×gペレット）という呼称も提案されている[63]。エクソソームは、検出、単離が難しく、さらに分類の曖昧さがあるため、文献ごとにエクソソームと呼んでいるEVsが一致しておらず、実験データの解釈や再現性の確認を困難にしている。2012年に設立された国際細胞外小胞学会（ISEV）が、EVsに関するPosition paperを発表し、ガイドラインを整備している[15]。

• 細胞外小胞の新たな分離法・精製法の開発

エクソソームの膜表面に特異的に発現しているリン脂質ホスファチジルセリンと結合する分子を用いることで、超遠心法などの従来法と比較して、100 倍以上高純度にエクソソームを精製かつ高感度にエクソソームを検出する技術が開発され、富士フイルム和光純薬社より、国産試薬として世界販売が開始されている[64]。また、この他にも微粒子の粒径、形状、電荷などの特性を利用して分離するさまざまな方法が模索されつつある。

• 研究対象生物の拡大

これまでのエクソソーム研究は主に哺乳類などの動物を対象とした研究が行われてきたが、近年、植物もエクソソーム様の EV を放出することが明らかとなった。このエクソソームを用いることで、植物にとって有害となる真菌の増殖や毒性を抑制し、自身の防御を担う可能性が示唆されている[65, 66]。また、ヒトが摂取する食物に含まれるエクソソームの生体に与える機能なども検討が進んでおり、摂取した植物由来のエクソソームが腸内微生物叢組成や宿主の生理機能に影響することが報告されている[67]。

• 個別の細胞外小胞に含まれる分子の網羅的解析

細胞外小胞の個性を理解する重要性が認識されるにつれ、それらを1個1個独立に単離し、その中に含まれる分子を分析する技術が求められている。微細加工技術などを利用し流体中で単離するデバイスや、バーコードなどのタグをつけて単離する方法など、模索が続いている。1個の小胞に含まれる分子を分析する手法は課題であり、従来のオミクス的技術の延長では限界がある。金属近接場を利用した増強ラマン散乱法には期待がもたれる。個別の細胞外微粒子の表層タンパク質を、蛍光抗体を用いて解析する装置が最近市販された。

• EVsのライブイメージング

EVs形成のメカニズムを知るために有力な方法として、ライブイメージングが挙げられる。直径200 nm以下のエクソソームを観察するためには超解像イメージングが必須であり、その生細胞への適用が課題であったが、わが国では高速超解像のライブイメージング技術がすでに開発されており、その利用に期待がもたれる。また、一細胞観察チップを利用して、細胞外に放出された微粒子を実時間観察する手法が開発された。

• 内因性細胞外微粒子の新しい形成メカニズムの解明

多胞体由来のエクソソーム以外に、細胞外小胞が形成されるさまざまなメカニズムが想定されているが、その実態はまだまだ不明な点が多い。その解明を目指す細胞生物学的な基礎研究が進みつつある。

• エクソソームへの積荷選別機構の解明

エクソソームにはmRNA、miRNA、タンパク質など様々な機能性分子が内包される。しかし、その組成は必ずしも分泌由来細胞と一致しないことが知られている[68, 69]。多胞体において内腔小胞に特定の分子が選別されるメカニズムは、まだ多くが謎に包まれているが、いくつかのRNA結合タンパク質の関与が示されるなど、研究が進みつつある。

• **データベースの構築**

研究者間で評価の対象とするエクソソームが異なることから、論文における実験条件を記録するEV-TRACKというデータベースが公開されている。また、エクソソームの生成細胞、組成、含有物などに関するデータベース（ExoCarta、Vesiclepedia、EVpedia）の構築が進んでいる。

【内因性微粒子：MVs】

• **MVsを利用したワクチン開発、新しい療法**

MVsは免疫を活性化させることが様々な細菌で確かめられている。その性質を利用して、髄膜炎菌のワクチン開発がいち早く着手され、BEXSERO®として商品化されている。MVsワクチン開発に資する新たな技術も出てきており、COVID-19を含め、感染症に対するワクチン開発が世界中で加熱している。また、2017年には大腸菌由来のMVsにがん抑制効果があることが分かり、新しい免疫療法を提示した[70]。そのメカニズムは分かっていないものの、MVsはがん細胞に蓄積しやすいことも知られており、特定の細胞を標的とした薬剤輸送システムのプラットフォームとしてもMVsは注目を浴びている。

• **生体内や腸内のMVsの解析**

環境DNAの解析は生態システムを理解する有力な方法であるにも関わらず、DNAがどのような状態で環境中に存在するのかについて不明な点が多い。 MVsが環境遺伝子プールになっている可能性も含め、環境DNAの形態を理解する必要がある。また、MVs は生体の体液中や腸内に存在が確認されているが、それらの機能のほとんどが未解明である。機能解明に向けた第一段階としてMVs の精製が重要となるが、生体由来膜微粒子からの細菌MVs の分離が課題となっている。密度勾配遠心による分離の有効性が示されているが、改善の余地があり技術革新が待たれる。

[注目すべき国内外のプロジェクト]

• **The International Society for Extracellular Vesicles（ISEV）**

細胞外微粒子に関わる研究者の情報交換の場として、2012 年にスウェーデンで発足した国際学会であり、毎年Annual Meetingを開催している。“EV in immunology”（2020年3月）、“EV imaging *in vivo*”（2020年9月）や、ISEVxTech: EV Technology & Methods Summit（2022年11月）など、特化した領域のワークショップなども開催している。2012年に発刊されたオフィシャルジャーナルであるJournal of Extracellular Vesicles（JEV）は急速に発展し、今や世界の細胞生物学のジャーナルランクの上位を占め、3年間の平均インパクトファクターは20を超えている。また姉妹誌である、エクソソームバイオロジーにより特化したJournal of Extracellular Biology（JExBio）も2021年に創刊された。

• **日本細胞外小胞学会（JSEV）**

2014年に日本国内のエクソソーム研究の推進を目的に、ISEV設立にも貢献し、オフィシャルジャーナルのJEV編集委員を長年務める落谷孝広を中心に日本細胞外小胞学会が設立された。2022年には第9回のannual meetingが開催され、400名近くの参加者のもとに国内の最新の研究成果が討論され、また多くのエクソソーム関係の企業展示が行われた。

• **Extracellular RNA Communication**

米国 NIH common fund による研究プログラムとして2013年に開始された。資金提供を受けた研究者はExtracellular RNA Communication Consortium（ERCC）を発足させている。細胞外RNAの分泌、輸送、受容細胞に与える影響などに関する生物学的原理確立や臨床的有用性の評価を目的としていた。2019年より第2期として延長されており、細胞外RNAを運ぶEVsとの複合体の理解やそのためのツール、技術開発が行われている[71]。

- **American Society for Exosomes and Microvesicles**

米国にて2012年に発足したエクソソームやマイクロベシクルに関する学会であり、学会誌Mattersを出版している。上述のExtracellular RNA Communication Consortiumと連携している。その他、欧州では、ドイツ、フランス、オーストリア、英国、ベルギー、オランダで、アジアでは、韓国、シンガポールで同様の学会が活動している。

- **JST-CREST/さきがけ「細胞外微粒子に起因する生命現象の解明とその制御に向けた基盤技術の創出」（2017～2024年度）**

EVs、MVsをはじめとした内因性微粒子とPM2.5などの外因性微粒子を研究対象とし、これらの細胞外微粒子に対する生体応答機序の解明や、その解明において必要な各種計測技術の開発、微粒子の体内動態制御による将来の医療や産業応用等に向けた基盤研究を推進する。また本領域の特色として、内因性微粒子と外因性微粒子の研究コミュニティーの融合を掲げ、生体応答に共通する原理発見や、相乗効果による生命現象の解明など、分野横断的なアプローチによる研究進展を目指している。

- **農林水産省「細胞外小胞を用いた農水包括的好循環サイクルの機能性強化のための革新的研究開発プラットフォーム」(2018年～)**

牛乳や発酵食品など動物由来のエクソソームに加え、野菜や果実などに含まれるエクソソームの機能解析によって、農作物の機能向上やヒトの健康長寿の実現を目指す。

- **AMED「感染症実用化研究事業」、「次世代がん医療創生研究事業（P-CREATE）」**

2020年度からそれぞれの事業で「抗線維化・再生誘導剤の開発：臨床を見据えた肝硬変に対する間葉系幹細胞由来のエクソソームを用いた次世代治療法開発への基盤研究」「細胞外脂質代謝酵素によるエクソソームの脂質修飾を介したがん微小環境の制御」がスタートしている。さらに循環器疾患領域においても、「循環器疾患・糖尿病等生活習慣病対策実用化研究事業」によりエクソソームによる重症化予測マーカーとしてエクソソームの研究開発（高齢化・生活習慣病時代における末梢動脈疾患の動脈硬化重症度とその全身重複性を反映するバイオマーカーの開発）が開始されている。

- **日本再生医療学会**

日本再生医療学会は、2021年3月に「エクソソーム等の調製・治療に対する考え方」の提言をまとめると同時に、その内容を論文として発表した[72]。

- **PMDA**

PMDAも急増するエクソソーム研究や医薬品開発の現状を察知し、2021年8月にエクソソームを含む細胞外小胞（EV）を利用した治療用製剤に関する専門部会を設置し、エクソソーム治療のレギュレーションに関する議論を開始した。6回の委員会が開かれ、専門家を交えた議論が尽くされた[73]。近く報告書が公開される予定。

【内因性微粒子：MVs）】

- **さきがけ「生体における微粒子の機能と制御」**

微生物関連の課題が2019年度からスタートした。

- **ERATO深津共生進化機構プロジェクト**

2019年10月に開始されたプロジェクトの中で、MVsが細菌と宿主の共生で担う役割に関連して、マイクロバイオーム制御技術の開発研究が開始されている。

- **サントリー生命科学財団のSunRiSE**

2020年4月からは、MVsの基礎的な研究に関するプロジェクトが始動した。

- **科研費の挑戦的研究（開拓）**

MVsを物質生産やワクチン開発のプラットフォームとして利用するプロジェクトとして、2020年度、2021年度からそれぞれ研究が進められている。

• ERC "OMVac"

MVsの生体への影響が明らかになる一方で、MVsを基盤としたワクチン開発が非常に活発化し、ERCがサポートする大型プロジェクト"OMVac"が2014年から5年計画で実施され、一部計画の延長が決まっている。

• オランダIntravacc

オランダ保健福祉スポーツ省によって設立されたIntravacc（Institute for Translational Vaccinology）が中心となって、MVsを利用したワクチンの研究開発を行なっている。

• MVsに関する国際学会（EMBO work shop）

2021年11月に世界で初めてのMVsに関する国際学会（EMBO workshop）が、"Bacterial membrane vesicles: Biogenesis, functions, and medical applications"と題してつくばで開催され、26カ国から200名近い研究者が参加した。

（5）科学技術的課題

【外因性微粒子：M2.5など】

• 外因性微粒子の生体応答

外因性微粒子にはPM2.5、花粉、黄砂といった、無機物、有機物を問わない多種多様なものが含まれ、これらが生体にどのような影響を及ぼすのかは、ほとんど解明されていない。これらの微粒子に対する生体応答を担う主役は、マクロファージや好中球などの貪食細胞で共通しており、内因性・外因性微粒子に対する応答の相乗効果によって様々な炎症性疾患の発症が加速される可能性がある。エクソソームの生成を阻害することによって、その相乗効果を中和できれば、外因性微粒子に起因する喘息やアレルギーなどの治療法の開発に繋がる可能性がある。そのためには微粒子の精製と生体試料による実験系確立が必要だが、この問題に取り組む研究者の数は必ずしも多くはない。微粒子研究者とライフサイエンス研究者との共同研究が望まれる。

【内因性微粒子：EVs、エクソソーム】

• 1細胞/1粒子レベルでのエクソソーム解析技術

現在の技術で解析されるエクソソームは、様々な細胞が放出したエクソソームの総和であり、それらが平均化された解析しかできない。例えば、末梢血からエクソソームを単離し、病的細胞由来エクソソームの解析を行う場合、圧倒的多数の健常細胞由来エクソソームの影響によりバイオマーカーの検出感度が低くなる。よって、検査対象とする臓器や細胞に特異的なマーカーを用いたエクソソームの選別法の確立が求められる。さらに、1細胞/1粒子レベルでエクソソームを解析する技術の確立により、より感度の高い診断法の開発につながることが期待される。

• エクソソーム動態制御機構解明

生体内において、どのエクソソームがどこへ行くのかの生体内動態がほとんど解明されておらず、その動態を制御する分子機構の解明によって、より標的精度の高いDDSの開発に貢献する可能性を持っている。

• 特異的な除去方法の開発

病的細胞由来エクソソームを対象としたバイオマーカーの同定と、それらを用いた診断法の開発研究が盛んに行われている一方で、病的細胞由来エクソソームのみを特異的に除去する方法の開発はほとんど進展していない。病的細胞由来エクソソームに特異的な表面マーカーの同定により、正常細胞由来エクソソームに影響することのない除去法の開発が望まれる。

• エクソソーム内容物操作法の開発

エクソソームに内包される機能性分子を特異的に操作、改変できる技術は、エクソソームの機能解明および有効な機能発現に貢献する。

• **エクソソーム製造・品質保証方法の開発**

エクソソームを治療薬やDDSのツールとして利用するためは、大量に安定した品質でエクソソームを調製することが必要である。産生する細胞の状態もエクソソームの品質に影響することから、厳密な培養条件の設定等が必要となる。エクソソーム産生量を増大させる手法なども期待される。また、超遠心法を使った単離・精製法を工業スケールで実施することは難しく、大量に処理できる方法論の確立が望まれる。さらに、エクソソームの品質（量、純度、粒度分布、均一性、力価、など）を厳密に規定する評価方法および考え方の確立が必要である。

【内因性微粒子：MVs】

• **MVsによるDNAやRNAの運搬**

sRNAが細菌の MVs に含まれており、それらの一部は宿主細胞のタンパク質発現を制御することが報告された[58]。また、植物が産生する細胞外微粒子によって伝達されるsRNAが真菌の病原タンパク質の発現を抑えることが見出されている[66]。細胞外微粒子によって伝播する遺伝物質が生物界全体に渡って、界を超えたクロストークに関わっている可能性があり、その検証とそれらが生命ネットワークの中で果たしている役割を明らかにしていく必要がある。 CRISPR–Cas9の研究で2020年にノーベル化学賞を受賞したエマニュエル・シャルパンティエを含め、多くの研究者が細菌のMVによるRNA輸送の研究に乗り出しており、競争が過熱する可能性がある[74]。

また、抗生物質耐性遺伝子や病原性遺伝子の獲得は新興・再興感染症にも繋がるため、MVsを介した遺伝子の水平伝播を理解する必要がある。これらを踏まえ、MVs1粒子を対象としたシーケンシング技術の開発が必要となる。

• **ファージ（バクテリアに感染するウイルス）とMVsの関係の解明**

MVs形成機構のひとつにファージが関わっていることが明らかとなった[60, 61]。以前からMVsはファージの宿主への感染を防除することが報告されていたが、MVsがファージの宿主域を広げるのに役立っていることも報告された[75]。さらにMVsによってファージが運搬されることも明らかとなり、ファージに対する機能性が注目されている[61]。ファージやウイルスは宿主に対して極めて多様な働きかけを行っていることが次々に報告されており、その存在意義を捉え直す潮流ができている。 MVs研究は新たなファージの位置付けを示す可能性がある。ファージとMVsの関係の解明は、細胞外微粒子研究全般に適応できる新たな概念を提供する可能性がある。

• **MVsによる中身の受け渡し**

MVsによってその中身が他の細胞に受け渡されることはDNA、RNA、タンパク質や細胞間シグナル物質で解析されているが、その詳細な受け渡しのメカニズムは、最重要課題の一つであるにも関わらず、何も解明されていない。 MVsは特異的に細胞に付着することも報告されており[59, 76]、この機構を明らかにするためにはライブセルイメージングを含めた、観察技術開発が必要である。 MVsの積荷の受け渡し機構を明らかにすることは、MVsがどの範囲の生物にまで影響を及ぼすのか、その機能性の理解に繋がるだけでなく、MVによる物質運搬制御の糸口が得られ、その成果はMVを模倣した人工微粒子の設計にも役立つ。

• **腸内や生体内におけるMVsの働きの解明**

腸内細菌はMVsを産生し、便からもMVsが回収されることから、腸内細菌のMVsが生体に影響を与えている可能性は高い。近年次々に腸内細菌の働きが明らかになっているなかで、MVsの機能はまだ注目されておらず、腸内細菌群と宿主の相互作用を解明するブレイクスルーが期待される。さらに、体液からもMVsは同定されており[77]、生体内でのMVsの働きに注目が集まっている。今後、MVsの回収・精製技術の発展、さらには1微粒子解析手法の開発が必要である。

• **土壌環境におけるMVsの働きの解明**

これまでMVsは主に水環境で解析されてきた。土壌1 gに100億匹もの微生物がいるとも言われているが、土壌環境におけるMVsの解析は全く進んでいない。根圏微生物の働きなども踏まえると、土壌微生物のMVsは微生物間や微生物−宿主間相互作用に重要な役割を担っている可能性がある。腸内や生体内におけるMVsの機能解明と同様に、解析に当たっての課題になるのは、土壌からのMVの回収・精製である。特にMVsの土壌粒子への吸着が問題になると思われるが、土壌からの細菌の単離やDNAの精製で様々なノウハウが蓄積されているので、こうした知見が応用できる可能性がある。

• MVsの種類と機能の多様性の解明

単一細菌種によって産生されたMVsであっても、その大きさや中身は不均一である。これは、MVs形成経路が複数存在することに由来すると考えられる。近年、異なる経路によって形成されたMVsは性質や機能が異なることが示唆されているが、現在までMVsは一括りに解析されてきた。今後、MVsの種類ごとに解析することで、MVsの本当の機能が明らかになり、その基礎的知見に基づいたより効果的な応用利用が見込まれる。この解明を促進させる基盤技術がMVsのソーティング技術と1MV粒子解析技術である。フローサイトメトリーを用いてナノ粒子を解析する技術の開発が盛んになってきており、発展が見込まれる。こうした技術は上記に挙げたMVsの不均一性や他の微粒子から見分ける技術にも転用できる。

• MVsを対象としたオミクス解析や化合物スクリーニング

メタゲノム解析やメタボロミクス解析など、これまで細菌の細胞に対して行われてきた解析の対象をMVsにすることで、細胞とは異なる情報を得ることができる。 MVsに関するオミクス情報を蓄積していくことで、将来的には環境モニタリングのマーカーや生体での診断に使える可能性がある。さらに、MVsには特定の化合物が濃縮しやすい傾向も見られており、新規化合物スクリーニングの新たなターゲットとなり得る。

• MVsの改変および人工合成

MVsのワクチンや抗生物質の輸送体としての利用が世界で始まりつつあるが、MVsは不均一であるため社会実装には製品としての均一性を高める必要があるが、まだ世界の多くのMVsの（ワクチン応用も含めた）研究者はそれに気付いていない。一方、わが国のMVs研究者は、MVs生成機構の解明を通じて、その不均一性を証明し、その重要性をいち早く世界に発信している[62]。MVs不均一性の質の理解にはアドバンテージがあり、MVsのワクチン利用についても海外との競争に打ち勝つことができると考えられる。そのためには分野融合によるMVsの改変や人工合成に取り組む必要性がある。具体的には、リポソームを使用したDDSに関わる様々な分野の連携により、任意のタンパク質、核酸、その他の物質などを封入・局在化することができる、MVsをミミックした新たな人工膜粒子開発研究分野が必須となる。

• ナノチューブとMVsの関係の解明

MVsの他に細菌が細胞外に形成する膜構造体として、2011年にナノチューブと呼ばれる幅が50–70 nm、長さが数μmに及ぶチューブが報告された[78]。ナノチューブは細胞間を架橋し、細胞質内の成分を交換できることが観察されている。その結果、抗生物質の分解に関わるようなタンパク質の交換も起き、受け取った細胞には抗生物質耐性など一過性の表現型が現れる。同様の構造物は多くの細菌で観察されているにも関わらず、ナノチューブの実体にはまだ不明な点が多い。ナノチューブとMVsは、互いの形成に関わっていることが示唆されている[79]。また、共通して細胞壁の損傷がその形成や需要に関与することから[80]、今後両者の関係も含めて基礎的な知見を蓄積する必要がある。

• イメージング技術の開発

数十から百nm程度の構造物の動態解析にイメージング技術の発達は欠かせない。MVsの動態解析にはクライオ電子顕微鏡のようなスナップショットでの高分解能イメージングだけでなく、生理状態の液体中でブラウン運動するMVsを高速、経時的にライブ観察できる顕微鏡が求められる。ウイルスやMVsのような通常の光学顕微鏡の分解能以下の物体であっても蛍光染色することにより観察可能であるが、蛍光退色やサンプル固定化など安定した実験データを得るには課題が多い。そのため、顕微鏡のみならず、サンプルの固定技術やマイクロ流体デバイス、蛍光試薬など、サンプルを観察するのに伴う技術の開発も必要である。また、得られた画像から正しく情報を引き出すには画像解析が必要であり、観察技術、解析技術の両輪からなるイメージング技術開発が必要である。

（6）その他の課題

• 研究体制

エクソソーム研究は、世界中で加速度的な広がりを見せており、欧州の研究者を中心として国際細胞外小胞学会（ISEV）が設立された。その支部として日本細胞外小胞学会（JSEV）が設立されている。このような取り組みにより、エクソソームを研究する日本人研究者は徐々に増えており、研究者コミュニティーの形成がなされつつある。今後、工学系など異分野の研究者が加わることによって、本研究分野の更なる活性化が期待される。特に、JST の戦略的創造研究推進事業の開始に伴い、多くの研究者が新たに参入しているが、一時的なブームで終わらせるのではなく、情報や技術を共有するなど有機的な連携を取ることによって、研究を支援する体制の構築が重要である。とくにさきがけでは若い気鋭の研究者達が挑戦的な課題に取り組んでいるが、基本的に個人研究であり、しかも3年半という短期間の資金しか保証されないため、優秀な人材への継続的なサポートが可能なシステムが求められる。CRESTの馬場総括の提案により、研究計画が折り合えば、さきがけ終了研究者が最長2年間CRESTチームに加わることを可能とする制度が始まり、その成果が期待される。

• コンセンサス形成

エクソソームの検出や単離の難しさ、さらには種々の分類方法があるため、どの細胞外小胞をエクソソームと呼ぶのかは、未だに世界中でコンセンサスが得られておらず混乱している。国際基準のMISEVガイドラインに従った研究手法の共通化は有用であるが、同時に、ガイドラインに基づく新たな研究手法の開発も非常に重要である。特に、現在の主流である超遠心法やPEG沈殿法を用いたエクソソームの単離法では、多くの夾雑物が混入している為、これらのエクソソームを用いた実験結果が、真にエクソソームの機能を反映しているとは厳密には言い難い。革新的なエクソソーム解析技術の確立と普及が早急に求められている。

• 制度整備

国内外の規制当局はエクソソームに関する規制ガイドラインを整備していない。創薬モダリティとしての位置づけ等、今後の課題である。また、ウシ・ブタなどの家畜や野菜・果物に含まれるエクソソームの人体への影響が解明されるに従い、それらを用いた予防法や治療法などの開発が行われる可能性がある。エクソソームの中には RNA や DNA が含まれており、これらの異種の遺伝子情報がヒトのゲノムに与える影響や継代的影響は明らかになっていない。遺伝子治療などに準じた法整備が必要になるのか否か、今後の検討が必要になるであろう。

（7）国際比較

国・地域	フェーズ	現状	トレンド	各国の状況、評価の際に参考にした根拠など
日本	基礎研究	◎	↗	・AMEDや文部省科研費でのエクソソームの基礎分野に対する支援が年々伸びており、医学生物学はもちろん、薬学、工学、さらに農学などの他分野に広がっている。 ・MV形成に関する基礎研究は世界をリードしている。
	応用研究・開発	○	↗	・再生医療分野でエクソソームの応用研究が進展している。間葉系幹細胞の細胞治療はその上澄またはエクソソームに焦点を当てた治療研究として成長が見込まれ、国内のエクソソームの医薬品としてのレギュレーション整備がPMDAの専門部会などで進んでいる。 ・エクソソームは皮膚科学や美容分野、さらには機能性食品の開発分野でも産業化への気運が高待っている。 ・国立がん研究センターにおいて血中エクソソームのmiRNAをバイオマーカーとする乳がん診断の有用性評価が行われている。 ・国内初のエクソソーム診断のLDTがアカデミア発ベンチャーから上市された（すい臓がんや大腸がん診断）。 ・ワクチン開発に資する基盤技術研究も活発である。

米国	基礎研究	◎	↗	・リキッドバイオプシー技術をベースとしたGrail社など大手ベンチャーもエクソソーム診断の開発に着手している。 ・NIHのグラントにおいてエクソソームの基礎研究分野が台頭している。 ・MVsの生態的な役割についてNSFの大型予算がついて基礎的研究が推進されている。また、腸内細菌のMVsなど、生体内におけるMVsの役割について研究されている。 ・ムーンショット計画の中に、がん早期発見の項目が設けられ、エクソソームもその一つ。
	応用研究・開発	◎	↗	・幹細胞を使った細胞治療を手掛けていた企業が、次々にエクソソーム治療に転換するなど、再生医療の分野での急伸はもちろん、すでにエクソソームの診断が上市されている。 ・コーネル大を中心にMVsの改良技術の開発研究が盛んである。これを基にもとにVersatope Therapeutics社など細菌のMVsを利用したワクチン開発企業が設立され、MVsを基盤にしたCOVID–19ワクチンも開発されている
欧州	基礎研究	◎	→	・ウイルス関係や疾患バイオマーカー開発の基礎研究が盛んである。 ・スウェーデンのウメオ大などを中心にしてMVsの細菌感染症病原性への関与について盛んに研究され、現在のワクチン開発の流れに繋がっている。腸内細菌や病原性細菌など、宿主-細菌間相互作用に関する基礎研究が盛んである。 ・宿主-細菌間相互作用に関する基礎研究が盛んであり、MVsを体液や糞便から分離する試みがベルギーのゲント大を中心に行われている。
	応用研究・開発	◎	↗	・複数の大学と企業が再生医療の分野で臨床試験のパイプラインを走らせており、エクソソーム創薬に力を注いでいる。EUのエクソソームに対する予算は、応用研究が70%に上る。 ・オランダのIntravacc社を中心にMVsを利用した感染症ワクチン研究開発が長年に渡って行われている。
中国	基礎研究	○	↗	・2019年にエクソソームの学会が正式に発足し、エクソソームの教書が中国語で発売されるなど、若手基礎研究者の育成に努めている。 ・MVsの病原性への関与およびワクチン利用を目指した基礎研究が活発化している。
	応用研究・開発	○	↗	・再生医療関連の法律が改定され、間葉系幹細胞やエクソソーム治療の可能性が生まれ、多くのベンチャーや製薬企業が注目している。 ・COVID–19の治療薬として間葉系幹細胞のエクソソームが臨床研究に入っている。 ・臨床実験の規制が緩く、海外から優秀な研究者を迎え入れているため、MVワクチン研究が活発になるにつれ一気に研究開発が盛んになる可能性がある。
韓国	基礎研究	○	→	・基礎研究の費用は十分ではないとの情報がある一方、毎年、エクソソームの国際シンポジウムを熱心に開催している。
	応用研究・開発	○	↗	・ILIAS Biologics社などアカデミアベンチャーが多く立ち上がり、DDS応用を軸に創薬に力を入れている。またサムソンなどの資金をバックに、美容から皮膚疾患治療を扱うベンチャーがアトピー性皮膚炎の臨床試験を韓国国内で開始した。 ・がん免疫療法プラットフォームの利用を視野に入れたMVsの研究が浦項工科大を中心に精力的に行われている。
その他の国・地域（任意）	基礎研究	○	→	・オーストラリア、シンガポール、台湾、などのアジアパシフィックの国々も、エクソソームの基礎研究には引き続き、国が支援している。
	応用研究・開発	○	↗	・オーストラリアは、神経疾患やがんなどの分野でエクソソームの臨床応用を準備中である。シンガポールではエクソソームベンチャーが複数立ち上がり、国の支援のもと、がんの診断や間葉系幹細胞エクソソーム治療の治験を推進している。台湾も積極的にエクソソーム診断と治療を視野に入れた産業化を目指している。

（註1）フェーズ

基礎研究：大学・国研などでの基礎研究の範囲

応用研究・開発：技術開発（プロトタイプの開発含む）の範囲

（註2）現状　※日本の現状を基準にした評価ではなく、CRDS の調査・見解による評価

◎：特に顕著な活動・成果が見えている　　〇：顕著な活動・成果が見えている

△：顕著な活動・成果が見えていない　　×：特筆すべき活動・成果が見えていない

（註3）トレンド　※ここ1～2年の研究開発水準の変化

↗：上昇傾向、→：現状維持、↘：下降傾向

関連する他の研究開発領域

・バイオマーカー・リキッドバイオプシー（ライフ・臨床分野2.1.7）
・生体関連ナノ・分子システム（ナノテク・材料分野　2.2.2）

参考・引用文献

1) Erwin Chargaff and Randolph West, “The biological significance of the thromboplastic protein of blood,” *Journal of Biological Chemistry* 166, no. 1（1946）: 189-197.

2) Rose M. Johnstone, et al., “Vesicle formation during reticulocyte maturation: Association of plasma membrane activities with released vesicles (exosomes),” *Journal of Biological Chemistry* 262, no. 19（1987）: 9412-9420.

3) Hadi Valadi, et al., “Exosome-mediated transfer of mRNAs and microRNAs is a novel mechanism of genetic exchange between cells,” *Nature Cell Biology* 9, no. 6（2007）: 654-659., https://doi.org/10.1038/ncb1596.

4) Carmen Schwechheimer and Meta J. Kuehn, “Outer-membrane vesicles from Gram-negative bacteria: biogenesis and functions,” *Nature Reviews Microbiology* 13, no. 10（2015）: 605-619., https://doi.org/10.1038/nrmicro3525.

5) Lisa Brown, et al., “Through the wall: extracellular vesicles in Gram-positive bacteria, mycobacteria and fungi,” *Nature Reviews Microbiology* 13, no. 10（2015）: 620-630., https://doi.org/10.1038/nrmicro3480.

6) Lauren M. Mashburn and Marvin Whiteley, “Membrane vesicles traffic signals and facilitate group activities in a prokaryote,” *Nature* 437, no. 7057（2005）: 422-425., https://doi.org/10.1038/nature03925.

7) Steven J. Biller, et al., “Bacterial Vesicles in Marine Ecosystems,” *Science* 343, no. 6167（2014）: 183-186., https://doi.org/10.1126/science.1243457.

8) Masanori Toyofuku, et al., “Bacterial membrane vesicles, an overlooked environmental colloid: Biology, environmental perspectives and applications,” *Advances in Colloid and Interface Science* 226, Part A（2015）: 65-77., https://doi.org/10.1016/j.cis.2015.08.013.

9) Vipul Gujrati, et al., “Bioengineered Bacterial Outer Membrane Vesicles as Cell-Specific Drug-Delivery Vehicles for Cancer Therapy,” *ACS Nano* 8, no. 2（2014）: 1525-1537., https://doi.org/10.1021/nn405724x.

10) Aaron J. Cohen, et al., “Estimates and 25-year trends of the global burden of disease attributable to ambient air pollution: an analysis of data from the Global Burden of Diseases Study 2015,” *Lancet* 389, no. 10082（2017）: 1907-1918., https://doi.org/10.1016/S0140-

6736（17）30505-6.

11) Ching-Chang Cho, et al., “In Vitro and In Vivo Experimental Studies of $PM_{2.5}$ on Disease Progression,” *International Journal of Environmental Research and Public Health* 15, no. 7（2018）: 1380., https://doi.org/10.3390/ijerph15071380.

12) Takehiro Michikawa, et al., “Japanese Nationwide Study on the Association Between Short-term Exposure to Particulate Matter and Mortality,” *Journal of Epidemiology* 29, no. 12（2019）: 471-477., https://doi.org/10.2188/jea.JE20180122.

13) Qin Li, et al., “Association between airborne particulate matter and renal function: An analysis of 2.5 million young adults,” *Environment International* 147（2021）: 106348., https://doi.org/10.1016/j.envint.2020.106348.

14) Haiying Zhang, et al., “Identification of distinct nanoparticles and subsets of extracellular vesicles by asymmetric flow field-flow fractionation,” *Nature Cell Biology* 20, no. 3（2018）: 332-343., https://doi.org/10.1038/s41556-018-0040-4.

15) Clotilde Théry, et al., “Minimal information for studies of extracellular vesicles 2018（MISEV2018）: a position statement of the International Society for Extracellular Vesicles and update of the MISEV2014 guidelines,” *Journal of Extracellular Vesicles* 7, no. 1（2018）: 1535750., https://doi.org/10.1080/20013078.2018.1535750.

16) Karoliina Stefanius, et al., “Human pancreatic cancer cell exosomes, but not human normal cell exosomes, act as an initiator in cell transformation,” *eLife* 8（2019）: e40226., https://doi.org/10.7554/eLife.40226.

17) Nobuyoshi Kosaka, et al., “Neutral Sphingomyelinase 2（nSMase2）-dependent Exosomal Transfer of Angiogenic MicroRNAs Regulate Cancer Cell Metastasis,” *Journal of Biological Chemistry* 288, no. 15（2013）: 10849-10859., https://doi.org/10.1074/jbc.M112.446831.

18) Bruno Costa-Silva, et al., “Pancreatic cancer exosomes initiate pre-metastatic niche formation in the liver,” *Nature Cell Biology* 17, no. 6（2015）: 816-826., https://doi.org/10.1038/ncb3169.

19) Gonçalo Rodrigues, et al., “Tumour exosomal CEMIP protein promotes cancer cell colonization in brain metastasis,” *Nature Cell Biology* 21, no. 11（2019）: 1403-1412., https://doi.org/10.1038/s41556-019-0404-4.

20) Qi Wu, et al., “RETRACTED ARTICLE: Tumour-originated exosomal miR-155 triggers cancer-associated cachexia to promote tumour progression,” *Molecular Cancer* 17（2018）: 155., https://doi.org/10.1186/s12943-018-0899-5.

21) Eva-Maria Kramer-Albers and Andrew F. Hill, “Extracellular vesicles: interneural shuttles of complex messages,” *Current Opinion in Neurobiology* 39（2016）: 101-107., https://doi.org/10.1016/j.conb.2016.04.016.

22) Claudia Arenaccio, et al., “Exosomes from Human Immunodeficiency Virus Type 1（HIV-1）-Infected Cells License Quiescent $CD4^+$ T Lymphocytes To Replicate HIV-1 through a Nef- and ADAM17-Dependent Mechanism,” *Journal of Virology* 88, no. 19（2014）: 11529-11539., https://doi.org/10.1128/JVI.01712-14.

23) Angélique Bobrie, et al., “Exosome Secretion: Molecular Mechanisms and Roles in Immune Responses,” *Traffic* 12, no. 12（2011）: 1659-1668., https://doi.org/10.1111/j.1600-0854.2011.01225.x.

24) Akiko Eguchi, et al., “Identification of actin network proteins, talin-1 and filamin-A, in

circulating extracellular vesicles as blood biomarkers for human myalgic encephalomyelitis/chronic fatigue syndrome," *Brain, Behavior, and Immunity* 84（2020）：106-114., https://doi.org/10.1016/j.bbi.2019.11.015.
25) Yusuke Yoshioka, et al., "Ultra-sensitive liquid biopsy of circulating extracellular vesicles using ExoScreen," *Nature Communications* 5（2014）：3591., https://doi.org/10.1038/ncomms4591.
26) Yusuke Yoshioka, et al., "Circulating cancer-associated extracellular vesicles as early detection and recurrence biomarkers for pancreatic cancer," *Cancer Science* 113, no. 10（2022）：3498-3509., https://doi.org/10.1111/cas.15500.
27) Maja Mustapic, et al., "Plasma Extracellular Vesicles Enriched for Neuronal Origin: A Potential Window into Brain Pathologic Processes," *Frontiers in Neuroscience* 11（2017）：278., https://doi.org/10.3389/fnins.2017.00278.
28) Amrita Datta, et al., "High-throughput screening identified selective inhibitors of exosome biogenesis and secretion: A drug repurposing strategy for advanced cancer," *Scientific Reports* 8（2018）：8161., https://doi.org/10.1038/s41598-018-26411-7.
29) Fumihiko Urabe, et al., "miR-26a regulates extracellular vesicle secretion from prostate cancer cells via targeting SHC4, PFDN4, and CHORDC1," *Science Advances* 6, no. 18（2020）: eaay3051., https://doi.org/10.1126/sciadv.aay3051.
30) Jeffrey L. Spees, Ryang Hwa Lee and Carl A. Gregory, "Mechanisms of mesenchymal stem/stromal cell function," *Stem Cell Research & Therapy* 7（2016）：125., https://doi.org/10.1186/s13287-016-0363-7.
31) Kan Yin, Shihua Wang and Robert Chunhua Zhao, "Exosomes from mesenchymal stem/stromal cells: a new therapeutic paradigm," *Biomarker Research* 7（2019）：8., https://doi.org/10.1186/s40364-019-0159-x.
32) Matthew H. Forsberg, et al., "Mesenchymal Stromal Cells and Exosomes: Progress and Challenges," *Frontiers Cell and Developmental Biology* 8（2020）：665., https://doi.org/10.3389/fcell.2020.00665.
33) NIH ClinicalTrials.gov（https://clinicaltrials.gov/）にてexosome/therapy,で検索，(2022年12月1日アクセス）．
34) Robin L. Webb, et al., "Human Neural Stem Cell Extracellular Vesicles Improve Tissue and Functional Recovery in the Murine Thromboembolic Stroke Model," *Translational Stroke Research* 9, no. 5（2018）：530-539., https://doi.org/10.1007/s12975-017-0599-2.
35) Shin-ichiro Ohno, et al., "Systemically Injected Exosomes Targeted to EGFR Deliver Antitumor MicroRNA to Breast Cancer Cells," *Molecular Therapy* 21, no. 1（2013）：185-191., https://doi.org/10.1038/mt.2012.180.
36) Nambin Yim, et al., "Exosome engineering for efficient intracellular delivery of soluble proteins using optically reversible protein-protein interaction module," *Nature Communications* 7（2016）：12277., https://doi.org/10.1038/ncomms12277.
37) Jan Van Deun, et al., "The impact of disparate isolation methods for extracellular vesicles on downstream RNA profiling," *Journal of Extracellular Vesicles* 3, no. 1（2014）：24858., https://doi.org/10.3402/jev.v3.24858.
38) Aleksander Cvjetkovic, Jan Lötvall and Cecilia Lässer, "The influence of rotor type and centrifugation time on the yield and purity of extracellular vesicles," *Journal of Extracellular*

Vesicles 3, no. 1（2014）：23111., https://doi.org/10.3402/jev.v3.23111.

39) Agata Abramowicz, Piotr Widlak and Monika Pietrowska, "Proteomic analysis of exosomal cargo: the challenge of high purity vesicle isolation," *Molecular Biosystems* 12, no. 5（2016）: 1407-1419., https://doi.org/10.1039/c6mb00082g.

40) Fatemeh Momen-Heravi, et al., "Current methods for the isolation of extracellular vesicles," *Biological Chemistry* 394, no. 10（2013）：1253-1262., https://doi.org/10.1515/hsz-2013-0141.

41) Clotilde Théry, et al., "Isolation and Characterization of Exosomes from Cell Culture Supernatants and Biological Fluids," *Current Protocols in Cell Biology* Chapter 3（2006）：Unit 3.22., https://doi.org/10.1002/0471143030.cb0322s30.

42) Martin P. Bard, et al., "Proteomic Analysis of Exosomes Isolated from Human Malignant Pleural Effusions," *American Journal of Respiratory Cell and Molecular Biology* 31, no. 1（2004）：114-121., https://doi.org/10.1165/rcmb.2003-0238OC.

43) Fabrice Andre, et al., "Malignant effusions and immunogenic tumour-derived exosomes," *Lancet* 360, no. 9329（2002）：295-305., https://doi.org/10.1016/S0140-6736（02）09552-1.

44) Sascha Keller, et al., "Body fluid derived exosomes as a novel template for clinical diagnostics," *Journal of Translational Medicine* 9（2011）: 86., https://doi.org/10.1186/1479-5876-9-86.

45) Rebecca E. Lane, et al., "Analysis of exosome purification methods using a model liposome system and tunable-resistive pulse sensing," *Scientific Reports* 5（2015）：7639., https://doi.org/10.1038/srep07639.

46) Richard J. Lobb, et al., "Optimized exosome isolation protocol for cell culture supernatant and human plasma," *Journal of Extracellular Vesicles* 4, no. 1（2015）：27031., https://doi.org/10.3402/jev.v4.27031.

47) M. Lucrecia Alvarez, et al., "Comparison of protein, microRNA, and mRNA yields using different methods of urinary exosome isolation for the discovery of kidney disease biomarkers," *Kidney International* 82, no. 9（2012）：1024-1032., https://doi.org/10.1038/ki.2012.256.

48) Lucia Paolini, et al., "Residual matrix from different separation techniques impacts exosome biological activity," *Scientific Reports* 6（2016）：23550., https://doi.org/10.1038/srep23550.

49) Ana Gámez-Valero, et al., "Size-Exclusion Chromatography-based isolation minimally alters Extracellular Vesicles' characteristics compared to precipitating agents," *Scientific Reports* 6（2016）：33641., https://doi.org/10.1038/srep33641.

50) Hyungsoon Im, et al., "Label-free detection and molecular profiling of exosomes with a nano-plasmonic sensor," *Nature Biotechnology* 32, no. 5（2014）：490-495., https://doi.org/10.1038/nbt.2886.

51) Youhei Tanaka, et al., "Clinical impact of serum exosomal microRNA-21 as a clinical biomarker in human esophageal squamous cell carcinoma," *Cancer* 119, no. 6（2013）：1159-1167., https://doi.org/10.1002/cncr.27895.

52) Joel Z. Nordin, et al., "Ultrafiltration with size-exclusion liquid chromatography for high yield isolation of extracellular vesicles preserving intact biophysical and functional properties," *Nanomedicine: Nanotechnology, Biology and Medicine* 11, no. 4（2015）：879-

883., https://doi.org/10.1016/j.nano.2015.01.003.
53) Laurent Muller, et al., "Isolation of biologically-active exosomes from human plasma," *Journal of Immunological Methods* 411（2014）: 55-65., https://doi.org/10.1016/j.jim.2014.06.007.
54) Tamás Baranyai, et al., "Isolation of Exosomes from Blood Plasma: Qualitative and Quantitative Comparison of Ultracentrifugation and Size Exclusion Chromatography Methods," *PLoS One* 10, no. 12（2015）: e0145686., https://doi.org/10.1371/journal.pone.0145686.
55) Anita N. Böing, et al., "Single-step isolation of extracellular vesicles by size-exclusion chromatography," *Journal of Extracellular Vesicles* 3, no. 1（2014）: 23430., https://doi.org/10.3402/jev.v3.23430.
56) Sun Nyunt Wai, et al., "Vesicle-Mediated Export and Assembly of Pore-Forming Oligomers of the Enterobacterial ClyA Cytotoxin," *Cell* 115, no. 1（2003）: 25-35., https://doi.org/10.1016/S0092-8674（03）00754-2.
57) Sara Domingues and Kaare M. Nielsen, "Membrane vesicles and horizontal gene transfer in prokaryotes," *Current Opinion in Microbiology* 38（2017）: 16-21., https://doi.org/10.1016/j.mib.2017.03.012.
58) Katja Koeppen, et al., "A Novel Mechanism of Host-Pathogen Interaction through sRNA in Bacterial Outer Membrane Vesicles," *PLoS pathogens* 12, no. 6（2016）: e1005672., https://doi.org/10.1371/journal.ppat.1005672.
59) Masanori Toyofuku, et al., "Membrane vesicle-mediated bacterial communication," *The ISME Journal* 11, no. 6（2017）: 1504-1509., https://doi.org/10.1038/ismej.2017.13.
60) Lynne Turnbull, et al., "Explosive cell lysis as a mechanism for the biogenesis of bacterial membrane vesicles and biofilms," *Nature Communications* 7（2016）: 11220., https://doi.org/10.1038/ncomms11220.
61) Masanori Toyofuku, et al., "Prophage-triggered membrane vesicle formation through peptidoglycan damage in Bacillus subtilis," *Nature Communications* 8（2017）: 481., https://doi.org/10.1038/s41467-017-00492-w.
62) Masanori Toyofuku, Nobuhiko Nomura and Leo Eberl, "Types and origins of bacterial membrane vesicles," *Nature Reviews Microbiology* 17, no. 1（2019）: 13-24., https://doi.org/10.1038/s41579-018-0112-2.
63) Bogdan Mateescu, et al., "Obstacles and opportunities in the functional analysis of extracellular vesicle RNA - an ISEV position paper," *Journal of Extracellular Vesicles* 6, no. 1（2017）: 1286095., https://doi.org/10.1080/20013078.2017.1286095.
64) Wataru Nakai, et al., "A novel affinity-based method for the isolation of highly purified extracellular vesicles," *Scientific Reports* 6（2016）: 33935., https://doi.org/10.1038/srep33935.
65) Mariana Regente, et al., "Plant extracellular vesicles are incorporated by a fungal pathogen and inhibit its growth," *Journal of Experimental Botany* 68, no. 20（2017）: 5485-5495., https://doi.org/10.1093/jxb/erx355.
66) Qiang Cai, et al., "Plants send small RNAs in extracellular vesicles to fungal pathogen to silence virulence genes," *Science* 360, no. 6393（2018）: 1126-1129., https://doi.org/10.1126/science.aar4142.

67) Yun Teng, et al., "Plant-Derived Exosomal MicroRNAs Shape the Gut Microbiota," *Cell Host & Microbe* 24, no. 5（2018）: 637-652., https://doi.org/10.1016/j.chom.2018.10.001.
68) Alicia Llorente, et al., "Molecular lipidomics of exosomes released by PC-3 prostate cancer cells," *Biochimica et Biophysica Acta - Molecular and Cell Biology of Lipids* 1831, no. 7（2013）: 1302-1309., https://doi.org/10.1016/j.bbalip.2013.04.011.
69) Yusuke Yoshioka, et al., "Comparative marker analysis of extracellular vesicles in different human cancer types," *Journal of Extracellular Vesicles* 2, no. 1（2013）: 20424., https://doi.org/10.3402/jev.v2i0.20424.
70) Oh Youn Kim, et al., "Bacterial outer membrane vesicles suppress tumor by interferon-γ-mediated antitumor response," *Nature Communications* 8（2017）: 626., https://doi.org/10.1038/s41467-017-00729-8.
71) Saumya Das, et al., "The Extracellular RNA Communication Consortium: Establishing Foundational Knowledge and Technologies for Extracellular RNA Research," *Cell* 177, no. 2（2019）: 231-242., https://doi.org/10.1016/j.cell.2019.03.023.
72) Atsunori Tsuchiya, et al., "Basic points to consider regarding the preparation of extracellular vesicles and their clinical applications in Japan," Regenerative Therapy 21（2022）: 19-24., https://doi.org/10.1016/j.reth.2022.05.003.
73) 独立行政法人医薬品医療機器総合機構（PMDA）「エクソソームを含む細胞外小胞（EV）を利用した治療用製剤に関する専門部会」https://www.pmda.go.jp/rs-std-jp/subcommittees/0017.html,（2023年2月16日アクセス）.
74) Ulrike Resch, et al., "A Two-Component Regulatory System Impacts Extracellular Membrane-Derived Vesicle Production in Group A Streptococcus," *mBio* 7, no. 6（2016）: e00207-16., https://doi.org/10.1128/mBio.00207-16.
75) Elhanan Tzipilevich, Michal Habusha and Sigal Ben-Yehuda, "Acquisition of Phage Sensitivity by Bacteria through Exchange of Phage Receptors," *Cell* 168. no. 1-2（2017）: 186-199.e112., https://doi.org/10.1016/j.cell.2016.12.003.
76) Yosuke Tashiro, et al., "Interaction of Bacterial Membrane Vesicles with Specific Species and Their Potential for Delivery to Target Cells," *Frontiers in Microbiology* 8（2017）: 571., https://doi.org/10.3389/fmicb.2017.00571.
77) Joeri Tulkens, Olivier De Wever and An Hendrix, "Analyzing bacterial extracellular vesicles in human body fluids by orthogonal biophysical separation and biochemical characterization," *Nature Protocols* 15, no. 1（2020）: 40-67., https://doi.org/10.1038/s41596-019-0236-5.
78) Gyanendra P. Dubey and Sigal Ben-Yehuda, "Intercellular Nanotubes Mediate Bacterial Communication," *Cell* 144, no. 4（2011）: 590-600., https://doi.org/10.1016/j.cell.2011.01.015.
79) Gyanendra P. Dubey, et al., "Architecture and Characteristics of Bacterial Nanotubes," *Developmental Cell* 36, no. 4（2016）: 453-461., https://doi.org/10.1016/j.devcel.2016.01.013.
80) Amit K. Baidya, Ilan Rosenshine and Sigal Ben-Yehuda, "Donor-delivered cell wall hydrolases facilitate nanotube penetration into recipient bacteria," *Nature Communications* 11（2020）: 1938., https://doi.org/10.1038/s41467-020-15605-1.

2.3.3 マイクロバイオーム

（1）研究開発領域の定義

土壌、海洋、大気、動植物の体内や体表など、あらゆる環境中に存在する微生物叢（マイクロバイオータ）と、それが持つ遺伝子や機能（マイクロバイオーム）を解析することで、生命の理解の深化や、新たな概念に基づく健康維持や疾患の予防、治療技術の開発、農産物生産技術や物質生産技術の創出が期待される研究開発領域。

ヒトを宿主とした常在微生物叢は全身の体表面に存在するが、特に研究が進んでいるのが、腸内フローラと呼ばれる腸内の微生物叢である。微生物叢のバランスの破綻がいかなる疾患・健康被害をもたらすかを理解することで、健康維持や疾患治療への応用を目指すほか、常在微生物叢に含まれる有用微生物の可能性の探索や、プロバイオティクスや機能性食品の利用可能性の拡大を目指す。また、常在微生物叢の差異に着目することで、より精緻な疾患のサブグループ化、さらには医薬品や食品の有効性を見極める個別化医療や、個別化もしくは層別化栄養の実現も期待できる。

植物を宿主とする微生物叢の研究も活発化してきている。主に葉や根などの植物組織における常在微生物叢プロファイルの解析や、それを制御する環境要因や宿主側遺伝子基盤の探索、および、常在微生物叢による植物の成長や生存における潜在的な役割とその基盤を解明しようとする基礎研究が進む。さらには、得られた基礎的知見を活用した微生物の農業利用など、応用にも直結した研究開発領域である。

（2）キーワード

微生物叢、マイクロバイオーム（microbiome）、マイクロバイオータ（microbiota）、常在菌、腸内フローラ、感染症、免疫、食事、肥満、プロバイオティクス、メタゲノム、メタボローム、個別化医療、個別化栄養、ワクチン、ファージ、機能性食品、病原菌、共生菌、植物免疫、植物栄養応答、植物成長促進、植物保護、シロイヌナズナ、16S・ITSメタ解析、微生物カタログ情報、無菌化

（3）研究開発領域の概要

[本領域の意義]

腸内フローラは、ヒトでは通常約1,000種類の細菌種が含まれ、食餌成分の代謝を介した有用代謝物質の産生、有害代謝物質の解毒、病原体に対する生物学的防御バリア、腸管の分化誘導など、宿主の生理や健康維持に非常に大きな役割を果たしている。宿主は、腸内フローラの働きに大きく依存する形で進化してきたと考えられ、ノーベル賞受賞者であるLederbergは、宿主と腸内フローラは1つの超有機体（superorganism）であると提唱している[1)]。腸内フローラの研究の加速により、生命の理解は大きく深化し、同時に健常状態の維持（栄養を通じた腸内フローラ改善や腸内フローラに応じた適切な栄養供給など）、革新的な医療技術の創出（有用菌群あるいは抽出分子の製剤化、腸内フローラ機能に対応した薬物代謝・動態制御）など、社会にもたらすインパクトも極めて大きい研究開発領域であると言える。

わが国の社会動向の観点からも腸内フローラの研究の重要性は高い。潰瘍性大腸炎やクローン病などの炎症性腸疾患、多発性硬化症、肥満、糖尿病、脂質異常症（高脂血症）、喘息、アトピー性皮膚炎はすべて患者数が増加している。特に、潰瘍性大腸炎、クローン病、多発性硬化症は、厚生労働省により難病指定されており医療費助成の対象であるが、今後このまま患者数が増加すれば、助成基準の厳密化や難病指定からの除外を考慮せざるを得ない状況も考えられ、社会問題となっている。これまでに、これらの疾患の原因解明のために宿主のゲノムワイド関連解析（Genome Wide Association Study: GWAS）が盛んに行われ、疾患に関連する多数のSNPsが明らかになっている。しかし、このような罹患者数の漸増が、遺伝的要因が増加したためとは考えにくく、外的要因、特に腸内フローラの変化の関与が強く疑われている。実際、海外の大規模メタゲノム解析によって、上記のいずれの疾患にも、構成菌種の「多様性の減少・単純化」「特定の細

菌の定着・増加」「菌叢構成の不安定」などを特徴とするdysbiosis（ディスバイオーシス）が見られることが報告されている。腸内フローラは、食生活の影響を大きく受けることが知られていることから、近年の生活習慣や食生活の変化によって日本人の腸内フローラが大きく変化し、疾患感受性に影響を与えている可能性が示唆されている。すなわち、わが国の疾患動態の変遷のカギを握るのが腸内フローラであるとも言え、その解析と解決策の提示は高い社会ニーズを有すると言える。

また、食料問題や環境問題が地球規模で解決すべき喫緊の課題となっており、持続可能な農業のための基盤技術開発と社会実装が求められている。農作物、資源作物、および樹木などの植物は、基本的に野外で栽培されるが、野外環境では無数の微生物が土壌中や空気中に存在しており、それらが植物と共棲している。根粒細菌や菌根菌など、植物と相互作用して有益な効果をもたらすことが知られていた代表的な共生菌については、基礎研究や社会実装が進んできた。しかしながら、近年開発された次世代シーケンサーにより存在が明らかになった、それら以外の膨大な微生物叢の機能および宿主側との相互作用については未解明の部分が多い。植物を宿主とした微生物叢のなかには、植物の生育促進や植物病原菌の生育抑制などの効果を示す細菌種の存在が知られており、微生物叢と植物との相互作用の研究から、化学肥料に依らない栄養供給・生育促進や、農薬に依らない病害防除などの技術開発への応用が期待されている。

［研究開発の動向］

腸内フローラの研究は、1950年代、培養法を基盤とした研究から本格的に始まった。腸内細菌の培養、特に嫌気性培養技術の発展には、わが国の細菌学者の大きな貢献があった。しかし、腸内細菌の多くは培養が困難な「難培養性菌」である。また、菌の単離培養に基づく生化学的性状による分類だけでは、腸内フローラ全体を俯瞰するには至らず、その解析には限界があった。これに対して1980年代に、PCR法などの分子生物学的手法を用いた、培養に依存しない研究手法が導入された。すべての細菌は16SリボソームRNA遺伝子（16S rRNA遺伝子）というタンパク質合成に関わる必須遺伝子を持つ。16S rRNA遺伝子には、ほとんどの細菌がもつ共通配列領域があり、この領域にプライマーを設計し、菌種によって多様な領域を挟む形でPCRを行い、増幅されたPCR産物の遺伝子配列をシーケンスすることで、どのような細菌がその環境に存在していたかがわかる。これをクローンライブラリー法と呼ぶ。第3の方法として1998年頃から提唱されたのが「メタゲノム解析」である。メタゲノムとはサンプル中の全細菌集団からそのDNAプールを抽出・純化し、細菌叢に含まれるすべての細菌のゲノム塩基配列を直接読むものである。特に、上述した16S rRNA遺伝子のPCR増幅産物を網羅的に解析する手法は「16S rRNA遺伝子解析（16S解析）」と呼ばれ、今日最もよく用いられる細菌叢解析法である。しかし、当時のシーケンサーではあまりにも時間と費用を要したため、腸内フローラの細菌種の構成、個人差、年齢差、具体的な遺伝子数とその機能、などの基本的な疑問に答えることも困難であった。その後、次世代シーケンサーが相次いで開発され、シーケンシングコストの低下、ロングリード解析技術の向上、解析スピードの圧倒的な向上などにより、メタゲノム解析研究は急速な広がりをみせた。

腸内フローラの構成や機能理解のため、2008年から米国で開始されたヒトマイクロバイオームプロジェクト（HMP）と、欧州中心のMetagenomics of Human Intestinal Tract（MetaHIT）プロジェクトは、特筆すべき成果をあげた。これらのプロジェクトでは、ヒト腸内フローラから細菌DNAを抽出し、腸内フローラに含まれるすべての細菌のゲノム塩基配列を次世代シーケンサーで直接解読する、いわゆる「ショットガンメタゲノム解析」が行われた。その結果、腸内フローラが保有する遺伝子数は、全体で数十万～数百万種類と、ヒトゲノムの約2万種類を遥かに超えることが明らかとなり、予想を大きく上回る多彩な機能をもつことが想定された。

腸内フローラは一つの「臓器」として働いており、その不全は、様々な慢性疾患の原因・増悪因子となりうることがわかってきた。実際、メタゲノム解析から、腸内フローラの異常（腸内細菌の構成異常）が、慢性炎症性腸疾患（IBD）、慢性関節リウマチ、喘息、2型糖尿病、肥満、非アルコール性脂肪性肝炎（NASH）、移植片対宿主病、肝硬変、自閉症など様々な全身性疾患において観察されている。また、ワシントン大学のGordonらが、肥満のヒトの便を無菌マウスに投与し、肥満が腸内フローラによって伝搬することを報告している[2]など、dysbiosisと呼ばれる腸内フローラの異常が、疾患と単に相関するだけではなく原因となることも明らかにされてきた。それに対し、健常者の糞便投与（便移植）が、dysbiosisを起こしたフローラを改善し、難治性偽膜性腸炎が極めて効果的に改善・治癒したという無作為抽出試験が発表された[3]。この便移植の有効性は、「dysbiosisがある種の疾患の原因となる」ことを示すと同時に、「腸内フローラは操作可能である」と明確に示したproof of principleと言える。さらに最近では、疾患だけでなく、様々な身体機能にも腸内フローラが影響を与えることが判明している。例えば、マラソン選手を対象にした研究から、マラソン後に増加する菌として*Veillonella*属が同定され、さらに動物モデルを用いた検証から、運動中に筋肉から産生された乳酸の一部が腸管内に流れ込み、*Veillonella*属菌が乳酸からプロピオン酸を産生し、その後、門脈から再吸収されたプロピオン酸が運動パフォーマンスの向上につながることが示唆された[4]。国内の研究例でも、日本人長距離ランナーの腸内に*Bacteroides uniformis*が多く存在し、走行タイムと関連があることが明らかとなった。動物モデルを用いた実験から、*B. uniformis*は腸内での短鎖脂肪酸産生を介して肝臓での内因性グルコース産生を促進することにより、持久運動パフォーマンスの向上に寄与する可能性が示唆された。さらに、*B. uniformis*が好む基質であるα－シクロデキストリンを摂取することで、マウスとヒトの持久運動パフォーマンスが向上することも報告されている[5]。このように、動物モデルを併用することで、各身体機能における腸内細菌の役割とメカニズムが徐々に解明されつつある。

腸内フローラは食事に大きな影響を受けることが明らかになっている。例えば、高脂肪食や低繊維食、単一の食事は容易に腸内フローラを変化させ、多様性を減少させる。また、アフリカ原住民と欧州の子どもでは、食事の違い（食物繊維の摂取量の違い）によって腸内フローラに大きな違いが見られ[6]、それによってアレルギーなどに対する感受性の違いが示唆されている。バングラデシュやアフリカにおける飢餓・低栄養も、腸内フローラを大きく変化させ、この場合も腸管バリア機能を低下させ、感染症リスクが非常に高くなることが報告されている[7]。正しい食事・食料支援は、単に栄養問題を解決するだけではなく、腸内フローラの正常化に繋がり、様々な意味で良い影響を与えることが再認識され、社会的・公衆衛生的にも非常に重要である。また、Irish Travellersと呼ばれる一般社会から離れてキャンプ生活を送るアイルランドの人々を対象とした研究からも、生活様式の変化が腸内フローラに影響を与えることが示されている[8]。日本国内においても、古来の生活様式が変化する中、日本の地域特性を踏まえた統合的な研究が進むことで、今後、どのような食品・食生活が腸内フローラの機能を向上させ、健康・長寿・疾患治癒に役立つのか、徐々に解き明かされていくものと考えられる。

近年、腸内フローラと健康への関心が世界的に高まる中で、プロバイオティクス市場は拡大を続けている。現在の最も一般的なプロバイオティクスの定義は、「適正な量を摂取することにより宿主に有用な作用を発揮する生きた微生物」である[9,10]。「有用な作用」としては、整腸作用（便秘や下痢の軽減など）、感染症、アレルギー、自己免疫疾患、ストレス軽減や睡眠の質の改善、あるいは様々な生活習慣病の予防や症状の軽減が期待されている。プロバイオティクスは主にこれを含有する食品やサプリメントとして広く世界の一般生活者に普及してきた。多岐にわたるプロバイオティクスの作用やその作用メカニズムの多くは、製品に用いられる菌株特異的に示されており科学的証拠のレベルも異なるため、プロバイオティクスの有用性に関する統一的な見解を得ることは困難である。将来的に同様の作用メカニズムを有する複数のプロバイオティクス菌株のカテゴリー化も予想されるが、これを達成するための課題は多い[10]。

腸内フローラは、腸管局所だけでなく全身臓器に影響を与えている。例えば、遠隔臓器におけるアレルギーや自己免疫疾患に対する感受性を変えることが知られている。喘息、アトピー性皮膚炎、関節リウマチ、多発性硬化症、２型糖尿病などにおけるdysbiosisが報告されている[11]ほか、乳幼児期の抗生物質の使用や食事が、成人してからの腸内フローラにも影響することで、免疫疾患に対する感受性を決定することが示唆されている[12]。免疫系以外にも、脂質代謝や耐糖能制御、精神・脳機能など、宿主の生理活動や健康維持において広く影響を与えていることが明らかになっており、例えば、自閉症と腸内フローラのバランス異常との関係が報告されている[13)]。このような腸内フローラの全身への影響は、多くの場合、腸内フローラが生み出す代謝物質が重要な働きをしている。腸内フローラによって生み出される生理活性を持つ代謝物質を明らかにする目的で、次世代シーケンサーによるメタゲノム解析と、質量分析によるメタボローム解析を組み合わせた、いわゆる統合オミクスアプローチによる腸内フローラ由来代謝物質の網羅的解析が行われている。例えば、腸内フローラのdysbiosisは、腸以外の発がんにも影響を与えることが知られているが、大阪大学の原は、高脂肪食とそれに伴う肥満が腸内フローラを変化させ、二次胆汁酸の一つであるデオキシコール酸の産生能の高い細菌種の増殖を促し、産生されたデオキシコール酸が肝臓における発がんを促進することを報告している[14)]。また京都大学の小川や木村は、食用油に含まれるリノール酸の代謝物である13–hydroxy–9（Z）,15（Z）–octadecadienoic acidが腸内細菌依存的に産生され、上皮細胞に発現するGPR40を介して腸管バリアを増強し、炎症性腸疾患を改善することを示している。同じく小川らは、医薬健栄研の國澤と共同で、健康効果が知られているオメガ3脂肪酸の一つであるαリノレン酸の微生物代謝物としてαKetoAを同定し、PPARγを介したマクロファージの活性化抑制を介してアレルギー性皮膚炎や糖尿病症状を改善することをマウスモデルで示している[15)]。重要な点として、基質となるリノール酸やαリノレン酸は必須脂肪酸であることから、その量は食事に依存しており、いくら代謝活性を持つ腸内細菌が存在しても本代謝物質の生産量は食事の内容により異なる。逆にいくらリノール酸やαリノレン酸を摂取しても、代謝できる腸内細菌が存在しなければ、この代謝物質は産生されない。実際に、人の便を用いた解析から、αリノレン酸からαKetoAの産生には100倍以上の個人差があることが示されている[15)]。現在、メタボローム解析に用いる分析機器の高性能化と優れたパイプラインによって、腸内フローラから産生される代謝物質カタログが増えつつあるが、今後はここに、腸内フローラ由来の情報だけではなく、代謝物質の基質となる食品の情報や酵素活性の情報も付与することで、「食品－腸内フローラ間代謝による代謝物質の産生」を連動させた情報収集が必要になっていくと考えられる。

疾患と関連する腸内フローラ研究から、構成菌種の変化と同時に、特に相関して変動する菌種と遺伝子が明らかになっている。炎症性腸疾患では、健常者と比べて著しく多様性が減少する特徴があり、*Faecalibacterium prausnitzii*など炎症抑制に関わる菌種[16)]や*Coprococcus comes*など酪酸産生遺伝子を持つ菌種の減少が見られる。つまり、単一菌が原因となるのではなく、全体の菌叢構造異常が関与すると考えられている[17)]ことから、今後は「菌ー菌」間の相互作用の解析も重要と考えられる。2型糖尿病では、菌種の多様性の減少はそれほど顕著ではないが、菌叢全体の遺伝子において機能的なdysbiosisが起きることが知られている[18)]。肝硬変では、*Streptococcus*や*Veillonella*など、通常口腔に定着する細菌種が腸管内で増加しており、膜輸送系の遺伝子やアンモニア産生に関わる遺伝子の増加が見られる[19)]。慢性関節リウマチでは、*Prevotella copri*の増加が観察されている[20)]。このように疾患と連動して増減する細菌種や遺伝子は疾患バイオマーカーとなるため、その同定と応用に関する研究がアカデミアや企業で精力的に進められている。また、疾患と関連する腸内フローラ研究は、コホートのサイズが大きいほど正確になるため、今後、ますます大規模化していくものと考えられる。

宿主に対して特定の機能を有するヒト常在菌種を探索し、疾患治療へと結びつけようとする研究も見られる。例えば、腸管粘膜に局在する制御性T細胞の分化誘導を促進するクロストリジア目菌群[21)]や、腸管出血性大腸菌O157に由来する志賀毒素の上皮障害作用を抑制するビフィズス菌[22)]、褐色脂肪組織の分岐鎖アミノ酸代謝を亢進する事で肥満を抑制するバクテロイデス菌[23)]、代謝促進作用のあるオルニチンなどの産生や難消化性デンプンと同じ働きをするアミロペクチンを蓄積することで抗肥満、抗糖尿病活性を有するブラウティア菌[24)]など、宿主にとって有益と考えられる菌種が同定されている。一方で、大腸がん粘膜に特徴的に存在する*Fusobacterium nucleatum*[25)]や*Bacteroides fragilis*[26)]など、悪影響を及ぼす細菌種も同定されている。機能細菌の同定には、ノトバイオート技術と嫌気性菌培養技術を組み合わせた解析システムが極めて有効である。すなわち、メタゲノム解析などデータ駆動型のトップダウン的戦略に対して、個々の細菌種を単離培養し、マウスへの投与によってその実験データを1つ1つ獲得するボトムアップ型の研究である。このように同定された機能細菌を制御することで、疾患の予防や改善につなげようとする試みも開始されている。例えば、大阪公立大の植松らは、ワクチンの概念を用い、肥満や糖尿病との関連が報告されている腸内常在細菌（*Clostridium ramosum*）に対する免疫応答をワクチン接種により誘導したところ、ヒト肥満者の糞便を定着させたノトバイオートマウスに高脂肪食を与えることで誘導される肥満や糖尿病症状が改善していた[27]。さらにはファージにより腸内細菌叢をコントロールする戦略の可能性も提唱されている。例えば、アルコール性肝炎の患者で増加している*Enterococcus faecalis*に特異的なファージを投与することで、アルコール摂取により腸内で増加した*E. faecalis*の比率が低下すると共に、肝炎症状が改善することが示されている[28]。このように、抗生物質に代わる、特異性の高い腸内細菌制御の可能性が見えてきている。

植物と微生物の相互作用の研究は、2010年頃までは、モデル植物のシロイヌナズナなどを用いて、病原菌に対する植物免疫応答（Pattern-Triggered Immunity：PTIおよびEffector-Triggered Immunity：ETI）のメカニズム解明が行われていた。また、根粒細菌や菌根菌（糸状菌）に代表される共生菌の研究により、共生樹立のための共生経路の情報や、植物の共生経路が両者で共有していることなどが明らかになっていた。しかしながら、これらの研究は、ごく一部の病原菌や共生菌を用いた植物と微生物の一対一相互作用のモデル実験系により行われたものであった。

一方で、野外環境では無数の微生物が土壌中や空気中に存在しており、それらが植物と共棲している。これらの微生物群の中のごく一部に関してのみ、植物の成長を促進することや病原菌から植物を保護することが報告されていたが、モデル植物であるシロイヌナズナですら、微生物叢の研究は全く進んでいない状況であった。

2005年頃以降、次世代シーケンサーの登場・普及を契機に、細菌の保存領域である16Sや糸状菌のITSの配列を網羅的にシーケンスする、16S・ITSメタ解析という研究アプローチを取ることができるようになった。16S・ITSメタ解析を行うことで、特定の培地を用いた単離実験からは把握できなかった、微生物集団全体の構成情報の同定が可能になったのである。

このような流れの中で、2009年、植物免疫や植物－微生物相互作用分野の欧米の著名な研究者らが「Next–Generation Communication」と題して、モデル植物を用いた植物－微生物相互作用研究の重要性についてScience誌に投稿した[29]。その後、2012年に米国とドイツのグループがそれぞれ、シロイヌナズナの根に相互作用する細菌群の構成情報（カタログ情報）をNature誌に報告した[30, 31]。この研究により、根の細菌叢の構成は土壌タイプに最も依存し、貢献度合いは低いものの植物の遺伝型にも依存することが示された。これは、植物の根が常に土壌と接することや、植物では微生物の垂直伝搬が起こりにくいことなどとも一致する結果であった。これまでにも感覚的に、もしくは一部の微生物を用いた小規模な実験により示唆されていた知見を、細菌集団にスケールを広げ、かつ、再現性のある定量的なデータによって初めて証明したのである。一方で、発表当時はこの研究の重要性が十分には理解されなかった。多額の予算を投入したシーケンス解析を基に、これまでも言われてきた当たり前のことを、複雑なデータ解析や、見栄えはするが直ちには理解できない図表によって示しているという印象が持たれた。しかしながら、これらの論文発表後、モデル植物のシロイヌナズナだけに留まらず、イネなどの重要作物の根や葉における微生物構成情報が世界中から報告され始め[32, 33]、微生物カタログ情報の蓄積に伴い、植物を宿主としたマイクロバイオームの研究領域はますます拡大していった。

一方で、微生物カタログ情報だけでは、その微生物群が植物成長や生存においてどのような潜在的な機能をもつか明らかにすることは困難である。微生物カタログ情報からレアな微生物種を探すなど、生態学的な視点からは有意義な考察を加えられるかもしれないが、微生物叢の植物における潜在的な機能を解明するには、植物の成長などの指標と厳密にリンクした微生物カタログ情報が必要となる。そのようなデータがあれば、AIなどを用いた解析により植物－微生物相互作用の何らかの予想は可能にはなるかもしれない。しかし、現状では、植物の指標と厳密にリンクした精密な微生物カタログ情報はほとんど存在せず、AIなどを活用できるデータ量に達していない。

植物－微生物相互作用の解明のためには、古典的ではあるが、個々の微生物を単離培養して植物に再接種し機能を解析する、ボトムアップ型の研究アプローチが重要となる。これまで、土壌中の微生物のうち99 %以上が培養困難と言われていたが、植物、特にシロイヌナズナにおいては、次世代シーケンサー解析により検出できた半分以上の、かつ、植物に共生するメジャーな分類群の細菌群が単離できることが示された[34]。これにより、個々の代表的な細菌の解析が可能となった上に、系統的に網羅した細菌群を無菌環境下で植物と共培養することで、実験室内で微生物集団を人工的に再構成し、その人工集団（Synthetic community: SynCom）の機能解析を行うことが可能となった。シロイヌナズナやイネを用いた研究から、植物ホルモンであるサリチル酸[35]、植物のリン欠乏応答因子[36]や植物の硝酸トランスポーター[37]が、細菌SynComの構成を規定する上で重要であることが報告されているほか、細菌SynComの機能として、根圏の糸状菌から植物を守ることや[38]、SynComが鉄欠乏条件下で植物成長を促すことなどが報告されている[39, 40]。

上述の研究の多くは、本研究領域を切り開いた欧米の研究グループや関係する研究者により実施されてきたものである。日本において、本研究領域で本質的に重要な発見をしていくためには、欧米の後追いではなく、日本独自の視点や強みをもって進めていく必要があると考えられる。例えば、上述のほとんどが細菌に関する研究であるが、糸状菌やその他の種類の微生物の研究はまだ進んでいない。糸状菌は、ゲノムサイズが細菌よりもはるかに大きく、菌糸を縦横無尽に伸ばすなど、研究者にとっては扱いづらい側面があるためと考えられる。腸内フローラは細菌がメジャーである一方、植物は、土壌等を介して多種多様な糸状菌と相互作用していることや、植物の病気の要因の7割以上が糸状菌であることなどから、糸状菌研究が進まない状況は好ましいとは言えない。貧栄養環境で生育するシロイヌナズナやアブラナ科植物と共生する糸状菌の中には、病原菌と近縁であるにもかかわらず、菌糸を介して植物にリンを供給し、菌根菌共生を失ったアブラナ科植物の成長を助けるユニークな糸状菌の研究例[41, 42]もあり、今後の研究の発展が望まれる。

（4）注目動向

［新展開・技術トピックス］

• マイクロバイオームに着目した治療・創薬

腸内フローラ改善としては、乳酸菌やビフィズス菌などのいわゆるプロバイオティクスが古くから用いられてきたが、プロバイオティクスとして用いられている細菌種は、「単独」投与ではdysbiosisの特徴である多様性の減少・単純化を補うには至らず、臨床上の有効性が十分に確認されたものは少ない。こうした状況下で有望視されたのは、健康なヒトの便をそのまま投与する「便移植」である。*Clostridium difficile*（*C. difficile*）を病原とする反復性下痢症（CDAD）に対する糞便微生物移植（fecal microbiota transplantation: FMT）の顕著な有効性が報告[3]されて以来、FMTは極めて短期間で世界中に広まった。2012年に、米国マサチューセッツ工科大学（MIT）の研究者らは非営利組織OpenBiomeを設立し、簡便に、安く、安全に便移植を行える糞便バンク構築を目指すなど、現場での体制は整いつつある。日本国内においても、順天堂大学などがFMTの実用化に向けた研究を精力的に進めている。現在では、CDADにとどまらず、腸内フローラのdysbiosisが関与すると考えられる様々な慢性疾患に対しFMTの有効性が検証されている。 dysbiosisの特徴が多様性の減少であるため、多様な菌が大量に含まれる便そのものを用いる便移植は、ある意味理にかなっているが、便に病原体が含まれる危険性もあり、長期的には別の疾患（特に感染症）の発症を高めるかもしれないというリスクもある。このため、米国食品医薬局（Food and Drug Administration：FDA）は、「便」は「New drug」と捉えるべきであり、便移植の実施には、新薬治験許可申請（Investigational New Drug Application：IND）が必要であると勧告した。2022年11月、米Ferring Pharmaceuticals社の、健康なドナー糞便から調整され腸内投与して用いられる糞便微生物叢製品が、*C. difficile*感染症の再発予防に対する医薬品として初めてFDAに承認された。

さらに、FDAは、より好ましい方法として、便の中で中心的な役割を担っている有効な菌種、もしくはそれに由来する生理活性物質を同定し、便移植に代わるような治療法の開発を推奨している。こうした状況を受けて、米国Seres Therapeutics社は、経口投与可能な微生物カクテル製剤であるSER–109を開発した。SER–109は第一相臨床試験において、*C. difficile*菌感染による腸炎に対して極めて高い治療効果を示し、FDAの「Break through therapy」に指定された。2022年10月には、PhaseⅢ試験の結果を添付した生物学的製剤承認申請（BLA）がFDAに受理され、本件に対する優先審査の適用も決まっている。

これまでの研究から、微生物叢は多種多様であるが、例えば宿主（ヒト）相互作用において鍵となる微生物や生理活性物質はある程度絞られることがわかっている。このことから、ある表現型を指標として、関連性が強く示唆される微生物集団をノトバイオート技術によって絞り込み、その菌の培養に挑戦するというアプローチが非常に有効である。わが国はこのアプローチにおいて、独自の手順を確立した世界トップレベルの技術を有する。例えば、慶応大学の本田は、ノトバイオート技術を用いたスクリーニングにより、インターロイキン–17を高産生するTh17細胞を特異的に誘導するマウス腸内細菌としてセグメント細菌を同定した[43]。セグメント細菌は、世界でも日本のヤクルト中央研究所とフランスのパスツール研究所だけが単離していた菌であった。また、同様の技術を用い、免疫系恒常性維持に重要な役割を果たしている制御性T細胞（Treg細胞）を特異的に誘導する、クロストリジア属細菌種をマウスおよびヒトで同定した[44, 45]。Treg細胞誘導性ヒト便由来クロストリジア属17菌株カクテル（VE202）に関する特許は、2015年にVedanta Bioscience社を介してJanssen Biotech社へ総額2億4,100万ドルで導出された。2023年には、VE202のフェーズ2試験が開始予定とされている。臨床試験が成功した場合、特定の生理機能を指標として単離した菌株による初めての臨床応用例となり、上述のSER–109よりも優れたTransformative medicineとして世界的にも注目されている。慶応大学の福田や理化学研究所の大野らは、同研究を発展させ、Treg細胞誘導性クロストリジアが定着したマウスの腸内容物をメタボローム解析し、酪酸が大腸Treg細胞の分化を誘導する分子であることを報告している[46]。

このように、マイクロバイオームに着目した治療・創薬は、ドナー由来の便（便懸濁液上清）⇒有効な菌群を含む精製画分⇒単離された多種の有効微生物のカクテルへと研究が展開してきており、臨床応用も進みつつある。最終段階で単離された有効微生物の安全性が確立されれば、新規なプロバイオティクスとして受け入れられる可能性があり、さらに先には、健常な状態で疾病を予防することを目的とした、予防的な腸内フローラ制御法（腸内フローラワクチン）開発の可能性も考えられる。

- **腸内細菌が作り出す代謝物質の疾患との関わり**

腸内細菌の作り出す代謝物質の生理作用が次々と明らかになっており[47, 48]、疾患との関わりも示唆されている[49]。最近、クローン病においても、dysbiosisに伴いフォスフォリパーゼA遺伝子を有する腸内細菌が増加し、リソフォスファチジルセリン濃度が増加し、この代謝物が直接Th1細胞に作用することにより病態が悪化することが示された[50]。

- **ファーマコマイクロバイオミクス**

最近の研究から、薬の効果も腸内フローラの影響を受けることが判明してきており、「ファーマコマイクロバイオミクス」として注目されている。例えば、免疫チェックポイント阻害薬は新たな抗がん療法の1つとして期待されているが、薬価の高さに加え、有効性が個人により異なることが課題となっている。最近、腸内フローラの構成によりその薬効が異なること[51–53]や、便移植により薬効が高まることが報告されており[54, 55]。便移植と免疫チェックポイント阻害薬を組み合わせた臨床試験が世界中で推進されている[56]。また、古くから漢方薬は腸内フローラによる代謝を受けることで薬効を示すことが知られおり、腸内フローラの違いにより薬効が異なることが予想される。さらに、腸内フローラや発酵食品に使用されている微生物の一部は、代表的な薬の代謝酵素であるシトクロームP450を持つことが知られている。シトクロームP450は多くのサブタイプと遺伝子多型が存在し、その違いにより薬効が異なることが知られているが、微生物もこれらの酵素を有することを考えると、各種薬品の示す薬効に腸内細菌が関与することは十分にあり得ると考えられる。また、薬物代謝に関連し、パーキンソン病治療薬であり体内でドーパミンに変換されるプロドラッグとして経口投与されるL–dopaにおいて、観察される効果や副作用の個人差を説明する一因として、腸内細菌叢の関与が示されている[57)]。この研究では、腸内細菌の一種である*Enterococcus faecalis*が腸内でL–dopaをドーパミンに変換すること、さらに*E. lenta*がドーパミンをtyramineにまで変換すること、さらには腸内細菌によるL–dopaからドーパミンへの変換を選択的に抑制可能な創薬の可能性が示されている。これらの知見から、腸内細菌叢の測定により薬剤の投与必要量を推定する臨床検査法や腸内細菌による薬物代謝活性制御を標的にした薬剤開発が期待される。

• **個別化栄養**

近年の研究から、腸内フローラや食品に含まれる微生物は、食品の代謝にも関わることが示されており、その実効代謝物質も同定されている。これらを勘案すると、摂取した食品がどのように代謝され、どのような効果を発揮するのかも、腸内フローラの影響を受けると考えられる。腸内フローラを介した薬効、食事の効果の個体差を考慮することは、個別化医療や個別化栄養の観点からも重要であると言える。最近、國澤（医薬健栄研）らのグループは、脂質異常症に対する大麦の健康効果を例に、腸内細菌の種類により有効性を予測する機械学習モデルの構築に成功しており[58)]、今後同様の戦略で個別化栄養システムを拡張していくことが期待される。

• **バイローム（virome）・腸内真菌叢**

マイクロバイオームが主に細菌のゲノム解析を指すのに対して、バイロームは常在ウイルスに関するメタゲノム解析を指す。常在する細菌には、特にバクテリオファージが多数感染しており、それらが有する遺伝子は細菌の10倍とも言われている。ファージの存在は、細菌叢の構造を変え、多様性を増加させると考えられる。宿主細胞に潜伏感染するノロウイルスやロタウイルス、アデノウイルスやヘルペスウイルスなどが、宿主の常在菌に対する応答性を変化させることも報告されており、今後、常在ウイルスと宿主の生理機能や疾患との関連についてさらに研究が進むものと考えられる。さらに、ファージにより腸内細菌叢をコントロールする戦略の可能性も提唱されている。

最近、ウイルスに加えて、腸内の常在真菌も宿主免疫系を制御することが報告されている[59)]。そして、腸内真菌叢の乱れが、炎症性腸疾患、アルコール性肝障害、アレルギー疾患と関わることも報告されている。特に、炎症性腸疾患では、腸内真菌叢の乱れの結果増加するカンジダ真菌が免疫システムに作用することによりその病態に関わることが示された[60)]。

• **DOHaD**

“Developmental Origins of Health and Disease（DOHaD）”（胎芽期・胎生期から出生後の発達期における種々の環境因子が、成長後の健康や種々の疾病発症リスクに影響を及ぼすという概念）が提唱されている[61)]。この「環境因子」として、腸内フローラの重要性は高いと考えられている[62, 63)]。乳児における腸内フローラの形成は生後直後から始まり、いわゆる成人型に安定する3歳頃まで、急激な変化を遂げる[64, 65)]。生後直後の腸内フローラをよりよく制御することが、乳児のその後の健康な成長に重要であることは想像に難くない。特に、乳児期間の主たる栄養である母乳に含有される母乳オリゴ糖の種類の利用能によって、腸内に生着するビフィズス菌の種類が遷移することが明らかになっている[66)]。プロバイオティクスの介入研究として、2001年にKalliomäkiらが、アトピー性皮膚炎の家族歴を有する妊婦による周産期のプロバイオティクスの摂取により児のアトピーの発症率が有意に減じた、と報告[67)]して以来、同様の臨床研究が多数実施されている[68)]。京都大学の木村、慶応大学の長谷らは、様々な生理活性を有している腸内細菌の代謝物質である短鎖脂肪酸が、妊娠時に母体から胎児の血流に入り、GPR41、GPR43を介し、胎児の代謝、内分泌系の発達を促し、成長時のエネルギー代謝を調節することを明らかにした[69]。

出産様式の違いによっても腸内細菌叢が変化することが示されている[70]。従来の経腟分娩では、出産直前に妊婦の膣で増加する乳酸菌を新生児が最初に飲み込むが、帝王切開では乳酸菌を飲み込むことがないためであると考えられている。そして、帝王切開で出産した子供は幼児期にアレルギー疾患への感受性が高まることが報告されている。そこで、帝王切開で出産する新生児に対して母親の腸内細菌や膣細菌叢を移植する試みが行われている[71]。母親の腸内細菌を移植した新生児は、経膣分娩で出産した子供と同様の腸内細菌を有するようになることも報告されている[72]。

• 植物－微生物相互作用の農業応用可能性

近代農業は、工業的窒素固定由来の多量の窒素肥料を農地に投入して成り立っているが、窒素肥料の5～7割は作物に利用されていない。生産性向上のために過剰な施肥が行われると、土壌微生物の硝化により窒素が硝酸態窒素へ変換され、地下水へ流出して水質汚染を引き起こす。また、硝化によりCO_2の298倍もの温室効果がある亜酸化窒素（N_2O）も生じるため、地球温暖化や気候変動の観点からも問題視されている。

2021年、国際農研は、生物的硝化抑制（BNI）能を付与した世界初のBNI強化コムギの開発に成功したことを報告し[73]、米国科学アカデミー紀要（PNAS）より2021年の最優秀論文賞（Cozzarelli Prize）を受賞した。BNI強化コムギは、多収コムギ品種に、野生近縁種の持つ高いBNI能を導入した新品種であり、土壌微生物による硝化を抑制しアンモニア態窒素を効率よく活用できるため、6割少ない窒素肥料でも生産量を維持できる。コムギは三大穀物の一つで、世界で最も広く栽培されていることから、コムギへのBNI能の付加により、少ない肥料で生産量を維持しながら、コムギ農地からの硝化による温室効果ガス排出や水質汚染を低減できることが期待される。

[注目すべき国内外のプロジェクト]

• ヒトマイクロバイオームプロジェクト（HMP）（米国）

NIH主導で、総額約2億ドル、8カ年計画として2008年に開始された。第一期HMP（FY2008～2012）では、健常者成人300人の気道、皮膚、口腔、消化器系および膣からサンプルを採取し、16S解析およびメタゲノム解析により最大級の「健康な遺伝子カタログ」の作成が進められた[74]。第二期HMP（FY2013～2016）では、疾患に関連づけられたマイクロバイオームの特性を評価するため、フローラと宿主の両方に関する生理学的特徴の「統合的データセット」作製が進められた。

• Metagenomics of Human Intestinal Tract（MetaHIT）（欧州）

2008年からの4年半で公的資金（European Commission）1,140万ユーロを含む計2,120万ユーロ（28億円）が投資され、中国と欧州の協力体制のもと、124名の欧州人からの糞便DNAサンプルをシーケンスし、330万の遺伝子カタログを作成した[17]。MetaHITはフランス政府のMetaGenoPolisプログラムへ移行し、健康と疾患に関連するマイクロバイオーム解析が継続して行われた。

• AMED-CREST/PRIME領域「微生物叢と宿主の相互作用・共生の理解と、それに基づく疾患発症のメカニズム解明」（2016年～2022年）（日本）

ヒト微生物叢の制御に着目した新しい健康・医療シーズの創出に資する、微生物叢と宿主の相互作用・共生の理解と、それに基づく疾患発症のメカニズム解明を目的とする。

• 内閣府PRISM「糖尿病個別化予防を加速するマイクロバイオーム解析AIの開発」（2019年～2021年）（日本）

医薬基盤・健康・栄養研究所において、独自に立ち上げた複数のコホートを対象にした研究から、7,000

名以上の健常人を対象に腸内細菌叢の16S rRNA解析とショットガンシーケンスを終えている。現在、健康診断データや疾患歴、食事や身体活動などの生活習慣、メタボローム、サイトカインなどのメタデータと付随したNIBIOHN JMBデータベースの構築を進め、一部はウェブにて公開している（https://microbiome.nibiohn.go.jp/）。

- **AMED　次世代治療・診断実現のための創薬基盤技術開発事業（腸内マイクロバイオーム制御による次世代創薬技術の開発）（NeDDTrim）（2021年～2026年）（日本）**

国際競争力のある国産発の腸内マイクロバイオーム制御医薬品の創出に向けた、腸内マイクロバイオーム創薬及び製造・品質管理技術基盤の構築と幅広い実用化を目指す。新しい創薬モダリティとしての安全性や製品評価などのレギュラトリーも重要な課題であり、開発とレギュラトリーが連携しながら進められている。

- **学術変革領域研究（B）植物超個体の覚醒（2021年～2024年）（日本）**

植物を個の存在として捉えるのではなく、多様な微生物との相互作用を通じて成立する超個体として捉えなおし、その環境適応機構の分子レベルでの解明を目指して、植物研究と微生物研究を融合した研究が推進されている。

（5）科学技術的課題

- **日本人のマイクロバイオームデータベース**

日本人の腸内フローラは、例えばビフィズス菌を多く保有する人の割合が多い、海藻の多糖類を分解する酵素を保有する細菌種が存在するなど、独特の特徴があることが知られている。そのため、マイクロバイオーム研究を医療や健康科学に応用する際、欧米のデータをそのまま利用できないことが予想されるが、特にメタゲノム解析において、日本は欧米に大きく遅れを取っている。個別の疾患研究（特定の疾患と常在菌の関係の解析）の際、健常人のデータベースとの比較参照が必須となることから、日本人の正常状態の常在微生物叢データが必要である。現在、日本人の正常状態の常在微生物叢の組成・機能情報を集積した標準データベースの作成が進められているが、各疾患の発症年齢の違いおよび菌叢が年齢に沿って変化するという常在菌叢の性質から、乳幼児から超高齢者にいたる各年代別の、一定数の健常人試料を収集し解析する必要がある。各地域で食生活や生活習慣が異なることから、特定の地域に限定せず、地域特性を加味したレファレンスデータベースの構築が必要である。試料収集の際は、施設ごとの差異を最小とし、高品質のデータベースを健康診断情報や食事などの生活習慣情報と共に蓄積することが重要である。

- **微生物解析技術とデータベース化**

微生物の個別のレファレンスゲノムデータも重要であり、難培養性微生物の培養法の確立、微生物バンクの整備と並行して行う必要がある。日本人由来の個別細菌株のゲノム情報は、レファレンスゲノムデータ以外に、外国人由来の同一菌種との比較から、水平伝播による日本人に特徴的な機能遺伝子を見つける上でも有効である。例えば、海苔やワカメの多糖類分解酵素の遺伝子は欧米人よりも日本人が多く保有しており、食文化が腸内細菌叢の機能獲得と維持に大きく関係することが示唆されている。

微生物の解析法として、メタゲノム解析のみならず、一細胞リアルタイムシーケンサーを用いた長鎖DNA解析法の開発とそれによる個別の高精度・高品質の微生物ゲノム解析や一細胞メタボローム解析、細菌叢のメチローム解析、およびそれらのデータベース化も重要である。特に一細胞解析は、有用菌を株レベルで選定する際に必要となる情報を提供し、例えば、製品化過程における有効物質の産生経路の欠失の有無を確認できるなど、品質保証の観点からも重要となる。さらには、単一菌のみならず、「菌－菌」の相互作用による共生関係構築とそのメカニズム解明も重要な課題である。この場合、ランダムな菌の組み合わせを網羅的に構築できるドロップレット培養システムの構築などが重要になると考えられる。このような大規模な試料収集と解析、データベース化を個別研究で行うことは非現実的であり、拠点を整備して行うことが必要である。

• 難培養微生物の単離培養

常在の腸内フローラ構成菌群の主体は偏性嫌気性菌であり、従来の培養方法ではすべてを単離培養することは困難である[75]。培養の際は、腸内における多様な菌群の相互依存性（共生関係）などの要素も考慮しなければならない。現在、環境微生物学領域などでは、土壌や海洋などに生息する微生物群のシングルセルゲノム解析のための微生物単離法（マイクロマニピュレーション、マイクロ流路、セルソーターなどを使用）が開発されている[76]。腸内微生物において確立されている嫌気培養法にこのようなアイデアを融合させることで、難培養微生物の単離培養の実現が加速すると考えられる。

• バイオマーカー探索

内在性微生物の宿主に対する有効性を評価できるバイオマーカー（宿主因子および微生物因子）の確立は重要テーマの一つである。宿主に対する有効性として、腸内環境の改善、腸管運動の亢進、腸管バリアの維持、腸管免疫の調整などに加え、新たな有効性訴求ポイントが期待される。微生物因子においては、菌体の代謝のみならず、菌体構造や成分、さらにはこれに関連する遺伝的な要素の詳細な解析も必要となる。ゲノムとメタボロームの統合解析は、この意味で極めて有望である。加えて、高分子化学の技術を用いた有効な菌体構造の再構築や成分合成なども発展性が高い。宿主因子としては、特に発展の目覚しい免疫学的な因子や、有機酸レセプターなど[77, 78]の、腸管神経系に作用を及ぼす的確なマーカーの特定が重要と考えられる。

• ボトムアップ型研究

腸内フローラ研究は、大規模なメタゲノム解析などのトップダウン型研究が先行した一方で、構成する菌種の多くは未分離未培養のまま特徴付けがなされておらず、因果関係が明確ではない状況にあり、ボトムアップ型研究が不足している。しかも、わずか１種類の病原菌で発症する感染症とは異なり、腸内細菌叢は、複数の細菌種からなるコミュニティーとして生理機能をもたらすことが多い。それにも関わらず、どの細菌種の組み合わせが機能的コミュニティーとしての最小単位を構成しているのかは、わかっていない部分が多い。糞便中の菌群は容易に検体を採取できるため比較的解析が進んでいるが、小腸などの生体内部や粘膜表層のように、サンプル採取自体が難しい部位の菌叢研究はほとんど手付かずである。病態悪化の原因となる菌種や、逆に病態改善へとつながる鍵となる働きをするcausativeな菌種を同定し、機能的腸内細菌コミュニティーの理解を深めていけば、今後、新たな疾病対策・治療開発に結びついていく可能性は高い。

• 植物を宿主とした微生物叢の機能解明のための実験系の確立

植物の研究において、現状のSynCom実験から得られた成果には課題も多い。例えば、SynComの研究で明らかになった集団としての機能（植物成長促進や植物保護）は、既存の微生物単独でも認められることが多くのグループから報告されている。微生物単独で示された機能が集団レベルでも認められることを示した点では有意義ではあるが、微生物が集団になることで初めて創発される機能やそのメカニズムはほとんど明らかになっていない。一方で、ヒトやマウスなどの腸内細菌の研究では、腸内の特定の細菌群がつくる二次代謝物が血流を介して脳へ移動し、脳において神経活性化に重要な役割を担っていることが報告される[79]など、微生物の集団としての機能の研究も進みつつある。哺乳類の場合は、食事などを通して微生物を与えることで、微生物の腸内への再定着が簡便かつ安定的にできるが、植物の場合、微生物を植物に再定着させる方法がそもそも確立されていない。つまり、どのように微生物を接種すれば、野外環境の微生物集団をフィールドで構築・再現できるかの知見が乏しい。植物において微生物の再定着が難しい理由として、哺乳類の腸内と植物の根圏の環境の違いが考えられる。腸内は、外からは隔離された栄養リッチな均一環境と考えられる一方で、植物の根圏は、土壌などの外部環境に大きく影響を受け、栄養などの環境が一定ではなく不均一である。その不均一性を深く理解できていないことが、植物における微生物叢の実験系確立のボトルネックになっていると考えられる。

これまでの植物マイクロバイオーム研究は、シーケンス技術の発展に支えられ、データ駆動型のトップダウン戦略で発展してきた。シーケンス技術を主に用いる場合は、植物や微生物の知識がそれほど深くなくても研究ができるため、他分野の研究者でも参入でき、研究者の裾野は広がってきた。一方で、再定着実験を行うには、植物や微生物の研究の経験も含めた詳細な知識が必要になる。さらに、再定着実験を行う環境条件の設定には、微生物集団が野外で生息していた本来の環境条件を深く理解する必要があり、微生物生態学の研究者との連携もこれまで以上に深めていく必要がある。日本では、植物生理学や発酵など、植物や微生物の分子レベルでの研究がそれぞれ盛んであり、そのレベルも高いため、これらの隣接領域の研究者が結集することで、欧米が大規模に進めてきたシーケンス技術をベースとしたトップダウン型研究とは異なる、かつ、本質的な研究が推進できると考えられる。

- **植物－微生物相互作用研究における技術的課題**

菌糸を伸ばし、植物の根から侵入する糸状菌を扱う場合、イメージングが難しいという技術的な課題がある。葉から侵入する糸状菌は、特定の感染器官を作ってそこから侵入するが、根では、どこから菌糸が伸びてきたかの判別が難しいため、どの菌糸から植物内に侵入したかを明らかにすることは難しい。一般的に、根はイメージングしやすいとされているが、菌糸が根と相互作用した箇所は自家蛍光が生じやすいなど、植物－微生物相互作用研究においてイメージングの課題は多い。また、あらゆる分野でシングルセル解析を活用した研究が活発に行われているが、植物－微生物相互作用の研究では、菌糸が侵入した植物細胞のプロトプラスト化が難しいという問題があった。最近、*in situ* hybridizationを用いて、プロトプラスト化を経ずに一細胞レベルで植物遺伝子の応答を可視化する技術が報告された[80)]ことから、今後この問題が解決されていく期待感はある。

（6）その他の課題

マイクロバイオーム研究では、新型シーケンサーを用いた大量のメタゲノムデータとそのバイオインフォマティクス解析、各種の無菌化・ノトバイオート動物など、特殊な技術や実験動物が不可欠であり、メタボローム解析などの大型機器を必要とする実験も多い。また、解析データを共有し、着実に知見を積み重ねていくためには、サンプル採取やシーケンス解析、サンプル保存法などのプロトコルの統一・標準化が特に重要である。本領域では、日進月歩で技術革新が行われていることを考慮すると、新旧の各プロトコルで取得したデータを連携させるためのデータブリッジングのシステム開発も重要な課題である。さらには、倫理的・法的関連事項の整備も必要とされる。これらをわが国で効果的・効率的に推進するためには、必要な設備を拠点化・整備し、長期的な視点に立った支援・ファンディングが望ましい。関連する領域の研究者が結集し連携することにより、日本独自のマイクロバイオーム研究の推進が可能になると考えられる。拠点の整備と新規解析法の開発は、医療や農業応用の他にも、畜産、水産、環境領域などへの波及効果も見込まれ、海洋環境や極限環境（海底の熱水、極地など）の微生物の解析は貴重な知財を生み出す蓋然性も高い。このような意味からも、微生物ゲノムの包括的・網羅的解析拠点ならびにデータベース拠点の整備は、ライフサイエンス研究の基盤として、国が主導して進めるべきと考えられる。

新しい創薬モダリティとしての腸内細菌の研究が進む中、今後は、安全性や製品評価などレギュラトリーも重要な課題である。現在、AMEDのNeDDTrim事業の支援の下で、開発とレギュラトリーが連携しながら、関連する取り組みが進められている。

プロバイオティクスについても、レギュラトリーの観点は重要である。わが国では、保健機能食品（特定保健用食品、栄養機能食品（ビタミン、ミネラル）、機能性表示食品（2015年4月より施行）といった枠組みにおいて、食品の保健機能を個々の製品について謳うことが可能である。プロバイオティクスについても同様であり、さまざまなプロバイオティクス菌株を用いた食品やサプリメントが上市されている。一方、諸外国における食品の健康機能表示に関する行政の規制はさまざまである。EUでは、食品の健康機能を謳うことは許可制であり、欧州食品安全機関（EFSA）により個別の許可申請が審査される。プロバイオティクスについても多くの申請がなされてきたが、2021年に、低温殺菌されたアッカーマンシア菌が肥満をコントロールするための食品として承認された[81]。米国では、食品の構造・機能に関する作用を標榜するためのヒト臨床試験実施の際にもINDの申請が必要となっているため、本来食品やサプリメントを意図して開発されるプロバイオティクスにおける臨床研究の実施を極めて困難にしている。このように、国際的な法規制の状況はさまざまであるが、プロバイオティクスの食品としての有効性およびその作用メカニズムを適切に訴求するためのさらなる科学的証拠の蓄積は、世界的に共通する重要な課題である。プラセボ対照の二重盲検試験のような医療技術レベルの高度なエビデンス構築、多数の臨床研究結果のシステマティックレビューやメタアナリシスによる有効性の検証を進め、evidence-based medicineならぬevidence-based application of probioticsの実現が期待される。また、医薬品開発と同様、製品の均一性や安全性などの規格についても、従来の化学物質を対象としたものとは異なるガイドラインがあることが望ましい。現在、プロバイオティクスに関する多くの学術機関が設立されており、これらの科学団体がより緊密な連携の下にグローバルな影響力を発揮することも重要となる。

（7）国際比較

国・地域	フェーズ	現状	トレンド	各国の状況、評価の際に参考にした根拠など
日本	基礎研究	◎	↗	・マイクロバイオームと免疫系や発がんに関する研究において、特筆すべき成果が出ている。 ・植物分野では大々的に研究を進めているグループは少なく、植物と微生物の一対一相互作用の研究がメインである。
	応用研究・開発	○	↗	・便移植の治験が開始されたが、乳酸菌やビフィズス菌などのプロバイオティクス研究から脱却できていない。 ・AMED NeDDTrim事業により、創薬実用化に向けた研究が支援され、実用化の加速が期待される。 ・植物−微生物研究の応用に対する企業の潜在的な興味関心は高いが、形になっているものはない。
米国	基礎研究	◎	↗	・便移植の治験が開始され、潰瘍性大腸炎に対する一定の効果は得られているものの、全体としては乳酸菌やビフィズス菌などのプロバイオティクス研究から脱却できていない。 ・植物分野では、シロイヌナズナなどのモデル植物だけでなく、主要作物を用いた研究が幅広く行われている。
	応用研究・開発	◎	↗	・Seres Therapeutics社やVedanta Biosciences社など、マイクロバイオームに着目した創薬や、機能性細菌種探索、バイオマーカー探索に関するベンチャー企業が多く立ち上がっている。 ・植物分野では、Monsanto社やIndigo社など様々な会社が有用微生物資材を開発・売り出している。しかしながら、農薬や肥料の代替品となり得るものはまだ存在しない。
欧州	基礎研究	◎	↗	・MetaHITプロジェクトの成功のあと、後継プロジェクトとしてMetaGenoPolis計画がフランス政府によって支援された。 ・植物分野では、米国と比較すると基礎研究志向が強く、シロイヌナズナなどのモデル植物を用いた基礎研究がメインで行われている。
	応用研究・開発	◎	↗	・Enterome社やMetabogen社など、MetaHITプロジェクトに貢献した研究者によって、機能性細菌種探索やバイオマーカー探索に関するベンチャー企業が多く立ち上がり、10億ユーロ以上の資金が集まっている。 ・Janssen社やDANONE社など、大企業がマイクロバイオーム研究に投資し、その成果を臨床応用する取り組みが進んでいる。 ・植物分野では、Bayer社が米Ginkgo Bioworks社と連携し、農業用微生物資材の実用化を目指している。

中国	基礎研究	◎	↗	・欧州 MetaHITプロジェクトにBGI社が参画し大規模メタゲノム解析に貢献するなど、存在感を示した。また、Zhejiang大学のグループは、IHMCの主要メンバーとして活動しており、肝硬変に関するマイクロバイオーム研究をNature誌に報告した[19)]。 ・植物分野では、欧米から帰ってきた一部の研究者が大々的に研究を行っているが、全体として研究グループは少ない。シロイヌナズナを用いた基礎研究よりも作物関連の研究が多い。
	応用研究・開発	△	→	特記事項無し
韓国	基礎研究	○	↗	・National Research Foundationによる支援（2010～2015年、約2億円）のもと、Seoul National UniversityのKoを中心に、韓国双子コホートを利用した、韓国人の上皮に存在する健康と疾患に関連するマイクロバイオーム解析が行われた。
	応用研究・開発	△	→	特記事項無し

（註1）フェーズ

基礎研究：大学・国研などでの基礎研究の範囲

応用研究・開発：技術開発（プロトタイプの開発含む）の範囲

（註2）現状　※日本の現状を基準にした評価ではなく、CRDS の調査・見解による評価

◎：特に顕著な活動・成果が見えている　　○：顕著な活動・成果が見えている

△：顕著な活動・成果が見えていない　　×：特筆すべき活動・成果が見えていない

（註3）トレンド　※ここ1～2年の研究開発水準の変化

↗：上昇傾向、→：現状維持、↘：下降傾向

関連する他の研究開発領域

・免疫・炎症（ライフ・臨床医学分野2.1.12）

参考文献

1) Joshua Lederberg, “Infectious History,” *Science* 288, no. 5464 (2000) : 287-293., https://doi.org/10.1086/10.1126/science.288.5464.287.

2) Vanessa K. Ridaura, et al., “Gut Microbiota from Twins Discordant for Obesity Modulate Metabolism in Mice,” *Science*. 341, no. 6150 (2013) : 1241214., https://doi.org/10.1126/science.1241214.

3) Els van Nood, et al., “Duodenal Infusion of Donor Feces for Recurrent Clostridium difficile,” *New England Journal of Medicine* 368, no. 5 (2013) : 407-415., https://doi.org/10.1056/NEJMoa1205037.

4) Jonathan Scheiman, et al., “Meta-omics analysis of elite athletes identifies a performance-enhancing microbe that functions via lactate metabolism,” *Nature Medicine* 25, no. 7 (2019): 1104-1109., https://doi.org/10.1038/s41591-019-0485-4.

5) Hiroto Morita, et al., “Bacteroides uniformis and its preferred substrate, α-cyclodextrin, enhance endurance exercise performance in mice and human males,” *Science Advances* 9, no. 4 (2023) : eadd2120., https://doi.org/10.1126/sciadv.add2120.

6) Carlotta De Filippo, et al., “Impact of diet in shaping gut microbiota revealed by a comparative study in children from Europe and rural Africa,” *PNAS* 107, no. 33 (2010) : 14691-14696., https://doi.org/10.1073/pnas.1005963107.

7) Sathish Subramanian, et al., “Persistent gut microbiota immaturity in malnourished

Bangladeshi children," *Nature* 510, no. 7505（2014）：417-421., https://doi.org/10.1038/nature13421.
8) David M. Keohane, et al., "Microbiome and health implications for ethnic minorities after enforced lifestyle changes," *Nature Medicine*, 26, no. 7（2020）：1089-1095., https://doi.org/10.1038/s41591-020-0963-8.
9) Gregor Reid, et al., "New Scientific Paradigms for Probiotics and Prebiotics," *Journal of Clinical Gastroenterology* 37, no. 2（2003）：105-118., https://doi.org/10.1097/00004836-200308000-00004.
10) Colin Hill, et al., "The International Scientific Association for Probiotics and Prebiotics consensus statement on the scope and appropriate use of the term probiotic," *Nature Reviews Gastroenterology & Hepatology* 11, no. 8（2014）：506-514., https://doi.org/10.1038/nrgastro.2014.66.
11) Petra Ina Pfefferle and Harald Renz, "The mucosal microbiome in shaping health and disease," *F1000Prime Reports* 6（2014）：11., https://doi.org/10.12703/P6-11.
12) Shannon L. Russell, et al., "Early life antibiotic-driven changes in microbiota enhance susceptibility to allergic asthma," *EMBO Reports* 13, no.5（2012）：440-447., https://doi.org/10.1038/embor.2012.32.
13) Elaine Y. Hsiao, et al., "Microbiota Modulate Behavioral and Physiological Abnormalities Associated with Neurodevelopmental Disorders," *Cell* 155, no. 7（2013）：1451-1463., https://doi.org/10.1016/j.cell.2013.11.024.
14) Shin Yoshimoto, et al., "Obesity-induced gut microbial metabolite promotes liver cancer through senescence secretome," *Nature* 499, no. 7456（2013）：97-101., https://doi.org/10.1038/nature12347.
15) Takahiro Nagatake, et al., "Intestinal microbe-dependent ω3 lipid metabolite αKetoA prevents inflammatory diseases in mice and cynomolgus macaques," Mucosal Immunology 15, no. 2（2022）：289-300., https://doi.org/10.1038/s41385-021-00477-5.
16) Harry Sokol, et al., "Faecalibacterium prausnitzii is an anti-inflammatory commensal bacterium identified by gut microbiota analysis of Crohn disease patients," *PNAS* 105, no. 43（2008）：16731-16736., https://doi.org/10.1073/pnas.0804812105.
17) Junjie Qin, et al., "A human gut microbial gene catalogue established by metagenomic sequencing," *Nature* 464, no. 7285（2010）：59-65., https://doi.org/10.1038/nature08821.
18) Junjie Qin, et al., "A metagenome-wide association study of gut microbiota in type 2 diabetes," *Nature* 490, no. 7418（2012）：55-60., https://doi.org/10.1038/nature11450.
19) Nan Qin, et al., "Alterations of the human gut microbiome in liver cirrhosis," *Nature* 513, no. 7516（2014）：59-64., https://doi.org/10.1038/nature13568.
20) Jose U. Scher, et al., "Expansion of intestinal Prevotella copri correlates with enhanced susceptibility to arthritis." *eLife* 2（2013）：e01202., https://doi.org/10.7554/eLife.01202.
21) Koji Atarashi, et al., "T_{reg} induction by a rationally selected mixture of Clostridia strains from the human microbiota," *Nature* 500, no. 7461（2013）：232-236., https://doi.org/10.1038/nature12331.
22) Shinji Fukuda, et al., "Bifidobacteria can protect from enteropathogenic infection through production of acetate," *Nature* 469, no. 7331（2011）：543-547., https://doi.org/10.1038/nature09646.

23) Naofumi Yoshida, et al., "Bacteroides spp. promotes branched-chain amino acid catabolism in brown fat and inhibits obesity," *iScience* 24, no. 11 (2021) : 103342., https://doi.org/10.1016/j.isci.2021.103342.
24) Koji Hosomi, et al., "Oral administration of Blautia wexlerae ameliorates obesity and type 2 diabetes via metabolic remodeling of the gut microbiota," *Nature Communications* 13 (2022) : 4477., https://doi.org/10.1038/s41467-022-32015-7.
25) Mara Roxana Rubinstein, et al., "Fusobacterium nucleatum promotes colorectal carcinogenesis by modulating E-cadherin/β-catenin signaling via its FadA adhesin," *Cell Host & Microbe* 14, no. 2 (2013) : 195-206., https://doi.org/10.1016/j.chom.2013.07.012.
26) Shaoguang Wu, et al., "A human colonic commensal promotes colon tumorigenesis via activation of T helper type 17 T cell responses," *Nature Medicine* 15, no. 9 (2009) : 1016-1022., https://doi.org/10.1038/nm.2015.
27) Kosuke Fujimoto, et al., "Antigen-Specific Mucosal Immunity Regulates Development of Intestinal Bacteria-Mediated Diseases," *Gastroenterology* 157, no. 6 (2019) : 1530-1543.e4., https://doi.org/10.1053/j.gastro.2019.08.021.
28) Yi Duan, et al., "Bacteriophage targeting of gut bacterium attenuates alcoholic liver disease," *Nature* 575, no. 7783 (2019) : 505-511., https://doi.org/10.1038/s41586-019-1742-x.
29) Ton Bisseling, Jeffery L. Dangl and Paul Schulze-Lefert, "Next-Generation Communication," *Science* 324, no. 5928 (2009) : 691., https://doi.org/10.1126/science.1174404.
30) Davide Bulgarelli, et al., "Revealing structure and assembly cues for Arabidopsis root-inhabiting bacterial microbiota," *Nature* 488, no. 7409 (2012) : 91-95., https://doi.org/10.1038/nature11336.
31) Derek S. Lundberg, et al., "Defining the core Arabidopsis thaliana root microbiome," *Nature* 488, no. 7409 (2012) : 86-90., https://doi.org/10.1038/nature11237.
32) Davide Bulgarelli, et al., "Structure and Function of the Bacterial Root Microbiota in Wild and Domesticated Barley," *Cell Host & Microbe* 17, no. 3 (2015) : 392-403., https://doi.org/10.1016/j.chom.2015.01.011.
33) Joseph Edwards, et al., "Structure, variation, and assembly of the root-associated microbiomes of rice," *PNAS* 112, no. 8 (2015) : E911-E920., https://doi.org/10.1073/pnas.1414592112.
34) Yang Bai, et al., "Functional overlap of the Arabidopsis leaf and root microbiota," *Nature* 528, no. 7582 (2015) : 364-369., https://doi.org/10.1038/nature16192.
35) Sarah L. Lebeis, et al., "Salicylic acid modulates colonization of the root microbiome by specific bacterial taxa," *Science* 349, no. 6250 (2015) : 860-864., https://doi.org/10.1126/science.aaa8764.
36) Gabriel Castrillo, et al., "Root microbiota drive direct integration of phosphate stress and immunity," *Nature* 543, no. 7646 (2017) : 513-518., https://doi.org/10.1038/nature21417.
37) Jingying Zhang, et al., "NRT1.1B is associated with root microbiota composition and nitrogen use in field-grown rice," *Nature Biotechnology* 37, no. 6 (2019) : 676-684., https://doi.org/10.1038/s41587-019-0104-4.
38) Paloma Durán, et al., "Microbial Interkingdom Interactions in Roots Promote Arabidopsis Survival," *Cell* 175, no. 4 (2018) : 973-983.e14., https://doi.org/10.1016/j.cell.2018.10.020.

39) Ioannis A. Stringlis, et al., "MYB72-dependent coumarin exudation shapes root microbiome assembly to promote plant health," *PNAS* 115, no. 22 (2018) : E5213-E5222., https://doi.org/10.1073/pnas.1722335115.
40) Mathias J. E. E. Voges, et al., "Plant-derived coumarins shape the composition of an Arabidopsis synthetic root microbiome," *PNAS* 116, no. 25 (2019) : 12558-12565., https://doi.org/10.1073/pnas.1820691116.
41) Kei Hiruma, et al., "Root Endophyte Colletotrichum tofieldiae Confers Plant Fitness Benefits that Are Phosphate Status Dependent," *Cell* 165, no. 2 (2016) : 464-474., https://doi.org/10.1016/j.cell.2016.02.028.
42) Juliana Almario, et al., "Root-associated fungal microbiota of nonmycorrhizal Arabis alpina and its contribution to plant phosphorus nutrition," *PNAS* 114, no. 44 (2017) : E9403-E9412., https://doi.org/10.1073/pnas.1710455114.
43) Ivaylo I. Ivanov, et al., "Induction of Intestinal Th17 Cells by Segmented Filamentous Bacteria," *Cell* 139, no. 3 (2009) : 485-498., https://doi.org/10.1016/j.cell.2009.09.033.
44) Koji Atarashi, et al., "Induction of Colonic Regulatory T Cells by Indigenous Clostridium Species," *Science* 331, no. 6015 (2010) : 337-341., https://doi.org/10.1126/science.1198469.
45) Koji Atarashi, et al., "T_{reg} induction by a rationally selected mixture of Clostridia strains from the human microbiota," *Nature* 500, no. 7461 (2013) : 232-236., https://doi.org/10.1038/nature12331.
46) Yukihiro Furusawa, et al., "Commensal microbe-derived butyrate induces the differentiation of colonic regulatory T cells," *Nature* 504, no. 7480 (2013) : 446-450., https://doi.org/10.1038/nature12721.
47) Marija S. Nadjsombati, et al., "Detection of Succinate by Intestinal Tuft Cells Triggers a Type 2 Innate Immune Circuit," *Immunity* 49, no. 1 (2018) : 33-41.e7., https://doi.org/10.1016/j.immuni.2018.06.016.
48) Yong-Soo Lee, et al., "Microbiota-Derived Lactate Accelerates Intestinal Stem-Cell-Mediated Epithelial Development," *Cell Host & Microbe* 24, no. 6 (2018) : 833-846.e6., https://doi.org/10.1016/j.chom.2018.11.002.
49) Eran Blacher, et al., "Potential roles of gut microbiome and metabolites in modulating ALS in mice," *Nature* 572, no. 7770 (2019) : 474-480., https://doi.org/10.1038/s41586-019-1443-5.
50) Yuriko Otake-Kasamoto, et al., "Lysophosphatidylserines derived from microbiota in Crohn's disease elicit pathological Th1 response," *Journal of Experimental Medicine* 219, no. 7 (2022) : e20211291., https://doi.org/10.1084/jem.20211291.
51) Bertrand Routy, et al., "Gut microbiome influences efficacy of PD-1-based immunotherapy against epithelial tumors," *Science* 359, no. 6371 (2018) : 91-97., https://doi.org/10.1126/science.aan3706
52) Vancheswaran Gopalakrishnan, et al., "Gut microbiome modulates response to anti-PD-1 immunotherapy in melanoma patients," *Science* 359, no. 6371 (2018) : 97-103., https://doi.org/10.1126/science.aan4236
53) Vyara Matson, et al., "The commensal microbiome is associated with anti-PD-1 efficacy in metastatic melanoma patients," *Science* 359, no. 6371 (2018) : 104-108., https://doi.org/10.1126/science.aao3290

54) Diwakar Davar, et al., "Fecal microbiota transplant overcomes resistance to anti-PD-1 therapy in melanoma patients," *Science* 371, no. 6529 (2021) : 595-602., https://doi.org/10.1126/science.abf3363
55) Erez N. Baruch, et al., "Fecal microbiota transplant promotes response in immunotherapy-refractory melanoma patients," *Science* 371, no. 6529 (2021) : 602-609., https://doi.org/10.1126/science.abb5920
56) Hui Xu, et al., "Antitumor effects of fecal microbiota transplantation: Implications for microbiome modulation in cancer treatment," *Frontiers in Immunology* 13 (2022) : 949490., https://doi.org/10.3389/fimmu.2022.949490
57) Vayu Maini Rekdal, et al., "Discovery and inhibition of an interspecies gut bacterial pathway for Levodopa metabolism," *Science* 364, no. 6445 (2019) : eaau6323., https://doi.org/10.1126/science.aau6323.
58) Satoko Maruyama, et al., "Classification of the Occurrence of Dyslipidemia Based on Gut Bacteria Related to Barley Intake," *Frontiers in Nutrition* 9 (2022) : 812469., https://doi.org/10.3389/fnut.2022.812469.
59) Itai Doron, et al., "Human gut mycobiota tune immunity via CARD9-dependent induction of anti-fungal IgG antibodies," *Cell* 184, no. 4 (2021) : 1017-1031.e14., https://doi.org/10.1016/j.cell.2021.01.016.
60) Xin V. Li, et al., "Immune regulation by fungal strain diversity in inflammatory bowel disease," *Nature* 603, no. 7902 (2022) : 672-678., https://doi.org/10.1038/s41586-022-04502-w.
61) Mark Hanson and Peter Gluckman, "Developmental origins of noncommunicable disease: population and public health implications," *American Journal of Clinical Nutrition* 94, Suppl 6 (2011) : 1754S-1758S., https://doi.org/10.3945/ajcn.110.001206.
62) Maria Carmen Collado, et al., "Human gut colonisation may be initiated in utero by distinct microbial communities in the placenta and amniotic fluid," *Scientific Reports* 6 (2016) : 23129., https://doi.org/10.1038/srep23129.
63) Hiroshi Makino, et al., "Transmission of Intestinal Bifidobacterium longum subsp. longum Strains from Mother to Infant, Determined by Multilocus Sequencing Typing and Amplified Fragment Length Polymorphism," Applied and Environmental Microbiology 77, no. 19 (2011) : 6788-6793., https://doi.org/10.1128/AEM.05346-11.
64) 野本康二, 辻浩和, 松田一乗「腸内フローラ解析システム YIF-SCAN®」『腸内細菌学雑誌』29 巻 1 号 (2015) : 9-18., https://doi.org/10.11209/jim.29.9.
65) Tanya Yatsunenko, et al., "Human gut microbiome viewed across age and geography," *Nature* 486, no. 7402 (2012) : 222-227., https://doi.org/10.1038/nature11053.
66) Takahiro Matsuki, et al., "A key genetic factor for fucosyllactose utilization affects infant gut microbiota development," *Nature Communications* 7 (2016) : 11939., https://doi.org/10.1038/ncomms11939.
67) Marko Kalliomäki, et al., "Probiotics in primary prevention of atopic disease: a randomised placebo-controlled trial," *Lancet* 357, no. 9262 (2001) : 1076-1079., https://doi.org/10.1016/S0140-6736 (00) 04259-8.
68) Guo-Qiang Zhang, et al., "Probiotics for Prevention of Atopy and Food Hypersensitivity in Early Childhood: A PRISMA-Compliant Systematic Review and Meta-Analysis of

Randomized Controlled Trials," *Medicine* 95, no. 8 (2016) : e2562., https://doi.org/10.1097/MD.0000000000002562.

69) Ikuo Kimura, et al., "Maternal gut microbiota in pregnancy influences offspring metabolic phenotype in mice," *Science* 367, no. 6481 (2020) : eaaw8429., https://doi.org/10.1126/science.aaw8429.

70) Maria G. Dominguez-Bello, et al., "Delivery mode shapes the acquisition and structure of the initial microbiota across multiple body habitats in newborns," *PNAS* 107, no. 26 (2010) : 11971-11975., https://doi.org/10.1073/pnas.1002601107.

71) Maria G. Dominguez-Bello, et al., "Partial restoration of the microbiota of cesarean-born infants via vaginal microbial transfer," *Nature Medicine* 22, no. 3 (2016) : 250-253., https://doi.org/10.1038/nm.4039.

72) Katri Korpela, et al., "Maternal Fecal Microbiota Transplantation in Cesarean-Born Infants Rapidly Restores Normal Gut Microbial Development: A Proof-of-Concept Study," *Cell* 183, no. 2 (2020) : 324-334., https://doi.org/10.1016/j.cell.2020.08.047.

73) Guntur V. Subbarao, et al., "Enlisting wild grass genes to combat nitrification in wheat farming: A nature-based solution," *PNAS* 118, no. 35 (2021) : e2106595118., https://doi.org/10.1073/pnas.2106595118.

74) The Human Microbiome Project Consortium, "A framework for human microbiome research," *Nature* 486, no. 7402 (2012) : 215-221., https://doi.org/10.1038/nature11209.

75) Hilary P. Browne, et al., "Culturing of 'unculturable' human microbiota reveals novel taxa and extensive sporulation," *Nature* 533, no. 7604 (2016) : 543-546., https://doi.org/10.1038/nature17645.

76) 雪昌広, 大熊盛也「シングルゲノム解析技術の現状と展望」第4章『難培養微生物研究の最新技術III：微生物の生き様に迫り課題解決へ』大熊盛也, 野田悟子 監（東京：シーエムシー出版, 2015), 30-40.

77) Ikuo Kimura, et al., "Short-chain fatty acids and ketones directly regulate sympathetic nervous system via G protein-coupled receptor 41 (GPR41)," *PNAS* 108, no. 19 (2011) : 8030-8035., https://doi.org/10.1073/pnas.1016088108.

78) Ikuo Kimura, et al., "The gut microbiota suppresses insulin-mediated fat accumulation via the short-chain fatty acid receptor GPR43," *Nature Communications* 4 (2013) : 1829., https://doi.org/10.1038/ncomms2852.

79) Brittany D. Needham, et al., "A gut-derived metabolite alters brain activity and anxiety behaviour in mice," *Nature* 602, no. 7898 (2022) : 647-653., https://doi.org/10.1038/s41586-022-04396-8.

80) Tatsuya Nobori, et al., "PHYTOMap: Multiplexed single-cell 3D spatial gene expression analysis in plant tissue," bioRxiv, https://doi.org/10.1101/2022.07.28.501915, (2023年2月7日アクセス).

81) EFSA Panel on Nutrition, et al., "Safety of pasteurised Akkermansia muciniphila as a novel food pursuant to Regulation (EU) 2015/2283," *EFSA Journal* 19, no. 9 (2021) : e06780., https://doi.org/10.2903/j.efsa.2021.6780.

2.3.4 構造解析（生体高分子・代謝産物）

（1）研究開発領域の定義

構造生物科学は、タンパク質を始めとした生体高分子における原子の空間的配置を決定・推定することでその機能や挙動を理解するための学問である。生体高分子の立体構造情報は、生命の複雑な仕組みを理解するために重要なだけでなく、創薬など応用的な産業分野においても非常に有用な価値を持つ。また、生理的環境下における生体高分子の振る舞いを理解する上では、*in vitro*での静的な構造情報に加え、分子構造の動的性質や細胞内における*in situ*での構造の解析が重要である。これらの情報をより幅広い分子に対してより高分解能に取得するために、クライオ電子顕微鏡、溶液NMRなどにおいて構造解析技術の開発が進みつつある。

代謝産物の構造解析技術としては、X線結晶構造解析、NMRなどが用いられるが、その解析の対象とすべき分子を天然界から効率よく探索するための技術がボトルネックとなっており、質量分析装置を用いたノンターゲット・メタボローム解析が期待されている。

（2）キーワード

構造生物科学、生体高分子、代謝産物、ダイナミクス（動態）、分子量、クライオ電子顕微鏡、単粒子解析、原子分解能、クライオET、FIB-SEM、時分割解析、溶液NMR、in-cell NMR、天然変性タンパク質、分子混雑環境、LLPS、X線結晶構造解析、高速AFM、AlphaFold2、クロマトグラフィー–質量分析、マススペクトル、ノンターゲット・メタボローム解析、MicroED

（3）研究開発領域の概要

［本領域の意義］

【生体高分子】

生命機能のあらゆる仕組みは、生体分子の立体構造とその動態、つまり構成原子の立体配置とその変化にともなう分子間の情報・物質・エネルギーのやり取りで成り立っている。タンパク質や核酸などの生体高分子は、複雑な相互作用を形成しながら共同的に働くことで、細胞内の多種多様な機能を実現している。そのため、生命現象を理解する上で、生体高分子の原子分解能レベルでの立体構造情報や、生体高分子の相互作用の情報は非常に重要である。さらに、これらの情報は、医学・創薬の分野においても、基礎研究・応用研究の両面で極めて有用である。

生体高分子の立体構造情報を得る手法としては、従来、X線結晶構造解析や核磁気共鳴分光法（NMR）が主に用いられてきたが、単粒子解析に関連した技術開発の進展に伴いクライオ電子顕微鏡が主流となりつつある。また、立体構造のダイナミクスを解析する代表的な手法としては溶液NMRが用いられてきたが、最近ではX線自由電子レーザーを用いたX線結晶構造解析や単粒子解析の時分割解析、高速AFMも用いられるようになってきている。さらに、細胞内での*in situ*構造解析技術として、クライオ電子線トモグラフィー（クライオET）やin-cell NMRといった手法の開発が進む。これらの手法はいずれも相補的なものであり、解析対象や目的に応じて使用できる環境を整えるのと同時に、各測定解析技術の開発を進めていくことが求められている。

クライオ電子顕微鏡による単粒子構造解析は、近年の技術進展によって分解能が大幅に向上したことで、構造解析の中心的な技法になりつつある。単粒子解析は、X線結晶構造解析におけるボトルネックであった結晶化を必要とせず、また、わずか数十μgの水溶液試料からでも構造解析ができるという大きな利点を持つ。その結果として、これまで結晶化できず、解析が困難か不可能と思われていた真核生物の膜タンパク質や巨大な超分子複合体でも構造解析が可能となった。さらに、これまで単粒子構造解析では苦手であった小さい分子に関しても、位相板の使用などにより分子量10万以下のタンパク質の構造解析が報告されており、これまで以上に幅広い分子に適用可能であることが示されつつある。こうした単粒子構造解析技術の進展を契機に、ここ数年にわたって世界各国でクライオ電顕施設整備が急ピッチで進められている。

生体高分子の立体構造情報を取得する手法としてNMRは、X線結晶解析やクライオ電子顕微鏡の単粒子解析と並び、かつ、相補的な重要な手法の一つである。溶液状態の試料を対象とする溶液NMRは、高分子量（おおよそ10万–20万以上）試料において困難さを伴うが、生体高分子が実際に働く環境に近い生理的環境下で計測がおこなえ、立体構造の多様性、平衡状態の遷移、過渡的な状態といった動態（動的な性質）を、様々な時間領域で定量的に解析できるという大きな利点があり、また生体高分子間の相互作用や、低分子との相互作用の解析において滴定実験が可能という長所も有する。溶液NMRを用いてはじめて、一定の立体構造を有しない天然変性タンパク質/領域（intrinsically disordered protein/region: IDP/IDR）や、最近では液–液相分離（liquid–liquid phase separation: LLPS）の際のタンパク質の動態解析など、興味深い生命現象の解析が可能となった。

細胞生物学において、電子顕微鏡は、光学顕微鏡で観察のできる細胞レベルのオーダー（数μm以上）からX線結晶構造解析で見える分子オーダー（1 nm以下）の間を埋めるツールとして重要である。クライオETは、細胞骨格やオルガネラ、ウイルス粒子などの構造体を分子オーダーの分解能で観察するのに用いられるほか、生体高分子が細胞内で実際にはたらく場所（*in situ*）での構造解析を行うこともできる。また、生細胞中の分子混雑環境下での生体高分子動態を解析するin–cell NMRというアプローチも注目を集めている。

【代謝産物】

生命が作り出す代謝産物は、人類を含めたあらゆる生物の栄養源、シグナル物質、生理活性物質、生育に必要な資材など、生命活動を支える基盤となっている。例えばヒトの血液や尿には、食品から摂取した成分やそれらが腸内細菌やヒトの体内で代謝された成分が多数含まれているが、多くは構造決定がされていない未知の成分である。代謝産物の迅速な同定・構造解析を行い、その多様な代謝産物の由来や機能性を解明する技術へのニーズが、生物理解のみならず農業や食品産業、天然物創薬などの応用分野まで高まりつつある。日本は、地下資源は乏しいものの、地理的特徴から生物多様性が高く[1)]、固有種も多いため[2, 3)]、それら生物が作り出す代謝産物資源は豊富に潜在していることから、わが国にとって重要な技術と言える。

代謝産物の構造解析にはX線結晶構造解析、NMRなどの技術が適用できるが、タンパク質と異なり遺伝子配列情報が代謝産物の化学構造に反映されないことから、その解析対象とする新規の代謝産物を天然試料から探索する必要がある。代謝産物の多くは試料中の含有量が微量であり、解析に必要な純品を得るのに時間的・費用的に高いコストを要し、また、新規性のない結果となるリスクも伴う。このため、構造解析に値する代謝産物をいかに効率よく探索するかが大きな課題となっており、試料に含まれる代謝産物の全体像（メタボローム）を検出する技術（メタボロミクス）が期待されている。メタボローム解析は、がんのメカニズムや薬物応答などの生物応答を代謝の変動から解析することを目的として、数個から数百個の既知の成分を定量的・特異的に検出する「ターゲット分析」と、数千個から数万個にも及ぶなるべく広範囲の代謝産物を未知の成分を含めて網羅的に検出する「ノンターゲット分析」の大きく2つに分類される。本節では、構造解析対象の探索に用いられるノンターゲット・メタボローム解析を主に取り扱う。

［研究開発の動向］

【生体高分子】

• クライオ電子顕微鏡

クライオ電子顕微鏡法は、水溶液中の生体高分子を水和した状態のままで急速凍結し、非晶質の氷に包埋・固定したものを透過型電子顕微鏡で観察する手法である。手法としては1980年頃に開発されたものであるが、近年の爆発的な普及の契機となったのは、単粒子解析法の発展と、そのハイスループットな解析を可能とした電子線直接検出型 のCMOSカメラ（Direct Electron Detector: DED）の登場である。単粒子解析法は、目的の生体高分子が均一に分散した凍結試料を撮像して、その中から様々な方向を向いた粒子の画像を抽出し、計算機中でそれぞれの粒子の角度を決めることで立体構造情報を再構成する方法である。写真フィルムで検出していた時代には、タンパク質の二次構造が辛うじて見える6–8 Å程度の分解能が限界であったが、高感度・高速フレームレート撮影可能なDEDの登場により、原子モデルの構築が可能な2–4 Åまで分解能が大幅に向上し、適用可能な分子量の下限も10万程度と小さな分子にまで拡張した。また、単粒子解析法による構造決定には数千枚から数万枚の電子顕微鏡像を必要とすることから、従来は構造解析に年単位の時間がかかっていたのに対し、DEDにより1か月以下までに短縮された。さらに、最新鋭のクライオ電子顕微鏡装置は自動試料交換装置、自動撮影機能などを搭載し、比較的簡単な操作でハイスループットかつ高分解能な解析が可能であり、研究者のすそ野を広げる大きな要因となっている。米国Thermo Fisher Scientific社（以下TFS社）の300 kVクライオ電子顕微鏡Titan KRIOSが事実上世界のスタンダードとなっており、全世界で200 台近く導入されている。

国内では、2000年代までは藤吉、豊島、難波らにより、膜タンパク質の二次元結晶やらせん対称性を持つフィラメント構造についての先駆的な成果が多く報告され、国内の主要な大学・研究機関にある程度の数のクライオ電子顕微鏡が設置された。しかし、当時は単粒子解析を取り入れていた研究室が限られており、単粒子解析を行なうために必要な、DED搭載で自動試料測定が可能かつ高出力（200–300 kV）なハイエンドのクライオ電子顕微鏡の導入が遅れた。そのため、日本は近年の構造決定の世界的潮流に大きく乗り遅れることとなったが、2018年度以降になって、ハイエンドのクライオ電子顕微鏡が次々と設置されている。2022年10月の時点で、自動試料交換装置、DEDを兼ね備えた200–300 kVのクライオ電子顕微鏡は、東京大学に5台、大阪大学に5台設置されているのをはじめ、国内に20台以上設置されている。これらの装置の一部は共用施設として稼働しており、主に国内の研究者が試料を持ち込んで測定できるような環境が整ってきている。

クライオETは、急速凍結させた試料を一定の範囲で傾斜させて連続的な傾斜像（トモグラム）を撮影することで、細胞骨格や細胞内小器官、あるいはウイルス粒子などのような構造体を観察することができる。単粒子構造解析法に比べると、多くの電子線照射が必要となるため、一般的に分解能はナノメートルスケールのオーダーに限られるが、Danev（東京大学）によって開発されたボルタ位相板などの使用によって分解能も徐々に向上してきている。さらに、サブトモグラム平均化と呼ばれる解析手法によって、数多くのトモグラムから目的分子のみを抽出して平均化を行うことで高分解能化し、*in situ*での立体構造を解析するケースもある。試料の厚みが1 μmを超えると電子線が通らなくなるため、細胞のクライオET観察のためには、集束イオンビーム（Focused ion beam: FIB）により電子線の透過観察が可能な200 nm程度の厚さに掘削する方法が用いられている。クライオ観察向け専用のFIB–SEMとしてTFS社のAquilosが販売されており、国内でも東京大学と大阪大学、理化学研究所・横浜と播磨などに設置されている。さらに最近になり、プラズマイオンを利用した装置が開発されたことで、FIB–SEMにおいて最も問題となってきたスループットの向上が期待されており、国内における導入も待たれるところである。

現在、生物試料を扱うことのできるクライオ電子顕微鏡の販売、開発を行うのはTFS社、および国内企業である日本電子（JEOL）社の二社に限られるが、単粒子解析向けのモデルをいち早く普及させたTFS社が世界的なシェアのほとんど（95%以上）を有し、実質的に一社独占の状態が続いている。それに対し、日本電子社も凍結試料グリッドの自動装填と自動撮影が可能なクライオ電子顕微鏡CRYO ARMシリーズ（200 kV、300 kV）を2017年に販売開始した。当時TFS社の商用機が搭載していなかった冷陰極電界放出型電子銃（cold FEG）により、2019年初めには当時の世界記録である1.53 Åの分解能を達成した[4)]。そういった成果も背景に、国内では阪大、東京医科歯科大と理研SPring–8に、海外では米国NIH、英国グラスゴー大学とベルギーのブリュッセル自由大学、オーストラリアのクイーンズランド大学などに計10数台導入されており、徐々にその納入台数を伸ばしている。一方、TFS社も電子銃のためのモノクロメーターあるいは冷陰極電界放出型電子銃、エネルギーフィルターの開発を行ない、2020年には実験機により分解能の世界記録を

1.22 Åに更新したことから[5, 6]、これまで以上にTFS社の独占状態が加速することも予想される。また、TFS社はFIB–SEMなども含めた開発を行なっていることから、細胞を研究対象とした光電子相関顕微鏡法（CLEM）などにも対応した製品デザインとなっていることも、生命科学分野におけるTFS社の強みである。

• **溶液NMR**

溶液NMRによる生体高分子の解析では、難易度は対象系のサイズに大きく依存する。従来は、核オーバーハウザー効果（nuclear Overhauser effect: NOE）と呼ばれる約6 Å以内の短距離の距離情報が主として用いられており、希薄溶液中の比較的低分子量分子の立体構造解析に関しては、手法は概ね確立している。解析過程は、①NMR信号の帰属、②NOEなどの立体構造情報の取得とこれを用いた立体構造計算、の2段階に分けられ、前者はFLYAソフトウェア[7]、後者は、CYANA[8]、Xplor–NIH[9]などのソフトウェアを用いれば、現在では大部分の過程が自動化されており、比較的容易に高精度の立体構造を得ることができる。近年、深層学習の手法を採り入れることにより、上記過程を完全自動で迅速におこなう手法（ARTINA[10]）も発表され、情報科学技術の利用によりデータ解析の迅速化・自動化が著しく進歩している。

よりサイズの大きな高分子量タンパク質や高分子複合体、IDP/IDRの解析においては、NOE情報よりも長距離で大域的な構造情報も必要となる。磁場配向材料を用いた残余双極子カップリング（residual dipolar coupling: RDC）、常磁性中心からの緩和促進効果（paramagnetic relaxation enhancement: PRE）や擬コンタクトシフト（pseudocontact shift: PCS）が、長距離（～40 Å）で大域的な情報として利用できる。常磁性中心を導入した試料の調製法や、NOE情報に加えてRDC/PRE/PCS情報も用いる立体構造計算法などの要素技術の開発も急速に進んでいる。

一方、生体高分子の動的な性質やその変化を知ることが、様々な生命現象の理解に役立つことが認識されてきたことにより、他の手法では得にくい構造ダイナミクスの解析、構造アンサンブルの分布の導出、存在比の低い分子状態（レアイベント）の検出といった、溶液NMRならではの情報が注目されている。これら情報を得るための、緩和分散（relaxation dispersion）法[11]や化学交換飽和移動（chemical exchange saturation transfer: CEST）法[12]といった計測手法は、現在も開発・改良が進んでいる。また、LLPSの足場・骨格となるIDP/IDRやRNAは、単独では一定の立体構造を有しないことも多いため、LLPS形成における分子間相互作用の解析にNMRは好適な手法となっている[13]。

また、安定同位体標識により選択的に、かつ、非破壊に、対象を観測できる溶液NMRの利点を活かし、生細胞中の生体高分子を解析するin–cell NMRは、構造生物学における新しい潮流として引き続き注目されている。当初大腸菌[14]やアフリカツメガエル卵母細胞[15]に用いられた本手法は、その後の様々な要素技術開発により、現在ではヒト培養細胞をはじめとする各種真核細胞における解析が可能になっている[16, 17]。研究の方向性は、①物理化学的な興味に基づき、分子混雑する細胞内環境下において、分子拡散の制限や非特異的で過渡的な相互作用が、立体構造とその安定性や動的平衡へ及ぼす影響を解析するもの、②個別の生命現象を担う分子機構を、実際の細胞内環境において解析することで理解しようとするもの、の2つに大別される。

NMR信号の感度は磁場強度の3/2乗に比例し、複雑な生体高分子に有効ないくつかの計測法は高い磁場において効果を発揮することから[18, 19]、安定性や溶解度などに問題があるいわゆる「解析困難な試料」の測定には、高磁場のNMR装置が必須である。効率よい高磁場装置の維持管理運営には、専門的知識・経験を備えた人材を有する中核的研究基盤が適しており、基盤として整備された高性能装置を、広く外部利用者が共用するのが一般的になりつつある。

溶液NMR装置を開発・販売している企業としてはドイツBruker社と日本電子社が精力的に開発研究を行っているが、特に生体高分子の解析については、高磁場NMRの開発（1.2 GHz）やcryogenic probeheadの開発を行ったBruker社が優位なシェアを誇っている。

その他、生体高分子の構造解析で使われる手法として、X線結晶構造解析と高速AFMがある。

X線結晶構造解析の分野は、日本は歴史的に強く、SPring-8、高エネルギー加速器研究機構（KEK）などの大型放射光施設を複数かかえており、国内外の研究者が広く利用できるようになっている。特にSPring-8において高度に集光した高質のビームをもつマイクロフォーカスビームラインBL32XUでは自動測定システムの開発が行われ、国内から優れた成果を多く出す要因となった。現在では同様の自動測定システムがシンクロトロンの標準として広く受け入れられるようになり、特別な技術を習得せずとも誰でもタンパク結晶からの回折測定ができるようになっている。世界の主だった放射光施設では低エミッタンス化（高輝度化）へのアップグレードが進められている。また、放射光施設から発展した施設として、X線自由電子レーザー（X-ray Free Electron Laser: XFEL）施設が挙げられる。フェムト秒のパルス光を用いて測定を行うことで、時分割シリアルフェムト秒X線結晶構造解析（TR-SFX）による立体構造のダイナミクス解析が可能で、かつX線損傷に敏感なタンパク質が損傷を受けていない状態の構造を明らかにすることができる。米国のLCLSに次いで、日本のSACLAが運用を開始して、バクテリオロドプシンや光化学系II複合体などに関して優れた成果が継続的に出ている[20-22]。現在では、韓国のPAL-XFEL、スイスのSwiss FEL、ドイツのEuropean XFELなどの運用が始まっている。

AFMは、試料表面を走査する針が先端に付いたカンチレバーの振動の情報から試料の表面形状をイメージングする手法であるが、金沢大学・安藤らにより液中で最高15フレーム/秒で走査できる高速AFMが開発された[23]。生体高分子の形状のダイナミクスを1分子で観察できることから、他の構造解析手法を補完する手法として、複数の安定状態を持つ分子の構造動態や二量体・三量体のような比較的単純な複合体のマクロな構造動態の観察に用いられる。また、針を介して力や剛性といった生体高分子の物性を計測したり、逆に摂動を加えた時の構造変化を見たりといった、AFM特有の計測が可能である。近年ではIDPの動態観察[24]や力覚センシング分子の構造の力依存性の観察[25]といった事例が注目されている。計測に熟練を要し計測を行なえる人材が限られるという課題があったが、2020年にAFM市場リーダーのBruker社より、価格が高いもののソフトウェアの使い勝手が良い高速AFMシステムが発売され、高速AFM利用のすそ野が広がる可能性がある。

【代謝産物】

2000年頃から広まったメタボローム解析では、多様な物理化学的性質をもつ化合物を分離するためのクロマトグラフィー等の分離装置と、化合物の質量を高精度かつ高感度に検出できる質量分析装置（MS）の組み合わせが主に用いられる。近年ではフーリエ変換型や飛行時間型のMSの普及により、質量誤差1～10 ppm程度の精密質量計測が可能となり、代謝産物の元素組成の推定や、既知化合物の理論質量と照合した候補化合物の絞り込みが可能となってきた。しかし、同じ質量と同じ元素組成でも立体構造が異なる異性体が存在するため、化合物の推定では、質量値のほかに、クロマトグラフィー等の分離時間や、MS装置内で化合物を開裂させて生じた複数の部分断片の質量値（マススペクトル）などの情報が総合的に用いられる。最終的な同定には、構造が決定された精製標品と比較し、これらの特徴量が一致することを確認しなければならないが、市販で入手できる精製標品は多くて4,000種類程度であり、既知の天然物の数（30万件程度）と比較しても圧倒的に少ない。精製標品が入手できない場合は、自ら精製や有機化学合成を行って構造決定をする必要があるため、いかに解析対象として見込みのある代謝産物を絞り込むかがメタボロミクスの大きな課題となっている。

解析対象を絞り込むアプローチとして、化合物の構造情報を反映したマススペクトル情報が古くから活用されており、多数の精製標品のマススペクトルをライブラリー化して化合物の簡易的な同定（推定）に用いられてきた。揮発性成分の分析に適したガスクロマトグラフィー（GC）-MSは、再現性が高く装置間のバラつきも少ないのに対し、生物が作り出す多様な水溶性・脂溶性成分の分離に適した液体クロマトグラフィー（LC）-MSやキャピラリー電気泳動（CE）-MSでは装置条件によって差が大きいという課題があったことから、様々な条件で得られた精製標品のマススペクトルを広く収集・公開するデータベースMassBankが京都大学の西岡により開発された[26]。世界標準のライブラリーとしてMassBankや米国スクリプス研究所のMETLINなどが提供されているほか、各質量分析メーカーが提供するライブラリーもあり、その選択肢と登録化合物の数は近年大幅に拡大されつつある。

マススペクトルは、元の化学構造を推定するための情報としても利用され、2010年頃から推定のための情報処理技術が精力的に開発されている。ライブラリーとして提供されている精製標品のマススペクトルと個々の化学構造の関連性を機械学習によりモデル化する方法や、原子間の結合エネルギーを計算し開裂しやすい構造を推定する方法、特定の化合物群について経験的な開裂ルールを適用する方法などが考案されてきた。特に質量分析による開裂（フラグメンテーション）の法則性については、愛知教育大学の中田らが確立した基礎理論をベースとしたソフトウェアMS–FINDERが、東京農工大学の津川らにより開発され、世界的に活用されている[27]。さらに、従来のアプローチでは難しかった、全く新規な化学構造を持つ未知化合物の予測に対しては、マススペクトルの類似度から既知化合物の代謝物や修飾物であるかを解析するMolecular Networkingという手法が開発され[28]、米国のGlobal Natural Products Social Molecular Networking（GNPS）というコミュニティがウェブサイトとしてサービスを提供している。

ゲノム科学分野と同様に、世界中で得られたメタボローム解析データを国際コンソーシアムに集積し、共有する取り組み行われている。米国NIHのMetabolomics Workbench、欧州EBIのMetaboLightsが2012年頃から運営されており、2020年からは日本のDDBJでもMetaboBankの運用が始まった。また、GNPSにより、精製標品以外の生体・食品・環境試料等で観測されたマススペクトルと比較できるシステムMASSTが2019年に開発され[29]、さらに、マススペクトルの試料の特異性から、着目すべき未知化合物のマススペクトルを探索できる取り組みも開始した（ReDU）[30]。しかし、異なる装置条件間でのデータの比較が難しいという宿命的な特性から、集積された非精製標品のメタボロームデータを試料横断的に大規模に再利用して知識発見に至ったという例は、現在のところ報告されていない。

代謝産物の構造解析には、X線結晶構造解析とNMRに加え、東京大学の藤田らが開発した結晶スポンジ法や電子顕微鏡を利用した電子回折法（Micro Electron Diffraction: MicroED）が適用される。結晶スポンジ法は、直径0.5–1 nmの細孔が規則的に並ぶ格子状結晶である結晶スポンジを用い、細孔に目的化合物を吸収させてX線結晶構造解析を行なう手法で、数μg以下の極少量の試料から構造決定が可能である。MicroEDは電子線の散乱能の強さを生かして、X線結晶構造解析が難しいわずか100 nmから1μm程度の結晶からも回折データ収集が可能であることから、ペプチドや小分子化合物のような分子の構造決定に用いられるようになっている。 NMRでは構造決定の難しかったような化合物に関しても比較的簡単に1 Åを超える高分解能で原子座標を求めることができるようになっており、少量の試料から分子構造同定できる方法として、低分子医薬の立体構造解析を始め、化学・薬学分野で注目が高まっている。

（4）注目動向

［新展開・技術トピックス］

【生体高分子】

- **クライオ電子顕微鏡**

単粒子解析の分解能は、継続的な技術開発によりX線結晶構造解析に近づきつつある。2020 年には、干渉性の高い電子線を放射する冷陰極電界放射型電子銃（Cold FEG）、試料で非弾性散乱した電子線を除去するエナジーフィルタ、ノイズ低減した最新のDED、高次収差の補正機能を持つ解析ソフトRELIONを用いた単粒子解析により、標準試料であるアポフェリチンにおいて1.22 Å という最高分解能が報告され、タンパク質に配位した水分子だけでなく、水素も見えるようになった[5, 6]。これまでクライオ電子顕微鏡による構造解析の結果は「近原子分解能」と表現されることが多かったが、標準試料とはいえついに「真の原子分解能」に到達したと言える。さらに、電子線回折をタンパク質微結晶にも拡張してX線に代わって電子線で構造解析を行う方法も徐々に用いられるようになってきているが[31]、小分子化合物などに比べると分解能は低く、実用化のためにはさらなる技術開発が必要である。

分子量10万以下の低分子量ターゲットでも構造解析を行うための技術開発も進む。ボルタ位相板の使用により、X線結晶構造解析の得意な分子量に肉薄した結果も報告されている[32, 33]。高分解能の情報が失われるという難点があり、最近ではボルタ位相板を使用せずとも、ヘモグロビンやストレプトアビジンのような分子量5～6万 程度の分子の構造を解くことができることが示されたことから[34]、現在では単粒子解析への使用は推奨されていない。それ以外の位相板として、レーザーによって電子線の位相をシフトさせる「レーザー位相板」も実証のための試験装置が作られ[35]、2020年に試験運用が始まった。この方法では高分解能情報の損失を防ぐことができるため、クライオETだけではなく単粒子解析においても優位性を示す可能性があるとして期待がされている。

クライオ電子顕微鏡がより汎用な計測解析技術となるための技術的なボトルネックの1つが、急速凍結による試料グリッド調製法の再現性の低さであったが、近年改良が進んでいる。観察試料の凍結は、観察試料を含む水溶液をグリッド（専用ホルダー）の上に滴下した後に、余計な水分を濾紙で吸い取ることで、薄い非晶質の氷の中に目的の分子が均一に分散した凍結試料を作製する。 TFS社のVitrobot、あるいはLeica社のEM GPといった装置はこの過程を半自動で行うことができるが、氷薄膜を適切な薄さに制御することが難しく、試料凍結の際に気液界面でタンパク質や核酸が変性してしまうことも多いため、再現よく観察試料を調製することは難しかった。それに対し、変性を防ぐために薄層のグラフェン膜で気液界面を覆う方法も開発され、そういったグリッドが市販されるようになっている。さらに最近では、試料溶液の微小液滴を特殊なグリッドに噴霧して急速に凍結させることで凍結時間、試料の厚みを適切にコントロールする、TTP Labtech社のChameleon、CryoSol社のVitroJetなどの次世代型の試料凍結装置が販売されるようになった。いずれも数千万円と非常に高価なことから、国内においても共用施設における設置が望まれる。

また、次世代凍結装置により凍結までの時間を制御することで、リガンドなどによる構造変化をミリ秒スケールで直接観察するような試みも行われるようになっており[36]、クライオ電子顕微鏡による時分割構造解析を比較的手軽に行うことができるようになってきている。

これらの技術的な進展を背景に、クライオ電子顕微鏡による構造解析の対象は、より生体内に近い状態の分子構造へとシフトしてきている。たとえば、単粒子構造解析においても、CRISPR/Cas9によるゲノム編集を用いたりするなど試料調製の工夫によって、線虫やマウスの生体で形成されるタンパク質複合体の構造解析を行った報告も見かけるようになってきた[37-40]。クライオETについては、高分解能化が進んでおり、生体内で生じる分子や分子間相互作用を直接可視化できるようになっている。最近では、細胞中でのリボソーム構造を3-4 Åという高分解能で明らかにして翻訳過程における複数ステップの構造変化を明らかにしたり[41-43]、SARS-CoV2のウイルス表面のスパイクタンパク質の構造多様性を明らかにしたりといった顕著な成果も目立つ[44-46]。一方で、クライオETの汎用性については課題があったものの、TFS社から販売されている専用のFIB-SEM装置の改良が徐々に進み、クライオETを適用した細胞内での構造解析の報告が増えてきている。大きな構造的特徴を持っていないような標的分子ではトモグラム像から抽出すること自体が困難であるといった課題もあり、現時点では適用対象が限られている。汎用技術の実現に向けて、世界中で装置、解析プログラムの開発が進められていることから、国内でもそのような世界的情勢に離されないようにすることが重要である。

- **溶液NMR**

溶液NMRによる新しい知見の発見として顕著なものとしては、LLPSの解析を含むIDP/IDの解析、創薬ターゲットとして重要な膜タンパク質であるGPCRのダイナミクス解析[47, 48]、生きた真核細胞内のタンパク質の動態解析、などが挙げられる。

LLPSの解析では、NMR情報にくわえて、X線小角散乱（SAXS）や1分子FRET（smFRET）の情報を組み合わせることにより、構造アンサンブルの定量的な解析がなされ[49]、分子動力学シミュレーション（MD）との組合せによりLLPS形成機構のモデルが提唱される[50] など、他手法との統合的解析が進んでいる。

真核細胞内の生体高分子の構造動態解析では、神経変性疾患原因タンパク質の細胞膜脂質表面への結合の解析[51]や解糖系酵素に内在する解糖流量をタンパク質レベルで制御する機構の解明にも活用され[52]、細胞内での薬剤との相互作用解析[53]もなされるようになってきた。また、in-cell NMR法はこれまでタンパク質解析への活用が先行してきたが、近年RNA[54]やDNA[55]といった核酸も解析対象となっており、様々な知見が得られるようになっている。

以上のような先端的な溶液NMR解析を可能にする要素技術の開発も進み、深層学習を採り入れた信号帰属と構造計算の完全自動化[10]等情報科学的手法の適用が進みつつあるほか、in-cell NMRにおいては、細胞内へのタンパク質導入法の新たな開発[56-58]などが引き続きおこなわれている。

さらに近年、超高磁場磁石や超高速試料回転など装置技術の進展により、固体NMRの信号分解能が著しく向上したことにより、半固体や固体状態にある生体高分子、特に膜タンパク質や繊維状タンパク質の解析への適用が進んでいる[59]。

1 GHz以上の超高磁場NMRの整備に関しては、継続的に設備整備を進める欧州・カナダや、NSFによる中規模研究設備支援プロジェクトにより1.1–1.2 GHz級装置の導入が進みつつある米国に加えて、韓国や最近急速に設備整備が進む中国に対しても、日本は大きく出遅れている。現存する最高磁場のNMR装置（1.2 GHz）は2020年に導入が開始され欧州に8台が導入済みであり、今後欧州に4台、米国に1台、韓国に1台がそれぞれ導入予定であるが、日本では、アカデミアだけではなく産業界からも強い要望がある[60]ものの導入計画はいまのところない。

さらに、計測を行なうことなく構造を予測する技術として、従来の分子動力学のような数値計算ベースの手法に加えAIが注目を集めている。 DeepMind社が開発した、深層学習モデルを利用した構造予測プログラムAlphaFold2の登場とその能力は、構造生物学研究を大きく変化させる潜在力を有している。AlphaFold2や後発の類似プログラムの登場によって、実験的に構造決定に至っていなかった無数の生体分子に関しても、簡単に構造情報が取得できるようになっており、すでにUniProtのようなデータベース上ではアミノ酸配列と並んで公開されるようになっている。しかしながら、これらの予測構造はいまだに精度の面で問題があり、タンパク質の取りうる構造変化に関する情報も限定的であることから、実験的に決定された構造との乖離も指摘されている[61]。実験的に得られたNMR情報を取り込むことにより予測精度が向上することも示されており[62]、予測情報と実験情報を統合した立体構造解析手法は今後の進展が大いに期待される。また、NMRでは、構造ダイナミクスの解析、構造アンサンブルの分布の導出、レアイベントの検出といった、様々な生命現象の理解に役立つ生体高分子の動的な性質やその変化に関する情報を得られるため、構造予測法と相補的な関係にあり、これまで難しかった立体構造情報と動的情報の統合的な解析手法の開発が大いに期待される。

【代謝産物】

構造解析の対象とする代謝産物を探索する上では、世界中の異なる装置条件で取得したデータを集積・共有するのではなく、中央集約的に比較可能なデータを生産することが重要であるとの認識が広がりつつある。集約的なデータ整備とその活用について、FoodMASSTやXMRsの報告が近年なされている。

- FoodMASS

マススペクトルにおける装置条件依存性の課題に対処するため、一つの分析手法を定めて約3,600の様々な食品を分析したデータセットを準備し、マススペクトルの試料特異性を評価できるシステムを米国GNPS[63]が構築した。

- XMR

マススペクトル情報を利用するもう一つの課題は、比較に使用できる信頼のおけるマススペクトル情報を、試料に含まれるすべての検出化合物について、特に検出強度の低い化合物まで網羅的に得ることが難しい点である。そこで、マススペクトルだけではなく、より網羅的に確実に計測が可能な、化合物の開裂前の質量を比較する手法が、櫻井（国立遺伝学研究所）らにより提唱されている（万物メタボロームレポジトリファミリー、XMRs）[64]。

構造解析技術では、X線構造解析やNMRと補完的な手法であるMicroEDが注目を集めている。これまでは従来の透過型電子顕微鏡が用いられてきたが、MicroEDの解析に特化した装置XtaLAB Synergy-EDが日本電子社とリガク社により共同開発され、構造解析の効率向上が期待される。

［注目すべき国内外のプロジェクト］

ハイエンドのクライオ電子顕微鏡や高性能NMRをはじめとした共用装置の整備・維持は、AMEDによる「生命科学・創薬研究支援基盤事業（BINDS）」によって重点的に投資がされている。

医学・生命科学や創薬分野におけるクライオ電子顕微鏡法の重要性は世界各国の政府に強く認識され、各国の医学・生命科学分野で中核的な役割を果たす大学や研究機関には、最先端クライオ電子顕微鏡の導入が積極的に進められた。また、各国の放射光施設（英国Diamond Light Source、米国SLAC National Accelerator Laboratory、欧州European Synchrotron Radiation Facility）に付設の共用施設として、クライオ電子顕微鏡が複数台設置されているのも特徴的である。クライオ電子顕微鏡購入のための大型予算の動きは、以前に比べると落ち着いた感があるが、地域によってはまだその動きは活発である。また、国内でもここ2–3年で設置が進んでおり、生理研にcold FEG搭載のKriosが設置されたほか、AMED-BINDSにより東北大学に、文部科学省補正予算によりSPring-8に、新興感染症対策予算により京都大学にハイエンドのクライオ電子顕微鏡が導入された。北海道大学においては、世界的に見ても珍しいBSL3施設内への導入もなされた。これらの施設においては、ユーザーを含めたコミュニティ形成の核となり、ユーザーと施設の相互のレベル向上につながるような運用が求められる。

NMRについては、共用施策で先行する欧州で欧州委員会が先導する形で基盤のネットワーク化（分散的研究基盤の形成）が進み、統合的構造生物学研究組織「Instruct」を主体としたプロジェクトを通じて、生命科学分野の研究課題に対して、高性能NMR装置を含む多数の先端的研究設備の共用が進む。日本でも基盤のネットワーク化が進み、AMED-BINDSのほか、文部科学省「先端研究基盤共用促進事業」の支援を受けた「NMRプラットフォーム」が科学分野全般に対して先端的NMR研究設備を共用している。一方、中国、韓国、カナダでは少数拠点への集中的投資・整備を進めている。米国では、中規模研究設備（2,000万–7,000万ドルレンジ）の重要性が再認識され投資が再開された結果、小規模ながらも基盤間のネットワーク形成が進みつつあるが、他国と比べて拠点形成の動きは依然として弱い。

NMR装置開発としては、JST未来社会創造事業 大規模プロジェクト型の「高温超電導線材接合技術の超高磁場NMRと鉄道電線への社会実装」が進行中で、1.3 GHz NMR用のマグネット開発を行なっている。

その他、構造解析を用いた研究や構造解析の技術開発を行なう国内外のプロジェクトとして、以下のような事例が挙げられる。

- 2020年初頭より流行したCOVID-19パンデミックに対応して、全世界的に大小数多くのプロジェクトに対して緊急的なファンディングがなされた。NMR領域では、例えば欧州Horizon-2020フレームワーク下のiNEXT-Discoveryプロジェクトを活用し、18ヶ国の研究者が参加したCOVID19-NMR project[65]が推進されている。
- 英国のCCPN（common computational project for NMR）[66]は、生体高分子のNMR解析データの統合と革新を目指したプロジェクトである
- JST-CREST「細胞内ダイナミクス」は、細胞内の高次構造体のダイナミクス解析による細胞システム理解やそのための基盤技術開発を目指すプロジェクトで、構造生物学全般に関わっている。
- 新学術領域「高速分子動画」では、X線自由電子レーザーによる時分割構造解析の適用拡大のための技術開発を行なっている。
- 生体高分子のNMR解析に関わる国内のプロジェクトとしては、膜タンパク質の*in situ*機能解明を目指

した特別推進研究（代表：嶋田一夫・理化学研究所）のほか、新学術領域研究「生命金属科学」（代表：津本浩平・東京大学）も溶液NMR解析やin-cell NMR解析を重要なトピックの一つとして掲げている。

（5）科学技術的課題

【生体高分子】

• クライオ電子顕微鏡

クライオ電子顕微鏡の汎用化のための重要なポイントが、顕微鏡動作を駆動する自動撮影ソフトの高度化や簡易化である。特に、撮影に適した場所はいまだに人の目で決めて判断しており、良質のデータを得るためには一定の熟練が必要である。 AIなどを活用した自動化の開発が進められてはいるが、現状では実用化に至っていない。撮影したデータから単粒子解析を行なうプログラムには、RELION、CryoSPARC、cisTEM、SPHIREなど、教育機関であれば無償で使用できるものが多く出ているが、操作性などの面では改善の余地がある。また、効率よくデータ収集を行うためには、測定しながらon-the-fly処理によるデータ解析を行うことで測定中のデータの質を迅速に評価することが有効であるが、そのためには一定の人的、資金的リソースを整える必要がある。クライオ電子顕微鏡による構造解析支援の受託研究も盛んになっているため、撮影したデータを直接クラウド上に保存し、そのまま遠隔で解析できるサービスの展開も予想される。

クライオ電子顕微鏡により決定された立体構造を適性に評価する手法もまだ確立されているとは言えない。クライオ電子顕微鏡によって撮影された生の原画像データのパブリックデータベースEMPIARへの登録と開示が推進されており、指数関数的に増加する膨大な原画像データの経済的なアーカイブ法の構築は課題であるが、蓄積されたデータと計算機科学により解析の妥当性の検証が進むと期待される。

クライオ電子顕微鏡装置に関しては、近原子分解能の構造解析を可能にするハイエンド製品は海外メーカーであるTFS社の独占状態で、健全な技術開発競争による今後一層の技術進歩が停滞するだけでなく、国内におけるサービス体制、メンテナンスコストの面でも大きな問題となる可能性がある。日本としては、世界の構造生物科学の潮流に遅れないようTFS社の最新鋭機の導入を継続するのと同時に、国内メーカーの競争力に資するような撮像・解析技術の一層の高度化や周辺技術の開発にもバランス良く投資することが望まれる。

• 溶液NMR

NMR測定に関して科学技術、研究開発上の課題としては、ハードウエア面では、まず、引き続きより高磁場のNMR磁石の開発と、同技術を活用した磁石の小型化があげられる。また、動的核偏極法（dynamic nuclear polarization: DNP）の積極的な利用により、特に生体高分子の溶液NMRの感度上昇の達成が求められている。ソフトウェア面では、情報科学的な手法の積極的な活用により、迅速な測定の実現や従来困難だった情報の抽出が望まれる。前者に関しては、計測法自体の技術向上のみならず、最適な実験パラメータの導出など実験計画法的アプローチの寄与も大きい。実際、近年、情報科学手法によるデータ処理法の導入（不均一サンプリング法）により、従来長時間を要した多次元NMR測定は大幅に短縮されているが、今後も発展の余地が残されている。

今後注目される研究対象の1つは、核酸、とくにRNAである。IDP/IDR同様にRNAが単独では一定の立体構造を有しないことも多いため、LLPS形成における分子間相互作用の解析にとってNMRは適した手法であるのに加え、対COVID-19ワクチンとしてmRNAワクチンが有効性を示したことも理由である。

生細胞中（特に真核細胞中）のNMR解析は依然として注目度の高い研究対象である。特に、細胞レベルより上位の組織・臓器レベルでの解析と繋がることで生物学的に意味のある情報を得るためには、幹細胞や初代培養細胞、疾病の背景を持つ細胞、さらにはオルガノイドを用いた「よりリアルな系での*in situ*解析」が必要であり、今後の展開が大いに注目される。個体差、民族差、国家・地域差と疾病発症メカニズムの関係、遺伝的要因や環境要因の寄与を分子レベルで理解することを実現する潜在力があり、医薬品開発にも貢献しうる可能性があり、今後も大いに期待される。

国内においてNMRを用いた基礎研究と製薬企業とのネットワークは形成されつつあるが、製薬業界からは更なる強化を求める声があり[60]、欧州Instructのような医学系の研究機関やバイオバンクとの拠点間連携はまだ進んでおらず、今後鋭意推進していく必要がある。

【代謝産物】

構造解析するべき代謝産物候補を効率よく探索するための中央集権的なデータ整備に向けた、FoodMASSTやXMRsのような取り組みは近年始まったばかりであり、このような比較可能なデータセットが各国独自の生物素材等を用いて構築されることが必要である。そのためには、（1）限定した条件を定め比較可能なデータを安定して生産することに特化し、（2）試料の多様性を積極的に増やすことができる、これまでにはない新しい分析拠点の整備が必要である。わが国のメタボローム解析のファシリティーは、アカデミアでは各分析装置を所有する大学の研究室や共同利用施設が散在し、民間では香り分析、一次代謝分析、脂質解析、ノンターゲット解析、MSイメージングなど、各目的に特化した受託分析サービスが10社程度存在している状況である。したがって、個別の分析ニーズに応えることはできるが、新しい分析拠点の機能は十分に果たせない。新しい分析拠点は、こうした国内の個別ファシリティーや構造解析技術と相補的に機能し、相乗的に化合物の利活用と技術水準の向上効果が見込まれることから、XMRsを大規模に拡大するようなデータ生産拠点の整備が今後重要である。米国では、FoodMASSTを構築したカリフォルニア大学ロサンゼルス校（UCLA）のコミュニティが、今後のデータ拡大をけん引する有力な候補である。中国では、MetWare社というベンチャー企業が、様々な分析装置を備えたメタボローム解析の拠点として成長しており、近年の論文で頻繁に登場するようになった。蓄積したデータを一般公開していないが、解析候補の探索に十分な機能を果たしている可能性がある。

（6）その他の課題

クライオ電子顕微鏡の台頭によって、構造生物学における構図は大きな変化を見せているが、構造解析の技術はいずれもが相補的であり、何か一つだけに置き換えられるものではない。たとえばダイナミクス解析を例に挙げても、クライオ電子顕微鏡、X線自由電子レーザー、NMRでそれぞれ得意とするところが異なる。したがって、国内の構造生物学全体のレベルを維持するためには、それぞれ異なる階層での支援が必要である。シンクロトロンのような大型施設と比較すると、クライオ電子顕微鏡は規模が小さく、各大学、研究所に設置することができるが、導入のための費用は6–10億円、年間の維持費用だけでも数千万円かかるため、共用拠点での運用が望ましい。

また、代謝産物においても、共用拠点が重要である。代謝産物の構造解析を進めるためには、探索のためのデータ生産拠点に加えて、天然物精製と構造解析を実施できる機関との円滑な連携体制の構築が必要である。特に、代謝産物の構造解析は、新規の化合物であることが明らかでない場合は、精製および構造決定にかかる研究予算（民間に委託する場合は数百万円レベル）の確保が難しく、また構造解析に必要な装置の導入・維持もコストが大きい。この点が新規な代謝産物の構造決定における最大の律速ともいえる。したがって理想的には、その後の精製および構造解析の機能が探索のためのデータ生産拠点と一体化したものとして整備されることが望ましい。

そのような共用拠点を長期的に効率よく運用するためには、長期間で安定した人的、資金的な投資が必要である。特に、高度に専門的な知識と技術をもったスタッフの安定な確保は非常に重要な要素である。海外ではそのような専門スタッフとしてのキャリアパスがある程度確立しているのに対して、国内ではそのような道筋を描くことは難しい。特にクライオ電子顕微鏡の管理、運用業務を適切に行うことのできる人材は国際的にも限られており、世界的な奪い合いとなっている。資金面では、シンクロトロンのような大型施設の持つ重要性や国際的な競争力への影響はいまだに大きい一方で、他の手法における解析対象の広がりや普及状況を考えると、大きな投資が必要なシンクロトロンに対し、限られた予算をどこまで投入するかは日本に限らず難しい問題である。また、COVID–19パンデミックによる地域間移動の制限は、拠点から遠い地域を中心として、先端的な装置や技術への物理的なアクセスを困難にしてしまい、先端装置への地域間アクセス格差という課題を顕在化させた。拠点の更なる整備による地域中核拠点の形成が重要であるとともに、COVID–19後の新たな常態に適した新たな利用方法（遠隔利用や自動化技術活用）の強化も必要となる。

アジアを中心とした需要増加に対して、製造設備の障害による稼働停止と海上輸送の停滞により近年常態化していたヘリウム供給不足と価格高騰は、COVID–19パンデミックとロシアのウクライナ侵攻によりさらに状況が悪化し、その解消には長期間を要すると想定されている。超電導磁石に必須なヘリウム状況の悪化は、NMR領域にとって極めて深刻である。中核的拠点の多くはヘリウムガス液化能力を備えており、ヘリウム危機への対応力を有することからも、とくに高磁場NMR装置の活用における中核的拠点の果たす役割はさらに大きくなっている。

代謝産物から解析の対象とすべき分子を探索する上では、これまで述べてきた探索技術の開発に加えて、多様な試料を入手するための、学会や産業界等との連携も重要である。

（7）国際比較

国・地域	フェーズ	現状	トレンド	各国の状況、評価の際に参考にした根拠など
日本	基礎研究	◎	→	・構造生物学全般で見ると、AMED–BINDS事業を始め継続的にファンディングが展開されており、日本の競争力は決して劣っておらず世界的にトップクラスの結果も発信されている。 ・［クライオ電子顕微鏡］欧米と比較して数年の遅れがある。設備はある程度整ってきており、今後は人的投資が求められる。特にクライオETに関しては人材不足が目立つ。 ・［溶液NMR］膜タンパク質（特にGPCR）の解析やin–cell NMRにおいて世界を牽引するような研究成果が報告されている。 ・［ノンターゲット・メタボローム］MS–FINDERソフト、XMRsデータベースなど、世界をけん引する成果が上がっている。
	応用研究・開発	○	→	・技術的開発について、放射光施設に関しては高レベルの技術を有するが、他の領域では立ち遅れている。 ・［クライオ電子顕微鏡］日本電子社との共同開発に期待がされるが、TFS社の圧倒的なシェアと競争力を前にして、やや苦しい状況にある。 ・［溶液NMR］NMR解析は、中分子創薬における構造解析、細胞内を含めたタンパク質間相互作用解析の主要なツールとしても位置づけられ、製薬会社（中外やエーザイなど）においても、NMR解析を積極的に活用している。
米国	基礎研究	◎	→	・［クライオ電子顕微鏡］大学や放射光施設に多く設置され、共同利用装置としての運営が功を奏して多くの成果が出ている。 ・［溶液NMR］主要大学・研究機関に有力な生体系NMR研究グループが存在し、IDP/IDRの解析やレアイベントの検出法、LLPSのNMR研究で世界を牽引している。また,細胞内環境下のタンパク質の物性を解析している有力なグループがある。 ・［ノンターゲット・メタボローム］GNPSコンソーシアムにおいて、マススペクトルを中心に未知化合物解明の基盤技術の進展が大きい。
	応用研究・開発	◎	→	・［クライオ電子顕微鏡］レーザー位相板や、直接検出器（Gatan社K3カメラ）の開発、あるいは解析プログラムの開発なども多く行われており、それに伴って実験手法的にも多くの新しい試みがなされている。 ・Pfizer、Genentech他製薬会社数社がクライオ電子顕微鏡を導入し製薬開発に利用中。 ・［溶液NMR］NMRを主要なツールとして、Fragment–based drug discovery（FBDD）など創薬に利用する研究が産学双方で展開されている。また、疾患メカニズムの解明からNMRを用いた創薬を志向したプロジェクトも進められている（トロント大学のKRAS Initiative[67]など）。

国・地域	フェーズ	現状	トレンド	各国の状況、評価の際に参考にした根拠など
欧州	基礎研究	◎	↗	・[クライオ電子顕微鏡] 各国で独自に施設整備を行っている。英国では放射光施設Diamond Light Sourceに共同利用拠点eBICを設立。ドイツのMax Planck研究所では、クライオ電子顕微鏡だけでなく光学顕微鏡を含めた細胞イメージング研究の拠点としてのイメージングセンターの整備を進めている。 ・[溶液NMR] 主要国の主要大学・研究機関に有力な生体系NMRの研究グループが存在しており、北米に並んで長期にわたってこの領域を牽引している.他の構造解析手法との統合的解析やin-cell NMRに関する要素技術開発を精力的に進めるグループがある。「Instruct」を中核としてNMR拠点の組織化・ネットワーク化が進み、また、最高性能蔵置（1.2 GHz）の導入が多数進んでいる。 ・[ノンターゲット・メタボローム] ドイツにおいてマススペクトルによる構造予測ソフトウェアの改良が続けられている
	応用研究・開発	○	→	・[クライオ電子顕微鏡] オランダにクライオ電子顕微鏡の研究拠点をおくTFS社は、英国のLMB、ドイツのMaxPlanck研究所などと密接に連携しつつ多くの開発を進めている。これら二つの研究所は歴史的に電子顕微鏡分野に強く、独自の試料凍結グリッド、解析プログラムなどソフト、ハード両面の開発が行われている。 ・ケンブリッジ大学とAstraZeneca等5つの製薬会社がCambridge Pharmaceutical Cryo-EM Consortiumを設立。 ・[溶液NMR] ハードウェア面の開発で業界を牽引するBruker社の拠点がスイスにあり、大学・研究機関との積極的な共同研究により、技術の加速を牽引している。 ・欧州の製薬企業（Roche、Novartis、GSK、Sanofi）はNMR活用に積極的で,大学・研究機関と積極的に共同研究を進めている。 ・[ノンターゲット・メタボローム] 植物・微生物由来の天然物や、それらを人工的に修飾した化合物を大規模に精製・販売する企業（AnalytiCon Discovery社）などがあり、構造解析後の化合物の活用に有利である。
中国	基礎研究	○	↗	・[クライオ電子顕微鏡] 放射光施設が少なかったこともあり、クライオ電子顕微鏡が大量に国内に設置され、多くの成果を生んでいる。清華大学、生物物理学研究所、上海国立タンパク質科学センター等、有力大学・国研の共同利用拠点だけでなく、各地方の主要大学にも複数台設置してあるところが多い。 ・[溶液NMR] 一定数のアクティブなNMR研究グループが存在している。数カ所の中核拠点の拡充が進む。 ・[ノンターゲット・メタボローム] 植物分野で、生薬の産地判別、品質評価などのマーカー化合物探索などでの活用が近年多い。
	応用研究・開発	△	↗	・[クライオ電子顕微鏡] 現状、技術開発で顕著な成果は報告されていないが、クライオ電子顕微鏡関連の消耗品サプライヤーなども多く出てきており、大学では細胞を研究対象とした装置開発なども進められている。 ・[ノンターゲット・メタボローム] ベンチャー企業（MetWare社）が国内の分析ニーズの受け皿となる拠点として機能している。
韓国	基礎研究	△	→	・[クライオ電子顕微鏡] KBSIに設置された共用施設による成果が徐々に出てきている。 ・[溶液NMR] 一定数のアクティブなNMR研究グループが存在している。少数の中核拠点への集中投資が進む。最高性能蔵置（1.2 GHz）の導入が決まっている。
	応用研究・開発	×	→	・際立った開発力はないが、PAL-XFELなど、世界の最先端の技術を追う姿勢を見せている。

（註1）フェーズ

基礎研究：大学・国研などでの基礎研究の範囲

応用研究・開発：技術開発（プロトタイプの開発含む）の範囲

（註2）現状　※日本の現状を基準にした評価ではなく、CRDSの調査・見解による評価

◎：特に顕著な活動・成果が見えている　　○：顕著な活動・成果が見えている

△：顕著な活動・成果が見えていない　　×：特筆すべき活動・成果が見えていない

（註3）トレンド　※ここ1～2年の研究開発水準の変化

↗：上昇傾向、→：現状維持、↘：下降傾向

関連する他の研究開発領域

・バイオイメージング（ナノテク・材料分野　2.2.4）
・ナノ・オペランド計測（ナノテク・材料分野　2.6.3）

参考・引用文献

1) C. Marchese, "Biodiversity hotspots: A shortcut for a more complicated concept", Global Ecology and Conservation 3（2015）: 297-309. doi: 10.1016/j.gecco.2014.12.008
2) 平成25年版 環境白書/循環型社会白書/生物多様性白書 https://www.env.go.jp/policy/hakusyo/h25/pdf.html（2023年2月16日アクセス）
3) 野中健一「離島大国『日本』における微生物創薬の現状と可能性」『化学と生物』57巻2号（2019）: 108-114. doi: 10.1271/kagakutoseibutsu.57.108
4) T. Kato et al., "CryoTEM with a Cold Field Emission Gun That Moves Structural Biology into a New Stage", Microsc. Microanal. 25（S2）（2019）: 998-999. doi: 10.1017/S1431927619005725
5) T. Nakane et al., "Single-particle cryo-EM at atomic resolution", Nature 587, no. 7832（2020）: 152-156. doi: 10.1038/s41586-020-2829-0
6) K. M. Yip et al., "Atomic-resolution protein structure determination by cryo-EM", Nature 587, no. 7832（2020）: 157-161. doi: 10.1038/s41586-020-2833-4
7) E. Schmidt and P. Güntert, "A new algorithm for reliable and general NMR resonance assignment", J. Am. Chem. Soc. 134, 30（2012）: 12817-12829. doi: 10.1021/ja305091n
8) P. Güntert and L. Buchner, "Combined automated NOE assignment and structure calculation with CYANA", J. Biomol. NMR 62（2015）: 453-471. doi: 10.1007/s10858-015-9924-9
9) J. P. Linge, S. I. O'donoghue and M. Nilges, "Automated assignment of ambiguous nuclear overhauser effects with ARIA", Methods in Enzymology 339（2001）: 71-90. doi: 10.1016/s0076-6879（01）39310-2
10) P. Klukowski, R. Riek and P. Güntert, "Rapid protein assignments and structures from raw NMR spectra with the deep learning technique ARTINA", Nat. Commun. 13（2022）: 6151. doi: 10.1038/s41467-022-33879-5
11) J. P. Loria, M. Rance and A. G. Palmer, "A Relaxation-Compensated Carr – Purcell – Meiboom – Gill Sequence for Characterizing Chemical Exchange by NMR Spectroscopy", J. Am. Chem. Soc. 121, 10（1999）: 2331-2332. doi: 10.1021/ja983961a
12) P. Vallurupalli, G. Bouvignies and L. E. Kay, "Studying "invisible" excited protein states in slow exchange with a major state conformation", J. Am. Chem. Soc. 134, 19（2012）: 8148-8161. doi: 10.1021/ja3001419
13) A. C. Murthy et al., "Molecular interactions underlying liquid-liquid phase separation of the FUS low-complexity domain", Nat. Struct. Mol. Biol. 26（2019）: 637-648. doi: 10.1038/s41594-019-0250-x
14) Z. Serber et al., "High-resolution macromolecular NMR spectroscopy inside living cells", J. Am. Chem. Soc. 123, 10（2001）: 2446-2447. doi: 10.1021/ja0057528
15) T. Sakai et al., "In-cell NMR spectroscopy of proteins inside Xenopus laevis oocytes", J. Biomol. NMR 36（2006）: 179-188. doi: 10.1007/s10858-006-9079-9
16) E. Luchinat, M. Cremonini and L. Banci, "Radio Signals from Live Cells: The Coming of Age of In-Cell Solution NMR", Chem. Rev. 122, 10（2022）: 9267-9306. doi: 10.1021/acs.

chemrev.1c00790
17) F . X. Theillet and E. Luchinat, "In-cell NMR: Why and how?" Prog. Nucl. Magn. Reson. Spectrosc. 132-133 (2022) : 1-112. doi: 10.1016/j.pnmrs.2022.04.002
18) K. Pervushin et al., "Attenuated T_2 relaxation by mutual cancellation of dipole-dipole coupling and chemical shift anisotropy indicates an avenue to NMR structures of very large biological macromolecules in solution", Proc. Natl. Acad. Sci. 94, 23 (1997) : 12366-12371. doiI: 10.1073/pnas.94.23.12366
19) K. Takeuchi et al. "Nitrogen detected TROSY at high field yields high resolution and sensitivity for protein NMR", J. Biomol. NMR 63 (2015) : 323-331. doi: 10.1007/s10858-015-9991-y
20) E. Nango et al., "A three-dimensional movie of structural changes in bacteriorhodopsin", Science 354, no. 6319 (2016) : 1552-1557. doi: 10.1126/science.aah3497
21) M. Suga et al., "Light-induced structural changes and the site of O=O bond formation in PSII caught by XFEL", Nature 543, no. 7643 (2017) : 131-135. doi: 10.1038/nature21400
22) M. Suga et al., "An oxyl/oxo mechanism for oxygen-oxygen coupling in PSII revealed by an x-ray free-electron laser", Science 366, no. 6463 (2019) : 334-338. doi: 10.1126/science.aax6998
23) 安藤敏夫「高速AFMの現状と将来展望」『顕微鏡』54巻2号 (2019) : 56-61. doi: 10.11410/kenbikyo.54.2_56
24) N. Kodera et al., "Structural and dynamics analysis of intrinsically disordered proteins by high-speed atomic force microscopy", Nat. Nanotechnol. (2020) : in press. doi: 10.1038/s41565-020-00798-9
25) Y. -C. Lin et al., "Force-induced conformational changes in PIEZO1", Nature 573, no. 7773 (2019) : 230-234. doi: 10.1038/s41586-019-1499-2
26) H. Horai et al., "MassBank: a public repository for sharing mass spectral data for life sciences", J. Mass Spectrom. 45 (2010) : 703-714. doi: 10.1002/jms.1777
27) H. Tsugawa et al., "Hydrogen Rearrangement Rules: Computational MS/MS Fragmentation and Structure Elucidation Using MS-FINDER Software", Anal. Chem. 88 (2016) : 7946-7958. doi: 10.1021/acs.analchem.6b00770
28) M. Wang et al., "Sharing and community curation of mass spectrometry data with Global Natural Products Social Molecular Networking", Nat. Biotechnol. 34 (2016) : 828-837. doi: 10.1038/nbt.3597
29) M. Wang, et al., "Mass spectrometry searches using MASST", Nat. Biotechnol. 38 (2020) : 23-26. doi: 10.1038/s41587-019-0375-9
30) A. K. Jarmusch et al., "ReDU: a framework to find and reanalyze public mass spectrometry data", Nat. Methods 17 (2020) : 901-904. doi: 10.1038/s41592-020-0916-7
31) K. Yonekura, T. Ishikawa and S. M. Yonekura, "A new cryo-EM system for electron 3D crystallography by eEFD", J. Struct. Biol. 206, 2 (2019) : 243-253. doi: 10.1016/j.jsb.2019.03.009
32) M. Khoshouei et al., "Cryo-EM structure of haemoglobin at 3.2 ? determined with the Volta phase plate", Nature Communications 8 (2017) : 16099. doi: 10.1038/ncomms16099
33) X. Fan et al., "Single particle cryo-EM reconstruction of 52 ? kDa streptavidin at 3.2 Angstrom resolution", Nature Communications 10 (2017) : 2386. doi: 10.1038/s41467-019-

10368-w
34) Y. Han et al., “High-yield monolayer graphene grids for near-atomic resolution cryoelectron microscopy”, PNAS 117, no. 2（2020）: 1009-1014. doi: 10.1073/pnas.1919114117
35) O. Schwartz et al., “Laser phase plate for transmission electron microscopy”, Nature Methods 16, no. 19（2019）: 1016-1020. doi: 10.1038/s41592-019-0552-2
36) V. P. Dandey et al., “Time-resolved cryo-EM using Spotiton”, Nature Methods 17（2020）: 897-900. doi: 10.1038/s41592-020-0925-6
37) F. Vallese et al., "Architecture of the human erythrocyte ankyrin-1 complex" Nat. Struct. Mol. Biol. 29（2022）: 706-718. doi: 10.1038/s41594-022-00792-w
38) X. Xia, S. Liu and Z. H. Zhou, "Structure, dynamics and assembly of the ankyrin complex on human red blood cell membrane", Nat. Struct. Mol. Biol. 29（2022）, 698-705. doi: 10.1038/s41594-022-00779-7
39) S. Lin et al., "Structure of a mammalian sperm cation channel complex", Nature 595（2021）: 746-750. doi: 10.1038/s41586-021-03742-6
40) H. Jeong et al., "Structures of the TMC-1 complex illuminate mechanosensory transduction", Nature 610（2022）: 796-803. doi: 10.1038/s41586-022-05314-8
41) F. J. O’Reilly et al., “In-cell architecture of an actively transcribing-translating expressome”, Science 369, no. 6503（2020）: 554-557. doi: 10.1126/science.abb3758
42) L. Xue et al., "Visualizing translation dynamics at atomic detail inside a bacterial cell", Nature 610（2022）, 205-211. doi: 10.1038/s41586-022-05255-2
43) M. Gemmer et al., "Visualization of translation and protein biogenesis at the ER membrane", Nature 614（2023）, 160-167. doi: 10.1038/s41586-022-05638-5
44) H. Yao et al., “Molecular Architecture of the SARS-CoV-2 Virus”, Cell 183, no. 3（2020）: 730-738.e13. doi: 10.1016/j.cell.2020.09.018
45) B. Turoňová et al., “In situ structural analysis of SARS-CoV-2 spike reveals flexibility mediated by three hinges”, Science 370, no. 6513（2020）: 203-208. doi: 10.1126/science.abd5223
46) Z. Ke et al., “Structures and distributions of SARS-CoV-2 spike proteins on intact virions”, Nature 588, no. 7838（2020）: 498-502. doi: 10.1038/s41586-020-2665-2
47) Y. Shiraishi et al., "Biphasic activation of beta-arrestin 1 upon interaction with a GPCR revealed by methyl-TROSY NMR", Nat. Commun. 12（2021）: 7158. doi: 10.1038/s41467-021-27482-3
48) S. Kaneko et al., "Activation mechanism of the μ-opioid receptor by an allosteric modulator", Proc. Natl. Acad. Sci. U. S. A. 119, 16（2022）: e2121918119. doi: 10.1073/pnas.2121918119
49) S. Naudi-Fabra et al., "Quantitative Description of Intrinsically Disordered Proteins Using Single-Molecule FRET, NMR, and SAXS", J. Am. Chem. Soc. 143, 48（2021）: 20109-20121. doi: 10.1021/jacs.1c06264
50) E. W. Martin et al., "Valence and patterning of aromatic residues determine the phase behavior of prion-like domains", Science 367, 6478（2020）: 694-699. doi: 10.1126/science.aaw8653
51) R. S. Jacob et al., "α-Synuclein plasma membrane localization correlates with cellular phosphatidylinositol polyphosphate levels", eLife 10（2021）: e61951. doi: 10.7554/eLife.61951

52) H. Yagi et al., "Molecular mechanism of glycolytic flux control intrinsic to human phosphoglycerate kinase", Proc. Natl. Acad. Sci. U. S. A. 118, 50（2021）：e2112986118. doi: 10.1073/pnas.2112986118
53) E. Luchinat et al., "Determination of intracellular protein-ligand binding affinity by competition binding in-cell NMR", Acta. Crystallogr. D Struct. Biol. 77（2021）：1270-1281. doi: 10.1107/S2059798321009037
54) P. Broft et al., "In-Cell NMR Spectroscopy of Functional Riboswitch Aptamers in Eukaryotic Cells", Angew. Chem. Int. Ed. Engl. 60, 2（2021）：865-872. doi: 10.1002/anie.202007184
55) T. Sakamoto et al. "Detection of parallel and antiparallel DNA triplex structures in living human cells using in-cell NMR", Chem. Commun. 57（2021）：6364-6367. doi: 10.1039/d1cc01761f
56) B. Zhang et al., "High-Efficient and Dosage-Controllable Intracellular Cargo Delivery through Electrochemical Metal-Organic Hybrid Nanogates", Small Science 1, 12（2021）：2100069. doi: 10.1002/smsc.202100069
57) F. Torricella et al., "Protein delivery to living cells by thermal stimulation for biophysical investigation", Sci. Rep. 12（2022）：17190. doi: 10.1038/s41598-022-21103-9
58) J. A. Gerez et al., "Protein structure determination in human cells by in-cell NMR and a reporter system to optimize protein delivery or transexpression", Commun. Biol. 5（2022）：1322. doi: 10.1038/s42003-022-04251-6
59) S. Ahlawat et al., "Solid-State NMR: Methods for Biological Solids", Chem. Rev. 122, 10（2022）：9643-9737. doi: 10.1021/acs.chemrev.1c00852
60) 製薬協　政策提言 2021（2021）：18-20. https://www.jpma.or.jp/vision/lofurc0000001as7-att/policy_recommendations2021.pdf（2023年2月16日アクセス）
61) T. C. homas C. Terwilliger et al, "AlphaFold predictions: great hypotheses but no match for experiment", bioRxiv（2022）：517405. doi: 10.1101/2022.11.21.517405
62) Y. J. Huang, et al., "Assessment of prediction methods for protein structures determined by NMR in CASP14: Impact of AlphaFold2", Proteins 89, 12（2021）：1959. doi: 10.1002/prot.26246
63) K. A. West et al., "foodMASST a mass spectrometry search tool for foods and beverages", npj Sci. Food 6（2022）：22. doi: 10.1038/s41538-022-00137-3
64) Sakurai et al., "The Thing Metabolome Repository family（XMRs）：comparable untargeted metabolome databases for analyzing sample-specific unknown metabolites", Nuc. Acids. Res. 51, D1（2022）：660-677. doi: 10.1093/nar/gkac1058
65) https://covid19-nmr.de（2023年2月16日アクセス）
66) https://www.ccpn.ac.uk/（2023年2月16日アクセス）
67) https://www.cancer.gov/research/key-initiatives/ras（2023年2月16日アクセス）

2.3.5 光学イメージング

（1）研究開発領域の定義

細胞や動植物の組織の構造、細胞や動植物個体内ではたらく生体分子、および細胞内・細胞間シグナルの根幹をなす生体分子の相互作用や化学修飾を、時間的・空間的に可視化する基盤技術の開発を目的とした研究開発領域である。生命科学・医学基礎研究では、蛍光プローブを用いた蛍光顕微鏡が最も普及しており、時空間分解能や深達度などを高めるための開発が進む。非蛍光のイメージング手法・プローブや計算科学・情報科学技術を活用したコンピュテーショナルイメージングも生命科学・医学向け手法が開発されている。また、単一細胞スケールから組織・個体スケールまで、多階層にわたる生命現象を同時に可視化するための手法としてメゾスコピーも注目される。

なお光学イメージングは、病理診断や内視鏡など医療機器として臨床現場でも利用されているが、本稿では生命科学・医学の基礎・前臨床研究を対象とした手法を中心に扱う。

（2）キーワード

超解像顕微鏡、光シート顕微鏡、ラマン/コヒーレントラマン散乱、コンピュテーショナルイメージング、ラマンプローブ、近赤外蛍光、ハイブリッド型プローブ、超多重染色、メゾスコピー、大口径レンズ、超高画素カメラ、二光子顕微鏡、コアファシリティ、標準化

（3）研究開発領域の概要

[本領域の意義]

光学顕微鏡の登場が細胞の発見に繋がったことに代表されるように、光学イメージングは、生物・医学研究の発展にとって重要なツールである。特に、緑色蛍光タンパク質の発見に端を発して、生体を構成する物質および機能・生理状態を蛍光プローブで染色する手法が急速に発展したことにより、特定の分子や構造を特異的かつコントラスト良く可視化できる蛍光顕微鏡法が生物・医学研究の標準的な手法として広く普及している。

“Seeing is believing.”のことわざが表すように、従来は生体構造・生命現象を可視化する手法として位置づけられていたが、分子生物学やシステムバイオロジーのアプローチが主流になってきて以降、生命の分子化学的理解のための分析手法としての重要性が増してきている。生命科学におけるオミクスを始めとした分析技術の多くは、細胞を破砕して目的生体物質を検出する破壊分析法である。破壊分析法は、網羅的な情報を獲得する利点がある一方、時間的・空間的な情報を得ることが容易ではない。生体分子の真の生理機能を理解するためには、生物個体が生きた状態で非破壊的に生体分子を時空間解析する技術が不可欠であることから、侵襲性が低く、生きた状態を高空間分解能かつリアルタイムで観察できる光学イメージングは、生命科学研究において重要な役割を果たしている。

近年は、光学系（レンズ）、光源、検出器、光制御デバイスといったハードの進化、プローブ技術の発展（ウェット）に加え、数理・情報科学（ドライ）を組み合わせることで新たな手法が開発されている。蛍光顕微鏡は、時間空間分解能や深達度、網羅性が向上したことで新たな生物・医学的発見をもたらしている。また、蛍光以外でも、ラマン散乱や光音響効果などの光・物質間相互作用を活用することで、蛍光では難しかった小分子の観察や、標識なしでの特定の分子・構造の観察を可能とする技術も開発されている。このように多岐にわたる光学イメージング技術は、生命科学分野の基礎研究だけでなく、疾患メカニズムの解明、診断、治療効果の確認など臨床も含めた医学分野においても広く活用されており、光学イメージングは生命科学や基礎・臨床医学の発展の重要なドライバーであると言える。

生命システムは、nmサイズの様々な生体分子が複雑な相互作用ネットワークを形成し、階層的に自己集合・自己組織化することで、μmサイズの細胞、cmサイズを超える組織・個体を形成する。分子から細胞のスケー

ルにおいては遺伝情報の複製や発現、物質代謝、エネルギー代謝、シグナル伝達など基盤的な機能が発現し、組織/多細胞や個体のスケールにおいては発生・分化、免疫、脳情報処理などの高度な生命機能が発現する。生命の機能発現の仕組みやその破綻に伴う疾患病態を解明するには、多種多様な生体分子が複雑に絡み合って作る高次元のシステムの時間的・空間的ダイナミクスを、分子から細胞、個体に至るあらゆる階層（スケール）において定量的に把握するための、高次元・多階層な計測が必要である。多種多様な生体分子の計測は、オミクス解析を始めとする分析手法の発展によりスナップショットは把握できるようになってきたが、多階層の時間的・空間的ダイナミクスの情報を得るための計測手法についてはまだ開発の余地が大きく、光学イメージングベースの手法の開発が期待されている。

［研究開発の動向］

下村脩による緑色蛍光タンパク質（GFP、ノーベル化学賞2008 年）の発見以降、R. Tsien によるカルシウム蛍光指示薬Fura-2（ノーベル化学賞2008年）の開発など生体を構成する物質および機能・生理状態を蛍光プローブ（蛍光色素および蛍光タンパク質）で標識する手法が急速に発展した。当初は培養細胞が主な観察対象であったが、その後GFPを活用した蛍光タンパク質が盛んに開発され、遺伝子導入技術と合わせることにより、1990年代には線虫やゼブラフィッシュ、マウスなどのモデル生物へと対象が広がった。こうした蛍光プローブの開発に合わせて、非常に暗い蛍光をS/N良く観察できる顕微鏡光学系や撮像デバイスなどが開発されたことが蛍光顕微鏡普及の要因となった。このように、生命科学・医学分野における光学イメージングの開発では、ハードウェアや計測・解析手法のような、いわゆるイメージング手法の開発に加えて、蛍光を中心としたプローブの開発が非常に重要であり、これらの研究開発が両輪となって発展してきた。これまで様々なイメージング手法が開発されており、それぞれ、可視化できる分子種・構造・物理量、時間分解能、空間分解能、S/N・コントラスト、視野・深達度、侵襲性（標識）・光毒性（生体標本活性に対する照射光の影響）といった面で異なる特徴を持つ。これらはトレードオフの関係にあるが、ハードウェアの改良に加えて新たなコンセプトの手法開発、プローブの改良、さらに数理・情報科学の活用により、このトレードオフを打破しようとするのが、研究開発の基本的な方向性である。

分子～細胞～組織・個体における多階層な生命現象に対し、従来の光学イメージングではそれぞれのスケールに対して特化したハードウェア（光学系、撮像装置、結像機構など）が開発されてきた。特に、光学顕微鏡は分子～細胞を対象に発展した一方で、より大きなスケールでのダイナミクスの観察には制約があった。近年になって、単一細胞スケール（μm）から組織・個体スケール（mm～cm）の4桁もの階層を同時にカバーできるトランススケールなイメージング手法が報告されるようになってきており、従来の顕微鏡（microscopy）と区別してメゾスコピー（mesoscopy）と称されている。

本節では、大きくイメージング手法、プローブ、メゾスコピーの3つの区分に沿って動向をまとめる。

【イメージング手法】

大きくは蛍光ベースの観察手法、および非標識/非蛍光の標識による観察手法に分かれる。また、新たなアプローチとして、ハードウェアとしての光学系を用いて結像させる従来手法に対し、光学系を計算科学・情報科学技術で代用・補完して像を生成するコンピュテーショナルイメージングが、蛍光・非蛍光関わらず開発において取り入れられるようになってきている。

- **蛍光ベースの観察手法**

当初開発された蛍光顕微鏡は3次元観察が難しく、生細胞や個体の観察には不向きであったが、1980年代に3次元での蛍光イメージングが可能な共焦点顕微鏡が市販化され、細胞生物学において標準的な手法となった。また、Denk、Webb（米・コーネル大）によって開発された2光子顕微鏡技術により、生きたままのマウス脳の機能イメージングなど生体内（*in vivo*）イメージングが実現し、2000年代より脳科学研究を中心に大きく寄与した。両者とも、光源であるレーザーの汎用化とカルシウム指示薬を始めとしたプローブの性能向上が、普及の大きな鍵であった。さらに、柳田らにより開発された蛍光1分子イメージング技術は、シグナル伝達を始めとした細胞動態観察に用いられるだけでなく、後述の超解像顕微鏡や次世代シーケンサーの基盤技術となった。

光の波動性（回折）から解決が難しいと考えられていた空間分解能の制限についても、蛍光の特性を利用することで回折限界を超えた分解能が得られる超解像顕微鏡法が開発された（ノーベル化学賞 2014 年）。大きくSMLM（単一分子局在化顕微鏡）、STED（誘導放出抑制顕微鏡）、SIM（構造照明顕微鏡）の3つに分類され、それぞれBetzig（米・ジャネリア研究所）、Hell（ドイツ・マックスプランク研究所）、Gustafsson（米・カリフォルニア大学）らにより考案、実証された。

共焦点顕微鏡や2光子顕微鏡による3次元蛍光イメージングは照明の走査が必要なため、時間分解能や光毒性に課題があったのに対し、広範囲をシート状に照明することでより高速に3次元画像を得る光シート顕微鏡が2000年代に考案された。空間分解能が低い、光透過性の低い標本の観察に限られる、といった課題があったが、前者はBetzigらが開発した格子光シート顕微鏡、後者は理研の宮脇らが開発した生体透明化手法との組み合わせにより克服されつつある。

超解像顕微鏡、光シート顕微鏡とも、顕微鏡メーカーやアカデミアのスピンオフにより使い勝手の良い装置が市販化されたことで、生物・医学研究での利用が広がってきている。

• 非染色・非蛍光の標識による観察手法

細胞・組織の形態観察において、典型的な対象である組織切片や培養細胞は半透明（位相物体）でコントラストが弱いことから、染色・固定によりコントラストをつける処理が一般的に用いられる。そうした処理なしに観察する手法として、専用の対物レンズや光学素子により標本内の屈折率分布を可視化する位相差顕微鏡（ノーベル物理学賞1953年）や微分干渉顕微鏡が用いられるが、レーザー干渉を利用して専用の素子なしで屈折率分布を定量化できる定量位相差顕微鏡法（QPI）が開発され、韓国のTomocube社などにより市販されている。また、同じく干渉を利用して屈折率の異なる境界面を3次元イメージングする光干渉断層法（OCT）が、眼底検査装置など臨床を中心に利用されている。

標識せずに特定の分子・構造を可視化するイメージングとして、蛍光以外の光・物質間相互作用を利用したラマン散乱顕微鏡、光音響顕微鏡や、励起光が不要な発光イメージングといった手法が開発されている。

ラマン散乱は振動分光測定により分子の「指紋」を取得することができる。シトクロムcといった特徴的なラマン散乱を示す生体分子はラベルフリーで可視化できるため、ラマン散乱による細胞内の生体分子イメージングが開発された。一方、多種多様な分子が混在する細胞から特定分子の指紋を分離することは難しいから、特徴的なラマンスペクトルを発するプローブも開発されている。（自発）ラマン散乱光は極めて低強度であり、イメージングに長時間を要するという課題があったが、より強度が高いコヒーレントラマン散乱を用いた、CARS（Coherent Anti–Stokes Raman Scattering）やSRS（Stimulated Raman Scattering）といったより高速なイメージング手法が発展した。広帯域のスペクトルを高速に取得する検出技術の進展と合わせて、数秒オーダーでのイメージングが可能になったことから、ラマンイメージングの応用が広がりつつある[1)]。

ルシフェラーゼなどの生物発光を利用するイメージングは1990年代に台頭した。酵素―基質反応のエネルギーを光に変換するため、蛍光と比べて暗いという難点はあるものの、標識部位以外からの自家蛍光の影響を受けないことから、高いコントラストを得ることができる。そのため、組織深部からのシグナルを検出するのに適しており、今や動物でのイメージングにおいて無くてはならない技術となっている。また、生物発光で必要とされる発光タンパクの遺伝子導入やATPを必要としないことから、化学反応によって励起状態となった分子から放出される光を利用した化学発光イメージングの開発も行なわれている。

光音響イメージングは、観察対象にパルス光を照射し、光を吸収した物質が放出する超音波を基に画像を構築するイメージング法である[2)]。光によって特定の吸収体を選択的に励起する光の利点と、生体深部のイメージングが可能な超音波の両方の利点を併せ持つイメージング手法である。臨床向けでは、赤血球などの内因性物質に基づくイメージング技術が開発され日本のLuxonus社などから市販されているのに対し、主に動物の観察において外部から導入するプローブも用いられる。

• コンピュテーショナルイメージング

光学理論によると、結像光学系を通して得られる像は、結像光学系の特性で決まる伝達関数によって被写体を符号化したもの、と捉えることができる。結像光学系全体もしくは一部を通常のレンズから変更し、検出されるパターンを計算機内で復号化することで被写体像を取得する、というアプローチを総称してコンピュテーショナルイメージングと呼んでいる。通常の画像処理と異なり、検出後の処理を前提とした結像光学系の変更を伴う点が特徴である。こうしたアプローチは、X線CTを始め高度な結像系の構成が難しいX線や電子線のイメージングを中心に用いられていたが、2010年代になって発展したベイズ推定・圧縮センシング・スパースコーディング、機械学習などの情報・数理科学を取り込むことにより、近年は光学イメージングでの適用事例が増えてきている。レンズを用いることなく像を取得できるレンズレスイメージングが典型的な例であるが、結像光学系を補完することによるトレードオフ打破を目指した開発も行なわれる。生命科学・医学向けの手法としては、特殊なマイクロレンズ付きカメラにより3次元画像を一回の撮影で取得できるライトフィールド顕微鏡[3, 4]や、照明パターンを変えながら取得した複数枚画像の演算から超解像効果を得るSIMが挙げられる。

コンピュテーショナルイメージングは蛍光・非蛍光関わらず適用できるアプローチであり、こうしたアプローチを通じて情報科学・計算科学技術を活用することの重要性は、新たな手法の開発においてさらに増してくると考えられる。生命科学・医学分野においては特に、強い散乱体である生体組織内部の非標識イメージングへの活用に期待が集まる。

【プローブ】

カルシウム蛍光指示薬Fura–2の開発（1985年）や緑蛍光タンパク質GFPのイメージングへの応用（1994年）などの事例を皮切りに、蛍光イメージングは目覚ましい進歩をとげた。さらに2000年になると、1980年代に無機材料化学で盛んに研究されていた蛍光性ナノ粒子が、量子ドットを筆頭として蛍光イメージングにも活用され始めることとなった。これら材料の改良や組み合わせにより、生体分子を特異的に認識し可視化するプローブが盛んに開発され現在に至っている。イメージング用プローブは材料の観点から、①有機小分子型プローブ、②タンパク質型プローブ、③無機材料型プローブに大きく大別されるが、近年では①と②を組み合わせたハイブリッド型プローブも誕生している。

波長の観点では、黎明期は可視域のプローブが専ら開発されていたが、組織透過性の低さから小動物を用いた実験には制限があった。そこで、2000年以降650～900 nmの近赤外発光を示す蛍光プローブの開発が盛んに進められており、近年では更に高い組織透過性と低い自家蛍光から、1,000 nmを超える光を用いた生体イメージングが注目されている。

また測定対象としては、特定分子を標識するだけでなく、カルシウム濃度や温度、膜電位といったミクロ環境の計測用途のプローブも開発されており、タンパク質間相互作用やタンパク質の構造変化のモニタリングに蛍光共鳴エネルギー移動（FRET）などが活用されている。さらに、蛍光プローブの開発と並行して、ラマン散乱、発光、光音響といった観察手法に対応したプローブの開発も進む。

以下、材料の観点からプローブ開発の潮流と現在のトレンドについて概説する。

• 有機小分子型プローブ

蛍光では、従来はFura–2をはじめイオンや分子のレシオメトリック定量測定を目的とした2波長励起型プローブが主流であったが、近年は生物個体でのイメージングを目的とした1波長型プローブ開発が盛んである。また、超解像顕微鏡用の蛍光プローブの開発が欧州を中心として盛んに行われている他、近赤外発光プローブ[5]、標的タンパク質特異的なラベル化[19]などは継続的に研究が進められている。また、臨床検体への導入といった医学応用を目指した蛍光プローブの開発も行われ、実際に臨床現場への応用は大きなインパクトを与えている。新規プローブ開発においては、新たな分子骨格の設計と発蛍光原理の探索が重要な課題となっている。凝集有機発光（Aggregation–induced Emission: AIE）原理に基づく生体分子のイメージングは一つの研究分野となっており[6]、特に中国においてAIE分子開発と細胞応用が非常に盛んである。

生物発光については、基質誘導体の開発が行われており、その潮流としては大きく2つの流れがある。一つは基質の色改変であり、特に動物個体イメージングのための近赤外発光基質の開発は重要な課題である。もう一つは可視化したい酵素に対する基質誘導体を作製し、酵素活性を発光シグナルとして検出するためのプローブ開発である。また、化学発光プローブについては、従来の化学発光基質の殆どはその発光量子収率が非常に低かったが、Shabat（テルアビブ大学）らによる誘導体展開により、発光量子収率を大幅に改善した基質が開発され、生体イメージングへの適用可能性が高まってきている[7]。

ラマンプローブは、アルキンを始めとした、細胞内の生体分子由来の信号がでないsilent領域で観測できる標識技術に期待が集まっている。また、蛍光プローブなどと比べて一般的にプローブの分子構造を小さくすることができるため、小分子へ標識した場合も機能への影響が比較的低いと考えられる。これまで、アルキン基を付加した核酸や脂質などの生体小分子を用いることで、標的とした分子の局在の可視化が可能であることが示されている。

光音響は、課題である感度の低さを改良するための開発が行われるほか、内因性物質に基づくイメージングでは観察できない生体分子を特異的にイメージングすることを可能にするため、標的分子の存在下で初めて光音響シグナルが発生するactivatable型光音響プローブの開発が盛んに行われている。酵素、活性酸素、金属イオンなどの化学種検出のみならず、pH、温度、酸素濃度などの細胞環境を標的としたプローブが報告されている[8]。

- **タンパク質型プローブ**

GFPとその誘導体の研究が進み、さらに外部光によりその発光特性を制御する第二世代の 蛍光タンパク質の開発が、この20年間精力的に研究が進められてきた。特に第二世代の蛍光タンパク質は、超解像蛍光顕微鏡の開発に貢献しており、今も盛んに活用されている。また、長波長発光型の蛍光タンパク質の開発が進展している。2009年に深赤色から近赤外領域の蛍光を発する微生物由来の新たな蛍光タンパク質が発見されて以来、その改良の研究開発が進み、700 nm 以上の長波長かつ蛍光強度も発見当初のものより数倍以上改善された蛍光タンパク質が報告されている[9]。また、蛍光タンパク質の開発においては長年、光安定性と明るさとのトレードオフに悩まされてきたが、宮脇（理研）らにより、明るく極めて褪色しにくい蛍光タンパク質が開発されている[10]。

細胞内シグナルを検出するには、特定の分子認識やタンパク質間相互作用や翻訳後修飾などを光シグナルに変換するトリックが必要で、蛍光共鳴エネルギー移動（FRET）、発光共鳴エネルギー移動（BRET）、タンパク質再構成法（PCAs）、蛍光相関分光法（FCS）、蛍光寿命イメージング（FLIM）などが用いられる。その基本原理は かなり出尽くしており、現在はこのような基本原理を活用した目的指向型のプローブ開発が行われている[11, 12]。

さらに、発光イメージングにおいて、基質の開発と並行して長波長発光型ルシフェラーゼの開発も行われ高い注目を集めている[13]。また、新たな発光酵素の開発を目指し、真菌やキノコなど新たな生物種からの単離が盛んに試みられている[14]。

- **無機材料型プローブ**

CdSe の量子ドットは蛍光の褪色がほとんど無く、粒子サイズの設計により蛍光波長を紫外から近赤外まで選択できるため、イメージングの材料として2000年以降に応用が展開されてきた。粒子の表面はポリマーなどでコートすることにより、粒子そのものに機能を付与することも可能である。また、無機材料プローブは、蛍光タンパク質や有機蛍光分子と比較して光安定性が高く、かつ生体内で高い滞留性を示すため、生体内での長期蛍光観察に適している。細胞を特異的にラベルして、動物個体内の細胞動態を追跡したり、個体内の生体分子単体の動きを捉えたりする技術は、量子ドットの特性を利用した典型例といえる[15]。

現在の潮流は、新しい機能性無機材料をイメージングに応用する研究にある。従来の量子ドットは材料であるCd等有害金属による毒性が問題であったが、その毒性を克服するため、シリコンやダイヤモンドのナノ粒子をプローブとして用いる研究が進められている[16, 17]。

【メゾスコピー】

細胞～組織・個体を同時にカバーするメゾスコピーを実現するためには、少なくとも単一細胞レベルの分解能を維持したまま観察領域を大きく広げる必要がある。

静的な形態・構造の情報を取得する場合は、試料を移動させながら順次撮像して画像処理によるつなぎ合わせ（タイリング）を行うことで、2次元であれば通常の顕微鏡光学系でも広い領域をカバーできる。組織切片試料の全体を広視野・高分解能で迅速に画像化するWSI（Whole Slide Imaging）が代表的な例で、AI病理診断の実現に向けて需要が高まっている。一方、3次元観察では光透過性による深達度の制約の回避が必要で、マウス全脳の構造把握のため、ミクロトームによる順次切断とイメージング[18]、もしくは組織透明化後に光シート顕微鏡[19]やエクスパンション超解像顕微鏡[20]で観察する手法などが開発された。

生きた試料の動的変化を観察する場合、試料を走査することなく観察領域を広げるために、光学系で広い視野を実現する必要がある。高分解能と広視野はトレードオフであり従来の顕微鏡光学系で両立させることは難しかったが、2010年代になって大口径レンズによってこの問題を解決する試みが報告された。その手法は、結像・検出機構によってワイドフィールド型と焦点走査型に分類される。

ワイドフィールド型では試料全域を照明し、試料から発せられる光（蛍光、透過光、散乱光など）を大口径レンズ系により2次元イメージセンサー面に結像することで、画像を一度に取得する。2次元的に分布した試料の観察に適している。光学系とともにイメージング性能に大きく影響するのはイメージセンサーの画素数およびサイズである。パイアニア的な研究として英国ストラスクライド大学で開発されたMesolensがよく知られ[21]、事業化もされている。

焦点走査型は3次元観察に適しており、脳神経科学の分野で脳深部の神経活動の観察に用いられる二光子顕微鏡をベースとした手法が開発された。米国カリフォルニア大学サンタバーバラ校のグループが開発したTrepan2p[22]、および米国ジャネリア研究所が開発した2p-RAM[23]が技術発展の契機となっており、後者はThorlabs社により市販化されている。マウスの脳をターゲットとしていて、視野を広げることにより全脳のうちカバーできる領域の数が顕著に増えるため、視野を広げることの意味が大きい。

（4）注目動向

[新展開・技術トピックス]

• 超解像顕微鏡

STEDを開発したHellを中心に、独マックスプランク研究所において精力的に開発が行われている。高分解能化では、STEDで特徴的なドーナツ状照明を新しい発想でSMLMに利用したMINFLUX法[24]、さらにSTEDの原理を組み合わせたMINSTED法[25]により、分子スケール（1–3 nm）の空間分解能が達成されている。また、生細胞などの不均一な生物試料で安定的に高解像観察できるように、天体望遠鏡で開発が進んだ補償光学系や深層学習などを活用した手法の最適化が見られる[26, 27]。

並行して超解像顕微鏡用のプローブ開発が盛んに行われており、蛍光タンパク質型プローブも精力的に開発されているが、有機小分子型プローブの方がより盛んである。一例として、Hellらにより開発された、ケージ基が不要な新たな光活性化蛍光色素が挙げられる[28]。

マックスプランク研究所からは、超解像顕微鏡開発の成果をベースにAbberior社（STEDやMINFLUXを市販）、SPIROCHROME社（蛍光プローブを市販）という会社が設立された。

• 光シート顕微鏡

格子光シート顕微鏡は、細胞や胚など比較的小さいスケールでの動態観察が主な対象であるが、補償光学系を組み合わせることでオルガノイドなどの生体深部での高分解能3 次元ライブイメージングが実現した[29]。

格子光シート顕微鏡は顕微鏡メーカーZeiss社やドイツBruker社などから市販されている。

組織・個体を対象とするマクロスケールでは、透明化した組織・個体が主な観察対象であったが、ベッセルビームを用いた2光子ライトシート顕微鏡により、数ミリのサイズのメダカの3次元ライブイメージングを実現している[30]。また、組織網羅的な病理診断への応用を念頭に、生検標本観察に適した構成の装置開発が行われている[31, 32]。Miltenyi社などからマクロスケール向けの装置が市販されているが、スイスのチューリッヒ大学が中心となって運営されているmesoSPIMプロジェクト[33]では、開発したライトシート顕微鏡の設計や光学素子、デバイスなどを情報公開しており、世界で少なくとも20近くのグループが同じ装置を構築し、多数の応用研究成果を報告している。

• **ラマンイメージング**

アルキンタグ分子をよりラマン散乱計測に最適化された分子構造に改良する試みが行われており、アルキン構造の共役化によるラマン信号強度増強などが提案されている。また、ラマン信号のスペクトル幅が蛍光スペクトルに比べ1/100程度しかないという利点を生かし、共役アルキン構造の構造変異を系統的に行うことでピーク波長が細かに異なるタグ分子を20種類開発したことが報告され、同時多色観測にも成功した[34]。近年では、これらのラマンタグを機能化したラマンプローブの開発も精力的になされており[35-37]、細胞内の多数の分子の時空間的変化を解析する強力な手法になると期待される。

イメージング手法としては、コヒーレントラマン散乱を用いた手法の開発が進む。非線形ラマンの高次過程を利用した超解像イメージング[38]や誘導ラマンと蛍光のハイブリッド観察手法[39]の他、アプリケーションとして、ラベルフリーでのフローサイトメトリー[40, 41]を実現した例も報告されている。また、臨床検体のラベルフリーイメージングやSRSによる脳腫瘍の術中検査[42]など、臨床現場への応用も試みられている。

• **その他の非染色イメージング**

ラマン散乱と同じく分子振動を用いた手法として、自発ラマン散乱よりも感度が良い赤外吸収を用いた細胞イメージングの研究が進んでいる。空間分解能が低いという欠点があったのに対して分解能向上を目指した開発[43, 44]が行われるほか、赤外吸収に適したプローブの開発[45]が行なわれている。特に、技術開発の進んだ定量位相顕微鏡との組み合わせの発展が期待される[46-48]。また、これまで可視化できなかったパラメータを用いたイメージング手法として、非接触で機械特性（粘弾性）が計測できるブリルアン散乱を用いたバイオイメージング[49-51]が注目され、メカノバイオロジーでの活用が期待される。

• **コンピュテーショナルイメージング**

イメージング手法の中では機械学習との相性が良く、レンズレスイメージングへの適用[52]など事例がいくつも報告されている。数値計算による復号化に対し、学習の労力がかかるものの、完成した学習モデルによる復号は高速に行なえるメリットがある。生命科学において注目される例としては、機械学習により計算機内で非蛍光画像から蛍光画像の変換を行う仮想染色技術が挙げられる[53, 54]。また、前述のライトフィールド顕微鏡について、マイクロレンズアレイを最適化することにより、動き回るマウスの頭部に装着できるほど小型化しながら高解像を実現した事例などが報告されている[55]。同様の手法により、メゾスコープで不可欠な大口径レンズの簡略化の可能性なども示唆されており[56]、今後の応用が注目される。

• **ハイブリット型プローブ**

光退色耐性と輝度に優れた有機小分子型プローブと空間局在性に優れたタンパク質型プローブを組み合わせたハイブリッド型プローブも精力的に開発されており、例えば、有機小分子型蛍光プローブに自己標識タンパク質（SNAP-tag, Halo-tagなど）のリガンド部位を導入し、自己標識タンパク質を目的のオルガネラに発現させた細胞に適用することで、有機小分子型蛍光プローブを特定のオルガネラのみに局在させ、その部位のみでの標的分子の可視化が可能となる。近年ではさらに、蛍光タンパク質、自己標識タンパク質、有機小分子蛍光色素、小分子リガンドを自在に巧みに組み合わせた新たなハイブリット型プローブ（semisynthetic biosensors, Chemigenetic indicatorsとも呼ばれる）も開発されており[57-59]、従来は観察が難しかった生体分子の可視化を可能とする手法として注目を集めている。

• **近赤外イメージング**

従来プローブが積極的に開発されてきた第一近赤外光（NIR-I, 700–900 nm）よりもさらに長波長で光散乱や光吸収の影響を受けづらい第二近赤外光（NIR-II, 1,000–1,700 nm; OTN, SWIRと呼ばれることもある）を用いたイメージングが、組織深部におけるイメージングを達成し得る手法として注目を集めている。プローブ開発では、有機小分子や蛍光タンパク質では難易度が高いことから、ナノ粒子を中心に開発が行なわれていたが[60]、近年では有機小分子をベースとした開発も盛んになってきている[61-63]。可視域からNIR-IIまで広い波長域を観察できる撮像装置が近年になり市販化されたことから、プローブ開発の進展と合わせ、生命科学・医学分野でのNIR-IIイメージングが広がると期待される。

• **超多重標識イメージング**

単純な波長分離による蛍光多重標識の観察は4–6色が限界であったが、プローブの工夫により、これまでは難しかった超多重標識によるイメージング技術が相次いで出てきている。まず、特異的標識に一般的に用いられる抗体をベースに、固定標本や透明化標本に対して、抗体染色、観察、脱染色の操作を繰り返すことで超多重標識イメージングする方法が開発された[64]。一方、蛍光色素を付加したDNAオリゴ鎖をプローブに用いて、配列設計により結合の特異性を保ちつつ識別可能なプローブ種類を簡便に増やすことができる、DNAバーコード技術の活用が広がっており[65]、イメージングによる空間トランスクリプトームや空間プロテオーム解析などで注目を集めている。10x Geomics社やNanoString社、Akoya Biosciences社などから専用装置やキットが市販化されている。また、その他の手法として、波長スペクトル幅の狭いラマンプローブ[66, 67]や、蛍光波長に加えて蛍光寿命を計測するFLIMの利用も注目される[68, 69]。

• **メゾスコピー**

2022年現在において、主要な顕微鏡メーカーからはメゾスコープを販売するに至っておらず、大学や国立研究所などのアカデミアを中心に広視野・高分解能イメージング技術開発が進められている。

ワイドフィールド型メゾスコープとしては、前述のMesolens（倍率4倍、開口数0.47、視野φ6 mm）を開発した英国ストラスクライド大学が周辺技術開発を継続しており、光シート照明などを組み合わせた3次元メゾスコピーを実現している[70, 71]。また、大阪大学を中心に、倍率2倍レンズと開口数0.12のマシンビジョンレンズおよび1.2億画素カメラを搭載したAMATERASを開発し、視野1.5 cm x 1.0 cmにて同時に100万以上の細胞の蛍光観察を実現した[72]。多数の細胞集団内の稀少かつ重要な細胞がトリガーする集団全体の相転移現象を研究対象としている[73]。第二世代機は特別設計の大口径レンズ（開口数0.25）を使用している。

焦点走査型の二光子励起メゾスコープは米国と日本で開発が進む。前述のTrepan2pを開発した米国UCサンタバーバラ校により、視野5 mm x 5 mm（～φ7 mm）かつ複数平面観察の機能を有するDiesel2p[74]が開発された。日本の理化学研究所で開発されたFASHIO-2PMシステムは、一細胞レベルの空間分解能で3 mm x 3 mmの広視野を7.5 Hzで観察できることを示し応用研究を精力的に進めている[75]。2次元センサーを用いるワイドフィールド型と比較して、焦点走査型では単位時間当たりのサンプリング点数の制約が大きいが、米国ロックフェラー大学により、励起パルス光を多重化し時間と集光深さをずらして重ね合わせることで、サンプリング点数を30倍以上に増やした光ビーズ顕微鏡が開発された[76]。同時に100万個もの神経細胞のカルシウム動態を2 Hzで観察することに成功した。

[注目すべき国内外のプロジェクト]

研究拠点としては、米国のハワードヒューズのジャネリア研究所がプローブ開発および顕微鏡開発の拠点として機能している。ハワードヒューズ財団からの研究支援の一環としてイメージング支援事業にも力を入れており、ユーザーのニーズを開発者にフィードバックする仕組みとしても有効に機能している。脳アトラスや細胞アトラスの作成を進めるアレン研究所や、サンフランシスコ近郊の若手研究者への研究支援やヒト細胞アトラス（HCA）プロジェクト、米国内バイオイメージング拠点への支援事業を行うザッカーバーグ財団も注目される。

欧州では、EMBLが中心となってEuro- Bioimaging事業、日本でも科研費で先端バイオイメージング支援プラットフォーム（ABiS）という支援事業が行われている。いずれも技術開発よりはユーザーのための支援事業の側面が強い。

プローブの開発に特化した政策課題やプロジェクトは、国内外を探してもほとんど無く、多くはバイオイメージング技術開発の一翼に位置づけられている。コンピュテーショナルイメージングでは、米国DARPAのREVEAL（Revolutionary Enhancement of Visibility by Exploiting Active Light–fields）プロジェクトや、日本の学術変革領域の「散乱・揺らぎ場の包括的理解と透視の科学」領域などが注目される。メゾスコピーでは、新学術領域「シンギュラリティ生物学」において、異分野融合で前述のAMATERASを開発しており、技術サポートとして多くの企業も参画している。

また、開発した技術の活用という点において、オープンサイエンスの流れも注目される。1つは開発した装置の光学系に関する情報の公開で、光学知識やスキルを要するものの、最先端装置を低コストで導入できる。メゾスコープのDiesel2p（UCサンタバーバラ）やAMATERAS（大阪大学）、光シート顕微鏡のmesoSPIM（チューリッヒ大学）などが積極的に情報公開している。もう1つの流れは、最先端装置で取得したデータのオープンアクセス化で、理研が運営するSSDBや欧州Euro–Bioimagingなどでデータリポジトリが構築されている。

（5）科学技術的課題

顕微鏡技術における第一の課題・開発目標は分解能であったが、特に生体イメージングへの応用という観点からは、高速・3次元・深部・*in toto*（全体）の4つが現在の中心的な開発課題である。イメージングを分析手法として用いるためには、限界性能の向上だけでなく、計測の定量性・再現性も重要な課題である。定量性・再現性を高めるため、顕微鏡システムのメンテナンス方法や指標の標準化を目指してQUAREP–LiMiなどのコンソーシアムで議論が行われており[77)]、今後の動向が注目される。

プローブ技術という観点からは、イオンや標的タンパク質の可視化を実現してきた一方で、脂質や代謝産物の可視化が重要な課題と言える。従来の分子プローブ設計で蛍光・発光・ラマンにより可視化を試みることは勿論のこと、浜地らによるオルガネラ脂質の選択的な蛍光標識法などの画期的な手法も開発されつつある[78)]。プローブ開発の予算に関して、日本では新たなターゲットのイメージング技術の開発に注力して予算が投資される傾向がある。一方、生命科学・医学研究での幅広い活用という点では、既存の蛍光イメージング技術の改良も重要である。例えば、*in vivo*において従来のカルシウムセンサーよりも正確な活動電位の記録が可能な膜電位センサーの開発が、米国グループによりScience誌に報告されるなど[79)]、まだまだ行なうべき課題が多くある。

今後、イメージング技術革新のドライバーとなるのは、高度化された情報科学技術を活用したコンピュテーショナルイメージングのアプローチであろう。米国を中心に画期的な事例の報告されているのに対し、日本は既存の光学系をベースとしたイメージングに強みがあったこともあり、こうした動きは限られていた。しかし近年になって、復号化前のシグナルを画像生成プロセスなしに機械学習することで解析を高速したイメージングフローサイトメトリー[80)]や、周波数分割多重化技術を活用した高速共焦点顕微鏡[81)]などが実証され、スタートアップも起ち上がるなど成果も生まれてきている。

メゾスコピーにおいては、大口径レンズの開発と並行して、取得できるデータ量を増やすための検出技術が課題となっている。ワイドフィールド型ではイメージセンサーの画素数を増やす必要があり、AMATERASではマシンビジョン用1.2億画素センサーが使われている。キヤノン社の2.5億画素イメージセンサーなど、1億画素超のセンサーも増えてきているものの、半導体プロセスや通信インターフェースの技術的問題により、単一センサーチップの画素数は限界になりつつある。それを打破する方向性として、ピクセルシフト技術の活用、もしくは中国・清華大学が開発したRUSHシステムのようにイメージセンサーを並べてアレイ化するといった方向が考えられる[82)]。焦点走査型では、前述のパルス多重化のほか、高空間分解能で取得した形態情報に対し高速で取得した動態（カルシウム濃度など）を重ね合わせる[83]、といった手法が検討されている。

メゾスコープはじめ、取得されるデータ量が膨大になってきており、計測装置に加え、画像処理やデータ共有のための大容量コンピュータや大容量通信インフラ、数理科学・AIを活用した解析ツールの整備が不可欠である。一方、日本では、情報学やデータサイエンスにおける若手研究人材が慢性的に不足していることもあり、拠点の集約化やクラウド・コンピューティングの活用が必要であろう。

（6）その他の課題

日本は、光学イメージング・顕微鏡の技術開発において、世界に伍する地位を占めてきた。 しかし、光学イメージングの開発は近年急速に分野横断的な性質を強め、無機・有機化学、タンパク質科学、光学、オプトエレクトロニクス、計算科学など様々な分野をカバーする学際的アプローチの重要性が高まっており、光学イメージングの技術開発において、従来の光学技術の占める役割は相対的に減少している。本分野の動向に対応した研究開発体制を構築しなければ、日本の相対的地位の低下は免れない。日本でも学際研究や異分野融合が謳われて久しいが、分野間・組織間の壁は高く、未だ有効に機能しているとは言いがたい。このような状況を制度面、ファンディング面、研究環境の整備などから複合的に打開する方策が必要である。また、異分野融合において人材育成は重要なファクターであり、若手研究者が挑戦できる研究環境づくりが不可欠であると考える。

最先端の光学イメージング装置は、メゾスコープに代表されるように、高度に複雑化されたシステムとなっている。高度な計測を行なう上では、単純な機器のオペレーションだけでなくハード・ウェット・ドライのさまざまな知識と技術が必要である。価格と運用のいずれの面からも、各研究室で個別に所有・維持・利用することは困難かつ非効率になっていることから、共同利用施設（コアファシリティ）に機器や技術者を集めて効率的に運営するという動きが世界各国でますます顕著になってきている[84]。日本でも、一部の大学や研究機関では最先端のイメージング機器の導入が進められているが、スキルを持った技術者が不足しており、一般の生物・医学研究者が最先端イメージング技術を駆使して研究を実施することが難しい状況になりつつあるため、日本でも技術者を配したコアファシリティの整備を進める必要がある。

このような状況の中で技術開発と普及を加速するには、学際的な研究開発と共同利用を統合したプラットフォームが有効であると考えられる。プラットフォームで開発された最先端イメージング装置を、一般の研究者の利用のために開放し共同利用する体制を予め設計しておくことが極めて重要である。これにより、最先端の技術成果を速やかに個別研究へ展開できるだけでなく、開発現場に利用者からのニーズが速やかにフィードバックされ、生物・医学研究の発展に寄与する実用的な技術開発を効率的に進めることができる。また、産学連携の拠点ともなりうることから、制度やファンディングに加え知財面でのサポートが重要となる。こうしたプラットフォームの代表的な例は米国ハワードヒューズ財団のジャネリア研究所であり、細胞全体での電子顕微鏡と超解像顕微鏡の重ね合わせなど、高度な技術を組み合わせた事例は、ジャネリア研究所以外では開発が難しいと言えよう[85]。日本においては、ABiSなどの先端バイオイメージングプラットフォームが運営されており、技術開発のドライバーとなることが期待される。

共同利用拠点化やデータのオープンアクセス化、クラウド・コンピューティングの活用といった流れを背景に、イメージングデータ形式やメタデータの標準化の必要性が高まってきている。欧州Euro–Bioimagingを核としたコンソーシアムGlobal Bioimagingを中心に議論が始まっており[86]、日本からもABiSが参加している。特にデータ形式についてはこれまで各メーカーの独自形式で保存されてきたが、日本のSSBDでも使われているデータ管理用オープンソースプラットフォームのOME（Open Microscopy Environment）が普及しつつあることから、産業競争力を維持するためにはアカデミアだけでなくメーカーも標準化の議論への参画や仕様公開が必要となるであろう。

（7）国際比較

国・地域	フェーズ	現状	トレンド	各国の状況、評価の際に参考にした根拠など
日本	基礎研究	◎	↘	これまでの顕微鏡技術をベースにした研究開発に加えて、コンピュテーショナルイメージング、メゾスコピーなどで従来技術の枠を超える成果もあがっているが、人材の層が薄く研究発表件数は減少の一途。 有機小分子型プローブ開発は、有機合成化学の伝統的な強みを下支えとして、世界的を先導した研究を展開している。蛋白質プローブは、先駆的な研究が進められている。一方、無機材料を利用するイメージングはやや後発的である。
	応用研究・開発	○	↘	既存メーカーの有する光学部品や検出器といった要素技術は世界トップレベルにあるが、イメージング手法開発における産学連携が活発とは言えず、新技術への対応はスピード感に欠ける。ラマン顕微鏡やイメージングサイトメトリーなど、アカデミア発のベンチャーが出てきつつあり、今後普及に至るかが注目される。 プローブ開発の代表的な応用研究は、宮脇等が開発した光退色耐性が高い蛍光蛋白質[10]、Campbellが開発したハイブリッド型プローブ[59]などが挙げられる。プローブの生命科学研究への応用例も数多くある。
米国	基礎研究	◎	↗	これまでの顕微鏡技術の研究グループだけでなく、フォトニクスから計算・情報科学まで様々な人材が流入し、イノベーションの種となるような新しい成果が継続的に生まれている。ジャネリア研究所など技術開発拠点も充実している。 新しい蛍光・発光・ラマンプローブはアメリカ発が多くを占めている。特に有機合成化学、蛋白質化学ともに、戦略的かつ体系的に研究を進めており、世界をリードする研究が進められている。世界的なリーダーとなるイメージング研究者を挙げれば枚挙に暇無い。
	応用研究・開発	○	↗	大手顕微鏡メーカーを国内に持たないこともあり、研究成果の製品化・市販化は日本あるいは欧州メーカーへのライセンシングか中小・ベンチャーからのニッチ的製品に留まるものが多かった。近年、後者がM&Aにより欧米の大手研究機器企業から市販されるケースが増えつつある。 プローブ開発のシーズと生命科学研究者とのニーズが協働して世界を先導する成果が発信されている。特に蛍光だけでなく、様々なマルチモーダルなイメージングに関して、世界のトレンドを米国が牽引している印象を持っている。
欧州	基礎研究	◎	→	従来の顕微鏡技術における分厚い蓄積をベースに最先端の研究まで手広く展開されているが、コンピュテーショナルイメージングでは米国に見劣りする。 蛍光・発光プローブに関しては、ハイブリッド型プローブの開発をけん引している。化学小分子も精力的であるものの、蛋白質プローブ開発は後発的である。
	応用研究・開発	◎	↗	顕微鏡メーカーが継続的に新技術を製品化しているのと同時に、研究者自身がスピンアウトして最先端の研究成果を市販化するなど、大手メーカー、中小・ベンチャーがバランスよく展開している。 ドイツ・マックスプランク研究所のHell等を中心に、超解像顕微鏡およびその蛍光プローブの開発が盛んであり、スタートアップも起ち上がっている。
中国	基礎研究	○	↗	欧米から帰国した研究者が核となって中国各地に研究拠点が形成されている。そこで育った研究者からの研究発表が始まっている。学会発表件数では日欧を凌駕し米国に迫る勢いである。後追いの研究も少なくないが、清華大学のメゾスコープやライトフィールド顕微鏡などオリジナルな研究成果も出始めている。 蛍光蛋白質プローブの開発はあまり精力的に行なわれていない一方、有機小分子プローブの開発が近年盛んになってきた。凝集有機発光（AIE）の研究は、2000 年以降中国で基礎・応用ともに爆発的に研究が展開されている。

中国	応用研究・開発	△	↗	光学技術では見劣りするものの、深圳周辺の高い技術力・製造能力を背景に、レーザーやカメラなどの周辺機器では国際的な性能・品質のものが登場している。今後も成長が予想される。 プローブを用いた生物応用はあまり進んでいない。全体的に、早期に成果が得られる研究が多い印象。
韓国	基礎研究	△	→	欧米から帰国した研究者も少なくないが、研究拠点としての支援が弱く、第2世代の育成やオリジナルな成果には至っていない。Yong-Keun Park（KAIST）が定量位相顕微鏡の世界的な研究リーダーである。
	応用研究・開発	△	↗	前述のParkが開発した技術を基にしたTomocube社など、ベンチャー企業によるニッチな製品もみられ、米国企業によるM&Aで市販化された事例もあるものの、全体として見劣りする。 有機小分子型蛍光プローブに関しては、Young-Tae Chang（POSTEC）やSeung Bum Park（ソウル国立大）が中心となり、蛍光プローブを基盤とした研究を展開している。しかし、その他イメージングプローブの開発研究では目立った研究者がいない印象。

（註1）フェーズ

基礎研究：大学・国研などでの基礎研究の範囲

応用研究・開発：技術開発（プロトタイプの開発含む）の範囲

（註2）現状　※日本の現状を基準にした評価ではなく、CRDSの調査・見解による評価

◎：特に顕著な活動・成果が見えている　　○：顕著な活動・成果が見えている

△：顕著な活動・成果が見えていない　　×：特筆すべき活動・成果が見えていない

（註3）トレンド　※ここ1～2年の研究開発水準の変化

↗：上昇傾向、→：現状維持、↘：下降傾向

関連する他の研究開発領域

・ナノ・オペランド計測（ナノテク・材料分野　2.6.2）

参考・引用文献

1）D. Polli et al., “Broadband Coherent Raman Scattering Microscopy”, *Laser Photonics Rev.* 12, no. 9（2018）: e1800020. doi: 10.1002/lpor.201800020

2）L. V. Wang and J. Yao, “A practical guide to photoacoustic tomography in the life sciences”, *Nat. Methods* 13（2016）: 627-638. doi: 10.1038/nmeth.3925

3）R. Prevedel et al., “Simultaneous whole-animal 3D imaging of neuronal activity using light-field microscopy”, *Nat. Methods* 11（2014）: 727-730. doi: 10.1038/nmeth.2964

4）O. Skocek et al., “High-speed volumetric imaging of neuronal activity in freely moving rodents”, *Nat. Methods* 15（2018）: 429-432. doi: 10.1038/s41592-018-0008-0

5）T. Ikeno, T. Nagano and K. Hanaoka, “Silicon-substituted xanthene dyes and their unique photophysical properties for fluorescent probes”, *Chem. Asian. J.* 12, no. 13（2017）: 1435-1446. doi: 10.1002/asia.201700385

6）Y. Hong, J. W. Y. Lam and . Z. Tang, “Aggregation-induced emission”, *Che. Soc. Rev.* 40（2011）: 5361-5388. doi: 10.1039/C1CS15113D

7）N. Hananya and D. Shabat, "Recent Advances and Challenges in Luminescent Imaging: Bright Outlook for Chemiluminescence of Dioxetanes in Water", ACS Cent. Sci. 5, 6（2019）: 949-959. doi: 10.1021/acscentsci.9b00372

8）Q. Miao and K. Pu, “Emerging designs of activatable photoacoustic probes for molecular imaging”, *Bioconjugate Chem.* 27, no. 12（2016）: 2808-2823. doi: 10.1021/acs.bioconjchem.6b00641

9) D. M. Shcherbakova et al., “Near-Infrared Fluorescent Proteins: Multiplexing and Optogenetics across Scales”, *Trends Biotechnol.* 36, no. 12（2018）: 1230-1243. doi: 10.1016/j.tibtech.2018.06.011
10) M. Hirano et al., "A highly photostable and bright green fluorescent protein", Nat. Biotechnol. 40（2022）: 1132-1142. doi: 10.1038/s41587-022-01278-2
11) T. Patriarchi et al., “Ultrafast neuronal imaging of dopamine dynamics with designed genetically encoded sensors”, *Science* 360, no. 6396（2018）: eaat4422. doi: 10.1126/science.aat4422
12) B. F. Fosque et al., “Neural circuits. Labeling of active neural circuits in vivo with designed calcium integrators”, *Science* 347, no. 6223（2015）: 755-760. doi: 10.1126/science.1260922
13) S. Iwano et al., “Single-cell bioluminescence imaging of deep tissue in freely moving animals”, *Science* 359, no. 6378（2018）: 935-939. doi: 10.1126/science.aaq1067
14) T. Mitiouchkina et al., “Plants with genetically encoded autoluminescence”, *Nat. Biotechnol.* 38（2020）: 944-946. doi: 10.1038/s41587-020-0500-9
15) D. Onoshima, H. Yukawa and Y. Baba, “Multifunctional quantum dots-based cancer diagnostics and stem cell therapeutics for regenerative medicine”, *Adv. Drug Deliv. Rev.* 95（2015）: 2-14. doi: 10.1016/j.addr.2015.08.004
16) M. Montalti, A. Cantelli and G. Battistelli, “Nanodiamonds and silicon quantum dots: ultrastable and biocompatible luminescent nanoprobes for long-term bioimaging”, *Chem. Soc. Rev.* 44, no. 14（2015）: 4853-4921. doi: 10.1039/c4cs00486h
17) D. Terada et al. "Monodisperse Five-Nanometer-Sized Detonation Nanodiamonds Enriched in Nitrogen-Vacancy Centers", ACS Nano 13, 6（2019）: 6461-6468. doi: 10.1021/acsnano.8b09383
18) K. Seiriki et al, “Whole-brain block-face serial microscopy tomography at subcellular resolution using FAST”, Nat. Protoc. 14（2019）: 1509-1529. doi: 10.1038/s41596-019-0148-4
19) E. A. Susaki et al., "Whole-brain imaging with single-cell resolution using chemical cocktails and computational analysis" Cell 157, 3（2014）: 726-739. doi: 10.1016/j.cell.2014.03.042.
20) E. A. Susaki et al., "Versatile whole-organ/body staining and imaging based on electrolyte-gel properties of biological tissues", Nat. Commun. 11（2020）: 1982. doi: 10.1038/s41467-020-15906-5
21) G. McConnell et al. "A novel optical microscope for imaging large embryos and tissue volumes with sub-cellular resolution throughout", eLife 5（2016）: e18659. doi: 10.7554/eLife.18659
22) J. N. Stirman, et al., "Wide field-of-view, multi-region, two-photon imaging of neuronal activity in the mammalian brain", Nat. Biotechnol. 34, 8（2016）: 857-862. doi: 10.1038/nbt.3594
23) N. J. Sofroniew et al., “A large field of view two-photon mesoscope with subcellular resolution for in vivo imaging”, elife 5（2016）: e14472. doi: 10.7554/elife.14472
24) F. Balzarotti et al, "Nanometer resolution imaging and tracking of fluorescent molecules with minimal photon fluxes", Science 355, 6325（2016）: 606-612. doi: 10.1126/science.aak9913
25) M. Weber et al., "MINSTED fluorescence localization and nanoscopy", Nat. Photonics 15（2021）: 361-366. doi: 10.1038/s41566-021-00774-2

26) F. Xu et al., “Three-dimensional nanoscopy of whole cells and tissues with in situ point spread function retrieval”, *Nat. Methods* 17 (2020) : 531-540. doi: 10.1038/s41592-020-0816-x
27) E. Nehme et al., “DeepSTORM3D: dense 3D localization microscopy and PSF design by deep learning”, *Nat. Methods* 17 (2020) : 734-740. doi: 10.1038/s41592-020-0853-5
28) R. Lincoln et al., "A general design of caging-group-free photoactivatable fluorophores for live-cell nanoscopy" Nat. Chem. 14 (2022) : 1013-1020. doi: 10.1038/s41557-022-00995-0
29) T. -L. Liu et al., “Observing the cell in its native state: Imaging subcellular dynamics in multicellular organisms”, *Science* 360, no. 6386 (2018) : eaaq1392. doi: 10.1126/science.aaq1392
30) S. Takanezawa, T. Saitou and T. Imamura, "Wide field light-sheet microscopy with lens-axicon controlled two-photon Bessel beam illumination", Nat. Commun. 12 (2021) : 2979. doi: 10.1038/s41467-021-23249-y
31) A. Glaser et al., “Light-sheet microscopy for slide-free non-destructive pathology of large clinical specimens”, *Nat. Biomed. Eng.* 1 (2017) : 0084. doi: 10.1038/s41551-017-0084
32) Lindsey A. Barner et al., "Multi-resolution open-top light-sheet microscopy to enable efficient 3D pathology workflows", *Biomed. Opt. Express* 11, no. 11 (2020) : 6605-6619. doi: 10.1364/BOE.408684
33) F. F. Voigt et al., "The mesoSPIM initiative: open-source light-sheet microscopes for imaging cleared tissue" Nat. Methods 16 (2019) : 1105-1108. doi: 10.1038/s41592-019-0554-0
34) F. Hu et al., “Supermultiplexed optical imaging and barcoding with engineered polyynes”, *Nat. Methods* 15 (2018) : 194-200. doi: 10.1038/nmeth.4578
35) H. Fujioka et al., "Multicolor Activatable Raman Probes for Simultaneous Detection of Plural Enzyme Activities", J. Am. Chem. Soc. 142, 49 2020: 20701-20707. doi: 10.1021/jacs.0c09200
36) J. Ao et al., "Switchable stimulated Raman scattering microscopy with photochromic vibrational probes", Nat. Commun. 12 (2021) : 3089. doi: 10.1038/s41467-021-23407-2
37) J. Du and L. Wei, "Multicolor Photoactivatable Raman Probes for Subcellular Imaging and Tracking by Cyclopropenone Caging", J. Am. Chem. Soc. 144, 2 (2022) : 777-786. doi: 10.1021/jacs.1c09689
38) L. Gong et al, “Higher-order coherent anti-Stokes Raman scattering microscopy realized label-free super-resolution vibrational imaging”, *Nat. Photonics* 14 (2020) : 115-122. doi: 10.1038/s41566-019-0535-y
39) H. Xiong et al., “Stimulated Raman excited fluorescence spectroscopy and imaging”, *Nat. Photonics* 13, no. 6 (2019) : 412-417. doi: 10.1038/s41566-019-0396-4
40) K. Hiramatsu et al., “High-throughput label-free molecular fingerprinting flow cytometry”, *Science Advances* 5, no. 1 (2019) : eaau0241. doi: 10.1126/sciadv.aau0241
41) Y. Suzuki et al., “Label-free chemical imaging flow cytometry by high-speed multicolor stimulated Raman scattering”, *PNAS* 116, no. 32 (2019) : 15842-15848. doi: 10.1073/pnas.1902322116
42) T. C. Hollon et al., “Near real-time intraoperative brain tumor diagnosis using stimulated Raman histology and deep neural networks”, *Nat. Med.* 26 (2020) : 52-58. doi: 10.1038/s41591-019-0715-9
43) D. Zhang et al, “Depth-resolved mid-infrared photothermal imaging of living cells and

organisms with submicrometer spatial resolution", *Science advances* 2, no. 9（2016）: e1600521. doi: 10.1126/sciadv.1600521
44) J. Shi et al, "High-resolution, high-contrast mid-infrared imaging of fresh biological samples with ultraviolet-localized photoacoustic microscopy", *Nat. Photonics* 13（2019）: 609-615. doi: 10.1038/s41566-019-0441-3
45) L. Shi et al, "Mid-infrared metabolic imaging with vibrational probes", *Nat. Methods* 17, no. 8（2020）: 844-851. doi: 10.1038/s41592-020-0883-z
46) K. Toda et al., "Molecular contrast on phase-contrast microscope", *Scientific Reports* 9, no. 1（2019）: 9957. doi: 10.1038/s41598-019-46383-6
47) D. Zhang et al, "Bond-selective transient phase imaging via sensing of the infrared photothermal effect", *Light: Science & Application* 8, no. 1（2019）: 1-12. doi: 10.1038/s41377-019-0224-0
48) M. Tamamitsu et al, "Label-free biochemical quantitative phase imaging with mid-infrared photothermal effect", *Optica* 7, no. 4（2020）: 359-366. doi: 10.1364/OPTICA.390186
49) R. Prevedel et al., "Brillouin microscopy: an emerging tool for mechanobiology", *Nature Methods* 16, no. 10（2019）: 969-977. doi: 10.1038/s41592-019-0543-3
50) G. Antonacci et al., "Recent progress and current opinions in Brillouin microscopy for life science applications", *Biophysical Reviews* 12（2020）: 615-624. doi: 10.1007/s12551-020-00701-9
51) I. Remer et al., "High-sensitivity and high-specificity biomechanical imaging by stimulated Brillouin scattering microscopy", *Nature Methods* 17, no. 8（2020）: 913-916. doi: 10.1038/s41592-020-0882-0
52) R. Horisaki, R. Takagi and J. Tanida, "Learning-based imaging through scattering media", *Optics Express* 24, no. 13（2016）: 13738-13743. doi: 10.1364/OE.24.013738
53) E. M. Christiansen et al., "In Silico Labeling: Predicting Fluorescent Labels in Unlabeled Images", *Cell* 173, no. 3（2018）: 792-803.e19. doi: 10.1016/j.cell.2018.03.040
54) C. Oukomol et al., "Label-free prediction of three-dimensional fluorescence images from transmitted-light microscopy", *Nature Methods* 15（2018）: 917-920. doi: 10.1038/s41592-018-0111-2
55) K. Yanny et al., "Miniscope3D: optimized single-shot miniature 3D fluorescence microscopy", Light Sci. Appl. 9（2020）: 171. doi: 10.1038/s41377-020-00403-7
56) J. Wu et al., "An integrated imaging sensor for aberration-corrected 3D photography", Nature 612（2022）: 62-71. doi: 10.1038/s41586-022-05306-8
57) Q. Yu et al., "A biosensor for measuring NAD+ levels at the point of care", Nat. Metab. 1（2019）: 1219-1225. doi: 10.1038/s42255-019-0151-7
58) C. Deo et al., "The HaloTag as a general scaffold for far-red tunable chemigenetic indicators", Nat. Chem. Biol. 17（2021）: 718-723. doi: 10.1038/s41589-021-00775-w
59) W. Zhu et al., "Chemigenetic indicators based on synthetic chelators and green fluorescent protein", Nat. Chem. Biol. 19（2023）: 38-44. doi: 10.1038/s41589-022-01134-z
60) M.Kaimimura et al., "Ratiometric near-infrared fluorescence nanothermometry in the OTN-NIR（NIR II/III）biological window based pn rare-earth doped β-NaYF4 nanoparticles", J. Mater. Chem. B. 5, no. 10（2017）: 1917-1925.
61) E. D. Cosco et al., "Shortwave infrared polymethine fluorophores matched to excitation

2.3 俯瞰区分と研究開発領域 基礎基盤

lasers enable non-invasive, multicolour in vivo imaging in real time", Nat. Chem. 12 (2020) : 1123-1130. doi: 10.1038/s41557-020-00554-5
62) M. Y. Lucero et al., "Development of NIR-II Photoacoustic Probes Tailored for Deep-Tissue Sensing of Nitric Oxide", J. Am. Chem. Soc. 143, 18（2021）: 7196-7202. doi: 10.1021/jacs.1c03004
63) D. Liu et al., "Xanthene-Based NIR-II Dyes for In Vivo Dynamic Imaging of Blood Circulation", J. Am. Chem. Soc. 143, 41（2021）: 17136-17143. doi: 10.1021/jacs.1c07711
64) E. Murray et al., “Simple, scalable proteomic imaging for high- dimensional profiling of intact systems”, *Cell* 163, no. 6（2015）: 1500-1514. doi: 10.1016/j.cell.2015.11.025
65) X. Zhuang, “Spatially resolved single-cell genomics and transcriptomics by imaging”, *Nat. Methods* 18（2021）: 18-22. doi: 10.1038/s41592-020-01037-8
66) L. Wei et al., "Super-multiplex vibrational imaging", Nature 544（2017）: 465-470. doi: 10.1038/nature22051
67) F. Hu et al., "Supermultiplexed optical imaging and barcoding with engineered polyynes", Nat. Methods 15（2018）: 194-200. doi: 10.1038/nmeth.4578
68) M. S. Frei et al., "Engineered HaloTag variants for fluorescence lifetime multiplexing", Nat. Methods 19（2022), 65-70. doi: 10.1038/s41592-021-01341-x
69) M. S. Frei et al., "Live-Cell Fluorescence Lifetime Multiplexing Using Synthetic Fluorescent Probes", ACS Chem. Biol. 17, 6（2022）: 1321-1327. doi: 10.1021/acschembio.2c00041
70) J. Schniete et al., "Fast Optical Sectioning for Widefield Fluorescence Mesoscopy with the Mesolens based on HiLo Microscopy", Sci. Rep. 8（2018）: 16259. doi: 10.1038/s41598-018-34516-2
71) E. Battistella et al., "Light-sheet mesoscopy with the Mesolens provides fast sub-cellular resolution imaging throughout large tissue volumes", iScience 25, 9（2022）: 104797. doi: 10.1016/j.isci.2022.104797
72) T. Ichimura et al., "Exploring rare cellular activity in more than one million cells by a transscale scope", Sci. Rep. 11（2021）: 16539. doi: 10.1038/s41598-021-95930-7
73) T. Kakizuka et al., bioRxiv. doi: 10.1101/2020.06.29.176891
74) CH. Yu et al., "Diesel2p mesoscope with dual independent scan engines for flexible capture of dynamics in distributed neural circuitry", Nat. Commun. 12（2021）: 6639. doi: 10.1038/s41467-021-26736-4
75) K. Ota et al., "Fast, cell-resolution, contiguous-wide two-photon imaging to reveal functional network architectures across multi-modal cortical areas", Neuron 109, 11（2021）: 1810-1824. doi: 10.1016/j.neuron.2021.03.032
76) J. Demas et al, "High-speed, cortex-wide volumetric recording of neuroactivity at cellular resolution using light beads microscopy", Nat. Methods 18（2021）: 1103-1111. doi: 10.1038/s41592-021-01239-8
77) O. Faklaris, et al., "Quality assessment in light microscopy for routine use through simple tools and robust metrics", J. Cell Biol. 221, 11（2022）: e202107093. doi: 10.1083/jcb.202107093
78) T. Tamura et al., "Organelle membrane-specific chemical labeling and dynamic imaging in living cells", Nat. Chem. Biol. 16（2020）: 1361-1367. doi: 10.1038/s41589-020-00651-z
79) A. S. Abdelfattah et al., “Bright and photostable chemigenetic indicators for extended in vivo voltage imaging”, *Science* 364, no. 6454（2019）: 699-704. doi: 10.1126/science.aav6416

80) S. Ota et al., “Ghost cytometry”, Science 360, no. 6394 (2018) : 1246-1251. doi: 10.1126/science.aan0096
81) H. Mikami et al., “Ultrafast confocal fluorescence microscopy beyond the fluorescence lifetime limit”, *Optica* 5, no. 2 (2018) : 117-126. doi: 10.1364/OPTICA.5.000117
82) J. Fan et al., “Video-rate imaging of biological dynamics at centimetre scale and micrometre resolution”, Nature Photonics 13, no. 11 (2019) : 809-816. doi: 10.1038/s41566-019-0474-7
83) R. Lu et al., "Rapid mesoscale volumetric imaging of neural activity with synaptic resolution", Nat Methods 17 (2020): 291–294. doi: 10.1038/s41592-020-0760-9
84) S. Ravindran, “Core curriculum: learning to manage a shared microscopy facility”, *Nature* 588, no. 7837 (2020) : 358-360. doi: 10.1038/d41586-020-03466-z
85) D. P. Hoffman et al., “Correlative three-dimensional super-resolution and block-face electron microscopy of whole vitreously frozen cells”, *Science* 367, no. 6475 (2020) : eaaz5357. doi: 10.1126/science.aaz5357
86) J. R. Swedlow et al., "A global view of standards for open image data formats and repositories", Nat. Methods 18 (2021) : 1440-1446. doi: 10.1038/s41592-021-01113-7

2.3.6 一細胞オミクス・空間オミクス

（1）研究開発領域の定義

1細胞ごとにゲノム、エピゲノム、トランスクリプトーム、プロテオーム、メタボロームなどを計測・解析する学問領域、およびそれにかかわる技術の総称を指す。またこのような技術や蛍光タンパク質、DNAタグによる細胞標識・追跡技術、CRISPR技術との融合によって1細胞レベルで細胞分化の系譜を追跡し、オルガノイド系、胚発生系等の細胞社会、臓器を構成する細胞の挙動の正確な理解の研究が該当する。これによって、疾患発症に関わる細胞種の特徴を解明することやすべての細胞種のアトラスを構築することが可能になる。類似の領域に1細胞が持つ少種類の分子や細胞のマクロな形態・機能を計測する1細胞解析がある。

（2）キーワード

シングルセルゲノム、シングルセルトランスクリプトーム、シングルセルエピゲノム、シングルセルマルチオーム解析、空間的トランスクリプトーム解析、空間的エピゲノム解析、Human Cell Atlas（ヒト細胞アトラス）、細胞系譜追跡、DNAバーコード技術、マイクロ流体

（3）研究開発領域の概要

[本領域の意義]

ヒトは約37兆個の細胞から構成されており、それらが階層的かつ空間的に配置され、多数の機能を生み出し、個体としての生理学的状態を維持している。トラスクリプトーム解析に代表される生命科学研究技術の進捗に伴い、臓器や組織を構成する細胞群の違いが明らかとなり、これらが臓器・組織固有の機能発現に繋がるという知見が見出されつつある。しかし、細胞ひとつひとつが分子レベルでどのような状態にあり、相互作用し、機能しているかという包括的かつ詳細な情報は未だに得られていない。これらの解明に向け、異なる細胞種で作られる三次元的組織における細胞−細胞間、あるいは細胞−細胞外マトリックス間における相互作用を1細胞解像度で理解することは重要である。これは正常な生体機能を理解するだけではなく、疾患あるいは老化に伴った細胞の状態および相互作用変化を捉えることも可能とし、新しい診断法および治療法の開発にもつながる。

ヒト一個体の体細胞のゲノムは基本的に同一の配列を有するが、上記多様な機能を発現するために、細胞種ごとに異なるエピゲノム状態を持っている。そして、このエピゲノム状態に応じた特定のRNAが転写され、この量に応じたタンパク質が翻訳される。これら異なる分子階層における状態や発現量は、細胞機能を推定する上で重要な手がかりとなる。様々な1細胞オミクス技術が開発され、現在ではヒト全臓器に含まれる細胞の分子プロファイルが詳細に調べられるようになった。このような取り組みにより、分子階層間の制御機構の一端が明らかになりつつある。また、国際的なプロジェクトにより大規模な1細胞オミクス解析が実施され、ヒトを含む様々なモデル動物の全臓器細胞分子プロファイルが報告されており、健康状態にある細胞のレファレンスデータとしての活用が期待されている。加えて疾患や老化に伴う細胞の分子プロファイルの変化についてもデータの収集が始まっており、基礎研究だけでなく、臨床検査や創薬への応用が進みつつある。

[研究開発の動向]

一細胞レベルでの包括的かつ定量的な分子プロファイルを記述する技術（一細胞レベルのゲノム、トランスクリプトーム、エピゲノム、プロテオーム、メタボローム解析など）は、特定時点における個々細胞のスナップショット解析のみならず、時空間的な分解能を持った細胞挙動の解析や組織・臓器レベルの空間的解析へと応用され始めている。

• トランスクリプトーム解析技術の動向

1細胞レベルの包括的かつ定量的な分子プロファイリング技術は生物学や医学研究において、もはや欠くことのできない存在になっている。特にトランスクリプトーム解析は他のオミクス解析に先んじて開発が進められており、2015年に報告されたマイクロ流体装置を使った前処理方法であるDrop-seq[1] /inDrop RNA-seq[2] あるいはマイクロウェル（例えばCytoSeq[3] およびSeq-Well[4]）を使った方法により、数万個単位の細胞を一度に処理し1細胞のトランスクリプトーム解析が可能になった。これを実現する装置は、現在では10x Genomics社をはじめ複数の会社から販売されており、一般の生物学研究者が使える技術として汎用化し、基礎技術開発のフェーズから活用のフェーズへと転じた状況にある。一方で、2017年に報告された、細胞集団の分配と集合を繰り返しながら最終的に1細胞ごとにユニークなDNAバーコードを付与するsplit-pool barcoding[5] はマイクロ流体装置を必要とせず、旧来の生化学実験手法のみで前処理を行えるという利点がある。これら様々なトランスクリプトーム解析法の性能比較は米国のBroad Instituteのグループの報告[6] および国際研究グループの報告[7] を参照されたい。大規模前処理方法のうち、国際プロジェクトHuman Cell Atlas（HCA）で最も広く活用されているのは10x Genomics社のプロトコルである。

ここ数年の動向としては、2017年より開始したHCAプロジェクトを中心とした国際共同研究により、ヒトの全細胞の分子プロファイルをカタログ化するプロジェクトが進められ、10x Genomics社の技術を活用した多くの研究データが報告された。これに加えて2016年から発足したTabulaプロジェクト（Chan Zuckerberg InitiativeによるCZ Biohub拠点としたプロジェクト）は、10x Genomics社のプロトコルに加えてウェルプレートベースのSmart-seq2[8] を活用し、ショウジョウバエ（2022）[9]、マウス（2018）[10] および老化マウス（2020）[11]、ネズミキツネザル（2021）、ヒト（2022）[12] の全臓器1細胞トランスクリプトームデータを収集した。これらの研究報告に先んじて、中国の浙江大学のグループは2018年にマウスの全細胞トランスクリプトームデータ[13]、そして2020年にはヒトのデータを報告しており[14]、これらはCytoSeqとSmart-seq2を組み合わせたMicrowell-seqという方法が用いられた。また、Human Developmental Cell Atlas（HDCA）initiativeというヒトの発達過程の1細胞分子プロファイルレファレンスを構築する取り組みがHCAの一環として進められており、そのロードマップが2021年に示された[15]。さらに、ワシントン大学のグループはsplit-pool barcodingを使った方法によりマウス胚から採取した細胞のデータを2019年に[16]、ヒト胎児の臓器から採取した細胞のトランスクリプトーム[17] およびオープンクロマチンデータ[18] を2020年に報告している。一方で、2018年には人のゲノムの10倍以上の塩基対を有するメキシコサンショウウオの全ゲノムが解明され、同年中に別のグループが四肢組織再生中の1細胞トランスクリプトーム解析を実施しており[19]、非モデル生物に対する全細胞分子プロファイルも進められている。以上の様に様々な種や発達ステージにおける細胞の分子プロファイリングが進んだ。

• 一細胞エピゲノム解析

ゲノムやヒストンのメチル化・アセチル化修飾、クロマチンの開閉位置など、エピゲノムは遺伝子発現の制御に深く関わっている。遺伝子発現に細胞ごとの多様性があるように、エピゲノム状態も細胞種や個々の細胞ごとに特異的なパターンを示すため、一細胞で計測することで細胞機能やその成り立ちを遺伝子発現制御レベルで理解することができる。こうしたニーズに応えるべく、近年一細胞レベルでエピゲノム情報を解析する技術が多く生み出されてきている。具体的には、トランスポゼースの挿入位置からゲノムの開構造をシーケンスするATAC- seq[20, 21] やDNase-seq[22]、ヒストン修飾領域を免疫沈降してシーケンスするChIP-seq[23]、DNAメチル化修飾領域をシーケンスするBisulfite-seq[24] や5hmC-seq[25]、クロマチンの相互作用部位から3次元構造をシーケンスするHi-C[26] して、一細胞レベルでゲノムワイドに解析する手法が報告されている。この中で最も研究利用が進んでいるのがシングルセルATAC-seqであり、シングルセルトランスクリプトーム解析にも使用されているマイクロ流体経路によるドロップレット技術を利用することで単一細胞の核からゲノム開構造をシーケンス解析することができる。2018年には10x Genomics社からシングルセルATAC-seqキットの市販も開始され、本キットを用いたがん免疫療法前後のバイオプシーサンプルの解析から、治療応答性の新規T細胞サブセットがクロマチン制御レベルで同定されている[27]。以来、シングルセルATAC-seqは一細胞研究分野に必須の解析技術として広く利用されており、ヒトの大脳皮質形成過程における運命決定と相関するクロマチン状態[28]や、胸腺内で他組織の自己抗原を発現誘導するクロマチン制御機構[29]など、数多くの重要な発見をもたらしている。さらに最近では、細胞核をサンプルとしてシングルセルトランスクリプトーム解析とシングルセルATAC-seqを同一細胞にて行う技術（シングルセルマルチオーム解析）も市販されている。従来手法ではエピゲノムとトランスクリプトームを別々のサンプルで解析してから統合的理解を図ることしかできなかったが、このシングルセルマルチオーム解析技術を用いることで、同一細胞内におけるエピゲノムとトランスクリプトームを同時観察することが可能となった。この手法を用いて、例えば眼疾患のGWASからリスク因子として同定されていた機能未知の複数SNPsが実際に遺伝子発現調節に関わっていること[30]や、介在ニューロンの分化運命決定に関わる転写ネットワーク[31]などが明らかにされている。シングルセルマルチオーム解析は市販されて間もないことから出版論文数は多くないが、プレプリントでは徐々に論文数が蓄積されつつあり、今後数年間で一細胞解析分野の常套手段として確立されるものと考えられる。

一方で、ヒストン修飾を対象としたシングルセルChIP-seqの技術開発では、2015年に初めてなされた手法報告[23]に関して、その後実際の研究報告が続いておらず、技術的・機器的な問題から再現性がとれていない可能性が示唆される。 ChIP-seqは特定ゲノム領域を免疫沈降するために多くの細胞数を必要とすることから、シングルセルレベルの技術開発が長らく低迷していたが、この分野において日本発のChIL-seq[32]が一細胞解像度のヒストン修飾解析に成功しており、今後コスト面等の改善により世界的に普及する可能性を秘めている。また、クロマチン相互作用部位やDNAループ特定のため大量のサンプルを必要とするHi-Cに関しても、報告されている一細胞解像度の手法[26]で得られるデータは非常にスパースであるという課題が残っている。それ故、ATAC-seq以外の一細胞エピゲノム解析手法に関しては今後さらなる技術開発の必要性があると言える。

• マルチオミクス解析の大規模化

1細胞トランスクリプトーム解析技術だけでなく、他の階層を対象とする解析技術、膜タンパク質発現情報、オープンクロマチン領域情報、エピゲノム情報を抽出する技術開発も進んだ。加えて、同一の細胞を対象として、トランスクリプトーム解析だけではなく、同時に別の階層（オミクス）情報を取得するマルチオミクス解析[33]に関する研究がここ数年の間に多く報告された。その一例として、2017年に報告されたCITE-seqおよびREAP-seqは、DNAバーコードが付与された抗体を用いて細胞を“染色”し、膜タンパク質発現とmRNA発現の同時定量を可能とする。このDNAバーコード標識抗体は、BioLegend社からDNAタグ付き抗体がTotalSeqというキットとして販売されている。加えて、DNAタグ配列を工夫することにより10x Genomics社の装置を活用した大規模化も実現している。また、2019年にはオープンクロマチン領域解析とトラスクリプトーム解析を同時に行うSNARE-seqが報告された[34]。さらに、2021年にはCITE-seqにATAC-seqを加えたASAP-seqという方法が報告され[35]、膜タンパク質発現、mRNA発現、オープンクロマチン領域の三階層の同時計測が可能になった。また、核内タンパク質と遺伝子の発現解析を同時に行うinCITE-seqという方法も報告されている[36]。ワシントン大学のグループはsplit-pool barcodingを使ってオープンクロマチン領域解析とトランスクリプトーム解析をマルチオミクス化した[37]。また、UCサンディエゴのグループは、CUT&Tag法を応用して、ヒストン修飾とトラスクリプトーム解析を同時に行うParied-Tagという方法を報告している[38]。

これらマルチオミクス解析だけでなく、得られたデータを統合し情報解析するツールの開発も進められた。データ統合により階層間の接続が行え、より詳細な分子メカニズムの解明が可能になりつつある。当初のマルチオミクス解析では、細胞サンプルを分割して、別々の1細胞オミクス解析を実施し、その後にデータを統合するというアプローチが主流であった[39, 40, 41]。なお、データ統合については、同一階層（例えば1細胞トランスクリプトーム同士のバッチコレクション）においても重要な概念である[42]。

• **空間的トランスクリプトーム解析**

従来の網羅的遺伝子発現解析では、組織を酵素処理して一細胞レベルに単離し、細胞を破壊してRNA抽出することが必須であったため、異なる細胞種間の空間的相互作用については理解することが叶わなかった。こうした背景をもとに近年登場した空間的遺伝子発現解析技術は、FFPE切片や凍結切片上での網羅的遺伝子発現解析を可能とする点が特徴であり、ここ数年のホットトピックの一つとして2021年1月にNature methods of the Year 2020に選ばれている。

本手法は「空間網羅タイプ」、「局所深読みタイプ」の2つに大別される。前者は、所与の組織内の全ての細胞の位置情報と遺伝子発現情報を取得できるが、1細胞あたりから検出できる遺伝子数はあまり多くない。後者は、検出範囲は関心領域に限定されるが、1細胞あたりから検出できる遺伝子数を深く読み解くことができる。両タイプは空間網羅性と検出深度においてトレードオフの関係にある。

これらは、次世代シーケンス解析を活用する方法と顕微鏡ベースの方法に大別でき、ここでは次世代シーケンス解析を活用した方法に焦点を絞り紹介する。代表的なアプローチとしては、ユニークなバーコード配列を有したDNAをスライド基板上に空間配置し、組織切片などを密着させた状態でmRNAを基板上に転写捕捉し、バーコードでタグづけされたcDNAを作製し、シーケンスライブラリを作る方法である（空間バーコード法）。この潮流の大きな要因として、2019年に10x Genomics社から発売された空間トランスクリプトーム解析キットVisiumが挙げられる。 Visiumでは、スライドガラス上の約5,000スポットにRNAを補足する空間識別用バーコードオリゴが配置されており、その上に組織切片を貼り付けて溶解することで個々の細胞から溶出したRNAをその位置で捕捉することができる。バーコード配列の空間配置方法としては、微小なビーズを活用する方法や[43, 44, 45]、基板上でバーコード配列を増幅する方法[46, 47]、split-pool barcodingを活用する方法[48]、マイクロ流体装置を活用する方法[49, 50, 51]などが報告されている。その他のアプローチとしては、DNA microscopyと呼ばれる方法がある。この方法では、組織切片などにDNAバーコードをランダムに配置し、in situ PCRを行うことで、それぞれのDNAバーコードの近くにいるmRNAと近接するDNAバーコード同士を連結・増幅し、それらの相対的な繋がり情報をもとにして計算機上で空間再構築するものである。

局所深読みタイプでは、2021年に京都大学の沖と九州大学の大川らが開発した、光ケージ化合物を付したオリゴDNAを使用するPIC法がある（PMID: 34285220）。これを組織切片に滴下すると全ての細胞内で逆転写反応が進行するが、のちの光照射によってケージ化合物が脱離するため、その後のライブラリ合成で増幅され、シーケンスできる。他の光化学的抽出法と異なり、PICは同一切片の複数の関心領域を識別できないため空間網羅性に劣るが、世界最高レベルの空間解像度（サブミクロンレベル）と検出深度（1 μm^2あたり数百のmRNAを検出可能）を兼ね備えているため、核内の微小構造体の高深度オミクス解析にも成功している。

疾患の理解への応用も進んでおり、この数年間で既に多くの重要な知見が蓄積されつつある。心筋梗塞患者と対照者の心筋組織に対して空間的遺伝子発現解析、シングルセルトランスクリプトーム解析、シングルセルATAC-seq解析を行った研究からは、損傷修復やリモデリングに関わる重要なトランスクリプトーム・エピゲノム変化が細胞間コミュニケーションに規定され得ることが明らかにされている[52]。前立腺がん組織を対象として空間的遺伝子発現解析とDNA FISHによる空間的CNV解析を組み合わせた研究からは、MycやPTEN等のがんドライバー遺伝子におけるコピー数変化やそれに伴う遺伝子発現変化は既に悪性化前の良性腫瘍の段階において起こっていることが示されている[53]。

疾患だけでなく正常組織を対象とした研究も盛んに行われており、例えば空間的遺伝子発現解析とシングルセルトランスクリプトーム解析を組み合わせた尿管組織の研究では、SHHを発現する尿路上皮前駆細胞と周囲の線維芽細胞・基底細胞とのクロストークが組織構築に重要であることなどがわかってきている[54]。生殖腺発達のメカニズムをシングルセルトランスクリプトーム・エピゲノム解析と空間的遺伝子発現解析を用いて検証した研究からは、複数の性決定因子とその発現時期・パターンが明らかにされている[55]。10x社のホームページに記載のあるVisium関連のpublicationは未だ約100報程度であるが、以上のようにその生物学的新規性から多くがトップジャーナルに掲載されており、今後飛躍的に発表論文数も高まるものと予想される。

• 一細胞トランスクリプトーム解析を利用した細胞系譜追跡

多細胞生物は、1つの細胞が分裂と分化を重ねて、複雑な個体を形成する。細胞系譜と分化の関係を知ることができれば、多細胞生物の成り立ちや疾患になる仕組みが理解できる。この分野において、Nature Methods誌が選ぶ2022年のMethods to Watchの一つに"Tracing cell relationships"が選ばれているように、1細胞解析技術の発展とともにLineage tracingに関する様々な実験系の開発が進んでいる[56]。

本技術は、従来の静的な一細胞解析や細胞系譜推定手法とは異なり、実際の細胞進化軌跡の動的理解を可能とする技術である。この技術は、細胞を事前にDNAバーコードにてラベルする必要のないレトロスペクティブな実験系と、バーコードラベルした細胞をプロスペクティブに追跡する実験系に大別できる。レトロスペクティブな系は、娘細胞に受け継がれる体細胞変異の解析から細胞系譜を推定するものであり、ヒトの成長・発達や疾患発症に特徴的なクローンをシングルセルゲノム・トランスクリプトーム解析から追跡することが可能である[57, 58]。それゆえ、サンプリングが可能な範囲で実際の生体内の細胞系譜を追うことができるというメリットがあるが、体細胞変異を有さないクローンを追跡できないことや、遺伝子操作による影響を検証できないというデメリットも存在する。一方で、プロスペクティブな系はDNAバーコードにより細胞をラベルして追跡する技術であることから、*in vitro*培養系や*in vivo*移植系の様々なモデルでの利用が可能であり、興味対象の細胞を遺伝子操作下で追うことができる。初期のバーコードライブラリ[59]はDNAレベルでの解析のみに対応していたが、近年開発されたWatermelon[60]、LARRY[61]では、DNAバーコード上流に発現カセットが組み込まれており、シングルセルトランスクリプトーム解析からバーコード情報を遺伝子発現情報と共に読み取ることが可能である。これらの技術とCRISPRを融合し、バーコード配列に変異を挿入して長期的な細胞分裂ヒストリーを記録する応用技術の開発も進んでいる[62]。以上の特徴から、これらのレトロスペクティブな系とプロスペクティブな系は相互補完的に機能し得るものであり、両分野における技術開発は今後も加速していくものと思われる。

こうした細胞追跡技術は既に多分野に応用されており、胚発生やがんの薬剤耐性・転移などにおける報告がなされている。例えば胎生期の胚の解析では、胚形成の過程で全能性が失われつつ分化していく細胞系譜を一細胞レベルで辿ることに成功しており、分化した細胞系譜から計算された"Lineage distance"が近しいものほどトランスクリプトーム状態も似ていることがわかっている[63]。また、バーコード化したがん細胞を用いた進化軌跡解析からは、薬剤耐性細胞や転移細胞が治療前から存在する場合と治療開始後に出現する場合があることが実験的に証明されており、がん種や治療方法に応じて様々な遺伝子変異や遺伝子発現の変化がこうした悪性化をドライブすることが明らかとなってきている[64, 65, 66]。これらの知見は、これまでの静的なスナップショット解析ではなし得なかった、生物の発達や疾患の発症・進展メカニズムの動的理解をもたらすものと期待されている。今後、一細胞エピゲノム解析との統合的解析研究も進んでいくものと考えられ、当該研究分野はさらなる技術発展と研究成果の蓄積が見込まれる。

（4）注目動向

［新展開・技術トピックス］

• total RNA sequencingに関する研究

これまでの1細胞トランスクリプトーム解析ではpoly AのついたRNA、すなわち主にメッセンジャーRNAをターゲットにしたプロトコルが主流であった。そのため、成熟してもpoly Aが付与されないnoncoding RNAや転写途中のRNAに関するオミクス解析は1細胞レベルでほとんど行われて来なかった。バルクレベルではあるが2021年にpoly A−鎖も含むtotal RNAに関する大規模調査が報告されるなど、poly A−鎖の網羅的調査とその機能解明を目指した研究に注目が高まっている[67)]。1細胞レベルの研究としては、2018年にRamDA-seqと呼ばれる全長total RNAをシーケンス解析するプロトコルが理研によって開発された。そして、2021年[68)]および2022年[69)]に新しいプロトコルが報告された。特に2022年に報告されたVASA-seqという方法は、マイクロ液滴の形成・合体を実施するマイクロ流体装置およびDNAバーコードを用いることで大規模1細胞total RNAシーケンス解析を可能にする初の方法である。具体的な方法としてはRNAをフラグメント化した後、末端をpoly A化し、oligo-dTを用いてcDNAを合成する。通常の1細胞トランスクリプトームにおいて絶対定量に活用されるunique molecular identifier（UMI）はunique fragment identifier（UFI）として活用され、定量性にも優れた方法である。Intron領域の検出感度が高く、poly A+鎖のみをターゲットにしたプロトコルと比較してRNA velocityの予測精度も高いことが報告されている。

• **時間情報を抽出する研究**

2018年にRNA velocityと呼ばれるexon量とintron量から細胞状態の変化の速度を予測する手法が報告された。また、新しく合成されたRNAを人工塩基によりラベル化するscEU-seq[70)]、SLAM-seq[71)]やSci-fate[72)]はスプライシングの速さで規格化した相対的なvelocityしか算出できないというRNA velocityの課題を解決する実験手法として開発され、Dynamo[73)]と呼ばれるデータ解析の枠組みにより絶対的なRNA velocityを算出できることが報告された。RNA timestamp[74)]と呼ばれるアデノシンを脱アミン化することでイノシンに変換しRNA ageを計測する方法や、AFMのカンチレバー状のデバイスで非殺傷的に同一の1細胞から複数のタイムポイントにおいてRNAを回収してトランスクリプトーム解析を実施するLive-seq[75)]など、時間方向の情報を取得する技術開発が相次いでいる。RNAのラベル化法はゼブラフィッシュの胚発生へも用いられた[76)]。また、velocityを算出するアプローチはオープンクロマチン領域解析にも拡張され、Chromatin velocity[77)]と呼ばれる解析法やオープンクロマチン領域解析とトラスクリプトーム解析を統合したMultiVelo[78)]と呼ばれる方法が報告された。

• **空間的一細胞マルチオミクス解析技術**

2019年にMITのグループから報告されたSlide-seq[79)]や、10x社が発売準備を進めているVisium HDなど、一細胞以下の解像度での空間的遺伝子発現解析を行うキットも来年には社会実装されるものと思われる。さらに、Yale大学のグループから空間的ヒストン修飾解析[80)]が2022年2月に、空間的ATAC-seq解析[81)]が2022年8月にそれぞれ報告されている。いずれの手法も抗体結合領域やオープンクロマチン領域をトランスポゾンでラベルして切り出し、その後空間的位置情報を捉えるバーコードをその場でDNAに結合させてからライブラリーを作成して次世代シーケンサーにて読み取るというものである。この手法は他の転写因子やクロマチン制御因子の結合領域同定等にも応用可能であると考えられ、今後のさらなる技術開発と市場への早期流通が期待される。

• **マイクロ流体装置の新たな活用例**

これまでオミクス解析と融合されていなかった情報との統合が挙げられる。例えば、MITのグループはカンチレバーを用いた細胞の質量計測とトランスクリプトーム解析を融合し、薬剤応答との相関解析の可能性を示した[82)]。コロンビア大学のグループは、DNAバーコードで修飾したマイクロビーズとマイクロウェルを活用したSCOPE-seq[83)]という方法で、細胞画像とトランスクリプトーム解析を接続する方法を報告した。カリフォルニア大学ロサンゼルス校（UCLA）のグループは、nanovialと呼ばれる特殊な三次元構造のゲルビーズを開発し、ゲルビーズ上で培養した1細胞の分泌活性解析とトランスクリプトーム解析を融合したSEC-seqと呼ばれる方法を報告した[84)]。以上の様に、薬剤応答、表現型あるいは活性状態等の情報（パラメータ）を、従来の1細胞オミクス解析に統合することで、ユニークなデータセットの取得が可能になってきた。また、オミクス解析との統合は達成できていないが、表現型のひとつとして細胞の変形能も注目を集める。この計測においてもマイクロ流体装置の活用が複数の研究グループで見られており[85)]、UCLAの開発技術については敗血症の診断技術としてFDAの臨床試験にも至っている。細胞の変形能計測とトランスクリプトーム解析を統合できれば、変形能という表現型と背後にある分子メカニズムを紐づけることができ、最適な治療方針の決定などに活用できる可能性がある。

［注目すべき国内外のプロジェクト］

【海外】

• HubMAP

NIH Human BioMolecular Atlas Program (HubMAP)[86)] は2018年より開始し、Human Cell Atlas, Human Protein Atlas, LifeTime[87)]等と連携してプログラムを進めることが2019年にNature紙において示された。 HubMAPはHCA同様に1細胞オミクス解析を活用するが、タンパク発現、メタボローム解析等、幅広い計測モダリティへの展開、組織および空間情報への展開に重点が置かれている。

• CZ BioHub

CZ BioHubは2016年に10年間のプロジェクトとして発足し、BioHub研究拠点が創設された。スタンフォード大学やカリフォルニア大学バークレー校（UCSF）の研究者が連携プロジェクトを進めている。Tabulaプロジェクトなど1細胞オミクス関係のプロジェクトが多数進められている。また2022年には若手PIに対して5年間で一人当たり百万ドルの研究費を提供することを決め、86人の若手PIが選ばれた。

• LifeTime Initiative

LifeTime Initiative[87)] は2018年より開始し、欧州全体から90の研究機関、80のサポーター企業から構成され、2020年までFSが行われた。本プログラムは健康状態から病気に遷移する過程を、1細胞マルチオミクス解析、イメージング、AIおよび患者由来病気モデルを用いて解析し、病気の進行を司る分子機構を特定し、それを基にした新規治療法の確立を目指すものである。健康状態の細胞を対象にしたHubMAPと比較すると、病気の進行に重点をおいたプログラムと考えられる。

• Human Tumor Atlas Network (HTAN)

2020年、ヒトのがん細胞アトラスプロジェクトがスタート[88, 33)]。米NCIのCancer Moonshot主導のもと、様々ながん種、前がん病変を含む様々なステージ、治療前後や転移組織などのサンプルを対象とした一細胞解析を実施し、ヒトがん細胞地図を構築することを目指している。

• SenNet

The Common Fund's Cellular Senescence Network (SenNet) Program[89)] は2021年に開始した。このプログラムは老化細胞（Senescent Cell）をターゲットにしており、HubMAPおよびHCAとも連携しながらデータ収集が行われ、SnC Atlasというデータベースが構築される計画である。

【国内】

• JSTさきがけ/CREST多細胞領域

2019年に立ち上がった研究領域。組織・器官・個体等の多細胞系における細胞間の時空間的な相互作用を解析し、動的な生命システムの理解を深めることを目指した研究プロジェクトが進行している。

（5）科学技術的課題

• 一細胞解析の解像度

マイクロ流体経路を用いた一細胞トランスクリプトーム解析は、数万～数百万個の細胞のプロファイルを得ることができるハイスループット性と引き換えに、発現遺伝子の3' 側の一部配列のみの情報しか得ることができない。そのため、スプライシングバリアントや融合遺伝子の検出ができないという解析解像度の課題がある。

また、従来手法ではディープシーケンスを必要としているHi-C解析などに関しても、一細胞にて解析を行えるようになったものの得られるデータが非常にスパースであるという問題がある。

• 空間トランスクリプトーム技術

空間解像度、空間網羅性、検出深度、遺伝子網羅性の全てを兼ね備える手法は未だないため、研究の目的に応じて選択する段階である。今後、遺伝子発現情報だけではなく、その時空間的な制御を司るクロマチン情報やエピゲノム情報を空間情報に紐付けできる技術が期待されている。

（6）その他の課題

• 分野横断、人材育成

最先端の生物学および医学研究において数学、物理、工学、データ解析等、異分野および複数の分野を横断する知識が必要になってきている。一方で旧来の大学および大学院教育は医学部、理学部、工学部といった縦割りの枠組みになっており、さらに学部内でも分野が細分化されているため、学際研究を進める上で様々な障害を生んでいる。例えば、上記の学部、大学院は通常カリキュラムが全く異なり、また別々のキャンパスに点在している場合が多く、互いに人材交流がしにくい環境にある。さらに、若手研究者が学際研究を進め、その研究キャリアを続けた場合、最終的に受け皿となる学部および大学院が存在しないため、テニュアポジションを得にくい環境がある。当該分野を発展させるためには、学際分野で活躍できる人材を育成する環境づくり、その様な人材が最終的に安定したポジションを獲得できる雇用環境づくりから進める必要がある。

一例として、マイクロ流体装置に用いられている要素技術開発において当初わが国は欧米に先行していたが[90, 91)]、最終的には１細胞オミクスへの応用研究は欧米のグループが先行した。分野横断的に活躍できる人材がわが国に少ないことが主な原因であると考えられる。さらに、最近では空間オミクス解析へもマイクロ流体装置が活用されており[49, 50, 51)]、今後も中心的な要素技術として活用されることが予測される。

ENCODEやHCA、HTANなどのオミクス国際共同プロジェクトはバイオインフォマティクス研究者にオーガナイズされていることはもとより、海外ではバイオインフォマティクス研究者がラボに実験設備とウェット研究者を抱え、自身は手を動かさずともウェット研究全体の指揮を取ることも多い。ここでのポイントは「自身は手を動かさずとも」という点にあり、バイオインフォマティクス研究者自身は実際に実験ができない場合でも、生物学・医学の知識と研究をデザインする能力があれば、十分ハイレベルなウェット研究を成立させることができることを物語っている。また、publishされている海外発の論文にはウェットドライのコラボ（co-correspondingにそれぞれのラボヘッドが名を連ねている）が非常に多いことからも、お互いの分野に対する理解が深く密にコミュニケーションを取れているであろうことが伺える。一方で、本邦でのウェットドライコラボ事例は海外と比べて極端に少ない。それゆえ、日本に今後必要となる具体的な人材像として、ウェットの生物学的思考を兼ね備えたドライ研究者や、ドライ解析の成り立ちを理解したウェット研究者などが挙げられるだろう。

海外では助教レベルで独立し、１千万円単位の所属研究機関からの立ち上げサポートに加え1–3千万円程度の継続的公的グラント（多くは3–5年間）を獲得して研究体制を整えることが主流である。このシステムにより、若手研究者はポスドクを雇用することが可能となり、研究設備等も整えることができるため、特に重要な研究期間である30–40代前半に自身の研究を加速度的に発展させることができる。このシステムにより、海外では多くの若手研究者が自国の一細胞解析を牽引する存在として飛躍している。一方、わが国においても若手研究者への支援を目的としたグラントは徐々に増えつつあるが、その額と期間は一細胞解析のようなコストのかかる研究を進める上では十分でない。また若手研究者にとって現状の国内グラントでは異分野連携の実現は困難である。そのため、本邦での一細胞解析を牽引しているのは若手研究者ではなく、すでに多くの実績のある研究室となっている。

• **コアファシリティ人材の充実**

他国のコアファシリティでは、通常Ph.D.のスタッフが複数人所属しており、研究開発を強力にバックアップしている。当該分野に限らず、以前に比べるとわが国においてもコアファシリティが充実してきた。しかしながら、その予算の殆どは施設の建設や装置の購入に充てられ、コアファシリティの人材育成や人件費に対して十分に割り当てられてこなかった。その結果として、他国と比べてわが国のコアファシリティは人的リソースに乏しい。国内のコアファシリティでは、装置を貸しているだけか、スタッフのスキルが低い場合が多く、研究者自身で装置のオペレーションスキルを向上しないといけない。また、総じてコアファシリティの装置稼働率が低く、効率的に資金を活用できていない点も課題である。以上の課題を解決するには、国内の博士研究者を増やすと同時にコアファシリティの雇用環境を大幅に改善する必要がある。博士課程の学生に対する経済的支援を強化することは当然のことながら、コアファシリティの待遇改善およびステータスの向上により、博士研究者をコアファシリティで雇用し、研究力を底上げする必要がある。

• **特許戦略・産学連携**

欧米では、1細胞研究分野のトップ研究者がアカデミアから企業へ流出する事例が増えており、産業界での開発競争が過熱している。日本においてもアカデミアの研究成果を元にしたスタートアップ企業が複数創立されているが、欧米と比較するとその事例は少ない。その原因の一つとして、アカデミアにおける特許戦略あるいは日本の特許制度を言及する。大学や国立研究所のライセンス管理組織は欧米のそれと比較すると、マーケティング力と運用力が非常に弱いため、獲得した知財から効率的に収益が得られていない。その結果、資金力が脆弱であり、新規発明の出願および権利の維持に対して消極的である。これらがアカデミア発のスタートアップ企業が出にくい一因になっている。

（7）国際比較

国・地域	フェーズ	現状	トレンド	各国の状況、評価の際に参考にした根拠など
日本	基礎研究	○	→	・Human Cell Atlas（HCA）に理研が中核拠点として参画している。 ・1細胞完全長total RNA-seq法であるRamDA-seq、高出力・高感度を両立したQuartz-seq2、などで世界をリードしている（理研）。 ・単一ヌクオソームレベルの分解能でゲノムの3次元構造を決定する手法を開発（理研）。 ・1細胞の細胞質-核RNA-seqを実現したSINC-seqおよびNanoSINC-seqが報告された（理研）。 ・理研が中心になって進めているFANTOM6プロジェクトからlong noncoding RNAの機能解析に関する研究が報告された。 ・一細胞エピゲノム解析手法の一つChIL-seqの開発で世界をリード（九大）。 ・2021年に発表されたPIC法では、同一切片の複数の関心領域を識別できないため空間網羅性に劣るが、世界最高レベルの空間解像度と検出深度を兼ね備えており、核内の微小構造体の高深度オミクス解析にも成功している（京大、九大）。 ・がん免疫研究（がんセンター）や生殖細胞（京大）の一細胞解析で世界をリード ・一方、一細胞解析の膨大なコスト面をカバーできる研究施設が限られており、新規重要知見を積み重ね続けているのはごく一部の研究施設に限られる。
	応用研究・開発	○	→	・理研発のプロトコルを実施するRamDA-seqのキットが販売された。 ・Takara CloneTech社が一細胞解析装置iCELL8を開発・販売している。 ・Knowledge Palette社やbitBiome社などのスタートアップ企業が創立されている。 ・イメージングフローサイトメトリ技術を活用したThinkCyte社およびCYBO社等のスタートアップ企業が創立されている。

国	フェーズ	現状	トレンド	各国の状況、評価の際に参考にした根拠など
米国	基礎研究	◎	↗	・マイクロ流体経路を用いた一細胞解析技術（Drop-seq及びinDrop、いずれもハーバード大）や空間的遺伝子発現解析技術（Slide-seq、MIT）および空間的エピゲノム解析技術（Spatial ATAC-seq及びSpatial -CUT&Tag、Yale大）、CRISPR遺伝子ノックアウトライブラリーと一細胞トランスクリプトーム解析の融合技術（Perturb-seq、Broad Institute）など、東海岸の主要研究拠点における技術開発が世界をリードしている。 ・Human Cell Atlas（HCA）やHuman Tumor Atlas Network（HTAN）の中核をBroad Instituteが担っている。 ・16の国際コンソーシアムが協働で統合データベースHuman Reference Atlas（HRA）[92] の構築をNIHのHuBMAPの一環として進めており、HCA関連プロジェクトからも多くのデータが提供されている。 ・老化細胞をターゲットにしたSenNetが2021年に立ち上がった。 ・CZ BiohubではTabula projectを進めており、個体全臓器の細胞のトランスクリプトームデータを収集している。これまでに、ヒト、マウス、老化マウス、ネズミキツネザル、ショウジョウバエのデータが集められている。
	応用研究・開発	◎	↗	・上記の技術群を北米全体での応用研究へと展開させるスピードが群を抜いており、胚発生を含む様々な組織発達の新たな機序の解明、免疫や神経等の細胞種の分子的理解、がんや心疾患などをドライブする新規分子機構の発見など、多岐に渡る知見を積み重ね続けている。 ・10x Genomics社が従来の自社一細胞解析装置を上回るハイスループット版としてChromium Xを開発・販売している。 ・10x Genomics社からin situ シーケンス解析システムXeniumが発売された。 ・Vizgen社からfluorescence in situ hybridizationを用いたMERFISH法を商業化したMERSCOPEが発売された。
欧州	基礎研究	◎	↗	・Smart-seq3およびSmart-seq3xpressという新たなプロトコルが報告され、根強い人気のあるSmart-seq系プロトコルの感度やスループットが改善された。 ・Live-seqと呼ばれる非殺傷的なRNAサンプリングを利用した時系列トランスクリプトーム解析法が報告された。 ・Human Cell Atlas（HCA）にUKのサンガー研究所、スウェーデンのカロリンスカ研究所が中核拠点として参画している。
	応用研究・開発	◎	→	・空間トランスクリプトームを活用して良性および悪性腫瘍におけるコピー数変異に関する研究が報告された[93]。 ・空間的トランスクリプトーム解析技術を世界で初めて開発したのがスウェーデン王立工科大学である。その後10xによる技術獲得が行われ、米国発Visiumの販売へと至っている。2010年に立ち上げられたSciLifeLabは空間オミクス解析も含む最新技術を提供している。
中国	基礎研究	◎	↗	・近年、一細胞解析分野における出版論文数が飛躍的に伸びており、米国を追従する構えを見せている。 ・浙江大学のグループが、Microwell-seqを活用して、マウスの全臓器1細胞トランスクリプトーム解析、ヒトの全臓器1細胞トランスクリプトーム解析の結果を世界に先駆けて報告した。
	応用研究・開発	○	↗	・BGIのグループがDNA nanoballを活用した空間トランスクリプトーム法を開発し、マウスの器官形成やメキシコサンショウウオの脳の再生に関する研究に適用された。
韓国	基礎研究	○	→	・日本と比較するとマイクロ流体装置の研究が盛んである。
	応用研究・開発	△	→	・一細胞解析の臨床応用が始まっている。

（註1）フェーズ

基礎研究：大学・国研などでの基礎研究の範囲

応用研究・開発：技術開発（プロトタイプの開発含む）の範囲

（註2）現状　※日本の現状を基準にした評価ではなく、CRDS の調査・見解による評価

◎：特に顕著な活動・成果が見えている　　○：顕著な活動・成果が見えている

△：顕著な活動・成果が見えていない　　×：特筆すべき活動・成果が見えていない

（註3）トレンド　※ここ1～2年の研究開発水準の変化

↗：上昇傾向、→：現状維持、↘：下降傾向

参考文献

1) Macosko, E. Z.; A. Basu; R. Satija, et al., Cell 2015, 161, 1202-1214.
2) Klein, A. M.; L. Mazutis; I. Akartuna, et al., Cell 2015, 161, 1187-1201.
3) Fan, H. C.; G. K. Fu; S. P. Fodor, Science 2015, 347, 1258367.
4) Gierahn, T. M.; M. H. Wadsworth; T. K. Hughes, et al., Nature Methods 2017, 14, 395-+.
5) Cao, J.; J. S. Packer; V. Ramani, et al., Science 2017, 357, 661-667.
6) Ding, J.; X. Adiconis; S. K. Simmons, et al., Nat Biotechnol 2020, 10.1038/s41587-020-0465-8.
7) Mereu, E.; A. Lafzi; C. Moutinho, et al., Nat Biotechnol 2020, 38, 747-755.
8) Picelli, S.; A. K. Bjorklund; O. R. Faridani, et al., Nat Methods 2013, 10, 1096-1098.
9) Li, H.; J. Janssens; M. De Waegeneer, et al., Science 2022, 375, eabk2432.
10) Tabula Muris, C.; c. Overall; c. Logistical, et al., Nature 2018, 562, 367-372.
11) Tabula Muris, C., Nature 2020, 583, 590-595.
12) Tabula Sapiens, C.; R. C. Jones; J. Karkanias, et al., Science 2022, 376, eabl4896.
13) Han, X.; R. Wang; Y. Zhou, et al., Cell 2018, 172, 1091-1107 e1017.
14) Han, X.; Z. Zhou; L. Fei, et al., Nature 2020, 581, 303-309.
15) Haniffa, M.; D. Taylor; S. Linnarsson, et al., Nature 2021, 597, 196-205.
16) Cao, J.; M. Spielmann; X. Qiu, et al., Nature 2019, 566, 496-502.
17) Cao, J. Y.; D. R. O'Day; H. A. Pliner, et al., Science 2020, 370, 808-+.
18) Domcke, S.; A. J. Hill; R. M. Daza, et al., Science 2020, 370.
19) Gerber, T.; P. Murawala; D. Knapp, et al., Science 2018, 362, 421-+.
20) Buenrostro JD, et al. Nature. 2015 Jul 23；523（7561）：486-90.
21) Cusanovich DA, et al. Science. 2015 May 22；348（6237）：910-4.
22) Jin W, et al. Nature. Dec 3；528（7580）：142-6.
23) Rotem A, et al. Nat Biotechnol. 2015 Nov；33（11）：1165-72.
24) Smallwood SA, et al. Nat Methods. 2014 Aug；11（8）：817-820.
25) Mooijman D, et al. Nat Biotechnol. 2016 Aug；34（8）：852-6.
26) Nagano T, et al. Nat Protoc. 2015 Dec；10（12）：1986-2003.
27) Satpathy AT, et al. Nat Biotechnol. 2019 Aug；37（8）：925-936.
28) Ziffra RS, et al. Nature. 2021 Oct；598（7879）：205-213.
29) Michelson DA, et al. Cell. 2022 Jul 7；185（14）：2542-2558.e18.
30) Wang SK, et al. Cell Genom. 2022 Aug 10；2（8）：100164.
31) Allaway KC, et al. Nature. 2021 Sep；597（7878）：693-697.
32) Harada A, et al. Nat Cell Biol. 2019 Feb；21（2）：287-296.

33) Jackson, C. A.; C. Vogel, Mol Cell 2022, 82, 248-259.
34) Chen, S.; B. B. Lake; K. Zhang, Nat Biotechnol 2019, 10.1038/s41587-019-0290-0.
35) Mimitou, E. P.; C. A. Lareau; K. Y. Chen, et al., Nat Biotechnol 2021, 39, 1246-1258.
36) Chung, H.; C. N. Parkhurst; E. M. Magee, et al., Nat Methods 2021, 18, 1204-1212.
37) Cao, J.; D. A. Cusanovich; V. Ramani, et al., Science 2018, 361, 1380-1385.
38) Zhu, C.; Y. Zhang; Y. E. Li, et al., Nat Methods 2021, 18, 283-292.
39) Stuart, T.; A. Butler; P. Hoffman, et al., Cell 2019, 177, 1888-1902 e1821.
40) Welch, J. D.; V. Kozareva; A. Ferreira, et al., Cell 2019, 177, 1873-1887 e1817.
41) Lin, Y.; T. Y. Wu; S. Wan, et al., Nat Biotechnol 2022, 10.1038/s41587-021-01161-6.
42) Argelaguet, R.; A. S. E. Cuomo; O. Stegle, et al., Nat Biotechnol 2021, 39, 1202-1215.
43) Rodriques, S. G.; R. R. Stickels; A. Goeva, et al., Science 2019, 363, 1463-1467.
44) Stickels, R. R.; E. Murray; P. Kumar, et al., Nat Biotechnol 2020, 10.1038/s41587-020-0739-1.
45) Vickovic, S.; G. Eraslan; F. Salmen, et al., Nat Methods 2019, 16, 987-990.
46) Cho, C. S.; J. Xi; Y. Si, et al., Cell 2021, 184, 3559-3572 e3522.
47) Chen, A.; S. Liao; M. Cheng, et al., Cell 2022, 185, 1777-1792 e1721.
48) Srivatsan, S. R.; M. C. Regier; E. Barkan, et al., Science 2021, 373, 111-117.
49) Liu, Y.; M. Yang; Y. Deng, et al., Cell 2020, 183, 1665-1681 e1618.
50) Deng, Y.; M. Bartosovic; S. Ma, et al., Nature 2022, 609, 375-383.
51) Deng, Y.; M. Bartosovic; P. Kukanja, et al., Science 2022, 375, 681-686.
52) Kuppe C, et al. Nature. 2022 Aug；608（7924）：766-777.
53) Erickson A, et al. Nature. 2022 Aug；608（7922）：360-367.
54) Fink EE, et al. Dev Cell. 2022 Aug 8；57（15）：1899-1916.e6.
55) Garcia-Alonso L, Nature. 2022 Jul；607（7919）：540-547.
56) Mukhopadhyay M. Nature methods. 2022 Jan；19（1）：27.
57) Chapman MS, et al. Nature. 2021 Jul；595（7865）：85-90.
58) Ludwig LS, et al. Cell. 2019 Mar 7；176（6）：1325-1339.e22.
59) Bhang HC, et al. Nat Med. 2015 May；21（5）：440-8
60) Weinreb C, et al. Science. 2020 Feb 14；367（6479）：eaaw3381.
61) Oren Y, et al. Nature. 2021 Aug；596（7873）：576-582
62) Raj B, et al. Nat Biotechnol. 2018 Jun；36（5）：442-450.
63) Chan MM, et al. Nature. 2019 Jun；570（7759）：77-82.
64) Hinohara K, et al. Cancer Cell. 2018 Dec 10；34（6）：939-953.e9.
65) Quinn JJ, et al. Science. 2021 Feb 26；371（6532）：eabc1944.
66) Emert BL, et al. Nat Biotechnol. 2021 Jul；39（7）：865-876.
67) Lorenzi, L.; H.-S. Chiu; F. Avila Cobos, et al., Nature Biotechnology 2021, 10.1038/s41587-021-00936-1.
68) Isakova, A.; N. Neff; S. R. Quake, Proc Natl Acad Sci U S A 2021, 118.
69) Salmen, F.; J. De Jonghe; T. S. Kaminski, et al., Nature Biotechnology 2022, 10.1038/s41587-022-01361-8.
70) Battich, N.; J. Beumer; B. de Barbanson, et al., Science 2020, 367, 1151-1156.
71) Erhard, F.; M. A. P. Baptista; T. Krammer, et al., Nature 2019, 571, 419-423.
72) Cao, J.; W. Zhou; F. Steemers, et al., Nat Biotechnol 2020, 10.1038/s41587-020-0480-9.
73) Qiu, X. J.; Y. Zhang; J. D. Martin-Rufino, et al., Cell 2022, 185, 690-+.

74) Rodriques, S. G.; L. M. Chen; S. Liu, et al., Nat Biotechnol 2021, 39, 320-325.
75) Chen, W.; O. Guillaume-Gentil; P. Y. Rainer, et al., Nature 2022, 608, 733-740.
76) Holler, K.; A. Neuschulz; P. Drewe-Boss, et al., Nat Commun 2021, 12, 3358.
77) Tedesco, M.; F. Giannese; D. Lazarevic, et al., Nat Biotechnol 2021, 10.1038/s41587-021-01031-1.
78) Li, C.; M. C. Virgilio; K. L. Collins, et al., Nature Biotechnology 2022, 10.1038/s41587-022-01476-y.
79) Rodriques SG, et al. Science. 2019 Mar 29；363（6434）：1463-1467.
80) Deng Y, et al. Science. 2022 Feb 11；375（6581）：681-686.
81) Deng Y, et al. Nature. Sep；609（7926）：375-383.
82) Kimmerling, R. J.; S. M. Prakadan; A. J. Gupta, et al., Genome Biol 2018, 19, 207.
83) Yuan, J.; J. Sheng; P. A. Sims, Genome Biology 2018, 19, 227.
84) Cheng, R. Y.-H.; J. De Rutte; A. R. Ott, et al., 10.1101/2022.08.25.505190, Cold Spring Harbor Laboratory, 2022.
85) Urbanska, M.; H. E. Munoz; J. Shaw Bagnall, et al., Nature Methods 2020, 17, 587-593.
86) Snyder, M. P.; S. Lin; A. Posgai, et al., Nature 2019, 574, 187-192.
87) Rajewsky, N.; G. Almouzni; S. A. Gorski, et al., Nature 2020, 587, 377-386.
88) Rozenblatt-Rosen O, et al. Cell. 2020 Apr 16；181（2）：236-249.
89) Wei, X.; S. Fu; H. Li, et al., Science 2022, 377, eabp9444.
90) Nisisako, T.; T. Torii; T. Higuchi, Lab Chip 2002, 2, 24-26.
91) Tan, W. H.; S. Takeuchi, Proc Natl Acad Sci U S A 2007, 104, 1146-1151.
92) Borner, K.; S. A. Teichmann; E. M. Quardokus, et al., Nat Cell Biol 2021, 23, 1117-1128.
93) Erickson, A.; M. He; E. Berglund, et al., Nature 2022, 608, 360-367.

2.3.7 ゲノム編集・エピゲノム編集

（1）研究開発領域の定義

ゲノム編集（Genome Editing）は、微生物から動物、植物まで原理的には全ての生物種に適用可能なこと、様々なタイプの遺伝子改変が可能であることから次世代のバイオテクノロジーと位置づけられている。近年ではDNA 切断による編集のみならず、DNA 修飾タンパク質などの機能ドメインとの融合や標識のような新たな技術開発が進展している。特に、DNAやヒストンの修飾酵素のドメインを連結することによって特異的にエピゲノム情報を改変する技術としてエピゲノム編集や二本鎖DNA切断を伴わずに特定の塩基を書き換える塩基編集やプライム編集が注目されている。

（2）キーワード

ゲノム編集ツール、ZFN、TALEN、CRISPR–Cas9、CRISPR–Cas12a、遺伝子ノックアウト、遺伝子ノックイン、塩基編集、プライム編集、RNA編集、エピゲノム編集、微生物菌株育種、品種改良、疾患モデル、ゲノム編集治療、CRISPR診断

（3）研究開発領域の概要

［本領域の意義］

ゲノム編集は、人工のDNA 切断酵素（ゲノム編集ツール）を用いて標的遺伝子に塩基配列特異的なDNA二本鎖切断（Double–Strand Break: DSB）を誘導し、その修復過程を利用して正確に遺伝子を改変する技術である。ゲノム編集の新たな手法を開発した、ジェニファー・ダウドナとエマニュエル・シャルパンティエには2020年のノーベル化学賞が授与されている。

ゲノムは個々の生物がそのDNA 上に有する遺伝情報の総体である。ゲノムを自在に改変することが可能になれば、理論的には設計通りの遺伝情報を有する生物を作成することが可能になる。ゲノム編集は、これまで一部のモデル生物に限られた標的遺伝子の改変を全ての生物種を対象として可能にする技術である。実際、簡便なゲノム編集ツールであるCRISPR–Cas9システム（Clustered Regularly Interspaced Short Palindromic Repeat–CRISPR associated protein 9）が開発された2012 年以降、様々な生物を対象とした精密な遺伝子改変が可能となった。ゲノム編集では、挿入･欠失変異導入により遺伝子機能を欠損させる遺伝子ノックアウト、外来 DNAを挿入する遺伝子ノックインや、染色体レベルの改変（大きな欠失、逆位や転座）も可能である。ゲノム編集を用いた遺伝子改変の成功例は微生物から動物・植物まで様々な生物種を対象として世界中から報告されており、生命現象の解明を目的とした基礎研究から応用研究まで幅広い展開が期待されている。応用研究としては、機能性物質を効率的に産生する微生物（微細藻類など）の育種や農水畜産物の品種改良への適用が進んでいる。また医学分野では、iPS 細胞や免疫細胞等を用いた細胞治療、ウイルスベクター等のデリバリー技術を伴う遺伝性疾患の生体内治療などへの応用が始まっている。

DNAを切断する技術に加えて、ゲノム編集の基盤となる DNA 塩基配列の特異的な認識・結合システムを活用した技術開発も盛んである。例えば、DNA 切断ドメインの代わりに様々な機能ドメインを連結した新たな人工因子の作製が進められている。特に、狙った遺伝子座でのエピゲノム（DNA やヒストンのメチル化やアセチル化修飾）の改変、特定の塩基を書き換える塩基編集・プライム編集、DNA 標識などへの利用が精力的に行われている。また、CRISPRライブラリーを用いた機能因子のスクリーニング法は、未知の因子の探索に利用される優れた技術であり、疾患関連因子の同定や遺伝子の転写調節領域の探索などの分野で成果が挙げられている。

［研究開発の動向］

ゲノム編集ツールとしては、DNAに特異的に結合するZinc–finger ドメインまたはTranscription

activator-like effectorタンパク質由来のドメインを制限酵素*Fok*IのDNA切断ドメインと連結させたキメラタンパク質のZFN（Zinc finger nuclease）、TALEN（Transcription activator-like effector nuclease）が開発されてきた。ZFNの作製は高度な技術が必要であったが、TALENでは比較的簡便に任意の塩基配列を切断することが可能となった。加えてオフターゲット切断（目的以外のDNAの切断）の問題も大きく改善された。しかし、作製方法は依然として複雑であり、全ての研究者が利用できる状況にはなかった。そのような中、2012年にCRISPR-Cas9は、新しいゲノム編集ツールとして簡便かつ高効率なゲノム編集技術として彗星のごとく現れた[1]。ZFNやTALENがDNA認識ドメインとしてDNA結合タンパク質を用いたのに対し、CRISPR-Cas9は短鎖RNA（gRNA）をガイドとしてDNA配列を認識するため、gRNAとCas9タンパク質を導入するだけでゲノム配列を改変することができるようになり、その簡便さと効率の高さから多くの研究者に衝撃を与え、汎用的なゲノム編集ツールとなった。

CRISPR-Cas9では標的配列にPAM（Protospacer adjacent motif）とよばれる認識配列が必要であり、これが標的配列を選択する制限となっていた。そのため国内外の研究者は、CRISPRの立体構造情報をもとにしたアミノ酸改変によって、PAM配列の特異性を変化させた変異体や結合特異性を上昇させたCas9変異体の開発を競って進めた。また、新しいCasタンパク質の探索も精力的に進められており、Cas12a（Cpf1）はPAMの特異性が異なることに加え、分子量が小さいことから遺伝子治療用のベクターに搭載しやすいゲノム編集ツールとして注目されている[2]。Cas12aによるDNA二重鎖切断は、Cas9のようなblunt endではなくsticky endになるため、ドナーDNAの挿入を一方向に限定できるという特徴を持つ。さらに小型のCas14やCasX、CasΦ（Cas12j）、Cas12fなどが報告されており、特にCas12jは最もコンパクトなCasタンパク質として期待されている[3]。また、オフターゲット問題を改善するものとして、切断特異性を高めたCRISPR-Cas9（HiFi-Cas9）が発表されている[4]。国内では東京大学の濡木らによって開発されたSpCas9-NGでは、これまでのSpCas9のPAM（5'-NGG-3'）が5'-NG-3'に改良された[5]。さらに、PAM配列に依存しないSpRY-Cas9[6]、NRRH、NRCH、NRTHのPAMを認識するSpCas9も開発され[7]、標的配列の制限がほぼなくなった。

Cas9やCas12aなどの単一エフェクターのCRISPRシステムはクラス2に分類されるが、複数のエフェクターからなるクラス1のCRISPRについても注目が集まっている。東京大学の真下らはCRISPR-Cas3[8]を、徳島大学の刑部らはTiDを国産のゲノム編集ツールとして報告している[9]。CRISPR-Cas3やTiDは、複数のエフェクター複合体で認識する配列長が約27 bpと長く（CRISPR-Cas9は約20 bp）、切断の特異性が高いと同時にDNAを大きく削る。これによって大規模ゲノム欠失が可能なゲノム編集ツールとして期待されている。

これまでのゲノム編集ツールは、基本的にDNA二本鎖切断（DSB）に依存しており、非相同末端修復によるノックアウト、相同組換え修復によるノックインが可能ではある。しかしながら、DSBによる予期せぬ改変（中規模欠失など）が問題となっていた。そこで二本鎖DNA切断活性を失活させたnCas9（ニッカーゼ）とDNAの脱アミノ化酵素を連結させることにより、DSBの導入を回避して塩基レベルでの改変を実現する塩基編集（Base Editing: BE）[10]やTarget-AID[11]が開発された。BEについてはCからTへの改変を行うCBEやAからTへの改変を行うABEに加え、同時に複数の塩基改変を行う新規のBEが次々と開発されている。

さらにnCas9と逆転転写酵素を組み合わせ、改変する配列を含むgRNA（pegRNA）を利用して逆転写によって改変する配列をゲノムに挿入するプライム編集（Prime Editing: PE）が報告された[12]。PEは培養細胞から動物や植物において成功例が報告されている。PEについては様々な改変体が作製され、効率化が進む一方、pegRNAの設計には工夫が必要な面が残されている。

ゲノム編集を介した遺伝子ノックインでは、DSB修復過程で外来DNAを挿入する。しかし、この方法で挿入できる外来DNAの長さには限界があり、数千塩基以上の挿入は困難である。これに対して、ゲノム編集以前から利用されてきたトランスポゼースを利用した新規のCRISPRシステムの開発も進行している。これが可能となれば、CRISPRシステムで標的配列を選びつつ、長鎖の外来DNAをトランスポゼースの活性によって挿入することが可能となる。CRISPRシステムを伴うトランスポゼースCASTと、dCas12あるいはクラス1の

Cascadeと協働させることで、欠失変異の起こらない長鎖DNAノックインも報告されている[13, 14]。これらゲノム編集技術はDSBを伴わないより安全かつより正確な技術として、特に遺伝子治療などへの利用が期待されている。

エピゲノムは、DNA塩基配列の変化を伴わない遺伝子発現制御によって、様々な生命現象に関与する重要なシステムである。ゲノム編集は基本的に塩基配列を書き換える不可逆的な改変だが、可逆的に遺伝子の発現だけを制御するエピゲノム編集の技術開発が急速に進められている。dCas9に転写活性化因子VP64や抑制因子KRABなどを融合して、標的遺伝子の転写量を制御するCRISPR activation（活性化）やCRISPR interference（抑制）が報告されている[15, 16]。最近では内在性の転写制御因子をdCas9の周囲へ集積、転用する方法も開発されている[17]。また、dCas9にDNAメチル化やヒストン修飾を制御する酵素を連結して、標的遺伝子の発現を制御する技術も開発されている[18]。転写活性化をより効果的にする方法として、複数の因子を集積するSAMシステムやSunTagシステム、VPRシステムがあり、人工因子を集積することによって数十倍から数百倍の効率化を実現している。さらに、SAMとSunTagを組み合わせたTREEシステムにより複数種類の因子を集積することも可能となっている。

CRISPR–Cas13は、一本鎖RNAに配列特異的に結合して、切断する。この性質を利用して、ヒト細胞で標的遺伝子のmRNAノックダウンできる[19]。さらに、ヌクレアーゼ活性を欠失したdCas13とRNA変換酵素ADARを融合させることで、RNA一塩基置換REPAIRが報告された[20]。さらに内在性のRNA変換酵素を標的RNAに誘導する、RNAオフターゲット編集がほとんどない究極のRNA編集も発表されている[21]。RNA編集はゲノム編集に比べて効果が一過的であり、様々な利用で大きなメリットが期待できる。

動物を対象にしたゲノム編集には体外（*ex vivo*）法と体内（*in vivo*）法がある。例えば、ヒトの造血幹細胞またはリンパ球が標的の場合、細胞を体外に取り出して編集する体外法を適応できる。一方、神経細胞、肝細胞、骨格筋を標的にしてゲノム編集する場合は体内法が適する。ゲノム編集ツールの導入は、体外法ではエレクトロポレーション法によってヌクレアーゼタンパク質を導入し、体内法ではAAVベクター、または脂質ナノ粒子（lipid nano particle：LMP）を用いてヌクレアーゼ遺伝子を導入するのが主流である[22]。疾患モデル動物の治療などにおいて、一過性のヌクレアーゼ発現を可能にするために、デリバリーをタンパク質（具体的には、Cas9タンパク質とgRNAの複合体）やヌクレアーゼmRNAをLNPの形で送達することが近年注目を集めている。LNPによる送達は、今後肝臓のゲノム編集については主流になると思われる。実際に高効率に肝臓のゲノム編集が可能である[23]。動物体内で異種タンパク質Cas9が発現し続けると、Cas9に対する免疫反応が惹起され、その発現細胞は免疫拒絶されることが想定され、標的以外のDNAを切断するオフターゲットのリスクが高まるかもしれない。各種導入法によるCas9の細胞内残存時間を比べると「AAV〉mRNA〉タンパク質」となる。Cas9の発現をなるべく短期間で済ませるという観点では、タンパク質の形での導入が最もよいと言える。タンパク質導入法としてはエレクトロポレーションが一般的であるが、最近、レンチウイルスベクター外殻を使ってヌクレアーゼタンパク質を運ぶベクターが開発された[24]。

植物においては（作物の品種改良等）、アグロバクテリウムを用いた遺伝子組換え技術によって、一旦ヌクレアーゼ遺伝子をゲノムDNA中に挿入するのが一般的であるが、発現カセットを除くためには戻し交雑が必要となり煩雑である。そのため、ヌクレアーゼタンパク質をプロトプラスト（細胞壁を除いたもの）に導入する方法によって、遺伝子組換え体を経ることなく新品種を作出する方法が開発されている[25]。

ヌクレアーゼによるDNA切断部位に遺伝子を導入する遺伝子ノックイン技術としては、広島大学が開発した20塩基対程度のマイクロホモロジーアームを利用したPITCh法[26]や大阪大学が開発したssONA（singe-stranded oligodeoxynucleotide）を介して長鎖DNAを挿入する2H2OP法[27]などが知られている。また、理研とアメリカ・ソーク研究所は、NHEJ（non-homologous end joining）修復経路を利用した効率的かつ正確なHITI法を開発している[28]。この手法は相同組換え活性が低い非分裂細胞においてはノックインが困難であった点を克服すると共に、挿入する断片の方向を制御できる優れた方法である。さらに集積技術を利用して修復因子を効率的に作用させるLoADシステムによる培養細胞での同時複数遺伝子座へのノックインが報告されている[29)]。

ゲノム編集技術の応用という観点では、以下のような動きが見られる。

微生物では、モデル微生物でのゲノム編集技術確立に加えて、産業用微生物・細胞を用いた高機能物質生産、微細藻類の脂質生産量を向上によるバイオ燃料生産など応用分野を指向した研究開発が進められている。これらの分野では、CRISPR–Cas9によって改変のPOC検証を行いつつ、産業向けに使いやすいゲノム編集技術（使用料が比較的安価）へ置き換える傾向が見られる。

農業におけるゲノム編集の応用としては、米国では米国農務省がゲノム編集による外来遺伝子の挿入を伴わない遺伝子ノックアウトで作出された作物は遺伝子組換え体に相当しないとの見解を示しており、CRISPR–Casにより褐色化の原因遺伝子に変異を導入したマッシュルームなど複数の品種が既に作出されている。さらに、オレイン酸を豊富に含む大豆がTALENを使って作出され、その大豆油は既に上市されている。中国でもゲノム編集を用いた育種が積極的に進められている。農作物に加えて、ブタ、ウシ、家禽における耐病性付与を指向した育種が世界中で進められている。遺伝子ノックアウトにより新しい品種を作出する動きは今後益々盛んになると予想されるが、国によってその規制レベルには違いが見られる。米国農務省はゲノム編集によって遺伝子機能を失わせただけの場合には遺伝子組換え作物に相当せず、規制は必要ないとの見解を示した。一方、EU 最高裁判所 は通常の遺伝子組換え作物と同じ規制で取り扱うべき、との判決を下している。日本では、ゲノム編集によって生じた欠失変異については、ゲノム編集ツールの発現に使われた導入核酸が残存していないことが証明できれば、遺伝子組換え生物から除外できることが示されている。サナテックシード社からはGABAを高蓄積するトマトが2021年に上市され、苗木の販売も行われている。

水畜産物におけるゲノム編集の応用は日本がリードしている。リージョナルフィッシュ社は、肉厚のマダイと成長の早いトラフグをCRISPR–Cas9を用いて作出し、既に上市している。

遺伝性疾患の研究に向けて、米国NIHは培養細胞や動物において疾患モデルを網羅的に作成するプロジェクトを2021年に開始した。

疾患治療に向けた研究が欧米や中国を中心に進められている。例えば、高チロシン血症のモデルマウスを用いて、CRISPRシステムとssODN を静脈注射することによって原因遺伝子の一塩基変異を修正することが証明された。国内における疾患治療研究例としては、血友病Bモデルマウスにおいて AAVベクターを用いてCas9を肝臓細胞で発現させるゲノム改変が可能であることが示されている。その他にも様々な遺伝性疾患動物モデルに対する非臨床PoCの取得が進み、単に二本鎖DNA切断に伴ったノックアウトの手法を用いた治療法に加えて、特定の塩基を修飾する塩基編集の技術応用も実臨床に進んでいる。近年注目すべき治療モデルとしては、マウスモデルで早老症の塩基編集による治療が報告されている[30)]。

ゲノム編集を利用した遺伝子治療は、*in vivo* 治療と *ex vivo* 治療に分けられる。*in vivo* 治療は、体内に直接ゲノム編集ツールを導入する方法で血友病やムコ多糖症の臨床試験が進められ、さらにはトランスサイレチンアミロイドーシスの臨床試験では有望な成績が報告されている。最近、米国を中心にCRISPRを使ったレーバー先天性黒内症の臨床試験が開始された。さらに2021年、トランスサイレチン型アミロイドーシスの治療をCRISPRシステムの静脈注射によって可能とする報告がなされ、世界中を驚かせた[31)]。一方、*ex vivo* 治療としては、HIV 感染における共受容体であるCCR5 遺伝子を破壊したT 細胞を作製して、感染者へ移植する臨床試験や免疫チェックポイント因子（PD–1など）を破壊した T 細胞を移植する臨床試験が、米国と中国でがん治療として実施されている。造血器悪性腫瘍を標的としたキメラ抗原受容体T細胞製剤（CAR–T細胞）は、患者自身のT細胞が十分採取できないことや製剤の準備に時間がかかる欠点があった。ゲノム編集で他人のCAR–T細胞が移植片対宿主病（GVHD）を引き起こさないように工夫した、いわゆるUniversal CAR–T細胞の開発の勢いは凄まじい。βサラセミアや鎌状赤血球症に対する造血幹細胞BCL11Aを標的としたゲノム編集治療も有望な成績が報告されている。今後、造血幹細胞の遺伝子治療はレンチウイルスベクターが主体であったが、ウイルスゲノムの染色体への挿入リスクを考慮すると、今後はゲノム編集治療が第一選択になることも期待される。国内では疾患治療に向けたゲノム編集を用いた臨床研究に大きな進展は見られないが、CAR–T細胞やTCR–T細胞を、ゲノム編集を用いて作製する取り組みが進行している。

ヒト受精卵でのゲノム編集の基礎研究は、中国と英国、米国を中心に進められている。中国で3倍体の受精胚を用いた研究が行われ、その後、CRISPR–Cas9を用いたヒト正常胚でのゲノム編集によって、ヒト初期発生に必要な遺伝子や受精などに関わる遺伝子の機能解析などが進行中である。ヒト受精卵でのゲノム編集を臨床応用することは、中国の事件があったものの世界的に禁止することが確認されている。しかしながら、ロシアの研究者がCRISPR–Cas9を利用したゲノム編集ベビーを作製する計画を発表するなど注意が必要である。日本では、文部科学省からヒト受精胚にゲノム編集技術等を用いる研究に関して、「ヒト受精胚に遺伝情報改変技術等を用いる研究に関する倫理指針」が制定され、基礎研究目的については審査を経て研究することが認める方針を示している。

CRISPRに関連した注目技術としてCRISPRライブラリーを用いた機能因子のスクリーニングがあげられる[32)]。目的の生物の全遺伝子に網羅的に対応したガイドRNAを発現するレンチウイルスベクターライブラリーを作製、培養細胞へ感染させることにより、遺伝子ノックアウト細胞ライブラリーを得ることが可能である。これをスクリーニングに用いることでがん化に関わる遺伝子を同定するといった利用が行われている[33)]。この方法は、様々な生命現象の解明に貢献すると期待され、創薬におけるターゲット因子のスクリーニングでは複数の因子を同時に絞り込むことも可能である。

CRISPR–Casシステムは、環境中の核酸検出にも利用可能であることが示されている。Cas13は標的RNAに結合して、蛍光レポーターRNAを切断、検出することができる（SHERLOCK）[34)]。Cas12aはDNAに結合して非特異的に一本鎖DNAを切断する（DETECTR法）[35)]。日本からはCas13とマイクロチップ技術を組み合わせたRNA迅速診断法（SATORI法）[36)]、Cas3を利用したCONAN法が報告されている[37)]。これらCRISPR診断技術は、新型コロナウイルスの迅速診断薬POCT（医療現場で行うリアルタイム検査）として開発が進められている。

（4）注目動向

［新展開・技術トピックス］

• ゲノム編集ツールの新規開発

CRISR–Cas9が現在広く使われているが、PAM配列の制限や特異性、ベクターを利用する際のサイズの問題などが指摘されている。そこでCas9と異なる新しいCasヌクレアーゼの開発が世界中で進行している。日本からは、ほぼPAM配列に依存しないSpCas9–NGが報告された[5)]。さらにNRRH、NRCH、NRTHのPAMを認識するSpCas9も開発され[7)]、鎌状赤血球症の塩基編集の治験に使用されている。Doudnaらのグループからはメタゲノム解析で見つかった小型のCasΦによるゲノム編集が報告された[3)]。また、日本からCas9の特許とは独立したクラス1のCRISPR–Cas3やTiDによるゲノム編集が報告された[8, 9)]。さらに様々なCas12の発見も進んでおり、小型Casはベクターへの搭載が容易なため、注目すべきゲノム編集ツールである。一方、その切断活性は従来のSpCas9よりも弱く、切断活性の増強が期待される。小型のCas12fが切断活性を認めるのは、ダイマーとして機能するためであることが構造解析により示された[38)]。

• DSBを介さないゲノム編集技術（塩基編集とプライム編集）

ゲノム編集によるDSBは目的以外のDNA切断が避けられない。また、切断部位における大欠失や染色体転座のリスクが指摘されている。そこでDSBを伴わないゲノム編集が開発されている。塩基編集技術のBase EditingやTarget AIDに続き、nCas9に逆転写酵素を連結させることにより、DNAの標的部位に設計した遺伝情報を直接書き込む新たなゲノム編集法Prime Editingが開発された[12)]。国内では、谷知江らによってA〉G,C>Tの両編集を可能とするTarget–ACEが報告された[39)]。また、CRISPR–Casシステムとトランスポザーゼ CASTの協働[13)]やタイプI Cascadeとの協働[14)]により、DSBを導入することなくドナーDNAを標的ゲノムに挿入可能にした。さらに、CRISPR–Casシステム、逆転写酵素、セリンインテグレースとの協働により、DSBなしで36kbもの配列が挿入可能となった[40]。

- **エピゲノム編集**

エピゲノム編集技術では、転写調節領域への結合・制御やゲノム領域のメチル化/ヒストン修飾を超えて、内在性の転写制御因子をゲノム領域に集積・転用する方法が開発されている[17, 41]。ソーク研究所はmdx欠損DMDモデルマウスにおいてユートロフィン増強発現により病態改善に成功し[42]、筋ジスモデルマウスでは、ラミニン相同遺伝子の活性化による病態改善に成功した[43]。脆弱X症候群患者由来iPS細胞において脱メチル化によるFMR1遺伝子のエピゲノム編集治療を報告している[44]。

- **RNA編集**

タイプVI CRISPR–Cas13を利用したヒト/植物細胞でのRNAノックダウン、RNA一塩基置換が進められている。中国では疾患モデルマウスにおいてCas13d/CasRxによりグリア細胞を神経細胞にリプログラムすることで神経細胞の修復に成功している[45]。さらにシンプルに、RNAにより内在性ADARを標的部位に集積することで、CRISPRを使わないRNA編集も報告された[46]。また、日本からはCas7–11によるRNA編集技術が報告され、ヒト細胞でのRNAノックダウンが可能であることが示された[47]。

- **RNA編集活性とプロテアーゼ活性を有する新しいCRISPR**

タイプIII–E CRISPR複合体はリボヌクレアーゼ活性とプロテアーゼ活性の両方を有することが複数のグループから報告された[48]。これらの結果は、新規のRNA誘導型のRNAターゲティングとタンパク質ターゲティングとしての技術開発が期待できる。

- **CRISPR診断（核酸検出技術）**

ゲノム編集技術を利用して、微量の核酸を検出する技術が開発され注目されている。臨床現場で特殊な装置を必要とせず、血液や尿に含まれるウイルスや細菌を由来とする核酸、様々な疾病のバイオマーカー核酸を短時間、高感度に検出するPOCT技術として利用さえる。米国からCas12aを使ったDETECTR[35]、Cas13のSHERLOCK[34]、日本からはCas13とマイクロチップ技術を組み合わせたSATORI法[36]、Cas3を利用したCONAN法が報告されている[37]。これらのCRISPR検査法はPCR検査法とほぼ同等のCOVID–19検出感度をもち、新たな新型コロナウイルス迅速診断薬として期待されている。また、米国と日本から、Cas7–11–Csx29によるRNA誘導型Protease（Craspaseなど）の報告が立て続けになされ、Protease活性を指標とした核酸検出技術が確立するのは時間の問題である[37, 49]。これらのCRISPR診断技術の実用化にむけて、米国ではシャーロック・バイオサイエンス社、マンモス・バイオサイエンス社などのベンチャー企業が設立され、大手医療機器メーカーとの共同研究なども盛んに実施されている。

- **ゲノム編集による遺伝子治療**

CRISPR–Cas9を利用した臨床研究は2016年以降進められ、遺伝性トランスサイレチンアミロイドーシスにおいては、脂質ナノ粒子（LNP）にCas9 mRNAを搭載し、TTR遺伝子座をノックアウトする*in vivo*ゲノム編集治療が行われた。Cas9 mRNA搭載LNPの投与によって80%以上の血中トランスサイレチンの低下をもたらす驚くべき結果が得られた[50]。さらに、βサラセミアと鎌状赤血球症に対して、*BCR11A*をノックアウトする*ex vivo*ゲノム編集治療が行われた。 BCR11Aは胎児ヘモグロビン（HbF）の発現抑制因子であり、βヘモグロビン異常の上記疾患において、*BCR11A*ノックアウトした造血幹細胞の移植によって、成人でも効果的なHbFの発現が得られ、貧血の改善を認めた[51]。

遺伝子ノックイン治療の世界初の実施例は、2018年サンガモ・セラピューティクス社がZFNを利用して行ったムコ多糖症に対するものであった。 AAVベクターを用いて、正常遺伝子を肝細胞のアルブミン遺伝子プロモーター下流に導入し、導入遺伝子の大量発現を狙った。安全性は許容範囲であったものの、長期の有効性は確認されなかった[52]。既に同社のパイプラインから削除されている。また、CRISPR–Cas9を用いたレーバー先天性黒内症の臨床試験が米国を中心に開始された（BLRILLIANCE試験）。2022年11月のプレスリリースでは14症例中に3名に視力改善が認められたが、標的とする患者が想定よりも少なく、参加登録を一時中止している。

塩基編集による疾患治療も治験が開始されている。ビーム・セラピューティクス社では鎌状赤血球症の疾患特異的変異について、塩基編集で非病変変異に修復する手法を開発し[53)]、2022年11月に臨床試験に最初の患者を登録したことをプレスリリースした。この試験ではCas9はPAMとしてCACCを認識する改変型Cas9を利用している。さらに、2022年にバーブ・セラピューティクス社では家族性高コレステロール血症の患者を対象に塩基編集でスプライス部位を*in vivo*ゲノム編集する手法[54)]を用いた治験がニュージーランドで開始された。

CAR-T細胞におけるゲノム編集の応用は最も精力的に研究開発が行われている分野である。現行のCAR-T療法は、造血器悪性腫瘍の患者末梢血からの製造に4～5週間を要するため、その間の病勢コントロールが難しいこともある。また、繰り返す化学療法により十分なT細胞が得られないこともある。そのため健常人ドナーからのCAR-T細胞を利用するUniversal CAR-Tの概念が登場した。初期はTALENを用いてT細胞受容体とCD52をノックアウトする手法で行われ[55)]、2症例への投与で白血病細胞の消失が認められた。その後、Universal CAR-Tの効果はCALM試験、PALL試験などでも評価された[56)]。Universal CAR-Tは、通常のCAR-Tよりも治療効果の持続時間が短いことが指摘されている。現在は、CRISPRの応用や他の遺伝子を標的とした方法も検討されている。ゲノム編集に伴いT細胞の染色体転座が一定の割合で生じることが示唆されており、安全性を高めるために塩基編集によるCAR-Tも開発され[57)]、2022年には白血病患者への投与が行われた[58)]。

- **ゲノム編集食品**

ゲノム編集技術により遺伝子ノックアウトした品種改良は実用段階にある。筑波大学はGABAを通常のトマトの約15倍多く含むトマトを開発した。農研機構は収量の多いイネを開発した。近畿大学と京都大学は筋肉量の多いマダイを開発した。高GABAトマトや肉厚マダイは2021年に上市された。

- **その他**

抗生剤濫用による耐性菌増加問題に対して、自治医科大学はCRISPR-Cas13aをバクテリオファージに搭載し、特定の遺伝子を持つ細菌を狙い撃ちでき人間に無害な新しい殺菌技術を開発した[59)]。米国ではCRISPR-Cas9によってステロイド受容体をノックアウトしてステロイド抵抗性に改変した殺ウイルスTリンパ球が作成された[60)]。

[注目すべき国内外のプロジェクト]

- **戦略的イノベーション創造プロジェクト（SIP第2期、2019～2023年度）**

府省連携SIP「スマートバイオ産業・農業基盤技術」として、2014年度から農水畜産物のゲノム編集技術開発、標的遺伝子探索、有用品種作出、社会実装の検討が行なわれた。第2期プロジェクトとして、複数形質の同時改変によるゲノム編集農作物の開発、DNAの精密な書き換えを可能とするゲノム編集技術の開発等が行なわれている。

- **AMED先端的バイオ創薬等基盤技術開発事業（2019～2023年度）**

立体構造解析からCas9のコンパクト化、高活性化、PAM改変などが実施され、デリバリー技術を中心サービスとしたモダリス株式会社（2020年にIPO）を生み出した、革新的バイオ（2014-2019年度）の次期開発事業プロジェクト。安全な遺伝子治療を目指した万能塩基編集ツールの創出、次世代CAR-T細胞療法の開発など遺伝子治療に向けた研究開発が主体。

- **JST共創の場形成支援プログラム（COI-NEXT、2020～2021年度育成型、2022～2032年度本格型）**

ゲノム編集とデジタルトランスフォーメーション（DX）技術を組み合わせた産学連携研究のコンソーシアムを形成し、ゲノム編集基礎技術開発、微生物での改変、動物や植物での改変などのテーマを設定し、データ駆動型のゲノム編集育種を目指している。

- **NIH Somatic Cell Genome editing（SCGE）（1億9,000万ドル）（米国）**
  体細胞治療実現に向けて必要な各技術の開発。金額は年間20–50万ドル。
- **DAPRA Safe Gene（6,500万ドル）（米国）**
  Gene driveなど、安全保障の側面が強い研究開発が進められている。
- **Horizon Europe（欧州）**
  ゲノム編集技術の鎌形赤血球症や農業分野への応用に関するプログラムが開始された。

ゲノム編集技術研究の軸足は大学から企業に移りつつあり、米国ではゲノム編集によりオレイン酸を多く含む大豆が世界初のゲノム編集食品として上市されている。医療分野では、クリスパー・セラピューティクス社、エディタス・メディシン社、インテリア・セラピューティクス社が設立され、それぞれ 10 億ドル以上の資金を調達し、疾患治療法の開発を中心とした研究を進めている。塩基編集を基盤技術として2018年に設立されたビーム・セラピューティクス 社は、2019年に米ナスダック市場に新規上場（IPO）を果たした。中国では、政府主導でゲノム編集研究を推進しており、医療や農業に力を注いでいる。

ZFNを用いたゲノム編集治療では、AIDSに対する世界初の実施例が発表されてから既に数年が経過した。サンガモ・セラピューティクス社はZFNとAAVベクターを利用した血友病とムコ多糖症の治験を行ったが、期待される結果は得られず、現在は開発が中断している。 ZFNを利用した鎌状赤血球症の治験は進行中である。 CRISPR–Cas9を用いた治療では、CRISPR–Cas9の基礎的特許ライセンスを保有するCRISPRセラピューティクス社が2019年11月、遺伝性血液疾患（βサラセミアと鎌状赤血球症）に対して治験を実施中である。 CRISPRセラピューティクス社と同じくCRISPR–Cas9の基礎的特許ライセンスを保有するエディタス・メディシン社が2019年8月、遺伝性眼疾患の*in vivo*ゲノム編集治療としては世界初となる治験を行なうための患者の募集を開始した（現在、中断中）。インテリア・セラピューティクス社は、遺伝性トランスサイレチンアミロイドーシスを標的とした*in vivo*ゲノム編集治療の良好な結果を得ている。ビーム・セラピューティクス 社は塩基編集による鎌状赤血球症、バーブ・セラピューティクス 社は家族性高コレステロール血症の塩基編集治療を開始した。ゲノム編集技術のCAR–T細胞療法への応用、特にUniversal CAR–Tの開発は驚くべきスピードで進んでいる。ルーカス・バイオサイエンス社は様々な細菌感染症に対するIND申請を終了し、一部は臨床試験が行われている。英国のUniversity College LondonとGOSHのグループにより、T細胞急性リンパ性白血病に対するゲノム編集技術のCAR–T細胞療法への応用がなされた[58)]。

（5）科学技術的課題

ゲノム編集技術に関する課題は複数あげられるが、まずは、国産ゲノム編集ツールの開発が重要である。日本からはCas9特許とは独立したクラス1のCRISPR–Cas3によるゲノム編集が報告された[8)]。しかしながら効率、改変体、小型化、*in vivo*ゲノム編集などの点では、長年研究が重ねられてきたクラス2のCas9、Cas12より遅れている。今後も国内プロジェクトにおいて基盤ツール開発を継続的に進め、国産の改変技術（遺伝子ノックイン技術など）やデリバリー技術と融合することが、国産ゲノム編集技術を発展させる上で重要である。

今後、遺伝子治療などに利用されるためには、オフ―ターゲット変異をなくしたより安全、より正確なゲノム編集技術が必要である。この部分でも日本は米中に後れを取っている。特に米国では、ゲノムを切断しない編集、Base Editor、Prime Editor、Casトランスポゾンなどさまざまなゲノム編集技術が登場している。また、標的遺伝子の転写調節領域に結合することで遺伝子発現を調節したり、ゲノム領域のメチル化/ヒストン修飾によるエピゲノム編集が進められており、すでに前臨床段階におけるモデル動物でのエピゲノム編集治療が報告されている。日本でもTarget–AIDやDNA脱メチル化編集が報告されているが、エピゲノム編集のさらなる研究開発が必要である。

さらにゲノム編集ツールを制御する技術も必要になるだろう。細菌の免疫系であるCRISPR–Casシステムに対抗するためにファージがCas活性を阻害するタンパク質としてAnti-CRISPR（Acr）が発見された[61]。Acrは、CRISPR-Casの3段階の免疫応答（獲得、発現、阻害）のそれぞれを阻害し、またCRISPRのタイプごとに異なるため多くの種類（約2,500候補遺伝子）が存在する[62]。実際にAcrタンパクを使って、細胞、植物、動物でゲノム編集の制御可能であることが報告されている。別の方法としては、光や化学物質によるゲノム編集/エピゲノム編集制御技術の開発も進められている。基礎研究から応用研究、遺伝子治療まで、これらゲノム編集制御技術が必要とされている。

ゲノム編集を利用した一塩基置換や数十塩基挿入、相同組換えを利用したノックインの効率化、実用化が進められ、より効率的、より正確なゲノム編集ができるようになってきた。一方で大規模ゲノム領域、染色体レベルでの編集という意味では、さらなる研究開発が必要である。細胞内におけるDNA損傷修復メカニズムの解明、修復機構因子の集積、相同組換え効率のさらなる向上が求められる。細胞周期や細胞分化状態に合わせた異なるゲノム編集技術や方法が求められている。ヒストン解析、染色体解析、1細胞解析、機械学習AIなどの新規解析技術と組み合わせた基礎研究が重要である。

様々な生物におけるゲノム編集技術の開発はまだ必要とされている。植物のCasタンパク質RNPを用いた、より効率的な品種改良が重要である。動物受精卵においては、ブタ、サルなどのより大きなモデル動物においては、100%ノックアウト、ノックイン動物の作製が求められる（同一個体中にゲノム編集された細胞とされなかった細胞が混在する、いわゆるモザイク問題の解決）。今後はゲノム編集を利用することにより、ヒト遺伝子を置換したヒト化動物の研究開発が進められるだろう。

ゲノム編集技術は、遺伝子改変とは異なる用途にも利用されている。前述の核酸検出薬としてのCRISPR診断法は代表的なものといえる。新型コロナウイルスを含む新興感染症の診断薬として、ウイルスゲノムが解読できればすぐに診断薬を開発できるというメリットが挙げられる。さらには微量サンプルにおいて一塩基変異を判別できる（感度と特異度が高い）ことから、がんの超早期発見（リキッドバイオプシー）としても期待されている。パネル技術と組み合わせることで、網羅的な感染ウイルスの検出[63]、核酸だけでなく細菌やタンパク質の検出も可能になっている。環境中の核酸モニタリング技術として研究開発が進められている。一方、POCTにむけた核酸の迅速検出を実現するため、マイクロリアクターとCRISPR技術を組み合わせることで、活性化したCRISPR-Casを1分子単位で検出し、標的核酸の個数を10分以内でデジタル定量することが可能となった[36]。デジタル定量により、核酸検出の感度・時間・変異識別能の向上や複数種の核酸の同時診断を可能にする学際的な研究も進められている。欧米では、情報科学との有機的な連携により、Cas7-11やphage由来のCasなど[64]、核酸検出に用いることができるCRISPRシステムが続々と発見されており、今後は、それらの新規Casとナノテクを融合させたより汎用性の高い核酸検出技術が開発されるであろう。

テープレコーダーのようにDNAを記録媒体として利用する研究（DNA writer）も行われている。GESTALT法をゼブラフィッシュ受精卵に利用することで、成体各器官の細胞系譜を明らかにすることができた[65]。そもそもCRISPR-Casは細菌に感染するファージウイルスの一部配列をCRISPRアレイに記憶するシステムであり、Cas1-Cas2を利用して馬が走る数秒の映像をDNAに記録保存する事に成功している[66]。さまざまな生体反応や細胞間相互作用の解明、生体全体の細胞系譜解析など時空間的解析への利用が期待される。

（6）その他の課題

産学連携においては、ゲノム編集ツールの特許が大きな問題となる。特にCRISPR-Cas9については、企業がこの技術を利用するためには複数の特許権者へ多額の使用料を支払う必要がありそうである。そのため、大企業がこの技術を利用することを控える傾向にあり、国内での産業開発力が低下している。この問題を解決する方法は、国産技術の開発であるが、ベンチャー企業が特許料を払いつつ、新しい技術を開発する後押し（国策としての推進）が必要となる。国産技術での巻き返しは見られるが、国プロや産業界からの支援は必須である。

2019年、各国でゲノム編集により作出された作物の取り扱い方針が決まった。米国は植物については規制対象外とした。南米諸国や日本、オーストラリアなどは、外来遺伝子等が残存していないことが確認されれば規制対象外とする。一方、EUやニュージーランドは、ゲノム編集を遺伝子組換えとして取り扱う。これはリスク評価の結果ではなく法律条文の解釈の結果であった。なお、米国はゲノム編集動物については遺伝子組換え生物として規制する方針を打ち出している。日本では、基本的に厚労省に届出、安全性確認、公表を経て流通される。また、遺伝子組換えに該当しないノックアウトなどの作物は基本的に食品表示基準の対象外となっている。諸外国との基準の統一化、グローバル競争に見合った考えが必要とされる。

中国ではゲノム編集したヒト受精卵から双子が誕生して、世界中の科学者から非難を浴びた。ヒト受精胚でのゲノム編集は、世界各国で基本的に中止されており、基礎研究においてその目的に応じて受精胚までの研究が認められている。2020年7月厚生労働省と文部科学省の合同部会は、ゲノム編集技術を使ってヒトの受精卵を改変し、遺伝性疾患の原因解明や治療法を探る基礎研究を進める上での指針案を了承した。併せて不妊治療に役立てる目的に限り、提供された精子と卵子から新たに受精卵を作り、ゲノム編集で改変する基礎研究に関する別の指針案も了承した。いずれの指針案も今後、意見公募などを経て指針となる。一方、ゲノム編集で改変した受精卵を母胎に戻す臨床研究については、安全性や倫理面の課題から、厚労省の専門委員会が法制化を含め規制強化の必要性を提言する報告書をまとめている。

また、ゲノム編集技術の社会受容ためには技術の安全性を示し、市民を交えて議論することが急務である。一般社団法人日本ゲノム編集学会および関連団体において、社会受容に向けた活動を活発にしていくことが重要である。

人材育成については、産業界からゲノム編集技術を使いこなせる人材の輩出を強く求められている。2018年JSTの卓越大学院プログラムにおいて広島大学の「ゲノム編集先端人材育成プログラム」が採択され、基礎研究者、治療開発者、産業技術開発者の育成を進めている。このような教育システムを産学連携のもとに展開し、産業利用に必要な技術を開発する人材、安全性評価をできる人材、ベンチャー企業家を育成することが必要である。

（7）国際比較

国・地域	フェーズ	現状	トレンド	各国の状況、評価の際に参考にした根拠など
日本	基礎研究	○	↗	・小型Cas9やPAMの制約を回避するSpCas9-NGの開発に成功した。 ・クラス1のCRISPR-Cas3によるヒト細胞におけるゲノム編集に成功し、日本発ゲノム編集基盤技術として知財も確保された。 ・脱アミノ化酵素とnCas9を利用した一塩基置換酵素Target-AIDに続いて、標的配列のC→TおよびA→Gの異種塩基置換を起こすTarget-ACEmaxが開発された。 ・エピゲノム編集：dCas9を利用して標的遺伝子の働きをONにする新技術（TREEシステム）が開発されている。 ・マウス胚におけるエピゲノム編集によって標的遺伝子のDNA脱メチル化に成功した。 ・CRISPRライブラリーを利用した細胞増殖遺伝子、がん遺伝子、エピゲノム修飾などの探索が進展。 ・ゲノム編集の共同研究論文数で日本の研究者が世界で2位と5位に入る[67]。 ・タイプIII-E CRISPR複合体はリボヌクレアーゼ活性とプロテアーゼ活性の両方を有することを発表した[68]。 ・RNA誘導型ProteaseであるCraspaseが発見された。

日本	応用研究・開発	○	→	・農水畜産物（イネ、トマト、キノコ、ジャガイモ、ニワトリ、ブタ、ウシ、マダイ）でのゲノム編集が進展している。 ・Cas13とマイクロチップ技術を組み合わせたRNA核酸および新型コロナウイルスの高感度・迅速技術の開発が進展している。 ・Cas3を用いた新型コロナウイルスの検出技術の開発が進行する。 ・エピゲノム編集技術を用いて動物実験においてヒト疾患の治療に成功している。 ・iPS細胞、免疫T細胞、疾患モデル動物を用いて、血友病、表皮水疱症、筋ジストロフィーなどの治療法開発、再生医療に向けた研究が進展している。 ・Cas3を基本特許としたベンチャー企業C4Uが設立され、2022年8月には住友ファーマとの共同研究が締結された。 ・エディットフォース社が2022年7月に田辺三菱製薬とのライセンス契約を締結した。 ・アンジェス社が2020年に米エメンド社を買収した。 ・モダリス社がエピゲノム編集による先天性筋ジストロフィー1A型の治療開発を進めている。
米国	基礎研究	◎	↗	・基礎研究の全ての分野で世界トップの水準を維持し、技術レベルをさらに向上させている。 ・新規の小型CasΦが開発され、遺伝子治療での送達が可能なツールと期待される。 ・ヒストンのセロトニン化という新しい概念がエピゲノム編集によって解明された[69]。 ・オフターゲットの少ないHiFi–Cas9が開発された。 ・CRISPRにトランスポゾン転移酵素をつなげたゲノム編集ツールが開発された。 ・nickase–Cas9に逆転写酵素を融合させたゲノム編集ツールが開発された。 ・アミノ進化によるCasヌクレアーゼ変異体開発が進み、PAMレスCas9（Science誌）など多くの改変体が報告されている。 ・デアミナーゼを利用したBase Editing、標的に自在に塩基改変できるPrime Editing、ノックイン技術としてCasトランスポゾン、など、DSBを伴わないゲノム編集技術が次々と報告されている。 ・ゲノム編集のDNA記録媒体としての利用、体細胞系譜追跡など新しい利用方法が開発されている。 ・RNA誘導型ProteaseであるCraspaseが発見された。 ・Casと逆転写酵素、セリンインテグレースを融合させたPASTE法の開発（DSBを伴わず36kbの配列を挿入可能）。 ・Phage由来のCasが発見された。
	応用研究・開発	◎	↗	・微生物での有用菌株育種、農水畜産物の品種改良、遺伝子治療への応用など、全ての分野での開発で世界トップレベルであり、大学機関、大手企業、ベンチャー企業、寄付財団等の密接な連携により、さらなる研究開発力の向上が進められている。クリスパー・セラピューティクス社、エディタス・メディシン社、インテリア・セラピューティクス社、ビーム・セラピューティクス社など多数のベンチャー企業が農作物開発、産業エネルギー開発、ヒト疾患治療法などの最先端研究開発を進めている。 ・CRISPR/Cas9、Cas12a、Cas13さらにCRISPR関連の基盤技術および応用技術知財の多くを確保している。 ・TALAENでの高オレイン酸大豆の作出と産業利用が進んだ。 ・*in vivo*と*ex vivo*のゲノム編集治療を積極的に進める。*in vivo*ゲノム編集治療としてレーバー先天性黒内症、トランスサイレチンアミロイドーシス、サラセミア・鎌状赤血球症）の臨床試験が開始された。 ・*in vivo*塩基変種治療（鎌状赤血球症）の治験が予定されている。 ・ZFN、CRISPRを使ったゲノム編集治療、より安全なエピゲノム編集治療の研究開発治験が進められている。 FDAには30以上の治験が登録され、遺伝子治療研究をリードしている。 ・新規核酸検出技術（Sherlock法および DETECTR法）が開発され、新型コロナウイルスPOCT診断薬として開発されている。

欧州	基礎研究	○	→	・CRISPR-Cas9でのゲノム編集によって哺乳類培養細胞で大規模な欠失や染色体の再編が誘導されることを示した。 ・ゲノム編集技術を利用して、遺伝子スクリーニング、遺伝子の機能解析など生物学的な基礎研究が目立つ。 ・幹細胞においてゲノム編集による様々な変異（インデル変異や大規模欠失、染色体再編）を検出するCAST-seqが開発された[70]。
	応用研究・開発	○	→	・がん治療のターゲットをゲノムワイドに探索する研究成果が報告されている。 ・TALENの基本特許を有するセレクティス社がCAR-T細胞作製など牽引している。米国企業や大学と連携して、ゲノム編集治療を進めている。 ・巨大製薬会社によるサラセミアなどの先天性遺伝性疾患に対する遺伝子治療への応用研究が進んでいる。 ・植物のゲノム編集において、台木からCRISPRのRNPを接木へ送達することによって、遺伝子組換えを回避した方法を発表している[71]。 ・ドイツ・メルク社は米国からCRISPR-Cas9特許を取得して、科学研究支援、遺伝子治療開発プログラムを推進している。 ・イギリスのGOSH、University College Londonのグループにより、T細胞急性リンパ性白血病に対するゲノム編集技術のCAR-T細胞療法への応用がなされた。 ・塩基編集による改変universal CAR-Tが急性白血病患者1例に投与された。 ・universal CAR-TのB細胞腫瘍に対するに関する臨床試験の結果が公表された。
中国	基礎研究	○	→	・CRISPRゲノム編集関連の研究論文数が増えており、自国雑誌への成果報告も多数あるが、最先端の研究がメジャー誌にも掲載されてきている。 ・ゲノム編集ツールや遺伝子ノックインなどの技術開発の論文も発表が顕著に増加している。 ・CRISPR-Cas9を用いた植物でのゲノム編集関連の論文数を多数発表している。 ・マウス個体でのエピゲノム編集（Mecp2のDNAメチル化）で、自閉症スペクトラムの表現型を示した。 ・複数の小型Casに関する開発が急ピッチで進んでいる。
	応用研究・開発	◎	↗	・国策としてゲノム編集による技術開発と新品種開発を進めている（年間数十億から数百億円の研究費）。ただ、ゲノム編集ツールや手法に中国独自のものは少ない。 ・農作物の品種改良で研究成果が見られる。 Chinese Academy of Sciences を中心として農作物（イネ、トウモロコシ、小麦、大豆など）研究が進展している。特にプライム編集での農作物開発で多くの成果が見られる。 ・多様な動物にゲノム編集技術を応用している。イヌ、マウス、ラット、ブタ、ウサギ等のゲノム編集動物作製を進め、特にサルの大規模なコロニーを対象とする実験を進めている。 ・治療に向けた研究も活発である。 CRISPR を利用したT 細胞での PD1 遺伝子破壊によるがん治療の臨床試験が進行中である。 ・ゲノム編集によって作製したサルの体細胞からクローンサルを誕生させた。
韓国	基礎研究	○	→	・ゲノム編集研究を先導してきたソウル国立大学は、高い質の論文を発表している。 ・dCas9やCas12aを利用して一塩基置換Base Editorを開発した。 ・CRISPR/Cas9 のオフターゲット作用の検出技術（Digenome-Seq法）やクロマチン解析（DIG-seq）を開発している。 ・TALEデアミナーゼによるミトコンドリアのゲノム編集技術開発に成功[72]。
	応用研究・開発	△	→	・農水畜産物での品種改良技術開発に力を入れている。植物でのCasタンパク質RNPを利用した遺伝子組換えを介さないゲノム編集が報告されており、塩基改変技術を利用した植物ゲノム改変にも成功している。 ・新しいツール開発やオフターゲット作用の検出サービスなどを提供している。 ToolGen 社がモンサント社とライセンス契約を結んで研究開発を進めている。 ・Base EditingやPrime Editingを利用した微生物や植物、幹細胞での標的遺伝子を進めている。

（註1）フェーズ
基礎研究：大学・国研などでの基礎研究の範囲
応用研究・開発：技術開発（プロトタイプの開発含む）の範囲
（註2）現状 ※日本の現状を基準にした評価ではなく、CRDS の調査・見解による評価
◎：特に顕著な活動・成果が見えている ○：顕著な活動・成果が見えている
△：顕著な活動・成果が見えていない ×：特筆すべき活動・成果が見えていない
（註3）トレンド ※ここ1～2年の研究開発水準の変化
↗：上昇傾向、→：現状維持、↘：下降傾向

参考・引用文献

1) M. Jinek, et al., “A programmable dual-RNA-guided DNA endonuclease in adaptive bacterial immunity”, *Science* 337, no.6096（2012）: 816-821. doi: 10.1126/science.1225829
2) B. Zetsche, et al., “Cpf1 is a single RNA-guided endonuclease of a class 2 CRISPR-Cas system”, *Cell* 163, no.3（2015）: 759-771. doi: 10.1016/j.cell.2015.09.038
3) P. Pausch, et al., “CRISPR-CasΦ from huge phages is a hypercompact genome editor”, *Science* 369, no. 6501（2020）: 333-337. doi: 10.1126/science.abb1400
4) CA. Vakulskas, et al., “A high-fidelity Cas9 mutant delivered as a ribonucleoprotein complex enables efficient gene editing in human hematopoietic stem and progenitor cells”, *Nat. Med.* 24, no.8（2018）: 1216-1224. doi: 10.1038/s41591-018-0137-0
5) H. Nishimasu, et al., “Engineered CRISPR-Cas9 nuclease with expanded targeting space”, *Science* 361, no. 6408（2018）: 1259-1262. doi: 10.1126/science.aas9129
6) RT. Watson, et al., “Unconstrained genome targeting with near-PAMless engineered CRISPR-Cas9 variants”, *Science* 17；368（6488)（2020）: 290-296. doi: 10.1126/science.aba8853.
7) SM. Miller et al., “Continuous evolution of SpCas9 variants compatible with non-G PAMs”, *Nat Biotechnol* 38（4）:（2020) 471-481. doi: 10.1038/s41587-020-0412-8.
8) H. Morisaka, et al., “CRISPR-Cas3 induces broad and unidirectional genome editing in human cells”, *Nat. Commun*. 10, no.1（2019）: 5302. doi: 10.1038/s41467-019-13226-x
9) K. Osakabe, et al., “Genome editing in plants using CRISPR type I-D nuclease”, *Commun Biol* 3, no.1（2021）: 648. doi: 10.1038/s42003-020-01366-6.
10) NM. Gaudelli, et al., “Programmable base editing of A·T to G·C in genomic DNA without DNA cleavage”, *Nature* 551, no.7681（2017）: 464-71. doi: 10.1038/nature24644
11) K. Nishida, et al., “Targeted nucleotide editing using hybrid prokaryotic and vertebrate adaptive immune systems”, *Science* 353, no. 6305（2016）: aaf8729. doi: 10.1126/science.aaf8729
12) AV. Anzalone, et al., “Search-and-replace genome editing without double-strand breaks or donor DNA”, *Nature* 576, no.7785（2019）: 149-57. doi: 10.1038/s41586-019-1711-4
13) J. Strecker, et al., “RNA-guided DNA insertion with CRISPR-associated transposases”, *Science* 365, no. 6448（2019）: 48-53. doi: 10.1126/science.aax9181
14) SE. Klompe, et al., “Transposon-encoded CRISPR-Cas systems direct RNA-guided DNA integration”, *Nature* 571, no.7764（2019）: 219-25. doi: 10.1038/s41586-019-1323-z
15) LA. Gilbert, et al., “CRISPR-mediated modular RNA-guided regulation of transcription in eukaryotes”, *Cell* 154, no.2（2013）: 442-451. doi: 10.1016/j.cell.2013.06.044
16) LS. Qi, et al., “Repurposing CRISPR as an RNA-guided platform for sequence-specific control

of gene expression", *Cell* 152, no.5: 1173-1183. doi: 10.1016/j.cell.2013.02.022
17) AM. Chiarella, et al., "Dose-dependent activation of gene expression is achieved using CRISPR and small molecules that recruit endogenous chromatin machinery", *Nat. Biotechnol.* 38, no.1: 50-55. doi: 10.1038/s41587-019-0296-7
18) S. Morita, et al., "Targeted DNA demethylation in vivo using dCas9-peptide repeat and scFv-TET1 catalytic domain fusions", *Nat. Biotechnol.* 34, no.10（2016）：1060-5. doi: 10.1038/nbt.3658
19) OO. Abudayyeh, et al., "RNA targeting with CRISPR-Cas13", *Nature* 550, no. 7675（2017）：280-284. doi: 10.1038/nature24049
20) DBT. Cox, et al., "RNA editing with CRISPR-Cas13", *Science* 358, no.6366（2017）：1019-1127. doi: 10.1126/science.aaq0180
21) T. Merkle, et al., "Precise RNA editing by recruiting endogenous ADARs with antisense oligonucleotides", *Nat. Biotechnol.* 37, no.2（2019）：133-138. doi: 10.1038/s41587-019-0013-6
22) J. van Haasteren, et al., "The delivery challenge: fulfilling the promise of therapeutic genome editing", *Nat. Biotechnol.* 38, no.7（2020）：845-855. doi: 10.1038/s41587-020-0565-5
23) JD. Finn et al., "A single administration of CRISPR/Cas9 lipid nanoparticles achieves robust and persistent in vivo genome editing", *Cell Rep* 27；22（9）：（2018）2227-2235. doi: 10.1016/j.celrep.2018.02.014.
24) P. Gee, et al. "Extracellular nanovesicles for packaging of CRISPR-Cas9 protein and sgRNA to induce therapeutic exon skipping", *Nat. Commun.* 11, no.1（2020）：1334. doi: 10.1038/s41467-020-14957-y
25) Y. Osakabe, et al., "CRISPR-Cas9-mediated genome editing in apple and grapevine", *Nat. Protoc.* 13, no.12（2018）：2844-2863. doi: 10.1038/s41596-018-0067-9
26) T. Sakuma, et al., "MMEJ-assisted gene knock-in using TALENs and CRISPR-Cas9 with the PITCh systems", *Nat. Protoc*. 11, no.1（2018）：118-133. doi: 10.1038/nprot.2015.140
27) K. Yoshimi, et al., "ssODN-mediated knock-in with CRISPR-Cas for large genomic regions in zygotes", *Nat. Commun.* 7（2016）：10431. doi: 10.1038/ncomms10431
28) K. Suzuki, et al., "In vivo genome editing via CRISPR/Cas9 mediated homology-independent targeted integration", *Nature*. 540, no.7631（2016）：144-149. doi: 10.1038/nature20565
29) S. Nakade, et al., "Biased genome editing using the local accumulation of DSB repair molecules system", *Nat. Commun.* 9, no.1（2018）：3270. doi: 10.1038/s41467-018-05773-6
30) LW. Koblan et al., "In vivo base editing rescues Hutchinson-Gilford progeria syndrome in mice", *Nature* 589（7843）：（2021）608-614. doi: 10.1038/s41586-020-03086-7.
31) JD. Gillmore, et al., "CRISPR-Cas9 In Vivo Gene Editing for Transthyretin Amyloidosis", *N Engl J Med.* 385, no.6（2021）：493-502. doi: 10.1056/NEJMoa2107454
32) O. Shalem, et al., "Genome-scale CRISPR-Cas9 knockout screening in human cells", *Science* 343, no.6166（2014）：84-87. doi: 10.1126/science.1247005.
33) FM.Behan, et al., "Prioritization of cancer therapeutic targets using CRISPR-Cas9 screens", *Nature* 568, no.7753（2019）：511-516. doi: 10.1038/s41586-019-1103-9.
34) JS. Gootenberg, et al., "Nucleic acid detection with CRISPR-Cas13a/C2c2", *Science* 356, no.6336（2017）：438-42. doi: 10.1126/science.aam9321
35) JS. Chen, et al., "CRISPR-Cas12a target binding unleashes indiscriminate single-stranded

DNase activity", *Science* 360, no. 6387（2018）: 436-9. doi: 10.1126/science.aar6245
36) H. Shinoda et al., "Automated amplification-free digital RNA detection platform for rapid and sensitive SARS-CoV-2 diagnosis", *Commun Biol* 26；5（1）:（2022）473. doi: 10.1038/s42003-022-03433-6.
37) K. Yoshimi, et al., "Rapid and accurate detection of novel coronavirus SARS-CoV-2 using CRISPR-Cas3", *medRxiv.*（2020）: 1-30. doi: https://doi.org/10.1101/2020.06.02.20119875
38) SN. Takeda et al., "Structure of the miniature type V-F CRISPR-Cas effector enzyme", *Mol Cell* 4；81（3）:（2021）558-570.e3. doi: 10.1016/j.molcel.2020.11.035.
39) RC. Sakata et al., "Base editors for simultaneous introduction of C-to-T and A-to-G mutations", *Nat Biotechnol* 38（7）:（2020）865-869. doi: 10.1038/s41587-020-0509-0.
40) MTN. Yarnall et al., "Drag-and-drop genome insertion of large sequences without double-strand DNA cleavage using CRISPR-directed integrases", *Nat Biotechnol*（2022）Nov 24. doi: 10.1038/s41587-022-01527-4.
41) A. Kunii, et al., "Three-Component Repurposed Technology for Enhanced Expression: Highly Accumulable Transcriptional Activators via Branched Tag Arrays", *CRISPR J* 1, no.5（2018）: 337-347. doi: 10.1089/crispr.2018.0009
42) HK. Liao, et al., "In Vivo Target Gene Activation via CRISPR/Cas9-Mediated Trans-epigenetic Modulation", *Cell* 171, no. 7（2017）: 1495-1507. doi: https://doi.org/10.1016/j.cell.2017.10.025
43) DU. Kemaladewi, et al., "A mutation-independent approach for muscular dystrophy via upregulation of a modifier gene", *Nature* 572, no.7767（2019）: 125-130. doi: 10.1038/s41586-019-1430-x
44) XS. Liu, et al., "Rescue of Fragile X Syndrome Neurons by DNA Methylation Editing of the FMR1 Gene", *Cell* 172, no.5（2018）: 979-92. doi: https://doi.org/10.1016/j.cell.2018.01.012
45) HB. Zhou, et al., "Glia-to-Neuron Conversion by CRISPR-CasRx Alleviates Symptoms of Neurological Disease in Mice", *Cell* 181, no.3（2020）: 590-603. doi: 10.1016/j.cell.2020.03.024
46) L. Qu, et al., "Programmable RNA editing by recruiting endogenous ADAR using engineered RNAs", *Nat. Biotechnol.* 37, no.9（2019）: 1059-1069. doi: 10.1038/s41587-019-0178-z
47) K. Kato et al., "Structure and engineering of the type III-E CRISPR-Cas7-11 effector complex", *Cell* 185（13）:（2022）2324-2337.e16. doi: 10.1016/j.cell.2022.05.003.
48) T. Hui & JP. Dinshaw, "A type III-E CRISPR Craspase exhibiting RNase and protease activities", *Cell Research* 32（2022）: 1044-1046. doi: 10.1038/s41422-022-00739-2.
49) C. Hu et al., "Craspase is a CRISPR RNA-guided, RNA-activated protease", *Science* 16；377（6612）:（2022）1278-1285. doi: 10.1126/science.add5064.
50) JD. Gillmore et al., "CRISPR-Cas9 In Vivo Gene Editing for Transthyretin Amyloidosis", *N Engl J Med* 385（6）:（2021）493-502. doi: 10.1056/NEJMoa2107454.
51) H. Frangoul et al., "CRISPR-Cas9 Gene Editing for Sickle Cell Disease and β-Thalassemia", *N Engl J Med* 384（3）:（2021）252-260. doi: 10.1056/NEJMoa2031054.
52) P. Harmatz et al., "First-in-human in vivo genome editing via AAV-zinc-finger nucleasesform ucopolysaccharidosis I/II and hemophilia B", *Mol Therapy* 30（12）:（2022）3587-3600.
53) GA. Newby et al., "Base editing of haematopoietic stem cells rescues sickle cell disease in mice", *Nature* 595（7866）:（2021）295-302. doi: 10.1038/s41586-021-03609-w.
54) K. Musunuru et al., "In vivo CRISPR base editing of PCSK9 durably lowers cholesterol in

primates", *Nature* 593: (2021) 429-434.
55) W. Qasim et al., "Molecular remission of infant B-ALL after infusion of universal TALEN gene-edited CAR T cells", *Sci Transl Med* 25；9（374）：(2017) eaaj2013. doi: 10.1126/scitranslmed.aaj2013.
56) R. Benjamin et al., "Genome-edited, donor-derived allogeneic anti-CD19 chimeric antigen receptor T cells in paediatric and adult B-cell acute lymphoblastic leukaemia: results of two phase 1 studies", Lancet 12;396 (10266): (2020) 1885-1894. doi: 10.1016/S0140-6736 (20) 32334-5.
57) C. Diorio et al., "Cytosine base editing enables quadruple-edited allogeneic CART cells for T-ALL", *Blood* 140（6）：(2022) 619-629. doi: 10.1182/blood.2022015825.
58) University College Londonプレスリリース：https://www.ucl.ac.uk/news/2022/dec/world-first-use-base-edited-car-t-cells-treat-resistant-leukaemia（2023年1月15日にアクセス）
59) K. Kiga, et al., "Development of CRISPR-Cas13a-based antimicrobials capable of sequence-specific killing of target bacteria", *Nat. Commun.* 11, no.1（2020）：2934. doi: 10.1038/s41467-020-16731-6
60) R. Basar, et al., "Large-scale GMP-compliant CRISPR-Cas9-mediated deletion of the glucocorticoid receptor in multivirus-specific T cells", *Blood Advances* 4, no. 14（2020）：3357-3367. doi: 10.1182/bloodadvances.2020001977
61) J. Bondy-Denomy, et al., "Bacteriophage genes that inactivate the CRISPR/Cas bacterial immune system", *Nature* 493, no.7432（2013）：429-432. doi: 10.1038/nature11723
62) AB. Gussow, et al., "Machine-learning approach expands the repertoire of anti-CRISPR protein families" *Nat. Commun.* 11, no. 1（2020）：3784. doi: 10.1038/s41467-020-17652-0
63) CM. Ackerman, et al., "Massively multiplexed nucleic acid detection with Cas13", *Nature* 582, no. 7811（2020）：277-82. doi: 10.1038/s41586-020-2279-8
64) B. Al-Shayeb et al., "Diverse virus-encoded CRISPR-Cas systems include streamlined genome editors", *Cell* 185（24）：(2022) 4574-4586.e16. doi: 10.1016/j.cell.2022.10.020.
65) A. McKenna, et al., "Whole-organism lineage tracing by combinatorial and cumulative genome editing", *Science* 353, no.6298 (2016）：aaf7907. doi: 10.1126/science.aaf7907
66) SL. Shipman, et al., "CRISPR-Cas encoding of a digital movie into the genomes of a population of living bacteria", *Nature* 547, no.7663 (2017）：345-349. doi: 10.1038/nature23017
67) Y. Huang, et al., "Collaborative networks in gene editing", *Nat. Biotechnol*. 37, no.10 (2019): 1107-1109. doi: 10.1038/s41587-019-0275-z
68) K. Kato, et al., "RNA-triggered protein cleavage and cell growth arrest by the type III-E CRISPR nuclease-protease", *Science* 378, no.6622（2022）：882-889. doi: 10.1126/science.add7347
69) YE. Loh, et al., "Histone serotonylation is a permissive modification that enhances TFIID binding to H3K4me3", *Nature* 567, no.7749（2019）：535-539. doi: 10.1038/s41586-019-1024-7
70) G. Turchiano, et al., "Quantitative evaluation of chromosomal rearrangements in gene-edited human stem cells by CAST-Seq", *Cell Stem Cell* 8, no.6 (2021)：1136-1147.e5. doi：10.1016/j.stem.2021.02.002.
71) L. Yang, et al., Heritable transgene-free genome editing in plants by grafting of wild-type shoots to transgenic donor rootstocks. *Nat Biotechnol* (2023). doi: 10.1038/s41587-022-

01585-8.
72) SI. Cho, et al., “Targeted A-to-G base editing in human mitochondrial DNA with programmable deaminases”, *Cell* 185, no.10 (2022) : 1764-1776.e12. doi: 10.1016/j.cell.2022.03.039.

2.3.8 オプトバイオロジー

（1）研究開発領域の定義

光を使って生命現象を自在に操作するための技術開発が進められている。この分野は1970年代に有機合成化学のアプローチで創案されたケージド化合物（caged compound）に端を発するが、2005年に単細胞生物の緑藻（*Chlamydomonas reinhardtii*）の光受容器官（眼点）の細胞膜に発現する光駆動型イオンチャネルのチャネルロドプシンが神経細胞の膜電位の光操作に利用できることが発見され、神経科学・脳科学の分野に応用されたことにより大きく発展してきた。最近の研究により、チャネルロドプシンとは全く異なる新たな基盤技術が創出され、神経科学・脳科学のみならず、生命科学の広範な分野に光操作技術の応用が始まっている。今後は、基礎研究のみならず、医療やバイオ生産を含めた様々な応用分野に研究開発が広がっていくと思われる。本項では、チャネルロドプシン等の膜電位の光操作技術に関する説明は簡潔に触れるにとどめ、光操作の基盤技術とその関連研究に関して幅広く分析することとする。

（2）キーワード

光操作、光スイッチタンパク質、タンパク質、ゲノム、医療、細胞デザイン、合成生物学、バイオ生産

（3）研究開発領域の概要

[本領域の意義]

生命現象の光操作技術に関する研究は、2005年のチャネルロドプシンの神経科学・脳科学への応用が大きな転機になっている。さらに、光刺激によって構造変化を起こしたり、光刺激によって速やかに二量体を形成し光照射を止めると解離する、光スイッチタンパク質と呼ばれる基盤技術が2009年以降に次々と開発されたことにより、生命現象に関わる様々なタンパク質の光操作が可能になった。この一般性の高い基盤技術の創出により、光が得意とする高い時間・空間制御能に基づいて、狙った細胞や生体部位でのみ、かつ狙ったtime windowでのみ、様々な生命現象を自在に光操作することが可能になりつつある。例えば、脳であれば、ヒトの場合は約860億個、マウスの場合は約7000万個の神経細胞がそれぞれの役割を果たしている。マウスの脳に光刺激を与えて特定の神経細胞の特定の遺伝子の働きを光操作した上で、マウスの行動等がどのように変化するのかを観察すれば、光刺激で狙った神経細胞の遺伝子が脳の中でどのような役割を持っているのかを解明できる。また、同様の光操作のアプローチにより、生体内で生じたゲノムや遺伝子の異常（変異や欠失など）がどのように様々な疾患に繋がるのかを解明できる。このような期待から、生命科学の諸分野の研究者が光操作の分野に参入している。加えて、新たな光操作技術を開発し、当該技術を高度化すべく、生命科学、化学、物理学、情報科学の諸分野の多くの研究者が光操作の分野に参入している。なお、光操作技術は、上述の例で挙げたような生命現象の解明や疾患の解明にとどまらず、創薬や医療、バイオ生産等の様々な分野への応用が期待されている。例えば、これまでの薬は、体内をくまなく循環することを大前提として開発する必要があったため、薬効と副作用のバランスをとることに主眼をおいた創薬にならざるを得なかったが、光操作技術の導入によって、光を照射した部位に限定して強い薬効を生じさせ、疾患部位以外での副作用を大幅に低減するといった、新しいコンセプトの創薬が可能になるかもしれない。また、遺伝子治療において、必要なタイミングで遺伝子の働きをONにして、治療が終わったら、あるいは、有害事象を検知してOFFにできるようになれば、遺伝子治療の有効性の観点のみならず、安全性の観点でも非常にメリットが大きい。チャネルロドプシンについては、網膜色素変性症の治療に向けて臨床試験が進められるなど、光操作技術の医療応用を先行している。このように、光操作技術は、既存の技術では不可能だった様々なアイディアを実現し、様々なニーズに答えることができる可能性を秘めている。

[研究開発の動向]

分子の機能を光で操作する技術は、1970年代に創案されたケージド化合物（caged compound）が最初のものである。ニトロベンジル基に代表される光感受性官能基を用いて不活性化（caged）した小分子（グルタミン酸等の神経伝達物質や環状核酸など）の当該官能基を光照射で解離させ、当該小分子の本来の機能を出現（uncaging）させるというアイディアである。1980年代から光線力学療法（photodynamic therapy: PDT）で利用されるポルフィリン誘導体も、ケージド化合物と同様に、有機合成化学のアプローチによる光操作技術の源流をなすものである。これらの研究は、Rakuten Medical, Inc.（日本法人は楽天メディカルジャパン株式会社）が2020年にわが国で製造販売の承認を得た頭頸部癌の光免疫療法の開発につながっている。しかし、有機合成化学のアプローチは光操作が可能な対象が小分子に限定される点、光操作の可逆性が無い点などが課題として残っていた。また、当該アプローチが精密な化学合成を必要とする点も当該分野への参入障壁を高め、その発展を遅らせる要因となっていた。

光操作技術は、2005年にチャネルロドプシンが神経科学・脳科学に応用されたことにより転機を迎える[1]。チャネルロドプシンを用いることにより、光照射で狙った神経細胞を活性化できるため、神経科学・脳科学の分野で爆発的に利用されている。しかし、チャネルロドプシンは膜電位をコントロールすることしかできないため、その応用範囲は興奮性細胞である神経細胞や心筋細胞等に限定される。このことから、非興奮性細胞のコントロールにも応用可能な、新たな光操作技術の開発が求められていた。このような中、2009年に青色光によって構造変化を起こす光スイッチタンパク質（AsLOV2ドメイン）[2] が開発され、2010年には青色光によってタンパク質の二量体化を制御できる、より一般的な光スイッチタンパク質（CRY2–CIBシステム）[3] が開発され、非興奮性細胞のコントロールにも応用可能な、新たな光操作技術への道が開かれた。光スイッチタンパク質は光操作の基盤技術であるため、上述のもの以外にも様々な光スイッチタンパク質が開発されている[4]。初期に開発された光スイッチタンパク質の多くは、植物等が有する天然のタンパク質をそのまま利用していたが、天然のタンパク質に大幅にプロテインエンジニアリングを施して、天然のタンパク質が抱える問題点を克服した光スイッチタンパク質も、わが国の研究グループ等から発表されている[5]。また、青色光により二量体から単量体に解離するタイプの光スイッチタンパク質[6] や、紫外線に近い波長の光刺激により共有結合が切断されるタイプの新たな光スイッチタンパク質[7] も開発されている。最近では、青色光等よりも生体組織透過性が高い赤色光や近赤外光等の長波長の光照射で利用できる新たな光スイッチタンパク質が次々と開発されている[8, 9, 10, 11]。

長波長の光照射での光操作については、アップコンバージョン現象を利用した技術が近年開発され、神経科学の分野を中心に利用が始まっている。これまでは、チャネルロドプシンを使って神経細胞を光操作する場合に、生体組織透過性の低い青色光を使う必要があったため、頭蓋骨に穴を開け、光ファイバーを脳に挿入して光を照射しなくてはならなかった。アップコンバージョンナノ粒子を用いることにより、光ファイバーを脳に挿入することなく、生体外からの近赤外光で脳の活動を制御できるようになった[12]。また、アップコンバージョンナノ粒子として、これまで無機結晶が利用されていたが、無機結晶よりも制御しやすい有機物でアップコンバージョン現象を生起する技術がわが国の研究室から発表され、生命現象の光操作に利用できることが示されている[13]。また、わが国から、共鳴エネルギー移動現象を利用して、多光子励起による光操作技術の基盤技術が開発されたことも特筆に値し、今後のさらなる発展が期待される[14]。

光スイッチタンパク質は極めて一般性が高く、受容体タンパク質、抗体、キナーゼ、GTP結合タンパク質、ヌクレアーゼ、DNAリコンビナーゼ、RNAポリメラーゼ、プロテアーゼなど、多くの種類のタンパク質の光操作に応用されている。また、生命現象についても、細胞内シグナル伝達、ベシクル輸送、細胞骨格、セカンドメッセンジャー、細胞周期、細胞死、細胞分化、遺伝子発現、遺伝子編集、エピゲノムなどの光操作が報告されている[4]。近年、細胞生物学の分野で注目されている相分離の光操作も報告されている[15]。このように数多くのタンパク質や幅広い生命現象の光操作が可能になった背景には、上述の光スイッチタンパク質の開発と共に、光スイッチタンパク質を用いて様々なタンパク質を制御するための一般的アプローチが確立してきたことが挙げられる。このアプローチは大きく次の三つに分けることができる：①光スイッチタンパク質の構造変化を光刺激で誘導してタンパク質の活性を制御するアプローチ、②タンパク質の局在変化を光刺激で誘導してタンパク質の活性を制御するアプローチ、③タンパク質を分割し、その断片の会合を光刺激で誘導してタンパク質の活性を制御するアプローチ。それぞれのアプローチに最適な光スイッチタンパク質が開発されている。

重要なことは、チャネルロドプシンや光スイッチタンパク質を導入した光操作ツールがすべてタンパク質を利用しているという点である。光操作ツールがタンパク質であるため、細胞種特異的プロモーターを用いて、特定の細胞種のみでの光操作が可能であり、プラスミドベクターやアデノ随伴ウイルス（AAV）ベクター等の各種ウイルスベクターを用いて、細胞や生体に光操作ツールを導入できる点が大きなメリットである。また、光操作ツールを染色体に組み込んだトランスジェニック生物やノックイン生物を樹立して利用できる点も大きな特徴である。上述のように、従来の有機合成化学に基づく光操作技術は、精密な化学合成を必要とする点が当該分野への参入障壁になっていたが、チャネルロドプシンや光スイッチタンパク質を導入した光操作ツールは、一般的な遺伝子工学的手法を用いて光操作ツールを開発でき、細胞生物学の分野で広く用いられている方法で光操作ツールを細胞や生体に導入して利用することができるため、様々な分野の研究者が光操作技術の分野に参入することが可能である。チャネルロドプシンや光スイッチタンパク質が可能にする光操作自体が、既存のアプローチでは不可能だった操作を可能にするといった魅力があることに加えて、このような参入障壁の低さも、当該分野の急速な発展の大きな要因となっている。

諸外国の状況について、チャネルロドプシン等の膜電位の光操作技術に関する開発研究および応用研究は、神経科学・脳科学に関係する世界中の研究室で行われているが、米国が特に優勢である。これは、米国が進める脳科学に関係した大型プロジェクト「Brain Initiative」の影響が強く出ていると思われる。一方、光スイッチタンパク質による光操作技術については、トップジャーナルに論文を発表する研究室が米国、日本、中国、欧州、カナダ、韓国に存在している。当該分野で日本が存在感を発揮しているのは、光スイッチタンパク質という光操作の基盤技術が日本で開発されていること、および、JST-CRESTとJSTさきがけにおいて、チャネルロドプシン等の膜電位の光操作技術に限定されない光操作技術の研究を進めていることが理由として挙げられる。さらに日本では、2020年に若手研究者を中心に、科学研究費補助金学術変革領域研究（B）の低エネルギー操作領域が立ち上がり、生体深部での操作を目指した研究が行われている。チャネルロドプシン等の光操作技術については、これらを使って神経科学・脳科学に関係する生命現象を解明する研究がメインであったが、2021年に欧州と米国の研究者およびフランスのベンチャー企業から眼の遺伝子治療を目指すPhaseI/II相臨床試験における良好な結果が報告されたことから、チャネルロドプシン等の臨床応用が加速すると思われる。光スイッチタンパク質による光操作技術についても、生命現象の解明を目指した光操作技術の開発研究がメインであったが、ゲノムエンジニアリング技術の光操作やがん治療技術の光操作など、医療応用を目指した光操作技術の開発研究が米国、日本、中国、欧州から次々と発表されている。また、バイオ生産の分野に光スイッチタンパク質を応用する研究も始まっている。ドイツの研究者の貢献により光操作に関する情報を集約したデータベース「OptoBase」が発足し、光操作に関する国際的な研究状況を把握しやすくなっている。

（4）注目動向

［新展開・技術トピックス］

・光操作技術の研究分野は生命現象の解明のための研究が主流であったが、近年、医療応用に通じる光操作技術が報告されるようになってきた。主要なものについて紹介する。まずゲノムの光操作技術の開発が挙げられる。この技術はCRISPR-Cas9システムなどのゲノムエンジニアリング技術と光操作技術を組み合わせた新たな技術であり、光刺激によってゲノムの塩基配列を書き換えたり、ゲノムにコードされた遺伝子の発現を光刺激で自在に操作することが可能になっている[16, 17, 18)]。当該技術の研究はわが国が世界をリードしているが、中国や米国のグループからも新たな技術が報告されている[9, 10, 19]。遺伝子治療への光操作技術の応用については、上述のゲノムの光操作技術に加えて、ドイツのグループから、AAVベクターを光照射で狙った細胞に感染させる技術が開発されている[20]。抗体も医療応用に通じる技術であるが、韓国と米国のグループによって細胞内で働く抗体の光操作技術が開発されている[21, 22]。ゲノムや抗体のような分子レベルでの治療技術に加えて、免疫細胞やウイルスを用いた治療技術にも光操作技術が応用され始めている。免疫細胞への応用として、キメラ抗原受容体を用いた遺伝子改変T細胞療法（CAR–T細胞療法）への光操作技術の応用が挙げられる。CAR–T細胞療法はがんに対する薬効の高さが注目される一方で、活性のコントロールが難しいという課題があった。米国のグループは、CAR–T細胞療法に光操作技術を導入することにより、当該療法の特異性と安全性を高めることができることを示している[23, 24]。中国のグループは、免疫細胞療法と光操作技術を組み合わせたがん治療技術を報告している[25]。がん治療への光操作技術の応用については、日本のグループが光で増殖能を制御できる腫瘍溶解性ウィルスの開発に成功している[26]。

- 光操作の基盤技術である光スイッチタンパク質について、その長波長化に関する研究が進められている。これまで青色光で制御できる光スイッチタンパク質が広く光操作技術に利用されてきたが、青色光の生体組織透過性が低いため、より生体組織透過性の高い長波長の光照射で利用できる光スイッチタンパク質の開発が強く求められていた。米国の研究グループは2016年、紅色光合成細菌（*Rhodopseudomonas palustris*）が有するフィトクロム（RpBphP1）とその結合タンパク質（RpPpsR2）が、近赤外の光照射で光スイッチタンパク質として利用できることを示している[8]。この光スイッチタンパク質は、哺乳類を含めて様々な動物種が広く有するビリベルジンを補因子として結合し、光操作の長波長化を実現したという点で注目されたが、この光スイッチタンパク質を利用した研究が開発者の研究室以外からの報告が少ないため、その実用性については改良の必要があるのかもしれない。最近になって、新たな赤色光スイッチタンパク質として、iLight[9]が米国のグループから、REDMAP[10]が中国のグループから報告されている。また2022年に日本のグループから、進化分子工学という新たなアプローチに基づいて、光制御能と一般性が極めて高い赤色光スイッチタンパク質のMagRedが報告されている[11]。長波長化という点では、シアノバクテリアから非常に小さな光受容ドメイン（シアノバクテリオクロム）が発見されている[27]。この研究はわが国が分野をリードしており、今後の発展が期待されている。
- Rakuten Medical, Inc.（日本法人は楽天メディカルジャパン社）が光免疫療法として開発していた光操作技術「アルミノックス」に基づく頭頸部がんの治療薬「アキャルックス」、および光照射のための医療機器「BioBladeレーザーシステム」が、2020年に日本での製造販売承認を得た。同社は現在、頭頸部扁平上皮がんや食道がん、胃がんを対象として、臨床試験を行なっている。また、欧州と米国の研究者がGenSight Biologics社と共同で、網膜色素変性症で失明した患者に対して、チャネルロドプシンを用いた臨床試験を行なっている。この臨床試験（Phase I/II）では、AAVベクターに搭載したチャネルロドプシンの赤色変異体（ChrimsonR）を患者の網膜の神経細胞に導入するとともに、患者の視野に入る物体を検知し光パルスを網膜に投射できる光刺激ゴーグルを用いることで、網膜色素変性症により40年間失明していた患者がさまざまな物体を知覚できるようになったことが2021年に報告されている[28]。このように光操作技術が医療技術として実用化され、臨床試験が順調に進められていることは、光操作技術の今後の発展にとって追い風になると思われる。これまで、光操作技術の研究は基礎研究がメインであったが、医療を含めた様々な応用分野にも研究が広がっていくと思われる。
- バクテリアや酵母などの微生物を使って様々な化学物質を生産しようというバイオ生産の研究分野が注目されている。この分野では、化学物質の生産を可能にする様々な代謝酵素の遺伝子を微生物に導入する手法が用いられているが、当該の代謝酵素や遺伝子回路を光操作技術でコントロールすることで生産の効率等を大きく向上できることが報告され注目されている[29, 30]。バイオ生産の分野には、これまで合成生物学やゲノム編集、機械学習といった最先端の科学技術が導入されてきたが、光操作技術の導入によって、さらにバイオ生産が大きく発展すると思われる。

・光操作に関する情報を集約したデータベース「OptoBase」が発足し、関連分野の研究者に利用されている（URL: https://www.optobase.org/about/）。このデータベースは、ドイツのフライブルク大学の研究者によって2018年に開設された。光操作に関係した最新の論文の出版情報と関連文献の検索、用途別に整理された光操作の基盤技術や光操作ツールのリスト、光操作に関係した統計データ、光操作に関係したQ&Aなどからなっている。このデータベースを見れば、光操作の分野が今まさにどうなっているのか、光操作の研究を始める場合にどのツール選べばいいのか、光操作の研究で困難に直面した場合にどうすればいいのか、などが分かるようになっている。この統合的なデータベースの構築は、光操作の分野の今後の発展に大きく貢献すると思われる。

[注目すべき国内外のプロジェクト]

脳科学に関係した大型プロジェクトとして、米国の「Brain Initiative」、欧州の「Human Brain Project」、わが国の「革新的技術による脳機能ネットワークの全容解明プロジェクト（Brain/MINDS）」がある。これらのプロジェクトの中で、チャネルロドプシン等の膜電位の光操作技術の開発と応用研究が数多く実施されているが、本項が主に対象とする、チャネルロドプシン関連とは異なる光操作技術の開発とその応用研究については、研究課題は非常に限定的である。わが国では、2016年にJST-CRESTの「光の特性を活用した生命機能の時空間制御技術の開発と応用」（オプトバイオ）領域、およびJSTさきがけの「生命機能メカニズム解明のための光操作技術」（光操作）領域が立ち上がり、光操作技術の開発とその応用研究が実施されてきた。JST-CRESTのオプトバイオ領域では、チャネルロドプシン等の膜電位の光操作技術の応用研究の採択数が全体の62%であり、チャネルロドプシン関連とは異なる光操作技術の開発とその応用研究の採択数は全体の38%であった。JSTさきがけの光操作領域でも、チャネルロドプシン関連とは異なる光操作技術の開発とその応用研究について、挑戦的な課題に取り組む若手の研究者が数多く採択された。またわが国では2020年に若手研究者を中心に、科学研究費補助金学術変革領域研究（B）の低エネルギー操作領域が立ち上がり、光熱や超音波、磁気による生体深部での操作を目指した研究が行われている。

（5）科学技術的課題

・生体深部に存在する分子や細胞の光操作を実現できるような技術を開発することは、今後の重要な方向性の一つである。光操作の基盤技術である光スイッチタンパク質について、その長波長化に関する研究が進められている。生体組織に光を照射した場合、その光の透過性が高い「第一の生体の窓」と言われる650 nmから900 nmの波長領域、「第二の生体の窓」と言われる1100 nmから1350 nmの波長領域、「第三の生体の窓」と言われる1550 nmから1800 nmの波長領域でコントロールできるような新たな光スイッチタンパク質を開発することができれば、生体外からの光照射で操作できる生体部位は、これまでに主流であった青色光による光操作に比べて格段に増えると思われる。上述のように、「第一の生体の窓」を利用する赤色光スイッチタンパク質の報告は近年増加している、また、生体組織透過性が高い「磁場」や「超音波」等を用いて生体のより深部での操作を目指す技術も報告されつつあり、長波長の光による操作に加えて、今後の発展が期待されている。

・光操作技術は今後、生命現象の解明、疾患の治療、バイオ生産等に応用されていくと思われる。特に、疾患の治療を目的とした新たな光操作技術の研究推進は重要になるだろう。従来の薬は身体中を循環することを大前提として、薬効と副作用のバランスに主眼をおいた創薬にならざるを得なかったが、光操作技術の導入によって、光照射部位でのみ強い薬効を発揮させるような新しいコンセプトの創薬が可能になることから、CAR-T細胞療法や腫瘍溶解性ウイルス、抗体医薬等のがん創薬を皮切りに光操作技術の導入が始まっている。また、遺伝子治療に光操作技術を導入することにより、状況に応じてON/OFFが可能な、有効性と安全性の両面でメリットが大きい治療が実現できるだろう。がん治療や遺伝子治療のみならず、今まで治療法がなかった様々な疾患においてアンメットメディカルニーズに答えることができる可能性を秘めている。また、バイオ生産についても、合成生物学やゲノム編集等とともに、光操作技術の導入によって今までの技術で生産が困難だった化学物質の生産が可能になったり、生産性を大きく向上することが可能になったりするなど、バイオ生産の分野が大きく発展すると思われる。

・光操作技術は新しい技術であり、今まさに光操作技術そのものの開発研究が進められている段階であるが、今後は光操作技術の開発と並行して、関連する周辺技術との連携・融合が重要な方向性になるだろう。例えば、ドラッグデリバリーシステム、タンパク質の細胞への送達技術、抗体関連技術と光操作技術の組み合わせによって、疾患治療への光操作技術の応用が格段に進歩すると思われる。また、近年の合成生物学の発展によって新たな細胞をデザインすることが可能になり、特にバイオ生産の分野の発展につながっているが、細胞デザインのアプローチと光操作技術を融合することによって、バイオ生産の分野のみならず、細胞を利用可能な様々な技術や産業への大きな相乗効果が期待でき、新たな分野の創出につながると期待される。さらに、レーザ技術などの光量子技術およびウェアラブルデバイス技術などの生体への光照射に関係する技術分野との連携はもとより、疾患に関する生体情報を正確に計測し、これらを統合的に診断する「IoT–AI技術」と光操作技術の連携も、疾患の精密なモニタリングから精密な治療までをシームレスに行い新たな医療技術を創出する上で重要になると思われる。

（6）その他の課題

わが国では、神経科学・脳科学にフォーカスした「革新的技術による脳機能ネットワークの全容解明プロジェクト（Brain/MINDS）」だけでなく、JST–CRESTのオプトバイオ領域、およびJSTさきがけの光操作領域を立ち上げて、戦略的に光操作技術の開発研究と応用研究を進めてきた。これによりわが国は、光操作技術の研究分野をリードする国の一つになっており、関連のベンチャー企業も立ち上がっている。2020年には若手研究者を中心に、科学研究費補助金学術変革領域研究（B）の低エネルギー操作領域が立ち上がり、生体深部での操作を目指した研究が行われている。このような戦略的研究推進により得られた研究シーズや研究人材を活用して当該分野をさらに大きく発展させるために、継続的な支援や適切な施策が必要である。光操作技術は様々な周辺技術との連携により大きな相乗効果が期待できる分野であるため、分野横断的な支援体制の構築や、異なる専門性を持つ研究者が一つの方向を向いて研究できる体制の構築が非常に有効と思われる。医療技術やバイオ生産の分野において光操作技術の応用が始まっているが、国際競争に勝つためには、どうすれば光操作で医療技術を革新できるのか、あるいはどうすれば光操作でバイオ生産を革新できるのかについて、異分野の研究者同士がアイディアを出し合い、新しい価値を創造できる研究体制の構築が必須と思われる。

（7）国際比較

国・地域	フェーズ	現状	トレンド	各国の状況、評価の際に参考にした根拠など
日本	基礎研究	◎	↗	・チャネルロドプシン等の構造解析や長波長化などに関して国際的に高いレベルの研究成果を報告している。 ・生体組織透過性が高い赤色光で操作可能で、かつ光制御能と汎用性が高い基盤技術として赤色光スイッチタンパク質（MagRed）を開発するなど、分野をリードする研究成果を多数発表している。
	応用研究・開発	○	↗	・ゲノムの光操作技術や腫瘍溶解性ウイルスの光操作技術など、医療技術につながる光操作技術に関する研究が行われている。 ・光操作技術の実用化を目指すベンチャー企業の株式会社ミーバイオ（miibio, Inc.）が立ち上がり、光操作ツールの試薬販売や光操作ツールを組み込んだ実験動物の販売が始まっている。

国・地域	フェーズ	現状	トレンド	各国の状況、評価の際に参考にした根拠など
米国	基礎研究	◎	↗	・新たなチャネルロドプシン等の開発と応用について分野をリードしている。 ・膜電位以外についても、相分離の光操作技術など、新たな光操作技術が次々と開発されている。 ・光スイッチタンパク質についても、既存の技術の改良や赤色光スイッチタンパク質（iLight）の開発等において分野をリードしている。 ・青色光により二量体から単量体に解離するタイプの光スイッチタンパク質（LOVTRAP）が開発されている。 ・光操作の研究分野を研究する研究者の数が非常に多い。
	応用研究・開発	◎	↗	・Rakuten Medical, Inc.（日本法人は楽天メディカルジャパン株式会社）が立ち上がり、光免疫療法を実用化した。 ・抗体の光操作技術、がん免疫療法（CAR–T）の光操作技術など、医療技術につながる光操作技術の研究が多数行われている。 ・バイオ生産に光操作技術を導入した研究が始まっている。
欧州	基礎研究	◎	↗	・チャネルロドプシン等の膜電位の光操作技術の研究について国際的に高いレベルの研究成果を報告している。 ・光スイッチタンパク質を応用した光操作技術についても、ドイツを中心に高いレベルの研究成果を報告している。 ・ドイツの研究者によって開設されたデータベース「OptoBase」に光操作に関する情報が集約されており、分野の発展に大きく貢献している。
	応用研究・開発	◎	↗	・チャネルロドプシンの臨床応用に関する研究がフランスの研究者を中心に活発に行われている。 ・チャネルロドプシンを用いた眼の遺伝子治療を目指すベンチャー企業のGenSight Biologicsがフランスで立ち上がり、Phase I/II臨床試験において良好な結果を報告している。 ・AAVによる遺伝子送達技術と光操作技術を組み合わせた遺伝子治療技術に関する研究が報告されている。 ・バイオ生産に光操作技術を導入した研究が始まっている。
中国	基礎研究	◎	↗	・長波長の光で駆動できる光スイッチタンパク質（REDMAP）等の開発と応用研究で分野をリードする成果を報告する研究グループがある。
	応用研究・開発	◎	↗	・長波長の光スイッチタンパク質を応用してゲノムをコントロールする研究が行われている。 ・長波長の光スイッチタンパク質を応用した免疫細胞療法に関する研究が行われている。
韓国	基礎研究	○	→	・細胞内シグナル伝達の光操作技術において、分野をリードする成果を報告する研究グループがある。
	応用研究・開発	○	→	・抗体の光操作技術に関する研究が行われている。
その他の国・地域（任意）	基礎研究	○	→	・カナダにおいて紫外線に近い波長の光刺激により共有結合が切断されるタイプの新たな光スイッチタンパク質（PhoCl）が開発されている。
	応用研究・開発	×	→	・特記事項なし

（註1）フェーズ

基礎研究：大学・国研などでの基礎研究の範囲

応用研究・開発：技術開発（プロトタイプの開発含む）の範囲

（註2）現状　※日本の現状を基準にした評価ではなく、CRDS の調査・見解による評価

◎：特に顕著な活動・成果が見えている　　○：顕著な活動・成果が見えている

△：顕著な活動・成果が見えていない　　×：特筆すべき活動・成果が見えていない

（註3）トレンド　※ここ１～２年の研究開発水準の変化

↗：上昇傾向、→：現状維持、↘：下降傾向

関連する他の研究開発領域

・人工生体組織・機能性バイオ材料（ナノテク・材料分野2.2.1）

参考文献

1) Boyden ES, Zhang F, Bamberg E, Nagel G, Deisseroth K. Millisecond-timescale, genetically targeted optical control of neural activity. Nat Neurosci. 2005 Sep；8（9）：1263-8. doi: 10.1038/nn1525.
2) Wu YI, Frey D, Lungu OI, Jaehrig A, Schlichting I, Kuhlman B, Hahn KM. A genetically encoded photoactivatable Rac controls the motility of living cells. Nature. 2009 Sep 3；461（7260）：104-8. doi: 10.1038/nature08241.
3) Kennedy MJ, Hughes RM, Peteya LA, Schwartz JW, Ehlers MD, Tucker CL. Rapid blue-light-mediated induction of protein interactions in living cells. Nat Methods. 2010 Dec；7（12）：973-5. doi: 10.1038/nmeth.1524.
4) Manoilov KY, Verkhusha VV, Shcherbakova DM. A guide to the optogenetic regulation of endogenous molecules. Nat Methods. 2021 Sep；18（9）：1027-1037. doi: 10.1038/s41592-021-01240-1.
5) Kawano F, Suzuki H, Furuya A, Sato M. Engineered pairs of distinct photoswitches for optogenetic control of cellular proteins. Nat Commun. 2015 Feb 24；6：6256. doi: 10.1038/ncomms7256.
6) Wang H, Vilela M, Winkler A, Tarnawski M, Schlichting I, Yumerefendi H, Kuhlman B, Liu R, Danuser G, Hahn KM. LOVTRAP: an optogenetic system for photoinduced protein dissociation. Nat Methods. 2016 Sep；13（9）：755-8. doi: 10.1038/nmeth.3926.
7) Zhang W, Lohman AW, Zhuravlova Y, Lu X, Wiens MD, Hoi H, Yaganoglu S, Mohr MA, Kitova EN, Klassen JS, Pantazis P, Thompson RJ, Campbell RE. Optogenetic control with a photocleavable protein, PhoCl. Nat Methods. 2017 Apr；14（4）：391-394. doi: 10.1038/nmeth.4222.
8) Kaberniuk AA, Shemetov AA, Verkhusha VV. A bacterial phytochrome-based optogenetic system controllable with near-infrared light. Nat Methods. 2016 Jul；13（7）：591-7. doi: 10.1038/nmeth.3864.
9) Kaberniuk AA, Baloban M, Monakhov MV, Shcherbakova DM, Verkhusha VV. Single-component near-infrared optogenetic systems for gene transcription regulation. Nat Commun. 2021 Jun 23；12（1）：3859. doi: 10.1038/s41467-021-24212-7.
10) Zhou Y, Kong D, Wang X, Yu G, Wu X, Guan N, Weber W, Ye H. A small and highly sensitive red/far-red optogenetic switch for applications in mammals. Nat Biotechnol. 2022 Feb；40（2）：262-272. doi: 10.1038/s41587-021-01036-w.
11) Kuwasaki Y, Suzuki K, Yu G, Yamamoto S, Otabe T, Kakihara Y, Nishiwaki M, Miyake K, Fushimi K, Bekdash R, Shimizu Y, Narikawa R, Nakajima T, Yazawa M, Sato M. A red light-responsive photoswitch for deep tissue optogenetics. Nat Biotechnol. 2022 Nov；40（11）：1672-1679. doi: 10.1038/s41587-022-01351-w.
12) Chen S, Weitemier AZ, Zeng X, He L, Wang X, Tao Y, Huang AJY, Hashimotodani Y, Kano M, Iwasaki H, Parajuli LK, Okabe S, Teh DBL, All AH, Tsutsui-Kimura I, Tanaka KF, Liu X, McHugh TJ. Near-infrared deep brain stimulation via upconversion nanoparticle-mediated

optogenetics. Science. 2018 Feb 9；359（6376）：679-684. doi: 10.1126/science.aaq1144.
13）Sasaki Y, Oshikawa M, Bharmoria P, Kouno H, Hayashi-Takagi A, Sato M, Ajioka I, Yanai N, Kimizuka N. Near-Infrared Optogenetic Genome Engineering Based on Photon-Upconversion Hydrogels. Angew Chem Int Ed Engl. 2019 Dec 2；58（49）：17827-17833. doi: 10.1002/anie.201911025.
14）Kinjo T, Terai K, Horita S, Nomura N, Sumiyama K, Togashi K, Iwata S, Matsuda M. FRET-assisted photoactivation of flavoproteins for in vivo two-photon optogenetics. Nat Methods. 2019 Oct；16（10）：1029-1036. doi: 10.1038/s41592-019-0541-5.
15）Shin Y, Berry J, Pannucci N, Haataja MP, Toettcher JE, Brangwynne CP. Spatiotemporal Control of Intracellular Phase Transitions Using Light-Activated optoDroplets. Cell. 2017 Jan 12；168（1-2）：159-171.e14. doi: 10.1016/j.cell.2016.11.054.
16）Nihongaki Y, Kawano F, Nakajima T, Sato M. Photoactivatable CRISPR-Cas9 for optogenetic genome editing. Nat Biotechnol. 2015 Jul；33（7）：755-60. doi: 10.1038/nbt.3245.
17）Nihongaki Y, Furuhata Y, Otabe T, Hasegawa S, Yoshimoto K, Sato M. CRISPR-Cas9-based photoactivatable transcription systems to induce neuronal differentiation. Nat Methods. 2017 Oct；14（10）：963-966. doi: 10.1038/nmeth.4430.
18）Nihongaki Y, Otabe T, Ueda Y, Sato M. A split CRISPR-Cpf1 platform for inducible genome editing and gene activation. Nat Chem Biol. 2019 Sep；15（9）：882-888. doi: 10.1038/s41589-019-0338-y.
19）Yu Y, Wu X, Guan N, Shao J, Li H, Chen Y, Ping Y, Li D, Ye H. Engineering a far-red light-activated split-Cas9 system for remote-controlled genome editing of internal organs and tumors. Sci Adv. 2020 Jul 10；6（28）：eabb1777. doi: 10.1126/sciadv.abb1777.
20）Hörner M, Jerez-Longres C, Hudek A, Hook S, Yousefi OS, Schamel WWA, Hörner C, Zurbriggen MD, Ye H, Wagner HJ, Weber W. Spatiotemporally confined red light-controlled gene delivery at single-cell resolution using adeno-associated viral vectors. Sci Adv. 2021 Jun 16；7（25）：eabf0797. doi: 10.1126/sciadv.abf0797.
21）Yu D, Lee H, Hong J, Jung H, Jo Y, Oh BH, Park BO, Heo WD. Optogenetic activation of intracellular antibodies for direct modulation of endogenous proteins. Nat Methods. 2019 Nov；16（11）：1095-1100. doi: 10.1038/s41592-019-0592-7.
22）Gil AA, Carrasco-López C, Zhu L, Zhao EM, Ravindran PT, Wilson MZ, Goglia AG, Avalos JL, Toettcher JE. Optogenetic control of protein binding using light-switchable nanobodies. Nat Commun. 2020 Aug 13；11（1）：4044. doi: 10.1038/s41467-020-17836-8.
23）Huang Z, Wu Y, Allen ME, Pan Y, Kyriakakis P, Lu S, Chang YJ, Wang X, Chien S, Wang Y. Engineering light-controllable CAR T cells for cancer immunotherapy. Sci Adv. 2020 Feb 19；6（8）：eaay9209. doi: 10.1126/sciadv.aay9209.
24）Nguyen NT, Huang K, Zeng H, Jing J, Wang R, Fang S, Chen J, Liu X, Huang Z, You MJ, Rao A, Huang Y, Han G, Zhou Y. Nano-optogenetic engineering of CAR T cells for precision immunotherapy with enhanced safety. Nat Nanotechnol. 2021 Dec；16（12）：1424-1434. doi: 10.1038/s41565-021-00982-5.
25）Yu Y, Wu X, Wang M, Liu W, Zhang L, Zhang Y, Hu Z, Zhou X, Jiang W, Zou Q, Cai F, Ye H. Optogenetic-controlled immunotherapeutic designer cells for post-surgical cancer immunotherapy. Nat Commun. 2022 Oct 26；13（1）：6357. doi: 10.1038/s41467-022-33891-9.

26) Tahara M, Takishima Y, Miyamoto S, Nakatsu Y, Someya K, Sato M, Tani K, Takeda M. Photocontrollable mononegaviruses. Proc Natl Acad Sci U S A. 2019 Jun 11；116（24）：11587-11589. doi: 10.1073/pnas.1906531116.
27) Fushimi K, Miyazaki T, Kuwasaki Y, Nakajima T, Yamamoto T, Suzuki K, Ueda Y, Miyake K, Takeda Y, Choi JH, Kawagishi H, Park EY, Ikeuchi M, Sato M, Narikawa R. Rational conversion of chromophore selectivity of cyanobacteriochromes to accept mammalian intrinsic biliverdin. Proc Natl Acad Sci U S A. 2019 Apr 23；116（17）：8301-8309. doi: 10.1073/pnas.1818836116.
28) Sahel JA, Boulanger-Scemama E, Pagot C, Arleo A, Galluppi F, Martel JN, Esposti SD, Delaux A, de Saint Aubert JB, de Montleau C, Gutman E, Audo I, Duebel J, Picaud S, Dalkara D, Blouin L, Taiel M, Roska B. Partial recovery of visual function in a blind patient after optogenetic therapy. Nat Med. 2021 Jul；27（7）：1223-1229. doi: 10.1038/s41591-021-01351-4.
29) Zhao EM, Zhang Y, Mehl J, Park H, Lalwani MA, Toettcher JE, Avalos JL. Optogenetic regulation of engineered cellular metabolism for microbial chemical production. Nature. 2018 Mar 29；555（7698）：683-687. doi: 10.1038/nature26141.
30) Zhao EM, Suek N, Wilson MZ, Dine E, Pannucci NL, Gitai Z, Avalos JL, Toettcher JE. Light-based control of metabolic flux through assembly of synthetic organelles. Nat Chem Biol. 2019 Jun；15（6）：589-597. doi: 10.1038/s41589-019-0284-8.

2.3.9 ケミカルバイオロジー

（1）研究開発領域の定義

ケミカルバイオロジーとは、化学を基盤とした生命科学研究である。タンパク質や核酸などの生体分子やそれらが制御する分子プロセスを「可視化」あるいは「操作」する化学ツールを開発し、種々の生命現象や疾患の分子レベルでの作用機序解明を目指す領域である。現在、有機化合物を用いて生体分子や生命システム（細胞・組織・個体）を制御する技術開発研究が盛んになっており、生命研究ツールとしてのみならず、新しい創薬体系や治療法への展開が期待されている。本項では、特に「生体機能の可視化」および「生体分子制御」に焦点を当てる。

（2）キーワード

小分子化合物、中分子化合物、蛍光プローブ、イメージング、創薬、コバレント阻害剤、プロテインノックダウン創薬、ケモジェネティクス（化学遺伝学）、細胞治療、メンブレンレスオルガネラ、細胞内相分離

（3）研究開発領域の概要

[本領域の意義]

ゲノム解読技術の目覚ましい発展に伴い、ヒトをはじめとする生物（生命体）を構成する膨大な種類のタンパク質に関する情報（プロテオーム）が明らかとなった。これらタンパク質群の活性や相互作用が細胞・組織内で時空間的にどのように調節され、生命現象や生体機能を制御しているのかを分子レベルで解明することは次世代生命科学の大きな課題の一つである。また、医学の観点からは、がん、生活習慣病、難治性疾患などの原因となるタンパク質を特定し、その疾患発症機構を明らかにすることも、新たな治療法を開発する上で不可欠である。

細胞内あるいは生体内の現象を解明するためには、タンパク質の発現およびその動きを知ることが必須である。ノーベル化学賞を受賞した蛍光タンパク質の開発およびその応用により、生体内でタンパク質の動きを可視化することができ、生命科学研究は劇的に加速した。しかし、蛍光タンパク質という分子量の大きなタンパク質を標的タンパク質に融合する必要がある。また、多くの場合においては、内在する標的タンパク質ではなく過剰に発現させた融合タンパク質を可視化しているにすぎない。これらの問題点を克服するために、ケミカルバイオロジーでは、細胞に内在的に存在するタンパク質を可視化する方法、あるいはそれに適した蛍光プローブの開発が進められている。また、細胞内小分子のダイナミックな変化が生体機能を制御していることを踏まえて、細胞内小分子の変化を可視化するセンサー開発も進められている。このような可視化技術は、次世代の診断技術につながると期待されている。

タンパク質を可視化するだけでなく制御することができれば、それは治療へとつながる。従来、タンパク質の機能を調べるためのアプローチとして、遺伝子ノックアウトやRNA干渉法を用いて細胞内の対象タンパク質の発現を抑制するという戦略が用いられてきた。このような分子生物学的手法は大変有用である。一方、タンパク質の発現レベルの変化が不可逆的である、制御の時間分解能が非常に低い、細胞システムによる補償機構が働くなどの欠点も存在する。これに対して、ケミカルバイオロジーでは、タンパク質の機能（活性・相互作用・局在など）を有機小分子化合物によって素早く制御することができる。このような迅速な生体分子制御技術は、細胞内のダイナミックな分子プロセスを任意のタイミングで操作し、その機能を解析・解明するきわめて強力な基盤技術となる。さらに、標的分子特異的な小分子化合物は、新たな治療薬としての展開に直結するばかりでなく、再生医療や細胞治療、合成生物学のための細胞機能制御スイッチなどへの利用も期待されている。

以上、ケミカルバイオロジーは化合物（薬剤）を武器に生命システムや疾患の分子レベルでの理解と制御を切り拓く学際的分野である。基礎生命科学・基礎医学のみならず、医薬品開発、医療診断、細胞治療、再

生医療における新技術を提供し、人類の健康と福祉の向上へ大きく貢献する重要な領域である。

［研究開発の動向］

ケミカルバイオロジー分野で中心的に進められている研究として、タンパク質および細胞応答の可視化、小分子化合物によるタンパク質の活性制御が挙げられる。タンパク質の活性制御に関しては、化合物投与と遺伝子工学手法を組み合わせたケモジェネティクス（化学遺伝学）の開発も進められている。以下、それぞれの分野における最近の動向を記述する。

【生命現象の可視化】

生命現象の可視化においては、蛍光を使ったアプローチが最も主流である。タンパク質の存在やその動態を可視化するためには、標的タンパク質に対して選択的に蛍光色素を修飾する必要がある。そのような背景の下、タンパク質に対する選択的な化学修飾法の開発が世界中で活発に研究されている。その代表例として、京都大学の浜地格は、リガンド認識に基づくタンパク質選択的なラベル化方法を開発し、生体内での応用を展開している[1), 2)]。現時点では、選択的に可視化できるタンパク標的は限られているため、今後さらなる研究展開が必要な研究分野と言える。用いる蛍光色素に関しても、国内外で活発に開発が進められている。具体的には、*in vivo*で使用できる近赤外蛍光プローブ[3)]、光褪色しにくい超耐光性プローブ[4)]、超解像顕微鏡に特化した蛍光プローブ[5)]開発が挙げられる。国内では、東京大学の浦野泰照、名古屋大学の山口茂弘、海外では、ジャネリアファーム（米国）のLuke Lavis、マックスプランク研究所（ドイツ）のKai Johnssonらを中心に研究が展開されている。また、国内でも五稜化薬社に代表されるような蛍光プローブの開発・市販に関する産業も生まれている。

タンパク質の動態だけでなく、タンパク質や細胞の機能を評価できる蛍光センサーの開発も世界中で活発に進められている。ここでも、世界の潮流は、細胞レベルでの可視化から、動物個体での可視化に動きつつある。実用化に近い例として、東京大学の浦野泰照は、癌細胞で増える酵素に対する蛍光基質を用いて、手術時に癌細胞を可視化するような手法を開発している[6)]。

蛍光以外の検出方法の開発も進められている。生体イメージングとなると、PETやMRIなどの方法が強力である。一方で、分解能や感度の不十分さなどが問題となってきた。そこで、MRIに関して感度を劇的に向上させる技術開発も進められている[7)]。

【化合物による生体機能制御】

生物活性化合物の最大の特徴は、細胞に発現している内在性タンパク質（疾患の原因となる異常タンパク質を含む）を制御できる点にあり、生物活性化合物研究は常に創薬としての展開に繋がる。生物活性化合物の開発研究では、化合物ライブラリーを用いたスクリーニングが今なお中核となる化合物探索アプローチとなっている。現在では、東京大学創薬機構をはじめ、理化学研究所、東京医科歯科大学、大阪大学、名古屋大学ITbMなどの主要の大学・研究機関に独自の化合物ライブラリーが整備され、それらを研究者が利用できる体制が国内に整いつつある。一方、化合物ライブラリースクリーニングは膨大なコスト・労力とは反して、ヒット化合物を得られる確率は今なお極めて低い。機械学習を使ったタンパク質デザインが急速に進んでいることを考慮すると、今後、薬剤のインシリコデザインが薬剤開発の局面を大きく変える可能性がある。

生命科学や医学・疾患治療の対象となる標的分子は急速に多様化しており、従来のアプローチでは限界が見え始めている。そのため、近年、従来とは異なる様式・原理に基づいて作用する薬剤や、これまでundruggableと考えられてきた標的分子を制御するための新しい創薬モダリティを開発することが、アカデミアおよび製薬企業研究者の急務である。以下、新しい創薬モダリティの代表例を2つ挙げる。

1つ目は、「コバレント阻害剤」[8)]である。従来の生物活性化合物は、非共有結合型の可逆的阻害剤が多い。これに対して、コバレント阻害剤は標的タンパク質と共有結合を形成し、その機能を不可逆的に阻害する。例えば、アファチニブは、世界で初めてFDAから承認されたコバレント阻害剤で、上皮成長因子受容体（EGFR）を標的とした抗悪性腫瘍薬である。コバレント阻害剤は一般に、強い薬理作用や薬効の長期持続などの利点を有する。一方で、標的以外のタンパク質と非特異的に反応すると強い副作用を引き起こすため、製薬企業でのコバレント阻害剤開発は長年にわたり避けられてきた。しかしここ十数年の間に、有用性と安全性を兼ね備えた新しいタイプのコバレント阻害剤の開発が展開されており、新しい創薬体系として大きな期待が寄せられている。最近の実例も含めた研究展開は、次項（4）で述べる。

2つ目は、「プロテインノックダウン技術」[9] であり、従来の酵素活性の阻害とは異なり、有機化合物を用いて標的タンパク質の分解を誘導する。プロテインノックダウン技術は、転写因子や酵素活性のないタンパク質など、これまで制御が難しいと考えられてきた標的分子を分解することでその機能を消失させることができる。イエール大学（米国）のCraig Crewsが開発した「PROTAC」[10] がその代表例であり、本技術では、標的タンパク質とE3ユビキチンリガーゼを二量化するようなキメラ化合物を用いることで、標的タンパク質をユビキチン化し、プロテアソームによる分解経路へと導く。 CrewsらはPROTAC技術をもとに、創薬ベンチャーArvinas社を設立し、それに続く形で、プロテインノックダウンを基盤とする多くのベンチャーが設立されるに至っている。国内においても、2018年にFimecs社が設立され、独自のRaPPIDSをプラットフォーム技術とした標的タンパク質分解誘導剤の開発が展開されている。最近の実例も含めた研究展開は、次項（4）で述べる。

【ケモジェネティクス（化学遺伝学）】

上述の生物活性化合物（薬剤）のケミカルバイオロジーは、内在性タンパク質の機能制御を実現する強力な化学的方法論である。しかし、標的タンパク質は複数の細胞や組織に発現しているため、薬剤が標的タンパク質に対して高い選択性を示したとしても、多くの場合において細胞種選択的なタンパク質の機能制御は困難である。この課題を克服するケミカルバイオロジー技術として、「ケモジェネティクス（化学遺伝学）」と呼ばれる手法が注目されている[11]。ケモジェネティクスでは、既知の小分子化合物や薬剤を利用し、その化合物と結合することで機能（活性・相互作用・局在など）がスイッチングされるように設計した人工タンパク質を創製する。その人工タンパク質を細胞や組織に発現させ、化合物を添加することで、任意のタイミングでそのタンパク質を制御することができる。近年、光でタンパク質機能を操作する「オプトジェネティクス（光遺伝学）」が注目されているが、ケモジェネティクスは（光ではなく）化合物をタンパク質制御スイッチとして用いる技術である。また、オプトジェネティクスを*in vivo*に展開する場合、基本的に光が届く領域でしか使うことができないが、ケモジェネティクスは小分子化合物を用いるため、化合物の経口もしくは静脈・腹腔内投与などにより、光が届かないような生体深部でのタンパク質機能制御を実現できる。このような利点から、ケモジェネティクスは培養細胞レベルのみならず、組織や個体内の標的タンパク質を化合物で人為的に操作する次世代テクノロジーとして期待されている。また、近年その存在が明らかにされたメンブレンレスオルガネラ（細胞内相分離）の物理化学的な特徴を利用してタンパク質機能を人為制御するケモジェネティクス法の開発も進んでいる。最近の研究展開に関しては、次項（4）で述べる。

（4）注目動向

［新展開・技術トピックス］

- **コバレント阻害剤**

コバレント阻害剤は、強力で持続的な薬理効果を発揮することができるばかりでなく、従来の可逆的薬剤では標的とするのが困難であった（undruggableな）タンパク質に対する阻害剤を提供できる可能性があることから、創薬における重要なモダリティの一つとして注目されている[8]。特に近年、その開発が盛んになり、腫瘍関連のキナーゼを標的としたコバレント阻害剤開発が成功を収めている。例えば、非小細胞肺がん治療薬として上市されたアファチニブ（Boehringer Ingelheim社）やオシメルチニブ（AstraZeneca社）は代表的なコバレント阻害剤で、上皮成長因子受容体（EGFR）のATP結合ポケット内でCys797と共有結合してキナーゼ活性を不可逆的に阻害する。これらのコバレント阻害剤はゲフィチニブ耐性のEGFR二重変異体（L858R/T790M）も強力に阻害し、可逆的薬剤に対する耐性の克服にも成功している。また最近では、長年undruggableだと考えられてきたKRas（G12C）に対するコバレント阻害剤となるAMG510がAmgen社によって開発され、PhaseⅡ試験へと進んでいる[12)]。ファイザー社が臨床試験を進めているSARS–CoV–2プロテアーゼ阻害剤もコバレント阻害剤である。

• プロテインノックダウン創薬

小分子阻害剤の標的のほとんどは酵素である。そのため、酵素活性のないタンパク質に対して有効な分子標的薬を開発することは一般的に難しく、細胞の全タンパク質のおよそ7割がundruggableな標的とされてきた。これらundruggableな標的タンパク質に対する新しい創薬コンセプトして、化合物を使って標的タンパク質を選択的に分解する「プロテインノックダウン創薬」が注目を集めている[9)]。これまでに報告されたプロテインノックダウン活性を示す化合物には、E3モジュレーター、キメラ化合物（PROTACやSNIPER）、DUB阻害剤がある。例えば、E3モジュレーターとして知られるサリドマイド誘導体は、E3ユビキチンリガーゼ複合体中のCRBNと転写因子IKZF1（あるいはIKZF3）の結合を媒介し、それら転写因子のユビキンチン化とプロテアソームによる分解を誘導することで、多発性骨髄腫への治療効果を生じる[13)]。最近では、標的タンパク質を分解する機構として、オートファジー系を利用する「AUTAC」[14)]や、リソソーム系を利用して細胞外タンパク質を分解する「LYTAC」[15)]なども報告されており、プロテインノックダウン技術は着実にその勢いを増している。プロテインノックダウン技術の開発には、日本の貢献も大きく、東北大学の有本博一は上記のAUTACを、国立医薬品食品衛生研究所の内藤幹彦はPROTACと同様の原理の「SNIPER」[16)]を独自に開発している。プロテインノックダウン創薬は世界中で注目を集めており、競争が激化している。

• ケモジェネティクス（化学遺伝学）

ケモジェネティクスでは、改変型タンパク質を細胞や組織に外来発現させて使用するため、その発現細胞特異的に標的タンパク質を制御することができる。また、既存の化合物を用いてさまざまなタンパク質を制御できるため、拡張性と汎用性にも優れている。現在、細胞内のさまざまなタンパク質の活性・相互作用・局在・分解などを制御するためのケモジェネティクスツールの開発が海外を中心に勢力的に進められており、生命科学、脳・神経科学、細胞治療などの領域で積極的に利用されるようになってきた。ゲノム編集技術や*in vivo*遺伝子導入技術などとの融合により、化合物でタンパク質機能、そして細胞機能を自在に操るための基盤技術としてさらなる発展が期待されており、臨床応用も視野に入れた研究が展開されている。例えば、CAR–T細胞療法への応用が挙げられる。CAR–T細胞療法は、難治性のがんに対する治療法として大きな注目を集めているが、その高い免疫活性のために重篤な副作用・毒性を示すことが懸念されている。カリフォルニア大学サンフランシスコ校（米国）のWendell Limらは、キメラ抗原受容体とケモジェネティクスを融合することで、特定の小分子化合物の存在下でのみ抗腫瘍活性を示すCAR–T細胞を作り出せることを実証した[17)]。このような小分子応答性スイッチを導入したCAR–T細胞は、化合物の投与によってその活性をコントロール・調節できるため、通常のCAR–T細胞に比べて安全な細胞治療の実現が期待される。また、安全性が確認されている承認薬を用いる方法も開発されている。 Janelia Research Campus（米国）のScott Sternsonは、禁煙補助薬として認可されているバレニクリンに応答して活性化する高親和性人工イオンチャネルを創製し、マウスやサルといった動物の神経細胞の活性を*in vivo*で制御することに成功している[18)]。産業界においても、米国において複数のケモジェネティクスに関するベンチャー企業が設立されており、今後、基礎研究から医療応用までを指向した技術開発が盛んになるものと予測される。

• 細胞内相分離を利用したタンパク質機能制御

近年、細胞はタンパク質やRNAなどの生体分子を自己集合・相分離させることで液滴やゲル状のドロップレットをつくり、それを“場（メンブレンレスオルガネラ)”として、様々な生命現象を制御していることが明らかとなってきた。特に、興味深い点として、ドロップレットはその内部に特定のタンパク質を取り込むことで、その活性を抑制することが知られる。そのようなドロップレットの性質を利用した、細胞内のタンパク質の活性制御が進められている。その先駆的な例として、名古屋工業大学の築地真也は細胞内での相分離ドロップレットを人為的に構築し、小分子化合物を用いたタンパク質の放出および格納によるタンパク質機能の制御に成功した[19)]。その直後にペンシルバニア大学（米国）のMatthew Goodも同様の制御方法を報告している[20)]。このような制御はまだ始まったばかりであり、今後いろいろな技術が開発されると期待される。

［注目すべき国内外のプロジェクト］

- **AMED創薬等先端技術支援基盤プラットフォーム（BINDS）**

オールジャパン体制による創薬研究支援システムであり、医薬品開発などの実用化を指向したライフサイエンス研究やケミカルバイオロジー研究が展開されている。

- **JST ERATO浜地ニューロ分子技術プロジェクト（2018年度－2022年度）**

脳・神経系の分子レベルでの理解と操作を革新するケミカルバイオロジー技術の開発が進められている。特に、京都大学の浜地格が開発した脂質蛍光ラベル化法[21)]、京都大学の浜地格、名古屋大学の清中茂樹が開発した配位結合を利用したグルタミン酸受容体のケモジェネティクス法[22)]などは、今後の*in vivo*展開に期待が寄せられている。

- **文部科学省科研費 新学術領域研究**
  - 「化学コミュニケーションのフロンティア」（2017年度－2021年度）
    本新学術領域の中で、生物機能を制御する化学コミュニケーションの理解や、新規天然物リガンド・生物活性化合物の探索などが推進されている。
  - 「分子夾雑の生命化学」（2017年度－2021年度）
    本新学術領域では、細胞内の分子夾雑環境下で使用できる分子ツールの開発を大きな目標の一つに掲げており、生体分子制御のための独自のケミカルバイオロジー研究が展開されている。特に、標的コバレント阻害剤の開発においては、本領域から新規の反応基が開発され[23, 24)]、当該領域を世界的にリードしている。
  - 「ケモテクノロジーが拓くユビキチンニューフロンティア」（2018年度－2022年度）
    本新学術領域の中で、ユビキチン・プロテアソーム系を利用したプロテインノックダウン創薬やタンパク質分解制御技術の開発が強力に推進されている。

（5）科学技術的課題

- **コバレント阻害剤**

コバレント阻害剤では、リガンド結合ポケットの近傍にある求核性アミノ酸と求電子性反応性基が化学反応を引き起こすことで、阻害剤と標的タンパク質間に共有結合が形成される。多くの場合においてシステイン残基を標的とするため、リガンド結合ポケット周辺にシステイン残基を有するタンパク質にしか適用できない。さまざまな標的タンパク質に対するコバレント阻害剤を開発していくためには、他のアミノ酸側鎖に対応するための反応性基レパートリーを飛躍拡張することが急務である。そのためには、タンパク質の化学修飾のための有機化学のさらなる発展が不可欠である。また、ごく最近に可逆的な結合を用いるコバレント阻害剤も報告されており[25)]、非特異的な結合に基づく毒性を低減させるための１つの戦略になると期待される。

標的コバレント阻害剤設計においては、反応性基と求核性アミノ酸との近接効果が共有結合形成反応の効率を決める重要な因子となる。そのため、高効率なコバレント阻害剤を設計・創製するためには、リガンドが標的タンパク質に結合した際の反応性基と標的アミノ酸の空間配置をその動態も含めて事前に精度よく予測することのできる技術の開発が望まれる。今後、機械学習も含めたインシリコデザインが開発を効率化すると期待されるが、そのハードルはまだ高い。

• プロテインノックダウン創薬

プロテインノックダウン創薬は、現在、世界中で競争が激化している。今後は、タンパク質分解誘導剤の創製に必須であるE3リガーゼリガンドや、標的タンパク質特異的リガンドのさらなる探索・開発が重要な焦点の一つとなる。タンパク質分解誘導剤の中でも、E3リガンドと標的タンパク質リガンドのキメラ化合物を基盤とするPROTACは汎用性と拡張性に優れるが、薬物送達の点で問題を抱えている。それに対して、1つの分子でE3リガーゼと標的タンパク質に結合するサリドマイド誘導体に代表される“molecular glue”と呼ばれる化合物は、薬物送達の点で優れる[26)]。いずれにしろ、現在の主な分子標的は小分子リガンドが結合できるタンパク質である。今後は、小分子リガンドが結合しないタンパク質にどう応用するかが大きな鍵となる。

• ケモジェネティクス

ケモジェネティクスは、さまざまな標的タンパク質の化合物による制御を実現するための汎用的なコンセプトとしてさらなる発展が期待される。特に、*in vivo*で評価でき、かつ遺伝子工学との融合により化合物による制御の細胞選択性を付与できる点は、ケモジェネティクスの大きな利点および特徴と言える。ただし、*in vivo*で十分に特異性を発揮できる化合物は限られるため、その種類を増やすことが今後の課題と言える。また、*in vivo*ケモジェネティクスにおいては、Janelia Research Campus（米国）のScott Sternsonの成功例[18)]にあるように、承認薬を使うことで、医療も含めて応用が加速することが期待される。その際には、臨床応用における遺伝子工学技術の安全性確認も必要であるが、遺伝子工学の臨床応用はすでに進んでおり、ゲノム編集も含めた遺伝子工学自体も今後さらなる研究展開が予測されるので、その課題も克服できると期待される。

• 細胞内相分離を利用したタンパク質機能制御

近年に細胞生物学の分野でその存在が明らかにされた細胞内相分離構造（メンブレンレスオルガネラ）を利用して、タンパク質機能を人為的に制御しようという新しい研究分野が注目されている。メンブレンレスオルガネラに関する生物学研究自体が発展途上であるため、その理解を深め、また新たなタンパク質の機能制御法が開拓される可能性がある。特に、従来のタンパク質機能制御は、そのタンパク質に選択的に結合するリガンドを用いた機能制御であったが、メンブレンレスオルガネラに収納して機能を押さえるというコンセプトは斬新である。本研究はスタートしたばかりであるため、現時点では報告例は限られているが[19, 20)]、メンブレンレスオルガネラを積極利用した研究アプローチの今後の研究展開が期待される。

（6）その他の課題

ケミカルバイオロジーは、化学と生物学の融合領域であるため、化学者と生物学者の連携が極めて重要である。欧米ではそのような連携・共同研究が当たり前のように行われているにも関わらず、日本では分野横断的な連携に対する垣根がいまだに非常に高いというのが現状である。

ケミカルバイオロジーの分野では、化学の観点のみならず生物学の観点からの検証実験が必要であるため、論文を一報通すためにかなりの量の実験を要求される場合が多い。分野のレベルが上がっている証拠であり、素晴らしいことである一方、国内では（戦力、時間、予算の不足のために）この要求をこなすのが困難な研究者が増えている。特に、ケミストリーを専門とするケミカルバイオロジー研究者にはその傾向が強く、本来の目的である生物学の探究まで踏み込めていない研究が多い。このような状況を打破し、日本のケミカルバイオロジーを強化するためには、化学者と生物学者との有機的な連携が不可欠であり、それを実現するための体制や仕組みを整備することが急務である。実際に、ケミカルバイオロジーを大きく牽引する米国では、MIT・ハーバード大学ブロード研究所、ハワード・ヒューズ医学研究所ジャネリアファームなど、ケミカルバイオロジーを主軸に加えて、生物学を専門とする研究者と有機的に連携する研究所が設立されている。中国でも、北京や深圳に同様規模の巨大研究所が設立されており、研究進展が大幅に加速することが予測される。

国内では、化学者と植物学者が有機的に連携して世界的にインパクトある研究成果を挙げた名古屋大学ITbMはその成功例と言えよう。今後、世界との競争に負けない独創的なケミカルバイオロジー研究を展開するためには、ツール開発者は、生命科学ではどのようなツールが求められているのか、そのニーズを精確に把握する必要があり、生物学者は、どのような最新ツールが開発されているのか、またそれをどのように使えば、どのような新しい実験が可能になるのかをいち早く知る必要がある。そのためには、ケミカルバイオロジーを含めた異なる研究分野の研究者が1つの目的のために集結できる大型研究費、あるいは研究施設の設立が必要である。

（7）国際比較

国・地域	フェーズ	現状	トレンド	各国の状況、評価の際に参考にした根拠など
日本	基礎研究	○	→	・天然物化学や生物有機化学をバックグラウンドとして持つ研究者がケミカルバイオロジーの分野に参画し、日本独自のケミカルバイオロジーが次第に確立しつつある。 ・AMED BINDSにおいて、オールジャパン体制で医薬品開発を指向したケミカルバイオロジー研究が展開されている。 ・新学術領域研究「化学コミュニケーション」の中で、生物活性化合物の開発に関する研究が精力的に展開されている。 ・新学術領域研究「分子夾雑化学」では、標的コバレント阻害剤のための新しい反応性基の開発において世界をリードしている（京大・浜地、九大・王子田など）。 ・受容体活性制御法（名大・清中）や、タンパク質局在制御化合物（名工大・築地）など、ケモジェネティクスツールの開発においても、卓越した成果を上げている。 ・メンブレンレスオルガネラを用いたタンパク機能の人為制御（名工大・築地）が世界に先駆けて報告された。 ・ERATOプロジェクト（京大・浜地）において、脳・神経系の理解するためのケミカルバイオロジー技術が開発されている。 ・新学術領域研究「ケモユビキチン」の中で、プロテインノックダウン創薬を目指した研究が展開されている。 ・プロテインノックダウン技術に関して、サリドマイド（東京医大・半田）、SNIPER（NIHS・内藤）、AUTAC（東北大・有本）、AID法（遺伝研・鐘巻）など、日本発の独自技術の開発に成功している。 ・蛍光イメージングプローブの開発においても、東大・浦野を筆頭に、日本の強みを見せている。 ・MRIの感度向上は、東大・山東を中心に研究が展開され、世界をリードしている。
	応用研究・開発	○	→	・エーザイ社やファイメクス社がプロテインノックダウン創薬に力を入れている。 ・PeptiDream社が成功モデルとして飛躍的成長を見せる一方、これに後続するような成功例が出てきていない。 ・中規模企業と比べると、基礎研究の産業展開を橋渡しする役目となるベンチャー企業が圧倒的に少ない。
米国	基礎研究	◎	→	・ケミカルバイオロジーの発祥の地である、当該分野を世界的に牽引している。研究資金もトップクラスで、優秀で活力のある人材が豊富で流動性も高く、革新的な研究が生まれ続ける仕組みが有効に機能している。 ・圧倒的な研究者人口の利もあり、米国内のさまざまな大学や研究所から、新しい独自の生物活性化合物やケミカルバイオロジーツールが誕生している。 ・PROTAC、Molecular glueなどのプロテインノックダウン創薬が提案され、創薬の新しい方向性として大きく発展している。 ・ケモジェネティクスツールの*in vivo*応用を指向した研究がすでに展開されており、CAR-T細胞や神経細胞の*in vivo*での活性制御に成功し始めている。 ・MIT・ハーバード大学ブロード研究所、ハワード・ヒューズ医学研究所ジャネリアファームなど、化学ラボと生物ラボの融合研究が非常に多くの成功を収めており、Science誌やNature誌に多数の論文を発表している。そこでは、化学を専門とする研究室に最先端のバイオロジーの情報が集まる形で共同研究が展開されている。

米国	応用研究・開発	◎	→	・シリコンバレーに代表されるように世界屈指の大学の周辺にエンチャー企業・中・大規模企業がクラスターを形成しており、アカデミアとの情報交換も障壁がなく、アカデミア発のシーズ技術がすぐに産業展開できる体制が整っている。 ・PROTACを基盤としたベンチャー企業Arvanis社の設立後、多くのベンチャーが設立され、プロテインノックダウン創薬の競争が加速している。最近では、細胞外タンパク質の分解を誘導可能なLYTACを基盤としたLycia Therapeutics社も設立された。 ・Cell Design Labs社では、小分子応答性CAR-T細胞を「Throttleテクノロジー」として臨床応用へ向けた研究を展開している。
欧州	基礎研究	○	→	・ドイツ、スイス、英国の三ヶ国を中心として、ケミカルバイオロジーを牽引する実力がある。特に、スイスのETH、ドイツのマックスプランク研究所とEMBL、英国トップ大学からは、素晴らしい研究成果が継続的に発表されている。 ・ケミカルバイオロジーでは、ドイツのHerbert Waldmannのグループが圧倒的なマンパワーと実績を有しており、独自の化合物ライブラリーを駆使してさまざまな生物活性分子を次々と見出している。 ・タンパク質ラベリングタグである「SNAP-tag」の発明者であるKai Johnssonが最近では、ケモジェネティクスツールの開発に力を入れている。
	応用研究・開発	○	→	・スイスは国際的な製薬企業が多く、欧州をリードしている。ドイツ、英国も新薬を創出できる実力を維持しているが、ベンチャー企業設立や新産業創出へ向けた取り組みは限定的のようである。
中国	基礎研究	○	↗	・海外ハイレベル人材招致国家プロジェクト（千人計画）等により、海外で研鑽を積んだ優秀な研究者が中国に戻り、研究レベルが確実に向上している。 ・有機合成が強い研究室も多いため、ケミカルバイオロジーには力を入れており、新規生物活性化合物の同定などの論文発表数も多い。 ・北京大学のPeng Chenを中心に、アメリカ化学会やNature publishing groupとの連携を強めている。 ・Shenzen（深圳）Bay laboratory、Peking（北京）-Tsinghua（清華）Joint Center for Life Scienceなどケミカルバイオロジーを含む新しい研究施設が設立されている。
	応用研究・開発	○	→	・海外ハイレベル人材招致国家プロジェクト（千人計画）等により、海外で研鑽を積んだ優秀な研究者が中国に戻り、研究レベルが確実に向上している。 ・ケミカルバイオロジー関連産業では、独自性の高い社会実装した例は現時点では限定的であるが、複数の研究所の設立も伴い今後は発展することが予測される
韓国	基礎研究	○	→	・Young-Tae Chang、Seung Bum Park、Injae Shinの3名は韓国のケミカルバイオロジーの代表的研究者であり、3名とも独自の研究スタイルで卓越した成果を上げている。 ・Won Do Heoがオプトジェネティクスの分野で独創的なツール開発を展開しており、世界を牽引している。
	応用研究・開発	△	→	・財閥関連産業が主流であり、ケミカルバイオロジー関連の企業は少ない。新薬を開発できる規模の製薬産業基盤が整っていない。

（註1）フェーズ

基礎研究：大学・国研などでの基礎研究の範囲

応用研究・開発：技術開発（プロトタイプの開発含む）の範囲

（註2）現状　※日本の現状を基準にした評価ではなく、CRDSの調査・見解による評価

◎：特に顕著な活動・成果が見えている　　○：顕著な活動・成果が見えている

△：顕著な活動・成果が見えていない　　×：特筆すべき活動・成果が見えていない

（註3）トレンド　※ここ1～2年の研究開発水準の変化

↗：上昇傾向、→：現状維持、↘：下降傾向

関連する他の研究開発領域

・人工生体組織・機能性バイオ材料（ナノテク・材料分野2.2.1）

参考・引用文献

1) S. Tsukiji et al., “Ligand-directed tosyl chemistry for protein labeling in vivo”, *Nat. Chem. Biol.* 5, no. 5 (2009) : 341-343. doi: 10.1038/nchembio.157
2) K. Shiraiwa et al., “Chemical tools for endogenous protein labeling and profiling”, *Cell Chem. Biol.* 27, no. 8 (2020) : 970-985. doi: 10.1016/j.chembiol.2020.06016
3) J.B. Grimm, L.D. Lavis et al., “Caveat fluorophore: an insiders' guide to small-molecule fluorescent labels”, *Nat. Methods* 19, no. 2 (2022) : 149-158. doi: 10.1038/s41592-021-01338-6
4) M. Grzybowski et al., “A highly photostable near-infrared labeling agent based on a phospha-rhodamine for long-term and deep imaging”, *Angew. Chem. Int. Ed.* 57, no. 32 (2018) : 10137-10141. doi: 10.1002/anie.201804731
5) S-N. Uno et al., “A spontaneously blinking fluorophore based on intramolecular spirocyclization for live-cell super-resolution imaging”, *Nat. Chem.* 6, no. 8 (2014) : 149-158. doi: 10.1038/nchem.2002
6) R. Ito et al., “Molecular probes for fluorescence image-guided cancer surgery”, *Curr. Opin. Chem. Biol.* 67 (2022) : 102112. doi: 10.1016/j.cbpa.2021.102112
7) Y. Saito et al., “Structure-guided design enables development of a hyperpolarized molecular probe for the detection of aminopeptidase N activity in vivo”, *Sci. Adv.* 8, no. 13 (2022) : eabj2667. doi: 10.1126/sciadv.abj2667
8) 進藤直哉, 王子田彰夫「コバレント阻害剤の標的特異性向上を目指した新規反応基の探索とEGFR阻害剤への応用」, *MEDCHEM. NEWS* 27, no. 2 (2017) : 92-99. https://ci.nii.ac.jp/naid/130007685118 (2020年12月19日アクセス)
9) 内藤幹彦「プロテインノックダウン技術の沿革と今後の展開」『実験医学』内藤幹彦編, 第38巻14号 (東京: 羊土社, 2020) 2300-2304. https://www.molcom.jp/products/detail/140283/ (2020年12月19日アクセス)
10) G. M. Burslem and C. M. Crews, “Proteolysis-targeting chimeras as therapeutics and tools for biological discovery”, *Cell* 181, no. 1 (2020) : 102-114. doi: 10.1016/j.cell.2019.11.031
11) Y. Miura et al., “Chemogenetics of cell surface receptors: beyond genetic and pharmacological approaches” *RSC Chem. Biol.* 3, no. 3 (2022) : 269-287. doi: 10.1039/d1cb00195g
12) J. Canon et al., “The clinical KRAS (G12C) inhibitor AMG510 drives anti-tumor immunity”, *Nature* 575, no. 7781 (2019) : 217-223. doi: 10.1038/s41586-019-1694-1
13) 伊藤拓水, 半田宏「サリドマイドの作用機序とセレブロンモジュレーター」『実験医学』内藤幹彦編, 第38巻14号 (東京 : 羊土社, 2020) 2310-2314. https://www.molcom.jp/products/detail/140283/ (2020年12月19日アクセス)
14) D. Takahashi et al., “AUTACs: Cargo-specific degraders using selective autophagy”, *Mol. Cell* 76, no. 5 (2019) : 797-810. doi: 10.1016/j.molcel.2019.09.009
15) S. M. Banik et al., “Lysosome-targeting chimaeras for degradation of extracellular proteins”, *Nature* 584, no. 7820 (2020) : 291-297. doi: 10.1038/s41586-020-2545-9
16) N. Ohoka et al., “In vivo knockdown of pathogenic proteins via specific and nongenetic

inhibitor of apoptosis protein（IAP）-dependent protein erasers（SNIPERs）", *J. Biol. Chem.* 292, no. 11（2017）: 4556-4570. doi: 10.1074/jbc.M116.768853

17) C. Y. Wu et al., "Remote control of therapeutic T cells through a small molecule-gated chimeric receptor", *Science* 350, no. 6258（2015）: aab4077. doi: 10.1126/science.aab4077

18) C. J. Magnus et al., "Ultrapotent chemogenetics for research and potential clinical applications", *Science* 364, no. 6436（2019）: eaav5282. doi: 10.1126/science.aav5282

19) M. Yoshikawa et al., "Synthetic protein condensates that inducibly recruit and release protein activity in living cells", *J. Am. Chem. Soc.* 143, no. 17（2021）: 6434-6446. doi: 10.1021/jacs.0c12375

20) M.V. Garabedian et al., "Designer membraneless organelles sequester native factors for control of cell behavior", *Nat. Chem. Biol.* 17, no. 9（2021）: 998-1007. doi: 10.1038/s41589-021-00840-4

21) T. Tamura et al., "Organelle membrane-specific chemical labeling and dynamic imaging in living cells", *Nat. Chem. Biol.* 16, no. 12（2020）: 1361-1367. doi: 10.1038/s41589-020-00651-z

22) K. Ojima et al., "Coordination chemogenetics for activation of GPCR-type glutamate receptors in brain tissue", *Nat. Commun.* 13, no. 1（2022）: 3167. doi: 10.1038/s41467-022-30828-0

23) N. Shindo et al., "Selective and reversible modification ofkKinase cysteines with chlorofluoroacetamides", *Nat. Chem. Biol.* 15, no. 3（2019）: 250-258. doi: 10.1038/s41589-018-0204-3

24) T. Tamura et al., "Rapid labeling and covalent inhibition of intracellular native proteins using ligand-directed *N*-acyl-*N*-alkyl sulfonamide", *Nat. Commun.* 9, no. 1（2018）: 1870. doi: 10.1038/s41467-018-04343-0

25) T. Yang et al., "Reversible lysine-targeted probes reveal residence time-based kinase selectivity", *Nat. Chem. Biol.* 18, no. 9（2022）: 934-941. doi: 10.1038/s41589-022-01019-1

26) J.M. Sasso et al., "Molecular glues: the adhesive connecting targeted protein degradation to the clinic", *Biochemistry* in press (2022). doi: 10.1021/acs.biochem.2c00245

2.3.10 タンパク質設計

（1）研究開発領域の定義

本研究開発領域は、タンパク質分子の構造・機能に関わる情報科学や物理化学にもとづき、自然界のタンパク質とは異なるタンパク質を創出することで、産業、医療、細胞の制御設計に貢献する新規タンパク質を合理設計する基盤技術を構築することを目的とするものである。

（2）キーワード

タンパク質、立体構造予測、アミノ酸配列解析、進化工学、合理設計、深層学習（ディープラーニング）、Rosetta、AlphaFold2

（3）研究開発領域の概要

[本領域の意義]

タンパク質はウイルスを含むほぼすべての生命体において生命維持に不可欠な物質であり、様々な機能を担っている。ほぼすべてのタンパク質は各生物固有のDNAの塩基配列の並び順を元にポリペプチド鎖（アミノ酸配列）へと「翻訳」され、それが折りたたまって立体構造を形成することで本来の機能を発揮する。そこで、天然に存在するタンパク質よりも望ましい機能を持ったタンパク質を創出しようとする際に必要となるのがタンパク質設計技術である。酵素や抗体の改変に代表されるように、これまでにタンパク質工学は産業や医療に貢献するタンパク質を生み出してきた。本領域を推進することで、これらの分野で有用なタンパク質の創出が加速される。具体的には、種々のウイルスに結合し細胞侵入を阻害するタンパク質、ドラッグ・デリバリーシステムとして機能するタンパク質、などの創出が考えられる。さらに将来的には、超安定かつ高活性な酵素の創出にもつながると考えられる。また、望みのタンパク質を自在に設計することが可能になれば、新規に設計したタンパク質を細胞に組み込むことで、生命を制御・設計することや、さらにこれらを通じた生命の理解につながる。

タンパク質の機能はその立体構造に基づいて発揮されるため、タンパク質の立体構造をX線回折などによって解明すること、そしてタンパク質を構成するアミノ酸の配列から、タンパク質の立体構造を予測することはタンパク質設計において、極めて重要な技術の一つである。そこで本稿ではまず、タンパク質の立体構造の予測技術について、2021年に発表されて大きな話題となったAlphaFold2を中心に解説する。タンパク質設計の方法論は、天然に存在するタンパク質のアミノ酸配列に変異を導入したタンパク質を大量に準備し、その中からより望ましい機能を持つタンパク質を選抜していく「進化工学」的手法と、タンパク質分子の立体構造と機能に関わる理論、仮説、データに基づいて、新規タンパク質を創出しようと試みる「合理設計」の二つに大別できる。「進化工学」的手法は比較的長い歴史を持ち、既に多くのスタートアップ企業などによって社会実装されているが、「合理設計」は今まさにその学理の発展途上であり、極めて競争の激しい分野であるため、本稿では、タンパク質の「合理設計」に関わる新知見と技術について概説する。

[研究開発の動向]

【タンパク質の立体構造予測】

DNAの塩基配列を決定することは比較的容易な作業であり、そこから決まるタンパク質のアミノ酸配列はUniProtデータベース上に2022年までに2億以上蓄積されているのに対し、そのタンパク質の安定な立体構造情報を実験的に決める工程は、今なお非常に時間と労力がかかる作業であり、Protein Data Bankデータベースには2022年9月時点でも19.5万件（重複を含む）しか存在していない。したがって、50年以上もの間、アミノ酸配列からその安定な立体構造を高精度で予測する技術の開発は生命科学に携わる研究者にとって非常に大きな関心の問題の1つであった。

タンパク質構造予測は1994年から隔年で行われている世界的なコンペティション：Critical Assessment of protein Structure Prediction（CASP）によって技術が競われ続けてきた。1998年に登場した米国ワシントン大学のDavid Bakerらの研究グループが発表したRosetta[1]は、当初、タンパク質構造予測を行うためのソフトウェアであり、「未知のタンパク質であっても、すでにその時までに実験的に決定されているタンパク質構造の断片をうまくつなぎ合わせることで、その中で最もエネルギー的に安定なタンパク質が、自然の最安定なタンパク質構造と一致するはず」というフラグメントアセンブリ法による構造予測手法をこれ以降展開した。この手法はおよそ100アミノ酸残基数以下で構成される類型のない新規なタンパク質構造の予測については非常に高い性能を示したが、天然のタンパク質は数百アミノ酸以上で構成される物も多いため、アミノ酸残基数が増えると組み合わせが爆発的に増えることが難点として挙げられていた。近年の構造予測は、2009年頃に発見された類縁配列を並べたもの（Multiple sequence alignment: MSA）の中に潜む共進化残基ペアの発見手法[2, 3, 4]、また主鎖・側鎖二面角の予測手法の発達によって、その組み合わせを大きく減らすことができ、その限界を大きく伸ばすことができるようになってきた。さらに2010年代中盤からは、米国トヨタ技術研究所シカゴのJinbo Xuらによって深層学習を取り入れることでその予測精度が伸びることが示された[5]。こうした流れをくみ、2018年に米国Google社傘下のDeepMind社が第13回CASPにおいてAlphaFoldバージョン1（AlphaFold1）を発表した[6, 7]。このときのAlphaFold1は当時最高の性能を誇ったものの、それでもなお正解できない構造が多く存在しており、正解と判定されている予測構造の中でもまだ改善可能な点が多く残る性能だった。用いられている手法に特筆すべき目新しい技術はあまり導入されておらず、またAlphaFold1がライセンス上公開することに問題があるRosettaを用いていたため、そのソフトウェアを他の人間が使用・調査することは不可能だった。しかし、2020年にDeepMind社はAlphaFold2（AF2）[8]を公開し、わずか数時間程度の計算時間で95%以上のタンパク質に対し実験的に決定された結晶構造とほぼ同じ精度の立体構造予測結果を返すという驚異的な性能を示した。タンパク質はあらゆる生命体の生体制御に大きく関わっているが、AF2の登場以前は、タンパク質の構造を決定するために必要な人的リソースや研究資金は、主にヒトの生活に関わる生命体、すなわちヒト・病原菌・ウイルス・モデル生物が持つタンパク質の構造決定に優先的に充てられており、その他の生物についての同研究分野は遅れていた。そんな中、AF2が発表されたことで、あらゆる天然に存在するタンパク質の構造を高速かつ精度良く予測できることになったことは、これまで研究が困難だった微生物・植物・様々な希少生物のタンパク質の働きを大幅に加速させることができると容易に想像できる。

【タンパク質の論理設計】

• 20^Nのアミノ酸配列空間の中から未踏のタンパク質を探索する理論・技術の開発

タンパク質は、自身のアミノ酸配列に従って形成する三次構造に基づき機能を発現する。タンパク質のアミノ酸配列空間は果てしなく広大であり、自然がこれまでに探索した配列空間は極わずかであり、この配列空間の外側には広大な未開のアミノ酸配列空間が広がっている。100残基のアミノ酸配列を持つ小型タンパク質を考慮しただけでも、アミノ酸配列の組み合わせは20^{100}（べき乗）、つまり約10^{130}通り（130桁の数字）の組み合わせを考えることができる。もし地球上に1000万種類の生物が存在し、それらが10万種類の遺伝子を持っていると仮定したときのアミノ酸配列の通りは10^{12}（12桁の数字）であり、これは生物界に存在しないかもしれないアミノ酸配列をも含めた10^{130}（130桁の数字）通りの数に比べて非常に小さな数である。この広大なアミノ酸配列空間の中に、人類にとって役立つ、タンパク質が眠っている可能性は非常に大きい。しかしながら、これまでのタンパク質工学では、自然がこれまでに探索した配列空間の周囲のみが探索されてきた。本領域を推進することで、未踏のアミノ酸配列空間を広範に探索し、人類にとって役立つタンパク質を見つけ出すための理論と技術が構築される。

タンパク質の合理設計を行う際に、アプローチとして「自然界のタンパク質を改変すること」と「自然界のタンパク質とは全く異なるタンパク質をゼロから創出すること」で大きく分けわけられる。前者の場合、自然界のタンパク質の主鎖はそのままに側鎖を変異させることで（近年は部分的に主鎖構造を変えることもなされる）、後者の場合は、タンパク質の主鎖構造から側鎖構造まで全てがゼロから設計される。本稿では後者に焦点を当てて記述する。

近年、新規タンパク質を主鎖を含めてゼロから新規設計する技術が発展し、自然が見出したアミノ酸配列空間とは全く異なる配列空間を探索することが可能になっている。その背景には、タンパク質デザインソフトウェアRosettaに代表されるタンパク質三次構造を発生させ、かつ構造安定性を計算機上で評価する技術の発展、分子科学研究所の古賀らによる主鎖構造に関するデザインルールのような、タンパク質人工設計に関する知見の蓄積、DNA合成技術の発展、といった技術を組み合わせることができるようになってきたことが挙げられる。なかでも、主鎖構造のデザインルールについては、半世紀に及ぶ人類の試行錯誤が結実しつつある研究領域である。1973年、Anfinsenは「タンパク質は自由エネルギー最小に対応する立体構造に折りたたむ」というタンパク質熱力学原理を提唱した[9]。しかし、1983年、タンパク質を設計するためには、この熱力学原理に加えて、日本原子力研究所の郷らによる整合性原理が重要となることが示された[10]。この原理は「タンパク質が折りたたんだ後の構造は、自由エネルギー最小に対応するのみならず、アミノ酸配列上近い残基間に働く相互作用と、遠い残基間に働く相互作用が矛盾なく折りたたみ後の構造を安定にするよう設計されている」というものである。

（4）注目動向

［新展開・技術トピックス］

【タンパク質の立体構造予測】

AF2の公開後からおよそ1週間もしない間に、現韓国のソウル大学に所属するMirdita、Steineggerと米国ハーバード大学のOvchinnicovが、AF2をGoogle Colaboratory上で動かすための改造を施したColabFoldプロジェクトを始動した。 MirditaとSteineggerらが以前から開発を続けてきたMSAを高速に作成するためのソフトウェアHHblits[11]はAF2の構造予測工程の一部として組み込まれている。Ovchinnicovの提示したメタゲノムデータベースを用いたMSAの作製方法はAF2にも取り入れられている。ColabFoldプロジェクトはその後Twitter経由で集まった研究者を開発者・著者に迎え、AF2にない独自の機能（複合体予測機能のプロトタイプや高速化など）を取り入れ、論文を発表した[12]。

AF2はその驚くべき性能と自由なライセンス性から、すでに多くの派生ソフトウェアや改善方法が発表されている。中国の北京大学と民間企業DP Technology社はAF2を倣って自ら再実装し直し、AF2以上の精度が出ていることを示す構造予測ソフトウェアUni-Foldを発表した[13]。米国のHelixon社とマサチューセッツ工科大学、中国杭州の西湖大学による研究グループは、MSAを必要としない構造予測ソフトウェアOmegaFoldを開発した。また、Facebook AI研究所（現Meta AI研究所）の生命科学部門に所属するAlexander Rivesらの研究グループも以前からMSAにおけるディープラーニングの研究を発表し続けており[14]、ESMFoldと呼ばれる構造予測ソフトウェアを発表した[15]。

AF2が依然精度良く構造を決定できないタンパク質対象の傾向として、本質的に複数の安定な状態を取ることができる膜タンパク質や、天然に類似したアミノ酸配列が少ない（または見つかっていない）タイプの希少なタンパク質ファミリー、そして病原体に対するヒトを含む生物の抗体タンパク質などが挙げられる。AF2が公開された後であってもこれらのタンパク質の構造を精度よく予測できることは生命科学または創薬の観点から重要であるため、さらに予測精度を向上させるための研究開発が続けられている。

AF2はアミノ酸配列からタンパク質構造を高精度で予測することができるが、その予測が深層学習によるものであり、ネットワークを逆向きに遡ることで、ある望ましい立体構造を持つようなアミノ酸配列を設計できる、すなわちAF2はタンパク質デザインに直接応用できる可能性がある。AF2公開後に登場した米国ハーバード大学のOvchinnicovらが開発するAFDesign[16]や、ProteinMPNN[17]では、AF2の機能を取り入れることで、配列予測と構造予測のサイクルを繰り返すことが可能になりつつある。こうした試みは、望ましい立体構造を取るようなアミノ酸配列を精度良く設計できるようになることを意味し、対象タンパク質と結合できるタンパク質の設計、すなわち創薬的な使い方への応用も可能となる。

【タンパク質の論理設計】

タンパク質の合理設計における生合成原理では、設計ターゲットとなる立体構造を安定化するだけでなく、その立体構造を不安定化する要素が含まれないよう設計することが重要となることが示された。古賀らは、これらの知見を踏まえ、あるタンパク質のトポロジーを設計するときに、整合性原理をみたすような局所的な主鎖構造（αヘリックスやβストランドの長さおよびループの長さと形状）を記述する、タンパク質構造のデザインルールを構築してきた[18]。このデザインルールをもとに、様々なαβ型タンパク質の主鎖構造設計図を描き、この設計図をもとに主鎖構造を構築し、この主鎖構造を安定にするような側鎖構造を設計すると、100残基を超える様々なトポロジーのαβ型タンパク質構造について、原子レベルの正確さで、主鎖を含めてゼロから構造を設計することができる[19, 20]。興味深いことに、これら設計したタンパク質のほとんどは、変性温度が100℃を超える超安定構造を形成しており、このことは設計したタンパク質が機能設計の鋳型構造として利用できることを示唆している[21]。

また、米国ワシントン大学のBakerらは、機能性タンパク質の主鎖構造を含めたゼロの設計に成功している。一例として、彼らはSARS–CoV–2のスパイクタンパク質結合タンパク質の設計に成功した[19]。この研究では、SARS–CoV–2スパイクタンパク質へ結合可能な側鎖構造様式を計算機上で発生させ、次にその計算機上で大量に創り出した主鎖構造ライブラリーの中から、その側鎖構造様式を挿入可能な鋳型主鎖構造を探し出し挿入する。さらに、挿入した側鎖構造様式以外の側鎖構造をデザインすることで、スパイクタンパク質に結合するタンパク質を創り出すことに成功した。あるタンパク質に結合するタンパク質が必要な場合、人工設計したタンパク質は抗体と比べて、小型であること、耐熱性に優れていること、免疫システムに感知されにくいという利点がある。また、特殊ペプチドに比べると、人工設計したタンパク質は、大腸菌等を用いた生合成が可能なため大量生産が容易である点で優位である。

一方、AF2が、自然界のタンパク質のアミノ酸配列からの構造予測に成功したことを受け、AF2を応用してタンパク質を設計する研究がなされている。これらの研究では、「AF2は正しく折りたたみ構造を予測できる」という前提のもと、アミノ酸配列をランダムに発生させ、どのような構造に折りたたむのかをAF2で予測させることを繰り返すことで、新規タンパク質を発生させる。この技術は、単量体タンパク質の設計、タンパク質–タンパク質複合体の設計や、回転対称多量体タンパク質の設計に応用されている[23]。

［注目すべき国内外のプロジェクト］

【国内】

タンパク質分子の立体構造と機能に関わる理論、仮説、データに基づいた「合理設計」という観点を含みうる関連プロジェクトとして、以下のものが存在する。

- **CREST・さきがけ：**
  「自在配列システム」原子・分子の自在配列と特性・機能
  「バイオDX」データ駆動・AI駆動を中心としたデジタルトランスフォーメーションによる生命科学研究の革新
  「ゲノム合成」ゲノムスケールのDNA設計・合成による細胞制御技術の創出
  「高次構造体」細胞の動的高次構造体
- **学術変革と新学術領域：**
  生物を陵駕する無細胞分子システムのボトムアップ構築学
  発動分子科学 – エネルギー変換が拓く自律的機能の設計

【国外】

・米国ワシントン大学のBakerらが主導するInstitute for Protein Design（タンパク質デザイン研究所）。2012年設立。
・米国民間財団のOpen Philanthropy がワシントン大学のタンパク質デザイン研究所を2017～2021年の5年で1,100万ドル（約14億円）支援。
・TED講演会を展開するTEDが主催する米国民間財団The Audacious Project がワシントン大学のタンパク質デザイン研究所を2019～2028年の10年で9億ドル（約1,190億円）支援。
2021年、米国マイクロソフト社がワシントン大学タンパク質デザイン研究所に500万ドル（約6.6億円）を寄付。
・European Research Council（ERC: 欧州研究会議）の「ProCovar」プロジェクトが英国ユニヴァーシティ・カレッジ・ロンドン（UCL: ロンドン大学）において実施された。このプロジェクトではde novoタンパク質設計技術を利用しつつ、タンパク質の構造と機能の相関について解析が進められた。2016～2022年で243万ユーロ（約3億4,000万円）の助成。

（5）科学技術的課題

今後取り組むべき課題は、1つにAF2によって予測されたタンパク質に結合し、その機能を制御することができるような小分子を精度良く予測できるようなソフトウェアの開発が挙げられる。これは従来の創薬の場面でも使われてきた*in silico*化合物スクリーニングと似たような趣旨であるが、この化合物スクリーニングがタンパク質構造予測のときと同様に物理化学法則ベースの計算で行われていたものを、AF2の成功も後押しする形で深層学習によってこれを置き換えていく試みが、まだ性能が良いとは言い難いものの、ソフトウェアEquibind[24)]など近年のトレンドとして見受けられる。

近年はAF2、囲碁のソフトウェアAlphaGOなどをはじめとして、深層学習が人間の能力を上回る性能を叩き出す例がいくつか知られているが、すべてに共通する背景として、①学習に必要なデータが大量に公開され、利用可能であること、②AIが目指すべきスコアが計算機上で明確に定義可能であること（AF2であれば立体構造の正解構造とのずれ、AlphaGOであれば単純に囲碁の勝利条件）、そして③非常によく訓練された人間ならば、その勝ち筋を言語化・理論化することができずとも、高いスコアを出して勝つことのできるゲームのルール設定であること、がある。Rosettaを用いたタンパク質構造のデザインは、かなり職人芸的な側面が強い。また、創薬の1つの手法としては、タンパク質構造の座標情報を利用し、その空隙に挟まるような化学小分子の骨格をうまく作成するStructure–based Drug Designが昔から存在する。この手法についても、よく訓練された人間であれば成功率が上がるという性質があり、裏を返せば、それをAIが学習できれば自動化でき、かつ高い精度を出せる余地が十分あると言える。これを達成するためには、生命科学と情報学の融合を日本の大学ならびに民間の企業においても促進すること、またそのような人材を育成できるような環境を整えること（生命科学を専攻する研究科で情報科学を学んでも良いし、その逆でも良い）、そして製薬企業などが持つ膨大な治験データを大学の研究機関と提携して解析できる環境が必要となってくるかもしれない。

一方で、タンパク質合理設計の技術が進展しているものの、機能性タンパク質をゼロから自由自在かつ高精度に設計できる技術力はまだない。機能性タンパク質を設計するためには、サブÅの精度で立体構造を設計する必要があるが、現在の合理設計技術では、良く設計できた場合においてもその精度は1～2Åである。従って、計算機を用いて、いわばシードとなるタンパク質を設計したのちに、進化工学の技術を用いて、そのシードタンパク質の機能活性を向上させることが必要となる。そのため、合理設計技術を向上させるとともに、機能の高いタンパク質を実験的にスクリーニングする技術を向上させることも重要な課題である。また、現在設計可能な機能性タンパク質としては、あるターゲットとなるタンパク質（例えば上記のSARS–CoV–2のスパイクタンパク質）に「結合可能」なタンパク質を設計できるのみであり、酵素活性を持つタンパク質や、モータータンパク質のように構造変化することで機能するタンパク質をゼロから設計することは非常に困難な課題である。また、RNAやDNAに結合するタンパク質の合理設計は未だなされていない。さまざまな生体小分子に結合するタンパク質の合理設計も進んでいるとは言い難い。他にも、非天然アミノ酸を用いたタンパク質の設計や、望みの位置に望みの糖鎖を付加するような合理設計技術についてはまだ進展が見られていない。

（6）その他の課題：

AF2に代表される計算機によるタンパク質構造予測法の進歩により、自然界に存在するタンパク質であればその立体構造を高い精度で予測することが可能になった。すなわち、地球上の生物が持つ遺伝子のタンパク質構造情報が簡単に手に入る時代になったと言っても過言ではない。そのため今後は、タンパク質の立体構造を決定するだけの従来の構造生物学を刷新し、自然界のタンパク質立体構造を基にこれらを改変することで、産業・医療や生命の制御・設計に貢献するようなタンパク質の創出を試みるような分野の確立が期待される。自然界のタンパク質の現在の姿は進化の結果として偶然生じたものであり、これらタンパク質は人間が必要とする文脈において最適化できる余地がある。よって立体構造をもとに自然界のタンパク質を最適化することで、自然界のタンパク質に“付加価値”を加えようとする試みが多くなされるべきである。これを実現するためには、タンパク質科学（構造生物学）、生物学、医学が、お互いの分野の垣根を超えて連携を密にすることを促すファンディングや政策などが望まれる。

人材育成の面からは、AF2を始めとして、これからのタンパク質研究、創薬、化学、生命科学について深層学習的なアプローチが大きな影響を持っていることは必至であるが、日本において、生物・化学と深層学習を組み合わせて精力的に行っている研究チームが数えるほどしか存在していない。というのも、世界的・歴史的に見てもタンパク質の構造生物学についての発展が、生命科学を学んできた者たちによってもたらされたというよりは、物理学・情報学・統計学などの数理的分野を専門に学んできた者が、あるとき生命科学に興味を持って参入するという形で生命科学を発展させてきたことが多いためである。かつて日本において1990年代後半～2000年前半代のゲノム解読などバイオテクノロジーブームのときには、大学院の選択のときに物理学系・情報学系の専攻から生命科学系に参入した人間が多かったと聞く。2020年代では世界的な深層学習の発展に伴いそちらの分野は非常によく人材が活発であるが、現在は日本において生命科学のブームはやや下火になっており、情報系の学生が生命科学に来るということは純粋な興味を持つ希少な一部を除いてほとんどいない。

多くの大学において生命科学を専門とする学部において数理的な教育も行えるところは、教員が存在しないという背景もあり、まだ少ない。生命科学の専攻向けの情報系の講義が行われるような仕組み作りを急ぐ必要がある。

産学連携という観点からも、製薬企業、食品の酵素材などのバイオインダストリー系の会社が、深層学習や計算科学を扱い研究できるような人材を多く採用し、AIによる創薬が盛んになれば、これを受けて世間の認知も広まり、大学側では情報系学科と生命科学系学科の交流が増えていくかもしれない。

ただ、いずれにせよ当該分野がこれから大きく成長することが予想される分野であるにも関わらず、それを遂行できるアカデミック人材（非学生）が現状ほとんどいないことが最大の問題である。「選択と集中」による研究開発予算の投下はたいてい一過性であり、レベルの高い専門性を持った人材が「選択と集中」によって育成されたとしても、そうした人材は割の良い民間企業へ流れることが容易に想像される。この分野に限ったことではないが、官民問わずレベルの高い専門知識を持った研究者を輩出するためには、大学においてそれを教え、研究開発できる人材を確保し続けることが大前提となる。

（7）国際比較：

国・地域	フェーズ	現状	トレンド	各国の状況、評価の際に参考にした根拠など
日本	基礎研究	△	↗	タンパク質の立体構造と深層学習を組み合わせた研究は産総研・九州工業大学・東京工業大学など一部の研究者で、Rosettaを用いたタンパク質デザインは分子科学研究所、名古屋大学・東京大学教養学部の一部の研究者周辺で、それぞれ見られるが、いずれも中国・米国と比べると発達がかなり遅れている。
	応用研究・開発	△	↗	Rosettaを用いたタンパク質デザインの応用例は分子科学研究所のグループからいくつか発表されている程度。製品化されたものはほぼないが、特殊ペプチドなどの大学発スタートアップが存在する。
米国	基礎研究	◎	↗	タンパク質の立体構造の深層学習とワシントン大学のBakerを中心とするRosettaのタンパク質デザインの本場であり、20年以上に渡って非常に盛んに基礎研究が行われている。上述のように大学だけでなく、Meta社、DeepMind社などの民間企業による基礎研究も非常に盛んである。
	応用研究・開発	◎	→	ワシントン大学のBakerらはマウスでアポトーシスを誘導する人工タンパク質の医学応用[25]を2014年ですでに手掛けており、2020年にはSARS-CoV-2の活動を阻害する人工タンパク質のデザインも達成している[22]。ここから派生した民間のタンパク質デザインベンチャーも、ワシントン大学のあるシアトルを中心としていくつか誕生している。
欧州	基礎研究	○	↗	米国ほどではないが、計算によるタンパク質研究は昔から盛んに行われている。University College London（UCL）のDavid Tudor Jonesが主導するUCL Bioinformatics Groupはこの中でも精力的に計算科学によるタンパク質構造予測を行い1999年にタンパク質二次構造予測ツールPsipred[26]を発表、2019年にはDeepMetaPSICOV[27]を開発している。近年はそして深層学習を用いたアミノ酸配列の生成器作製を開発している[28]。
	応用研究・開発	○	↗	スイス・ドイツの研究機関から、RSウイルス感染症に対するヒトの中和抗体産生を誘導する人工タンパク質をデザインした論文が2020年Science誌で発表されている。これはRosettaだけでなく彼ら独自の支援ツールTopobuilderソフトウェアを開発しているという点でも計算科学と生命科学の融合が見られる[29]。
中国	基礎研究	○	↗	北京大学＆DP Technology社など、AF2を模しているとは言え類似のソフトウェアを自前で開発できるだけの能力と体制は整っているようである。また、米国やドイツのMPIなど他国の研究機関に渡っていた中国系研究者が中国に戻り研究を続ける体制が整っている。
	応用研究・開発	△	→	製品化という意味ではまだこれらの分野における目立った応用研究は少ない。
韓国	基礎研究	△	↗	タンパク質構造予測・タンパク質デザインに直接関係する研究の例は少ないが、AF2の構造予測とColabFold開発に関わったMartin SteineggerとMilot Mirditaらが現在ソウル大学で研究室を主宰し、タンパク質デザインを追求している。
	応用研究・開発	△	→	現在のところ目立った応用研究は少ない。

（註1）フェーズ

基礎研究：大学・国研などでの基礎研究の範囲

応用研究・開発：技術開発（プロトタイプの開発含む）の範囲

（註2）現状　※日本の現状を基準にした評価ではなく、CRDS の調査・見解による評価

◎：特に顕著な活動・成果が見えている　　○：顕著な活動・成果が見えている

△：顕著な活動・成果が見えていない　　×：特筆すべき活動・成果が見えていない

（註3）トレンド　※ここ1～2年の研究開発水準の変化

↗：上昇傾向、→：現状維持、↘：下降傾向

参考文献

1) Simons KT, Bonneau R, Ruczinski I, Baker D. *Ab initio* protein structure prediction of CASP III targets using ROSETTA. Proteins-Structure Function and Bioinformatics. 1999：171-6.
2) Weigt M, White RA, Szurmant H, Hoch JA, Hwa T. Identification of direct residue contacts in protein-protein interaction by message passing. Proceedings of the National Academy of Sciences of the United States of America. 2009；106（1）：67-72.
3) Morcos F, Pagnani A, Lunt B, Bertolino A, Marks DS, Sander C, et al. Direct-coupling analysis of residue coevolution captures native contacts across many protein families. Proceedings of the National Academy of Sciences of the United States of America. 2011；108（49）：E1293-E301.
4) Balakrishnan S, Kamisetty H, Carbonell JG, Lee SI, Langmead CJ. Learning generative models for protein fold families. Proteins-Structure Function and Bioinformatics. 2011；79（4）：1061-78.
5) Wang S, Sun SQ, Li Z, Zhang RY, Xu JB. Accurate De Novo Prediction of Protein Contact Map by Ultra-Deep Learning Model. Plos Computational Biology. 2017；13（1）：e1005324.
6) Senior AW, Evans R, Jumper J, Kirkpatrick J, Sifre L, Green T, et al. Protein structure prediction using multiple deep neural networks in the 13th Critical Assessment of Protein Structure Prediction（CASP13）. Proteins-Structure Function and Bioinformatics. 2019；87（12）：1141-8.
7) Senior AW, Evans R, Jumper J, Kirkpatrick J, Sifre L, Green T, et al. Improved protein structure prediction using potentials from deep learning. Nature. 2020；577（7792）：706-10.
8) Jumper J, Evans R, Pritzel A, Green T, Figurnov M, Ronneberger O, et al. Highly accurate protein structure prediction with AlphaFold. Nature. 2021；596（7873）：583-9.
9) Anfinsen, C B Principles that govern the folding of protein chains. Science（1973）181：223-230.
10) Go, N. 1983. "Theoretical Studies of Protein Folding." Annual Review of Biophysics and Bioengineering 12: 183-210.
11) Steinegger M, Meier M, Mirdita M, Vohringer H, Haunsberger SJ, Soding J. HH-suite3 for fast remote homology detection and deep protein annotation. BMC Bioinformatics. 2019;20(1):473.
12) Mirdita M, Schütze K, Moriwaki Y, Heo L, Ovchinnikov S, Steinegger M. ColabFold: making protein folding accessible to all. Nature Methods. 2022.
13) Li Z, Liu X, Chen W, Shen F, Bi H, Ke G, et al. Uni-Fold: An Open-Source Platform for Developing Protein Folding Models beyond AlphaFold. bioRxiv. 2022：2022.08.04.502811.
14) Rao R, Liu J, Verkuil R, Meier J, Canny JF, Abbeel P, et al. MSA Transformer. bioRxiv. 2021：2021.02.12.430858.
15) Lin Z, Akin H, Rao R, Hie B, Zhu Z, Lu W, et al. Language models of protein sequences at the scale of evolution enable accurate structure prediction. bioRxiv. 2022：2022.07.20.500902.
16) Sergey Ovchinnikov, & Justas Dauparas.（2022）. AfDesign - Partial Hallucination with sidechain constraints（v0.0.0）. Zenodo. https://doi.org/10.5281/zenodo.6803187
17) Dauparas J, et al. Robust deep learning-based protein sequence design using ProteinMPNN. Science（2022）378: 49-56.

18) Koga N. et al., "Principles for Designing Ideal Protein Structures." Nature (2012) 491: 222-27.
19) Lin Y-R et al., "Control over Overall Shape and Size in de Novo Designed Proteins." PNAS (2015) 112: E5478-5485.
20) Koga N. et al., "Role of Backbone Strain in de Novo Design of Complex α/β Protein Structures." Nature Communications (2021) 12: 3921.
21) Koga R. et al., "Robust folding of a de novo designed ideal protein even with most of the core mutated to valine." PNAS (2020) 117: 31149-56.
22) Cao, L. et al., "De novo design of picomolar SARS-CoV-2 miniprotein inhibitors." Science (2020) 370: 426-31.
23) Wicky B I M et al., "Hallucinating symmetric protein assemblies." Science (2022) 378 : 56-61.
24) Stärk H et al., "EquiBind: Geometric Deep Learning for Drug Binding Structure Prediction" Accepted at the ICLR 2022 Workshop on Geometrical and Topological Representation Learning. Available from [https://openreview.net/pdf?id=Brxey2E-plq] 2023年2月アクセス
25) Procko E et al., A Computationally Designed Inhibitor of an Epstein-Barr Viral Bcl-2 Protein Induces Apoptosis in Infected Cells. Cell. 2014；157（7）：1644-56.
26) Jones DT. Protein secondary structure prediction based on position-specific scoring matrices. Journal of Molecular Biology. 1999；292（2）：195-202.
27) Kandathil SM, Greener JG, Jones DT. Prediction of inter residue contacts with DeepMetaPSICOV in CASP13. Proteins-Structure Function and Bioinformatics. 2019；87（12）：1092-9.
28) Greener JG, Moffat L, Jones DT. Design of metalloproteins and novel protein folds using variational autoencoders. Scientific Reports. 2018；8.
29) Sesterhenn F, Yang C, Bonet J, Cramer JT, Wen XL, Wang YM, et al. De novo protein design enables the precise induction of RSV-neutralizing antibodies. Science. 2020；368（6492）：730

付録1　基礎資料

本報告書の基礎資料としては、直近に発行した下記のCRDS 報告書群が該当する。

俯瞰報告書

- （研究開発の俯瞰報告書）ライフサイエンス・臨床医学分野（2021年）
- （研究開発の俯瞰報告書）主要国の研究開発戦略（2022年）

新型コロナウイルス感染症とポストコロナ時代の研究

- （*—The Beyond Disciplines Collection—*）リサーチトランスフォーメーション（RX）ポスト/withコロナ時代、これからの研究開発の姿へ向けて
- （調査報告書）感染症に強い国づくりに向けた感染症研究プラットフォームの構築に関する提言

医薬モダリティの多様化

- （戦略プロポーザル）加齢に伴う生体レジリエンスの変容・破綻機構　－老化制御モダリティのシーズ創出へ－
- （戦略プロポーザル）『デザイナー細胞』 ～ 再生・細胞医療・遺伝子治療の挑戦～

バイオエコノミーの実現に向けて

- （戦略プロポーザル）ファイトケミカル生成原理とその活用のための研究開発戦略 ～未利用植物資源から革新的価値を創出する学術基盤の創成～
- （戦略プロポーザル）次世代育種・生物生産基盤の創成（第3部）気候変動下での環境負荷低減農業を実現する基盤の創出　～圃場における微生物、作物、気象を統合的に扱うモデルの開発に向けて～
- （戦略プロポーザル）次世代育種・生物生産基盤の創成（第2部）　～育種支援技術、生産プロセス研究の推進による、高品質水畜産物の高速・持続可能な生産～
- （戦略プロポーザル）次世代育種・生物生産基盤の創成（第1部）　～核酸、タンパク質、細胞を結ぶ、多階層横断的サイエンス推進による生体分子・生命システム設計ルールの創出～
- （戦略プロポーザル）植物と微生物叢の相互作用の研究開発戦略　－理解の深化から農業/物質生産への展開－

複雑生命システム理解のための多様な研究の連関（階層・機能連関と計測連関）

- （戦略プロポーザル）生体感覚システム　～受容からの統合的理解と制御に向けた基盤技術の創出～
- （調査報告書）ドライ・ウェット脳科学
- （戦略プロポーザル）4次元セローム～細胞内機能素子の動的構造・局在・数量と機能の因果の解明のための革新的技術開発～
- （戦略プロポーザル）"ライブセルアトラス"多次元解析で紐解く生命システムのダイナミクス～オミクス×イメージング×データ・モデリングによる基盤技術の創成～
- （戦略プロポーザル）4次元生体組織リモデリング：“組織・臓器”の“適応・修復”のサイエンスと健康・医療技術シーズの創出～組織・臓器の宇宙を覗く～
- （戦略プロポーザル）微生物叢（マイクロバイオーム）研究の統合的推進～生命、健康・医療の新展開～

研究のデジタルトランスフォーメーション（AI・データ駆動型、データ基盤整備）

- （—The Beyond Disciplines Collection—）AI×バイオ　DX 時代のライフサイエンス・バイオメディカル研究
- （戦略プロポーザル）データ統合・ヒト生命医科学の推進戦略（IoBMT）

研究システム（土壌）改革

・（調査報告書）近年のイノベーション事例から見るバイオベンチャーとイノベーションエコシステム　～日本の大学発シーズが世界で輝く＆大学等の社会的価値を高めるために～
・（調査報告書）研究力強化のための大学・国研における研究システムの国際ベンチマーク　～ 米国、英国、ドイツおよび日本の生命科学・生物医学分野を例に海外で活躍する日本人研究者に聞く～
・（調査報告書）医療研究開発プラットフォーム　―大学病院における研究システムの海外事例比較―

付録2 情報提供者一覧

本報告書の作成にあたって、2章の30の研究開発領域の動向を把握するため、下記の研究者に情報提供頂いた。各領域における研究開発や政策等の現状と課題、国際比較などに関する調査分析に基づいて多大なお力添えを賜った。

このほか、研究機関へのヒアリング等でご協力いただいた関係者各位には紙面の都合ですべてのお名前をあげることはできないが、ここに深く感謝の意を表すとともに厚く御礼を申し上げたい。

※五十音順、敬称略、所属・役職は本報告書作成時点

青木 吉嗣	国立精神・神経医療研究センター　神経研究所遺伝子疾患治療研究部　部長
赤木 剛士	岡山大学　大学院環境生命科学研究科　准教授
石川 稔	東北大学　大学院生命科学研究科　教授
位髙 啓史	東京医科歯科大学　生体材料工学研究所　教授
市村 垂生	大阪大学　先導的学際研究機構　特任准教授
大浪 修一	理化学研究所　生命機能科学研究センター　チームリーダー
大森 司	自治医科大学　医学部　教授
沖 真弥	京都大学　大学院医学研究科　特定准教授
小田 吉哉	東京大学　大学院医学系研究科　特任教授
落谷 孝広	東京医科大学　医学総合研究所　教授
小比賀 聡	大阪大学　大学院薬学研究科　教授
神谷 真子	東京工業大学 生命理工学院　教授
河岡 慎平	京都大学　医生物学研究所　特定准教授
川上 英良	理化学研究所　情報統合本部　チームリーダー
氣駕 恒太朗	国立感染症研究所　治療薬・ワクチン開発研究センター　室長/自治医科大学　医学部　客員教授
木川 隆則	理化学研究所　生命機能科学研究センター　チームリーダー
木下 哲	横浜市立大学　生命ナノシステム科学研究科　教授
木村 宏	東京工業大学　科学技術創成研究院　教授
清中 茂樹	名古屋大学　大学院工学研究科　教授
國澤 純	医薬基盤・健康・栄養研究所　ワクチン・アジュバント研究センター　センター長
久保庭 均	中外製薬株式会社　顧問
古賀 信康	分子化学研究所　協奏分子システム研究センター　准教授
古賀 理恵	自然科学研究機構　生命創成探究センター　特任研究員
崔 龍洙	自治医科大学　医学部　教授
櫻井 望	国立遺伝学研究所　生命情報・DDBJセンター　特任准教授
佐藤 彰彦	塩野義製薬株式会社 主席研究員/北海道大学 人獣共通感染症リサーチセンター　客員教授
佐藤 守俊	東京大学　大学院総合文化研究科　教授
柴田 大輔	京都大学　エネルギー理工学研究所　特任教授
新宅 博文	理化学研究所　開拓研究本部　チームリーダー
高岡 晃教	北海道大学　遺伝子病制御研究所　教授
竹田 潔	大阪大学　大学院医学系研究科　教授

付録

寺井 崇二　新潟大学　大学院医歯学総合研究科　教授
土井 清美　中央学院大学　現代教養学部　准教授
豊福 雅典　筑波大学　生命環境系　准教授
中沢 洋三　信州大学　医学部　教授
西澤 知宏　横浜市立大学　大学院生命医科学研究科　教授
西原 広史　慶應義塾大学　医学部　教授
野村 暢彦　筑波大学　生命環境系　教授
蓮沼 誠久　神戸大学　先端バイオ工学研究センター　教授
浜本 隆二　国立がん研究センター研究所　医療AI研究開発分野　分野長
東山 哲也　東京大学　大学院理学研究科　教授
日野原 邦彦　名古屋大学　大学院医学系研究科　特任准教授
晝間 敬　東京大学　大学院総合文化研究科　准教授
廣瀬 哲朗　大阪大学　大学院生命機能研究科　教授
深瀬 浩一　大阪大学　大学院理学研究科・理学部　教授
深水 昭吉　筑波大学　生存ダイナミクス研究センター（TARA）　教授
福田 弘和　大阪公立大学　大学院工学研究科　教授
藤尾 圭志　東京大学　大学院医学系研究科　教授
藤田 恭行　京都大学　大学院医学研究科　教授
堀崎 遼一　東京大学　大学院情報理工学系研究科　准教授
松崎 典弥　大阪大学　大学院工学研究科　教授
松村 健　元産業技術総合研究所　生物プロセス研究部門　研究グループ長
松本 直通　横浜市立大学　医学部医学科　教授
水口 賢司　医薬基盤・健康・栄養研究所　AI健康・医療研究センター　センター長
光田 展隆　産業技術総合研究所　生物プロセス研究部門　研究グループ長
村上 正晃　北海道大学　遺伝子病制御研究所　所長/教授
森脇 由隆　東京大学　大学院農学生命科学研究科　助教
八木田 和弘　京都府立医科大学　大学院医学研究科　教授
安井 隆雄　名古屋大学　大学院工学研究科　准教授
柳澤 修一　東京大学　大学院農学生命科学研究科　教授
柳田 素子　京都大学　大学院医学研究科　教授
山田 泰広　東京大学　医科学研究所　教授
山西 芳裕　九州工業大学　情報工学研究院　教授
山本 卓　広島大学　大学院統合生命科学研究科　教授
吉橋 忠　国際農林水産業研究センター　生物資源・利用領域　主任研究員
渡邉 真弥　自治医科大学　医学部　准教授
渡邉 力也　理化学研究所　開拓研究本部　主任研究員

付録3 研究開発の俯瞰報告書（2023年）全分野で対象としている俯瞰区分・研究開発領域一覧

1.環境エネルギー分野（CRDS-FY2022-FR-03）

俯瞰区分	節番号	研究開発領域
電力のゼロエミ化・安定化	2.1.1	火力発電
	2.1.2	原子力発電
	2.1.3	太陽光発電
	2.1.4	風力発電
	2.1.5	バイオマス発電・利用
	2.1.6	水力発電・海洋発電
	2.1.7	地熱発電・利用
	2.1.8	太陽熱発電・利用
	2.1.9	CO_2回収・貯留（CCS）
産業・運輸部門のゼロエミ化・炭素循環利用	2.2.1	蓄エネルギー技術
	2.2.2	水素・アンモニア
	2.2.3	CO_2利用
	2.2.4	産業熱利用
業務・家庭部門のゼロエミ化・低温熱利用	2.3.1	地域・建物エネルギー利用
大気中CO_2除去	2.4.1	ネガティブエミッション技術
エネルギーシステム統合化	2.5.1	エネルギーマネジメントシステム
	2.5.2	エネルギーシステム・技術評価
エネルギー分野の基盤科学技術	2.6.1	反応性熱流体
	2.6.2	トライボロジー
	2.6.3	破壊力学
地球システム観測・予測	2.7.1	気候変動観測
	2.7.2	気候変動予測
	2.7.3	水循環（水資源・水防災）
	2.7.4	生態系・生物多様性の観測・評価・予測
人と自然の調和	2.8.1	社会－生態システムの評価・予測
	2.8.2	農林水産業における気候変動影響評価・適応
	2.8.3	都市環境サステナビリティ
	2.8.4	環境リスク学的感染症防御
持続可能な資源利用	2.9.1	水利用・水処理
	2.9.2	持続可能な大気環境
	2.9.3	持続可能な土壌環境
	2.9.4	リサイクル
	2.9.5	ライフサイクル管理（設計・評価・運用）
環境分野の基盤科学技術	2.10.1	地球環境リモートセンシング
	2.10.2	環境分析・化学物質リスク評価

2. システム・情報科学技術分野（CRDS-FY2022-FR-04）

俯瞰区分	節番号	研究開発領域
人工知能・ビッグデータ	2.1.1	知覚・運動系のAI技術
	2.1.2	言語・知識系のAI技術
	2.1.3	エージェント技術
	2.1.4	AIソフトウェア工学
	2.1.5	人・AI協働と意思決定支援
	2.1.6	AI・データ駆動型問題解決
	2.1.7	計算脳科学
	2.1.8	認知発達ロボティクス
	2.1.9	社会におけるAI
ロボティクス	2.2.1	制御
	2.2.2	生物規範型ロボティクス
	2.2.3	マニピュレーション
	2.2.4	移動（地上）
	2.2.5	Human Robot Interaction
	2.2.6	自律分散システム
	2.2.7	産業用ロボット
	2.2.8	サービスロボット
	2.2.9	災害対応ロボット
	2.2.10	インフラ保守ロボット
	2.2.11	農林水産ロボット
社会システム科学	2.3.1	デジタル変革
	2.3.2	サービスサイエンス
	2.3.3	社会システムアーキテクチャー
	2.3.4	メカニズムデザイン
	2.3.5	計算社会科学
セキュリティー・トラスト	2.4.1	IoTシステムのセキュリティー
	2.4.2	サイバーセキュリティー
	2.4.3	データ・コンテンツのセキュリティー
	2.4.4	人・社会とセキュリティー
	2.4.5	システムのデジタルトラスト
	2.4.6	データ・コンテンツのデジタルトラスト
	2.4.7	社会におけるトラスト
コンピューティングアーキテクチャー	2.5.1	計算方式
	2.5.2	プロセッサーアーキテクチャー
	2.5.3	量子コンピューティング
	2.5.4	データ処理基盤
	2.5.5	IoTアーキテクチャー
	2.5.6	デジタル社会基盤
通信・ネットワーク	2.6.1	光通信
	2.6.2	無線・モバイル通信
	2.6.3	量子通信
	2.6.4	ネットワーク運用
	2.6.5	ネットワークコンピューティング
	2.6.6	将来ネットワークアーキテクチャー
	2.6.7	ネットワークサービス実現技術
	2.6.8	ネットワーク科学
数理科学	2.7.1	数理モデリング
	2.7.2	数値解析・データ解析
	2.7.3	因果推論
	2.7.4	意思決定と最適化の数理
	2.7.5	計算理論
	2.7.6	システム設計の数理

3. ナノテクノロジー・材料分野（CRDS-FY2022-FR-05）

俯瞰区分	節番号	研究開発領域
環境・エネルギー応用	2.1.1	蓄電デバイス
	2.1.2	分離技術
	2.1.3	次世代太陽電池材料
	2.1.4	再生可能エネルギーを利用した燃料・化成品変換技術
バイオ・医療応用	2.2.1	人工生体組織・機能性バイオ材料
	2.2.2	生体関連ナノ・分子システム
	2.2.3	バイオセンシング
	2.2.4	生体イメージング
ICT・エレクトロニクス応用	2.3.1	革新半導体デバイス
	2.3.2	脳型コンピューティングデバイス
	2.3.3	フォトニクス材料・デバイス・集積技術
	2.3.4	IoTセンシングデバイス
	2.3.5	量子コンピューティング・通信
	2.3.6	スピントロニクス
社会インフラ・モビリティ応用	2.4.1	金属系構造材料
	2.4.2	複合材料
	2.4.3	ナノ力学制御技術
	2.4.4	パワー半導体材料・デバイス
	2.4.5	磁石・磁性材料
物質と機能の設計・制御	2.5.1	分子技術
	2.5.2	次世代元素戦略
	2.5.3	データ駆動型物質・材料開発
	2.5.4	フォノンエンジニアリング
	2.5.5	量子マテリアル
	2.5.6	有機無機ハイブリッド材料
共通基盤科学技術	2.6.1	微細加工・三次元集積
	2.6.2	ナノ・オペランド計測
	2.6.3	物質・材料シミュレーション
共通支援策	2.7.1	ナノテク・新奇マテリアルのELSI/RRI/国際標準

4. ライフサイエンス・臨床医学分野（CRDS-FY2022-FR-06）

俯瞰区分	節番号	研究開発領域
健康・医療	2.1.1	低・中分子創薬
	2.1.2	高分子創薬（抗体）
	2.1.3	AI創薬
	2.1.4	幹細胞治療（再生医療）
	2.1.5	遺伝子治療（in vivo遺伝子治療/ex vivo遺伝子治療）
	2.1.6	ゲノム医療
	2.1.7	バイオマーカー・リキッドバイオプシー
	2.1.8	AI診断・予防
	2.1.9	感染症
	2.1.10	がん
	2.1.11	脳・神経
	2.1.12	免疫・炎症
	2.1.13	生体時計・睡眠
	2.1.14	老化
	2.1.15	臓器連関
農業・生物生産	2.2.1	微生物ものづくり
	2.2.2	植物ものづくり
	2.2.3	農業エンジニアリング
	2.2.4	植物生殖
	2.2.5	植物栄養
基礎基盤	2.3.1	遺伝子発現機構
	2.3.2	細胞外微粒子・細胞外小胞
	2.3.3	マイクロバイオーム
	2.3.4	構造解析（生体高分子・代謝産物）
	2.3.5	光学イメージング
	2.3.6	一細胞オミクス・空間オミクス
	2.3.7	ゲノム編集・エピゲノム編集
	2.3.8	オプトバイオロジー
	2.3.9	ケミカルバイオロジー
	2.3.10	タンパク質設計

謝辞

本報告書を作成するにあたっては、研究開発戦略センター（CRDS）内外の多くの方々から多大なご協力をいただいた。また、各領域における現状と課題、国際比較などに関する調査分析については、多くの有識者の方のご協力をいただいた。さらには、CRDS 関係者には、俯瞰作業の各段階において常に適切なアドバイスを賜った。紙面の都合でこれらの方々すべてのお名前を挙げることができないが、ここに深く感謝の意を表すとともに厚く御礼を申し上げる。

2023年3月
国立研究開発法人科学技術振興機構
研究開発戦略センター
ライフサイエンス・臨床医学ユニット一同

作成メンバー

永井 良三	上席フェロー	(ライフサイエンス・臨床医学ユニット)
谷口 維紹	上席フェロー	(ライフサイエンス・臨床医学ユニット)
小泉 聡司	フェロー/ユニットリーダー	(ライフサイエンス・臨床医学ユニット)
島津 博基	フェロー	(ライフサイエンス・臨床医学ユニット)
辻 真博	フェロー	(ライフサイエンス・臨床医学ユニット)
用貝 広幸	フェロー	(ライフサイエンス・臨床医学ユニット)
桑原 明日香	フェロー	(ライフサイエンス・臨床医学ユニット)
戸田 智美	フェロー	(ライフサイエンス・臨床医学ユニット)
舩木 美歩	フェロー	(ライフサイエンス・臨床医学ユニット)
井上 貴文	特任フェロー	(ライフサイエンス・臨床医学ユニット)
宮薗 侑也	特任フェロー	(ライフサイエンス・臨床医学ユニット)

研究開発の俯瞰報告書 **CRDS-FY2022-FR-06**

ライフサイエンス・臨床医学分野（2023年）

PANORAMIC VIEW REPORT

Life Science and Clinical Research Field (2023)

令和5年3月　March 2023　作成　／　令和5年8月24日　August 2023　発行
ISBN 978-4-86579-381-9

国立研究開発法人科学技術振興機構　研究開発戦略センター
Center for Research and Development Strategy,
Japan Science and Technology Agency

〒102-0076 東京都千代田区五番町7 K's五番町
電話　03-5214-7481
E-mail crds@jst.go.jp
https://www.jst.go.jp/crds/

発行／**日経印刷株式会社**

〒102-0072
東京都千代田区飯田橋2-15-5
電話　03(6758)1011